Um chemische Vorgänge beschreiben und erklären zu können, musst du über ein solides Fachwissen verfügen. Auf den ersten Blick erscheint dieses Fachwissen unüberschaubar groß, sodass man glaubt, den Durchblick zu verlieren. Bei genauerer Betrachtung zeigt sich jedoch, dass sich viele chemische Fachinhalte vier grundlegenden Leitgedanken zuordnen lassen – den **Basiskonzepten**. Diese bringen Ordnung und machen das chemische Grundwissen überschaubar. Die Basiskonzepte werden im Folgenden am Beispiel der Verbrennung von Kohle beschrieben.

Stoff-Teilchen-Konzept

In der Chemie und den übrigen Naturwissenschaften geht man davon aus, dass alle Stoffe aus unsichtbar kleinen Teilchen bestehen. Die Eigenschaften von Stoffen hängen mit der Art der Teilchen zusammen, aus denen sie aufgebaut sind. Jedoch sind die Eigenschaften der Stoffe nicht mit den Eigenschaften der jeweiligen Teilchen gleichzusetzen. Man unterscheidet daher im Chemieunterricht zwischen der **Stoffebene**, mit den für uns sichtbaren Stoffeigenschaften, und der **Teilchenebene**. Da wir Teilchen jedoch nicht sehen können, haben Naturwissenschaftler verschiedene Modelle entwickelt, um die Teilchen zu beschreiben.

Beispiel: Kohlenstoff und Sauerstoff
Kohlenstoff besteht aus Kohlenstoff-Atomen und Sauerstoff aus Sauerstoff-Molekülen.

Struktur-Eigenschafts-Konzept

Die Eigenschaften eines Stoffes werden neben der Art der Teilchen, aus denen der Stoff aufgebaut ist, vor allem durch die Anordnung der Teilchen (Struktur) und deren Wechselwirkungen untereinander bestimmt.

Beispiel: Kohlenstoff und Sauerstoff
Ein stecknadelgroßes Stück Kohlenstoff besteht aus mehreren Trilliarden miteinander verbundenen Kohlenstoff-Atomen. Erst ein Verband aus so vielen Kohlenstoff-Atomen, die zudem in bestimmter Weise verbunden sind, zeigt die Eigenschaften von Kohlenstoff.
Jedes Sauerstoff-Molekül besteht aus zwei miteinander verbundenen Sauerstoff-Atomen. Die Sauerstoff-Moleküle sind weit voneinander entfernt; zwischen den Molekülen ist nichts.

Konzept der chemischen Reaktion

Stoffe lassen sich durch chemische Reaktionen in andere Stoffe umwandeln. Auf der **Stoffebene** werden dabei die zuvor vorhandenen Stoffe vernichtet und es entstehen stattdessen neue Stoffe, die man an ihren neuen Eigenschaften erkennt. Auf der **Teilchenebene** bleiben bei chemischen Reaktionen die Atome der Stoffe erhalten, verbinden sich jedoch mit Atomen anderer Stoffe und bilden so neue Stoffe.

Beispiel: Verbrennung von Kohlenstoff
Bei der Verbrennung von Kohlenstoff mit Luftsauerstoff entsteht als neuer Stoff Kohlenstoffdioxid. Dieses besteht aus Kohlenstoffdioxid-Molekülen.

Energie-Konzept

Bei chemischen Reaktion... es muss Energi... kann dabei in ... – Licht, Wärme ... sie wird jedoch ... umgewandelt un... oder erzeugt.

W0401811

Beispiel: Verbrennung von Kohlenstoff
Damit ein Stück Kohle verbrennen kann, muss zunächst Energie zugeführt werden – beispielsweise durch ein Streichholz. Erst nach dem Entzünden brennt ein Stück Kohlenstoff von selbst weiter. Dabei wird Energie in Form von Licht und Wärme frei.

Chemie heute SI

Gesamtband

Schroedel
westermann

Chemie heute – Sekundarbereich I

Gesamtband

Herausgegeben von
Wolfgang Asselborn
Manfred Jäckel
Dr. Karl T. Risch
Dr. Bernhard F. Sieve

Bearbeitet von
Wolfgang Asselborn
Prof. Dr. Hans-Dieter Barke
Dr. Bernd Dreßel
Rosemarie Förster
Bernd Fredelake
Dr. Hermann Hammes-Therré
Sarah Hentschel
Manfred Jäckel
Norbert Jäckel
Elisabeth Kaundinya
Dr. Ulrich Müller
Dr. Sebastian Musli
Horst Oehr
Gabriele Pölking
Ulrike Porombka
Elke Radau-Lambert
Jens Rickers
Dr. Karl T. Risch
Sophia Schaate
Dr. Rolf Schulte-Coerne
Prof. Theophil Schwenk
Dr. Bernhard F. Sieve
Liane Soetebier
Michael Walory

Beratung: Dr. Claudia Hendann, Dr. Peter Seym-Born

Dieses Werk ist in Teilen eine Bearbeitung von Chemie heute,
ISBN 978-3-507-86016-2, 978-3-507-86043-8, 978-3-507-86044-5, 978-3-507-86060-5, 978-3-507-88006-1.

westermann GRUPPE

© 2013 Bildungshaus Schulbuchverlage
Westermann Schroedel Diesterweg Schöningh Winklers GmbH, Braunschweig
www.schroedel.de

Das Werk und seine Teile sind urheberrechtlich geschützt. Jede Nutzung in anderen als den gesetzlich zugelassenen Fällen bedarf der vorherigen schriftlichen Einwilligung des Verlages.
Für Verweise (Links) auf Internet-Adressen gilt folgender Haftungshinweis: Trotz sorgfältiger inhaltlicher Kontrolle wird die Haftung für die Inhalte der externen Seiten ausgeschlossen. Für den Inhalt dieser externen Seiten sind ausschließlich deren Betreiber verantwortlich. Sollten Sie daher auf kostenpflichtige, illegale oder anstößige Inhalte treffen, so bedauern wir dies ausdrücklich und bitten Sie, uns umgehend per E-Mail davon in Kenntnis zu setzen, damit beim Nachdruck der Verweis gelöscht wird.

Druck A^9 / Jahr 2019
Alle Drucke der Serie A sind im Unterricht parallel verwendbar.

Redaktion: Dr. Sven Horst, Dr. Mario Puchner, Christiane Gmelin
Fotos: Michael Fabian, Hans Tegen
Grafiken: Beltz Bad Langensalza GmbH, Birgitt Biermann-Schickling, Brigitte Karnath, Heike Keis, Karin Mall, Tom Menzel, Birgit und Olaf Schlierf, tiff.any GmbH, Berlin
Satz: tiff.any GmbH, Berlin
Umschlagsgestaltung: Janssen Kahlert Design & Kommunikation GmbH, Hannover
Druck und Bindung: Westermann Druck GmbH, Braunschweig

ISBN 978-3-507-**88009**-2

Inhaltsverzeichnis

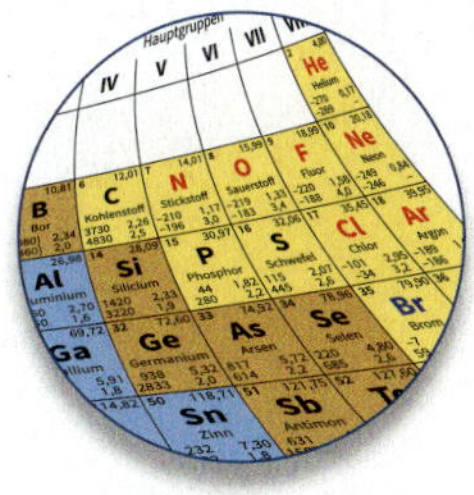

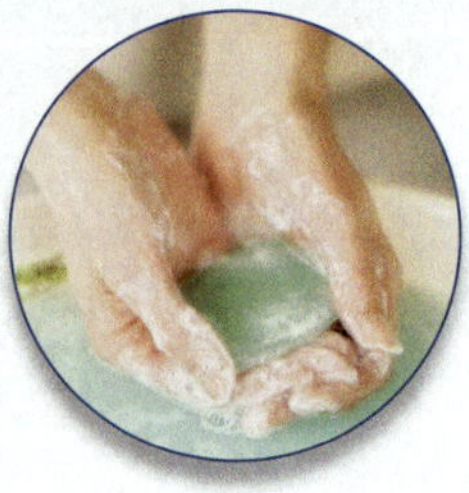

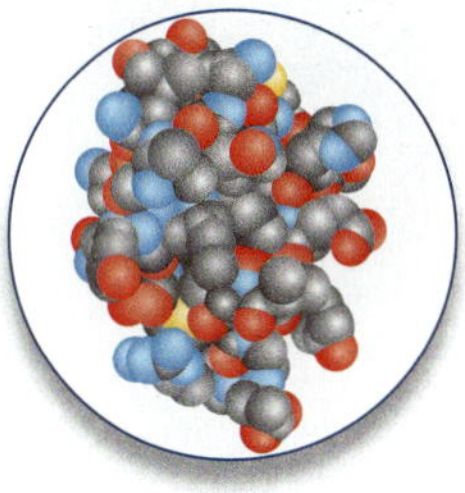

Hinweis: Zu den rot markierten Aufgaben finden Sie im Lösungsheft gestufte Hilfen als Kopiervorlagen.

① Dreifuß
② Tondreieck
③ Stehkolben
④ Erlenmeyerkolben
⑤ Messzylinder
⑥ Standzylinder
⑦ Spritzflasche
⑧ Waage
⑨ Trichter
⑩ Kolbenprober
⑪ Drahtnetz
⑫ Reagenzglasständer
⑬ Reagenzglas mit Ansatzrohr
⑭ Stopfen
⑮ Reagenzglas
⑯ Schutzbrille
⑰ Doppelmuffe
⑱ Stativklemme
⑲ Stativ
⑳ Thermometer
㉑ Messpipette
㉒ Vollpipette
㉓ Gasbrenner
㉔ Reagenzglas-
klammer
㉕ Tropfpipette
㉖ Tiegelzange
㉗ Becherglas
㉘ Spatel
㉙ Glasstab

Kapitel 1

Chemie – eine Naturwissenschaft

Chemie prägt unser Leben! Alles, was uns umgibt und was wir täglich nutzen, besteht aus Stoffen. Chemiker befassen sich allgemein mit Stoffen. Sie untersuchen ihre Eigenschaften und verändern sie, um sie für uns nutzbar zu machen.

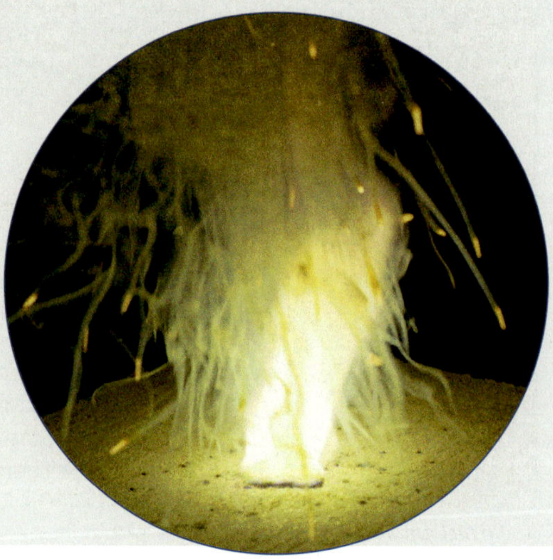

1.1 Was ist Chemie?

Jeder kennt den Spruch *Chemie ist, wenn es knallt und stinkt* und jeder weiß, dass das längst nicht immer zutrifft: Viele chemische Vorgänge laufen langsam und leise ab, etwa das Rosten von Eisen oder das Vergilben von Papier. Andererseits knallt es bei physikalischen Vorgängen oft lauter als bei chemischen. Ein Beispiel dafür ist der Donner, der bei einem Gewitter die elektrischen Entladungen in der Atmosphäre begleitet. Und der Geruch in einem Schweinestall hat nicht nur chemische, sondern auch biologische Ursachen.

Die Wissenschaften *Physik, Chemie* und *Biologie* haben sehr viele Gemeinsamkeiten und sind eng miteinander verwandt – es sind Naturwissenschaften. Diese Wissenschaften beschäftigen sich mit der systematischen Erforschung der Natur.

Naturwissenschaftler wollen wissen, wie die Objekte in ihrer Umgebung beschaffen sind und wie sie funktionieren, und sie fragen nach dem *Warum.* Durch *Beobachtungen* und *Experimente* kommen sie zu *Erkenntnissen,* warum sich die Natur in bestimmter Weise verhält. Daraus entwickeln sie *Gesetzmäßigkeiten* und *Theorien,* mit denen immer wieder beobachtete Tatsachen beschrieben werden können und mit deren Hilfe sich neue Beobachtungen richtig voraussagen lassen. Solche Theorien gelten solange, bis sich aus weiteren Experimenten Widersprüche ergeben. Die Theorie wird dann entweder angepasst oder verworfen.

Ein wichtiges Ergebnis der Naturwissenschaften ist die Entwicklung der *Technik* und dem damit verbundenen Wohlstand in unserer Gesellschaft. Ohne die Arbeit von Naturwissenschaftlern und Ingenieuren wäre ein Leben, so wie wir es kennen, undenkbar.

Chemie. Die Chemie ist eine alte und zugleich eine moderne Naturwissenschaft (Abb. 1 und 2). Der Name Chemie geht auf das griechische Wort *chymeia* (Kunst des Metallgießens, der Metallverwandlung) und das ägyptische Wort *khem* (schwarz, schwarze Erde) zurück. Noch im 15. Jahrhundert sprach man von der *Alchemie* als von der *Schwarzen Kunst.* Gemeint war die Beschäftigung mit scheinbar geheimnisvollen und nur schwer durchschaubaren Vorgängen. Dazu gehörte die Suche nach dem *Stein der Weisen,* mit dessen Hilfe unedle Metalle in Gold verwandelt werden sollten.

Heute versteht man unter Chemie die Naturwissenschaft, die sich mit Stoffen, ihren Eigenschaften und ihrem Aufbau sowie mit der Umwandlung von Stoffen beschäftigt.

Der Begriff *Stoff* darf hier nicht missverstanden werden, denn er hat viele Bedeutungen. Die Chemie versteht unter einem Stoff eine Substanz, die durch ihre Eigenschaften charakterisiert und daran erkennbar ist. Beispiele sind Salze, Alkohol und Sauerstoff.

> Die Chemie ist eine Naturwissenschaft. Sie beschäftigt sich mit Stoffen, ihrem Aufbau und ihren Eigenschaften sowie mit der Umwandlung von Stoffen.

1 Gib an, womit sich die Chemie beschäftigt.

2 a) Erläutere den chemischen Begriff *Stoff.*
b) Gib weitere Bedeutungen des Begriffs *Stoff* an.

3 Es gibt noch andere Naturwissenschaften. Schlage nach, womit sich die Geologie, die Meteorologie und die Astronomie beschäftigen.

1 *Ein Alchemist sucht nach dem „Stein der Weisen".*

2 *Eine Laborantin untersucht Arzneimittelproben.*

Naturwissenschaften – von der Beobachtung zur Theorie

Beispiel Rotkohl:
Beobachtung: Rotkohl ist manchmal rot und manchmal blau.

Frage: Warum ist das so?

Experiment: Man gibt ein Stück Apfel in blauen Rotkohl.

Beobachtung: Die rote Farbe tritt auf.

Frage: Wodurch wird die Farbänderung bewirkt?

Vermutung: Der Fruchtzucker aus dem Fruchtfleisch des Apfels bewirkt die Farbänderung.

Experiment: Blauer Rotkohl wird mit Fruchtzucker versetzt.

Beobachtung: Es erfolgt keine Farbänderung.

Schlussfolgerung: Die Vermutung war falsch.

Neue Vermutung: Die Säure aus dem Fruchtfleisch des Apfels bewirkt die Farbänderung.

Experimente: Blauer Rotkohl wird mit Essig und mit Zitronensaft versetzt.

Beobachtung: Die Farbe schlägt jeweils nach Rot um.

Theorie: Saure Stoffe bewirken im Farbstoff des Rotkohls einen Farbumschlag von Blau nach Rot.

Wir beobachten Vorgänge und Erscheinungen in der Umwelt.

↓

Wir fragen nach den Ursachen der Erscheinungen und vermuten bestimmte Zusammenhänge.

↓

Wir überprüfen die Vermutungen durch Experimente. Dabei beobachten wir die Erscheinungen genau.

↓

Bestätigen die Experimente die Vermutungen nicht, so müssen wir die Vermutungen als falsch ansehen.

Bestätigen die Experimente die Vermutungen, so können wir die Vermutungen als richtig ansehen.

↓

Eine vielfach bestätigte Vermutung wird zu einer Theorie. Mithilfe einer Theorie lassen sich Beobachtungen vorhersagen.

Praktikum Rotkohl oder Blaukraut?

1 *Zerkleinern und Aufkochen*

2 *Filtrieren*

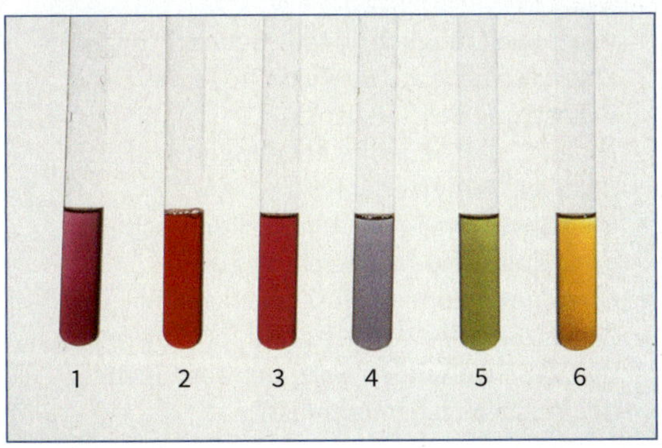

3 *Rotkohlsaft (1). Nach Zugabe von Essig (2), Zitronensaft (3), Natron (4), Kernseife (5), Natriumhydroxid (6).*

Versuch 1:
Herstellung von Rotkohlsaft

Materialien: Heizplatte, Messer, Filtrierpapier, Bechergläser (400 ml; 250, ml), Trichter; Rotkohl.

Durchführung:
1. Zerkleinere den Rotkohl und gib die Schnitzel in das große Becherglas.
2. Füge etwa 200 ml Wasser hinzu, koche kurz auf und filtriere den Rotkohlsaft ab.

Versuch 2:
Rotkohl contra Blaukraut

Materialien: Tropfpipette, Spatel; Rotkohlsaft, Zitronensaft, Haushaltsessig, Natron (Natriumhydrogencarbonat), Kernseife, Natronlauge (**5, B1**).

Durchführung:
1. Fülle sechs Reagenzgläser jeweils zu einem Viertel mit Rotkohlsaft aus Versuch 1.
2. Lasse das erste Reagenzglas unverändert.
3. Gib in das zweite Reagenzglas tropfenweise Essig, bis sich die Farbe nicht mehr ändert.
4. Versetze die dritte Probe mit Zitronensaft.
5. Gib in das vierte Reagenzglas eine Spatelspitze Natron und schüttle. Wiederhole die Zugabe von Natron, bis sich die Farbe nicht mehr ändert.
6. Gib in die fünfte Probe nach und nach kleine Stückchen Kernseife und schüttle jeweils.
7. Gib in die sechste Probe vorsichtig einige Tropfen Natronlauge (**B1**).

Hinweis: Natronlauge darf nicht mit den Fingern berührt werden.

Versuch 3:
Experimentelle Hausaufgabe: Untersuchung von Rotkohlsaft und Tee

Untersuche Rotkohlsaft und schwarzen Tee mit Zitronensaft, Essig, Kernseife, Salz, und Zucker.

Aufgaben:
a) Beschreibe deine Beobachtungen.
b) Entwickle Hypothesen. Gib an, welche Vermutungen bestätigt werden und welche widerlegt werden.

Methode

Richtig experimentieren

Bei Versuchen in der Chemie denken viele sofort an geheimnisvolle Reaktionen, bei denen farbige Flüssigkeiten entstehen, dichter Nebel aufsteigt oder etwas explodiert. Diese und ähnlich spektakuläre Experimente wecken unser Interesse und ziehen uns in ihren Bann.

In der Wissenschaft und auch im Chemieunterricht dienen *Experimente* aber vorrangig einem anderen Zweck: Sie ermöglichen es, durch direktes *Beobachten* Fragen zu beantworten, neue *Erkenntnisse* zu erlangen und *Zusammenhänge* zu verstehen. Man kann beispielsweise aus Experimenten schließen, welche Stoffe unter welchen Bedingungen miteinander reagieren. Experimente ermöglichen auch Aussagen darüber, ob ähnliche Stoffe ein vergleichbares Verhalten zeigen. Damit erfüllen Experimente eine weitere wichtige Aufgabe: Sie erlauben es, *Vermutungen* und *Voraussagen* abzuleiten und diese zu überprüfen.

Um diese Ziele zu erreichen, muss jedes Experiment gründlich vorbereitet und sauber durchgeführt werden. Dabei ist es wichtig, alles genau zu beobachten und dann daraus Schlussfolgerungen zu ziehen. Zwischen der reinen *Beobachtung* einerseits und der *Deutung* und *Erklärung* andererseits muss dabei immer klar unterschieden werden.

Über ein Experiment muss von der Durchführung über die Beobachtungen bis zu den Schlussfolgerungen ein genaues *Versuchsprotokoll* geführt werden, damit man sich zu einem späteren Zeitpunkt alle Einzelheiten vergegenwärtigen kann. Gleichzeitig soll das Protokoll den Versuch auch für andere nachvollziehbar machen.

Durchführung von Versuchen

- Lies die gesamte Versuchsanleitung und kläre die Zielsetzung des Experiments.
- Überlege, warum und in welcher Reihenfolge die Einzelschritte zu erledigen sind.
- Informiere dich über eventuelle Gefahren und die notwendigen Sicherheitsmaßnahmen.
- Stelle alle notwendigen Geräte und Chemikalien bereit.
- Beginne erst dann mit dem Experiment, wenn deine Lehrerin oder dein Lehrer es erlauben.

Beobachtung von Versuchen

- Kläre vorab, welche Beobachtungsaufträge sich aus der Zielsetzung des Versuchs ergeben.
- Skizziere den Versuchsaufbau und notiere Eigenschaften der Ausgangsstoffe (Farbe, Aggregatzustand, Geruch, Glanz ...).
- Beobachte den Versuchsablauf ganz genau. Notiere anschließend sofort jede Beobachtung. Wiederhole den Versuch, wenn du etwas nicht genau erkennen konntest.
- *Beachte*: Schreibe nur das auf, was du selbst siehst, hörst, riechst und eventuell fühlst. Notiere hier noch keine Deutungen oder Schlussfolgerungen.
- Prüfe, ob alle Beobachtungsaufträge erledigt werden konnten, und ob alle notierten Beobachtungen für die Aufgabenstellung wichtig sind.

Auswertung von Versuchen

- Gib, soweit möglich, für alle Beobachtungen eine Erklärung an. Berücksichtige dabei die Zielsetzung des Versuchs.
- Notiere, welche Stoffe entstanden sind. Gib dazu die Namen oder Formeln an.
- Stelle, wenn möglich, ein Reaktionsschema oder eine Reaktionsgleichung auf.
- Überdenke zum Schluss noch einmal die Zielsetzung des Versuchs und formuliere einen abschließenden Satz, der das Ergebnis des Versuchs zusammenfasst.

Methode Richtig protokollieren

In den Naturwissenschaften werden Erkenntnisse aus Experimenten nur dann wissenschaftlich anerkannt, wenn die Versuche reproduzierbar sind. Es muss also sichergestellt sein, dass auch andere Wissenschaftler die Versuche durchführen können und zu den gleichen experimentellen Ergebnissen kommen. Aus diesem Grund muss jeder Versuch ganz exakt schriftlich protokolliert werden. Wissenschaftler verwenden dazu ein Labortagebuch. Auch im Chemiepraktikum werden die Versuche sorgfältig protokolliert.

Versuchsprotokoll

Versuch: Erwärmen und Abkühlen von festem Iod

Aufgabe: Erwärme festes Iod und lasse es anschließend wieder auf Raumtemperatur abkühlen.

Materialien: Reagenzglas, Reagenzglasständer, Reagenzglashalter, Gasbrenner, Spatel, Wattebausch, Wasserbad, Thermometer; Iod (**GHS 7, 9**).

Durchführung: Wir haben das Wasserbad auf etwa 50 °C erwärmt. Dann haben wir mit dem Spatel einige Iodkristalle in das Reagenzglas gegeben und es mit einem Wattebausch verschlossen. Das Reagenzglas wurde so lange vorsichtig im Wasserbad erwärmt, bis sich violette Dämpfe bildeten. Dann haben wir das Reagenzglas zum Abkühlen in den Reagenzglasständer gestellt.

Beobachtungen:
1. Im Reagenzglas liegen blauschwarze Kristalle.
2. Beim Erwärmen bildet sich über den Kristallen ein violettes Gas, ohne dass das Iod schmilzt.
3. Beim Abkühlen bilden sich an der Wand des Reagenzglases zahlreiche kleine Kristalle. Dabei verschwindet die Farbe wieder.

Auswertung:
zu 1. Iod bildet blauschwarze Kristalle.
zu 2. Iod verdampft beim Erwärmen, ohne dass es vorher flüssig wird. Die violette Farbe wird durch den Ioddampf verursacht. Den direkten Übergang vom festen in den gasförmigen Zustand bezeichnet man als Sublimation.
zu 3. Beim Abkühlen bilden sich aus Ioddampf direkt Iodkristalle. Diesen Übergang vom gasförmigen in den festen Zustand bezeichnet man als Resublimation.

Ergebnis:
Iod sublimiert bei Erwärmen. Ioddampf hat eine violette Farbe. Ioddämpfe resublimieren beim Abkühlen, es bilden sich wieder Iodkristalle.

Aufgabe:
Die Versuchsüberschrift gibt die Aufgabenstellung des Versuchs an.

Materialien:
Gib die Geräte und Chemikalien an, die du für den Versuch benötigst.
Hinweis: Bei den Praktikumsversuchen werden in diesem Lehrbuch Reagenzgläser, Reagenzglasständer und Reagenzglashalter aus Platzgründen nicht angegeben!

Durchführung:
- Lies die Durchführung des Versuchs genau durch.
- Überlege dir, was noch für die Durchführung wichtig ist.
- Schreibe detailliert auf, was du gemacht hast.
- Falls der Versuchsaufbau kompliziert ist, erstelle eine Skizze.

Beobachtungen:
- Schreibe gewissenhaft und übersichtlich auf, was du beobachtet hast.
- Notiere nur deine Beobachtungen; Erklärungen und Deutungen gehören zur Auswertung!
- Wenn du deine Beobachtungen nummerierst, kannst du dich in der Auswertung darauf beziehen.

Auswertung und Ergebnis:
- Erkläre deine Beobachtungen.
- Schreibe einen Antwortsatz zu der am Anfang gestellten Aufgabe.

Sicheres Experimentieren

Die Versuche auf den Praktikumsseiten sind mit einer **Symbolleiste** versehen: Die Piktogramme in den roten Rauten sind *Gefahrenpiktogramme.* Offiziell lautet ihre Codierung GHS01, GHS02, ... In diesem Buch wird zur besseren Übersicht die Codierung durch eine Ziffer rechts neben dem Gefahrenpiktogramm angegeben. Die folgenden Symbole geben unbedingt zu beachtende *Sicherheitshinweise* wie *Schutzbrille, Handschuhe* oder *Abzug* an. Die blauen Kanister beziehen sich auf die korrekte *Entsorgung* der Chemikalien und der Lösungen. Dies ist in der Übersicht *Richtig entsorgen* genau beschrieben.

Gefahrenpiktogramme. Viele Stoffe sind gefährlich. Die Gefahrenpiktogramme weisen auf diese Gefahren hin.

GHS01

Explosive Stoffe/Gemische: feste oder flüssige Stoffe, die Gase entwickeln können, die durch ihre Temperatur und ihren Druck Zerstörungen anrichten.

GHS02

Entzündbare Stoffe: Stoffe, die als Gase oder Aerosole mit Luft explosive Gemische bilden, als Flüssigkeiten einen Flammpunkt unter 60 °C haben oder als Feststoffe leicht brennbar sind.

GHS03

Oxidierende Stoffe: Stoffe, die die Verbrennung anderer Materialien stärker fördern als Luft.

GHS04

Gase unter Druck: Gase, die in einem Behältnis unter Druck stehen oder die verflüssigt sind.

GHS05

Ätzende Stoffe: Stoffe, die die Haut oder die Augen nach kurzer Einwirkung dauerhaft schädigen.

GHS06

Giftige Stoffe: Stoffe, die beim Verschlucken, bei Hautkontakt oder beim Einatmen giftig wirken.

GHS07

Gesundheitschädliche/reizende Stoffe: Stoffe, die beim Verschlucken, bei Hautkontakt oder beim Einatmen gesundheitsschädlich sind, die Haut oder die Augen reizen oder auf die Haut allergen wirken.

GHS08

Chronisch gefährliche Stoffe: Stoffe, die das Erbgut verändern, Krebs erzeugen, die Fruchtbarkeit beeinträchtigen, das Kind im Mutterleib schädigen oder auf die Atemwege sensibilisierend wirken.

GHS09

Umweltgefährdende Stoffe: Stoffe, die die Umwelt, insbesondere Gewässer, gefährden.

Sicherheitshinweise. Wegen der besonderen Gefahren sind im Chemieunterricht wichtige Sicherheitshinweise zu beachten:

- Versuchsvorschriften und Hinweise müssen genau befolgt werden. Bei Unklarheiten muss die Lehrkraft gefragt werden.
- Ein Versuch darf erst dann durchgeführt werden, wenn dazu aufgefordert wird.
- Schülerinnen und Schüler dürfen Geräte und Chemikalien nicht ohne Genehmigung verwenden.
- Die Anlagen für elektrischen Strom, Gas und Wasser dürfen nur nach besonderer Aufforderung der Lehrkraft eingeschaltet werden.
- Die Geräte müssen in sicherem Abstand von der Tischkante standfest aufgebaut werden.
- Beim Experimentieren sind Schutzbrillen zu tragen.
- Werden Schutzhandschuhe ausgehändigt, so müssen sie benutzt werden.
- Im Praktikum darf grundsätzlich weder gegessen noch getrunken werden.
- Pipettieren mit dem Mund ist verboten.
- Geschmacksproben sind verboten. Geruchsproben dürfen nur dann vorgenommen werden, wenn die Lehrkraft dazu auffordert.
- Chemikalien dürfen nicht mit den Händen berührt werden.
- Die Haare sind so zu tragen, dass sie nicht in die Brennerflamme geraten können.
- Chemikalien dürfen nicht in Gefäße umgefüllt werden, die nicht eindeutig und dauerhaft beschriftet sind. Auf keinen Fall dürfen Gefäße benutzt werden, die zur Aufbewahrung von Speisen und Getränken bestimmt sind.
- Der Arbeitsplatz muss stets sauber gehalten werden. Nach Beendigung der Experimente sind die Geräte zu reinigen.
- Chemikalienreste müssen vorschriftsmäßig entsorgt werden (siehe Seite 17).

Sicher entsorgen

Jeder weiß es: **Gefährliche Stoffe müssen ordnungsgemäß entsorgt werden.** Chemikalienreste und Reaktionsprodukte dürfen also nicht ohne weiteres in den Abfluss oder den Abfalleimer gegeben werden. Folgende Regeln sind genau zu beachten:

Gefährliche Abfälle vermeiden. Eine der wichtigsten Regeln für einen verantwortungsbewussten Umgang mit Stoffen ist ganz einfach: *Die Entstehung unnötiger Abfälle oder unnötig großer Mengen an Abfällen muss vermieden werden.* Die Anwendung dieser Regel setzt eine sorgfältige Versuchsplanung im Hinblick auf Art und Menge der verwendeten Stoffe voraus.

Gefährliche Abfälle umwandeln. Nicht vermeidbare gefährliche Abfallstoffe sollen in weniger gefährliche umgewandelt werden:

Saure und alkalische Lösungen werden neutralisiert. Es ist zweckmäßig, saure und alkalische Lösungen in einem gemeinsamen Behälter zu sammeln. Sie brauchen dann nicht einzeln neutralisiert zu werden.

Viele *lösliche Stoffe* können zu schwer löslichen Stoffen umgesetzt werden.

Gefährliche Abfälle sammeln. Chemikalienreste von Praktikumsversuchen, die nicht sofort in ungefährliche Produkte umgewandelt werden können, werden in besonders beschrifteten Abfallbehältern gesammelt. Von Zeit zu Zeit werden die Abfallbehälter dann durch ein *Entsorgungsunternehmen* abgeholt.

Durch das Sammeln in getrennten Behältern verringern sich die Kosten für eine endgültige Beseitigung.

Behälter 1: Saure und alkalische Lösungen
In Behälter 1 gehören nur saure und alkalische Lösungen, in denen *keine Schwermetallverbindungen* enthalten sind. Saure und alkalische Lösungen neutralisieren sich dann gegenseitig. In der Regel reagiert die Lösung im Behälter 1 nicht neutral, sondern leicht sauer oder alkalisch. Bevor der Behälter ganz gefüllt ist, muss er deshalb neutralisiert werden. Der neutralisierte Inhalt kann dann in den Ausguss geschüttet werden.

Behälter 2: Giftige anorganische Stoffe
In Behälter 2 werden giftige und umweltschädliche Schwermetallsalze und ihre Lösungen gesammelt – auch dann, wenn es sich um saure oder alkalische Lösungen handelt. Die endgültige Entsorgung erfolgt durch ein Entsorgungsunternehmen.

Behälter 3: Halogenfreie organische Stoffe
Wasserlösliche und wasserunlösliche halogenfreie organische Stoffe werden gemeinsam in einem Abfallbehälter gesammelt. Damit sich kein zu großes Volumen an leicht entzündlichen Flüssigkeiten ansammelt, kann die Lehrkraft im Einzelfall anordnen, geringe Mengen nicht giftiger wasserlöslicher organischer Abfälle wie Ethanol oder Aceton in den Ausguss zu geben. Behälter 3 muss von einem Entsorgungsunternehmen ordnungsgemäß entsorgt werden.

Behälter 4: Halogenhaltige organische Stoffe
Organische Halogenverbindungen und Abfälle, die bei Halogenierungsreaktionen entstehen, werden im Behälter 4 gesammelt. Dieser Behälter muss von einem Entsorgungsunternehmen ordnungsgemäß entsorgt werden.

Entsorgungskonzept im Überblick

	1	2	3	4
	saure und alkalische Lösungen	giftige anorganische Stoffe	halogenfreie organische Stoffe	halogenhaltige organische Stoffe
Beispiele:	Salzsäure, Natronlauge	Kupfersalze, Bleisalze	Benzin, Toluol	1-Bromheptan, Iodethan

Umgang mit dem Gasbrenner

Bei Versuchen im Chemieunterricht müssen häufig Stoffe erhitzt werden. Man verwendet dazu Gasbrenner für Erdgas oder Propangas. Nur wenn man ihre Handhabung kennt, kann man gefahrlos mit ihnen umgehen.

Versuch 1: „Führerschein" für den Gasbrenner

Materialien: Gasbrenner.

Durchführung:

Vorbereitung

1. Stelle den Gasbrenner kippsicher auf eine feuerfeste Unterlage.
2. Schließe den Gasschlauch des Brenners an die Gaszuleitung des Tisches an.
3. Schließe die Gaszufuhr und die Luftzufuhr des Brenners.

Achtung: Binde lange Haare zusammen und trage immer eine Schutzbrille. Der Gasbrenner darf während der Arbeit nicht unbeaufsichtigt bleiben.

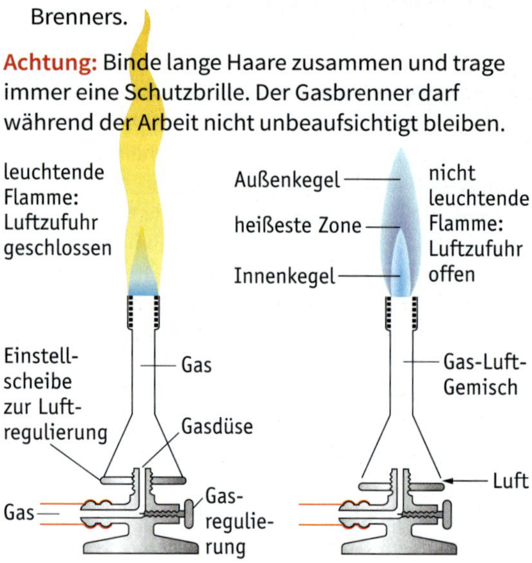

Inbetriebnahme und Einstellung des Gasbrenners

1. Öffne das Ventil an der Gaszuleitung und dann die Gaszufuhr am Brenner. Entzünde das ausströmende Gas. Arbeite zügig, aber ohne Hektik!
2. Verändere die Höhe der Gasflamme mit der Gasregulierschraube am Brenner, bis die Flamme kräftig gelb leuchtet.
3. Öffne danach die Luftzufuhr, bis du eine blaue nicht leuchtende Flamme erhältst.
4. Die Höhe der Brennerflamme soll der Breite deiner Hand entsprechen. Arbeite nur mit der blauen, aber noch nicht rauschenden Brennerflamme.
5. Um den Brenner zu löschen, schließt du das Ventil an der Gaszufuhr des Brenners.
6. Wiederhole den Ablauf, bis du ihn sicher im Griff hast. Dann hast du den Gasbrenner-Führerschein.

Versuch 2: Untersuchung der Brennerflamme

Materialien: Gasbrenner, Magnesiastäbchen.

Durchführung:

1. Entzünde den Gasbrenner und stelle eine blaue noch leicht rauschende Flamme ein. Die Flamme besteht aus einem inneren hellblauen und aus einem äußeren dunkelblauen Kegel.
2. Untersuche mithilfe eines Magnesiastäbchens die beiden Flammenkegel. Halte das Stäbchen zunächst einige Zeit ruhig in den inneren Kegel. Ziehe es dann langsam von unten nach oben durch die Flamme.

Aufgaben:

a) Beschreibe deine Beobachtungen.
b) Erkläre, wo die heißeste Zone der Flamme ist. Achte besonders auf die Ränder der Flamme und auf den Übergang vom inneren zum äußeren Flammenkegel.

Versuch 3: Schmelzen von Glas

Materialien: Gasbrenner, Glasrohr (etwa 30 cm).

Durchführung:

1. Halte das Glasrohr an beiden Enden fest und erhitze es in der Mitte oberhalb des inneren Flammenkegels. Das Glasrohr soll dabei gleichmäßig gedreht werden.
2. Sobald das Glas anfängt, weich zu werden, ziehe beide Enden außerhalb der Flamme zügig auseinander.
3. Schmilz ein weiteres Glasrohr an einem Ende zu. Drehe es dabei und erhitze das Ende so lange, bis das Glas rot glühend ist.

Aufgabe:

Beschreibe deine Beobachtungen.

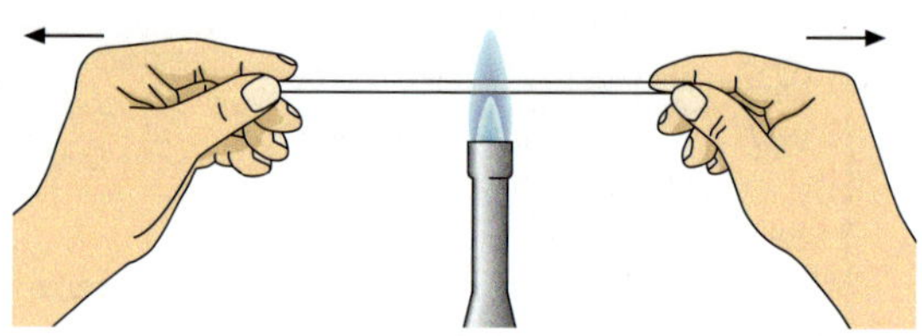

Der Kartuschenbrenner

Ein anderer Brennertyp, der häufig verwendet wird, ist der *Kartuschenbrenner*. Er wird mit einem Gemisch von Propan und Butan betrieben, das sich unter erhöhtem Druck als verflüssigtes Gas in einem Metallbehälter, der Kartusche, befindet. Beim Öffnen des Gasventils tritt Gas aus. Für die Luftzufuhr gibt es – je nach Modell – unterschiedliche Lösungen. Ein Kartuschenbrenner muss unbedingt kippsicher auf einer feuerfesten, waagerechten Unterlage aufgestellt werden. Vor dem Anzünden des Gases wird beim Kartuschenbrenner die Luftzufuhr leicht geöffnet. Erst danach öffnet man das Gasventil. Das ausströmende Gas-Luft-Gemisch muss sofort entzündet werden.

Auch hier gilt: Arbeite zügig, aber ohne Hektik!

Achtung: Das Gas hat eine größere Dichte als Luft und fließt deshalb beim Ausströmen nach unten. Wird das Gas nicht sofort entzündet, sammelt sich das schwerere Butangas auf der Tischplatte. Beim Anzünden des Gases kann es dann zu einer Stichflamme kommen.

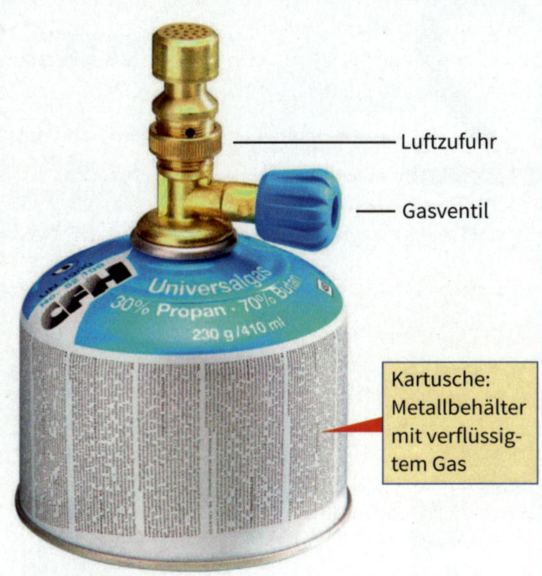

1 *Kartuschenbrenner*

Versuch 4: Schmelzen von Kerzenwachs

Materialien: Gasbrenner; Kerzenwachs (geraspelt).

Durchführung:
1. Fülle ein Reagenzglas etwa 4 cm hoch mit Kerzenwachs.
2. Halte das Reagenzglas schräg in die Flamme und erhitze zunächst den oberen Teil des Wachses vorsichtig so lange, bis es geschmolzen ist. Erwärme dann auch den restlichen Teil des Wachses.
3. Beende das Erhitzen, wenn alles Wachs flüssig geworden ist.

Versuch 5: Erhitzen von Wasser

Materialien: Gasbrenner, Siedesteinchen.

Durchführung:
1. Fülle ein Reagenzglas zu einem Viertel mit Wasser. Gib ein Siedesteinchen hinein.
2. Beginne mit dem Erhitzen in Höhe des Flüssigkeitsspiegels. Halte das Reagenzglas schräg in die Flamme und schüttle es dabei leicht hin und her.
3. Beende den Versuch, sobald das Wasser gleichmäßig siedet.

Regeln für das Erhitzen von Stoffen im Reagenzglas

1. Gasbrenner dürfen nicht zum Erhitzen *brennbarer* Flüssigkeiten verwendet werden.
2. Fülle das Reagenzglas immer nur zu einem Viertel.
3. Gib bei Flüssigkeiten ein Siedesteinchen hinein.
4. Halte das Reagenzglas mit einem Reagenzglashalter an seinem oberen Ende fest und führe es schräg in die Flamme.
5. Richte die Reagenzglasöffnung niemals auf dich oder andere Personen.
6. Beginne mit dem Erhitzen in Höhe des Flüssigkeitsspiegels. Schüttle dabei das Reagenzglas leicht, damit der Inhalt gleichmäßig erwärmt wird.

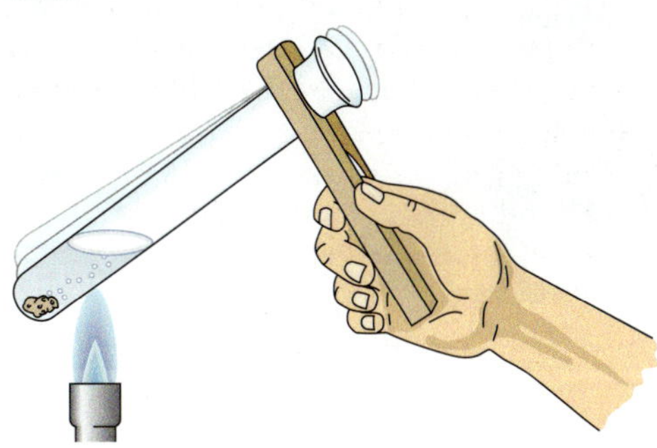

2 *Erhitzen von Flüssigkeiten*

Kapitel 2

Stoffeigenschaften und Teilchenmodell

Ein Schwerpunkt der Chemie ist die Beschäftigung mit Stoffen und ihren Eigenschaften. Mithilfe ihrer Eigenschaften kann man Stoffe eindeutig identifizieren. Darüber hinaus lassen sich Stoffe mit ähnlichen Eigenschaften zu Stoffgruppen zusammenfassen. Damit kommt Ordnung in die Vielfalt der stofflichen Welt. Viele Eigenschaften von Stoffen lassen sich auf ihren Aufbau aus kleinsten Teilchen zurückführen und mithilfe des Teilchenmodells erklären.

Doping ist verboten. Dennoch gibt es immer wieder Sportler, die zu Dopingmitteln greifen, um ihre Leistung zu steigern. Deshalb müssen Sportler nach dem Wettkampf zur Dopingkontrolle. Dort geben sie Urinproben ab, die mit chemischen und physikalischen Verfahren auf Dopingmittel untersucht werden. Die Untersuchungsmethoden sind so exakt, dass eine bestimmte Substanz mit 100%iger Sicherheit identifiziert werden und ein Dopingsünder damit überführt werden kann. Die Antidopingliste enthält heute mehr als 500 verbotene Stoffe. Im Wettlauf zwischen Dopingsündern und Sportärzten wird sie jährlich aktualisiert.

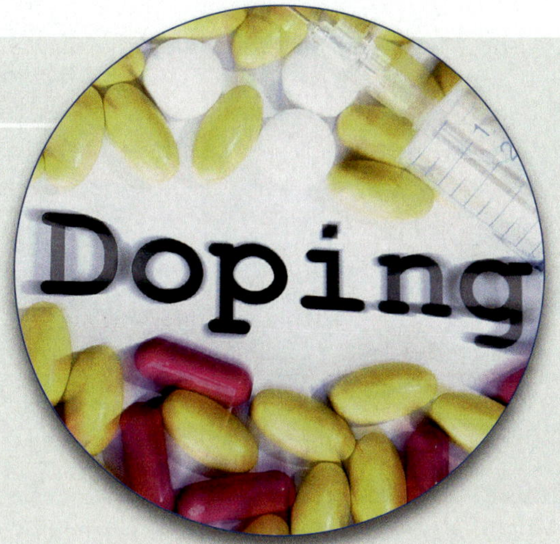

Aus dem Weltraum betrachtet erkennt man, dass mehr als zwei Drittel der Oberfläche unseres Planeten von Wasser bedeckt sind. Daher wird die Erde auch als „blauer Planet" bezeichnet. Auf anderen Planeten wie dem Mars findet man Wasser bestenfalls als Eis und auf dem 70 Lichtjahre entfernten Planeten HD 189733b nur in Form von Wasserdampf. Auf der Erde kommt Wasser dagegen in drei verschiedenen Zustandsformen vor: als Wasser, als Wasserdampf und als Eis. Über dem Meer steigen große Mengen Wasser als Wasserdampf auf und bilden Wolken, aus denen es später als Regen auf die Erde zurückgelangt. Im Winter begegnen wir Wasser in seiner dritten Form: als Eis und Schnee.

In unserem Denken und Arbeiten sind Modelle allgegenwärtig. Wie eine Abbildung vereinfacht jedes Modell die Wirklichkeit und versucht, sie zu erklären. Jedes Modell hat dabei seine Grenzen. Neue Erkenntnisse machen es daher oft notwendig, ein Modell weiterzuentwickeln oder gar durch ein neues Modell zu ersetzen. Eine der wichtigsten Modellvorstellungen in der Chemie ist das Teilchenmodell. Es geht letztlich auf Vorstellungen griechischer Philosophen zurück, die vor über 2500 Jahren lebten. Nach diesem Modell ist Materie nicht so kompakt, wie wir sie sehen, sondern sie besteht aus kleinsten Teilchen, zwischen denen sich absolut nichts befindet.

2.1 Stoffe und ihre Eigenschaften

1 *Viele Stoffe lassen sich mit unseren Sinnen an der Farbe, am Geruch oder am Geschmack erkennen.*

Die Chemie beschäftigt sich mit Stoffen und ihren Eigenschaften. Diese Eigenschaften hängen von der Reinheit der Stoffe ab; alle reinen Stoffe sind dabei durch stets gleichbleibende Eigenschaften gekennzeichnet. Im Alltag verlassen wir uns auf unsere Sinne: Gold und Silber glänzen, haben aber verschiedene *Farben*. Ob die Salatsoße mit Essig oder mit Zitronensaft angerührt wurde, erkennt man schon am *Geruch*. Der süße *Geschmack* von Tee verrät, dass er Zucker oder einen Süßstoff enthält.

Farbe. Viele Stoffe sind farbig: Chlorophyll ist grün und Hämoglobin im Blut ist rot. Ruß ist schwarz, Zucker und Salz sind farblos und erscheinen in feiner Verteilung weiß. Metallbleche sind oft silberglänzend. In der belebten Natur ist die Farbe häufig ein Signal. So zeigt die Rotfärbung einer Frucht, dass sie reif ist. In der Chemie reicht die Farbe eines Stoffes häufig aber nicht aus, um ihn eindeutig zu identifizieren. Um etwa Silber und Aluminium zu unterscheiden, muss man außer der Farbe weitere Eigenschaften heranziehen.

Geruch. Viele Stoffe lassen sich an ihrem typischen Geruch identifizieren: Chlor im Schwimmbad ist ein bekanntes Beispiel dafür. Der Geruch nach faulen Eiern rührt meist von dem Gas Schwefelwasserstoff her. Es ist noch wahrnehmbar, wenn ein einziger Milliliter davon in 10 000 Litern Luft verteilt ist. Viele Gase sind jedoch geruchlos. Bei Erdgas kann das lebensgefährlich sein, denn es bildet zusammen mit Luft explosive Gemische, wenn es unbemerkt aus einer defekten Leitung strömt. Daher wird Erdgas ein stark riechender Stoff beigemischt.

Geschmack. Viele Lebensmittel erkennen wir oft mühelos an ihrem Geschmack, obwohl die Sinneszellen der Zunge nur fünf Geschmacksqualitäten wahrnehmen: *süß, sauer, salzig, bitter* und *umami (herzhaft, fleischig)*. Chemikalien dürfen jedoch nie auf ihren Geschmack geprüft werden, denn man kann nicht wissen, ob der Stoff ätzend oder sogar giftig ist.

Härte. Mit Gegenständen aus härteren Stoffen kann man weichere Stoffe ritzen. Darauf beruht ein von 1 bis 10 reichendes Maß für die *Ritzhärte*, das auf Friedrich MOHS zurückgeht. Als härtester Stoff hat Diamant die Härte 10. Die Härte von Stahl liegt bei 8, Gold ist mit einer Härte von 2,5 relativ weich.

Verformbarkeit. Metalle lassen sich im Gegensatz zu vielen anderen Stoffen bei der Bearbeitung verformen. Daher kann man Metalle zu Blechen, Drähten und dünnen Folien verarbeiten. Gegenstände aus Porzellan oder harten Kunststoffen zerbrechen bei dem Versuch, sie zu biegen. Gummi ist dagegen elastisch; es nimmt nach einer Verformung die ursprüngliche Gestalt wieder an.

Magnetismus. Gegenstände aus Eisen, Cobalt oder Nickel sind magnetisch. Die magnetischen Eigenschaften von Eisen macht man sich beim Kompass zunutze. Eine Kompassnadel aus Eisen zeigt immer zum magnetischen Nordpol der Erde.

Brennbarkeit. Holz, Benzin und andere Stoffe sind brennbar. In feiner Verteilung können auch viele Metalle entzündet werden. Metallstäube oder auch Mehlstaub können sogar zu Explosionen führen.

Wärmeleitfähigkeit. Töpfe und Pfannen bestehen aus Metall, denn dieses Material leitet die Wärme der Herdplatte schnell und gleichmäßig an die zu garenden Lebensmittel weiter. Kupfer ist dabei ein besonders guter Wärmeleiter. Daher enthalten hochwertige Kochtöpfe häufig einen Boden aus Kupfer.

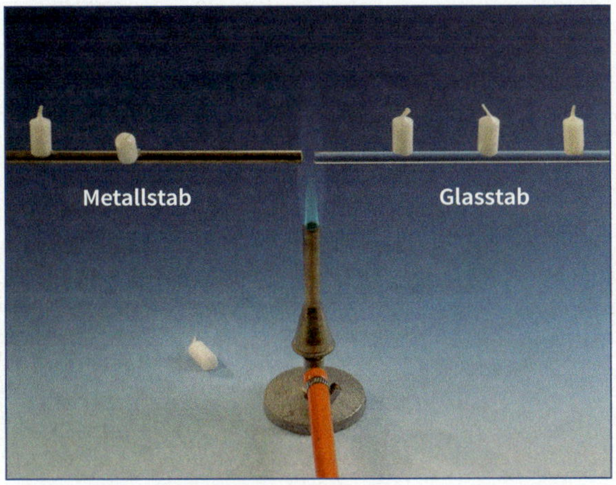

2 *Wärmeleitfähigkeit von Metall und Glas*

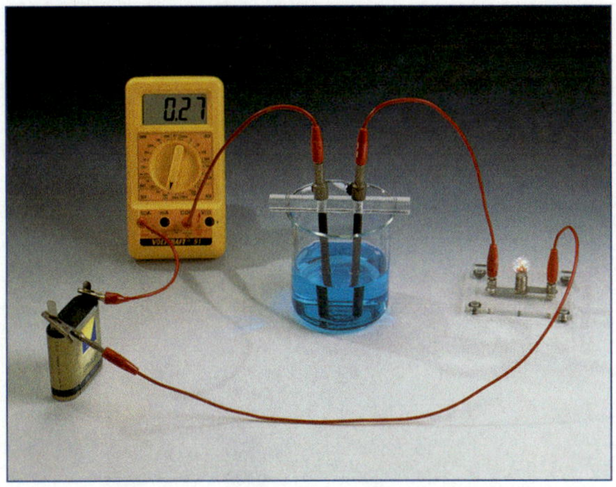

3 *Messung der elektrischen Leitfähigkeit*

Die Griffe der Töpfe bestehen dagegen meist aus Kunststoffen oder aus Holz und leiten die Wärme nur schlecht. Auch Glas ist ein schlechter Wärmeleiter. Glasbläser können daher ein Glasrohr an einem Ende mit der Hand festhalten, ohne sich die Finger zu verbrennen. Dabei erreicht das Rohr in der Flamme eine Temperatur von über 1000 °C. Stoffe lassen sich also nach ihrer Leitfähigkeit für Wärme unterscheiden (Abb. 2).

Elektrische Leitfähigkeit. Verbindet man eine Batterie und eine Glühlampe durch Kabel, so leuchtet der Glühdraht in der Lampe hell auf. Die Drähte in Elektrokabeln bestehen aus Kupfer, der Glühdraht in der Lampe aus Wolfram. Kupfer leitet also nicht nur die Wärme sehr gut, sondern auch den elektrischen Strom. Ähnlich wie Kupfer und Wolfram sind die übrigen Metalle gute elektrische Leiter. In Elektrokabeln sind die Kupferdrähte mit einer Schicht aus Kunststoff ummantelt. Diese Kunststoffe sind *Nichtleiter* oder *Isolatoren*. Sie verhindern, dass sich zwei Drähte berühren und dadurch einen Kurzschluss verursachen. Holz, Glas und Porzellan sind weitere Beispiele für Isolatoren.

Reines Wasser leitet den elektrischen Strom praktisch nicht. Gibt man jedoch ein Salz oder eine Säure hinzu, so steigt die elektrische Leitfähigkeit an. Allerdings ist die Leitfähigkeit dieser Lösungen wesentlich geringer als die von Metallen. Unterschiede in der elektrischen Leitfähigkeit kann man mit einem Strommessgerät, einem *Amperemeter,* erkennen (Abb. 3).

Stoffe können anhand ihrer Eigenschaften identifiziert werden. Zu den charakteristischen Stoffeigenschaften gehören Farbe, Geruch, Geschmack, Verformbarkeit, Härte, Magnetismus, Brennbarkeit und Leitfähigkeit.

1 Nenne jeweils fünf Stoffe, die
a) weiß und geruchlos sind,
b) den elektrischen Strom gut leiten,
c) Isolatoren sind.

2 Zeichne eine Schaltskizze für den in Abb. 3 dargestellten Stromkreis. Informiere dich im Physikbuch, welche Symbole man dabei für Batterie, Glühlampe und Strommessgerät wählt.

3 Wenn man ein Stück Holz und ein Metallstück bei Raumtemperatur anfasst, hat man das Gefühl, das Metall sei kälter. Erkläre diese Wahrnehmung.

4 Begründe, weshalb man in der Badewanne keine elektrischen Geräte benutzen sollte.

Experimentelle Hausaufgaben:

5 Informiere dich, wo man auf der Zunge die einzelnen Geschmacksrichtungen wahrnimmt. Überprüfe die Angaben mit einem Wattestäbchen, mit dem du etwas Zitronensaft, ein wenig Zucker und etwas Salz auf die verschiedenen Bereiche der Zunge bringst.

6 Untersuche Farbe, Geruch und Geschmack von Essig, Salatöl, Mineralwasser, Apfelsaft und Zitronensaft. Notiere deine Beobachtungen in einer Tabelle.

7 Stelle etwa gleichgroße Stäbe aus Metall, Kunststoff und Holz in ein Glas mit heißem Wasser. Fasse die Stäbe nach einer Minute an. Wiederhole den Versuch mit Eiswasser. Notiere die Beobachtungen und erläutere sie. *Hinweis*: Anstelle der Stäbe kannst du auch Löffel aus unterschiedlichen Materialien verwenden.

8 Ordne Stahl, Eisen, Glas, Gips und Quarz nach ihrer Härte, indem du versuchst, sie wechselseitig zu ritzen. Verwende dazu einen Stahlnagel, einen Deckel einer Konservendose, ein spitzes Stück Glas, ein Stück Gips (Innenputz) und einen spitzen Kieselstein.

2.2 Schmelztemperatur und Siedetemperatur

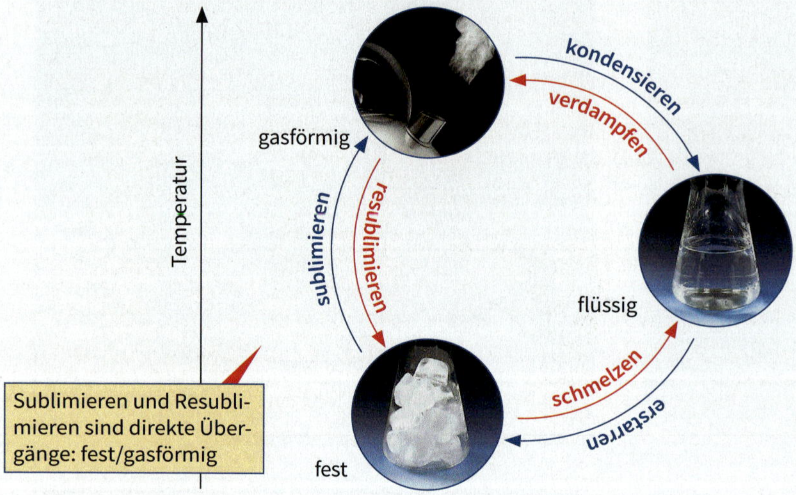

1 *Aggregatzustände des Wassers*

Im Labor bestimmt man oft die *Schmelztemperatur* oder die *Siedetemperatur*, um einen Stoff zu identifizieren. Schmelztemperatur und Siedetemperatur entscheiden darüber, ob ein Stoff im festen, im flüssigen oder im gasförmigen Zustand vorliegt. Diese drei Zustände nennt man *Aggregatzustände* (Abb. 1).

Schmelzen / Erstarren. Eis schmilzt bei 0 °C und Wasser erstarrt bei 0 °C. Bei dieser Temperatur geht Wasser also vom festen Aggregatzustand in den flüssigen über und umgekehrt. 0 °C ist die Schmelztemperatur von Eis und gleichzeitig die Erstarrungstemperatur von Wasser.

Sieden / Kondensieren. Erhitzt man Wasser bei normalem Luftdruck, so bilden sich bei 100 °C in der Flüssigkeit Dampfblasen: Das Wasser siedet; es geht vom flüssigen in den gasförmigen Zustand über. Kühlt man Wasserdampf ab, bildet sich bei 100 °C wieder flüssiges Wasser: der Wasserdampf kondensiert.

Den Vorgang kann man beobachten, wenn aus dem unsichtbaren Wasserdampf kleine Wassertröpfchen kondensieren und sich ein Nebel bildet oder wenn sich Wasserdampf an einer kalten Fensterscheibe als Flüssigkeit niederschlägt.

Wasser geht aber auch schon bei Temperaturen unterhalb der Siedetemperatur langsam vom flüssigen in den gasförmigen Zustand über: Es verdunstet. Die *Verdunstung* erfolgt umso schneller, je trockener die Luft ist und je besser der freigesetzte Wasserdampf durch den Wind weggeweht wird. Nasse Wäsche auf der Wäscheleine trocknet daher bei trockener Luft und bei heftigem Wind besonders gut.

Sublimieren / Resublimieren. Unter bestimmten Bedingungen gehen manche Stoffe direkt vom festen in den gasförmigen Aggregatzustand über. Eine Eisschicht wird auch bei Temperaturen unter 0 °C immer dünner, denn aus dem Eis bildet sich direkt Wasserdampf. Man sagt, Eis sublimiert zu Wasserdampf. *Sublimation* ist der direkte Übergang vom festen in den gasförmigen Aggregatzustand. Auch der umgekehrte Vorgang, die *Resublimation,* ist möglich: Bei Frost entstehen aus dem Wasserdampf der Luft direkt Eiskristalle, ohne dass sich erst flüssiges Wasser bildet. Man spricht von *Raureif.*

Stoffe können in den Aggregatzuständen fest, flüssig und gasförmig auftreten. Die Schmelztemperatur und die Siedetemperatur sind charakteristische Stoffeigenschaften.

1 Suche Beispiele aus dem Alltag, bei denen die Vorgänge Schmelzen, Erstarren, Sieden, Kondensieren, Verdunsten, Sublimieren und Resublimieren ablaufen.

2 Grenze folgende Begriffe gegeneinander ab: *Sieden, Verdampfen, Verdunsten.*

3 Sitzt man in einem kalten Auto, beschlagen oft die Fensterscheiben. Nach dem Einschalten der warmen Lüftung wird die Scheibe wieder klar. Erkläre diese Beobachtungen.

4 Gib an und begründe, welchen Aggregatzustand die Stoffe in der Tabelle bei 0 °C, bei 20 °C und bei 100 °C annehmen.

Stoff	Schmelztemperatur	Siedetemperatur
Brom	–7 °C	59 °C
Chlor	–101 °C	–34 °C
Ethanol	–114 °C	78 °C
Glycerin	18 °C	290 °C
Quecksilber	–39 °C	357 °C
Sauerstoff	–219 °C	–183 °C
Zink	420 °C	907 °C

5 **Experimentelle Hausaufgabe:** Stelle ein leeres Glas für 15 Minuten in die Gefriertruhe. Stelle es dann auf den Tisch und beobachte. Notiere und erläutere deine Beobachtungen.

Zunächst wird der Metallstab gewogen:
$m = 56\ \text{g}$

Dann ermittelt man das Volumen des Metallstabes. Dazu stellt man ihn in einen Messzylinder mit Wasser und misst die Volumenzunahme:
$V = V(\text{nachher}) - V(\text{vorher}) = 7\ \text{ml} = 7\ \text{cm}^3$

$\varrho = \frac{m}{V} = \frac{56\ \text{g}}{7\ \text{cm}^3} = 8\ \frac{\text{g}}{\text{cm}^3}$

Das Metall hat die Dichte $8\ \frac{\text{g}}{\text{cm}^3}$.

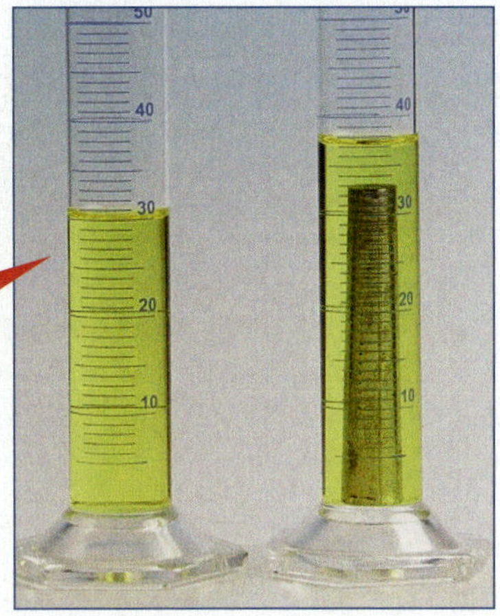

1 *Bestimmung der Dichte eines Metallstabes*

Wenn man einen Kasten Mineralwasser in den zweiten Stock schleppen muss, achtet man natürlich auf das Gewicht – in der Fachsprache: die Masse – der Flaschen. Die meisten Menschen nehmen dann statt Glasflaschen wesentlich leichtere Flaschen, die aus dem Kunststoff Polyethylenterephthalat (PET) bestehen. Natürlich ist aber ein Kilogramm Glas genauso schwer wie ein Kilogramm Kunststoff. Allerdings nimmt ein Kilogramm Kunststoff ein viel größeres Volumen ein als ein Kilogramm Glas. Man sagt, die *Dichte* von Glas ist größer als die Dichte von Kunststoff.

In der Naturwissenschaft versteht man allgemein unter der Dichte ϱ (rho) eines Stoffes den Quotienten aus der Masse und dem Volumen einer Stoffportion:

$$\text{Dichte} = \frac{\text{Masse}}{\text{Volumen}} \qquad \varrho = \frac{m}{V}$$

Die Dichte ist eine Stoffeigenschaft wie die Siedetemperatur oder die Schmelztemperatur. Sie wird zumeist in der Einheit $\frac{\text{g}}{\text{cm}^3}$ angegeben. Gase haben allerdings eine so geringe Dichte, dass man hier die Einheit $\frac{\text{g}}{\text{l}}$ verwendet. Die Dichte eines Stoffes hängt von der Temperatur ab: Mit steigender Temperatur dehnen sich die Stoffe aus. Ihr Volumen nimmt also zu; die Dichte wird kleiner.

Stoff	Dichte $\frac{\text{g}}{\text{cm}^3}$	Stoff	Dichte $\frac{\text{g}}{\text{cm}^3}$ (Gase $\frac{\text{g}}{\text{l}}$)
Gold	19,3	Silicium	2,33
Kupfer	8,96	Magnesium	1,74
Eisen	7,86	Ethanol	0,79
Zink	7,14	Sauerstoff	1,33
Aluminium	2,7	Helium	0,17
Glas	2,5	Wasserstoff	0,084

2 *Dichte verschiedener Stoffe bei 20 °C*

In Tabellen bezieht man daher die Werte für die Dichte auf eine bestimmte Temperatur. Bei Gasen hängt die Dichte zusätzlich noch vom Druck ab. Eine Gasportion wird bei Druckerhöhung zusammengepresst. Das Volumen nimmt ab, die Dichte steigt entsprechend. In der Praxis wird die Messung der Dichte genutzt, um den Gehalt von Lösungen zu bestimmen. So wird bei der Qualitätskontrolle von Fruchtsäften der Zuckergehalt über die Dichte bestimmt: Je mehr Zucker im Saft gelöst ist, desto größer ist die Dichte.

Die Dichte eines Stoffes ist der Quotient aus der Masse und dem Volumen. Die Dichte hängt von der Temperatur und bei Gasen zusätzlich vom Druck ab.

1 Erläutere anhand von Abb. 1, wie man die Dichte eines Feststoffes bestimmt.

2 Dämmstoff aus Polystyrolschaum hat eine Dichte von nur etwa $0{,}03\ \frac{\text{g}}{\text{cm}^3}$. Berechne, ob du einen Quader von $2\ \text{m}^3$ stemmen kannst.

3 Eine Aluminiumlegierung für Motorblöcke enthält 7 % Magnesium. Berechne die Dichte des Materials und die Gewichtsersparnis gegenüber der Verwendung von Gusseisen (Dichte: $\varrho = 7{,}2\ \frac{\text{g}}{\text{cm}^3}$). Gehe dabei von einem Volumen des Metallteils von fünf Litern aus.

4 Eine 0,7-Liter-Glasflasche wiegt 590 g, eine 1-Liter-PET-Flasche nur 62 g. Berechne, wie viele Flaschen man aus 10 kg Glas und aus 10 kg Kunststoff herstellen und wie viele Liter Wasser man damit transportieren kann.

5 **Experimentelle Hausaufgabe**: 5-Cent-Münzen bestehen scheinbar aus Kupfer. Sie werden von einem Magneten angezogen, obwohl Kupfer nicht magnetisch ist. Plane einen Versuch, der zeigt, dass 5-Cent-Münzen nicht aus reinem Kupfer bestehen. Führe den Versuch durch.

Praktikum Untersuchung von Stoffen – Teil 1

Versuch 1: Untersuchung von weißen pulverförmigen Stoffen

Materialien: Bechergläser (150 ml), Glasstäbe, Tropfpipette, Leitfähigkeitsprüfer, Teelöffel, Kerze; Universalindikatorlösung (**2, 7**), Salzsäure (verd.), *Proben:* Gips, Natron (Natriumhydrogencarbonat), Citronensäure (**7**), Kochsalz, Zucker.

Durchführung:

Löslichkeit

1. Fülle 100 ml Wasser in ein Becherglas.
2. Gib mit dem Spatel eine Portion einer Probe hinzu und rühre mit einem Glasstab um, bis sich der Stoff gelöst hat.
3. Gib nach und nach solange weitere etwa gleich große Portionen der Probe hinzu, bis sich nichts mehr löst. Beende die Zugabe nach maximal fünf Portionen.
4. Wiederhole den Versuch mit den übrigen Proben.
5. Verwende die Lösungen für die weiteren Versuche.

Elektrische Leitfähigkeit

1. Halte die Prüfspitzen des Leitfähigkeitsprüfers in die Lösungen und beobachte, ob und wie stark das Lämpchen leuchtet.

Hinweis: Spüle die Prüfspitzen nach jedem Versuch sorgfältig mit Wasser ab.

pH-Wert

1. Gib zu den Lösungen der Proben je fünf Tropfen Universalindikatorlösung hinzu und schüttle.
2. Vergleiche mit der pH-Skala in V2.

Verhalten beim Erhitzen

1. Erhitze je einen Spatel der Proben auf einem Teelöffel über einer Kerzenflamme und beobachte, ob sie brennen oder sich verändern.

Verhalten gegenüber Salzsäure

1. Gib je einen Spatel der Proben in ein Reagenzglas und tropfe mit einer Pipette etwas Salzsäure dazu.

Aufgaben:

a) Notiere alle Beobachtungen in Form einer Tabelle.
b) Erläutere anhand der Beobachtungen, wie man jeden der Stoffe von den anderen unterscheiden kann.

Hinweis: Der Versuch kann auch so durchgeführt werden, dass jede Gruppe eine unbekannte Probe erhält, die sie identifizieren soll.

Versuch 2: Saure und alkalische Lösungen im Haushalt

Materialien: Tropfpipetten; Bromthymolblaulösung, Universalindikatorlösung (**2, 7**), *Proben:* Salzsäure (verd.), Schwefelsäure (verd., **7**), Salpetersäure (verd., **5, 7**), Essig, Zitronensaft, Rhabarbersaft, Natronlauge (verd., **5**), Kalkwasser, Kochsalz, Buttermilch, Waschpulver, Haushaltsreiniger, Entkalker, Joghurt, Sauerkrautsaft, Natron (Natriumhydrogencarbonat), Abflussreiniger (**5, 7**).

Durchführung:

1. Gib jeweils eine kleine Probe der zu untersuchenden Stoffe in ein Reagenzglas mit 5 ml Wasser und schüttle vorsichtig.
2. Tropfe in jedes Reagenzglas Bromthymolblaulösung und schüttle. Wiederhole die Versuche mit Universalindikatorlösung.

Aufgabe:

Notiere deine Ergebnisse in Form einer Tabelle und deute die Farbänderungen. Gib den ungefähren pH-Werte der Lösungen an.

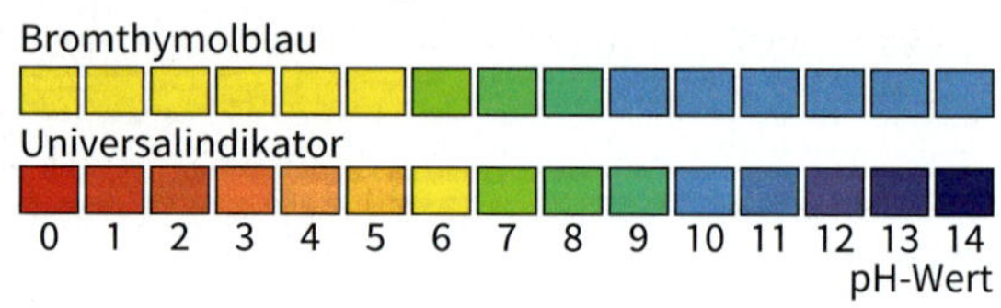

Versuch 3: Wärmeleitfähigkeit

Materialien: 2 Bechergläser (400 ml, hohe Form), Heizplatte, Thermometer, Holzstab, Metallstab, Kunststoffstab, Eiswasser.

Durchführung:

1. Erhitze in einem Becherglas 300 ml Wasser auf 80 °C und stelle die drei Stäbe hinein.
2. Fasse nach 2 Minuten die Stäbe am oberen Ende an, um ihre Temperatur zu prüfen.
3. Nimm sie heraus, trockne sie ab und stelle sie nach 5 Minuten in ein Becherglas mit 300 ml Eiswasser.
4. Prüfe nach 2 Minuten ihre Temperatur, indem du sie am oberen Ende anfasst.

Aufgabe:

Notiere und erläutere deine Beobachtungen.

Versuch 4:
Sieden und Kondensieren

Materialien: Heizplatte, 2 Glasschalen (1 l), Luftballon, Tropfpipette;
Spiritus (**2, 7**), Eiswasser.

Durchführung:
1. Fülle eine Glasschale zu drei Vierteln mit Wasser und bringe das Wasser zum Sieden.
2. Stelle eine Schale mit Eiswasser bereit.
3. Gib mit der Tropfpipette etwa 2 ml Spiritus in den leeren Luftballon.
4. Verknote den Luftballon und halte ihn mit dem Knoten 5 Minuten in die Schale mit dem heißen Wasser.
5. Tauche den Luftballon anschließend in die Schale mit Eiswasser.

Aufgaben:
a) Notiere deine Beobachtungen.
b) Beschreibe einen Versuch, mit dem man das Volumen des Ethanoldampfes messen könnte.
c) Erkläre die Beobachtungen mithilfe des Teilchenmodells und fertige eine Skizze dazu an.

Versuch 5:
Erstarrungstemperatur von Stearinsäure

Materialien: Gasbrenner, großes Reagenzglas, Thermometer, Stoppuhr;
Stearinsäure (**7**).

Durchführung:
1. Baue den Versuch nach der Abbildung auf.
2. Erhitze das Wasserbad mit dem Brenner langsam bis auf etwa 80 °C.
3. Entferne den Brenner und starte die Stoppuhr.
4. Notiere alle 30 Sekunden die Temperatur.
5. Beende die Messungen, wenn die Temperatur auf 50 °C gesunken ist.

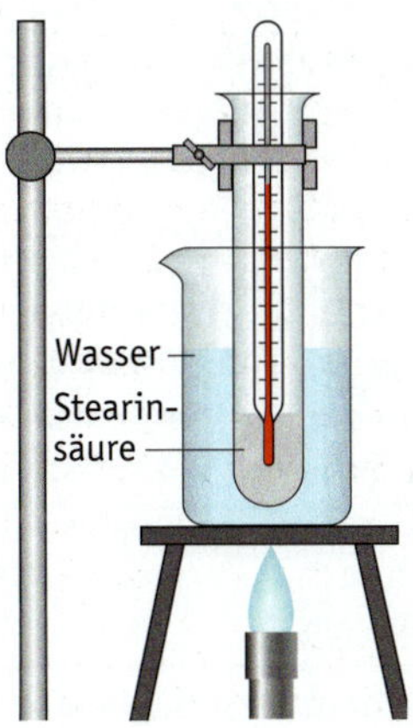

Aufgaben:
a) Übertrage die Messwerte in eine Tabelle und erstelle ein Diagramm (x-Achse: Zeit; y-Achse: Temperatur).
b) Lies aus dem Diagramm die Erstarrungstemperatur ab. Vergleiche den Wert mit der Schmelztemperatur von Stearinsäure. Gib mögliche Ursachen für eventuelle Abweichungen an.
c) Beurteile mithilfe des Diagramms folgende Äußerung: „Während einer Änderung des Aggregatzustandes bleibt die Temperatur konstant."

Versuch 6:
Siedetemperatur von Ethanol

Materialien: Heizplatte, Becherglas (600 ml), Tropfpipette, Thermometer, Stoppuhr;
Spiritus (**2, 7**).

Durchführung:
Hinweis: In Gegenwart leichtentzündlicher Flüssigkeiten darf der Gasbrenner nicht benutzt werden.
1. Bringe im Becherglas etwa 400 ml Wasser zum Sieden. Benutze dazu die Heizplatte.
2. Gib in ein Reagenzglas etwa 4 ml Spiritus und halte es so, dass es tief in das Wasser eintaucht.
3. Miss mit dem Thermometer alle 30 Sekunden die Temperatur im Spiritus bis er verdampft ist.

Aufgaben:
a) Erstelle ein Temperatur-Zeit-Diagramm und lies die Siedetemperatur von Ethanol ab.
b) Beschreibe und erkläre den Verlauf der Kurve.

Versuch 7:
Resublimation von Wasserdampf

Materialien: 2 große Metallstücke, 2 Glasschalen, 2 Styropor®-Platten, Haushaltsfolie.

Durchführung:
1. Lege beide Metallstücke für mindestens drei Stunden in das Gefrierfach.
2. Bedecke den Boden der Glasschalen mit Styropor® und lege die Metallstücke darauf.
3. Verschließe eine der Schalen mit Haushaltsfolie und beobachte die Schalen fünf Minuten lang.

Aufgabe:
Notiere und erkläre deine Beobachtungen.

2.4 Wasser löst vieles, aber nicht beliebig viel

1 *Kupfersulfat wird in Wasser gelöst*

Das Wasser, mit dem wir täglich umgehen, ist nur selten reines Wasser; meistens enthält es auch Mineralstoffe. Sprudel und viele andere Getränke enthalten zusätzlich noch das Gas Kohlenstoffdioxid. Solche Gemische bezeichnet man als *Lösungen.* Wasser ist dabei das *Lösemittel* für die gelösten Stoffe.

Viele kristalline **Feststoffe** wie Kochsalz und Zucker lösen sich gut in Wasser. Gips oder Kalkstein sind dagegen kaum wasserlöslich. Besonders gut lässt sich der Lösevorgang bei farbigen Salzen wie Kaliumpermanganat oder Kupfersulfat beobachten (Abb. 1). Dabei entstehen farbige Lösungen.

Rührt man portionsweise blaues Kupfersulfat in Wasser ein, so löst sich das Salz zunächst vollständig auf. Ab einer bestimmten Menge nimmt die Lösung aber kein weiteres Kupfersulfat mehr auf; das Salz bleibt als Bodensatz oder *Bodenkörper* zurück. Die darüber stehende Lösung bezeichnet man dann als eine **gesättigte Lösung** (Abb. 1).

Zahlreiche **flüssige Stoffe** mischen sich in jedem Verhältnis mit Wasser. Dazu gehört beispielsweise der Trinkalkohol (Ethanol), der in alkoholischen Getränken in unterschiedlichen Anteilen gelöst ist. Essigsäure und Schwefelsäure lösen sich ebenfalls unbegrenzt in Wasser. Andere Flüssigkeiten lassen sich nur bis zu einem bestimmten Anteil mit Wasser mischen. Manche Flüssigkeiten wie Öl und Benzin lösen sich dagegen in Wasser überhaupt nicht.

Wasser löst auch viele **gasförmige Stoffe** (Abb. 4). Wird Kohlenstoffdioxid in Wasser eingeleitet, schmeckt die Lösung leicht säuerlich. Getränke mit gelöstem Kohlenstoffdioxid bezeichnet man deshalb als kohlensäurehaltige Getränke. Bei den Gasbläschen, die aus Sprudel, Bier oder Sekt aufsteigen, handelt es sich um nichts anderes als um Kohlenstoffdioxid. Auch Sauerstoff aus der Luft löst sich in Wasser. Fische können über ihre Kiemen den im Wasser gelösten Sauerstoff zur Atmung aufnehmen. Höhere Konzentrationen an gelöstem Sauerstoff erreicht man, wenn man statt Luft reinen Sauerstoff in Wasser einleitet.

Löslichkeit. Um vergleichen zu können, wie gut sich einzelne Stoffe lösen, nutzt man ihre in Tabellenwerken aufgeführte *Löslichkeit.* Sie gibt die Masse eines Stoffes an, die sich in 100 g Wasser löst.

$$\text{Löslichkeit} = \frac{m\,(\text{gelöster Stoff})}{100\,\text{g Wasser}}$$

Die Löslichkeit hängt von der *Temperatur* ab; in Tabellen bezieht man sich daher bei der Angabe meist auf eine Temperatur von 20 °C. Die Löslichkeit nimmt bei Feststoffen häufig mit steigender Temperatur zu (Abb. 3). Daher löst sich der Bodenkörper in einer gesättigten Lösung beim Erwärmen meist auf, beim Abkühlen bildet er sich wieder.

Im Gegensatz dazu sinkt die Löslichkeit bei Gasen mit zunehmender Temperatur (Abb. 4). Wenn im Sommer Gewässer zu warm werden, löst sich weniger Sauerstoff

Stoff	Löslichkeit $\left(\frac{g}{100\,g}\right)$	Stoff	Löslichkeit $\left(\frac{g}{100\,g}\right)$
Chlor	0,73	Kaliumpermanganat	7,6
Citronensäure	75	Kochsalz	36
Fruchtzucker	79	Kohlenstoffdioxid	0,17
Gips	0,2	Rohrzucker	197
Iod	0,03	Sauerstoff	0,0043
Kalkstein	0,001	Stickstoff	0,0019

2 *Löslichkeit verschiedener Stoffe in Wasser bei 20 °C*

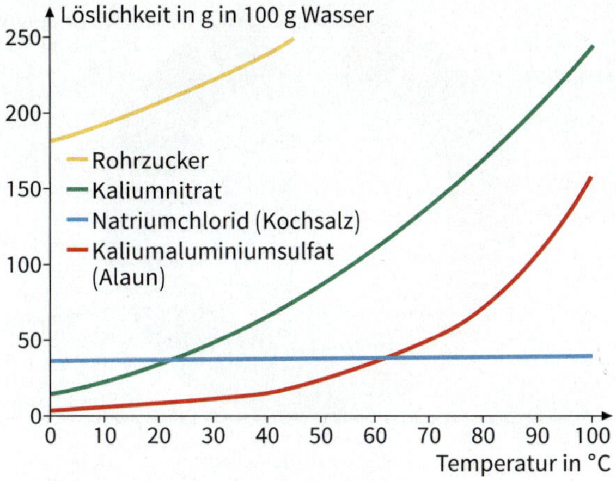

3 *Löslichkeitskurven einiger Feststoffe*

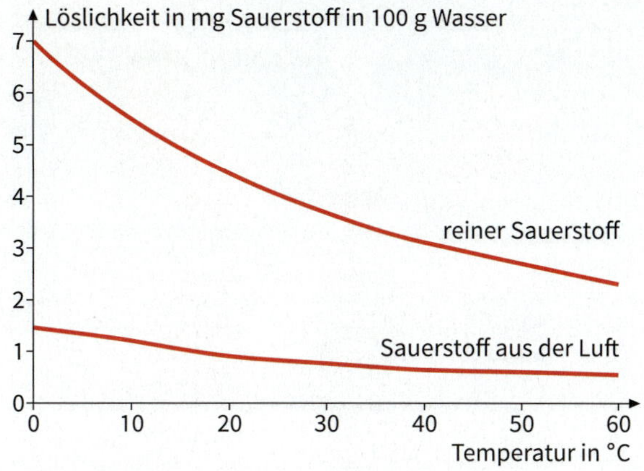

4 *Löslichkeitskurve von Sauerstoff in Wasser*

in dem Wasser: Die Lebewesen im Wasser leiden unter Sauerstoffmangel. Im Extremfall drohen in dem Gewässer lebende Fische zu ersticken.

Die Löslichkeit von Gasen in Wasser ist auch von dem *Druck* des jeweiliges Gases abhängig. Sie steigt mit zunehmendem Druck (Abb. 5). Beim Abfüllen kohlensäurehaltiger Getränke wird Kohlenstoffdioxid unter erhöhtem Druck gelöst. Öffnet man eine Sprudelflasche, sinkt mit dem Druck auch die Löslichkeit des Gases: Es zischt und Gasbläschen steigen auf.

Löslichkeitskurven geben anschaulich die Löslichkeit von Stoffen in Abhängigkeit von Druck oder Temperatur wieder. Aus den Kurven lässt sich bei einer bestimmten Temperatur die maximal lösliche Masse eines Stoffes ablesen.

Massenanteil. Im Labor arbeitet man häufig mit Lösungen, die nicht gesättigt sind. Auch in diesen Fällen benötigt man oft eine klare Information darüber, wie viel von dem gelösten Stoff in einer bestimmten Menge der der Lösung enthalten ist. Meist wird dazu der Massenanteil w berechnet:

$$w = \frac{m\,(\text{gelöster Stoff})}{m\,(\text{Lösung})}$$

Häufig wird der Wert in eine Prozentangabe umgerechnet:

$$w\,(\text{Zucker}) = \frac{32\,\text{g}}{200\,\text{g}} \cdot 100\,\% = 16\,\%$$

Wasser ist ein gutes Lösemittel für viele feste, flüssige und gasförmige Stoffe. Bei den meisten Feststoffen nimmt die Löslichkeit mit steigender Temperatur zu. Die Löslichkeit von Gasen nimmt mit steigendem Druck zu und sinkt mit steigender Temperatur.

1 Erläutere anhand von Abb. 3, bei welchem Salz eine Temperatursteigerung den geringsten Einfluss auf die Löslichkeit hat.

2 Ermittle aus den Kurven in Abb. 4 die Masse von Sauerstoff, die sich in einem Liter Wasser bei 20 °C löst.

3 In 100 ml eines Cola-Getränks sind 10,5 g Zucker enthalten. Erläutere, weshalb man aus diesen Angaben den Massenanteil nicht berechnen kann.

4 Erkläre, warum Industriebetriebe und Kraftwerke warm gewordenes Kühlwasser nicht in die Flüsse einleiten dürfen, obwohl es schadstofffrei ist.

5 Ermittle, wie viel Wasser man zu 100 g reiner Essigsäure geben muss, um 25%ige Essigsäurelösung zu erhalten. Notiere deinen Rechenweg.

6 **Experimentelle Hausaufgabe:** Ermittle mithilfe einer Waage, welche Masse an Traubenzucker sich bei Raumtemperatur in 50 ml Wasser löst. Gib von der gesättigten Lösung die Hälfte in ein Glas Sprudelwasser. Erläutere die Beobachtungen.

5 *Druckabhängigkeit der Löslichkeit von Gasen*

2.5 Saure und alkalische Lösungen

1 *Indikator Bromthymolblau*

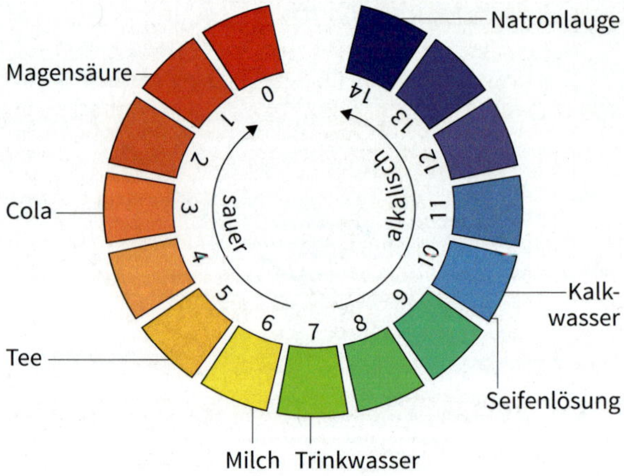

2 *Universalindikator*

Löst man Essigsäure oder Citronensäure in Wasser, so erhält man eine *saure Lösung*. Solche Lösungen wirken ätzend. Man merkt es besonders dann, wenn etwas davon in kleine Hautrisse gelangt: Man spürt sofort ein unangenehmes Brennen. Diese Eigenschaft machen sich Brennnesseln und Ameisen zunutze. Sie sondern saure Lösungen ab, um Angreifer abzuwehren. Auch viele Früchte enthalten Säuren. Beispiele sind Citronensäure in Zitrusfrüchten, Äpfelsäure vor allem in unreifem Obst und Oxalsäure in Rhabarber. Im Labor verwendet man als Säuren häufig Salzsäure und Schwefelsäure.

Lösungen von Kernseife oder Waschmitteln in Wasser fühlen sich auf der Haut seifig an. Man bezeichnet sie als *alkalische Lösungen*. Sie wirken ebenfalls ätzend. Im Labor oft verwendete alkalische Lösungen sind Natronlauge und Ammoniaklösung.

Ist eine Lösung weder sauer noch alkalisch, so spricht man von einer *neutralen Lösung*. So ist eine Lösung von Kochsalz oder von Zucker in Wasser neutral. Reines Wasser ist ebenfalls neutral.

Indikatoren. Da man an Chemikalien keine Geschmacksprobe durchführen darf, muss man andere Möglichkeiten heranziehen, saure und alkalische Lösungen zu erkennen: Man verwendet hierzu *Indikatoren* (lat. *indicare:* anzeigen). Es handelt sich dabei um Farbstoffe, die in einer sauren, in einer neutralen und in einer alkalischen Lösung jeweils eine andere Farbe annehmen. Im Labor häufig verwendete Indikatoren sind *Bromthymolblau* (Abb. 1) und *Phenolphthalein*. Noch häufiger verwendet man *Universalindikator,* der zusätzlich zu der Unterscheidung von sauer, neutral und alkalisch auch Abstufungen im sauren und alkalischen Charakter einer Lösung anzeigt (Abb. 2).

pH-Wert. Verdünnt man Essigsäure mit Wasser, so wird die Lösung immer weniger sauer. Um exakt zu beschreiben, wie stark sauer oder alkalisch eine Lösung ist, gibt man den *pH-Wert* an. Die pH-Skala reicht von 0 bis 14. Neutrale Lösungen haben einen pH-Wert von 7, saure Lösungen einen pH-Wert kleiner als 7 und alkalische Lösungen einen pH-Wert größer als 7.

Saure, neutrale und alkalische Lösungen lassen sich mit Indikatoren nachweisen. Der pH-Wert einer Lösung gibt an, wie stark sauer oder alkalisch eine Lösung ist. Neutrale Lösungen haben einen pH-Wert von 7.

1 Der pH-Wert von Kaffee beträgt 5, der pH-Wert von Seifenlösung etwa 9,5. Ordne den Flüssigkeiten die Begriffe *sauer* und *alkalisch* zu.

2 Erläutere den Vorteil, den Universalindikator gegenüber dem Indikator Bromthymolblau hat.

3 a) Wenn man zu einer mit Bromthylblau gefärbten alkalischen Lösung eine ebenfalls mit Bromthymolblau gefärbte saure Lösung tropft, erscheint irgendwann eine grüne Färbung. Stelle eine Hypothese auf, worauf dieser Farbumschlag zurückzuführen ist.
b) Erkläre, warum die Farbe von Bromthymolblau in einer neutralen Lösung gerade grün ist.

4 Recherchiere, was der Begriff *hautneutral* bei kosmetischen Produkten bedeutet.

5 **Experimentelle Hausaufgabe:** Untersuche Essig und in Wasser gelöste Reinigungsmittel aus dem Haushalt mit schwarzem Tee und Rotkohlsaft als Indikator.

2.6 Nichtwässrige Lösemittel

1 *Entfernung von Nagellack*

Neben Wasser können auch viele andere Flüssigkeiten als Lösemittel verwendet werden. Insgesamt gesehen spielt Wasser aber die größte Rolle. Denn es ist nicht nur besonders preisgünstig, sondern auch vielseitig einsetzbar und dazu völlig ungefährlich.

Lösemittel für fettähnliche Stoffe. Andere Lösemittel als Wasser kommen meist dann infrage, wenn ein Stoff gelöst werden soll, der sich in Wasser nur schlecht oder gar nicht löst. So ist Benzin in Wasser praktisch unlöslich: Schüttelt man Benzin mit Wasser in einem Reagenzglas, so bilden sich nach kurzer Zeit zwei Flüssigkeitsschichten. Unten befindet sich das Wasser, darüber schwimmt das Benzin, denn es hat die geringere Dichte.

Auch Öle und Fette sind in Wasser unlöslich; sie lösen sich aber in *Benzin*. Man verwendet deshalb Reinigungsbenzin, um einen Fettfleck aus der Kleidung zu entfernen. Benzin von der Tankstelle darf keinesfalls verwendet werden, denn es enthält gesundheitsschädliche und giftige Stoffe. Ähnlich wie Benzin haben viele Lösemittel einen charakteristischen Geruch. So geht der typische Geruch eines Allesklebers von dem Lösemittel *Essigester* aus, in dem der Klebstoff gelöst ist. Essigester ist neben *Aceton* das wichtigste Lösemittel in Nagellackentfernern. Parfüm enthält neben Wasser hauptsächlich *Ethanol* und *Isopropanol* als Lösemittel, da sie keinen starken Eigengeruch haben. Beim Umgang mit Benzin, Essigester, Aceton, Ethanol und Isopropanol ist Vorsicht geboten, denn diese Lösemittel sind leicht entzündlich.

Lösemittelersatz. Der Einsatz gesundheitsschädlicher Lösemittel ist seit einigen Jahren stark zurückgegangen. So findet man bei vielen Anstrichfarben den blauen Umweltengel auf dem Etikett mit dem Hinweis *mit Wasser verdünnbar*. Bei diesen Farben sind die nichtwässrigen Lösemittel durch Wasser ersetzt worden.

Viele Stoffe lösen sich nur in nichtwässrigen Lösemitteln wie Benzin, Essigester, Aceton oder Ethanol. Diese Lösemittel sind brennbar und oft gesundheitsschädlich.

1 Begründe, warum Ölflecken auf der Kleidung in der Waschmaschine nicht oder nur schlecht entfernt werden.

2 Erkläre, warum im Meer ausgelaufenes Erdöl einen Ölteppich bildet.

3 Ein flüssiger Vielzweckkleber wird als lösemittelfrei beschrieben. Erkläre, warum die Bezeichnung falsch ist und was eigentlich gemeint ist.

4 Recherchiere, welche Lösemittel in kosmetischen Produkten in deinem Haushalt enthalten sind.
Hinweis: Oft werden die englischen Bezeichnungen verwendet: *acetone* für Aceton, *ethyl acetate* für Essigester und *isopropyl alcohol* für Isopropanol.

5 Um den unterschiedlichen Anforderungen unserer Kleidung gerecht zu werden, arbeitet man in der chemischen Reinigung mit verschiedenen Lösemitteln. Die Information, welches davon für das jeweilige Kleidungsstück infrage kommt, erhält man durch die Piktogramme auf den eingenähten Etiketten mit internationalen Pflegehinweisen:

Informiere dich über die Aussagen der Piktogramme. Erstelle einen Steckbrief für die Lösemittel, die sich hinter den Symbolen P und F verbergen.

Untersuchung von Stoffen – Teil 2

Versuch 1:
Dichte von Gasen

Materialien: stabile Kunststoffflasche (1 l) mit durchbohrtem Stopfen, Glasrohr mit Hahn, Kolbenprober (100 ml), Waage (Messgenauigkeit: 1 mg); Kohlenstoffdioxid-Druckgasflasche (**4**).

Durchführung:
1. Wiege die leere Kunststoffflasche mit aufgesetztem Stopfen und Glasrohr mit Hahn.
2. Fülle 100 ml Luft in den Kolbenprober.
3. Drücke die Luft in die Flasche, schließe den Hahn.
4. Wiege die Flasche erneut.
5. Wiederhole den Versuch mit Kohlenstoffdioxid.

Aufgaben:
a) Berechne aus den Messwerten die Dichte von Luft und von Kohlenstoffdioxid. Gib das Ergebnis in den Einheiten $\frac{g}{l}$ und $\frac{g}{cm^3}$ an.
b) Ermittle die Masse der Luft in einem Raum mit der Größe 5 m x 3 m x 2,50 m.
c) Vergleiche die Dichten von Wasserstoff, Helium, Sauerstoff, Stickstoff und Kohlenstoffdioxid mit der Dichte von Luft.

Versuch 2:
Dichte von Feststoffen

Materialien: Waage, Messzylinder (100 ml); *Proben:* Kieselsteine, Stäbchen aus Eisen, Messing, Kupfer, Zink.

Durchführung:
1. Wiege eine Probe.
2. Fülle den Messzylinder genau mit 50 ml Wasser.
3. Gib die Probe vorsichtig in den Messzylinder und lies den Wasserstand ab.
4. Wiederhole den Versuch mit den anderen Proben.

Aufgaben:
a) Berechne die Dichte der Stoffe und vergleiche sie mit den Werten aus Tabellenwerken.
b) Stelle Vermutungen über die Abweichungen der Messwerte von den Tabellenwerten an.
c) Erläutere, wie man die Dichte von Metallstäben mit Waage und Lineal ermitteln kann.

Versuch 3:
Zuckergehalt eines Cola-Getränks

Materialien: 2 Bechergläser (100 ml, 400 ml), Waage, Messzylinder (100 ml), Trichter, Dreifuß, Drahtnetz, Siedesteinchen, Thermometer, Gasbrenner; Zucker, *Proben:* Cola-Getränk, Cola light (jeweils 15 Minuten auf 80 °C erhitzt und abgekühlt).

Durchführung:
1. Wiege den leeren Messzylinder.
2. Wiege 5 g Zucker ab und löse ihn in dem Becherglas in ungefähr 70 ml Wasser.
3. Gib die Zuckerlösung in den Messzylinder, spüle nach und fülle mit Wasser bis zur 100-ml-Marke auf.
4. Wiege den Messzylinder mit der Zuckerlösung.
5. Ermittle die Dichte der Zuckerlösung.
6. Wiederhole die Schritte 1. bis 5. mit 10 g, 15 g, 20 g und 25 g Zucker.
7. Bestimme die Dichte des Cola-Getränks und von Cola light.

Aufgaben:
a) Erläutere, was man unter einer Eichgeraden versteht.
b) Bestimme aus der unten abgebildeten Eichgerade die Masse des Zuckers in 100 ml der Cola-Getränke.
c) Erläutere, warum die Cola-Getränke vor der Dichtebestimmung zunächst länger erhitzt und dann abgekühlt werden müssen.
d) Beschreibe, wie man Schritt für Schritt vorgehen muss, um eine Eichgerade zu erstellen, mit der man den Salzgehalt von Meerwasser bestimmen kann.

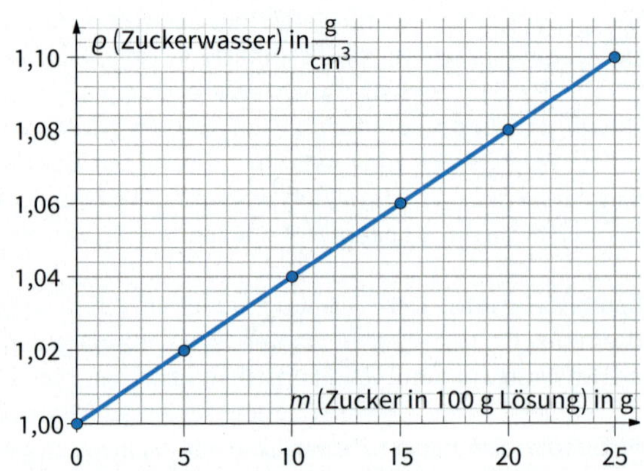

Versuch 4:
Lösen von Stoffen

Materialien: Petrischale, Pinzette; Kaliumpermanganat (**3, 7, 9**), Iod (**7, 8, 9**), Spiritus (**2, 7**).

Durchführung:
Lösen von Kaliumpermanganat in Wasser
1. Fülle die Petrischale zur Hälfte mit Wasser.
2. Gib mit der Pinzette einen Kaliumpermanganatkristall in das Wasser.

Lösen von Iod
1. Fülle ein Reagenzglas zu drei Vierteln mit Spiritus, ein anderes mit Wasser.
2. Gib mit der Pinzette in beide Flüssigkeiten je einen Iodkristall.

Aufgaben:
a) Notiere deine Beobachtungen und deute sie.
b) Überlege, wie man die gelösten Stoffe wieder als Feststoff zurückgewinnen könnte.
c) Erkläre deine Beobachtungen mithilfe des Teilchenmodells und stelle den Lösevorgang in einer Skizze modellhaft dar.

Versuch 5:
Lösemittel im Vergleich

Materialien: 4 Tropfpipetten, Gummistopfen; Spiritus (**2, 7**), Waschbenzin (**2, 7, 8, 9**), Aceton (**2, 7**), *Proben*: Kochsalz, Zucker, Stärke, Margarine, Speiseöl, Kaffee, Nagellack.

Durchführung:
1. Gib in vier Reagenzgläser 2 cm hoch je eines der Lösemittel Wasser, Spiritus, Waschbenzin oder Aceton.
2. Gib in jedes der Reagenzgläser eine sehr kleine Portion einer Probe, setze einen Stopfen auf und schüttle. Überprüfe die Löslichkeit.
3. Wiederhole den Versuch mit den anderen Proben.

Aufgaben:
a) Notiere deine Beobachtungen in Form einer Tabelle.
b) Erläutere, welches Lösemittel als Nagellackentferner infrage kommen kann.

Versuch 6:
Löslichkeit von Gasen

Materialien: Becherglas (400 ml, hoch), Glastrichter, Messzylinder (10 ml), Thermometer, Heizplatte; Wasser, Sprudel, stilles Mineralwasser.

Durchführung:
1. Fülle das Becherglas halb mit Wasser.
2. Stelle den Trichter auf den Boden des Becherglases und stülpe den mit Wasser gefüllten Messzylinder darüber.
3. Erwärme das Wasser langsam auf 50 °C und lies nach jeweils 10 °C das entstandene Gasvolumen ab.
4. Wiederhole den Versuch mit stillem Wasser und mit Sprudel.

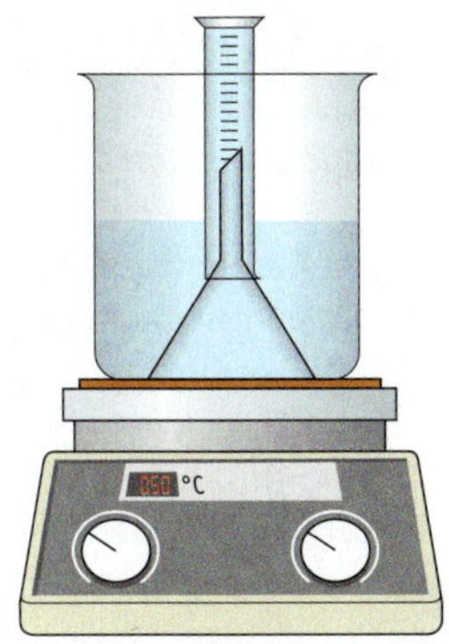

Aufgabe:
Notiere deine Messwerte, vergleiche die Ergebnisse untereinander und mit den Angaben auf den Etiketten und erläutere sie.

Versuch 7:
Experimentelle Hausaufgabe:

Löslichkeit von Carotin
1. Raspele eine große Karotte mit einer Küchenreibe und verteile die Karottenraspeln auf zwei Gläser.
2. Fülle ein Glas zu einem Viertel mit Wasser, ein zweites mit farblosem Speiseöl. Rühre die Karottenraspeln eine Minute lang in den Flüssigkeiten.
3. Gieße zuerst die Flüssigkeit aus dem Glas mit dem Wasser in ein drittes Glas. Gib dann die Flüssigkeit aus dem Glas mit dem Öl dazu.
4. Rühre beide Flüssigkeiten eine Minute lang kräftig.

Aufgaben:
a) Notiere alle Beobachtungen und deute sie.
b) Begründe, weshalb man Karottengerichte stets mit etwas Öl oder Fett zubereiten sollte.

2.7 Stoffe bestehen aus Teilchen

1 *Oberfläche von Graphit im Rastertunnelmikroskop*

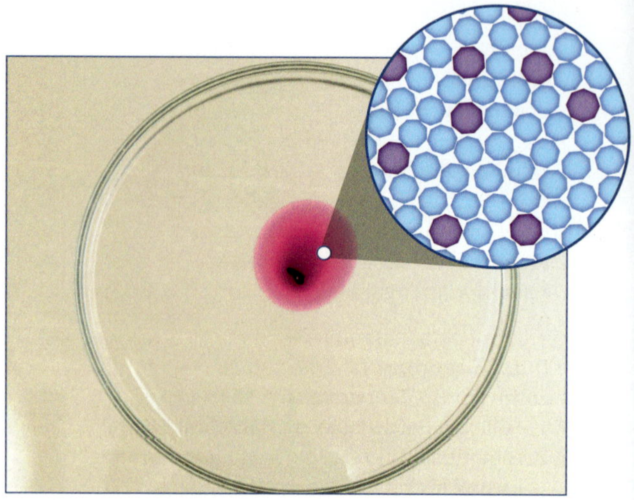

2 *Ein Kaliumpermanganatkristall löst sich in Wasser*

Die Vorstellung, dass alle Stoffe aus nicht weiter teilbaren, unsichtbar kleinen Teilchen aufgebaut sind, wurde bereits vor über 2400 Jahren von dem griechischen Philosophen DEMOKRIT vertreten. Beweisen konnte er seine Vermutung zwar nicht, doch lassen sich viele Beobachtungen aus dem Alltag erklären, wenn man annimmt, dass Stoffe tatsächlich aus Teilchen bestehen. Diese Vorstellung bezeichnen wir heute als das *Teilchenmodell.*

In der Wissenschaft stößt man häufig in Bereiche vor, die wir mit unseren Sinnen nicht wahrnehmen können. Um sich dennoch ein Bild machen zu können, verwendet man Modellvorstellungen. Ein **Modell** stellt dabei einen Teil der Wirklichkeit bildhaft in vereinfachter Form dar. Es dient so der Veranschaulichung komplizierter Sachverhalte. Ergeben sich neue Erkenntnisse zu dem Sachverhalt, wird das Modell dem entsprechend weiterentwickelt.

Teilchenmodell. Nach dem Teilchenmodell bestehen alle Stoffe aus kleinsten Teilchen; der Raum zwischen den Teilchen ist absolut leer. Heute gibt es Verfahren, Teilchen sichtbar zu machen: Mit einem Rastertunnelmikroskop erkennt man beispielsweise auf der Oberfläche einer Bleistiftmine aus Graphit regelmäßig angeordnete gleich große Kugeln – die Teilchen (Abb. 1). Eine solche regelmäßige dreidimensionale Anordnung von Teilchen bezeichnet man als ein *Gitter*. Zwischen den Teilchen wirken Anziehungskräfte, die das Gitter zusammenhalten. Wie beim Graphit sind die Teilchen *eines* Stoffes immer gleich groß.

Teilchenbewegung. Wenn eine Flasche Parfüm offen steht, nimmt man überall im Raum den charakteristischen Duft wahr. Ein ähnliches Phänomen kann man beobachten, wenn man einen Kaliumpermanganatkristall in eine Schale mit Wasser gibt: Die violette Farbe des gelösten Stoffes breitet sich gleichmäßig aus (Abb. 2). Bei dieser Ausbreitung von gasförmigen und gelösten Stoffen spricht man von *Diffusion*. Die Ursache der Diffusion ist eine ständige, ungerichtete Bewegung der Teilchen. Dabei stoßen die Teilchen immer wieder zusammen und ändern dann ihre Richtung. So kommt es zu einer gleichmäßigen Verteilung des betreffenden Stoffes in dem gesamten zur Verfügung stehenden Raum.

Da sich die Parfüm-Teilchen in gleicher Zeit deutlich weiter bewegen als die Teilchen des Kaliumpermanganats, muss man annehmen, dass sich Teilchen in Gasen schneller bewegen als Teilchen in Flüssigkeiten. Im gleichen Aggregatzustand hängt die Geschwindigkeit der Teilchen von ihrer Masse und von der Temperatur ab: Je leichter die Teilchen sind und je höher die Temperatur ist, desto schneller bewegen sie sich (Abb. 3).

Größe von Teilchen. Mit einem einfachen Versuch lässt sich zeigen, dass die Teilchen *verschiedener* Stoffe unterschiedlich groß sind: Zwei kleine Gläschen werden mit zwei verschiedenen blauen Farbstofflösungen gefüllt und mit Einmachfolie aus Cellulose verschlossen.

Gas	Geschwindigkeit in $\frac{m}{s}$ bei		
	0 °C	25 °C	100 °C
Wasserstoff	1845	1928	2157
Sauerstoff	461	482	539
Kohlenstoffdioxid	393	411	460
Chlor	310	324	362
Xenon	228	238	266

3 *Geschwindigkeiten von Gasteilchen bei unterschiedlichen Temperaturen*

Die Gläschen werden mit der Folie nach unten in ein größeres Becherglas mit Wasser getaucht. Nach kurzer Zeit sind unter einem der Gläschen blaue Schlieren im Wasser zu erkennen. Das Wasser unter dem anderen Gläschen bleibt auch nach längerer Zeit unverändert (Abb. 5).

Die Einmachfolie ist eine Membran, die winzige Poren besitzt. Die Teilchen eines der beiden Farbstoffe sind so klein, dass sie durch die Poren der Membran diffundieren. Die Teilchen des zweiten Farbstoffs sind größer: Sie passen nicht durch die Poren und werden daher durch die Membran zurückgehalten. Die Teilchen verschiedener Stoffe sind also unterschiedlich groß; sie haben auch eine unterschiedliche Masse.

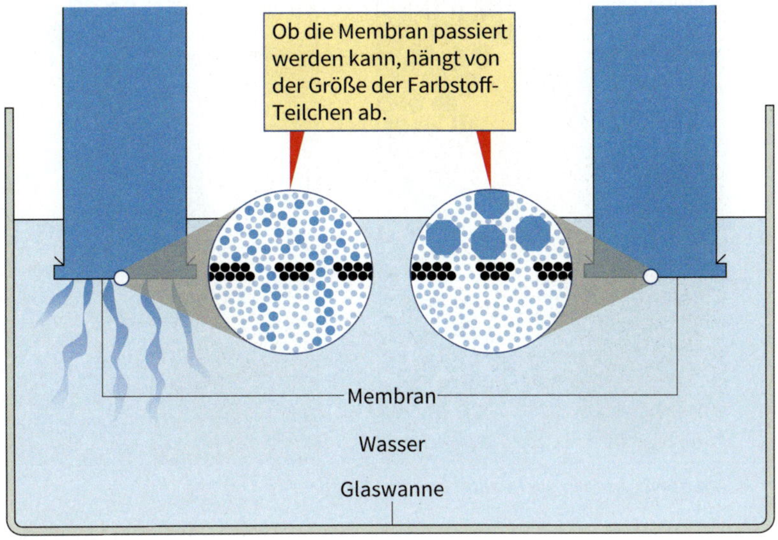

5 *Versuch zur Teilchengröße*

Aggregatzustände im Teilchenmodell. Die drei Aggregatzustände *fest, flüssig* und *gasförmig* lassen sich mit dem Teilchenmodell anschaulich beschreiben (Abb. 4). In *Feststoffen* sind die Teilchen in einem Gitter angeordnet und dicht gepackt. Sie schwingen um ihre Gitterplätze, die sie jedoch nicht verlassen können. In einer *Flüssigkeit* liegen die Teilchen noch dicht beieinander. Ihre Bewegung ist schneller; sie können sich daher gegeneinander verschieben, sodass die Flüssigkeit die Form des sie umgebenden Gefäßes annimmt. In *Gasen* bewegen sich die Teilchen noch schneller. Ihr Abstand wird dadurch so groß, dass keine Anziehungskräfte mehr wirksam sind. Das Gas füllt daher den gesamten zur Verfügung stehenden Raum aus.

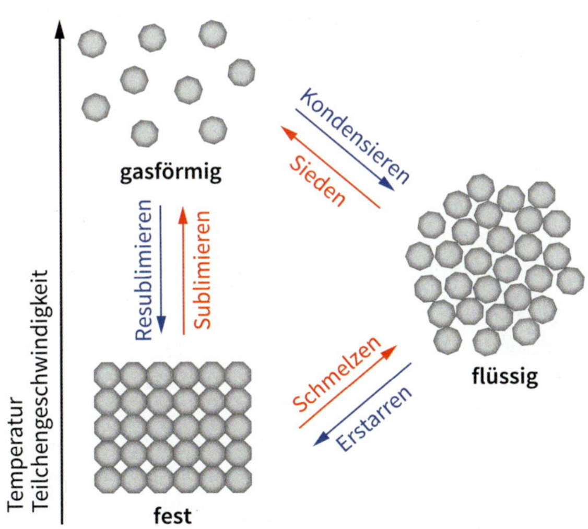

4 *Aggregatzustände im Teilchenmodell*

Nach dem Teilchenmodell sind Stoffe aus kleinsten Teilchen aufgebaut, die ständig in Bewegung sind. Teilchen eines Stoffes besitzen die gleiche Größe und die gleiche Masse. Die Durchmischung von Stoffen durch die Bewegung der Teilchen bezeichnet man als Diffusion.

---

1 Fasse die Eigenschaften der kleinsten Teilchen in fünf Punkten zusammen. Nutze den Text und die Abbildungen dieser Doppelseite.

2 Beschreibe die Aggregatzustände mithilfe des Teilchenmodells.

3 a) Erläutere anhand der Tabelle in Abb. 3, wie die Geschwindigkeit der Teilchen von der Temperatur abhängt.
b) Ordne die Gasteilchen nach steigender Masse.
c) Rechne die Geschwindigkeit der Wasserstoff-Teilchen in die Einheit $\frac{km}{h}$ um.

4 Stelle die Ausbreitung von Parfüm-Teilchen mithilfe des Teilchenmodells dar.

5 a) Begründe mithilfe des Teilchenmodells, warum sich eine Flüssigkeit jeder Gefäßform anpasst, ein Feststoff dagegen nicht.
b) Erläutere mithilfe des Teilchenmodells, warum sich Gase leicht zusammendrücken lassen, Flüssigkeiten und Feststoffe aber nicht.

2.8 Der Lösevorgang im Teilchenmodell

1 *Lösevorgang in der Realität und im Modell*

Das Lösen von Kandiszuckerkristallen in Wasser lässt sich sehr gut mit dem Teilchenmodell erklären: Wasser und Zucker bestehen aus unterschiedlichen Teilchen. Im Kandiszucker sind die Zucker-Teilchen in einem Gitter dicht gepackt und dadurch an ihre Plätze gebunden. Die Wasser-Teilchen können sich dagegen frei bewegen. Wird Kandiszucker in Wasser gegeben, so lagern sich Wasser-Teilchen an die Zucker-Teilchen an der Oberfläche des Kristalls an und drängen sich zwischen sie. Dadurch werden die Anziehungskräfte zwischen den Zucker-Teilchen geschwächt. Wasser-Teilchen umlagern einzelne Zucker-Teilchen und lösen sie so aus dem Kristall heraus. Wenn schließlich der ganze Kristall aufgelöst ist, verteilen sich die Zucker-Teilchen durch *Diffusion* gleichmäßig in der ganzen Lösung (Abb. 1).

Lässt man die Zuckerlösung längere Zeit offen stehen, verdunstet allmählich das Wasser. Wenn dadurch die Lösung schließlich gesättigt ist, setzen sich am Rand und am Boden des Gefäßes die ersten Zuckerkristalle ab. Sie wachsen immer weiter, bis das Wasser vollständig verdunstet ist und dann nur noch Zuckerkristalle übrig sind. Die *Kristallisation* entspricht weitgehend einer Umkehrung des Lösevorganges: Beim Verdunsten verlassen einzelne Wasser-Teilchen die Oberfläche der Lösung. Je weniger Wasser-Teilchen vorhanden sind, um die Zucker-Teilchen zu umhüllen, desto stärker machen sich wieder die Anziehungskräfte zwischen den Zucker-Teilchen bemerkbar. Schließlich ordnen sie sich regelmäßig zu einem *Kristall* an. Oft sind die so gebildeten Kristalle aber nicht so schön und so groß wie die handelsüblichen Kandiszuckerkristalle.

Die Modellvorstellung über das Lösen von Feststoffen in Wasser lässt sich auch auf das Lösen von Flüssigkeiten und Gasen und auch auf andere Lösemittel übertragen.

Beim Lösen eines Stoffes werden die Teilchen voneinander getrennt und von den Lösemittel-Teilchen umhüllt. Die Kristallisation ist die Umkehrung des Lösevorgangs.

1 Stelle zeichnerisch mithilfe des Teilchenmodells folgende Vorgänge dar:
a) Lösen eines Iodkristalls in Wasser,
b) Kristallisation von Iod aus der Lösung.

2 **Experimentelle Hausaufgabe:** Hänge je einen Teebeutel mit Früchtetee in ein Glas mit kaltem und in ein Glas mit heißem Wasser. Miss die Zeit, bis die Flüssigkeit jeweils einheitlich gefärbt ist. Interpretiere das Ergebnis mit dem Teilchenmodell.

Darstellung im Teilchenmodell

Die modellhafte Vorstellung über den Aufbau der Materie aus kleinsten Teilchen, die sich im absolut leeren Raum bewegen, hat sich bereits vor langer Zeit entwickelt. Heute weiß man, dass es die Teilchen tatächlich gibt.
In diesem Buch werden Teilchen oft als Achtecke mit unterschiedlichen Farben dargestellt:

Bei der Interpretation solcher Abbildungen muss man berücksichtigen, dass man den Teilchen Eigenschaften wie etwa Farbe und Temperatur nicht zuordnen kann. Da sie nicht direkt sichtbar sind, kann man zunächst auch keine Aussagen über ihre Form und ihre Größe machen.

Teilchenmodell

Versuch 1:
Sieben von Farbstofflösungen

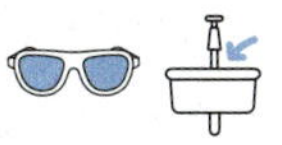

Materialien: Einmachfolie (Cellophanfolie), Becherglas (400 ml, breit), 2 kleine Gummiringe; Methylenblaulösung, Iod-Stärke-Lösung.

Durchführung:

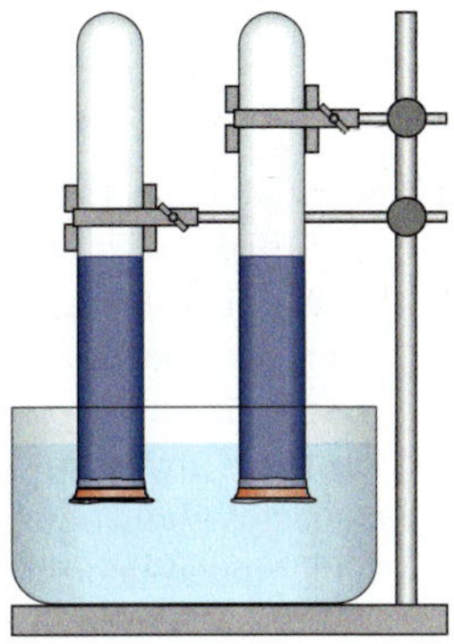

1. Fülle je ein Reagenzglas zur Hälfte mit einer der beiden Farbstofflösungen.
2. Verschließe beide Reagenzgläser dicht mit Cellophanfolie. Befestige die Folie mithilfe eines Gummirings.
3. Befestige die Reagenzgläser umgekehrt an einem Stativ und tauche sie in das Becherglas mit Wasser ein.
4. Beobachte den Versuch zehn Minuten lang.

Aufgaben:

a) Notiere deine Beobachtungen.
b) Erkläre deine Beobachtungen mit dem Teilchenmodell.

Versuch 2:
Verdampfen und Kondensieren

Materialien: Gasbrenner, Rundkolben (250 ml), Messzylinder (10 ml), Luftballon.

Durchführung:

1. Befestige den Rundkolben an einem Stativ.
2. Fülle 10 ml Wasser ein und erhitze bis zum Sieden.
3. Entferne den Brenner und stülpe vorsichtig den Luftballon über den Hals des Rundkolbens. Lass die Versuchsanordnung abkühlen.

Aufgaben:

a) Notiere deine Beobachtungen.
b) Interpretiere die Beobachtungen mithilfe des Teilchenmodells.

Versuch 3:
Geschwindigkeit von Teilchen

Materialien: Glasrohr (Durchmesser etwa 10–15 mm, 40 cm), 2 Gummistopfen, schwarze Pappe, Watte, 2 Pinzetten (lang), Folienstift;
Salzsäure (konz., **5**, **7**), Ammoniak (konz., **5**, **7**, **9**).

Durchführung:

1. Lege das Glasrohr unter dem Abzug auf die Pappe.
2. Lass von der Lehrkraft gleichzeitig je einen mit konzentrierter Salzsäure und einen mit konzentriertem Ammoniak getränkten Wattebausch in die Enden des Glasrohres schieben. Dann wird das Glasrohr mit den Stopfen verschlossen.
3. Beobachte, an welcher Stelle sich ein weißlicher Rauch bildet und markiere diese Stelle.

Hinweis: Konzentrierte Ammoniaklösung gibt Ammoniakgas ab, konzentrierte Salzsäure Chlorwasserstoffgas. Wenn sich die beiden Gase treffen, bildet sich festes, weißes Ammoniumchlorid.

Aufgaben:

a) Notiere deine Beobachtungen und erkläre sie.
b) Erläutere, welche Teilchen sich schneller bewegen.
c) Stelle Vermutungen an, wie man aus dem Ergebnis des Versuchs auf das ungefähre Massenverhältnis von Ammoniak-Teilchen zu Chlorwasserstoff-Teilchen schließen könnte.

Versuch 4:
Experimentelle Hausaufgabe:

Diffusion von Tinte

Stelle ein Glas mit Wasser bereit. Befestige eine Tintenpatrone an einem Stück Blumendraht.
Stich mit einer Nadel vorsichtig zwei kleine Löcher in die Patrone, tauche sie mit dem Draht in das Wasser.
Befestige den Draht am Rand des Wasserglases.
Miss die Zeit, bis die Lösung einheitlich gefärbt ist.

Aufgaben:

a) Notiere deine Beobachtungen.
b) Erläutere die Beobachtung mit dem Teilchenmodell.
c) Erkläre, wie man die Zeit bis zur vollständigen Durchmischung verkürzen könnte, ohne zu schütteln oder zu rühren.

2.9 Ordnungssysteme für Stoffe

Stoffe kann man anhand ihrer Eigenschaften identifizieren. Darüber hinaus kann man damit aber auch Ordnung in die Vielfalt der stofflichen Welt bringen: Stoffe mit *ähnlichen Eigenschaften* lassen sich zu **Stoffgruppen** zusammenfassen. Wichtige Stoffgruppen sind diamantartige Stoffe, salzartige Stoffe, flüchtige Stoffe und Metalle.

- **Diamantartige Stoffe** bilden Kristalle, sind extrem hart, sind unlöslich in Wasser, leiten den elektrischen Strom nicht, sind schlechte Wärmeleiter und haben sehr hohe Schmelz- und Siedetemperaturen.
  Beispiele: Diamant, Quarz, Edelsteine.
- **Salzartige Stoffe** bilden ebenfalls Kristalle, besitzen eine mittlere Härte, sind teilweise gut wasserlöslich, haben eine Dichte zwischen 2 und 3 $\frac{g}{cm^3}$, leiten im geschmolzenen und im gelösten Zustand den elektrischen Strom, als Feststoffe jedoch nicht, und haben hohe Schmelz- und Siedetemperaturen.
  Beispiele: Kochsalz, Natriumcarbonat, Gips.
- **Flüchtige Stoffe** sind bei Zimmertemperatur meist flüssig oder gasförmig, leiten den elektrischen Strom nicht, sind oft in Benzin löslich und haben niedrige Schmelz- und Siedetemperaturen.
  Beispiele: Öl, Wasser, Iod, Gase.
- **Metalle** besitzen in kompakten Stücken metallischen Glanz, sind verformbar, leiten Wärme und elektrischen Strom sehr gut und haben mittlere bis hohe Schmelz- und Siedetemperaturen.
  Beispiele: Gold, Eisen, Kupfer, Zink.

Stoffe mit ähnlichen Eigenschaften lassen sich zu Stoffgruppen zusammenfassen. Wichtige Stoffgruppen sind diamantartige Stoffe, salzartige Stoffe, flüchtige Stoffe und Metalle.

1 Ordne die in der Abb. 1 angegebenen Stoffe einer der vier Stoffgruppen zu. Begründe deine Zuordnung.

2 Erstelle einen Plan, wie man vorgehen müsste, um Brom einer der vier Stoffgruppen zuzuordnen.

3 Erstelle für ein Beispiel aus jeder Stoffgruppe einen Steckbrief und stelle den Stoff deiner Klasse vor.

4 Kunststoffe lassen sich in keine der vier genannten Stoffgruppen einordnen. Begründe diese Feststellung.

5 Gib an, weshalb sich Salzwasser mit dem Ordnungssystem nicht erfassen lässt.

Stoff	Schmelztemperatur in °C	Siedetemperatur in °C	Wasserlöslichkeit in $\frac{g}{100\,g}$ bei 20 °C	Härte nach Mohs	Elektrische Leitfähigkeit (in Wasser gelöst)	Dichte in $\frac{g}{cm^3}$ (Gase: $\frac{g}{l}$) bei 20 °C
Chlor	−101	−34	0,25	–	–	(2,95)
Citronensäure	153	–	60,5	–	(gut)	1,67
Eisen	1536	2860	unlöslich	4,5	sehr gut	7,86
Gips	–	–	0,21	2	–	2,32
Helium	−270	−269	sehr gering	–	–	(0,17)
Iod	114	184	gering	–	–	4,94
Kalkstein	–	–	sehr gering	3	–	2,73
Kohlenstoffdioxid	−57	–	0,17	–	(gering)	(2,14)
Kupfer	1085	2570	unlöslich	3	sehr gut	8,96
Methan	−182	−161	gering	–	–	(0,68)
Natriumhydrogencarbonat	–	–	9,6	–	(gut)	2,22
Quarz	1700	–	unlöslich	7	–	2,65
Quecksilber	−39	357	unlöslich	–	sehr gut	13,53
Sauerstoff	−219	−183	0,009 (Luft)	–	–	(1,33)
Schwefel	115	445	unlöslich	2	–	2,07
Silber	962	2200	unlöslich	2,7	sehr gut	10,5
Stearinsäure	69	370	unlöslich	–	–	0,94
Stickstoff	−210	−196	gering	–	–	(1,17)
Wasserstoff	−259	−253	gering	–	–	(0,08)
Zucker	–	–	197	–	–	1,57

1 ***Stoffeigenschaften***

Steckbrief: Diamant

Farbe:	farblos
Magnetismus:	nicht magnetisch
Härte (Mohs):	10
Dichte:	$3{,}5\ \frac{g}{cm^3}$
Schmelztemperatur:	> 3500 °C
Siedetemperatur:	> 4000 °C
Löslichkeit:	in Wasser unlöslich
Elektrische Leitfähigkeit:	nichtleitend
Vorkommen:	Bildung in großen Tiefen, Transport durch vulkanisches Gestein
Verwendung:	Schmuckstücke, Bohrköpfe für Steinbohrer und Zahnbohrer

Steckbrief: Ethanol (Ethylalkohol)

Farbe:	farblos
Magnetismus:	nicht magnetisch
Härte (Mohs):	–
Dichte:	$0{,}79\ \frac{g}{cm^3}$
Schmelztemperatur:	–114 °C
Siedetemperatur:	78 °C
Löslichkeit:	mit Wasser in jedem Verhältnis mischbar
Elektrische Leitfähigkeit:	nichtleitend
Vorkommen:	in gärenden Früchten
Verwendung:	alkoholische Getränke, Lösemittel

Steckbrief: Natriumchlorid

Farbe:	weiß
Magnetismus:	nicht magnetisch
Härte (Mohs):	2,0
Dichte:	$2{,}16\ \frac{g}{cm^3}$
Schmelztemperatur:	801 °C
Siedetemperatur:	1465 °C
Löslichkeit:	in Wasser sehr gut löslich
Elektrische Leitfähigkeit:	als Feststoff Nichtleiter, in Wasser gelöst und als Schmelze leitfähig
Vorkommen:	in Salzlagerstätten, in Meerwasser gelöst
Verwendung:	Speisewürze, Konservierungsmittel

Steckbrief: Gold

Farbe:	gelb metallisch glänzend
Magnetismus:	nicht magnetisch
Härte (Mohs):	2,8
Dichte:	$19{,}3\ \frac{g}{cm^3}$
Schmelztemperatur:	1064 °C
Siedetemperatur:	2600 °C
Löslichkeit:	in Wasser unlöslich
Elektrische Leitfähigkeit:	sehr gut
Vorkommen:	gediegen
Verwendung:	Herstellung von Schmuck, Goldbarren, Münzen

Lernen mit Maps

Mindmapping und *Conceptmapping* können helfen, Ideen zu einem Thema oder umfangreiche Sammlungen von Begriffen übersichtlich zu ordnen.

Mindmap. Das englisch Wort *Map* lässt sich mit *Landkarte* übersetzen. Das Mindmapping kannst du nutzen, um Ideen zu sammeln oder dir einen Überblick zu verschaffen. Beim Erstellen einer Mindmap beginnst du mit dem zentralen Begriff, beispielsweise *Stoff* (Abb. 1). Du gehst dann folgendermaßen vor:

- Notiere den Begriff *Stoff* in einem Feld in der Mitte eines weißen Blattes.
- Überlege dir einige wichtige, zu diesem Thema gehörende Punkte und ordne sie in Feldern rund um den zentralen Begriff an. In unserem Beispiel sind es unter anderem die Begriffe *Teilchenmodell* und *Stoffgruppen.* Verbinde diese Felder mit dem zentralen Feld durch Linien. Diese Linien bezeichnet man auch als *Hauptäste*.
- Notiere Begriffe, die mit den einzelnen Gesichtspunkten zusammenhängen. Ordne die entsprechenden Felder durch sogenannte *Nebenäste* den Gesichtspunkten zu.
- Der Gesamtüberblick kann durch farbige Markierungen verbessert werden.

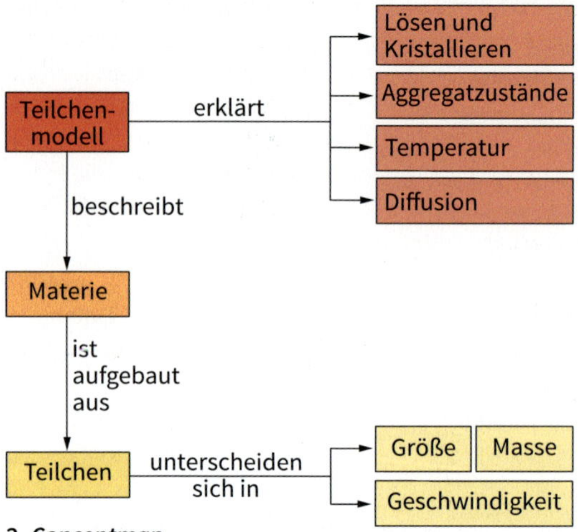

2 *Conceptmap*

Conceptmap. Bei der Conceptmap werden Zusammenhänge zwischen mehreren Begriffen durch Pfeile dargestellt. Auf die Pfeile schreibt man die Art der Beziehung. Im Beispiel (Abb. 2) können durch das Teilchenmodell einerseits die Aggregatzustände erklärt werden, andererseits liefert es auch eine Beschreibung der Materie. Beim Zeichnen einer Conceptmap stellt man Begriffe, die eng miteinander verbunden sind, dicht nebeneinander.

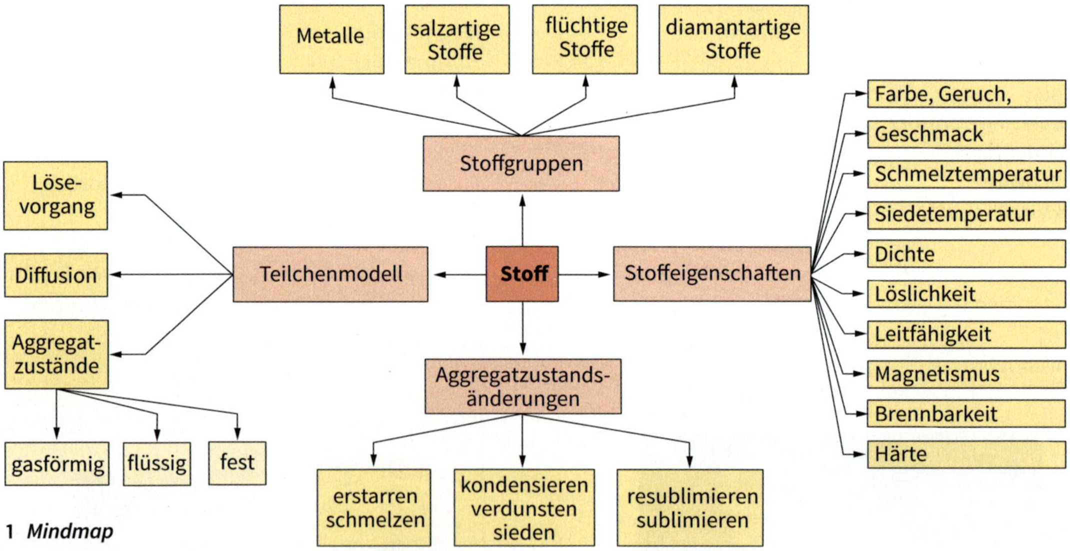

1 *Mindmap*

1 Gib den Inhalt der Mindmap zum Thema *Stoffe* als Fließtext wieder.

2 Erstelle aus Begriffen der Mindmap zum Thema *Stoffe* eine Conceptmap.

Stoffeigenschaften und Teilchenmodell

1. Stoffeigenschaften

Neben den schon mit den Sinnesorganen wahrnehmbaren Eigenschaften Farbe, Geruch und Geschmack haben messbare Eigenschaften besondere Bedeutung für die *Identifikation* eines Stoffes sowie für das *Ordnen* von Stoffen. Dazu gehören Schmelz- und Siedetemperatur, Dichte, Löslichkeit, elektrische Leitfähigkeit, Wärmeleitfähigkeit, Härte, Magnetismus, Verformbarkeit und Brennbarkeit.

a) Dichte

Die Dichte eines Stoffes ist der Quotient aus Masse und Volumen:

$$\text{Dichte} = \frac{\text{Masse}}{\text{Volumen}} \qquad \varrho = \frac{m}{V}$$

Die Einheit der Dichte ist $\frac{\text{g}}{\text{cm}^3}$, bei Gasen $\frac{\text{g}}{\text{l}}$.

b) Löslichkeit, Massenanteil

Die Löslichkeit eines Stoffes gibt an, wie viel eines Stoffes sich maximal in 100 g Lösemittel löst. Wird die Löslichkeit überschritten, bildet sich in der gesättigten Lösung ein *Bodenkörper*.

$$\text{Massenanteil } w = \frac{m\,(\text{gelöster Stoff})}{m\,(\text{Lösung})} \cdot 100\,\%$$

2. Saure, neutrale und alkalische Lösungen

Manche Stoffe bilden beim Lösen in Wasser saure oder alkalische Lösungen, die man mit Indikatoren nachweisen kann. Wässrige Lösungen, die weder sauer noch alkalisch sind, bezeichnet man als neutral.
Durch den pH-Wert von 0 bis 14 werden diese Lösungen charakterisiert:

saure Lösung: $pH < 7$
neutrale Lösung: $pH = 7$
alkalische Lösung: $pH > 7$

3. Teilchenmodell

- Alle Stoffe bestehen aus kleinsten Teilchen. Zwischen den Teilchen ist absolut leerer Raum.
- Teilchen verschiedener Stoffe haben eine unterschiedliche Größe und unterschiedliche Massen.
- Teilchen bewegen sich ständig. Die Geschwindigkeit hängt von ihrer Masse und ihrer Temperatur ab. Die selbstständige Durchmischung von Teilchen aufgrund ihrer Bewegung wird Diffusion genannt.
- Zwischen den Teilchen von Feststoffen und Flüssigkeiten wirken Anziehungskräfte. In Gasen ziehen sich die Teilchen wegen ihres großen Abstandes nicht mehr an.

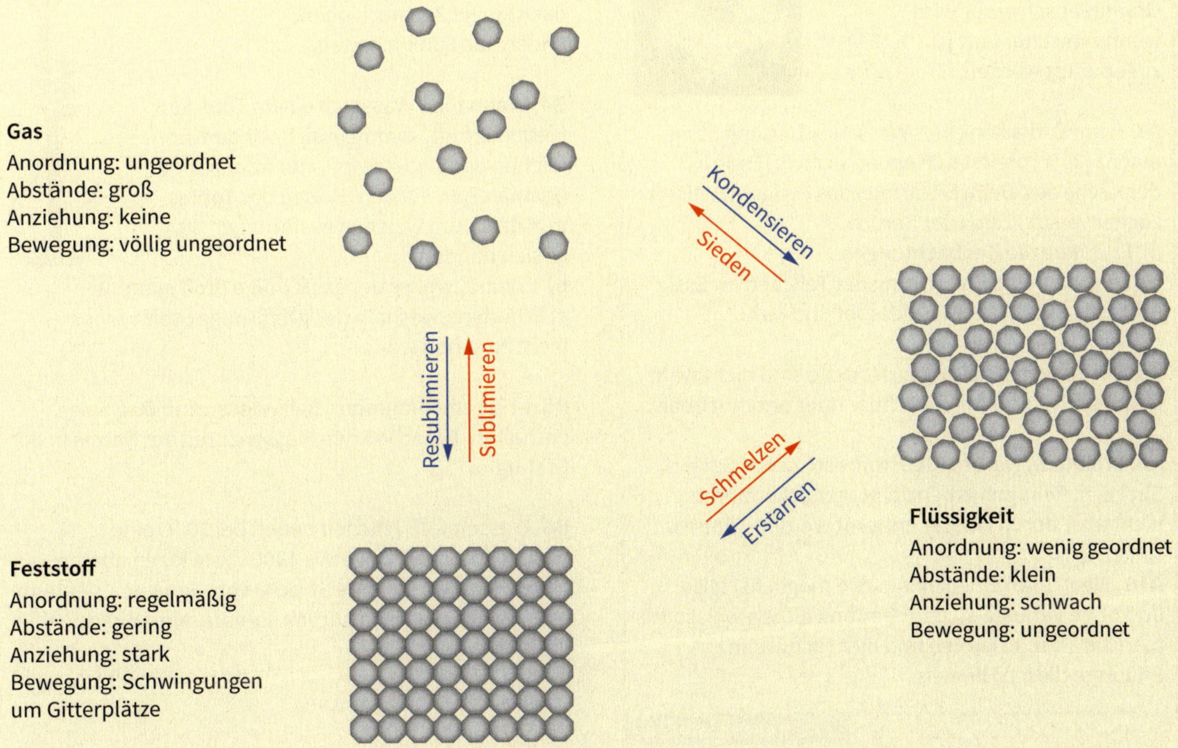

Stoffeigenschaften und Teilchenmodell

Teste dich

A1 Gib für folgende Stoffe charakteristische Stoffeigenschaften an: Kochsalz, Zucker, Essig, Sauerstoff.

A2 Ein goldfarbenes Armband ist 22 cm lang, 2 cm breit, 2 mm dick und wiegt 118,3 g. Ermittle, ob es aus Gold oder einem billigeren Metall besteht.

A3 Wenn jemand eine Mandarine schält, merkt man das auch bei geschlossenen Augen. Erkläre die Beobachtung.

A4 Beim Kochen von Marmelade muss man das Gemisch drei Minuten sieden lassen. Erkläre, warum es besser ist, in dieser Zeit mit einem Holzlöffel zu rühren statt mit einem Metalllöffel.

A5 Erkläre die folgenden Beobachtungen:
a) Hängt man bei Frost nasse Wäsche auf die Leine, wird sie hart wie ein Brett. Nach einiger Zeit ist die Wäsche aber dann trocken.
b) An sonnigen Wintertagen wird die Schneedecke auch bei Minustemperaturen dünner.
c) Bei Frost überziehen sich Grashalme mit einer Reifschicht.

A6 Ein Fußball hat die Masse 432 g. Berechne, um wie viel Gramm er schwerer wird, wenn zwei Liter Luft ($\varrho = 1{,}19 \frac{g}{l}$) zugepumpt werden.

A7 Beim Entkalken eines Wasserkochers mit Essigessenz (25 %) breitet sich ein Geruch von Essig in der Küche aus. Beim Erwärmen des Essigs im Wasserkocher verstärkt sich der Geruch.
a) Erläutere die Beobachtungen.
b) Zeichne deine Vorstellung der Teilchen im Essig und im Gemisch von Essigdampf und Luft.

A8 Beurteile die Aussage: „Modelle sind nicht wahr oder falsch, sondern brauchbar oder unbrauchbar."

A9 Erläutere, warum Klebstoffreste durch Salatöl, Speiseöl, Reinigungsbenzin, Nagellackentferner, nicht aber durch Wasser entfernt werden können.

A10 Wenn man eine Sektflasche möglichst leise und ohne Verluste an dem Getränk öffnen will, sollte man die Flasche kühlen und nicht schütteln. Erläutere diesen Hinweis.

Lösungen stehen im Anhang.

Die wichtigsten Begriffe

- Siedetemperatur, Schmelztemperatur
- Dichte
- Wärmeleitfähigkeit, elektrische Leitfähigkeit
- Löslichkeit, gesättigte Lösung, Bodenkörper
- Aggregatzustand
- Schmelzen, Erstarren, Sieden, Kondensieren, Sublimieren, Resublimieren, Verdunsten
- Teilchenmodell
- Lösen, Kristallisieren
- Diffusion

B1 a) Erkläre die obenstehenden Begriffe.
b) Verknüpfe die Begriffe zu einer Conceptmap.
c) Übertrage die Begriffe und deine Erklärungen in digitale Karteikarten.

B2 In vielen Haushalten stellt man Mineralwasser selbst her, indem Kohlenstoffdioxid aus einer Stahlpatrone in Leitungswasser gedrückt wird.
a) Erläutere, was bei diesem Vorgang mit dem Kohlenstoffdioxid geschieht.
b) Begründe, warum es besser ist, das Wasser erst zu kühlen, bevor man Kohlenstoffdioxid einleitet.

B3 Umfasst man einen *Temperamentmesser* mit der Hand, so sprudelt die Flüssigkeit nach kurzer Zeit nach oben.
Erkläre die Funktionsweise.

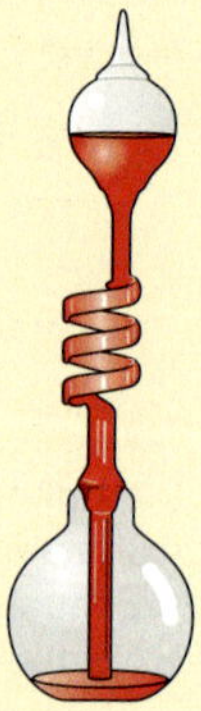

B4 Wenn man Wasser in einem Topf zum Sieden bringt, sammeln sich vor dem Erreichen der Siedetemperatur immer mehr Gasbläschen auf dem Boden des Topfes.
a) Gib an, um welchen gasförmigen Stoff es sich handelt.
b) Erkläre, woher der gasförmige Stoff stammt.
c) Erläutere, weshalb der gasförmige Stoff vorher nicht zu sehen war.

B5 In einem Kilogramm Salzwasser sind 80 g Salz enthalten. Berechne den Massenanteil des Salzes in der Lösung.

B6 Wasserstoff-Teilchen haben bei 20 °C eine Geschwindigkeit von etwa 1900 $\frac{m}{s}$, sie legen aber in einer Sekunde nur eine Strecke von weniger als einem Millionstel Millimeter zurück. Erkläre, woran dies liegen könnte.

C1 Schneelast

Wenn große Mengen Schnee auf ein Dach fallen, kann die Belastung so groß werden, dass es einstürzt. Deshalb ist es wichtig, die *Schneelast* zu bestimmen. In einer einfachen Messung misst man mit einem Zollstock die Schneehöhe auf dem Dach und berechnet die Schneelast unter Berücksichtigung der übereinander liegenden Schneearten. Genauer lässt sich der Wert mit folgender Methode bestimmen: Man nimmt ein Rohr mit größerem Durchmesser, wiegt es leer und steckt es senkrecht durch den Schnee bis zur Dachfläche. Dann dreht man es vorsichtig mit dem Schnee im Rohr heraus, wiegt es erneut und bestimmt die Schneelast.

a) Erläutere die unterschiedlichen Dichtewerte der Schneearten.

Schneeart	Dichte ($\frac{g}{cm^3}$)
Neuschnee	0,1
Altschnee	0,4
Schneeeis	0,8

b) Berechne die Schneelast pro Quadratmeter Dachfläche, wenn folgende Schneeschichten auf dem Dach liegen: 4 cm Schneeeis, 32 cm Altschnee, 6 cm Neuschnee.

c) Erläutere das Prinzip der genaueren Bestimmung durch die Methode mit dem Rohr.

d) Berechne aus den Messwerten die Schneelast in der Einheit $\frac{kg}{m^2}$:
m (leeres Rohr) = 1,18 kg
m (Rohr mit Schnee) = 1,75 kg
Querschnittsfläche des Rohres: 74,8 cm^2
Schneehöhe: 42 cm

e) Um die Schneelast bei Schrägdächern zu berechnen, muss man sie je nach Dachneigung mit einem bestimmten Faktor multiplizieren:
bei 30° Neigung mit 0,8; bei 45° Neigung mit 0,4.
Erläutere die Notwendigkeit dieser Faktoren.

C2 Was ist drin?

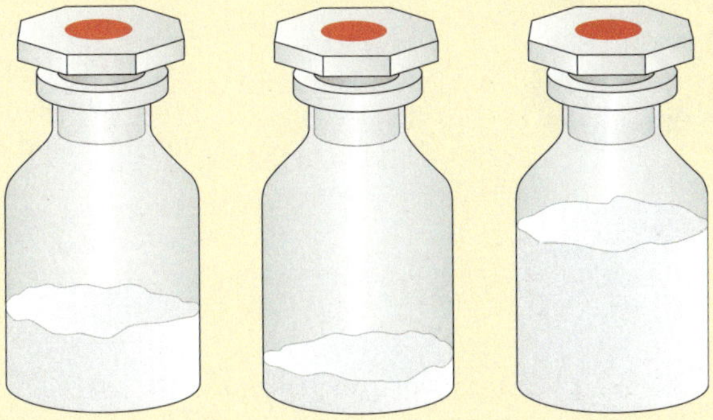

Beim Aufräumen der Chemiesammlung finden sich drei ältere Chemikalienflaschen, deren Etiketten abhanden gekommen sind. Eine der Chemielehrerinnen erinnert sich, dass in den Flaschen Haushaltschemikalien enthalten waren. Sie sagt, es handele sich um Kochsalz (Natriumchlorid), Zucker und Citronensäure. Die Flaschen enthalten verklumpte weißliche Feststoffe. Um die Stoffe in den Flaschen zu identifizieren, werden verschiedene Versuche mit den Substanzen durchgeführt:

- Alle drei Stoffe sind geruchlos.
- Alle drei Stoffe sind in Wasser gut löslich.
- Alle drei Stoffe leiten im festen Zustand den elektrischen Strom nicht.
- Die wässrigen Lösungen der Stoffe 2 und 3 leiten den elektrischen Strom.
- Bei Zugabe von einigen Tropfen Universalindikator färben sich die wässrigen Lösungen der Stoffe 1 und 3 grünlich, die Lösung von Stoff 2 färbt sich rot.
- Beim Erhitzen beginnt Stoff 1 bei 170 °C zu schmelzen, verfärbt sich dabei aber sofort braun, dann schwarz. Stoff 2 schmilzt bei 153 °C. Wenn er stärker erhitzt wird, zersetzt er sich. Um Stoff 3 zu schmelzen, muss man auf knapp über 800 °C erhitzen.

a) Erläutere, welcher Stoff sich in welcher Flasche befindet. Begründe die Zuordnung ausführlich.

b) Ordne die drei Stoffe Stoffgruppen zu. Begründe deine Aussagen.

c) Gib jeweils zwei weitere Vertreter dieser Stoffgruppen an.

d) Gib an, durch welche Beobachtungen man ausschließen kann, dass es sich um fein gemahlene Metallpulver handelt.

e) Erläutere, warum es schwierig ist, die Dichte der drei Stoffe zu bestimmen.

f) Erkläre, durch welche Angaben sich ein Stoff sicher identifizieren lässt.

Kapitel 3

Mischen und Trennen

Sprudelwasser ist ein Gemisch, das sich einfach aus Trinkwasser und Kohlenstoffdioxid aus einer Patrone herstellen lässt. Dieses Gemisch trennt sich (fast) wieder von allein: Gasförmiges Kohlenstoffdioxid entweicht allmählich aus dem Glas. Solche Mischungs- und Trennungsvorgänge sind auch bei vielen anderen Stoffen zu beobachten.

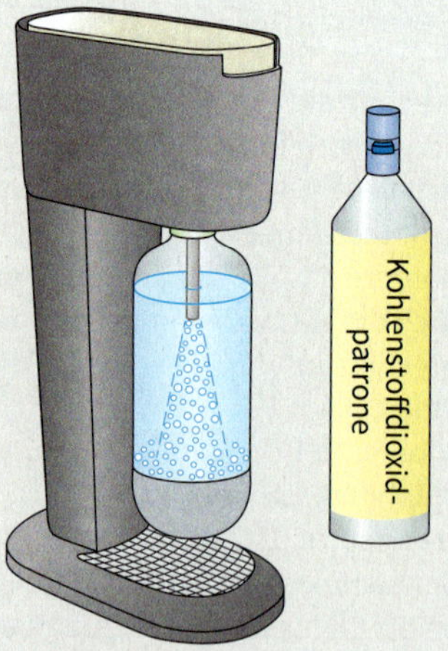

Himbeereis kannst du ganz einfach selbst herstellen: Du nimmst einen Pürierstab und zerkleinerst die noch gefrorenen Früchte aus einer Packung Tiefkühlhimbeeren in einem Kunststoffgefäß zusammen mit zwei Esslöffeln Puderzucker und einem Becher Sahne. Der Zucker verleiht dem Speiseeis seine Süße, die Sahne liefert Fett als Geschmacksträger und macht das Eis cremig.

Industriell hergestelltes Eis enthält meist nur einen geringen Anteil an Früchten, stattdessen werden Aromastoffe und Farbstoffe zugesetzt. Emulgatoren und Verdickungsmittel sorgen dafür, dass das Eis auf der Zunge zergeht und auch bei längerer Lagerung cremig bleibt.

In Ägypten verwendeten die Schreiber schon vor 5000 Jahren eine schwarze Tinte, um wichtige Informationen auf Papyrus festzuhalten. Neben Ruß enthielt die Tinte Gummiarabikum, ein aus dem Saft von Akazien gewonnenes Bindemittel. Anstelle von Ruß wurde später ein schwarzer Farbstoff eingesetzt, der sich beim Kochen von Galläpfeln mit Eisensulfat bildet.

Dank der modernen Chemie stehen heute viele verschiedene Farbstoffe zur Verfügung. In Wasser gelöst lassen sie sich leicht mit dem Füller oder einem Filzstift auf das Papier bringen. Das Wasser verdunstet zwar nicht so schnell wie andere Lösemittel, dafür verläuft aber die Farbe nicht so leicht.

Lippenstifte betonen, formen und pflegen die Lippen. Die Haut unserer Lippen ist besonders empfindlich, denn sie enthält kaum Talgdrüsen und ihre Hornschicht ist sehr dünn. Die Haut wirkt daher transparent und ist vom durchscheinenden Blut rot gefärbt.

Lippenstifte enthalten verschiedene Substanzen: Wachse geben dem Stift die Festigkeit, sorgen für die Haftung auf den Lippen und bilden einen glänzenden Film. Hinzu kommen Farbstoffe, Glanzpigmente, Emulgatoren und Konservierungsstoffe. Öle und Vitamine dienen der Pflege.

3.1 Reinstoffe und Gemische

1 *Zucker – ein Reinstoff*

2 *Kräutersalz – ein heterogenes Stoffgemisch*

Im Alltag hat man es anders als im Labor nur selten mit *Reinstoffen* zu tun. Meist verwenden wir Produkte, bei denen es sich um *Gemische* aus mehreren Stoffen handelt. Dies gilt sowohl für Naturprodukte wie Fruchtsäfte oder Kaffee, als auch für technische Erzeugnisse wie Kräutersalz, Zahnpasta, Waschmittel oder Wandfarbe. Zu den wenigen Reinstoffen im Alltag gehört der Haushaltszucker (Abb. 1), dessen beste Qualität als Raffinade bezeichnet wird. Dies weist auf die besonders hohe Reinheit hin (fr. *raffiner:* reinigen, verfeinern). Es ist aber praktisch unmöglich, völlig reinen Zucker herzustellen. Selbst die reinsten Stoffe im Labor enthalten in geringem Maße auch Teilchen anderer Stoffe. Wenn man von einem Reinstoff spricht, meint man also einen Stoff, bei dem die geringfügigen Verunreinigungen die charakteristischen Eigenschaften nicht merklich verändern.

Heterogene Gemische. Bei Kräutersalz erkennt man schon mit dem bloßen Auge verschiedene Bestandteile: Salzkristalle und Kräuter (Abb. 2). Solche Gemische werden als *heterogene Gemische* bezeichnet (gr. *heteros:* verschiedenartig). Heterogene Gemische, die wie Kräutersalz aus Feststoffen zusammengesetzt sind, nennt man auch **Gemenge**.

Sind Feststoffe in einer Flüssigkeit aufgeschlämmt, spricht man von einer **Suspension** (lat. *suspendere:* verteilen). Größere und kleinere Feststoff-Partikel sind dabei in der Flüssigkeit fein verteilt. Viele Suspensionen entmischen sich relativ schnell. Schüttelt man etwa eine Flasche mit Orangensaft, so setzt sich das Fruchtfleisch nach kurzer Zeit wieder am Boden ab.

Wasser und Öl lassen sich nur sehr schlecht mischen. Erst wenn man kräftig schüttelt, verteilt sich das Öl in feinen Tröpfchen gleichmäßig im Wasser. Dabei bildet sich eine **Emulsion** (lat. *emulgere:* ausschöpfen). Lässt man dieses Gemisch eine Weile stehen, so trennen sich auch hier die Bestandteile wieder. *Milch* ist eine über eine längere Zeit stabile Emulsion sehr feiner Fetttröpfchen in Wasser. Milch enthält von Natur aus *Emulgatoren,* die eine Entmischung verhindern. Ein Beispiel für einen Emulgator ist Lecithin, das im Eigelb enthalten ist.

Wenn Holz verbrennt, bildet sich **Rauch**. Der Rauch enthält Asche und Ruß, es handelt sich also um ein Gemisch von Feststoff-Partikeln in einem Gas. Im **Nebel** sind feinste Wassertröpfchen in der Luft verteilt. Oft sind gleichzeitig feste und flüssige Bestandteile in der Luft. Fachleute sprechen dann von einem **Aerosol.**

Homogene Gemische. Bei vielen Gemischen kann man die einzelnen Bestandteile selbst mit dem Mikroskop nicht mehr unterscheiden. Meerwasser sieht auch bei stärkster Vergrößerung völlig einheitlich aus. Solche Mischungen bezeichnet man als *homogene Gemische* (gr. *homos:* gleichartig).

Aus verschiedenen Gasen bildet sich immer ein homogenes Gemisch. Das bekannteste **Gasgemisch** ist die *Luft*, die neben Sauerstoff und Stickstoff auch noch andere Gase enthält.

Gemische, die man durch das Zusammenschmelzen verschiedener Metalle erhält, nennt man **Legierungen.** Es handelt sich meistens um homogene Feststoffgemische. Besonders bekannt ist Messing, eine Legierung aus Kupfer und Zink. Töpfe und Bestecke sind in der Regel aus Edelstahl. In solchen Legierungen wird Eisen durch andere Metalle wie Chrom vor dem Rosten geschützt.

Wichtige Beispiele für homogene Gemische sind die **Lösungen:** Feste, flüssige oder gasförmige Stoffe sind in einem Lösemittel wie Wasser, Alkohol oder Benzin gelöst. Im Meerwasser sind feste Salze gelöst, im Wein ist Wasser mit flüssigem Alkohol gemischt und im Sprudel ist gasförmiges Kohlenstoffdioxid im Wasser gelöst.

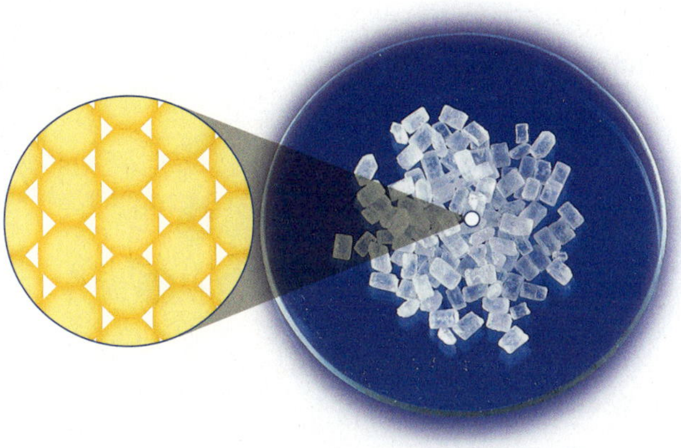

3 *Zuckerkristalle im Teilchenmodell*

Teilchenmodell. Der Aufbau von Reinstoffen und Gemischen kann mit dem Teilchenmodell beschrieben werden: Ein *Reinstoff* ist ein Stoff, der nur aus einer einzigen Teilchenart besteht, *Gemische* dagegen enthalten zwei oder mehr verschiedene Teilchenarten. So sind nach dem Teilchenmodell im Zucker ausschließlich unsichtbar kleine Zucker-Teilchen enthalten (Abb. 3), während im Kräutersalz Teilchen von Kochsalz (Natriumchlorid), getrocknete Kräuter und Teilchen verschiedener Zusatzstoffe nebeneinander vorliegen.

Bei *heterogenen Gemischen* liegen die einzelnen Teilchenarten in größeren Teilchenverbänden vor, die mit bloßem Auge oder mit dem Mikroskop erkennbar sind. Im Kräutersalz sind Kochsalzkristalle und kleine Stückchen getrockneter Kräuter zu sehen. Bei *homogenen Gemischen* sind die einzelnen Teilchen jeder Teilchenart fein verteilt: Im Meerwasser sind die kleinsten Teilchen der gelösten Salze von einer Hülle aus Wasser-Teilchen umgeben. Die einzelnen Salz-Teilchen sind so klein, dass sie auch mit einem Mikroskop nicht sichtbar sind.

Stoffe werden in Reinstoffe und Gemische eingeteilt. Bei Gemischen unterscheidet man homogene und heterogene Gemische. Nach dem Teilchenmodell besteht ein Reinstoff aus einer einzigen Teilchenart, Gemische aus mehreren.

1 a) Unterscheide bei den folgenden Stoffen zwischen Reinstoff und Gemisch: Wasser, Apfelsaft, Tee, Zucker, Aluminiumfolie, Sonnencreme, Essig, Kochsalz.
b) Nenne je drei Beispiele für homogene und heterogene Gemische.
c) Ordne die folgenden Gemische einem Gemischtyp zu: Schaum, Orangensaft, Bronze, Sandstein, Wein.

2 a) Beschreibe einen Reinstoff, ein homogenes und ein heterogenes Gemisch mithilfe des Teilchenmodells.
b) Fertige dazu jeweils eine Skizze an.
c) Erkläre, warum Gasgemische und Lösungen immer homogene Gemische sind.

3 Informiere dich über die Bestandteile eines Haarshampoos, einer Zahnpasta, einer Limonade und einer Vollmilchschokolade. Erläutere, ob es sich um heterogene oder um homogene Gemische handelt.

4 Kupfer ist ein rötliches, relativ weiches Metall. Es ist gut verformbar und leitet den elektrischen Strom und die Wärme sehr gut. Hauptsächlich wird Kupfer in elektrischen Kabeln, in Leiterbahnen und als Rohrmaterial in Warmwasserleitungen verwendet.
a) Verkauft wird Kupfer in unterschiedlichen Reinheitsgraden. Der Weltmarktpreis für *Rohkupfer* (Kupfergehalt 98 %) beträgt etwa 5,50 Euro pro Kilogramm. *Kupfer zur Analyse* (≥ 99,7 %) kostet dagegen etwa 150 Euro pro Kilogramm. Erkläre den Preisunterschied.

Kupfer zur Analyse	
Blei	≤ 0,010 %
Zinn	≤ 0,010 %
Eisen	≤ 0,005 %
Silber	≤ 0,002 %
Mangan	≤ 0,001 %

b) Die Tabelle zeigt einige Inhaltsstoffe von *Kupfer zur Analyse.* Begründe, weshalb die Liste der in sehr geringen Mengen vorkommenden Stoffe bei *Reinkupfer* (99,95 %) noch sehr viel länger ist.

5 Die folgenden mikroskopischen Aufnahmen zeigen frische Kuhmilch und homogenisierte Milch.
a) Gib an, um welchen Gemischtyp es sich bei Milch handelt und ordne die Bestandteile des Gemischs den Abbildungen zu.
b) Vergleiche frische und homogenisierte Milch. Erkläre die Bedeutung des Homogenisierens der Milch.

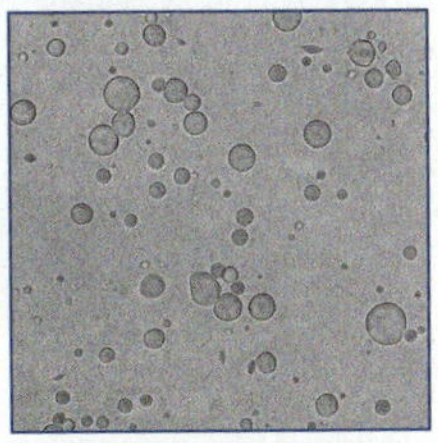

6 **Experimentelle Hausaufgabe:**
Schüttle die folgenden Stoffe jeweils mit Wasser: Mehl, Zucker, Brennspiritus, Olivenöl, Zahnpasta, Waschpulver.
a) Erkläre, welche Gemischtypen entstehen.
b) Skizziere die entstandenen Gemische im Teilchenmodell.

Gemische

Heterogene Gemische …

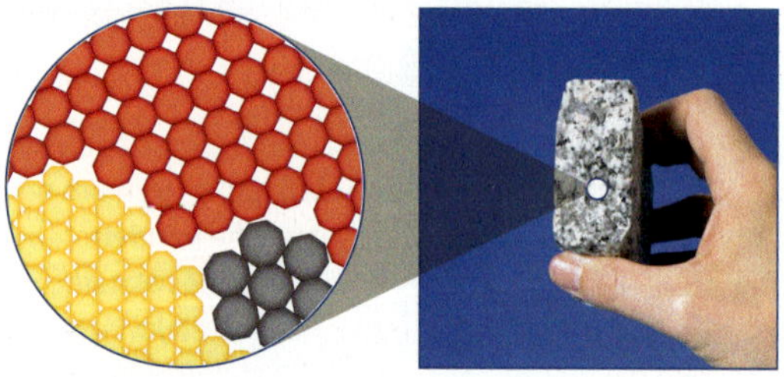

Granit: ein ***Gemenge*** *(fest/fest)*

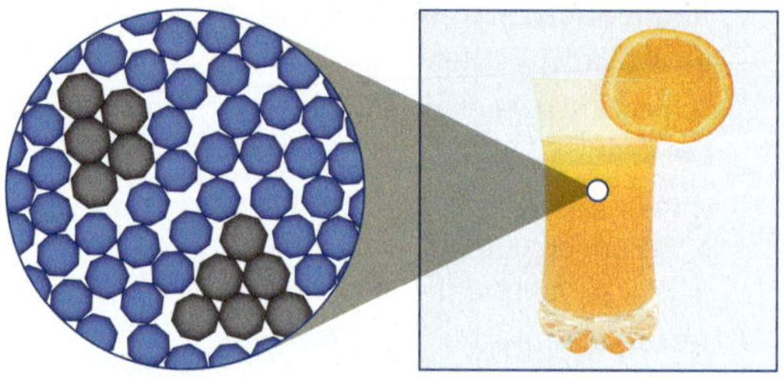

Orangensaft: eine ***Suspension*** *(fest/flüssig)*

Milch: eine ***Emulsion*** *(flüssig/flüssig)*

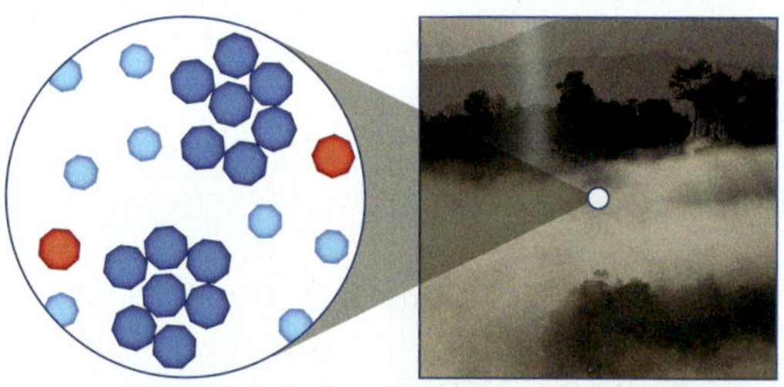

Nebel: ein ***Aerosol*** *(flüssig/gasförmig)*

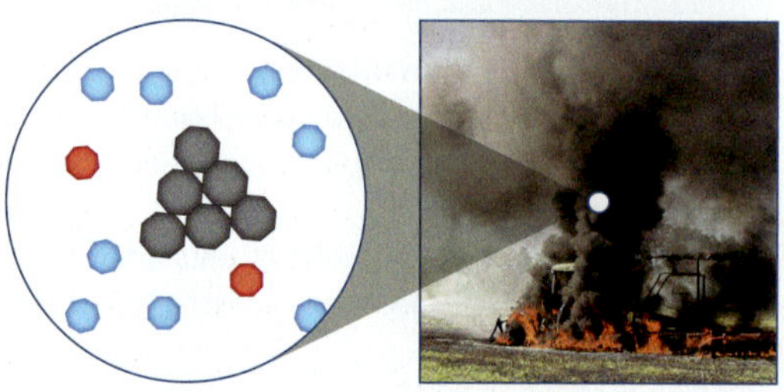

Rauch: ein ***Aerosol*** *(fest/gasförmig)*

… und homogene Gemische

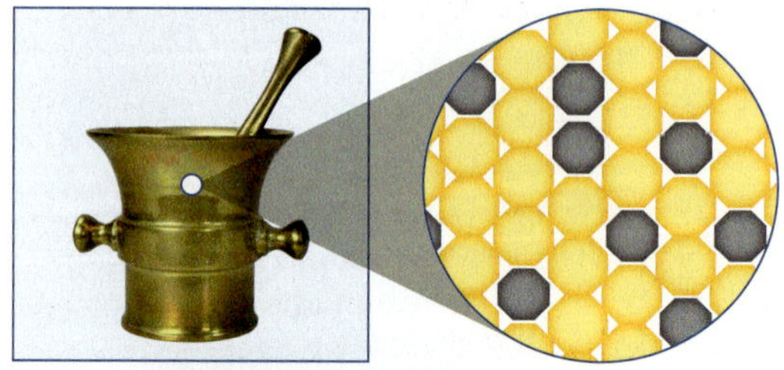

Messing: eine ***Legierung*** *(fest/fest)*

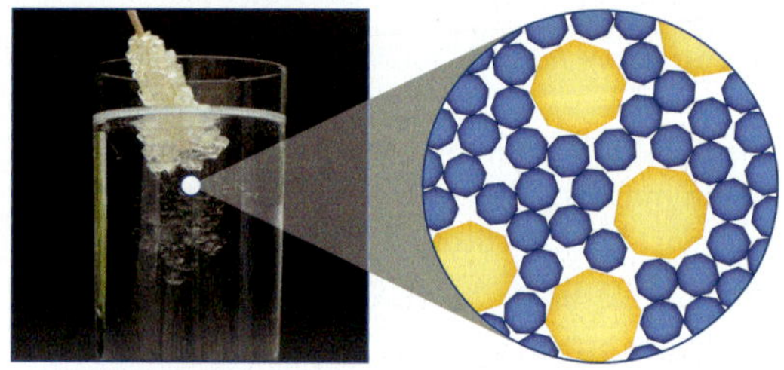

Zuckerwasser: eine ***Lösung*** *(fest/flüssig)*

Speiseessig: eine ***Lösung*** *(flüssig/flüssig)*

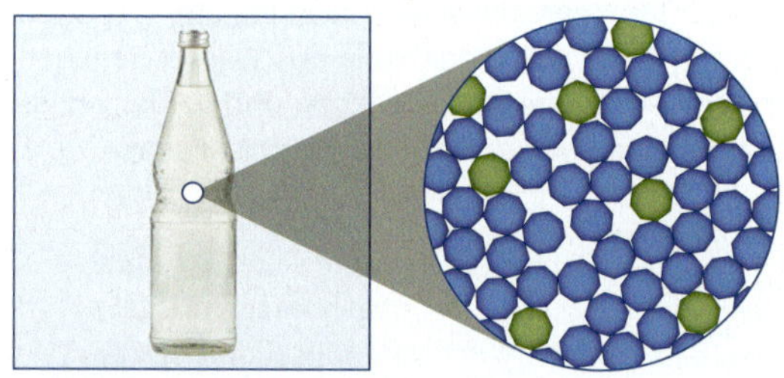

Sprudel: eine ***Lösung*** *(gasförmig/flüssig)*

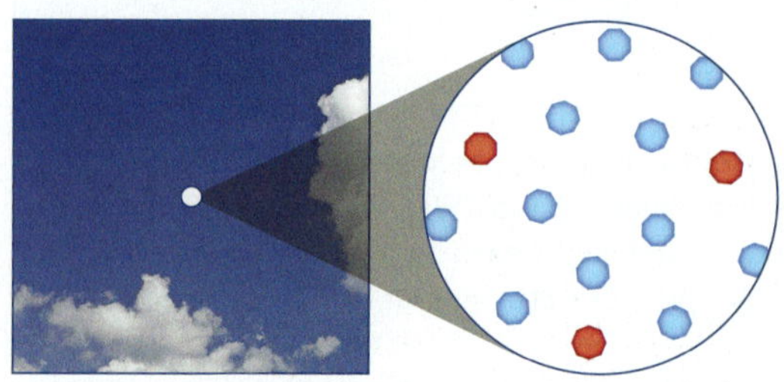

Luft: ein ***Gasgemisch*** *(gasförmig/gasförmig)*

3.2 Trennung von Stoffgemischen – Meerwasserentsalzung

Die Bestandteile von Gemischen unterscheiden sich in ihren Stoffeigenschaften. So haben sie etwa unterschiedliche Löslichkeiten oder sie unterscheiden sich in den Siedetemperaturen oder der Dichte. Solche Unterschiede nutzt man zur *Trennung von Stoffgemischen* in ihre Reinstoffe. Je nach Gemisch sind die Trennverfahren sehr unterschiedlich.

Ein Beispiel ist die **Gewinnung von Trinkwasser** aus Meerwasser: In vielen Küstenregionen herrscht Mangel an Trinkwasser, obwohl es im angrenzenden Meer ausreichend Wasser gibt. Meerwasser ist jedoch wegen seines Salzgehaltes von etwa 3 % als Trinkwasser und zur Bewässerung unbrauchbar. Auch die Industrie kann Meerwasser nicht verwenden, da Rohre durch Salzwasser schneller rosten. Es wurden deshalb verschiedene Verfahren entwickelt, um Meerwasser zu entsalzen. Zur Stofftrennung nutzt man dabei die unterschiedlichen Stoffeigenschaften der Salze und des Wassers aus.

Verdunstungsverfahren. Wasser hat mit 100 °C eine wesentlich niedrigere Siedetemperatur als die im Meerwasser gelösten Salze und kann daher durch Verdunsten abgetrennt werden. Im einfachsten Fall nutzt man Sonnenenergie aus: Meerwasser wird in große Becken geleitet, die mit schwarzer Folie ausgelegt und mit Glasscheiben überdacht sind (Abb. 1). Durch die Wärme verdunstet das Wasser allmählich. Es kondensiert dann an den kühleren Glasscheiben und wird als salzfreies Wasser aufgefangen. Auf diese Weise können am Tag pro Quadratmeter jedoch nur etwa fünf Liter Trinkwasser gewonnen werden. Um größere Mengen zu produzieren, benötigt man daher für Verdunstungsanlagen neben ausreichend Sonnenschein ausgedehnte Flächen.

Membranverfahren. Beim modernsten Verfahren zur Trinkwassergewinnung, dem Membranverfahren, wird die unterschiedliche *Größe der Teilchen* ausgenutzt: Unter hohem Druck wird Meerwasser durch dünne Kunststofffolien mit sehr feinen Poren gepresst (Abb. 2). Nur die kleinen Wasser-Teilchen können durch die Poren gelangen, für die Teilchen des Salzes ist die Membran undurchlässig. Die Höhe des notwendigen Druckes hängt vom Salzgehalt des Wassers ab. Deshalb eignet sich das Membranverfahren vor allem zur Entsalzung von salzarmem Brackwasser. Das Membranverfahren hat einen wichtigen Vorteil: Man kann auch kleine transportable Anlagen bauen, die beispielsweise Trinkwasser für Schiffe produzieren.

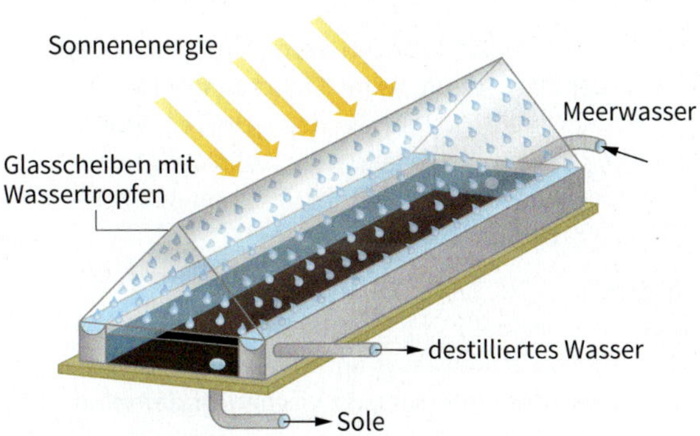

1 *Einfache solare Verdunstungsanlage*

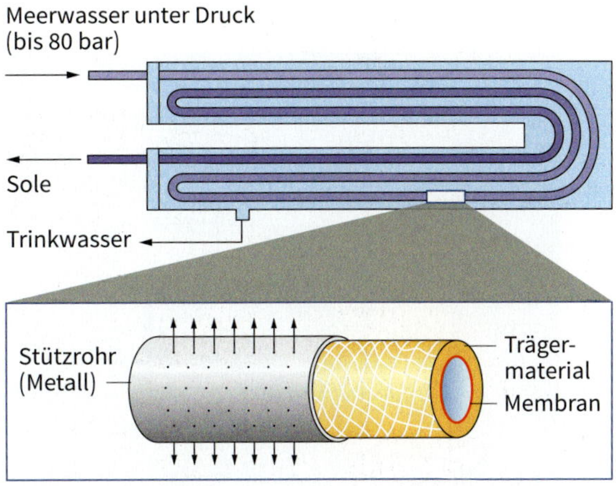

2 *Membranverfahren zur Meerwasserentsalzung*

Zur Trennung von Gemischen werden die unterschiedlichen Stoffeigenschaften der Reinstoffe ausgenutzt.
Trinkwasser kann durch Verdunstung von Meerwasser gewonnen werden.
Beim Membranverfahren wird die unterschiedliche Teilchengröße ausgenutzt.

1 a) Beschreibe die verschiedenen Verfahren zur Gewinnung von Trinkwasser aus Meerwasser.
b) Erläutere, worauf die Trennverfahren beruhen.
c) Informiere dich im Internet über das Destillationsverfahren zur Gewinnung von Trinkwasser aus Meerwasser und vergleiche die Energiekosten mit den Kosten beim Verdunstungsverfahren.

2 Recherchiere, warum destilliertes Wasser nicht als Trinkwasser verwendet werden kann.

3 Aus Untersuchungen der Vereinten Nationen geht hervor, dass 80 % der Krankheiten in Entwicklungsländern durch verschmutztes Wasser verursacht werden.
a) Recherchiere, in welchen Ländern sauberes Trinkwasser besonders knapp ist.
b) Beschreibe eine Möglichkeit, wie Wasser, das durch Bakterien verseucht ist, gereinigt werden kann.

Übersicht Trennverfahren

Sedimentieren. Aus einer Suspension können die Feststoffe durch **Sedimentation** von der Flüssigkeit getrennt werden.

Beispiel: Reinigung von Schmutzwasser im Absetzbecken einer Kläranlage.

Trennprinzip: Unlösliche Feststoffe haben meist eine höhere Dichte als die Flüssigkeit. Aufgrund der Schwerkraft sinken sie deshalb nach unten. Die Absetzgeschwindigkeit hängt dabei vom Dichteunterschied und von der Größe der Feststoff-Partikel ab. Nachdem sich der Feststoff abgesetzt hat, kann man die klare Flüssigkeit vorsichtig abgießen.

Aufgabe: Erkläre, weshalb eine Flasche Orangensaft vor dem Trinken geschüttelt werden sollte.

Filtrieren. Suspensionen lassen sich auch durch **Filtration** trennen.

Beispiel: Filtrieren von Kaffee.

Trennprinzip: Die Teilchen von Flüssigkeiten und von gelösten Stoffen sind wesentlich kleiner als die Poren des Filters. Sie gelangen durch den Filter und bilden das klare *Filtrat*. Die Partikel des ungelösten Feststoffes dagegen sind so groß, dass sie nicht durch die Poren des Filters passen. Sie bleiben als Rückstand auf dem Filter zurück.

Aufgabe: Zur Filtration größerer Mengen werden häufig Faltenfilter verwendet. Begründe diese Vorgehensweise.

Eindampfen. Aus der Lösung wird der Feststoff durch **Eindampfen** des Lösemittels abgetrennt.

Beispiel: Gewinnung von Salz aus Meerwasser.

Trennprinzip: Beim Erhitzen verdampft zunächst das Lösemittel, denn seine Siedetemperatur ist wesentlich niedriger als die des gelösten Stoffs. Die Konzentration des gelösten Stoffs steigt deshalb allmählich an, bis sich die Teilchen des Feststoffs zu Kristallen zusammenlagern.

Aufgaben:

a) Erkläre, weshalb sich Eindampfen nicht zur Gewinnung von Trinkwasser aus Meerwasser eignet.
b) Erläutere den Unterschied zwischen Eindampfen und Verdunsten.

Destillieren. Aus einer Lösung zweier Flüssigkeiten lässt sich die Flüssigkeit mit der niedrigeren Siedetemperatur durch **Destillation** abtrennen.

Beispiel: Gewinnung von Branntwein aus Wein.

Trennprinzip: Wenn die Lösung siedet, verdampft bevorzugt der Stoff mit der niedrigsten Siedetemperatur. Er kondensiert im Kühler und wird in der Vorlage aufgefangen. Bei ähnlichen Siedetemperaturen ist der Dampf ein Gemisch aus beiden Stoffen. Allerdings ist der Anteil des Stoffes mit der niedrigeren Siedetemperatur im Dampf und damit auch im Destillat größer als in der Lösung.

Aufgabe: Erkläre, wie flüssige Luft in ihre Bestandteile zerlegt werden kann.

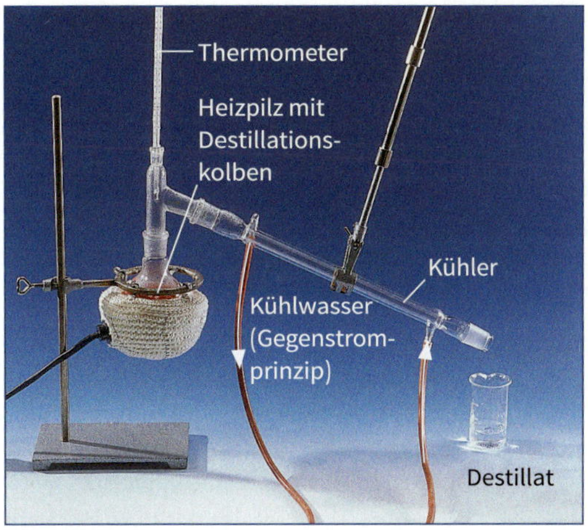

Extrahieren. Häufig lässt sich aus einer Mischung ein Stoff durch **Extraktion** abtrennen.

Beispiel: Zubereitung von Tee.

Trennprinzip: Ein Feststoff eines Gemenges löst sich in einem Lösemittel, dem Extraktionsmittel. Der unlösliche Rest kann abfiltriert werden. Aus einer Lösung lässt sich ein Stoff extrahieren, wenn er in dem Extraktionsmittel besser löslich ist als im Lösemittel und die beiden Flüssigkeiten nicht miteinander mischbar sind. Durch Ausschütteln wandert der Stoff dann in das Extraktionsmittel.

Aufgabe: Erkläre, wie das Kaffeearoma vom Kaffeepulver in den Kaffee gelangt.

Chromatografieren. Stoffgemische lassen sich durch **Chromatografie** auftrennen.

Beispiel: Trennung von Tintenfarbstoffen.

Trennprinzip: Bei der Papierchromatografie wird ein Tropfen der Probelösung auf ein saugfähiges Papier aufgetragen und nach dem Trocknen in ein Glas mit etwas Lösemittel gestellt. Die Flüssigkeit steigt in den feinen Poren des Papiers auf. Die verschiedenen Stoffe werden dabei gelöst. Die Teilchen steigen mit dem Lösemittel auf, werden jedoch vom Papier unterschiedlich stark zurückgehalten. Nach einiger Zeit bilden die Teilchen der verschiedenen Stoffe daher Zonen aus.

Aufgabe: Erläutere die Begriffe der Abbildung.

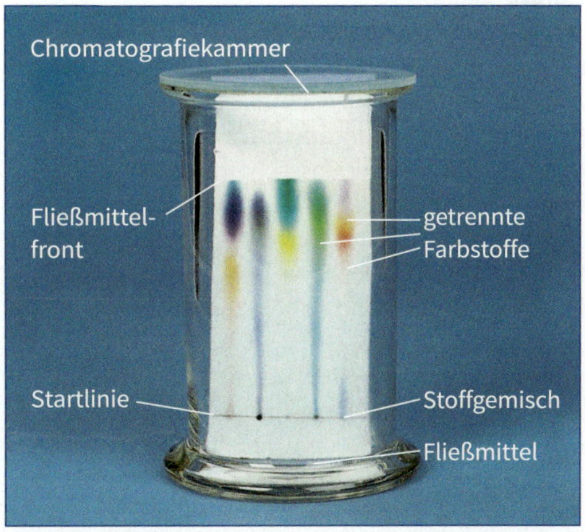

Praktikum Trennung von Stoffgemischen

Versuch 1:
Gelöste Stoffe in Wasserproben

Materialien: Abdampfschale, Dreifuß mit Drahtnetz, Waage, Messzylinder (50 ml), Gasbrenner;
Proben: Mineralwasser, Leitungswasser, Meerwasser, demineralisiertes Wasser.

Durchführung:
1. Wiege die leere Abdampfschale.
2. Gib 20 ml einer Wasserprobe in die Abdampfschale und erhitze vorsichtig, bis das gesamte Wasser verdampft ist. Achte darauf, dass nichts verspritzt.
3. Lasse die Abdampfschale abkühlen und wiege sie dann erneut.
4. Wiederhole den Versuch mit den anderen Proben.

Aufgaben:
a) Notiere deine Beobachtungen.
b) Berechne den Gehalt der in den Wasserproben gelösten Stoffe in Gramm pro Liter.

Versuch 2:
Destillation von Rotwein

Materialien: Heizpilz, Messzylinder (100 ml), Siedesteinchen, Rundkolben (200 ml) mit Ansatz und durchbohrtem Stopfen, Thermometer, Kühler, 5 Bechergläser (50 ml), Holzspan;
Rotwein.

Durchführung:
1. Miss mit dem Messzylinder etwa 100 ml Rotwein ab, gieße ihn in den Rundkolben und gib einige Siedesteinchen hinzu.
2. Baue eine Destillationsapparatur auf (Seite 51).
3. Regle das Kühlwasser und schalte den Heizpilz auf mittlere Heizleistung.
4. Vermindere die Heizleistung, wenn die Temperatur des Dampfes 75 °C beträgt. Lies alle 30 Sekunden die Temperatur ab und notiere die Messwerte.
5. Fange bei 80 °C, 85 °C, 90 °C, 95 °C und 100 °C jeweils einige Tropfen des Destillats (**2, 7**) in einem Becherglas auf und überprüfe die Brennbarkeit mit einem brennenden Holzspan.

Aufgaben:
a) Stelle deine Messwerte in einem Temperatur-Zeit-Diagramm grafisch dar.
b) Beschreibe und erkläre den Kurvenverlauf.
c) Vergleiche den Rotwein und die Proben des Destillats bezüglich Farbe und Brennbarkeit.

Versuch 3:
Chromatografie von Filzschreiberfarben

Materialien: 4 große Reagenzgläser mit Stopfen, Chromatografiepapier, Kapillarröhrchen, Schere, Messzylinder (50 ml);
Spiritus (**2, 7**), Filzschreiber (wasserlöslich, schwarz).

Durchführung:
1. Stelle jeweils 20 ml der folgenden Lösungen her: demineralisiertes Wasser/Spiritus 3 : 1 und demineralisiertes Wasser/Spiritus 1 : 3.
2. Nummeriere die vier Reagenzgläser und fülle sie etwa 1 cm hoch mit folgenden Lösemitteln: demineralisiertes Wasser, Spiritus, Wasser/Spiritus 3 : 1 und Wasser/Spiritus 1 : 3. Verschließe die Reagenzgläser mit den Stopfen und stelle sie in einen Reagenzglasständer.
3. Schneide das Chromatografiepapier in Streifen. Die Streifen sollen 2 cm kürzer sein als die Reagenzgläser hoch sind und sollen die Reagenzgläser mit ihren seitlichen Rändern nicht berühren.
4. Trage 2 cm oberhalb des unteren Randes der Streifen jeweils eine punktförmige Farbprobe des Filzschreibers auf. Falls die Farbprobe zu schwach ist, kann mehrfach aufgetragen werden. Die Durchmesser der Punkte sollten etwa 2 bis 3 mm betragen.
5. Stelle die Papierstreifen in die Reagenzgläser und verschließe sie sofort wieder mit den Stopfen.
6. Beende die Trennung, wenn das Lösemittel etwa 10 cm hoch gewandert ist.

Aufgaben:
a) Notiere deine Beobachtungen.
b) Die Farbstoffe des Filzschreibers werden in den Reagenzgläsern unterschiedlich gut getrennt. Beschreibe ihr Verhalten sowohl gegenüber dem Lösemittel als auch gegenüber dem Chromatografiepapier.

Versuch 4:
Vom Steinsalz zum Kochsalz

Materialien: Waage, Reibschale, Pistill, Messzylinder (100 ml), Abdampfschale, Petrischale, Glastrichter, Faltenfilter, 2 Erlenmeyerkolben (100 ml) mit Stopfen, Tropfpipette, Gasbrenner;
Steinsalz (kleine Kristalle).

Durchführung:
1. Wiege etwa 25 g feinkörniges Steinsalz ab und zerreibe das Salz in der Reibschale zu einem feinen Pulver.
2. Wiege auf einem Stück Papier 20 g pulverisiertes Steinsalz ab. Gib das Pulver in einen Erlenmeyerkolben mit 50 ml Wasser. Setze den Stopfen auf und löse durch Schütteln möglichst viel Steinsalz.
3. Stelle den Trichter in den zweiten Erlenmeyerkolben und lege den Faltenfilter ein. Filtriere nun die überstehende Flüssigkeit aus dem ersten Erlenmeyerkolben in den zweiten Erlenmeyerkolben.
4. Gib etwa 5 ml des Filtrats in die Petrischale und lasse sie bis zur nächsten Chemiestunde offen stehen.
5. Dampfe den Rest des Filtrats in der Abdampfschale ein. Stelle gegen Ende des Eindampfens den Glastrichter umgestülpt in die Abdampfschale.

Aufgaben:
a) Notiere deine Beobachtungen.
b) Erläutere den Unterschied zwischen Steinsalz und Kochsalz.
c) Nenne die Eigenschaften, die zur Trennung der Bestandteile des Steinsalzes ausgenutzt werden.
d) Erläutere, wie man den Anteil des Kochsalzes im Steinsalz bestimmen kann.
e) Nenne Eigenschaften des gewonnenen Kochsalzes.

Versuch 5:
Forschungsauftrag: Trennung eines Gemisches aus Sand, Eisen und Kochsalz

Materialien: Gasbrenner, Petrischale, Trichter, Erlenmeyerkolben (250 ml), Spritzflasche, Uhrglas, Stopfen, Filtrierpapier, Magnet, Abdampfschale;
Sand, Eisen, Kochsalz, Gemisch der drei Stoffe.

Durchführung:
1. *Vorversuche:* Untersuche die drei Stoffe auf ihre Löslichkeit in Wasser, ihr Verhalten gegenüber einem Magneten und beim Erhitzen. Fasse deine Beobachtungen in einer Tabelle zusammen.
2. Entwickle unter Berücksichtigung deiner Erkenntnisse einen Plan zur Trennung des Gemisches aus Sand, Eisen und Kochsalz und notiere deine Vorgehensweise stichpunktartig. Wähle die dafür benötigten Geräte und Materialien aus.
   Am Ende deines Versuchs sollen alle Bestandteile einzeln und sauber getrennt mit möglichst geringem Verlust vorliegen.
3. Trenne das Gemisch nach deinem Plan.

Aufgaben:
a) Gib die Eigenschaften an, die zur Trennung der jeweiligen Bestandteile ausgenutzt werden.
b) Nenne Stoffeigenschaften, mit denen sich die isolierten Bestandteile eindeutig identifizieren lassen.
c) Begründe, ob die Reihenfolge der einzelnen Trennschritte beliebig vertauschbar ist.

Versuch 6:
Experimentelle Hausaufgabe: Chromatografie von Farbstoffen

Materialien: 2 Rundfilter, Glas;
Filzstifte, schwarze Tinte.

Durchführung:
1. Stoße mit einem Bleistift ein Loch in die Mitte des Rundfilters und tupfe mit verschiedenen Filzstiftfarben und der Tinte Punkte rund um das Loch.
2. Rolle ein Stück Filtrierpapier und stecke es als Docht durch das Loch des Rundfilters.
3. Fülle das Glas zur Hälfte mit Wasser und lege den Rundfilter so auf das Glas, dass der Docht in das Wasser eintaucht.

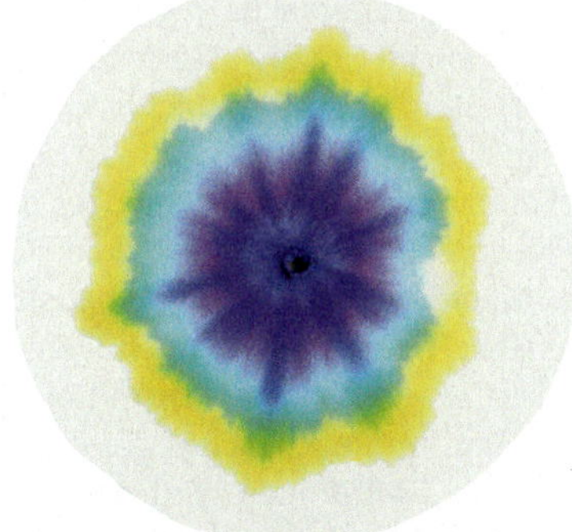

3.3 Trinkwasseraufbereitung und Abwasserreinigung

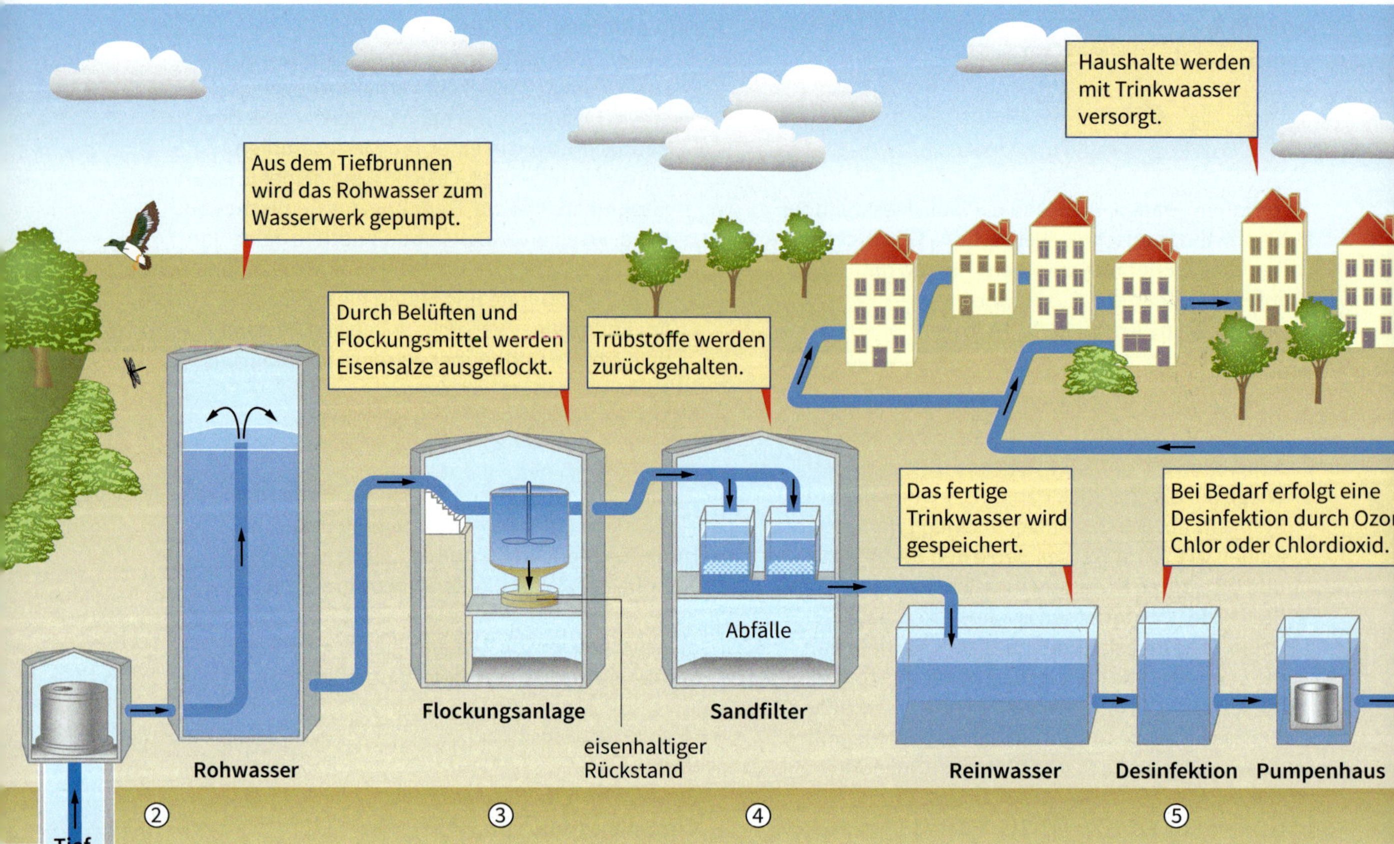

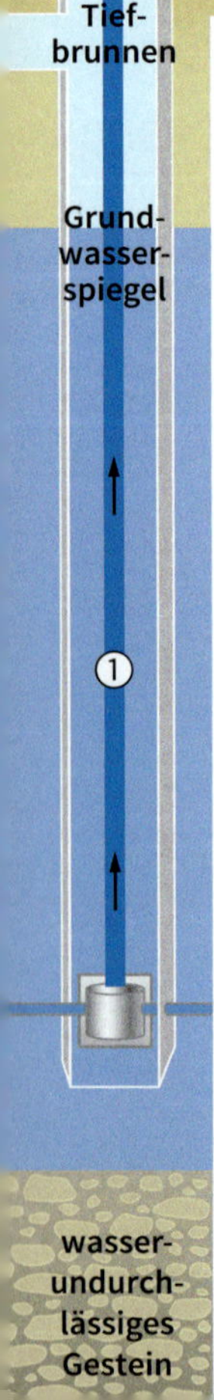

1 *Schema der Trinkwasseraufbereitung und Abwasserreinigung*

Unsere Wasserwerke versorgen Haushalte und Betriebe mit *Trinkwasser*. Mithilfe verschiedener Trennverfahren reinigen sie dazu Grundwasser, in manchen Regionen auch Wasser aus Talsperren, Seen und Flüssen. Trinkwasser wird ständig nach den Vorgaben der *Trinkwasserverordnung* überprüft. Dadurch wird gewährleistet, dass es gesundheitlich und geschmacklich einwandfrei ist.

Trinkwasser aus Grundwasser. Ein erheblicher Teil der Niederschläge versickert im Boden und sammelt sich tief unter der Erdoberfläche in grundwasserführenden Schichten. Solche Grundwasserleiter liegen immer oberhalb von Gesteins- und Tonschichten, die für Wasser undurchlässig sind ①. Grundwasser lässt sich leicht zu Trinkwasser aufbereiten, denn auf dem Weg des Wassers in die Tiefe lösen sich Mineralstoffe, die den Geschmack verbessern. Außerdem werden viele Schadstoffe im Boden festgehalten oder durch Bodenbakterien abgebaut. Beispiele sind Pflanzenschutzmittel, Reste von Düngemitteln und im Regenwasser gelöste Luftschadstoffe. Aus einem Tiefbrunnen wird das Grundwasser hochgepumpt ②. Oft enthält das Rohwasser gelöste Eisensalze, die einen unangenehmen Geschmack verursachen. Durch ein Flockungsverfahren werden die Eisenverbindungen als schwerlösliche Salze entfernt ③. Um Trübstoffe abzutrennen, fließt das Wasser anschließend durch Filterbecken mit Quarzsand ④.

Trinkwasser aus Uferfiltrat. Wo Mangel an Grundwasser besteht, pumpt man Wasser aus einem Fluss und lässt es in der Uferzone versickern. Dabei wird es auf natürliche Weise gereinigt. Dieses *Uferfiltrat* wird in einiger Entfernung aus Tiefbrunnen wieder nach oben befördert und zu Trinkwasser aufbereitet.

Trinkwasser aus Oberflächenwasser. Vor allem in Ballungsgebieten muss auch Oberflächenwasser aus Talsperren, Seen oder Flüssen verwendet werden. Da Oberflächenwasser jedoch oft sehr viele Verunreinigungen enthält, wird es durch dicke Schichten aus Kies und Sand filtriert. Zusätzlich leitet man Ozon in das Wasser ein, um Bakterien abzutöten. Eine Aktivkohleschicht beseitigt anschließend gesundheitsschädliche organische Stoffe. Falls Trinkwasser durch krankheitserregende Keime verunreinigt ist, muss gegebenenfalls eine Desinfektion mit Chlor oder Chlordioxid erfolgen ⑤.

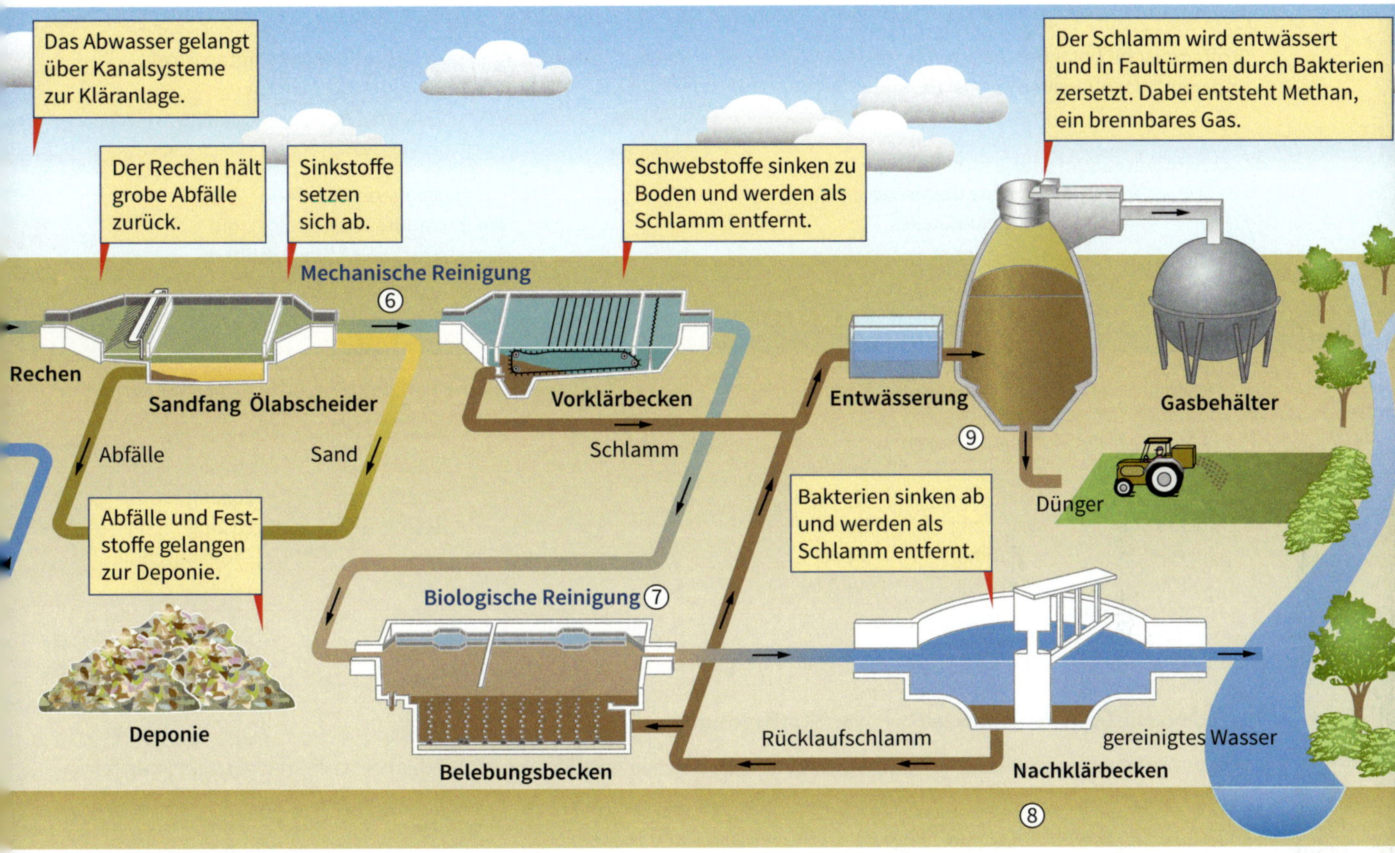

Abwasserreinigung in der Kläranlage. In der ersten Reinigungsstufe der Kläranlage findet eine *mechanische Reinigung* statt ⑥: Hier werden die gröberen Bestandteile des Abwassers wie Papier, Holz, Kunststoffe, Glas und Metall beseitigt. Sand setzt sich ab; Fette und Öle schwimmen auf der Oberfläche. Im Belebungsbecken folgt die *biologische Reinigung* ⑦: Das vorgeklärte Abwasser enthält noch viele Schwebstoffe und gelöste organische Stoffe, die entfernt werden müssen. Dazu werden Bakterien eingesetzt, die sich von diesen organischen Stoffen ernähren. Für ihren Stoffwechsel benötigen die Bakterien Sauerstoff; durch große Rührwerke wird deshalb Luft zugemischt. Unter diesen Bedingungen vermehren sie sich gut und bilden den *Belebtschlamm*. Ein Teil des Belebtschlamms wird in das Nachklärbecken gepumpt ⑧. Dort sterben die Bakterien wegen Sauerstoff- und Nährstoffmangels ab und sinken als *Faulschlamm* zu Boden. Das geklärte Abwasser kann dann in einen Fluss eingeleitet werden. Aus dem Faulschlamm wird im Faulturm Methan (Biogas) gewonnen und zur Erzeugung von elektrischem Strom und Wärme genutzt ⑨. Wenn der Faulschlamm keine Schadstoffe enthält, kann er als Dünger verwendet werden, ansonsten wird er verbrannt.

Trinkwasser kann aus Grundwasser, Oberflächenwasser und Uferfiltrat gewonnen werden. Bei Bedarf wird das Trinkwasser mit Ozon, Chlor oder Chlordioxid behandelt. Abwasser wird in einer mechanischen und einer biologischen Klärstufe gereinigt. Aus dem gebildeten Faulschlamm wird Biogas gewonnen.

1 a) Erkläre, weshalb Grundwasser besonders rein ist.
b) Nenne Trennvorgänge, die bei der Entstehung von Grundwasser eine Rolle spielen.
c) Vergleiche Grundwasser mit Oberflächenwasser.
d) Führe Gründe für die Einrichtung von Wasserschutzgebieten an.

2 Erläutere die einzelnen Trennverfahren, die in der mechanische Reinigungsstufe zum Einsatz kommen.

3 Das Trennverfahren zur Entfernung giftiger organischer Stoffe aus dem Abwasser mithilfe von Aktivkohle bezeichnet man als *Adsorption*. Recherchiere, auf welchen Grundlagen dieses Trennverfahren beruht.

4 Die Abtrennung von Sand, Öl und Fett erfolgt nach dem Schwimm-Sink-Verfahren. Erläutere das Verfahren.

Basiswissen Mischen und Trennen

1. Reinstoffe und Gemische

Stoffgemische bestehen aus mehreren Reinstoffen. Ihre Eigenschaften hängen von der Art der beteiligten Stoffe und vom Mischungsverhältnis ab.

heterogene Gemische
Die Bestandteile sind erkennbar.

Aggregatzustand der Bestandteile		Bezeichnung
fest	fest	Gemenge
fest	flüssig	Suspension
flüssig	flüssig	Emulsion
fest	gasförmig	Rauch
flüssig	gasförmig	Nebel
fest/flüssig	gasförmig	Aerosol

homogene Gemische
Die Bestandteile sind selbst mit dem Mikroskop nicht erkennbar.

Aggregatzustand der Bestandteile		Bezeichnung
fest	fest	Legierung
fest	flüssig	Lösung
flüssig	flüssig	Lösung
gasförmig	flüssig	Lösung
gasförmig	gasförmig	Gasgemisch

2. Gemische im Teilchenmodell

- *Reinstoffe* bestehen aus einer Teilchenart.
- *Gemische* bestehen aus zwei oder mehreren verschiedenen Teilchenarten.
- In *homogenen Gemischen* sind die Teilchen aller Bestandteile gleichmäßig verteilt.
- In *heterogenen Gemischen* bilden die einzelnen Teilchenarten größere Teilchenverbände.

3. Stofftrennungen

Stoffgemische können mithilfe unterschiedlicher Verfahren getrennt werden.

Trennverfahren	Trennung erfolgt aufgrund unterschiedlicher …	Beispiel
Sieben	Partikelgröße	Gartenerde aufbereiten
Filtrieren	Partikelgröße	Kaffee zubereiten
Extrahieren	Löslichkeit	Kaffee zubereiten
Sedimentieren	Dichte	Schlammwasser trennen
Chromatografieren	Löslichkeit	Farbstoffgemische trennen
Eindampfen	Siedetemperatur	Gewinnung von Salz
Destillieren	Siedetemperatur	Herstellung von Branntwein
Schwimm-Sink-Verfahren	Dichte	Mülltrennung

4. Trinkwassergewinnung und Abwasserreinigung

Rohwasser → Ausflocken → Filtrieren → Desinfektion → Trinkwasser

Abwasserzulauf → **Mechanische Stufe:** Rechen, Sandfang, Vorklärbecken → **Biologische Stufe:** Belebungsbecken, Nachklärbecken → gereinigtes Abwasser; Faulschlamm, Methan, Dünger

Teste dich

A1 a) Suche aus der folgenden Liste die Stoffe heraus, bei denen es sich deiner Meinung nach um Gemische handelt: Edelstahl, Diamant, Backpulver, Honig, Kaffeepulver, Kochsalz, Aluminium, Leitungswasser.
b) Gib für jedes der Gemische zwei Bestandteile an.

A2 Notiere jeweils zwei Beispiele für die folgenden Gemischtypen: Suspension, Emulsion, Legierung, Lösung.

A3 a) Ordne die folgenden Gemische einem Gemischtyp zu: Beton, Tinte, Ketchup, Chrom-Nickel-Stahl, Blumenerde, Sprudel, Leitungswasser, Seifenblase.
b) Skizziere für jedes der Gemische ein Teilchenmodell.

A4 Gib Verfahren an, mit denen sich die einzelnen Bestandteile der folgenden Gemische abtrennen lassen:
a) Sand, Sägespäne, Eisenspäne.
b) Wasser, Alkohol, Kochsalz.
c) Kohlepulver, Zucker.

Lösungen stehen im Anhang.

B1 a) Erkläre die obenstehenden Begriffe.
b) Verknüpfe die Begriffe zu einer Conceptmap.
c) Übertrage die Begriffe und deine Erklärungen in digitale Karteikarten.

B2 Eine Zuckerlösung soll in ihre Bestandteile getrennt werden.
a) Eine Trennmöglichkeit wäre das Eindampfen. Beschreibe die Vorgehensweise. Erkläre, weshalb diese Möglichkeit nicht sinnvoll ist.
b) Nenne eine bessere Methode und beschreibe sie.

B3 Erläutere, warum es geschmacklich einen Unterschied macht, ob man Tee 5 Minuten oder 8 Minuten ziehen lässt.

B4 Autowaschanlagen müssen mit einem Ölabscheider ausgerüstet sein.
a) Erläutere, warum dies notwendig ist.
b) Erkläre das Trennprinzip.

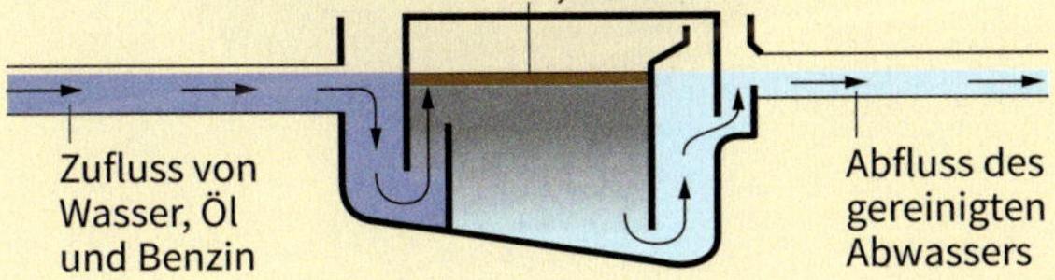

Die wichtigsten Begriffe

- Teilchenmodell
- Reinstoff
- homogenes Gemisch, heterogenes Gemisch
- Gemenge
- Emulsion, Suspension
- Lösung
- Legierung
- Rauch, Nebel, Aerosol
- Trennmethoden
- Sedimentation, Filtration
- Eindampfen, Destillation
- Extraktion
- Chromatografie
- Trinkwassergewinnung
- Abwasserreinigung

C1 Inhaltsstoffe einer Tütensuppe

Fertiggerichte erfreuen sich wachsender Beliebtheit. Das vielseitige Angebot in Supermärkten ist ein Beweis dafür. Bei Hühnersuppe handelt es sich um ein Feststoffgemisch, das hauptsächlich aus Nudeln, Gemüse, Salz, Gewürzen und Fett besteht.

a) Gib Möglichkeiten an, wie man die trockene Tütensuppe in ihre Bestandteile trennen kann.
b) Die Tütensuppe wird mit Wasser aufgekocht. Nenne die Gemischtypen, die in der fertigen Hühnersuppe vorliegen.
c) Entwickle eine Versuchsbeschreibung, nach der du die fertige Suppe mithilfe geeigneter Trennschritte in ihre Bestandteile trennen kannst.
d) Vergleiche eine Tütensuppe mit einer frisch zubereiteten Hühnersuppe.

Hühnersuppe aus der Tüte

Kapitel 4

Chemische Reaktionen

Die Holzkohle brennt. Bald schon können Fleisch, Fisch und Gemüse auf den Grillrost gelegt werden. Wie beim Grillen oder beim Backen sind wir ständig von Vorgängen umgeben, bei denen sich Stoffe verändern und neue Stoffe entstehen. Solche chemischen Reaktionen bilden das Herzstück der Chemie.

Du hast sicher schon einmal ein Streichholz entzündet, indem du den Zündkopf über die Reibfläche der Streichholzschachtel gestrichen hast. Dabei wird so viel Reibungswärme frei, dass der Streichholzkopf aufflammt. Der Streichholzkopf verändert sich und es entstehen brennbare Gase, die beim Verbrennen eine Flamme erzeugen. Da neue Stoffe mit neuen Eigenschaften entstehen, sagt man, dass im Streichholzkopf eine chemische Reaktion stattfindet. Bei dieser chemischen Reaktion wird Wärme frei, die das Holz des Streichholzes entzündet. Danach brennt es von alleine weiter.

Wenn du eine Brausetablette in Wasser auflöst, bilden sich an der Oberfläche der Tablette kleine Gasbläschen. Sie werden größer, lösen sich ab und steigen auf. Es entsteht ein Wirbel von Gasblasen. Die Tablette wird nach und nach kleiner und schließlich hat sie sich ganz aufgelöst. Vergleicht man das Auflösen einer Brausetablette mit dem Lösen von Kochsalz in Wasser, stellt man schnell einen entscheidenden Unterschied fest: Während das Kochsalz scheinbar einfach verschwindet, beobachtet man bei der Brausetablette zusätzlich das Sprudeln. Es entsteht ein neuer, gasförmiger Stoff – Kohlenstoffdioxid.

Das Wachsen von Getreide ist ein langsamer Vorgang. Die grünen Pflanzen nehmen dabei Kohlenstoffdioxid und Wasser auf und produzieren daraus Kohlenhydrate wie Traubenzucker und Stärke. Als Nebenprodukt entsteht der für uns lebensnotwendige Sauerstoff. Da zu diesem Vorgang Licht benötigt wird, bezeichnet man ihn als Photosynthese (griech. phos: Licht). Das Licht dient dabei als Energie, um in einer Folge von mehreren nacheinander ablaufenden chemischen Reaktionen Kohlenhydrate herzustellen. Die Energie des Sonnenlichts wird also bei der Photosynthese in den energiereichen Kohlenhydraten Traubenzucker und Stärke gespeichert.

4.1 Woran man chemische Reaktionen erkennt

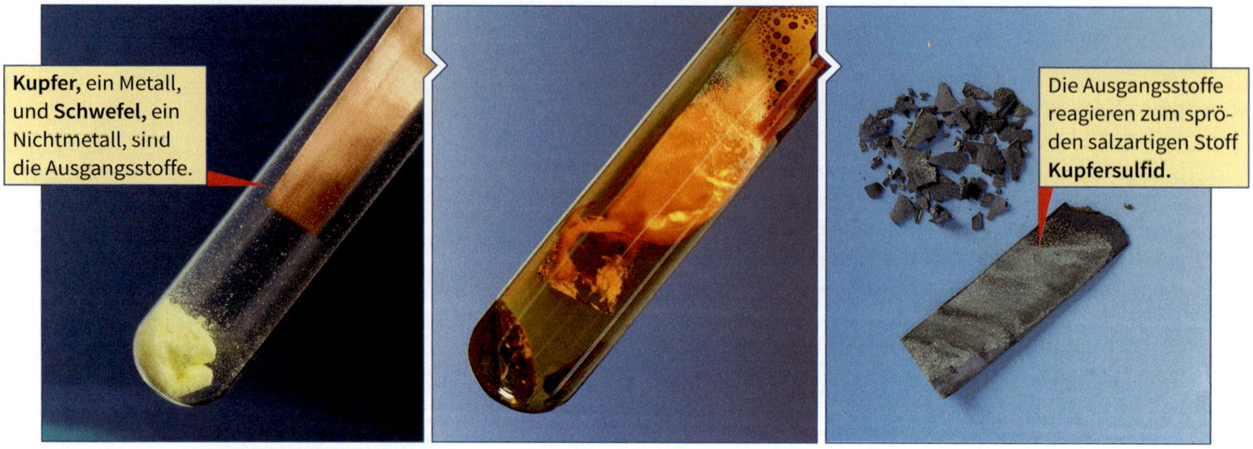

1 *Kupfer reagiert mit Schwefel zu Kupfersulfid.*

Wenn sich eine Brausetablette in Wasser auflöst oder sich ein Streichholzkopf entzündet, beobachtet man Veränderungen der Stoffe. Neue Stoffe mit neuen Eigenschaften entstehen; die zuvor vorhandenen Stoffe sind verschwunden. Solche Vorgänge bezeichnet man als **chemische Reaktionen.** Woran sich eine chemische Reaktion erkennen lässt, soll an einfachen Experimenten verdeutlicht werden.

Stoffumwandlung. Lässt man Schwefeldampf über heißes Kupferblech strömen, so glüht das Blech rot auf und es entsteht ein blauschwarzer Feststoff (Abb. 1). Schon die Farbe zeigt, dass kein Kupfer mehr vorliegt. Auch ein Teil des Schwefels ist verschwunden. Der neue blauschwarze Stoff leitet den elektrischen Strom nicht, er ist spröde und zerbricht daher sehr leicht in kleine Stücke.

Bei der chemischen Reaktion von Kupfer mit Schwefel hat eine *Stoffumwandlung* stattgefunden: Aus den *Ausgangsstoffen* Kupfer und Schwefel wurde ein neuer Stoff gebildet, das *Reaktionsprodukt* Kupfersulfid. Es kommt dabei nicht darauf an, ob Kupferblech, Kupferdraht oder Kupferpulver mit Schwefel reagieren, in allen Fällen erhält man als Produkt blauschwarzes Kupfersulfid. Der Name Kupfersulfid weist darauf hin, dass der neue Stoff aus Kupfer und Schwefel (lat. *sulfur*) gebildet wurde. Kupfersulfid hat weder die Eigenschaften von Kupfer noch die von Schwefel. Es unterscheidet sich von ihnen beispielsweise in der Farbe, der Dichte und der Schmelztemperatur. Kupfersulfid ist daher *kein Gemisch* der beiden Stoffe Kupfer und Schwefel, sondern ein neuer *Reinstoff,* der durch eine chemische Reaktion aus den Reinstoffen Kupfer und Schwefel hergestellt wurde.

Anders als bei einem Kupfer-Schwefel-Gemisch lässt sich Kupfersulfid nicht durch einfache Trennverfahren wieder in Kupfer und Schwefel zerlegen. Aus Kupfersulfid kann man nur durch eine weitere chemische Reaktion wieder Kupfer gewinnen. Reinstoffe wie Kupfersulfid, die sich durch chemischen Reaktionen in weitere Stoffe zerlegen lassen, nennt man **Verbindungen.** Kupfer und Schwefel sind Reinstoffe, die sich nicht weiter zerlegen lassen. Solche Reinstoffe bezeichnet man als **Elemente.**

Änderungen des Aggregatzustands sind in der Regel keine chemischen Reaktionen, denn es entstehen keine neuen Stoffe. Erhitzt man Wasser auf 100 °C, so siedet es und es bildet sich Wasserdampf. Kühlt man den Dampf ab, liegt wieder flüssiges Wasser vor. Dies gilt auch, wenn man Stoffe wie Iod oder Kochsalz schmilzt. Es findet nur eine Änderung des Aggregatzustandes statt, die Stoffe selbst bleiben erhalten.

Energieumsatz. Sobald die Reaktion von Kupfer mit Schwefel beginnt, glüht das Kupferblech auf. Bei der Reaktion von Kupfer mit Schwefel wird Energie in Form von Wärme frei. Diese Energie wird von der Umgebung aufgenommen. Allgemein bezeichnet man chemischen Reaktionen, bei denen Wärme frei wird, als **exotherme Reaktionen.** Doch es gibt auch Reaktionen, bei denen ständig Energie in Form von Wärme zugeführt werden muss, damit sie ablaufen. In diesen Fällen spricht man von **endothermen Reaktionen.** Der *Energieumsatz* ist neben der Stoffumwandlung charakteristisch für chemische Reaktionen.

Besonders einfach lassen sich Aufnahme und Abgabe von Wärme an Experimenten mit Kupfersulfat untersuchen: Erhitzt man blaues *Kupfersulfat-Hydrat,* so verschwindet die blaue Farbe; gleichzeitig entstehen Tröpfchen einer farblosen Flüssigkeit, die man als Wasser identifizieren kann. Außerdem bildet sich bei dieser endothermen Reaktion weißes, *wasserfreies Kupfersulfat* (Abb. 2). Diese Reaktion ist *umkehrbar:* Tropft man Wasser auf das

2 *Blaues Kupfersulfat-Hydrat wird erhitzt.*

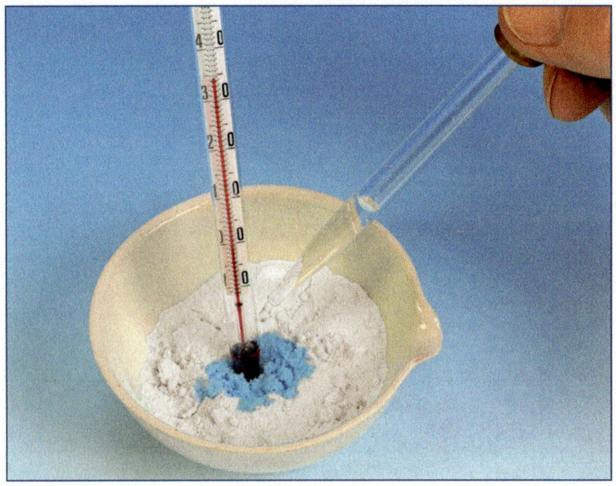

3 *Weißes Kupfersulfat reagiert mit Wasser.*

entstandene weiße Kupfersulfat, bildet sich das blaue Kupfersulfat-Hydrat zurück und die Temperatur steigt an: Aus dem weißen Kupfersulfat entsteht in einer exothermen chemischen Reaktion mit Wasser wieder blaues Kupfersulfat-Hydrat (Abb. 3).

Reaktionsschema. Der Stoffumsatz bei einer chemischen Reaktion wird kurz und übersichtlich durch ein *Reaktionsschema* beschrieben: Man notiert die Namen der Ausgangsstoffe und setzt ein Pluszeichen dazwischen. Es folgen ein Reaktionspfeil und anschließend die Namen der Reaktionsprodukte. Der Pfeil gibt also die Richtung der Reaktion an. Angaben zum Energieumsatz werden nach einem Semikolon hinzugefügt:

Kupfer + Schwefel $\longrightarrow$ Kupfersulfid; exotherm

Das Pluszeichen wird als *und* oder als *reagiert mit* gelesen, der Reaktionspfeil als *reagieren zu.*

Kupfer und Schwefel reagieren zu Kupfersulfid. Die Reaktion verläuft exotherm.

Für die Bildung von weißem Kupfersulfat ergibt sich das folgende Reaktionsschema:

Kupfersulfat-Hydrat $\longrightarrow$
Kupfersulfat + Wasser; endotherm

Kupfersulfat-Hydrat reagiert zu Kupfersulfat und Wasser. Die Reaktion verläuft endotherm.

Bei chemischen Reaktionen bilden sich neue Stoffe mit charakteristischen Eigenschaften.
Bei exothermen Reaktionen wird Energie abgegeben; bei endothermen Reaktionen wird Energie aufgenommen.
Viele chemische Reaktionen sind umkehrbar.

1 Liste die im Text genannten Kennzeichen einer chemischen Reaktion auf und gib vier Beispiele für chemische Reaktionen an, die du aus dem Alltag kennst.

2 Erläutere die Begriffe *endotherm*, *exotherm* sowie die *Umkehrbarkeit* chemischer Reaktionen.

3 Beurteile, ob es sich bei den nachfolgenden Vorgängen um chemische Reaktionen handelt. Nenne Argumente, die dafür oder dagegen sprechen:
a) Zucker löst sich in Wasser, b) Schnee schmilzt,
c) Eine Rakete wird gestartet, d) Ein Wasser-Alkohol-Gemisch wird destilliert, e) Eisen rostet.

4 a) Vergleiche die Eigenschaften der Stoffe in der Tabelle. Begründe, weshalb die Bildung von Eisensulfid aus Eisen und Schwefel eine chemische Reaktion ist.
b) Formuliere das Reaktionsschema für die Reaktion.

	Eisen	Schwefel	Eisensulfid
Farbe	grau	gelb	dunkelgrau
Dichte	$7{,}86\,\frac{g}{cm^3}$	$2{,}07\,\frac{g}{cm^3}$	$4{,}84\,\frac{g}{cm^3}$
Schmelztemperatur	1536 °C	115 °C	1195 °C

5 In einer Reibschale wird etwas Schwefel mit einem Silberlöffel verrieben.
a) Deute die im Foto dargestellten Beobachtungen.
b) Formuliere das Reaktionsschema.

Praktikum Chemische Reaktionen im Labor

Versuch 1:
Reaktion von Kupfer und Eisen mit Schwefel

Materialien: Spatel, Pinzette, Luftballons, Gasbrenner;
Kupferblech (1,5 cm × 4 cm), feine Eisenwolle, Schwefelpulver (**7**).

Durchführung:
1. Gib einen Spatel Schwefel in ein Reagenzglas und schiebe das Kupferblech so in das Reagenzglas, dass das Blech den Schwefel nicht berührt. Dazu kann man das Blech längs knicken. Verschließe das Reagenzglas mit einem Luftballon.
2. Erhitze das Reagenzglas kräftig, bis die Reaktion zwischen Kupfer und Schwefel einsetzt.
3. Lass das Reagenzglas nach der Reaktion abkühlen und entnimm das Reaktionsprodukt mithilfe der Pinzette.
4. Wiederhole den Versuch mit etwas Eisenwolle anstelle des Kupferblechs. Schiebe dazu die Eisenwolle etwa 2 cm über das Schwefelpulver.

Aufgaben:
a) Notiere deine Beobachtungen.
b) Beschreibe, woran du erkennst, dass eine chemische Reaktion stattgefunden hat. Gib dazu auch an, in welchen Eigenschaften sich die Reaktionsprodukte von den Ausgangsstoffen unterscheiden.

Versuch 2:
Erhitzen von Kochsalz und Zucker

Materialien: Spatel, Gasbrenner;
Kochsalz, Zucker.

Durchführung:
1. Gib zwei Spatel Kochsalz in ein Reagenzglas.
2. Erwärme das Reagenzglas bis das Kochsalz geschmolzen ist und lass es anschließend abkühlen.
3. Wiederhole den Versuch mit Zucker anstelle von Kochsalz.

Aufgaben:
a) Notiere deine Beobachtungen.
b) Begründe, ob jeweils eine Reaktion abgelaufen ist.

Versuch 3:
Erhitzen von Kupfersulfat-Hydrat

Materialien: Spatel, Gasbrenner;
Kupfersulfat-Hydrat (**7, 9,** B2).

Durchführung:
1. Gib ungefähr fingerbreit Kupfersulfat-Hydrat in ein Reagenzglas.
2. Erhitze das Reagenzglas vorsichtig mit der nicht leuchtenden Brennerflamme. Halte das Reagenzglas dabei waagerecht.

Aufgaben:
a) Notiere deine Beobachtungen.
b) Stelle Vermutungen über das flüssige Reaktionsprodukt an und plane Versuche, mit denen du deine Vermutung überprüfen kannst.
c) Erläutere, ob eine chemische Reaktion stattgefunden hat.

Versuch 4:
Reaktion von weißem Kupfersulfat mit Wasser

Materialien: Thermometer, Spatel, Tropfpipette mit Wasser;
weißes Kupfersulfat aus Versuch 3 (**7, 9,** B2).

Durchführung:
1. Fülle etwa fingerbreit weißes Kupfersulfat in ein Reagenzglas und stecke ein Thermometer hinein.
2. Gib tropfenweise Wasser auf das weiße Kupfersulfat und lies die Temperatur nach jedem Tropfen ab. Notiere die Werte.

Aufgaben:
a) Notiere deine Beobachtungen.
b) Beschreibe die Unterschiede zwischen den Ausgangsstoffen und dem Reaktionsprodukt.
c) Trage deine Messwerte in ein Koordinatensystem ein und erläutere, ob die Reaktion exotherm ist.
d) Stelle Vermutungen auf, wovon es abhängt, dass bei diesem Versuch die Temperatur unterschiedlich stark ansteigen kann.
e) Vergleiche die Versuche 3 und 4 und erläutere die Zusammenhänge zwischen ihnen.

Chemische Reaktionen im Alltag

Versuch 1:
Auflösen einer Brausetablette

Materialien: Wasserglas;
Brausetablette.

Durchführung:
Gib die Brausetablette in ein Glas mit Wasser.

Aufgaben:
a) Notiere deine Beobachtungen.
b) Nenne Stoffeigenschaften der bei der Reaktion entstehenden Stoffe.
c) Plane den Versuch so, dass kein Reaktionsprodukt verloren gehen kann.
d) **Expertenaufgabe:** Informiere dich über die wesentlichen Inhaltsstoffe von Brausetabletten und stelle Vermutungen über mögliche Ausgangsstoffe der Reaktion an. Plane Versuche, mit denen du deine Vermutungen überprüfen kannst und führe die Versuche durch.

Versuch 2:
Herstellung von Brausepulver

Materialien: Löffel, Wasserglas;
Zucker, Citronensäure, Natriumhydrogencarbonat (Natron).

Durchführung:
1. Gib nacheinander jeweils eine kleine Menge Zucker, Citronensäure und Natriumhydrogencarbonat auf ein Stück Papier und prüfe den Geschmack.
2. Vermische zwei Teelöffel Zucker, zwei Teelöffel Citronensäure und einen Teelöffel Natriumhydrogencarbonat in einem Glas und schütte etwas von diesem Gemisch auf ein Blatt Papier. Prüfe erneut das Aussehen und den Geschmack.
3. Stelle Brause her, indem du einen Teelöffel des Gemisches in ein Glas mit Wasser gibst.

Aufgabe:
Vergleiche die Zusammensetzung von Brausepulver und Brausetabletten und deren Reaktion in Wasser.

Versuch 3:
Backen von Pfannkuchen

Materialien: Rührschüssel, Schneebesen, Pfanne;
Eiklar, Mehl, Backpulver, Butter oder Margarine.

Durchführung:
1. Versetze jede der Backzutaten allein mit etwas Wasser.
2. Vermische jeweils nur zwei Zutaten mit Wasser.
3. Vermische alle Backzutaten mit etwas Wasser zu einem Teig.
4. Gib von jeder Mischung einen Esslöffel in eine gefettete Pfanne und backe so lange, bis eine der Proben gelbbraun wird.

Aufgaben:
a) Notiere deine Beobachtungen.
b) Erkläre, welche Reaktionspartner erforderlich sind, damit ein Gebäck goldgelb und locker wird.
c) Informiere dich über die Zusammensetzung von Backpulver und dessen Bedeutung für den Backvorgang.

Versuch 4:
Untersuchung von Zündhölzern

Materialien: Schleifpapier, Streichholzschachtel;
Sicherheitszündhölzer, Überallzünder.

Durchführung:
1. Reibe die Zündholzköpfe auf dem Schleifpapier.
2. Wiederhole den Versuch mit der Reibfläche der Streichholzschachtel.

Aufgaben:
a) Notiere deine Beobachtungen.
b) Beim Anreiben des Streichholzkopfes auf der Reibfläche der Streichholzschachtel läuft eine chemische Reaktion ab. Begründe diese Aussage. Informiere dich über die reagierenden Stoffe.
c) Erläutere die Begriffe *Sicherheitszündholz* und *Überallzünder*.

Versuch 5:
Versuche mit einem Wärmekissen

Materialien: Wasserkocher,
Spaghettizange, Thermometer,
Wärmekissen.

Durchführung:
1. Knicke das Metallplättchen des Wärmekissens und miss die Temperatur, die das Kissen erreicht.
2. Bringe Wasser zum Kochen und halte das Wärmekissen mit der Zange einige Minuten in das kochende Wasser.
3. Lass das Wärmekissen anschließend abkühlen.

Aufgaben:
a) Notiere deine Beobachtungen.
b) Begründe, ob eine chemische Reaktion abgelaufen ist.

4.2 Chemische Energie und Energieerhaltung

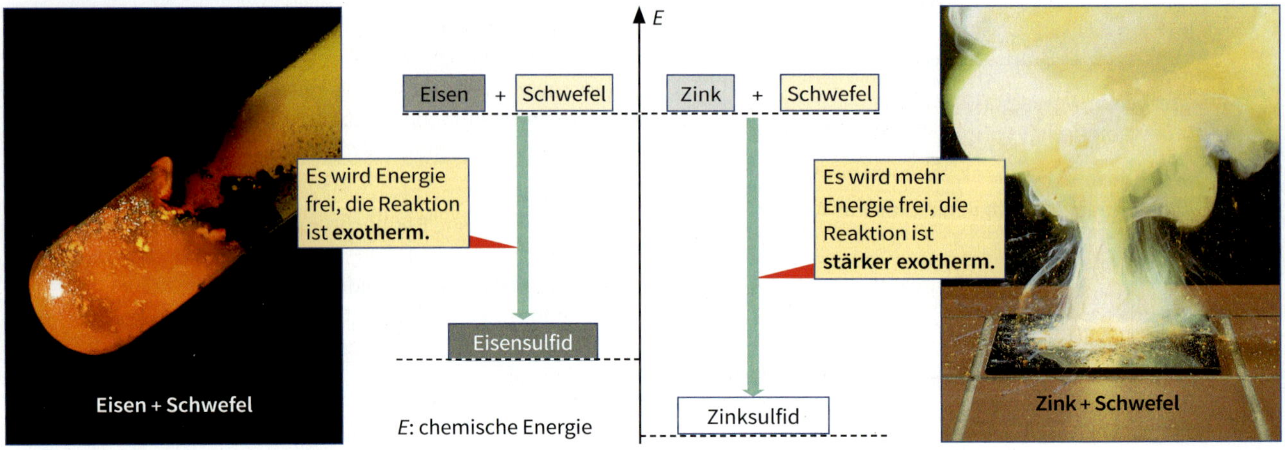

1 *Energiediagramme der Reaktionen von Eisen und Zink mit Schwefel*

Obwohl uns im Alltag Begriffe wie *Energiegewinnung* und *Energieverschwendung* begegnen, kann Energie weder erschaffen noch verbraucht werden. Nach diesem **Energieerhaltungssatz** kann Energie nur von einer Energieform in eine andere umwandelt werden. Insgesamt bleibt dabei der Betrag der Energie unverändert.

Chemische Energie. Auch für chemische Reaktionen gilt der Energieerhaltungssatz. Alle Stoffe enthalten eine besondere Energieform, die *chemische Energie*. Bei einer chemischen Reaktion wird ein Teil der chemischen Energie in andere Energieformen umgewandelt. Der Energiegehalt einer Stoffportion hängt dabei von der Art des Stoffes und dessen Masse ab. So reicht die Verbrennung von 5 g Steinkohle aus, um 1 Liter Wasser um 35 °C zu erwärmen. Nimmt man 10 g Steinkohle, wird das Wasser um etwa 70 °C heißer; mit der gleichen Menge Holz als Brennstoff steigt die Temperatur von einem Liter Wasser nur um rund 45 °C. Diese Unterschiede im Energieumsatz zeigen sich auch bei chemischen Reaktionen von Metallen mit Schwefel. Erhitzt man ein Gemisch aus Eisenpulver und Schwefelpulver, so reagiert es unter Aufglühen zur Verbindung Eisensulfid. Bei einem Gemisch aus Zinkpulver und Schwefelpulver muss man schon sehr aufpassen – es reagiert explosionsartig (Abb. 1). Die Bildung von Zinksulfid setzt nahezu doppelt so viel Wärme frei, wie die Reaktion einer vergleichbaren Masse an Eisen und Schwefel.

Energiediagramm. Die chemische Energie einzelner Stoffe kann nicht gemessen werden, wohl aber Änderungen der chemischen Energie. Die bei einer Reaktion abgegebene oder aufgenommene Energie entspricht daher dem Unterschied zwischen der chemischen Energie der Ausgangsstoffe und der Reaktionsprodukte. Diesen Energiebetrag nennt man **Reaktionsenergie.** Bei einer exothermen Reaktion wie der von Zink oder Eisen mit Schwefel haben die entstehenden Produkte einen geringeren Gehalt an chemischer Energie als die Ausgangsstoffe. Solche Energieumsätze chemischer Reaktionen lassen sich übersichtlich in einem *Energiediagramm* darstellen: Zunächst ordnet man den Ausgangsstoffen Eisen, Zink und Schwefel willkürlich den gleichen Betrag an chemischer Energie zu. Durch einen nach unten gerichteten Pfeil wird die exotherme Reaktion gekennzeichnet. Da die Bildung von Zinksulfid stärker exotherm als die Reaktion von Eisen mit Schwefel verläuft, enthält Zinksulfid im Vergleich weniger chemische Energie als Eisensulfid; der nach unten gerichtete Pfeil ist demzufolge bei der Bildung von Zinksulfid länger als bei der Herstellung von Eisensulfid (Abb. 1). Der Energieumsatz bei einer endothermen Reaktion wird entsprechend durch einen nach oben weisenden Pfeil gekennzeichnet.

Aktivierungsenergie. Bevor eine exotherme Reaktion abläuft, muss in vielen Fällen zunächst von außen Energie zugeführt werden. So muss eine Wunderkerze erst einmal entzündet werden, ehe sie von alleine brennt. Die Energie, die notwendig ist, um eine exotherme Reaktion in Gang zu bringen, nennt man *Aktivierungsenergie*. Oft reicht dazu ein kleiner Zündfunke aus, die Reaktion läuft dann von alleine weiter. Dabei erhalten zunächst nur wenige Teilchen so viel Energie, dass es für die Reaktion ausreicht. Dies nennt man den *aktivierten Zustand* (Abb. 2). Die bei der Reaktion frei werdende Wärme liefert die Aktivierungsenergie für die Reaktion benachbarter Teilchen. Folglich breitet sich die Reaktion immer weiter aus.

Katalysatoren. Oft ist die Aktivierungsenergie so hoch, dass eine Reaktion nicht oder nur sehr langsam abläuft. Ein Beispiel ist die Spaltung von Wasserstoffperoxid in Wasser und Sauerstoff. Diese Reaktion erfolgt nur bei höherer Temperatur merklich schnell. Gibt man jedoch

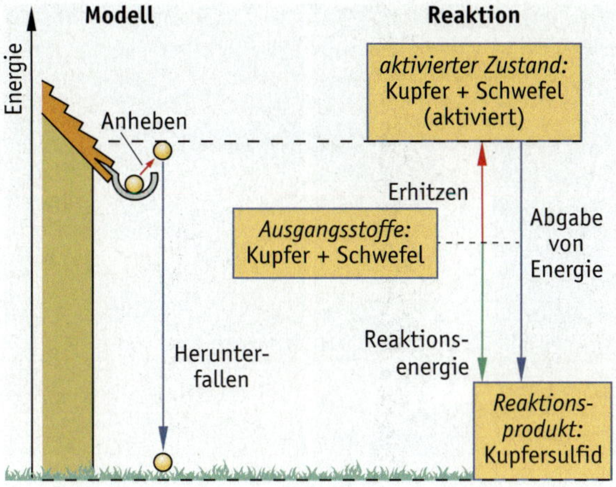

2 ***Energiediagramm einer exothermen Reaktion***

etwas Braunstein hinzu, erfolgt die Reaktion bereits bei Raumtemperatur. Braunstein wirkt als *Katalysator*: Er beschleunigt die Reaktion durch Verminderung der Aktivierungsenergie. Ein Katalysator nimmt an der Reaktion teil, wird aber selbst nicht dauerhaft verändert.

Bei chemischen Reaktionen wird chemische Energie in andere Energieformen umgewandelt. Es gilt der Energieerhaltungssatz. Viele Reaktionen benötigen Aktivierungsenergie, um zu starten. Katalysatoren erniedrigen die Aktivierungsenergie und beschleunigen die Reaktion.

1 Nenne vier Energieformen und gib jeweils ein Beispiel für die Umwandlung von einer Form in eine andere.

2 Die Reaktion von Eisen mit Schwefel ist weniger stark exotherm als die von Zink mit Schwefel, aber stärker exotherm als die von Kupfer mit Schwefel. Magnesium reagiert deutlich stärker exotherm mit Schwefel als Zink. Zeichne für alle Reaktionen Energiediagramme wie in Abb. 1.

3 a) Erkläre das Modell zum Energiediagramm in Abb. 2.
b) Beschreibe die Wirkung eines Katalysators und skizziere ein Energiediagramm wie in Abb. 2, das die Wirkung eines Katalysators deutlich macht.

Exkurs Energie – ein Streifzug durch die Physik

Physikalisch betrachtet ist Energie die Fähigkeit, Arbeit zu verrichten. Energie tritt in verschiedenen Energieformen auf.

Energieerhaltung und Energieumwandlung. Energie kann weder neu geschaffen noch verbraucht werden; sie kann aber von einer Energieform in eine andere überführt werden. So wird in der Muskulatur die chemische Energie der Nährstoffe in Bewegungsenergie und Wärme umgewandelt. Beim Fahrradfahren wird ein Teil der Bewegungsenergie über den Dynamo in elektrische Energie umgewandelt; in der Fahrradlampe wird aus der elektrischen Energie schließlich Lichtenergie. Bei jeder Energieumwandlung geht ein Teil der Energie als Wärme weitgehend nutzlos verloren. So wird beispielsweise in einer Glühlampe elektrische Energie nur zu 5 % in Lichtenergie umgewandelt.

Chemische Systeme und Energieaustausch. Von ihrer Umgebung abgegrenzte Stoffportionen bezeichnet man als *chemische Systeme*. Ein System kann ein gefülltes Reagenzglas sein, eine Flüssigkeit in einem Becherglas oder ein Gas in einem Kolbenprober. Bei einer exothermen Reaktion wird Energie in Form von Wärme oder Licht von dem System an die Umgebung abgegeben. Bei einer endothermen Reaktion nimmt das System Energie aus der Umgebung auf. Die aufgenommene Energie wird dabei in chemische Energie umgewandelt.

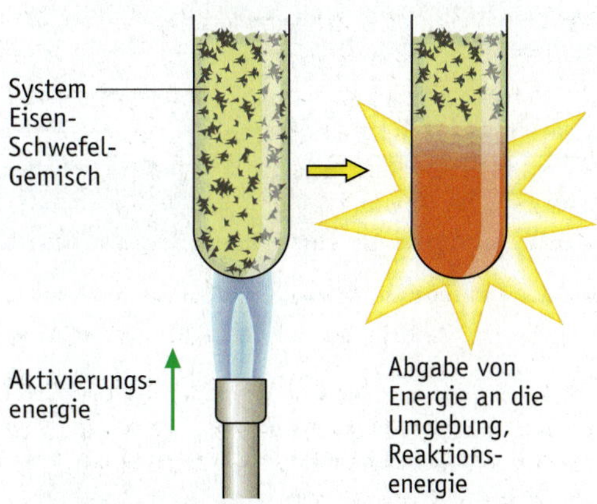

3 ***Energieumwandlung bei chemischen Reaktionen***

1 *Verbrennung von Eisenwolle an einer Balkenwaage*

2 *Verbrennung von Eisen und Holzkohle in reinem Sauerstoff*

Damit ein Feuer brennt, benötigt man einen brennbaren Stoff wie Papier, Holz, Kohle, Heizöl oder Erdgas. Solche Brennstoffe entzündet man durch ein Streichholz oder ein Feuerzeug, indem man sie an einer Stelle stark erhitzt und so Aktivierungsenergie zuführt. Eine Verbrennung kann aber nur dann ablaufen, wenn genügend Luft als Reaktionspartner vorhanden ist. Bei mangelnder Luftzufuhr erstickt das Feuer.

Wie die Reaktion von Metallen mit Schwefel ist auch die **Verbrennung** eine chemische Reaktion – es entstehen neue Stoffe mit neuen Eigenschaften. Als Reaktionsprodukte entstehen bei den üblichen Brennstoffen wie Holz, Erdgas oder Kohle Gase wie Kohlenstoffdioxid und Wasserdampf. Da man diese Stoffe aber nicht direkt erkennen kann, wird oft die Asche, die bei vielen Verbrennungen zurückbleibt, fälschlicherweise als Verbrennungsprodukt angesehen. Asche besteht jedoch aus nicht brennbaren Stoffen, die im schon Brennstoff enthalten waren.

Verbrennungsvorgänge verlaufen stets exotherm; dabei wird also Wärme an die Umgebung abgegeben. Man spricht von der *Verbrennungswärme*.

Auch Metalle brennen. Hält man Eisenwolle in die Flamme eines Brenners, fängt sie an zu glühen. Bläst man Luft hinein, so glüht sie noch stärker auf. Bei der Reaktion bildet sich aus der hellgrauen Eisenwolle ein dunkelgrauer, stumpf aussehender Stoff, der zerbröselt, wenn man ihn zusammendrückt. Führt man die Verbrennung von Eisenwolle an einer Waage durch, kann man eine **Zunahme der Masse** beobachten (Abb. 1). Diese Beobachtung bestätigt, dass bei der Verbrennung neben dem Eisen als Brennstoff ein weiterer Stoff beteiligt ist – die Luft.

Luft – ein Gasgemisch. Verbrennt man Eisen in einem abgeschlossenen Luftraum, so verringert sich das Volumen um rund ein Fünftel (Abb. 3). Dieser Anteil der Luft hat mit dem Eisen reagiert. Man nennt dieses Gas **Sauerstoff;** es ist an jeder Verbrennung beteiligt.

Die Luft besteht etwa zu $\frac{1}{5}$ aus Sauerstoff, Hauptbestandteil ist zu $\frac{4}{5}$ ein Stoff, der die Verbrennung nicht unterhält. Eine Flamme erstickt in diesem Gas; man bezeichnet es daher als **Stickstoff.** Neben Stickstoff und Sauerstoff enthält Luft noch einen geringen Anteil anderer

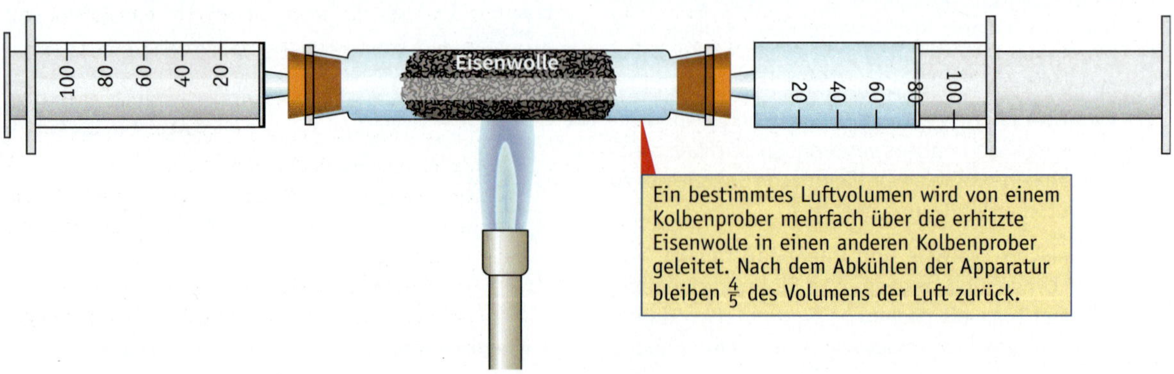

3 *Der Sauerstoffgehalt der Luft kann durch eine Verbrennung ermittelt werden*

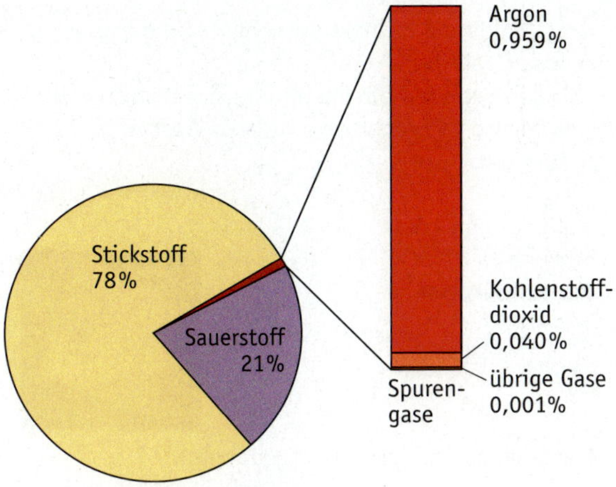

4 *Zusammensetzung der Luft*

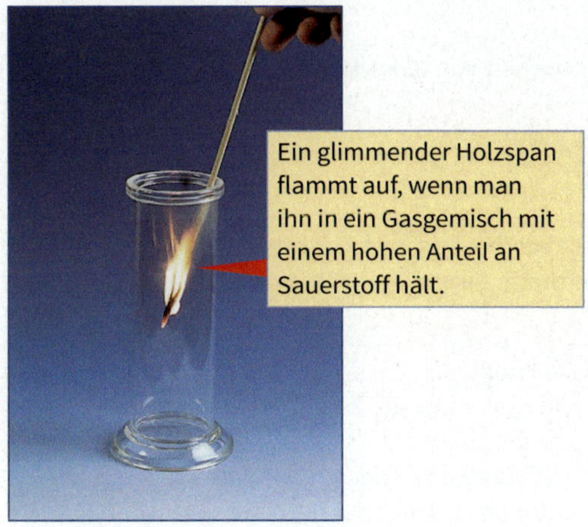

5 *Nachweis von Sauerstoff durch die Glimmspanprobe*

Gase. Unter ihnen nimmt **Argon**, ein Gas, das man zu den Edelgasen zählt, den größten Teil ein (Abb. 4). Diese Angaben gelten nur für saubere und trockene Luft, denn die Luft der Atmosphäre enthält immer einen gewissen Anteil an **Wasserdampf.**

Oxidation. Hält man ein Stück entzündete Eisenwolle in einen mit reinem Sauerstoff gefüllten Standzylinder, sprühen Funken und es bildet sich *Eisenoxid* (Abb. 2). Dieser Stoff entsteht auch beim Verbrennen von Eisenwolle an Luft, nur verläuft die Reaktion hier weit weniger heftig. Es läuft jeweils folgende Reaktion ab:

Eisen + Sauerstoff → Eisenoxid; exotherm

Auch die Verbrennung von *Holzkohle* ist in reinem Sauerstoff sehr viel heftiger als an der Luft. Das Verbrennungsprodukt wird meist nicht wahrgenommen; es ist ein farbloses, geruchloses Gas – *Kohlenstoffdioxid*.

Kohlenstoff + Sauerstoff → Kohlenstoffdioxid; exotherm

Die bei einer Verbrennung mit Sauerstoff ablaufende exotherme Reaktion bezeichnet man als *Oxidation*. Abgeleitet ist dieser Begriff von *Oxygenium*, dem wissenschaftlichen Namen für Sauerstoff. Die Reaktionsprodukte sind Verbindungen von Sauerstoff mit einem anderen Stoff; sie heißen **Oxide.** Bei Metalloxiden handelt es sich immer um Feststoffe. Die Verbrennung nichtmetallischer Stoffe führt meist zu gasförmigen oder flüssigen Oxiden.

Die Luft ist ein Gasgemisch aus 78 % Stickstoff, 21 % Sauerstoff und 1 % sonstiger Gase.
Bei einer Verbrennung reagiert ein Stoff mit Sauerstoff aus der Luft zu einem Oxid. Diese Reaktion nennt man Oxidation. Alle Oxidationen verlaufen exotherm.

1 Berechne, wie viel Milliliter der verschiedenen Luftbestandteile in zwei Litern Luft enthalten sind.

2 Vergleiche die Reaktionsfähigkeit von Sauerstoff und Stickstoff miteinander.

3 Bei der Verbrennung von Schwefel entsteht Schwefeldioxid.
a) Gib an, wie man eine solche Reaktion nennt.
b) Formuliere das Reaktionsschema für diese Reaktion.

4 a) Erkläre, weshalb bei der Reaktion von Eisenwolle in einem abgeschlossenen Luftvolumen auch dann ⁴⁄₅ des Volumens der Luft zurück bleibt, wenn man sehr viel Eisenwolle einsetzt. Nutze dazu auch Abb. 3.
b) Begründe, weshalb der Versuch nur dann aussagekräftig ist, wenn am Ende des Versuchs noch nicht verbrannte Eisenwolle erkennbar ist.

5 Erkläre den in Abb. 5 dargestellten Nachweis für Sauerstoff mit der Glimmspanprobe.

6 Ein Knäuel aus Kupferdraht wird einmal an Luft und ein anderes Mal in einem Gefäß mit reinem Sauerstoff zur Reaktion gebracht. Beschreibe, welche Unterschiede du erwartest und begründe sie.

7 Begründe, welche Beobachtungen du erwartest, wenn man ein Stück Holzkohle an einer Balkenwaage verbrennt.

8 Erkläre am Beispiel eines brennenden Magnesiumbandes die Begriffe *Oxidation* und *Oxid*. Formuliere das Reaktionsschema für diese Reaktion.

9 Recherchiere, wie viel Wasserdampf ein Liter Luft maximal aufnehmen kann und von welchen Faktoren dieser Anteil abhängt.

10 Eisenwolle lässt sich entzünden, ein Eisennagel nicht. Erkläre den Unterschied. Recherchiere dazu den Begriff *Zerteilungsgrad*.

Praktikum Luft und Verbrennungsvorgänge

Versuch 1:
Brennbarkeit von Metallen

Materialien: Tiegelzange, Gasbrenner;
Kupferdraht, Eisennagel, Eisenwolle, Magnesiumband.

Durchführung:
Halte die Proben einige Zeit über den Innenkegel einer Brennerflamme.
Hinweise: Führe den Versuch mit dem Magnesiumband unter dem Abzug durch. Blicke beim Versuch mit Magnesium nicht direkt in die Flamme.

Aufgaben:
a) Notiere deine Beobachtungen in einer Tabelle. Achte dabei besonders auf die Stoffeigenschaften vor dem Erhitzen, das Verhalten beim Erhitzen und die Stoffeigenschaften nach dem Erhitzen.
b) Erkläre, warum sich der Eisennagel und die Eisenwolle unterschiedlich verhalten.
c) Stelle für jede abgelaufene Reaktion das Reaktionsschema auf.
d) Ordne die Metalle nach der bei der Oxidation frei werdenden Energie.

Versuch 2:
Verbrennung von Magnesium

Materialien: Glaswanne, Standzylinder, Hülse eines Teelichts, Gasbrenner;
Magnesiumband (etwa 5 cm lang).

Durchführung:
1. Lege das Magnesiumband so in die Teelichthülse, dass ein Stück herausragt.
2. Fülle die Glaswanne zur Hälfte mit Wasser und lege die Hülse vorsichtig auf die Wasseroberfläche.
3. Entzünde das Magnesiumband und stülpe den Standzylinder schnell darüber.

Aufgaben:
a) Notiere deine Beobachtungen.
b) Schätze den Wasserstand im Standzylinder nach dem Abkühlen.
c) Stelle den Ablauf des Versuchs in mehreren Skizzen dar.
d) Formuliere das Reaktionsschema für die abgelaufene Reaktion.
e) Begründe, weshalb die Öffnung des Standzylinders während des Versuches unter der Wasseroberfläche sein soll.

Versuch 3:
Der Kupferbrief

Materialien: Gasbrenner, Tiegelzange;
Kupferblech (Dicke: 0,1 mm, Größe: 5 cm × 5 cm).

Durchführung:
1. Falte das Kupferblech zu einem Brief und knicke es an den Rändern um, sodass keine Luft eindringen kann. Falze die Ränder mit der Tiegelzange nach.
2. Halte diesen Kupferbrief mit der Tiegelzange in die Brennerflamme und erhitze ihn bis zur Rotglut.
3. Öffne den Kupferbrief, wenn er vollständig abgekühlt ist.

Aufgtaben:
a) Notiere deine Beobachtungen.
b) Erkläre das unterschiedliche Aussehen von Innenfläche und Außenfläche des Kupferbriefes.
c) Prüfe, ob sich der Belag an der Außenseite abschaben lässt, und erkläre dein Ergebnis.
d) Stelle das Reaktionsschema für die Reaktion auf.

Versuch 4:
Massenzunahme beim Erhitzen von Kupfer

2

Materialien: Gasbrenner, Tondreieck, Porzellantiegel, Tiegelzange, Waage;
Kupferpulver (**2**), Eisendraht.

Durchführung:
1. Bestimme die Masse des Tiegels. Gib einen gehäuften Spatel Kupferpulver hinein und wiege erneut.
2. Erhitze den Tiegel etwa fünf Minuten lang. Rühre während des Erhitzens mit dem Eisendraht um.
3. Lasse den Tiegel abkühlen und wiege erneut.

Aufgaben:
a) Notiere deine Beobachtungen.
b) Stelle das Reaktionsschema für die Reaktion auf.
c) Berechne die Massenänderung in Prozent.

Praktikum Untersuchung von Gasen

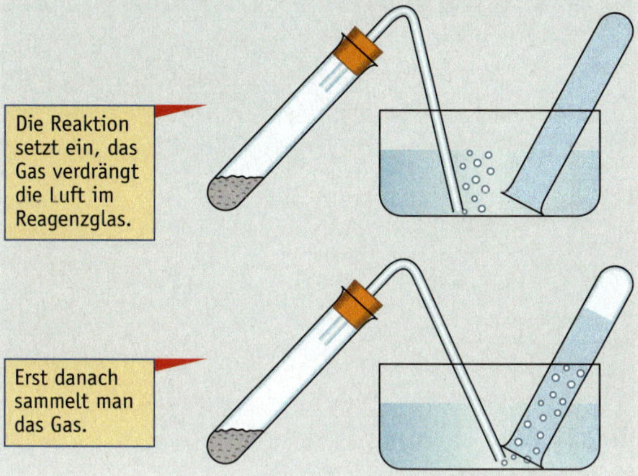

1 *Auffangen eines Gases mit der pneumatischen Wanne*

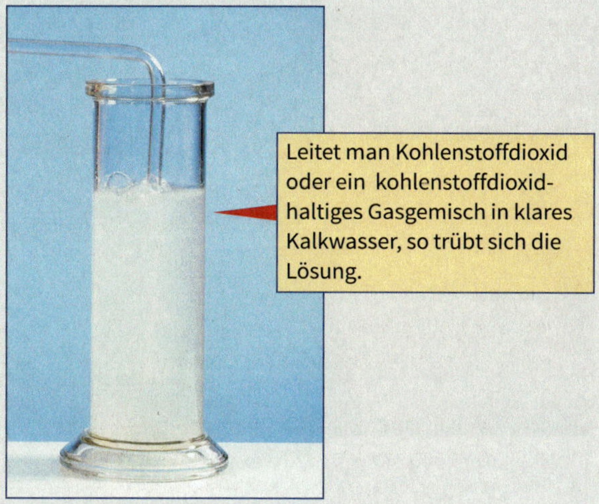

2 *Nachweis von Kohlenstoffdioxid mit Kalkwasser*

Versuch 1:
Entstehung von Gasen durch Erhitzen

Materialien: durchbohrter Stopfen, Winkelrohr, Spatel, Holzspan, Spritzflasche, Tropfpipette; Backpulver, Mineralwasserflasche, Kaliumpermanganat (**3, 7, 9**), Natriumhydrogencarbonat (Natron), Kalkwasser.

Durchführung:
1. Gib einen Spatel Backpulver in ein Reagenzglas und erhitze es.
2. Führe, sobald sich ein Gas bildet, die Glimmspanprobe durch.
3. Setze den Stopfen mit dem Winkelrohr auf und erhitze weiter.
4. Leite das entstehende Gas in ein Reagenzglas mit Kalkwasser.
5. Wiederhole den Versuch mit den anderen festen Stoffen und mit Mineralwasser. Verwende bei den Feststoffen stets vergleichbare Mengen. Beim Mineralwasser solltest du ein Volumen von einem Milliliter einfüllen.

Aufgaben:
a) Notiere deine Beobachtungen.
b) Erläutere die beobachteten Effekte.
c) Gib an, welche Reaktionsprodukte sich eindeutig erkennen lassen.

Versuch 2:
Untersuchung einer Brausetablette

Materialien: durchbohrter Stopfen, Winkelrohr, Spatel, Holzspan, Reibschale mit Pistill; Brausetablette, Kalkwasser.

Durchführung:
1. Zerreibe eine Brausetablette und gib einen Spatel des Pulvers in ein Reagenzglas.
2. Gib etwas Wasser zu der Probe und setze den Stopfen mit dem Winkelrohr auf.
3. Untersuche das entstehende Gas mit der Glimmspanprobe und mit Kalkwasser.
4. Wiederhole das Experiment, falls die Gasentwicklung aufhört, ehe die Ergebnisse eindeutig sind.

Aufgaben:
a) Notiere deine Beobachtungen.
b) Gib an, welches Gas nachgewiesen wird.
c) Informiere dich auf den Packungsbeilagen verschiedener Brausetabletten, welche Stoffe in allen Brausetabletten enthalten sind.

4.4 Luft – ein Gasgemisch wird zerlegt

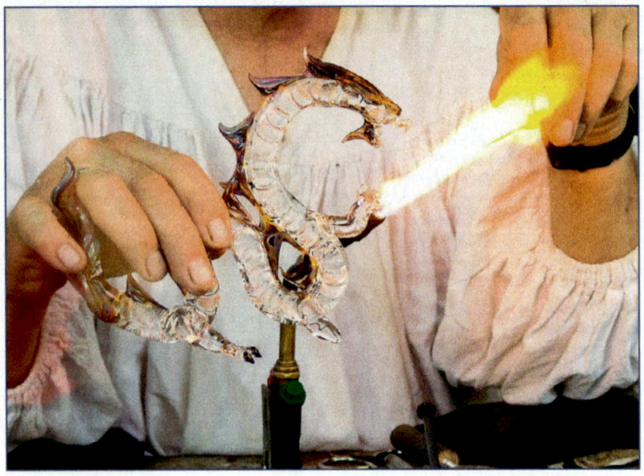

1 *Glasbearbeitung mit einem Brenner*

2 *Stickstoff wird bei –196 °C flüssig*

Als Hauptbestandteile der Luft stehen Sauerstoff und Stickstoff für technische Anwendungen praktisch unbegrenzt zur Verfügung. Obwohl jährlich mehrere hundert Millionen Tonnen Sauerstoff und Stickstoff aus der Luft abgetrennt werden, bleibt der Vorrat in der Luft unverändert: Beide Gase werden durch Vorgänge in der Natur wieder nachgeliefert.

Gewinnung von Sauerstoff und Stickstoff. Für die Gewinnung von reinem Sauerstoff und reinem Stickstoff nutzt man ihre unterschiedlichen Siedetemperaturen. Zunächst wird eine Portion Luft mithilfe des **Linde-Verfahrens** verflüssigt (Abb. 3). Im ersten Schritt wird die Luft zusammengepresst, das Volumen nimmt dadurch ab und die Temperatur steigt an ①. Die so verdichtete Luft wird mithilfe von Kühlern abgekühlt ②. Anschließend wird der Druck verringert, das Volumen nimmt zu und die Temperatur sinkt weiter ab ③. Nach mehrfacher Wiederholung erhält man flüssige Luft von etwa –200 °C ④. In einer Destillationsanlage lässt man die Temperatur der flüssigen Luft anschließend langsam ansteigen. Bei –196 °C siedet der Stickstoff. Das Gas wird aufgefangen. Bei einer Temperatur von –183 °C wird schließlich der Sauerstoff gasförmig. Beide Gase werden unter Druck in Stahlflaschen abgefüllt. Auf vergleichbare Weise kann das Edelgas Argon aus der Luft gewonnen werden: Es siedet bei –186 °C.

Sauerstoff. Bei Raumtemperatur ist Sauerstoff ein farbloses Gas. Als Flüssigkeit und als Feststoff ist Sauerstoff hellblau. Technisch wird Sauerstoff immer dann eingesetzt, wenn Verbrennungsvorgänge oder andere Oxidationsreaktionen gefördert werden sollen. So führt man bei Schweißbrennern oder Brennern für die Glasbearbeitung dem Brenngas Sauerstoff zu, um ausreichend hohe Temperaturen zu erreichen (Abb. 1). Diese Brenner sind mit einem Gasbrenner mit geöffneter Luftzufuhr vergleichbar, nur dass anstelle von Luft reiner Sauerstoff zugeführt wird. Auch bei der Gewinnung von Stahl hat Sauerstoff eine entscheidende Rolle: Man leitet das Gas auf das flüssige Roheisen, um störende Verunreinigungen zu oxidieren und so zu entfernen. Lebensnotwendig sind Druckgasflaschen mit Sauerstoff oder sauerstoffhaltigen Gemischen im Tauchsport, für die künstliche Beatmung im Krankenhaus sowie in der Raumfahrt.

Stickstoff. Im Gegensatz zu Sauerstoff ist Stickstoff wenig reaktionsfähig. Er wird deshalb eingesetzt, um unerwünschte Reaktionen zu verhindern. Brennbare Dämpfe werden mit Stickstoff vertrieben, um die Explosionsgefahr in technischen Anlagen zu verringern. Lebensmittelverpackungen enthalten Stickstoff als *Schutzgas,* damit der Inhalt nicht oxidiert und unansehnlich wird. Gleichzeitig wird das Wachstum von Mikroorganismen gehemmt, was die Haltbarkeit verlängert.

Besonders vielseitig genutzt wird *flüssiger Stickstoff* (Abb. 2). In Forschungslabors ist flüssiger Stickstoff das wichtigste *Kältemittel* für Untersuchungen bei tiefen Temperaturen. Kliniken verwenden flüssigen Stickstoff zur Lagerung von Blutkonserven oder biologischen Präparaten. Bei der Herstellung von Tiefkühlkost werden Lebensmittel mit flüssigem Stickstoff rasch und schonend eingefroren. Durch den schnellen Abkühlprozess bilden sich nur sehr kleine Eiskristalle. Diese durchstoßen nicht die Wände und Membranen der Zellen, wodurch das Kühlgut auch nach dem Auftauen knackig und formstabil bleibt. Beim langsameren Gefrieren in einem Gefrierschrank können größere, scharfkantige Eiskristalle entstehen, die die zelluläre Struktur des Kühlguts zerstören. Schlaffes Gemüse und matschiges Obst sind beim Auftauen die Folge.

Auch Gewürze werden vor dem Mahlen tiefgekühlt, damit sie weniger Aromastoffe verlieren. Seit einigen Jahren spielt flüssiger Stickstoff auch in der *molekularen Küche* eine Rolle.

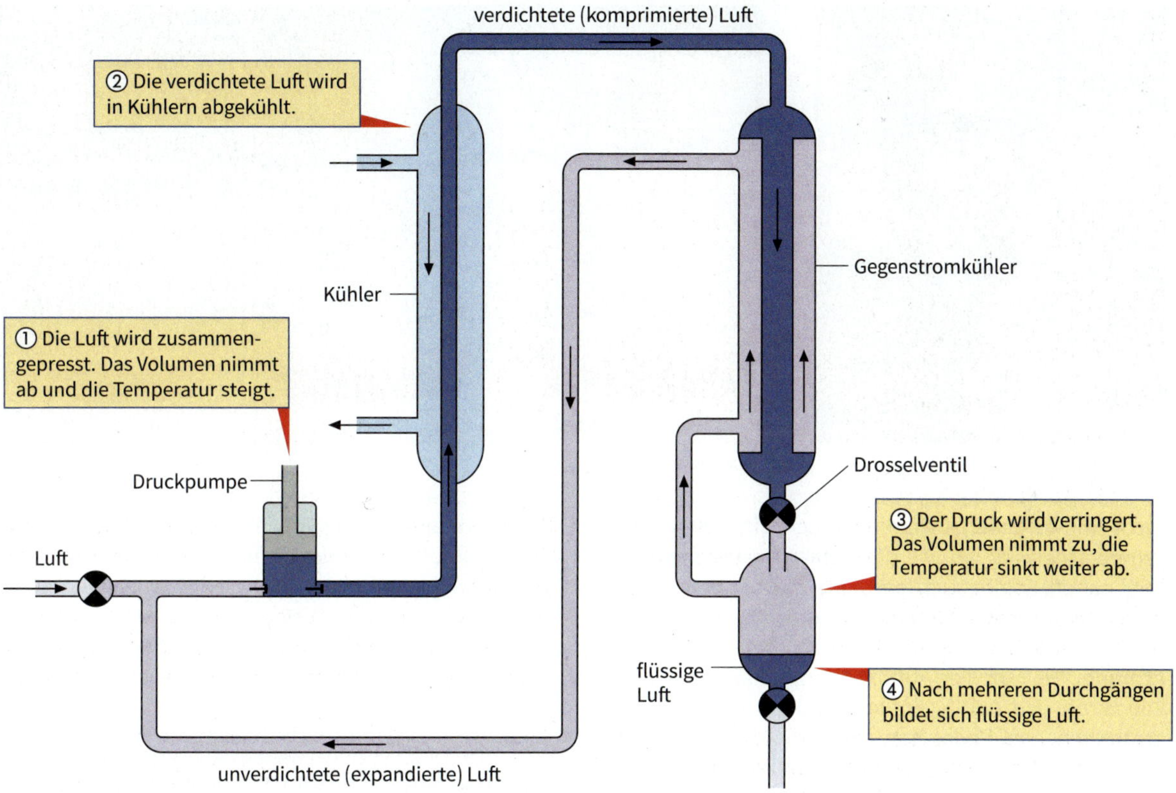

3 *Sauerstoff und Stickstoff werden durch Verflüssigung von Luft gewonnen*

Sauerstoff und Stickstoff werden nach dem Linde-Verfahren durch Verflüssigung von Luft gewonnen. Sauerstoff wird zum Schweißen, bei der Stahlgewinnung sowie zur Beatmung in der Medizin und beim Tauchen verwendet.
Stickstoff dient als Schutzgas; flüssiger Stickstoff wird in vielen Bereichen als Kältemittel eingesetzt.

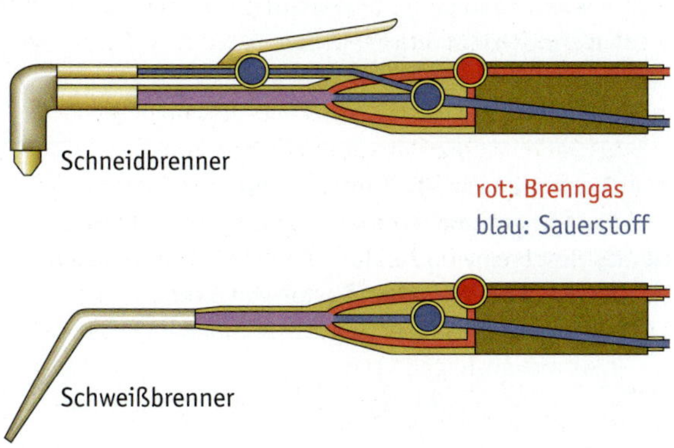

4 *Aufbau eines Schneid- und eines Schweißbrenners*

1 Erstelle eine Übersicht über die Verwendung von Sauerstoff und Stickstoff in Labor und Technik.

2 Ein leeres Reagenzglas wird in ein Gefäß mit flüssigem Stickstoff gestellt. Nach einiger Zeit sammelt sich in dem Reagenzglas eine bläuliche Flüssigkeit.
Erkläre diese Beobachtung.

3 a) Recherchiere, welche Rolle Sauerstoff bei der Aufbereitung von Abwasser spielt.
b) Erkläre, warum neben der Kläranlage eines Chemiewerks häufig ein Vorratstank mit flüssigem Sauerstoff steht.

4 Recherchiere, durch welche Anstriche Stahlflaschen für Luft, Sauerstoff und Stickstoff gekennzeichnet werden.

5 Erkläre, warum Sauerstoff und Stickstoff durch Destillation getrennt werden können und gib an, welcher Bestandteil zuerst abgetrennt wird.

6 **Expertenaufgabe:** Die Abb. 4 zeigt den Aufbau eines Schweißbrenners und eines Schneidbrenners.
Bei beiden wird dem Brenngas Sauerstoff zugeführt. Unterschiedlich ist nur der Anteil an Sauerstoff.
Erkläre, weshalb man mit einem Schneidbrenner ein Eisenblech zerteilen kann, während man mit einem Schweißbrenner zwei Bleche verbinden kann.

4.5 Atmen und Rosten

1 *Nachweis von Kohlenstoffdioxid*

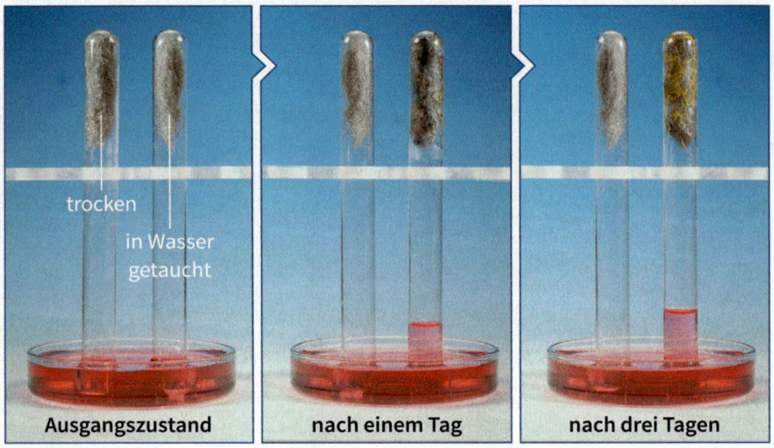

2 *Rosten von Eisenwolle*

Nicht immer laufen Oxidationen so heftig und unter Feuererscheinung ab wie die bisherigen Beispiele gezeigt haben. Es gibt auch langsame Oxidationen, denen man nicht ansieht, dass auch sie exotherm verlaufen.

Atmung. Die Luft der Atmosphäre enthält etwa 21 % Sauerstoff und 0,04 % Kohlenstoffdioxid. In der ausgeatmeten Luft findet man dagegen nur noch 16 % Sauerstoff, aber bis zu 5 % Kohlenstoffdioxid (Abb. 1).

In den Lungebläschen diffundiert Sauerstoff aus der Luft in das Blut und wird, gebunden an die roten Blutkörperchen, zu den einzelnen Körperzellen transportiert. In den Zellen findet die **Zellatmung** statt: Sauerstoff reagiert mit den *Nährstoffen,* die überwiegend kohlenstoff- und wasserstoffhaltige Verbindungen sind, und oxidiert diese zu Kohlenstoffdioxid und Wasser. Das Kohlenstoffdioxid gelangt über das Blut in die Lungenbläschen und wird ausgeatmet. Die biologische Oxidation der Nährstoffe ist eine *langsame* exotherme Reaktion. Ein Teil der frei werdenden Energie dient dazu, die Körpertemperatur aufrecht zu erhalten. Weitere Anteile verwendet der Organismus für Stoffwechsel, Wachstum und Bewegung.

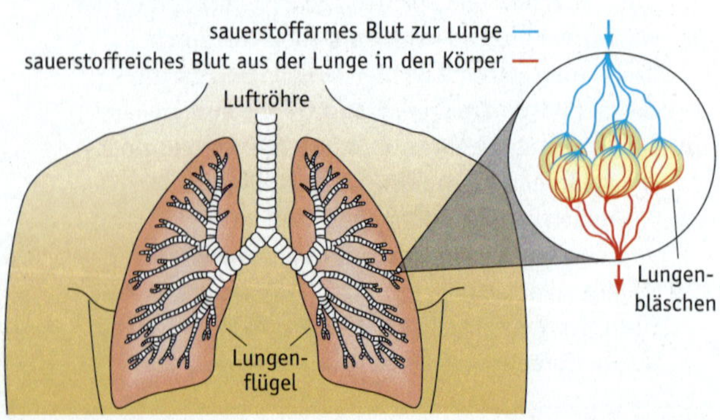

Rosten. Eisenwolle reagiert nach dem Entzünden lebhaft mit Sauerstoff und verbrennt zu Eisenoxid. Die Oxidation des Eisens kann aber auch sehr langsam ablaufen. Dies bezeichnet man als *Rosten*. Eisen rostet besonders leicht, wenn es ungeschützt der feuchten Luft ausgesetzt ist (Abb. 2). Säuren und Salze fördern das Rosten zusätzlich.

Rost besteht aus rotem, wasserhaltigem Eisenoxid, das porös und durchlässig für Luft und Wasser ist. Dadurch breitet sich ein Rostfleck immer weiter aus und das Eisen kann nach und nach durchrosten. Die langsame Zerstörung von metallischen Werkstoffen bezeichnet man allgemein als *Korrosion*.

Um Korrosion an Eisenwerkstücken zu verhindern, muss der Kontakt mit Sauerstoff und Wasser unterbunden werden. Dazu bringt man Lackschichten oder Metallüberzüge auf das Eisen auf. Beispiele sind *verzinkte* Bleche, Schrauben oder Laternenmasten. Konservendosen bestehen aus *verzinntem* Eisenblech (Weißblech).

Die Stoffwechselvorgänge bei der Zellatmung und die Korrosionsvorgänge bei Metallen sind langsam ablaufende Oxidationsreaktionen.

---

1 Beschreibe und erkläre das in Abb. 1 dargestellte Experiment zum Nachweis von Kohlenstoffdioxid.

2 a) Beschreibe und erkläre das in Abb. 2 dargestellte Modellexperiment zum Rosten von Eisen.
b) Erläutere, wie hoch der Wasserstand im Experiment maximal ansteigen kann.

3 Formuliere das Reaktionsschema für die Oxidation von Traubenzucker.

Exkurs Vom Feuerstein zum Piezofeuerzeug

Feuer zu entfachen und zu beherrschen kann wohl als eine der größten Errungenschaften in der Menschheitsgeschichte bezeichnet werden. Erste Hinweise darauf, dass Menschen Feuer kontrollieren konnten, stammen aus Koobi Fora, einem Ort am Tanganikasee in Afrika. Dort fand man etwa eine Million Jahre alte Holzkohlenreste und Stücke verbrannter Knochen, die nicht auf Buschfeuer oder Blitzeinschläge zurückzuführen waren.

Frühe Formen des Feuermachens. Es ist nicht genau bekannt, seit wann Menschen Feuer selbst entzünden können. Funde von über 10 000 Jahre alten Pyritkristallen, die Schlagspuren eines **Feuersteins** aufweisen, deuten darauf hin, dass Menschen schon in der Steinzeit Feuer entzünden konnten. Man schlug dazu mit einem harten Feuerstein, dem *Flint*, kräftig auf ein Stück Pyrit. Durch die Reibung des Schlages setzte eine exotherme chemische Reaktion ein, bei der einzelne Pyritstückchen als Funken weiterglühten und trockenes Brennmaterial – den *Zunder* – entfachten. Feuer wurde auch mit einem **Feuerholz** entzündet. Man drehte diesen Stab aus Hartholz so schnell auf einem anderen Holzstück, dass die entstehende Reibungswärme den Zunder entflammte. Erst im Mittelalter konnte man Feuer mit den von **Brenngläsern** gebündelten Lichtstrahlen entfachen.

Streichhölzer. Die heutigen Sicherheitszündhölzer gehen auf eine Erfindung des schwedischen Chemikers Gustav Erik Pasch aus dem Jahr 1841 zurück. Der Zündkopf eines Streichholzes besteht aus einer Zündmasse, die Kaliumchlorat als Sauerstoffspender, Schwefel, Mangandioxid, Glaspulver, einen Farbstoff und Leim enthält. Die Reibfläche der Streichholzschachtel ist eine Mischung aus rotem Phosphor und Glaspulver in einem Bindemittel. Da sowohl Zündkopf als auch Reibfläche durch das Glaspulver rau sind, entsteht beim Darüberstreichen des Zündkopfes so viel Reibungswärme, dass der Phosphor sich entzündet. Diese Zündflamme setzt dann den Schwefel in Brand; der brennende Schwefel wiederum entzündet das mit Paraffin getränkte Holzstäbchen.

Feuerzeuge. Der Brennstoff in modernen Feuerzeugen ist meist ein Gemisch aus den Gasen Propan und Butan. Es wird im Tank des Feuerzeugs unter Druck flüssig gehalten. Öffnet man das Ventil, nimmt der Druck schlagartig ab und die Flüssigkeit verdampft. Zünden lässt sich das ausströmende Gas auf verschiedene Weisen: Bei vielen Einwegfeuerzeugen wird ein *Reibrad* aus Stahl über eine spezielle Legierung aus Eisen und Cer gerieben, wobei Funken entstehen, die das Gas entzünden. Hochwertige Feuerzeuge verfügen meist über einen *Piezozünder*. Darin befindet sich eine gespannte Feder. Durch Betätigen des Druckknopfes wird diese blitzartig entspannt. Ein Metallstab schlägt auf einen Piezokristall, der den Druck in eine hohe Spannung umwandelt. Dabei entsteht ein Funke.

---

1 Erkläre, weshalb das Beherrschen von Feuer für die Entwicklung der Menschheit eine so große Bedeutung hat.

2 a) Erstelle ein Fließschema über die Vorgänge beim Entzünden eines Streichholzes.
b) Erläutere den Zusammenhang zwischen Aktivierungsenergie und Reaktionsenergie an diesem Beispiel.
c) Erkläre, weshalb das Holzstäbchen mit Paraffin getränkt ist.

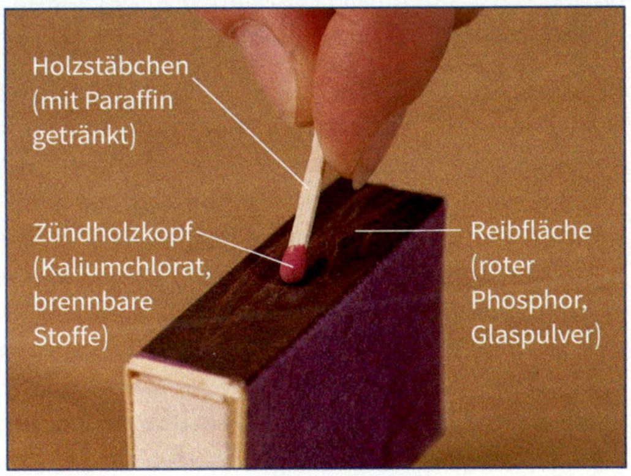

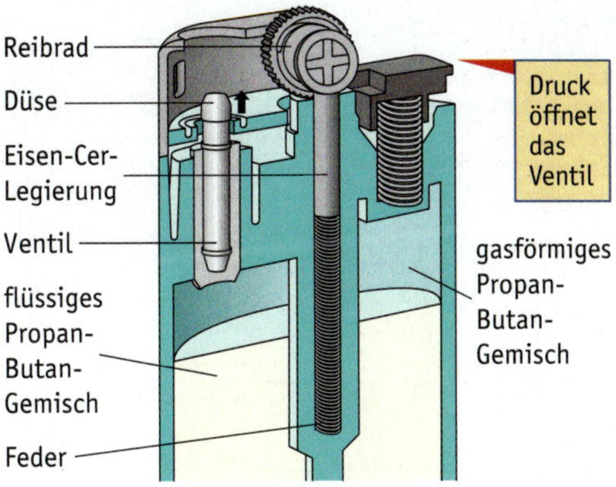

4.6 Brandentstehung – Brandbekämpfung

1 *Voraussetzungen für die Entstehung von Bränden*

Damit ein Brand entstehen kann, müssen drei Voraussetzungen gleichzeitig erfüllt sein: Ganz ähnlich wie beim Entzünden eines Feuers muss neben einem *brennbaren Stoff* auch genügend *Sauerstoff* vorhanden sein. Jeder Brennstoff benötigt zudem eine bestimmte Temperatur, damit er überhaupt Feuer fängt. Diese Temperatur nennt man *Zündtemperatur*. Sie ist je nach Brennstoff unterschiedlich. So entzündet sich ein Streichholzkopf schon etwa bei 60 °C, während man Heizöl auf mindestens 220 °C erhitzen muss, um es zu entzünden.

Brennbare Stoffe. Bei den brennbaren Stoffen kann es sich um feste, um flüssige oder auch um gasförmige Stoffe handeln. Aus der Erfahrung weiß man, dass ein Feststoff wie Holz einige Zeit erhitzt werden muss, ehe er zu brennen beginnt. Genau genommen, brennt gar nicht das Holz selbst, es sind vielmehr Dämpfe, die durch die Zersetzung von Holz bei hoher Temperatur entstehen.

Die Brandgefahr hängt auch vom *Zerteilungsgrad* der brennbaren Stoffe ab: Je stärker das Brennmaterial zerkleinert und verteilt ist, desto größer ist die Oberfläche und umso leichter entflammt es. Bei staubfein in Luft verteilten Stoffen kann schon ein Funke eine explosionsartige Verbrennung auslösen. Mehlstaubexplosionen in Getreidemühlen und auch das Feuerspucken sind Beispiele dafür.

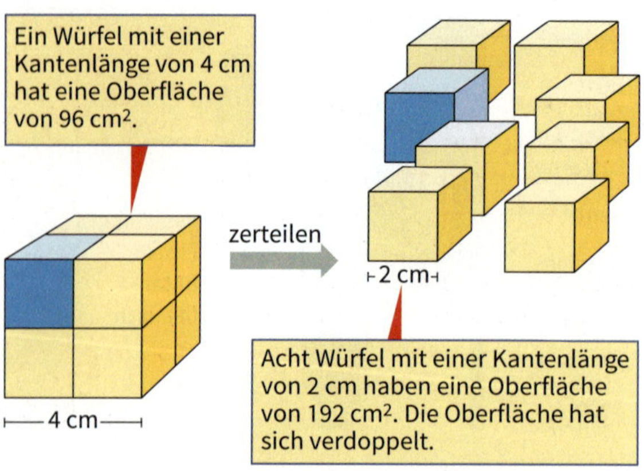

Brandbekämpfung. Bei der Brandbekämpfung arbeiten alle Feuerwehren dieser Welt nach den gleichen Prinzipien: Sie versuchen, wenigstens eine der drei Voraussetzungen für einen Brand auszuschalten:

- Brennbare Stoffe entfernen, um dem Feuer die Nahrung zu entziehen.
- Den Zutritt von Sauerstoff durch Sand, eine Löschdecke oder mit einem Feuerlöscher unterbinden.
- Kühlen der brennenden und brennbaren Stoffe, bis die Zündtemperatur unterschritten ist.

Besondere Schwierigkeiten bereiten Brände von *Benzin*, *Öl* oder *Fett*. Versucht man, solche Brände mit Wasser zu löschen, sinkt das Löschwasser aufgrund seiner größeren Dichte *unter* die brennende Flüssigkeit und verdampft dabei sofort. Dadurch spritzt die brennende Flüssigkeit umher. Bei Fettbränden in der Pfanne hilft einfaches Abdecken am besten.

Kleinere Brände löscht man mit **Handfeuerlöschern.** Man verwendet *Nasslöscher, Kohlenstoffdioxidlöscher, Trockenlöscher* oder *Schaumlöscher.* Für deren Nutzung im Falle eines Brandes ist es wichtig, sich *vorher* in Ruhe mit der Handhabung des jeweiligen Feuerlöschers vertraut zu machen. Dazu gehört auch zu prüfen, ob der Löscher für den jeweiligen Brand geeignet ist. Kennbuchstaben weisen auf die verschiedenen **Brandklassen** hin: A steht für brennbare feste Stoffe, B für brennbare Flüssigkeiten, C für brennbare Gase und D für brennbare Metalle. Bekommt man einen Brand nicht selbst unter Kontrolle, muss die **Feuerwehr** gerufen werden.

Brände entstehen, wenn ein brennbarer Stoff auf die Zündtemperatur erwärmt wird und Sauerstoff vorhanden ist. Ein Brand kann gelöscht werden, indem man den Brennstoff entfernt, die Sauerstoffzufuhr unterbindet oder die Zündtemperatur unterschreitet.

1 a) Erkläre die einzelnen Schritte bis zum Entzünden eines Lagerfeuers.
b) Beschreibe mehrere Möglichkeiten, ein Lagerfeuer zu löschen.

2 Modernes Isoliermaterial verhindert fast jeden Luftzug an Fenstern und Türen. Wenn in einer so isolierten Wohnung ein Kaminfeuer betrieben wird, muss an einer Tür ein Lüftungsschlitz sein. Begründe diese Maßnahme.

3 Begründe, warum man im Falle eines Brandes möglichst Türen und Fenster schließen soll, wenn man den brennenden Raum verlässt.

4 Begründe, warum du im Falle eines Brandes im Chemieraum mit dem Notausknopf sofort die Gaszufuhr unterbrechen musst.

5 Erkläre mithilfe des Textes und des Zeitungsartikels, wie es zu einer Mehlstaubexplosion kommen kann.

6 Berechne die Oberflächenveränderung, wenn ein Würfel mit 10 cm Kantenlänge so zerkleinert wird, dass Würfel mit der Kantenlänge von 1 cm entstehen.

Mehlstaub wirkte wie 20 Tonnen Sprengstoff

SSV, 9.2.79: Meterweit geschleuderte Gesteinsbrocken, eingestürzte Hauswände, hunderte von eingedrückten Fensterscheiben, dichter Qualm und Brandgeruch, so sah noch 14 Stunden nach dem verheerenden Explosionsunglück die Umgebung der Bremer Rolandmühle am Holz- und Fabrikhafen aus. Die schwerste Explosion, die nach Kriegsende in der Hansestadt zu verzeichnen war, hat wahrscheinlich 14 Todesopfer gefordert.

Feuerlöscher im Vergleich

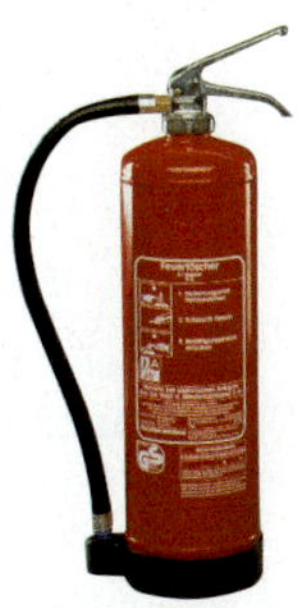

Ein **Nasslöscher** enthält Wasser als Löschmittel. Nach Abziehen des Sicherheitsstiftes und Druck auf den Hebel öffnet sich im Inneren des Löschers eine Patrone mit komprimiertem Kohlenstoffdioxidgas. Durch den Druck des frei werdenden Gases wird das Löschwasser durch eine Düse gespritzt. Nasslöscher eignen sich zum Löschen einfacher Brände. Vorsicht jedoch bei brennenden elektrischen Anlagen! Es besteht die Gefahr, dass man einen elektrischen Schlag erhält.

Trockenlöscher enthalten Natriumhydrogencarbonat (Natron) als Löschpulver. In der Hitze gibt diese Verbindung Kohlenstoffdioxid ab, das sich über den Brandherd legt und das Feuer erstickt. Da keine Flüssigkeit vorhanden ist, eignen sich diese Löscher besonders dann, wenn elektrische Anlagen oder Autos brennen. Sie werden auch ABC-Löscher genannt, da sie bei Bränden der Brandklassen A, B und C eingesetzt werden können.

In dem Druckbehälter eines **Kohlenstoffdioxidschneelöschers** befindet sich flüssiges Kohlenstoffdioxid. Beim Öffnen der Schneebrause entweicht es, kühlt sich dabei infolge der Druckminderung schlagartig stark ab und erstarrt. So entsteht Kohlenstoffdioxidschnee mit einer Temperatur von unter −78 °C, der die brennenden Gegenstände stark abkühlt. Das entstehende Kohlenstoffdioxidgas unterbindet zudem die Sauerstoffzufuhr.

Schaumlöscher setzt man bei Kraftstoff-, Öl- und Fettbränden ein. Durch eine chemische Reaktion zwischen Aluminiumhydrogensulfat und Natriumhydrogencarbonat (Natron) entstehen bei diesem Löschertyp Kohlenstoffdioxidbläschen, die das Löschmittel aufschäumen. Der zähe Schaum überzieht den Brandherd, kühlt ihn ab und hält den Sauerstoff fern. Bei einer Notlandung von Flugzeugen wird oft ein solcher Schaumteppich gelegt, um einem Brand vorzubeugen.

Brandbekämpfung

Versuch 1:
Möglichkeiten der Brandbekämpfung

Materialien: Tondreieck, Metalltiegel mit Deckel, Dreifuß, Gasbrenner, Becherglas (400 ml), Tiegelzange, Tropfpipette;
Paraffin, Sand.

Durchführung:
1. Erhitze eine erbsengroße Menge Paraffin in dem Metalltiegel, bis das Paraffin zu brennen beginnt. Stelle den Gasbrenner dann beiseite.
2. Verschließe den Tiegel mit dem Deckel. Benutze dazu die Tiegelzange. Hebe den Deckel nach wenigen Sekunden wieder ab. Wiederhole diesen Vorgang mehrfach.
3. Fülle das Becherglas 1 cm hoch mit nassem Sand. Bringe das Paraffin im offenen Tiegel erneut zum Brennen und stelle den Tiegel vorsichtig in das Becherglas.
4. Nimm den Tiegel wieder heraus. Erhitze, bis sich das Paraffin erneut entzündet. Stelle den Gasbrenner beiseite und gib vorsichtig etwas Sand in den Tiegel.

Aufgaben:
a) Notiere deine Beobachtungen.
b) Erläutere, welche unterschiedlichen Löschmöglichkeiten in den Versuchen genutzt werden.

Versuch 2:
Wie funktioniert ein Schaumlöscher?

Materialien: Becherglas (200 ml), feuerfeste Unterlage, Porzellanschale, Tropfpipette;
Holzspan, Brennspiritus (**2**, **7**), Natriumhydrogencarbonat, Natriumhydrogensulfat (**5**), Spülmittellösung.

Durchführung:
1. Entzünde den Holzspan auf der feuerfesten Unterlage. Stelle das Becherglas neben den Span und füge schnell je einen Spatel Natriumhydrogencarbonat, Natriumhydrogensulfat und Spülmittellösung zu.
2. Entzünde fünf Tropfen Spiritus in der Porzellanschale. Wiederhole den Löschversuch.

Aufgaben:
a) Notiere deine Beobachtungen.
b) Erkläre, worauf die Wirkung des Schaumlöschers beruht und weshalb er auch für Benzinbrände geeignet ist.

Versuch 3:
Wie funktioniert ein Trockenlöscher?

Materialien: durchbohrter Stopfen, Gasableitungsrohr, Becherglas (100 ml), feuerfeste Unterlage, Gasbrenner, Holzspan;
Natriumhydrogencarbonat, Teelicht.

Durchführung:

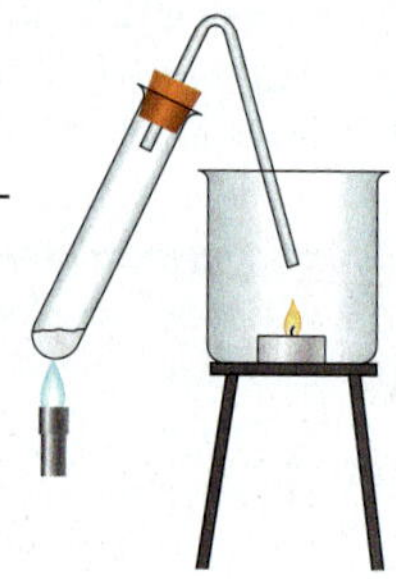

1. Baue die Apparatur zusammen und erhitze etwas Natriumhydrogencarbonat im Reagenzglas.
2. Leite das entstehende Gas auf die brennende Kerze.
3. Entzünde den Holzspan und lege ihn auf die feuerfeste Unterlage. Streue pulverisiertes Natriumhydrogencarbonat darüber.

Aufgaben:
a) Notiere deine Beobachtungen.
b) Erkläre die Wirkung des Löschpulvers.
c) Begründe, für welche Art von Bränden dieser Löscher einsetzbar ist.

Hinweise zum Verhalten bei Gasgeruch
Erdgas bildet mit Luft explosive Gemische. Dank eines beigemischten Duftstoffes riecht das Gas aber so intensiv, dass selbst kleinste Mengen wahrgenommen werden. Bei Gasgeruch sollte man Ruhe bewahren und folgenden Punkte beachten:

1. Keine Flammen – keine Funken!
Kein Feuer, keine Zigaretten; Lichtschalter und Telefon nicht benutzen!
2. Fenster auf!
Erdgas ist leichter als Luft und steigt nach oben.
3. Gashahn zu!
Gashähne und Haupthahn schließen!
4. Mitbewohner warnen!
Klopfen – nicht klingeln, sonst gibt es Funkenschlag!
5. Gaswerk anrufen!
Wenn man den Raum verlassen hat.

1. Kennzeichen chemischer Reaktionen

Stoffumwandlung:
- Aus Ausgangsstoffen mit ihren charakteristischen Stoffeigenschaften entstehen neue Stoffe mit anderen Stoffeigenschaften, die Reaktionsprodukte.

Energieumsatz:
- Bei einer **exothermen Reaktion** wird Energie in Form von Wärme oder Licht an die Umgebung abgegeben.
- Bei einer **endothermen Reaktion** muss ständig Energie zugeführt werden.

Stoffumwandlung und Energieumsatz bei einer chemischen Reaktion lassen sich kurz und übersichtlich durch ein **Reaktionsschema** beschreiben. Allgemein gilt:

Ausgangsstoff(e) → Reaktionsprodukt(e)

Beispiele:
blaues Kupfersulfat-Hydrat →
weißes Kupfersulfat + Wasser; endotherm

Eisen + Sauerstoff → Eisenoxid; exotherm

2. Energiediagramm

Der Energieumsatz bei chemischen Reaktionen wird oft durch Energiediagramme verdeutlicht. Die bei einer exothermen Reaktion freiwerdende Energie ergibt sich aus einer Umwandlung von chemischer Energie in Wärme.

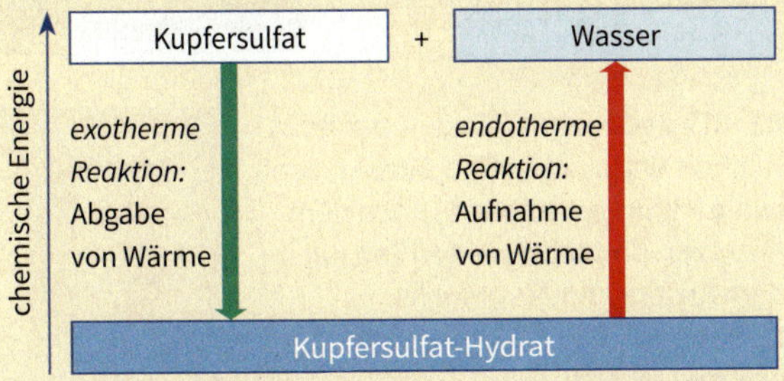

Verbrennungsvorgänge und viele andere exotherme Reaktionen laufen nicht spontan ab. Die Reaktion setzt erst ein, nachdem man *Aktivierungsenergie* zugeführt hat. Sie kann durch *Katalysatoren* herabgesetzt werden.

3. Verbrennungsreaktionen

Die Verbrennung ist eine **chemische Reaktion.** Dabei reagiert der brennende Stoff mit Sauerstoff und es bilden sich als neue Reaktionsprodukte **Oxide.** Die Verbrennung wird deshalb als **Oxidation** bezeichnet. Es gilt:

Metall + Sauerstoff → Metalloxid

Nichtmetall + Sauerstoff → Nichtmetalloxid

Verbrennungen liefern Wärme; sie verlaufen exotherm.

4. Zusammensetzung der Luft

Luft ist ein Gemisch verschiedener Gase und besteht aus:

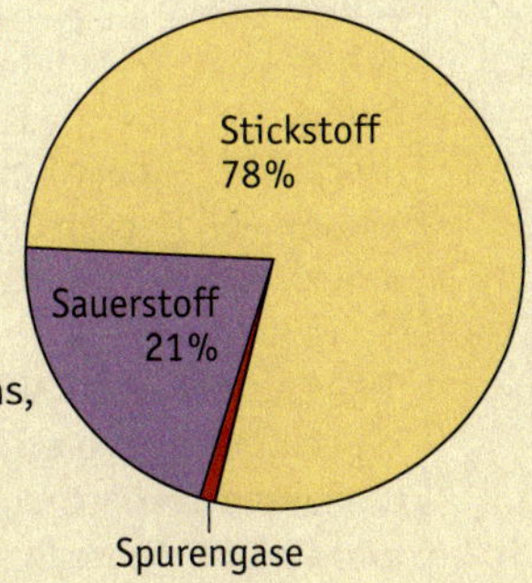

78 % Stickstoff
- farbloses und geruchloses Gas,
- wenig wasserlöslich,
- reaktionsträge,
- erstickt Flammen.

21 % Sauerstoff
- farbloses und geruchloses Gas,
- etwas wasserlöslich,
- unterstützt die Verbrennung,
- reagiert mit fast allen Elementen zu Oxiden.

5. Nachweisreaktionen

Sauerstoff:
Ein glimmender Holzspan flammt in Sauerstoff auf (Glimmspanprobe).

Kohlenstoffdioxid:
Mit Kalkwasser bildet Kohlenstoffdioxid eine weiße Trübung.

6. Brände und Brandbekämpfung

Ein Brand kann entstehen, wenn ein **brennbarer Stoff** vorhanden ist, genügend **Luft** (Sauerstoff) zur Verfügung steht und die **Zündtemperatur** erreicht wird.

Ein Feuer lässt sich löschen, wenn man die Luftzufuhr unterbindet und die Brennstoffe aus dem Bereich des Feuers entfernt oder sie unter die Zündtemperatur abkühlt.

Bei kleineren Bränden verwendet man Sand, Wasser, eine Feuerlöschdecke oder verschiedene Handfeuerlöscher wie Nasslöscher, Trockenlöscher, Kohlenstoffdioxidschneelöscher oder Schaumlöscher.

Training Chemische Reaktionen

Teste dich

A1 a) Liste die Kennzeichen chemischer Reaktionen auf.
b) Erläutere diese Kennzeichen am Beispiel der Reaktion von Kupfersulfat mit Wasser und formuliere entsprechende Reaktionsschemata.

A2 Calcium ist ein silbergraues Metall. Es verbrennt mit einer ziegelroten Flamme, wenn man es an der Luft mit dem Gasbrenner entzündet. Das Reaktionsprodukt ist ein weißes Pulver, das schwerer ist als die Calciumportion vor der Reaktion.
a) Beschreibe, woran man erkennen kann, dass eine chemische Reaktion stattgefunden hat.
b) Begründe die Massenzunahme bei der Reaktion.
c) Formuliere das Reaktionsschema für die Reaktion.
d) Gib an, wie man diese Art einer chemischen Reaktion bezeichnet.

A3 Kupfer reagiert mit Iod zur Verbindung Kupferiodid. Die Reaktion verläuft exotherm. Erkläre, wie du vorgehen würdest, um Kupferiodid wieder in die Ausgangsstoffe zu zerlegen.

A4 a) Erläutere, inwiefern ein glimmender Holzspan auf Luftsauerstoff hinweist.
b) Beschreibe den entsprechenden Nachweis von Sauerstoff.

A5 Gib die Zusammensetzung der Luft an und beschreibe ein Experiment, wie man die Zusammensetzung der Luft ermitteln kann.

A6 a) Nenne die drei Voraussetzungen, die für das Entstehen eines Feuers erforderlich sind.
b) Gib Maßnahmen an, die du zum Löschen eines Brandes ergreifen musst.
c) Erkläre, was die Kennbuchstaben A, B, C und D auf Feuerlöschern bedeuten.

A7 Erläutere folgende Brandschutzmaßnahmen:
a) Brennbare Materialien dürfen nicht in der Nähe eines Ofens gelagert werden.
b) Eingeschaltete Bügeleisen müssen auf eine nicht brennbare Unterlage oder hochkant abgestellt werden.
c) An Tankstellen und in Farblagern ist das Rauchen und die Benutzung von offenem Feuer verboten.

A8 Energie kann auf unterschiedliche Weise von einer Form in eine andere Form umgewandelt werden. Erläutere diese Aussage am Beispiel eines Feuerwerks und am Beispiel Autofahren.

Lösungen stehen im Anhang.

Die wichtigsten Begriffe

- chemische Reaktion
- Reaktionsschema
- Ausgangsstoff
- Reaktionsprodukt
- Verbindung
- Energieerhaltung
- exotherm, endotherm
- Aktivierungsenergie
- Oxidation, Oxid
- Zellatmung
- Rosten
- Sauerstoff, Stickstoff
- Kohlenstoffdioxid
- Glimmspanprobe
- Kalkwasserprobe
- Brandentstehung
- Brandbekämpfung
- Zündtemperatur

B1 a) Erkläre die obenstehenden Begriffe.
b) Verknüpfe die Begriffe zu einer Conceptmap.
c) Übertrage die Begriffe und deine Erklärungen in digitale Karteikarten.

B2 Einer Glühlampe wird vorsichtig der Glaskolben entfernt, sodass die Glühwendel aus Wolfram frei liegt. Eine zweite Glühlampe bleibt unverändert. Sie enthält in ihrem Glaskolben das Gas Krypton als Schutzgas. Danach werden beide Lampen eingeschaltet. Stelle Vermutungen über die zu erwartenden Beobachtungen an.

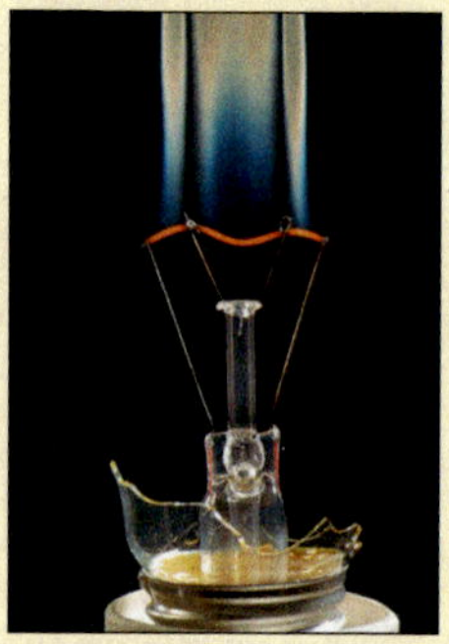

B3 In zwei Reagenzgläsern befindet sich mit Wasser angefeuchtete Eisenwolle – links eine Stunde nach dem Ansetzen und rechts einen Tag nach dem Ansetzen des Versuchs.
a) Beschreibe die Veränderungen und erkläre sie.
b) Begründe, weshalb der Versuch ein Nachweis dafür ist, dass Luft einen Anteil von etwa 20 % Sauerstoff enthält.

B4 Zum Löschen von brennenden Erdölbohrlöchern setzt man Sprengstoff ein. Die bei der Sprengung erzeugte Druckwelle löscht den Brand. Erkläre das Prinzip, nach dem bei dieser Methode der Brand gelöscht wird.

B5 Christian versucht, mit einem Zündholz ein großes Stück Holzkohle zu entzünden. Begründe, warum ihm das wahrscheinlich nicht gelingt. Nenne Möglichkeiten, die Holzkohle zu entzünden.

C1 Know-how oder Betrug?

Folgendes Experiment wird durchgeführt: Eine Kerze steht in einem Becherglas mit Wasser: Man zündet die Kerze an und schließt mit einem darübergestülpten Standzylinder ein bestimmtes Luftvolumen ab. Sobald die Kerze erloschen ist, achtet man auf den Wasserstand im Zylinder. Das Ergebnis kann sehr unterschiedlich ausfallen. Der Grund dafür sind kleine Unterschiede in der Durchführung des Experiments:

- Schließt man das Luftvolumen rasch ab, ergibt sich der als Fall 1 dargestellte Zustand. Das Wasser ist im Standzylinder nur wenig aufgestiegen. Zu Anfang der Reaktion entweichen sogar große Gasblasen.
- Meist wird der Standzylinder erst vorsichtig über die Kerzenflamme gehalten und dann nur langsam abgesenkt. Das Ergebnis ähnelt dann dem Bild für Fall 2.

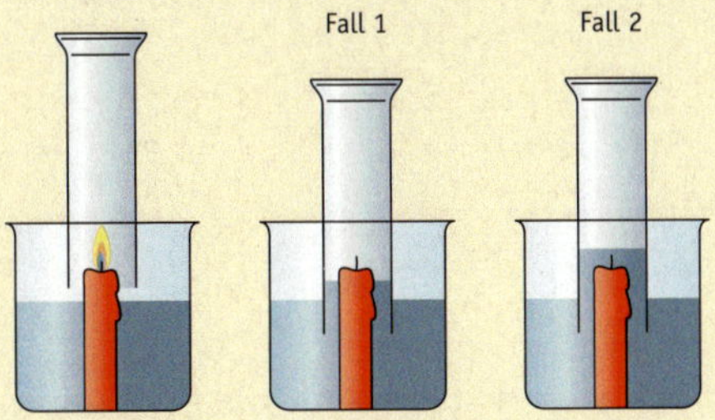

a) Erläutere die Hauptursache für die unterschiedlichen Ergebnisse.

b) Ein dem Fall 2 entsprechendes Ergebnis wird manchmal gezielt herbeigeführt, um eine wichtige Aussage über die Zusammensetzung der Luft zu veranschaulichen.
Prüfe, ob das Experiment in diesem Zusammenhang sinnvoll ist. Berücksichtige bei deiner Bewertung auch die folgenden Tatsachen:
- Eine Kerze erlischt, obwohl der Sauerstoffanteil der Luft noch zu drei Vierteln vorhanden ist.
- Bei der Verbrennung der Kerze entstehen Wasserdampf und Kohlenstoffdioxid. Der Wasserdampf kondensiert weitgehend zu flüssigem Wasser; Kohlenstoffdioxid löst sich erst allmählich in Wasser.

c) Der berühmte Naturforscher Michael FARADAY hielt 1860 in London eine Reihe von Experimentalvorlesungen für Jugendliche zur „Naturgeschichte einer Kerze". Eine Abbildung in der Buchveröffentlichung zeigt ein bekanntes Experiment mit Kalkwasser. Erläutere, welcher Zusammenhang zwischen diesem Experiment und der Verbrennung einer Kerze besteht.

C2 Experimente mit Kerzen

Die folgende Abbildung zeigt die Verbrennungsvorgänge in einer Kerzenflamme.

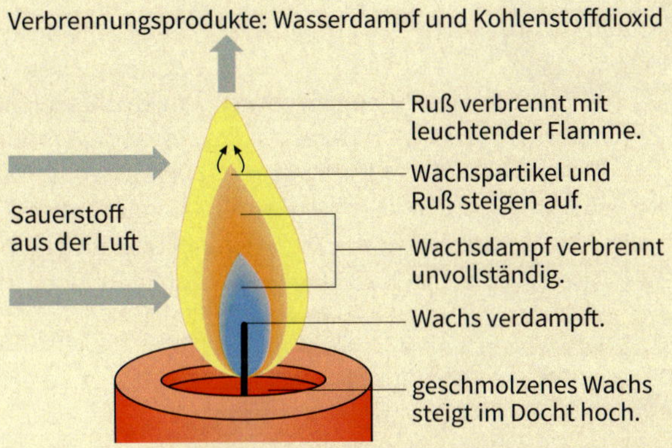

Mit Kerzen lässt sich sehr leicht expermentieren. Die folgenden Abbildungen zeigen die Durchführung und die Beobachtungen einiger Experimente mit Kerzen.

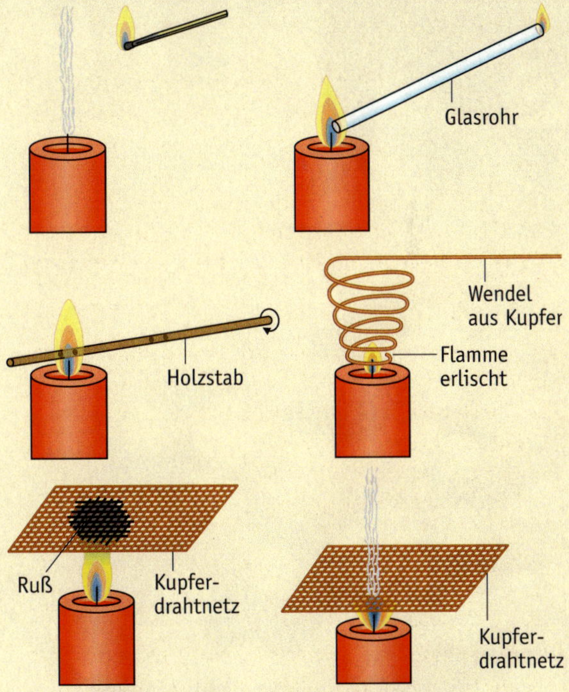

a) Beschreibe mithilfe der Schemazeichnung die Vorgänge beim Verbrennen einer Kerze.

b) Erkläre, woran man erkennt, dass bei dieser Verbrennung sowohl physikalische Vorgänge als auch chemische Reaktionen ablaufen. Nenne jeweils Beispiele.

c) Notiere die Beobachtungen zu jedem abgebildeten Versuch und erkläre sie. Nutze dazu auch die Zeichnung der Verbrennungsvorgänge in einer Kerze.

Kapitel 5

Atome und der Aufbau von Stoffen

Alle Stoffe bestehen aus unvorstellbar kleinen Grundbausteinen, den Atomen. Diese sind so klein, dass man sie selbst mit einem Elektronenmikroskop nicht erkennen kann. Erst wenn Trillionen von Atomen miteinander verbunden sind, erreicht man Partikel in der Größe von Sandkörnchen. Um sich ein Bild vom Aufbau der Stoffe aus Atomen machen zu können und die Eigenschaften von Stoffen zu erklären, verwendet man Modelle. In ihnen werden Atome vereinfacht als farbige Kugeln dargestellt, obwohl man weiß, dass ein Atom selbst keine Farbe hat.

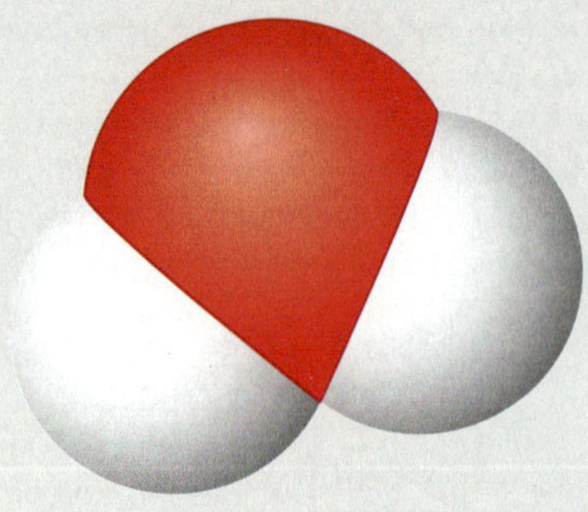

Im Altertum ging man davon aus, dass alle Stoffe aus den vier „Elementen“ Erde, Feuer, Wasser und Luft aufgebaut sind. Heute wird der Begriff Element in einem anderen Sinne verwendet. Elemente sind Reinstoffe, die lediglich aus einer Atomsorte bestehen. Wasser dagegen ist ein Reinstoff, der aus Wasserstoff-Atomen und aus Sauerstoff-Atomen zusammengesetzt ist – es ist also eine Verbindung und kein Element. Auf der Teilchenebene besteht Wasser aus Wasser-Molekülen, in denen immer zwei Wasserstoff-Atome mit einem Sauerstoff-Atom verbunden sind. Man drückt dies durch die chemische Formel H_2O aus.

Das Element Kohlenstoff kommt in der Natur als Graphit und als Diamant vor. Graphit besteht aus schwarzen, abreibbaren Kristallen und wird deswegen in Bleistiftminen verwendet. Diamanten sind seltene und sehr wertvolle Edelsteine. Der bisher größte Diamant, der Cullinan – mit einer Masse von 621 g – wurde 1906 in Südafrika gefunden. Diamant gilt als der härteste Stoff überhaupt und wird daher für Schleif-, Schneid- und Bohrwerkzeuge verwendet. Unter extrem hohem Druck lässt sich Graphit in Diamant umwandeln. Dies lässt sich erklären, wenn man den Blick auf die Welt der Atome richtet. Es zeigt sich, dass beide Stoffe aus Kohlenstoff-Atomen aufgebaut sind.

Bis in die 1980er Jahre war keine Lupe der Welt in der Lage, einen Stoff so weit zu vergrößern, dass man die Atome erkennen kann, aus denen er aufgebaut ist. Selbst mit einem Elektronenmikroskop gelingt dies nicht. Mit der Erfindung des Rastertunnelmikroskops durch Gerd BINNIG und Heinrich ROHRER 1985 gelang es, in atomare Dimensionen vorzudringen. Betrachtet man damit beispielsweise eine Metalloberfläche, erkennt man in der Computergrafik kugelförmige Erhebungen, die ein Bild von Atomen liefern.

5.1 Element und Verbindung

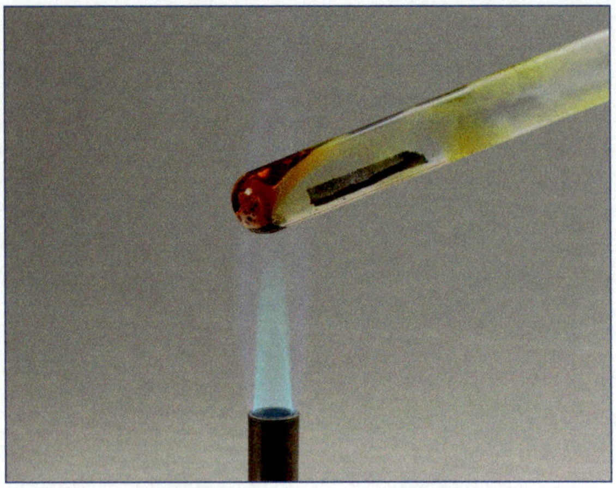

1 *Silber reagiert mit Schwefel zu Silbersulfid*

2 *Silbersulfid lässt sich in Silber und Schwefel zerlegen*

Hält man einen Streifen Silberblech in Schwefeldampf, glüht das Silberblech schwach auf und es entsteht ein spröder, blauschwarzer Stoff: Silbersulfid (Abb. 1). Es weist nicht die Eigenschaften von Silber und Schwefel auf, sondern hat gänzlich neue Eigenschaften. Silbersulfid ist daher kein Gemisch aus den Stoffen Silber und Schwefel, sondern ein neuer Reinstoff – eine *Verbindung,* die durch die chemische Reaktion von Silber mit Schwefel entstanden ist.

Silber + Schwefel → Silbersulfid; exotherm

Zerlegung von Silbersulfid. Es stellt sich nun die Frage, ob man die Ausgangsstoffe Silber und Schwefel wieder aus dem Silbersulfid zurückgewinnen kann. Erhitzt man Silbersulfid mit sehr heißer Flamme in einem Reaktionsrohr aus schwer schmelzbarem Glas, so setzt sich nach längerem Erhitzen ein gelblicher Feststoff an der Glaswand ab. Außerdem entsteht eine silbrig glänzende, verformbare Metallkugel (Abb. 2). Silbersulfid wurde also durch starkes Erhitzen wieder in Silber und Schwefel zerlegt:

Silbersulfid → Silber + Schwefel; endotherm

Silber und Schwefel selbst lassen sich jedoch nicht in andere Stoffe zerlegen. Gleiches gilt auch für Reinstoffe wie Gold, Eisen, Kohlenstoff, Sauerstoff oder Kupfer. Reinstoffe, die nicht weiter in andere Stoffe zerlegt werden können, nennt man **elementare Stoffe** oder kurz chemische **Elemente.**

Reinstoffe, die wie Sulfide oder Oxide aus mindestens zwei verschiedenen Elementen gebildet werden, bezeichnet man als *Verbindungen* (Abb. 3). Verbindungen wie Silbersulfid oder Kupferoxid lassen sich *nur* durch chemische Reaktionen in die Elemente zerlegen, nicht jedoch durch Trennverfahren, wie sie bei Gemischen üblich sind.

Analyse und Synthese. Die Zerlegung einer Verbindung in ihre Elemente bezeichnete man ursprünglich als *Analyse.* Heute versteht man unter Analyse ganz allgemein die Aufklärung der Zusammensetzung eines Stoffes oder eines Stoffgemisches. Ähnlich verhält es sich mit der Bezeichnung *Synthese:* Während man früher darunter die Bildung einer Verbindung aus den Elementen verstand, wird damit heute allgemein die Bildung eines neuen Stoffes aus meist einfach aufgebauten Ausgangsstoffen bezeichnet. Beispiele für technische Synthesen sind die Herstellung von Farbstoffen, Arzneimitteln oder Kunststoffen.

Wenige Elemente – viele Verbindungen. Im Mittelalter versuchte man, Metalle wie Kupfer oder Blei in Gold umzuwandeln. Die Alchemisten entdeckten auf diese Weise viele neue chemische Reaktionen – nur Gold ließ sich auf diesen Wegen nicht herstellen. Heute wissen wir, dass sich ein Element nur aus seinen Verbindungen gewinnen lässt; die Umwandlung von einem Element in ein anderes ist mit chemischen Mitteln nicht möglich.

Chemiker haben sehr viele Stoffe untersucht und dabei insgesamt nur 92 natürliche Elemente entdeckt. Davon gehören 70 zu den Metallen und 16 zu den Nichtmetallen. Die übrigen acht Elemente weisen Eigenschaften von Metallen und Nichtmetallen auf. Sie werden als *Halbmetalle* bezeichnet. Elf Elemente sind bei Raumtemperatur gasförmig, nur zwei Elemente flüssig: das Metall Quecksilber und das Nichtmetall Brom.

Aus den wenigen Elementen lassen sich unvorstellbar viele Verbindungen aufbauen. Nahezu alle Stoffe in der Natur sind Verbindungen aus mehreren Elementen – bis heute kennt man über *20 Millionen* verschiedene Verbindungen.

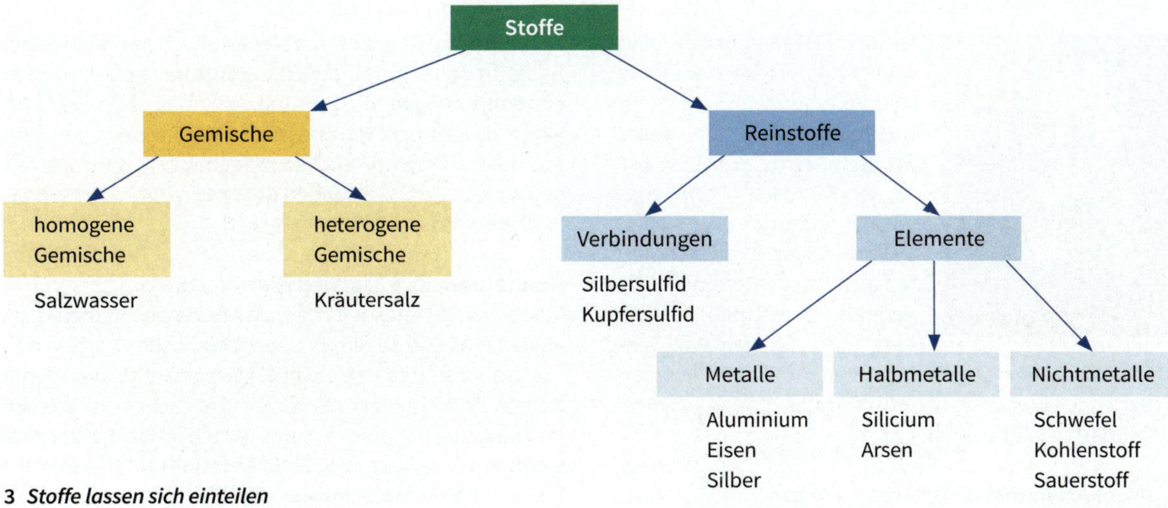

3 *Stoffe lassen sich einteilen*

Die Namen von Elementen. Chemiker verwenden eine tabellarische Übersicht über alle bekannten Elemente, das **Periodensystem der Elemente.** Zusätzlich zum Namen des Elements enthält diese Tabelle die **Elementsymbole,** also Abkürzungen für deren Namen. Diese Symbole gehen auf Jöns Jakob BERZELIUS zurück. Er schlug 1813 vor, jedes Element mit dem ersten oder dem ersten und einem weiteren Buchstaben des wissenschaftlichen Namens zu symbolisieren. Dieser wissenschaftliche Name leitet sich häufig von der lateinischen oder griechischen Bezeichnung für das Element ab. So heißt Schwefel auf Latein *sulfur,* Sauerstoff *oxygenium*, Eisen *ferrum* und Kupfer *cuprum*. Die Elementsymbole lauten S, O, Fe und Cu.

Die Namen einfacher Verbindungen. Die wissenschaftlichen Bezeichnungen der Elemente finden sich auch in den Namen einfacher Verbindungen wieder. Bei Verbindungen eines Metalls mit einem Nichtmetall wird für die Namensgebung zuerst das Metall genannt. Dann folgt die verkürzte lateinische Bezeichnung des Nichtmetalls, an die die Endung **-id** angehängt wird. Beispiele hierfür sind Metall**oxide** für Verbindungen aus einem Metall und Sauerstoff und Metall**sulfide** für Verbindungen von Metallen mit Schwefel. Allgemein lässt sich durch diese Art der Benennung erkennen, aus welchen Elementen eine Verbindung hergestellt wurde. Zusätzlich zu diesen systematischen Bezeichnungen haben zahlreiche Verbindungen Namen, die nicht auf Benennungsregeln zurückgreifen. Diese Trivialnamen sind meist bekannter als der systematische Name. Ein Beispiel ist die Bezeichnung Kochsalz für Natriumchlorid.

Elemente sind Reinstoffe, die sich nicht in andere Stoffe zerlegen lassen; Verbindungen sind Reinstoffe, die in andere Stoffe zerlegbar sind.

1 Liste die Namen von 15 Elementen auf, die dir spontan einfallen. Sortiere sie alphabetisch und ordne jedem Element das entsprechende Elementsymbol zu. Nimm dabei das Periodensystem in diesem Buch als Hilfe.

2 Verbindungen können aus zwei oder mehreren Elementen zusammengesetzt sein. Gib fünf Beispiele und liste die an den Verbindungen beteiligten Elemente auf.

3 Beschreibe, wodurch sich Elemente und Verbindungen unterscheiden und worin sie sich gleichen.

4 Erkläre, was man unter einer Synthese und einer Analyse versteht. Gib jeweils zwei Beispiele an.

5 Die folgenden Bilder zeigen die Veränderungen, wenn man Kupferiodid in einem Reagenzglas erhitzt.

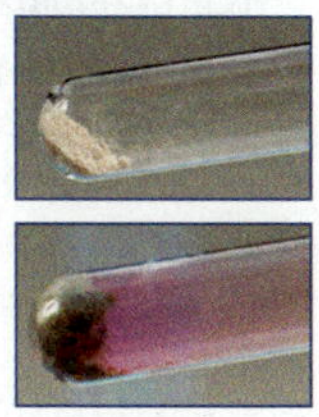

a) Beschreibe deine Beobachtungen und deute sie, indem du ein Reaktionsschema formulierst.
b) Vergleiche diese Reaktion mit der Zerlegung von Silbersulfid und erkläre daran die Begriffe *Element, Verbindung, Analyse* und *Synthese.*

6 a) Formuliere die Reaktionsschemata für die Reaktionen von Schwefel mit: Aluminium, Blei und Quecksilber.
b) Benenne die jeweiligen Produkte.

7 Begründe, ob es sich bei den folgenden Stoffen um Elemente oder Verbindungen handelt. Gib bei Verbindungen an, aus welchen Elementen sie bestehen. Blei, Chromoxid, Alkohol, Iod.

8 Recherchiere Elemente, deren Namen nach a) Himmelskörpern, b) Personen und c) nach Farben benannt sind. Gib jeweils zwei Beispiele an.

9 Recherchiere die Herkunft der Namen von Rubidium, Cäsium, Rhodium und Cobalt.

10 **Expertenaufgabe:** Erkläre den Unterschied zwischen einem Gemisch und einer Verbindung.

Mit dem Teilchenmodell kann man nicht erklären, weshalb sich Verbindungen in die Elemente zerlegen lassen. Dieses Problem wurde zu Beginn des 19. Jahrhunderts vom englischen Naturforscher John DALTON gelöst. Er entwickelte aufgrund experimenteller Ergebnisse eine Modellvorstellung über die kleinsten Teilchen, aus denen Stoffe aufgebaut sind. Die kleinsten Teilchen der Elemente nannte er **Atome** (griech. *atomos:* unteilbar).

Daltons Atommodell. Die Überlegungen Daltons lassen sich folgendermaßen zusammenfassen:

- Atome sind die Grundbausteine aller Stoffe. Sie können durch chemische Vorgänge weder erzeugt, noch vernichtet oder ineinander umgewandelt werden.
- Die Atome eines Elements sind alle gleich; sie haben die gleiche Masse und die gleiche Größe. Die Atome verschiedener Elemente unterscheiden sich in ihrer Masse und Größe. Es gibt also genauso viele Atomarten wie es chemische Elemente gibt. Ein elementarer Stoff ist daher aus lauter gleichen Atomen aufgebaut.
- Bei chemischen Reaktionen bleiben die Atome erhalten. Sie werden lediglich neu angeordnet und dabei in bestimmten Anzahlverhältnissen miteinander verknüpft. Verbindungen sind daher Reinstoffe, in denen verschiedene Atomarten miteinander verbunden sind.

Das Atommodell von Dalton liefert ein gutes Bild über den Aufbau von Stoffen und die bei chemischen Reaktionen erfolgende Umgruppierung von Atomen (Abb. 1). Es gibt aber keine Auskunft darüber, was die Atome in einer Verbindung zusammenhält und weshalb sich Atome in bestimmten Anzahlverhältnissen verbinden. Es bleibt daher ein Modell, das durch neue Erkenntnisse erweitert werden muss. Heute weiß man, dass ein Atom keine starre Kugel ist, wie DALTON es annahm, sondern aus noch kleineren Teilchen aufgebaut ist, die unter bestimmten Voraussetzungen sogar von dem Atom abgespalten werden können.

Atome und ihre Darstellung. In Abbildungen und in Modellbaukästen stellt man die Atome der Elemente als kleine, massive Kugeln in unterschiedlichen Farben dar. So symbolisiert man Schwefel-Atome häufig durch gelbe Kugeln und Kohlenstoff-Atome durch schwarze Kugeln. In Wirklichkeit haben Atome jedoch *keine* Farbe. Erst wenn unvorstellbar viele Schwefel-Atome in bestimmter Weise angeordnet sind, treten die Eigenschaften von Schwefel auf: die gelbe Farbe, eine bestimmte Dichte und eine bestimmte Schmelztemperatur. Ein Stück Schwefel hat also charakteristische Stoffeigenschaften, ein Schwefel-Atom kann diese Eigenschaften nicht haben.

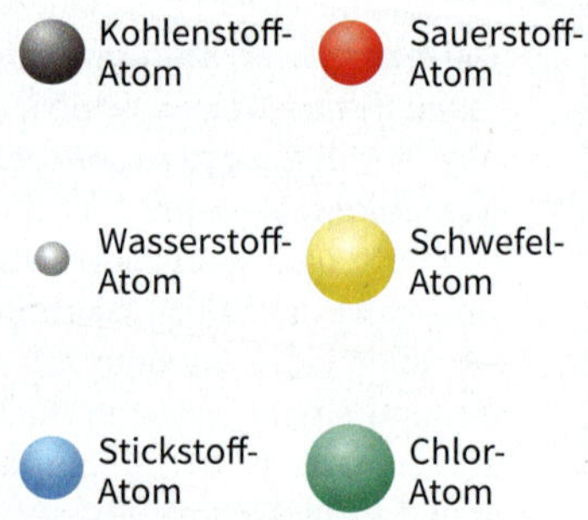

Kleinste Teilchen – Atome und Moleküle. Feststoffe bestehen aus kleinsten Teilchen, die zu einem Gitter regelmäßig angeordnet sind. Bei den *Metallen* sind die kleinsten Teilchen Atome. So sind in einem Stück Silber die Silber-Atome so dicht wie möglich und regelmäßig angeordnet. Sie bilden ein *Atomgitter.* Im *Nichtmetall* Schwefel sind immer acht Schwefel-Atome zu einem ringförmigen Teilchen verknüpft. Solche Atomverbände aus einer bestimmten Anzahl fest miteinander verbundener Atome bezeichnet man als **Moleküle.** In einem Stück Schwefel sind die Schwefel-Moleküle regelmäßig angeordnet und bilden ein *Molekülgitter.*

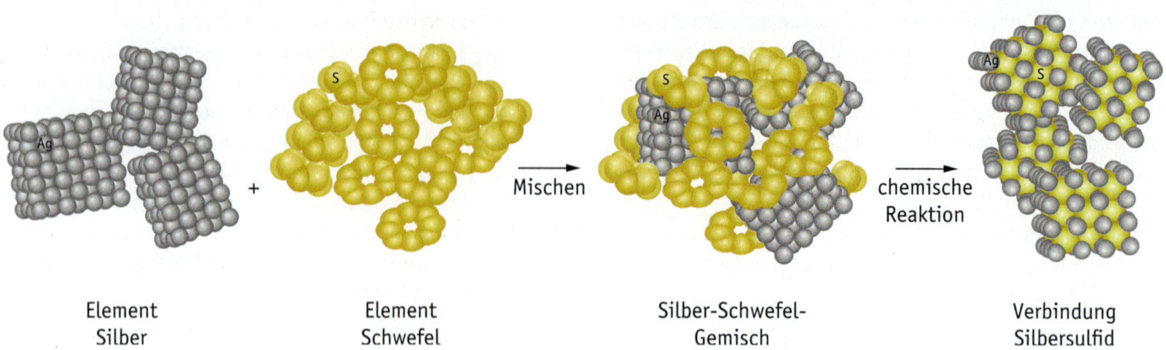

1 *Die Reaktion von Silber mit Schwefel nach der Atomvorstellung von Dalton*

2 *Wenn man Atome wiegen könnte ...*

Element	Atommasse	
	gerundeter Wert	**genauer Wert**
Wasserstoff	1 u	1,00794 u
Kohlenstoff	12 u	12,011 u
Magnesium	24 u	24,3050 u
Aluminium	27 u	26,981539 u
Schwefel	32 u	32,066 u
Chlor	35,5 u	35,4527 u
Eisen	56 u	55,847 u
Kupfer	63,5 u	63,546 u
Zink	65 u	65,39 u
Silber	108 u	107,8682 u
Uran	238 u	238,0289 u

3 *Elemente und ihre Atommassen*

Wie schwer sind Atome? Nach dem Atommodell von Dalton besitzen alle Atome eines Elements die gleiche Masse. Es gelang ihm allerdings nie, die Massen der Atome direkt zu bestimmen, da Atommassen unvorstellbar klein sind. Heute kann man Atommassen sehr genau ermitteln. Für die Masse eines Schwefel-Atoms gilt:

m (S-Atom) = 0,000 000 000 000 000 000 053 mg

Da niemand gerne mit Zahlen rechnet, die viele Nullen hinter dem Komma haben, ist es nicht sinnvoll, Atommassen in der Einheit Milligramm anzugeben. Es ist günstiger, eine Masseneinheit einzuführen, die der Größenordnung der Atommassen angepasst ist. Man verwendet die **atomare Masseneinheit** mit dem Einheitszeichen **u** (engl. *unit:* Einheit). 1 u entspricht ungefähr der Masse des leichtesten aller Atome, des Wasserstoff-Atoms. Zwischen der Einheit Gramm und der atomaren Masseneinheit u bestehen folgende Zusammenhänge:

$$1\text{ g} = 602\,200\,000\,000\,000\,000\,000\,000\text{ u} \approx 6 \cdot 10^{23}\text{ u} = 600\text{ Trilliarden u}$$

$$1\text{ u} = \frac{1}{600\text{ Trilliarden}}\text{ g} = \frac{1}{6 \cdot 10^{23}}\text{ g} \approx 1{,}66 \cdot 10^{-24}\text{ g}$$

Das Wasserstoff-Atom ist das leichteste Atom überhaupt. Daher vergleicht man die Massen aller anderen Atomarten mit dessen Masse. Die Masse eines Schwefel-Atoms beträgt 32 u. Es ist somit 32-mal so schwer wie ein Wasserstoff-Atom (Abb. 2). Das schwerste in der Natur vorkommende Atom, das Uran-Atom, ist rund 238-mal schwerer als ein Wasserstoff-Atom (Abb. 3).

Atome sind die Grundbausteine aller Stoffe; sie können weder erzeugt noch vernichtet werden. Die Atome eines Elements haben alle die gleiche Masse. Atommassen werden in der atomaren Masseneinheit u angegeben. Hierbei gilt: 1 g ≈ 6 · 10^{23} u.

1 Erläutere die Begriffe *Atom, Element* und *Verbindung.*

2 Gib die Aussagen, die Dalton über die Atome gemacht, hat in eigenen Worten wieder.

3 In der Natur existieren nur etwa 92 Elemente. Erkläre, weshalb es jedoch viele Millionen unterschiedliche Stoffe gibt.

4 Erkläre, weshalb es nicht möglich ist, durch eine chemische Reaktion ein Element in ein anderes umzuwandeln.

5 Beschreibe anhand der Abb. 1 den Verlauf einer chemischen Reaktion auf der Ebene der Atome.

6 Begründe, weshalb es sinnvoll ist, für Atommassen eine eigene Einheit einzuführen.

7 Berechne die Masse eines Kohlenstoff-Atoms in der Einheit Milligramm.

8 Ein Sauerstoff-Atom besitzt eine Masse von 0,000 000 000 000 000 000 000 026 6 g. Rechne diesen Wert in die atomare Masseneinheit um.

9 In Abbildungen und in Modellbaukästen stellt man die Atome der verschiedenen Elemente meist in unterschiedlichen Farben dar. Dabei lehnt sich die Farbe der Atomsymbole meist an den Farben der Stoffe an.
So werden Schwefel-Atome häufig als gelbe Kugeln und Kohlenstoff-Atome meist als schwarze Kugeln gezeichnet. Stelle die Vor- und die Nachteile dieser Farbgebung zusammen.

10 **Expertenaufgabe:** Die Masse der Produkte einer chemischen Reaktion ist genauso groß wie die Masse der Ausgangsstoffe. Begründe mithilfe des Atommodells von Dalton.

11 Atommassen werden heute durch Massenspektrometrie ermittelt. Recherchiere das Prinzip dieses Verfahrens in deinem Chemiebuch.

Fotoreise in die Welt der Atome

Zu Beginn des 20. Jahrhunderts zweifelten noch viele Wissenschaftler daran, dass Stoffe aus Atomen aufgebaut sind. Da wäre eine fotografische Abbildung von Atomen schon sehr überzeugend gewesen! Aber lassen sich Atome überhaupt fotografieren?

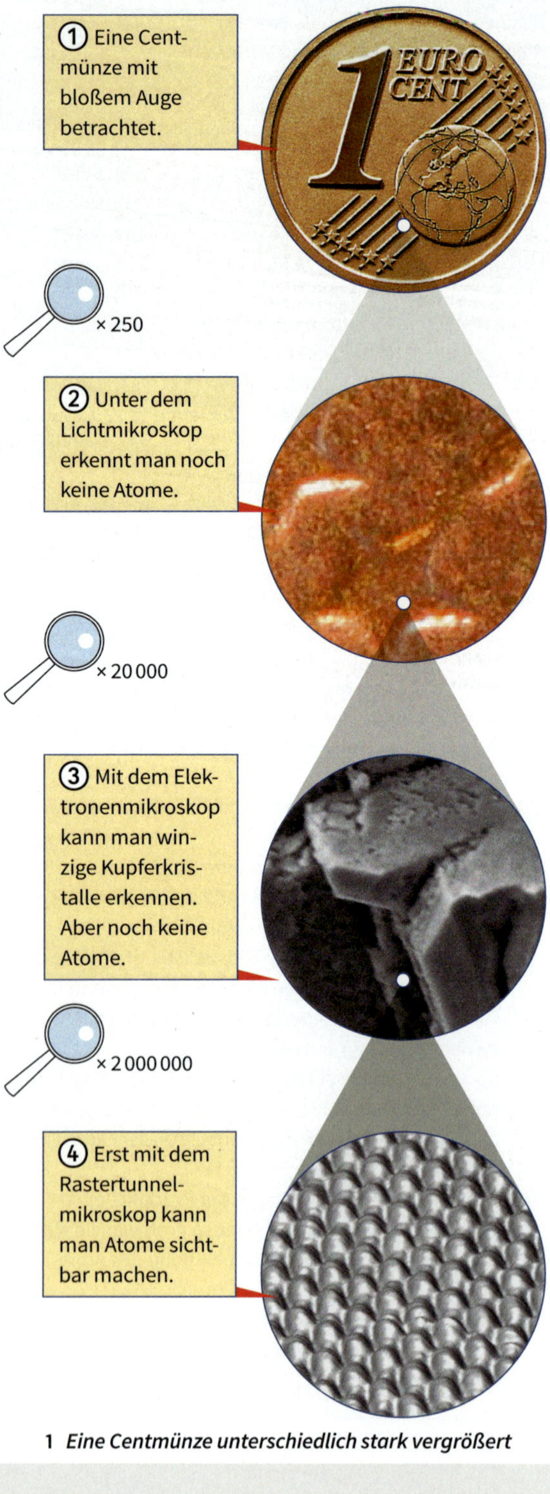

1 *Eine Centmünze unterschiedlich stark vergrößert*

① Betrachtet man ein Centstück mit bloßem Auge, lassen sich die Ziffer *1*, die Buchstaben *Cent* und die Weltkugel gut erkennen. Um die Kontinente darauf und das Prägungsjahr der Münze zu entziffern, muss man schon sehr genau hinsehen. Auch die Sterne fallen nicht sofort auf.

② Bei 250-facher Vergrößerung mit einem Mikroskop erscheint die Fläche zwar rau, die Übergänge zwischen der erhöhten Aufschrift und der darunter befindlichen Fläche sind jedoch nicht scharf, sondern fließend. Atome sieht man aber noch lange nicht.

③ Wesentlich mehr kann man mit einem Elektronenmikroskop erkennen: Bei 20 000-facher Vergrößerung sieht man kleine Kupferkristalle. Allerdings zeigen sich auch bei der maximal erreichbaren 50 000-fachen Vergrößerung noch keine Atome.

④ Erst das Rastertunnelmikroskop, das 1985 von Gerd BINNIG und Heinrich ROHRER entwickelt wurde und eine bis zu 2 000 000-fache Vergrößerung erlaubt, schafft den Durchbruch in die atomare Dimension: Auf der Kristalloberfläche erscheinen die Atome. Richtige Fotos von Atomen sind die so gewonnenen Bilder allerdings nicht. Bei diesem Abbildungsverfahren wird ein Metalldraht mit extrem feiner Spitze über die Probe geführt, und ein Computer verarbeitet die Abtastsignale. Das Bild einer Hügellandschaft aus Atomen ist also kein Foto, sondern eine Computergrafik.

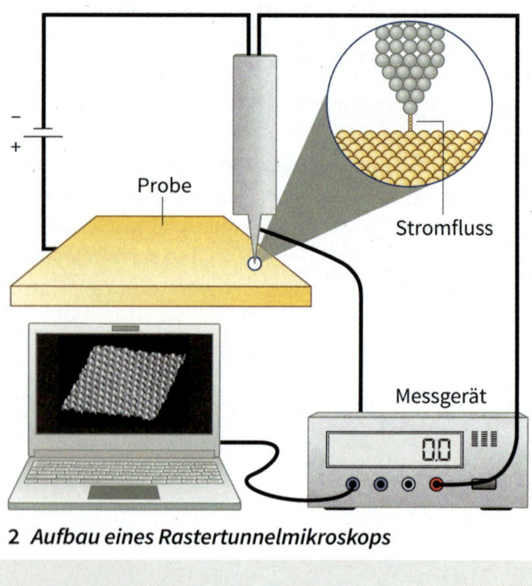

2 *Aufbau eines Rastertunnelmikroskops*

Exkurs Die Teilchenanzahl – unvorstellbar groß

Die Massen von Atomen sind unvorstellbar klein. Die Anzahl der Atome selbst in einer sehr kleinen Portion eines Stoffes ist dadurch außerordentlich groß: So hat ein Kohlenstoff-Atom die verschwindend kleine Masse von 12 u. Über die Beziehung $1\ \mathrm{g} = 6 \cdot 10^{23}\ \mathrm{u}$ lässt sich die Anzahl an C-Atomen in einer Kohlenstoffportion berechnen.

$$N(\text{C-Atome}) = \frac{m(\text{Kohlenstoff})}{m(\text{C-Atom})} = \frac{12\ \mathrm{g}}{12\ \mathrm{u}}$$

$$= \frac{12\ \mathrm{g} \cdot 6 \cdot 10^{23}\ \frac{\mathrm{u}}{\mathrm{g}}}{12\ \mathrm{u}} = 6 \cdot 10^{23}$$

12 g Kohlenstoff enthalten demnach $6 \cdot 10^{23}$ (= 600 Trilliarden) C-Atome. Diese riesige Zahl lässt sich durch das rechts dargestellte Gedankenexperiment verdeutlichen.

1 Berechne, wie lange alle Menschen der Erde zählen müssten, um die in 12 g Kohlenstoff enthaltene Anzahl an C-Atomen zu bestimmen.

Ein Mensch zählt:
in einer Sekunde 1 Atom
in einer Minute 60 Atome
in einer Stunde 3600 Atome
an einem Tag 86 400 Atome
in einem Jahr 31 536 000 Atome
in einem Leben (80 Jahre) $2{,}5 \times 10^9$ Atome

Exkurs Graphit und Diamant – zwei Stoffe, ein Element

Das Element Kohlenstoff kommt in der Natur als schwarz-glänzender **Graphit** vor, einem weichen, abreibbaren Stoff, der in Bleistiftminen verwendet wird. Auch **Diamanten** kommen natürlich vor und bestehen ebenfalls aus Kohlenstoff. Das Element Kohlenstoff kommt in zwei verschiedenen Erscheinungsformen vor, den **Modifikationen.** Die Unterschiede zwischen den Stoffen Graphit und Diamant hängen *nicht* von der Atomart ab, sondern von der unterschiedlichen Verknüpfung der sonst gleichen Atome in den beiden Kristallgittern.

Ein Graphitkristall besteht aus schichtartig angeordneten Kohlenstoff-Atomen, in denen jeweils sechs C-Atome regelmäßige Ringe ergeben. Die einzelnen Schichten sind leicht gegeneinander verschiebbar. In einem Diamantkristall ist jedes Kohlenstoff-Atom mit vier anderen Kohlenstoff-Atomen zu einem regelmäßig gebauten Riesenmolekül fest und starr verknüpft. Verbrennt man ein Stück Graphit oder einen Diamanten entsteht Kohlenstoffdioxid.

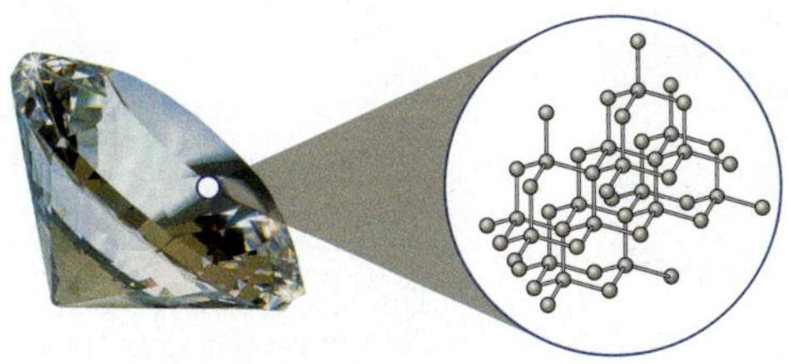

Struktur von Diamant

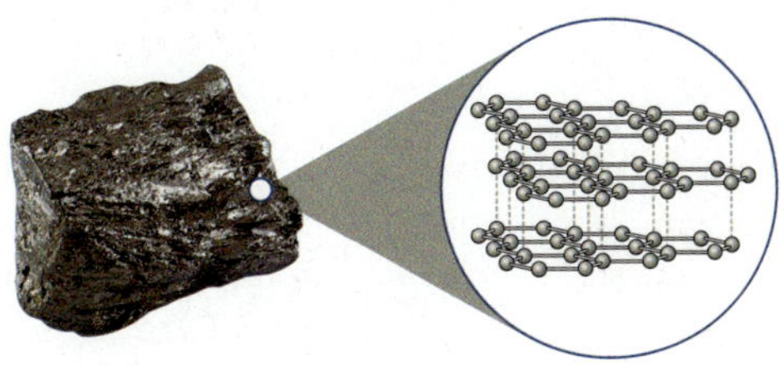

Struktur von Graphit

1 Verdeutliche an dem Beispiel Diamant und Graphit das Basiskonzept Struktur-Eigenschaft.

Übersicht Teilchenmodell und Atommodell im Vergleich

Bisher hast du im Chemieunterricht das Teilchenmodell und das Atommodell von Dalton kennengelernt. Die Unterschiede der beiden Modelle werden auf dieser Seite gegenübergestellt. Nach dem Teilchenmodell sind alle Stoffe aus Teilchen aufgebaut. Daltons Atommodell beschreibt den Aufbau der Stoffe genauer und unterscheidet zwischen Elementen und Verbindungen sowie zwischen *Atomen* und den Teilchen aus mehreren Atomen, den *Molekülen.*

	Teilchenmodell		**Atommodell**	
Eisen 	Die kleinsten Eisen-Teilchen werden hier als Achtecke dargestellt.	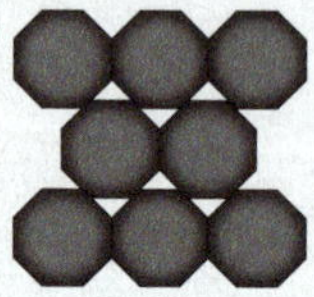	Die kleinsten Teilchen des Elements Eisen sind Eisen-Atome. Sie werden als gleichartige Kugeln dargestellt.	
Sauerstoff 	Die kleinsten Teilchen des Sauerstoffs werden achteckig dargestellt.	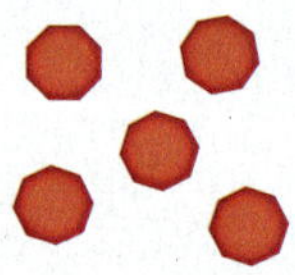	Die kleinsten Teilchen von Sauerstoff sind Sauerstoff-Moleküle. Sie bestehen jeweils aus zwei Sauerstoff-Atomen.	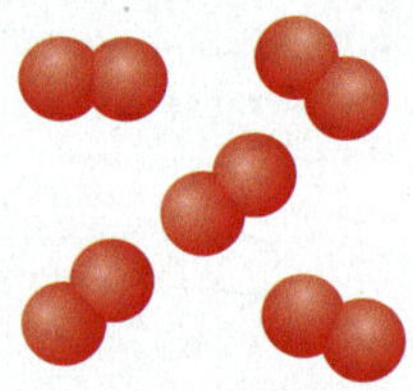
Wasser 	Die kleinsten Teilchen des Wassers werden achteckig gezeichnet.	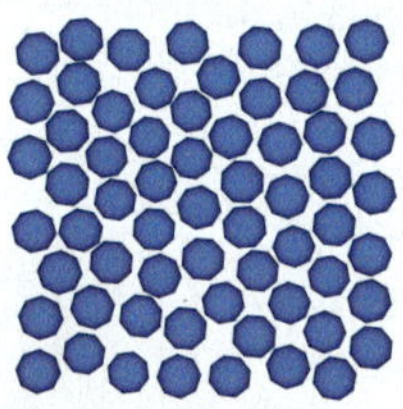	Die kleinsten Teilchen des Wassers sind Wasser-Moleküle. Sie bestehen aus zwei Wasserstoff-Atomen und einem Sauerstoff-Atom.	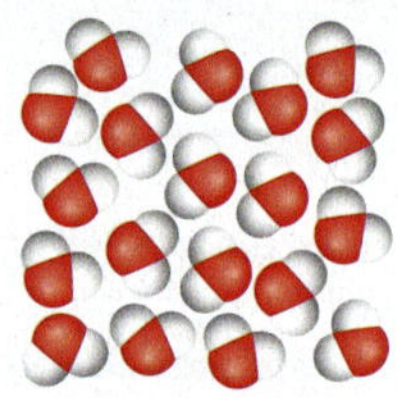
Magnesiumoxid 	Die Verbindung Magnesiumoxid ist mit dem Teilchenmodell nicht sinnvoll darstellbar, da es keine Magnesiumoxid-*Teilchen* gibt.		Mit dem Atommodell ist die Verbindung darstellbar: Magnesiumoxid besteht aus einer regelmäßigen Anordnung von gleich vielen Magnesium- und Sauerstoff-Atomen.	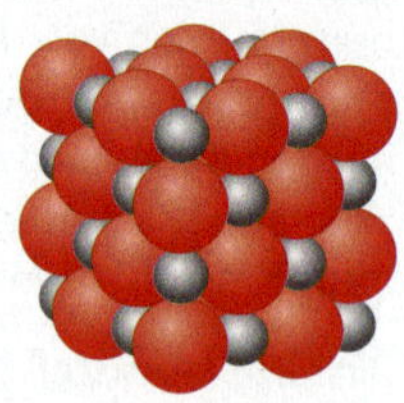

1 Stelle die Stoffe Zinn und Kohlenstoffdioxid im Teilchen- und im Atommodell dar. Beschreibe deine Darstellungen und erkläre die Unterschiede.

2 Erläutere, weshalb eine Darstellung von Magnesiumoxid im Teilchenmodell nicht sinnvoll ist.

Praktikum Chemische Grundgesetze

Versuch 1: Bleibt die Masse erhalten?

Materialien: Luftballon, Waage, Gasbrenner; Kupferpulver (**2**), Schwefelpulver (**7**).

Durchführung:
1. Gib einen Spatel Kupferpulver und drei Spatel Schwefelpulver in ein Reagenzglas.
2. Verschließe das Reagenzglas mit dem Luftballon. Schüttle, damit sich die Stoffe gut vermischen.
3. Wiege das Reagenzglas mit dem Gemisch und dem Luftballon. Notiere die Masse.
4. Halte das Reagenzglas mit einer Reagenzglasklammer. Erhitze das Gemisch in der nicht leuchtenden Brennerflamme, bis die Reaktion einsetzt (Abb. 1).
5. Warte, bis die Reaktion beendet ist und sich das Reagenzglas wieder abgekühlt hat. Wiege dann das Reagenzglas mit Inhalt und Luftballon erneut.

Hinweis: Das Gemisch aus Kupferpulver und Schwefelpulver sollte nicht aufbewahrt werden. Es neigt zur Selbstentzündung und kann explosionsartig reagieren.

Aufgaben:
a) Vergleiche die Werte für die Massen vor und nach der Reaktion.
b) Vergleiche dein Ergebnis mit dem deiner Mitschülerinnen und Mitschüler. Erstellt in der Klasse eine Tabelle über die Massen und bildet Mittelwerte.
c) Fasse das Gesamtergebnis der Versuche zusammen.
d) Erkläre, weshalb das Reagenzglas verschlossen werden muss. Begründe, warum hier ein Luftballon besser geeignet ist, als ein Stopfen.

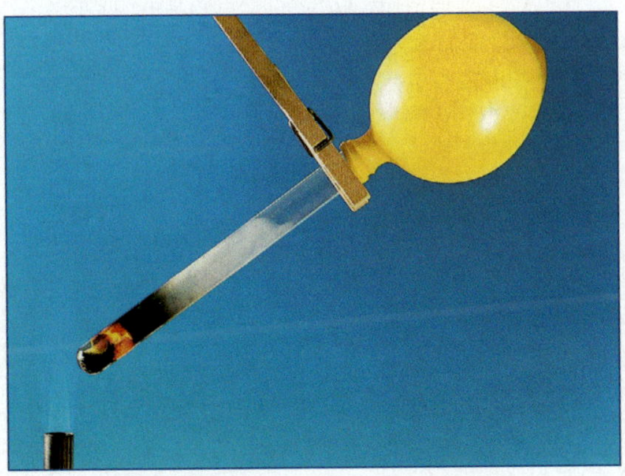

1 *Reaktion von Eisenpulver mit Schwefelpulver*

Versuch 2: Bestimmung eines Massenverhältnisses

Materialien: Gasbrenner, Reagenzglas aus Quarzglas, Waage, Schere, Pinzette, Glaswolle; Kupferblech (0,1 mm), Schwefelpulver (**7**).

Durchführung:
1. Schneide aus dem Kupferblech einen etwa 1 cm breiten und 4 bis 12 cm langen Streifen und falte ihn wie eine Ziehharmonika auf etwa 2 cm zusammen. Wiege das Kupferblech.
2. Gib etwa 0,5 g Schwefelpulver in das Reagenzglas.
3. Halte das Reagenzglas mit einer Reagenzglasklammer waagerecht und schiebe den Kupferblechstreifen in die Mitte des Reagenzglases.
4. Verschließe das Reagenzglas mit etwas Glaswolle.
5. Erhitze zunächst das Kupferblech und anschließend die Schwefelportion, damit der Schwefeldampf über das heiße Kupferblech strömt.
6. Lass das Reagenzglas mit seinem Inhalt abkühlen. Entnimm dann das Reaktionsprodukt mit der Pinzette und wiege es. Falls überschüssiger Schwefel am Reaktionsprodukt haftet, wird er im Abzug mit dem Gasbrenner verdampft.

Aufgaben:
a) Berechne aus der Differenz *m* (Produkt) – *m* (Kupfer) die Masse an Schwefel, die reagiert hat.
b) Berechne das Massenverhältnis, in dem Kupfer und Schwefel reagiert haben.
c) Vergleiche dein Ergebnis mit dem deiner Mitschülerinnen und Mitschüler und berechne den Durchschnitt aller ermittelten Massenverhältnisse.
d) Stelle alle Werte in einer Tabelle zusammen und zeichne einen Graphen mit den Werten für *m* (Kupfer) und *m* (Schwefel).
e) Begründe, weshalb einige Werte deutlich oberhalb oder deutlich unterhalb des Mittelwertes liegen.

Auswertungsbeispiel:

m (Cu)	m (Produkt)	m (S)	$\frac{m(\text{Cu})}{m(\text{S})}$
0,88 g	1,11 g	0,23 g	$\frac{0{,}88\text{ g}}{0{,}23\text{ g}} = \frac{3{,}83}{1}$
1,07 g	1,34 g	0,27 g	$\frac{1{,}07\text{ g}}{0{,}27\text{ g}} = \frac{3{,}96}{1}$
1,20 g	1,49 g	0,29 g	$\frac{1{,}20\text{ g}}{0{,}29\text{ g}} = \frac{4{,}14}{1}$

5.3 Grundgesetze chemischer Reaktionen

Stoffebene

Am Beispiel der Reaktion von Kupfer mit Schwefel soll verdeutlicht werden, wie sich chemische Reaktionen mit dem Atommodell von Dalton beschreiben lassen.

Erhitzt man ein Gemisch der Elemente Kupfer und Schwefel, so glüht dieses rot auf und es entsteht ein blauschwarzer Feststoff, die Verbindung *Kupfersulfid.* Es ist also eine chemische Reaktion abgelaufen, denn es hat sich ein neuer Stoff gebildet.

Wiegt man die Portionen der Ausgangsstoffe Kupfer und Schwefel sowie die des Reaktionsprodukts Kupfersulfid, ergeben sich zwei wichtige Gesetzmäßigkeiten: Das *Gesetz der Erhaltung der Masse* und das *Gesetz der konstanten Massenverhältnisse.*

Gesetz der Erhaltung der Masse (1). Führt man eine Reaktion in einem geschlossenen Gefäß durch, so stellt man auch bei genauesten Wägungen niemals eine Massenveränderung fest. **Die Masse der Ausgangsstoffe ist gleich der Masse der Reaktionsprodukte.**

Gesetz der konstanten Massenverhältnisse (2). Experimentelle Untersuchungen haben immer wieder gezeigt: **Die Massen der umgesetzten Ausgangsstoffe bei einer chemischen Reaktion stehen stets in einem bestimmten Verhältnis zueinander.**

---

1 Beschreibe, wie sich die beiden Massengesetze durch Anwendung von Daltons Atommodell erklären lassen.

2 Aus 2,8 g Eisen und 0,8 g Schwefel erhält man 2,2 g Eisensulfid. Nach der Reaktion stellt man fest, dass der Schwefel vollständig reagiert hat, dass jedoch noch elementares Eisen vorhanden ist. Berechne die Masse des Eisens, das übrig ist.

3 Chemische Reaktionen sind Umgruppierungen von Atomen. Erkläre diese Aussage am Beispiel der Reaktion von Kohlenstoff mit Sauerstoff.

4 g Kupfer

Kupfer und Schwefel sind Elemente, da sie nicht weiter in andere Stoffe zerlegbar sind.

+

1 g Schwefel

Mischen

Im Kupfer-Schwefel-Gemisch sind die Stoffe noch einzeln erkennbar. Es ist ein heterogenes Feststoffgemisch, ein Gemenge.

5 g Kupfer-Schwefel-Gemisch

Reaktion

Kupfersulfid ist eine Verbindung, ein Reinstoff, der durch Reaktion von Kupfer mit Schwefel entstanden ist.

(1) Reagieren 4 g Kupfer mit 1 g Schwefel, so entstehen genau 5 g Kupfersulfid. (2) Um 8 g Kupfer ohne Rest reagieren zu lassen, benötigt man 2 g Schwefel. Beide Stoffe verbinden sich immer im Massenverhältnis 4 : 1. Weicht man von diesem Verhältnis ab, bleibt ein Rest an Kupfer oder Schwefel übrig.

5 g Kupfersulfid

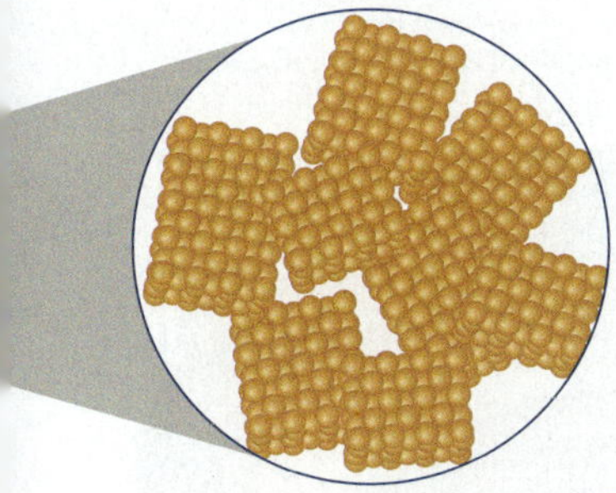

38 Trilliarden Cu-Atome

Kupfer und Schwefel sind Elemente, da sie jeweils aus einer einzigen Atomsorte bestehen. Kupfer besteht aus Kupfer-Atomen und Schwefel besteht aus Molekülen von acht miteinander verbundenen Schwefel-Atomen: S_8-Moleküle.

19 Trilliarden S-Atome

38 Trilliarden Cu-Atome
+ 19 Trilliarden S-Atome

Das Gemisch besteht aus Schwefelkörnchen, die Millionen von Schwefel-Molekülen enthalten, sowie Kupferpartikeln aus Millionen von Kupfer-Atomen. Die Schwefel-Moleküle und Kupfer-Atome sind jedoch *nicht* miteinander verbunden.

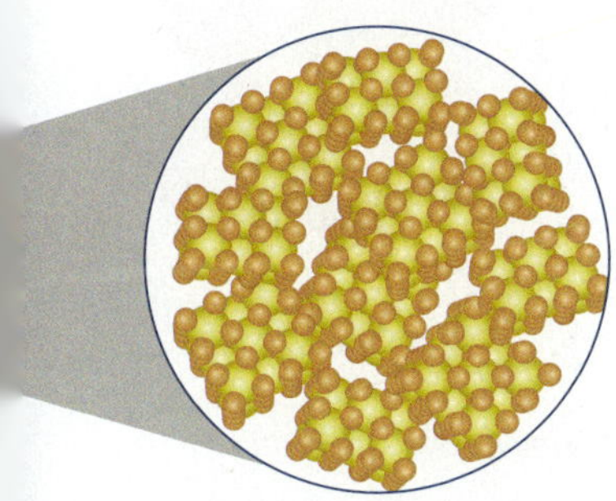

38 Trilliarden Cu-Atome
+ 19 Trilliarden S-Atome

In der Verbindung Kupfersulfid sind Kupfer-Atome mit Schwefel-Atomen im Anzahlverhältnis 2 : 1 verbunden (4). Bei der chemischen Reaktion werden weder Atome vernichtet noch erzeugt (3). Bei der Reaktion kommt es zur Umgruppierung von Atomen: Die Kupfer-Atome und Schwefel-Atome lagern sich in einer ganz bestimmten Weise neu zu der Verbindung Kupfersulfid an. Kupfersulfid besteht somit nicht nur aus einer einzigen Atomart und ist daher kein Element, sondern eine Verbindung.

Teilchenebene

Mithilfe des Daltonschen Atommodells lassen sich die Vorgänge bei einer chemischen Reaktion sowie deren Gesetzmäßigkeiten einfach und anschaulich erklären.

Gesetz der Erhaltung der Masse (3). Wenn Kupfer und Schwefel in einem geschlossen Gefäß zu Kupfersulfid reagieren, finden sich alle Kupfer-Atome und alle Schwefel-Atome in dem Produkt wieder. Dieses gilt für alle chemischen Reaktionen: Da Atome weder zerstört noch neu gebildet werden können, bleiben sie erhalten. Das Gesetz der Erhaltung der Masse ist auf der Ebene der Atome eigentlich das *Gesetz der Erhaltung der Atome.*

Gesetz der konstanten Massenverhältnisse (4). Jede Atomsorte hat eine bestimmte Atommasse. Hinter einem konstanten Massenverhältnis steckt daher ein bestimmtes Anzahlverhältnis der Atomsorten zueinander. Dies soll am Beispiel Kupfersulfid verdeutlicht werden: Kupfer und Schwefel verbinden sich im Massenverhältnis 4 : 1. Ein Kupfer-Atom wiegt etwa doppelt so viel wie ein Schwefel-Atom. In der Verbindung Kupfersulfid müssen demnach im Verhältnis doppelt so viele Kupfer-Atome enthalten sein wie Schwefel-Atome. Das Atomanzahlverhältnis der Cu-Atome zu den S-Atomen ist 2 : 1, dies drückt man in der Verhältnisformel Cu_2S aus.

Das Gesetz der konstanten Massenverhältnisse ist auf der Ebene der Atome eigentlich das *Gesetz der konstanten Atomanzahlverhältnisse.*

Bei chemischen Reaktionen gilt das Gesetz von der Erhaltung der Masse. Die Ausgangsstoffe reagieren dabei in einem bestimmten Massenverhältnis miteinander. Die Atome der an der Reaktion beteiligten Elemente verbinden sich in einem bestimmten Anzahlverhältnis.

5.4 Die Formeln der Chemiker – eine internationale Zeichensprache

1 *Die Zeichensprache der Chemie ist international*

Um eine App auf dem Handy zu starten, klickst du einfach auf das Icon, das das gewünschte Programm symbolisiert. Wie alle Symbole stellen diese Icons eine Art Kurzschrift dar, die leicht verständlich ist und die man sich gut merken kann.

Symbole in der Chemie. H_2O, CO_2, O_2 – diese chemischen Formeln kennt man sicherlich aus dem Alltag. Sie sind Beispiele der heute international gültigen chemischen Zeichensprache (Abb. 1), die aus **Elementsymbolen** und **chemischen Formeln** besteht. Die Elementsymbole gehen auf einen Vorschlag von Jöns Jakob BERZELIUS aus dem Jahre 1813 zurück. Bei den chemischen Formeln unterscheidet man *Verhältnisformeln* und *Molekülformeln.*

Für Chemiker haben Elementsymbole und chemische Formeln immer eine doppelte Bedeutung – einmal auf der stofflichen Ebene und einmal auf der Ebene der Teilchen. So steht beispielsweise das Elementsymbol *Fe* für das Element *Eisen,* ist also ein Symbol für den Stoff. Gleichzeitig ist es ein Symbol für ein Eisen-Atom. Genauso steht die chemische Formel H_2O auf der Stoffebene für die Verbindung Wasser. Auf der Teilchenebene meint man damit ein Wasser-Molekül. Welche Bedeutung das Symbol gerade hat, lässt sich nur aus dem jeweiligen Zusammenhang verstehen.

Verhältnisformeln. Kupfersulfid lässt sich durch Reaktion von Kupfer mit Schwefel herstellen. Es gehört als Metall-Nichtmetall-Verbindung zu den salzartigen Stoffen. Die Kristalle solcher Stoffe bestehen aus einer gitterartigen Anordnung sehr vieler Atome (Abb. 2). Experimentell lässt sich zeigen, dass ein Kupfersulfidkristall stets doppelt so viele Kupfer-Atome enthält wie Schwefel-Atome, ganz gleich, wie groß der Kristall ist. Kupfer-Atome und Schwefel-Atome verbinden sich also im Anzahlverhältnis 2 : 1. Man könnte auch sagen: Auf zwei Kupfer-Atome kommt im Verhältnis immer nur ein Schwefel-Atom.

Das Anzahlverhältnis der Atomsorten drückt man bei Metall-Nichtmetall-Verbindungen durch die **Verhältnisformel** aus. Man schreibt dazu die Elementsymbole hintereinander und notiert das Anzahlverhältnis der Atomsorten als tiefgestellte Ziffern (Indexzahlen) hinter das entsprechende Elementsymbol. In Metall-Nichtmetall-Verbindungen steht das Elementsymbol für das Metall stets an erster Stelle. Für Kupfersulfid ergibt sich als Verhältnisformel Cu_2S_1. Chemiker lassen üblicherweise die Ziffer 1 weg und schreiben vereinfacht Cu_2S.

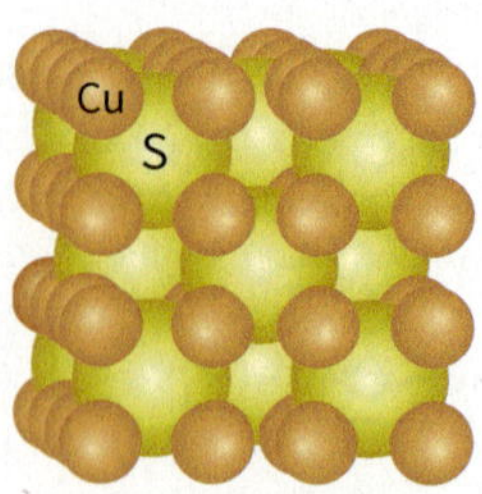

Verhältnisformel: Cu_2S

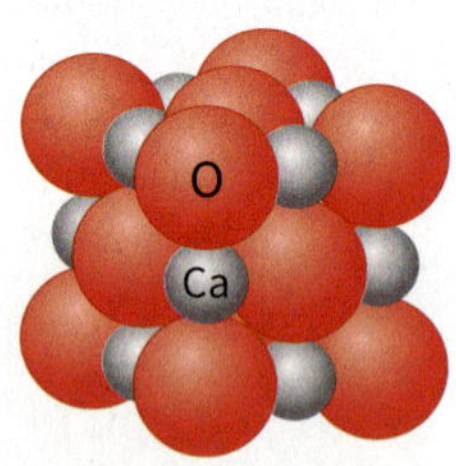

Verhältnisformel: CaO

2 ***Kristallgitter und Verhältnisformeln von Kupfersulfid und Calciumoxid***

Auch Calciumoxid ist eine Metall-Nichtmetall-Verbindung. Es entsteht bei der Verbrennung von Calcium an Luft. Dabei reagieren die Calcium-Atome mit Sauerstoff-Atomen im Anzahlverhältnis 1 : 1. Die Verhältnisformel lautet daher **CaO.**

Eine Verhältnisformel beschreibt die kleinstmögliche Einheit einer Verbindung. Diese Einheit wird häufig auch als *Formeleinheit* bezeichnet.

Molekülformeln. Teilchen, die aus einer bestimmten Anzahl von Nichtmetall-Atomen bestehen, werden als **Moleküle** bezeichnet. So sind in einem Stickstoff-Molekül zwei Stickstoff-Atome fest miteinander verbunden und bilden ein Teilchen. Man sagt: Stickstoff kommt in Form zweiatomiger Moleküle vor. Chemiker drücken dies durch die *Molekülformel* N_2 aus. Molekülformeln werden wie die Verhältnisformeln aus den Elementsymbolen gebildet. Die tiefgestellte Indexzahl gibt hier im Gegensatz zu den Verhältnisformeln nicht nur das Anzahlverhältnis der Atome zueinander, sondern die genaue Anzahl der Atome in einem Molekül an. Auch andere nichtmetallische *Elemente* liegen als Moleküle vor. Sauerstoff, Wasserstoff, Chlor und Iod bilden zweiatomige Moleküle; bei Schwefel sind acht Schwefel-Atome zu einem ringförmigen Schwefel-Molekül verbunden und Ozon-Moleküle bestehen aus drei Sauerstoff-Atomen (Abb. 3).

Die meisten Nichtmetall*verbindungen* bestehen ebenfalls aus Molekülen. Ein Beispiel ist Wasser. Die Molekülformel H_2O bedeutet, dass ein Wasser-Molekül aus drei miteinander verbundenen Atomen besteht – zwei Wasserstoff-Atomen und einem Sauerstoff-Atom.

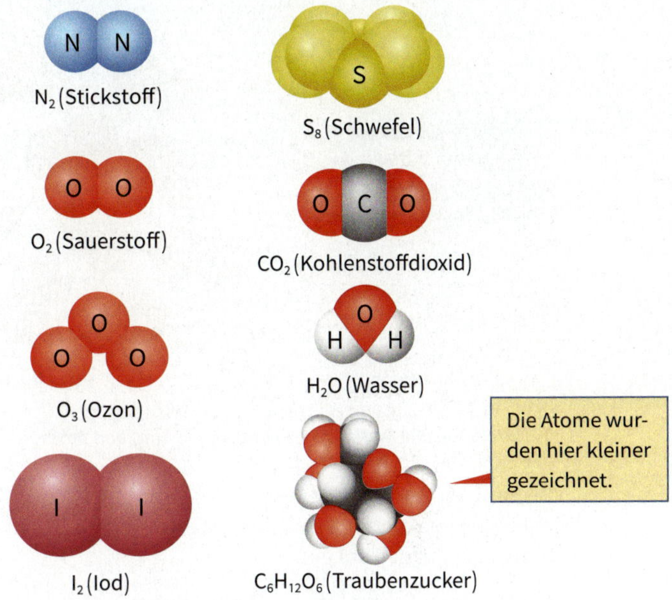

3 ***Moleküle elementarer Stoffe und Verbindungen***

Verhältnisformeln geben das Anzahlverhältnis der Atomarten in Metall-Nichtmetall-Verbindungen an. Moleküle sind Teilchen, die aus zwei oder mehr Nichtmetall-Atomen aufgebaut sind. Molekülformeln beschreiben die Art und die genaue Anzahl der Atome in einem Molekül.

1 Erkläre die Begriffe *salzartiger Stoff, Verhältnisformel, Molekül, Molekülformel.* Gib jeweils zwei Beispiele an.

2 Traubenzucker hat die Molekülformel $C_6H_{12}O_6$.
a) Erkläre, was diese Formel aussagt.
b) Gib die Verhältnisformel für Traubenzucker an und erläutere den Unterschied zur Molekülformel.

3 DALTON führte in seiner Liste der Elementsymbole auch ein Symbol für einen Stoff auf, den wir heute als Magnesiumoxid bezeichnen. Stelle eine Vermutung auf, wie DALTON zu dieser Einordnung gekommen sein könnte.

4 Erläutere, was DALTON mit den folgenden Begriffen meinte: *einfache Stoffe, zusammengesetzte Stoffe, einfache Elementar-Atome, zusammengesetzte Atome.*
Hinweis: Er kannte nicht den Begriff *Molekül.*

5 a) Gib für jedes der unten dargestellten Moleküle die Verhältnisformel sowie die Molekülformel an.
b) Begründe, weshalb man hier keine Verhältnisformel angibt.

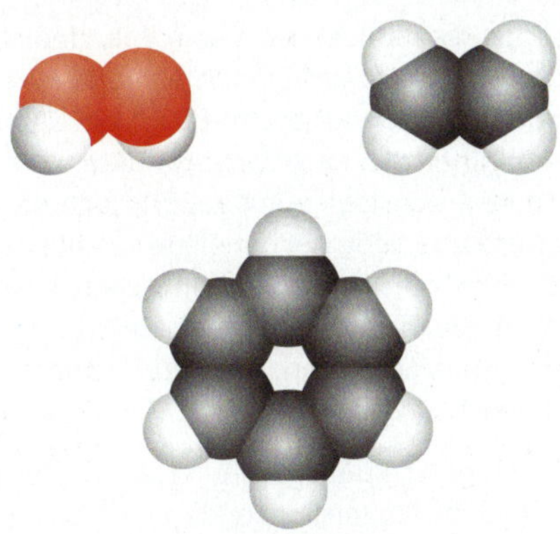

5.5 Reaktionsgleichungen – Reaktionen in der Formelsprache

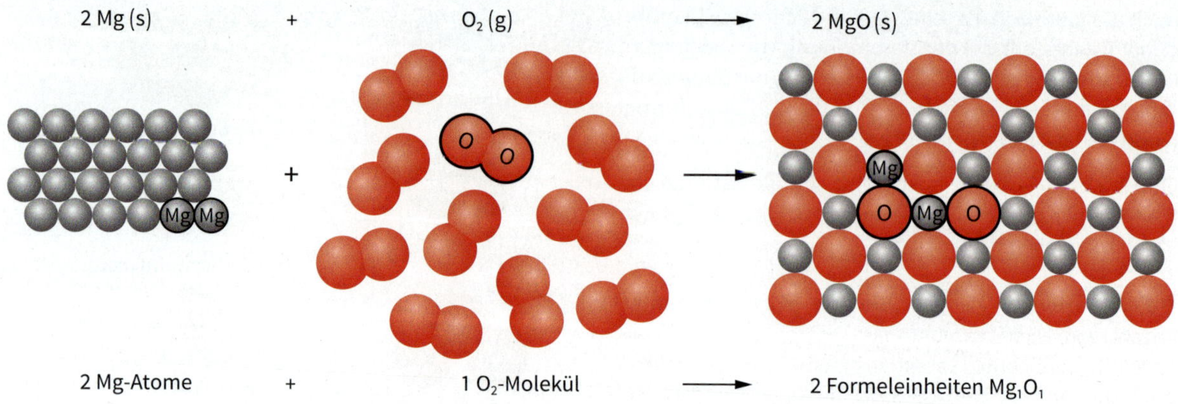

1 *Die chemische Reaktion als Umgruppierung von Atomen*

Bisher hast du eine chemische Reaktion übersichtlich durch ein *Reaktionsschema* dargestellt. Für die Verbrennung von Magnesium gilt:

Magnesium + Sauerstoff → Magnesiumoxid

Anstelle eines Reaktionsschemas verwendet man in der Chemie meist eine Kurzform, in der statt der Namen der Stoffe die entsprechenden Formeln stehen. Man spricht von einer **Reaktionsgleichung,** weil man früher statt des Reaktionspfeiles ein Gleichheitszeichen verwendete.

Bei jeder chemischen Reaktion bleiben die Art und die Anzahl der beteiligten Atome unverändert. Nach der Reaktion hat man also von jeder Atomart genauso viele wie vor der Reaktion (Abb. 1). Da jedem Stoff eine ganz bestimmte chemische Formel zuzuordnen ist, darf man die tiefgestellten Zahlen in den Formeln *nicht* verändern. Um von jeder Atomart auf beiden Seiten des Reaktionspfeils die gleiche Anzahl Atome zu erhalten, muss die Reaktionsgleichung eingerichtet werden. Dazu werden **vor** den Formeln entsprechende Faktoren angegeben, mit denen die Formeleinheiten multipliziert werden. Wie bei den tiefgestellten Zahlen wird der Faktor 1 weggelassen.

Jede chemische Reaktion ist mit einem Energieumsatz verbunden. Um dies zu kennzeichnen, schreibt man die Begriffe exotherm oder endotherm durch ein Semikolon abgetrennt hinter die Reaktionsprodukte. Zu einer vollständigen Reaktionsgleichung gehört noch die Angabe der Aggregatzustände der beteiligten Stoffe. Diese werden durch Symbole hinter den chemischen Formeln in Klammern angegeben: s: fest (engl. *solid*); l: flüssig (engl. *liquid*); g: gasförmig (engl. *gaseous*) und aq: in Wasser gelöst (engl. *aqueous*).

Das Aufstellen einer Reaktionsgleichung soll am Beispiel der Verbrennung von Magnesium erklärt werden:

1. Einsetzen der Formeln sowie der Elementsymbole:

☐ Mg + ☐ O_2 → ☐ MgO

2. Faktoren auf der Seite der Endstoffe ergänzen:
Ein Sauerstoff-Molekül (O_2) besteht aus 2 Sauerstoff-Atomen. Damit auf der rechten Seite der Reaktionsgleichung ebenfalls 2 Sauerstoff-Atome stehen, muss auf der Seite des Endstoffes (MgO) der Faktor 2 eingesetzt werden.

☐ Mg + 1 O_2 → 2 MgO

3. Faktoren auf der Seite der Ausgangsstoffe ergänzen:
Da auf der rechten Seite für 2 MgO-Formeleinheiten 2 Mg-Atome benötigt werden, müssen diese auf der linken Seite der Reaktionsgleichung bereitgestellt werden.

2 Mg + 1 O_2 → 2 MgO

Der Faktor 1 wird in der Regel weggelassen.

2 Mg + O_2 → 2 MgO

Die Abfolge der Schritte 2 und 3 kann auch vertauscht werden, wenn man dadurch die Zahlenverhältnisse besser überblickt.

4. Angabe der Aggregatzustände und des Energieumsatzes:

2 Mg (s) + O_2 (g) → 2 MgO (g); exotherm

Um chemische Reaktionen übersichtlich darstellen zu können, nutzt man Reaktionsgleichungen.
Durch Faktoren vor den Formeln der Stoffe gibt man an, dass auf beiden Seiten des Reaktionspfeiles gleich viele Atome von jeder Sorte vorhanden sind.

Rechenbeispiel

Massenverhältnis und Verhältnisformel

Für die Masse einer Atomsorte in der Stoffportion einer Verbindung gilt:

$$m\,(\text{Atomsorte}) = N\,(\text{Atome}) \cdot m\,(\text{Atom}) \Leftrightarrow N\,(\text{Atome}) = \frac{m\,(\text{Atomsorte})}{m\,(\text{Atom})}$$

Hieraus lässt sich ableiten: **Das Massenverhältnis der Atomsorten in einer Verbindung entspricht dem Produkt aus dem Atomanzahlverhältnis und dem Atommassenverhältnis.**

Beispiel Kupfersulfid (Cu_2S):

$$\frac{m\,(\text{Kupfer})}{m\,(\text{Schwefel})} = \frac{N\,(\text{Cu-Atome}) \cdot m\,(\text{Cu-Atom})}{N\,(\text{S-Atome}) \cdot m\,(\text{S-Atom})} = \frac{N\,(\text{Cu-Atome})}{N\,(\text{S-Atome})} \cdot \frac{m\,(\text{Cu-Atom})}{m\,(\text{S-Atom})}$$

Massenverhältnis (aus Experimenten) = Atomanzahlverhältnis (entspricht der Formel) · Atommassenverhältnis (aus Tabellenwerten)

A. Vom Massenverhältnis zur Verhältnisformel

$$\frac{N\,(\text{Cu-Atome})}{N\,(\text{S-Atome})} = \frac{m\,(\text{Kupfer}) : m\,(\text{Cu-Atom})}{m\,(\text{Schwefel}) : m\,(\text{S-Atom})} = \frac{m\,(\text{Kupfer})}{m\,(\text{Schwefel})} : \frac{m\,(\text{Cu-Atom})}{m\,(\text{S-Atom})} = \frac{4}{1} : \frac{2}{1} = \frac{2}{1} \Rightarrow Cu_2S$$

Atomanzahlverhältnis ⇒ Verhältnisformel = Massenverhältnis : Atommassenverhältnis; Verhältnisformel

B. Von der Formel zum Massenverhältnis

$$\frac{m\,(\text{Kupfer})}{m\,(\text{Schwefel})} = \frac{N\,(\text{Cu-Atome})}{N\,(\text{S-Atome})} \cdot \frac{m\,(\text{Cu-Atom})}{m\,(\text{S-Atom})} = \frac{2}{1} \cdot \frac{2}{1} = \frac{4}{1}$$

Massenverhältnis = Atomanzahlverhältnis (ergibt sich aus der Formel) · Atommassenverhältnis

---

1 Vergleiche die Informationen, die ein Reaktionsschema und eine Reaktionsgleichung enthalten.

2 Erläutere, weshalb sich keine Reaktionsgleichung aufstellen lässt, wenn man die Formel eines an der Reaktion beteiligten Stoffes nicht kennt.

3 Gib die Reaktionsgleichung für die Zerlegung der Verbindung Silbersulfid (Ag_2S) in die Elemente an.

4 Entwickle die Reaktionsgleichungen für die Bildung von schwarzem Kupferoxid (CuO) und rotem Kupferoxid (Cu_2O) aus Kupfer und Sauerstoff sowie für die Reaktion von Aluminium mit Sauerstoff zu Aluminiumoxid (Al_2O_3). Berücksichtige dabei, dass Sauerstoff aus O_2-Molekülen besteht.

5 In den folgenden Reaktionsgleichungen haben sich Fehler eingeschlichen. Korrigiere sie und begründe dein Vorgehen.
a) $Na(s) + Cl(g) \rightarrow NaCl(s)$
b) $Na(s) + 2\,Cl(g) \rightarrow NaCl(s)$

6 Die Verhältnisformel der Verbindung Calciumfluorid lautet CaF_2. Ermittle, welches Massenverhältnis zwischen den Elementen Calcium und Fluor besteht.

7 In einem Experiment erhält man aus 2,33 g Eisen und 1 g Sauerstoff 3,33 g Eisenoxid.
a) Ermittle das Massenverhältnis zwischen den Elementen Eisen und Sauerstoff.
b) Berechne die Verhältnisformel des Eisenoxids.

8 **Expertenaufgabe:** Neben dem Gesetz der konstanten Massenverhältnisse gibt es das *Gesetz der vielfachen Massenverhältnisse:* Bilden zwei Elemente miteinander mehrere Verbindungen, so stehen die Massen des einen Stoffes, die sich mit ein und derselben Masse des anderen Stoffes verbinden, zueinander im Verhältnis kleiner ganzer Zahlen.
Erläutere dieses Gesetz am Beispiel der folgenden Verbindungen: gelbes Bleioxid (PbO), braunes Bleioxid (PbO_2) und rotes Bleioxid (Pb_3O_4).

5.6 Welche Formel hat Wasser?

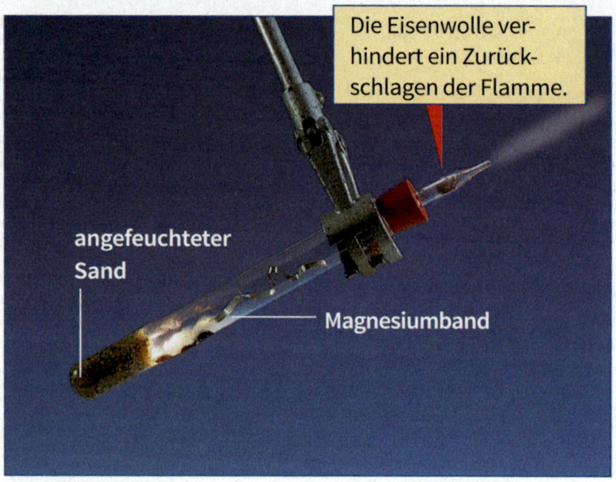

1 *Analyse von Wasser*

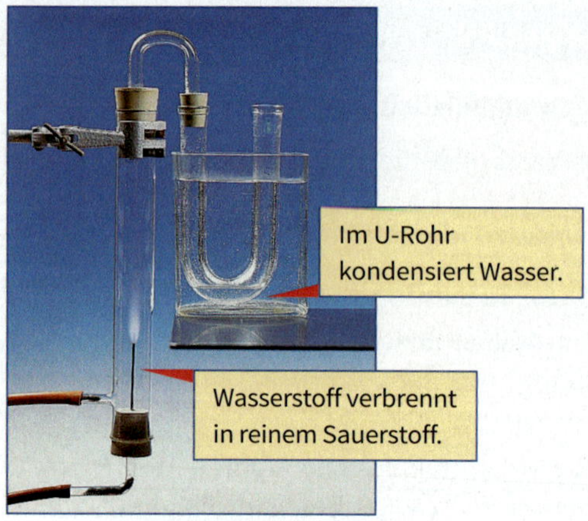

2 *Synthese von Wasser*

Noch vor etwas mehr als 200 Jahren waren die Vorstellungen über den Aufbau der Stoffe von den über 2000 Jahre alten Überlegungen der griechischen Philosophen EMPEDOKLES oder ARISTOTELES bestimmt. Danach ließen sich alle Stoffe aus den vier Elementen Feuer, Erde, Wasser und Luft aufbauen. Auch heute noch sprechen wir vom Wasser als dem *nassen Element* und verwenden den Begriff im Sinne der alten Griechen. Mittlerweile wissen wir, das Wasser kein Element, sondern eine Verbindung ist und aus H_2O-Molekülen besteht. Wie man die Formel von Wasser experimentell bestimmen kann, wird nachfolgend aufgezeigt.

Analyse des Wassers. Leitet man Wasserdampf über erhitztes Magnesiumband, so glüht das Metall auf und reagiert zu weißem Magnesiumoxid (Abb. 1). Es hat also eine Reaktion mit Sauerstoff stattgefunden. Da keine Luft mehr in der Apparatur war, muss der Sauerstoff, mit dem sich das Magnesium verbunden hat, aus dem Wasser stammen. Bei der Reaktion bildet sich gleichzeitig ein farbloses, brennbares Gas. Es handelt sich dabei um das Element Wasserstoff. Die Reaktion lässt sich durch das folgende Reaktionsschema beschreiben:

Wasserdampf + Magnesium →
Wasserstoff + Magnesiumoxid; exotherm

Dieses Experiment zeigt, dass Wasser im chemischen Sinne kein Element, sondern eine Verbindung ist, die mindestens aus den Elementen Wasserstoff und Sauerstoff zusammengesetzt ist.

Wasser lässt sich auch direkt in die Elemente Wasserstoff und Sauerstoff zerlegen: Wird Wasserdampf mit einer elektrisch beheizten Platinspirale auf 1500 °C erhitzt, so entsteht ein Gasgemisch aus Sauerstoff und Wasserstoff. Dieses Gemisch explodiert mit einen Knall, sobald man es entzündet. Daher bezeichnet man es als **Knallgas.**

Synthese des Wassers. Dass Wasser nichts anderes ist als *Wasserstoffoxid,* lässt sich durch die Analyse allein nicht belegen, denn bei der Reaktion von Magnesium mit Wasser könnten weitere Stoffe entstanden sein, die wir nicht nachgewiesen haben. Letzte Sicherheit über die Zusammensetzung von Wasser erhält man nur, wenn man es durch Reaktion der Elemente Wasserstoff und Sauerstoff herstellen kann. Dies gelingt durch folgenden Versuch: Lässt man eine Wasserstoffflamme in reinem Sauerstoff brennen, so schlägt sich im gekühlten U-Rohr eine farblose Flüssigkeit nieder (Abb. 2). Mit weißem Kupfersulfat bildet diese Flüssigkeit blaues Kupfersulfat-Hydrat, es handelt sich bei der Flüssigkeit also um Wasser.

Wasserstoff + Sauerstoff → Wasser; exotherm

Verhältnisformel des Wassers. Um die Verhältnisformel des Wassers zu bestimmen, muss man das Massenverhältnis ermitteln, in dem Wasserstoff und Sauerstoff miteinander reagieren. Experimentell gelingt dies durch Bestimmung des Volumenverhältnisses. Dazu lässt man abgemessene Volumina beider Gase in ein mit Wasser gefülltes Kunststoffrohr – ein *Eudiometer* – aufsteigen (Abb. 3). Über einen elektrischen Funken wird die explosionsartig verlaufende Reaktion zwischen Wasserstoff und Sauerstoff ausgelöst. Das Wasser als Reaktionsprodukt fällt in flüssiger Form an. Je nach Mischungsverhältnis bleibt ein Teil der Ausgangsstoffe als Restgas zurück. Nur bei einem Volumenverhältnis von 2 : 1 reagieren die Elemente vollständig zu Wasser:

$$\frac{V(\text{Wasserstoff})}{V(\text{Sauerstoff})} = \frac{2}{1}$$

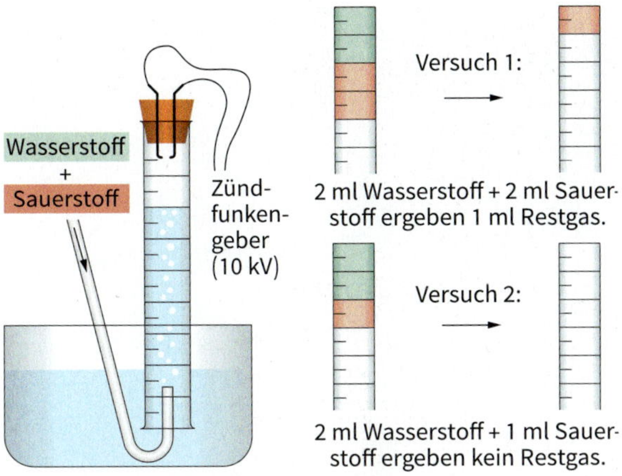

3 ***Volumenverhältnis bei der Bildung von Wasser***

Aus dem Volumen der Gase kann über die Dichte deren Masse berechnet werden. Es gilt: $m = \varrho \cdot V$

$m\,(\text{Wasserstoff}) = 0{,}084\,\frac{\text{mg}}{\text{ml}} \cdot 2\,\text{ml} = 0{,}168\,\text{mg}$
$m\,(\text{Sauerstoff}) = 1{,}33\,\frac{\text{mg}}{\text{ml}} \cdot 1\,\text{ml} = 1{,}33\,\text{mg}$

Das Massenverhältnis zwischen der Wasserstoffportion und der Sauerstoffportion beträgt:

$$\frac{m\,(\text{Wasserstoff})}{m\,(\text{Sauerstoff})} = \frac{0{,}168\,\text{mg}}{1{,}33\,\text{mg}} \approx \frac{1\,\text{g}}{8\,\text{g}} \approx \frac{1}{8}$$

Durch den Vergleich des Atommassenverhältnisses mit dem experimentell ermittelten Massenverhältnis lässt sich die Verhältnisformel bestimmen.

$$\frac{m\,(\text{Wasserstoff})}{m\,(\text{Sauerstoff})} = \frac{1\,\text{g}}{8\,\text{g}}; \quad \frac{m\,(\text{H-Atom})}{m\,(\text{O-Atom})} = \frac{1\,\text{u}}{16\,\text{u}}$$

Das Massenverhältnis entspricht dem Verhältnis der Masse von zwei Wasserstoff-Atomen und der Masse eines Sauerstoff-Atoms.

$$\frac{2 \cdot m\,(\text{H-Atom})}{1 \cdot m\,(\text{O-Atom})} = \frac{2 \cdot 1\,\text{u}}{16\,\text{u}} = \frac{1}{8}$$

Daraus folgt: Wasser enthält doppelt so viele Wasserstoff-Atome wie Sauerstoff-Atome. Dieses Atomanzahlverhältnis drückt man durch die *Verhältnisformel* H_2O_1 oder kurz H_2O aus. Damit ist aber noch nicht klar, welche Molekülformel Wasser hat. Aus Messungen weiß man, dass 600 Trilliarden Wasser-Moleküle 18 g wiegen. Mit 1 g = 600 Trilliarden u folgt, dass ein Wasser-Molekül 18 u wiegt. Damit ergibt sich die *Molekülformel* H_2O.

> Wasser ist kein chemisches Element, sondern eine Verbindung. Aus dem Volumenverhältnis von Wasserstoffgas und Sauerstoffgas bei der Synthese von Wasser ergibt sich die Verhältnisformel von Wasser: H_2O.

1 Erkläre, warum es sich bei Wasser nicht um ein chemisches Element handelt.

2 Wie Magnesium reagiert auch Eisen mit Wasserdampf. Formuliere die Reaktionsgleichungen für die Bildung von Magnesiumoxid (MgO) und Eisenoxid (Fe_3O_4) durch Reaktion mit Wasserdampf.

3 Beschreibe die Vorgehensweise der Chemiker beim Ermitteln der Zusammensetzung einer Verbindung.

4 Zur Bestimmung der Formel von Wasser wird häufig der Hofmannsche Wasserzersetzungsapparat verwendet. Die Apparatur wird mit angesäuertem Wasser gefüllt. Legt man eine Gleichspannung von etwa 10 V an, steigen von den Elektroden her Gasbläschen auf. Das am Minuspol entstandene Gas lässt sich entzünden und brennt mit farbloser Flamme. In dem am Pluspol entstandenen Gas flammt ein glimmender Holzspan auf. Schließt man die Hähne, kann man an beiden Schenkeln die Volumina der entstandenen Gase ablesen.
a) Gib an, welche Gase sich an den Elektroden bilden.
b) Begründe, weshalb sich dieser Versuch für die Bestimmung der Verhältnisformel von Wasser eignet. Schätze dazu in der Abbildung die Volumina der Gase ab.

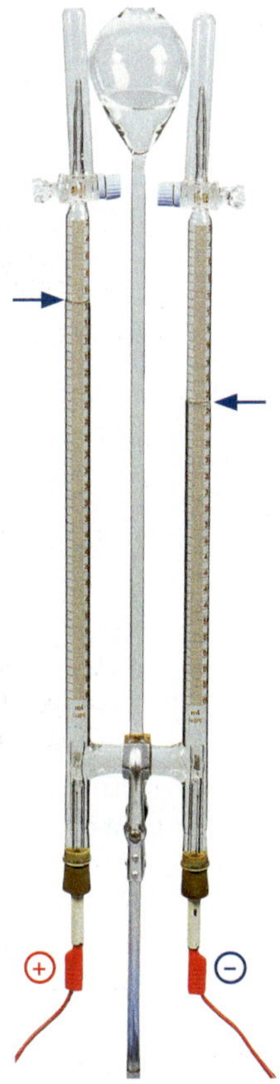

5 a) Berechne, welches Restgas jeweils übrig bleibt, wenn man die folgenden Gemische zur Reaktion bringt:
2 ml Wasserstoff und 3 ml Sauerstoff,
6 ml Wasserstoff und 2 ml Sauerstoff,
10 ml Wasserstoff und 6 ml Sauerstoff.
b) Erläutere, wie man die Überlegungen experimentell überprüfen kann.

6 **Expertenaufgabe:** a) Aus 10 ml Wasserstoff und Luft wird ein Knallgasgemisch hergestellt. Berechne, wie viel Luft man benötigt, damit bei der Reaktion weder Wasserstoff noch Sauerstoff zurück bleiben.
b) Ermittle das Volumen an zurück bleibendem Stickstoff.

7 Die Abbildung zeigt einen Ausschnitt aus dem Kristallgitter von Eis auf der atomaren Ebene. Leite daraus die Verhältnisformel von Wasser ab.

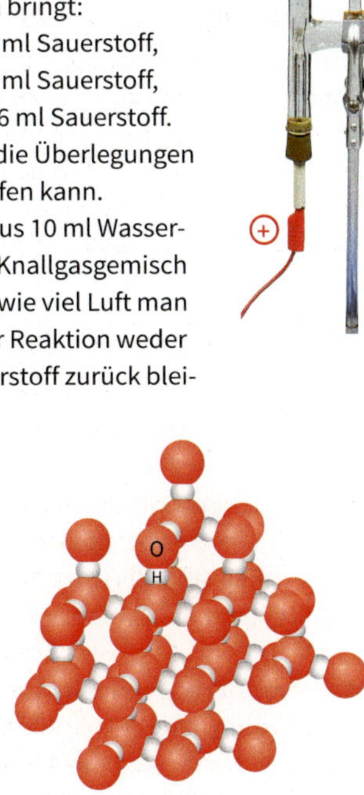

5.7 Eigenschaften von Wasserstoff

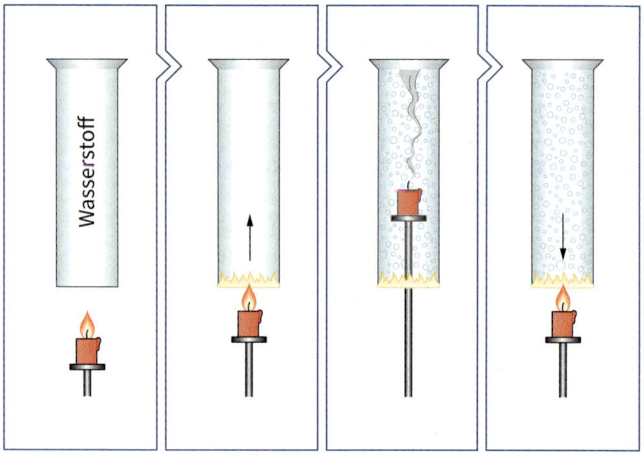

1 *Wasserstoff – ein brennbares Gas*

2 *Reaktion von Wasserstoff mit Kupferoxid*

Wasserstoff hat die geringste Dichte von allen Gasen. Ein Liter Wasserstoff wiegt bei Raumtemperatur und normalem Luftdruck (1013 hPa) nur 0,084 g. Ein Liter Luft ist bei den gleichen Bedingungen über 14-mal so schwer.

Hält man eine brennende Kerze an die Öffnung eines mit Wasserstoff gefüllten Glaszylinders, entzündet sich das Gas und verbrennt mit kaum sichtbarer Flamme (Abb. 1). An der Glaswand kondensiert Wasserdampf. Führt man die Kerze weiter in den Zylinder ein, so erlischt die Flamme. Beim langsamen Herausziehen der Kerze entzündet sie sich erneut an dem brennenden Wasserstoff. Reiner Wasserstoff ist also brennbar, unterhält die Verbrennung aber nicht. Ein Gemisch aus Wasserstoff und Sauerstoff bezeichnet man als **Knallgas.** Leitet man ein solches Gemisch in eine Seifenlösung, lassen sich die Seifenblasen mit einem brennenden Span entzünden und explodieren mit lautem Knall: Wasserstoff und Sauerstoff reagieren in extrem kurzer Zeit miteinander. Dabei wird sehr viel Wärme frei und die Gase dehnen sich augenblicklich aus. Die Folge der Druckwelle ist der laute Knall.

Knallgasprobe. Knallgasexplosionen sind gefährlich. Bei Reaktionen mit Wasserstoff muss man daher unbedingt prüfen, ob die benutzte Apparatur frei von Sauerstoff ist. Dazu führt man die **Knallgasprobe** durch: Man fängt eine Gasprobe in einem Reagenzglas auf und entzündet sie. Enthält die Gasprobe noch Sauerstoff, verbrennt sie mit einem pfeifenden Geräusch. Erst wenn die Probe ruhig abbrennt, die Knallgasprobe also negativ abläuft, kann man gefahrlos erhitzen.

Wasserstoff reagiert mit Metalloxiden. Leitet man Wasserstoff über erhitztes Kupferoxid (Abb. 2), so glüht das Kupferoxid auf. Gleichzeitig ändert sich die Farbe von schwarz nach hellrot. Es bilden sich Kupfer und Wasser:

$$\underset{\text{Kupferoxid}}{CuO(s)} + \underset{\text{Wasserstoff}}{H_2(g)} \rightarrow \underset{\text{Kupfer}}{Cu(s)} + \underset{\text{Wasser}}{H_2O(g)}; \quad \text{exotherm}$$

Ganz ähnlich reagiert Wasserstoff mit Oxiden anderer Metalle. Solche Reaktionen, bei denen Oxiden Sauerstoff entzogen wird, bezeichnet man allgemein als *Reduktion.*

Wasserstoff im Labor. Durch die Reaktion von Salzsäure mit einem unedlen Metall wie Zink, Magnesium oder Eisen lässt sich Wasserstoff im Labor in kleinen Mengen herstellen. Man tropft beispielsweise Salzsäure auf Zinkgranalien und fängt das entstehende Wasserstoffgas in einer pneumatischen Wanne auf. Benötigt man größere Mengen an Wasserstoffgas, verwendet man eine Druckgasflasche. Der auffällig rote Anstrich weist darauf hin, dass es sich bei Wasserstoff um ein brennbares Gas handelt.

Wasserstoff bildet mit Sauerstoff ein explosives Gemisch (Knallgas). Reiner Wasserstoff brennt ruhig ab.
Im Labor kann Wasserstoff durch Reaktion von Salzsäure mit unedlen Metallen erzeugt werden.

1 Erstelle einen Steckbrief von Wasserstoff.

2 Beurteile die Eignung von Wasserstoff als Ballongas.

3 Erkläre, warum eine Kerze in Wasserstoffgas erlischt.

4 a) Stelle die Reaktiongleichung für die Reaktion von Wolframoxid (WO_3) mit Wasserstoff auf.
b) Recherchiere, wo das so gewonnene Wolframpulver eingesetzt wird.

5 Erläutere, wie man experimentell nachweisen könnte, dass bei der Reaktion von Kupferoxid mit Wasserstoff Wasser gebildet wird.

Exkurs Wasserstoff als Energieträger

Wasserstoff ist ein umweltfreundlicher Energieträger. Bei seiner Verbrennung entstehen keine schädlichen Abgase, sondern nur Wasserdampf.

Anwendungen. Die Raumfahrt ist bisher der wichtigste Anwender von Wasserstoff. Raumtransporter wie die Ariane 5 verbrauchen beim Start etwa 1,5 Millionen Liter flüssigen Wasserstoff und gut 500 000 Liter flüssigen Sauerstoff. Obwohl die Nutzung von Wasserstoff als Treibstoff für Fahrzeuge oder als Brennstoff für die Erzeugung von Wärme und Strom derzeit noch weitaus teurer ist als die Verwendung fossiler Brennstoffe, versucht man seit gut 20 Jahren, Wasserstoff als Treibstoff zu nutzen. So fahren auf den Straßen bereits Versuchsautos mit *Wasserstoffmotoren,* in denen Wasserstoff anstelle von Benzin verbrannt wird. Andere Fahrzeuge haben einen Elektromotor als Antrieb. Der Strom wird in *Brennstoffzellen* erzeugt. Sie wandeln die Energie, die bei der Reaktion von Wasserstoff mit Sauerstoff frei wird, direkt in elektrische Energie um. Getankt wird meist nicht Wasserstoff sondern ein Gemisch aus Methanol und Wasser. Die H-Atome darin reagieren mit den O-Atomen der Luft zu Wasser-Molekülen; zusätzlich entsteht CO_2.

Gewinnung. Wasserstoff kommt auf der Erde nicht als Element vor, sondern muss erst unter hohem Energieaufwand aus Wasserstoffverbindungen wie Erdgas (Methan, CH_4) oder durch die Zerlegung von Wasser hergestellt werden. Die dafür notwendige elektrische Energie könnte man umweltfreundlich aus Sonnen-, Wind- oder Wasserenergie bereitstellen, doch ist dieser sogenannte Ökostrom derzeit noch teurer als der durch die Verbrennung von fossilen Brennstoffen gewonnene Strom.

Speicherung und Transport. Auch die Lagerung und der sichere Transport von Wasserstoff verursachen hohe Kosten. Derzeit wird flüssiger Wasserstoff entweder in besonders isolierten Kryobehältern bei Temperaturen unter –253 °C oder in Druckbehältern bei einem Druck von etwa 70 MPa (70 Millionen Pascal ≙ 700 bar) transportiert und gelagert. Für die flächendeckende Nutzung von Wasserstoff als Treibstoff müsste ein dichtes Netz an Wasserstofftankstellen vorhanden sein. Im Jahr 2013 gab es jedoch nur etwa 40 Wasserstofftankstellen in ganz Deutschland.

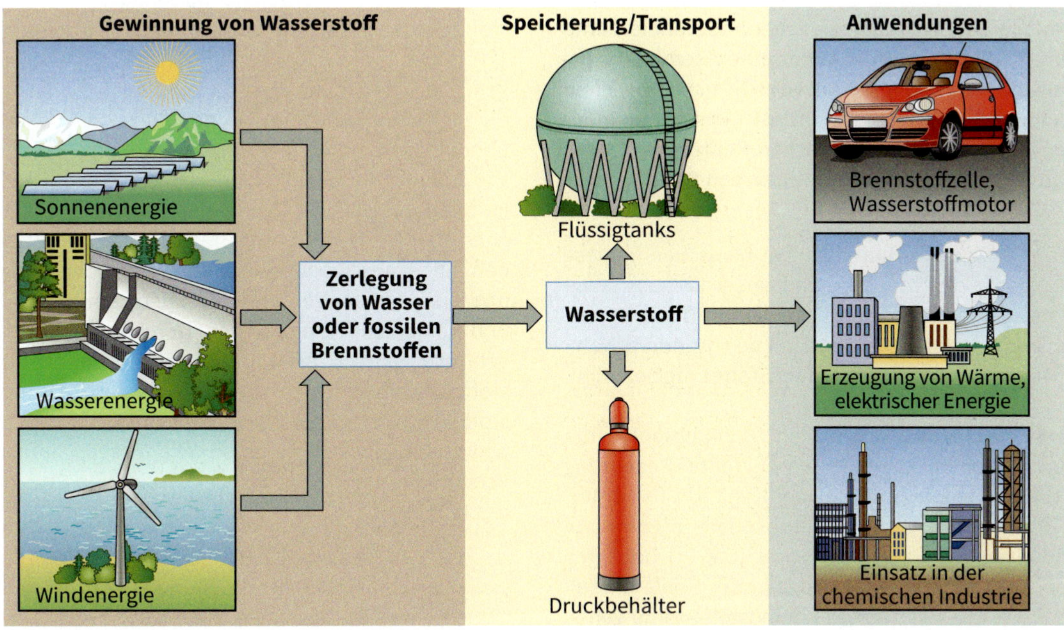

1 Beschreibe die Abbildung. Stelle Vor- und Nachteile der Wasserstofftechnologie zusammen.

2 Recherchiere den aktuellen Preis von Wasserstoff an einer Wasserstofftankstelle.

5.8 Atome durchlaufen Kreisläufe

Die Erde ist ein riesiges chemisches System, das man auch als *Geosphäre* bezeichnet. Diese wird unterteilt in die *Atmosphäre* (Lufthülle der Erde), die *Hydrosphäre* (Wasser an der Erdoberfläche), die *Lithosphäre* (äußerer Gesteinsmantel) und die *Biosphäre* (von Lebewesen besiedelter Bereich der Erde). An den vielen Millionen Verbindungen, aus denen die Geosphäre besteht, sind etwa 90 Elemente beteiligt. Fünf davon, Sauerstoff, Silicium, Aluminium, Eisen und Calcium, bilden mehr als 90 % der Masse der Erdkruste. Am chemischen Aufbau eines Lebewesens sind nur etwa 20 chemische Elemente beteiligt. Die Masse des menschlichen Körpers ergibt sich zu mehr als 90 % aus den Atomen der Elemente Sauerstoff, Kohlenstoff und Wasserstoff.

Stoffkreisläufe. In der Geosphäre laufen ständig Umwandlungsprozesse ab, die häufig mit einem Stofftransport von einer Sphäre in eine andere verbunden sind: Wasser gelangt beim Verdunsten von der Hydrosphäre in die Atmosphäre. Kohlenstoffdioxid wird von Pflanzen aus der Atmosphäre oder Hydrosphäre aufgenommen und bei der Photosynthese in organische Verbindungen wie Glucose überführt. Dadurch gelangen Kohlenstoff-Atome in die Biosphäre.

Bei chemischen Reaktionen gehen weder Atome verloren, noch werden sie neu geschaffen. Es entstehen lediglich neue Verbindungen, in denen die Atome eines Elements mit Atomen verschiedener anderer Elemente verbunden sind. Kehren die Atome eines Elements nach mehreren Umwandlungsschritten in die ursprünglichen Verbindungen zurück, so spricht man von einem *Stoffkreislauf*. Praktisch alle chemischen Reaktionen, die in der Natur ablaufen, sind Teilprozesse von Stoffkreisläufen.

Wie jedes Lebewesen sind auch wir Menschen in diese Stoffkreisläufe eingebunden, und unser Einfluss steigt dabei stetig an: Die Bevölkerungszahl nimmt immer weiter und immer schneller zu, und mit wachsendem Wohlstand werden pro Kopf immer mehr Stoffe umgewandelt.

Kohlenstoffkreislauf. Unter allen Stoffkreisläufen hat der Kohlenstoffkreislauf die wohl größte Bedeutung (Abb. 1). Der überwiegende Teil der Kohlenstoff-Atome – etwa 10^{16} Tonnen – ist in der Lithosphäre in Form von Verbindungen wie Calciumcarbonat ($CaCO_3$) oder den fossilen Brennstoffen Erdöl, Erdgas oder Kohle enthalten. Weitere $1,5 \cdot 10^{12}$ Tonnen Kohlenstoff-Atome gehen als CO_2-Moleküle in der Atmosphäre sowie in der Hydrosphäre – dort gelöst in Wasser – in den Kreislauf ein. Von dieser Menge an CO_2 werden jährlich etwa 15 % von Pflanzen und von Algen durch *Photosynthese* aufgenommen. Durch die Energie des Sonnenlichts werden dabei in den Pflanzenzellen Wasser-Moleküle gespalten und die Wasserstoff-Atome auf Kohlenstoffdioxid-Moleküle übertragen. In einer Folge von Reaktionen entstehen Glucose-Moleküle ($C_6H_{12}O_6$). Als Nebenprodukt wird molekularer Sauerstoff frei. Vereinfacht lässt sich die Photosynthese durch folgende Reaktionsgleichung darstellen:

$$6\,CO_2(g) + 6\,H_2O(l) \rightarrow C_6H_{12}O_6(aq) + 6\,O_2(g);\quad \text{endotherm}$$

Kohlenstoffdioxid wird jedoch auch durch verschiedene Vorgänge wieder in die Atmosphäre abgegeben. Viele Organismen decken ihren Energiebedarf durch die *Zellatmung*. Bei diesem Vorgang werden energiereiche Stoffe wie Glucose stufenweise wieder zu Kohlenstoffdioxid und Wasser oxidiert. Die Reaktionsgleichung der Zellatmung entspricht in vereinfachter Form der Umkehrung der Photosynthesegleichung.

Ein Großteil der durch die Photosynthese umgesetzten Kohlenstoffdioxid-Moleküle wird erst bei der Zersetzung von abgestorbenen Pflanzenteilen wieder zu Kohlenstoffdioxid oxidiert und gelangt so in die Atmosphäre. Da dabei genauso viel Kohlenstoffdioxid freigesetzt wird, wie vorher durch die Photosynthese gebunden wurde, spricht man von einer ausgeglichenen *Kohlenstoffbilanz*. Gleiches gilt auch für die Verbrennung von Holz.

Störungen des Kohlenstoffkreislaufs. Der Kohlenstoffdioxidgehalt in der Atmosphäre ist in den letzten 170 Jahren von 0,026 % auf derzeit 0,040 % gestiegen. Die Ursache für diesen vieldiskutierten Anstieg ist der steigende Energiebedarf des Menschen. Dieser wird überwiegend durch Verbrennung fossiler Brennstoffe wie Braunkohle, Steinkohle, Erdgas und Erdöl gedeckt. In ihnen ist *Kohlenstoff aus vergangenen Zeiten* gespeichert. Die fossilen Brennstoffe sind vor über 300 Millionen Jahren aus Abbauprodukten abgestorbener Pflanzen und Tiere entstanden und enthalten somit Kohlenstoff und Kohlenstoffverbindungen. Durch ihre Verbrennung gelangen jährlich etwa 23 Milliarden Tonnen Kohlenstoffdioxid in die Luft – Tendenz steigend. Da Kohlenstoffdioxid wie auch Wasserdampf und Methan ein klimawirksames Gas ist, befürchten viele Wissenschaftler eine Verstärkung des *Treibhauseffekts* und eine Erwärmung des Klimas.

Alle chemischen Reaktionen, die in der Natur ablaufen, sind Teilvorgänge von Stoffkreisläufen. Die Atome eines Elements verbinden sich dabei nur mit Atomen anderer Elemente und kehren später in die ursprünglichen Verbindungen zurück.

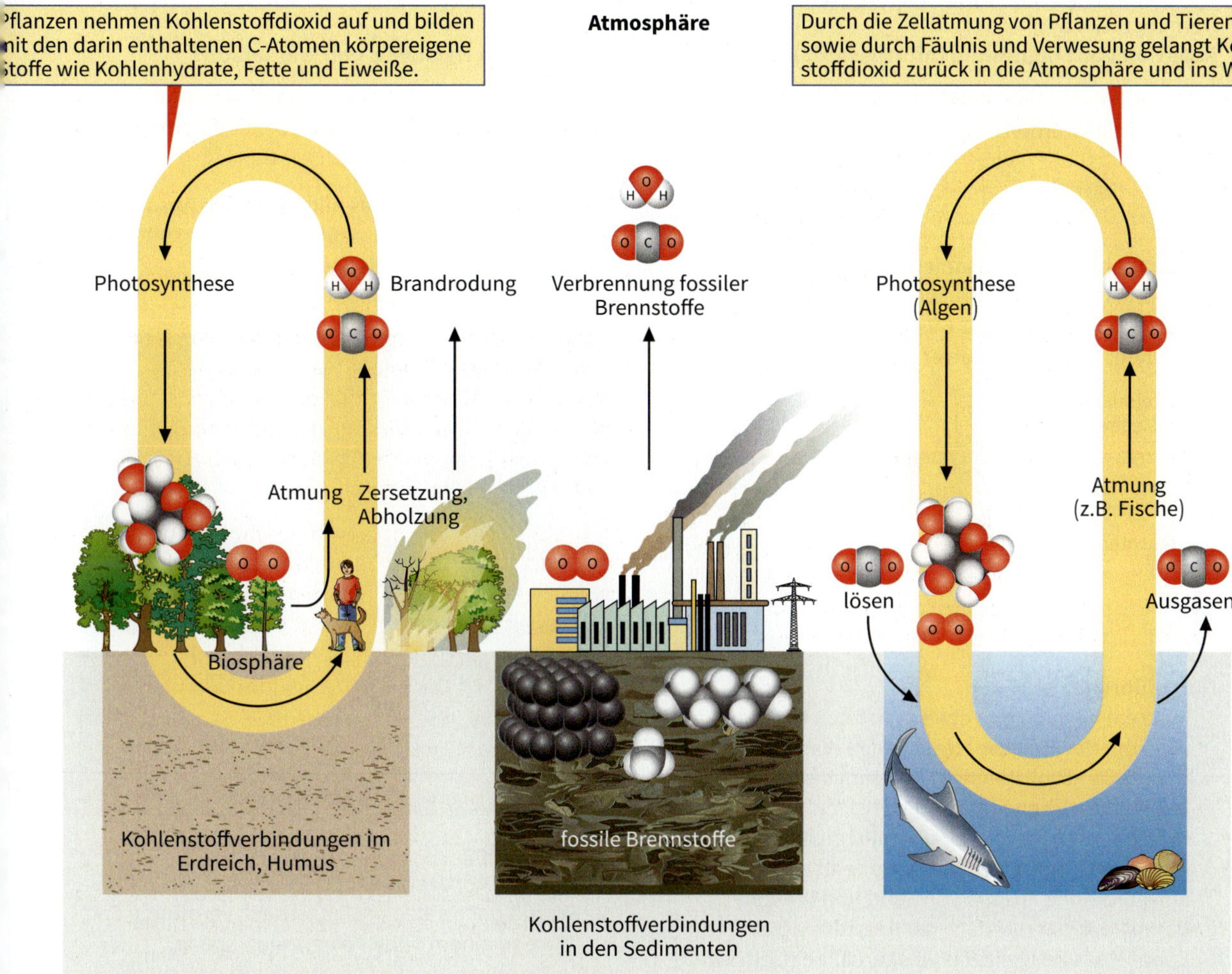

1 ***Der Kohlenstoffkreislauf besteht aus mehreren Teilkreisläufen***

---

1 a) Beschreibe den Kohlenstoffkreislauf mithilfe von Abb. 1 und gib an, welche Vorgänge überwiegend natürlichen Ursprungs sind und welche Vorgänge durch den Menschen verursacht werden.
b) Um Stoffkreisläufe kurz und einheitlich zu beschreiben, verwendet man die Begriffe *Reservoir, Quelle* und *Senke.*
Erläutere diese Begriffe am Beispiel von Kohlenstoffdioxid und gib je zwei Beispiele für ein Kohlenstoffdioxidreservoir, eine Kohlenstoffdioxidquelle und eine Kohlenstoffdioxidsenke an.

2 **Expertenaufgabe:** *Der Begriff Kohlenstoffkreislauf ist problematisch. Man sollte besser von Kohlenstoff-Atom-Kreislauf sprechen.*
Diskutiere diese Aussage aus einem Schulbuch.

3 Skizziere schematisch den Wasserkreislauf zwischen Hydrosphäre, Atmosphäre und Lithosphäre.

4 a) Recherchiere, welchen Anteil die zehn wichtigsten Elemente an der Masse der Erdkruste haben.
b) Erstelle mithilfe eines Tabellenkalkulationsprogramms ein Säulendiagramm über den Anteil der Elemente aus Aufgabe a).
c) Gib an, welche Elemente davon Metalle und welche Nichtmetalle sind.

5 Erkläre, weshalb Holz bei der Verbrennung eine ausgeglichene Kohlenstoffbilanz hat, fossile Energieträger wie Torf, Kohle oder Erdöl jedoch nicht.

6 a) Recherchiere den Begriff Treibhauseffekt und bereite einen Kurzvortrag vor. Differenziere dabei zwischen natürlichem und durch Menschen verursachten, zusätzlichen Treibhauseffekt (anthropogener Treibhauseffekt).
b) Informiere dich über Maßnahmen zur Verringerung der Freisetzung von Kohlenstoffdioxid in Deutschland.

Wasser und Wasserstoff

Demonstationsversuch 1:
Reaktion von Magnesium mit Wasserdampf

Achtung: Dieser Versuch darf nur von der Lehrkraft durchgeführt werden!

Materialien: gerades Gasableitungsrohr mit durchbohrtem Stopfen und Eisenwolle als Rückschlagsicherung, Tropfpipette, 2 Gasbrenner, Porzellanschiffchen; Magnesiumpulver (**2**), Sand.

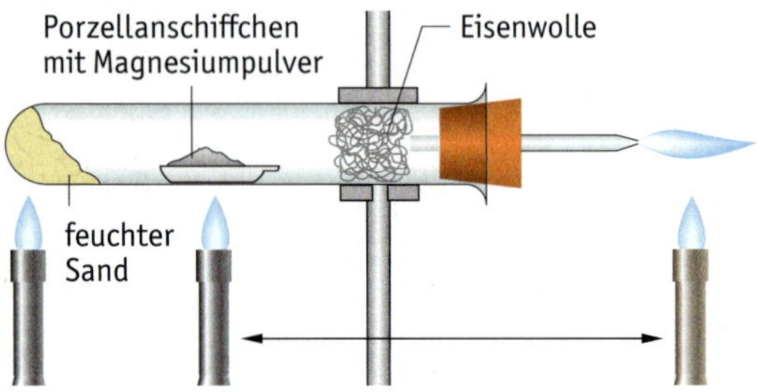

Durchführung:
1. Fülle ein Reagenzglas etwa 2 cm hoch mit Sand. Füge mit der Tropfpipette so lange Wasser hinzu, bis der Sand vollständig durchtränkt ist, jedoch kein Wasser über dem Sand steht.
   Hinweis: Für eine vollständige und gleichmäßige Durchtränkung des Sandes empfiehlt sich eine abwechselnde Zugabe von Sand und Wasser.
2. Baue die Apparatur nach der Abbildung auf. Spanne das Reagenzglas waagerecht ein, gib zwei Spatelspitzen Magnesiumpulver in das Porzellanschiffchen und führe es in das Reagenzglas ein. Beachte die Eisenwolle als Rückschlagsicherung.
3. Einer von euch erhitzt vorsichtig den nassen Sand mit einem Brenner, sodass sich das Reagenzglas mit Wasserdampf füllt. Die zweite Person erhitzt danach das Magnesiumpulver im Schiffchen kräftig mit dem zweiten Brenner.
4. Sobald das Magnesiumpulver aufglüht, entzündet einer von euch das an der Düse austretende Gas.
   Hinweis: Sollte die Glut des Magnesiums erlöschen, muss das Magnesium erneut erhitzt werden und Arbeitsschritt 3 wiederholt werden.
5. Reguliert die austretende Flamme, indem ihr den nassen Sand unterschiedlich stark erhitzt.

Aufgaben:
a) Notiert eure Beobachtungen und deutet sie.
b) Der Sand ist an der Reaktion nicht beteiligt. Erläutere seine Rolle bei dem Versuch.

Versuch 2:
Bildung und Nachweis von Wasserstoff

Materialien: Reagenzglas mit seitlichem Ansatz, Schlauch, Stopfen mit Kanüle und Einwegspritze (5 ml), pneumatische Wanne, Gasbrenner; Magnesiumspäne (**2**), Salzsäure (verd.).

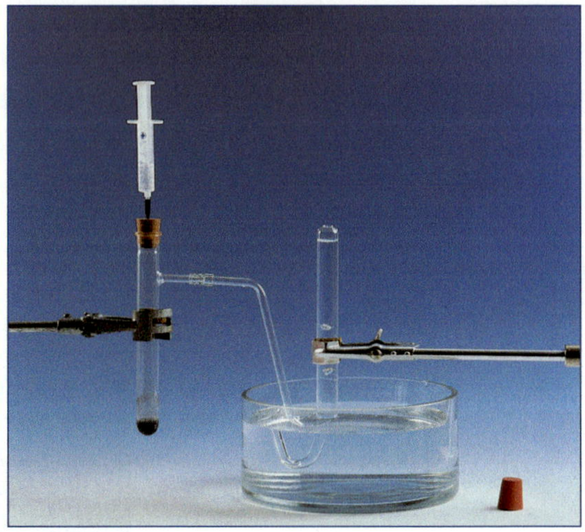

Durchführung:
1. Baue die Apparatur wie im Bild auf.
2. Gib mit der Spritze nach und nach verdünnte Salzsäure zu einem Spatel Magnesiumspäne.
3. Warte etwas, bis die Luft aus der Apparatur verdrängt ist. Fange dann das entstehende Gas in zwei Reagenzgläsern auf. Verschließe sie sofort unter Wasser mit einem Stopfen.
4. Nimm das zuerst gefüllte Reagenzglas und führe die Knallgasprobe durch.
5. Wiederhole die Knallgasprobe mit dem zweiten Reagenzglas. Beobachte genau.

Aufgaben:
a) Notiere deine Beobachtungen und gib Eigenschaften des entstehenden Gases an.
b) Begründe, warum das entstehende Gas nicht sofort aufgefangen werden sollte.
c) Erkläre, warum man bei Reaktionen mit Wasserstoff die Knallgasprobe durchführen muss.

Basiswissen Atome und der Aufbau von Stoffen

1. Einteilung von Stoffen

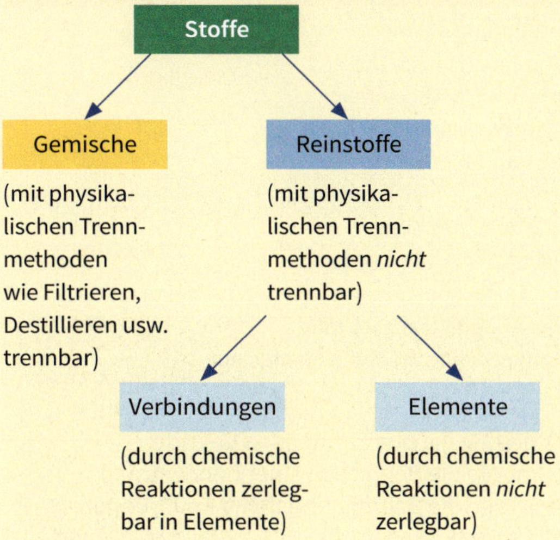

2. Daltons Atommodell

- Jedes Element besteht aus nicht weiter teilbaren kleinsten Teilchen, den Atomen.
- Die Atome eines Elements haben alle die gleiche Größe und die gleiche Masse. Die Atome unterschiedlicher Elemente unterscheiden sich in ihrer Masse. Es gibt also genauso viele Atomsorten, wie es Elemente gibt.
- Bei chemischen Reaktionen werden Atome weder vernichtet noch erzeugt. Die Atome der Ausgangsstoffe werden neu angeordnet und verbinden sich in einem bestimmten Anzahlverhältnis.
- Die Eigenschaften eines Stoffes werden nicht nur durch die Art der Atome an sich, sondern auch durch deren Anordnung bestimmt.
  Beispiel: Struktur von Graphit und Diamant

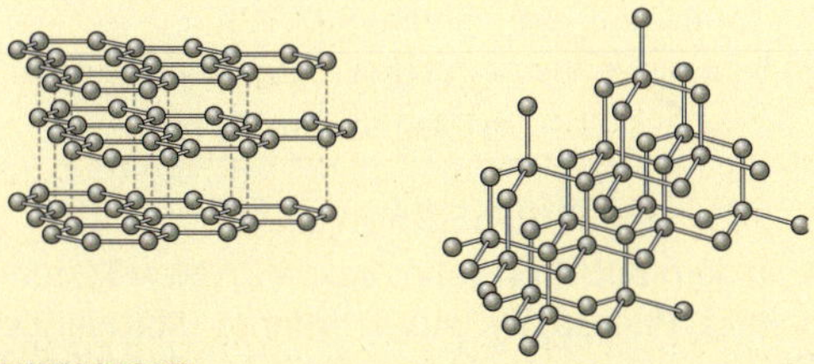

3. Atommassen

Die Masse von Atomen wird in einer besonderen Masseneinheit für den atomaren Bereich angegeben, der **atomaren Masseneinheit u.** 1 u entspricht ungefähr der Masse eines Wasserstoff-Atoms. Zwischen der Masseneinheit Gramm und der atomaren Masseneinheit gilt folgende Beziehung:

1 g = 602 200 000 000 000 000 000 000 u
$\approx 6 \cdot 10^{23}$ u = 600 Trilliarden u

4. Elementsymbole und chemische Formeln

Elementsymbole wie Cu (Kupfer) oder Fe (Eisen) stehen für die Atomart der betreffenden Elemente. Bei vielen nichtmetallischen Elementen und bei Verbindungen aus Nichtmetallen liegen **Moleküle** vor. Dies sind Teilchen, die aus zwei oder mehreren Nichtmetall-Atomen bestehen. Moleküle werden durch **Molekülformeln** beschrieben.
Beispiele: I_2, S_8, H_2O, CO_2

Metall-Nichtmetall-Verbindungen besitzen eine gitterartige Anordnung der Atome. Man gibt das Atomanzahlverhältnis durch **Verhältnisformeln** an.
Beispiele: CuO, Al_2O_3, Cu_2S

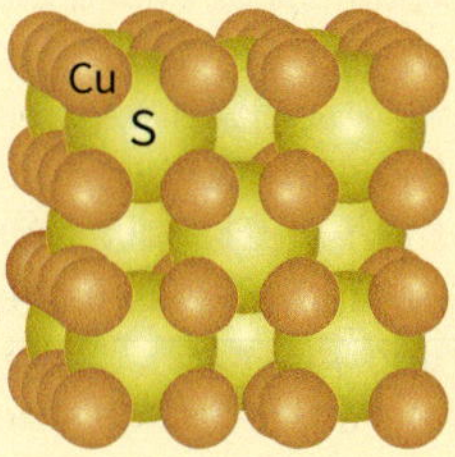

5. Reaktionsgleichung

Eine *Reaktionsgleichung* ist eine Kurzbeschreibung einer chemischen Reaktion mit Elementsymbolen und Formeln. Die vor den Formeln stehenden *Faktoren* geben das Anzahlverhältnis an, in denen die Teilchen miteinander reagieren. Beim Einrichten von Reaktionsgleichungen muss man darauf achten, dass von jeder Atomart die Anzahl der Atome auf beiden Seiten des Reaktionspfeils übereinstimmt.
Beispiel: 2 Cu (s) + O_2 (g) → 2 CuO (s); exotherm

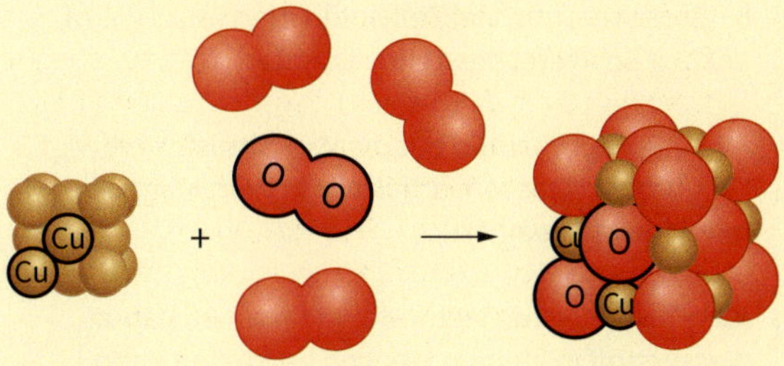

2 Cu-Atome 1 O_2-Molekül 2 CuO-Formeleinheiten

Atome und der Aufbau von Stoffen

Teste dich

A1 Erkläre die Begriffe *Element* und *Verbindung* auf der Stoffebene und auf der Teilchenebene.

A2 Nenne die Kernaussagen von Daltons Atommodell.

A3 a) Gib die Elementsymbole an: Kupfer, Schwefel, Quecksilber, Magnesium, Sauerstoff, Blei.
b) Nenne die Namen der Elemente, die mit folgenden Symbolen bezeichnet werden: H, Cl, C, Ca, N.

A4 a) Beschreibe die Unterschiede zwischen einer Molekülformel und einer Verhältnisformel.
b) Notiere die chemischen Formeln für Kupfersulfid, Sauerstoff, Magnesiumoxid, Wasser.
c) Gib an, ob es sich bei den chemischen Formeln in b) jeweils um eine Molekülformel oder eine Verhältnisformel handelt.

A5 Stelle die Reaktionsgleichung für die folgenden chemischen Reaktionen auf. Gib auch die Aggregatzustände und die Energieumsätze an.
a) Graphit verbrennt mit dem Sauerstoff der Luft zu Kohlenstoffdioxid.
b) In Wasser gelöstes Wasserstoffperoxid (H_2O_2) zerfällt in Gegenwart eines Katalysators in Wasser und Sauerstoff. Die Lösung erwärmt sich stark.
c) Fertige für beide Reaktionen eine Modellzeichnung an, die die Vorgänge auf der Teilchenebene verdeutlicht.

A6 Bei der Ermittlung einer Verhältnisformel ist Alexander zu dem Ergebnis $Fe_1O_{1,5}$ gekommen. Bringe sein Ergebnis in die übliche Form.

A7 Zink und Schwefel reagieren im Massenverhältnis $m(\text{Zink}) : m(\text{Schwefel}) = 2{,}03 : 1$ zu Zinksulfid.
a) Ermittle die Verhältnisformel von Zinksulfid. Nutze die Werte für die Atommassen im Periodensystem.
b) Berechne, wie viel Zinksulfid man aus 5 g Zink und 5 g Schwefel herstellen könnte.

A8 Magnesiumsulfid hat die Verhältnisformel MgS. Ermittle das Massenverhältnis, in dem Magnesium mit Schwefel reagiert.

A9 a) Nenne eine Methode, wie man im Labor Wasserstoff in kleinen Mengen herstellen kann.
b) Liste fünf Eigenschaften von Wasserstoff auf.
c) Nenne drei technische Anwendungen für Wasserstoff.

Lösungen stehen im Anhang.

Die wichtigsten Begriffe

- Verbindung, Element
- Atommodell nach Dalton
- atomare Masseneinheit
- Elementsymbol
- Molekül, Molekülformel
- Verhältnisformel, Formeleinheit, Atomanzahlverhältnis
- Reaktionsgleichung
- Gesetz der Erhaltung der Masse
- Gesetz der konstanten Massenverhältnisse
- Wasserstoff, Knallgasprobe
- Stoffkreisläufe, Kohlenstoffkreislauf

B1 a) Erkläre die obenstehenden Begriffe.
b) Verknüpfe die Begriffe zu einer Conceptmap.
c) Übertrage die Begriffe und deine Erklärungen in digitale Karteikarten.

B2 Entzündet man einen Bausch Eisenwolle an der Balkenwaage, nimmt dessen Masse zu; beim Abbrennen einer Kerze reduziert sich die Masse der Kerze. Erkläre, wie sich diese Beobachtungen mit dem Gesetz der Erhaltung der Masse vereinbaren lassen.

B3 Das folgende Diagramm zeigt das Ergebnis einer Versuchsreihe zur Verbrennung von Magnesium. Ermittle aus den experimentellen Daten das Massenverhältnis von Magnesium zu Sauerstoff und die Verhältnisformel für Magnesiumoxid.

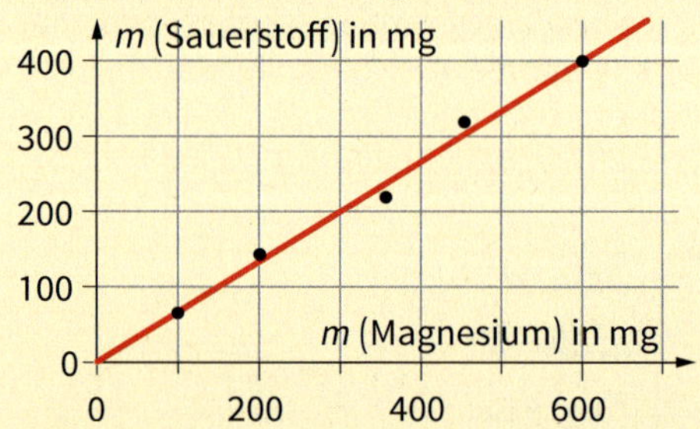

B4 In dem Buch von John DALTON „A New System of Chemical Philosophy“ aus dem Jahre 1808 heißt es: „Chemical analysis and synthesis go no farther than to the separation of particles one from another, and to their reunion. No new creation or destruction of matter is within the reach of chemical agency. We might as well attempt to introduce an new planet into the solar system, or to annihilate one already in existence, as to create or destroy a particle of hydrogen.“
matter: Materie; *agency:* Wirkung; *might as well attempt:* könnten genauso gut versuchen; *to annihilate:* vernichten; *hydrogen:* Wasserstoff

Übersetze den Text und erläutere die Grundgedanken Daltons.

C1 Auf die Zusammensetzung kommt es an

Für die Herstellung einer rotbraunen Anstrichfarbe benötigt ein Farbenhersteller Eisenoxid. Die Zusammensetzung des Oxids muss der Formel Fe_2O_3 entsprechen. Ein anderes Eisenoxid mit der Formel Fe_3O_4 ist nicht geeignet. Das vom Rohstoffhersteller gelieferte Eisenoxid wurde deshalb von einer Chemielaborantin untersucht. Dazu wurden drei Proben durch Reaktion mit Wasserstoff vollständig zu Eisen umgesetzt. Als Analyseergebnisse erhielt man:

Probe	*m* (Eisenoxid)	*m* (Eisen)
1	1,49 g	1,05 g
2	3,41 g	2,38 g
3	7,63 g	5,32 g

a) Gib an, welche Masse an Sauerstoff in den einzelnen Proben gebunden ist.
b) Erkläre, weshalb die Laborantin die Untersuchung mehrmals durchgeführt hat.
c) Trage die Masse an Eisen gegen die Masse an Sauerstoff auf und bestimme mithilfe des Diagramms das Massenverhältnis zwischen Eisen und Sauerstoff.
d) Entscheide durch Berechnung der Massenverhältnisse, ob das gelieferte Oxid akzeptiert werden kann.

C2 Wasser – Element oder Verbindung?

Im Jahre 1806 führte man folgendes Experiment durch:

So wie nun die Wasserdämpfe durch den glühenden Theil des Flintenlaufs streichen, so verwandeln sie sich in eine eigene, höchst leichte Gasart, die in Gestalt von Blasen durch das Wasser tritt und so aufgefangen werden kann. Nach Endigung des Versuchs findet man das Eisen an der glühend gewesenen Stelle auf der inneren Fläche in Glühespan verwandelt.

a) Beschreibe den abgebildeten Versuch.
b) Deute die Beobachtungen. Beschreibe, wie du die aufgefangene *höchst leichte Gasart* nachweisen kannst.
c) Erkläre, was mit *Glühespan* gemeint ist und stelle die Reaktionsgleichung für seine Bildung auf.

C3 Kohlenstoffkreislauf

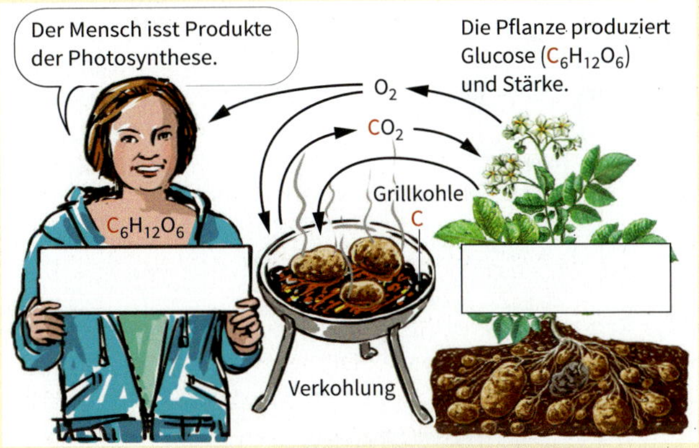

Um den Kohlenstoffkreislauf nachzuvollziehen, werden folgende Versuche durchgeführt:
1) Ein Glaskolben wird mit Sauerstoff gefüllt. Zusätzlich werden einige Stückchen Aktivkohle hineingegeben. Der Kolben wird luftdicht mit einem Ballon verschlossen und anschließend gewogen. Danach wird der Kolben mit dem Gasbrenner erhitzt, wobei sich der Kohlenstoff entzündet. Nachdem die Reaktion beendet und der Kolben abgekühlt ist, ergibt die Wägung, dass sich die Masse nicht verändert hat. Das bei der Reaktion entstandene Gas trübt Kalkwasser.
2) Das Gas aus Versuch 1) wird in einen zweiten Kolben gefüllt, in den man zuvor etwas Kressesaat auf feuchtem Papier ausgesät hat. Der Kolben wird verschlossen, gewogen und an einen hellen Platz gestellt. Nach ein paar Tagen ist die Saat gekeimt und es sind Kressepflanzen herangewachsen. Eine erneute Wägung ergibt, dass die Masse unverändert geblieben ist.
3) Die Kressepflanzen werden in einem Porzellantiegel erhitzt. Es bleibt ein schwarzer, fester Rückstand zurück.
4) Der Versuch 1) wird nochmals mit dem Rückstand aus Versuch 3) wiederholt. Während des Versuchs kann man vergleichbare Beobachtungen machen. Auch hier bleibt die Masse unverändert.

a) Deute die Versuchsbeobachtungen und formuliere Reaktionsschemata für die Reaktionen.
b) Erkläre, weshalb bei den Reaktionen keine Massenveränderung zu beobachten ist.
c) Übertrage das unvollständige Kreislaufschema in dein Heft und ordne die Versuche in den Kreislauf ein.
d) Ben ist der Meinung, dass die Bezeichnung *Kohlenstoffkreislauf* eigentlich nicht richtig ist und es *Kohlenstoff-Atom-Kreislauf* heißen müsse. Beurteile Bens Einwand.

Kapitel 6

Vom Erz zum Metall

Flüssiges, etwa 1500 °C heißes Roheisen aus einem Hochofen wird in eine Form gegossen – eine trotz Schutzkleidung schweißtreibende Arbeit. Die Gewinnung und Verarbeitung von Metallen wie Eisen ist ein aufwendiger Vorgang, da die meisten Metalle durch chemische Reaktionen aus ihren Verbindungen gewonnen werden müssen.

1991 wurde auf einem Gletscher in den Ötztaler Alpen eine Eismumie gefunden, die nach ihrem Fundort den Namen „Ötzi" erhielt. Bei der Mumie lag auch ein Beil mit einer Klinge aus Kupfer. Aber wie stellte man vor 5000 Jahren das Kupfer für die Klinge her? Heute nimmt man an, dass die Menschen Schachtöfen verwendeten. Der aus Steinen aufgebaute Ofen wurde mit Kupfererz und Holzkohle gefüllt. Anschließend entzündete man die Holzkohle und fachte die Glut mit einem Blasebalg an. Das Kupfererz wurde reduziert und es bildeten sich Schlacke und metallisches Kupfer. Das geschmolzene Kupfer sammelte sich wegen seiner hohen Dichte am Boden des Ofens.

Die Euromünzen werden aus verschiedenen Legierungen gefertigt. 50-Cent-Münzen bestehen aus einer Legierung von 89 % Kupfer, 5 % Aluminium, 5 % Zink und 1 % Zinn. Aus dem gleichen Legierungsmaterial werden die Münzen zu 10 Cent und zu 20 Cent hergestellt. Die 1-, 2- und 5-Cent-Münzen sind aus Stahl mit einer dünnen Kupferauflage. Bei den Bicolormünzen (1 Euro und 2 Euro) wird nickelhaltiges Messing mit einer Legierung aus Kupfer und Nickel kombiniert. Durch einen Kern aus reinem Nickel sind die Münzen magnetisch. Betrügereien werden dadurch erschwert.

Jahr für Jahr werden allein in Deutschland über 35 Millionen neue Handys gekauft. Mehr als doppelt so viele verstauben in den Schubladen deutscher Haushalte. Doch Handys gehören ebenso wie andere ausrangierte Elektrogeräte nicht in den Hausmüll. Aus ihnen lassen sich wertvolle Rohstoffe zurückgewinnen. Nach Schätzungen des Umweltbundesamtes von 2011 können jährlich allein aus den Handys 3 Tonnen Gold, 30 Tonnen Silber, etwa 2000 Tonnen Kupfer, 1200 Tonnen Aluminium und über 100 Tonnen Zinn gewonnen werden. Neben den Metallen enthalten Mobiltelefone auch noch eine Tantal-Niob-Legierung, die aus dem wertvollen Coltanerz hergestellt wird. Derzeit liegt die Rückläuferquote für Elektrogeräte nur bei knapp 40 %.

6.1 Metalle – Partner des Fortschritts

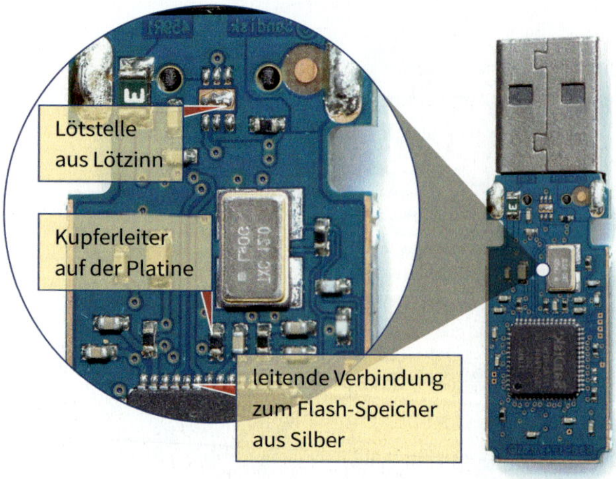

1 *Ausschnitt einer Platine in einem USB-Speicherstick*

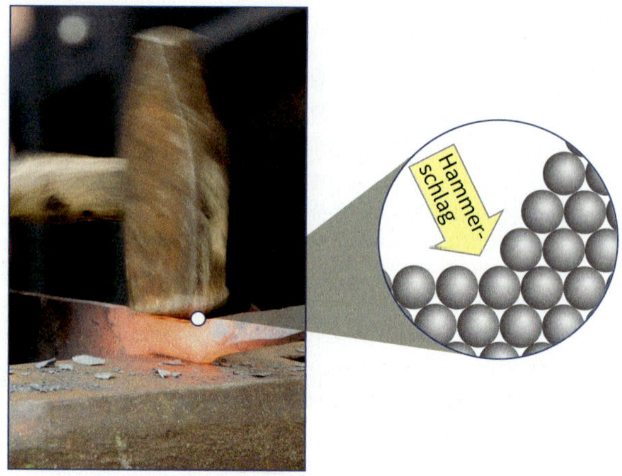

2 *Schmieden eines glühenden Metalls*

Metalle gehören zu den wichtigsten Werkstoffen: Auf der Platine eines USB-Speichersticks (Abb. 1), in Werkzeugen wie einem Hammer oder in einem künstlichen Gelenk – nahezu überall im Alltag und in der Technik werden Metalle eingesetzt.

Geschichte der Metalle. Seit gut 7000 Jahren bearbeiten Menschen Metalle und nutzen sie: Aus Gold und Silber wurde Schmuck hergestellt, Kupfer wurde für Werkzeuge verwendet. Etwa 2000 Jahre später verdrängte die Bronze, eine Legierung aus Kupfer und Zinn, das weichere Kupfer. Vor etwa 3000 Jahren begann die Eisenzeit, und sie ist noch längst nicht zu Ende. Heute verwendet man vorwiegend *Stähle*, also **Legierungen** des Eisens. Sie ermöglichen aufgrund ihrer Härte und Festigkeit bis dahin ungeahnte Konstruktionen. Die Wahrzeichen vieler Städte wie der Eiffelturm in Paris und die Golden Gate Bridge in San Francisco oder auch das mit 361 Metern längste Kreuzfahrtschiff sind Beispiele für Giganten aus Stahl.

Eigenschaften der Metalle. Glatte Metalloberflächen reflektieren Licht fast vollständig. Dadurch erscheinen polierte Flächen der meisten Metalle silbrig oder farbig glänzend. Man spricht vom **Metallglanz.** Beim Anlegen einer elektrischen Spannung leiten Metalle den Strom. Ein besonders guter **elektrischer Leiter** ist Silber. Metalle sind außerdem gute **Wärmeleiter,** sie werden daher unter anderem zur Herstellung von Kochtöpfen und Heizkörpern verwendet. Metalle unterscheiden sich in ihrer **Verformbarkeit** und ihrer **Härte**. Blei kann man mit der Hand verbiegen, ein gleich starkes Kupferblech ist erst durch Hammerschläge plastisch verformbar. Bei der mechanischen Bearbeitung der Metalle durch Schmieden, Ziehen oder Walzen werden die Atome gegeneinander verschoben und das Metallteil erhält eine neue Form (Abb. 2). Dabei bleibt die regelmäßige Anordnung der Metall-Atome erhalten.

Abgesehen von Quecksilber, das bereits bei Raumtemperatur flüssig ist, schmelzen die meisten Metalle erst bei höheren Temperaturen. Zink schmilzt bereits bei 420 °C, während die Schmelztemperatur von Eisen 1536 °C beträgt. Die Siedetemperaturen der Metalle liegen ebenfalls relativ hoch. So siedet Zink bei 907 °C, Eisen bei 2860 °C und Platin sogar erst bei 3825 °C.

Nach ihrer unterschiedlichen **Dichte** werden die Metalle in *Leichtmetalle* und *Schwermetalle* eingeteilt. Leichtmetalle haben eine Dichte von unter $5\,\frac{g}{cm^3}$. Die bekanntesten unter ihnen sind Aluminium und Magnesium; sie spielen im Flugzeugbau eine wichtige Rolle. Zu den Schwermetallen gehören Eisen, Kupfer und Blei. Die Metalle mit der höchsten Dichte sind Iridium und Platin.

Edle und unedle Metalle. Viele Metalle, wie Magnesium oder Zink, reagieren mit dem Luftsauerstoff und bilden *Oxide*. Häufig sind die Reaktionen sogar mit starken Feuererscheinungen verbunden. Metalle mit dieser Eigenschaft bezeichnet man als *unedle Metalle.* Gold oder Platin zeigen dieses Verhalten nicht. Selbst beim Erhitzen reagieren diese Metalle nicht mit Sauerstoff. Man bezeichnet sie daher als **Edelmetalle.** Während unedle Metalle in der Natur nur in ihren Verbindungen vorkommen, treten edle Metalle vorwiegend als Element auf. Metalle, die man in der Natur als Elemente findet, bezeichnet man auch als *gediegene* Metalle.

Die meisten Metalle sind Stoffe mit charakteristischem Glanz und relativ hohen Schmelz- und Siedetemperaturen. Sie sind plastisch verformbar, leiten den elektrischen Strom und die Wärme.

Steckbrief: Aluminium (Al)

Vorkommen:
Nur in Verbindungen vorkommend: Tonmineralien bestehen aus Aluminium-Silicium-Verbindungen.

Eigenschaften:
silberweißes Metall, guter Leiter für Wärme und Strom, durch dünne undurchlässige Oxidschicht beständig an der Luft

Dichte: $2{,}7\ \frac{g}{cm^3}$

Schmelztemperatur: 660 °C

Siedetemperatur: 2450 °C

Herstellung:
aus Aluminiumoxid mithilfe von elektrischem Strom

Verwendung:
Fahrzeugbau, Flugzeugbau, Verpackungsmaterial

Steckbrief: Titan (Ti)

Vorkommen:
in Mineralien wie Ilmenit ($FeTiO_3$) oder Rutil (TiO_2)

Eigenschaften:
silbrig glänzendes Metall, durch dünne Oxidschicht beständig gegenüber Umwelteinflüssen

Dichte: $4{,}5\ \frac{g}{cm^3}$

Schmelztemperatur:
1670 °C

Siedetemperatur: 3350 °C

Herstellung:
Reaktion von Titandioxid (TiO_2) mit Chlor zu Titanchlorid ($TiCl_4$), anschließend Umsetzung mit Magnesium.

Verwendung:
Werkstoff in der Luftfahrt und Raumfahrt, künstliche Gelenke, Knochennägel, Schmuck, Uhrengehäuse, Brillengestelle, Rahmen von Fahrrädern

1 Fertige eine Tabelle mit den Schmelztemperaturen, Siedetemperaturen und Dichten von Magnesium, Lithium, Zinn, Nickel, Silber, Gold und Quecksilber an. Nutze dazu das Periodensystem im Anhang.

2 Nenne Beispiele für Metalle, die nicht silbrig, sondern farbig glänzen.

3 Berechne die Dichte der Metallwürfel in der Abbildung und entscheide, ob es sich bei den Metallen um Leicht- oder Schwermetalle handelt.

4 a) Zeichne und beschreibe eine Versuchsanordnung, mit der du die unterschiedliche Wärmeleitfähigkeit von Metallen untersuchen kannst. Stelle deine Versuchsanordnung anschließend in der Klasse vor.
b) Vergleicht verschiedene Versuchsanordnungen miteinander und beurteilt deren Eignung.

5 a) Erstellt in Gruppen Steckbriefe über die unten aufgeführten Hightechmetalle und fertigt damit eine Wandzeitung an.
b) Die begehrten Hightechmetalle werden fast ausschließlich in China gefördert. Beurteilt, welche Probleme sich daraus für Wirtschaft und Politik ergeben können.

Metall	Verbrauch 2006	Prognose 2030
Gallium	28 t	600 t
Germanium	28 t	220 t
Indium	234 t	1 900 t
Cobalt	12 820 t	27 000 t
Neodym	4 000 t	28 000 t
Niob	288 t	1 400 t
Tantal	551 t	1 400 t
Yttrium	1 t	90 t

6 Das Element Silicium ist ein *Halbmetall*. Recherchiere, was man darunter versteht.

7 Zahnärzte raten zu Füllungen aus Keramik oder Kunststoffen und nicht zu kostengünstigeren Amalgamfüllungen. Dies sind Quecksilberlegierungen, die Silber und in geringen Mengen Zinn, Kupfer und Zink als Beimischungen enthalten. Erkläre, weshalb viele Zahnärzte Amalgame ungern verwenden.

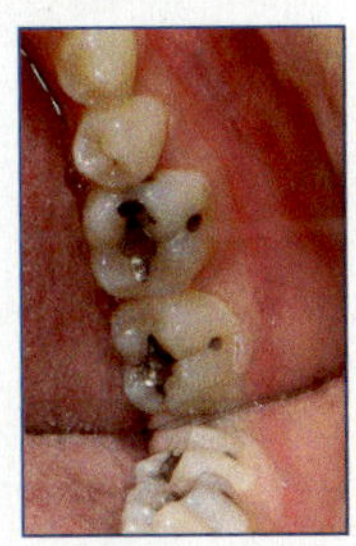

6.2 Vom Metalloxid zum Metall – eine Reduktion

Gold kommt in der Natur meist elementar vor. Es kann daher durch Goldwaschen aus goldhaltigen Sedimenten gewonnen werden. Die meisten der übrigen Metalle werden in Erzlagerstätten abgebaut. Erze sind Gemische aus metallhaltigen Mineralien – meist Metalloxide – und Gestein. Aus diesen können die elementaren Metalle nur durch chemische Reaktionen gewonnen werden.

Reduktion. Erhitzt man eine Probe Silberoxid, so kann man die Bildung eines metallisch glänzenden Feststoffs beobachten. Gleichzeitig entweicht ein Gas, das einen glimmenden Holzspan aufflammen lässt. Die Verbindung Silberoxid wird bei dieser Reaktion in die Elemente Silber und Sauerstoff gespalten. Eine chemische Reaktion, bei der aus einem Oxid Sauerstoff abgespalten wird, bezeichnet man als **Reduktion** (lat. *reducere:* zurückführen). Die Reduktion ist die Umkehrung der Oxidation.

$$\underset{\text{Silberoxid}}{2\,Ag_2O(s)} \rightarrow \underset{\text{Silber}}{4\,Ag(s)} + \underset{\text{Sauerstoff}}{O_2(g)}; \quad \text{endotherm}$$

Redoxreaktion. Aus Kupferoxid lässt sich Sauerstoff nicht einfach durch Erhitzen abspalten, weil die Sauerstoff-Atome sehr fest an die Kupfer-Atome gebunden sind. Mit Kohlenstoff als Reaktionspartner kann man jedoch Kupferoxid reduzieren und so elementares Kupfer gewinnen: Vermischt man Holzkohlepulver und Kupferoxid und erhitzt das Gemisch im Reagenzglas, erhält man Kupfer und Kohlenstoffdioxid (Abb. 1). Bei der Reaktion laufen also Reduktion und Oxidation gleichzeitig ab. Man spricht daher von einer **Red**uktions-**Ox**idations-Reaktion, kurz **Redoxreaktion.**

Stoffe wie Kohlenstoff, die ihren Reaktionspartnern Sauerstoff entziehen, bezeichnet man als *Reduktionsmittel* (Sauerstoffempfänger). Stoffe wie Kupferoxid, die Sauerstoff an andere Stoffe abgeben, sind *Oxidationsmittel* (Sauerstoffspender). Bei Redoxreaktionen wird Sauerstoff vom Oxidationsmittel auf das Reduktionsmittel übertragen. Das Oxidationsmittel wird dabei reduziert, das Reduktionsmittel oxidiert. Auf der Ebene der Stoffe stellt eine Redoxreaktion daher eine **Sauerstoffübertragungsreaktion** dar. Auf der Teilchenebene werden bei einer solchen Reaktion Sauerstoff-Atome übertragen.

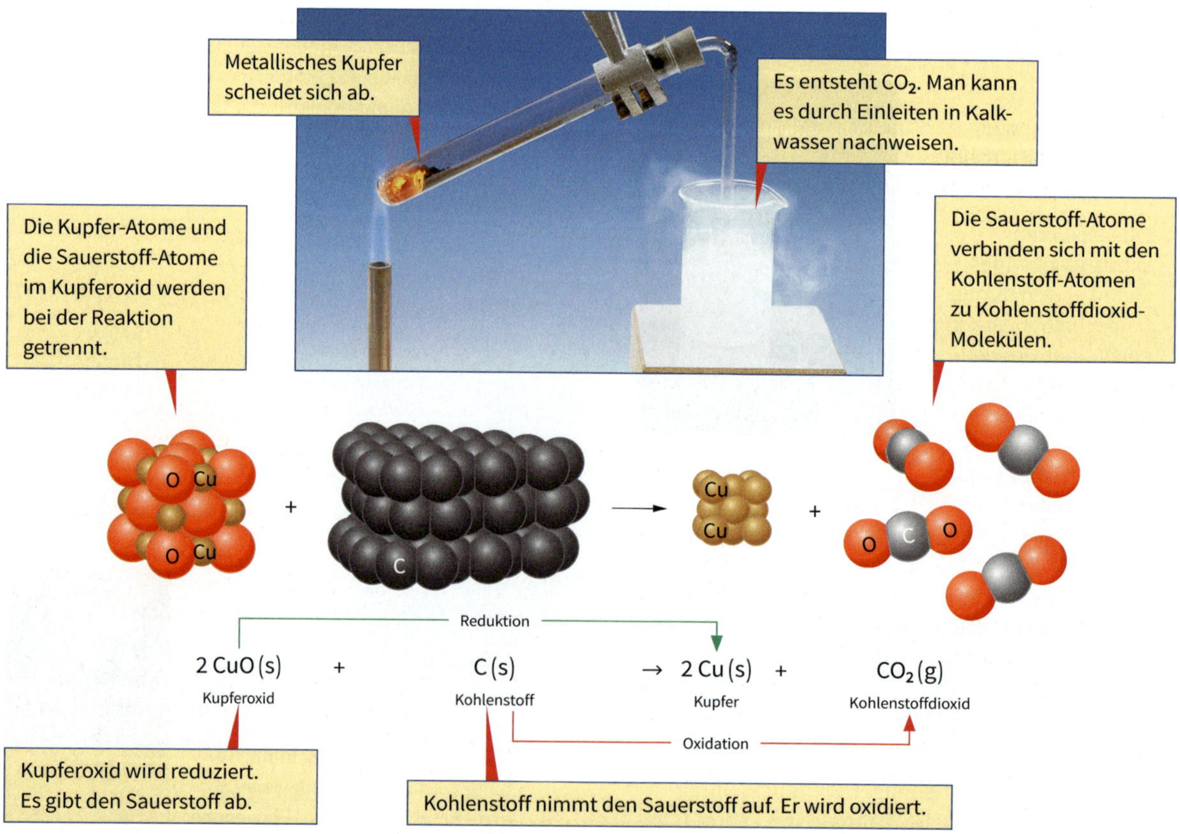

1 *Redoxreaktion zwischen Kupferoxid und Kohlenstoff*

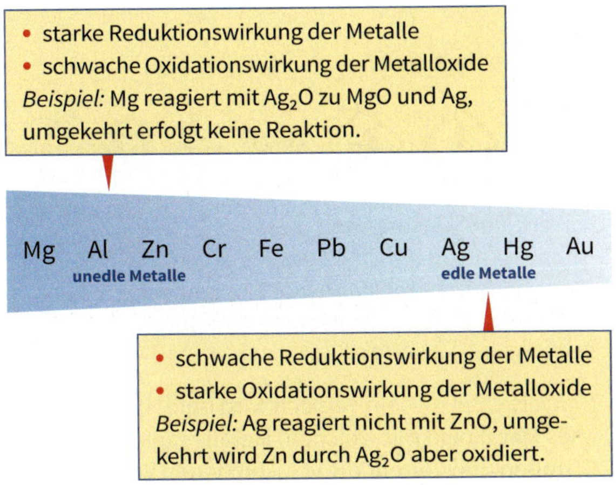

2 *Redoxreihe der Metalle*

Wer reduziert wen? Um aus Eisenoxid elementares Eisen zu gewinnen, kann ebenfalls Kohlenstoff als Reduktionsmittel verwendet werden.

$$\underset{\text{Eisenoxid}}{2\,Fe_2O_3(s)} + \underset{\text{Kohlenstoff}}{3\,C(s)} \rightarrow \underset{\text{Eisen}}{4\,Fe(s)} + \underset{\text{Kohlenstoffdioxid}}{3\,CO_2(g)}; \quad \text{exotherm}$$

Jedoch muss im Vergleich zum Kupferoxid das Reaktionsgemisch aus Eisenoxid und Kohlenstoff stärker erhitzt werden, um eine Reaktion herbeizuführen. Hieraus lässt sich schließen, dass sich Kupferoxid leichter reduzieren lässt als Eisenoxid.

Neben Nichtmetallen wie Kohlenstoff können auch Metalle als Reduktionsmittel eingesetzt werden. So lässt sich Kupferoxid auch mit Eisen reduzieren, wobei Eisenoxid und Kupfer entstehen. Umgekehrt kann Eisenoxid nicht durch elementares Kupfer reduziert werden. Beide Oxide lassen sich jedoch durch Aluminium reduzieren, wobei jeweils Aluminiumoxid entsteht. Die Reduktionswirkung von Metallen ist also unterschiedlich stark.

Eine technische Anwendung der Reduktion von Eisenoxid mit Aluminium ist das Verschweißen von Eisenbahnschienen nach dem **Thermitverfahren.**

Redoxreihe der Metalle. Ordnet man die Metalle nach ihrer Reduktionswirkung, ergibt sich die *Redoxreihe der Metalle* (Abb. 2). Links in dieser Reihe stehen die starken Reduktionsmittel Magnesium und Aluminium. Dabei handelt es sich um **unedle Metalle.** Rechts in der Redoxreihe stehen **Edelmetalle** wie Silber, Gold und Platin. Diese Metalle selbst wirken kaum reduzierend; ihre Oxide sind jedoch gute Oxidationsmittel. Je schwächer die Reduktionswirkung eines Metalls ist, umso stärker ist die Oxidationswirkung des jeweiligen Oxids: Silberoxid ist ein viel stärkeres Oxidationsmittel als Magnesiumoxid.

Eine Reduktion ist die Abgabe von Sauerstoff, also die Umkehrung einer Oxidation. Bei Redoxreaktionen laufen Oxidation und Reduktion gleichzeitig ab; es sind Sauerstoffübertragungsreaktionen. Man ordnet die Metalle nach der Stärke ihres Reduktionsvermögens in einer Redoxreihe an.

---

1 Erläutere an einem Beispiel den Begriff *Redoxreaktion*.

2 Silberoxid (Ag_2O) reagiert mit Zink und mit Aluminium.
a) Stelle die jeweilige Reaktionsgleichung auf.
b) Ordne die Begriffe *Oxidation, Reduktion, Oxidationsmittel* und *Reduktionsmittel* zu.

3 Um Zinkoxid zu Zink zu reduzieren, stehen die Metalle Magnesium und Eisen zur Verfügung.
a) Begründe, welches Metall sich dafür eignet.
b) Formuliere die Reaktionsgleichung.

4 Überprüfe die Richtigkeit der folgenden Aussagen und begründe deine Entscheidung:
a) Ein Reduktionsmittel gibt den Sauerstoff ab.
b) Aluminiumoxid weist eine starke Oxidationswirkung gegenüber Blei auf.
c) Quecksilber hat eine schwächere Reduktionswirkung als Kupfer.

5 Folgende Stoffe werden gemischt und im Reagenzglas erhitzt. Entscheide, welche Gemische reagieren. Stelle für mögliche Reaktionen die Reaktionsgleichungen auf und ordne Reduktions- und Oxidationsmittel zu.
a) Gold und Kupferoxid, b) Silberoxid und Eisen,
c) Bleioxid (PbO) und Magnesium,
d) Aluminiumoxid (Al_2O_3) und Quecksilber.

6 Cobaltoxid kann durch Eisen reduziert werden, reagiert aber nicht mit Blei. Ordne Cobalt in die Redoxreihe ein.

7 In der Technik nutzt man das Thermitverfahren zum Verschweißen von Eisenbahnschienen.
a) Beschreibe das Verfahren mithilfe der Abbildung und stelle die Reaktionsgleichung für dieses Verfahren auf. Begründe, weshalb die Reaktion abläuft.
b) Skizziere und beschrifte eine im Labor übliche Versuchsanordnung für das Thermitverfahren.

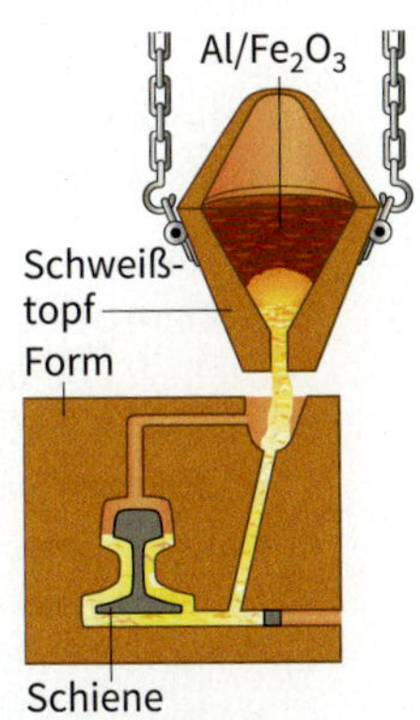

8 Blei liegt in Erzen nicht als Oxid (PbO), sondern als Sulfid (PbS) vor. Vor der eigentlichen Reduktion mit Kohlenstoff muss Bleisulfid durch Reaktion mit Sauerstoff in Bleioxid umgewandelt werden (Rösten). Dabei entsteht außerdem Schwefeldioxid. Stelle die Reaktionsgleichungen für das Rösten und für die Reduktion auf.

Metalloxide

Versuch 1:
Reaktion von Kupferoxid mit Holzkohle und Eisen

Materialien: 3 Bechergläser (50 ml), durchbohrter Stopfen mit Gasableitungsrohr, Gasbrenner, Waage, Luftballon, Glimmspan;
Kupferoxid (CuO; **7, 9**), Holzkohlepulver, Eisenpulver (Ferrum reductum; **2**), Kalkwasser.

Durchführung:
Reaktion mit Holzkohle

1. Erhitze etwas Kupferoxid in einem Reagenzglas und führe anschließend die Glimmspanprobe durch.
2. Vermische in einem Becherglas 2 g Kupferoxid gründlich mit 0,2 g Holzkohlepulver und fülle das Gemisch in ein Reagenzglas.
3. Gib etwas Kalkwasser in ein Becherglas.
4. Befestige das Reagenzglas schräg an einem Stativ und setze den Stopfen mit Gasableitungsrohr auf.
5. Erhitze das Gemisch aus Kupferoxid und Holzkohle mit rauschender Flamme, bis es hell aufglüht und leite das entstehende Gas in das Kalkwasser ein. *Hinweis:* Nimm das Gasableitungsrohr nach beendeter Reaktion sofort aus dem Becherglas.

Reaktion mit Eisen

1. Vermische in einem weiteren Becherglas 1,6 g Kupferoxid mit 0,8 g Eisenpulver und fülle das Gemisch in ein Reagenzglas.
2. Verschließe das Reagenzglas mit dem Luftballon und befestige es an einem Stativ.
3. Erhitze das Gemisch aus Kupferoxid und Eisenpulver mit rauschender Flamme, bis es hell aufglüht. Entferne dann sofort den Gasbrenner.

Aufgaben:

a) Notiere deine Beobachtungen.
b) Stelle für beide Reaktionen das Reaktionsschema und die Reaktionsgleichung auf und ordne Reduktionsmittel und Oxidationsmittel zu. *Hinweis:* Gehe beim Versuch mit Eisen vereinfachend von FeO als Produkt aus.
c) Erkläre die Veränderung des Kalkwassers und die Bedeutung für den Versuch.
d) Der Luftballon wurde nicht aus Sicherheitsgründen verwendet. Erläutere seine Bedeutung.

Versuch 2:
Wer reduziert wen?

Materialien: Gasbrenner;
rotes Eisenoxid (Fe_2O_3; **7**), Kupferoxid (CuO; **7, 9**), Zinkoxid (**9**), Magnesiumoxid, Eisenpulver (Ferrum reductum; **2**), Kupferpulver (**2**), Zinkpulver (**9**), Magnesiumpulver (**2**).

Hinweise: Bei diesem Versuch wird untersucht, welches Metalloxid mit welchem Metall reagiert. Bildet Gruppen und verteilt die verschiedenen Versuche. Die Mengenangaben sind unbedingt einzuhalten.

Durchführung:

1. Füllt jeweils eine Spatelspitze eines Metalloxids in ein trockenes Reagenzglas und gebt eine Spatelspitze eines Metallpulvers hinzu.
2. Schüttelt das Reagenzglas, um die Stoffe zu vermischen.
3. Befestigt das Reagenzglas an einem Stativ und erwärmt das Gemisch vorsichtig mit der nicht leuchtenden Brennerflamme.

Aufgaben:

a) Übernehmt die Tabelle in euer Heft und tragt eure Ergebnisse ein.

	Mg	Zn	Fe	Cu
MgO	/			
ZnO		/		
Fe_2O_3			/	
CuO				/

b) Ergänzt in der Tabelle die Ergebnisse der anderen Gruppen. Stellt die Reaktionsgleichungen für die beobachteten Reaktionen auf.
c) Ordnet die Metalle nach ihrer Reduktionswirkung.

A1: Magnesiumband, das an der Luft entzündet wird, brennt in Kohlenstoffdioxidgas weiter. Dabei entstehen ein weißer und ein schwarzer Feststoff.
a) Formuliere das Reaktionsschema und die Reaktionsgleichung und gib Oxidationsmittel und Reduktionsmittel an.
b) Beschreibe, woran du erkannt hast, welche Reaktionsprodukte entstehen.

Exkurs Aus der Geschichte der Metalle

1 *Der Goldschatz von Eberswalde*

Immer wieder stoßen Archäologen bei ihren Ausgrabungen auf kunstvoll bearbeitete Metallgegenstände. Großes Aufsehen erregen vor allem Schatzfunde mit Edelmetallen. Ein berühmtes Beispiel aus Deutschland ist der **Goldschatz von Eberswalde** in Brandenburg (Abb. 1). 1913 entdeckte man dort ein Tongefäß im Boden, das mit Goldschalen und Goldschmuck gefüllt war. Man geht heute davon aus, dass dieser Schatz im 9. Jahrhundert v. Chr. zum Besitz eines bronzezeitlichen Herrschers gehörte. Gold galt schon immer als Zeichen für Reichtum und Macht.

Edelmetalle in der Steinzeit. Metallfunde geben vielfach auch Hinweise auf Handelswege in vorgeschichtlicher Zeit. Ein typischer Fall ist der 4500 Jahre alte Goldschmuck aus den Königsgräbern von Ur im heutigen Irak. Wie man bei einer genaueren Untersuchung im Jahre 1973 herausfand, weist dieses Gold eine sehr ungewöhnliche Verunreinigung auf: Platin-Iridium-Flitter, die sich manchmal schon mit der Lupe erkennen lassen. Gold mit solchen Einschlüssen ist aber nur im Sand eines Flusses im Westen Kleinasiens gefunden worden – 2000 km entfernt. In dieser Region wurden um 650 v. Chr. die ersten Goldmünzen geprägt: Sie enthalten genau die gleichen Einschlüsse wie der viel ältere Goldschmuck aus Ur.

Gebrauchsmetalle in Antike und Mittelalter. Neben den Edelmetallen Gold und Silber kannte man in der Antike nur fünf weitere Metalle: Kupfer, Zinn, Blei, Quecksilber und Eisen. Die größte praktische Bedeutung hatte über lange Zeit die **Bronze,** eine Legierung aus Kupfer und Zinn. In römischer Zeit wurden aber neben Waffen auch große Kessel, Wagenbeschläge und Pferdegeschirre überwiegend aus Eisen hergestellt.

Im Mittelalter entwickelten sich im deutschsprachigen Raum wichtige Zentren des Erzabbaus und der Metallgewinnung. Beispiele sind Goslar im Harz, Freiberg im Erzgebirge und Schwaz in Tirol. Neben Kupfer und Silber wurde hier auch Blei aus Bleierzen gewonnen.

Blei für den Buchdruck. Mit der Erfindung des Buchdrucks durch Johannes GUTENBERG um 1450 kam dem Metall Blei am Beginn der Neuzeit eine besondere Bedeutung für die kulturelle Entwicklung zu. Aufgrund der niedrigen Schmelztemperatur kann es leicht in Formen gegossen werden. Für den Buchdruck stellte man **Bleilettern** her. Dies sind Metallstäbchen, an deren Ende sich ein Buchstabe befindet. Reines Blei ist für den Buchdruck allerdings zu weich. Man arbeitete deshalb mit einer Legierung, die neben Blei auch Antimon, Bismut und Zinn enthielt.

Um einen Text zu drucken, nahmen Setzer die einzelnen Lettern aus dem Setzkasten und bauten den Text zeilenweise und mit Abstandhaltern zu einer Seite zusammen. Mithilfe von schwarzer Druckfarbe konnte der Text dann von den Bleilettern auf das Papier übertragen werden. Dieses Verfahren war bis etwa 1960 die Grundlage für den Druck von Büchern, Zeitungen und Zeitschriften.

1 Erläutere die Aussage des Göttinger Physikers und Schriftstellers Johann Christoph LICHTENBERG (1780): „Mehr als das Gold hat das Blei die Welt verändert, und mehr als das Blei in der Flinte das Blei im Setzkasten."

2 Informiere dich über das heute überwiegend angewandte Offsetdruckverfahren.

6.3 Vom Eisenerz zum Roheisen

Eisen ist wegen seiner vielfältigen Verwendungsmöglichkeiten einer der wichtigsten metallischen Werkstoffe. Es wird durch Reduktion von **Eisenerzen** wie *Magneteisenstein* (Magnetit, Fe_3O_4) und *Roteisenstein* (Hämatit, Fe_2O_3) im **Hochofen** gewonnen. Diese Erze enthalten bis zu 70 % gebundenes Eisen. Weitere Bestandteile sind Verbindungen von Mangan, Schwefel und Phosphor. Daneben enthalten Erze taubes Gestein, die *Gangart.*

Für die Reduktion der Erze verwendet man *Koks.* Das ist fast reiner Kohlenstoff, der durch Erhitzen von Steinkohle entsteht, wobei flüchtige Bestandteile entweichen. Dem Gemisch aus Erz und Koks werden zusätzlich Kalkstein und andere Zuschläge zugesetzt. Diese bilden während der Reaktionen im Hochofen mit dem tauben Gestein eine leicht abtrennbare, flüssige Schlacke.

Arbeitsweise eines Hochofens. Europas größter Hochofen steht in Duisburg-Schwelgern. Sein Reaktionsraum besteht aus einem 75 Meter hohen Schachtofen mit einem Innendurchmesser von 12 Metern (Abb. 1; ⑦). Die Wände sind aus hitzebeständigem Mauerwerk, das von einem Stahlmantel umgeben ist. Der Mantel wird mit Wasser gekühlt ⑨, um die beim Betrieb frei werdende Wärme abzuführen.

Der Hochofen wird von oben abwechselnd mit Koks und dem Gemisch aus Eisenerz und Zuschlägen, dem *Möller*, beschickt ①. Im unteren Teil wird heiße Luft von den *Winderhitzern* ⑬⑩ mit hohem Druck eingeblasen. Dadurch verbrennt der Koks in der *Verbrennungszone* ⑤ und es bildet sich Kohlenstoffmonooxid, das eigentliche Reduktionsmittel:

$$\underset{\text{Kohlenstoff}}{2\,C(g)} + \underset{\text{Sauerstoff}}{O_2(s)} \rightarrow \underset{\text{Kohlenstoffmonooxid}}{2\,CO(g)}; \quad \text{exotherm}$$

Das entstehende Kohlenstoffmonooxid steigt nach oben und reagiert in der *Reduktionszone* ③ mit dem Eisenoxid zu Eisen.

$$\underset{\text{Eisenoxid}}{Fe_2O_3(s)} + \underset{\text{Kohlenstoffmonoxid}}{3\,CO(g)} \rightarrow \underset{\text{Eisen}}{2\,Fe(s)} + \underset{\text{Kohlenstoffdioxid}}{3\,CO_2}; \quad \text{exotherm}$$

Ein Teil des Kohlenstoffmonooxids zerfällt bei Temperaturen um 700 °C zu Kohlenstoff und Kohlenstoffdioxid.

$$2\,CO(g) \rightarrow C(s) + CO_2(g); \quad \text{exotherm}$$

Das gebildete Kohlenstoffdioxid kann seinerseits durch den Koks wieder zu Kohlenstoffmonooxid reduziert werden. Das CO reduziert dann weiteres Eisenoxid zu Eisen.

Nach und nach sinken so das noch feste Eisen und die gebildete Schlacke nach unten. In der *Schmelzzone* ④ schmilzt das Eisen und tropft durch die glühenden Koksstücke. Dabei lösen sich bis zu 5 % Kohlenstoff und geringe Anteile andere Stoffe in der Eisenschmelze. Das als **Roheisen** bezeichnete Gemisch und die Schlacke ⑥ sammeln sich im unteren Teil des Hochofens. Da die Dichte der Schlacke geringer ist als die des Roheisens, schwimmt sie auf dem Roheisen. So können beide Stoffe einzeln entnommen werden und die Schlacke schützt gleichzeitig das darunter liegende Roheisen vor der erneuten Oxidation.

Die beim Betrieb gebildeten Gase steigen weiter nach oben. Im oberen Bereich des Hochofens, der *Vorwärmzone* ②, wärmen sie die Ausgangsstoffe auf 200 bis 400 °C vor und trocknen sie. Die Gase verlassen den Hochofen am oberen Abschluss, der *Gicht* ⑧. Das als Gichtgas ⑪ bezeichnete Gasgemisch strömt in den feuerfest ausgemauerten *Winderhitzer* ⑬. Dort werden die brennbaren Bestandteile des Gichtgases wie restliches Kohlenstoffmonooxid und Wasserstoff verbrannt. Anschließend wird frische Kaltluft eingeblasen und durch die glühenden Steine erwärmt. Die dann 1200 °C heiße Luft wird durch mehrere Düsen in den unteren Teil des Hochofens geleitet und reagiert dort mit dem Koks.

Der Hochofen ist ohne Unterbrechung Tag und Nacht in Betrieb. Daher müssen regelmäßig neue Ausgangsstoffe zugeführt und die Produkte entnommen werden. Weltweit wurden 2012 weit mehr als 1 Milliarde Tonnen Roheisen erzeugt. Dafür sind mehr als 200 Hochöfen ständig in Betrieb.

Roheisen wird durch Reduktion von oxidischen Eisenerzen in Hochöfen gewonnen. Als Reduktionsmittel verwendet man dabei Kohlenstoffmonooxid, das bei der Verbrennung von Koks entsteht.

1 Benenne das eigentliche Reduktionsmittel im Hochofen und erkläre wie es gebildet wird.

2 Erstelle anhand des Textes und der Abb. 1 ein Fließschema über die Vorgänge im Hochofen.

3 Erläutere, weshalb die Schlacke das gebildete Roheisen vor Oxidation schützt.

4 Stelle die Reaktionsgleichung für die Reduktion von Magneteisenstein durch Kohlenstoffmonooxid auf.

5 Vergegenwärtige dir die Bewegungsrichtungen der Stoffe im Hochofen. Erkläre, weshalb man von einem Gegenstromprinzip sprechen kann.

6 Liste die Bestandteile des Gichtgases auf, die im Winderhitzer verbrannt werden und stelle die Reaktionsgleichungen für die Verbrennungsreaktionen auf.

7 Schlage im Atlas nach, an welchen Standorten in Deutschland Eisenhütten entstanden sind. Erläutere, welche Standortfaktoren heute ausschlaggebend sind.

8 Ein Schüler sagt: „Im Hochofen wird das Eisen aus dem Erz herausgeschmolzen.“ Beurteile diese Aussage.

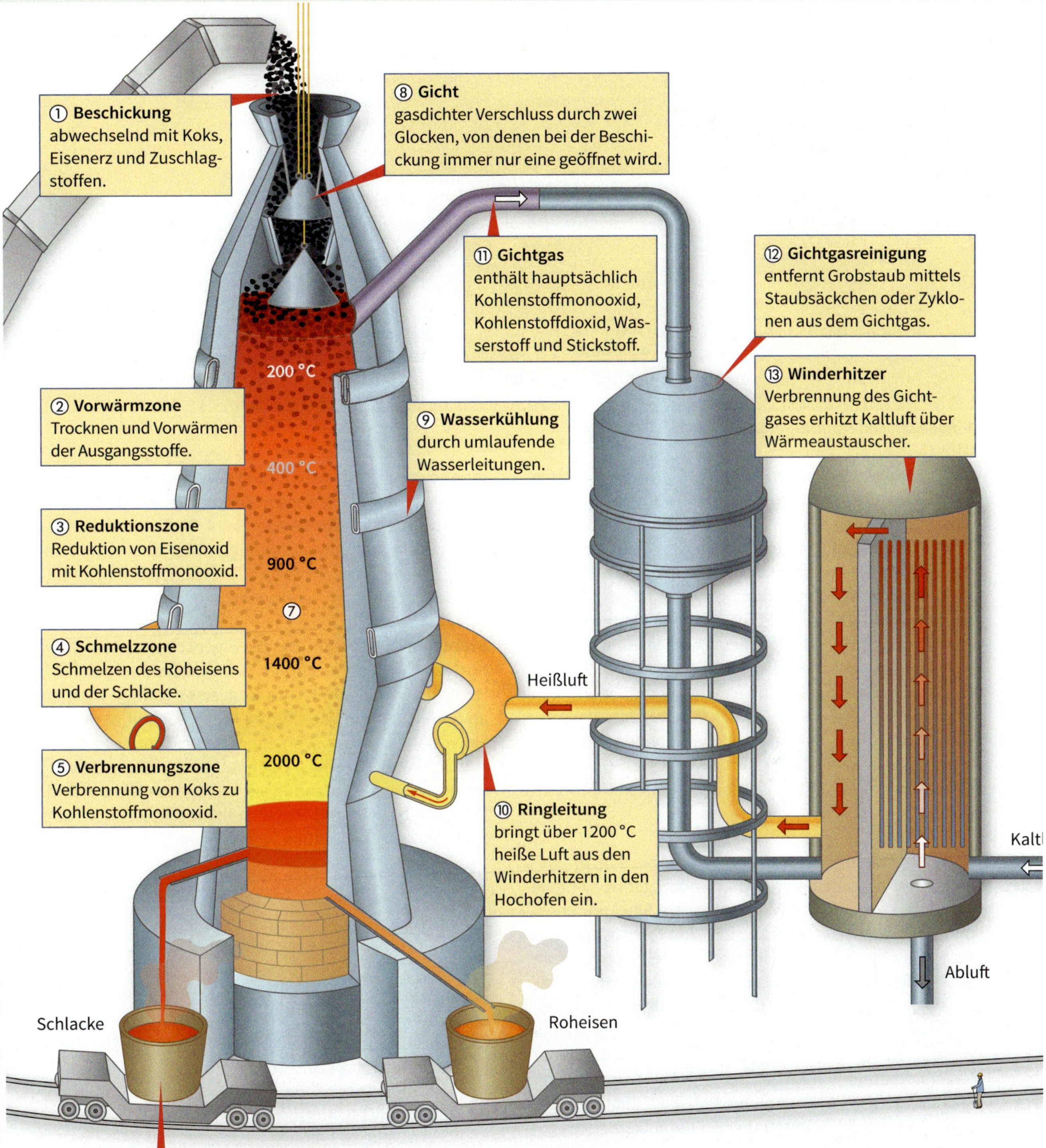

Betriebsdauer:	10 Jahre
Produktionsmenge:	6000 t bis 12 000 t Roheisen pro Tag
Abstich:	etwa alle 4 Stunden
Kühlwasserverbrauch:	Bedarf einer Stadt (350 000 Einwohner)
Rohstoffe für eine Tonne Roheisen:	1400 kg Eisenerz, 486 kg Koks, 220 kg Zuschläge

1 *Erzeugung von Roheisen im Hochofen*

6.4 Vom Roheisen zum Edelstahl

1 *Roheisen und Stahl im Vergleich*

Das im Hochofenprozess gewonnene *Roheisen* enthält noch etwa 10 % Verunreinigungen – vor allem Kohlenstoff und in kleineren Anteilen Mangan, Silicium, Phosphor und Schwefel. Betrachtet man die Kristallstruktur von Roheisen, so erkennt man, dass Kohlenstoff als Graphit zwischen Eisenkristallen eingelagert ist. Zusätzlich sind die Eisenkristalle von kleinen Lamellen aus Eisencarbid (Fe_3C) durchzogen (Abb. 1). Die Graphiteinlagerungen machen das Roheisen hart und spröde. Es lässt sich nur gießen, aber weder schmieden noch schweißen. Deshalb eignet es sich nur begrenzt als Werkstoff. Gusseiserne Pfannen, Gullydeckel oder Abwasserrohre sind Beispiele für die Verwendung von *Gusseisen*. Etwa 90 % des Roheisens werden jedoch zu Stahl verarbeitet.

Stahlherstellung. Stahl ist eine Eisenlegierung, die weniger als 2 % Kohlenstoff und nur noch geringe Anteile an anderen Bestandteilen wie Mangan, Silicium, Phosphor und Schwefel enthält. Bei der Herstellung von Stahl werden die im Roheisen enthaltenen unerwünschten Stoffe oxidiert. Man bezeichnet diesen Vorgang als *Frischen.* Bei dem heute üblichen **Sauerstoffaufblasverfahren** wird in einem birnenförmigen Schmelztiegel, dem *Konverter* (lat. *convertere:* umwandeln), reiner Sauerstoff unter hohem Druck durch ein wassergekühltes Rohr auf eine Schmelze aus Roheisen geblasen. Die Schmelze enthält neben Roheisen noch bis zu 30 % Eisenschrott. Das darin enthaltene Eisenoxid dient dabei, wie der zugeführte Sauerstoff, als Oxidationsmittel. Dort, wo der Sauerstoff auf das Roheisen trifft, erhitzt sich die Schmelze auf etwa 3000 °C und gerät in starke Bewegung. Es sprüht ein Funkenregen aus der Tiegelöffnung. Dabei handelt es sich hauptsächlich um neu gebildete Schlacke, die geschmolzene Oxidationsprodukte enthält. Als gasförmige Verbrennungsprodukte entweichen unter anderem Kohlenstoffdioxid, Kohlenstoffmonooxid und Schwefeldioxid. Nach etwa 20 Minuten ist der Frischvorgang abgeschlossen. Der Konverter wird geschwenkt und der fertige Stahl fließt in eine Gießpfanne. Die Weiterverarbeitung erfolgt in einem Walzwerk. Hier wird der *Rohstahl* zu Blechen, Drähten, Stahlträgern oder Rohren verarbeitet.

Stähle nach Wunsch. Um die Eigenschaften von Stahl noch zu verbessern, werden dem Rohstahl – auch Kohlenstoffstahl genannt – im Konverter geringe Mengen an *Stahlveredlern* wie Chrom, Nickel, Cobalt, Wolfram, Molybdän, Mangan, Vanadium oder Titan zugesetzt. Man erhält **Edelstähle** – Legierungen des Eisens, die für die jeweiligen Anwendungen maßgeschneidert sind. Beispiele hierfür sind Messerstahl, rostfreier Stahl und Stähle für die Herstellung von Werkzeugen.

Beispiel Messerstahl: Eine Klinge muss verschiedensten Anforderungen gerecht werden. Sie soll möglichst rostfrei sein, sich leicht schärfen lassen und gleichzeitig auch unter hohen Beanspruchungen lange scharf bleiben. Messerstahl erfüllt diese scheinbar widersprüchlichen Anforderungen an Härte und Abriebfestigkeit durch geringe Mengen an Chrom, Molybdän und Vanadium, die dem Stahl zugesetzt wurden. Molybdän erhöht die Härte und die Korrosionsbeständigkeit des Stahls, Vanadium verbessert die Elastizität und verhindert so, dass die Klinge bei größerer Belastung bricht.

Beispiel rostfreier Stahl: Eisen, das mit Sauerstoff und Feuchtigkeit in Kontakt kommt, beginnt bereits nach kurzer Zeit zu rosten. Dem kann man vorbeugen, wenn man *rostfreien Stahl* verwendet. Solche Edelstähle enthalten bis zu 18 % Chrom als Legierungsbestandteil. Der hohe Chromanteil bewirkt, dass sich auf der Werkstoffoberfläche eine schützende, transparente Schicht aus Chromoxid bildet. Dadurch ist Eisen auch an feuchter Luft vor Rost geschützt. Weitere wichtige Legierungs-

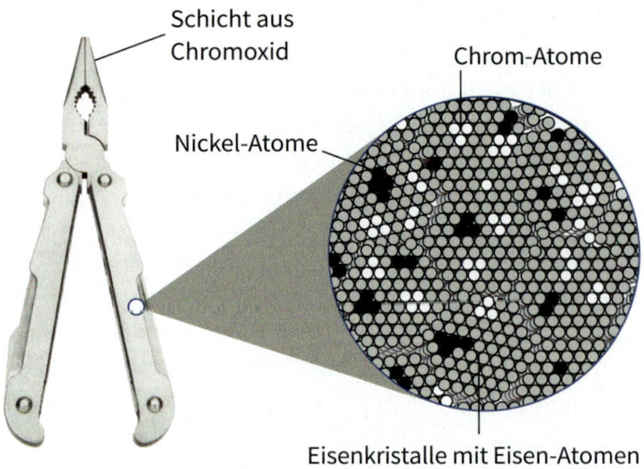

2 *Multifunktionswerkzeug aus nichtrostendem Stahl*

partner sind dabei Nickel und Mangan. Rostfreie Stähle werden zum Beispiel zur Herstellung von Kochtöpfen, Spülbecken und Besteck verwendet. Bezeichnungen wie *inox®*, *Nirosta®* oder *Cromargan®* auf Haushaltsgegenständen weisen auf solche nichtrostenden Stähle hin.

Beispiel Werkzeugstahl: Werkzeuge wie Bohrer oder Meißel sind großen mechanischen Belastungen ausgesetzt. Damit solche Werkzeuge dauerhaft eingesetzt werden können, müssen sie ihre Form beibehalten und möglichst lange scharf bleiben. Der verwendete Edelstahl muss deshalb auch bei höheren Temperaturen eine besondere Härte aufweisen. Durch Zusatz von bereits sehr geringen Mengen von Wolfram erhöht sich die Härte des Stahls beträchtlich. Metallbohrer aus Werkzeugstahl tragen häufig die Aufschrift HSS (engl. *high speed steel*: Schnellarbeitsstahl), was auf die verwendete Stahlsorte hinweist. In ihr kommen neben einem Kohlenstoffanteil von unter 2 % die Legierungsmetalle Wolfram, Molybdän sowie Vanadium und Cobalt zum Einsatz. Neben den legierten Werkzeugstählen gibt es noch unlegierte Werkzeugstähle, die sich nur in ihrem Kohlenstoffanteil unterscheiden. Diese Stähle machen etwa 75 % des weltweit erzeugten Stahls aus.

Bei der Stahlerzeugung werden die im Roheisen enthaltenen Verunreinigungen durch Aufblasen von Sauerstoff und durch Zugabe von Schrott entfernt. Edelstahl hat durch Beimischung geeigneter Legierungsmetalle wesentlich verbesserte Eigenschaften.

1 Erkläre, weshalb der größte Teil des produzierten Roheisens zu Stahl weiterverarbeitet wird, bevor es als Werkstoff genutzt werden kann.

2 a) Beschreibe mithilfe des Textes und der Abbildung den Aufbau und die Funktionsweise eines Konverters.
b) Erkläre die Funktion des Sauerstoffs bei dem Verfahren und erläutere, weshalb sich das geschmolzene Roheisen beim Aufblasen von Sauerstoff weiter erhitzt, obwohl von außen keine Wärme zugeführt wird.

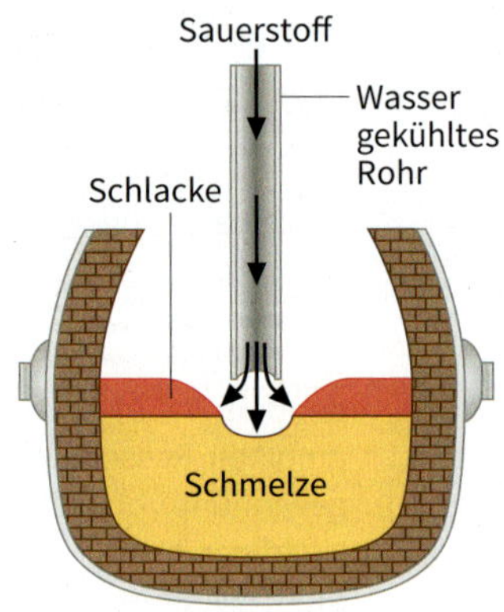

3 Erstelle ein Fließschema der Weiterverarbeitung von Stahl im Walzwerk. Recherchiere hierfür in Lexika oder im Internet.

4 Roheisen kann unter anderem bis zu 5 % Kohlenstoff und bis zu 2 % Phosphor enthalten. Nach dem Frischen enthält der Stahl nur noch 1,3 % Kohlenstoff und 0,2 % Phosphor. Berechne die Massen an Kohlenstoff und Phosphor, die in einer Tonne Roheisen und in einer Tonne Stahl enthalten sind.

5 Beurteile, welche Stahlsorten für die folgenden Gegenstände geeignet sind. Nutze dafür auch Abb. 3. Begründe deine Entscheidungen: Sägeblatt, Schnellkochtopf, Kotflügel am Auto, Trommel einer Waschmaschine, Kolben und Zylinder im Auto.

6 Erkläre, weshalb Roheisen spröde ist, Stahl jedoch biegsam und schmiedbar. Nutze für deine Begründung auch Abb. 1.

Name	Nirosta®	Cromargan®	Invarstahl®	Nitrierstahl	Schnellarbeitsstähle (HSS-Stähle)
Zusammensetzung	Fe, 22 % Cr, 3,7 % Ni	Fe, 18 % Cr, 8 % Ni	Fe, 35 % Ni	Fe, bis 1,3 % Cr, bis 1,2 % Al und Spuren von Mo	Fe, bis 9 % Mo, bis 18 % W
Eigenschaften	korrosionsfest, säurebeständig	sehr hart,	geringe Wärmeausdehnung	sehr hart und verschleißbeständig	auch bei Rotglut noch hart
Verwendung	Werkzeuge, Besteck		Messinstrumente	Flugzeug- und Fahrzeugbau	Werkzeuge, Bohrer

3 *Zusammensetzung verschiedener Stahlsorten*

6.5 Recycling von Metallen

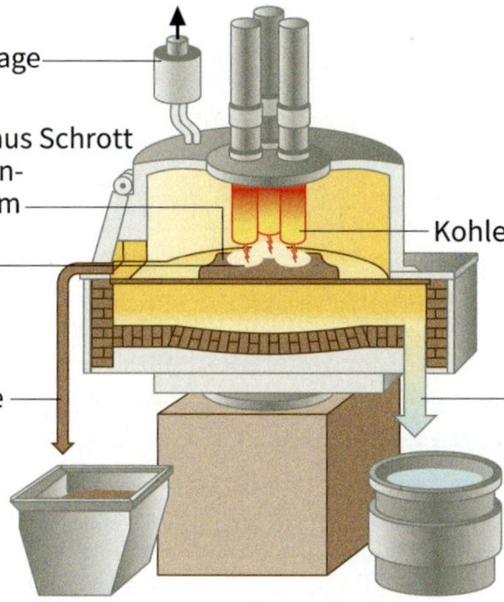

1 *Stahlrecycling im Elektrolichtbogenofen*

Derzeit leben über 7 Milliarden Menschen auf der Erde, Tendenz steigend. Dies führt zu einer immer größer werdenden Nachfrage an Rohstoffen. Angesichts der begrenzten Ressourcen unseres Planeten wird die Rückgewinnung von Wertstoffen, das **Recycling,** daher immer wichtiger. Neben dem Recycling von Glas und Papier ist die Gewinnung von Metallen aus Altmetallen ein wichtiger Wirtschaftsfaktor.

Recycling von Stahl. Stahl ist der Wertstoff mit der weltweit größten Recyclingquote. 2011 wurden weltweit etwa 535 Millionen Tonnen Stahlschrott wiederverwertet, was knapp 40 % der gesamten Stahlproduktion entspricht. Eine Tonne aus Schrott erzeugten Stahls spart im Vergleich zur Herstellung im Hochofen 1,5 t Eisenerz, 0,65 t Koks und 300 kg Kalk ein und vermeidet die Freisetzung von etwa einer Tonne Kohlenstoffdioxid.

Ein bedeutendes Recyclingverfahren bei der Stahlerzeugung ist die Herstellung von **Elektrostahl** im Lichtbogenofen (Abb. 1). In einem pfannenähnlichen Ofen wird dabei aus Schrott Stahl produziert. Dazu legt man zwischen den Kohleelektroden und dem Stahlschrott eine sehr hohe Spannung an. Es bildet sich ein *Lichtbogen* zwischen den beiden Polen aus. Dies ist praktisch ein dauerhafter Blitz, der bis zu 3500 °C heiß ist.

Durch den Lichtbogen erhitzt sich der Stahl auf bis zu 1800 °C und schmilzt. Die Schmelze wird mit Zuschlägen und Stahlveredlern versetzt. Bei diesen Temperaturen oxidiert der im Schrott gebundene Sauerstoff die unerwünschten Begleitelemente sowie die anhaftenden Verunreinigungen. Die Oxidationsprodukte bilden zusammen mit den Zuschlägen die Schlacke, die auf dem Stahl schwimmt und ihn vor Oxidation schützt. Pro Schmelzvorgang werden auf diese Weise in weniger als einer Stunde bis zu 250 Tonnen Stahl produziert.

Die Herstellung von Elektrostahl aus Stahlabfällen hat ökologische und ökonomische Vorteile: So müssen außer Schrott kaum Rohstoffe zugekauft werden. Dies macht den Prozess teilweise unabhängig von den Rohstoffpreisen am Weltmarkt. Dementsprechend werden die Produktion und damit auch der Stahl günstiger. Ein weiterer Vorteil liegt in der größeren Flexibilität, mit der die Produktionsanlagen für Elektrostahl betrieben werden können. Während ein Hochofen über Jahre hinweg kontinuierlich betrieben werden muss, kann die Produktion von Elektrostahl der Nachfrage angepasst werden.

Recycling von Aluminium. Ähnlich wie Stahl lässt sich auch Aluminium nahezu beliebig oft einschmelzen und wiederverwerten. Dazu wird sortierter und zerkleinerter Aluminiumschrott zusammen mit Kochsalz, Kaliumchlorid und fluorhaltigen Salzen in *Drehtrommelöfen* vermischt und auf etwa 700 °C erhitzt. Die Salze nehmen Verunreinigungen und Legierungsbestandteile des Aluminiumschrotts auf und bilden eine Schlacke, die das darunter liegende flüssige, reine Aluminium vor Oxidation schützt. Das Aluminium wird zu Barren gegossen oder in beheizten Tanks zur Gießerei transportiert. Die Energiekosten für das Recycling von Aluminium sind um 95 % niedriger als bei der Herstellung von Aluminium aus dem Rohstoff Bauxit. Zudem fallen pro Tonne Aluminium nur etwa 50 kg Abfall an.

Recycling ist die Wiederverwertung von Rohstoffen mit dem Ziel, Ressourcen und Umwelt zu schonen. Elektrostahl wird mithilfe eines Elektrolichtbogens aus Schrott erzeugt. Aluminium wird in Drehtrommelöfen recycelt.

1 a) Erstelle ein Schaubild der wichtigsten Herstellungsverfahren für Stahl. Informiere dich dazu auch über das Direktreduktionsverfahren zur Stahlgewinnung.
b) Liste Vorteile und Nachteile der Verfahren zur Stahlgewinnung auf und diskutiere, weshalb Recycling von Schrott einen immer größeren Stellenwert einnimmt.

2 Recherchiere den Begriff *urban mining* und beschreibe, was darunter zu verstehen ist.

3 Berechne mithilfe der Angaben im Text die durch die Produktion von Stahl aus Stahlschrott weltweit eingesparten Mengen an Rohstoffen sowie an freigesetztem Kohlenstoffdioxid.

4 Hersteller und Handel sind verpflichtet, Batterien und Akkus zurückzunehmen. Der Verbraucher muss im Gegenzug alle unbrauchbar gewordenen Batterien bei den Sammelstellen abgeben. Beschreibe das Recycling von Bleibatterien. Nutze das Internet.

Vom Erz zum Metall

1. Metalle und Legierungen

Von den 92 natürlichen Elementen gehören 70 zu den **Metallen.** Gemeinsame Eigenschaften der Metalle sind: metallischer Glanz in kompakten Stücken, Verformbarkeit und gute Leitfähigkeit für Strom und Wärme. Viele Metalle weisen zudem relativ hohe Schmelz- und Siedetemperaturen auf.

Legierungen sind metallische Werkstoffe, die meist durch Zusammenschmelzen mehrerer Metalle hergestellt werden. Sie besitzen oft günstigere Werkstoffeigenschaften als die reinen Metalle.

2. Reduktion und Redoxreaktion

a) **Reduktion** ist eine chemische Reaktion, bei der einem Oxid Sauerstoff entzogen wird. Sie ist die Umkehrung der Oxidation.

$$\underset{\text{Silberoxid}}{2\,Ag_2O(s)} \rightarrow \underset{\text{Silber}}{4\,Ag(s)} + \underset{\text{Sauerstoff}}{O_2(g)};\quad \text{endotherm}$$

b) Bei einer **Redoxreaktion** laufen Oxidation und Reduktion gleichzeitig ab – es ist eine Sauerstoffübertragungsreaktion. **Oxidationsmittel** (Sauerstoffspender) übertragen Sauerstoff auf andere Stoffe. Sie werden dabei reduziert. **Reduktionsmittel** (Sauerstoffempfänger) entziehen einem Oxid den Sauerstoff. Sie werden oxidiert.

Reduktion

$$\underset{\text{Oxidationsmittel}}{Fe_2O_3(s)} + \underset{\text{Reduktionsmittel}}{3\,CO(g)} \rightarrow \underset{\text{reduzierter Stoff}}{2\,Fe(s)} + \underset{\text{oxidierter Stoff}}{3\,CO_2(g)}$$

Oxidation

3. Redoxreihe der Metalle

Die Redoxreihe der Metalle beschreibt die Reduktionswirkung eines Metalls im Vergleich zu einem anderen Metall. Je weiter links die Metalle in der Redoxreihe stehen, desto unedler sind sie und desto größer ist ihre Reduktionswirkung.

Mg Al Zn Cr Fe Pb Cu Ag Hg Au

unedle Metalle — **edle Metalle**

stark ← Reduktionswirkung → schwach

Je weiter rechts die Metalle in der Redoxreihe stehen, desto edler sind sie. Ihre Oxide sind gute Oxidationsmittel, denn sie geben leicht Sauerstoff ab.

4. Eisen und Stahl

Eisenerze sind Mineralien mit einem hohen Anteil an Eisenverbindungen.

Im **Hochofen** gewinnt man aus Eisenerz **Roheisen.** Als Reduktionsmittel dient dabei Kohlenstoffmonooxid, das bei der Verbrennung von Koks entsteht. Roheisen enthält bis zu 5 % Kohlenstoff und weitere Elemente.

Bei der Herstellung von **Stahl** werden **Kohlenstoff** und weitere Begleitstoffe durch Aufblasen von Sauerstoff auf die Schmelze aus Roheisen zum großen Teil oxidiert. Diese entweichen als Gase oder werden als *Schlacke* abgetrennt.

Stahl ohne weitere Legierungszusätze nennt man unlegierten Stahl. Werden der Roheisenschmelze Legierungsmetalle beigemischt, erhält man **Edelstähle.** Je nach Zusatz können so Stähle mit gewünschten Werkstoffeigenschaften hergestellt werden.

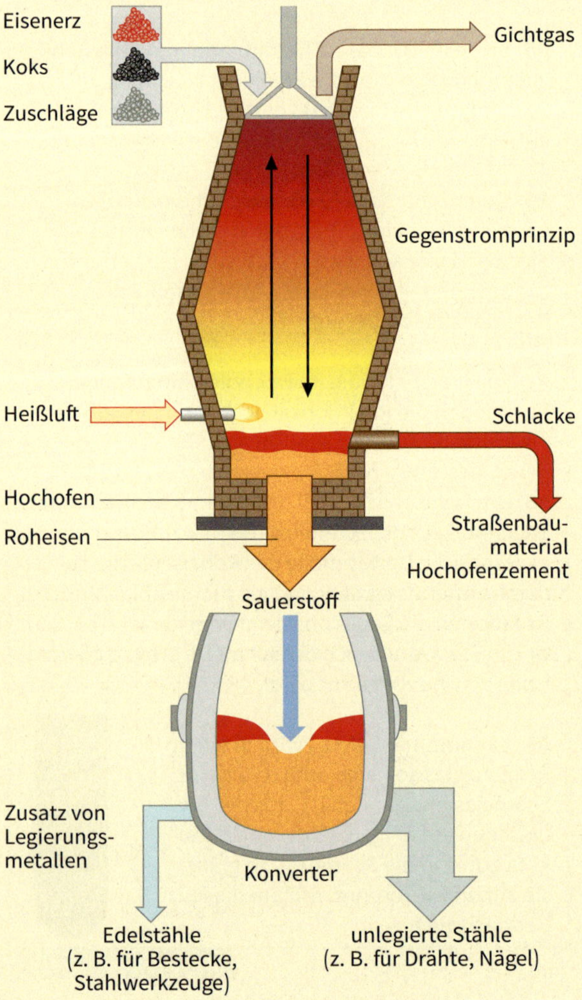

Vom Erz zum Metall

Teste dich

A1 Liste fünf wichtige Eigenschaften von Metallen auf und gib zwei Möglichkeiten an, wie man Metalle einteilen kann.

A2 Entwickle einen Versuch, wie du die Metalle Eisen, Aluminium, Zink, Blei und Kupfer unterscheiden kannst.

A3 Unedle Metalle wie Magnesium und Zink sind gute Reduktionsmittel. Erkläre, was damit gemeint ist und gib jeweils ein Beispiel für eine Reaktion an.

A4 Erhitzt man Bleioxid (PbO_2) auf Holzkohle, so bildet sich Blei.
a) Formuliere die Reaktionsgleichung.
b) Erläutere an diesem Beispiel die Begriffe *Oxidation, Reduktion* und *Redoxreaktion*.
c) Gib an, welcher Stoff bei dieser Reaktion das Reduktionsmittel, welcher das Oxidationsmittel ist.

A5 Stelle für die beim Thermitverfahren ablaufende chemische Reaktion die Reaktionsgleichung auf. Das eingesetzte Eisenoxid hat die Formel Fe_3O_4, das entstehende Aluminiumoxid hat die Formel Al_2O_3.

A6 Quarzsand besteht aus Siliciumdioxid (SiO_2). Aluminium ist ein stärkeres Reduktionsmittel als Silicium. Leite aus diesen Hinweisen ein Verfahren zur Gewinnung von Silicium ab und stelle die Reaktionsgleichung auf.

A7 Formuliere für die im Hochofen ablaufenden Reaktionen die Reaktionsgleichungen und gib das eigentliche Reduktionsmittel an.

A8 Um Roheisen in Stahl umzuwandeln, bläst man Sauerstoff auf die Schmelze.
a) Nenne die Bestandteile des Roheisens, die dadurch entfernt werden, und gib für die ablaufenden Reaktionen die Reaktionsgleichungen an.
b) Erkläre, warum sich die Schmelze erhitzt, obwohl keine Wärme zugeführt wird.

A9 Kaliumnitrat (KNO_3) wird in einem Reagenzglas so lange erhitzt, bis eine Schmelze entstanden ist, aus der Gasbläschen aufsteigen. Wirft man dann Aktivkohle in die Schmelze, so glüht sie auf und verbrennt. Erkläre diese Beobachtung.

Lösungen stehen im Anhang.

Die wichtigsten Begriffe

- Oxidation, Reduktion
- Oxidationsmittel, Reduktionsmittel
- Redoxreaktion
- unedles Metall, edles Metall
- Redoxreihe der Metalle
- Hochofen
- Roheisen, Stahl
- Legierung
- Recycling

B1 a) Erkläre die obenstehenden Begriffe.
b) Verknüpfe die Begriffe zu einer Conceptmap.
c) Übertrage die Begriffe und deine Erklärungen in digitale Karteikarten.

B2 Edelmetalle wie Gold, Silber und Kupfer wurden wesentlich früher vom Menschen genutzt als unedle Metalle wie Eisen oder Aluminium. Erkläre diese Tatsache.

B3 a) Beschreibe die Schritte zur Stahlherstellung.
b) Gib an, wie man mit dem Elektrostahlverfahren aus Schrott Stahl gewinnen kann.
c) Begründe, warum die Stahlproduktion im Elektroofen flexibler ist als im Hochofenprozess mit anschließender Behandlung des Roheisens im Konverter.

B4 Zur Gewinnung von Silicium, einem für die Stahlveredlung und die Mikroelektronik wichtigen Halbmetall, wird Quarz (SiO_2) in elektrischen Öfen bei 2000 °C mit Koks zur Reaktion gebracht. Neben Silicium entsteht dabei Kohlenstoffmonooxid.
a) Beschreibe die Funktionsweise dieses Herstellungsverfahrens für Silicium mithilfe der Abbildung.
b) Formuliere Reaktionsschema und Reaktionsgleichung für diese Reaktion.
c) Erläutere, weshalb man Koks und nicht unedle Metalle als Reduktionsmittel verwendet.
d) Gib an, welchen Vorteil Koks gegenüber der früher üblichen Holzkohle hat.

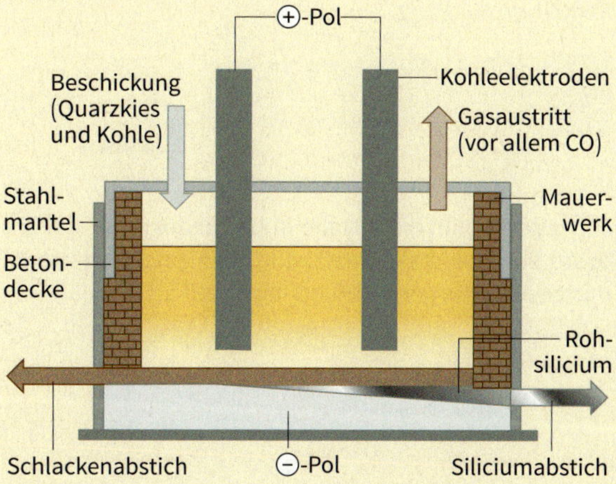

C1 Wasserstoff beim nuklearen Störfall in Fukushima

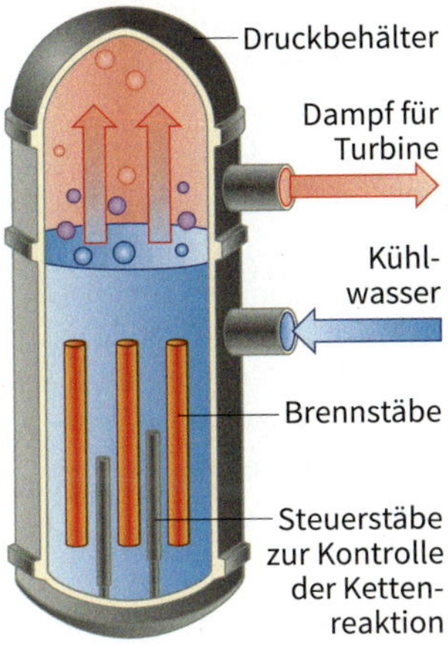

(SV) Am 12. März 2011 ereignete sich im japanischen Kernkraftwerk Fukushima I ein GAU, ein größter anzunehmender Unfall. Innerhalb weniger Tage wurden drei der vier Reaktorblöcke durch Wasserstoffexplosionen erschüttert und es wurde radioaktive Strahlung frei.

Die Brennstäbe werden mit Wasser umspült. Infolge der Kernreaktionen erhitzen sich die Brennstäbe. Dadurch wird das Wasser erwärmt und verdampft teilweise, womit Turbinen angetrieben werden. Der Dampf wird wieder abgekühlt und dem Kühlwasserkreislauf zugeführt.

Beim Störfall in Fukushima brach durch das Erdbeben und den Tsunami die Energieversorgung für die Kühlung der Brennstäbe zusammen und die Reaktortemperatur stieg auf etwa 1000 °C an. Bei diesen Temperaturen reagieren die Hüllen der Brennstäbe, die vornehmlich aus dem Metall Zirkonium bestehen, mit dem Wasserdampf unter Bildung von Wasserstoff.

a) Beschreibe mithilfe der Abbildung und dem Text, wie in einem Kernkraftwerk Strom erzeugt wird.
b) Stelle das Reaktionsschema und die Reaktionsgleichung für die Reaktion von Zirkonium mit Wasser auf. Begründe, ob es sich dabei um eine Redoxreaktion handelt und gib Oxidationsmittel und Reduktionsmittel an.
c) Stelle eine begründete Hypothese auf, wie es schließlich zur Explosion der Reaktorgebäude kam. Beachte dabei, unter welchen Bedingungen ein Knallgasgemisch explosiv ist.
d) Formuliere für die Explosion des Wasserstoffs eine Reaktionsgleichung.
e) Begründe, warum es im Reaktordruckbehälter nicht zu einer Explosion kommen konnte.

C2 Fackeln, die unter Wasser brennen

Wunderkerzen als Unterwasserfackel

Eine Unterwasserfackel lässt sich leicht herstellen, indem man mehrere Wunderkerzen fest mit Klebeband umwickelt und nur die Spitze frei lässt. Sobald alle Wunderkerzen brennen, wird die Fackel kopfüber in ein großes, mit Wasser gefülltes Becherglas getaucht.

a) Eine Wunderkerze enthält unter anderem folgende Stoffe: Eisenpulver, Aluminiumpulver, Stärke als Bindemittel und Stoffe wie Bariumnitrat, die leicht Sauerstoff abgeben können. Erkläre die Bedeutung der Stoffe.
b) Im Gegensatz zur Fackel aus Wunderkerzen erlischt eine einzelne Wunderkerze, wenn man sie in Wasser taucht. Erkläre das unterschiedliche Verhalten.
c) Taucher verwenden Unterwasserfackeln, die Magnesium enthalten. Auch diese brennen unter Wasser weiter. Formuliere die Reaktionsgleichungen für die in einer Magnesiumfackel ablaufenden Reaktionen und gib Oxidationsmittel und Reduktionsmittel an.
d) Erläutere, welches Gas in den von der brennenden Fackel aufsteigenden Blasen enthalten sein könnte.
e) Ein Magnesiumbrand lässt sich weder mit Wasser noch mit einem Kohlenstoffdioxidlöscher bekämpfen. Formuliere die Reaktionsgleichung für die Reaktion von Magnesium mit Kohlenstoffdioxid und stelle Ausgangsstoffe und Reaktionsprodukte modellhaft auf der Teilchenebene dar.
f) Nenne und begründe eine mögliche Löschmethode für einen Magnesiumbrand.

Kapitel 7

Quantitative Beziehungen – klare Verhältnisse

Für Chemiker ist es heute selbstverständlich, Reaktionsgleichungen aufzustellen und aus ihnen abzulesen, in welchem Verhältnis Stoffe zur Reaktion gebracht werden müssen. Das war nicht immer so. Bevor man chemische Formeln kannte, war die Chemie eher magische Alchemie. Erst der französische Chemiker Antoine Laurent de LAVOISIER setzte Ende des 18. Jahrhunderts die Waage für genaue mengenmäßige Untersuchungen chemischer Reaktionen ein. Damit legte er den Grundstein für Berechnungen in der Chemie und ebnete ihren Weg zu einer exakten Wissenschaft.

Um einen Kuchen zu backen, hältst du dich an ein Rezept: Du verrührst 300 g Mehl, 70 g Zucker, 2 Eier und 150 g Margarine mit 50 ml Milch und gibst noch 1 Prise Salz hinzu. Die Massen von Mehl, Zucker und Margarine bestimmst du meist mit einer Waage; bei Mehl und Zucker kannst du aber auch einen Messbecher verwenden, mit dem man sonst nur Volumina von Flüssigkeiten abmisst. Einzelne Gegenstände wie die Eier zählt man einfach ab. Auch in der Chemie misst man Portionen, indem man die Masse oder das Volumen bestimmt. Da aber bei chemischen Reaktionen Atome oder Moleküle miteinander reagieren, wollen Chemiker wissen, wie viele Atome oder Moleküle in einer Portion eines Stoffes enthalten sind.

Eine wichtige Aufgabe von Chemikern ist es, die genaue Zusammensetzung eines Stoffes zu ermitteln – ihn zu analysieren. Dazu sind sehr genaue Analysenwaagen notwendig, mit denen man die Masse der Stoffe bestimmen kann. Über die Atommassen lässt sich dann die in der jeweiligen Stoffportion enthaltene Anzahl an Teilchen berechnen. Auch bei der Produktion von Stoffen in der Industrie kommt es auf die Massen an: Um eine bestimmte Menge eines Stoffes kostengünstig und möglichst ohne Abfälle herzustellen, müssen die Ausgangsstoffe im richtigen Verhältnis gemischt werden.

Gase haben sehr unterschiedliche Dichten. Wasserstoff und Helium beispielsweise haben eine deutlich geringere Dichte als Luft; die Dichte von Kohlenstoffdioxid ist hingegen größer als die von Luft. Aufgrund der geringen Dichte wird Helium als Füllung für Ballons und Luftschiffe eingesetzt. Schon zu Beginn des 19. Jahrhunderts entwickelte Amedeo AVOGADRO eine Theorie, mit der man die Dichte eines Gases sehr genau vorhersagen kann, wenn man die Masse der Gas-Teilchen kennt.

7.1 Stoffmenge und molare Masse – wie Chemiker Teilchen zählen

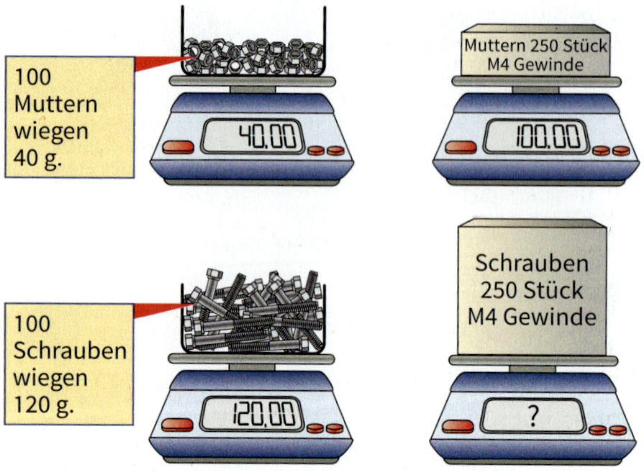

1 *Zählen durch Wiegen*

2 *Ein Mol entspricht ...*

Wie bei einem Rezept aus einem Kochbuch müssen auch Chemiker die Ausgangsstoffe im richtigen Verhältnis mischen, wenn die Stoffe vollständig und ohne Rest miteinander reagieren sollen. Da sich bei einer chemischen Reaktion die Atome der beteiligten Stoffe in einem bestimmten Anzahlverhältnis verbinden, muss man wissen, wie viele Atome oder Moleküle in einer Stoffportion enthalten sind. Ihre Anzahl ist jedoch viel zu groß, als dass man sie abzählen könnte.

Damit steht man vor einer ähnlichen Aufgabe wie ein Lagerarbeiter, der die gleiche Anzahl an Schrauben und passenden Muttern bereitstellen muss. Auch er wird die Schrauben und Muttern nicht einzeln abzählen – er wird sie wiegen (Abb. 1). Wenn man weiß, wie schwer eine Schraube oder eine Mutter ist, lässt sich leicht berechnen, wie viele Schrauben oder Muttern in einer ganzen Packung oder Portion enthalten sind.

Nach dem Prinzip *Zählen durch Wiegen* gehen auch Chemiker vor, wenn sie für die Synthese von Zinksulfid (ZnS) gleich viele Zink-Atome und Schwefel-Atome zur Reaktion bringen möchten. Da ein Schwefel-Atom 32 u und ein Zink-Atom 65 u wiegt, muss man Schwefel und Zink im Massenverhältnis 32 zu 65 mischen. Man kann zum Beispiel 32 g Schwefel mit 65 g Zink oder 3,2 g Schwefel mit 6,5 g Zink reagieren lassen, damit kein Ausgangsstoff als Rest übrig bleibt.

Berechnet man die Anzahl der in 32 g Schwefel enthaltenen Schwefel-Atome sowie die Zink-Atome in 65 g Zink, erhält man in beiden Fällen das gleiche Ergebnis. Es gilt:

$$1\,\text{g} = 6 \cdot 10^{23}\,\text{u} = 600\ \text{Trilliarden u}$$

$$N(\text{S-Atome}) = \frac{m(\text{Schwefel})}{m(\text{S-Atom})} = \frac{32\,\text{g}}{32\,\text{u}} = \frac{32 \cdot 6 \cdot 10^{23}\,\text{u}}{32\,\text{u}} = 6 \cdot 10^{23} = 600\ \text{Trilliarden}$$

32 g Schwefel enthalten also 600 Trilliarden S-Atome (Abb. 2). Führt man die gleiche Berechung für die Anzahl der Zink-Atome in 65 g Zink durch, erhält man die gleiche Zahl: 65 g Zink enthalten 600 Trilliarden Zn-Atome.

Das Mol und die Stoffmenge *n*. Die Zahl $6 \cdot 10^{23}$ (600 Trilliarden) hat für das Zählen von Teilchen eine vergleichbare Bedeutung wie das *Dutzend*. Wie man 12 Gegenstände zu einem Dutzend zusammenfasst, so fassen Chemiker eine Anzahl von $6 \cdot 10^{23}$ Teilchen zu einem **Mol** zusammen. Das Mol ist die Einheit einer Größe, die man als *Stoffmenge* bezeichnet – das Größensymbol ist ***n***. Eine Stoffmenge von $n = 1$ mol liegt dann vor, wenn eine Stoffportion $6 \cdot 10^{23}$ Teilchen enthält. Die Teilchen können dabei Atome oder Moleküle sein. Die Zahl $6 \cdot 10^{23}$ wird auch *Avogadro-Zahl* genannt.

Die molare Masse *M*. Wenn 100 Schrauben 40 g wiegen, dann wiegen 200 Schrauben genau doppelt so viel, nämlich 80 g. Diese Proportionalität zwischen Anzahl und Masse gilt auch für Teilchen: 1 mol Eisen (600 Trilliarden

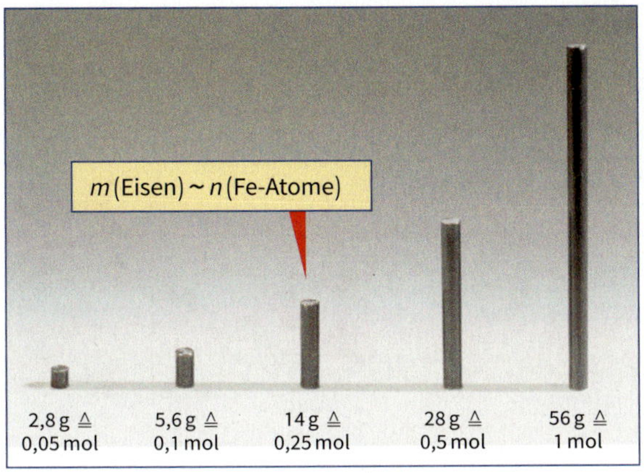

3 *Masse und Stoffmenge verhalten sich proportional*

Fe-Atome) wiegt 56 g, 0,1 mol davon 5,6 g (Abb. 3). Die Stoffmenge einer Stoffportion verhält sich also proportional zur Masse: $n \sim m$. Den Quotienten aus der Masse und der Stoffmenge einer Stoffportion bezeichnet man als *molare Masse M*. Sie ist die Masse eines Mols, also von 600 Trilliarden Teilchen eines Stoffes. Es gilt:

$M = \frac{m}{n}$; Einheit: $\frac{\text{g}}{\text{mol}}$

Für Elemente sind die Werte der molaren Massen im **Periodensystem** angegeben. Dabei gilt, dass der Zahlenwert der *molaren Masse* mit dem Zahlenwert der *Atommasse* übereinstimmt. Nur die Einheiten unterscheiden sich. So wiegt jedes einzelne Kohlenstoff-Atom 12 u. 600 Trilliarden Kohlenstoff-Atome (n = 1 mol) wiegen 12 g. Die molare Masse von Kohlenstoff beträgt also 12 $\frac{\text{g}}{\text{mol}}$. Um die molare Masse eines Elements zu bestimmen, ersetzt man einfach die atomare Masseneinheit u durch die Masseneinheit $\frac{\text{g}}{\text{mol}}$ und erhält so den Wert für die molare Masse.

Die molare Masse einer *Verbindung* erhält man, indem man die molaren Massen der beteiligten Elemente addiert. Dabei muss man die jeweilige Verhältnisformel oder Molekülformel beachten. So ergibt sich für die molare Masse von Glucose (Traubenzucker, $C_6H_{12}O_6$):

$$M(C_6H_{12}O_6) = 6 \cdot M(C) + 12 \cdot M(H) + 6 \cdot M(O)$$
$$= (6 \cdot 12 + 12 \cdot 1 + 6 \cdot 16)\ \frac{\text{g}}{\text{mol}}$$
$$= 180\ \frac{\text{g}}{\text{mol}}$$

1 mol Traubenzucker (600 Trilliarden Glucose-Moleküle) wiegt also 180 g (Abb. 2).

Das Mol ist die Einheit der Stoffmenge *n*. Die Stoffmenge *n* = 1 mol entspricht 600 Trilliarden Teilchen.
Die molare Masse *M* eines Stoffes ist der Quotient aus der Masse *m* und der Stoffmenge *n* einer Stoffportion.

Rechenbeispiele

A) Berechnung der molaren Masse

Berechne die molare Masse von Kohlenstoffdioxid.
Gegeben: $M(C) = 12\ \frac{\text{g}}{\text{mol}}$; $M(O) = 16\ \frac{\text{g}}{\text{mol}}$

$M(CO_2) = (1 \cdot 12 + 2 \cdot 16)\ \frac{\text{g}}{\text{mol}} = 44\ \frac{\text{g}}{\text{mol}}$

Kohlenstoffdioxid hat die molare Masse 44 $\frac{\text{g}}{\text{mol}}$.

B) Berechnung der Stoffmenge

Berechne die Stoffmenge an Kohlenstoffdioxid-Molekülen in 10 g Kohlenstoffdioxid.
Gegeben: $m(CO_2, g) = 10\ \text{g}$; $M(CO_2) = 44\ \frac{\text{g}}{\text{mol}}$

$$n(CO_2) = \frac{m(CO_2, g)}{M(CO_2)} = \frac{10\ \text{g}}{44\ \frac{\text{g}}{\text{mol}}} = 0{,}23\ \text{mol}$$

10 g Kohlenstoffdioxid enthalten 0,23 mol CO_2-Moleküle.

C) Berechnung der Masse

Berechne die Masse von 0,2 mol Traubenzucker.
Gegeben: $n(C_6H_{12}O_6) = 0{,}2\ \text{mol}$;

$M(C_6H_{12}O_6) = 180\ \frac{\text{g}}{\text{mol}}$

$$m(\text{Traubenzucker}) = M(C_6H_{12}O_6) \cdot n(C_6H_{12}O_6)$$
$$= 180\ \frac{\text{g}}{\text{mol}} \cdot 0{,}2\ \text{mol} = 32\ \text{g}$$

0,2 mol Traubenzucker haben eine Masse von 32 g.

1 Berechne die Anzahl der Eisen-Atome für die in Abb. 3 dargestellten Eisenstäbe.

2 **Experimentelle Hausaufgabe:** Bestimme nach dem Prinzip *Zählen durch Wiegen* die Anzahl der Teile in einer Packung mit gleich schweren Gegenständen. Du kannst dazu ein Paket mit Erbsen oder Nägeln und eine Küchenwaage benutzen. Zähle anschließend die Gegenstände und vergleiche die Anzahl mit deinem Rechenergebnis. Beurteile das Verfahren auf seine Eignung.

3 Berechne die folgenden Größen. Nutze dazu die Rechenbeispiele als Vorlage.
a) Berechne die Stoffmenge und die Anzahl der Schwefel-Atome in 8 g Schwefel.
b) Berechne die Masse von 2 mol Zink und 0,25 mol Kupfersulfid (Cu_2S).

4 **Expertenaufgabe:** 14 g Eisen sollen vollständig mit Schwefel zu Eisensulfid (FeS) umgesetzt werden. Berechne die Masse an Schwefel, die dafür nötig ist.

7.2 Avogadro und die Gase

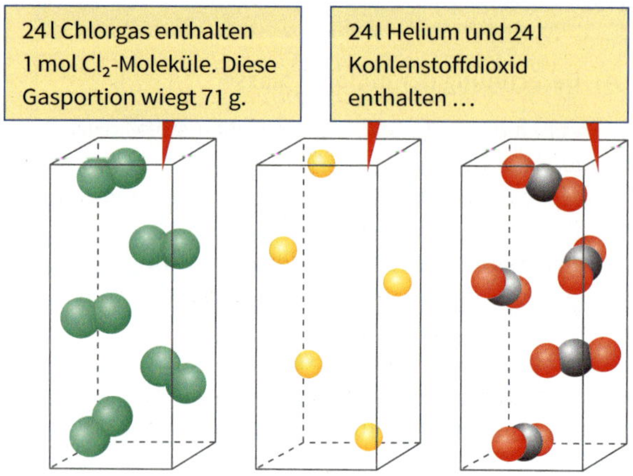

1 *Das Gesetz von Avogadro*

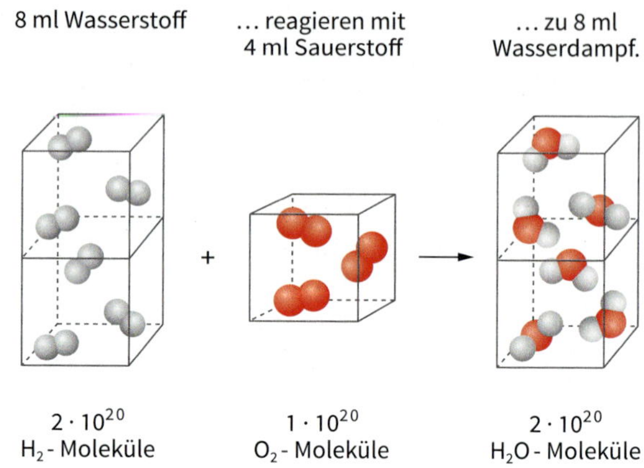

2 ***Bestimmung der Molekülformel von Wasser***

Wiegt man jeweils einen Liter verschiedener Gase, so ergeben sich Unterschiede: Ein Liter Chlor wiegt bei Raumtemperatur 2,96 g, ein Liter Wasserstoff bringt dagegen nur etwa 0,084 g auf die Waage.

Gesetz von Avogadro. Berechnet man die Stoffmenge der in einem Liter enthaltenen Gas-Teilchen, erhält man für beide Gase mit 0,042 mol nahezu identische Werte. Bereits 1811 stellte der italienische Physiker Amedeo AVOGADRO dazu eine Hypothese auf, die so allgemeingültig ist, dass man heute vom **Gesetz von Avogadro** spricht (Abb. 1): *Gleiche Volumina gasförmiger Stoffe enthalten bei gleichem Druck und gleicher Temperatur gleich viele Teilchen.*

Molares Volumen. Nach dem Gesetz von Avogadro ist das Volumen eines gasförmigen Stoffes proportional zu dessen Stoffmenge, sofern Druck und Temperatur konstant sind. So nimmt 1 mol eines beliebigen Gases bei normalem Luftdruck (1013 hPa) und 0 °C ein Volumen von 22,4 Litern ein. Halbiert man die Stoffmenge, halbiert sich auch das Volumen auf 11,2 l. Den Quotienten aus dem Volumen V eines Gases und seiner Stoffmenge n bezeichnet man als *molares Volumen* V_m. Es gilt:

$$V_m = \frac{V}{n} = 22{,}4 \frac{l}{mol}$$

Das molare Volumen ist für alle Gase eine Konstante. Da sich Gase bei Erwärmung ausdehnen, ändert sich mit der Temperatur jedoch der Wert für das molare Volumen. Bei normalem Luftdruck und 20 °C gilt: $V_m = 24 \frac{l}{mol}$.

Vom molaren Volumen zur Molekülformel. Mithilfe des molaren Volumens lässt sich die Molekülformel eines gasförmigen Stoffes ermitteln. Dazu wird die molare Masse M eines Gases aus der Dichte und dem molaren Volumen berechnet. Es gilt: $\varrho = \frac{M}{V_m} \Leftrightarrow M = \varrho \cdot V_m$.

Beispiel: Bestimmung der Molekülformel von Sauerstoff

$M(\text{Sauerstoff}) = \varrho \cdot V_m = 1{,}33 \frac{g}{l} \cdot 24 \frac{l}{mol} \approx 32 \frac{g}{mol}$

Aus der molaren Masse folgt, dass ein Sauerstoff-Molekül eine Masse von 32 u hat. Da ein einzelnes O-Atom nur 16 u wiegt, muss jedes Sauerstoff-Molekül aus zwei Sauerstoff-Atomen bestehen. Die *Molekülformel von Sauerstoff* ist also $\mathbf{O_2}$.

Verrückte Chemie: 2 + 1 = 2. Das Gesetz von Avogadro lässt sich auf Gasreaktionen anwenden wie beispielsweise die Synthese von Wasserdampf aus den Elementen. Im Experiment werden dazu 8 ml Wasserstoff und 4 ml Sauerstoff in einen beheizbaren Kolbenprober auf 120 °C erwärmt und durch einen elektrischen Funken gezündet. Aus den 12 ml Knallgas erhält man genau 8 ml Wasserdampf.

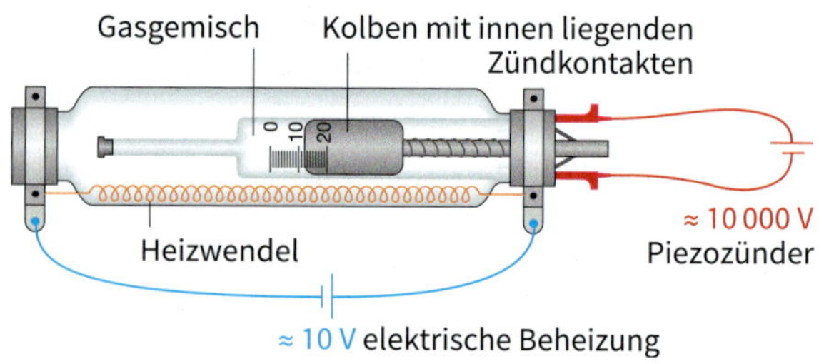

Da 2 Volumenteile Wasserstoff mit 1 Volumenteil Sauerstoff reagieren und dabei 2 Volumenteile Wasserdampf entstehen, müssen aus zwei Wasserstoff-Molekülen und einem Sauerstoff-Molekül zwei Wasser-Moleküle gebildet werden (Abb. 2). Dabei ist jedes Wasser-Molekül aus einem Sauerstoff-Atom und zwei Wasserstoff-Atomen zusammengesetzt. Wasser hat also die *Molekülformel* H_2O. Als Reaktionsgleichung ergibt sich:

$2\,H_2(g) + O_2(g) \rightarrow 2\,H_2O(g)$

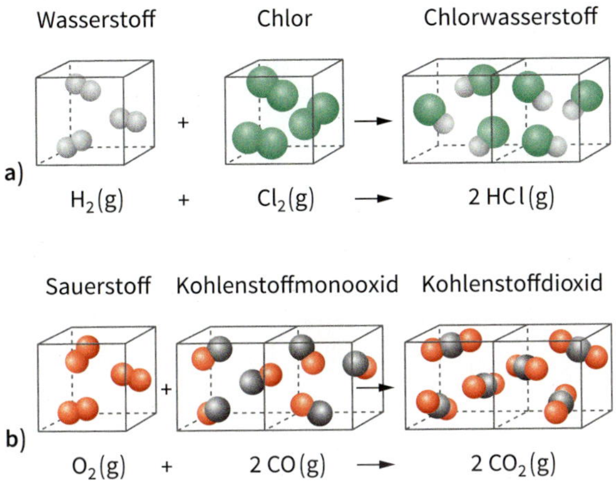

3 *Volumenverhältnisse bei Gasreaktionen und ihre Deutung*

Rechenbeispiele

A) Berechnung der molaren Masse von Gasen

Bestimme die molare Masse und die Molekülformel eines gasförmigen Kohlenstoffoxids.

Ein Kohlenstoffoxid hat bei 20 °C und 1013 hPa eine Dichte von $1{,}96\,\frac{g}{l}$.

$$M(\text{Kohlenstoffoxid}) = \varrho \cdot V_m = 1{,}96\,\frac{g}{l} \cdot 24\,\frac{l}{mol} = 43{,}9\,\frac{g}{mol}$$

Bei dem Kohlenstoffoxid muss es sich um Kohlenstoffdioxid handeln, denn der erhaltene Wert stimmt gut mit der molaren Masse von Kohlenstoffdioxid überein: $M(CO_2) = 44\,\frac{g}{mol}$.

B) Berechnung der Dichte von Gasen

Methan, der Hauptbestandteil von Erdgas, hat die Formel CH_4. Berechne mithilfe der Formel die Dichte.

Gegeben: $M(CH_4) = 16\,\frac{g}{mol}$

$$\varrho(\text{Methan}) = \frac{16\,\frac{g}{mol}}{24\,\frac{l}{mol}} = 0{,}67\,\frac{g}{l}$$

Methan hat bei 20 °C eine Dichte von $0{,}67\,\frac{g}{l}$.

Alle Gase enthalten bei gleichem Druck und gleicher Temperatur im gleichen Volumen gleich viele Teilchen. Das Volumen von Gasen ist proportional zur Stoffmenge aber unabhängig von der Art des Gases.
Bei Raumtemperatur und normalem Druck nimmt ein Mol eines Gases ein Volumen von 24 l ein.

1 Das Volumen einer Gasportion ist vom Druck und der Temperatur abhängig. Beschreibe die Veränderung des Volumens der Gasportion beim Erhitzen und bei Druckerhöhung. Fertige zur Veranschaulichung eine Skizze auf der Teilchenebene an.

2 Chlor und Wasserstoff reagieren in einem hellen Raum ohne Zündung in einer langsamen Reaktion zu Chlorwasserstoff.
a) Beschreibe und skizziere einen Versuchsaufbau, mit dem man das Volumenverhältnis der Reaktion experimentell ermitteln kann.
b) Erläutere die Volumenverhältnisse in Abb. 3.

3 Beim Verbrennen von Schwefel entsteht ein stechend riechendes Gas. Es hat bei 20 °C und 1013 hPa eine Dichte von $2{,}67\,\frac{g}{l}$.
a) Berechne die molare Masse des Gases.
b) Erkläre, welche Molekülformel das entstandene Schwefeloxid hat.
c) Stelle die Reaktionsgleichung für die Reaktion auf.

4 Ammoniakgas (NH_3) lässt sich durch Erhitzen über einem Katalysator in die Elemente zerlegen.
Zeichne das Volumenverhältnis dieser Reaktion und die Deutung auf der Teilchenebene wie in Abb. 3 und erkläre daran, welche Volumina an Wasserstoff und Stickstoff aus 20 ml Ammoniak entstehen.

5 100 ml eines gasförmigen Stickstoffoxids zerfallen unter Bildung von 100 ml Stickstoff und 50 ml Sauerstoff.
a) Ermittle nach dem Verfahren in Abb. 3 die Molekülformel des Oxids.
b) Stelle die Reaktionsgleichung für die Reaktion auf.

6 Um Wettersonden in die höheren Schichten der Atmosphäre zu schicken, benutzt man Ballons mit einer Füllung aus Helium. Ein Ballon steigt auf, wenn die Masse des Ballons und der Sonde kleiner ist als die Masse der durch den Ballon verdrängten Luft.
a) Erläutere, wie man die Dichte von Helium ($\varrho = 0{,}17\,\frac{g}{l}$) aus der molaren Masse $M(He) = 4\,\frac{g}{mol}$ bestimmen kann.
b) Luft hat bei 20 °C die Dichte $1{,}20\,\frac{g}{l}$. Erkläre diesen Wert, indem du die Dichte von Stickstoff (N_2) und Sauerstoff (O_2) berechnest und die Zusammensetzung der Luft beachtest.
c) Berechne den Massenunterschied zwischen einem Liter Helium und einem Liter Luft.
d) Berechne wie viel Helium man braucht, um einen Ballon mit 10 kg Gewicht anzuheben.
e) Erkläre, warum der Ballon beim Aufstieg immer größer wird.

7 **Expertenaufgabe:** a) Berechne für die in Abb. 1 angegebenen Gase die Stoffmengen an Gas-Teilchen.
b) Berechne die Dichten der Gase.

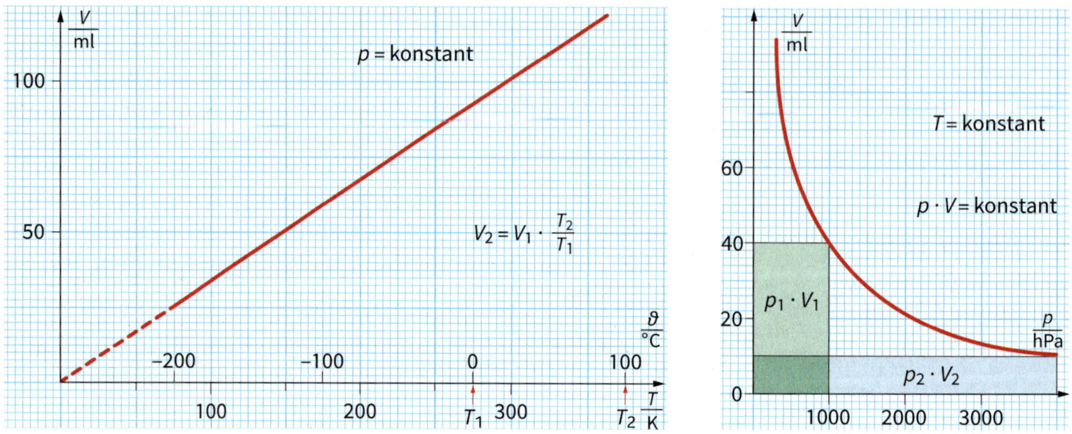

1 *Temperatur- und Druckabhängigkeit des Volumens*

Das Volumen einer Gasportion hängt sowohl vom Druck als auch von der Temperatur ab: Erhöht man den Druck, so verringert sich das Volumen; erhöht man die Temperatur, so vergrößert sich das Volumen. Quantitativ lassen sich diese Änderungen mithilfe zweier Gasgesetze beschreiben.

Volumen-Temperatur-Gesetz. Erwärmt man 100 ml Sauerstoff bei konstantem Druck von 20 °C auf 50 °C, steigt das Volumen auf 110 ml; bei einer Temperaturerhöhung auf 100 °C dehnt sich das Gas auf 127 ml aus. Trägt man diese und weitere Messwerte gegen die Temperatur auf, so erhält man eine Gerade, die bei −273 °C die Temperaturachse schneidet (Abb. 1). Dieser Schnittpunkt wird als Nullpunkt der *absoluten Temperatur T* bezeichnet und nach der Kelvin-Temperaturskala mit 0 K definiert: 0 K = −273 °C. Aus der Geraden folgt, dass bei konstantem Druck das Volumen einer Gasportion direkt proportional zur Temperatur in Kelvin ist: $V \sim T$. Es folgt:

$$\frac{V_1}{V_2} = \frac{T_1}{T_2} \Leftrightarrow V_2 = V_1 \cdot \frac{T_2}{T_1}$$

Dieser Zusammenhang wurde 1802 von dem Physiker Joseph Louis GAY-LUSSAC beschrieben.

Volumen-Druck-Gesetz. Saugt man ein bestimmtes Volumen Luft in einen Kolbenprober und schließt den Hahn, so steht das eingeschlossene Luftvolumen unter dem gleichen Druck wie die Umgebungsluft. Drückt man das Gas bei konstanter Temperatur auf die Hälfte zusammen, steigt der Druck auf den doppelten Wert an. Zieht man aber den Kolben so weit hinaus, dass sich das Volumen verdoppelt, so ist der Druck nur noch halb so groß wie zu Beginn. Volumen und Druck verhalten sich umgekehrt proportional:

$$V \sim \frac{1}{p} \Rightarrow p \cdot V = \text{konstant}$$

Das das Produkt aus Druck und Volumen bleibt stets konstant: $p \cdot V = \text{konstant}$ (Abb. 1). Dies ist das *Gesetz von Boyle und Mariotte.*

Gaseigenschaften im Teilchenmodell. Die Gas-Teilchen sind in ständiger Bewegung. Stoßen zwei Teilchen aufeinander, prallen sie wie Billardkugeln voneinander ab, ohne verformt zu werden. In einem Gefäß bewirken Stöße der Gas-Teilchen gegen die Gefäßwand den Gasdruck.

---

1 Ein Gasvolumen hat bei den gegebenen Bedingungen ein Volumen von 100 ml.
a) Ermittle das Volumen, wenn sich der Druck verdoppelt oder auf die Hälfte des ursprünglichen Wertes gesenkt wird.
b) Veranschauliche deine Erklärung durch zwei Modellzeichnungen. Erkläre daran, wie sich die Dichte des Gases ändert.
c) Erkläre, warum bei der Anwendung des Volumen-Druck-Gesetzes die Temperatur konstant sein muss.

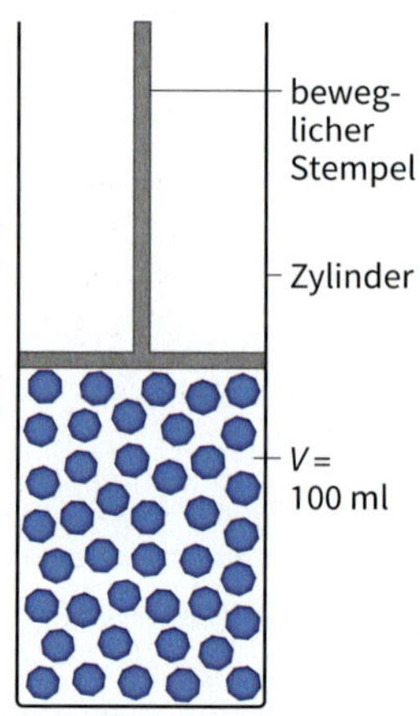

7.3 Konzentrationsangaben für Lösungen

1 *Unterschiedliche Konzentrationsangaben*

Viele Flüssigkeiten, die wir aus dem Alltag kennen, sind wässrige Lösungen: Speiseessig ist eine 5%ige Lösung von Essigsäure, Mineralwasser enthält verschiedene Mineralsalze sowie Kohlenstoffdioxid, Wein und Bier sind Lösungen mit unterschiedlichem Alkoholgehalt. Auf den Flaschen, in denen die Lösungen aufbewahrt werden, ist die Art der gelösten Stoffe und ihr Gehalt angegeben (Abb. 1). Bei Lösungen von Feststoffen in Wasser findet man oft den *Massenanteil w* in Prozent. Gemeint ist damit das Verhältnis der Masse des gelösten Stoffes zur Masse der Lösung.

$$w = \frac{m\,(\text{gelöster Stoff}) \cdot 100\,\%}{m\,(\text{Lösung})}; \quad \text{Einheit } \%$$

Bezieht man den Gehalt des gelösten Stoffes auf das *Volumen* der fertigen Lösung, erhält man *Konzentrationsangaben*.

Massenkonzentration β. Ist die Masse des gelösten Stoffes bekannt, lässt sich die Massenkonzentration berechnen:

$$\beta = \frac{m\,(\text{gelöster Stoff})}{V\,(\text{Lösung})}; \quad \text{Einheit } \frac{\text{g}}{\text{l}} \text{ oder } \frac{\text{mg}}{\text{l}}$$

Beispiel: In einem Liter Meerwasser sind 35 g Salz gelöst: $\beta\,(\text{Salz}) = 35\,\frac{\text{g}}{\text{l}}$

Volumenkonzentration σ. Handelt es sich bei dem gelösten Stoff um eine Flüssigkeit, gibt man den Gehalt als **Volumenkonzentration** σ (sigma) in Prozent an. *Beispiel:* Auf einer Weinflasche steht: Alkoholgehalt 12 %Vol. Diese Angabe bedeutet, dass 12 ml Alkohol in 100 ml des Getränks gelöst sind: $\sigma = 12\,\%$

Stoffmengenkonzentration *c*. In der Chemie verwendet man in vielen Fällen eine Konzentrationsangabe, die sich auf die Anzahl der Teilchen in einer Lösung bezieht. Eine solche Gehaltsangabe ist die *Stoffmengenkonzentration* ***c*** (engl. *concentration*). Sie gibt an, welche Stoffmenge eines Stoffes in einem bestimmten Volumen vorliegt:

$$c\,(\text{gelöster Stoff}) = \frac{n\,(\text{gelöster Stoff})}{V\,(\text{Lösung})}; \quad \text{Einheit: } \frac{\text{mol}}{\text{l}}$$

Beispiel: Bei der Herstellung einer Infusionslösung ist es wichtig, dass diese Lösung genauso viel gelöste Teilchen pro Liter enthält wie das Blut. Diese Lösungen nennt man **isotonisch**. Eine isotonische Glucoselösung enthält 0,31 mol Glucose in einem Liter: $c\,(\text{Glucose}) = 0{,}31\,\frac{\text{mol}}{\text{l}}$.

Rechenbeispiel

Herstellung einer isotonischen Lösung

Es sollen 0,5 l einer isotonischen Glucoselösung mit $c\,(\text{Glucose}) = 0{,}31\,\frac{\text{mol}}{\text{l}}$ hergestellt werden.

Gegeben: $M\,(\text{Glucose}) = 180\,\frac{\text{g}}{\text{mol}}$

1. **Berechnung der Stoffmenge:**
   $n\,(\text{Glucose}) = c\,(\text{Glucose}) \cdot V(\text{Lösung})$
   $= 0{,}31\,\frac{\text{mol}}{\text{l}} \cdot 0{,}5\,\text{l} = 0{,}155\,\text{mol}$
2. **Berechnung der Masse:**
   $m\,(\text{Glucose}) = n\,(\text{Glucose}) \cdot M\,(\text{Glucose})$
   $= 0{,}155\,\text{mol} \cdot 180\,\frac{\text{g}}{\text{mol}} = 27{,}9\,\text{g}$

Man muss 27,9 g Glucose abwiegen, in etwas demineralisiertem Wasser lösen und dann mit Wasser auf 0,5 l auffüllen.

Massenanteil, Massenkonzentration und Volumenkonzentration sind Angaben über den Gehalt einer Lösung an gelösten Stoffen. In der Chemie verwendet man meist die Stoffmengenkonzentration.

1 Löst man 10 g Kochsalz (Natriumchlorid, NaCl) in 90 g Wasser, so erhält man 94 ml Salzlösung.
a) Bestimme den Massenanteil *w*, die Massenkonzentration β und die Stoffmengenkonzentration *c*.
b) Erkläre an diesem Beispiel den Unterschied zwischen Massenkonzentration und Massenanteil.

2 a) Beschreibe, wie man 0,5 l Kaliumnitratlösung mit der Stoffmengenkonzentration $c\,(KNO_3) = 0{,}2\,\frac{\text{mol}}{\text{l}}$ herstellt.
b) Berechne die Massenkonzentration der Lösung.

3 **Expertenaufgabe:** Eine isotonische Kochsalzlösung hat einen Massenanteil von 0,9 %. Berechne die Stoffmengenkonzentration und vergleiche den Wert mit der Angabe für eine isotonische Glucoselösung. Stelle Vermutungen über die Ursache des Unterschieds auf.

7.4 Von der Reaktionsgleichung zum Stoffumsatz

Reaktionsschema	Kupferoxid (s)	+ Kohlenstoff (s) →	Kupfer (s)	+ Kohlenstoffdioxid (g)
Reaktionsgleichung	2 CuO (s)	+ C (s) →	2 Cu (s)	+ CO_2 (g)
Anzahlverhältnis	2	: 1	2	: 1
Modell	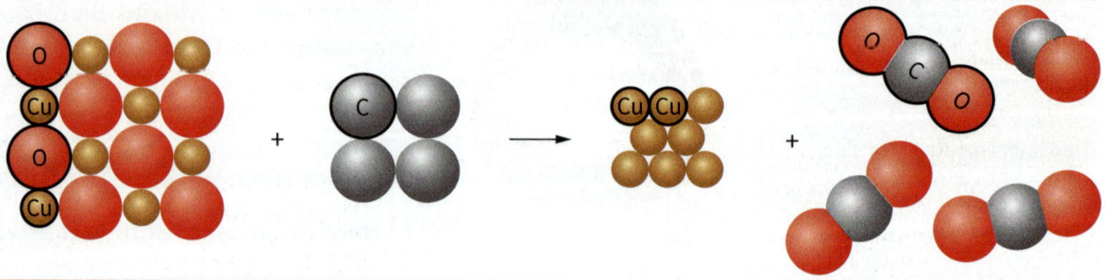			
Stoffmengen	0,2 mol Kupferoxid	+ 0,1 Kohlenstoff	0,2 mol Kupfer	+ 0,1 mol Kohlenstoffdioxid
Teilchenzahlen	$2 \cdot 6 \cdot 10^{22}$ CuO-Formeleinheiten	+ $6 \cdot 10^{22}$ C-Atome	$2 \cdot 6 \cdot 10^{22}$ Cu-Atome	+ $6 \cdot 10^{22}$ CO_2-Moleküle
Massen	m(Kupferoxid) $= n(\text{CuO}) \cdot M(\text{CuO})$ $= 0{,}2\ \text{mol} \cdot 80\ \frac{\text{g}}{\text{mol}}$ $= \mathbf{16\ g}$	+ m(Kohlenstoff) $= n(\text{C}) \cdot M(\text{C})$ $= 0{,}1\ \text{mol} \cdot 12\ \frac{\text{g}}{\text{mol}}$ $= \mathbf{1{,}2\ g}$	m(Kupfer) $= n(\text{Cu}) \cdot M(\text{Cu})$ $= 0{,}2\ \text{mol} \cdot 64\ \frac{\text{g}}{\text{mol}}$ $= \mathbf{12{,}8\ g}$	+ m(Kohlenstoffdioxid) $= n(CO_2) \cdot M(CO_2)$ $= 0{,}1\ \text{mol} \cdot 44\ \frac{\text{g}}{\text{mol}}$ $= \mathbf{4{,}4\ g}$
Volumina (bei 20 °C und 1013 hPa)				V(Kohlenstoffdioxid) $= n(CO_2) \cdot V_m(CO_2)$ $= 0{,}1\ \text{mol} \cdot 24\ \frac{\text{l}}{\text{mol}} = \mathbf{2{,}4\ l}$

1 *Mit Reaktionsgleichungen kann man rechnen*

In der Chemie geht es nicht nur darum, welche Stoffe unter welchen Bedingungen miteinander reagieren. Für die Herstellung von Stoffen müssen vielmehr folgende Fragen beantwortet werden:

- Wie viel Reaktionsprodukt lässt sich aus einer bestimmten Menge eines Ausgangsstoffes gewinnen?
- Welche Mengen an Ausgangsstoffen sind nötig, um eine gewünschte Menge an Reaktionsprodukten herzustellen?

Hierzu muss man Berechnungen anstellen, die man in der Chemie als **stöchiometrisches Rechnen** bezeichnet. Reaktionsgleichungen und chemische Formeln spielen bei diesen Berechnungen eine zentrale Rolle.

Eine korrekt aufgestellte Reaktionsgleichung beschreibt über die Formeln, welche Stoffe miteinander reagieren: Die Faktoren vor den chemischen Formeln geben die Stoffmengenverhältnisse an (Abb. 1). Aus den Stoffmengenverhältnissen lassen sich die Stoffmengen n, die Massen m und die Volumina V der an der Reaktion beteiligten Stoffe berechnen. Dabei greift man vor allem auf die folgenden Beziehungen zurück (Abb. 2):

$$n = \frac{m}{M} \Leftrightarrow m = M \cdot n \qquad n = \frac{V}{V_m} \Leftrightarrow V = V_m \cdot n$$

Die Rechenbeispiele zeigen, wie stöchiometrische Berechnungen durchgeführt werden.

Rechenbeispiel

Berechnung der Masse eines Ausgangsstoffes

Welche Masse an Kohlenstoff benötigt man für die Reduktion von 4 g Kupferoxid (CuO)?

1. **Gegebene Werte und gesuchte Größen**
   gegeben: m (Kupferoxid) = 4 g;
   $M(\text{CuO}) = 80\ \frac{\text{g}}{\text{mol}}$; $M(\text{C}) = 12\ \frac{\text{g}}{\text{mol}}$
   gesucht: m (Kohlenstoff)
2. **Aufstellen der Reaktionsgleichung**
   $2\ \text{CuO (s)} + \text{C (s)} \rightarrow \text{Cu (s)} + CO_2\ \text{(g)}$
3. **Stoffmenge des gegebenen Stoffes**
   $n(\text{CuO}) = \frac{m\,(\text{Kupferoxid})}{M\,(\text{CuO})} = \frac{4\ \text{g}}{80\ \frac{\text{g}}{\text{mol}}} = 0{,}05\ \text{mol}$
4. **Stoffmenge des gesuchten Stoffes**
   $n(\text{CuO}) : n(\text{C}) = 2 : 1 \Rightarrow n(\text{C}) = \frac{n\,(\text{CuO})}{2}$
   $= \frac{0{,}05}{2}\ \text{mol} = 0{,}025\ \text{mol}$
5. **Masse des gesuchten Stoffes**
   $m(\text{Kohlenstoff}) = n(\text{C}) \cdot M(\text{C})$
   $= 0{,}025\ \text{mol} \cdot 12\ \frac{\text{g}}{\text{mol}} = \mathbf{0{,}3\ g}$

Rechenbeispiel

Berechnung des Volumens eines gasförmigen Reaktionsprodukts

Welches Volumen an Sauerstoff erhält man bei der Zersetzung von 3,5 g Silberoxid? Das Volumen wird bei 20 °C und normalem Luftdruck gemessen.

1. **Gegebene Werte und gesuchte Größen**
   gegeben: *m* (Silberoxid) = 3,5 g;
   $M(Ag_2O) = 232 \frac{g}{mol}$; $V_m = 24 \frac{l}{mol}$
   gesucht: *V*(Sauerstoff)
2. **Aufstellen der Reaktionsgleichung**
   $2\,Ag_2O\,(s) \rightarrow 4\,Ag\,(s) + O_2\,(g)$
3. **Stoffmenge des gegebenen Stoffes**
   $n(Ag_2O) = \frac{3{,}5\,g}{232\,\frac{g}{mol}} = 0{,}015\,mol$
4. **Stoffmenge des gesuchten Stoffes**
   $n(Ag_2O) : n(O_2) = 2 : 1 \Rightarrow$
   $n(O_2) = \frac{1}{2}\,n(Ag_2O) = 0{,}0075\,mol$
5. **Volumen des gesuchten Stoffes**
   $V(\text{Sauerstoff}) = V_m \cdot n(O_2)$
   $V(\text{Sauerstoff}) = 24\,\frac{l}{mol} \cdot 0{,}0075\,mol = \mathbf{0{,}18\,l}$

Rechenbeispiel

Berechnung der Masse eines Reaktionsprodukts

Wieviel Gramm Aluminium entstehen aus 1 kg Aluminiumoxid (Al_2O_3)?

1. **Gegebene Werte und gesuchte Größen**
   gegeben: *m* (Aluminiumoxid) = 1 kg = 1000 g;
   $M(Al) = 27 \frac{g}{mol}$; $M(Al_2O_3) = 102 \frac{g}{mol}$
   gesucht: *m* (Aluminium)
2. **Aufstellen der Reaktionsgleichung**
   $2\,Al_2O_3\,(s) \rightarrow 4\,Al\,(s) + 3\,O_2\,(g)$
3. **Stoffmenge des gegebenen Stoffes**
   $n(Al_2O_3) = \frac{1000\,g}{102\,\frac{g}{mol}} = 9{,}8\,mol$
4. **Stoffmenge des gesuchten Stoffes**
   $n(Al_2O_3) : n(Al) = 1 : 2 \Rightarrow$
   $n(Al) = 2\,n(Al_2O_3) = 19{,}6\,mol$
5. **Masse des gesuchten Stoffes**
   $m(\text{Aluminium}) = n(Al) \cdot M(Al)$
   $= 19{,}6\,mol \cdot 27\,\frac{g}{mol} = \mathbf{529\,g}$

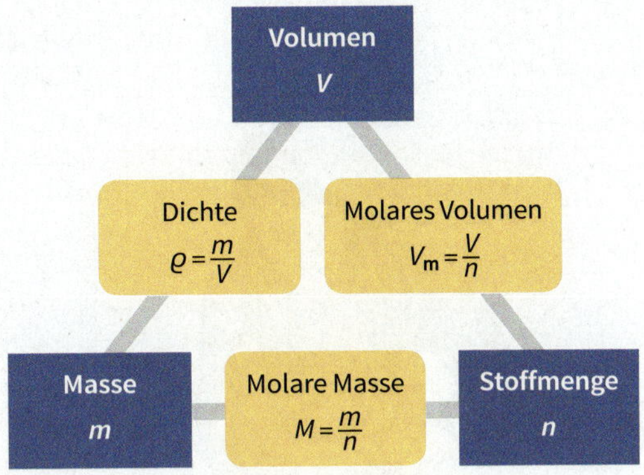

2 *Merkhilfe für das stöchiometrische Rechnen*

1 a) Stelle die in Abb. 2 angegebenen Größengleichungen nach allen enthaltenen Größen um.
b) Suche weitere Größengleichungen aus diesem Kapitel heraus und erstelle damit in deiner Chemiemappe eine Formelsammlung zur Stöchiometrie.

2 Zwei Gramm Schwefel sollen vollständig mit Kupfer zu Kupfersulfid (Cu_2S) reagieren. Berechne die dafür nötige Masse an Kupfer.

3 Das Leichtmetall Titan wird aus Titandioxid (TiO_2) gewonnen, das in der Natur vorkommt. Berechne, welche Masse an Titan man durch Reduktion aus einem Kilogramm Titandioxid gewinnen kann.

4 Bei der Oxidation von Magnesium entsteht Magnesiumoxid.
a) Berechne die Masse an Magnesiumoxid (MgO), die aus einem Mol Magnesium hergestellt werden kann.
b) Berechne, wie viel Gramm Sauerstoff dabei gebunden wird. Bestimme das Volumen dieser Sauerstoffportion ($V_m = 24 \frac{l}{mol}$).

5 Durch das Thermitverfahren soll aus Aluminium und Eisenoxid (Fe_2O_3) 10 g Eisen hergestellt werden.
a) Berechne, wie viel Gramm Aluminium mindestens eingesetzt werden müssen.
b) Ermittle die Masse an gebildetem Aluminiumoxid (Al_2O_3).

6 Wasserstoffperoxid (H_2O_2) zerfällt bei Zugabe von Braunstein als Katalysator in Wasser und Sauerstoff. Ermittle das Volumen an Sauerstoff, das aus 10 ml einer 10%igen Lösung von Wasserstoffperoxid bei 20 °C und 1013 hPa entsteht.

7 Eisen kann aus den Erzen Hämatit (Fe_2O_3) oder Magnetit (Fe_3O_4) hergestellt werden.
a) Bestimme, welcher Massenanteil an Eisen jeweils in den Erzen enthalten ist.
b) Berechne, wie viel Erz man bei vollständiger Umsetzung jeweils für ein Kilogramm Eisen benötigt.

Berechnungen – genau, aber nicht zu genau

1 *Taschenrechner rechnen zu genau*

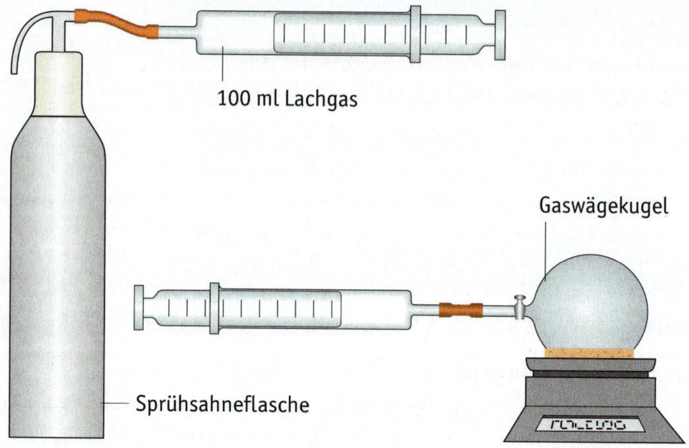

2 *Bestimmung der molaren Masse eines Gases*

Beim Rechnen mit Messwerten oder mit Werten aus Formelsammlungen geben Taschenrechner bis zu zehn Nachkommastellen an (Abb. 1). Da man diese genauen Werte nur selten braucht, stellt sich die Frage, auf wie viele Nachkommastellen man runden darf, um noch aussagekräftige Ergebnisse zu erhalten.

Berechnung mit Tabellenwerten. Wenn für eine chemische Reaktion eine bestimmte Stoffmenge eines Stoffes benötigt wird, muss man dessen Masse über die molare Masse berechnen. Die Werte der molaren Masse sind im Periodensystem oder in Formelsammlungen meist mit zwei oder sogar drei Nachkommastellen angegeben.

Beispiel: Abwiegen von 0,1 mol Magnesiumchlorid
Rechnet man mit den auf zwei Nachkommastellen angegebenen Werten für die molare Masse, erhält man:

m (Magnesiumchlorid)
$= n(MgCl_2) \cdot (M(Mg) + 2 \cdot M(Cl))$
$= 0{,}1\ mol \cdot (24{,}31 + 2 \cdot 35{,}45)\ \frac{g}{mol} = 9{,}521\ g$

Rundet man die Werte der molaren Massen auf eine Nachkommastelle, also mit $24{,}3\ \frac{g}{mol}$ und $35{,}5\ \frac{g}{mol}$, ergibt sich eine Masse von 9,53 g. Da viele schulübliche Laborwaagen aber nur auf 0,1 g genau wiegen, kann man ohnehin nur 9,5 g abwiegen. Es reicht also völlig aus, die Werte für molare Massen auf eine Nachkommastelle zu runden.

Berechnungen mit Messwerten. Um die Molekülformel eines Gases zu ermitteln, kann man dessen molare Masse experimentell bestimmen. Dazu wird mit einem Kolbenprober ein genau abgemessenes Gasvolumen in eine luftleer gepumpte und vorher gewogene Gaswägekugel gefüllt. Das Gasvolumen wird dann möglichst genau gewogen (Abb. 2). Die molare Masse des Gases kann dann nach folgender Beziehung bestimmt werden:

$$M(\text{Gas}) = \frac{m(\text{Gas}) \cdot V_m}{V(\text{Gas})}$$

Beispiel: Berechnung der Molekülformel von Lachgas – einem Stickstoffoxid, das in Sprühsahneflaschen als Treibgas verwendet wird:
Die Wägung einer Gasportion bei 20 °C und 1013 hPa ergibt, dass 100 ml Lachgas 0,18 g wiegen. Daraus errechnet sich eine molare Masse von $43{,}2\ \frac{g}{mol}$. Die verwendete Waage zeigt die Masse auf 0,01 g mit einer Wägegenauigkeit von ±5 % an. Der Wert der molaren Masse sollte also zwischen $41\ \frac{g}{mol}$ und $45\ \frac{g}{mol}$ liegen. Diese Spanne reicht aber, um festzustellen, dass das Treibgas die Molekülformel N_2O haben muss ($M(N_2O) = 44\ \frac{g}{mol}$). Die molaren Massen anderer möglicher Stickstoffoxide wie Stickstoffdioxid (NO_2) oder Stickstoffmonooxid (NO) weichen von dem ermittelten Wert stark ab.

1 Berechne die Stoffmenge von 5,6 g Kupferoxid (CuO). Überlege, wie genau die molare Masse bestimmt werden muss und wie stark das Rechenergebnis gerundet werden sollte.

2 Berechne die Masse von 0,2 mol Eisensulfid (FeS) – einmal mit den genauen Tabellenwerten und dann mit den auf eine Nachkommastelle gerundeten Werten für die molare Masse. Beurteile, welche Berechnung für die Wägung mit einer normalen Laborwaage günstiger ist.

Quantitative Beziehungen – klare Verhältnisse

1. Stoffmenge und Mol

Das Mol ist die Einheit der Stoffmenge *n*. Eine Stoffportion hat die Stoffmenge $n = 1$ mol, wenn sie 600 Trilliarden ($= 6 \cdot 10^{23}$) Teilchen (Atome, Moleküle oder Formeleinheiten) enthält.

2. Molare Masse

Die molare Masse *M* ist die Masse von 1 mol eines Stoffes, also von 600 Trilliarden Teilchen eines Stoffes. Sie ergibt sich als Quotient aus der Masse *m* eines reinen Stoffes und ihrer Stoffmenge *n*.

Die molare Masse eines Elements stimmt in ihrem Zahlenwert mit der Atommasse überein. Nur die Einheiten sind verschieden. Die molare Masse einer Verbindung erhält man, indem man die molaren Massen der Elemente addiert. Gleiches gilt für Gase, die aus mehratomigen Molekülen aufgebaut sind.

Beispiele:
$M(Al_2O_3) = (2 \cdot 26{,}98 + 3 \cdot 15{,}99)\,\frac{g}{mol} = 101{,}93\,\frac{g}{mol}$
$M(Cl_2) = 2 \cdot 35{,}45\,\frac{g}{mol} = 70{,}9\,\frac{g}{mol}$

3. Das molare Volumen von Gasen

Nach dem *Gesetz von Avogadro* enthalten gleiche Volumina beliebiger Gase bei gleichem Druck und gleicher Temperatur gleich viele Teilchen. Bei Gasen lässt sich daher aus dem Volumen einer Gasportion die Anzahl an Gas-Teilchen bestimmen. Dazu benutzt man das molare Volumen V_m.

Das molare Volumen ist das Volumen von 1 mol eines Gases, also von 600 Trilliarden Teilchen. Für alle gasförmigen Stoffe ist das molare Volumen bei einer bestimmten Temperatur und einem bestimmten Druck gleich groß. Es gilt:

$V_m\,(20\,°C, 1013\,hPa) = 24\,\frac{l}{mol}$

Beispiele:
24 l Chlor enthalten 1 mol Cl_2-Moleküle.
24 l Helium enthalten 1 mol He-Atome.
24 l Kohlenstoffdioxid enthalten 1 mol CO_2-Moleküle.
Das molare Volumen der Gase steigt bei konstantem Druck mit der Temperatur.

4. Konzentrationsangaben für Lösungen

a) Massenkonzentration β

$\beta = \frac{m\,(\text{gelöster Stoff})}{V\,(\text{Lösung})}$; Einheit: $\frac{mg}{l}$ oder $\frac{g}{l}$

b) Volumenkonzentration σ

$\sigma = \frac{V\,(\text{gelöster Stoff})}{V\,(\text{Lösung})}$; Einheit: %

c) Stoffmengenkonzentration *c*

$c = \frac{n\,(\text{gelöster Stoff})}{V\,(\text{Lösung})}$; Einheit: $\frac{mol}{l}$

5. Stöchiometrisches Rechnen

Auf der Grundlage chemischer Gleichungen lassen sich die Stoffmengen *n*, die Massen *m* und die Volumina *V* der an einer Reaktion beteiligten Stoffe berechnen. Dabei kann man nach folgendem Schema vorgehen:

1. Gegebene Werte und gesuchte Größen festhalten; die molaren Massen der gegebenen und gesuchten Stoffe ermitteln.
2. Aufstellen der Reaktionsgleichung.
3. Die Stoffmenge des gegebenen Stoffes bestimmen; dabei die Größengleichungen aufstellen und nach der gesuchten Größe umstellen.
4. Stoffmenge des gesuchten Stoffes bestimmen; dabei das Stoffmengenverhältnis aus der Reaktionsgleichung ableiten.
5. Gesuchte Größe berechnen.
6. Formulieren eines Antwortsatzes.

Kleine Formelsammlung zur Stöchiometrie

Masse und Stoffmenge:

Masse	= Stoffmenge	· molare Masse
m	= *n*	· *M*
(Einheit: g)	(Einheit: mol)	(Einheit: $\frac{g}{mol}$)

Die molare Masse *M* der Elemente findet man im Periodensystem. Ihr Zahlenwert entspricht der Atommasse.

Teilchenzahl und Stoffmenge

Teilchenzahl	= Stoffmenge	· Avogadro-Konstante
N	= *n*	· N_A
(Einheit: Stück)	(Einheit: mol)	(Einheit: $\frac{Stück}{mol}$)

Die Avogadro-Konstante N_A beträgt: 600 Trilliarden oder $6 \cdot 10^{23}\,\frac{Stück}{mol}$.

Gasvolumen und Stoffmenge

Gasvolumen	= Stoffmenge	· molares Volumen
V	= *n*	· V_m
(Einheit: l)	(Einheit: mol)	(Einheit: $\frac{l}{mol}$)

Das molare Volumen V_m ist der Quotient aus dem Volumen und der Stoffmenge einer Gasportion.

Quantitative Beziehungen – klare Verhältnisse

Teste dich

A1 Stelle die wichtigen Formeln für die Beziehungen zwischen den folgenden Größen auf: *Stoffmenge, Masse, molare Masse, molares Volumen, Volumen, Dichte* und *Stoffmengenkonzentration*.

A2 Berechne die molaren Massen der folgenden Verbindungen:
a) Kohlenstoffdioxid (CO_2),
b) Wasser (H_2O),
c) Bleidioxid (PbO_2),
d) Kalkstein (Calciumcarbonat, $CaCO_3$).

A3 Für ein Experiment benötigt man 25 mmol Aluminiumoxid (Al_2O_3). Berechne, welche Masse man abwiegen muss.

A4 Berechne die Stoffmengen folgender Stoffportionen (Raumtemperatur):
a) 24 g Kohlenstoff,
b) 15 g Siliciumdioxid (SiO_2),
c) 9 g Wasser,
d) 6 l Sauerstoff.

A5 Für Butangas hat man die Formel C_4H_{10} ermittelt.
a) Erkläre, warum es sich hierbei um eine Molekülformel handelt.
b) Bestimme die molare Masse von Butan.
c) Ermittle die Dichte von Butan mithilfe des molaren Volumens.

A6 Beschreibe, wie man eine 3%ige Kochsalzlösung herstellt.

A7 Folgende Stoffportionen werden in einer Flüssigkeit gelöst. Berechne jeweils den Massenanteil des gelösten Stoffs.
a) 15 g Traubenzucker in 60 g Wasser,
b) 0,5 g Iod in 20 g Alkohol.

A8 Beschreibe, wie man 100 ml einer Natriumchloridlösung mit der Stoffmengenkonzentration $c(NaCl) = 0{,}5\ \frac{mol}{l}$ herstellt.

A9 In der Brennerflamme verbrennt Methan (CH_4) mit Luftsauerstoff zu CO_2 und Wasserdampf.
a) Formuliere die Reaktionsgleichung.
b) Bestimme das Volumenverhältnis, in dem die vier Gase zueinander stehen.
c) Berechne, wie viel Liter Luft zur Verbrennung von einem Liter Methan benötigt werden.

Lösungen stehen im Anhang.

Die wichtigsten Begriffe

- Stoffmenge, Mol
- molare Masse
- molares Volumen
- Gesetz von Avogadro
- Massenanteil
- Stoffmengenkonzentration
- Massenkonzentration, Volumenkonzentration
- Reaktionsgleichung
- Stöchiometrie

B1 a) Erkläre die oben stehenden Begriffe.
b) Verknüpfe die Begriffe zu einer Conceptmap.
c) Übertrage die Begriffe und deine Erklärungen in digitale Karteikarten.

B2 In der Abbildung ist die Dichte einiger gasförmiger Elemente gegen ihre Atommasse aufgetragen.

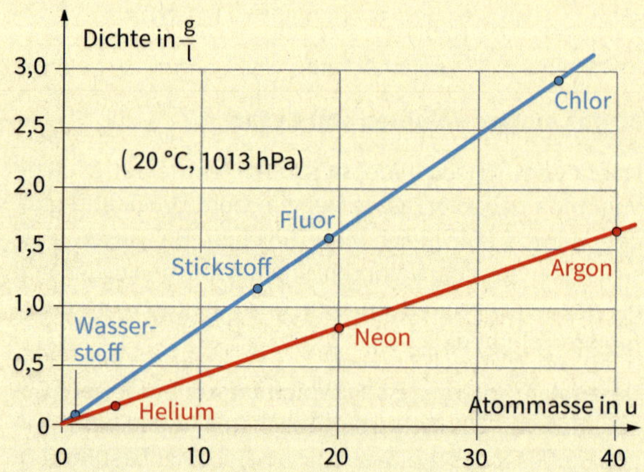

a) Erkläre mithilfe des Gesetzes von Avogadro, warum die Elemente Wasserstoff, Stickstoff, Fluor und Chlor auf einer Gerade liegen.
b) Ordne den Punkt für die Dichte von Sauerstoff in die entsprechende Gerade ein.
c) Vergleiche die Steigung der roten Gerade mit der blauen Gerade und erkläre den Unterschied in der Steigung.
d) Im Gegensatz zu Sauerstoff mit O_2-Molekülen besteht Ozon aus O_3-Molekülen. Erläutere, wie sich die Dichte der beiden Gase unterscheidet.

B3 Wasserstoff kann durch Umsetzung von Zinkspänen mit Salzsäure erzeugt werden. Dabei entsteht eine Lösung von Zinkchlorid ($ZnCl_2$)
a) Stelle die Reaktionsgleichung auf.
b) Berechne die Masse an Zink, die notwendig ist, um 10 m^3 Wasserstoff bei 20 °C und normalem Luftdruck herzustellen.

C1 Ein seltsames Gas

1 *Ein Schiff schwimmt im Aquarium ohne Wasser*

Fast jeder kennt den Zaubertrick: Der Meister atmet das Luftballongas Helium ein und schon nimmt seine Stimme einen ganz hellen Klang an; er piepst wie eine Maus. Nach wenigen Atemzügen in normaler Luft senkt sich die Stimme wieder auf das alte Niveau.

Weniger bekannt ist der umgekehrte Effekt. Auch hier atmet der Zauberkünstler ein bestimmtes Gas ein, und schon sinkt seine Stimme in den tiefsten Keller. Überraschenderweise verschwindet der eigenartige Effekt nicht so schnell wieder. Der Künstler muss erst einen Handstand machen, damit seine Stimme in die alte Stimmlage zurückkehrt. Seltsam, was für ein Gas das wohl ist?

Untersucht man das farblose und geruchlose Gas, fällt zuerst seine Dichte auf: Man kann es von einem Gefäß in ein anderes umfüllen – ganz ähnlich wie Wasser. Und in einem Aquarium, in das man das Gas gefüllt hat, schwimmt ein Schiff aus Aluminiumfolie. Die Bestimmung der Dichte des Gases ergibt einen Wert von $6{,}1\,\frac{g}{l}$. Damit ist das rätselhafte Gas rund 5 mal schwerer als Luft. Mithilfe chemischer Methoden lässt sich außerdem auch die Zusammensetzung des Gases ermitteln: Die Verbindung ist aus Molekülen aufgebaut, die nur aus den Elementen Schwefel und Fluor bestehen. Das Massenverhältnis $m(\text{S}) : m(\text{F})$ beträgt 1 : 3,56.

a) Berechne die Verhältnisformel des Gases (m(S-Atom) = 32 u; m(F-Atom) = 19 u).

b) Ermittle mithilfe der Dichte die Molekülformel des Gases.

c) Erkläre, welche Rolle der Handstand bei der beschriebenen Vorführung spielt.

C2 Wasserstoffperoxidlösungen machen blond

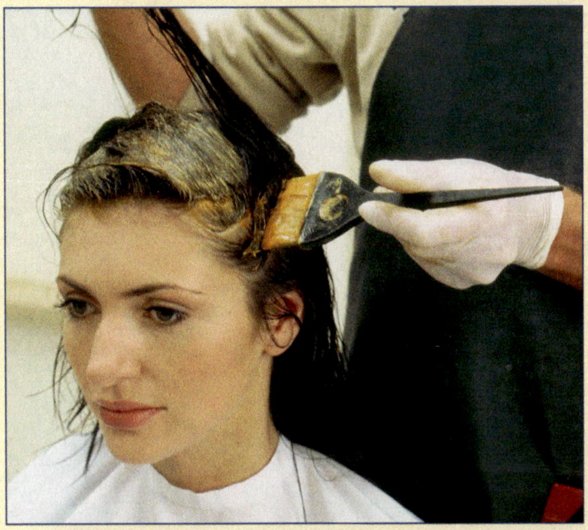

2 *Wasserstoffperoxid in Produkten*

Haare, heller als blond – so lautet es in einer Anzeige für ein Haarbleichmittel. Die Bleichwirkung geht auf das in dem Produkt enthaltene Wasserstoffperoxid (H_2O_2) zurück, weshalb man stark blondiertes Haar auch als wasserstoffblond bezeichnet. Verdünnte Lösungen von Wasserstoffperoxid werden auch zum Bleichen von Textilien und Zähnen eingesetzt. Allerdings kann Wasserstoffperoxid bei einem Massenanteil von über 5 % die Haare, die Haut und Textilien schädigen. Deshalb ist es wichtig, die Anwendungshinweise genau zu befolgen.

Mehrtageskontaktlinsen werden über Nacht in einen Behälter mit einer verdünnten Wasserstoffperoxidlösung gelegt. In dem Behälter ist eine kleine Menge Platin als Katalysator enthalten. Dieser bewirkt, dass Wasserstoffperoxid in Wasser und Sauerstoff zerfällt.

a) Im Handel sind Wasserstoffperoxidlösungen mit einem Massenanteil von 30 % erhältlich. Berechne, welche Masse dieser Lösung man benötigt, um 500 ml einer 5%igen Wasserstoffperoxidlösung herzustellen.

b) Stelle die Reaktionsgleichung für die Zersetzung von Wasserstoffperoxid auf.

c) Gibt man fein verteiltes Platin zu 10 ml eines Haarbleichmittels, werden 105 ml Sauerstoff frei. Zeichne eine Apparatur, mit der man das entstehende Gas auffangen kann.

d) Berechne die bei 20 °C und normalem Druck in 105 ml Sauerstoff enthaltene Stoffmenge an Sauerstoff-Molekülen und leite daraus die in 10 ml Haarbleichmittel enthaltene Stoffmenge an Wasserstoffperoxid ab.

e) Berechne die Stoffmengenkonzentration an H_2O_2.

Kapitel 8

Chemische Verwandtschaften

Bunt und schrill strahlen die Leuchtröhren der Lichtreklame. Ihr farbiges Licht wird durch die Elemente Helium, Neon oder Argon erzeugt, die in geringen Mengen in solchen Leuchtröhren enthalten sind. Auch sonst haben die genannten Elemente sehr ähnliche physikalische und chemische Eigenschaften, weshalb man sie als miteinander verwandt ansehen kann. Vergleicht man allgemein die Eigenschaften verschiedener Elemente, ergeben sich Gruppen miteinander verwandter Elemente – die Elementfamilien.

Zum Tauchen in größeren Tiefen benötigt man statt normaler komprimierter Luft ein teures Helium-Sauerstoff-Gemisch. Der Stickstoffanteil der Luft wird durch das Edelgas Helium ersetzt, da Stickstoff in größerer Tiefe wegen des Umgebungsdrucks zu Vergiftungserscheinungen bei Tauchern führt. Mit normaler Pressluft droht schon ab 30 m Wassertiefe die Gefahr einer Stickstoffnarkose – der Tiefenrausch. Der Taucher ist in seiner Koordinationsfähigkeit eingeschränkt, wird leichtsinnig und verliert die Selbstkontrolle. Auch reiner Sauerstoff führt bei höherem Druck zu Vergiftungserscheinungen.

Es ist Silvesterabend, kurz vor zwölf Uhr; gleich wird mit einem bunten Feuerwerk das neue Jahr begrüßt und tausende von „Raketen" werden in den Nachthimmel geschossen. Jede Feuerwerksrakete enthält drei wesentliche Komponenten: den Treibsatz, die Zerlegungsladung und die Effektladung. Der Treibsatz enthält Schwarzpulver, das bei der Verbrennung zu Gasen reagiert. Diese katapultieren die Rakete in den Himmel. Explodiert die Zerlegungsladung, werden die Sterne der Effektladung versprengt und gezündet. Die Farbenpracht wird durch Metalle und Metallsalze verursacht. So bewirken Verbindungen von Strontium und Barium die roten beziehungsweise grünen Leuchteffekte.

Der Geruch von Chlor ist dir aus dem Schwimmbad bekannt. Das Badewasser enthält Chlor in einer Konzentration von maximal 3 $\frac{mg}{l}$; es dient zur Desinfektion. Obwohl der Chlorgehalt des Badewassers mehrmals täglich bestimmt wird, liest man gelegentlich Meldungen von Chlorgasunfällen. So wurden in einem Gymnasium im Kreis Coesfeld 40 Schüler durch austretendes Chlorgas verletzt. Bei der Betankung des Desinfektionssystems des Schulhallenbades kam es zu einem Bedienungsfehler, bei dem eine größere Menge Chlorgas freigesetzt wurde. Schüler, die sich im Hallenbad befanden, atmeten das Gas ein und mussten kurzzeitig wegen Hustenreiz und Atembeschwerden im Krankenhaus behandelt werden.

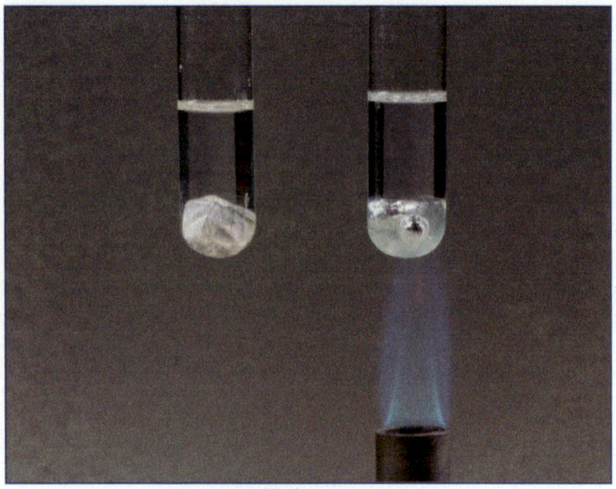

1 *Natrium schmilzt bei 98 °C*

2 *Natriumdampflampe*

Ordnet man die Elemente nach ihrem Massenanteil in der Erdkruste, so steht Natrium weit vorne auf Platz 6. Die meisten Menschen kennen Natrium jedoch nicht als Element, sondern nur in Form von *Verbindungen*. Alltägliche Beispiele sind *Kochsalz* (Natriumchlorid) sowie *Natron* (Natriumhydrogencarbonat) als Bestandteil von Backpulver und *Soda* als Waschmittelzusatz.

Eigenschaften. Elementares Natrium besitzt die typischen Eigenschaften eines Metalls: Es glänzt silberfarben und ist ein guter Leiter für Wärme und den elektrischen Strom. Natrium ist so weich, dass man es mit dem Messer schneiden kann. Die frische Schnittfläche ist silbrig-glänzend, überzieht sich aber bald mit einem grauen Belag. Dieser Effekt tritt noch schneller ein, wenn man auf die Schnittfläche haucht. Natrium ist sehr reaktionsfreudig und reagiert an der Luft mit Sauerstoff und Luftfeuchtigkeit. Im Labor bewahrt man es deshalb unter Paraffinöl auf. Nach einiger Zeit bildet sich trotzdem ein Belag auf der Oberfläche des Metalls, denn beim Öffnen der Flasche kommen immer wieder Luftfeuchtigkeit und Sauerstoff als Reaktionspartner hinzu.

Im Vergleich zu den allgemein bekannten Metallen hat Natrium weitere ungewöhnliche Eigenschaften: Erhitzt man Natrium, so schmilzt es bereits bei 98 °C (Abb. 1). Eisen schmilzt dagegen erst oberhalb von 1500 °C. Die Dichte von Natrium ist mit $0{,}97 \frac{g}{cm^3}$ sogar geringer als die von Wasser.

Flammenfärbung. Geschmolzenes Natrium entzündet sich leicht an der Luft und verbrennt mit einer leuchtend gelben Flamme. Das gelbe Leuchten zeigt sich auch, wenn man eine Natriumverbindung mit einem Magnesiastäbchen in die Flamme eines Gasbrenners bringt. Diese typisch gelbe Flammenfärbung ist ein Nachweis für Natriumverbindungen in der untersuchten Probe.

Herstellung und Verwendung. Ausgangsstoff für die technische Herstellung von Natrium ist Natriumchlorid, das als **Steinsalz** in Salzbergwerken abgebaut wird: Man schmilzt das Salz und zerlegt die Verbindung mithilfe von elektrischer Energie. Natrium entsteht dabei an der Elektrode, die mit dem Minuspol verbunden ist. Weltweit werden nach diesem Prinzip jährlich etwa 80 000 Tonnen Natrium erzeugt. Der größte Teil davon wird für die Produktion von Industriechemikalien verbraucht. Ein Beispiel dafür ist die Verbindung *Natriumdithionit*, die man als Bleichmittel unter anderem in der Papierindustrie einsetzt.

Früher nutzte man metallisches Natrium überwiegend zur Herstellung einer Bleiverbindung als Zusatzstoff von Benzin. Heute setzt man dem Benzin umweltfreundlichere Additive zu; die Produktion von Natrium ging deshalb stark zurück. Elementares Natrium wird technisch nur in wenigen Spezialfällen eingesetzt. Ein Beispiel sind Natriumdampflampen für die Beleuchtung von Straßenkreuzungen und Fußgängerüberwegen (Abb. 2). Beim Einschalten der Lampe verdampft im Lampenkörper etwas metallisches Natrium. Die Natrium-Atome senden dann ein intensiv gelbes Licht aus. Gerade gelbes Licht durchdringt Nebel und Dunst besonders gut.

Reaktion mit Wasser. Lässt man ein kleines Stück Natrium auf Wasser fallen, so bewegt es sich zischend über die Wasseroberfläche und wird dabei immer kleiner (Abb. 3). Bei der Reaktion wird so viel Wärme frei, dass das Natrium zu einem Tropfen zusammenschmilzt. Gleichzeitig entsteht ein Gas, sodass der Tropfen wie ein Luftkissenboot getragen wird. Das frei werdende Gas lässt sich auffangen, indem man das Natrium mit einem Sieblöffel unter die Wasseroberfläche drückt. Eine Knallgasprobe zeigt, dass es sich um Wasserstoff handelt. Setzt man dem Wasser etwas Phenolphthalein als In-

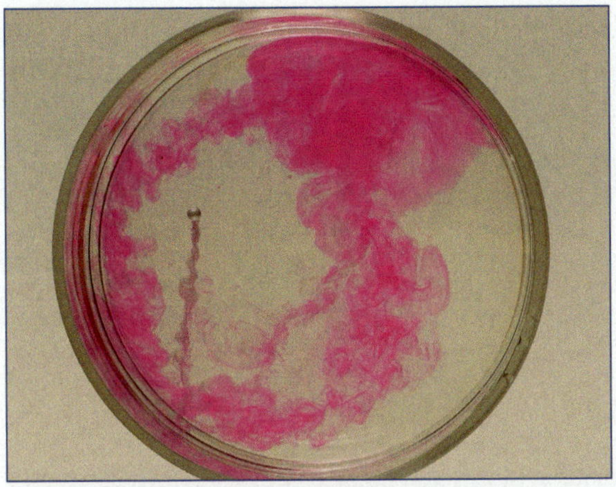

3 *Natrium reagiert zu Natronlauge und Wasserstoff*

dikator zu, erkennt man, dass der Natriumtropfen eine rote Farbspur hinterlässt. Es hat sich also eine **alkalische Lösung** gebildet.

Natriumhydroxid und Natronlauge. Die bei der Reaktion von Natrium mit Wasser entstandene Lösung wird als **Natronlauge** bezeichnet. In ihr ist **Natriumhydroxid** gelöst, ein mattweißer Feststoff. Der Name weist darauf hin, dass diese Verbindung aus den Atomen der Elemente Natrium, Wasserstoff (Hydrogenium) und Sauerstoff (Oxygenium) zusammengesetzt ist. Die Verhältnisformel von Natriumhydroxid ist **NaOH.** Dies bedeutet, dass Natriumhydroxid die gleiche Anzahl von Natrium-, Wasserstoff- und Sauerstoff-Atomen enthält. Berücksichtigt man, dass Wasserstoff aus zweiatomigen Molekülen besteht, so ergibt sich folgende Reaktionsgleichung für die Reaktion von Natrium mit Wasser:

$$\underset{\text{Natrium}}{2\,Na\,(s)} + \underset{\text{Wasser}}{2\,H_2O\,(l)} \rightarrow \underset{\text{Natronlauge}}{2\,NaOH\,(aq)} + \underset{\text{Wasserstoff}}{H_2\,(g)};\ \text{exotherm}$$

Für festes Natriumhydroxid ist in der Technik auch der Name *Ätznatron* gebräuchlich. Es kommt meist in Form weißer Plätzchen in den Handel. Der Name weist auf das aggressive Verhalten dieses Stoffes hin: Natriumhydroxid zerfrisst Metalle wie Zink oder Aluminium, wobei Wasserstoff entsteht. Auch Fett oder Haare werden von Natriumhydroxid zersetzt, weshalb es in Abflussreinigern verwendet wird. Natriumhydroxid löst sich sehr gut in Wasser, dabei wird die Lösung – die Natronlauge – sehr heiß. Natriumhydroxid löst sich also stark exotherm. Selbst aus feuchter Luft nimmt es begierig Wasserdampf auf und zerfließt unter Bildung von Natronlauge. Man sagt: Es ist *hygroskopisch*.

Natriumhydroxid wird weltweit in sehr großen Mengen produziert. Allein in Deutschland sind es jährlich mehr als vier Millionen Tonnen. Der größte Teil wird in der chemischen Industrie verbraucht, um saure Lösungen zu neutralisieren. Weitere Einsatzbereiche sind die Produktion von Aluminium, Kunstseide, Waschmitteln und Bleichmitteln.

Natrium ist ein sehr reaktionsfreudiges, weiches Leichtmetall. Natrium und Natriumverbindungen lassen sich aufgrund der intensiv gelben Flammenfärbung nachweisen. Bei der Reaktion von Natrium mit Wasser bilden sich Natronlauge und Wasserstoff. Natronlauge ist eine wässrige Lösung von Natriumhydroxid.

1 Nenne drei ungewöhnliche Eigenschaften von Natrium.

2 Natrium reagiert heftig mit Wasser. Beschreibe, wie du einen Natriumbrand löschen würdest.

3 Beschreibe, wie man ohne Geschmacksprobe überprüfen könnte, ob man dem Wasser zum Kochen der Nudeln bereits Kochsalz zugesetzt hat.

4 Erläutere, warum heute erheblich weniger Natrium hergestellt wird als früher.

5 a) Erkläre, woran man erkennen kann, dass bei der Reaktion von Natrium mit Wasser viel Energie frei wird.
b) Legt man ein Stück Natrium auf ein nasses Filtrierpapier, so entzündet sich das entstehende Gas. Erkläre dieses Phänomen.

6 Erkläre den Unterschied zwischen Natronlauge und Natriumhydroxid.

7 Erkläre, warum die meisten Menschen Natrium nicht in elementarer Form kennen.

8 Recherchiere, warum eine konzentrierte Natronlauge nicht in Glasgefäßen aufbewahrt wird.

9 Erstelle eine Conceptmap zur Bedeutung von Natrium und Natriumverbindungen in Industrie und Haushalt.

10 Vor dem Backen wird Laugengebäck in eine stark verdünnte Natronlauge getaucht. Beim Backen werden die Brezeln dann schön braun. Überschüssige Natronlauge reagiert mit dem beim Backen aus dem Backtriebmittel entstehenden Kohlenstoffdioxid zu Soda (Na_2CO_3). Stelle die Reaktionsgleichung auf.

11 In der Garage entdeckst du ein Gefäß mit einem flüssigen Mittel zum Entfernen von Lackanstrichen. Es reagiert stark alkalisch und zeigt eine gelbe Flammenfärbung. Erkläre, um welche Lösung es sich handelt und welche Gefahren von der Lösung ausgehen.

	Lithium, Li	Natrium, Na	Kalium, K	Rubidium, Rb	Caesium, Cs
Flammenfärbung	karminrot	gelb	blassviolett	rotviolett	blauviolett
Atommasse	6,9 u	23,0 u	39,1 u	85,5 u	132,9 u
Schmelztemperatur	181 °C	98 °C	63 °C	39 °C	28 °C
Siedetemperatur	1347 °C	883 °C	759 °C	688 °C	668 °C
Dichte	0,53 $\frac{g}{cm^3}$	0,97 $\frac{g}{cm^3}$	0,86 $\frac{g}{cm^3}$	1,53 $\frac{g}{cm^3}$	1,87 $\frac{g}{cm^3}$
Härte	mäßig hart				sehr weich
Reaktion mit Wasser	lebhaft				explosionsartig

1 *Steckbrief Alkalimetalle*

Die Elemente **Lithium** und **Kalium** haben ähnliche Eigenschaften wie Natrium: Es sind Leichtmetalle mit niedrigen Schmelztemperaturen. Wie Natrium werden sie unter Paraffinöl aufbewahrt, um sie vor Sauerstoff und Luftfeuchtigkeit zu schützen. Lithium ist etwas härter als Natrium, lässt sich aber noch mit dem Messer schneiden (Abb. 1).

Wegen ihrer Ähnlichkeit werden diese Elemente zu einer **Elementfamilie** oder *Elementgruppe* zusammengefasst. Man bezeichnet die Elemente dieser Elementfamilie als **Alkalimetalle.** Der Name leitet sich aus dem arabischen *alqaljan* für Pflanzenasche ab. Tatsächlich bestehen Pflanzenaschen überwiegend aus Verbindungen der Alkalimetalle.

Neben Lithium, Natrium und Kalium gehören auch **Rubidium** und **Caesium** zu den Alkalimetallen. Diese beiden Elemente sind so reaktionsfähig, dass sie zur Aufbewahrung in luftleere Glasampullen eingeschmolzen werden müssen.

Bei aller Übereinstimmung in den Eigenschaften der Alkalimetalle gibt es aber auch deutliche Abstufungen. So nehmen die Schmelztemperaturen und die Härte in der Reihe Lithium, Natrium, Kalium, Rubidium und Caesium ab, die Reaktionsfähigkeit steigt dagegen in der gleichen Reihenfolge erheblich an.

Reaktion mit Wasser. Bei der Reaktion der Alkalimetalle mit Wasser entstehen neben Wasserstoff die Lösungen der Hydroxide. Man bezeichnet diese Lösungen als *Laugen*. Verwendet man für die Metalle das Symbol Me, so kann man eine allgemeine Reaktionsgleichung aufstellen:

$$\underset{\text{Alkalimetall}}{2\ Me(s)} + 2\ H_2O(l) \rightarrow H_2(g) + \underset{\text{Alkalimetalllauge}}{2\ MeOH(aq)};\ \text{exotherm}$$

Flammenfärbung. Bringt man Alkalimetallverbindungen in die Flamme eines Gasbrenners zeigen sich Färbungen, die typisch für die einzelnen Alkalimetalle sind (Abb. 2). Besonders auffällig sind die gelbe Flammenfärbung des Natriums und die rote Flammenfärbung des Lithiums. Die blassviolette Flammenfärbung von Kalium lässt sich erst durch ein Cobaltglas gut beobachten: Das blaue Glas filtert das gelbe Licht von Natriumverbindungen heraus, die häufig als Verunreinigungen die Kaliumfärbung überdecken.

Betrachtet man die Flammenfärbungen der Alkalimetalle durch ein *Spektroskop*, so zeigen sich charakteristische Linienmuster (Abb. 3). Man erkennt an diesen Linienspektren, in welchen Bereichen des Spektrums Licht von der Probe ausgestrahlt wird. Anhand der Muster lassen sich die in einer Probe enthaltenen Alkalimetalle nachweisen.

Weißes Licht wird durch das Prisma des Spektroskops in alle Farben des Regenbogens aufgespalten. Die einzelnen Farben gehen dabei fließend ineinander über. Man spricht von einem *kontinuierlichen* Spektrum.

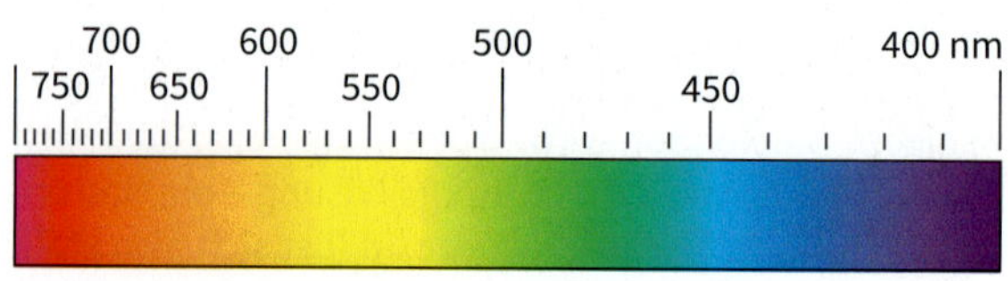

Zur Elementfamilie der Alkalimetalle gehören Lithium, Natrium, Kalium, Rubidium und Caesium. Diese Metalle reagieren sehr leicht mit Sauerstoff und Wasser. Bei der Reaktion mit Wasser bilden sich Wasserstoff und leicht lösliche Hydroxide der allgemeinen Formel MeOH.

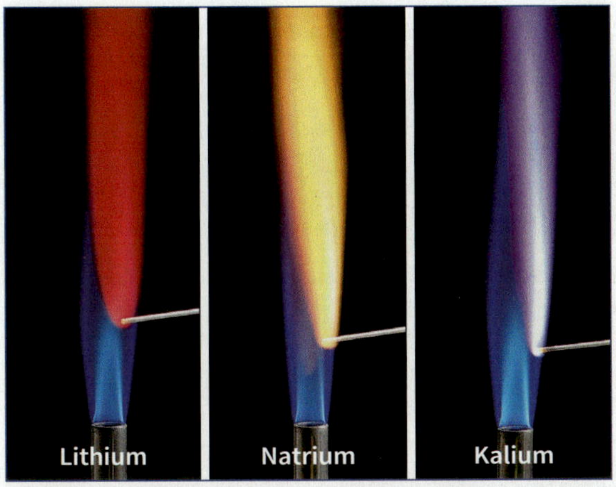

2 *Flammenfärbung von Lithium, Natrium und Kalium*

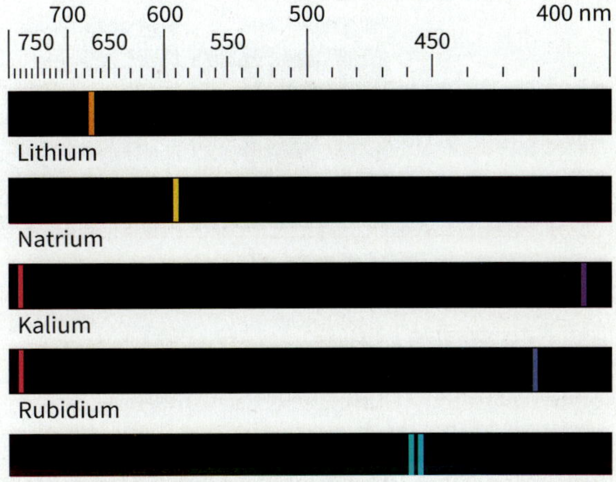

3 *Linienspektren der Alkalimetalle*

Steckbrief: Lithium (Li)

Der Name des Elements Lithium bezieht sich auf seine Entdeckung bei der Untersuchung bestimmter Gesteine (griech. *lithos:* Stein). Mit einer Dichte von nur 0,53 $\frac{g}{cm^3}$ ist Lithium das Element mit der geringsten Dichte aller Metalle. Deshalb wird Lithium zu Legierungen verarbeitet, die leicht und strapazierfähig sein müssen. Aluminium-Lithium-Legierungen mit einem Massenanteil von 2 % Lithium werden beim Flugzeugbau und für die Außentanks des Space Shuttles eingesetzt. Damit erzielt man eine Gewichtsersparnis von etwa 6 %.

Lithium-Ionen-Akkus zeichnen sich durch eine hohe Energiedichte bei geringem Gewicht aus.

Steckbrief: Rubidium (Rb) und Caesium (Cs)

Als Robert BUNSEN und Gustav KIRCHHOFF 1861 die Flammenfärbung von Salzen aus dem Dürkheimer Mineralwasser mit einem Spektroskop untersuchten, zeigten einige Proben ein helles Aufleuchten im roten Bereich, andere dagegen im blauen Bereich des Lichts. Dies konnte nur von Atomen bisher nicht bekannter Elemente kommen. Die Namen Rubidium (lat. *rubidus*: dunkelrot) und Caesium (lat. *caesius*: himmelblau) beziehen sich auf die im Spektroskop beobachteten Linien.

Seit 1970 spielt Caesium eine wichtige Rolle für die genaue Messung der Zeit. So entsprechen die zur Steuerung von Funkuhren ausgesandten Signale genau der äußerst exakten Zeitskala der Atomuhr der Physikalisch-Technischen Bundesanstalt in Braunschweig.

Steckbrief: Kalium (K)

In der Erdkruste ist das Element Kalium ähnlich häufig wie Natrium: Viele Gesteine enthalten Kaliummineralien wie Kalifeldspat oder Glimmer. In Salzlagerstätten kommen Kaliumchlorid und andere Kaliumsalze als Beimischungen von Steinsalz (Natriumchlorid) vor. Sind die Vorkommen an Kaliumsalzen in einer Lagerstätte besonders hoch, werden sie abgebaut und zur Herstellung von Düngemitteln genutzt. Landpflanzen reichern Kaliumverbindungen an, sodass beim Verbrennen das traditionell als Pottasche bezeichnete Kaliumcarbonat (K_2CO_3) zurückbleibt. Dieser Zusammenhang spiegelt sich auch im englischen Namen *potassium* für das Element Kalium wider.

1 Beschreibe, wie sich die Eigenschaften der Alkalimetalle in der Reihenfolge vom Lithium zum Caesium ändern. Nimm auch die Steckbriefe zu Hilfe.

2 Stelle die Reaktionsgleichungen für die Reaktion von Lithium, Kalium und Rubidium mit Wasser auf und benenne die Reaktionsprodukte.

3 Erläutere, inwiefern der Einsatz von Lithium in Legierungen auch dem Umweltschutz dient.

4 Erläutere, warum es kaum technische Anwendungen für die Elemente Rubidium und Caesium gibt.

5 Erläutere den Vorteil des spektroskopischen Nachweises im Vergleich zur Beobachtung der Flammenfärbung mit dem bloßen Auge.

6 a) Recherchiere, wie Licht in einem Prisma zerlegt wird.
b) Schätze für die Spektrallinien der Alkalimetalle in Abb. 3 die Wellenlängen des ausgesandten Lichtes ab. Nutze dazu das abgebildete kontinuierliche Spektrum.

	Beryllium, Be	Magnesium, Mg	Calcium, Ca	Strontium, Sr	Barium, Ba
	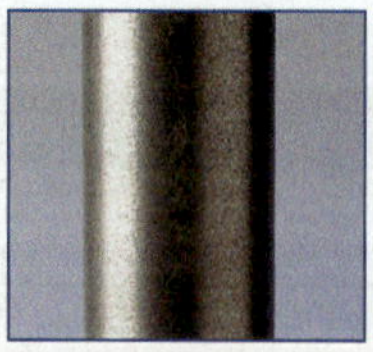				
Flammenfärbung	keine	keine	ziegelrot	karminrot	fahlgrün
Atommasse	9,0 u	24,3 u	40,1 u	87,6 u	137,3 u
Schmelztemperatur	1287 °C	650 °C	842 °C	777 °C	727 °C
Siedetemperatur	2480 °C	1093 °C	1484 °C	1412 °C	1845 °C
Dichte	$1{,}85\,\frac{g}{cm^3}$	$1{,}74\,\frac{g}{cm^3}$	$1{,}55\,\frac{g}{cm^3}$	$2{,}6\,\frac{g}{cm^3}$	$3{,}5\,\frac{g}{cm^3}$
Härte	hart				mäßig weich
Reaktion mit Wasser	keine Reaktion				sehr lebhaft

1 *Steckbrief Erdalkalimetalle*

Das Element **Calcium** ist ein silbrig-glänzendes Leichtmetall. Anders als das härteste Alkalimetall Lithium kann man Calcium nicht mit dem Messer schneiden. Lässt man Calcium an der Luft liegen, reagiert es allmählich mit Sauerstoff und Luftfeuchtigkeit und bekommt einen grauen Überzug. Beim Erhitzen verbrennt es mit ziegelroter Flamme zu Calciumoxid. Aufgrund seiner Reaktivität kommt Calcium in der Natur nicht elementar, sondern nur in gebundener Form in Mineralien wie Kalkstein, Marmor oder Gips vor.

Reaktion mit Wasser. Gibt man Calciumspäne in Wasser, steigt Wasserstoff auf und das Reaktionsgemisch erwärmt sich. Gleichzeitig trübt sich die Lösung, da ein weißer, schwer löslicher Feststoff entsteht. Es handelt sich dabei um Calciumhydroxid. Ein Indikator zeigt an, dass die gebildete Lösung alkalisch reagiert.

$$\underset{\text{Calcium}}{Ca(s)} + H_2O(l) \rightarrow \underset{\text{Calciumhydroxid}}{Ca(OH)_2(s)} + H_2(g); \quad \text{exotherm}$$

Die Verhältnisformel $Ca(OH)_2$ zeigt, dass die Anzahl der Sauerstoff-Atome und der Wasserstoff-Atome doppelt so groß ist wie die der Calcium-Atome.

Verwendung von Calciumhydroxid. Das im Labor verwendete **Kalkwasser** ist eine gesättigte Lösung von Calciumhydroxid. Leitet man Kohlenstoffdioxid in Kalkwasser ein, so trübt sich die Lösung und ein weißer Feststoff (Calciumcarbonat, $CaCO_3$) fällt aus. Diese Reaktion dient zum *Nachweis von Kohlenstoffdioxid.* Zur Herstellung von Kalkmörtel vermischt man Calciumhydroxid mit Wasser und Sand zu einem Brei. Beim Abbinden reagiert Calciumhydroxid mit Kohlenstoffdioxid aus der Luft zu Calciumcarbonat, das mit den Sandkörnen einen festen Baustoff ergibt.

Magnesium. Ähnlich wie Calcium ist auch das Element Magnesium ein silbrig-glänzendes Leichtmetall. An der Luft bildet sich durch Reaktion mit Sauerstoff eine dünne Schicht von Magnesiumoxid. Sie schützt das darunter liegende Metall vor weiterer Oxidation. Gibt man Magnesium und Wasser zusammen, ist zunächst keine Reaktion zu erkennen. Erhitzt man das Wasser, steigen Gasbläschen auf. Es handelt sich um Wasserstoff. Ein Indikator zeigt, dass die Lösung alkalisch reagiert.

Da Magnesiumlegierungen eine hohe Festigkeit bei geringem Gewicht aufweisen, werden sie häufig als Werkstoffe im Flugzeug- und Automobilbau verwendet. Aber auch Gegenstände des Alltags wie Gehäuse von Laptops, Lenkräder und Bleistiftanspitzer werden aus Magnesium hergestellt.

Erdalkalimetalle. Die Elemente *Calcium* und *Magnesium* bilden zusammen mit **Beryllium, Strontium** und **Barium** die *Elementfamilie der Erdalkalimetalle.* Der Name weist darauf hin, dass Verbindungen dieser Elemente häufig in der Erdkruste zu finden sind. Die Erdalkalimetalle sind in ihren Eigenschaften und chemischen Reaktionen den Alkalimetallen sehr ähnlich; die Verhältnisformeln ihrer Verbindungen unterscheiden sich jedoch. Alkalimetalle bilden Hydroxide und Chloride mit der allgemeinen Verhältnisformel MeOH sowie MeCl; die Verhältnisformeln bei den Erdalkalimetallen lauten $Me(OH)_2$ und $MeCl_2$.

Die Erdalkalimetalle sind reaktionsfreudige Leichtmetalle. Mit Wasser bilden sie Wasserstoff und wenig lösliche Hydroxide mit der allgemeinen Formel $Me(OH)_2$. Eine klare Lösung von Calciumhydroxid wird Kalkwasser genannt und zum Nachweis von Kohlenstoffdioxid verwendet.

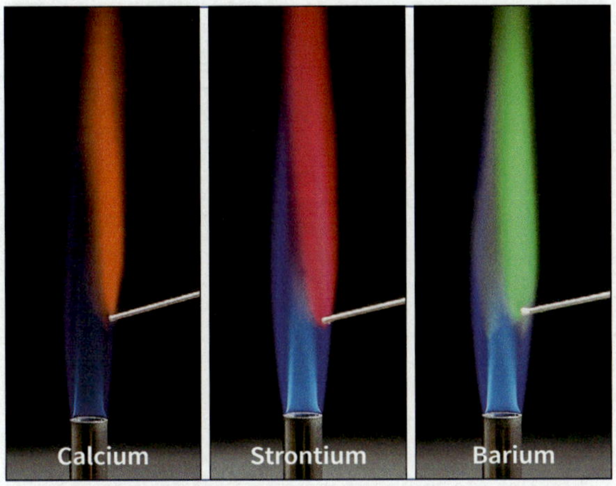

2 *Flammenfärbung von Calcium, Strontium und Barium*

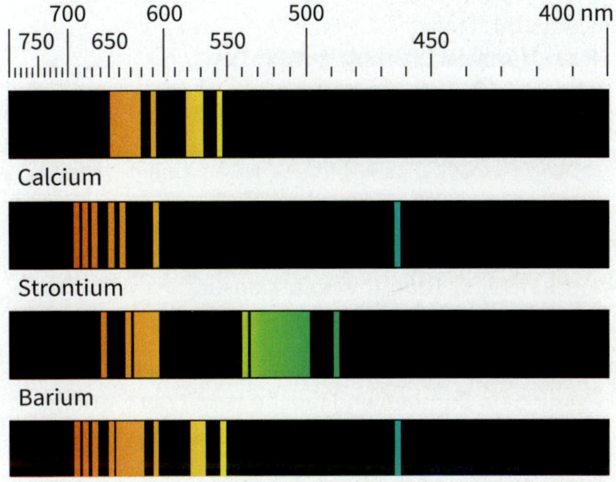

3 *Linienspektren einiger Erdalkalimetalle*

Steckbrief: Beryllium (Be)

Das häufigste Berylliummineral ist *Beryll* ($Be_3Al_2Si_6O_{18}$). Mönche schliffen im Mittelalter aus dem glasartig durchscheinenden Mineral halbkugelige Linsen, die sie als Vergrößerungsglas verwendeten. So leitet sich die Bezeichnung Brille von dem Namen Beryll ab. Der grüne *Smaragd* ist ein Beryll, bei dem ein Teil der Aluminium-Atome durch Chrom-Atome ersetzt ist.
Lösliche Berylliumverbindungen sind sehr giftig und spielen deshalb praktisch kaum eine Rolle. Auch das kostspielige Metall wird nur selten eingesetzt. Die größte Bedeutung haben Kupferlegierungen mit einem Berylliumanteil von höchstens 2 % als korrosionsbeständige elektrische Kontakte in hochwertigen Schaltern.

Steckbrief: Strontium (Sr)

Verbindungen des Strontiums erkennt man an ihrer typischen karminroten Flammenfärbung. Feuerwerkskörpern werden deshalb Strontiumverbindungen beigemischt, um rote Leuchteffekte zu erzielen. Strontiumoxid ist ein wichtiger Bestandteil von Gläsern für Bildschirme. Es hält die gesundheitsschädliche Röntgenstrahlung zurück. Andere Strontiumverbindungen werden in temperaturbeständigen und leichten magnetischen Bauteilen in Elektromotoren verwendet.

Steckbrief: Barium (Ba)

Das Element Barium (griech. *barys:* schwer) ist das reaktivste Element aus der Gruppe der Erdalkalimetalle.

Bariumverbindungen werden unter anderem in Feuerwerkskörpern verwendet; dort bewirken sie eine grüne Flammenfärbung.

Eine wichtige Bariumverbindung ist *Schwerspat* (Bariumsulfat, $BaSO_4$), auch Baryt genannt. Neben der Verwendung als Kontrastmittel beim Röntgen spielt Baryt eine wesentliche Rolle bei der Erschließung von Erdöl- oder Erdgaslagerstätten: Das fein gemahlene Mineral wird der zur Kühlung des Bohrkopfes nötigen Spülflüssigkeit zugesetzt. Dadurch entsteht eine Suspension mit einer Dichte von etwa $1{,}4\,\frac{g}{cm^3}$. Auf diese Weise gelangt das beim Bohren gebildete Gesteinsmehl problemlos an die Oberfläche. Die Spülflüssigkeit wird nach Abtrennung des Gesteinsmehls erneut eingesetzt.

1 Stelle die Reaktionsgleichung für die Reaktion von Strontium mit Wasser auf.

2 Erläutere, welche Elemente durch das Linienspektrum des Stoffgemisches in Abb. 3 nachgewiesen werden.

3 Stelle die Reaktionsgleichung für die Reaktion von Kalkwasser mit Kohlenstoffdioxid auf.

4 Erläutere, warum sich fein verteiltes Calcium an der Luft selbst entzünden kann.

5 Stelle die Unterschiede von Alkalimetallen und Erdalkalimetallen in einer Tabelle zusammen. Nimm auch die Steckbriefe zur Hilfe.

Praktikum Alkalimetalle und Erdalkalimetalle

Versuch 1:
Reaktion von Lithium mit Wasser

Materialien: Becherglas (250 ml), Porzellanschale, Gasbrenner, Messer, saugfähiges Papier, Pinzette; Lithium (**2, 5**), Bromthymolblaulösung.

Durchführung:
1. Fülle ein Reagenzglas mit Wasser. Verschließe es mit dem Daumen und tauche es mit der Öffnung nach unten in das mit Wasser gefüllte Becherglas. Befestige das Reagenzglas dann an einem Stativ.
2. Nimm ein Stück Lithium mit der Pinzette aus dem Vorratsgefäß, lege es auf das Papier und tupfe anhaftendes Öl ab.
3. Entferne mit dem Messer die graue Oxidschicht und schneide ein erbsengroßes Stück zurecht.
4. Halte das Lithiumstück mit der Pinzette unter die Öffnung des Reagenzglases.
5. Führe mit dem aufgefangenen Gas die Knallgasprobe durch.
6. Gib abschließend einige Tropfen Bromthymolblaulösung in das Becherglas.

Hinweis: Lithium darf nicht in Kontakt mit den Augen und der Haut geraten.

Aufgaben:
a) Notiere und deute deine Beobachtungen.
b) Begründe, warum Lithium unter Paraffinöl aufbewahrt wird und warum es nicht in Kontakt mit der Haut und den Augen geraten darf.

Versuch 2:
Reaktion von Calcium mit Wasser

Materialien: Strohhalm, Filtrierpapier, Pinzette; Calcium (gekörnt; **2**), Bromthymolblaulösung.

Durchführung:
1. Fülle ein Reagenzglas zu einem Viertel mit Wasser und füge einige Calciumkörnchen zu.
2. Entzünde das entstehende Gas an der Brennerflamme.
3. Filtriere die Suspension und tropfe etwas Bromthymolblaulösung zum Filtrat.
4. Puste mit dem Strohhalm in die Lösung.

Aufgabe: Notiere und deute deine Beobachtungen.

Rechenbeispiel

Bestimmung der Verhältnisformel von Lithiumhydroxid

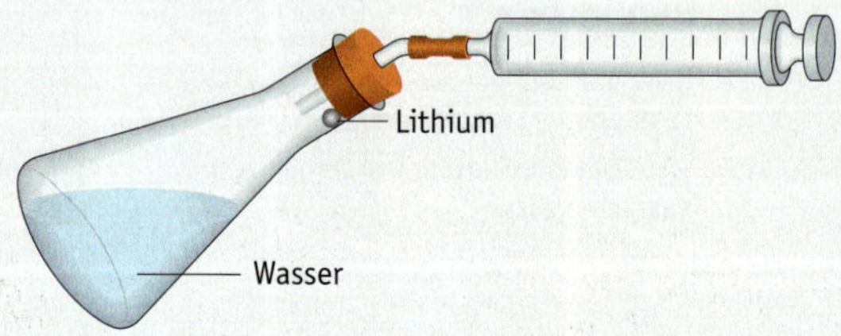

Bei der Reaktion von Alkalimetallen und Erdalkalimetallen mit Wasser setzen die Metalle Wasserstoff frei. Das Stoffmengenverhältnis n(Metall-Atome) : n(H-Atome) kann in einem Versuch bestimmt werden. Hierzu wird ein Metallstück abgewogen und so in ein Gefäß mit Wasser gelegt, dass es nicht mit Wasser in Berührung kommt. Dann verschließt man das Gefäß und lässt das Metallstück ins Wasser gleiten. Das Volumen des entstehenden Wasserstoffs wird gemessen.

Auswertung: 30 mg Lithium reagieren mit Wasser; dabei entstehen 50 ml Wasserstoff.

1. Stoffmenge an Lithium:

$m(\text{Lithium}) = 30\ \text{mg}; \quad M(\text{Li}) = 6{,}9\ \frac{\text{g}}{\text{mol}}$

$$n(\text{Li}) = \frac{m(\text{Lithium})}{M(\text{Li})} = \frac{30\ \text{mg}}{6{,}9\ \frac{\text{g}}{\text{mol}}} \approx 4{,}3\ \text{mmol}$$

2. a) Stoffmenge an Wasserstoff-Molekülen:

$V(\text{Wasserstoff}) = 50\ \text{ml}; \quad V_m(\text{Gas}; 20\,°\text{C}) = 24\ \frac{\text{l}}{\text{mol}}$

$$n(H_2) = \frac{V(\text{Wasserstoff})}{V_m(H_2)} = \frac{50\ \text{ml}}{24\ \frac{\text{l}}{\text{mol}}} = 2{,}1\ \text{mmol}$$

b) Stoffmenge an Wasserstoff-Atomen:

$n(\text{H}) = 2 \cdot n(H_2) = 4{,}2\ \text{mmol}$

3. Ableitung der Verhältnisformel:

Die Stoffmengen an Wasserstoff-Atomen und an Lithium-Atomen sind gleich. Jedes Lithium-Atom setzt also ein Wasserstoff-Atom aus einem Wasser-Molekül frei. Die Verhältnisformel von Lithiumhydroxid ist daher LiOH. Die Reaktionsgleichung lautet:

$$\underset{\text{Lithium}}{2\,\text{Li(s)}} + \underset{\text{Wasser}}{2\,H_2O(l)} \rightarrow \underset{\text{Lithiumhydroxid}}{2\,\text{LiOH(aq)}} + \underset{\text{Wasserstoff}}{H_2(g)}$$

Versuch 3:
Reaktion von Magnesium mit Wasser

Materialien: Gasbrenner, Schleifpapier, Tropfpipette; 4 Magnesiumstreifen (etwa 2 cm lang, **2**), Phenolphthaleinlösung (< 0,1 %, **2**, **7**).

Durchführung:
1. Reibe zwei der vier Magnesiumstreifen blank.
2. Fülle vier Reagenzgläser zu einem Viertel mit Wasser und setze jeweils drei Tropfen Phenolpthaleinlösung zu.
3. Gib in jedes Reagenzglas einen Streifen Magnesium.
4. Erhitze ein Reagenzglas mit einem blanken Streifen und eines mit einem ungereinigten Streifen.

Aufgaben:
a) Notiere deine Beobachtungen.
b) Werte den Versuch aus.

A1 a) Bei der Reaktion von 275 mg Barium mit Wasser werden 48 ml Wasserstoff frei. Berechne die Stoffmengen an Barium und Wasserstoff.
b) Stelle das Reaktionsschema und die Reaktionsgleichung für die Reaktion von Barium mit Wasser auf.

Versuch 4:
Branntkalk und Löschkalk

Materialien: Porzellantiegel, Gasbrenner, Dreifuß, Tondreieck, Glasstab, Thermometer; Calciumhydroxid (**5**).

Durchführung:
1. Gib drei Spatel Calciumhydroxid in den Porzellantiegel und erhitze stark. Rühre dabei mit dem Glasstab um.
2. Warte bis der Feststoff abgekühlt ist.
3. Gib tropfenweise Wasser zum Feststoff und rühre mit dem Glasstab um. Miss die Temperatur, während du Wasser zufügst.

Aufgaben:
a) Notiere deine Beobachtungen.
b) Stelle die Reaktionsgleichungen auf.
c) Erkläre anhand des Versuches die Bezeichnungen *Branntkalk* und *Löschkalk*.

Versuch 5:
Reaktion von Calciumoxid mit Wasser

Materialien: Calciumoxid (**5**), Bromthymolblaulösung.

Durchführung:
1. Fülle ein Reagenzglas zu einem Viertel mit Wasser und füge etwas Calciumoxid hinzu.
2. Prüfe die Suspension mit der Indikatorlösung.

Aufgabe:
Notiere deine Beobachtungen.

Versuch 6:
Flammenfärbung

Materialien: Gasbrenner, Magnesiastäbchen, Becherglas (100 ml), Uhrgläser, Cobaltglas, Handspektroskop; Lithiumchlorid (**7**), Natriumchlorid, Kaliumchlorid, Strontiumchlorid (**7**), Bariumchloridlösung (1 %), Salzsäure (verd.), Probe eines unbekannten Salzes.

Durchführung:
1. Gib etwas Salzsäure in das Becherglas. Tauche ein Magnesiastäbchen kurz ein und erhitze es dann in der Brennerflamme. Wiederhole diesen Arbeitsschritt, bis keine Flammenfärbung mehr zu erkennen ist.
2. Feuchte das Stäbchen noch einmal mit Salzsäure an. Nimm damit etwas Lithiumchlorid vom Uhrglas auf und halte es in die Flamme.
3. Betrachte die Flamme durch das Spektroskop.
4. Brich ein Stück des Magnesiastäbchens ab. Wiederhole den Versuch dann mit den anderen Salzen. Beobachte die Flamme im Falle von Kaliumchlorid auch mit dem Cobaltglas.
5. Untersuche die Probe des unbekannten Salzes.

Aufgaben:
a) Notiere deine Beobachtungen.
b) Erkläre, warum das Magnesiastäbchen vor der Untersuchung der Salze ausgeglüht werden muss.

8.4 Chlor und seine Verwandten – die Halogene

1 *Chlor, Brom und Iod*

Jeder kennt aus dem Hallenbad den charakteristischen Geruch nach *Chlor*. Man verwendet dieses Gas, um das Wasser im Schwimmbad zu desinfizieren. Auch unser Trinkwasser wird bei der Aufbereitung im Wasserwerk häufig mit geringen Mengen an Chlor versetzt. Dabei zeigt sich das reaktive Chlor von seiner guten Seite: Schon mit 0,3 mg Chlor pro Liter Wasser werden Bakterien und andere Krankheitserreger zuverlässig abgetötet. Diese kleine Menge kann aber auch schon die Augen reizen. Das Element Chlor (griech. *chloros*: grün) ist ein gelbgrünes, stechend riechendes, nicht brennbares Gas. Das Elementsymbol für Chlor ist Cl. Im Chlorgas liegen jedoch zweiatomige Moleküle vor. Chlor hat deshalb die Molekülformel $\mathbf{Cl_2}$ (Abb. 1).

Gefahrstoff Chlor. Beim Umgang mit Chlor sind besondere Sicherheitsmaßnahmen erforderlich, denn Chlor ist umweltgefährlich und giftig. Selbst in großer Verdünnung wirkt Chlor stark hustenreizend. Bereits ein Anteil von etwa 1 % Chlor in der Atemluft ist für Menschen tödlich. Das stark ätzende Gas zerstört die Lungenbläschen. Immer wieder kommt es in Desinfektionsanlagen, in denen Wasser mit Chlor versetzt wird, zu Unfällen.

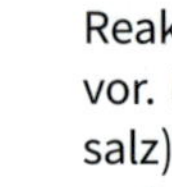

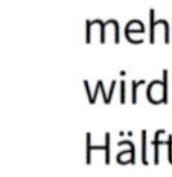

Herstellung und Verwendung. Wegen seiner hohen Reaktivität kommt Chlor in der Natur nur in Verbindungen vor. Elementares Chlor wird aus Natriumchlorid (Kochsalz) gewonnen. Allein in Deutschland sind es jährlich mehr als 3,5 Millionen Tonnen. Fast das gesamte Chlor wird in der chemischen Industrie verarbeitet. Etwa die Hälfte dient zur Synthese von Zwischenprodukten für die Herstellung von Siliconen oder dem Weißpigment Titandioxid (TiO_2). Gut ein Viertel des Chlors wird zu Kunststoffen wie Polyvinylchlorid (PVC) verarbeitet. Der Rest wird überwiegend zu Lösemitteln umgesetzt, die unter anderem auch für die *chemische Reinigung* von Textilien eingesetzt werden. Da elementares Chlor bleichend wirkt, wird es noch heute zum Bleichen von Papier eingesetzt. Dies wird jedoch zu recht kritisiert, weil dabei umweltbelastende Chlorverbindungen freigesetzt werden können.

Halogene – eine Elementfamilie. Mit **Fluor** (F), **Brom** (Br) und **Iod** (I) gibt es drei weitere Elemente, die aus zweiatomigen Molekülen bestehen und ähnliche Eigenschaften haben wie Chlor. Man fasst diese Elemente deshalb zur *Elementfamilie der Halogene* zusammen. Ihre Reaktivität nimmt vom Fluor über Chlor und Brom zum Iod hin ab. Alle Halogene sind als Element giftig. Chlor, Brom und Iod lösen sich mäßig in Wasser, wesentlich besser aber in Benzin (Abb. 2). Der Name Halogen ist von den griechischen Wörtern *halos* für Salz und *gennan* für erzeugen abgeleitet, bedeutet also **Salzbildner**. Er weist daraufhin, dass diese Elemente häufig am Aufbau von Salzen beteiligt sind. Natriumchlorid und Kaliumchlorid sind Hauptbestandteile von unterirdischen Salzlagerstätten.

Halogene sind reaktionsfreudige, giftige Elemente, die als zweiatomige Moleküle vorliegen. Der Name Halogen bedeutet Salzbildner. Die Halogene sind wichtige Ausgangssubstanzen für die chemische Industrie.

	Schmelztemperatur	Siedetemperatur	Dichte bei 20 °C
Fluor, F_2 (g)	−220 °C	−188 °C	$1{,}58\,\frac{g}{l}$
Chlor, Cl_2 (g)	−101 °C	−34 °C	$2{,}95\,\frac{g}{l}$
Brom, Br_2 (l)	−7 °C	59 °C	$3{,}12\,\frac{g}{cm^3}$
Iod, I_2 (s)	114 °C	184 °C	$4{,}94\,\frac{g}{cm^3}$

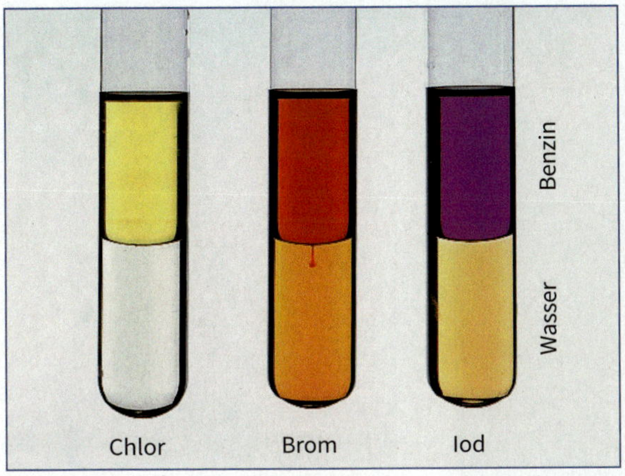

2 *Chlor, Brom und Iod gelöst in Wasser und in Benzin*

Steckbrief: Fluor (F)

Elementares Fluor ist ein blassgelbes Gas, dessen Geruch an Chlor erinnert. Fluor reagiert mit Metallen noch heftiger als Chlor. Meist setzt die Reaktion auch ohne Erwärmen unter starkem Aufglühen ein. Behälter aus Nickel oder aus Kupferlegierungen sind bei normaler Temperatur aber beständig, denn auf der Metalloberfläche bildet sich eine dünne Schutzschicht aus Metallfluoriden.

Fluorverbindungen dienen zur Herstellung von Kunststoffen wie Polytetrafluorethen, das als Teflon®-Beschichtung in Bratpfannen oder als wasserundurchlässige aber atmungsaktive Membran in Funktionskleidung eingesetzt wird. Zum Schutz gegen Karies enthalten viele Zahnpasten geringe Mengen an Natriumfluorid oder anderen Fluorverbindungen, die den Zahnschmelz härten sollen.

Steckbrief: Brom (Br)

Neben Quecksilber ist Brom das einzige bei Raumtemperatur flüssige Element. Es siedet bereits bei 59 °C, verdampft aber auch schon bei Raumtemperatur, sodass es einen geschlossen Glaskolben ausfüllt. Der Name weist auf den üblen Geruch von Brom hin (griech. *bromos*: Gestank).

Die wässrige Lösung wird **Bromwasser** genannt. Die wichtigste Bromverbindung ist Silberbromid. Man verwendete es vor allem für die Herstellung von Filmen und Fotopapieren. Bromverbindungen sind oft auch in Pflanzenschutzmitteln enthalten.

Steckbrief: Iod (I)

Iod ist bei Raumtemperatur fest. Es erhielt seinen Namen nach der Farbe des Dampfes (griech. *ioeides:* veilchenfarbig). Da die Schmelztemperatur (114 °C) und die Siedetemperatur (184 °C) nahe beieinander liegen, sublimiert festes Iod leicht zum violetten Gas. Mit der gleichen Farbe löst es sich auch in Benzin. Die wässrige Lösung ist bräunlich gefärbt. Iod ist weniger giftig als Chlor, wirkt aber auch desinfizierend. Iodhaltige Salben und Lösungen werden daher als Desinfektions- und Wundreinigungsmittel für kleine Wunden verwendet.

Gibt man eine Lösung von Iod zu Stärke, so tritt eine tiefblaue Färbung auf. Diese *Iod-Stärke-Reaktion* dient als *Nachweis* sowohl für Stärke als auch für elementares Iod.

Immer mehr Menschen kaufen **Iodsalz**. Das als Speisesalz verwendete Natriumchlorid enthält aber nicht das Element Iod, sondern die Iodverbindung Kaliumiodat (KIO_3). Iodiertes Speisesalz soll die Iodversorgung des Körpers verbessern. Jeder Mensch benötigt täglich etwa 0,2 mg Iod, damit in der Schilddrüse *Thyroxin* gebildet werden kann. Dieses Hormon fördert das Knochenwachstum und den Energiestoffwechsel.

1 Erstelle einen Steckbrief mit den wichtigsten Eigenschaften des Elements Chlor.

2 Der Kunststoff PVC wird aus Vinylchlorid hergestellt. Beide Verbindungen haben die Verhältnisformel C_2H_3Cl. Berechne den Massenanteil des Chlors in einem Vinylchlorid-Molekül. Damit erhältst du auch den Massenanteil an Chlor in PVC.

3 Recherchiere, warum das Element Fluor erst Ende des 19. Jahrhunderts isoliert werden konnte.

4 a) Erkläre, warum Schwimmbadwasser gechlort wird.
b) Erläutere, warum es in einem Hallenbad stärker nach Chlor riecht als in einem Freibad.

5 Begründe, ob die folgende Aussage fachsprachlich richtig ist: *Iod und Fluor werden dem Speisesalz zugesetzt.*

6 Recherchiere, welche Folgen ein Mangel an iodhaltigen Salzen für den Menschen hat und liste Nahrungsmittel auf, die relativ hohe Gehalte dieser Salze enthalten.

7 Vergleiche den Reaktivitätsverlauf bei den Alkalimetallen und den Halogen miteinander.

8 Recherchiere, welche Regeln für den Einsatz von Chlor und Chlorverbindungen zur Entkeimung von Trinkwasser und Schwimmbadwasser gelten.

Halogene bilden Salze

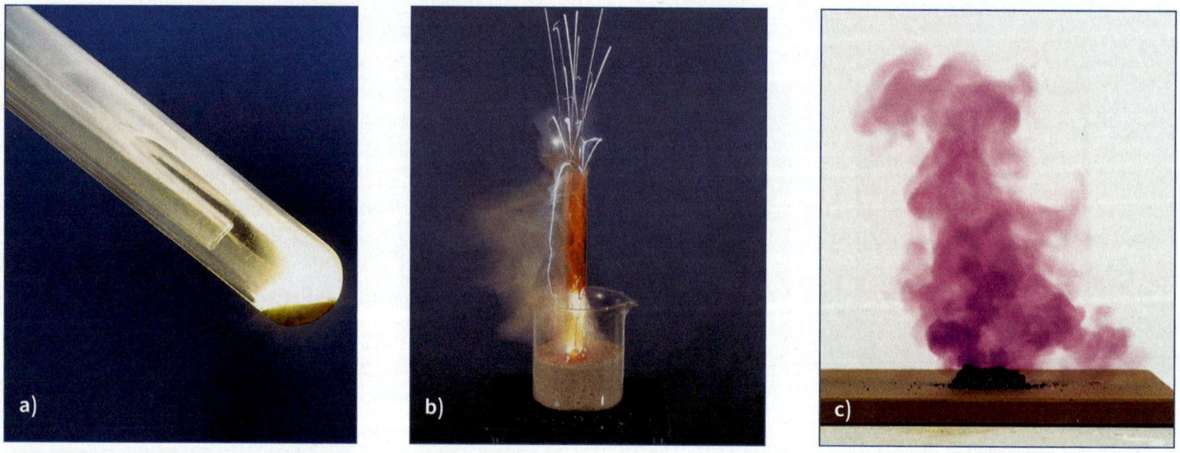

1 *Reaktionen von Halogenen mit Metallen: a) Chlor mit Natrium, b) Brom mit Aluminium, c) Iod mit feuchtem Zink*

Leitet man Chlorgas auf geschmolzenes Natrium, so reagiert das Metall mit leuchtend gelber Flamme (Abb. 1 a). Bei der Reaktion verschwindet die gelblich-grüne Färbung des Chlors und an der Gefäßwand schlägt sich ein weißer, kristalliner Feststoff nieder: **Natriumchlorid,** im Alltag besser als *Kochsalz* bekannt. Die Verhältnisformel von Natriumchlorid ist **NaCl.** Bei der Bildung von Natriumchlorid aus Natrium und Chlor wird so viel Wärme frei, dass sich das Reagenzglas verformt.

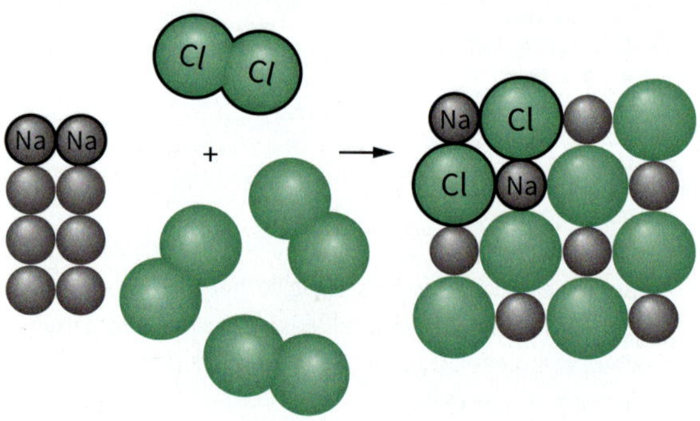

$2\,Na\,(s) + Cl_2\,(g) \rightarrow 2\,NaCl\,(s)$; exotherm
Natriumchlorid

Auch mit anderen Metallen reagiert Chlor zu Metallchloriden, die ähnliche Eigenschaften haben wie Kochsalz. Ebenso wie Chlor reagieren auch die Elemente Fluor, Brom und Iod mit Metallen zu Salzen. Je nach den gewählten Reaktionspartnern kann die Bildung eines Salzes sehr unterschiedlich verlaufen:

- Brom reagiert mit Aluminium bereits bei Raumtemperatur. Dabei wird so viel Wärme frei, dass geschmolzenes Aluminium umhergeschleudert wird und Bromdämpfe aus dem Reagenzglas aufsteigen (Abb. 1 b).

  $2\,Al\,(s) + 3\,Br_2\,(l) \rightarrow 2\,AlBr_3\,(s)$; exotherm
  Aluminiumbromid

- Iod reagiert nur sehr langsam. Gibt man jedoch etwas Wasser auf eine Mischung mit Zink, wird die Reaktion so lebhaft, dass ein Teil des Iods verdampft (Abb. 1 c).

  $Zn\,(s) + I_2\,(s) \rightarrow ZnI_2\,(s)$; exotherm
  Zinkiodid

Die Namen der entstehenden Salze werden nach festgelegten Regeln bestimmt: Zuerst wird das Metall genannt. Dann folgen die Silbe für das Halogen und die Endung **-id**. Beispiele: Kaliumfluorid, Magnesiumiodid.

Nachweis von Halogeniden in wässriger Lösung. Ein geeignetes Nachweisreagenz für Halogenide in wässrigen Lösungen ist *Silbernitratlösung*. Tropft man Silbernitratlösung in die Lösung eines Metallchlorids, so trübt sich die Mischung. Nach kurzer Zeit setzt sich das fast unlösliche Silberchlorid als weißer **Niederschlag** ab. Auch Lösungen von Bromiden und Iodiden trüben sich bei Zugabe von Silbernitratlösung: Silberbromid ist blassgelb, Silberiodid ist gelb.

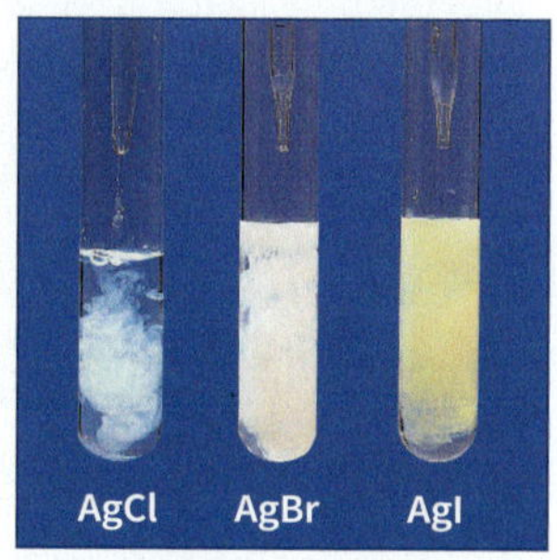

Halogene reagieren mit Metallen zu Salzen. Die Reaktionsfähigkeit nimmt innerhalb der Elementfamilie der Halogene vom Fluor zum Iod ab.

1 Benenne folgende Salze: KBr, NaI, $ZnBr_2$, $CuCl_2$.

2 Skizziere die Reaktion von Zink mit Iod auf der Teilchenebene.

Lehrerversuch 1:
Reaktion von Magnesium mit Iod

Materialien: Glaswolle;
Magnesiumspäne (**2**), Iod (**7, 8, 9**).

Durchführung:
1. Gib in ein Reagenzglas zwei kleine Iodkristalle und spanne das Reagenzglas waagerecht ein.
2. Fülle eine Spatelspitze Magnesiumspäne in das Reagenzglas, sodass es etwa 3 cm von den Iodplättchen entfernt liegt.
3. Verschließe das Glas mit der Glaswolle und erhitze zuerst das Iod, dann das Magnesium.

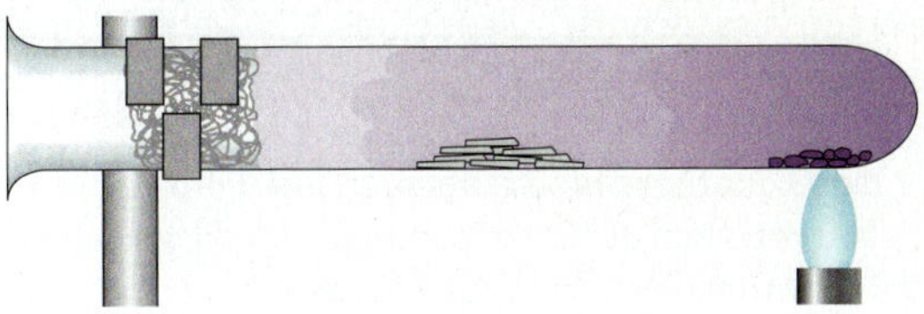

Aufgabe: Notiere und erkläre deine Beobachtungen.

Versuch 2:
Nachweis von Halogeniden durch Fällung

Materialien: Tropfpipetten;
Silbernitratlösung (1 %), Salpetersäure (5 %; **5, 7**), Natriumchloridlösung, Natriumbromidlösung, Natriumiodidlösung, Salzsäure (verd.).

Durchführung:
1. Gib 3 ml Natriumchloridlösung in ein Reagenzglas.
2. Füge zwei Tropfen Salpetersäure und einige Tropfen Silbernitratlösung hinzu.
3. Halte das Reagenzglas vor einen dunklen Hintergrund und beobachte.
4. Wiederhole den Versuch mit den übrigen Salzlösungen sowie mit Salzsäure und mit Leitungswasser.

Aufgaben:
a) Notiere deine Beobachtungen.
b) Erkläre, für welchen Zweck dieser Versuch im Labor eingesetzt werden kann.
c) Vergleiche den Chloridgehalt des Leitungswassers mit dem Chloridgehalt der Natriumchloridlösung.

Versuch 3:
Bleichwirkung von Chlor

Materialien: 2 Kunststoffspritzen (20 ml, LuerLock) mit Verschluss, Verbindungsstück;
feuchter Jeansstoff (2 × 2 cm), Chlor (**3, 6, 9**).

Durchführung:
1. Gib den feuchten Jeansstoff in eine Spritze und drücke den Spritzenkolben zu etwa 3/4 in die Spritze. Setze das Verbindungsstück auf.
2. Von deiner Lehrkraft bekommst du eine mit 10 ml Chlor gefüllte, verschlossene Spritze. Nimm den Verschluss vorsichtig ab und verbinde die Spritze mit der anderen Spritze. Drücke das Chlor in die Spritze mit dem Jeansstoff. Restliches Chlor kann durch Eindrücken in eine Natriumthiosulfatlösung entsorgt werden.

Aufgabe: Notiere deine Beobachtungen.

Versuch 4:
Sublimation von Iod

Materialien: Glasschale, Erlenmeyerkolben (300 ml, weit), Styropor®-Platte mit Loch für Reagenzglas;
Iod (**7, 8, 9**), Eiswasser, heißes Wasser.

Durchführung:
1. Gib einige Iodkristalle in den Erlenmeyerkolben und fülle das Reagenzglas mit Eiswasser.
2. Schiebe das Reagenzglas zur Hälfte durch die Styropor®-Platte und hänge es in den Erlenmeyerkolben.
3. Stelle den so vorbereiteten Erlenmeyerkolben in eine Schale, die zur Hälfte mit heißem Wasser gefüllt ist.
4. Beobachte für etwa 5 min.

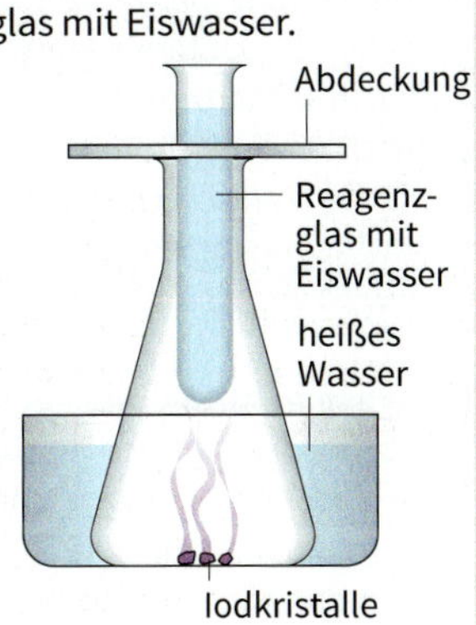

Hinweis: Die Abdeckung muss während des gesamten Versuchs geschlossen bleiben. Zur Entsorgung das Iod in Natriumthiosulfatlösung geben.

Aufgabe: Notiere deine Beobachtungen und erkläre sie unter Verwendung von Fachbegriffen.

8.6 Argon und seine Verwandten – die Edelgase

1 *Leuchtreklame*

	He	Ne	Ar	Kr	Xe
Atommasse (u)	4,0	20,18	39,95	83,8	131,29
Siedetemperatur (°C)	–269	–246	–186	–152	–108
Dichte bei 20 °C ($\frac{g}{l}$)	0,17	0,84	1,66	3,48	5,49
Anteil in Luft (ml in 1000 l)	4,6	16	9330	1,1	0,1

2 *Steckbrief Edelgase*

Genauere Untersuchungen über die Zusammensetzung der Luft führten 1894 zur Entdeckung eines damals neuen Elements, das den Name **Argon** erhielt (Elementsymbol: **Ar**). Der Name bezieht sich auf eine außergewöhnliche Eigenschaft des farblosen Gases: Es reagiert mit keinem anderen Stoff (griech. *argos:* untätig, träge). Wissenschaftler vermuteten damals, dass es weitere Elemente wie Argon geben müsse. Vier Jahre später wurden die Elemente **Neon (Ne), Krypton (Kr)** und **Xenon (Xe)** entdeckt. Diese vier Elemente bilden zusammen mit dem 1868 entdeckten **Helium (He)** die *Elementfamilie der Edelgase.* Im Gegensatz zu den anderen gasförmigen Elementen wie Wasserstoff (H_2) oder Chlor (Cl_2) liegen bei den Edelgasen keine Moleküle vor, sondern nur einzelne Atome.

Neon, Krypton und Xenon konnten erstmals bei der wiederholten Destillation von verflüssigter Luft abgetrennt werden. Auch heute noch ist flüssige Luft der Rohstoff für die Gewinnung dieser Gase. Die Entdeckung des Heliums ging von der Untersuchung eines Gases aus, das beim Auflösen eines Uranminerals freigesetzt wird. Grundlage für die technische Gewinnung von Helium sind vor allem amerikanische Erdgasvorkommen in der Nähe von Uranerzlagerstätten: Das Erdgas mit maximal 0,8 % Helium wird verflüssigt; gasförmiges Helium bleibt zurück.

Edelgase in Alltag und Technik. Im Verlauf der letzten Jahrzehnte haben sich für sämtliche Edelgase aufgrund ihrer besonderen Eigenschaften immer wieder neue Anwendungsmöglichkeiten ergeben. Ein Beispiel ist die Verwendung von Helium als *Ballongas*, denn Helium ist nach Wasserstoff das Gas mit der geringsten Dichte und dazu nicht brennbar. Man nutzt es sowohl zum Aufblasen von Ballons auf Volksfesten als auch zur Füllung von großen Wetterballons für die Forschung. Gemische von Helium mit Sauerstoff dienen als *Atemgas* für Tauchgänge in Tiefen von mehr als 50 Metern. Das preisgünstige Argon wird technisch vielfach als *Schutzgas* bei hohen Temperaturen eingesetzt. So schützt man Schmelzen unedler Metalle bei der Herstellung von Legierungen vor der Oxidation durch Luftsauerstoff. Eine Hauptrolle spielt Argon auch bei Gasmischungen für die verschiedenen Verfahren des Schutzgasschweißens.

Besonders vielfältig werden Edelgase in der *Beleuchtungstechnik* eingesetzt (Abb. 1). Meist handelt es sich dabei um Glasröhren, in denen ein Druck weit unterhalb des normalen Luftdrucks herrscht. So kennt man schon seit gut 90 Jahren Lichtreklame mit *Leuchtröhren*, die bei Hochspannung (6000 V) farbiges Licht aussenden: gelb (Helium), rot (Neon), violett (Argon). Allgemein sprach man aber nur von *Neonröhren*. Später wurde dieser Name in der Alltagssprache fälschlicherweise auf die Röhrenlampen in Büro, Betrieben und im Haushalt übertragen. Ebenso wie die *Energiesparlampen* enthalten diese *Leuchtstoffröhren* aber kein Neon, sondern Argon oder Krypton sowie etwas Quecksilber. Das ausgestrahlte Licht entsteht dabei in der Leuchtstoffbeschichtung auf der Innenseite des Glasrohres.

Die Edelgase bilden eine Elementfamilie mit sehr reaktionsträgen Elementen. Sie kommen nur als einzelne Atome vor.

1 Fertige eine Übersicht mit den Anwendungen der verschiedenen Edelgase an.

2 Helium hat mit –269 °C eine extrem niedrige Siedetemperatur. Recherchiere die Verwendungsmöglichkeiten von flüssigem Helium in Forschung und Medizin.

3 Recherchiere, woher der Name Helium kommt.

Basiswissen Chemische Verwandtschaften

1. Alkalimetalle

Zu der Elementfamilie der Alkalimetalle gehören die Elemente Lithium (Li), Natrium (Na), Kalium (K), Rubidium (Rb) und Caesium (Cs). Die Alkalimetalle sind reaktionsfreudige Leichtmetalle mit niedrigen Schmelztemperaturen und geringer Härte. Die Reaktionsfähigkeit nimmt vom Lithium zum Caesium zu.

Reaktion mit Wasser
Alkalimetalle reagieren mit Wasser zu Alkalimetallhydroxiden und Wasserstoff.

Alkalimetall + Wasser → Alkalimetallhydroxid + Wasserstoff

Beispiel:
$2\,Na(s) + 2\,H_2O(l) \rightarrow 2\,NaOH(aq) + H_2(g)$; exotherm

Alkalimetallhydroxide lösen sich sehr gut in Wasser. Dabei bilden sie alkalische Lösungen, die **Laugen**.

Alkalimetallhydroxid $\xrightarrow{\text{Wasser}}$ Lauge

Beispiel: $\underset{\text{Natriumhydroxid}}{NaOH(s)} \xrightarrow{\text{Wasser}} \underset{\text{Natronlauge}}{NaOH(aq)}$; exotherm

2. Erdalkalimetalle

Zu der Elementfamilie der Erdalkalimetalle gehören die Elemente Beryllium (Be), Magnesium (Mg), Calcium (Ca), Strontium (Sr) und Barium (Ba). Die Erdalkalimetalle ähneln den Alkalimetallen, sie sind aber härter und reagieren weniger heftig.

a) Reaktion mit Wasser
Erdalkalimetalle reagieren mit Wasser zu Erdalkalimetallhydroxiden und Wasserstoff.

Erdalkalimetall + Wasser → Erdalkalimetallhydroxid + Wasserstoff

Beispiel:
$Ca(s) + 2\,H_2O(l) \rightarrow Ca(OH)_2(s) + H_2(g)$; exotherm

Erdalkalimetallhydroxide wie $Mg(OH)_2$ und $Ca(OH)_2$ sind in Wasser schwer löslich. Eine klare Lösung von Calciumhydroxid bezeichnet man als **Kalkwasser.**

b) Kalkwasser als Nachweisreagenz für CO_2
Leitet man ein kohlenstoffdioxidhaltiges Gas in Kalkwasser, so fällt Calciumcarbonat aus und die Lösung trübt sich.

3. Nachweis durch Flammenfärbung und Spektroskop

Die Alkali- und Erdalkalimetalle sowie ihre Verbindungen zeigen beim Verbrennen charakteristische *Flammenfärbungen;* auch Spuren der Elemente lassen sich so leicht nachweisen. Im Spektroskop zeigen sich typische *Linienspektren.*

Lithium:	karminrot	Calcium:	ziegelrot
Natrium:	gelb	Strontium:	karminrot
Kalium:	blassviolett	Barium:	fahlgrün
Rubidium:	rotviolett		
Caesium:	blauviolett		

4. Halogene

Zu der Elementfamilie der Halogene gehören die Elemente Fluor (F_2), Chlor (Cl_2), Brom (Br_2) und Iod (I_2). Alle Halogene bestehen aus zweiatomigen Molekülen. Halogene sind sehr reaktionsfreudige Nichtmetalle. Die Reaktivität nimmt vom Fluor zum Iod ab.

a) Reaktion mit Metallen
Halogene reagieren mit Metallen zu Metallhalogeniden. Metallhalogenide gehören zur Stoffgruppe der Salze.

Metall + Halogen → Metallhalogenid

Beispiel: $\underset{\text{Aluminium}}{2\,Al(s)} + \underset{\text{Brom}}{3\,Br_2(l)} \rightarrow \underset{\text{Aluminiumbromid}}{2\,AlBr_3(s)}$

b) Salze
Ein Salz ist eine Verbindung eines Metalls mit einem Nichtmetall. Salze sind kristalline Feststoffe mit hohen Schmelztemperaturen. Bei der Benennung eines Salzes wird dem Namen des Metalls eine Bezeichnung für das Nichtmetall angefügt. Der Name endet mit der Silbe **-id.**

Beispiel: Zink + Iod → Zinkiodid

c) Nachweis von Halogeniden
Tropft man Silbernitratlösung zu einer Probe, die ein Halogenid enthält, so trübt sich die Lösung und es bildet sich unlösliches Silberhalogenid. Die Farbe des Niederschlages zeigt an, welches Halogenid vorliegt.

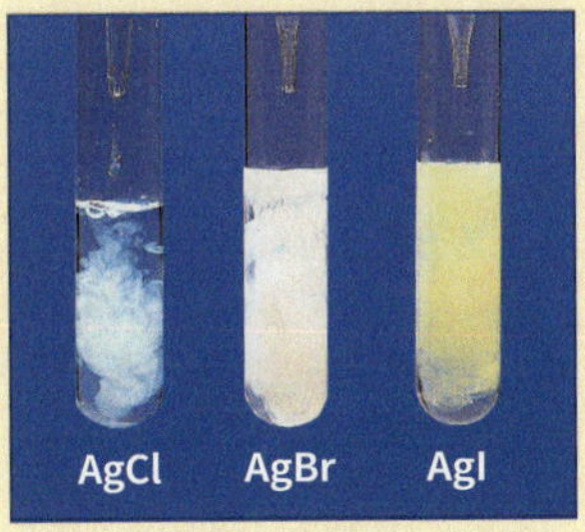

5. Edelgase

Zu der Elementfamilie der Edelgase gehören die Elemente Helium (He), Neon (Ne), Argon (Ar), Krypton (Kr) und Xenon (Xe). Alle Edelgase kommen nur als einzelne Atome vor. Praktisch gehen die Edelgase keine Verbindungen ein.

Chemische Verwandtschaften

Teste dich

A1 Gib die Symbole für folgende Elemente an: Argon, Brom, Natrium, Strontium und Kalium und ordne jeweils die Elementfamilie zu.

A2 a) Alkalimetalle reagieren mit Halogenen. Gib an, welcher Stoffklasse die Reaktionsprodukte zugeordnet werden.
b) Stelle die Reaktionsgleichung für die Reaktion von Kalium mit Iod auf und benenne das Reaktionsprodukt.

A3 Nenne zwei Indikatoren und gib jeweils die Färbung in verdünnter Salzsäure und in verdünnter Natronlauge an.

A4 Beschreibe, wie sich nachweisen lässt, dass eine Lösung Bromid enthält.

A5 Gibt man ein Stück Natrium auf ein feuchtes Blatt Papier, so entwickeln sich nach kurzer Zeit Flammen.
a) Gib an, welcher Stoff verbrennt.
b) Erkläre, warum sich das Reaktionsgemisch nicht entzündet, wenn man Natrium in einer Glasschale mit Wasser reagieren lässt.
c) Beschreibe und erkläre die Abbildung. Formuliere eine entsprechende Reaktionsgleichung.

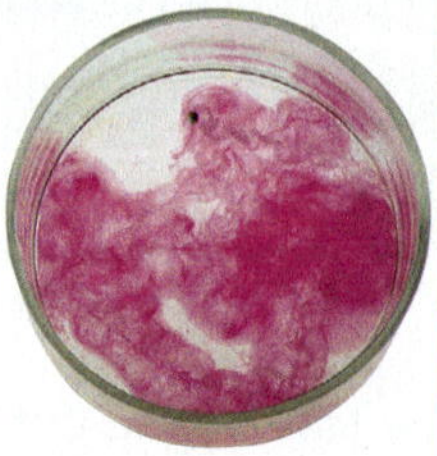

d) Auch Calcium reagiert in ähnlicher Weise mit Wasser. Stelle für diese Reaktion die Reaktionsgleichung auf und vergleiche die entstehenden Produkte mit den in Aufgabe c) entstandenen Stoffen.

A6 Erkläre, warum Chlor als Desinfektionsmittel eingesetzt werden kann, obwohl es giftig für uns Menschen ist.

A7 Erkläre, warum Alkalimetalle und Halogene in der Natur nicht elementar vorkommen.

A8 Erkläre das Prinzip des Schweißens und erläutere, warum die Edelgase Helium oder Argon als Schutzgas verwendet werden.

A9 Erläutere, warum bei der Untersuchung von flüssiger Luft, das im Vergleich zu Xenon viel häufigere Helium nicht entdeckt werden konnte.

Lösungen stehen im Anhang.

Die wichtigsten Begriffe

- Alkalimetalle
- Erdalkalimetalle
- Hydroxid, Lauge
- Halogene
- Salze
- Edelgase
- Elementfamilie

B1 a) Erkläre die oben stehenden Begriffe.
b) Verknüpfe die Begriffe zu einer Conceptmap.
c) Übertrage die Begriffe und deine Erklärungen in digitale Karteikarten.

B2 Beton stellt man aus Wasser, Sand, Kies und Zement her. Gibt man noch Calciumspäne hinzu, entsteht poröser Gasbeton. Erkläre, welche chemische Reaktion dabei abläuft.

B3 Bei einem Feuerwerk stiegen gelb, rot, grün und violett leuchtende Raketen in den Himmel. Liste die Elemente auf, deren Salze die unterschiedlichen Farben verursachen.

B4 a) Brom lässt sich herstellen, indem man Chlor in Meerwasser leitet, das geringe Mengen an Natriumbromid enthält. Gib die Reaktionsgleichung an.
b) Erläutere, welche Eigenschaften der Halogene Chlor und Brom man diesem Reaktionsverhalten entnehmen kann.

B5 Die früher üblichen Glühlampen haben nur eine sehr begrenzte Lebensdauer, da ständig Wolfram aus der Glühwendel verdampft. Das Metall schlägt sich am Glaskolben nieder. Bei Halogenlampen ist der Edelgasfüllung etwas Brom oder Iod zugesetzt.
Erkläre mithilfe der Abbildung, wie die Abscheidung von Wolfram vermieden wird.

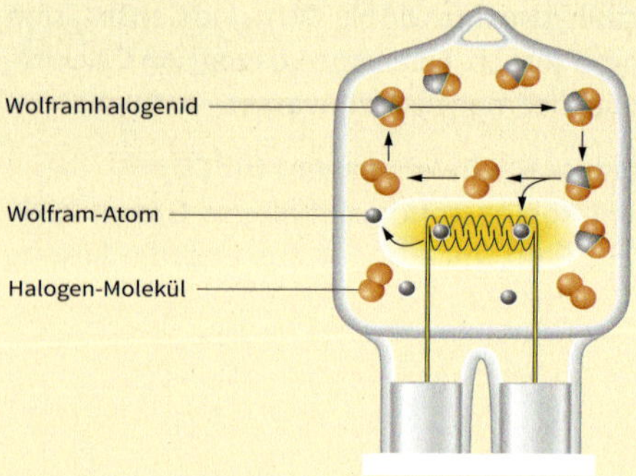

C1 Calciumverbindungen – Bindemittel am Bau

Mörtel ist ein Gemisch von Sand mit einem Bindemittel. Man unterscheidet zwischen *Kalk-* und *Zementmörtel.*

Zur Darstellung von **Kalkmörtel** ist Kalkstein nötig. Er wird in Schachtöfen auf über 1000 °C erhitzt; dabei entsteht Calciumoxid. Dieser *Branntkalk* wird noch im Kalkwerk mit Wasser zu *Löschkalk* umgesetzt.

Auf der Baustelle werden Löschkalk und Sand mit Wasser zu Kalkmörtel angerührt. An der Luft bindet der Kalkmörtel allmählich unter Aufnahme von Kohlenstoffdioxid ab: Es bilden sich Calciumcarbonat-Kristalle, die die Sandkörner zu einem festen Baustoff verbinden.

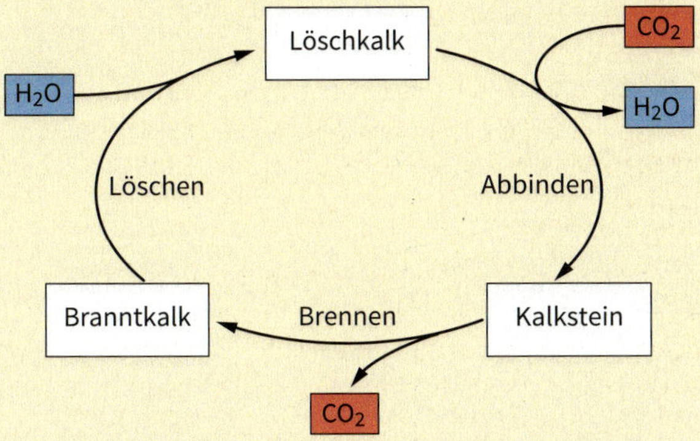

Um **Zement** herzustellen, wird ein fein gemahlenes Gemisch aus Ton und Kalk in einem Drehrohrofen auf Temperaturen um 1500 °C erhitzt. Dabei entsteht ein Gemisch aus Calcium- und Aluminiumsilicaten. Dieser *Zementklinker* wird gemahlen und mit Gips vermischt; man erhält *Portlandzement.*

Zementmörtel erstarrt schnell und wird sehr fest. Bereits eine Stunde nach Zugabe von Wasser bilden sich längliche Calciumsilicat-Kristalle, die die Sandkörner verbinden. Der zugesetzte Gips verzögert das Abbinden des Mörtels, sodass er sich länger verarbeiten lässt.

Zementmörtel ist schon nach rund 12 Stunden völlig erstarrt, die endgültige Festigkeit erreicht er aber erst nach Monaten. Zementmörtel erhärtet auch unter Wasser. Er ist daher ein *hydraulischer Mörtel.*

a) Stelle Vorteile und Nachteile der Verwendung von Kalk- und Zementmörtel gegenüber.
b) Formuliere Reaktionsgleichungen für die beim Brennen, Löschen und Abbinden von Kalk ablaufenden Reaktionen.
c) Um 1900 fanden viele arme Familien für den Winter eine billige Wohnung als *Trockenwohner* in Neubauten. Erkläre, welche Vorteile für die Bauherren und die späteren Mieter damit verbunden waren.

C2 Salze und Gesundheit

Auf den meisten Salzpackungen steht der Aufdruck *Iodsalz* oder *iodiertes Speisesalz.* Enthält dieses Speisesalz wirklich das Halogen Iod? – Natürlich nicht, mit der Angabe ist der Zusatz von Iodverbindungen gemeint.
Der Körper braucht das Spurenelement Iod, um daraus das Schilddrüsenhormon Thyroxin herzustellen. Dieses Hormon steigert die Stoffwechselaktivität, steuert den Wärmehaushalt des Körpers und fördert das Knochenwachstum im Kindesalter. Wird zu wenig Iod mit der Nahrung aufgenommen, kann sich eine Unterfunktion der Schilddrüse ausbilden. Es wird zu wenig Schilddrüsenhormon produziert. Infolgedessen können vielfältige Beschwerden auftreten: verminderte Leistungsfähigkeit, Schwäche, Gedächtnisminderung, Schwellung der Augen und Augenlider, Gewichtszunahme. Bei einem anhaltenden Iodmangel vergrößert sich die Schilddrüse, um das durch die Nahrung aufgenommene Spurenelement effektiver aus dem Blut verwerten zu können. Es kann sich ein Kropf bilden.

Der Schweizer Arzt Johann Jakob GUGGENBÜHL verfasste 1840 einen Artikel über das regional begrenzte Auftreten von Kropfbildungen und Iodmangelerscheinungen. Besonders häufig traten sie in Alpentälern auf. Heute weiß man, dass die Nahrungsmittel in diesen Regionen nicht so viele Iodverbindungen enthalten. Die iodhaltigen Verbindungen werden wie alle Halogenide durch Regen aus dem Boden ausgewaschen. Die Pflanzen nehmen also weniger Iodverbindungen auf. Zur Prophylaxe kann das Speisesalz mit Kaliumiodat (KIO_3) angereichert werden. Kritiker dieser Vorgehensweise betonen, dass durch die erhöhte Iodzufuhr vermehrt Schilddrüsenüberfunktionen auftreten können.

a) Erkläre, warum iodiertes Salz angeboten wird.
b) Bei einer Schilddrüsenüberfunktion (Hyperthyreose) treten Symptome wie Herzrasen, Hyperaktivität und Gewichtsverlust trotz normaler Ernährung auf. Erkläre diese Symptome.
c) Neben Iodverbindungen werden dem Speisesalz häufig Fluoride zugesetzt. Begründe diesen Zusatz.

Kapitel 9

Atombau und Periodensystem

Ordnung ist das halbe Leben, so heißt es in einem Sprichwort. Dies gilt in der Chemie genauso wie zuhause. Das wichtigste Ordnungssystem für Elemente ist das Periodensystem. Darin wurden die Elemente ursprünglich nach ihrer chemischen Verwandtschaft und der Masse ihre Atome geordnet. Heute weiß man, dass die regelmäßige Anordnung der Elemente im Periodensystem im Bau der Atome begründet liegt. In diesem Kapitel erfährst du, wie Wissenschaftler sich den Aufbau von Atomen vorstellen. Diese Kenntnisse sind eine wichtige Grundlage für das Verständnis von chemischen Vorgängen.

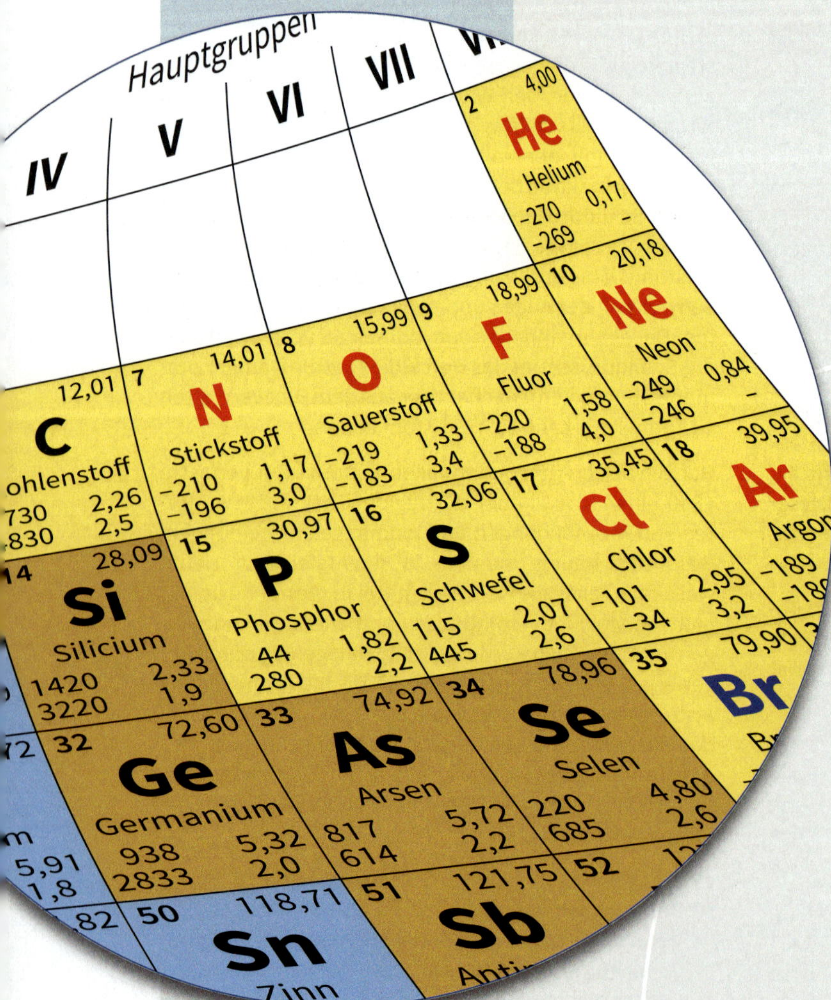

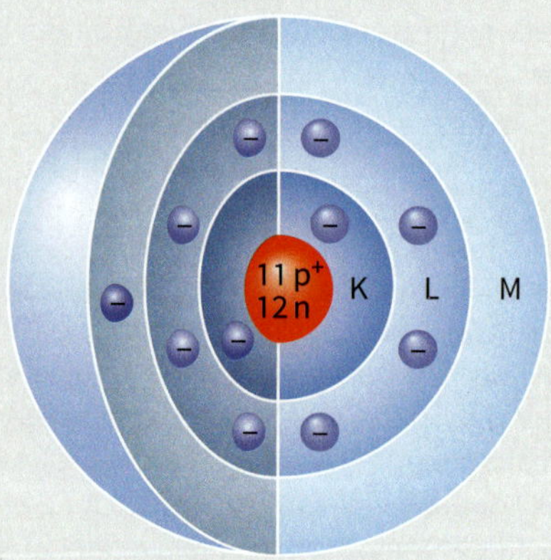

Bevor sich die Chemie als Naturwissenschaft etablierte, hatten bereits die Alchemisten Stoffe erforscht. Sie suchten nach dem Stein der Weisen, mit dem es möglich sein sollte, Gold aus anderen Materialien herzustellen. Hierbei entwickelten sie Verfahren zur Gewinnung neuer Stoffe. So hat Hennig BRAND 1669 bei Experimenten mit Urinrückständen das Element Phosphor entdeckt. Alle Bemühungen Gold zu gewinnen blieben jedoch vergebens. Eine Erklärung dafür wurde erst im 20. Jahrhundert durch die vertieften Erkenntnisse zum Aufbau der Atome möglich. Es zeigte sich, dass eine Elementumwandlung mit chemischen Mitteln unmöglich ist.

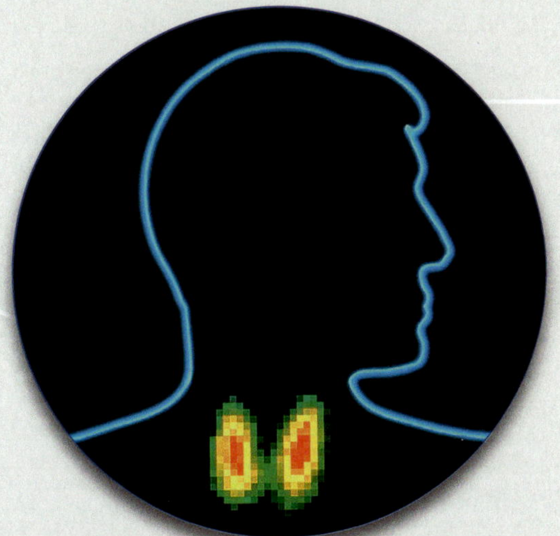

Die frühzeitige Erkennung von Tumoren oder von Erkrankungen wie Alzheimer oder Parkinson hat für die Therapie eine sehr große Bedeutung. Hierfür sind bildgebende Untersuchungsmethoden entwickelt worden. Ein Beispiel ist die Szintigraphie. Dabei werden schwach radioaktive Verbindungen als Kontrastmittel in den Blutkreislauf gespritzt. Spezielle Aufnahmegeräte messen die Strahlung, die beim radioaktiven Zerfall der Atome im Kontrastmittel entsteht und ermöglichen so die Untersuchung der Verteilung des Kontrastmittels im Körper. Auf diese Weise lässt sich erkranktes Gewebe aufspüren.

Um ein Gemälde auf seine Echtheit zu prüfen, werden häufig die verwendeten Weißpigmente untersucht. Im Mittelalter nutzte man Bleiweiß, Titanweiß kam erst im 20. Jahrhundert auf. Wenn im Weißpigment eines alten Gemäldes Titanweiß nachgewiesen wird, handelt es sich offensichtlich um eine Fälschung. Während eine Echtheitsprüfung früher nur mit chemischen Analyseverfahren unter Beschädigung des Gemäldes möglich war, kann man heute mithilfe von Röntgenstrahlen die Art der Weißpigmente ermitteln: Die Röntgenstrahlen können bleihaltige Verbindungen kaum durchdringen, während Titanverbindungen die Strahlen hindurchlassen. Eine Fälschung kann daher durch eine Röntgenuntersuchung nachgewiesen werden.

9.1 Das Periodensystem der Elemente

In diesem Chemiebuch wurden bislang viele verschiedene Elemente vorgestellt – und allmählich geht der Überblick verloren. Die Chemiker des 19. Jahrhunderts waren in einer ähnlichen Situation und suchten nach einem Ordnungssystem für Elemente. Sie sortierten die Elemente nach ihrer Zugehörigkeit zu Elementfamilien sowie nach steigender Atommasse. Beides führte schließlich zum **Periodensystem der Elemente** – abgekürzt PSE. Dieses Periodensystem ist eine Tabelle, in der alle bekannten Elemente aufgeführt sind (Abb. 1).

Die *Spalten* des Periodensystems bezeichnet man als **Gruppen.** In jeder der acht Gruppen stehen die Elemente einer Elementfamilie senkrecht untereinander. Man bezeichnet sie auch als **Hauptgruppen.** Jede *Zeile* des Periodensystems beginnt mit einem *Alkalimetall* und endet mit einem *Edelgas.* Da die Elemente der einzelnen Familien periodisch wiederkehren, bezeichnet man die Zeilen als **Perioden.** Wasserstoff und Helium bilden die erste Periode. Die anderen Perioden bestehen aus acht Elementen. Die Elemente werden periodenweise von links nach rechts durchnummeriert. So erhält jedes Element eine **Ordnungszahl.** Die damals angenommenen Ordnungskriterien wurden durch Erkenntnisse zum Atomaufbau ergänzt. Heute ist der Aufbau der Atome das alleinige Ordnungskriterium für die Elemente, weshalb man eigentlich vom *Periodensystem der Atome* sprechen müsste.

Im Periodensystem stehen links unten die *Metalle* und rechts oben die *Nichtmetalle.* Dazwischen stehen diagonal angeordnet Elemente, die teils metallische, teils nichtmetallische Eigenschaften haben. Sie werden deshalb als *Halbmetalle* bezeichnet. Dazu gehört etwa das für Computerchips verwendete Element Silicium.

Nebengruppenelemente. Zahlreiche Elemente wie Eisen, Kupfer oder Gold, die wir aus dem Alltag kennen, sind keine Hauptgruppenelemente. Um alle Elemente zu berücksichtigen werden zwischen der II. und III. Hauptgruppe die *Nebengruppen* eingefügt. Diese Anordnung ist durch die Besonderheiten im Atomaufbau dieser Elemente begründet.

Im Periodensystem der Elemente sind die Elemente tabellarisch angeordnet. Die Spalten werden als Gruppen bezeichnet, die Zeilen als Perioden. Die Elemente einer Gruppe bilden eine Elementfamilie.

1 Ordne den Gruppen I, II, VII und VIII die Namen der Elementfamilien zu.

2 Gib an, wo im Periodensystem die Metalle und wo die Nichtmetalle stehen. Liste jeweils drei Beispiele auf.

3 Ähnlichkeiten sind in den Gruppen I, II, VII und VIII sehr stark ausgeprägt. Bei den Elementen der IV. Hauptgruppe ist das nicht der Fall. Begründe.

4 Vergleiche die Einordnung der Elemente Kalium und Argon sowie Tellur und Iod mit den Massen der jeweiligen Atome. Begründe ihre Einordnung im PSE.

Ordnungsprinzip Gruppe (Elementfamilie):
Die Elemente einer Elementfamilie stehen untereinander. Innerhalb einer solchen Hauptgruppe nimmt die Atommasse von oben nach unten zu. Insgesamt gibt es acht Hauptgruppen. Sie werden mit den römischen Zahlen I (Alkalimetalle) bis VIII (Edelgase) gekennzeichnet.

Ordnungsprinzip Periode:
Die Elemente einer Periode stehen nebeneinander. Die Perioden werden mit den Zahlen 1 bis 7 bezeichnet.

Lanthanoide und Actinoide:
Hier folgen jeweils weitere 15 Elemente, die in die Nebengruppen eingeschoben werden müssen. Auch bei ihnen ergeben sich Besonderheiten im Atomaufbau.

Periodensystem der Elemente

Ordnungszahl: 16 – Elementsymbol: S – Atommasse in u: 32,06

Legende: Metalle, Halbmetalle, Nichtmetalle

Periode	Hauptgruppen I	Hauptgruppen II	Nebengruppen III	IV	V	VI	VII	VIII	VIII	VIII	I	II	Hauptgruppen III	IV	V	VI	VII	VIII
1.	1 H 1,01																	2 He 4,00
2.	3 Li 6,94	4 Be 9,01											5 B 10,81	6 C 12,01	7 N 14,01	8 O 15,99	9 F 18,99	10 Ne 20,18
3.	11 Na 22,99	12 Mg 24,31											13 Al 26,98	14 Si 28,09	15 P 30,97	16 S 32,06	17 Cl 35,45	18 Ar 39,95
4.	19 K 39,10	20 Ca 40,08	21 Sc 44,96	22 Ti 47,88	23 V 50,94	24 Cr 52,00	25 Mn 54,94	26 Fe 55,85	27 Co 58,93	28 Ni 58,69	29 Cu 63,55	30 Zn 65,39	31 Ga 69,72	32 Ge 72,60	33 As 74,92	34 Se 78,96	35 Br 79,90	36 Kr 83,80
5.	37 Rb 85,47	38 Sr 87,62	39 Y 88,91	40 Zr 91,22	41 Nb 92,91	42 Mo 95,94	43 Tc* 98,91	44 Ru 101,07	45 Rh 102,91	46 Pd 106,40	47 Ag 107,87	48 Cd 112,41	49 In 114,82	50 Sn 118,71	51 Sb 121,75	52 Te 127,60	53 I 126,90	54 Xe 131,29
6.	55 Cs 132,91	56 Ba 137,34	57–71 Lanthanoide	72 Hf 178,49	73 Ta 180,95	74 W 183,85	75 Re 186,2	76 Os 190,20	77 Ir 192,22	78 Pt 195,08	79 Au 196,97	80 Hg 200,59	81 Tl 204,38	82 Pb 207,20	83 Bi 208,98	84 Po* (209)	85 At* (210)	86 Rn* (222)
7.	87 Fr* (223)	88 Ra* 226,03	89–103 Actinoide	104 Rf* (261)	105 Db* (262)	106 Sg* (266)	107 Bh* (264)	108 Hs* (269)	109 Mt* (268)	110 Ds* (271)	111 Rg* (272)	112 Cn* (277)	113	114 Uuq* (289)				

1 *Das Periodensystem der Elemente und seine Ordnungsprinzipien*

Exkurs Der lange Weg zum Periodensystem der Elemente

1 a) Erkläre, weshalb die Erkenntnisse von LAVOISIER, DALTON und BERZELIUS unverzichtbar für die Entwicklung des Periodensystems waren, obwohl sie noch nicht an ein Ordnungssystem dachten.
b) Erläutere die Bedeutung der Beiträge von DÖBEREINER und NEWLANDS für die Ableitung des Periodensystems.

9.2 Atome enthalten Elektronen

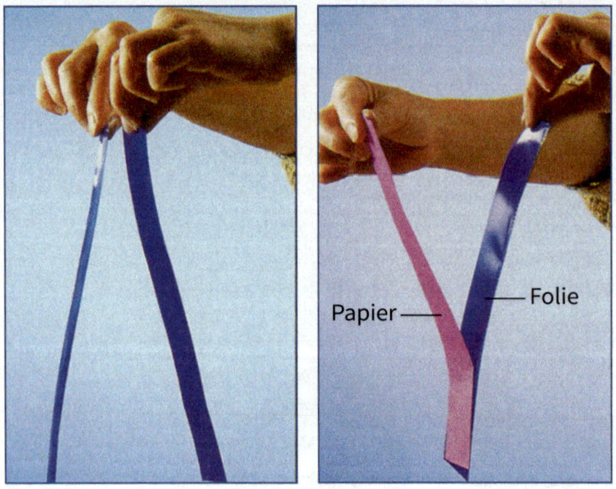

1 *Elektrische Kräfte durch Reibung*

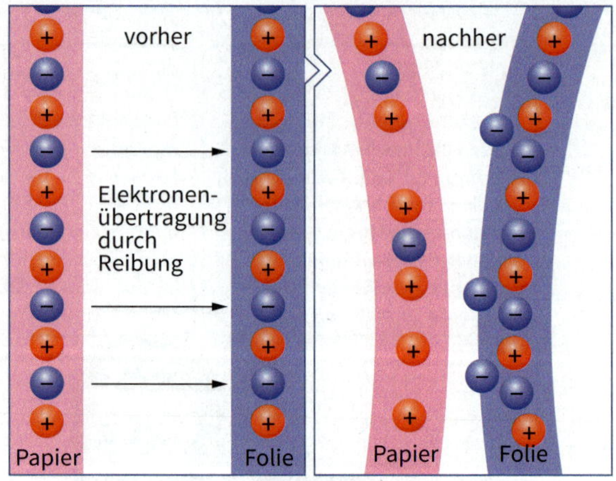

2 *Modellvorstellung zur elektrischen Aufladung*

Ein Gewitter zieht mit Regen und Donner auf. Frei stehende Bäume sollten als Schutz jedoch gemieden werden, denn es könnte ein Blitz einschlagen.

Erste naturwissenschaftliche Untersuchungen zur Natur der Blitze wurden im 18. Jahrhundert unternommen. Der amerikanische Naturforscher Benjamin FRANKLIN vermutete, dass Gewitterwolken elektrisch geladen seien. Um die Elektrizität aus den Wolken abzuleiten, tat er, was man auf keinen Fall tun sollte: Er ließ Drachen in die Gewitterwolken aufsteigen. Von der feuchten Drachenschnur sprangen Funken auf einen Metalldraht über. Das war ein Hinweis darauf, dass bei einem Blitz tatsächlich elektrische Ladung aus den Wolken zum Erdboden abfließt. Aus dieser Erkenntnis entwickelte FRANKLIN den ersten Blitzableiter.

Atome enthalten Elektronen. Im Alltag kann man beobachten, dass sich Gegenstände durch Reibung elektrisch aufladen und ebenso entladen lassen: Kämmt man frisch gewaschenes, trockenes Haar oder zieht einen Wollpullover darüber, sieht man im Dunkeln kleine Lichtblitze und hört Knistergeräusche. Anschließend stehen einem die Haare zu Berge.

Auch Folien aus Kunststoff werden durch Reiben mit Papier elektrisch aufgeladen (Abb. 1). Das Papier haftet dann an der Folie und man hat Mühe, es zu entfernen. Reibt man zwei Folien zuerst mit Papier und nähert die Folien einander an, so stoßen sich die beiden Folien ab. Dies erinnert an das Verhalten zweier Magneten: Gleiche Pole stoßen sich ab, verschiedene Pole ziehen sich an. Zwischen den Folien wirken jedoch keine magnetischen, sondern elektrische Kräfte. Ihre Ursache sind elektrische Ladungen. Für sie gilt: *Gleichartige Ladungen stoßen sich ab; gegensätzliche Ladungen ziehen sich an.*

Die elektrische Aufladung von Gegenständen lässt sich mit dem Vorhandensein von **Ladungsträgern** erklären. Man unterscheidet positive und negative Ladungsträger.

Die negativen Ladungsträger nennt man **Elektronen** (Symbol: e^-). Reibt man eine Kunststofffolie mit Papier, werden Elektronen vom Papier auf die Folie übertragen. Auf der Folie herrscht dann ein Elektronenüberschuss: Sie ist *negativ geladen*. Das Papier hat einen Mangel an Elektronen und ist durch den Überschuss an positiven Ladungsträgern *positiv geladen* (Abb. 2). Die übertragenen Elektronen stammen aus den Atomen. Atome sind also *keine* unveränderlichen Teilchen, wie John DALTON es annahm. Atome können vielmehr sowohl Elektronen aufnehmen als auch abgeben.

Elektrischer Strom und Ladungsträger. Metalle leiten den elektrischen Strom. Dabei werden Elektronen von Atom zu Atom übertragen und transportieren so elektrische Ladung. In Metallen sind also Elektronen die Ladungsträger. Auch Salzlösungen und Salzschmelzen leiten den elektrischen Strom, während Salzkristalle nicht leitfähig sind: Taucht man zwei Graphitstäbe als *Elektroden* in eine Salzlösung oder in eine Salzschmelze und schließt diese an eine Gleichspannungsquelle an, entstehen an den Polen neue Stoffe. Eine erste wissenschaftliche Erklärung dieser Vorgänge geht auf Michael FARADAY zurück: Er nahm bereits um 1834 an, dass in Schmelzen und Lösungen von Salzen positiv und negativ geladene Teilchen vorliegen, die zu den entgegengesetzt geladenen Polen wandern. Diese Teilchen bezeichnete er als **Ionen** (griech. *ion*: wandernd). Die negativ geladenen Ionen nannte er **Anionen,** da sie zur *Anode* wandern, dem Pluspol. Die positiv geladenen Ionen bezeichnet man als **Kationen;** sie wandern zur *Kathode,* dem Minuspol.

Elektrolyse. Die Wirkung des elektrischen Stroms auf eine Salzlösung lässt sich besonders deutlich an einer wässrigen Lösung von Zinkiodid (ZnI_2) erkennen: Taucht man zwei Graphitstäbe in die Lösung und legt eine Gleichspannung an, scheidet sich am Minuspol metallisches Zink ab. Am Pluspol entstehen braune Schlieren. Dort bildet sich das aus I_2-Molekülen bestehende Iod. Insgesamt gesehen wird das gelöste Salz durch den elektrischen Strom in seine Elemente zerlegt. Reaktionen dieser Art bezeichnet man allgemein als **Elektrolyse.**

Die Zinkiodidlösung enthält zweifach positiv geladene Zink-Ionen (Zn^{2+}) und doppelt so viele einfach negativ geladene Iodid-Ionen (I^-). Die Zink-Ionen wandern zum Minuspol und die Iodid-Ionen zum Pluspol. Stößt ein Zink-Ion gegen den Minuspol, nimmt es zwei Elektronen auf und wird zum Zink-Atom entladen. Gleichzeitig geben die Iodid-Ionen am Pluspol je ein Elektron ab. Sie werden zu Iod-Atomen entladen, die sich dann zu I_2-Molekülen verbinden (Abb. 3). Für die räumlich getrennt ablaufenden Entladungsvorgänge lassen sich folgende *Teilgleichungen* formulieren:

Minuspol: $Zn^{2+} + 2\,e^- \dashrightarrow Zn$

Pluspol: $2\,I^- \dashrightarrow I_2 + 2\,e^-$

Atome sind nicht unteilbar. Elektronen können von Atomen abgespalten oder aufgenommen werden. Salzlösungen enthalten als Ladungsträger positiv geladene Kationen und negativ geladenen Anionen. Bei der Elektrolyse wandern Ionen zu den Elektroden und werden dort entladen.

1 Manchmal bekommt man einen leichten elektrischen Schlag, wenn man einen Türgriff aus Metall berührt. Gib dafür eine Erklärung.

2 a) Beschreibe, wie ein Blitzableiter eines Hauses beschaffen sein muss; gib an, wohin der Blitz abgeleitet wird.
b) Der Donner ist manchmal unmittelbar nach dem Blitz zu hören, oft aber erst einige Sekunden später. Gib eine Erklärung für diese Unterschiede.

3 Die nachfolgenden Bilder zeigen einen Bernstein, der mit Wolle gerieben wurde.
a) Beschreibe die Beobachtungen.
b) Deute die Beobachtungen.

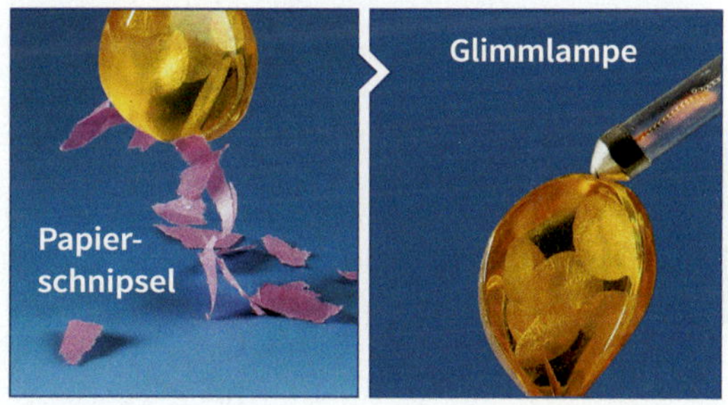

4 Atome sind keine unveränderlichen Teilchen, wie DALTON es sich vorstellte.
a) Erkläre, welche experimentellen Befunde dem Atommodell von Dalton widersprechen.
b) Zeichne deine Vorstellung von einem Atom, mit dem sich die im Text genannten Beobachtungen erklären lassen.

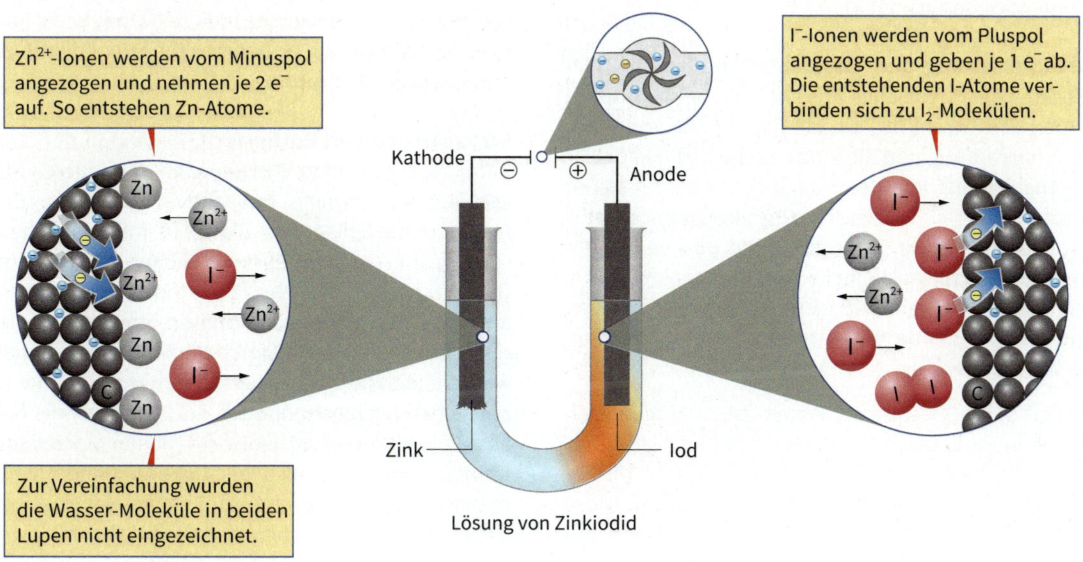

3 *Elektrolyse von Zinkiodidlösung*

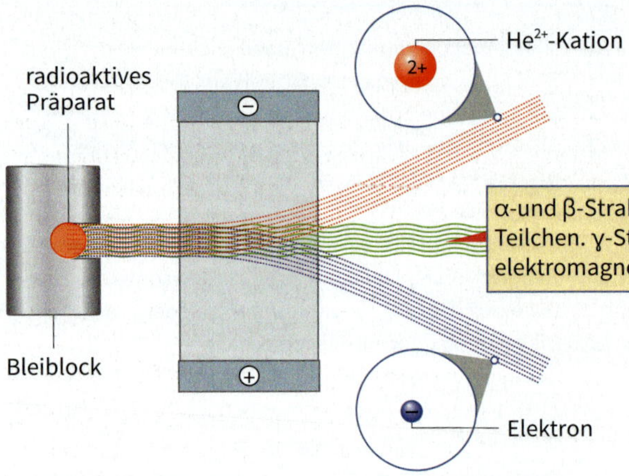

1 *Ablenkung radioaktiver Strahlung*

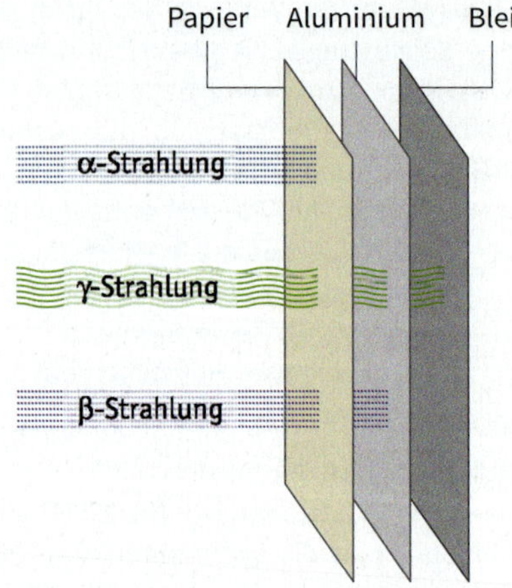

2 *Radioaktive Strahlung kann Materialien durchdringen*

Die Reibungselektrizität und die Vorgänge bei der Elektrolyse zeigen, dass Atome Elektronen aufnehmen und abgeben können. Atome müssen also Ladungen enthalten und selbst aus einzelnen Bausteinen bestehen. Aber wo befinden sich diese Ladungen und die Bausteine in einem Atom? Diese Frage löste Anfang des 20. Jahrhunderts einen regelrechten Forschungsboom aus, bei dem mehrere Vorstellungen zum Aufbau von Atomen entwickelt wurden.

Rosinenkuchenmodell. 1897 war es dem englischen Physiker Joseph John THOMSON gelungen, das **Elektron** als Atombaustein nachzuweisen. Nach seiner Vorstellung bestehen Atome aus einer positiv geladenen Grundmasse, in der die negativ geladenen Elektronen wie Rosinen in einem Kuchen verteilt sind. Dieses 1904 von Thomson entwickelte Modell wird daher als *Rosinenkuchenmodell* bezeichnet (Abb. 4).

Strahlenforschung und Radioaktivität. Bereits 1895 entdeckte der deutsche Physiker Wilhelm Conrad RÖNTGEN eine Strahlung, die die Papierhülle von Fotoplatten durchdringt und die Platten schwärzt. Mit dieser **Röntgenstrahlung** konnte er auch die Knochen seiner Hand abbilden. Der französische Physiker Antoine Henri BECQUEREL griff diese Entdeckung auf und vermutete bestimmte Kristalle als Quelle der Röntgenstrahlung. Er zeigte, dass Uranverbindungen Fotopapier schwärzen konnten. Daher nannte er diese neue Art von Strahlung zunächst *Uranstrahlen.*

Angeregt durch Becquerels Arbeit beschäftigen sich auch die in Paris lebenden Wissenschaftler Marie und Pierre CURIE mit diesem Thema und entdeckten 1898 in Uranerzen die Elemente **Polonium** und **Radium.** Diese sind ebenfalls in der Lage, Fotoplatten zu schwärzen und senden demnach die gleiche Strahlung aus. Marie CURIE schlug für diese Strahlung den Namen **Radioaktivität** vor. Man versteht darunter die Eigenschaft einiger Stoffe, ionisierende Strahlung auszusenden. Für ihre bahnbrechende Entdeckung erhielten BECQUEREL sowie Marie und Pierre CURIE 1903 den Nobelpreis in Physik. Marie CURIE gehört zu den wenigen großen Wissenschaftlerinnen, die sich in einer damals von Männern dominierten Naturwissenschaft einen bleibenden Namen gemacht haben.

Die genauere Untersuchung der Radioaktivität durch Ernest RUTHERFORD und Pierre CURIE ergab, dass radio-aktive Strahlung nicht einheitlich ist: Sie besteht aus positiv geladenen *α-Teilchen* und negativ geladenen *β-Teilchen.* Begleitet werden beide Strahlungsarten von *γ-Strahlung,* die mit Röntgenstrahlung vergleichbar ist (Abb. 1). Im Jahre 1902 entdeckte RUTHERFORD, dass α-Teilchen aus positiv geladenen Helium-Ionen (He^{2+}) bestehen. Für seine Leistungen erhielt er 1908 den Nobelpreis für Chemie. 1919 entdeckte er den positiv geladenen Baustein von Atomen, das **Proton.**

Streuversuch von Rutherford. Zu Beginn des 20. Jahrhunderts untersuchte RUTHERFORD den inneren Aufbau von Atomen mithilfe radioaktiver Strahlung. Er ließ hauchdünne Folien aus Blattgold mit α-Teilchen beschießen. Er wusste, dass α-Teilchen mit ihrer hohen Geschwindigkeit die etwa 1000 Atomschichten der Goldfolie leicht durchdringen konnten. Ihn interessierte jedoch, ob die α-Teilchen durch die Gold-Atome abgelenkt werden. Mithilfe eines Zinksulfidschirmes konnte er die α-Teilchen nachweisen. Beim Auftreffen auf die Schicht aus Zinksulfid erzeugt jedes α-Teilchen einen winzigen Lichtblitz, der sich mit einer Lupe erkennen lässt. Mit diesem Verfahren konnten zum ersten Mal einzelne atomare Teilchen indirekt beobachtet und abgezählt werden (Abb. 3).

Im Juni 1909 berichtete Rutherfords Mitarbeiter Hans GEIGER, der inzwischen mehr als 100 000 Lichtblitze gezählt hatte, von unerwarteten Beobachtungen: *„Es zeigt sich, dass α-Teilchen manchmal sehr stark abgelenkt werden. Etwa jedes Zehntausendste wird sogar zurückgeworfen, so als sei es auf ein festes Hindernis geprallt."*

Dieses Ergebnis kam völlig überraschend. *„Es war fast genauso unglaublich, als ob Sie eine 15-Zoll-Granate gegen ein Stück Seidenpapier abfeuern und sie kommt zurück und trifft Sie"*, meinte RUTHERFORD. Er folgerte, dass es im Atom einen Ort geben müsste, in dem die positive Ladung konzentriert ist. Anders ließ sich die starke Ablenkung der positiv geladenen α-Teilchen nicht erklären. Zwei Jahre später veröffentlichte er dann seine Theorie vom Aufbau der Atome, das *Kern-Hülle-Modell.*

Kern-Hülle-Modell. Nach Rutherfords Modellvorstellung hat ein Atom ein Massenzentrum mit positiver Ladung, den **Atomkern.** Er enthält mehr als 99,9 % der Masse des Atoms, ist aber 10 000-mal kleiner als das Atom selbst. Er gleicht damit einem Stecknadelkopf mitten in einem Heißluftballon. Um den Atomkern bewegen sich die negativ geladenen, fast masselosen Elektronen. Sie bilden die Atomhülle. Diese ist praktisch leer. Insgesamt ist ein Atom elektrisch neutral, denn die negative Ladung in der Atomhülle ist genauso groß wie die positive Ladung des Kerns. Das ganze Atom stellt man sich als Kugel mit einem Radius von etwa einem zehnmillionstel Millimeter (0,000 000 1 mm) vor.

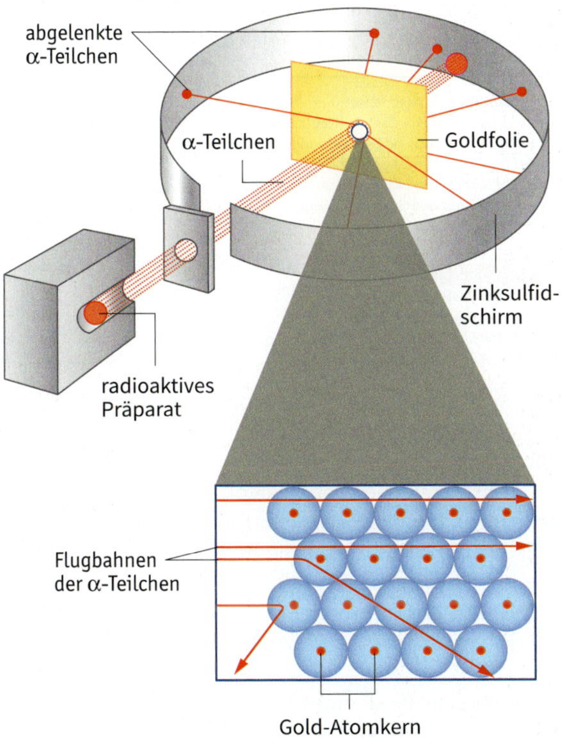

3 *Vom Streuversuch zum Kern-Hülle-Modell*

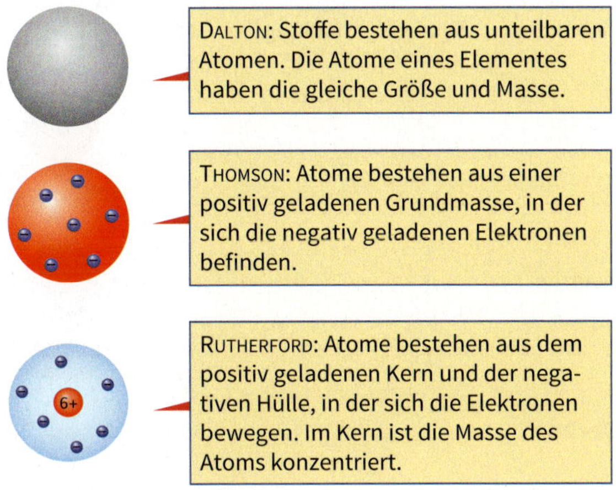

4 *Atommodelle im Vergleich*

Nach dem Kern-Hülle-Modell besteht ein Atom aus einem winzigen Atomkern und der Atomhülle. Der Atomkern ist positiv geladen und enthält fast die gesamte Masse des Atoms. In der Atomhülle befinden sich die negativ geladenen Elektronen.

1 a) Erläutere die Begriffe *Radioaktivität, α-Strahlung, β-Strahlung, γ-Strahlung.*
b) Recherchiere, wo radioaktive Strahlung genutzt wird.

2 a) Vergleiche die in Abb. 4 dargestellten Atommodelle miteinander.
b) Erläutere die Entwicklung der Atommodelle von DALTON zu RUTHERFORD.

3 a) Beschreibe mithilfe der Abb. 3 den Streuversuch von RUTHERFORD.
b) Verdeutliche, woraus RUTHERFORD schließen konnte, dass Atomkerne klein, relativ schwer und positiv geladen sein müssen.

4 Der Name Atom ist griechischen Ursprungs und heißt so viel wie *unteilbares Teilchen.* Erkläre, warum diese Bedeutung nur noch historisch zu verstehen ist.

5 Der Atomkern eines Wasserstoff-Atoms wird gedanklich auf die Größe eines Tischtennisballs ($d = 3$ cm) vergrößert. Berechne, welchen Durchmesser die Atomhülle dann haben müsste.

6 **Expertenaufgabe:** Erkläre mithilfe des Kern-Hülle-Modells die Bildung positiv und negativ geladener Ionen.

9.4 Modell des Atomkerns

Teilchen	Symbol	Ladung	Masse
Proton	p^+	+1	1 u
Neutron	n	0	1 u
Elektron	e^-	–1	0,0005 u

1 *Elementarteilchen und ihre Eigenschaften*

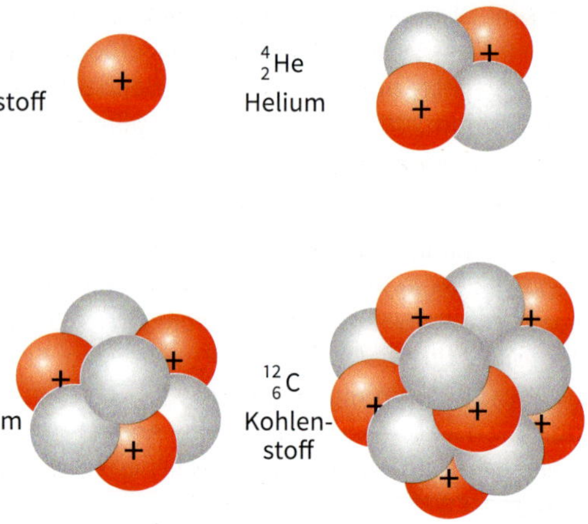

2 *Bau einiger Atomkerne*

Nach dem Kern-Hülle-Modell von RUTHERFORD enthalten die winzigen Atomkerne die positive Ladung des Atoms und über 99,9 % der Atommasse. Man wusste jedoch lange Zeit nicht, dass Atomkerne sich aus zwei verschiedenen Arten von Teilchen zusammensetzen, den *Protonen* und den *Neutronen*. Zusammen mit den Elektronen nennt man diese Teilchen *Elementarteilchen.*

Proton. Das Wasserstoff-Atom ist das am einfachsten gebaute Atom. Sein Atomkern besteht nur aus einem einzigen einfach positiv geladenen Elementarteilchen, dem *Proton* (griech.: das Erste). Die Ladung eines Protons stimmt dem Betrage nach mit der eines Elektrons überein. Die Masse eines Protons entspricht etwa der atomaren Masseneinheit 1 u (Abb. 1).

Der Kern eines Helium-Atoms enthält zwei Protonen, der des Lithium-Atoms drei. Das schwerste natürlich vorkommende Atom ist das Uran-Atom. Es hat 92 Protonen im Kern. Ordnet man alle Elemente nach steigender Protonenzahl, so nimmt die Zahl der Protonen in den Atomkernen jeweils um eins zu. Die Anzahl der Protonen entspricht somit der **Ordnungszahl.** Da sie die Ladung des Atomkerns angibt, nennt man die Protonenzahl auch **Kernladungszahl.** Sie ist genauso groß wie die Anzahl der Elektronen in der Atomhülle. Die Kernladungszahl legt fest, zu welchem Element ein Atom gehört: So ist jedes Atom mit sechs Protonen ein Kohlenstoff-Atom und jedes Atom mit 19 Protonen ein Kalium-Atom.

Neutron. Mit Ausnahme des Wasserstoff-Atoms haben die Atome aller Elemente eine deutlich größere Masse als die Summe der im Atomkern enthaltenen Protonen. So hat ein Lithium-Atom mit nur drei Protonen die Masse von 7 u. Da die Elektronen so gut wie keine Masse tragen, müssen im Atomkern neben Protonen noch weitere Elementarteilchen enthalten sein (Abb. 2). Es handelt sich dabei um *Neutronen.* Diese Elementarteilchen haben keine elektrische Ladung. Experimentell konnten sie erst 1932 durch den englischen Physiker James CHADWICK nachgewiesen werden. Die Masse eines Neutrons ist in etwa so groß wie die Masse eines Protons (Abb. 1).

Die Bausteine der Atomkerne bezeichnet man zusammenfassend als **Nukleonen** (lat. *nucleus*: Kern). Die Anzahl aller Nukleonen in einem Atomkern ergibt die **Massenzahl** eines Atoms. Symbolisch wird der Aufbau eines Atoms auf folgende Weise dargestellt:

Massenzahl (= Nukleonenzahl)
= Zahl der Protonen + Zahl der Neutronen
(Der auf eine natürliche Zahl gerundete Wert für die Atommasse ergibt die Zahl der Nukleonen; die Zahl der Neutronen ist die Differenz aus Massenzahl und Kernladungszahl)

Kernladungszahl
= Zahl der Protonen im Kern
= Ordnungszahl
= Zahl der Elektronen in der Hülle

Beispiel Lithium-Atom:

7 Nukleonen
7 – 3 = 4 Neutronen im Kern

$^{7}_{3}Li$

3 Protonen im Kern
3 Elektronen in der Hülle

Kernkraft. Die Protonen des Atomkerns müssten eigentlich auseinander fliegen, da sie sich gegenseitig abstoßen. Das geschieht jedoch nicht, da eine stärker anziehende Kraft zwischen den Nukleonen wirkt, die *Kernkraft.* Bei einigen Atomkernen mit hoher Protonenzahl, wie im Falle des Radiums, reicht die Kernkraft allerdings nicht aus, um die Bausteine dauerhaft zusammenzuhalten. Die Atomkerne zerfallen daher mit einer bestimmten Rate. Dies ist die Ursache der Radioaktivität.

Isotope. Die Masse eines Protons und eines Neutrons beträgt jeweils etwa 1 u. Die Masse von Atomen sollte daher eigentlich nur unwesentlich von ganzzahligen

Werten abweichen. Doch ein Blick in das Periodensystem zeigt für die meisten Elemente erhebliche Abweichungen. So haben Chlor-Atome beispielsweise eine Masse von 35,48 u; Magnesium-Atome wiegen 24,31 u. Bruchteile von Kernbausteinen gibt es jedoch nicht. Wie lassen sich diese Atommassen also erklären?

Eine genaue Untersuchung von Chlor ergibt, dass 75,77 % aller Chlor-Atome die Masse 34,97 u und 24,23 % die Masse 36,97 u haben. Der für Chlor angegebene Wert von 35,45 u beschreibt also nicht die Masse jedes einzelnen Chlor-Atoms, sondern die *durchschnittliche* Masse von Chlor-Atomen. Die leichteren Chlor-Atome haben neben den 17 Protonen 18 Neutronen im Kern, die schwereren dagegen 20 Neutronen.

Atome ein und desselben Elements, die sich in der Anzahl ihrer Neutronen unterscheiden, bezeichnet man als **Isotope** dieses Elements (griech. *isos:* gleich und *topos:* Ort). Um Isotope zu kennzeichnen, gibt man mit dem Elementsymbol die Kernladungszahl *und* die Massenzahl an: ${}^{35}_{17}Cl$, ${}^{37}_{17}Cl$.

Auch Wasserstoff-Atome können sich in ihrer Masse unterscheiden. Neben den Wasserstoff-Atomen ${}^{1}_{1}H$, deren Kern nur aus einem Proton besteht (Abb. 2), gibt es solche, die zusätzlich ein oder zwei Neutronen aufweisen.

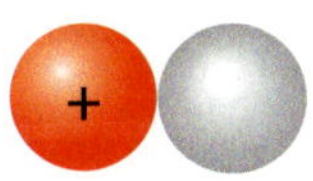

${}^{2}_{1}H$ oder ${}^{2}_{1}D$
Deuterium

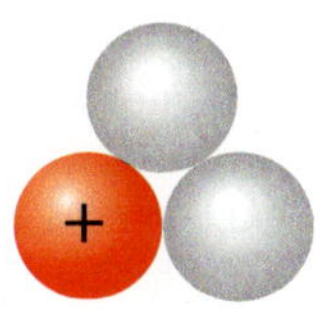

${}^{3}_{1}H$ oder ${}^{3}_{1}T$
Tritium

Diesen Wasserstoff-Isotopen hat man besondere Namen gegeben: **Deuterium (D)** (griech. *deuteros:* der Zweite) für das Isotop ${}^{2}_{1}H$ und **Tritium (T)** (griech. *tritos:* der Dritte) für ${}^{3}_{1}H$. Natürlich vorkommender Wasserstoff enthält nur einen sehr kleinen Anteil an Deuterium; Tritium spielt in der Natur keine Rolle. Die durchschnittliche Atommasse ist deshalb nur wenig größer als 1 u (genau: 1,008 u).

Vom Element Kohlenstoff gibt es in der Natur drei Isotope: ${}^{12}_{6}C$, ${}^{13}_{6}C$, und ${}^{14}_{6}C$. Hier ergibt sich aus der Häufigkeit der Isotope die durchschnittliche Atommasse von 12,01 u. 1961 wurde vereinbart, die **atomare Masseneinheit u** als $\frac{1}{12}$ der Masse eines Atoms des Kohlenstoff-Isotops ${}^{12}_{6}C$ zu definieren:

$$1\,u = \frac{1}{12}\,m\,({}^{12}_{6}C\text{-Atom})$$

Wie die meisten Elemente sind Kohlenstoff, Chlor und Wasserstoff **Isotopengemische.** Nur 19 Elemente bestehen aus einer einzigen Atomart. Dazu gehören Natrium, Fluor und Aluminium.

> Protonen und Neutronen sind Nukleonen. Ihre Anzahl wird durch die Massenzahl angegeben. Die Ordnungszahl gibt die Zahl der Protonen an und wird auch Kernladungszahl genannt. Isotope sind Atome eines Elements, die sich nur in der Neutronenzahl unterscheiden.

1 Zeichne die Atomkerne der Chlor-Isotope.

2 Gib für die folgenden Atome die Anzahl der Protonen, Neutronen und Elektronen sowie die Ordnungszahl an:

${}^{1}_{1}H$, ${}^{2}_{1}H$, ${}^{3}_{1}H$, ${}^{12}_{6}C$, ${}^{13}_{6}C$, ${}^{14}_{6}C$, ${}^{16}_{8}O$, ${}^{23}_{11}Na$, ${}^{27}_{13}Al$, ${}^{31}_{15}P$, ${}^{32}_{16}S$, ${}^{40}_{20}Ca$, ${}^{127}_{53}I$, ${}^{137}_{56}Ba$, ${}^{235}_{92}U$, ${}^{238}_{92}U$.

3 Berechne mithilfe der Tabelle die durchschnittliche Atommasse für Magnesium, Silicium und Schwefel. Vergleiche deine Ergebnisse mit den Werten im PSE.

Element	Isotope (Anteil in %)		
Wasserstoff	${}^{1}_{1}H$ (99,98)	${}^{2}_{1}H$ (0,02)	
Lithium	${}^{6}_{3}Li$ (7,4)	${}^{7}_{3}Li$ (92,6)	
Kohlenstoff	${}^{12}_{6}C$ (98,9)	${}^{13}_{6}C$ (1,1)	
Sauerstoff	${}^{16}_{8}O$ (99,8)	${}^{18}_{8}O$ (0,2)	
Magnesium	${}^{24}_{12}Mg$ (78,7)	${}^{25}_{12}Mg$ (10,1)	${}^{26}_{12}Mg$ (11,2)
Silicium	${}^{28}_{14}Si$ (92,2)	${}^{29}_{14}Si$ (4,7)	${}^{30}_{14}Si$ (3,1)
Schwefel	${}^{32}_{16}S$ (95,0)	${}^{33}_{16}S$ (0,8)	${}^{34}_{16}S$ (4,2)

4 Vergleiche die Atommassen von Tellur (${}_{52}Te$) und Iod (${}_{53}I$) im Periodensystem. Erkläre, warum Iod trotz der kleineren Atommasse die größere Ordnungszahl hat.

5 Deuteriumoxid ist die Bezeichnung für schweres Wasser. Gib die Molekülformel, die Molekülmasse und die molare Masse von schwerem Wasser an und recherchiere die Anwendung von Deuteriumoxid.

6 Erläutere, warum Neutronen erst 1932 nachgewiesen werden konnten.

7 Der englische Chemiker Frederic Soddy prägte den Begriff *Isotop* und wies Isotopen den gleichen Platz im Periodensystem wie den Elementen zu. Begründe, warum dies sinnvoll ist.

8 Informiere dich, welche Rolle das Kohlenstoff-Isotop ${}^{14}_{6}C$ für die Altersbestimmung von archäologischen Funden spielt (C-14-Methode).

Massenspektrometrie

Die Masse eines Eisennagels kann man mit einer Waage einfach bestimmen. Die Massen von Atomen, Molekülen und Ionen sind dagegen so unvorstellbar klein, dass das Wiegen mit herkömmlichen Waagen unmöglich ist. Dennoch findet man im Periodensystem Massenangaben von Atomen – allerdings nicht in der Einheit Gramm, sondern in der atomaren Masseneinheit u. Die heute im Periodensystem aufgelisteten Atommassen sind das Ergebnis *massenspektrometrischer* Untersuchungen.

Massenspektrometrie. Ein Massenspektrometer dient als sehr genaue „Waage", mit deren Hilfe sich die Masse von Atomen und Molekülen bestimmen lässt. Dazu wird eine Stoffprobe zunächst in den gasförmigen Zustand überführt (Abb. 1). Durch Elektronenbeschuss werden Bindungen gespalten und Atome und Moleküle ionisiert. Die entstandenen Ionen werden in einem elektrischen Feld beschleunigt und zu einem Ionenstrahl gebündelt. Dieser Strahl wird durch elektrische und magnetische Felder abgelenkt. Ionen mit einer größeren Masse werden – bei gleicher Ladung – weniger stark abgelenkt als Ionen mit einer geringeren Masse.

Die geladenen Teilchen werden somit nach ihrer Masse aufgetrennt. Da Elektronen im Vergleich zu den anderen Elementarteilchen eine vernachlässigbar kleine Masse aufweisen, entspricht die Masse der Ionen praktisch der Masse der ungeladenen Teilchen. Die Erfassung der auftreffenden Ionen erfolgt über elektrische Signale, die dann in einem *Massenspektrum* dargestellt werden.

Massenspektrum von Chlor. Bei der Untersuchung einer Probe von Chlor erhält man im Massenspektrum fünf Signale oder *Peaks*. Die Peaks mit den Massen 35 u und 37 u entsprechen den beiden Chlor-Isotopen ^{35}Cl und ^{37}Cl. Die Intensität (Höhe) der Peaks ist proportional zur Teilchenzahl. Aus dem Verhältnis der Intensitäten der einzelnen Isotopenpeaks ergibt sich, dass 75,77 % der Chlor-Atome eine Atommasse von 34,97 u und 24,23 % eine Atommasse von 36,97 u aufweisen. Für das Element Chlor erhält man daraus für die durchschnittliche Atommasse den Wert 35,45 u. Die Peaks mit den Massen von etwa 70 u, 72 u und 74 u entsprechen ionisierten Cl_2-Molekülen, die aus den beiden Isotopen aufgebaut sind.

1 Erkläre anhand der Abbildungen, wie ein Massenspektrometer funktioniert.

2 Beschreibe, welche Aussagen ein Massenspektrum macht.

3 a) Beschreibe das Massenspektrum von Brom in Abb. 2.
b) Interpretiere die Signale im Massenspektrum.

4 Erläutere, wie die Angabe *Atommasse der Elemente* im Periodensystem zu verstehen ist.

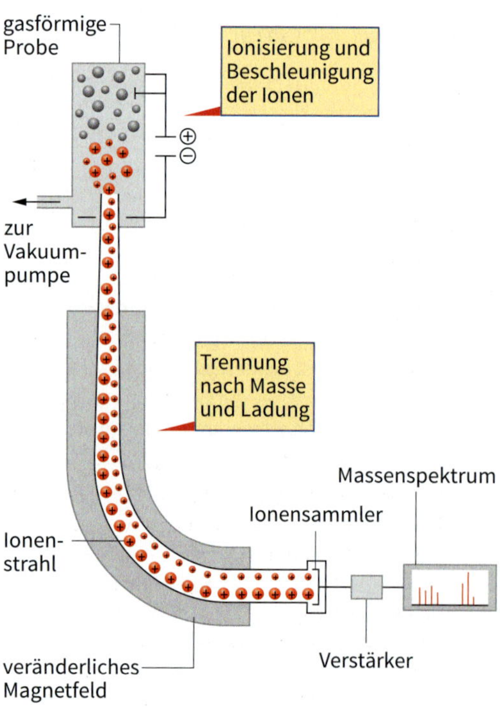

1 *Aufbau und Prinzip eines Massenspektrometers*

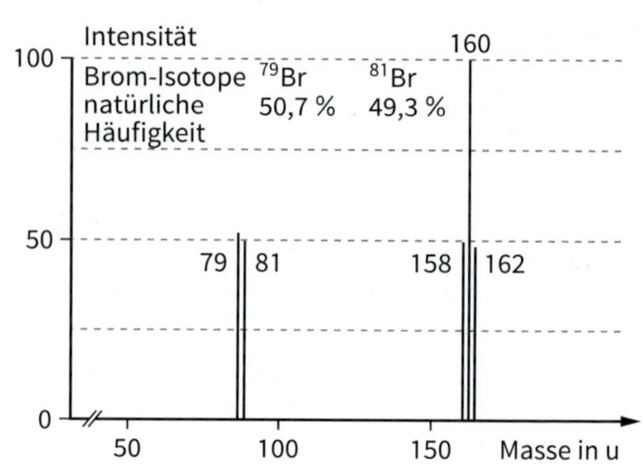

2 *Massenspektrum von Brom*

Exkurs Probleme und Gefahren der Kernenergie

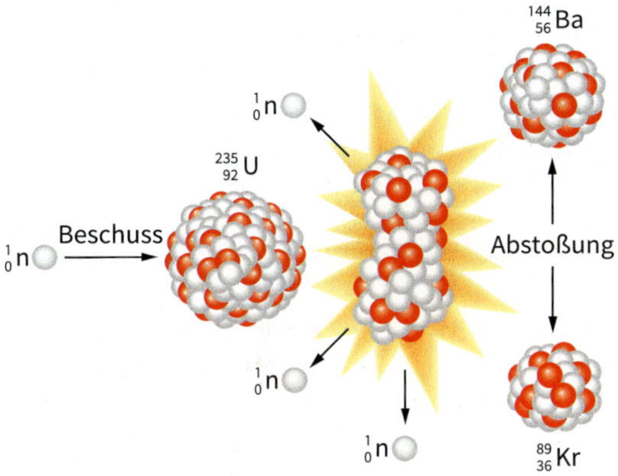

1 *Kernspaltung des Uran-Atoms*

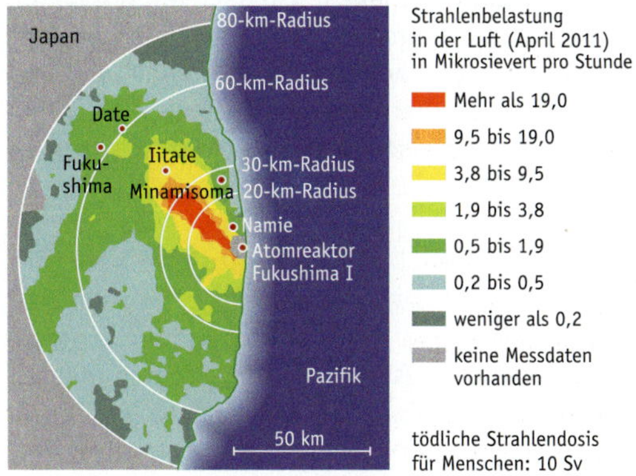

2 *Strahlungsbelastung um das AKW in Fukushima*

Die Nukleonen eines Atoms werden durch die *Kernkraft* zusammengehalten. Je mehr Protonen sich jedoch im Kern befinden, desto größer werden die Abstoßungskräfte zwischen ihnen, so dass es zum Zerfall des Atomkerns kommen kann. Hierbei entstehen leichtere Atomkerne. Der Zerfall kommt besonders bei den schweren Elementen der sechsten und siebten Periode vor. Tritt er spontan ein, spricht man vom *natürlichen radioaktiven Zerfall.*

Bei der **Kernspaltung** wird der Zerfall von Atomen gezielt herbeigeführt. Dazu werden die Atome schwerer Elemente wie etwa Uran-Atome mit Neutronen beschossen (Abb. 1). Man kann sich vorstellen, dass der Atomkern durch das Einfangen eines Neutrons stark verformt wird. Die abstoßenden Kräfte überwiegen nun die Kernkraft und der Kern zerbricht. Bei jeder Kernreaktion werden zusätzlich drei Neutronen freigesetzt. Sie können ihrerseits weitere Uran-Kerne spalten. Es kommt zu einer *Kettenreaktion,* bei der schlagartig sehr große Energiemengen frei werden. Auf diesem Prinzip beruht die *Atombombe.*

Kernkraftwerk. Im Reaktor eines Kernkraftwerks (AKW, **A**tom**k**raft**w**erk) findet eine *kontrollierte Kernspaltung* statt. Die dabei freigesetzte Wärmeenergie wird genutzt, um Wasser zu verdampfen. Der Wasserdampf treibt eine Turbine an. Über einen Generator wird anschließend die Bewegungsenergie in elektrische Energie (Strom) umgewandelt. Die Kettenreaktion wird gesteuert, indem Neutronen durch das Einbringen geeigneter Materialien teilweise abgefangen werden. Bei einer Überhitzung des Reaktors erfolgt eine Notabschaltung.

Gefahren der Kernenergie. Seit dem Beginn der Nutzung der Kernenergie zur Stromerzeugung, haben Gegner immer wieder vor den besonderen Problemen und Gefahren dieser Technologie gewarnt. So entstehen beim Betrieb des Kraftwerkes radioaktive Abfallstoffe, deren sichere *Endlagerung* noch nicht geklärt ist. Die größte Gefahr für Mensch und Umwelt geht jedoch von Störfällen aus: Der **G**rößte **a**nzunehmende **U**nfall – man spricht von einem **GAU** – besteht in einer unkontrollierten Kettenreaktion, bei der der Reaktorkern schmilzt und es in der Folge zu einer Knallgasexplosion kommen kann. Hierbei können große Mengen an radioaktiven Stoffen austreten. Ein derartiger Unfall konnte 1979 in Harrisburg (USA) gerade noch verhindert werden, 1986 ist er jedoch in Tschernobyl (Ukraine) und 2011 in Fukushima (Japan) eingetreten. Die Spätfolgen dieser Unfälle lassen sich bis heute nicht absehen.

1 a) Recherchiere den Ablauf der Reaktorunglücke in Harrisburg, Tschernobyl und Fukushima.
b) Stelle den jeweiligen Ablauf vereinfacht dar.

2 Informiere dich, wie viel Radioaktivität beim normalen Betrieb aus einem Kernkraftwerk freigesetzt wird. Vergleiche mit den angegebenen Messwerten (Abb. 2) und leite mögliche Konsequenzen für die Region ab.

3 a) Finde Argumente für und gegen die Nutzung der Kernenergie und diskutiere diese.
b) Erläutere, weshalb ein Ausstieg aus der Kernenergie nicht von heute auf morgen möglich ist.

Ein Atom enthält im Kern gleich viele Protonen wie Elektronen in der Atomhülle; es ist also nach außen hin ungeladen. Zwischen Atomkern und Elektronen besteht eine Anziehung. Man kann daher annehmen, dass die Elektronen den Atomkern umkreisen, sodass die Fliehkraft die Anziehung zwischen Atomkern und Elektronen gerade ausgleicht.

Energiestufenmodell. Durch Energiezufuhr lassen sich Elektronen aus der Atomhülle abspalten. Es entstehen positiv geladene *Ionen*. Die hierfür benötigte Energie nennt man **Ionisierungsenergie.** Sie lässt sich messen und liefert Informationen über den Aufbau der Atomhülle. Für die Ionisierungsenergie des Natrium-Atoms (Abb. 1) gilt:

- Von den elf Elektronen lässt sich ein Elektron sehr viel leichter aus der Hülle entfernen als alle weiteren.
- Dann folgen acht Elektronen mit nur relativ leicht ansteigenden Werten der Ionisierungsenergie.
- Die Abspaltung der beiden letzten Elektronen erfordert noch wesentlich größere Energiebeträge.

Diese Abstufung der Ionisierungsenergien legt nahe, dass die Elektronen eines Natrium-Atoms auf verschiedene *Energiestufen* aufgeteilt sind (Abb. 2): Ein Elektron befindet sich auf der dritten Energiestufe. Es ist am weitesten vom Atomkern entfernt und lässt sich daher am leichtesten abtrennen. Dann folgen acht Elektronen mittlerer Ionisierungsenergie auf der zweiten Energiestufe. Hier steigt die Ionisierungsenergie stetig an, weil die verbleibenden Elektronen nach Abspaltung eines Elektrons stärker vom Kern angezogen werden. Ihre Abspaltung erfordert deshalb mehr Energie. Die beiden Elektronen mit der größten Ionisierungsenergie befinden sich auf der ersten Energiestufe. Sie haben den geringsten Abstand vom Atomkern. Um sie zu entfernen, muss demzufolge der größte Energiebetrag aufgewendet werden.

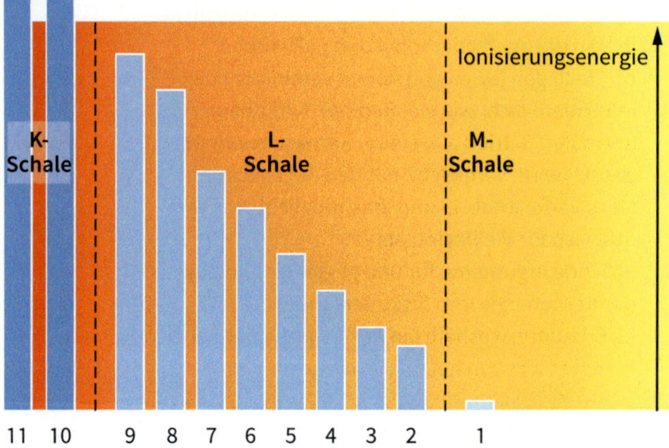

1 *Ionisierungsenergie-Diagramm für das Natrium-Atom*

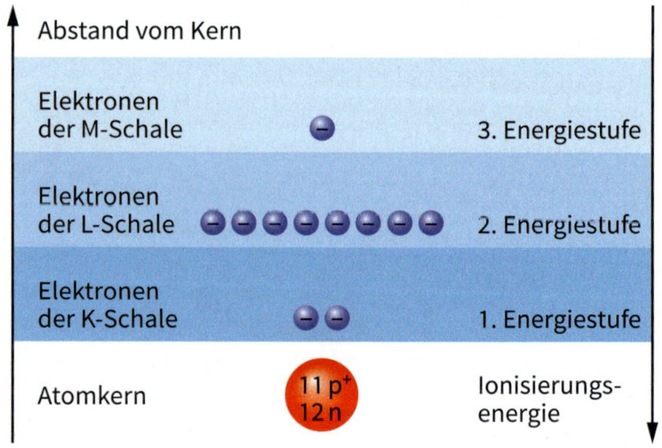

2 *Energiestufen-Diagramm des Natrium-Atoms*

Nicht nur für die Atomhülle des Natrium-Atoms sondern auch für alle anderen Atome lassen sich Energiestufen nachweisen. 1913 veröffentlichte der dänische Physiker Niels BOHR eine Theorie über den Aufbau der Atomhülle, mit der es möglich war, Unterschiede im chemischen Verhalten der Elemente zu erklären.

Schalenmodell der Atomhülle. Anschaulich kann man sich die Energiestufen der Atomhülle als Elektronenschalen vorstellen: Die Elektronen verteilen sich nicht beliebig in der Atomhülle, sondern befinden sich in den Elektronenschalen, die den Atomkern umgeben. Nach Bohrs Vorstellung bewegen sich die Elektronen in den Elektronenschalen mit hoher Geschwindigkeit um den Atomkern (Abb. 3). Man bezeichnet die Elektronenschalen von innen nach außen mit den Buchstaben K, L, M, N, O ... Jede der bis zu sieben Schalen eines Atoms kann nur eine begrenzte Zahl von Elektronen aufnehmen. Für die maximale Anzahl z einer Schale gilt die Beziehung: $z = 2 \cdot n^2$. Dabei ist n die Nummer der Schale.

Elektronenverteilung. Die innersten Schalen werden zuerst mit Elektronen besetzt, da sie dort am stärksten angezogen werden. So befindet sich das einzige Elektron des Wasserstoff-Atoms in der K-Schale. Ein Helium-Atom besitzt zwei Elektronen auf dieser Schale. Damit ist die innere Schale voll besetzt. Das dritte Elektron besetzt bereits die L-Schale. In einem Lithium-Atom befinden sich daher zwei Elektronen in der K-Schale und ein Elektron in der L-Schale. Diese wird bei den in der Periode folgenden Elementen weiter mit Elektronen aufgefüllt, bis sie mit acht Elektronen besetzt ist. Im Neon-Atom mit insgesamt zehn Elektronen ist neben der K-Schale ($2\,e^-$) auch die L-Schale ($8\,e^-$) vollständig besetzt.

Als dritte Schale kann die M-Schale maximal 18 Elektronen aufnehmen. Nach den gleichen Regeln wie bisher wird vom Natrium-Atom bis zum Argon-Atom die dritte

Schale besetzt. Von den 18 Elektronen eines Argon-Atoms gehören zwei zur K-Schale und je acht zur L-Schale und zur M-Schale. Die neu hinzu kommenden Elektronen der beiden folgenden Elemente Kalium und Calcium besetzen bereits die N-Schale. Erst danach werden für die nächsten Elemente von Scandium bis Zink die fehlenden Elektronen der M-Schale aufgefüllt (Abb. 4). Solche Elemente bezeichnet man als **Nebengruppenelemente.** Allgemein gilt für die Atome der Nebengruppenelemente, dass bei ihnen nicht die äußere Schale mit Elektronen besetzt wird, sondern die jeweils *zweitäußerste* Schale. Bei bestimmten Elementen der 6. und 7. Periode, den *Lanthanoiden* und *Actinoiden,* wird die drittäußerste, unvollständig besetzte Schale aufgefüllt.

Elektronen in der Außenschale. Die Elektronen der jeweils äußersten Schale eines Atoms heißen **Außenelektronen** oder *Valenzelektronen.* Vergleicht man die Elektronenhüllen der Atome chemisch verwandter Elemente, so fällt auf, dass sie die gleiche Anzahl an Außenelektronen aufweisen: Die Atome der Alkalimetalle besitzen jeweils ein Elektron in der Außenschale. Bei den Erdalkalimetallen sind es zwei; alle Halogen-Atome besitzen sieben Außenelektronen. Daraus folgt, dass die chemischen Eigenschaften der Elemente durch die Zahl der Außenelektronen ihrer Atome bestimmt werden.

Die zu den **Edelgasen** gehörenden Elemente Helium, Neon, Argon, Krypton und Xenon ähneln sich in ihren chemischen und physikalischen Eigenschaften besonders. Sie sind farblos und geruchlos und reagieren im Allgemeinen nicht mit anderen Elementen, was ihnen ihren Namen eingetragen hat. Auch untereinander verbinden sich die Atome dieser Elemente nicht: Edelgase kommen atomar vor.

Die Ursache für die Reaktionsträgheit der Edelgase ist in deren Elektronenverteilung zu suchen. Beim Helium-Atom ist die K-Schale mit zwei Elektronen voll besetzt. Alle anderen Edelgas-Atome haben acht Außenelektronen, was der höchstmöglichen Elektronenanzahl in einer Außenschale entspricht. Eine mit acht beziehungsweise beim Helium-Atom mit zwei Elektronen besetzte Außenschale ist eine sehr stabile Elektronenanordnung. Man spricht auch von einer **Edelgasschale** oder von der **Edelgaskonfiguration.**

> In der Atomhülle bewegen sich die Elektronen in Schalen um den Kern. Jede Schale kann nur eine bestimmte Anzahl an Elektronen aufnehmen. Die Besetzung erfolgt von innen nach außen. Die Zahl der Außenelektronen bestimmt das chemische Verhalten der Elemente.

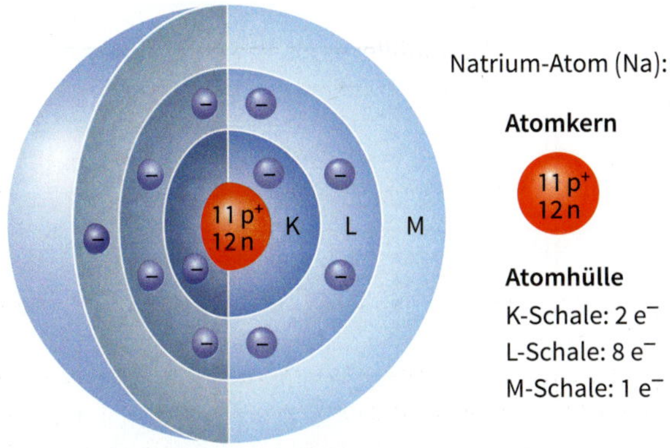

3 *Schalenmodell des Natrium-Atoms*

Hauptgruppe		I	II	III	IV	V	VI	VII	VIII
Ordnungszahl		19	20	31	32	33	34	35	36
Symbol		K	Ca	Ga	Ge	As	Se	Br	Kr
	K	2	2	2	2	2	2	2	2
Anzahl der	L	8	8	8	8	8	8	8	8
Elektronen	M	8	8	18	18	18	18	18	18
	N	1	2	3	4	5	6	7	8

4 *Elektronenverteilung der Hauptgruppenelemente der vierten Periode*

1 Leite aus dem folgenden Diagramm das Energiestufen-Diagramm des Aluminium-Atoms ab und zeichne es.

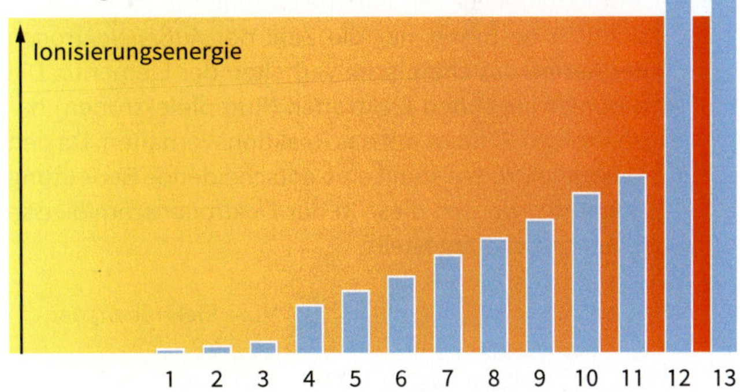

2 a) Beschreibe das Schalenmodell mit eigenen Worten.
b) Formuliere Regeln für die Besetzung der Schalen.

3 a) Gib die Verteilung der Elektronen in den Atomen folgender Elemente an: B, C, N, O, Mg, Si, P, und S.
b) Ordne den Atomen die Zahl der Außenelektronen zu und vergleiche diese Zahl mit der Hauptgruppennummer, in der die Elemente stehen.

4 Ermittle, wie viele Elektronen die Schalen K bis O maximal aufnehmen können.

5 Gib an, welche Schalen die Lanthanoide und die Actinoide mit Elektronen auffüllen.

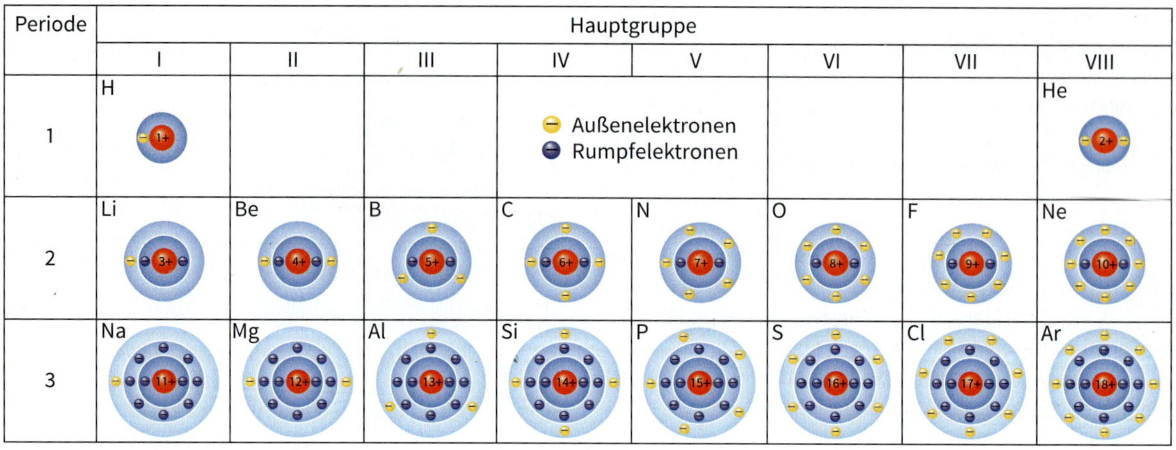

1 *Schalenmodelle der Atome der ersten drei Perioden*

Die Elemente einer Elementfamilie weisen in der Regel große Ähnlichkeiten in ihrem chemischen Reaktionsverhalten auf. So reagieren beispielsweise die Alkalimetalle (I. Hauptgruppe) alle in gleicher Weise mit Wasser zu Alkalimetallhydroxiden und Wasserstoff. Auch die Halogene (VII. Hauptgruppe) ähneln sich in ihren Eigenschaften. Diese Ähnlichkeiten lassen sich auf den Aufbau der jeweiligen Atome zurückführen. Hierbei spielt die Besetzung der Außenschale eine zentrale Rolle.

Außenelektronen. Die Atome der Alkalimetalle besitzen jeweils ein Elektron auf der äußersten Schale; Halogen-Atome haben sieben Außenelektronen (Abb. 1). Offensichtlich bestimmt nur die Zahl der *Außenelektronen* der Atome das chemische Verhalten der Elemente. Die darunter liegenden Elektronen (Rumpfelektronen) haben keinen Einfluss auf das Reaktionsverhalten. Da den Außenelektronen somit eine entscheidende Bedeutung zukommt, werden diese in der *Elektronenschreibweise* übersichtlich dargestellt:

Außenelektronen — :S̤· ≙ |S̄· — Elektronenpaar

Die Elementsymbole stehen dabei für den Atomkern mit den abgeschlossenen inneren Elektronenschalen. Die Außenelektronen werden durch Punkte und Striche symbolisiert. Ein Punkt steht dabei für *ein einzelnes* Außenelektron. Bis zu vier Außenelektronen schreibt man als Einzelpunkte, die um das Symbol verteilt werden. Jedes weitere Außenelektron wird mit einem bereits vorhandenen Punkt zu einem Punktepaar zusammengefasst. Jedes Punktepaar schreibt man als Strich, der damit einem **Elektronenpaar** entspricht. Für die Elemente der zweiten Periode ergeben sich nach der Elektronenschreibweise folgende Atomsymbole:

Li· ·Be· ·Ḃ· ·Ċ· |Ṅ· |Ō· |F̄· |Ne|

Vom Periodensystem zum Atombau. Zwischen dem Atombau und der Stellung der Elemente im Periodensystem besteht ein enger Zusammenhang. Die Grundlage für die Anordnung der Elemente im Periodensystem ist die Anzahl der Protonen, die Ordnungszahl. Schreibt man alle Elemente mit gleicher Anzahl an besetzten Elektronenschalen in eine Zeile und alle Elemente mit gleicher Anzahl an Außenelektronen in eine Spalte, so entspricht die Anordnung dem Periodensystem. Die Stellung eines Elements im Periodensystem spiegelt also den Aufbau seiner Atome wieder. Die *Hauptgruppennummer* ist dabei gleich der Anzahl der Außenelektronen. So besitzen die Atome der Alkalimetalle *ein* Elektron in der äußersten Schale; sie werden in die I. Hauptgruppe eingeordnet. Entsprechend bilden die Halogene Hauptgruppe VII, weil ihre Atome jeweils sieben Valenzelektronen haben. Die *Periodennummer* stimmt mit der Anzahl der besetzten Schalen überein: im Falle von Lithium und Fluor zwei Schalen, bei Kalium und Brom jeweils vier.

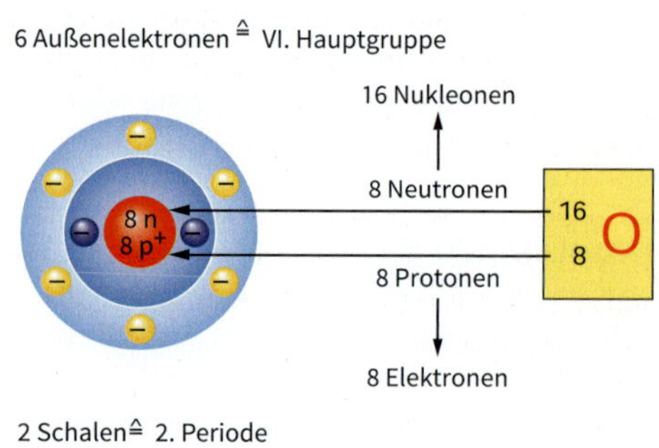

2 *Protonen, Nukleonen und Elektronen des Sauerstoff-Atoms*

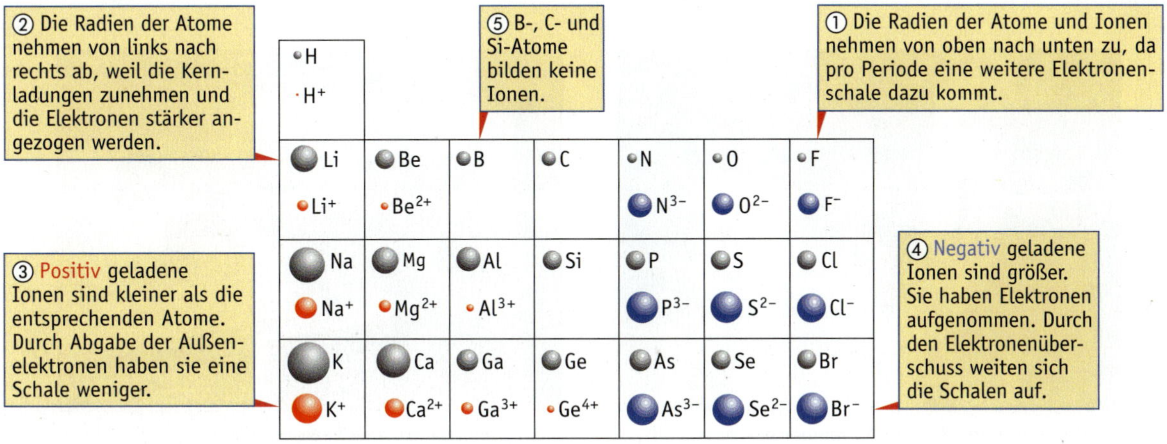

3 *Vergleich der Atom- und Ionenradien*

Periodische Eigenschaften. Aus der Stellung der Elemente im Periodensystem lässt sich nicht nur der Aufbau der Elektronenhülle ihrer Atome ablesen, sondern man kann auch weitere Atomeigenschaften abschätzen. So ändern sich etwa die Radien von Atomen und Ionen mit steigender Ordnungszahl der Elemente nach immer wiederkehrenden, *periodischen* Gesetzmäßigkeiten:

- Die *Atomradien* nehmen in einer Hauptgruppe von oben nach unten zu, denn je mehr Elektronenschalen in einem Atom besetzt sind, desto größer ist es (Abb. 3). In einer Periode nehmen die Atomradien von links nach rechts ab, da bei gleicher Anzahl der Elektronenschalen, aber steigender Kernladung die Anziehungskräfte zwischen dem Kern und den Elektronen in der Atomhülle größer werden.
- Positiv geladene Ionen haben immer kleinere *Ionenradien* als die entsprechenden Atome, aus denen sie sich bilden (Abb. 3): Die Kationen besitzen eine Elektronenschale weniger als die Atome und sind daher kleiner. Negativ geladene Ionen sind hingegen größer als die zugehörigen Atome: Ihre Elektronenschalen enthalten bei gleicher Kernladung mehr Elektronen in der gleichen Schale als die neutralen Atome. Da sich die Elektronen gegenseitig abstoßen, beanspruchen sie im Anion mehr Raum als im Atom.

Der Atombau bestimmt die Anordnung der Elemente im Periodensystem. Elemente mit gleicher Anzahl an Außenelektronen stehen in einer Gruppe; solche mit der gleichen Anzahl an Elektronenschalen in einer Periode. Atom- oder Ionenradien ändern sich periodisch.

1 a) Erläutere den Zusammenhang zwischen dem Bau eines Atoms und der Anordnung des entsprechenden Elements im Periodensystem.
b) Zeichne – entsprechend der Abb. 2 für das Sauerstoff-Atom – Schemata für die Atome der Elemente Lithium, Kohlenstoff und Magnesium.

2 Gib die Anzahl der Außenelektronen für die Elemente der 3. Periode in der Elektronenschreibweise an.

3 Die Elektronen eines Atoms sind auf drei Schalen verteilt. Auf der M-Schale befinden sich vier Elektronen. Erkläre, um welches Atom es sich handelt.

4 a) Erläutere, weshalb die Ionenradien in einer Gruppe des Periodensystems von oben nach unten zunehmen.
b) Beschreibe und erkläre die Änderung der Atomradien in einer Periode.
c) Vergleiche und erkläre die Atom- und Ionenradien von Calcium und Brom.

5 a) Recherchiere, nach welchem Prinzip die Elektronenschalen der Elemente der 4. Periode schrittweise aufgefüllt werden.
b) Erläutere, weshalb die Elemente mit der Ordnungszahl 21 (Scandium) bis 30 (Zink) als Nebengruppenelemente bezeichnet werden.

6 **Expertenaufgabe:** Nachfolgend sind die Werte der Ionisierungsenergien für das erste Elektron der Atome der zweiten und dritten Periode aufgeführt (in Millionen $\frac{J}{mol} = \frac{\mu J}{mol}$):
Li (0,53), Be (0,91), B (0,81), C (1,09), N (1,41), O (1,32), F (1,69), Ne (2,09), Na (0,50), Mg (0,74), Al (0,58), Si (0,73), P (1,02), S (1,01), Cl (1,26), Ar (1,53)
a) Trage die Ionisierungsenergien gegen die Ordnungszahlen auf.
b) Erkläre die Änderungen der Ionisierungsenergie innerhalb einer Hauptgruppe und einer Periode.

Exkurs Röntgenstrahlung in der Medizin

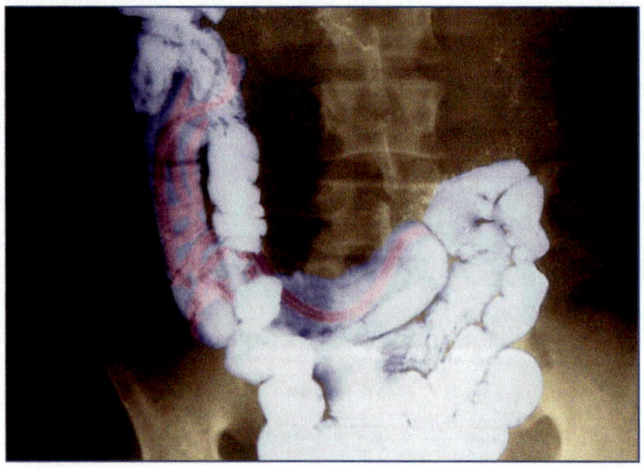

1 *Röntgenaufnahme vom Darm mit Kontrastmittel*

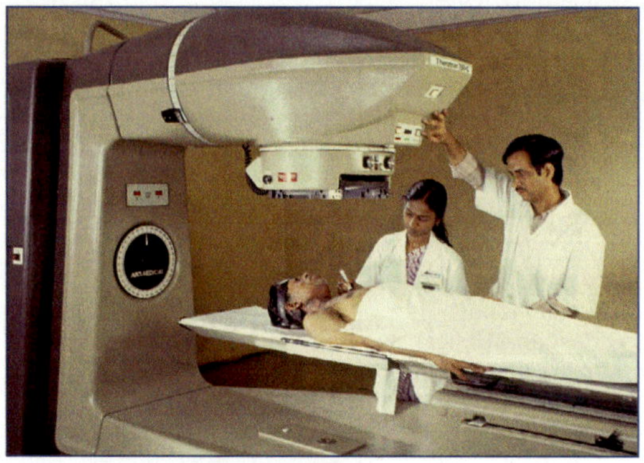

2 *Strahlentherapeutische Behandlung*

Für die Behandlung von Krankheiten spielt die Früherkennung eine große Rolle. Hierfür stehen bildgebende Diagnoseverfahren zur Verfügung, die einen vertieften Einblick in unseren Körper ermöglichen.

Röntgendiagnostik. Schon kurze Zeit nach ihrer Entdeckung wurden Röntgenstrahlen für medizinische Zwecke genutzt. Auch heute noch gehören Röntgenaufnahmen zu den Standarduntersuchungen, insbesondere bei Knochenbrüchen. Die Röntgenstrahlen durchstrahlen unseren Körper, werden aber von der Knochensubstanz teilweise absorbiert. Auf einem Film entsteht so ein hell scheinendes Abbild unserer Knochen. Doch nicht nur die knöchernen Teile unseres Körpers lassen sich mit Röntgenstrahlung untersuchen. Um beispielsweise den Magen-Darm-Trakt abbilden zu können, gibt man den Patienten ein Kontrastmittel (Abb. 1). Dies sind Stoffe, die die Röntgenstrahlung stärker als das menschliche Gewebe absorbieren. Ein häufig eingesetztes Kontrastmittel für Magen-Darm-Untersuchungen ist das schwerlösliche *Bariumsulfat.*

Neben Verbindungen, die Strahlung absorbieren, werden auch solche genutzt, die Strahlung aussenden. Ein Beispiel ist das radioaktive Isotop ^{123}I, das bei der Untersuchung der Schilddrüsenfunktion eingesetzt wird. Dieses lagert sich wie herkömmliches Iod verstärkt in die Schilddrüse ein. Durch regelmäßige Strahlungsmessungen kann festgestellt werden, in welchem Umfang Iod von der Schilddrüse aufgenommen wird. Vergleiche mit gesunden Menschen lassen Aussagen zur Funktionsfähigkeit der Schilddrüse zu.

Strahlentherapie. Radioaktive Substanzen dienen nicht nur der Diagnose, sondern werden auch in der Therapie eingesetzt. Sie eignen sich besonders zur Behandlung von Tumoren, deren Wachstum gebremst oder unterbunden werden soll. Hierbei wird ausgenutzt, dass bei einer Bestrahlung Tumorgewebe leichter zerstört wird als gesundes Gewebe. Ein operativer Eingriff wird dadurch möglicherweise vermieden (Abb. 2).

Um eine Bestrahlung des Tumorgewebes von außen vornehmen zu können, bedarf es sehr energiereicher γ-Strahlung, die tief ins Gewebe eindringen kann. Als Strahlungsquelle wird hierzu das radioaktive Isotop ^{60}Co verwendet.

Ergänzend kommen Verfahren der *Radionuklidtherapie* zum Einsatz. Dabei wird die Strahlungsquelle durch Injektion oder die Aufnahme über den Stoffwechsel in den Körper eingebracht. Von Vorteil sind dabei die geringere Strahlenbelastung sowie die Möglichkeit, die erkrankte Stelle direkt zu behandeln.

1 Stelle die unterschiedlichen Verfahren zur Anwendung radioaktiver Elemente in der Medizin in einem Schaubild übersichtlich dar.

2 a) Das radioaktive Element ^{99}Tc findet Anwendung in der medizinischen Diagnostik. Recherchiere dessen Bedeutung. Schreibe einen Informationstext.
b) Informiere dich über die Verwendung von ^{131}I in der Radionuklidtherapie. Berichte über das Anwendungsprinzip und vergleiche mit dem Einsatz von ^{123}Iod als Isotop für die Diagnostik.

Atombau und Periodensystem

1. Periodensystem der Elemente

Im Periodensystem sind die Elemente tabellarisch angeordnet. Die Spalten bezeichnet man als Gruppen, die Zeilen als Perioden. Elemente einer Familie bilden eine Gruppe. Man unterscheidet Haupt- und Nebengruppenelemente.

2. Ionen und Elektrolyse

Ionen sind elektrisch geladene Teilchen. Positiv geladene Ionen bezeichnet man als **Kationen,** negativ geladene als **Anionen.** In Salzlösungen sind die Ionen frei beweglich; Salzlösungen leiten deshalb den elektrischen Strom. Legt man eine Gleichspannung an, so wandern Kationen zur Kathode (Minuspol) und nehmen dort Elektronen auf. Gleichzeitig wandern Anionen zur Anode (Pluspol) und geben Elektronen ab. Die dabei durch die Zufuhr von elektrischer Energie bewirkten chemischen Reaktionen bezeichnet man allgemein als **Elektrolyse.**

3. Kern-Hülle-Modell

- Atome bestehen aus Atomkern und Atomhülle.
- Der Atomkern ist positiv geladen und enthält fast die gesamte Masse des Atoms.
- Die Atomhülle wird durch die negativ geladenen Elektronen gebildet.
- Die Ladung des Atomkerns wird durch die Ladung der Atomhülle ausgeglichen.

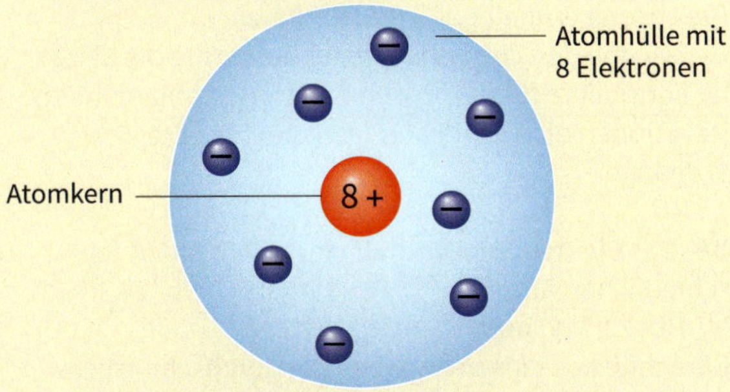

- Bei der Elektrolyse können der Elektronenhülle Elektronen zugefügt oder entrissen werden. So bilden sich aus Atomen Ionen.

4. Bau des Atomkerns

- Der Atomkern besteht aus positiv geladenen **Protonen** und ungeladenen **Neutronen**. Die Kernkraft hält diese **Nukleonen** zusammen.
- Die **Ordnungszahl** der Elemente stimmt mit der Protonenanzahl (Kernladungszahl) überein.
- Die **Massenzahl** gibt die Anzahl der Nukleonen im Kern an.
- Isotope sind Atome eines Elementes, die sich in der Neutronenanzahl unterscheiden.

5. Bau der Atomhülle

- Die Atomhülle ist in Energiestufen gegliedert (Energiestufenmodell). Diese können räumlich als Schalen veranschaulicht werden (Schalenmodell).
- Die Elektronenschalen werden von innen nach außen mit K, L, M, N ... bezeichnet. Je weiter die Schale vom Atomkern entfernt ist, desto mehr Elektronen können sich in ihr aufhalten: Die K-Schale kann maximal 2 Elektronen aufnehmen, die L-Schale 8 Elektronen und die M-Schale 18 Elektronen.
- Die Elektronen der äußeren Schale bezeichnet man als Außenelektronen (Valenzelektronen); sie bestimmen das chemische Verhalten der Elemente.

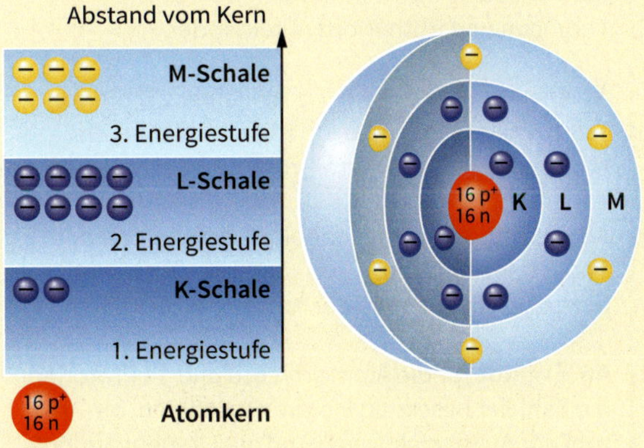

6. Atombau und Periodensystem

Die wichtigsten Informationen über den Aufbau der Atome ergeben sich aus der Stellung eines Elements im Periodensystem:

Periodennummer: Zahl der Elektronenschalen

Gruppennummer: Zahl der Außenelektronen

Ordnungszahl: Zahl der Protonen = Zahl der Elektronen

Massenzahl – Ordnungszahl = Neutronenzahl

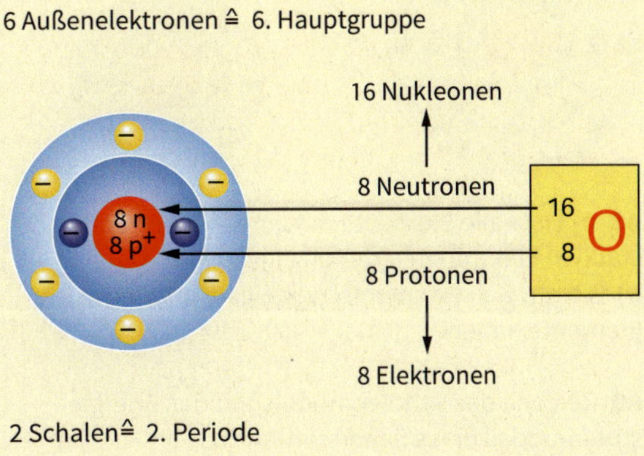

Teste dich

A1 Gib an, wo im Periodensystem der Elemente Metalle und wo Nichtmetalle eingeordnet sind. Nenne je vier Beispiele.

A2 a) Nenne die Ordnungskriterien, nach denen das Periodensystem der Elemente aufgebaut ist.
b) Erkläre, welche Aussagen sich aus dem nebenstehenden Ausschnitt aus dem Periodensystem über das beschriebene Atom machen lassen.

26,98
Al
Aluminium
13

A3 Vergleiche die Atommodelle von Dalton, Thomson und Rutherford miteinander.

A4 Die Atommasse von Iod ist kleiner als die von Tellur. Erkläre, weshalb Iod trotz der kleineren Atommasse eine größere Ordnungszahl hat.

A5 a) Leite aus dem Symbol $^{31}_{15}P$ den Aufbau des Phosphor-Atoms ab.
b) Vergleiche den Bau der Atome $^{31}_{15}P$ und $^{30}_{15}P$.

A6 Ermittle für die Atome mit 6, 8 und 14 Protonen die Zahl der besetzten Elektronenschalen, die Anzahl der Außenelektronen und die Elementsymbole.

A7 Gib an, welche Atome im Modell dargestellt sind.

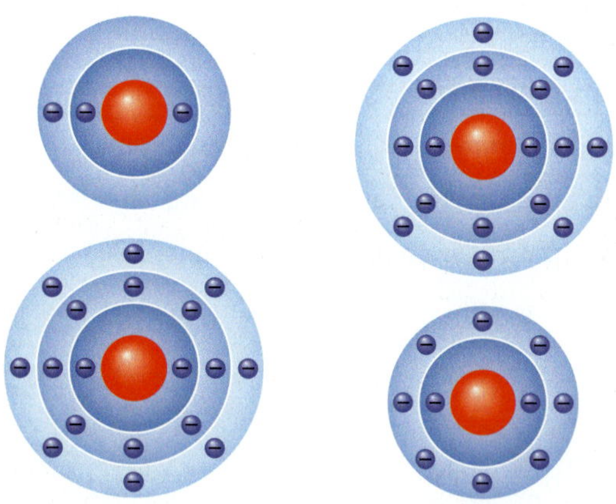

A8 a) Liste alle Elemente mit einer besonders stabilen Elektronenverteilung in der Hülle auf.
b) Gib an, welche chemischen Eigenschaften diese Elemente haben.

A9 Zeichne das Schalenmodell und das Energiestufenmodell eines Sauerstoff-Atoms.

Lösungen stehen im Anhang.

Die wichtigsten Begriffe

- Periodensystem der Elemente
- Periode und Gruppe
- Ordnungszahl, Massenzahl
- Ion, Kation, Anion
- Elektrolyse, Elektronen
- Radioaktivität
- Kern-Hülle-Modell
- Nukleonen: Protonen, Neutronen
- Isotop
- Ionisierungsenergie
- Schalenmodell, Energiestufenmodell
- Außenelektronen

B1 a) Erkläre die obenstehenden Begriffe.
b) Verknüpfe die Begriffe zu einer Conceptmap.
c) Übertrage die Begriffe und deine Erklärungen in digitale Karteikarten.

B2 Im Rutherfordschen Streuversuch werden α-Teilchen auf eine Goldfolie gelenkt, in der 1000 Schichten von Gold-Atomen lückenlos hintereinander liegen. Erkläre, weshalb die meisten α-Teilchen die Goldfolie trotzdem ungehindert durchdringen.

B3 Eine Lösung von Kupferchlorid wird elektrolysiert. Die Lösung enthält Cu^{2+}- und Cl^{-}-Ionen.
a) Zeichne den Versuchsaufbau. Beschrifte die Skizze.
b) Formuliere für die an den Elektroden ablaufenden Reaktionen die Teilgleichungen und beschreibe die Vorgänge.

B4 Das Element Blei enthält vier Isotope in unterschiedlichen Anteilen: $^{204}_{82}Pb$ (1,4 %); $^{206}_{82}Pb$ (24,1 %); $^{207}_{82}Pb$ (22,1 %) und $^{208}_{82}Pb$ (52,4 %).
Berechne aus diesen Angaben die durchschnittliche Atommasse von Blei. Verwende dabei die Näherung $m(p) = m(n) = 1$ u.

B5 Ergänze folgende Tabelle durch Schätzwerte für das Erdalkalimetall Strontium und vergleiche diese mit den Angaben in diesem Buch.

Element	Mg	Ca	Sr	Ba
Ordnungszahl	12	20	?	56
Schmelztemperatur in °C	650	842	?	727
Dichte in $\frac{g}{cm^3}$	1,74	1,55	?	3,5
Atommasse in *u*	24,31	40,08	?	137,34

C1 Das Periodensystem von MENDELEEV

H = 1			Cu = 63,4	Ag = 108	Hg = 200
	Be = 9,4	Mg = 24	Zn = 65,2	Cd = 112	
	B = 11	Al = 27,4	? = 68	Ur = 116	Au = 197 ?
	C = 12	Si = 28	? = 70	Sn = 118	
	N = 14	P = 31	As = 75	Sb = 122	Bi = 210
	O = 16	S = 32	Se = 79,4	Te = 128?	
	F = 19	Cl = 35,5	Br = 80	J = 127	
Li = 7	Na = 23	K = 39	Rb = 85,4	Cs = 133	Tl = 204
		Ca = 40	Sr = 87,6	Ba = 137	Pb = 207

Mitte des 19. Jahrhunderts waren 63 Elemente bekannt. Auf der Suche nach Ordnungsprinzipien für Elemente entwickelte Dimitri MENDELEEV ein Periodensystem. Es wies jedoch Lücken auf; so fehlten beispielsweise die Elemente mit den Atommassen 68 u und 70 u. Er behauptete 1871, dass diese Elemente noch nicht entdeckt seien und nannte sie Eka-Aluminium und Eka-Silicium. MENDELEEV wagte sogar, einige Eigenschaften vorauszusagen: So sollte das Eka-Aluminium eine Dichte von $6 \frac{g}{cm^3}$ aufweisen und in der Hand schmelzen.

a) Gib mithilfe des Periodensystems fünf Elemente an, die in MENDELEEVs System noch fehlten und vergleiche die Atommassen mit den vorausgesagten Werten.

b) Vergleiche die Darstellung MENDELEEVs mit dem heutigen Periodensystem. Gib die Irrtümer MENDELEEVs an.

C2 Flugbahnen von α-Teilchen

In den Jahren vor der Entdeckung des Kern-Hülle-Modells von Ernest RUTHERFORD (1911) war das Rosinenkuchen-Modell von William THOMSON (1897) in der Diskussion: Danach sind die Elektronen wie Rosinen in einem Kuchen beweglich in einer massiven, positiv geladenen Grundmasse eingebettet.

a) Vergleiche das Rosinenkuchenmodell mit dem Atommodell von Dalton und dem Kern-Hülle-Modell. Stelle die wesentlichen Aussagen der Modelle sowie die Erscheinungen, die das jeweilige Modell erklärt, heraus. Veranschauliche deine Aussagen jeweils durch eine Skizze des Modells.

b) Nenne Beobachtungen Rutherfords, die sowohl gegen das Dalton-Modell als auch gegen das Rosinenkuchen-Modell sprechen. Erstelle zur Veranschaulichung deiner Aussage für jedes Modell eine Skizze der Flugbahnen von α-Teilchen.
Hinweis: α-Teilchen können das Atom an verschiedenen Stellen treffen.

C3 Energie durch Kernreaktionen

In der Sonne, dem wichtigsten Energielieferanten für die Erde, verschmelzen jeweils vier Wasserstoff-Atomkerne miteinander und bilden einen Helium-Kern. Bei dieser *Kernfusion* wird sehr viel Energie frei. Die Helium-Atomkerne haben eine minimal geringere Masse als die Summe der einzelnen Wasserstoff-Atomkerne. Bei ihrer Verschmelzung wird also Masse in Energie umgewandelt.

Eine künstliche Umwandlung von leichteren Atomkernen in schwerere wollten 1938 Otto HAHN und Fritz STRASSMANN erreichen, indem sie Uran mit Neutronen beschossen. Statt der schweren Kerne bildete sich das leichtere Barium-Isotop ^{144}Ba. Diese erstmalig experimentell durchgeführte *Kernspaltung* kann man sich so vorstellen, dass der Uran-Kern durch Einfangen des Neutrons stark verformt wird. Die abstoßenden Kräfte übersteigen dann die Kernkraft: Der Kern zerbricht; dabei wird Energie frei. Die bei jeder Kernspaltung zusätzlich freigesetzten Neutronen können ihrerseits Uran-Kerne spalten. Es kommt zu einer Kettenreaktion, bei der sehr große Energiebeträge freigesetzt werden.

a) Erkläre, weshalb man Kernspaltung und Kernfusion als Kernreaktionen bezeichnet.

b) Beschreibe mithilfe der Abbildung die einzelnen Stufen der Kernfusion von Wasserstoff-Atomkernen zu Helium-Atomkernen.

c) Bei der Kernfusion wird Masse in Energie umgewandelt. Es gilt die Einsteinsche Beziehung: $E = m \cdot c^2$, dabei ist c die Lichtgeschwindigkeit (299 800 $\frac{km}{s}$). Die Summe der Massen der vier H-Atome beträgt 4,0319 u. Der entstehende Helium-Kern hat jedoch nur eine Masse von 4,0015 u. Berechne die Energiemenge, die dieser Massendifferenz entspricht und begründe das besondere Forschungsinteresse an der Kernfunsion.

d) Stelle Vor- und Nachteile der Gewinnung von elektrischer Energie durch Kernspaltung zusammen und formuliere eine eigene Stellungnahme.

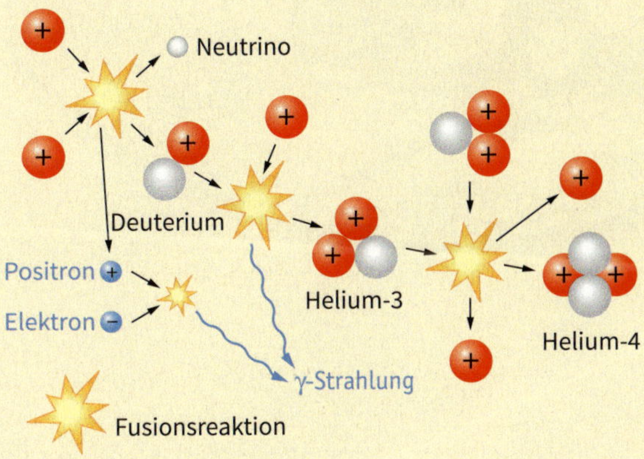

Kapitel 10

Salze – aus Ionen aufgebaut

Salz ist ein lebenswichtiger Stoff; es war früher so wertvoll, dass es als *weißes Gold* bezeichnet wurde. Bei dem, was wir allgemein als *Salz* bezeichnen, handelt es sich um die Verbindung Natriumchlorid, besser bekannt als Kochsalz. Natriumchlorid wird als Steinsalz aus bis zu 1000 Metern Tiefe mit großen Maschinen bergmännisch in Salzbergwerken abgebaut.
Natriumchlorid ist aber nur ein Beispiel für ein Salz. Es gibt eine Fülle an Verbindungen, die ähnliche Eigenschaften haben. Ihnen gemein ist ihr Aufbau aus geladenen Atomen – den Ionen.

Im Winter wird auf vereisten Straßen häufig Salz gestreut, damit die Fahrt mit dem Auto sicherer wird. Das Streusalz wird dabei von Streufahrzeugen über einen sich drehenden Streuteller auf der Straße verteilt. Auf der vereisten Straße bildet das Salz eine gesättigte Salzlösung, die auch bei Temperaturen von einigen Minusgraden nicht mehr gefriert: Die Autos können fahren, ohne zu rutschen.
Das verwendete Streusalz besteht zu etwa 98 % aus Natriumchlorid – dem Salz, das wir als Speisesalz oder Kochsalz aus der Küche kennen. Um das preiswerte Streusalz für den menschlichen Genuss unbrauchbar zu machen, setzt man Eisenoxid und Farbstoffe hinzu.

Speisesalz wird seit alters her zum Würzen von Speisen und zur Konservierung von Lebensmitteln wie Schinken oder Heringen verwendet. Speisesalz besteht jedoch meist nicht aus reinem Natriumchlorid. Andere Salze werden in sehr geringen Anteilen hinzugemischt. So hat etwa Kaliumfluorid die Aufgabe, den Zahnschmelz zu härten. Kaliumiodat soll Krankheiten vermeiden, die mit der Schilddrüse zusammenhängen.
Damit das Speisesalz rieselfähig bleibt und nicht verklumpt, gibt man Trennmittel wie Natriumhexacyanoferrat hinzu. Auf dem Etikett wird es manchmal auch verschlüsselt durch die Nummer E 535 angegeben.

Düngemittel sind wichtige Salzgemische für die Landwirtschaft. So benötigen die Pflanzen neben anderen Stoffen bestimmte Mengen an Kalium-, Calcium-, Stickstoff- und Phosphorsalzen. Im normalen Erdboden sind diese Salze zwar enthalten, aber durch Anbau und Ernten meist nicht mehr in ausreichender Menge. Der Landwirt ersetzt fehlende Salze auf seinen Feldern durch Ausstreuen von Mineraldüngern. Diese enthalten beispielsweise Kaliumchlorid, Calciumcarbonat, Natriumnitrat und Calciumhydrogenphosphat. Diese Salze lösen sich bei Regen und werden von den Pflanzen über die Wurzeln aufgenommen.

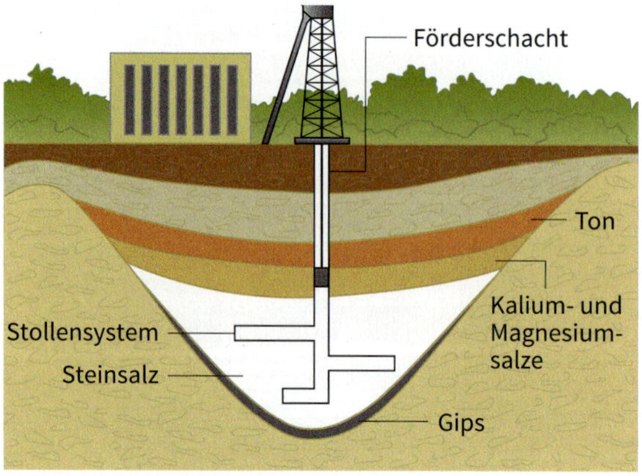

1 *Abbau von Steinsalz im Salzbergwerk*

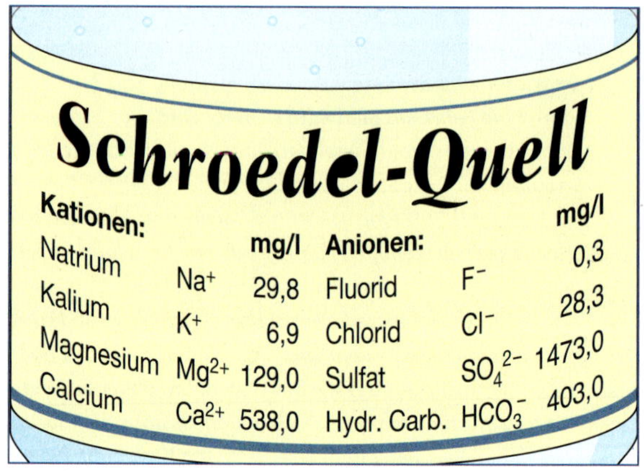

2 *Zusammensetzung eines Mineralwassers*

Das Salz **Natriumchlorid,** das wir als Speisesalz oder Kochsalz aus der Küche kennen, gehört zu den wichtigsten Rohstoffen der chemischen Industrie. Es wird in großen Mengen als *Steinsalz* aus Salzbergwerken zu Tage gefördert (Abb. 1). Dazu leitet man Wasser in einen Salzstock ein und erhält so eine konzentrierte Salzlösung, die *Sole*. Aus dieser lässt sich in *Salinen* durch Eindampfen das feste Salz gewinnen.

In heißen Küstenregionen trifft man auch heute noch auf eine sehr alte Methode zur Salzgewinnung: Salzbauern legen am Strand flache Becken an, in denen sich Meerwasser sammelt. Nach und nach verdunstet das Wasser und das Meersalz kann geerntet werden.

Salze sind Ionenverbindungen. Dampft man eine Natriumchloridlösung ein, bilden sich farblose, würfelförmige Kristalle. Werden diese weiter erhitzt, entsteht bei etwa 801 °C eine farblose Schmelze. Diese und die wässrige Lösung von Natriumchlorid leiten den elektrischen Strom. Kochsalz ist also wie alle Salze und salzartigen Stoffe eine *Ionenverbindung*, die aus *Kationen* und *Anionen* aufgebaut ist. Es besteht aus positiv geladenen **Natrium-Ionen (Na^+)** und negativ geladenen **Chlorid-Ionen (Cl^-).** Am Aufbau eines Natriumchloridkristalls sind genauso viele Natrium- wie Chlorid-Ionen beteiligt. Die Verhältnisformel ist also **NaCl.**

Die Verhältnisformel NaCl spiegelt jedoch nicht den Aufbau von Natriumchlorid aus Ionen wider. Um dies zu verdeutlichen, gibt man gelegentlich in der Formel die Ladungen der Ionen an: $(Na^+)_1(Cl^-)_1$ oder Na^+Cl^-.

Hydrathülle. In einer Salzschmelze sind die Ionen beweglich und ermöglichen so den Ladungstransport. In Lösung sind die Ionen von einer Hülle aus Wasser-Molekülen umgeben, der *Hydrathülle*. Die hydratisierten Ionen kennzeichnet man durch das Symbol (aq): Na^+(aq); Cl^-(aq). In Lösung wird die Ladung der Ionen durch die Hydrathülle abgeschirmt, sodass die hydratisierten Ionen sich gegenseitig nur schwach anziehen und sich nahezu frei bewegen.

Meerwasser. Das Wasser der Ozeane schmeckt salzig und leitet ebenfalls den elektrischen Strom. Es enthält gelöste Salze mit einem Massenanteil bis etwa 4 %. Der Hauptanteil der Salze ist Natriumchlorid, zusätzlich enthält es Calcium- und Magnesiumsalze. Im Meerwasser liegen also überwiegend folgende Ionen vor: Natrium-Ionen Na^+(aq), Calcium-Ionen Ca^{2+}(aq) sowie Magnesium-Ionen Mg^{2+}(aq), Chlorid-Ionen Cl^-(aq), Sulfat-Ionen SO_4^{2-}(aq), Bromid-Ionen Br^-(aq), Iodid-Ionen I^-(aq).

Mineralwasser. Im Mineralwasser sind ebenfalls Salze gelöst. Es handelt sich im Wesentlichen um die gleichen Ionen wie im Meerwasser. Je nach Herkunft des Mineralwassers können als Anionen zusätzlich Hydrogencarbonat-Ionen HCO_3^-(aq) oder Sulfat-Ionen SO_4^{2-}(aq) enthalten sein (Abb. 2). Diese Ionen sind aus mehreren Atomen aufgebaut und werden als **zusammengesetzte** oder **mehratomige Ionen** bezeichnet.

Im Vergleich zum Meerwasser enthält Mineralwasser wesentlich weniger Ionen, weshalb die elektrische Leitfähigkeit geringer und der salzige Geschmack fast nicht zu bemerken ist. Das Sprudeln des Mineralwassers ist auf die Zugabe von gasförmigem Kohlenstoffdioxid (CO_2) bei der Abfüllung zurückzuführen: Unter Druck löst sich ein größerer Anteil des Gases im Wasser als bei normalem Luftdruck. Öffnet man die Flasche, so entweicht ein Teil des gelösten Kohlenstoffdioxids. Das Mineralwasser sprudelt lebhaft.

Leitungswasser. An Waschbecken und Armaturen im Badezimmer bilden sich oft Kalkflecken. Auch auf mit Leitungswasser gespülten Gläsern kann sich beim Trock-

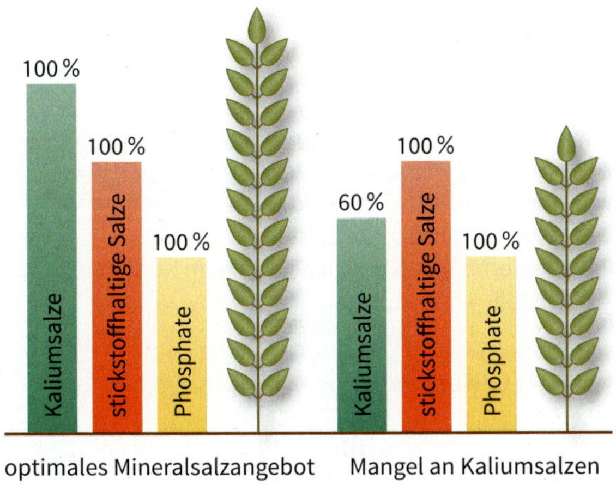

3 *Gesetz vom Wachstumsminimum*

Handelsname	Mineralsalze
Kaliumsulfat	K_2SO_4
Kalkammonsalpeter	NH_4NO_3, $CaCO_3$
Nitrophoska blau	NH_4NO_3, $(NH_4)_2HPO_4$, $CaHPO_4$, KCl, $CaSO_4$
Superphosphat	$Ca(H_2PO_4)_2$, $CaSO_4$
Thomaskali	$CaHPO_4$, KCl, $MgSO_4$, $CaCO_3$

4 *Verschiedene Mineraldünger*

nen ein weißer, kristalliner Belag bilden. Leitungswasser enthält also ähnlich wie Mineralwasser Ionen, vor allem Calcium-Ionen und Hydrogencarbonat-Ionen. Beim Verdunsten von Leitungswasser kristallisiert das Salz Calciumcarbonat ($CaCO_3$) aus, das landläufig auch als *Kalk* bezeichnet wird. Kalkflecken lassen sich mit sauren Reinigern entfernen.

Wasser, das praktisch frei von Ionen ist, erhält man durch Destillation von Leitungswasser oder auch in speziellen Entsalzungsanlagen. Man spricht dann von *destilliertem* beziehungsweise *demineralisiertem Wasser.*

Mineraldünger. Der deutsche Chemiker Justus von LIEBIG erkannte im 19. Jahrhundert, dass bestimmte Salze das Wachstum von Pflanzen fördern. Diese Salze werden als *Mineraldünger* in der Landwirtschaft eingesetzt. Sie sind Gemische verschiedener Mineralsalze – vor allem Kaliumchlorid, Calciumcarbonat, Calciumhydrogenphosphat, Ammoniumnitrat und Kaliumnitrat.

Sobald eine Ionensorte fehlt, verringert sich das Wachstum der Pflanzen. Das Wachstum wird gewissermaßen durch die Ionensorte begrenzt, die am wenigsten im Boden vorhanden ist. Es gilt das **Gesetz vom Wachstumsminimum** (Abb. 3). Ein Landwirt sollte daher den Ackerboden von Zeit zu Zeit analysieren lassen. Er weiß dann, welche Mineralsalze im Boden fehlen und kann diese durch Mineraldünger gezielt dem Boden zuführen (Abb. 4). Organische Dünger wie Mist oder Gülle enthalten Düngestoffe, die im Boden durch Mikroorganismen zu Mineralsalzen umgewandelt und von Pflanzen aufgenommen werden.

Stoffe, die aus Ionen aufgebaut sind, werden als Salze oder salzartige Verbindungen bezeichnet.

1 a) Beschreibe, wie unterirdische Salzlagerstätten entstanden sind. Informiere dich in diesem Zusammenhang über die Barrentheorie.
b) Nenne drei Salze, die in Salzlagern vorkommen und gib Verhältnisformeln und Ionensymbole an.

2 a) Recherchiere, welchen Salzgehalt das Wasser des Toten Meeres hat. Liste jeweils drei darin enthaltene Kationen und Anionen mit Namen und Ionensymbol auf.
b) Erkläre, weshalb der Strand des Toten Meeres an vielen Stellen mit einer Kruste aus einem weißen, harten Material überzogen ist.

3 Plane zwei Experimente, mit denen du ein Glas mit Mineralwasser von einem Glas mit destilliertem Wasser unterscheiden kannst.

4 a) Vergleiche zwei Mineralwässer hinsichtlich der Ionensorten und ihren Massenkonzentrationen.
b) Recherchiere, warum Mineralwässer einen niedrigen Gehalt an Natrium- und Chlorid-Ionen enthalten sollten, ein höherer Gehalt an Magnesium-Ionen dagegen empfohlen wird.
c) Beurteile die von dir verglichenen Mineralwässer im Sinne deiner Rechercheergebnisse.
d) Auf manchen Etiketten von Mineralwässern steht der Hinweis *enteisent*. Erkläre den Begriff, indem du auch im Internet recherchierst.

Expertenaufgaben:

5 Meerwasser, Mineralwasser und Leitungswasser sind Salzlösungen. Veranschauliche die Unterschiede zwischen den drei Lösungen durch eine Modellzeichnung mit Ionensymbolen.

6 a) Beschreibe mithilfe von Abb. 3 das *Gesetz vom Wachstumsminimum* und erkläre dessen Bedeutung für die Landwirtschaft.
b) Gib für die in Abb. 4 genannten Düngesalze die Ionensymbole an.

Eigenschaften von Salzen

Versuch 1: Elektrische Leitfähigkeit

Materialien: Wechselspannungsquelle, Kabel, Krokodilklemmen, Strommessgerät, Lampensockel mit Glühlämpchen, 2 Graphitelektroden, 4 Bechergläser (100 ml), Petrischale, Schleifpapier; Natriumchlorid (großer Kristall und gekörnt), Kandiszuckerkristall, Haushaltszucker.

Durchführung:
1. Baue eine Apparatur zur Prüfung der elektrischen Leitfähigkeit auf. Schalte zunächst das Strommessgerät in den Stromkreis. Reinige alle Kontakte in der Apparatur mit Schleifpapier.
2. Lege eine Spannung von 5 V an und stelle einen Messbereich im Milliamperebereich ein.
3. Prüfe die Leitfähigkeit der Kristalle, von demineralisiertem Wasser und von Mineralwasser.
4. Stelle jeweils eine Lösung von Natriumchlorid und von Haushaltszucker her, indem du je einen Spatel davon in 100 ml Wasser löst. Miss anschließend die Leitfähigkeit der Lösungen.
5. Ersetze nun das Strommessgerät durch das Glühlämpchen und untersuche die Leitfähigkeit erneut.

Aufgaben:
a) Trage die Messwerte in eine Tabelle ein.
b) Erkläre die Unterschiede in der Leitfähigkeit.
c) Vergleiche beide Methoden zur Ermittlung der elektrischen Leitfähigkeit und beurteile ihre Aussagekraft.

Versuch 2: Farbige Ionen im elektrischen Feld

3 7 9

Materialien: Gleichspannungsquelle, Kabel, Krokodilklemmen, Glasplatte auf hellem Untergrund, 2 Graphitstäbe als Elektroden; Kaliumpermanganat (**3**, **7**, **9**, B2), Natriumsulfatlösung (5 %), Kupfersulfat (**7**, **9**, B2).

Durchführung:
1. Gib etwa 50 ml Natriumsulfatlösung auf die Glasplatte, sodass ein Flüssigkeitskreis mit einem Durchmesser von etwa 15 cm entsteht.
2. Lege einen winzigen Kaliumpermanganatkristall in die Mitte des Flüssigkeitskreises.
3. Schließe die Graphitstäbe an die Spannungsquelle an und lege eine Spannung von etwa 10 V an.
4. Halte die Elektroden an die gegenüberliegenden Seiten des Flüssigkeitskreises.
5. Wiederhole den Versuch mit einem Kupfersulfatkristall.

Aufgabe:
Notiere und erkläre deine Beobachtungen.

Versuch 3: Züchten von Alaunkristallen

Materialien: Bechergläser (300 ml und 100 ml), Kristallisierschale, Waage, Wasserkocher, Holzspieß, Nähgarn, Trichter, Filtrierpapier, Thermometer; Alaun (Kaliumaluminiumsulfat-Hydrat).

Durchführung:
1. Erhitze demineralisiertes Wasser im Wasserkocher auf etwa 50 °C.
2. Fülle 200 ml heißes Wasser in das große Becherglas und löse etwa 40 g Alaun darin. Lass die Lösung auf Zimmertemperatur abkühlen.
3. Filtriere die entstandenen Kristalle ab.
4. Gieße einen Teil des Filtrats in die Kristallisierschale, bis sie etwa 5 mm hoch gefüllt ist. Fülle den anderen Teil in das kleine Becherglas.
5. Wähle einen besonders schön geformten Kristall aus dem Rückstand und knote ihn an das Nähgarn. Hänge den Kristall so in die Lösung im Becherglas, dass er ganz darin eintaucht.
6. Stelle das Becherglas und die Kristallisierschale für mehrere Tage an einen kühlen Platz.
7. Entferne nach einigen Tagen die zusätzlichen Kristalle vom Faden. Fülle gelegentlich so viel der gesättigten Alaunlösung nach, dass der wachsende Kristall immer bedeckt ist.

Aufgaben:
a) Protokolliere täglich Farbe, Form und Größe des Kristalls. Du kannst zusätzlich Fotos vom Versuchsverlauf anfertigen.
b) Zeichne die Kristallform perspektivisch auf.

Praktikum

Ein Natriumchloridkristall im Modell

Versuch 1:
Bau eines Kugelpackungsmodells von Natriumchlorid

Materialien: 50 Kugeln, weiß (d = 30 mm) 50 Kugeln, grau (d = 12 mm) Klebstoff.
Dieses Kugelpackungsmodell soll den Aufbau eines Natriumchloridkristalls aus Ionen veranschaulichen.
Die weißen Kugeln stellen dabei die Chlorid-Ionen dar, die grauen Kugeln die Natrium-Ionen:

Durchführung:

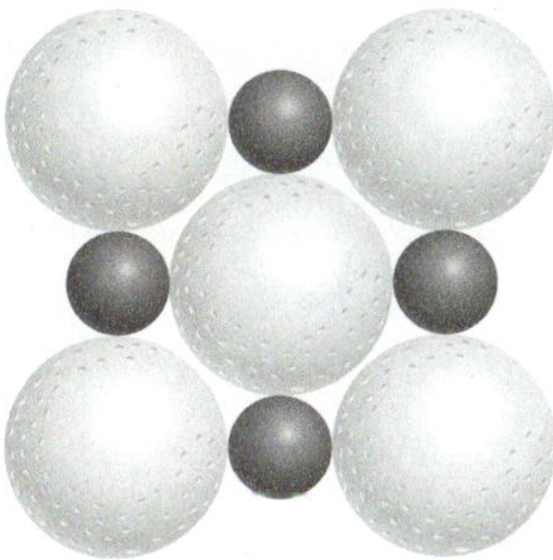

①

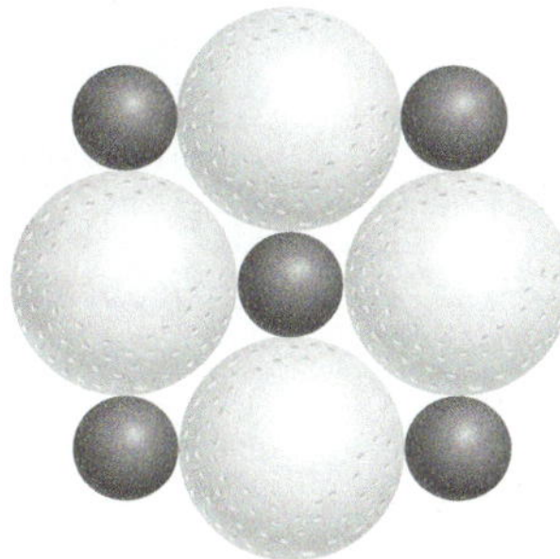

②

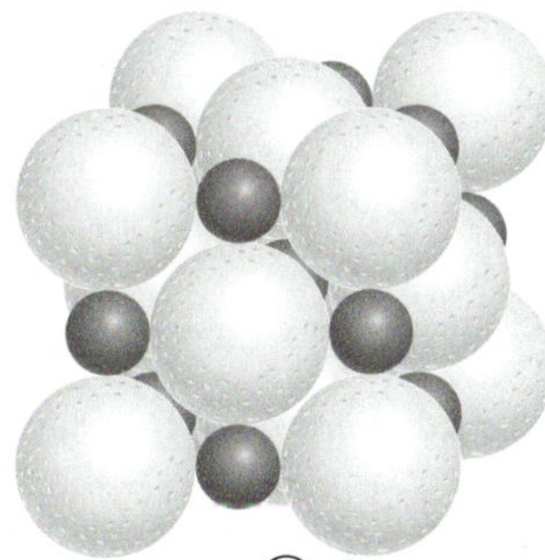

③

1. Fertige zwei Kugelschichten ① und eine Kugelschicht ② an, indem du graue und weiße Kugeln verklebst.
2. Lege die drei Schichten so übereinander, dass der Würfel ③ entsteht. Klebe die Kugelschichten aneinander.
3. Baue das Kugeldreieck ④, in der die mittlere Kugel fehlt, aus einer Lage weißer Kugeln. Dazu kommt eine Schicht grauer Kugeln, die jeweils in die Vertiefung zwischen drei weißen Kugeln gelegt werden. Damit das Anzahlverhältnis zwischen den Kugeln erhalten bleibt, muss zwischen jeweils drei grauen Kugeln eine Vertiefung frei bleiben. Verklebe die Kugeln anschließend.
4. Stelle die würfelförmige Kugelpackung ③ auf einer Spitze stehend so auf das Dreieck ④, dass die unterste weiße Kugel in das frei gelassene Loch hineinpasst. Lege neun weiße Kugeln und drei graue Kugeln so um den Würfel herum, dass die dreieckige Pyramide ⑤ entsteht.

④

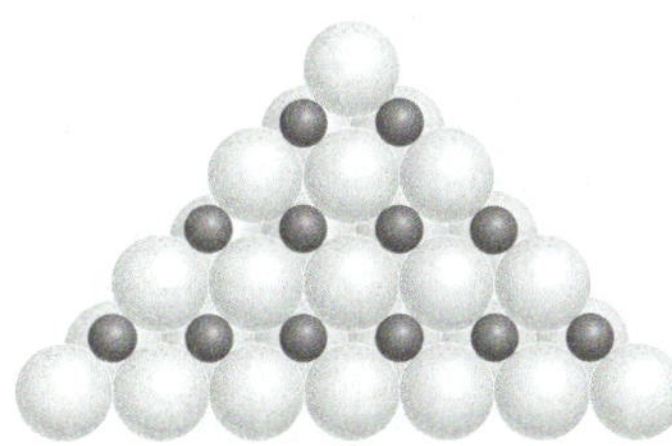

⑤

Aufgaben:

a) Bestimme die Koordinationszahlen im Natriumchloridgitter, indem du die maximale Anzahl grauer Kugeln ermittelst, die jeweils die gleiche weiße Kugel berühren. Bestimme ebenfalls die Zahl der weißen Nachbarkugeln, die eine graue Kugel berühren.

b) Bestimme das Zahlenverhältnis der weißen und grauen Kugeln in den Modellen ③ und ⑤. Vergleiche und erläutere das Ergebnis mit dem Ionenverhältnis in einem Natriumchloridkristall.

Experimentelle Hausaufgabe:

1. Lege dir zwei Sorten unterschiedlich gefärbter weicher Bonbons und eine Packung Zahnstocher zurecht. Baue damit ein Raumgittermodell auf, das dem Modell ③ entspricht, indem du zwei unterschiedlich gefärbte Bonbons jeweils mit einem Zahnstocher verbindest und ein dreidimensionales Modell herstellst.
2. Zeichne das gebaute Raumgittermodell perspektivisch auf. Kennzeichne darin alle Na^+-Ionen mit einem Pluszeichen und alle Cl^--Ionen mit einem Minuszeichen.

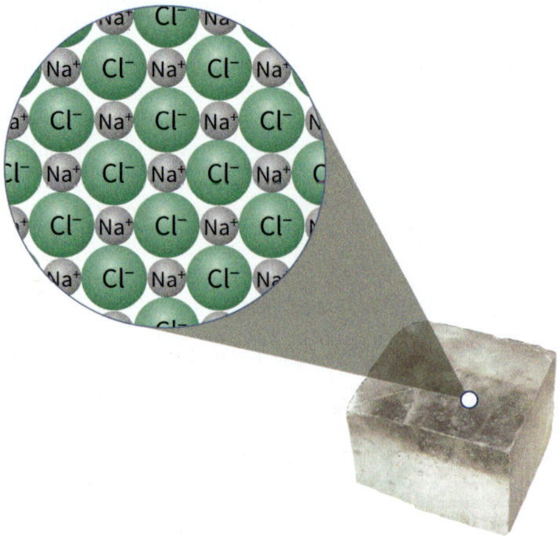

1 *Natriumchlorid bildet ein Ionengitter aus*

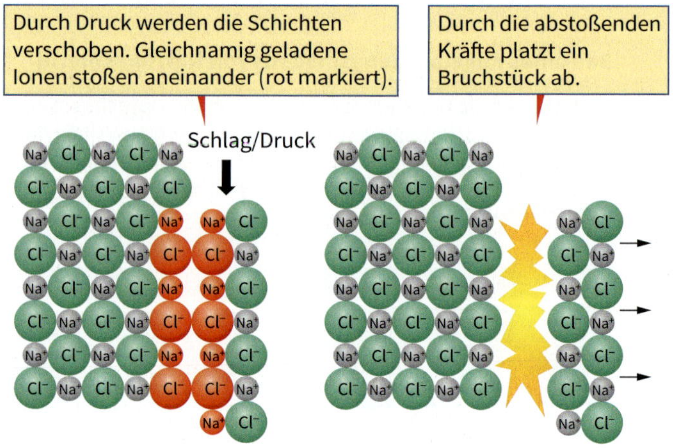

2 *Salzkristalle sind spröde und lassen sich spalten*

Betrachtet man Natriumchloridkristalle aus dem Bergwerk oder solche, die aus einer Lösung von Natriumchlorid kristallisiert sind, stellt man eine Gemeinsamkeit fest: Alle Kristalle sind würfelförmig und weisen gerade Kanten mit rechten Winkeln auf (Abb. 1). Zerschlägt man einen großen Kristall mit einem Hammer, so bestehen auch die Bruchstücke aus kleinen Würfeln (Abb. 2). Wie lässt sich die regelmäßige Form der Natriumchloridkristalle erklären?

Ionenbindung. Lässt man aus einer Kochsalzlösung das Wasser verdunsten, so verlassen Wasser-Moleküle die Lösung. Die positiv geladenen Natrium-Ionen und die negativ geladenen Chlorid-Ionen nähern sich an. Von jedem Ion wirken elektrische Anziehungskräfte in alle Richtungen des Raums. Positiv geladene Na^+-Ionen ziehen die negativ geladenen Cl^--Ionen an und umgekehrt; gleich geladene Ionen stoßen sich ab. Je näher sich die Ionen kommen, desto wirksamer werden die Anziehungskräfte zwischen verschieden geladenen Ionen. Schließlich treten die Ionen wie in einem Schachbrettmuster zu einem dreidimensionalen **Ionengitter** zusammen, in dem sich Anionen und Kationen abwechseln. Es entstehen würfelförmige Kristalle. Diese Art der chemischen Bindung heißt *Ionenbindung.* Alle Stoffe, in denen dieser Bindungstyp vorliegt, gehören zu den **Salzen.**

Struktur des Natriumchloridgitters. Die Verhältnisformel für Natriumchlorid ist NaCl; ein Kochsalzkristall enthält also genauso viele Na^+-Ionen wie Cl^--Ionen. Da die Chlorid-Ionen wesentlich größer als die Natrium-Ionen sind, bestimmen sie im Natriumchloridkristall den Aufbau des Ionengitters (Abb. 1). Die Chlorid-Ionen bilden eine dichte Kugelpackung. Die kleineren Natrium-Ionen liegen versteckt in den Lücken zwischen den großen Chlorid-Ionen. In dieser Anordnung der Ionen wird jedes Natrium-Ion von sechs Chlorid-Ionen berührt; umgekehrt ist auch jedes Chlorid-Ion von sechs Natrium-Ionen umgeben. Man sagt: Beide Ionensorten haben die **Koordinationszahl 6** (Abb. 3).

Gittermodelle. Der Aufbau von Ionenverbindungen kann in unterschiedlichen Modellen dargestellt werden. Im **Kugelpackungsmodell** stellt man das Größenverhältnis der Ionen und ihre räumliche Anordnung im Kristall durch unterschiedlich gefärbte Kugeln dar. Sollen lediglich die Positionen der Ionen im Ionengitter gezeigt werden, ist ein **Raumgittermodell** besser geeignet (Abb. 3). Die Ionen werden hier als verschiedenfarbige Kugeln dargestellt, die durch Stäbe verbunden sind. Mit dem Raumgittermodell wird die gitterartige Anordnung der Ionen besonders deutlich, es zeigt jedoch weder die Größenunterschiede der Ionensorten noch deren Raumerfüllung.

Eigenschaften von Salzen. Aufgrund der Ionenbindung haben Salze einige gemeinsame Eigenschaften:

- Die Kristalle von Natriumchlorid und Marmor sind hart, Stoffe wie Kerzenparaffin oder Bienenwachs dagegen sehr weich – man kann sie leicht mit dem

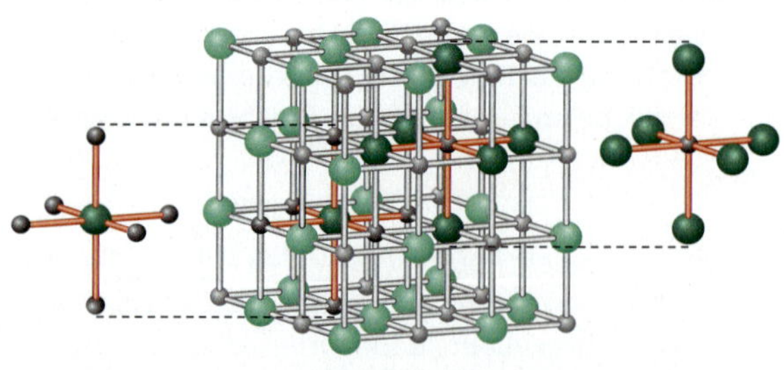

3 *Struktur von Natriumchlorid im Raumgittermodell*

Fingernagel ritzen. Die **Härte** von Salzkristallen lässt sich dadurch erklären, dass sich die unterschiedlich geladenen Ionen im Ionengitter stark anziehen.

- Schlägt man mit dem Hammer auf einen Kochsalzkristall, so zersplittert er nicht in beliebige Bruchstücke, sondern meistens in kleine würfel- oder quaderförmige Kristalle. Man sagt, ein Salzkristall ist **spröde.** Bei einem solchen Schlag verschieben sich die Ionenschichten gegeneinander. Dabei gelangen gleichartig geladene Ionen in enge Nachbarschaft und stoßen sich ab und der Salzkristall zerbricht (Abb. 2).
- Salze weisen in der Regel hohe Schmelz- und Siedetemperaturen auf. So schmilzt Natriumchlorid bei 801 °C und Magnesiumoxid bei etwa 2800 °C. Molekülverbindungen wie Eis oder Kerzenparaffin schmelzen bereits bei deutlich niedrigeren Temperaturen. Die **hohen Schmelztemperaturen** von Salzen erklären sich durch die starke Ionenbindung.
- Wässrige Lösungen von Salzen und Salzschmelzen leiten den elektrischen Strom; im festen Zustand sind Salze nicht leitfähig. Die **elektrische Leitfähigkeit** beruht auf den in Salzlösungen und Salzschmelzen vorhandenen frei beweglichen Ionen. Diese übernehmen den Ladungstransport.

Calcitgitter. Salzkristalle können unterschiedliche Strukturen haben. Die Kristalle des Minerals *Calcit* sind durch die besondere Dreiecksform der Carbonat-Ionen

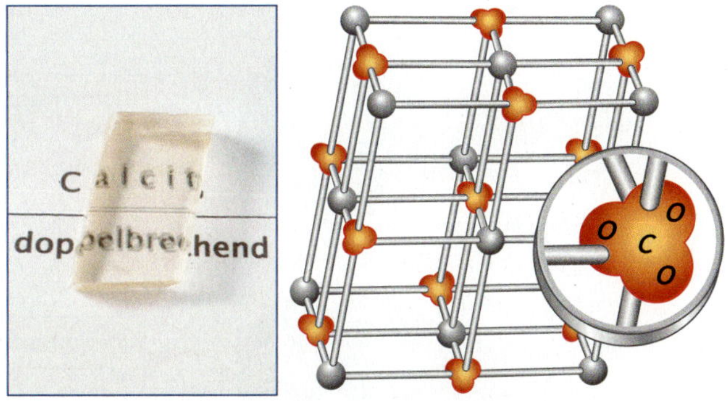

4 *Doppelspatkristall und Gittermodell des Kristalls*

schiefwinklig; man spricht von Rhomboedern (Abb. 4). Dieses Mineral heißt auch *Doppelspat*, weil ein geschriebener Buchstabe durch die glasklaren Kristalle hindurch doppelt erscheint. Calcit ist chemisch gesehen Calciumcarbonat; es setzt sich aus Calcium-Ionen (Ca^{2+}) und Carbonat-Ionen (CO_3^{2-}) im Zahlenverhältnis 1 : 1 zusammen. Die Verhältnisformel lautet daher $CaCO_3$.

In einem Salzkristall ziehen sich positiv und negativ geladene Ionen aufgrund ihrer unterschiedlichen Ladung an und bilden eine regelmäßige Gitterstruktur, das Ionengitter. Die Bindung in einem Ionengitter bezeichnet man als Ionenbindung. Sie erklärt viele Eigenschaften von Salzen.

1 a) Begründe mithilfe von Abb. 1 den regelmäßigen Aufbau von Kristallen.
b) Erkläre, weshalb Salzkristalle durch Verdunsten von Wasser aus einer Salzlösung im Prinzip beliebig groß werden können.
c) Regelmäßig geformte Salzkristalle bilden sich nur, wenn sie frei schwebend – beispielsweise an einem dünnen Bindfaden hängend – gezüchtet werden. Erkläre diesen Befund.

2 Verdeutliche am Beispiel der Eigenschaften von Salzen das Basiskonzept *Struktur-Eigenschaft.*

3 a) Skizziere in einer Folge von drei Modellzeichnungen, wie du dir die Bildung von Kochsalzkristallen durch Verdunsten von Wasser aus einer Salzlösung vorstellst. Achte bei deinen Skizzen darauf, dass Stoffebene und Teilchenebene nicht vermischt werden.
b) Fertige drei weitere Modellzeichnungen an, die das Schmelzen eines Kochsalzkristalls verdeutlichen.

4 Vergleiche das Kugelpackungsmodell mit dem Raumgittermodell und liste die Stärken und die Schwächen beider Modelle auf.

5 Gib mithilfe von Abb. 4 die Koordinationszahl für die Ionensorten in einem Calcitkristall an.

6 In der folgenden Tabelle sind die Schmelztemperaturen einiger Salze und die Radien einiger Ionen angegeben. Stelle Hypothesen auf, weshalb:
a) die Schmelztemperatur der Natriumhalogenide vom Natriumfluorid zum Natriumiodid abnimmt.
b) Magnesiumoxid und Aluminiumoxid deutlich größere Schmelztemperaturen haben als Kochsalz.

Salz	Schmelztemp. in °C	Ion	Ionenradien in 10^{-10} m
NaF	992	Na^+	1,16
NaCl	801	Mg^{2+}	0,86
NaBr	747	Al^{3+}	0,67
NaI	660	F^-	1,19
MgO	2800	Cl^-	1,67
Al_2O_3	2045	Br^-	1,82
		I^-	2,06
		O^{2-}	1,26

10.3 Die Verhältnisformeln salzartiger Stoffe

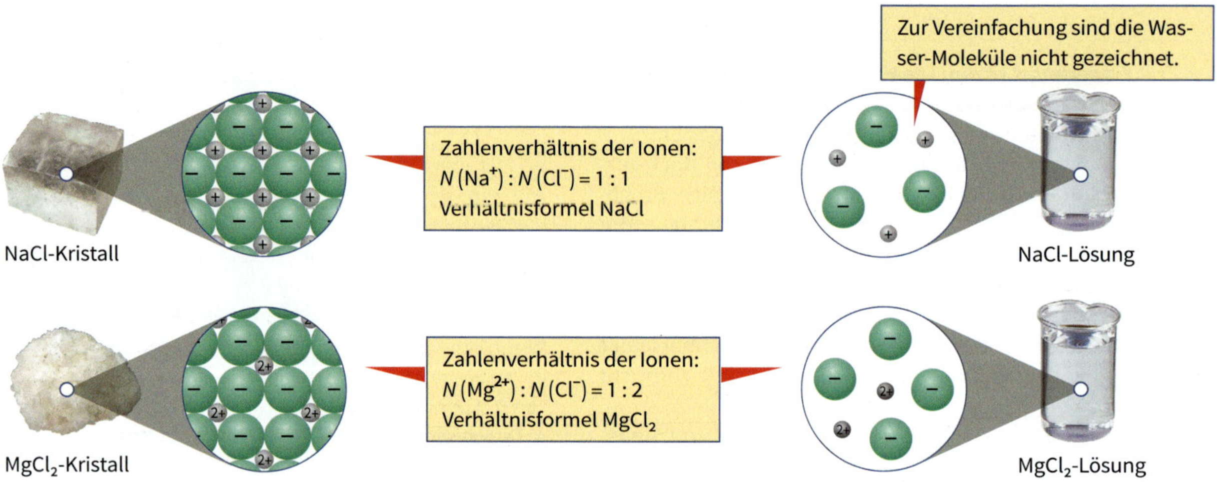

1 *Die Verhältnisformeln von Salzen ergeben sich aus den Ladungen der Ionen*

Salzschmelzen, Salzlösungen und Salzkristalle sind *elektrisch neutral*, obwohl sie aus positiv und negativ geladenen Ionen aufgebaut sind. Diese **Elektroneutralität** lässt sich nur erklären, wenn Ionenverbindungen stets *gleich viele* positive wie negative Ladungen enthalten. So besteht Natriumchlorid (NaCl) aus gleich vielen Na^+-Ionen wie Cl^--Ionen. Ein Magnesiumchloridkristall enthält zweifach positiv geladene Mg^{2+}-Ionen und einfach negativ geladene Cl^--Ionen. Da die Verbindung Magnesiumchlorid elektrisch neutral ist, enthält sie im Verhältnis doppelt so viele Chlorid-Ionen wie Magnesium-Ionen. Die *Verhältnisformel* ist daher $MgCl_2$ (Abb. 1).

ein zweifach positiv geladenes Ion: Mg^{2+} ↘

zwei einfach negativ geladene Ionen: $2\,Cl^-$ ↙

$MgCl_2$

elektrisch neutral: $2 + 2 \cdot (-1) = 0$

Kennt man die Ionensorten in einem Salz und deren Ladungen, lässt sich recht einfach die Verhältnisformel des Salzes bestimmen. Man kombiniert einfach so viele Kationen und Anionen, dass sich die Zahl der positiven und der negativen Ladungen aufhebt. Der Name des Salzes wird gebildet, indem man den Namen des Anions an den des Kations anhängt. Doch woher weiß man, welche Ladungen die Ionen haben?

Ionenladung und Periodensystem. Das Periodensystem ist nicht nur ein Ordnungssystem für Atome, sondern auch für Ionen. Aus der Stellung eines Elements im Periodensystem lässt sich auf die Ladung des entsprechenden Ions schließen.

Betrachtet man die Ionenladungen in Abb. 2, so fällt auf, dass bei *Metallen* nur positiv geladene Ionen vorkommen. Die Ionenladung stimmt dabei mit der Gruppennummer überein. Beispiele aus der 3. Periode sind Mg^{2+}-Ionen und Al^{3+}-Ionen.

Von den *Nichtmetallen* sind nur negativ geladene Ionen bekannt. Ihre Ladungszahl ergibt sich, indem man die Gruppennummer von der Zahl Acht abzieht. Beispiele für Ionen von Atomen aus der 3. Periode sind P^{3-}-Ionen, S^{2-}-Ionen und Cl^--Ionen.

Bei den Elementen der IV. Hauptgruppe gelten diese einfachen Regeln nicht. Kohlenstoff und Silicium bilden in der Regel keine Ionen, beim Zinn und Blei sind zweifach und vierfach positiv geladene Ionen bekannt.

Viele Gebrauchsmetalle wie beispielsweise Eisen, Chrom, Silber und Kupfer gehören zu den *Nebengruppenelementen.* Die Atome vieler Nebengruppenelemente bilden mehrere Ionensorten aus. Beispiele sind Fe^{2+}-Ionen und Fe^{3+}-Ionen sowie Cu^+-Ionen und Cu^{2+}-Ionen. Welche Ionensorte im Einzelfall vorliegt, lässt sich über die Verhältnisformel ermitteln: Fe^{2+}-Ionen sind im Eisensulfat ($FeSO_4$) enthalten; Fe^{3+}-Ionen findet man in Eisenchlorid ($FeCl_3$).

Mehratomige Anionen. In vielen salzartigen Stoffen liegen Anionen vor, die aus mehreren Atomen zusammengesetzt sind. So besteht beispielsweise ein Carbonat-Ion (CO_3^{2-}) aus drei Sauerstoff-Atomen, die mit einem Kohlenstoff-Atom verbunden sind. Das gesamte Teilchen ist zweifach negativ geladen und daher ein Ion und kein Molekül. Weitere Beispiele für mehratomige Ionen sind Sulfat-Ionen (SO_4^{2-}), Nitrat-Ionen (NO_3^-) und Phosphat-Ionen (PO_4^{3-}).

Die Verhältnisformeln von Salzen ergeben sich aus den Ladungszahlen der Ionen. Diese können aus dem Periodensystem abgeleitet werden.

1 Die Skizze zeigt modellhaft eine Salzlösung mit den darin enthaltenen Ionen. Leite aus der Zeichnung die Verhältnisformel des Salzes ab, das in Wasser gelöst wurde.

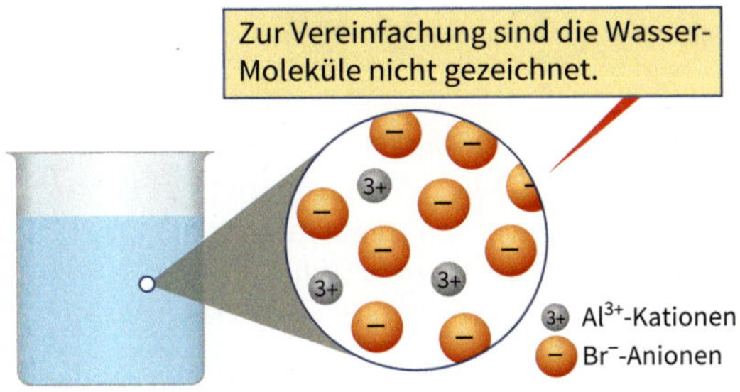

2 Gib an, welche Metall-Ionen in den folgenden Oxiden enthalten sind: FeO, Fe_2O_3, CuO, Cu_2O, ZnO, TiO_2.

3 Vergleiche die Größe der Atome und Ionen in Abb. 2. Erkläre, weshalb die Kationen stets kleiner und die Anionen stets größer als die jeweiligen Atome sind.

4 a) Gib für die folgenden Atome und Ionen jeweils die Anzahl der Protonen und der Elektronen an: Na-Atom, Na^{+}-Ion, Cl-Atom, Cl^{-}-Ion, Mg-Atom, Mg^{2+}-Ion, O-Atom, O^{2-}-Ion.
b) Vergleiche die Größe von Atomen und Ionen. Stelle eine Hypothese auf, die diese Unterschiede erklärt.

5 Calciumcarbonat zersetzt sich beim Erhitzen zu Calciumoxid. Wenn man diese Verbindung mit Wasser mischt, entsteht Calciumhydroxid.
Gib die Ionenarten an, aus denen die drei Salze bestehen, und leite daraus die Verhältnisformeln für die drei Calciumverbindungen ab.

6 Die unten stehende Tabelle zeigt die Namen und die Ladungen verschiedener Ionen.
a) Bestimme die Verhältnisformeln von Natriumsulfid, Calciumchlorid, Natriumoxid, Calciumnitrid, Magnesiumiodid und Kaliumsulfid.
b) Benenne die folgenden Salze: Mg_3N_2, Na_2SO_4, $MgCO_3$, $Ca_3(PO_4)_2$.

Kation	Name	Anion	Name
Na^{+}	Natrium-Ion	F^{-}	Fluorid-Ion
K^{+}	Kalium-Ion	S^{2-}	Sulfid-Ion
Ca^{2+}	Calcium-Ion	O^{2-}	Oxid-Ion
Mg^{2+}	Magnesium-Ion	N^{3-}	Nitrid-Ion
Cu^{2+}	Kupfer-Ion	SO_4^{2-}	Sulfat-Ion
K^{+}	Kalium-Ion	CO_3^{2-}	Carbonat-Ion
Al^{3+}	Aluminium-Ion	NO^{3-}	Nitrat-Ion
Ag^{+}	Silber-Ion	PO_4^{3-}	Phosphat-Ion

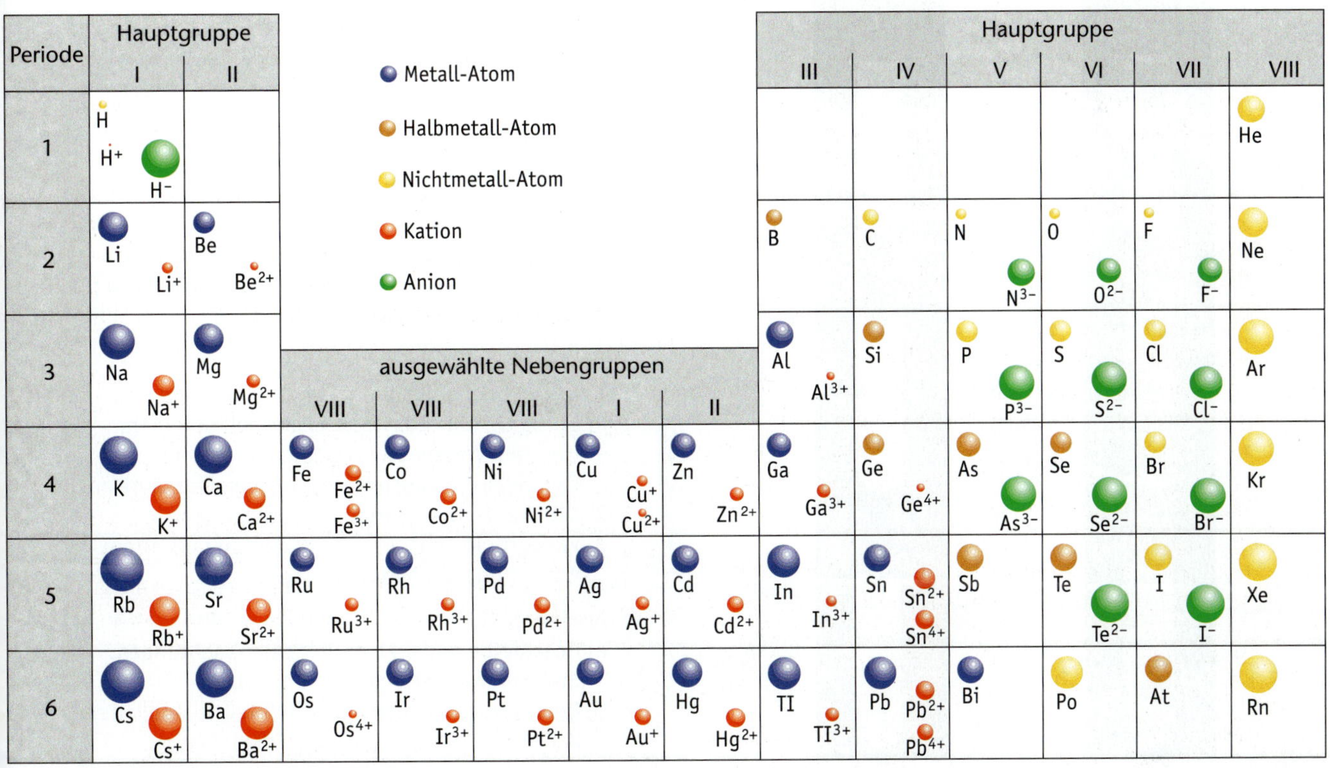

2 *Atome und Ionen im Periodensystem*

Nachweis von Anionen in wässriger Lösung

Versuch 1: Chlorid-Ionen

Materialien: Tropfpipetten;
Salpetersäure (verd.; **5**, **7**), Silbernitratlösung (1 %),
Proben: stark verdünnte Kochsalzlösung, stark verdünnte Salzsäure, Leitungswasser, Mineralwasser.

Durchführung:
1. Fülle Reagenzgläser zu einem Drittel mit den zu untersuchenden Proben.
2. Gib jeweils zehn Tropfen Salpetersäure und zehn Tropfen Silbernitratlösung hinzu und schüttle.
3. Betrachte die Reagenzgläser vor einem dunklen Hintergrund.

Aufgaben:
a) Beschreibe die sich bildenden Niederschläge.
b) Formuliere die Reaktionsgleichung für die Reaktion.
c) Schätze den Chloridgehalt der Proben mithilfe der folgenden Abbildung ab.

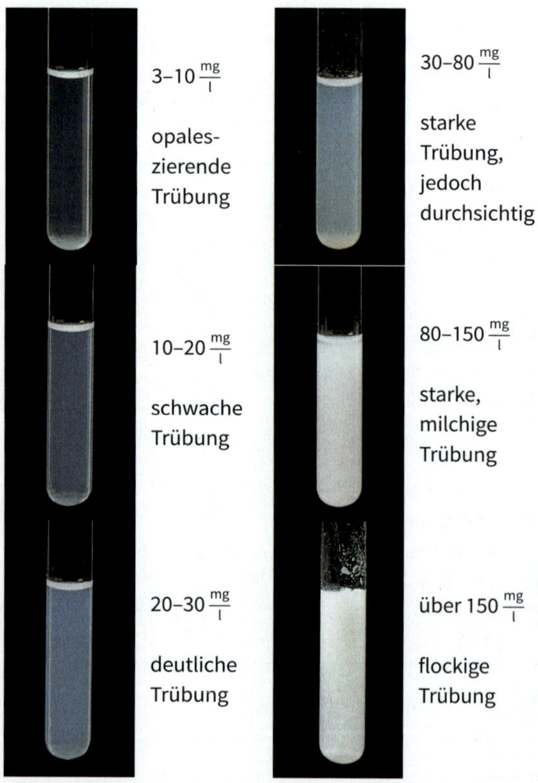

Abschätzung des Chloridgehalts

Versuch 2: Bromid-Ionen und Iodid-Ionen

Materialien: Tropfpipetten;
Salpetersäure (verd.; **5**, **7**), Silbernitratlösung (1 %),
Proben: stark verdünnte Kaliumbromidlösung, stark verdünnte Kaliumiodidlösung.

Durchführung:
1. Fülle Reagenzgläser zu einem Drittel mit den zu untersuchenden Proben.
2. Gib jeweils zehn Tropfen Salpetersäure und zehn Tropfen Silbernitratlösung hinzu und schüttle.
3. Vergleiche die Niederschläge in beiden Lösungen.

Aufgaben:
a) Beschreibe die sich bildenden Niederschläge.
b) Formuliere die Reaktionsgleichungen.
c) Eine Laborantin hegt den Verdacht, dass in ihrem Labor die Etiketten von Probenflaschen für Kaliumchlorid und Kaliumiodid vertauscht wurden. Beschreibe einen Versuch, mit dem sich der Verdacht überprüfen ließe. Gib die zu erwartenden Beobachtungen an.

Versuch 3: Sulfat-Ionen

Materialien: Tropfpipetten, Spatel;
Bariumchloridlösung (1 %, **7**, **B2**), Salzsäure (verd.)
Proben: Natriumsulfat, Mineralwasser.

Durchführung:
1. Gib eine Spatelspitze Natriumsulfat in ein Reagenzglas, fülle das Reagenzglas mit demineralisiertem Wasser etwa zu einem Drittel auf und säuere die Lösung mit zwei Tropfen Salzsäure an.
2. Gib drei Tropfen Bariumchloridlösung zu.
3. Wiederhole den Versuch mit demineralisiertem Wasser und mit Mineralwasser.

Aufgaben:
a) Beschreibe und erkläre deine Beobachtungen. Stelle eine Reaktionsgleichung auf.
b) Beschreibe, wie man experimentell ausschließen kann, dass die Natrium-Ionen die Reaktion auslösen.

Nützliche Steine – edle Steine

Viele der uns bekannten Mineralien sind salzartige Stoffe, die auch in unserem Alltag und in der Technik angewandt werden.

Korundkristalle – hart wie Stahl. Nach Diamant ist Korund das härteste Mineral. Chemisch handelt es sich dabei um Aluminiumoxid. Im Kristallgitter kommen die Ionen Al^{3+} und O^{2-} im Anzahlverhältnis 2 : 3 vor. Da Korundkristalle sehr hart sind, dienen sie als *Schleifmittel* zum Schärfen von Messern aus Stahl. Wegen der großen Härte fertigt man in der Medizin die Gelenkpfanne und den Gelenkkopf eines künstlichen *Hüftgelenks* aus korundhaltigen Keramiken. Zur Bearbeitung von Werkstücken aus Korund verwendet man mit Diamanten besetzte Schleifscheiben.

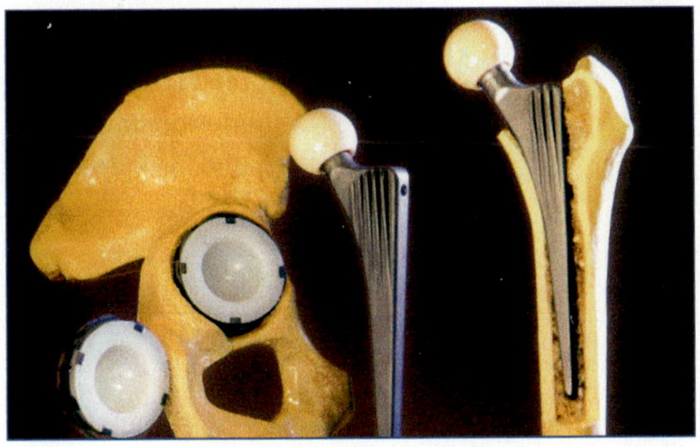

Beryll – das erste Brillenglas. Im Mittelalter nutzten Mönche das glasartige Mineral Beryll als Sehhilfe, indem sie die Kristalle zu Linsen schliffen. Die Bezeichnung *Brille* leitet sich von diesem Namen ab. Später wurden auch Linsen für Ferngläser oder Mikroskope aus dem Mineral gefertigt. Heute wird daraus vor allem das Metall *Beryllium* gewonnen. Chemisch gesehen ist Beryll ein Aluminiumberylliumsilicat. Im Ionengitter sind Aluminium-, Beryllium- (Be^{2+}) und Silicat-Ionen (SiO_4^{4-}) gebunden.

Den tiefgrünen *Smaragd* bezeichnet man auch als Edelberyll. Im seinem Ionengitter sind zusätzlich Chrom-Ionen (Cr^{3+}) gebunden, die dem Smaragd die grüne Farbe geben.

Marienglas – das älteste Fensterglas. Ehe man Glas kannte und in Fenster oder Lampen einbaute, nahm man aus der Natur ein durchscheinendes Mineral, das Marienglas. Der Name Marienglas kommt daher, weil man es zur Abdeckung von Marienbildern und Reliquienkästchen verwendet hat. Chemisch gesehen ist Marienglas Gips (Calciumsulfat, $CaSO_4$).

Pyritkristalle – goldfarben, aber kein Gold. Goldsucher finden oftmals kleine Kristalle, die im Sonnenlicht wie Gold glitzern – aber leider nicht aus Gold bestehen. Die Goldsucher haben *Katzengold* gefunden. Für den Experten sind es Pyritkristalle: Eisensulfid, das aus Eisen-Ionen (Fe^{2+}) und Disulfid-Ionen (S_2^{2-}) zusammengesetzt ist.

1 Ermittle die Verhältnisformel von Korund.

2 Saphire und Rubine sind Edelkorunde – Edelsteine, die sich vom Korund ableiten. Wie auch Smaragde besitzen diese Edelsteine geringe Anteile anderer Ionen im Ionengitter, die für die charakteristische Farbe verantwortlich sind.
a) Recherchiere die Farben von Rubinen und Saphiren und gib an, welche Ionen zusätzlich zu Aluminium-Ionen und Oxid-Ionen im Ionengitter vorhanden sind.
b) Recherchiere die Verwendung von Rubinen und Saphiren.

3 Neben Pyrit gibt es noch das schwarze Eisensulfid (FeS). Gib an, aus welchen Ionen die beiden Eisensulfide aufgebaut sind und stelle die Verhältnisformel für Pyrit auf.

10.4 Bildung von Salzen aus den Elementen

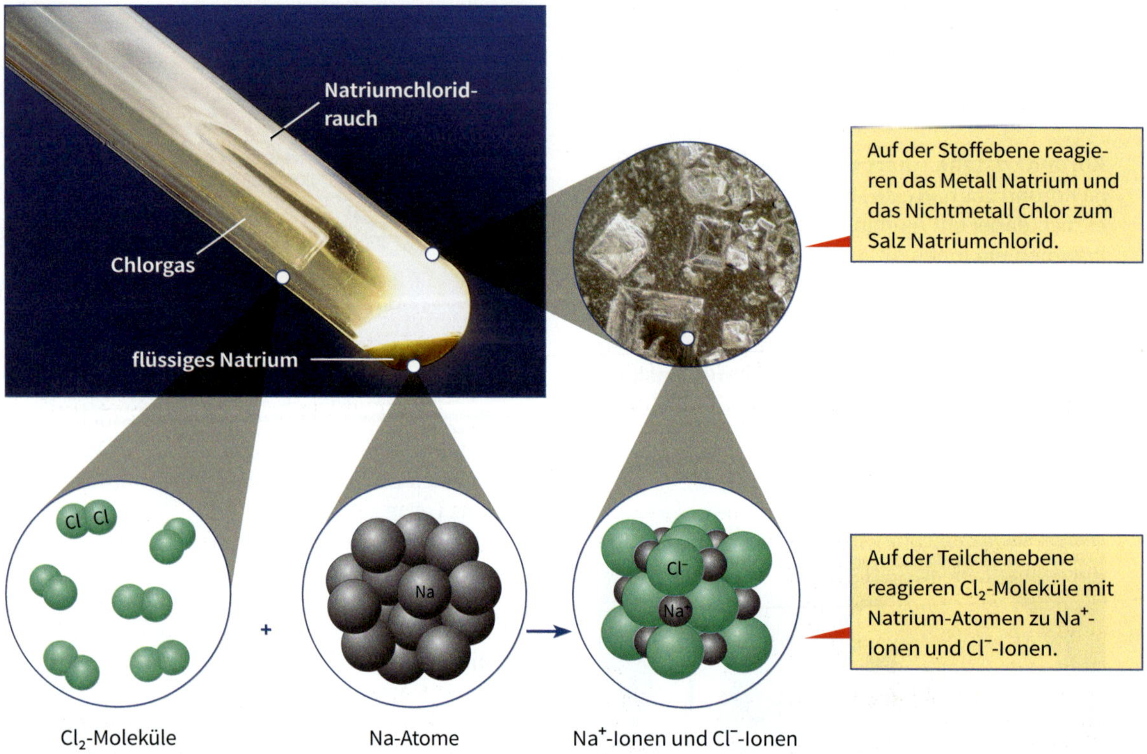

1 *Reaktion von Natrium mit Chlor*

Die Verbindung Natriumchlorid existiert seit Millionen von Jahren. Demzufolge muss es auch schon genauso lange Na^+-Ionen und Cl^--Ionen geben, aus denen das Salz zusammengesetzt ist.

Die Elemente Natrium und Chlor kommen hingegen nicht natürlich vor. Sie wurden erstmalig 1808 von Humphry DAVY durch Elektrolyse einer Schmelze von Natriumchlorid hergestellt. Er konnte damals als erster Mensch kleine Portionen von silbrigem Natrium und dem gelbgrünen Gas Chlor an den Elektroden beobachten – vor ihm gab es auf der Erde weder Natrium noch Chlor in elementarer Form.

Eine Frage ist nun, ob sich aus den Elementen Natrium und Chlor dieselbe Verbindung bildet, wie man sie auch in der Natur findet. Um dies zu klären, schmilzt man eine kleine Portion Natrium im Reagenzglas und leitet Chlorgas aus einem Kolbenprober über das glühende Metall. Eine heftige Reaktion mit gleißend gelber Flamme und weißem Rauch setzt ein (Abb. 1). Ein Teil des Rauchs setzt sich als Belag am Einleitungsrohr ab. Bei dem Rauch handelt es sich um Natriumchlorid, ein Salz, dass wir als Kochsalz aus der Küche kennen. Es läuft also folgende Reaktion ab:

$2\,Na(s) + Cl_2(g) \rightarrow 2\,NaCl(s)$;   exotherm

Ionenbildung aus Atomen. Die Bildung von Natriumchlorid aus den Elementen lässt sich mit dem Schalenmodell beschreiben (Abb. 2). Jedes Natrium-Atom besitzt in der Atomhülle elf Elektronen: zwei in der K-Schale, acht in der L-Schale und eines in der M-Schale. Das Na^+-Ion hat bei gleicher Kernladungszahl nur noch zehn Elektronen in der Atomhülle: zwei in der K-Schale und acht in der L-Schale. Damit besitzen Na^+-Ionen die gleiche Elektronenverteilung wie die Atome des Edelgases Neon. Man sagt: Das Na^+-Ion erreicht bei der Ionenbildung die **Edelgaskonfiguration** des Neon-Atoms. Dabei gibt also jedes Na-Atom *ein* Elektron ab, das Na^+-Ion ist damit *einfach positiv* geladen.

Jedes Chlor-Atom hat 17 Elektronen in der Atomhülle, davon sieben Außenelektronen in der M-Schale. Das Cl^--Ion besitzt ein zusätzliches Elektron, sodass die M-Schale mit acht Elektronen der Edelgaskonfiguration des Argon-Atoms entspricht. Bei der Ionenbildung nimmt jedes Cl-Atom *ein* Elektron auf, das Cl^--Ion ist dementsprechend *einfach negativ* geladen.

Die Bildung von Ionen aus den Atomen der Elemente erfolgt im Allgemeinen durch eine chemische Reaktion zwischen Metallen und Nichtmetallen. Dabei geben die Metall-Atome ihre Außenelektronen ab und erreichen so

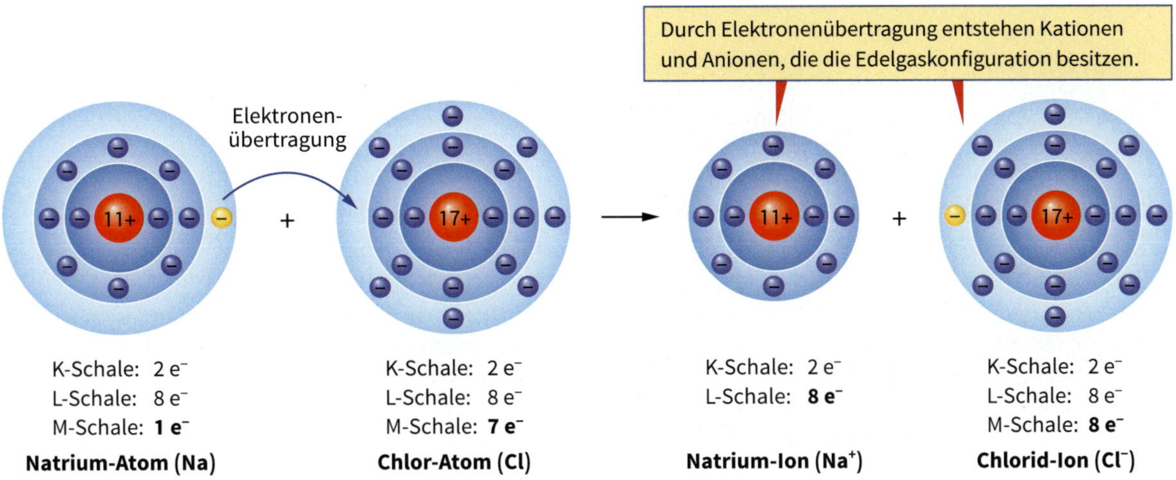

2 *Bildung von Ionen durch Elektronenübertragung*

die Edelgaskonfiguration. Nichtmetall-Atome nehmen diese Elektronen auf; die entstehenden Anionen erhalten dann ebenfalls eine Edelgaskonfiguration. Bei der Reaktion erfolgt also die **Elektronenübertragung** von Metall-Atomen zu Nichtmetall-Atomen. Die Bildung der Ionen kann durch *Teilreaktionen* veranschaulicht werden. Für die Bildung des Natrium-Ions und des Chlorid-Ions gilt:

Elektronenabgabe: $Na\cdot \dashrightarrow Na^+ + e^-$

Elektronenaufnahme: $|\overline{\underline{Cl}}\cdot + e^- \dashrightarrow |\overline{\underline{Cl}}|^-$

Ionenladung und Schalenmodell. Welche Ionen sich aus Atomen bilden, lässt sich mithilfe des Schalenmodells sowie der Stellung des Atoms im Periodensystem ermitteln. Dabei gilt die **Edelgasregel:** Ionen besitzen meist dieselbe Anzahl von Außenelektronen wie das Atom des Edelgases, das ihnen im Periodensystem am nächsten steht.

Die Ionenladung wird also durch die Anzahl der Außenelektronen des jeweiligen Atoms bestimmt: Atome der Alkalimetalle wie Natrium- oder Kalium-Atome besitzen *ein* Elektron auf der äußersten Schale und bilden *einfach* positiv geladene Ionen, die eine Edelgaskonfiguration aufweisen. Entsprechend bilden die Atome der Erdalkalimetalle wie Calcium- oder Magnesium-Atome *zweifach* positiv geladene Ionen, da die Atome über *zwei* Außenelektronen verfügen. Atome der Halogene besitzen sieben Außenelektronen. Durch die Aufnahme von *einem* Elektron entstehen *einfach* negativ geladene Halogenid-Ionen mit voll besetzter Außenschale.

Bei der Ionenbildung findet eine Elektronenübertragung zwischen Metall-Atomen und Nichtmetall-Atomen statt. Die gebildeten Ionen besitzen Edelgaskonfiguration.

1 Das Alkalimetall Lithium reagiert mit dem Halogen Brom zu Lithiumbromid.
a) Stelle die an der Reaktion beteiligten Atome und Ionen nach dem Schalenmodell dar.
b) Gib an, welche Edelgaskonfiguration die gebildeten Ionen haben.

2 a) Leite aus dem Periodensystem ab, welche Ionen sich aus den Atomen der folgenden Elemente bilden: Kalium, Magnesium, Aluminium, Iod, Sauerstoff, Schwefel, Stickstoff. Begründe mithilfe der Edelgasregel.
b) Formuliere für jedes Beispiel die Ionenbildungsreaktion als Teilreaktionen.

3 Bei der Salzbildung aus Elementen weisen die entstehenden Ionen meist acht Elektronen in der Außenschale auf. Ausnahmen bilden das Lithium-Ion und das Beryllium-Ion. Zeichne die Schalenmodelle dieser Ionen und begründe, weshalb sie trotzdem die Edelgaskonfiguration erreichen.

4 In einem Chemieheft findet ihr folgende falsche Aussage: „Bei der Reaktion von Natrium mit Chlor wird aus einem Natrium-Atom ein Neon-Atom und aus einem Chlor-Atom ein Argon-Atom.“ Begründe, was an dieser Aussage falsch ist und stelle sie richtig.

5 **Expertenaufgabe:** Erhitzt man auf einem Drahtnetz einen kleinen Kegel Magnesiumspäne und stülpt ein Becherglas darüber, so bildet sich an der Oberfläche das weiße Magnesiumoxid. Öffnet man diesen Kegel mit einem Spatel, so erkennt man im Inneren eine gelblich-grüne Substanz: Magnesiumnitrid.
a) Stelle die Reaktionsgleichungen für beide Reaktionen auf.
b) Begründe die Ladungen der entstehenden Ionen.
c) Erkläre, weshalb sich Magnesiumnitrid nur im Inneren des Kegels gebildet hat.

Salzbildung energetisch betrachtet

Salzbildungen aus den Elementen wie beispielsweise die Bildung von Kochsalz aus Natrium und Chlor oder die Reaktion von Magnesium mit Sauerstoff zu Magnesiumoxid verlaufen sehr stark exotherm. Warum diese Reaktionen exotherm sind, lässt sich besser verstehen, wenn man solche Reaktionen *formal* in Teilschritte zerlegt. Am Beispiel der Reaktion von Natrium mit Chlor soll dies verdeutlicht werden (Abb. 1):

Zuerst wird unter Energiezufuhr Natrium zu Natriumdampf sublimiert ①. Dann werden Chlor-Moleküle in Atome gespalten ②. Aus beiden Atomarten werden anschließend Ionen im Gaszustand gebildet ③ ④. Um Natrium-Atome zu ionisieren, muss die Ionisierungsenergie aufgewendet werden; bei der Bildung von Chlorid-Ionen (Cl^-) wird Energie frei. Erst der letzte Schritt liefert einen besonders großen Energiebetrag, die **Gitterenergie:** Aufgrund der Ionenbindung lagern sich Na^+-Ionen und Cl^--Ionen zum Ionengitter zusammen ⑤. Umgekehrt muss man den gleichen Energiebetrag aufwenden, um die Anziehungskräfte der Ionen im Kristallgitter zu überwinden. In der Summe wird bei der Reaktion von Natrium mit Chlor Energie frei. Wie bei allen exotherm verlaufenden Salzbildungsreaktionen ist auch hier die frei werdende Gitterenergie der eigentliche Antrieb für die Reaktion, *nicht* das Erreichen der Edelgaskonfiguration.

Gitterenergie und Salzeigenschaften. Die Höhe der Gitterenergie spiegelt die Stärke der Ionenbindung im Kristall wider. Sie wird in erster Linie durch die *Ionenladung* bestimmt. Zwischen mehrfach geladenen Ionen wirken wesentlich größere Kräfte als zwischen einfach geladenen Ionen. So muss man für die Trennung der in einem Mol Magnesiumoxid enthaltenen Magnesium- und Oxid-Ionen einen Betrag von über 3200 kJ aufwenden, während für die Trennung der Ionen im Kochsalz nur knapp 800 kJ nötig sind.

Bei gleicher Ionenladung ändert sich die Gitterenergie mit dem *Ionenradius*: Zwischen kleineren Ionen ist die Ionenbindung stärker als zwischen größeren Ionen.

Die großen Unterschiede in der Gitterenergie äußern sich auch in Stoffeigenschaften wie der Schmelztemperatur eines Salzes: Natriumchlorid schmilzt bei 801 °C, Lithiumfluorid (LiF) aber bei 845 °C, weil die Ionen im Lithiumfluorid bei gleicher Ionenladung kleiner sind. Um Magnesiumoxid zu schmelzen, muss man es auf 2800 °C erhitzen. Die Magnesium-Ionen und die Oxid-Ionen weisen eine höhere Ionenladung als die Ionen in den beiden Alkalimetallhalogeniden auf. Zudem sind die Ionen im Magnesiumoxid kleiner als die im Natriumchlorid.

Die Gitterenergie ist ein Maß für die Stärke der Ionenbindung in einem Salzkristall. Sie hängt von der Ionenladung und dem Ionenradius ab.

1 a) Beschreibe die Zusammenhänge zwischen Gitterenergie, Ionenladung, Ionenradius und Schmelztemperatur.
b) Stelle eine Vermutung über die Härteunterschiede zwischen den auf dieser Seite angeführten Salzen auf.

2 Zeichne ein Energiediagramm wie in Abb. 1 für die Bildung von einem Mol MgO. Nutze dazu die folgenden Angaben. Berechne den fehlenden Energiebetrag.

Spaltung von 1 mol Sauerstoff-Molekülen:	497 kJ
Gitterenergie für 1 mol Magnesiumoxid:	–3828 kJ
Reaktionsenergie zur Bildung von 1 mol MgO:	–601 kJ
Ionisierung von 1 mol Mg-Atomen:	2200 kJ
Ionisierung von 1 mol O-Atomen:	650 kJ

3 Ordne den Salzen Lithiumfluorid, Calciumchlorid und Aluminiumoxid die folgenden Gitterenergien zu und begründe deine Zuordnung. Recherchiere dazu auch die Ionenradien der beteiligten Ionen.
$-2255\ \frac{kJ}{mol}$; $-15195\ \frac{kJ}{mol}$; $-1050\ \frac{kJ}{mol}$

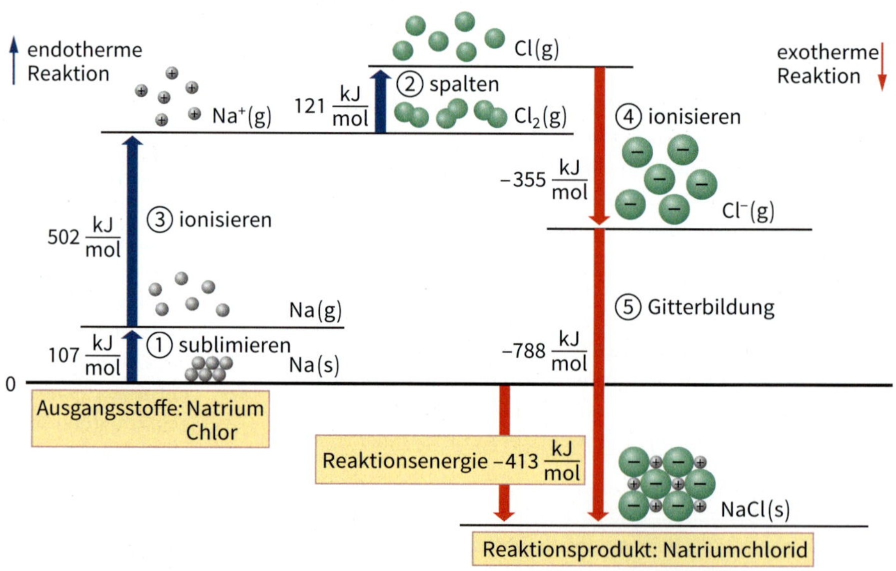

1 *Energiediagramm für die Bildung von 1 mol Natriumchlorid aus den Elementen*

Salze – aus Ionen aufgebaut

1. Salze und salzartige Stoffe

Natriumchlorid ist ein weißer, kristalliner Feststoff mit relativ hoher Schmelz- und Siedetemperatur. Die Kristalle sind hart und spröde und lösen sich gut in Wasser. Diese Eigenschaften zeigen auch andere Halogenide. Man bezeichnet Stoffe mit diesen Eigenschaften als *Salze.*

Bei anderen Metall-Nichtmetallverbindungen wie Oxiden oder Sulfiden sind diese typischen Salzeigenschaften nicht so stark ausgeprägt. Man bezeichnet sie daher als *salzartige Stoffe*.

2. Salze sind Ionenverbindungen

Salze und salzartige Stoffe sind Ionenverbindungen und bestehen aus elektrisch geladenen Teilchen: positiv geladenen Kationen und negativ geladenen Anionen. So ist Natriumchlorid aus Natrium-Ionen (Na^{+}) und Chlorid-Ionen (Cl^{-}) zusammengesetzt; Magnesiumoxid enthält Magnesium-Ionen (Mg^{2+}) und Oxid-Ionen (O^{2-}).

3. Verhältnisformeln

Verhältnisformeln für Salze geben an, in welchem Anzahlverhältnis die beteiligten Ionen im Ionengitter vorliegen. Salze sind elektrisch neutral. Sie enthalten stets gleich viele positive wie negative Ladungen.

Beispiel: Magnesiumchlorid ($MgCl_2$)
Im Ionengitter von Magnesiumchlorid kommen auf *ein* Magnesium-Ion (Mg^{2+}) *zwei* Chlorid-Ionen (Cl^{-}).

4. Ionenbindung und Ionengitter

In einem Kristall bilden die Ionen aufgrund elektrischer Anziehungs- und Abstoßungskräfte eine regelmäßige Anordnung – ein *Ionengitter*.

Die chemische Bindung zwischen Ionen in einem Ionengitter bezeichnet man als *Ionenbindung*. Ein Maß für die Stärke der Ionenbindung ist die *Gitterenergie*. Sie hängt von den jeweiligen Ionenladungen und den Ionenradien ab.

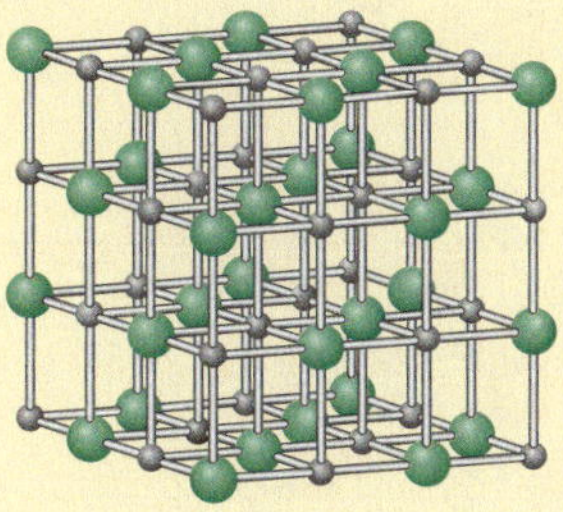

5. Salzeigenschaften und Ionenbindung

Die Struktur und die Bindungsverhältnisse im Ionengitter bestimmen die Eigenschaften von Ionenverbindungen. Salze und salzartige Stoffe

- sind hart und spröde; die Kristalle zerbrechen meist in Bruchstücke mit gleicher Kristallform,
- besitzen meist hohe Schmelz- und Siedetemperaturen,
- sind oft gut wasserlöslich,
- leiten in Wasser gelöst oder als Schmelze den elektrischen Strom,
- sind als kristalline Feststoffe elektrische Nichtleiter.

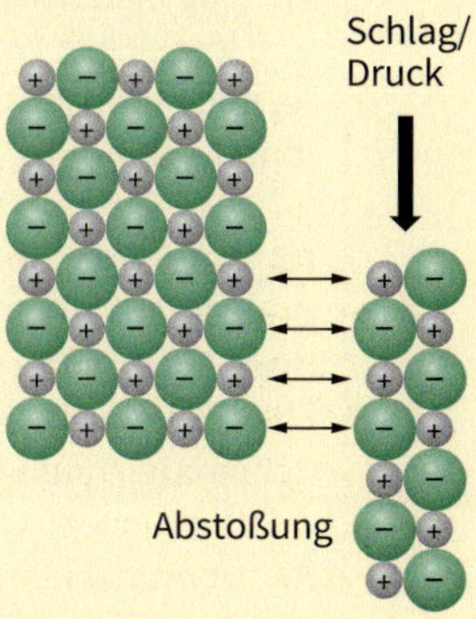

6. Ionenbildung – Edelgaskonfiguration

a) *Metall*-Atome bilden *positiv* geladene Ionen (Kationen); *Nichtmetall*-Atome bilden *negativ* geladene Ionen (Anionen).

b) Die Bildung der Ionen erfolgt bei einer chemischen Reaktion zwischen einem Metall und einem Nichtmetall. Dabei geben die Metall-Atome Elektronen ab, Nichtmetall-Atome nehmen Elektronen auf. Insgesamt findet eine Elektronenübertragung statt.

c) Die Ionenbildung erfolgt nach der *Edelgasregel*: Die Atome geben Elektronen ab oder nehmen Elektronen auf, bis sie die Konfiguration des Edelgas-Atoms haben, das ihnen im Periodensystem am nächsten steht. Dies bezeichnet man als *Edelgaskonfiguration.*

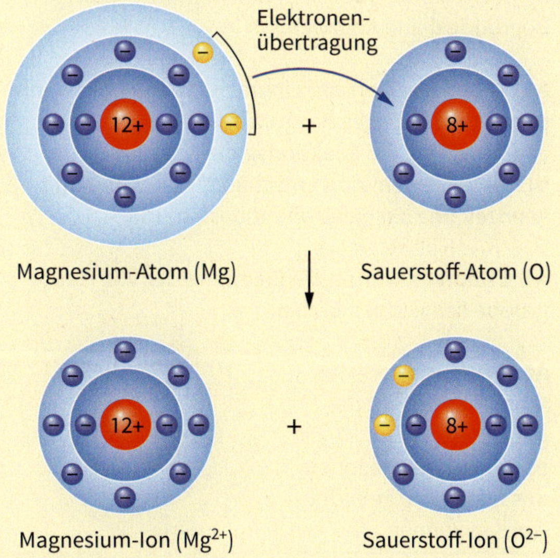

Salze – aus Ionen aufgebaut

Teste dich

A1 Liste die gemeinsamen Eigenschaften salzartiger Stoffe auf. Erkläre die besonderen Eigenschaften anhand ihrer Struktur.

A2 Haushaltszucker bildet regelmäßige Kristalle und löst sich in Wasser. Beschreibe zwei Experimente, mit denen man zeigen kann, dass Zucker keine Ionenverbindung ist.

A3 Natriumchloridkristalle sind spröde und zerbrechen leicht durch einen Hammerschlag. Erkläre diese Eigenschaft mithilfe der Struktur von Natriumchlorid. Veranschauliche deine Erklärung durch eine Schemazeichnung.

A4 Übertrage die folgende Tabelle in dein Heft und vervollständige sie:

Salz	Verhältnisformel	enthaltene Ionen
Calciumoxid		
	$AlCl_3$	
Aluminiumsulfid		
		Li^+; S^{2-}
	MgO	
		K^+; Br^-
	$BaCl_2$	
	NaF	

A5 Gib die Ionen an, aus denen die folgenden salzartigen Stoffe aufgebaut sind: **a)** Eisenoxid (Fe_2O_3), **b)** Silbersulfid (Ag_2S), **c)** Kupferchlorid ($CuCl_2$), **d)** Eisenchlorid ($FeCl_3$), **e)** Calciumnitrid(Ca_3N_2). Begründe deine Angaben.

A6 Kalium reagiert mit einem heftigen Knall, wenn man es auf flüssiges Brom wirft.
a) Formuliere die Reaktionsgleichung.
b) Stelle die Reaktion im Schalenmodell dar und kennzeichne die Elektronenübertragung.

A7 Erläutere, warum die Elemente der VIII. Hauptgruppe keine Ionen bilden.

A8 **a)** Identifiziere das Atom, das im Bild dargestellt ist.
b) Gib an, welche Ionen aus dem Atom gebildet werden können.

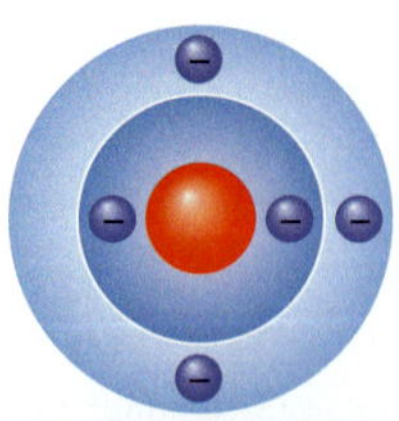

Lösungen stehen im Anhang.

Die wichtigsten Begriffe

- Salze, salzartige Stoffe
- Ion, Kation, Anion
- Ionenbindung, Ionengitter
- Gitterenergie
- Ionenbildung, Elektronenübertragung
- Ionenladung, Verhältnisformel
- Edelgaskonfiguration, Edelgasregel
- Regel der Elektroneutralität

B1 **a)** Erkläre die oben stehenden Begriffe.
b) Verknüpfe die Begriffe zu einer Conceptmap.
c) Übertrage die Begriffe und deine Erklärungen in digitale Karteikarten.

B2 **a)** Skizziere den Aufbau einer Apparatur, mit der man die Leitfähigkeit von Salzschmelzen und Salzlösungen überprüfen kann.
b) Erkläre, weshalb Salzkristalle den elektrischen Strom nicht leiten.

B3 **a)** Die Elemente Magnesium und Fluor bilden nur die Verbindung MgF_2, nicht aber MgF oder MgF_3. Begründe dies mit dem Bau der Atome.
b) Gib an, welche Verhältnisformel eine Verbindung hat, die durch Reaktion der Elemente Magnesium und Schwefel gebildet wird.

B4 Erkläre, warum es lebensgefährlich sein kann, sich die Haare zu fönen, während man ein Bad nimmt.

B5 Titandioxid ist ein weißer salzartiger Stoff, der als Weißpigment in Lacken und Farben, aber auch in Zahncreme und Kaugummi verwendet wird.
a) Ermittle aus dem abgebildeten Gittermodell die Koordinationszahlen für die Titan-Ionen und die Oxid-Ionen.
b) Leite aus dem Bild die Ladungszahlen der Ionen ab.

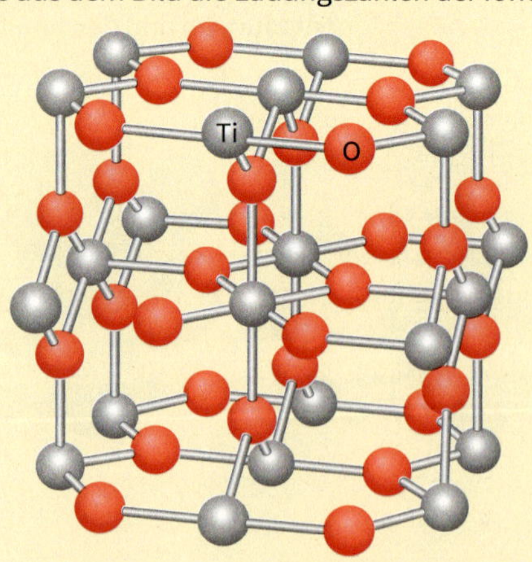

C1 Salze sorgen für Schub – Feststofftriebwerke

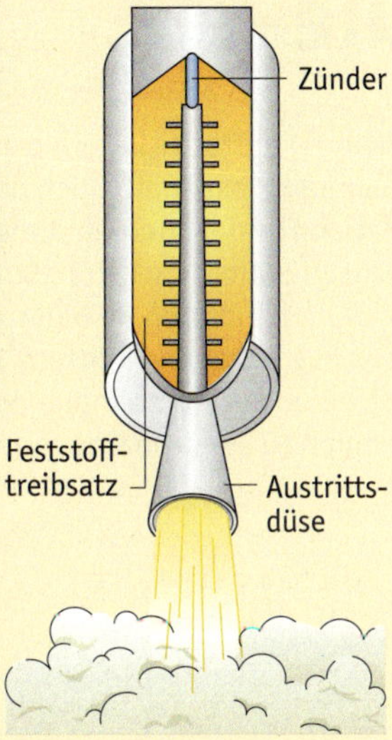

4 – 3 – 2 – 1 – 0: Mit ohrenbetäubendem Krach, großen Dampfwolken und grellem Feuerschein hebt das Space-Shuttle ab. Für den notwendigen Schub sorgen die drei Haupttriebwerke des Shuttles. Der größte Teil des Startschubs wird allerdings von den beiden am externen Tank befestigten Feststofftriebwerken, den Boostern, erzeugt. Ihre Brenndauer beträgt etwa 2 Minuten, danach werden sie abgeworfen und landen per Fallschirm im Meer.

Als Treibladung enthalten die Feststoffraketen ein Gemisch aus der stark oxidierenden Substanz Ammoniumperchlorat und Pulvern verschiedener Metalle wie Lithium, Beryllium, Magnesium und Aluminium. Beim Zünden der Feststoffrakete entsteht aus dem Ammoniumperchlorat unter anderem Sauerstoff, der mit den unedlen Metallen reagiert. Diese Reaktion ist besonders stark exotherm. Die extrem heißen Verbrennungsprodukte erreichen eine Geschwindigkeit von 2700 $\frac{m}{s}$, wenn sie aus einer Düse strömen. Das entspricht etwa der achtfachen Schallgeschwindigkeit. So ergibt sich ein starker Rückstoß, der das Shuttle antreibt. Ähnliche Feststofftriebwerke verwendet man in verkleinerter Form auch im Weltraum, wenn die Bahnen von Satelliten korrigiert werden müssen.

a) Formuliere für die Reaktionen der genannten Metalle mit Sauerstoff die Reaktionsgleichungen.
b) Erkläre ausführlich, weshalb diese Reaktionen so stark exotherm sind.
c) Erläutere, warum gerade diese Metalle für Verbrennungszwecke mit in das Weltall genommen werden.
d) Schätze ab, ob sich Aluminium oder Magnesium besser als Treibladung eignet. Begründe deine Einschätzung.

C2 Zu viel Salz in der Werra?

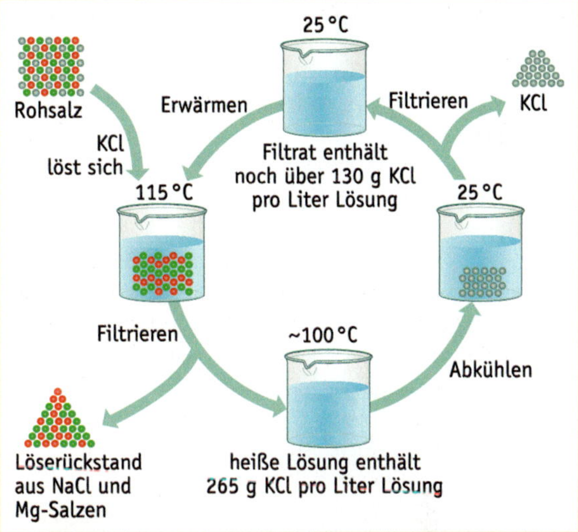

Seit über hundert Jahren werden im Werratal Kaliumsalze für die Herstellung von Düngemitteln gewonnen. Dafür wird das Rohsalz, das neben Kaliumchlorid noch Natriumchlorid und Magnesiumsalze enthält, unterirdisch abgebaut und nach dem Heißlöseverfahren aufbereitet (Abb. oben).

Nur etwa 16 % des Rohsalzes sind für die Düngerproduktion nutzbar. Die anfallenden Rückstände werden entweder gelöst in die Werra eingeleitet oder als Feststoff auf Halden abgelagert.

a) Beschreibe das Heißlöseverfahren.
b) Beschreibe das unten stehende Diagramm und ermittle die Löslichkeiten von Kaliumchlorid, Natriumchlorid und Magnesiumsulfat in den gesättigten Lösungen der Salze bei 20 °C und bei 100 °C.
c) Erkläre mithilfe des Diagramms, was beim Abkühlen der heißen Lösung geschieht. Begründe daran die Eignung des Heißlöseverfahrens für die Gewinnung von Kaliumchlorid aus dem Rohsalz.
d) Erläutere, warum der Abbau von Kalisalzen im Werratal umstritten ist.

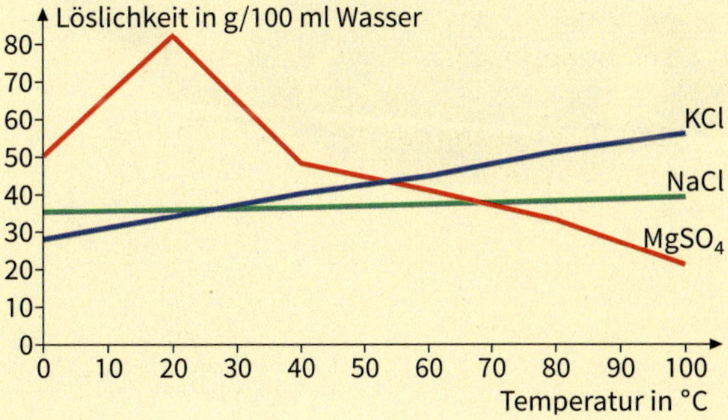

Kapitel 11

Atome im Multipack – Moleküle

Das Loch im Reifen deines Fahrrades ist geflickt. Nur noch die Kette aufziehen und die Radtour kann losgehen. Doch die ölige Kette hat ihre Spuren auf deinen Händen und deiner Kleidung hinterlassen. Mit Wasser sind die Ölflecken nicht zu entfernen; hier helfen nur Waschbenzin oder Lösemittel, wie sie in der chemischen Reinigung zu finden sind.
Die dort verwendeten Lösemittel sind allesamt Molekülverbindungen. Was die Atome in Molekülen zusammenhält und wie die Eigenschaften von Molekülverbindungen zu erklären sind, erfährst du in diesem Kapitel.

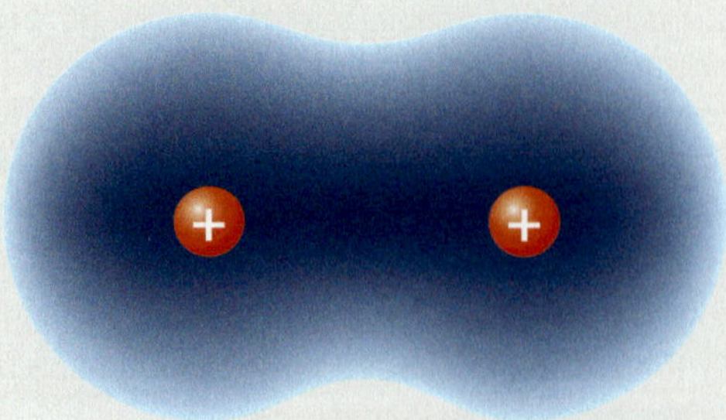

Das Element Kohlenstoff kommt in mehreren verschiedenen Erscheinungsformen (Modifikationen) vor: Als weicher, schwarzer Graphit, als harter Diamant und als Fullerene. 1991 entdeckten Wissenschaftler eine weitere Modifikation, die Kohlenstoff-Nanoröhren. Dies sind Zylinder mit einem Durchmesser von wenigen milliardstel Metern (Nanometern) und bis zu 20 cm Länge. Die Wand dieser Röhren besteht aus wabenförmig miteinander verbundenen Kohlenstoff-Atomen. Wie Diamant, Graphit und die Fullerene sind somit auch Kohlenstoff-Nanoröhren Riesenmoleküle aus vielen Kohlenstoff-Atomen. Aufgrund ihrer elektrischen Leitfähigkeit und ihrer Halbleitereigenschaften sind sie für die Herstellung von Computerchips interessant.

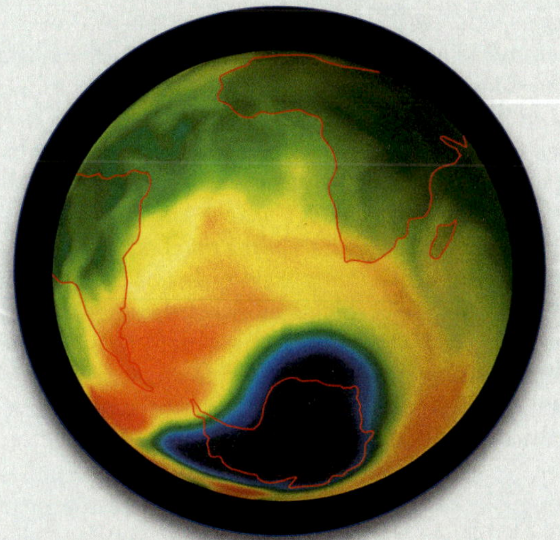

Die Ozonschicht schützt uns vor der gefährlichen ultravioletten Strahlung der Sonne. Diese UV-Strahlung ist besonders energiereich und kann Moleküle in Lebewesen verändern und dadurch Tiere und Pflanzen schädigen. Bei uns Menschen kann dies zu Augenerkrankungen und Hautkrebs führen. Ozon besteht aus O_3-Molekülen und ist ein farbloses, giftiges Gas, das die Schleimhäute der Augen und in den Lungen reizt. Etwa ¾ des Ozons in der Atmosphäre befinden sich in 20 bis 40 km Höhe – der Ozonschicht. Durch die von Menschen freigesetzten Fluorchlorkohlenwasserstoffe sinkt der Ozongehalt in der Ozonschicht so stark, dass man vom Ozonloch über den beiden Polen der Erde spricht.

Schnell und scheinbar reibungslos gleitet man beim Schlittschuhlaufen über das Eis. Dabei übt man durch die Körpermasse einen Druck auf das Eis aus, das dadurch schmilzt. Unter dem Hohlschliff der Kufe sammelt sich ein Wasserpolster, auf dem die Schlittschuhläufer leicht dahin gleiten. Beim Eislaufen bewegt man sich also in Wirklichkeit nicht auf festem Eis, sondern auf einem dünnen Wasserfilm. Die Ursache für diese komfortable Art der Fortbewegung liegt in der unterschiedlichen Dichte von Eis und Wasser.

11.1 Was Atome in Molekülen zusammenhält

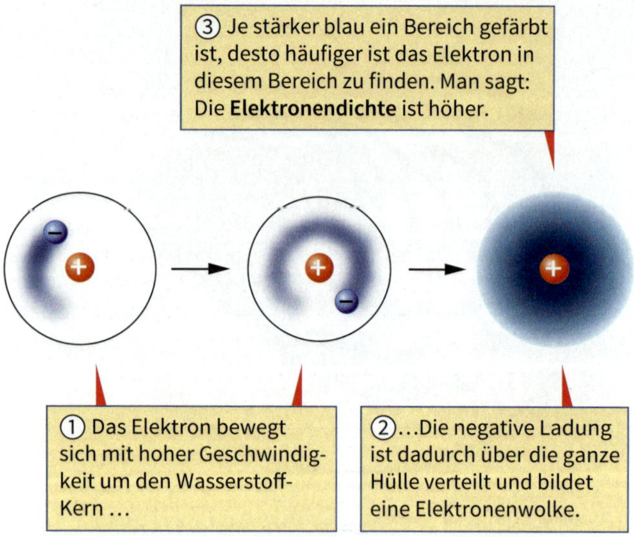

1 *Elektronenwolkenmodell des Wasserstoff-Atoms*

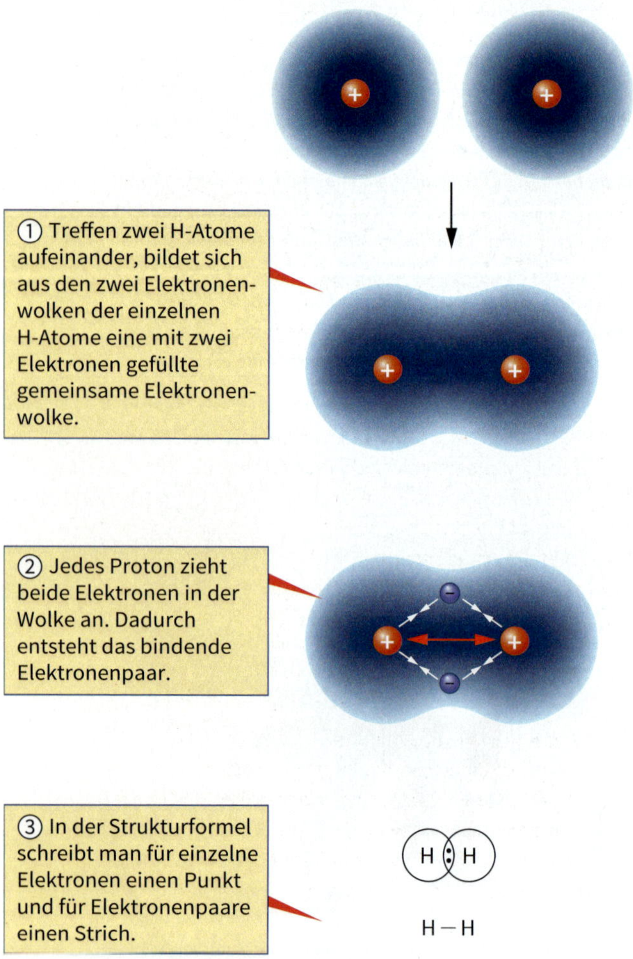

2 *Bildung eines Wasserstoff-Moleküls im Modell*

Millionen verschiedener Stoffe bestehen aus **Molekülen,** also ungeladenen Teilchen, in denen eine bestimmte Anzahl von Nichtmetall-Atomen miteinander verknüpft ist. Was hält nun die Nichtmetall-Atome in einem Molekül zusammen, wenn die einzelnen Atome darin und das Molekül selbst ungeladen sind? Weshalb verbinden sich stets ganz bestimmte Anzahlen von Atomen miteinander? Diese Fragen sollen beispielhaft an einfachen Molekülen wie denen von Wasserstoff (H_2), Chlor (Cl_2) und Chlorwasserstoff (HCl) erläutert werden.

Die Bindung im H_2-Molekül. Ein Wasserstoff-Molekül bildet sich, wenn zwei Wasserstoff-Atome aufeinander treffen. Dabei wird Energie frei, die **Bindungsenergie**. Umgekehrt muss zur Trennung der Wasserstoff-Atome diese Bindungsenergie wieder aufgewandt werden. Das Wasserstoff-Molekül ist also energieärmer und somit stabiler als die beiden einzelnen Wasserstoff-Atome.

Jedes Wasserstoff-Atom besteht aus einem Proton im Kern und einem Elektron, das sich in einer Art Wolke um den Kern bewegt. Diesen Aufenthaltsbereich des Elektrons bezeichnet man als **Elektronenwolke** (Abb. 1). Nähern sich zwei Wasserstoff-Atome, zieht jedes Proton nicht nur das Elektron in der eigenen Elektronenwolke an, sondern auch das des jeweils anderen Atoms. Die Elektronenwolken beider Atome durchdringen sich und bilden eine *gemeinsame* Elektronenwolke (Abb. 2). Die beiden Elektronen befinden sich bevorzugt zwischen den zwei positiv geladenen Atomkernen und halten diese durch ihre negative Ladung zusammen. Aus den einfach besetzten Elektronenwolken der beiden Wasserstoff-Atome ist im Wasserstoff-Molekül eine mit *zwei* Elektronen besetzte Elektronenwolke geworden. Dies lässt sich heute durch Messen der *Elektronendichte* bestätigen. Die stärker blaue Färbung in Abb. 2 zeigt eine hohe Elektronendichte zwischen den beiden H-Atomen an. Die beiden Wasserstoff-Atome haben im Wasserstoff-Molekül einen bestimmten Abstand voneinander. Dieser wird als **Bindungslänge** bezeichnet und gibt den Abstand zwischen den beiden Atomkernen an.

Um die Bindung zwischen den Atomen in einem Molekül zu beschreiben, hat Gilbert Newton Lewis 1916 auf der Grundlage des Atombaus ein Modell der chemischen Bindung in Molekülen entwickelt: Jedem Wasserstoff-Atom fehlt zur voll besetzten K-Schale nur noch *ein* Elektron. Im H_2-Molekül besitzen die beiden Wasserstoff-Atome insgesamt *zwei* Elektronen. Jedes H-Atom hat für sich betrachtet mit den zwei Elektronen eine *voll besetzte* K-Schale, ähnlich wie ein Atom des Edelgases Helium. Man sagt: Im Wasserstoff-Molekül erreichen beide Wasserstoff-Atome durch ein **gemeinsames Elektronenpaar** die *Edelgaskonfiguration*. Es ist also das gemeinsame

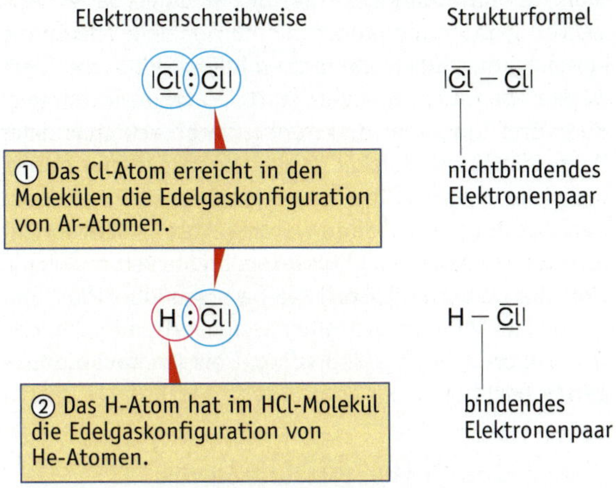

3 *Die Bindung im Cl_2-Molekül und im HCl-Molekül*

Elektronenpaar, das die beiden Wasserstoff-Atome im Wasserstoff-Molekül zusammenhält. Diese Art der chemischen Bindung wird als **Elektronenpaarbindung** bezeichnet. Weitere, gleichwertige Bezeichnungen für diese Art der Bindung sind *Atombindung* und *kovalente Bildung*. In Strukturformeln, die auch *Lewis-Formeln* genannt werden, verwendet man für das gemeinsame Elektronenpaar einen Strich zwischen zwei Elementsymbolen. Für das Wasserstoff-Molekül ergibt sich die Strukturformel H–H.

Die Bindung im Cl_2-Molekül und im HCl-Molekül. Nach dem gleichen Prinzip sind auch die beiden Chlor-Atome im **Chlor-Molekül** miteinander verbunden. Jedes Chlor-Atom hat sieben Außenelektronen. Zur vollständig besetzten M-Schale fehlt nur noch ein Elektron. Im Chlor-Molekül hat jedes Chlor-Atom durch das gemeinsame Elektronenpaar acht Außenelektronen und erreicht so die Edelgaskonfiguration des Argon-Atoms. Ein Elektron jedes Chlor-Atoms geht dabei eine Elektronenpaarbildung ein (Abb. 3). Das Elektronenpaar, welches an der Bindung im Molekül beteiligt ist, bezeichnet man als **bindendes Elektronenpaar.** Die übrigen sechs Außenelektronen des Chlor-Atoms werden ebenfalls zu Paaren zusammengefasst. Da sie nicht an der Bindung beteiligt sind, bezeichnet man sie als **freie** oder **nichtbindende Elektronenpaare.**

Auch im **Chlorwasserstoff-Molekül** erfolgt die Bindung zwischen dem Wasserstoff-Atom und dem Chlor-Atom durch ein gemeinsames Elektronenpaar. Neben dem Elektron das Wasserstoff-Atoms ist daran ein Elektron der M-Schale des Chlor-Atoms beteiligt (Abb. 3). Die Moleküle von Wasserstoff, Chlor und Chlorwasserstoff sind Beispiele für Moleküle mit einer **Einfachbindung.**

In Molekülen sind Atome über gemeinsame Elektronenpaare miteinander verbunden. Die Elektronen eines bindenden Elektronenpaares gehören zu beiden Atomen. Diese Art der chemischen Bindung wird als Elektronenpaarbindung bezeichnet.

1 a) Vergleiche die Elektronenwolke eines Wasserstoff-Atoms mit der eines Wasserstoff-Moleküls und beschreibe daran die Bildung von Wasserstoff-Molekülen aus den Atomen.
b) Begründe, warum ein einzelnes Wasserstoff-Atom nur Bruchteile von Sekunden existiert.

2 a) Zeichne die Strukturformel für das Chlorwasserstoff-Molekül und kennzeichne bindende und nichtbindende Elektronenpaare.
b) Die Bildung von Molekülen aus Nichtmetall-Atomen lässt sich auch mit dem Schalenmodell veranschaulichen. Zeichne die Schalenmodelle für die Atome von Wasserstoff und von Chlor. Fertige anschließend eine Skizze des HCl-Moleküls nach dem Schalenmodell an.
c) Gib die Elektronenkonfigurationen der Atome im HCl-Molekül an.
d) Begründe, weshalb Chlorwasserstoff-Moleküle die Molekülformel HCl haben, nicht aber H_2Cl oder HCl_2.

3 Natriumchlorid (NaCl) ist eine Ionenverbindung, Chlorwasserstoff (HCl) dagegen eine Molekülverbindung.
a) Fertige eine Liste mit den Eigenschaften dieser beiden Stoffe an und erkläre die Unterschiede mit der jeweils vorliegenden Art der chemischen Bindung sowie der Struktur der Teilchen.
b) Leite daraus ab, wie man allgemein Ionenverbindungen von Molekülverbindungen durch einfache Experimente unterscheiden kann.

4 a) Ermittle, welches Molekül im nebenstehenden Schalenmodell dargestellt ist.
b) Stelle die Molekülformel und die Strukturformel auf.
c) Gib die Elektronenkonfiguration der einzelnen Atome im Molekül an und begründe daran, weshalb das zentrale Atom vier Einfachbindungen eingehen kann.

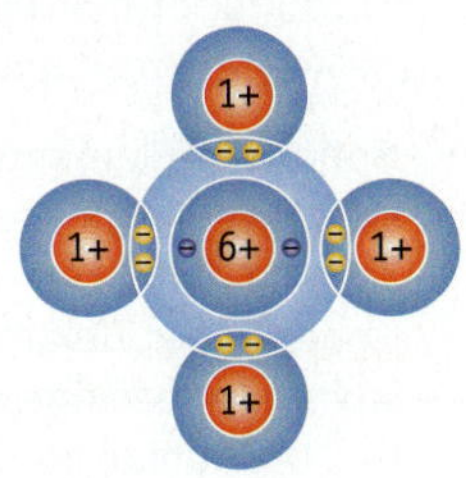

5 **Expertenaufgabe:** Zähle bei allen auf dieser Doppelseite dargestellten Molekülen die bindenden und die freien Elektronenpaare für die einzelnen Atomsorten zusammen. Leite daraus eine Regel ab.

11.2 Strukturformeln für Moleküle

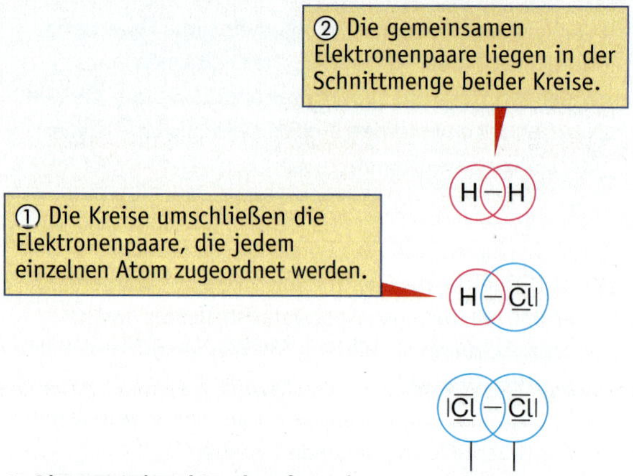

1 *Oktettregel und Strukturformel*

Die Strukturformeln der Moleküle von Wasserstoff, Chlor und Chlorwasserstoff zeigen eine Gemeinsamkeit auf: Ordnet man die beiden Elektronen der Elektronenpaarbindung jedem der an der Bindung beteiligten Atome zu, so ergibt sich für jedes Atom die gleiche Anzahl an Außenelektronen wie bei einem Edelgas-Atom (Abb. 1). Im Falle des Wasserstoff-Atoms sind es zwei Elektronen wie beim Helium-Atom, beim Chlor-Atom sind es acht Elektronen wie beim Argon-Atom. Da auch viele andere Nichtmetall-Atome in Molekülen durch Elektronenpaarbindungen acht Elektronen und somit die besonders stabile Edelgaskonfiguration erreichen, spricht man von der **Oktettregel** (lat. *octo:* acht): *In stabilen Molekülen ist jedes Atom von acht Elektronen (vier Elektronenpaaren) umgeben; nur das H-Atom hat lediglich ein Elektronenpaar.*

Aufstellen von Strukturformeln. Die Oktettregel hilft auch bei der Konstruktion von Strukturformeln für Moleküle. Folgende Reihenfolge hat sich für das Aufstellen von Strukturformeln bewährt. In den Beispielen werden diese Regeln verdeutlicht.

- Notiere die Elementsymbole für die Atome und ordne sie so an, wie die Atome im Molekül verknüpft sind.
- Zeichne für jedes Elementsymbol die Außenelektronen in der Elektronenschreibweise ein (Abb. 2). Die Elektronen der inneren Schalen bleiben unberücksichtigt. Die Punkte für die Elektronen stehen dabei über, unter sowie rechts und links neben dem Elementsymbol und stellen vier einzeln besetzte Elektronenwolken dar. Der fünfte bis achte Punkt bildet mit einem schon vorhandenen Punkt ein Punktepaar und steht für ein nichtbindendes Elektronenpaar.
- Verbinde jeweils zwei einzelne Außenelektronen zweier Atome zu einem bindenden Elektronenpaar. Achte darauf, dass für alle Atome die Oktettregel erfüllt ist.

Mehrfachbindungen. In den bisher aufgeführten Beispielen wurden die Atome in einem Molekül durch ein gemeinsames Elektronenpaar miteinander verbunden. Es gibt aber auch Moleküle, in denen Atome durch zwei oder drei bindende Elektronenpaare verknüpft sind. Beim Sauerstoff-Molekül ist die Oktettregel nur erfüllt, wenn die O-Atome über zwei gemeinsame Elektronenpaare zusammengehalten werden (Abb. 2). Man spricht dann von einer **Zweifachbindung.** Im Stickstoff-Molekül sind die beiden Stickstoff-Atome sogar über drei bindende Elektronenpaare miteinander verbunden. Solche Bindungen werden entsprechend als **Dreifachbindungen** bezeichnet.

Strukturformel des Wasser-Moleküls

Wasser-Moleküle haben die Molekülformel H_2O. Heute weiß man, dass das Molekül gewinkelt gebaut ist.

1. Anordnung der Elementsymbole:

   H O

     H

2. Einzeichnen der Außenelektronen in der Elektronenschreibweise:

Die Wasserstoff-Atome haben jeweils nur ein Außenelektron, die als einzelne Punkte dargestellt werden. Von den sechs Außenelektronen des Sauerstoff-Atoms bilden vier Elektronen zwei nichtbindende Elektronenpaare. Die übrigen zwei Elektronen sind ungepaart und werden durch einen Punkt symbolisiert.

3. Verknüpfen der ungepaarten Elektronen zu bindenden Elektronenpaaren unter Beachtung der Oktettregel:

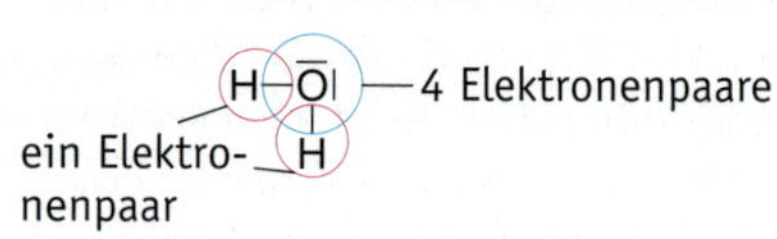

Die beiden ungepaarten Elektronen des Sauerstoff-Atoms bilden je eine Einfachbindung zu einem Wasserstoff-Atom aus. Die Oktettregel ist für beide Atomarten erfüllt.

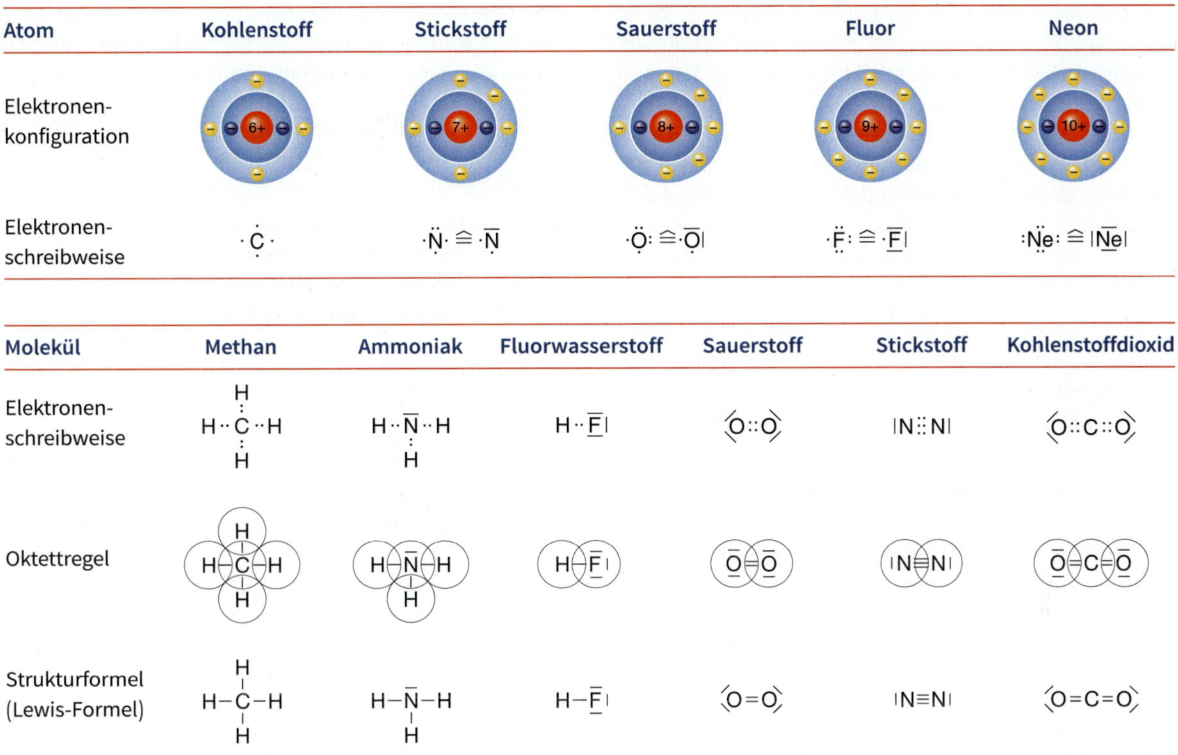

2 *Strukturformeln einiger Moleküle*

Grenzen der Oktettregel. Nicht für alle Moleküle kann die Oktettregel erfüllt werden. Das gilt insbesondere dann, wenn die Gesamtzahl der bindenden und nichtbindenden Elektronen im Molekül ungerade oder kleiner als acht ist. Beispiele sind die Moleküle NO, NO_2 oder BF_3.

Der Aufbau von Molekülen lässt sich mit Strukturformeln beschreiben. Einzelne Elektronen werden als Punkte, Elektronenpaare als Striche dargestellt. Beim Aufstellen von Strukturformeln soll man die Oktettregel beachten.

1 a) Zeichne für die Hauptgruppenelemente der 3. und 4. Periode die Elementsymbole in Elektronenschreibweise.
b) Leite ab, wie viele Einfachbindungen die Atome der nichtmetallischen Elemente eingehen könnten.

2 a) Stelle schrittweise die Strukturformeln für die folgenden Moleküle auf: HBr, H_2S, C_2H_4, C_2H_2, H_2O_2.
b) Kennzeichne freie und bindende Elektronenpaare und erläutere an diesen Beispielen die Oktettregel.
c) Recherchiere die Namen der Verbindungen.

3 Formaldehyd-Moleküle (H_2CO) enthalten eine Mehrfachbindung. Stelle die Strukturformel auf und überprüfe die Gültigkeit der Oktettregel.

4 **Expertenaufgabe:** Entwickle die Strukturformel für das Ozon-Molekül (O_3) und begründe den Unterschied zu Sauerstoff-Molekülen.

5 **Expertenaufgabe:** Es gibt einige Moleküle, deren Strukturformeln die Oktettregel nicht erfüllen. Stelle die Strukturformeln für BF_3, NO und NO_2 auf und begründe daran die Abweichungen von der Oktettregel.

6 Ein weiteres Modell zur Darstellung von Molekülen ist das *Kugelwolkenmodell.* Die Abbildung zeigt die Vorstellung zum Bau eines Sauerstoff-Moleküls nach diesem Modell.
Beschreibe die Abbildung und vergleiche die Darstellung mit der Strukturformel des O_2-Moleküls.

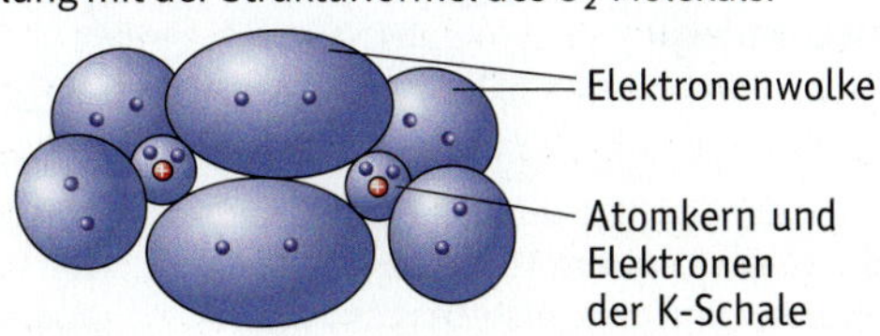

11.3 Der räumliche Bau von Molekülen – das EPA-Modell

Ein Ziel der Chemie ist es, Eigenschaften und Reaktionen der Stoffe vorhersagen und erklären zu können. Dazu ist es wichtig, die räumliche Struktur der Teilchen zu kennen, denn deren Struktur bestimmt die Eigenschaften der Stoffe. Strukturformeln lassen nur eingeschränkte Aussagen über die räumliche Struktur der Moleküle zu. Ein einfaches Modell, mit dessen Hilfe sich die Struktur direkt aus der Molekülformel ableiten lässt, ist das **Elektronenpaarabstoßungsmodell**, kurz *EPA-Modell*. Es basiert auf zwei Annahmen:

- Die Außenelektronen der Atome halten sich *paarweise* in einzelnen *Elektronenwolken* auf. Diese Wolken entsprechen formal den Elektronenpaaren in den Strukturformeln.
- Die Elektronenwolken sind negativ geladen und stoßen sich gegenseitig ab. Sie nehmen im Molekül den größtmöglichen Abstand voneinander ein und bestimmen so weitgehend den räumlichen Bau der Moleküle.

Modellhaft lässt sich dies veranschaulichen, indem man vier Luftballons an einem Punkt zusammenhält. Die Ballons ordnen sich in der Form eines **Tetraeders** an, also eines geometrischen Körpers mit vier Dreiecken als Seitenflächen.

Das EPA-Molekül. Auf der Grundlage der oben genannten Annahmen ergeben sich folgende Regeln für die Anwendung des EPA-Modells (Abb. 1):

1. Man stellt die Strukturformel des Moleküls auf und zählt ab, wie viele Elektronenpaare das zentrale Atom umgeben.
2. Die Anzahl der Elektronenpaare um das zentale Atom bestimmt die Struktur des Moleküls. Die Elektronenpaare werden räumlich so angeordnet, dass sie möglichst weit voneinander entfernt sind.
3. Nichtbindende Elektronenpaare nehmen einen größeren Raum ein als bindende Elektronenpaare.
4. Der Raumbedarf von Mehrfachbindungen ist nur geringfügig größer als der von Einfachbindungen. Für die Ermittlung der Struktur werden daher Mehrfachbindungen wie Einfachbindungen behandelt.

Darstellung von Molekülen. Um sich die räumliche Struktur von Molekülen besser vorstellen zu können, kann man diese dreidimensional in der *Keil-Strich-Schreibweise* zeichnen (Abb. 1). Besonders anschaulich sind Molekülmodelle zum Zusammenbauen. *Kugel-Stab-Modelle* zeigen die Anordnung der Atome sowie die Anzahl der Bindungen und deren Bindungswinkel; *Kalottenmodelle* stellen die räumliche Ausdehnung von Molekülen dar.

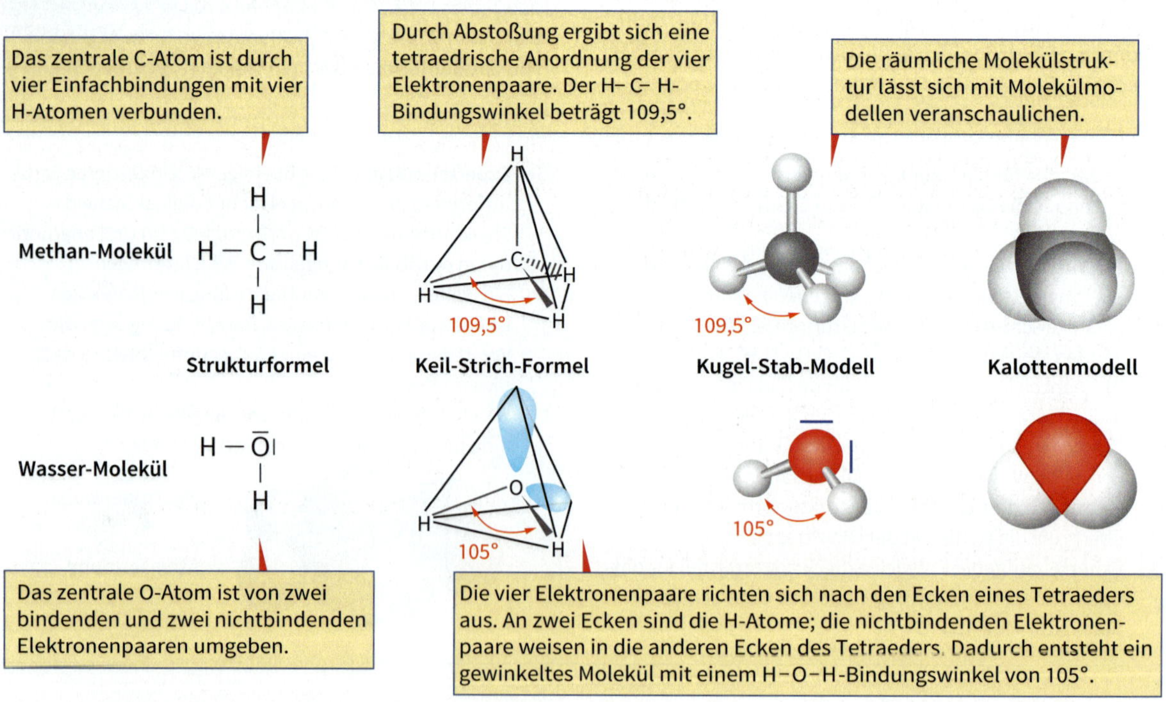

1 *Von der Strukturformel zum Molekülmodell*

Das Elektronenpaarabstoßungsmodell erklärt die räumliche Struktur von Molekülen durch die Abstoßung von Elektronenpaaren. Bei vier Elektronenpaaren ergibt sich eine tetraedrische Anordnung der Elektronenwolken.

1 a) Beschreibe mithilfe des Elektronenwolkenmodells die Grundannahmen des EPA-Modells.
b) Begründe, weshalb in dem Modell Mehrfachbindungen wie Einfachbindungen behandelt werden.
c) Gib eine anschauliche Erklärung dafür, dass nichtbindende Elektronenpaare einen größeren Raum einnehmen als bindende Elektronenpaare.

2 a) Zeichne die Strukturformeln für das Ammoniak-Molekül (NH_3) und das Fluorwasserstoff-Molekül (HF) und überprüfe die Gültigkeit der Oktettregel.
b) Leite wie in Abb. 1 aus den Strukturformeln die räumliche Struktur der Moleküle ab.
c) Erkläre, weshalb diese Moleküle wie auch das Wasser-Molekül als unvollständige Tetraeder bezeichnet werden können.
d) Erkläre, weshalb die Bindungswinkel zwischen zwei Wasserstoff-Atomen und dem zentralen Atom beim Ammoniak-Molekül und beim Wasser-Molekül kleiner als der Tetraederwinkel sind.

3 **Expertenaufgabe:** Die Moleküle von Kohlenstoffdioxid und Schwefeldioxid haben unterschiedliche räumliche Strukturen.
a) Stelle für beide Moleküle die Strukturformeln auf.
b) Skizziere die räumliche Struktur der Moleküle und begründe die Unterschiede in der Molekülstruktur mithilfe des EPA-Modells. Nutze hierfür auch Abb. 2.

4 **Experimentelle Hausaufgabe:**
a) Fertige mithilfe von Knetgummi und Knick-Trinkhalmen Kugel-Stab-Modelle der Moleküle von Methan, Ethan (C_2H_6), Ethen (C_2H_4) und Ethin (C_2H_2) an. Die Trinkhalme können dazu passend zurechtgeschnitten und gebogen werden.
b) Zeichne für die Moleküle die Strukturformeln und die Keil-Strich-Schreibweise. Benenne die jeweilige räumliche Struktur.
c) Halte das Modell des Methan-Moleküls so vor eine Lampe, dass das Schattenbild auf eine Wand fällt. Drehe das Molekülmodell, bis der Schatten die Strukturformel zeigt. Erkläre mit diesem Versuch den Nachteil der Strukturformel.

5 **Expertenaufgabe:** Lachgas (N_2O) ist ein Stickstoffoxid, das auch als Narkosemittel verwendet wird.
a) Stelle die Strukturformel auf. In dem Molekül kommen zwei Zweifachbindungen vor.
b) Überprüfe die Gültigkeit der Oktettregel.
c) Leite die räumliche Struktur her.

Verbindung **Strukturformel**	**Räumliche Struktur** **Bindungswinkel**

Ammoniak
H–N̄–H
   |
   H
3 Einfachbindungen
1 nichtbindendes Elektronenpaar
	pyramidal
	(unvollständiger Tetraeder)
	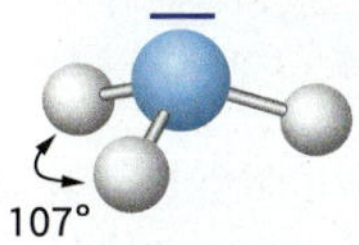

Fluorwasserstoff H–F̄| 1 Einfachbindung 3 nichtbindende Elektronenpaare	linear 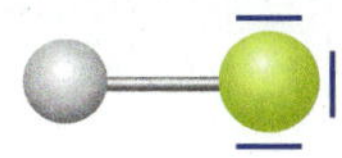
Kohlenstoffdioxid ⟨O=C=O⟩ 2 Zweifachbindungen 4 nichtbindende Elektronenpaare	linear 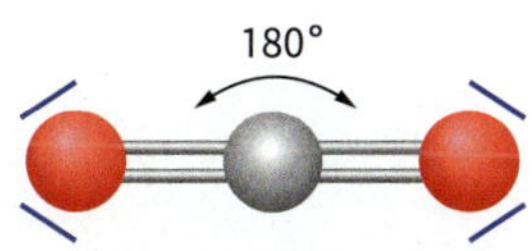
Blausäure H–C≡N| 1 Einfachbindung 1 Dreifachbindung 1 nichtbindendes Elektronenpaar	linear 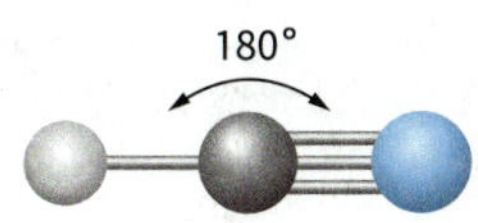
Formaldehyd H₂C=O⟩ (H \ C=O, H /) 2 Einfachbindungen 1 Zweifachbindung 2 nichtbindende Elektronenpaare	trigonal 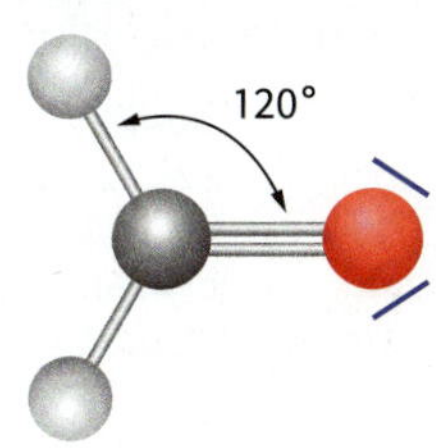

2 *Der Bau von Molekülen nach dem EPA-Modell*

11.4 Das Wasser-Molekül – neutral oder geladen?

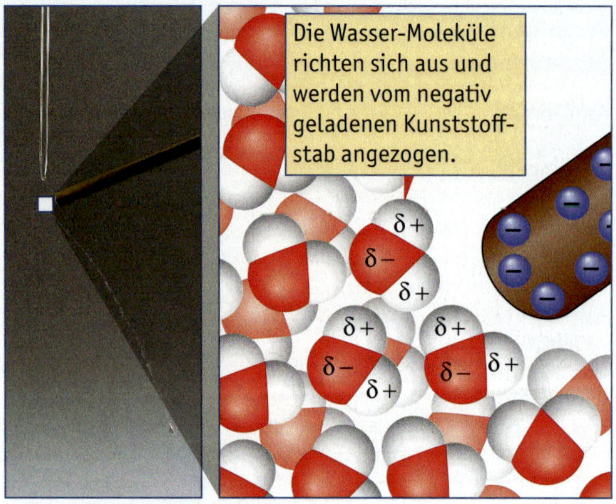

1 *Ablenkung eines Wasserstrahls – Experiment und Modell*

① Bei einer unpolaren Elektronenpaarbindung fällt der Schwerpunkt (•) der positiven Ladung (+) mit dem der negativen Ladung (–) zusammen. Beispiel: H–H:

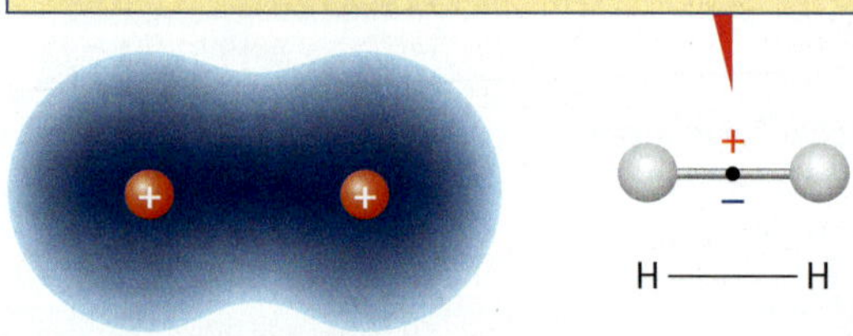

② Bei einer polaren Elektronenpaarbindung ist der Schwerpunkt der negativen Ladung (–) zum Atom mit der höheren Kernladung verschoben. Dort ist die Elektronendichte höher. Beispiel H–O:

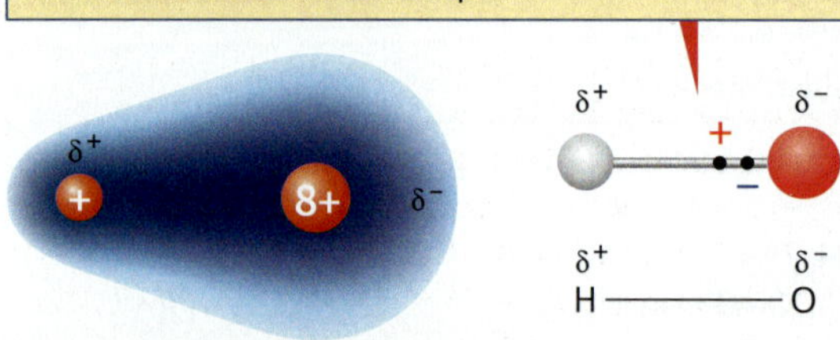

③ In Dipol-Molekülen müssen polare Elektronenpaarbindungen vorliegen. Zusätzlich muss die Molekülstruktur gewinkelt sein, damit sich zwei Pole bilden können.

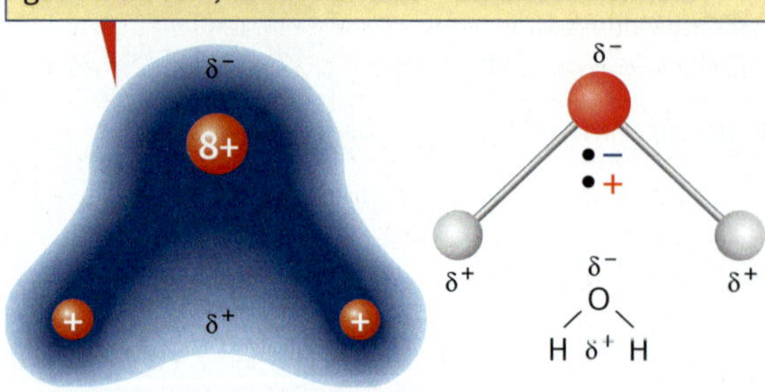

2 *Ladungsschwerpunkte in Molekülen*

Reibt man einen Kunststoffstab mit einem Wolltuch und bringt ihn in die Nähe eines feinen Wasserstrahls, wird dieser vom negativ aufgeladenen Kunststoffstab angezogen (Abb. 1). Dies deutet darauf hin, dass Wasser-Moleküle elektrische Ladungen tragen. Doch wie sind diese Ladungen zu erklären, wo doch Wasser-Moleküle insgesamt elektrisch neutral sind?

Dipol-Moleküle. Die Ablenkung des Wasserstrahls lässt sich nur erklären, wenn man annimmt, dass die positiven und negativen Ladungen im Wasser-Molekül ungleichmäßig verteilt sind. Das Wasser-Molekül ist daher ein **Dipol-Molekül.** Dies sind elektrisch neutrale Moleküle mit einem positiven und einem negativen Pol. Die Pole mit ihren *Teilladungen* werden durch die Symbole δ^+ und δ^- (delta plus; delta minus) gekennzeichnet. Um zu erklären, weshalb das Wasser-Molekül ein Dipol ist, muss man die Verteilung der Bindungselektronen *und* den räumlichen Bau des Moleküls betrachten.

Polare und unpolare Bindungen. Im Wasserstoff-Molekül werden die beiden Elektronen der H–H-Bindung gleich stark von den positiv geladenen Atomkernen angezogen ①. Dadurch ist die negative Ladung des bindenden Elektronenpaars symmetrisch zwischen den beiden Atomen verteilt. Es liegt eine *unpolare Elektronenpaarbindung* vor.

In einer O–H-Bindung werden die beiden Elektronen des bindenden Elektronenpaars von den acht Protonen des Sauerstoff-Atoms viel stärker angezogen als von dem einen Proton des Wasserstoff-Atoms ②. Dadurch ist die Ladungsverteilung nicht mehr symmetrisch. Das O-Atom hat einen leichten Überschuss an negativer Ladung und trägt eine negative Teilladung (δ^-); das H-Atom ist entsprechend positiv teilgeladen (δ^+). Man bezeichnet Bindungen mit unsymmetrischer Ladungsverteilung als *polare Elektronenpaarbindungen*.

Das Wasser-Molekül wäre aber trotz der beiden polaren Elektronenpaarbindungen noch kein Dipol, wenn das Molekül linear gebaut wäre. Die Dipole der beiden O–H-Bindungen würden sich dann gegenseitig aufheben. Da das Wasser-Molekül aber gewinkelt ist, fällt der Schwerpunkt der positiven Ladungen nicht mit dem Schwerpunkt der negativen Ladungen zusammen. Es kann sich ein Dipol ausbilden. Das O-Atom ist dabei der negative Pol, die Seite mit den H-Atomen der positive Pol ③.

Die Ablenkung des Wasserstrahls lässt sich mit den Dipoleigenschaften des Wasser-Moleküls erklären: Der negativ geladene Kunststoffstab erzeugt ein elektrisches Feld, in dem die Wasser-Moleküle ausgerichtet werden. Sie drehen sich mit ihrer positiven Seite zum Kunststoffstab und werden dann angezogen (Abb. 1).

Elektronegativität. Um voraussagen zu können, von welchem Atom die Elektronen in einer Bindung stärker angezogen werden, hat der amerikanische Chemiker Linus PAULING den Begriff der *Elektronegativität* (EN) eingeführt. Darunter versteht man ein Maß für die Fähigkeit eines Atoms, bindende Elektronenpaare anzuziehen. Es gilt: Je stärker die Anziehung ist, desto größer ist der Elektronegativitätswert. Die Skala der Werte reicht von 0,8 beim Caesium-Atom bis 4,0 beim Fluor-Atom. Für Edelgas-Atome gibt es keine EN-Werte, da es nur sehr wenige Edelgasverbindungen gibt (Abb. 3).

Die Elektronegativität hängt von der *Kernladung* und von der *Größe* der Atome ab. Sie nimmt mit steigender Kernladung zu und sinkt mit zunehmendem Atomradius. Mit Blick auf das Periodensystem ergeben sich dadurch folgende Tendenzen:

- In einer *Periode* befinden sich die Außenelektronen alle in der gleichen Schale. Da die Protonenzahl von links nach rechts zunimmt und gleichzeitig der Atomradius abnimmt, steigt innerhalb einer Periode die Anziehung: die Elektronegativität nimmt zu.
- In einer *Gruppe* steigt die Kernladung zwar von oben nach unten an. Dennoch werden die EN-Werte kleiner, weil die Entfernung der Außenelektronen vom Atomkern stärker anwächst. Die Anziehung nimmt ab, die Elektronegativität sinkt.

Nach diesen Überlegungen haben Fluor-Atome die größte Elektronegativität. Sie sind sehr klein und haben mit neun Protonen eine hohe Kernladung. Auch die Atome der übrigen Halogene haben sehr hohe Elektronegativitätswerte, ebenso Sauerstoff- und Stickstoff-Atome. Die Atome der Alkalimetalle weisen dagegen die niedrigsten Elektronegativitätswerte auf. Sie haben innerhalb einer Periode jeweils die kleinsten Kernladungen.

Molekül oder Ion? Die Differenz zwischen den EN-Werten (ΔEN) der Elemente ist ein Maß für die Polarität einer chemischen Bindung. Anhand der ΔEN-Werte lässt sich daher die Art der Bindung abschätzen (Abb. 4). Haben miteinander verbundene Nichtmetall-Atome die gleichen Elektronegativitätswerte, ziehen sie gleich stark am bindenden Elektronenpaar und es liegt eine unpolare Elektronenpaarbindung vor. Je größer die EN-Differenzen der Atome sind, desto stärker ist die Bindung polarisiert. Bei ΔEN-Werten ab 1,7 liegen in der Regel Ionenverbindungen vor. Dabei geben die weniger elektronegativen Atome ihre Außenelektronen vollständig an die elektronegativeren Atome ab. Übergangsformen zwischen polarer Elektronenpaarbindung und reiner Ionenbindung treten bei EN-Unterschieden von etwa 1,5 auf.

	I	II	III	IV	V	VI	VII	VIII
1.	2,2 $_{1}$H							– $_{2}$He
2.	1,0 $_{3}$Li	1,5 $_{4}$Be	2,0 $_{5}$B	2,5 $_{6}$C	3,0 $_{7}$N	3,4 $_{8}$O	4,0 $_{9}$F	– $_{10}$Ne
3.	0,9 $_{11}$Na	1,3 $_{12}$Mg	1,6 $_{13}$Al	1,9 $_{14}$Si	2,2 $_{15}$P	2,6 $_{16}$S	3,2 $_{17}$Cl	– $_{18}$Ar
4.	0,8 $_{19}$K	1,0 $_{20}$Ca	1,8 $_{31}$Ga	2,0 $_{32}$Ge	2,2 $_{33}$As	2,6 $_{34}$Se	3,0 $_{35}$Br	– $_{36}$Kr
5.	0,8 $_{37}$Rb	1,0 $_{38}$Sr	1,8 $_{49}$In	1,8 $_{50}$Sn	2,1 $_{51}$Sb	2,1 $_{52}$Te	2,7 $_{53}$I	– $_{54}$Xe
6.	0,8 $_{55}$Cs	0,9 $_{56}$Ba	2,0 $_{81}$Tl	1,9 $_{82}$Pb	2,0 $_{83}$Bi	2,0 $_{84}$Po*	2,2 $_{85}$At*	– $_{86}$Rn*

3 *Elektronegativitätswerte nach* PAULING

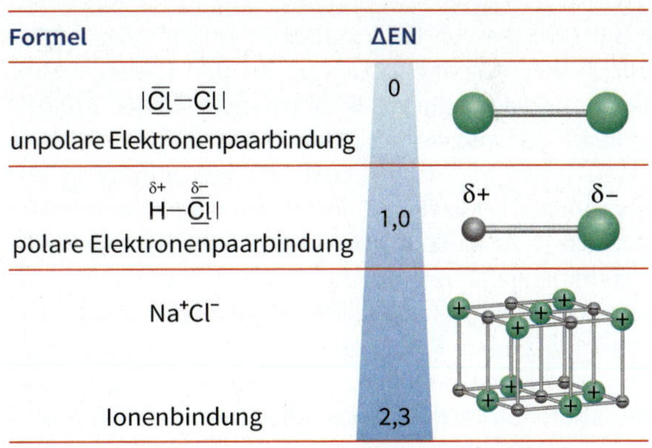

4 *Elektronegativitätsdifferenzen und Bindungstyp*

1 Entscheide, ob die folgenden Bindungen polar oder unpolar sind. Kennzeichne die Teilladungen mit den entsprechenden Symbolen: N–H, C–H, Cl–Cl, H–I.

2 a) Erkläre, ob die folgenden Moleküle Dipole sind. Begründe deine Antwort mithilfe von Strukturformeln: HBr, $SiCl_4$, H_2S, O_2, BF_3, NH_3.
b) Begründe, welches der Moleküle der jeweils stärkere Dipol ist: HF oder HCl, H_2S oder H_2O, CH_3Cl oder CCl_4.

3 a) Reibt man einen Plexiglasstab mit Watte, lädt er sich positiv auf. Erläutere, was du erwartest, wenn man den Stab in die Nähe eines dünnen Wasserstrahls hält.
b) Fertige eine Skizze an, die die Versuchsergebnisse auf der Teilchenebene verdeutlicht.

4 Erkläre, welche Art der chemischen Bindung bei den folgenden Verbindungen vorliegt: $AlCl_3$, CaF_2, $CuCl_2$, HI, SO_2, NH_3, Na_2S, PCl_3, MgO, Br_2, KBr, CH_2Cl_2, CH_3I, $SiCl_4$.

5 **Expertenaufgabe:** Im Gegensatz zu Wasser wird ein dünner Strahl des Lösemittels Tetrachlormethan (CCl_4) nicht durch einen Kunststoffstab abgelenkt. Erkläre diese Beobachtung.

11.5 Wechselwirkungen zwischen Molekülen

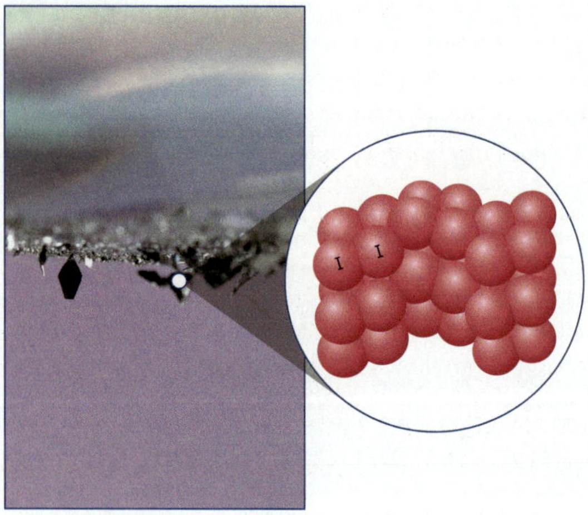

1 *Ioddampf resublimiert und bildet ein Molekülgitter*

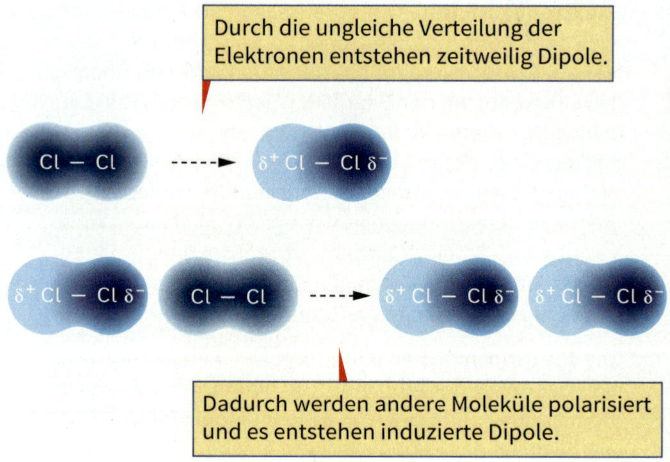

2 *Ursache von Van-der-Waals-Bindungen*

Beim Erhitzen von Iodkristallen in einem Reagenzglas bildet sich violetter Ioddampf. An den kälteren Stellen des Reagenzglases scheiden sich wieder dunkelviolette Iodkristalle ab; der Ioddampf *resublimiert* (Abb. 1). Die Iodkristalle bestehen aus gitterartig angeordneten I_2-Molekülen. In diesem *Molekülgitter* werden die I_2-Moleküle durch schwache Anziehungskräfte zusammengehalten. Solche Kräfte wirken zwischen allen Molekülen. Man bezeichnet sie allgemein als zwischenmolekulare Bindungen. Dabei unterscheidet man *Van-der-Waals-Bindungen, Dipol-Dipol-Bindungen* und *Wasserstoffbrückenbindungen*. Zwischenmolekulare Bindungen sind deutlich schwächer als Elektronenpaarbindungen oder die Ionenbindung. Dies zeigt sich beispielsweise daran, dass Molekülverbindungen im Vergleich zu Ionenverbindungen sehr viel niedrigere Schmelz- und Siedetemperaturen haben.

Van-der-Waals-Bindungen. Zwischen ungeladenen Molekülen wirken sehr schwache Anziehungskräfte, die man zu Ehren des Physikers Johannes Diderik VAN DER WAALS als *Van-der-Waals-Bindungen* bezeichnet. Das Zustandekommen dieser Anziehungskräfte kann man sich anschaulich wie folgt vorstellen: Die Elektronen in den Elektronenhüllen von Atomen und Molekülen sind ständig in Bewegung und verteilen sich dadurch nicht immer gleichmäßig. In manchen Bereichen kommt es kurzfristig zu einer Anhäufung von Elektronen, in anderen Bereichen der Elektronenhülle kann ein Elektronenmangel vorliegen. So entstehen Teilladungen, die im nächsten Augenblick schon wieder verschwinden und an anderer Stelle neu entstehen (Abb. 2). Diese *temporären* (zeitweiligen) *Dipole* beeinflussen durch Anziehung und Abstoßung die Elektronenverteilung benachbarter Moleküle, sie *polarisieren* die Moleküle. So entstehen weitere schwache Dipole, die man als *induzierte Dipole* bezeichnet. Die Anziehungskräfte durch temporäre und induzierte Dipole sind die Ursache der Van-der-Waals-Bindungen. Da die Dipole nicht von Dauer sind und sehr schnell wechseln, sind die Anziehungskräfte zwischen induzierten Dipolen sehr schwach.

Van-der-Waals-Bindungen treten grundsätzlich zwischen allen Atomen, Molekülen und Ionen auf, sie spielen aber praktisch nur zwischen unpolaren Teilchen eine Rolle, da die Anziehungskräfte zwischen polaren und insbesondere geladenen Teilchen stärker sind.

Siedetemperaturen im Vergleich. Will man eine Flüssigkeit wie Wasser zum Sieden bringen, muss man erwärmen. Die dabei aufgenommene Energie bewirkt, dass die Moleküle sich schneller bewegen. Wird die Siedetemperatur erreicht, ist die Energie der Moleküle so groß, dass die zwischenmolekularen Bindungen überwunden werden und die Moleküle die Flüssigkeit verlassen. Die Siedetemperaturen der Halogene und der Edelgase steigen von Fluor hin zum Iod sowie von Helium zum Xenon deutlich an.

Edelgas	Siede-temperatur	Halogen	Siede-temperatur
Helium	−269 °C		
Neon	−246 °C	Fluor	−188 °C
Argon	−186 °C	Chlor	−34 °C
Krypton	−152 °C	Brom	59 °C
Xenon	−108 °C	Iod	184 °C

Diese Unterschiede lassen sich anschaulich am Beispiel der Edelgase erklären: Innerhalb einer Periode steigen der Atomradius und die Anzahl der Elektronen in der Hülle an. Mit wachsender

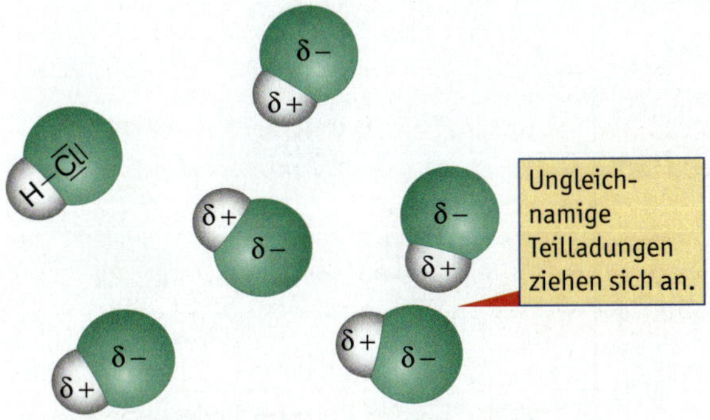

3 *Dipol-Dipol-Bindungen zwischen HCl-Molekülen*

Elektronenanzahl steigt die Wahrscheinlichkeit, dass sich die Elektronen unsymmetrisch verteilen und sich dadurch temporäre Dipole bilden. Zudem werden die Außenelektronen mit zunehmendem Atomradius nicht mehr so stark vom Kern angezogen. Sie lassen sich durch benachbarte Dipole leichter verschieben, weshalb größere Atome leichter polarisierbar sind.

Insgesamt betrachtet sind die Siedetemperaturen der Halogene höher als die der Edelgase. Der Grund dafür ist, dass bei Edelgasen einzelne Atome vorliegen, bei Halogenen jedoch zweiatomige Moleküle. Bei Molekülen ist die Berührungsfläche für Van-der-Waals-Bindungen größer als bei einzelnen Atomen.

Allgemein gilt: Je größer die Oberfläche eines Moleküls ist, desto stärker sind die Anziehungskräfte durch Van-der-Waals-Bindungen.

Dipol-Dipol-Bindungen. Sauerstoff und Chlorwasserstoff liegen bei Raumtemperatur gasförmig vor. Obwohl die Moleküle von Sauerstoff und von Chlorwasserstoff fast gleich schwer sind, unterscheiden sich die Siedetemperaturen der beiden Stoffe beträchtlich: Sauerstoff wird erst bei –183 °C flüssig, während bei Chlorwasserstoff dazu eine Abkühlung auf –85 °C ausreicht. Zwischen den Chlorwasserstoff-Molekülen müssen also zusätzliche Anziehungskräfte wirken, die stärker als Van-der-Waals-Bindungen sind.

Chlorwasserstoff-Moleküle sind Dipol-Moleküle. Die H–Cl-Bindung ist polar (ΔEN = 1,0) und das Molekül ist linear gebaut (Abb. 3). Die vorliegenden Teilladungen bewirken Anziehungskräfte, die man als **Dipol-Dipol-Bindungen** bezeichnet. Sie wirken zwischen allen Dipol-Molekülen.

Im Unterschied zu den Van-der-Waals-Wechselwirkungen beruhen Dipol-Dipol-Bindungen auf der Anziehung zwischen dauerhaften (permanenten) Dipolen und sind somit stärker als Van-der-Waals-Bindungen, jedoch sind sie schwächer als Elektronenpaarbindungen.

Zwischen Molekülen wirken schwache Anziehungskräfte, die man als zwischenmolekulare Bindungen bezeichnet. Van-der-Waals-Bindungen bilden sich durch temporäre Dipole und wirken zwischen Atomen oder unpolaren Molekülen. Zwischen polaren Molekülen bestehen Dipol-Dipol-Bindungen.

1 a) Vergleiche die Van-der-Waals-Bindungen mit den Dipol-Dipol-Bindungen und stelle Gemeinsamkeiten und Unterschiede heraus.
b) Begründe, weshalb zwischenmolekulare Bindungen in der Regel schwächer sind als Elektronenpaarbindungen.

2 Die folgende Abbildung zeigt modellhaft die Elektronenverteilung bei zwei Neon-Atomen nach dem Kern-Hülle-Modell.

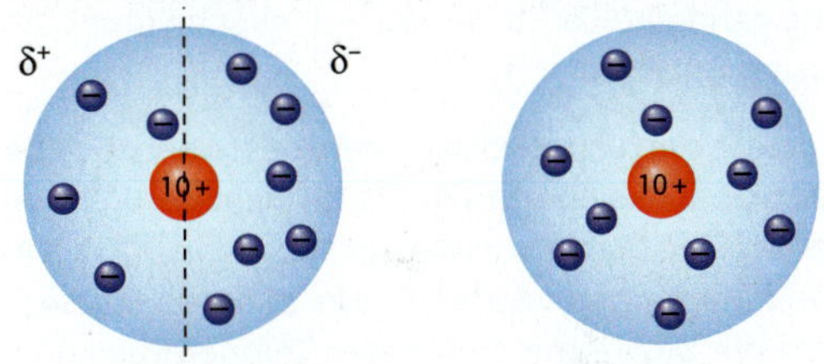

a) Beschreibe die Schemazeichnung.
b) Erläutere, welchen Einfluss das links dargestellte Atom auf das Atom rechts hat. Fertige eine veranschaulichende Schemazeichnung an.

3 a) Ordne die Gase Sauerstoff, Stickstoff und Wasserstoff nach zunehmender Siedetemperatur und begründe deine Zuordnung.
b) Erkläre, warum die Siedetemperatur von Xenon unter der von Chlor liegt.

4 Erkläre, weshalb Fluor und Chlor bei Raumtemperatur gasförmig sind, Brom hingegen flüssig und Iod fest ist.

5 **Expertenaufgabe:**
a) Begründe, welche Art von Anziehungskräften zwischen Schwefelwasserstoff-Molekülen (H_2S) bestehen. Fertige eine veranschaulichende Teilchendarstellung wie in Abb. 3 an.
b) Chlorwasserstoff beginnt bei –85 °C zu kondensieren, Schwefelwasserstoff bereits bei –60 °C. Gib eine mögliche Erklärung für diesen Unterschied an.

11.6 Die Wasserstoffbrückenbindung

1 *Wasser – eine außergewöhnliche Verbindung*

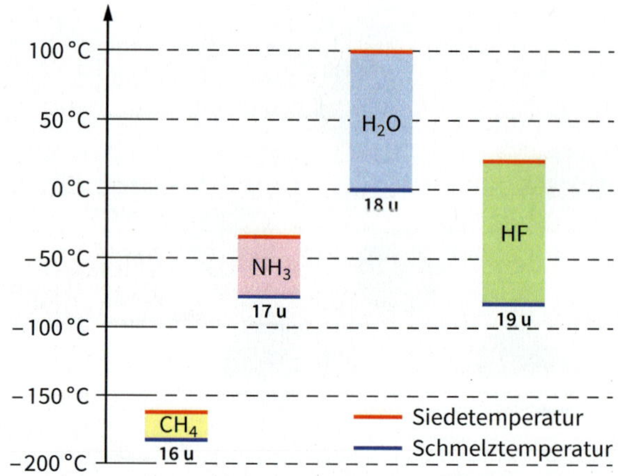

2 *Schmelz- und Siedetemperaturen von Wasserstoffverbindungen*

Eiswürfel schwimmen auf flüssigem Wasser, eine für uns selbstverständliche Beobachtung. Tatsächlich aber ist diese Eigenschaft des Wassers eine Besonderheit, denn normalerweise ist die Dichte eines Feststoffes größer als die der Flüssigkeit und folglich sinken Feststoffe in ihrer Schmelze nach unten (Abb. 1). Wasser ist jedoch ein Stoff, der sich beim Erstarren ausdehnt. Eis hat daher eine geringere Dichte als Wasser; es schwimmt deshalb auf dem Wasser.

Wasser besitzt aber noch weitere besondere Eigenschaften: So hat es seine größte Dichte nicht bei 0 °C, sondern bei 4 °C. Die Dichte von Wasser steigt von 0 °C bis 4 °C an und nimmt dann wieder ab. Bei anderen Flüssigkeiten wird die Dichte mit steigender Temperatur immer geringer. Diese als **Dichteanomalien** bezeichneten Eigenschaften des Wassers sind eine wichtige Voraussetzung für das Leben auf der Erde: Im Winter schwimmt Eis auf einem Gewässer und Wasser mit einer Temperatur von 4 °C sammelt sich am Grund eines zugefrorenen Sees. Dies reicht den Lebewesen im Wasser zum Überleben.

Das Leben auf der Erde hätte sich jedoch wohl nicht entwickelt, wenn Wasser nicht zwischen 0 °C und 100 °C flüssig wäre. Gemessen an Stoffen mit ähnlich kleinen Molekülen wie Methan (CH_4) sollte Wasser bei etwa −100 °C schmelzen und bei −80 °C sieden (Abb. 2). Es gäbe dann weder Gletscher, Flüsse oder Meere, sondern nur Wasserdampf.

Was hält die Wasser-Moleküle zusammen? Die besonderen Eigenschaften des Wassers lassen sich nur mit der Struktur der Wasser-Moleküle und den zwischen ihnen bestehenden zwischenmolekularen Anziehungskräften erklären. Bei chemisch ähnlichen Verbindungen nehmen im allgemeinen Schmelz- und Siedetemperatur mit wachsender Molekülgröße zu, da auch die Van-der-Waals-Bindungen zunehmen. Moleküle mit ähnlicher Größe müssten demnach auch vergleichbare Schmelz- und Siedetemperaturen aufweisen. Wasser, Ammoniak und Fluorwasserstoff schmelzen und sieden jedoch bei deutlich höheren Temperaturen als Methan mit seinen vergleichbar großen Molekülen (Abb. 2). Zwischen den Molekülen von Wasser, Ammoniak und Fluorwasserstoff muss es deshalb zusätzlich zu Van-der-Waals- und Dipol-Dipol-Bindungen noch eine weitere Art, viel stärkerer zwischenmolekularer Kräfte geben, die die höheren Schmelz- und Siedetemperaturen bewirkt. Man spricht hier von *Wasserstoffbrückenbindungen.* Doch wie kommen diese Kräfte zustande?

Die positiv teilgeladenen H-Atome eines Wasser-Moleküls ziehen die negativ teilgeladenen O-Atome eines anderen Wasser-Moleküls an und treten mit einem der beiden freien Elektronenpaare des O-Atoms in Wechselwirkung.

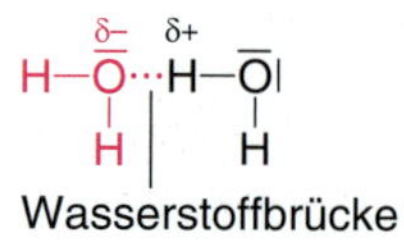

Bei einer Wasserstoffbrückenbindung zwischen zwei Wasser-Molekülen befindet sich also ein H-Atom zwischen zwei O-Atomen. Zu einem O-Atom ist das H-Atom über eine Elektronenpaarbindung gebunden. Das zweite O-Atom gehört zu einem anderen Wasser-Molekül und zieht das H-Atom über ein freies Elektronenpaar an (Abb. 3). Jedes Wasser-Molekül kann so über seine beiden H-Atome und die zwei freien Elektronenpaare des O-Atoms vier lineare O–H···O-Brücken ausbilden.

Beim Wasser-Molekül sind die Voraussetzungen für die Ausbildung von Wasserstoffbrücken in nahezu idealer Weise erfüllt:

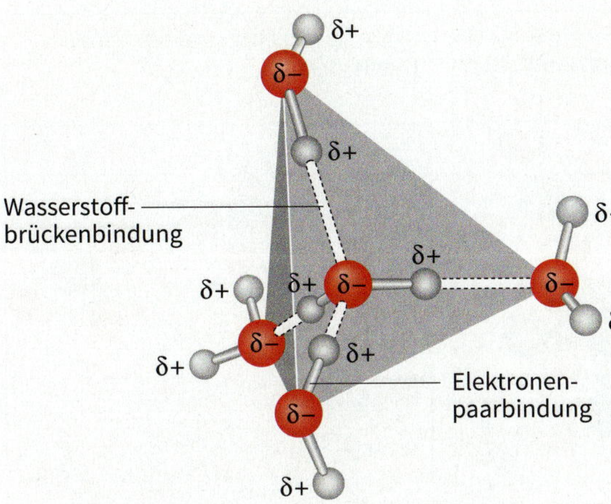

3 *Wasserstoffbrücken zwischen Wasser-Molekülen*

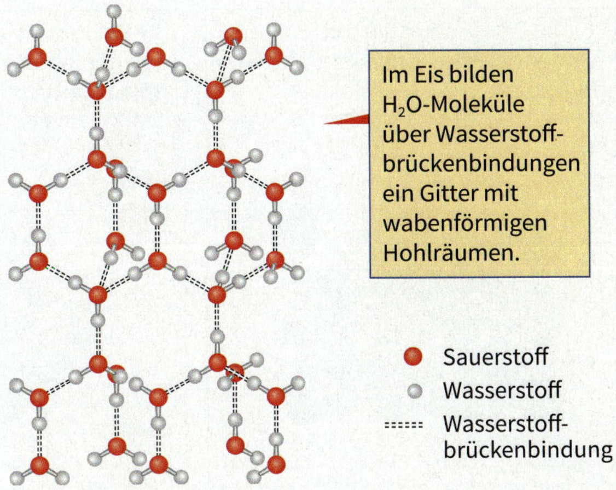

4 *Die Struktur von Eis*

- Die O–H-Bindung ist stark polar, wobei die H-Atome eine positive Teilladung (δ^+) und die O-Atome eine negative Teilladung tragen (δ^-).
- Das Sauerstoff-Atom ist klein, stark elektronegativ und hat außerdem zwei freie Elektronenpaare.

Wasserstoffbrücken können sich ebenfalls zwischen Ammoniak- und auch zwischen Fluorwasserstoff-Molekülen bilden. Auch hier sind stark positiv teilgeladene H-Atome und kleine, stark negativ teilgeladene Atome mit freien Elektronenpaaren vorhanden. Im Vergleich zu Wasser-Molekülen können bei diesen Molekülen weniger Wasserstoffbrücken ausgebildet werden; deshalb sind deren Schmelz- und Siedetemperaturen niedriger.

Wasserstoffbrückenbindungen sind schwächer als Elektronenpaarbindungen, aber wesentlich stärker als Van-der-Waals-Bindungen oder Dipol-Dipol-Bindungen bei Molekülen ähnlicher Größe.

Struktur von Eis und Wasser. Im Eis bilden die Wasser-Moleküle aufgrund der Wasserstoffbrücken ein regelmäßig gebautes Gitter mit wabenförmigen Hohlräumen. Jedes O-Atom ist dabei tetraedrisch mit zwei H-Atomen über Elektronenpaarbindungen und mit zwei weiteren über Wasserstoffbrücken verknüpft (Abb. 4). Beim Schmelzen brechen durch die zugeführte Wärmeenergie einige Wasserstoffbrückenbindungen auf. Frei gewordene Wasser-Moleküle dringen in die Hohlräume ein: Das Volumen nimmt bei gleich bleibender Masse ab. Die Dichte des Wassers steigt daher bis zu einer Temperatur von 4 °C. Oberhalb von 4 °C steigen der Anteil an frei beweglichen Wasser-Molekülen und damit ihr Abstand zueinander an. Die Dichte des Wassers nimmt daher mit zunehmender Temperatur wieder ab.

Wasserstoffbrückenbindungen sind zwischenmolekulare Bindungen zwischen den positiv teilgeladenen H-Atomen eines Moleküls und den negativ teilgeladenen O-, N- und F-Atomen anderer Moleküle. Die Eigenschaften des Wassers werden durch die O–H···O-Brücken bestimmt.

1 a) Beschreibe am Beispiel des Wassers den Zusammenhang zwischen Temperatur, Aggregatzustand und zwischenmolekularen Wechselwirkungen.
b) Ein Teelichtbecher wird einmal bis zum Rand mit Wasser und einmal mit flüssigem Wachs gefüllt. Anschließend stellt man beide Gefäße in ein Gefrierfach. Beschreibe die Beobachtungen mithilfe des Bildes. Erkläre die Unterschiede.

c) Erkläre, weshalb gefrierendes Wasser Gestein sprengen kann oder eine Wasserflasche im Gefrierfach zerplatzt.

2 a) Erkläre, warum Methan und Schwefelwasserstoff bei Raumtemperatur Gase sind.
b) Erkläre, weshalb sich zwischen Chlorwasserstoff-Molekülen keine Wasserstoffbrückenbindungen ausbilden, zwischen Ammoniak-Molekülen hingegen schon.

3 Fluorwasserstoff hat eine niedrigere Schmelz- und Siedetemperatur als Wasser. Begründe die Unterschiede, indem du die möglichen Wasserstoffbrückenbindungen zwischen den Molekülen skizzierst.

4 **Expertenaufgabe:** Recherchiere die Siedetemperaturen von SiH_4, H_2S, PH_3 und HCl und trage die Werte gegen die Molekülmassen auf. Werte das Diagramm umfassend aus.

11.7 Stoffe lösen sich in Wasser – eine Betrachtung im Modell

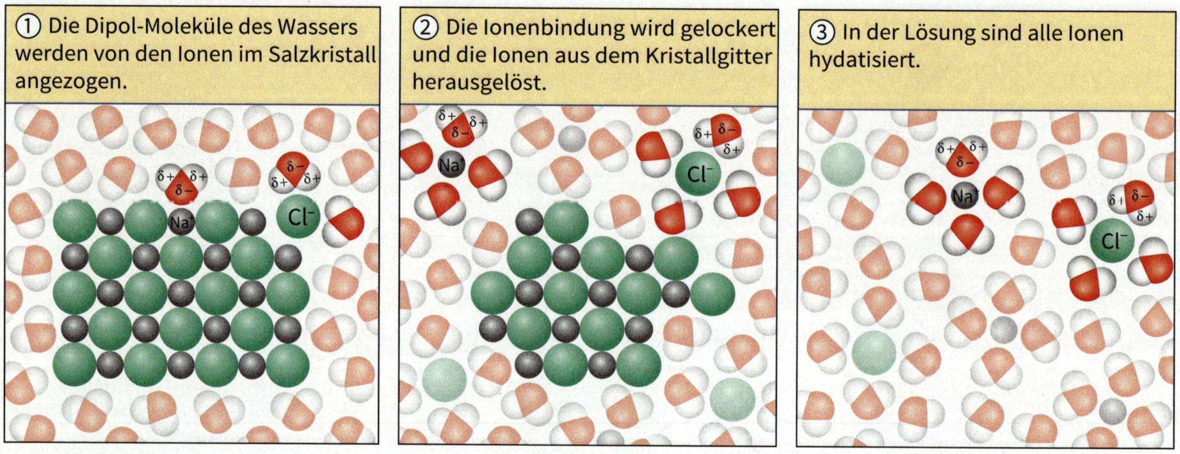

1 *Der Lösungsvorgang von Kochsalz im Modell*

Zuckerwasser und Salzwasser sehen von außen betrachtet völlig gleich aus, und doch besteht zwischen den beiden Lösungen ein großer Unterschied: Zuckerwasser enthält gelöste Moleküle, Salzwasser dagegen gelöste Ionen. Wie schaffen es Wasser-Moleküle sowohl Moleküle als auch Ionen aus Kristallen herauszutrennen?

Lösen von Ionenverbindungen. Kochsalz ist eine Ionenverbindung. Natrium-Ionen (Na^+) und Chlorid-Ionen (Cl^-) bilden Kristalle, in denen die Ionen in einem Kristallgitter mit festen Gitterplätzen angeordnet sind. Im Inneren des Kochsalzkristalls ist jedes Na^+-Ion von sechs Cl^--Ionen umgeben und umgekehrt. An den Ecken und Kanten eines Kristalls sind die Ionen jedoch nur von wenigen entgegengesetzt geladenen Nachbar-Ionen umgeben, sodass sie nicht so fest auf ihren Gitterplätzen gehalten werden wie die Ionen im Inneren des Kristalls.

Das Lösen von Salzen wie Kochsalz beruht auf *Dipol-Ionen-Wechselwirkungen*. Beim Lösevorgang werden die Dipol-Moleküle des Wassers von den Ionen des Salzkristalls angezogen. Dabei lagern sich die Sauerstoff-Atome der Wasser-Moleküle aufgrund ihrer negativen Teilladung (δ^-) an die Na^+-Ionen und die positiv polarisierten Wasserstoff-Atome (δ^+) umgekehrt an die Cl^--Ionen an (Abb. 1 ①). Von den Ecken und Kanten beginnend werden die Bindungen zwischen den Natrium-Ionen und den Chlorid-Ionen gelockert und die Ionen nach und nach aus dem Kristallgitter abgetrennt. Der Lösungsvorgang schreitet auf diese Weise von außen nach innen voran, bis das Kristallgitter vollständig abgebaut ist.

Hydratisierung der Ionen. In der wässrigen Lösung sind alle Ionen von einer Hülle aus Wasser-Molekülen, der **Hydrathülle,** umgeben. Man sagt: Die Ionen sind *hydratisiert*. In der Reaktionsgleichung weist man durch das Symbol (aq) auf die Hydrathülle hin.

$$NaCl(s) \xrightarrow{\text{Wasser}} Na^+(aq) + Cl^-(aq)$$

Die Wasser-Moleküle sind dabei in bestimmter Weise ausgerichtet: Bei den positiv geladenen Natrium-Ionen weisen die negativ polarisierten O-Atome zum Na^+-Ion und die positiv polarisierten H-Atome davon weg. Bei den negativ geladenen Chlorid-Ionen ist dies genau umgekehrt (Abb. 1 ③).

Salzhydrate. Manche Ionen binden ihre Hydrathülle so fest, dass beim Auskristallisieren des Salzes ein Teil der Wasser-Moleküle in das Kristallgitter eingebaut wird. So kristallisiert beim Verdunsten von Wasser aus einer Kupfersulfatlösung blaues Kupfersulfat-Hydrat aus, das pro Mol $CuSO_4$ noch fünf Mol Wasser enthält. Dieses *Kristallwasser* wird in der Verhältnisformel angegeben. Man schreibt: $CuSO_4 \cdot 5\ H_2O$. Erst bei kräftigem Erhitzen bildet sich kristallwasserfreies weißes Kupfersulfat.

Lösungswärme. Wenn Salze gelöst werden, sind oft Temperaturänderungen zu beobachten. So löst sich Kaliumchlorid unter Abkühlung, Lithiumchlorid dagegen unter Erwärmung. Diese Beobachtung lässt sich erklären, wenn man den Lösungsvorgang gedanklich in Teilschritte zerlegt: Beim Lösen eines Salzes muss zunächst die **Gitterenergie** aufgewendet werden, um die Anziehungskräfte zwischen den Ionen im Kristallgitter zu überwinden und die Ionen voneinander zu trennen. Gleichzeitig wird bei der Hydratisierung der Ionen aufgrund der Dipol-Ionen-Wechselwirkungen die **Hydratationsenergie** frei. Die Summe aus aufzuwendender Gitterenergie und der frei werdenden Hydratationsenergie wird als *Lösungsenergie* oder *Lösungswärme* bezeichnet.

Ob ein Lösevorgang exotherm oder endotherm verläuft, hängt vom Betrag der jeweiligen Energie ab. So ist beim Lithiumchlorid der Betrag der Gitterenergie kleiner als der der Hydratationsenergie: Für das Trennen der Ionen muss also weniger Energie aufgewendet werden, als bei der Bildung der Hydrathülle frei wird. Die Lösung erwärmt sich. Anschaulich lässt sich das in einem Energiediagramm beschreiben (Abb. 2). Der nach unten zeigende blaue Pfeil für die Lösungswärme zeigt an, dass der Lösevorgang exotherm verläuft.

Genau umgekehrt verhält es sich beim Kaliumchlorid: Die Gitterenergie ist vom Betrag her größer als die Hydratationsenergie. Die für das Lösen aufzuwendende Energie wird dem Lösemittel Wasser entzogen; deshalb kühlt die Lösung während des Lösevorgangs ab.

Allgemein gilt: Ein Lösevorgang ist nur dann exotherm, wenn der Betrag der Hydratationsenergie größer ist als der der Gitterenergie. Ist der Betrag der Hydratationsenergie dagegen kleiner, so verläuft das Lösen endotherm. Bei schwer löslichen Salzen ist meist der Betrag der Gitterenergie sehr viel größer als der der Hydratationsenergie.

Lösen von Molekülverbindungen. Wasser ist nicht nur ein Lösemittel für viele Salze, sondern auch für zahlreiche Molekülverbindungen. Ein Beispiel ist Haushaltszucker, dessen Kristalle aus Saccharose-Molekülen aufgebaut sind. Die Moleküle kann man sich vereinfacht als langgestreckte Scheibchen vorstellen. Für den Zusammenhalt der Saccharose-Moleküle im Zuckerkristall sorgen die polaren OH-Gruppen der Moleküle. Zwischen den OH-Gruppen verschiedener Moleküle bilden sich Wasserstoffbrückenbindungen aus und halten die Saccharose-Moleküle so auf ihren Gitterplätzen.

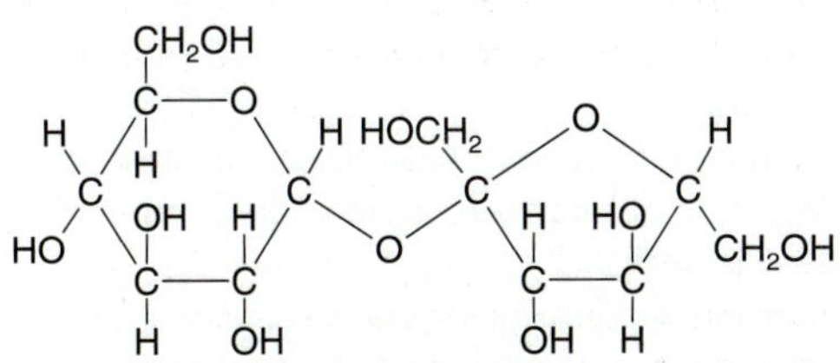

Löst man Zuckerkristalle in Wasser, lagern sich die polaren Wasser-Moleküle an der Oberfläche der Kristalle an und bilden mit den ebenfalls polaren OH-Gruppen der Saccharose-Moleküle Wasserstoffbrückenbindungen aus. Dadurch wird der Zusammenhalt der Saccharose-Moleküle untereinander geschwächt und die Moleküle aus dem Kristallgitter abgetrennt. In der Zuckerlösung liegen die Saccharose-Moleküle hydratisiert vor.

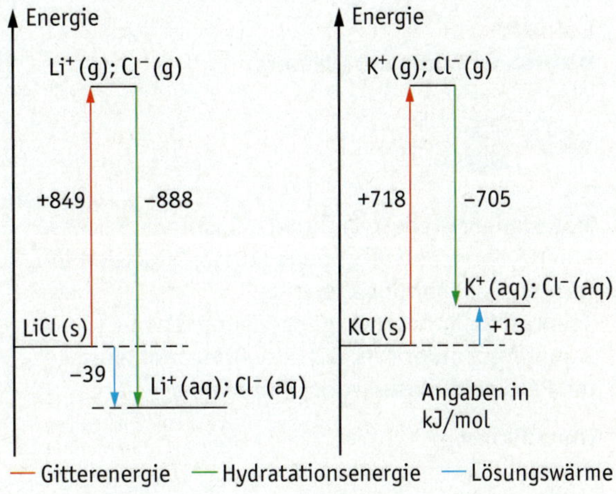

2 ***Energiediagramme von Lösevorgängen***

Beim Lösen von Ionenverbindungen in Wasser entstehen hydratisierte Ionen. Die Lösungswärme ist die Summe aus Gitterenergie und Hydratationsenergie.

1 a) Beschreibe den Lösevorgang eines Kaliumbromidkristalls in Wasser.
b) Skizziere in einer Folge von drei Bildern, wie du dir den Lösevorgang auf der Teilchenebene vorstellst.

2 Gibt man einen Löffel Kochsalz in einen 100-ml-Messkolben und füllt mit Wasser bis zur Marke auf, sinkt der Wasserstand, während sich das Salz löst. Gib eine Erklärung.

3 Gib für die in der Tabelle aufgeführten Salze an, ob sie sich exotherm oder endotherm in Wasser lösen. Nenne das Salz, das pro Mol eine wässrige Lösung am stärksten erwärmt oder abkühlt.

	Gitterenergie $\frac{kJ}{mol}$	Hydratationsenergie $\frac{kJ}{mol}$
Lithiumchlorid	+849	−888
Natriumchlorid	+788	−784
Kaliumchlorid	+718	−705
Magnesiumchlorid	+2502	−2662
Calciumchlorid	+2231	−2332
Ammoniumchlorid	+684	−669
Natriumhydroxid	+719	−764

4 a) Recherchiere, wie ein Wärmekissen funktioniert.
b) Erläutere, warum Natriumchlorid (Kochsalz) sich nicht für die Verwendung in Wärmekissen eignet.

Eigenschaften von Wasser

Versuch 1: Dichteanomalien des Wassers

Materialien: Dreifuß, Drahtnetz, Gasbrenner, Messer, Standzylinder (50 ml), Pipette (20 ml), Pipettierhilfe, Becherglas, Thermometer;
Teelicht, Kaliumpermanganatlösung (etwa $2\,\frac{g}{l}$, Temperatur unter 4 °C, **B2**), Eiswürfel oder Würfel mit Fluoresceinlösung oder Tintensuspension.

Durchführung:

Anomalie 1

1. Fülle ein Becherglas mit Wasser und lass den Eiswürfel hineinfallen.
2. Schneide ein kleines Stück Wachs aus dem Teelicht aus. Erhitze das Teelicht vorsichtig auf dem Drahtnetz bis das Wachs geschmolzen ist.
3. Lass das Wachsstück in die Schmelze fallen.

Anomalie 2

1. Fülle den Standzylinder bis knapp unter den Rand mit Leitungswasser (etwa 20 °C).
2. Unterschichte das Wasser mithilfe der Pipette vorsichtig mit der gekühlten Kaliumpermanganatlösung. Führe dazu folgende Schritte durch:
   - Fülle die Pipette mit der Lösung und säubere die gefüllte Pipette von außen mit einem Papiertuch.
   - Tauche die Pipette vorsichtig in das Wasser, bis die Pipette fast den Boden berührt.
   - Gib die Lösung langsam und vorsichtig auf den Boden des Standzylinders. Das Wasser darf nicht aufgewirbelt werden.
   - Ziehe die Spitze der Pipette ein Stück über die Kaliumpermanganatlösung, sauge etwas klares Wasser in die Spitze und hebe erst dann die Pipette vollständig heraus.
3. Miss vorsichtig die Temperatur der Lösung in verschiedenen Wassertiefen. Dabei dürfen sich die Wasserschichten nicht vermischen.
4. Lege einige Eiswürfel auf die Wasseroberfläche und beobachte etwa 10 Minuten lang.
5. Miss die Temperatur in den verschiedenen Wasserschichten erneut. Wiederhole am folgenden Tag.

Aufgaben:

a) Notiere deine Beobachtungen und erkläre sie. Berücksichtige dabei, dass die Dichte des Wassers temperaturabhängig ist.

b) Die meisten Thermometer enthalten eine rotgefärbte Alkohollösung. Erkläre, weshalb die Verwendung wässriger Lösungen hier nicht sinnvoll ist.

Versuch 2: Oberflächenspannung

Materialien: Tropfpipetten, 2 Büroklammern, 2 kleine Petrischalen, 2 Bechergläser, Pinzette; Petroleumbenzin (60–80 °C, **2, 7, 8, 9, B3**), weißes, festes Papier.

Durchführung:

1. Gib einen Tropfen Wasser auf das Papier.
2. Lege eine Büroklammer vorsichtig auf die Wasseroberfläche einer Petrischale.
3. Bestimme, wie viele Tropfen in 1 ml Wasser enthalten sind.
4. Wiederhole die Versuche mit Petroleumbenzin.

Aufgaben:

a) Notiere und erkläre deine Beobachtungen.

b) Fertige eine Skizze an, wie die Oberflächenspannung beim Wasser zustande kommt.

Versuch 3: Lösen von Salzen – kalt oder heiß?

Materialien: Becherglas (150 ml), Thermometer, Tropfpipette, Waage;
Ammoniumchlorid (**7**), Natriumchlorid, Kaliumnitrat (**3**), weißes Kupfersulfat, (**6, 7, 9, B2**), Calciumchlorid, wasserfrei (**7**), Calciumchlorid-Dihydrat (**7**), Eiswürfel.

Durchführung:

1. Gib für die folgenden Arbeitsschritte etwa 50 ml Wasser in das Becherglas. Miss die Temperatur des Wassers.
2. Fülle ein Reagenzglas etwa 0,5 cm hoch mit Ammoniumchlorid und gib 3 ml Wasser hinzu.
3. Schüttle gut und bestimme während des Lösevorgangs die Temperatur.
4. Wiederhole den Versuch mit den anderen Salzen.
5. Mische in einem Becherglas Calciumchlorid-Hydrat mit Eisstückchen im Massenverhältnis 1 : 3 und miss die Temperaturänderung.

Aufgaben:

a) Notiere deine Beobachtungen.

b) Erkläre die Temperaturveränderungen.

11.8 Molekülstruktur und Stoffeigenschaft

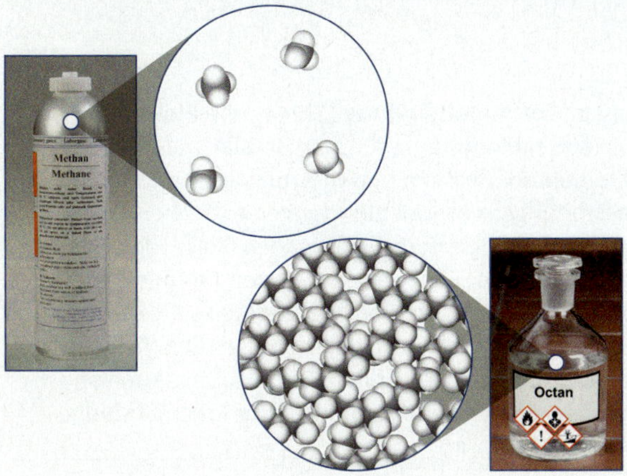

1 *Aggregatzustände von Methan und Octan im Modell*

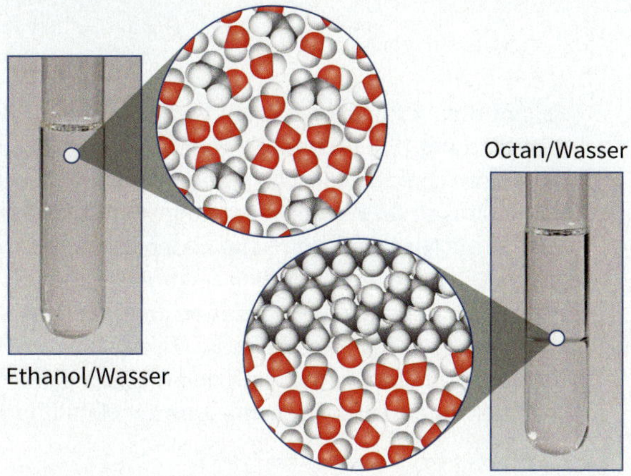

2 *Löslichkeit von Stoffen*

Die Eigenschaften von Molekülverbindungen wie Schmelz- und Siedetemperaturen oder auch die Löslichkeit in verschiedenen Lösemitteln werden weitgehend vom Aufbau ihrer Moleküle bestimmt. Dieses *Struktur-Eigenschafts-Prinzip* soll am Beispiel einfacher Moleküle erläutert werden.

Aggregatzustand. Erdgas und Benzin sind chemisch gesehen eng verwandt, denn ihre Moleküle sind aus Kohlenstoff- und Wasserstoff-Atomen zusammengesetzt. Dennoch haben diese Stoffe bei Raumtemperatur unterschiedliche Aggregatzustände: Erdgas ist gasförmig und Benzin flüssig. Die Ursache der Unterschiede liegt bei diesen Stoffen an der Größe ihrer Moleküle (Abb. 1).

Erdgas ist ein Gasgemisch; Hauptbestandteil ist mit über 90 % Methan. Methan-Moleküle bestehen aus einem C-Atom und vier H-Atomen (CH_4) und sind daher sehr klein. Zwischen den Molekülen wirken nur schwache Van-der-Waals-Bindungen; deshalb ist Methan schon ab –161 °C gasförmig.

Benzin ist eine Mischung verschiedener Flüssigkeiten, eine davon ist Octan. Octan-Moleküle bilden eine Kette von acht C-Atomen, die mit 18 H-Atomen verbunden sind (C_8H_{18}). Da die Octan-Moleküle etwa 7-mal größer als Methan-Moleküle sind, wirken zwischen den Octan-Molekülen auch wesentlich größere Anziehungskräfte. Octan siedet deshalb erst bei 126 °C.

Allgemein gilt für Kohlenstoff-Wasserstoff-Verbindungen: Je länger die Kette an C-Atomen in einem Molekül ist, desto höher ist die Siedetemperatur des Stoffes.

Löslichkeit. Ethanol, in der Alltagssprache auch als Alkohol bezeichnet, löst sich in jedem beliebigen Verhältnis in Wasser. So gibt es neben Apfelwein mit 2 % Ethanol auch Rum mit fast 80 % Ethanol. Benzin ist dagegen in Wasser nicht löslich. Beide Flüssigkeiten trennen sich sofort wieder und es bilden sich zwei getrennte *Phasen* (Abb. 2). Die Ursache hierfür liegt ebenfalls in der Struktur der Moleküle begründet.

Ethanol-Moleküle (C_2H_5OH) enthalten die stark polare O–H-Gruppe und können dadurch wie auch Wasser-Moleküle Wasserstoffbrückenbindungen eingehen. Mischt man Ethanol mit Wasser, so bilden sich zwischen den Wasser-Molekülen und der O–H-Gruppe der Ethanol-Moleküle Wasserstoffbrückenbindungen. Stoffe, die sich wie Ethanol in Wasser lösen, bezeichnet man als **hydrophil** (griech. *hydror:* wasser, *philos:* Freund). Die unpolaren Octan-Moleküle können keine Wasserstoffbrücken ausbilden und daher nicht zwischen die durch Wasserstoffbrücken zusammengehaltenen Wasser-Moleküle gelangen. Octan ist daher wasserabstoßend oder **hydrophob** (griech. *phobos:* scheu), gleichzeitig aber *lipophil* (griech. *lipos:* Fett).

Eigenschaften von Molekülverbindungen wie Siedetemperatur und Löslichkeit werden durch die Größe, Struktur und Polarität der Moleküle bestimmt.

1 Beschreibe und erkläre am Beispiel von Octan den Zusammenhang zwischen Siedetemperatur, Aggregatzustand und den vorliegenden zwischenmolekularen Bindungen.

2 Kerzenparaffin enthält Eicosan-Molekülen ($C_{20}H_{42}$). Zeichne die Strukturformel des Moleküls und begründe daran die hohe Siedetemperatur von 343 °C.
Die C-Atome bilden im Molekül eine Kette.

3 Zeige anhand der Molekülstruktur, dass Octan nicht hydrophil ist, Ethanol hingegen schon.

4 **Expertenaufgabe:** Um die Löslichkeit von Stoffen abzuschätzen gilt die Regel: *Similia similibus solvuntur*. Übersetze den lateinischen Text und erkläre diese Regel.

Übersicht

Chemische Bindungen im Vergleich

Es gibt drei verschiedene Arten von chemischen Bindungen: **Die Metallbindung** (S. 244), die **Elektronenpaarbindung** (S. 194) und die **Ionenbindung** (S. 180). Die Metallbindung ist für alle Metalle wie Natrium oder Eisen charakteristisch. In vielen nichtmetallischen Elementen wie Chlor und den meisten Nichtmetallverbindungen wie Wasser liegen hingegen Elektronenpaarbindungen vor. Ionenbindungen entstehen, wenn Metalle mit Nichtmetallen Salze bilden. Zwischen diesen drei Bindungsarten gibt es jedoch fließende Übergänge. Die folgende Abbildung zeigt diese Übergänge am Beispiel der Elemente der dritten Periode: Wandert man innerhalb der Periode von links nach rechts, so verändert sich der Charakter der Elemente schrittweise von typischen Metallen (Na, Mg, Al) über die Halbmetalle (Si) bis zu typischen Nichtmetallen (P, S, Cl). Natrium und Chlor können mit den meisten dieser Elemente Verbindungen bilden. Die Bindungsarten ändern sich innerhalb des Schemas von der Metallbindung und der Elektronenpaarbindung zur Ionenbindung.

Metallbindung:
- Gitter aus dicht gepackten positiv geladenen Metall-Kationen.
- Die Außenelektronen bilden das frei bewegliche Elektronengas.

Eigenschaften der Metalle:
- Verformbarkeit,
- metallischer Glanz,
- gute Leitfähigkeit für Wärme und Strom,
- geringe Elektronegativität.

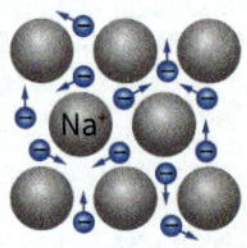

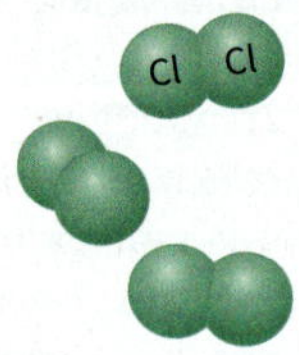

Elektronenpaarbindung:
- Die Atome sind durch gemeinsame Elektronenpaare fest miteinander verbunden.
- Zwischen den Molekülen wirken schwache Anziehungskräfte.

Eigenschaften der Nichtmetalle:
- keine elektrische Leitfähigkeit,
- niedrige Schmelz-und Siedetemperaturen,
- hohe Elektronegativität.

Halbmetalle zeigen eine geringe Leitfähigkeit, die mit der Temperatur ansteigt.

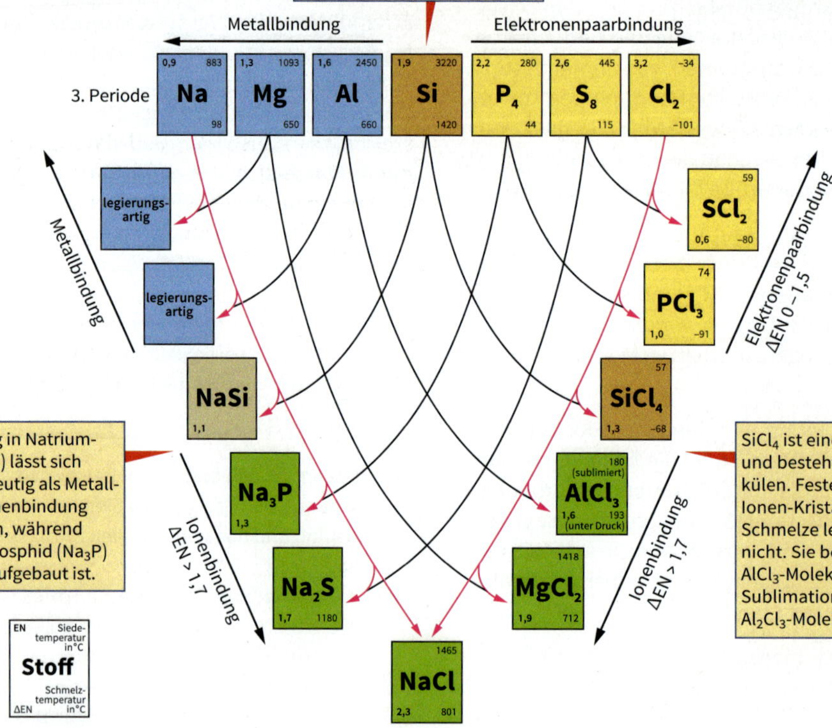

Die Bindung in Natrium-Silicid (NaSi) lässt sich weder eindeutig als Metall- noch als Ionenbindung beschreiben, während Natrium-phosphid (Na_3P) aus Ionen aufgebaut ist.

$SiCl_4$ ist eine Flüssigkeit und besteht aus Molekülen. Festes $AlCl_3$ aus Ionen-Kristallen. Die Schmelze leitet den Strom nicht. Sie besteht aus $AlCl_3$-Molekülen. Bei der Sublimation bilden sich Al_2Cl_3-Moleküle.

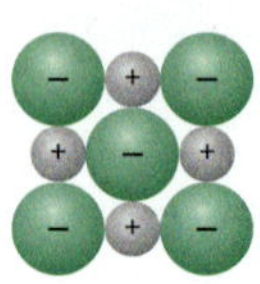

Ionenbindung:
Ionengitter aus positiv und negativ geladenen Ionen, die sich gegenseitig anziehen.

Eigenschaften der Salze:
- spröde, nicht verformbar,
- Kristalle leiten den Strom nicht,
- Schmelzen und Lösungen leiten den Strom,
- hohe Schmelz- und Siedetemperaturen.

Atome im Multipack – Moleküle

1. Elektronenpaarbindung

Moleküle bestehen aus Nichtmetall-Atomen, die durch *gemeinsame bindende* Elektronenpaare miteinander verbunden sind. Diese Art der Bindung heißt Elektronenpaarbindung.

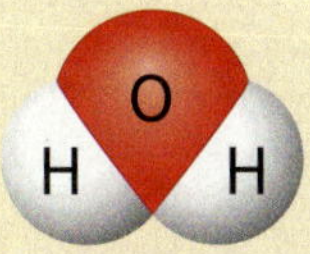

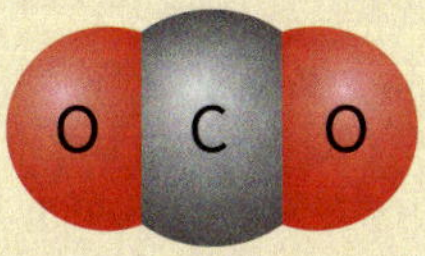

2. Oktettregel und Strukturformeln (Lewis-Formeln)

Die Atome in den Molekülen erreichen durch gemeinsame Elektronenpaare die Edelgaskonfiguration. Sie besitzen dann insgesamt acht Elektronen in der Außenschale (Wasserstoff-Atom: zwei Elektronen). Die bindenden Elektronenpaare zählen bei jedem Bindungspartner mit.

Elektronenschreibweise

In den Strukturformeln für Moleküle werden bindende und nichtbindende (freie) Elektronenpaare durch Striche gekennzeichnet. Wenn die *Oktettregel* erfüllt ist, sind die Atome von vier Elektronenpaaren umgeben. Neben Einfachbindungen sind auch Mehrfachbindungen zwischen den Atomen möglich.

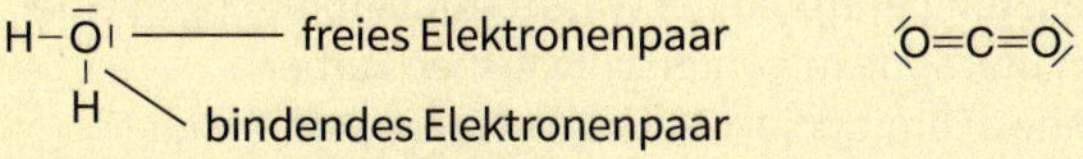

Für Ionenverbindungen kann man keine Strukturformeln angeben.

3. Elektronenpaarabstoßungsmodell

Mit dem Elektronenpaarabstoßungsmodell (EPA-Modell) lässt sich die räumliche Struktur von Molekülen aus der Strukturformel herleiten. Nach der Oktettregel sind die Atome im Molekül von vier Elektronenpaaren umgeben, die sich gegenseitig abstoßen. Vielfach ergibt sich eine Struktur, die sich vom Tetraeder ableitet. Da der Raumbedarf von Mehrfachbindungen nur wenig größer ist als der von Einfachbindungen, werden im EPA-Modell Mehrfachbindungen wie Einfachbindungen behandelt.

Tetraedergeometrie

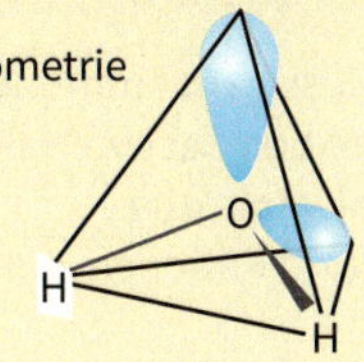

Kugel-Stab-Modell

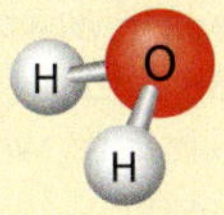

4. Elektronegativität und polare Bindung

Atome verschiedener Elemente ziehen das gemeinsame Elektronenpaar einer Bindung unterschiedlich stark an. Sie unterscheiden sich in ihrer Elektronegativität (EN). Solche Bindungen sind polar. Elektronenpaarbindungen zwischen gleichartigen Atomen sind unpolar. Elemente, deren EN-Unterschied größer als 1,7 ist, bilden in der Regel Ionenverbindungen.

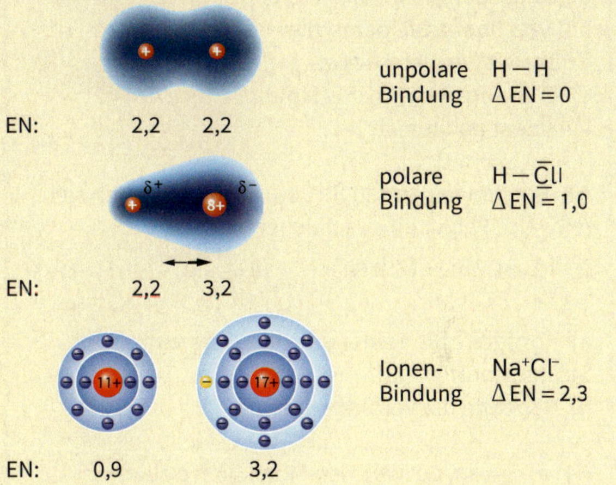

5. Dipol-Moleküle

In Dipol-Molekülen ist die elektrische Ladung nicht symmetrisch verteilt: Auf einer Seite besteht ein kleiner Überschuss an positiver Ladung (δ^{+}), auf der anderen Seite ein gleich großer Überschuss an negativer Ladung (δ^{-}).

Dipol-Molekül

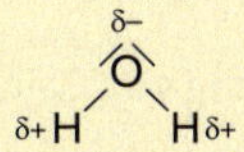

kein Dipol-Molekül

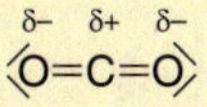

6. Zwischenmolekulare Wechselwirkungen

Wasserstoffbrückenbindungen sind zwischenmolekulare Bindungen zwischen den positiv teilgeladenen H-Atomen eines Moleküls und den negativ teilgeladenen O-, N- und F-Atomen anderer Moleküle. Zwischen unpolaren Molekülen bestehen die viel schwächeren Van-der-Waals-Bindungen.

Wasserstoffbrückenbindung

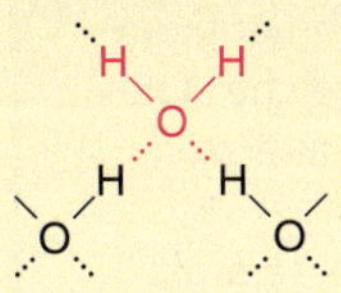

Van-der-Waals-Bindung

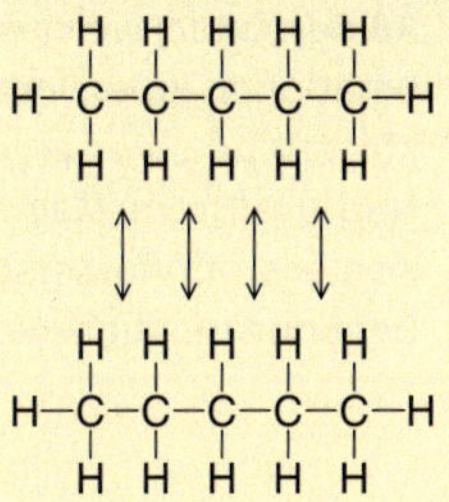

Teste dich

A1 Stelle die Strukturformeln für die folgenden Moleküle auf und kennzeichne jeweils bindende und freie Elektronenpaare: I_2, H_2Se, PH_3, CF_4 (Tetrafluormethan).

A2 **a)** Gib an, wie viele Elektronenpaarbindungen das Stickstoff-Atom in Molekülen ausbilden kann.
b) Stelle die Strukturformel des Blausäure-Moleküls (HCN) auf und überprüfe daran die Gültigkeit der Oktettregel.
c) Erläutere, warum das Molekül linear gebaut ist.

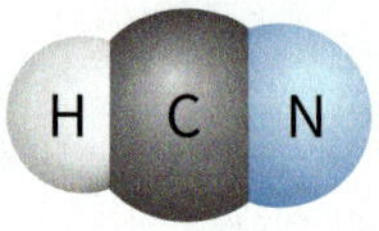

A3 Bei den folgenden Strukturformeln haben sich teilweise Fehler eingeschlichen.

a) Korrigiere die Fehler und stelle die korrekten Strukturformeln auf.
b) Benenne die Verbindungen.

A4 **a)** Gib an, bei welchen Molekülen polare Elektronenpaarbindungen vorliegen: NH_3, $HCCl_3$ (Chloroform), CS_2, SO_2.
b) Begründe anhand der Strukturformeln, welche Moleküle Dipol-Moleküle sind.

A5 Erläutere, warum Schwefelwasserstoff (H_2S(g)) eine deutlich niedrige Schmelz- und Siedetemperatur als Wasser hat.

A6 **a)** Beschreibe den Lösevorgang von Calciumchlorid ($CaCl_2$) in Wasser.
b) Skizziere in einer Folge von drei Bildern, wie du dir den Lösevorgang auf der Teilchenebene vorstellst. Beachte auch die Orientierung der Wasser-Moleküle in der Hydrathülle.
c) Erläutere, warum sich das Gemisch beim Lösen erwärmt.

A7 Begründe, warum sich Methanol (CH_3OH) gut in Wasser, aber nicht in Benzin löst.

A8 Begründe, welche der folgenden Elementkombinationen Ionenverbindungen und welche Molekülverbindungen ergeben: Schwefel/Sauerstoff, Natrium/Brom, Magnesium/Sauerstoff, Kohlenstoff/Wasserstoff, Stickstoff/Wasserstoff. Benenne mögliche Verbindungen.

Lösungen stehen im Anhang.

Die wichtigsten Begriffe

- Elektronenpaarbindung
- Strukturformel (Lewis-Formel)
- Oktettregel
- Elektronenpaarabstoßungsmodell (EPA-Modell)
- Elektronegativität
- polare und unpolare Elektronenpaarbindung
- Dipol-Molekül, Wasserstoffbrückenbindung
- Van-der-Waals-Bindung, Dipol-Dipol-Bindung
- Gitterenergie
- Hydratisierung, Hydratationsenergie
- hydrophil, hydrophob, lipophil

B1 **a)** Erkläre die obenstehenden Begriffe.
b) Verknüpfe die Begriffe zu einer Conceptmap.
c) Übertrage die Begriffe und deine Erklärungen in digitale Karteikarten.

B2 Löst man Kaliumnitrat in Wasser, so kühlt sich die Lösung ab. Führt man den gleichen Versuch mit Natriumhydroxid durch, steigt die Temperatur der Lösung stark an. Erkläre das unterschiedliche Verhalten aus energetischer Sicht. Vergleiche dabei die Größe der Gitterenergie und der Hydratationsenergie.

B3 **a)** Recherchiere die Siedetemperaturen der folgenden Stoffe. Trage die Werte gegen die jeweilige Größe der Moleküle in einem Diagramm auf. Verbinde die Siedetemperaturen der Wasserstoffverbindungen einer Hauptgruppe mit unterschiedlichen Farben.
Reihe a) Ammoniak, Phosphorwasserstoff, Arsenwasserstoff und Antimonwasserstoff.
Reihe b) Wasser, Schwefelwasserstoff, Selenwasserstoff, Tellurwasserstoff.
b) Erläutere die Unterschiede und die Kurvenverläufe. Berücksichtige dabei die molaren Massen, die Elektronegativitätsunterschiede und die Möglichkeit zur Ausbildung von Wasserstoffbrückenbindungen.

B4 **a)** Wickelt man im Sommer eine Getränkedose in ein feuchtes Tuch, so bleibt das Getränk länger kühl. Erkläre das Phänomen.
b) Man stellt eine Schale mit Wasser und eine Schale mit gleich viel Octan an einen sonnenbeschienenen Platz. In beide Flüssigkeiten taucht ein Thermometer. Gib an, welche Beobachtungen du erwartest. Begründe.

B5 **a)** Salze lösen sich in flüssigem Ammoniak ähnlich gut wie in Wasser. Erläutere den Sachverhalt mithilfe der Struktur der Ammoniak-Moleküle.
b) Skizziere, wie Anionen und Kationen in der Lösung vorliegen.

C1 Moleküle in der chemischen Reinigung

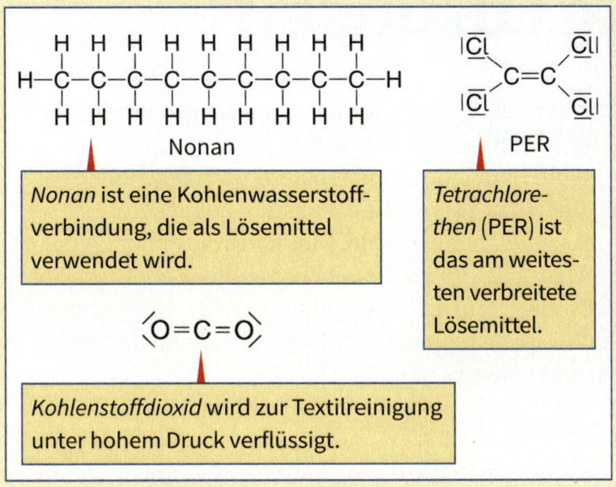

1 *Strukturformeln von Lösemitteln*

In Textilreinigungen kommen verschiedene Lösemittel zum Einsatz, um Bekleidung und Heimtextilien zu reinigen. Welches Lösemittel und welches Reinigungsverfahren zur Anwendung kommt, hängt dabei in erster Linie vom Schmutz und dem zu reinigenden Gewebe ab. Die Strukturformeln der üblichen Lösemittel sind in der Abbildung dargestellt.

a) Zeichne die in der Abbildung dargestellten Strukturformeln in deine Chemiemappe und erkläre anhand der Molekülstrukturen, ob die Moleküle polar oder unpolar sind und welche zwischenmolekularen Bindungen zwischen den Molekülen bestehen können.

b) Stelle die räumliche Struktur der Moleküle nach der Keil-Strich-Schreibweise dar und benenne die räumliche Struktur der Moleküle. Entscheide, ob es sich um Dipol-Moleküle handelt oder nicht.

c) Die Abbildung unten zeigt eine mit Öl überzogene Faser. Begründe, weshalb man die Ölschicht nicht mit Wasser abwaschen kann.

d) Entscheide, welche der oben genannten Lösemittel für die Reinigung der Faser geeignet sind. Begründe deine Entscheidung.

e) Fertige eine Skizze an, wie du dir den Reinigungsvorgang der Ölschicht auf der Teilchenebene vorstellst.

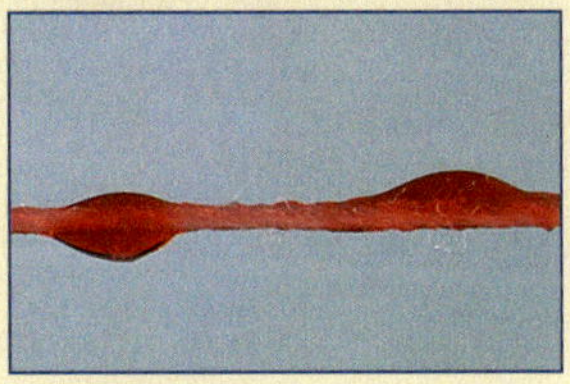

C2 Der See vom Herbst bis zum Frühjahr

2 *Winterstagnation im See*

Mit sinkender Lufttemperatur und angetrieben durch Winde kommt es im Herbst zu einer Zirkulationsbewegung im Wasser eines Sees. Bei dieser *Herbstzirkulation* sinkt das Wasser an der Oberfläche ab, während das Tiefenwasser aufsteigt. Diese Zirkulation hört erst auf, wenn das gesamte Wasser eine Temperatur von 4 °C hat.

Im Winter tritt die *Winterstagnation* ein; die Bewegung des Wasserkörpers kommt zum Stillstand. Dabei nimmt die Oberflächentemperatur des Sees im Verlauf der kalten Monate weiter ab. Wenn sie 0 °C erreicht und weiter sinkt, bildet sich eine Eisdecke, die auf dem Wasser schwimmt. Je kälter es wird, umso dicker wird diese Eisschicht. In langen frostreichen Wintern können selbst in Mitteleuropa Gewässer mit einer Eisschicht bedeckt sein, die mehr als 50 cm dick ist. Stehende Gewässer mit einer Tiefe von 80 cm gelten als frostsicher, da sie in der Nähe des Bodens über genügend Wasser von 4 °C verfügen. Fische und Amphibien können dort überwintern.

a) Erkläre mithilfe der Dichteanomalie des Wassers, wie es zu der Herbstzirkulation im See kommt.

b) Beschreibe, welche Vorgänge im Frühjahr im Wasserkörper des Sees ablaufen werden. Begründe deine Vorhersage.

c) Erläutere die ökologische Bedeutung der Zirkulationsbewegung im See.

d) Abweichungen des Wassers zum Verhalten fast aller anderen Stoffe fasst man mit dem Begriff *Anomalie des Wassers* zusammen. Nenne die Abweichungen. Gib an, welche Anomalie des Wassers für die Herbstzirkulation verantwortlich ist.

e) Nenne positive und negative Folgen, die sich aus der Anomalie des Wassers für die Landwirtschaft und den Straßenbau ergeben.

Kapitel 12

Saure, alkalische und neutrale Lösungen

Mehrmals am Tag waschen wir unsere Hände und verwenden häufig alkalisch wirkende Seifenlösungen, die sich auf der Haut glitschig anfühlen. Dadurch wird die Haut jedoch nicht nur vom alltäglichen Schmutz befreit, auch der leicht saure Flüssigkeitsfilm auf unserer Haut – der Säureschutzmantel – wird abgewaschen. Dies kann die Funktion der Haut beeinträchtigen. Man sollte daher für die Körperpflege auf Produkte zurückgreifen, deren pH-Wert dem der Haut entspricht. Die Körperpflege ist nur eines der vielen Beispiele für die Bedeutung von sauren und alkalischen Lösungen in unserem Alltag.

Zitronen schmecken sauer. 100 g Frucht enthalten bis zu 5 g reine Citronensäure, die im Zitronensaft gelöst sind. Wegen ihres fruchtig-sauren Geschmacks verwendet man Zitronensaft zum Würzen und Säuern von Speisen und Getränken. Auch bei der industriellen Herstellung von Limonaden, Fruchtbonbons oder Marmeladen wird Citronensäure als Säuerungsmittel zugesetzt. Früchte können aber auch andere Säuren enthalten: Äpfelsäure in Äpfeln und Weinsäure in Weintrauben sind Beispiele hierfür.

Das Angebot an Haushaltsreinigern ist riesig und für jeden Zweck gibt es einen passenden Reiniger. Demzufolge unterscheiden sich die Produkte in ihrer Zusammensetzung und in der Konzentration der Inhaltsstoffe. Saure Reiniger werden vor allem im Sanitärbereich eingesetzt. Sie enthalten meist Citronensäure oder Essigsäure. Mit ihnen lassen sich Kalkränder auf Fliesen und Armaturen besonders gut entfernen. Alkalische Reiniger enthalten oft verdünnte Natronlauge oder Ammoniaklösung. Sie werden eingesetzt, um Verschmutzungen von Fett und Eiweiß zu lösen.

Wer ein Aquarium besitzt muss regelmäßig die Qualität des Wassers prüfen und misst dabei auch den pH-Wert. Für Süßwasserfische ist ein pH-Wert von etwa 6,5 optimal. Das Wasser ist also fast neutral. Meerwasserfische dagegen benötigen leicht alkalisches Wasser mit pH-Werten von 8 bis 9. Wird das Wasser zu sauer oder zu alkalisch, werden die Fische krank oder können sogar sterben. Für das optimale Wachstum von Pflanzen ist der pH-Wert des Bodens von Bedeutung. Salat benötigt einen pH-Wert von 6 bis 7, während Erdbeeren am besten auf Böden mit einem pH-Wert um 8,5 gedeihen.

12.1 Saure und alkalische Lösungen im Alltag

Im Alltag verwenden wir häufig Stoffe, die **saure** oder **alkalische Lösungen** sind. Sie begegnen uns beispielsweise in Reinigungsmitteln wie Entkalkern oder im Backofenspray. Auch viele säuerlich schmeckende Lebensmittel und Getränke enthalten saure Lösungen.

Saure Lösungen. Fast alle Früchte enthalten Fruchtsäuren. So stammt der frische Geschmack eines sauren Apfels von den im Saft gelösten Säuren *Äpfelsäure* und *Weinsäure.* Eine besondere Bedeutung für die Gesundheit hat die in vielen Früchten vorkommende *Ascorbinsäure*, besser bekannt unter dem Namen Vitamin C. Größere Mengen dieser Säure sind in Zitrusfrüchten, schwarzen Johannisbeeren, Holunderbeeren und auch in Paprika vorhanden. Es wird empfohlen, täglich etwa 100 mg Vitamin C mit der Nahrung aufzunehmen. Die Früchte sollte man möglichst frisch verzehren, da Ascorbinsäure durch Sauerstoff und Hitze zerstört wird.

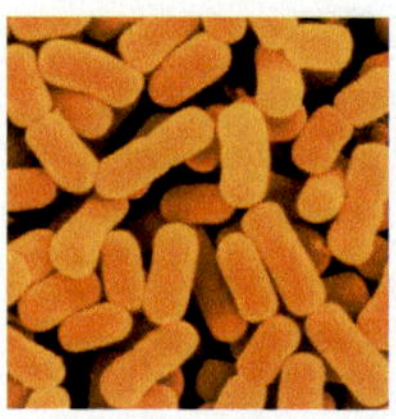

Lässt man Milch lange stehen, wird sie sauer: Milchsäurebakterien aus der Luft vermehren sich in der Milch und wandeln den Milchzucker der Milch in *Milchsäure* um. In der sauren Lösung gerinnt das Milcheiweiß und flockt aus: Man erhält Dickmilch. Um Sauermilchprodukte wie Joghurt, Quark und Kefir herzustellen, setzt man der Milch gezielt betimmte Stämme von Milchsäurebakterien zu. Diese sind länger haltbar als Frischmilchprodukte, da sich Fäulniserreger und Schimmelpilze in saurer Lösung kaum vermehren können. Mit Milchsäurebakterien lassen sich auch andere Lebensmittel haltbar machen. So erhält man durch Milchsäuregärung aus Weißkohl Sauerkraut.

Dass man Lebensmittel in sauren Lösungen konservieren kann, weiß man schon seit über 5000 Jahren. So lange schon verwendet man Essig als Gewürz und als Konservierungsmittel. In Essig eingelegte Heringe und Gurken sind bekannte Beispiele dafür.

Essig gewinnt man mithilfe von Essigbakterien – der Essigmutter – aus Wein oder Apfelwein. Haushaltsessig ist eine saure Lösung, die 5 % *Essigsäure* enthält. Reine Essigsäure wird technisch produziert. Sie ist eine klare, ätzende, stechend riechende Flüssigkeit.

Zur Konservierung von Lebensmitteln werden heute auch *Propionsäure, Sorbinsäure* und *Benzoesäure* zugesetzt. Sie verhindern, dass sich Bakterien und Schimmelpilze entwickeln. Der Zusatz dieser Säuren ist gesetzlich geregelt. So darf ein Kilogramm industriell hergestelltes, abgepacktes Brot maximal zwei Gramm Sorbinsäure enthalten.

Sprudel und Limonaden werden von vielen Menschen wegen des prickelnden, frischen Geschmacks geschätzt. Diese Getränke werden unter Druck mit Kohlenstoffdioxid versetzt, das zu einem geringen Teil mit dem Wasser zu *Kohlensäure* reagiert. Viele Limonaden enthalten zusätzlich *Citronensäure*, Cola enthält außerdem noch eine geringe Menge *Phosphorsäure*.

Saure Lösungen begegnen uns im Haushalt nicht nur in Lebensmitteln, sondern in großer Zahl auch in Reinigungsmitteln. Hartes Wasser verursacht an Armaturen, Waschbecken und Heizgeräten hartnäckige Kalkablagerungen, die sich mithilfe saurer Lösungen auflösen lassen. Je nach Anwendungszweck enthalten WC- und Badreiniger, Entkalker für Kaffeemaschinen und Wasserkocher unterschiedliche Konzentrationen an Citronensäure, Essigsäure, Milchsäure oder *Ameisensäure.*

Ameisensäure begegnet uns auf unangenehme Weise auch in der Natur. Ameisen und Quallen geben bei der Jagd und zur Verteidigung Ameisensäure ab, die auf der Haut ein schmerzhaftes Brennen hervorruft.

Die technisch wichtigsten Säuren sind *Schwefelsäure, Salzsäure* und *Salpetersäure.* Sie gehören zu den Grundchemikalien der chemischen Industrie und werden bei sehr vielen Produktionsprozessen benötigt. Im Alltag begegnet uns die Schwefelsäure als Batteriesäure in der Autobatterie, die elektrische Energie für das Starten des Motors liefert. Große Mengen an Schwefelsäure und Salpetersäure werden zur Herstellung von Düngemitteln eingesetzt. Daneben ist Salpetersäure ein Ausgangsstoff zur Synthese von Sprengstoffen wie Nitroglycerin und TNT. Die im Labor besonders häufig verwendete Salzsäure wird ausführlich in diesem Kapitel behandelt.

Alkalische Lösungen. Seifenlösungen fühlen sich beim Händewaschen glitschig an. Gelangt Seifenschaum in die Augen, verspürt man ein unangenehmes Brennen. Ein Test der nassen Seife mit Indikatorpapier zeigt, dass eine *alkalische Lösung* vorliegt, die man auch als *Seifenlauge* bezeichnet.

Allgemein wirken alkalische Lösungen je nach Konzentration unterschiedlich stark ätzend und zersetzen organische Substanzen wie Fette oder Eiweiße. Sie greifen die Haut an – das erklärt das Brennen des Seifenschaums in den Augen und das glitschige Gefühl beim Händewaschen. Auch Waschmittel bilden mit Wasser alkalische Lösungen, die *Waschlaugen*. Zum Waschen von Wolle sind alkalische Lösungen jedoch nicht geeignet, denn sie greifen die Wollfasern an. Hierfür verwendet man spezielle Wollwaschmittel, die mit Wasser neutrale Lösungen bilden.

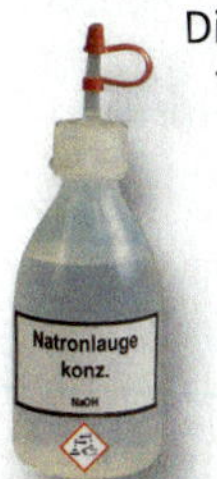

Die wichtigste alkalische Lösung in Labor und Technik ist *Natronlauge*. Sie ist eine Grundchemikalie für viele Prozesse in der chemischen Industrie. So wird Natronlauge zur Herstellung von Seifen verwendet und dient bei vielen Verfahren zur *Neutralisation* saurer Lösungen. Wegen ihrer stark ätzenden Wirkung dient sie auch zum Abbeizen von Farbanstrichen.

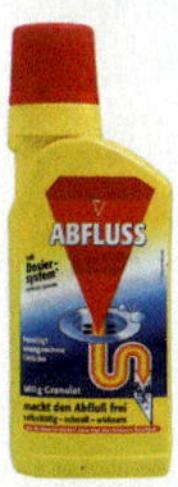

Natronlauge entsteht, in dem man Natriumhydroxid (NaOH) in Wasser löst. Im Haushalt wird es in Rohrreinigern verwendet. Bei der Anwendung löst sich das Natriumhydroxid in Wasser. Die entstehende Natronlauge zersetzt organische Stoffe, löst Seifenreste und beseitigt so die Verstopfung.

Verschmutzte Backöfen lassen sich mit Backofensprays behandeln. Auch sie enthalten Natronlauge. Durch längere Einwirkung werden die Verschmutzungen aus angebranntem Fett und Eiweiß zersetzt.

Eine 3%ige Lösung von Natriumhydroxid wird auch für die Herstellung von Laugenbrezeln verwendet. Dies ist jedoch ungefährlich, weil beim Backen die überschüssige Natronlauge mit Kohlenstoffdioxid zu unschädlichem Natriumcarbonat reagiert.

> Viele Stoffe aus Alltag, Labor und Technik reagieren mit Wasser zu sauren Lösungen. Andere Stoffe bilden alkalische Lösungen, die vielfach auch als Laugen bezeichnet werden.

1 Erstelle eine Mindmap, in der die im Text genannten Säuren und ihre Verwendung dargestellt werden.

2 Stelle in einer Tabelle zusammen, welche Lebensmittel saure Lösungen enthalten. Trage auch die zugehörigen Säuren in die Tabelle ein.

3 Vergleiche die Etiketten eines Geschirrreinigerpulvers für Spülmaschinen mit einem Geschirrspülmittel für das Spülen von Hand. Erkläre, warum das Geschirrreinigerpulver nicht für Spülen von Hand geeignet ist.

4 a) Erläutere den Unterschied zwischen Essig und Essigsäure.
b) Nenne Lebensmittel, die mit Essig konserviert werden und erkläre die konservierende Wirkung.

5 Manche Flaschen mit Haushaltsessig tragen die Bezeichnungen Obstessig oder Weinessig. Informiere dich im Lehrbuch über die Herstellung von Essig und erkläre die Unterschiede zwischen den angegebenen Essigsorten.

6 Erstelle eine Präsentation über Ascorbinsäure. Recherchiere dazu, woher der Name Ascorbinsäure stammt und in welchen Lebensmitteln sie vorkommt.

7 In der Lebensmittelindustrie wird zur Herstellung von Fruchtbonbons, Limonaden, Marmeladen und Speiseeis mehr Citronensäure benötigt, als die landwirtschaftliche Produktion liefern kann.
Recherchiere, wie die fehlende Menge an Citronensäure hergestellt wird. Fasse deine Ergebnisse in einem Vortrag zusammen.

8 Erkläre den Unterschied zwischen Natronlauge und Natriumhydroxid.

9 Unser Magensaft enthält Salzsäure. Recherchiere, welche Rolle die Salzsäure im Magen spielt und warum es im Magen nicht zu Verätzungen kommt.

10 **Experimentelle Hausaufgabe:**
a) Erstelle eine Tabelle über Reinigungs- und Körperpflegemittel in eurem Haushalt. Trage jeweils die im Etikett angegebenen Inhaltsstoffe und eventuelle Warnhinweise ein.
b) Gib an, ob die Mittel sauer, alkalisch oder neutral reagieren. Prüfe dazu die Reiniger mit Universalindikatorpapier, indem du einen Tropfen oder eine Messerspitze Reiniger auf das mit Wasser angefeuchtete Universalindikatorpapier gibst.
(Beachte die Warnhinweise auf den Etiketten, schütze Hände und Augen, lass dir von deinen Eltern helfen.)
c) Vergleiche die Ergebnisse mit denen deiner Mitschüler. Stellt in einer Tabelle zusammen, welche Inhaltsstoffe für die saure oder alkalische Wirkung der Reiniger verantwortlich sind. Ordnet die Tabelle nach der Häufigkeit der Verwendung der untersuchten Reiniger.

12.2 Säuren und saure Lösungen

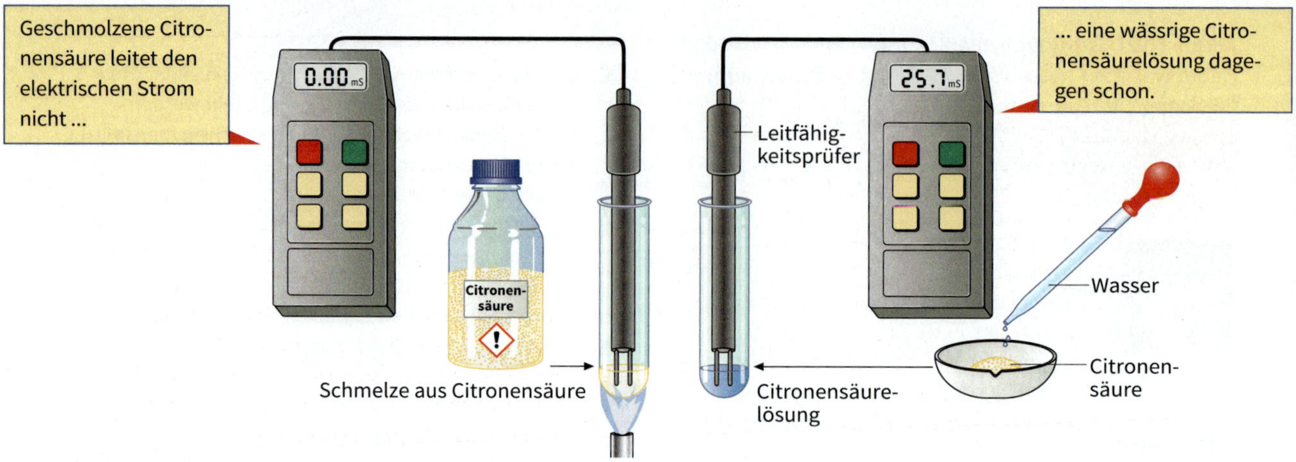

1 *Elektrische Leitfähigkeit von Citronensäure und einer Lösung von Citronensäure*

Saure Lösungen zeigen immer eine Reihe gemeinsamer Eigenschaften:

- Sie färben Universalindikator rot. So lässt sich eine saure Lösung leicht erkennen.
- Sie leiten den elektrischen Strom. In der sauren Lösung liegen – wie bei Salzlösungen – Ionen vor.
- Bei der Elektrolyse saurer Lösungen bildet sich am Minuspol Wasserstoffgas. Saure Lösungen enthalten demnach positiv geladene Wasserstoff-Ionen. Diese Ionen sind hydratisiert: **H^+(aq)**.
- Unedle Metalle wie Zink und Magnesium werden durch saure Lösungen aufgelöst. Dabei bilden sich Wasserstoff und Lösungen der Metallsalze.

Reine Citronensäure zeigt diese Eigenschaften nicht, denn die reine Säure besteht aus Molekülen. Die sauren Eigenschaften treten erst auf, wenn die Citronensäure in Wasser gelöst ist (Abb. 1). Beim Lösen einer Säure in Wasser läuft eine chemische Reaktion ab: Die Säure-Moleküle spalten positiv geladene Wasserstoff-Ionen ab. Diese lagern sich aber sofort an Wasser-Moleküle an und werden von einer Hydrathülle umgeben. Saure Lösungen enthalten daher **hydratisierte Wasserstoff-Ionen (H^+(aq))** und negativ geladene Säurerest-Ionen:

$$\text{Säure} + \text{Wasser} \rightarrow \underbrace{H^+(aq) + \text{Säurerest-Ion}}_{\text{saure Lösung}}$$

Die hydratisierten Wasserstoff-Ionen sind für die typischen Eigenschaften saurer Lösungen verantwortlich. In der Alltagssprache wird allerdings häufig nicht zwischen den Begriffen *Säure* und der mit Wasser gebildeten *sauren Lösung* unterschieden. So spricht man von Citronensäure und meint damit einmal den Reinstoff, ein anderes Mal aber die wässerige Lösung von Citronensäure. Diese Doppeldeutigkeit im Sprachgebrauch findet man auch bei anderen Säuren.

Salzsäure. Eine der wichtigsten sauren Lösungen im Labor und der chemischen Industrie ist *Salzsäure*. Ihr Name lässt sich auf eine alte Herstellungsmethode im Labor zurückführen: Man tropft in einem Gasentwickler konzentrierte Schwefelsäure auf Kochsalz (Abb. 3). Bei der Reaktion entsteht ein farbloses Gas, *Chlorwasserstoff* (HCl).

Chlorwasserstoffgas reagiert sehr gut mit Wasser. Leitet man es in Wasser ein, dem etwas Universalindikator zugesetzt wurde, so zeigt sich an der Rotfärbung, dass die entstehende Lösung stark sauer reagiert. Gleichzeitig steigt die Temperatur der Lösung an. Beim Lösen von Chlorwasserstoffgas in Wasser reagieren die Chlorwasserstoff-Moleküle mit den Wasser-Molekülen zu hydratisierten Wasserstoff-Ionen und Chlorid-Ionen. Die entstehende saure Lösung bezeichnet man allgemein als Salzsäure (Abb. 2):

$$\underset{\text{Chlorwasserstoff-Molekül}}{HCl(g)} \xrightarrow{\text{Wasser}} \underbrace{\underset{\text{hydratisiertes Wasserstoff-Ion}}{\mathbf{H^+(aq)}} + \underset{\text{Chlorid-Ion}}{Cl^-(aq)}}_{\text{Salzsäure}}; \quad \text{exotherm}$$

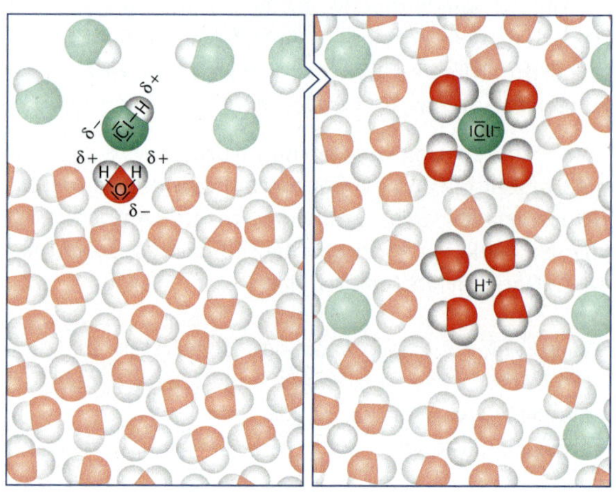

2 ***Chlorwasserstoff-Moleküle reagieren mit Wasser-Molekülen***

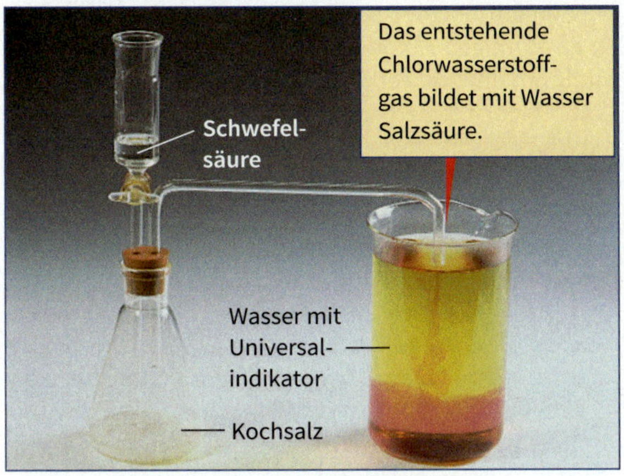

3 *Vom Chlorwasserstoff zur Salzsäure*

Konzentrierte Salzsäure hat einen Massenanteil von bis zu 37 % Chlorwasserstoff. In 100 g einer 37%igen Salzsäure haben also 37 g Chlorwasserstoff mit Wasser reagiert. Die im Labor verwendete *verdünnte Salzsäure* hat einen Massenanteil von 7 %.

Schwefelsäure. Eine weitere wichtige Grundchemikalie für die chemische Industrie ist die *Schwefelsäure*. In reiner Form ist sie eine farblose, geruchslose, ölige Flüssigkeit, die aus H_2SO_4-Molekülen besteht. *Konzentrierte Schwefelsäure* kommt als 98%ige Lösung in den Handel. Sie ist *hygroskopisch*, zieht also Wasser an. Beim Verdünnen reagiert konzentrierte Schwefelsäure stark exotherm mit Wasser, wobei durch die auftretende Hitze Säure herausspritzen kann. Beim Umgang mit Schwefelsäure ist daher besondere Vorsicht geboten.

Schwefelsäure-Moleküle spalten in Wasser maximal zwei Wasserstoff-Ionen ab. Als Säurerest-Ionen entstehen neben einfach negativ geladenen *Hydrogensulfat-Ionen* auch zweifach negativ geladene *Sulfat-Ionen:*

$$H_2SO_4\,(l) \xrightarrow{\text{Wasser}} H^+(aq) + \underset{\text{Hydrogensulfat-Ion}}{HSO_4^-(aq)}$$

$$HSO_4^-\,(l) \xrightarrow{\text{Wasser}} H^+(aq) + \underset{\text{Sulfat-Ion}}{SO_4^{2-}(aq)}$$

Säuren, die bei der Reaktion mit Wasser mehr als ein Wasserstoff-Ion abspalten können, bezeichnet man als **mehrprotonige Säuren.** Schwefelsäure ist demnach eine *zweiprotonige* Säure.

Säuren sind Molekülverbindungen, die mit Wasser zu hydratisierten Wasserstoff-Ionen **H^+ (aq)** und Säurerest-Anionen reagieren. Dabei entstehen saure Lösungen.

1 a) Nenne Unterschiede zwischen einer Säure und einer sauren Lösung.
b) Erläutere, weshalb alle sauren Lösungen ähnliche Eigenschaften besitzen.

2 Gib an, welche Stoffe den elektrischen Strom leiten:
a) Zitronensaft, b) feste Citronensäure,
c) Chlorwasserstoffgas, d) Salzsäure, e) Essig,
f) Essigessenz, g) Eisessig (100%ige Essigsäure).

3 Bei der Elektrolyse einer sauren Lösung entsteht am Minuspol immer Wasserstoffgas. Gib eine Erklärung.

4 Eine weitere gemeinsame Eigenschaft saurer Lösungen ist die Reaktion mit unedlen Metallen. Dabei bildet sich Wasserstoffgas.

a) Stelle für die Reaktion von Zink und von Magnesium mit Salzsäure die Reaktionsgleichungen auf.
b) Beschreibe, wie du den entstehenden Wasserstoff nachweisen könntest.

5 In Abb. 3 ist die historische Herstellung von Salzsäure dargestellt. Beschreibe den Versuchsaufbau und stelle die Reaktionsgleichungen zu den Vorgängen auf.

6 Verdünnte Salzsäure hat einen Massenanteil von 7 %.
a) Berechne die Stoffmenge an Chlorwasserstoff in einem Liter verdünnter Salzsäure. Die Dichte beträgt $1{,}035\,\frac{g}{cm^3}$.
b) Berechne, wie viel Liter Chlorwasserstoff zur Herstellung von einem Liter verdünnter Salzsäure benötigt werden. Verwende dafür den für normalen Druck und Raumtemperatur gültigen Wert des molaren Volumens V_m.

7 Zwei gleich schwere Messkolben werden mit je 100 ml Salzsäure unterschiedlicher Konzentration gefüllt. Entwickle einen Versuch, mit dem du prüfen kannst, in welchem Messkolben sich die Salzsäure mit der höheren Konzentration befindet. Die Kolben dürfen nicht geöffnet werden.

8 Die Wirkung saurer Badreiniger beruht darauf, dass saure Lösungen mit Kalk ($CaCO_3$) reagieren. Dabei wird Kohlenstoffdioxid freigesetzt. Stelle die Reaktionsgleichung für die Reaktion von Kalk mit Salzsäure auf.

9 **Expertenaufgabe:** Formuliere für die Reaktion zwischen einem Chlorwasserstoff-Molekül und einem Wasser-Molekül die Reaktionsgleichung in der Lewis-Schreibweise. Ordne den Atomen Teilladungen zu und erläutere daran die Bildung der entstehenden Ionen.

10 Gelegentlich wird für das hydratisierte Wasserstoff-Ion anstelle von H^+(aq) unzulässigerweise nur H^+ geschrieben. Erkläre, weshalb diese Kurzform nicht korrekt ist.

12.3 Vom Nichtmetall zur sauren Lösung

1 *Wasserstoff verbrennt in Chlor (a) und in Brom (b)*

Der Ausgangsstoff zur Herstellung von *Salzsäure* ist Chlorwasserstoff. Historisch wurde dieses Gas durch Reaktion von Kochsalz mit konzentrierter Schwefelsäure gewonnen. Es lässt sich aber auch direkt aus den Elementen Wasserstoff und Chlor herstellen, indem man eine Wasserstoffflamme in Chlorgas taucht (Abb. 1). Der Wasserstoff brennt mit fahlweißer Flamme weiter und die grüne Farbe des Chlors verschwindet. Es entsteht farbloses, stechend riechendes Chlorwasserstoffgas:

$H_2(g) + Cl_2(g) \rightarrow 2\,HCl(g)$;   exotherm

Mischt man alternativ die Gase Chlor und Wasserstoff in einem Standzylinder, so tritt zunächst keine Reaktion ein. Ein einziger Funke oder ein Lichtblitz lässt das Gemisch jedoch explodieren. Man bezeichnet dieses Gemisch daher als **Chlorknallgas.**

Wasserstoff reagiert auch mit den anderen Halogenen zu gasförmigen *Halogenwasserstoffen.* Die Reaktionen mit Brom und Iod verlaufen deutlich langsamer als mit Chlor. Fluor reagiert als reaktivstes Element so heftig mit Wasserstoff, dass nur in Speziallabors damit experimentiert werden darf.

Halogenwasserstoffsäuren. Alle Halogenwasserstoffe reagieren mit Wasser und bilden dabei saure Lösungen (Abb. 2 ①). Sie heißen: *Flusssäure, Salzsäure, Bromwasserstoffsäure* und *Iodwasserstoffsäure*. Die beiden letzt-genannten ähneln in ihren Eigenschaften der Salzsäure. Flusssäure wirkt nicht so stark sauer, ist aber besonders aggressiv. Sie löst sogar Glas auf und verursacht auf der Haut schlecht heilende Wunden.

Sauerstoffsäuren. Saure Lösungen lassen sich auch durch die Reaktion von Nichtmetalloxiden mit Wasser herstellen (Abb. 2 ②). So entstehen aus Schwefeldioxid Schweflige Säure und aus Stickstoffdioxid ein Gemisch aus Salpetriger Säure und Salpetersäure.

Saure Lösungen bilden sich durch Reaktion von Halogenwasserstoffen oder von Nichtmetalloxiden mit Wasser.

---

1 Formuliere die Reaktionsgleichung für die Bildung von Bromwasserstoffsäure aus den Elementen.

2 a) Stelle mithilfe von Abb. 2 und 3 die Reaktionsgleichungen für die Bildung von Kohlensäure und von Phosphorsäure auf. Gehe dabei von den Elementen Kohlenstoff und Phosphor aus.
b) Gib an, welche Säurerest-Ionen in der wässrigen Lösung von Kohlensäure und Phosphorsäure vorkommen.

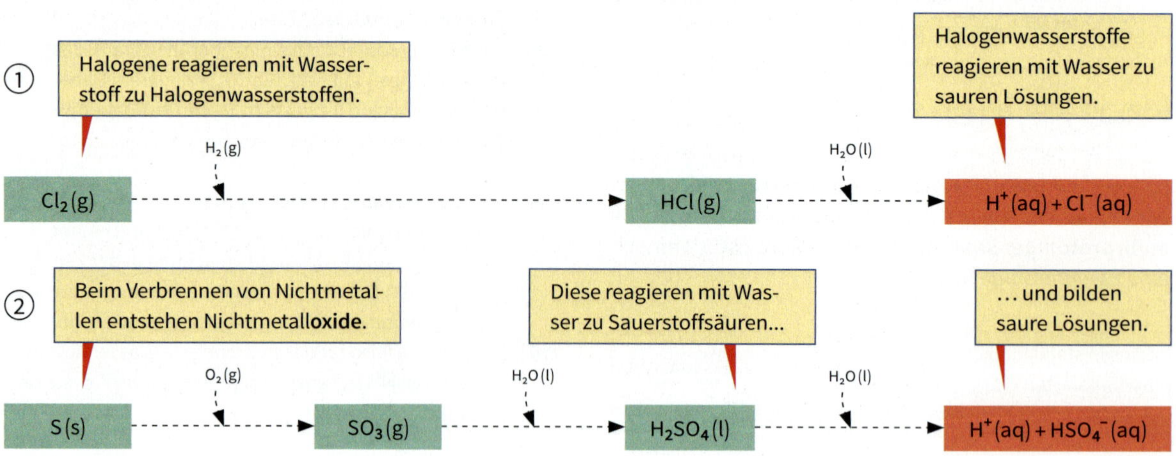

2 *Möglichkeiten der Bildung von sauren Lösungen*

Nichtmetalloxid		Säure		Säurerest-Ion	
Name	**Formel**	**Name**	**Formel**	**Name**	**Formel**
Kohlenstoffdioxid	CO_2	Kohlensäure	H_2CO_3	Hydrogencarbonat-Ion Carbonat-Ion	HCO_3^- CO_3^{2-}
Schwefeldioxid	SO_2	Schweflige Säure	H_2SO_3	Hydrogensulfit-Ion Sulfit-Ion	HSO_3^- SO_3^{2-}
Schwefeltrioxid	SO_3	Schwefelsäure	H_2SO_4	Hydrogensulfat-Ion Sulfat-Ion	HSO_4^- SO_4^{2-}
Phosphoroxid	P_4O_{10}	Phosphorsäure	H_3PO_4	Dihydrogenphosphat-Ion Hydrogenphosphat-Ion Phosphat-Ion	$H_2PO_4^-$ HPO_4^{2-} PO_4^{3-}
Stickstoffdioxid	NO_2	Salpetrige Säure	HNO_2	Nitrit-Ion	NO_2^-
		Salpetersäure	HNO_3	Nitrat-Ion	NO_3^-

3 *Übersicht über Sauerstoffsäuren und deren Säurerest-Ionen*

Exkurs Gleich konzentriert – aber unterschiedlich sauer?

1 *Reaktion von Zink in Salzsäure und in Essig*

Salat wird meistens mit Essig angemacht. Niemand käme aber auf die Idee, Salat mit verdünnter Salzsäure zu würzen, obwohl die Konzentrationen der Säuren in beiden Fällen nahezu gleich sind. Offenbar können saure Lösungen mit gleicher Stoffmengenkonzentration an Säure sehr unterschiedliche Eigenschaften haben. So ist Essig bei gleicher Säurekonzentration längst nicht so sauer wie Salzsäure, denn die Konzentration an hydratisierten Wasserstoff-Ionen ($H^+(aq)$) ist in der Salzsäure wesentlich höher als in einer gleich konzentrierten Lösung von Essigsäure. In der Salzsäure haben praktisch alle HCl-Moleküle mit Wasser-Molekülen zu hydratisierten Wasserstoff-Ionen und Chlorid-Ionen reagiert. In der Essigsäure reagiert hingegen nur ein kleiner Teil der Essigsäure-Moleküle. Folglich ist die Konzentration an hydratisierten Wasserstoff-Ionen im Essig deutlich geringer. Dies wird auch bei den Reaktionen von Salzsäure und Essigsäure gleicher Konzentration mit Zink oder Magnesium deutlich (Abb. 1). Die Wasserstoffentwicklung ist mit Salzsäure wesentlich stärker als mit Essigsäure.

Allgemein bezeichnet man Säuren, die mit Wasser vollständig zu hydratisierten Wasserstoff-Ionen und Säurerest-Ionen reagieren, als **starke Säuren.** Solche, bei denen dies nur unvollständig erfolgt, nennt man **schwache Säuren.** Bei ihnen hat ein Großteil der Säure-Moleküle nicht mit Wasser-Molekülen reagiert.

1 Erkläre die jeweils zu erwarteten Beobachtungen.
a) Je ein Streifen Universalindikatorpapier wird in Salzsäure und gleich konzentrierten Essig getaucht.
b) Ein Ei wird in ein Glas mit Essig gelegt; ein weiteres Ei legt man in ein Glas mit gleich konzentrierter Salzsäure.

Saure und alkalische Lösungen

Versuch 1:
Sauer oder alkalisch?

Materialien: Tropfpipetten; Bromthymolblaulösung, Phenolphthaleinlösung (< 0,1 %; **2, 7**), Universalindikatorlösung (**2, 7**), *Proben:* Salzsäure (verd.), Schwefelsäure (verd.; **7**), Salpetersäure (verd.; **5, 7**), Essig, Zitronensaft, Natronlauge (verd., **5**), Kalkwasser, Seifenlauge.

Durchführung:
1. Gib von allen Proben jeweils etwa 2 ml Lösung in ein Reagenzglas. Tropfe überall Bromthymolblaulösung zu.
2. Wiederhole die Versuche mit Phenolphthaleinlösung und mit Universalindikatorlösung.

Aufgabe:
Notiere die Färbungen der Lösungen in einer Tabelle und deute die Farbänderungen.

Versuch 2:
Reaktion von sauren Lösungen mit Metallen

Materialien: Gasbrenner, Tropfpipetten; Salzsäure ($1\,\frac{mol}{l}$), Essigsäure ($1\,\frac{mol}{l}$), Magnesiumband, Magnesiumpulver (**2**), Calciumspäne (**2**), Zinkpulver (**9**), Zinkgranalien, Eisenpulver (**2**), Kupferpulver.

Durchführung:
1. Gib jeweils eine Spatelspitze des Metalls in ein Reagenzglas.
2. Fülle in jedes Reagenzglas etwa 5 ml Salzsäure und beobachte die Gasentwicklung. Prüfe, ob Wärme frei wird.
3. Fange das Gas in einem darüber gehaltenen Reagenzglas auf und führe damit die Knallgasprobe durch.
4. Fülle ein Reagenzglas mit etwa 3 ml Salzsäure, in ein zweites genauso viel Essigsäure. Gib in beide Reagenzgläser gleichzeitig ein etwa 2 cm langes Stück Magnesiumband.

Aufgaben:
a) Notiere deine Beobachtungen und stelle die Reaktionsgleichungen auf.
b) Ordne die Metalle nach zunehmender Reaktionsfreudigkeit.
c) Erkläre den unterschiedlichen Reaktionsverlauf beim Arbeitsschritt 4.

Versuch 3:
Saure und alkalische Lösungen im Haushalt

Materialien: Tropfpipette, Spatel; Bromthymolblaulösung, Phenolphthaleinlösung (< 0,1 %; **2, 7**), Universalindikatorlösung (**2, 7**), *Proben:* Kochsalz, Essig, Zitronensaft, Buttermilch, Waschpulver, Haushaltsreiniger, Entkalker, Joghurt, Sauerkraut, Natriumhydrogencarbonat, Abflussreiniger (**5, 7**).

Durchführung:
1. Gib jeweils eine kleine Probe in ein Reagenzglas mit etwa 2 ml Wasser und schüttle vorsichtig um.
2. Tropfe in jedes Reagenzglas Bromthymolblaulösung und schüttle.
3. Wiederhole die Versuche mit Phenolphthaleinlösung und mit Universalindikatorlösung.

Aufgabe:
Notiere deine Ergebnisse in Form einer Tabelle.

Versuch 4:
Reaktion von Nichtmetalloxiden mit Wasser

Materialien: Erlenmeyerkolben (400 ml) mit Stopfen, Verbrennungslöffel, Tropfpipette, Trinkhalm; Schwefel, Universalindikatorlösung (**2, 7**).

Durchführung:
Schwefeldioxid*:*

1. Gib etwa 1 cm hoch Leitungswasser in den Erlenmeyerkolben.
2. Setze einige Tropfen Universalindikatorlösung zu.
3. Entzünde unter dem Abzug etwas Schwefel im Verbrennungslöffel. *Achtung! Es entsteht ein giftiges Gas* (**5, 6**)*!*
4. Bringe den Löffel in den Erlenmeyerkolben und verschließe ihn mit dem Stopfen. Warte bis die Flamme erlischt. Schüttle dann den Kolben.

Kohlenstoffdioxid:
1. Gib Leitungswasser in ein Reagenzglas und füge einige Tropfen Universalindikatorlösung hinzu.
2. Blase mit dem Trinkhalm vorsichtig Atemluft in die Lösung.

Aufgaben:
a) Notiere deine Beobachtungen.
b) Stelle die Reaktionsgleichungen auf.

Versuch 5:
Reaktion von sauren Lösungen mit Carbonaten

Materialien: Reagenzgläser mit seitlichem Ansatz, Stopfen mit Bohrung, Winkelrohr, Schlauchstück, Tropfpipetten;
Salzsäure (verd.), Schwefelsäure (verd.; **7**), Marmorstücke, Backpulver (Natriumhydrogencarbonat), Kalkwasser.

Durchführung:
1. Gib ein Marmorstück in das Reagenzglas mit seitlichem Ansatz und baue die Apparatur nach der Abbildung zusammen.
2. Fülle das Reagenzglas zur Hälfte mit Kalkwasser und tauche das Gasableitungsrohr ein.
3. Tropfe Salzsäure auf das Marmorstück.
4. Wiederhole den Versuch mit Schwefelsäure und Backpulver.

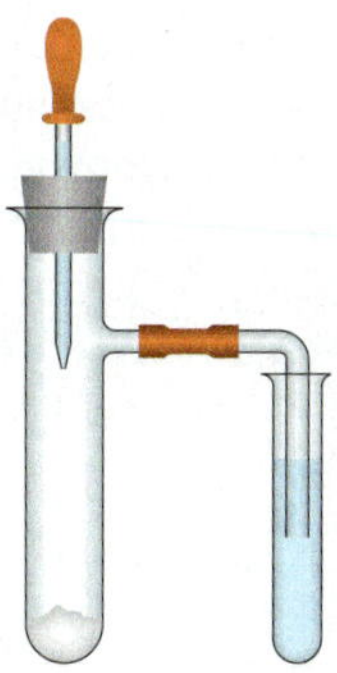

Aufgabe:
Notiere deine Beobachtungen und stelle die Reaktionsgleichungen auf.

Versuch 6:
Reaktion von Erdalkalimetalloxiden mit Wasser

Materialien: Tropfpipette, Trichter, Filtrierpapier; Calciumoxid (**5**), Magnesiumoxid, Universalindikatorlösung (**2, 7**).

Durchführung:
1. Fülle zwei Reagenzgläser mit etwas 2 ml Wasser.
2. Gib in das eine Reagenzglas eine Spatelspitze Magnesiumoxid und in das andere eine Spatelspitze Calciumoxid. Schüttle gut durch und filtriere die Lösungen.
3. Prüfe die Filtrate mit Universalindikatorlösung.

Aufgabe:
Notiere deine Beobachtungen und formuliere die Reaktionsgleichungen.

Versuch 7:
Elektrolyse saurer Lösungen

Materialien: U-Rohr mit seitlichen Ansätzen, Gasableitungsrohr, Becherglas (600 ml), 2 Elektroden aus Graphit, 2 durchbohrte Stopfen, Verbindungsschlauch, 2 Krokodilklemmen, Gleichspannungsquelle, Kabel;
Schwefelsäure ($1\,\frac{mol}{l}$; **7**), Essigsäure ($1\,\frac{mol}{l}$).

Durchführung:
1. Baue die Elektrolyseapparatur nach der Abbildung auf. Fülle das U-Rohr bis 2 cm unterhalb der Ansatzrohre mit Schwefelsäure.

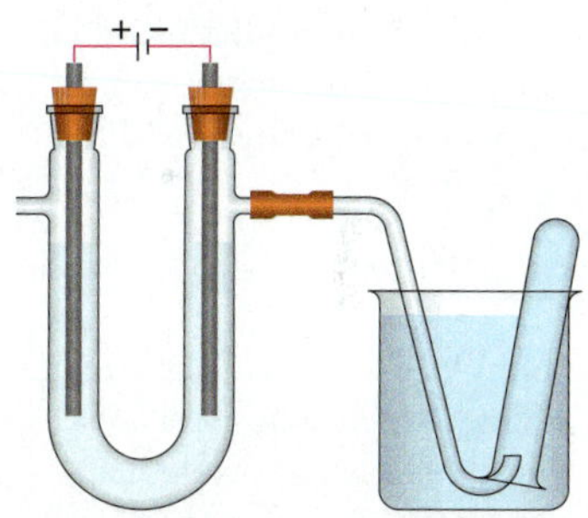

2. Fülle das Reagenzglas mit Wasser, verschließe es mit dem Daumen und tauche es mit der Öffnung nach unten in das Becherglas, ohne dass Luft in das Reagenzglas eindringt.
3. Verbinde die Graphitelektroden mit der Spannungsquelle und lege eine Spannung von 10 V an. Elektrolysiere bis das Reagenzglas zu zwei Dritteln mit Gas gefüllt ist.
4. Untersuche das Gas mit der Knallgasprobe.
5. Wiederhole die Elektrolyse mit Essigsäure.

Aufgaben:
a) Notiere deine Beobachtungen und deute sie.
b) Formuliere für die Reaktion am Minuspol die Reaktionsgleichung.

12.4 Hydroxide und alkalische Lösungen

Beim Lösen von Natriumhydroxid, Kaliumhydroxid oder Calciumhydroxid in Wasser bilden sich **alkalische Lösungen.** Die Lösungen *dieser* Hydroxide bezeichnet man auch als *Laugen*. Das Wort *alkalisch* geht auf die arabische Bezeichnung *alqaljan* zurück, was Pflanzenasche bedeutet. Schon im Altertum hat man aus Holzasche Produkte für die Herstellung von Seife und Glas gewonnen. Diese *Alkalien* wurden auch genutzt, um die Wirkungen von sauren Lösungen abzuschwächen oder ganz aufzuheben. Man spricht von der neutralisierenden Wirkung.

Alkalische Lösungen haben eine Reihe weiterer gemeinsamer Eigenschaften:

- Prüft man eine alkalische Lösung mit Universalindikator, färbt sich dieser blauviolett. Mit Phenolphthalein zeigt die Lösung eine rotviolette Farbe.
- Alkalische Lösungen lassen die Haut aufquellen und fühlen sich glitschig an. In höherer Konzentration sind sie ätzend und zersetzen organische Stoffe. Besonders gefährdet sind Schleimhäute, etwa in den Augen.
- Alkalische Lösungen leiten den elektrischen Strom; sie enthalten also Ionen.
- Die Ursache der alkalischen Wirkung sind die **Hydroxid-Ionen (OH^-).**

Hydroxide bilden alkalische Lösungen. Die wichtigste alkalische Lösung im Labor ist **Natronlauge,** eine Lösung von **Natriumhydroxid (NaOH).** Das stark ätzende Natriumhydroxid ist eine Ionenverbindung, die aus Natrium-Ionen (Na^+) und Hydroxid-Ionen (OH^-) aufgebaut ist. Beim Auflösen in Wasser wird das Ionengitter des Natriumhydroxids abgebaut, während sich die Dipol-Moleküle des Wassers um die Ionen lagern und eine Hydrathülle bilden (Abb. 1). Dieser Vorgang ist exotherm.

$$\underset{\text{Natriumhydroxid}}{NaOH(s)} \xrightarrow{\text{Wasser}} \underbrace{\underset{\text{Natrium-Ion}}{Na^+(aq)} + \underset{\text{Hydroxid-Ion}}{\mathbf{OH^-(aq)}}}_{\text{Natronlauge}}; \quad \text{exotherm}$$

Auch bei der Reaktion von metallischem Natrium mit Wasser bildet sich Natronlauge. Gleichzeitig entsteht dabei Wasserstoff:

$$\underset{\text{Natrium}}{2\,Na(s)} + \underset{\text{Wasser}}{2\,H_2O(l)} \rightarrow \underset{\text{Natronlauge}}{2\,Na^+(aq) + \mathbf{OH^-(aq)}} + \underset{\text{Wasserstoff}}{H_2(g)}$$

Wie Natrium reagieren auch die anderen Alkalimetalle mit Wasser zu alkalischen Lösungen. So entstehen Lithiumhydroxidlösung und Kaliumhydroxidlösung, die auch als **Kalilauge** bezeichnet wird.

Kalkwasser ist eine gesättigte Lösung von Calciumhydroxid ($Ca(OH)_2$). Obwohl die Lösung alkalisch reagiert, ist sie nicht als Gefahrstoff anzusehen, denn Calciumhydroxid löst sich nur in geringem Ausmaß in Wasser. Daher ist die Konzentration an Hydroxid-Ionen gering. Im Labor wird Kalkwasser vor allem zum *Nachweis von Kohlenstoffdioxid* eingesetzt.

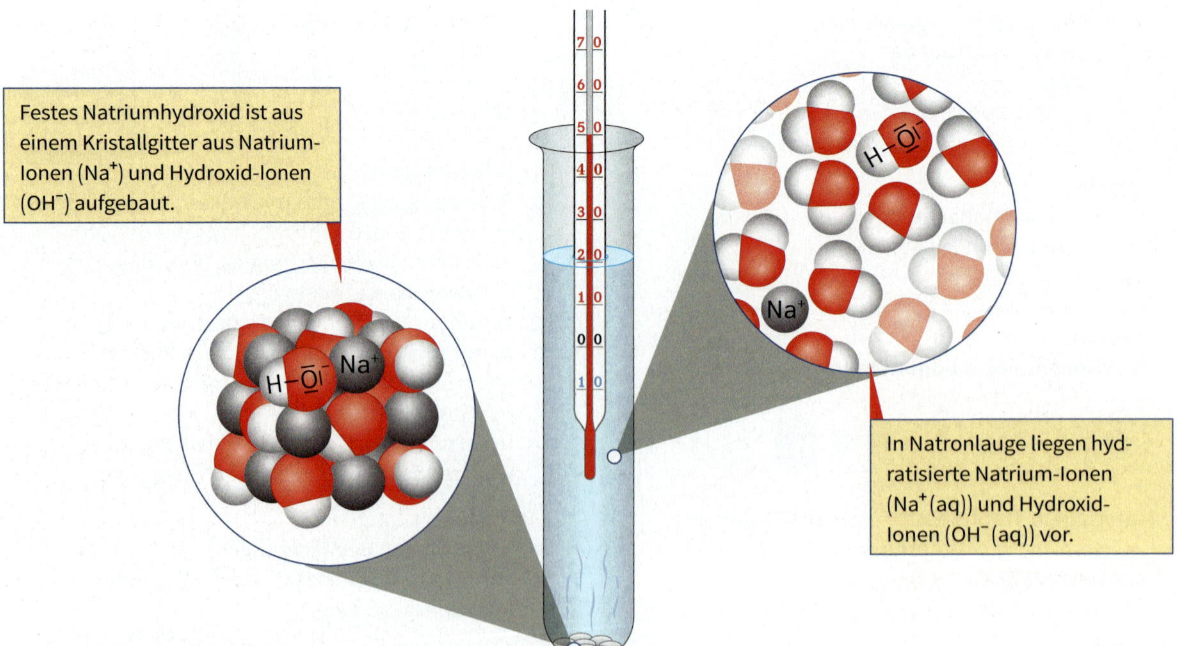

1 *Vom Natriumhydoxid zur Natronlauge*

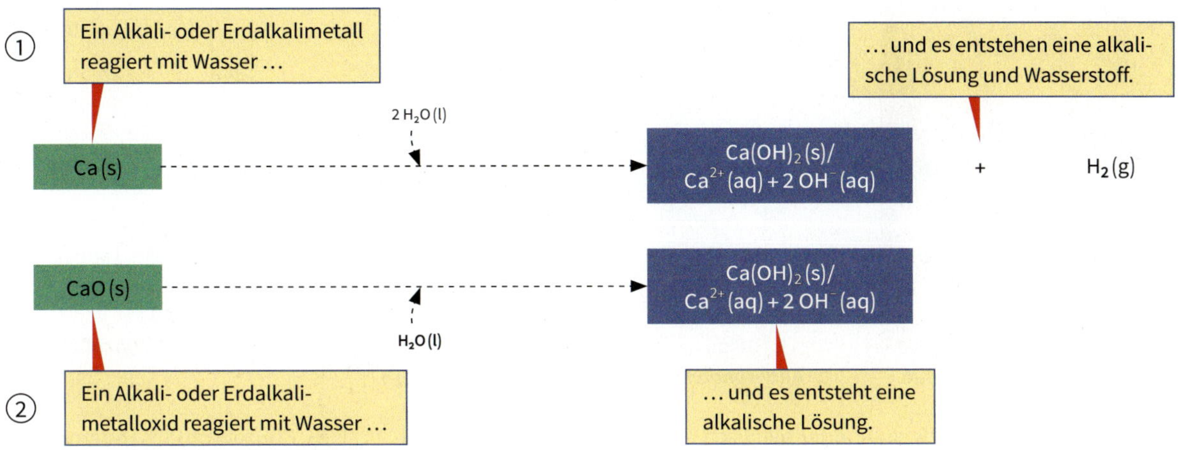

2 *Möglichkeiten der Bildung von Hydroxiden und alkalischen Lösungen*

Ammoniaklösung. Auch der zum Reinigen von Fensterscheiben verwendete *Salmiakgeist* ist eine alkalische Lösung. Am stechenden Geruch lässt sich erkennen, dass die Lösung Ammoniak (NH_3) enthält – Salmiakgeist ist also eine **Ammoniaklösung.**

Ein Teil der hydratisierten Ammoniak-Moleküle reagiert mit Wasser-Molekülen zu Ammonium-Ionen und Hydroxid-Ionen, wodurch sich die alkalische Lösung ergibt.

$$NH_3(g) + H_2O(l) \rightarrow NH_4^+(aq) + OH^-(aq)$$

Ammoniak-Molekül; Ammonium-Ion; Hydroxid-Ion

> Alkalische Lösungen enthalten hydratisierte Hydroxid-Ionen: $OH^-(aq)$. Laugen sind Lösungen von Alkalimetallhydroxiden in Wasser.

---

1 Liste die im Text genannten Eigenschaften alkalischer Lösungen auf und erkläre, wodurch die gemeinsamen Eigenschaften zustande kommen.

2 a) Erkläre den Begriff *Lauge* und begründe, weshalb nicht jede alkalische Lösung eine Lauge ist.
b) Begründe, weshalb die Bezeichnung *Lauge* nicht auf einen Reinstoff hinweist.
c) Erkläre, warum man beim Experimentieren mit Laugen unbedingt eine Schutzbrille tragen muss.

3 Geschmolzenes Natriumhydroxid leitet den elektrischen Strom.
a) Entwirf eine Versuchsanordnung, mit der du die Aussage überprüfen kann. Skizziere dazu den Versuchsaufbau und beschreibe die Versuchsdurchführung.
b) Erkläre, weshalb festes Natriumhydroxid den Strom nicht leitet. Beziehe dabei den Aufbau von Natriumhydroxid in deine Überlegungen ein.

4 a) Beschreibe anhand der Abb. 1, welche Beobachtungen man beim Lösen von festem Natriumhydroxid in Wasser macht.
b) Erkläre die Beobachtungen.

5 Formuliere die Reaktionsgleichungen für die Herstellung von alkalischen Lösungen bei der Reaktion von a) Kalium und b) Lithiumhydroxid in Wasser. Nutze dazu auch Abb. 2.

6 Erkläre, warum Seifenschaum in den Augen brennt.

7 Recherchiere im Lehrbuch, wie Kernseife früher in einer Seifensiederei hergestellt wurde. Fasse deine Ergebnisse in einem Kurzvortrag zusammen.

8 In einer Zeitschrift wird folgender Tipp zum Putzen gegeben: „Fliesenflächen sollte man nicht mit sauren Reinigern putzen, diese Reiniger können kalkhaltige Fugen angreifen. Mit einem Schuss Ammoniaklösung im Reinigungswasser werden die Fliesen blitzblank." Erkläre die chemischen Hintergründe dieses Tipps und formuliere entsprechende Reaktionsgleichungen.

9 Vor dem Backen wird das Laugengebäck in eine stark verdünnte Natronlauge getaucht. Beim Backen wird es dann schön braun. Recherchiere, wieso man Laugenbrezeln gefahrlos essen kann.

10 Die Anstriche alter Möbel werden mit Natronlauge abgebeizt. Gib die Eigenschaft der Natronlauge an, die hier ausgenutzt wird.

12.5 Der pH-Wert

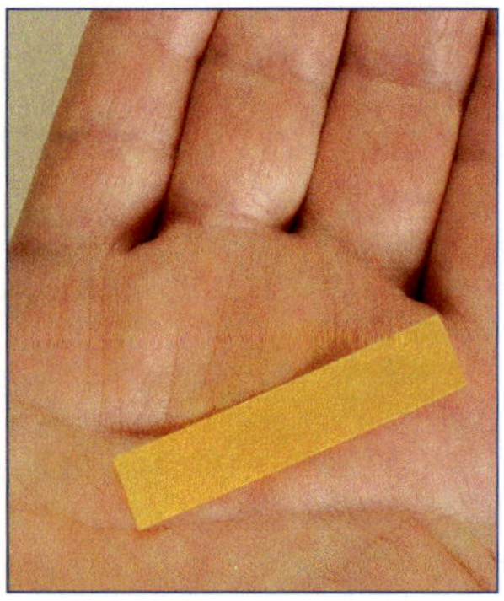

1 *Der pH-Wert unserer Haut*

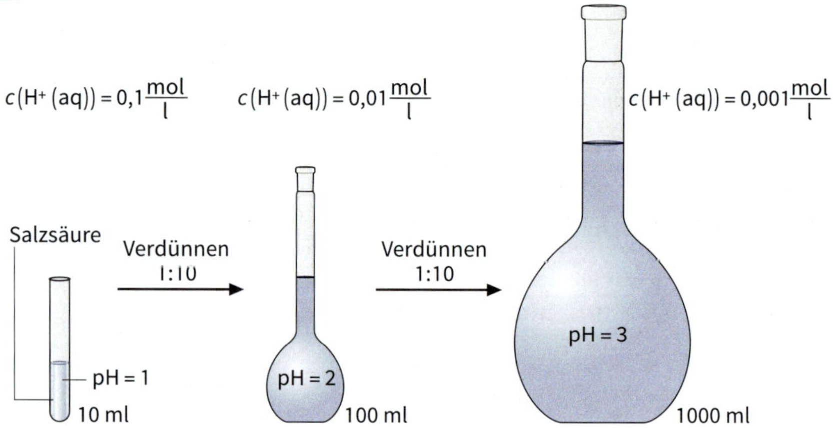

2 *Änderungen des pH-Wertes beim Verdünnen*

Um anzugeben, wie stark sauer oder alkalisch eine Lösung ist, verwendet man den **pH-Wert.** Er lässt sich mit einem pH-Indikatorpapier oder einem pH-Meter bestimmen. Doch was versteht man unter dem pH-Wert?

pH-Skala. Die pH-Werte reichen von 0 bis 14 (Abb. 3). Saure Lösungen haben pH-Werte kleiner als 7. Je kleiner der pH-Wert, desto größer ist die Konzentration an hydratisierten Wasserstoff-Ionen und umso stärker sauer ist eine Lösung. Salzsäure mit der Konzentration $0{,}1\,\frac{mol}{l}$ hat den pH-Wert 1. Verdünnt man diese Lösung auf das zehnfache Volumen, sinkt die Konzentration an hydratisierten Wasserstoff-Ionen auf $0{,}01\,\frac{mol}{l}$ und der pH-Wert steigt auf 2. Eine Konzentrationsänderung um den Faktor 10 bedeutet also eine Änderung des pH-Wertes um eine Einheit (Abb. 2).

$$:10 \quad c(H^+(aq)) = 0{,}1\,\frac{mol}{l} = 10^{-1}\,\frac{mol}{l} \Rightarrow pH = 1$$
$$c(H^+(aq)) = 0{,}01\,\frac{mol}{l} = 10^{-2}\,\frac{mol}{l} \Rightarrow pH = 2 \quad +1$$

Alkalische Lösungen haben pH-Werte über 7. Natronlauge mit der Konzentration $0{,}1\,\frac{mol}{l}$ besitzt den pH-Wert 13. Verdünnt man auch sie auf das zehnfache Volumen, beträgt die Konzentration an Hydroxid-Ionen $0{,}01\,\frac{mol}{l}$, der pH-Wert sinkt auf 12. Führt man mit dieser Lösung nochmals den gleichen Verdünnungsschritt durch, fällt der pH-Wert auf 11. Eine Konzentrationsänderung um den Faktor 10 bedeutet auch hier eine Änderung des pH-Werts um eine Einheit. Neutrale Lösungen haben einen pH-Wert von 7. Sie enthalten gleich viele hydratisierte Wasserstoff-Ionen wie Hydroxid-Ionen.

Bedeutung des pH-Wertes. Bei nahezu allen Lebensvorgängen spielt der pH-Wert eine wichtige Rolle: Pflanzen wachsen nur bei bestimmten pH-Werten optimal. Salat benötigt einen Boden mit einem pH-Wert zwischen 6 bis 7; Erdbeeren bevorzugen leicht alkalische Böden mit pH-Werten um 8,5. Unsere Hautoberfläche weist einen pH-Wert von 5,5 auf, sie ist also leicht sauer (Abb. 1). Diese als *Säureschutzmantel* bezeichnete Schicht schützt die Haut gegen Keime und Krankheitserreger. Auch bei allen Verdauungsvorgängen in unserem Körper kommt es auf den richtigen pH-Wert an. Magensaft ist stark sauer, Dünndarmsäfte dagegen alkalisch.

Der pH-Wert einer Lösung ist ein Maß für die Konzentration an hydratisierten Wasserstoff-Ionen oder Hydroxid-Ionen. Ein Unterschied von einer Einheit auf der pH-Skala bedeutet einen Konzentrationsunterschied um den Faktor 10.

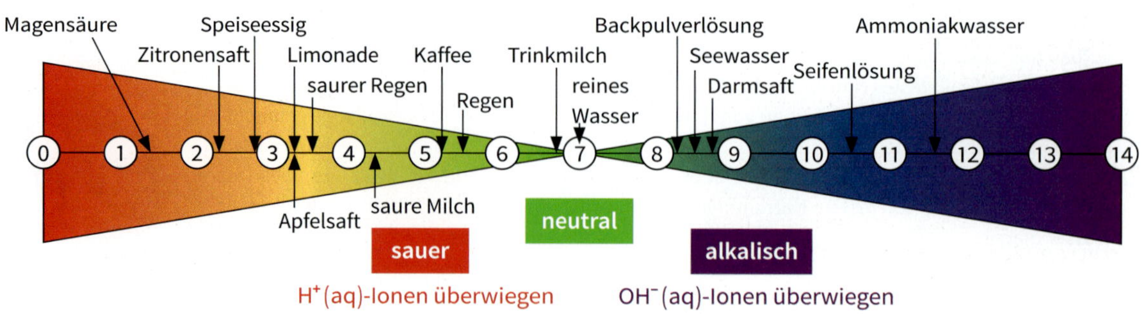

3 *Beispiele für pH-Werte von Lösungen*

Der pH-Wert – eine logarithmische Größe

Mathematisch lässt sich der Zusammenhang zwischen dem pH-Wert und der Konzentration an hydratisierten Wasserstoff-Ionen durch den **Logarithmus (lg)** darstellen: Eine saure Lösung mit dem pH-Wert von 2 enthält 0,01 $\frac{mol}{l}$ $H^{+}(aq)$-Ionen. Schreibt man diesen Konzentrationswert in der Exponentialschreibweise, so gilt: $c(H^{+}(aq)) = 0{,}01\,\frac{mol}{l} = 10^{-2}\,\frac{mol}{l}$. Der Logarithmus von 10^{-2} ist –2, der Logarithmus gibt also den Exponenten der Zehnerpotenz an.

$c(H^{+}(aq))$ $\frac{mol}{l}$	pH	$c(OH^{-}(aq))$ $\frac{mol}{l}$
$10^{0} = 1$	0	10^{-14}
10^{-1}	1	10^{-13}
10^{-2}	2	10^{-12}
10^{-3}	3	10^{-11}
10^{-4}	4	10^{-10}
10^{-5}	5	10^{-9}
10^{-6}	6	10^{-8}
10^{-7}	7	10^{-7}
10^{-8}	8	10^{-6}
10^{-9}	9	10^{-5}
10^{-10}	10	10^{-4}
10^{-11}	11	10^{-3}
10^{-12}	12	10^{-2}
10^{-13}	13	10^{-1}
10^{-14}	14	$10^{0} = 1$

(:10 je Schritt der Konzentration; +1 je Schritt des pH-Werts; Pfeil nach oben: zunehmend sauer; Pfeil nach unten: zunehmend alkalisch)

Der pH-Wert lässt sich daher als **negativer Zehnerlogarithmus** des Wertes der Konzentration an hydratisierten Wasserstoff-Ionen beschreiben:

$$pH = -\lg\left(\frac{c(H^{+}(aq))}{mol \cdot l^{-1}}\right)$$

Bei bekanntem pH-Wert kann man die Konzentration der in der Lösung enthaltenen hydratisierten Wasserstoff-Ionen folgendermaßen berechnen:
$c(H^{+}(aq)) = 10^{-pH}$

Beispiel: $pH = 3 \Leftrightarrow c(H^{+}(aq)) = 10^{-3}\,\frac{mol}{l} = 0{,}001\,\frac{mol}{l}$

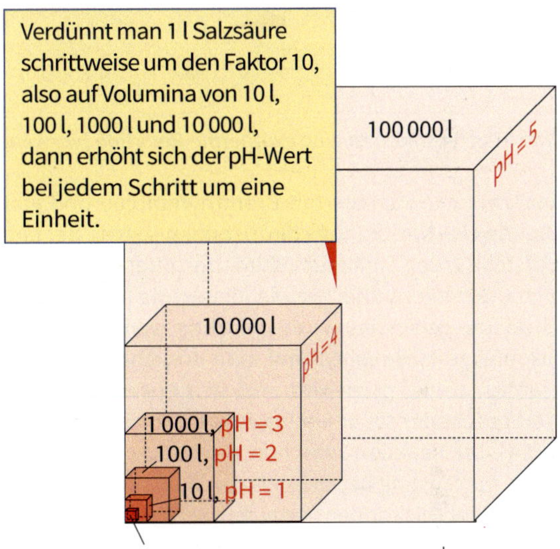

1 l Salzsäure mit $(c(H^{+}) = 1\,\frac{mol}{l})$

1 Erkläre den Aufbau der pH-Skala.

2 Beschreibe, wie du vorgehen musst, um
a) aus einem Liter Salzsäure mit pH = 0 eine saure Lösung mit pH = 3 herzustellen.
b) aus einem Liter Kalilauge mit pH = 14 Kalilauge mit pH = 12 herzustellen.

3 a) Berechne, wie viel Liter Wasser nötig sind, um den pH-Wert von 250 Litern durch Salzsäure verunreinigten Abwassers von pH = 2 auf pH = 7 anzuheben.
b) Beurteile diese Methode, Abwasser unschädlich zu machen. Entwickle einen eigenen Vorschlag.

4 a) Beschreibe, welche Auswirkungen häufiges Waschen mit Seife auf unsere Haut haben kann.
b) In der Werbung werden pH-neutrale und hautneutrale Reinigungsmittel angepriesen. Erkundige dich, was man unter hautneutral versteht.
c) Beurteile die Verwendung solcher Reinigungsmittel gegenüber der Verwendung von Seifen.

5 Informiere dich über die pH-Werte in Mund, Magen und Dünndarm und erkläre jeweils die biologische Bedeutung der pH-Werte.

6 Erkläre, warum Regenwasser leicht sauer reagiert.

7 10 ml Salzsäure mit pH = 1 werden auf 10 l verdünnt. Gib die Änderung des pH-Wertes an.

8 **Expertenaufgabe:** a) Entsprechend zum pH-Wert kann man einen pOH-Wert definieren. Stelle mithilfe der Abbildungen einen Zusammenhang zwischen dem pOH-Wert und der Konzentration an Hydroxid-Ionen her.
b) Addiere pH- und pOH-Werte für jede Stufe der pH-Skala. Was stellst du fest?

12.6 Neutralisation – Gegensätze heben sich auf

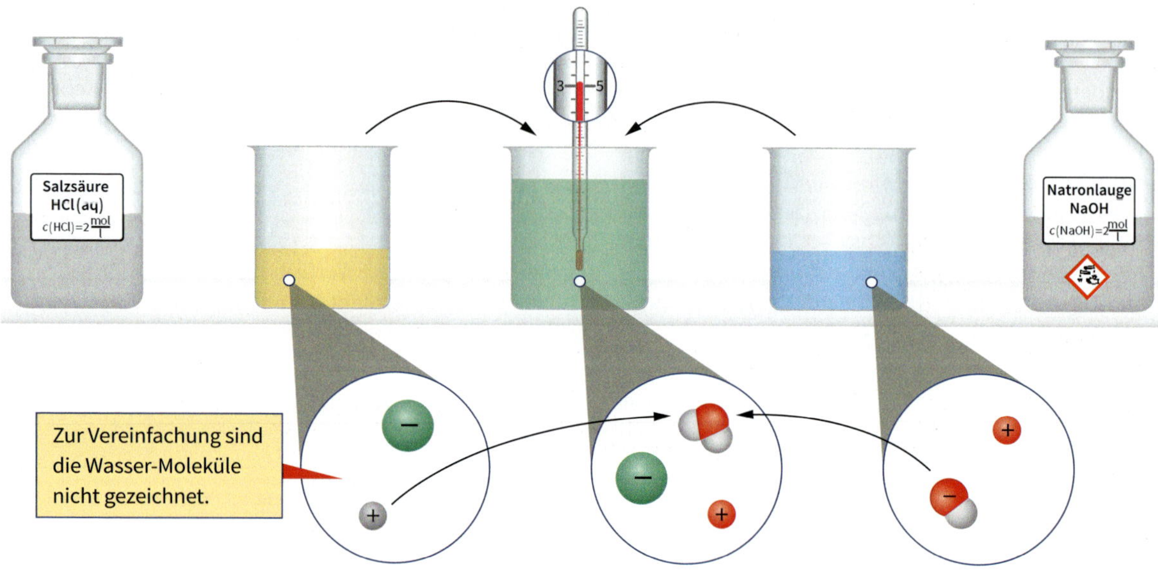

1 *Die Neutralisation ist eine exotherme Reaktion (verwendeter Indikator Bromthymolblau).*

Versetzt man Salzsäure mit Bromthymolblau und gibt tropfenweise Natronlauge hinzu, bilden sich an der Eintropfstelle grüne Schlieren. Beim Umrühren verschwinden die Schlieren zunächst wieder und die Lösung färbt sich wieder gelb. Wenn man vorsichtig weitere Tropfen Natronlauge hinzu gibt, kann man erreichen, dass die gesamte Lösung grün wird und sich erwärmt. Sie reagiert nun weder sauer noch alkalisch, sondern **neutral** (Abb. 1). Die Reaktion zwischen einer sauren und einer alkalischen Lösung bezeichnet man daher als **Neutralisation.** Neutralisationen verlaufen exotherm.

Dampft man die neutrale Lösung ein, bleibt eine Kruste aus Kochsalz zurück. Bei der Neutralisation von Salzsäure und Natronlauge entsteht also eine Kochsalzlösung. Die in ihr enthaltenen Natrium-Ionen stammen aus der Natronlauge, die Chlorid-Ionen aus der Salzsäure.

Der wesentliche Vorgang bei der Neutralisation ist die Reaktion zwischen den H^+(aq)-Ionen der sauren Lösung und den OH^-(aq)-Ionen aus der alkalischen Lösung zu Wasser-Molekülen.

$$\underbrace{\mathbf{H^+(aq)} + Cl^-(aq)}_{\text{Salzsäure}} + \underbrace{Na^+(aq) + \mathbf{OH^-(aq)}}_{\text{Natronlauge}} \rightarrow$$

$$\underbrace{Na^+(aq) + Cl^-(aq)}_{\text{Kochsalzlösung}} + \underbrace{\mathbf{H_2O(l)}}_{\text{Wasser}}; \quad \text{exotherm}$$

Unabhängig von den verwendeten sauren und alkalischen Lösungen entstehen bei der Neutralisation immer Salzlösungen.

Neutralisation und Teilchenzahl. Bei der Neutralisation reagiert immer ein hydratisiertes Wasserstoff-Ion mit einem Hydroxid-Ion zu einem Wasser-Molekül. Um eine neutrale Lösung mit dem pH-Wert 7 zu erhalten, muss man durch Zutropfen der alkalischen Lösung so viele Hydroxid-Ionen hinzufügen, wie hydratisierte Wasserstoff-Ionen in der sauren Lösung enthalten sind. Bei der Neutralisation von 20 ml Salzsäure mit einer Stoffmengenkonzentration von 1 $\frac{mol}{l}$ benötigt man das gleiche Volumen an gleich konzentrierter Natronlauge. Soll statt dessen Salzsäure der Konzentration $c = 0{,}1\,\frac{mol}{l}$ mit Natronlauge (1 $\frac{mol}{l}$) neutralisiert werden, muss man nur 2 ml Natronlauge zutropfen, also ein Zehntel des Volumens.

Neutralisation in Labor und Technik. Abwässer aus Produktionsanlagen der chemischen Industrie sind vielfach stark sauer oder stark alkalisch. Sie würden die Mikroorganismen in biologischen Kläranlagen schädigen, wenn man sie direkt in die Kanalisation einleitet. Industrielle Abwässer werden daher ständig auf ihren pH-Wert überprüft und automatisch durch gezielte Zugabe von Lauge oder Säure neutralisiert.

Auch im Chemielabor dürfen stark saure oder stark alkalische Lösungen nicht direkt in den Ausguss geschüttet werden, denn auf Dauer könnten die Abwasserrohre geschädigt werden. Größere Mengen könnten sich auch hier störend in der Kläranlage bemerkbar machen.

Bei der Neutralisation reagieren die hydratisierten Wasserstoff-Ionen der sauren Lösung mit den Hydroxid-Ionen der alkalischen Lösung zu Wasser-Molekülen:
$H^+(aq) + OH^-(aq) \rightarrow H_2O(l)$; exotherm
Bei der Neutralisation entsteht eine Salzlösung.

Unedle Metalle (1), Metalloxide (2) und Metallhydroxide (3) reagieren mit sauren Lösungen und bilden Salze:
(1) Calcium + Salzsäure → Calciumchlorid + Wasserstoff
(2) Calciumoxid + Salzsäure → Calciumchlorid + Wasser
(3) Calciumhydroxid + Salzsäure → Calciumchlorid + Wasser

Metalle reagieren mit Nichtmetallen wie Schwefel, Sauerstoff oder Halogenen zu Salzen:
(4) Calcium + Sauerstoff → Calciumoxid

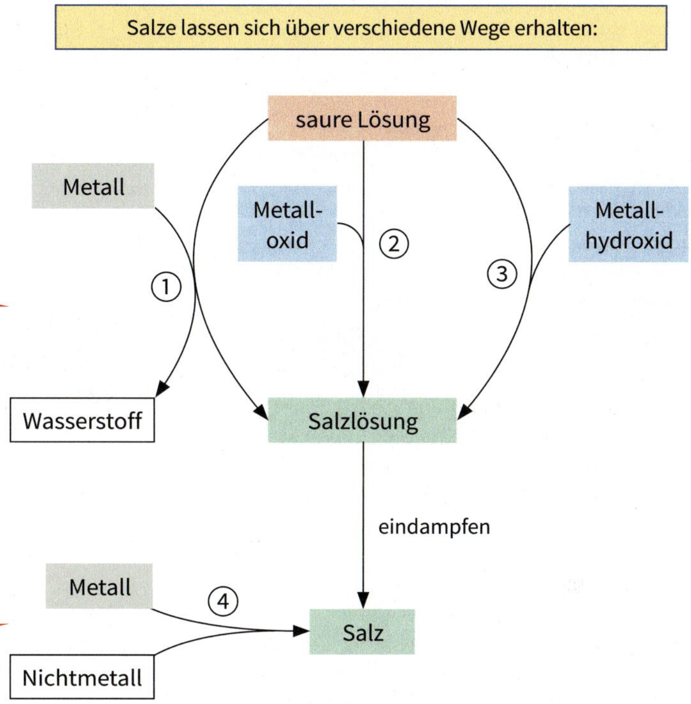

Salz	Ionen	Formel
Natriumchlorid	Na^+, Cl^-	$NaCl$
Kaliumchlorid	K^+, Cl^-	KCl
Ammoniumchlorid	NH_4^+, Cl^-	NH_4Cl
Natriumsulfat	2 Na^+, SO_4^{2-}	Na_2SO_4
Bariumsulfat	Ba^{2+}, SO_4^{2-}	$BaSO_4$

Salz	Ionen	Formel
Natriumhydrogensulfat	Na^+, HSO_4^-	$NaHSO_4$
Calciumcarbonat	Ca^{2+}, CO_3^{2-}	$CaCO_3$
Natriumhydrogencarbonat	Na^+, HCO_3^-	$NaHCO_3$
Natriumphosphat	3 Na^+, PO_4^{3-}	Na_3PO_4
Kaliumnitrat	K^+, NO_3^-	KNO_3

2 *Bildung und Benennung von Salzen*

1 a) Formuliere ein allgemeines Reaktionsschema für eine Neutralisationsreaktion.
b) Begründe, ob die bei der Neutralisation entstehende neutrale Lösung den elektrischen Strom leitet.

2 Stelle die Reaktionsgleichungen für die folgenden Neutralisationsreaktionen auf:
a) Salzsäure + Kaliumhydroxidlösung
b) Schwefelsäure + Natronlauge
c) Kohlensäure + Calciumhydroxidlösung
d) Phosphorsäure + Natronlauge
e) Salpetersäure + Bariumhydroxidlösung

3 Kaliumnitrat soll durch eine Neutralisation hergestellt werden. Formuliere die Reaktionsgleichung.

4 Aluminiumchlorid kann auf drei verschiedenen Wegen hergestellt werden. Gib die entsprechenden Reaktionsgleichungen an. Nutze dazu auch Abb. 2.

5 a) Benenne folgende Salze: KNO_3, $CaSO_4$, $Ca_3(PO_4)_2$, $NaHSO_4$.
b) Gib die Verhältnisformel der folgenden Salze an: Natriumcarbonat, Aluminiumsulfat, Magnesiumsulfat.

6 Erkläre, warum man keinesfalls konzentrierte Schwefelsäure mit konzentrierter Natronlauge neutralisieren darf.

7 Wenn bei einem Unfall Säure auf die Haut gelangt, darf man die betroffenen Stellen nicht mit Natronlauge behandeln, sondern muss sie mit viel Wasser abspülen. Gib dafür eine Begründung.

8 Erkläre auch mithilfe von Reaktionsgleichungen, weshalb man für die Neutralisation von Schwefelsäure das doppelte Volumen an Natronlauge benötigt als für die Neutralisation einer gleich konzentrierten Salzsäure.

Neutralisation und Salzbildung

Versuch 1: Neutralisation

Materialien: Bechergläser (50 ml), Tropfpipetten, Gasbrenner;
Natronlauge (verd.; **5**), Calciumhydroxidlösung, Salzsäure (verd.), Schwefelsäure (verd.; **7**), Phenolphthaleinlösung (< 0,1 %; **2, 7**).

Durchführung:
1. Gib etwa 10 ml Natronlauge in ein Becherglas und setze einige Tropfen Phenolphthaleinlösung hinzu.
2. Tropfe nach und nach Schwefelsäure zu, bis der Indikator gerade umschlägt.
3. Dampfe einen Teil der Lösung vorsichtig ein.
4. Wiederhole den Versuch mit Calciumhydroxidlösung und Salzsäure.

Aufgaben:
a) Notiere deine Beobachtungen und deute sie.
b) Formuliere die Reaktionsgleichungen.
c) Lasse einen Teil der beiden Lösungen stehen und das Wasser langsam verdunsten. Betrachte entstehende Kristalle unter dem Mikroskop. Fertige eine Zeichnung der Kristalle an.

Versuch 2: Neutralisationswärme

Materialien: Kunststoffbecher (200 ml), 2 Messzylinder (100 ml), Thermometer, Glasstab, Stoppuhr;
Salzsäure ($1 \frac{mol}{l}$; **5**), Natronlauge ($1 \frac{mol}{l}$; **5**), Schwefelsäure ($0{,}1 \frac{mol}{l}$; **7**).

Durchführung:
1. Miss in einem Messzylinder 50 ml Natronlauge und in einem zweiten Messzylinder 50 ml Salzsäure ab. Beide Lösungen sollten ungefähr Raumtemperatur haben.
2. Fülle die Salzsäure in den Kunststoffbecher und miss die Ausgangstemperatur. Notiere den Wert.
3. Gieße zügig die Natronlauge zur Salzsäure und rühre um.
4. Miss 3 Minuten lang alle 30 Sekunden die Temperatur und erstelle eine Wertetabelle.
5. Wiederhole den Versuch mit 50 ml Schwefelsäure und 10 ml Natronlauge.

Aufgaben:
a) Stelle die Messungen in einem Temperatur-Zeit-Diagramm dar.
b) Lies aus dem Diagramm die maximale Temperaturerhöhung ΔT ab und berechne die bei dem Versuch entstandene Wärmemenge Q nach der folgenden Formel:

$$Q = 4{,}18 \frac{J}{g \cdot K} \cdot m \cdot \Delta T$$

m: Masse der Lösung, *T:* Temperatur in Kelvin

Hinweis: Man benötigt 4,18 J, um 1 g Wasser um 1 K zu erwärmen.

Versuch 3: Forschungsauftrag zur Neutralisation

Der Sammelbehälter für saure und alkalische Lösungen im Labor ist voll. Für die fachgerechte Entsorgung muss die darin enthaltene saure Lösung unbedingt neutralisiert werden. Leider sind die Indikatoren abhanden gekommen, mit denen man die Lösung prüfen könnte. Statt dessen findet ihr in eurem Labor die unten genannten Materialien.
Hinweis: Nicht alle Materialien sind geeignet.

Arbeitsaufträge:
1. Überlegt in eurer Gruppe, wie man die saure Lösung mithilfe der zur Verfügung stehenden Materialien neutralisieren kann.
2. Formuliert eine Versuchsvorschrift und begründet euer Vorgehen.
3. Stellt eure Planung eurer Chemielehrkraft vor und führt den Versuch durch.
4. Es wird ein letztes Stück Indikatorpapier gefunden. Überprüft damit das Ergebnis eurer Neutralisation.

Materialien: Bechergläser (150 ml), Tropfpipetten, Taschenlampenbatterie, Marmorstückchen;
zu entsorgende saure Lösung (etwa $0{,}01 \frac{mol}{l}$), Natronlauge ($0{,}1 \frac{mol}{l}$), Magnesiumband, Kupferblech, Calciumoxid (**5**), rostige Nägel, Nägel.

Aufgaben:
a) Notiert die Beobachtungen und erstellt ein Versuchsprotokoll.
b) Formuliert die Reaktionsgleichungen für die beim Versuch ablaufenden Reaktionen.
c) Vergleicht eure Vorgehensweise mit denen anderer Gruppen und beurteilt euer Verfahren.

Versuch 4:
Salzbildung 1: Metall und saure Lösung

Materialien: Becherglas (150 ml), Gasbrenner; Salzsäure (verd.), Calcium (gekörnt; **2**), Magnesium (Späne; **2**).

Durchführung:
1. Fülle etwa daumenbreit verdünnte Salzsäure in ein Reagenzglas und gib wenige Körnchen Calcium hinein.
2. Halte das Reagenzglas während der Reaktion mit der Mündung an die Flamme des Gasbrenners.
3. Gieße den Inhalt des Reagenzglases in ein Becherglas und dampfe die Lösung vorsichtig ein.
4. Wiederhole den Versuch mit Magnesium.

Aufgaben:
a) Notiere deine Beobachtungen und deute sie.
b) Stelle die Reaktionsgleichungen auf.

Versuch 5:
Salzbildung 2: Metalloxid und saure Lösung

Materialien: Bechergläser (150 ml), Gasbrenner, Trichter, Filtrierpapier;
Magnesiumoxid , Kupferoxid (**7**, **9**, B2), Salzsäure (verd.), Schwefelsäure (verd.; **7**).

Durchführung:
1. Gib in ein Reagenzglas eine Spatelspitze Magnesiumoxid und setze dann etwa daumenbreit Salzsäure zu.
2. Schüttle vorsichtig um. Filtriere gegebenenfalls restliches Magnesiumoxid ab.
3. Dampfe die Lösung in einem Becherglas vorsichtig ein.
4. Wiederhole den Versuch mit Kupferoxid und Schwefelsäure. Die Mischung muss dabei etwas erwärmt werden.

Aufgaben:
a) Notiere deine Beobachtungen und stelle die Reaktionsgleichungen auf.
b) Begründe, warum in beiden Fällen eine Reaktion stattgefunden hat.

Versuch 6:
Salzbildung 3: Salz und saure Lösung

Materialien: Reagenzglas mit seitlichem Ansatz, Stopfen mit Bohrung, Winkelrohr, Schlauchstück, Tropfpipette, Trichter, Filtrierpapier, Gasbrenner; Calciumcarbonat, Salzsäure (verd.), Kalkwasser.

Durchführung:

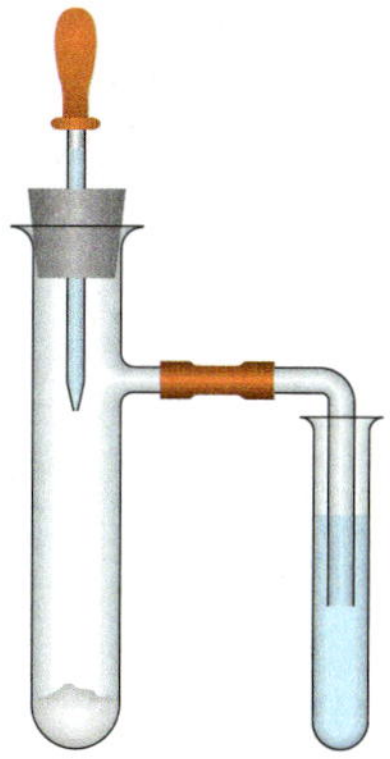

1. Gib einen Spatel Calciumcarbonat in das Reagenzglas und setze den Versuchsaufbau gemäß der Abbildung zusammen.
2. Fülle das Reagenzglas zu zwei Dritteln mit klarem Kalkwasser und tauche das Gasableitungsrohr ein.
3. Tropfe so viel Salzsäure auf das Calciumcarbonat, bis es sich aufgelöst hat.
4. Fülle die Lösung aus dem Reagenzglas mit Ansatz in ein Reagenzglas und dampfe sie vorsichtig ein.

Aufgaben:
a) Notiere deine Beobachtungen.
b) Formuliere die Reaktionsgleichungen für die Reaktion von Calciumcarbonat mit Salzsäure und für die Nachweisreaktion des Gases.

Versuch 7:
Forschungsauftrag: Herstellung von Calciumsulfat

Arbeitsaufträge:
Stellt eine kleine Menge Calciumsulfat her. Plant dazu in eurer Gruppe ein Experiment, indem ihr eine Liste der benötigten Chemikalien zusammenstellt und einen Versuchsaufbau skizziert.
Stellt den geplanten Versuch eurem Chemielehrer vor und führt das Experiment anschließend durch.

Aufgaben:
a) Notiert eure Beobachtungen und formuliert die Reaktionsgleichung für die Reaktion.
b) Vergleicht eure Vorgehensweise mit denen anderer Gruppen und beurteilt euer Verfahren.

Titration – Wie konzentriert ist eine Lösung?

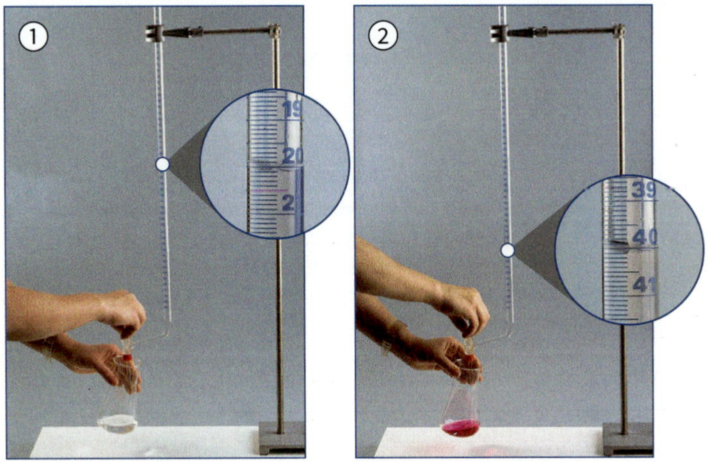

1 *Titration von Hand mit einer Bürette …*

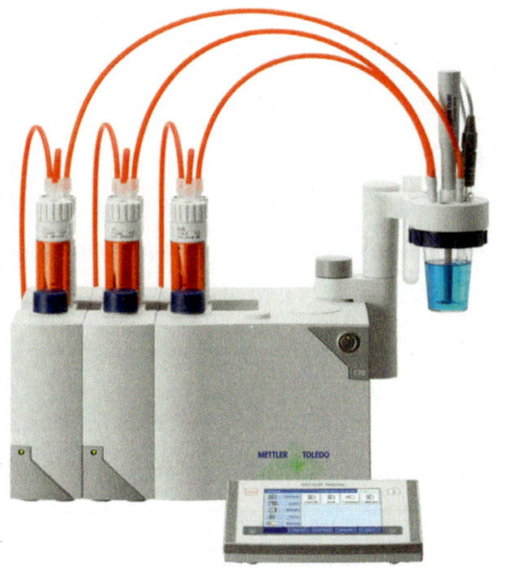

2 *… oder vollautomatisch mit einem Titrator*

Essig und Essigessenz sind saure Lösungen mit unterschiedlichem Gehalt an Essigsäure. Die Stoffmengenkonzentration *c* der gelösten Essigsäure lässt sich im Labor bestimmen. Man tropft so lange eine alkalische Lösung mit bekannter Stoffmengenkonzentration, eine *Maßlösung*, zu einer Probe Essig, bis die Lösung gerade neutralisiert ist. Diese quantitative Neutralisation bezeichnet man als **Titration.** Durch dieses Verfahren lässt sich auch die Stoffmengenkonzentration alkalischer Lösungen ermitteln. Die Maßlösung muss dann eine saure Lösung sein.

Durchführung einer Titration. Soll die Konzentration einer Salzsäure bestimmt werden, entnimmt man der Säure mit einer *Vollpipette* ein bestimmtes Volumen. Dieser Probe setzt man in einem Erlenmeyerkolben einige Tropfen Indikator zu, dessen Farbe umschlägt, wenn die Lösung neutralisiert ist. Dann lässt man aus einer *Bürette* nach und nach Natronlauge als Maßlösung zutropfen und rührt dabei die Probelösung durch Schwenken des Erlenmeyerkolbens stetig um ①. Sobald der Indikator umschlägt, schließt man den Hahn der Bürette und liest das Volumen der verbrauchten Maßlösung ab (Abb. 1, ②).

Mit einem *Titrator* lassen sich die beschriebenen Vorgänge automatisieren. In diesem Gerät taucht eine pH-Messelektrode in die zu titrierende Probe und misst kontinuierlich deren pH-Wert. Über eine Pumpe wird so lange Maßlösung zugetropft, bis ein vorgegebener pH-Wert erreicht ist.

Auswertung einer Titration. Bei der Titration von Salzsäure mit Natronlauge läuft folgende Reaktion ab:

$$\mathbf{H^+(aq)} + Cl^-(aq) + Na^+(aq) + \mathbf{OH^-(aq)} \rightarrow Na^+(aq) + Cl^-(aq) + \mathbf{H_2O(l)}; \quad \text{exotherm}$$

Der Indikator schlägt um, wenn *gleiche* Stoffmengen an hydratisierten Wasserstoff-Ionen und Hydroxid-Ionen miteinander reagiert haben. Es gilt:

$$n(H^+(aq)) = n(OH^-(aq))$$

Man nennt den Umschlagspunkt einer Titration daher auch **Äquivalenzpunkt** (lat. *aequis:* gleich; *valere:* wert sein).

Die Stoffmenge gelöster Teilchen ergibt sich allgemein aus dem Produkt der Stoffmengenkonzentration und dem Volumen der Lösung: $n = c \cdot V$

Am Umschlagspunkt des Indikators ergibt sich somit:

$$c(H^+(aq)) \cdot V(\text{Salzsäure}) = c(OH^-(aq)) \cdot V(\text{Natronlauge})$$

Durch Umformen der Gleichung lässt sich die Konzentration der hydratisierten Wasserstoff-Ionen und der Säure ermitteln:

$$c(H^+(aq)) = \frac{c(OH^-(aq)) \cdot V(\text{Natronlauge})}{V(\text{Salzsäure})}$$

Beispiel: Für die Titration von 20 ml Salzsäure unbekannter Konzentration wurden 15,2 ml Natronlauge der Konzentration 0,2 $\frac{mol}{l}$ benötigt. Man erhält für die Konzentration der hydratisierten Wasserstoff-Ionen:

$$c(H^+(aq)) = \frac{0{,}2\,\frac{mol}{l} \cdot 15{,}2\,ml}{20\,ml} = 0{,}152\,\frac{mol}{l}$$

Da Salzsäure eine einprotonige Säure ist, gilt somit $c(\text{Salzsäure}) = c(H^+(aq)) = 0{,}152\,\frac{mol}{l}$

Leitfähigkeitstitration. Der Endpunkt einer Titration lässt sich nicht nur durch das Umschlagen eines Indikators, sondern auch durch Messung der elektrischen Leitfähigkeit der Lösung während der Titration bestimmen (Abb. 3).

Bei der Reaktion werden in der Lösung nach und nach H^+(aq)-Ionen durch Na^+-Ionen ersetzt. Trotz gleich bleibender Anzahl an Ionen und Ladungen sinkt die Leitfähigkeit, denn die H^+(aq)-Ionen sind beweglicher als die größeren Na^+-Ionen. Somit sinkt die Leitfähigkeit der Lösung beim Ersetzen der hydratisierten Wasserstoff-Ionen durch die Natrium-Ionen bis zum Äquivalenzpunkt. Tropft man nach dem Umschlagspunkt der Titration weitere Natronlauge zu, findet keine Reaktion mehr statt, die zusätzlichen Ionen lassen die Leitfähigkeit wieder allmählich ansteigen.

Die Stoffmengenkonzentration einer sauren oder alkalischen Lösung lässt sich durch Titration bestimmen. Man tropft dabei eine Maßlösung zu einer Probelösung, bis die Farbe eines zugegebenen Indikators umschlägt.

Rechenbeispiel

Auswertung einer Titration

20 ml Schwefelsäure werden mit Natronlauge der Stoffmengenkonzentration $0{,}1\,\frac{mol}{l}$ titriert. Der Verbrauch an Maßlösung beträgt 28,4 ml.

1. Gegebene Werte und gesuchten Größen

gegeben: $c(NaOH(aq)) = 0{,}1\,\frac{mol}{l}$
$V(NaOH(aq)) = 28{,}4\,ml$
$V(H_2SO_4(aq)) = 20{,}0\,ml$

gesucht: $c(H_2SO_4)$

2. Aufstellen der Reaktionsgleichung

$$\mathbf{2\ H^+}(aq) + SO_4^{2-}(aq) + 2\ Na^+(aq) + \mathbf{2\ OH^-}(aq) \rightarrow 2\ Na^+(aq) + SO_4^{2-}(aq) + \mathbf{2\ H_2O\ (l)}$$

3. Berechnung von $c(H^+(aq))$

Am Umschlagspunkt des Indikators gilt:
$n(H^+(aq)) = n(OH^-(aq))$; mit $n = c \cdot V$ ergibt sich:

$$c(H^+(aq)) \cdot V(H_2SO_4(aq)) = c(OH^-(aq)) \cdot V(NaOH(aq))$$

$$c(H^+(aq)) = \frac{c(OH^-(aq)) \cdot V(NaOH(aq))}{V(H_2SO_4, aq)}$$

$$c(H^+(aq)) = \frac{0{,}1\,\frac{mol}{l} \cdot 28{,}6\,ml}{20\,ml} = 0{,}143\,\frac{mol}{l}$$

4. Ermittlung von $c(H_2SO_4(aq))$

Da die Schwefelsäure eine zweiprotonige Säure ist, gilt:
$c(H_2SO_4(aq)) = \frac{1}{2}c(H^+(aq)) = 0{,}071\,\frac{mol}{l}$

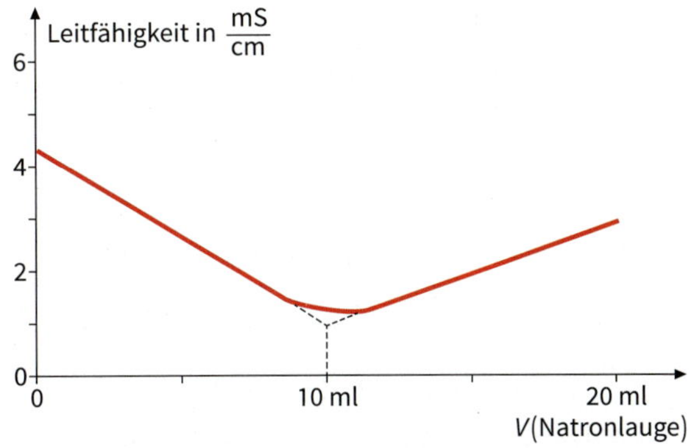

3 ***Leitfähigkeitsänderung während einer Titration***

1 Benenne alle für die Durchführung einer Titration notwendigen Geräte und erkläre ihre Funktion beim Ablauf einer Titration.

2 a) Berechne die Stoffmenge an H^+(aq)-Ionen, die in 25 ml Salzsäure mit der Konzentration $0{,}1\,\frac{mol}{l}$ enthalten ist.
b) Gib an, welches Volumen an Natronlauge mit der Konzentration $0{,}125\,\frac{mol}{l}$ man benötigt, um die saure Lösung aus Aufgabe 2 a) zu neutralisieren.

3 a) Eine Probe von 25 ml Natronlauge wird mit Salzsäure der Konzentration $c(HCl(aq)) = 1\,\frac{mol}{l}$ titriert. Bis zum Umschlag des Indikators werden 21,2 ml der Maßlösung verbraucht. Berechne die Konzentration der Natronlauge.
b) Erkläre, welchen Verbrauch man erhält, wenn man dieselbe Probe mit Schwefelsäure der Konzentration $0{,}1\,\frac{mol}{l}$ titriert.
c) Beurteile die Verwendung der Schwefelsäure in der angegebenen Konzentration.

4 Bei einer Qualitätskontrolle soll der Gehalt an Essigsäure im Haushaltsessig überprüft werden. Dazu wird eine Probe von 25 ml Essig entnommen und mit Natronlauge der Konzentration $1\,\frac{mol}{l}$ titriert. Für die Titration werden 20,7 ml Natronlauge verbraucht. Berechne die Konzentration der Essigsäure und vergleiche dein Ergebnis mit den Angaben auf der Flasche. Rechne für den Vergleich die Angaben um.

5 **Expertenaufgabe:** Bei der Leitfähigkeitstitration einer Calciumhydroxidlösung mit verdünnter Schwefelsäure fällt das schwer lösliche Salz Calciumsulfat (Gips) aus und es bildet sich im Verlauf der Titration ein Bodenkörper.
a) Stelle die Reaktionsgleichung für die Neutralisation auf.
b) Skizziere in Anlehnung an Abb. 3 die Veränderungen der Leitfähigkeit im Verlauf der Titration und erkläre die Unterschiede zu Abb. 3.

Titration

Versuch 1:
Titration von Natronlauge

Materialien: Erlenmeyerkolben (200 ml, weit) Vollpipette (20 ml), Pipettierhilfe, Bürette oder Kunststoffspritze (50 ml) mit Sicherheitskanüle, kleiner Trichter, Becherglas (100 ml);
Probelösung: Natronlauge ($c \approx 0{,}1\ \frac{mol}{l}$),
Maßlösung: Salzsäure ($c = 0{,}1\ \frac{mol}{l}$),
Bromthymolblaulösung.

Durchführung:
1. Miss mit der Pipette 20 ml Natronlauge genau ab und gib die Lösung in den Erlenmeyerkolben.
   Hinweis: Die Pipette darf *nicht* ausgeblasen werden, sie ist auf Auslauf geeicht.
2. Setze einige Tropfen Indikatorlösung zu.
3. Fülle die Bürette mit Salzsäure als Maßlösung. Lass einige Tropfen in das Becherglas ablaufen, damit im Bürettenauslauf die Luft verdrängt wird. Lies den Flüssigkeitsstand in der Bürette ab.
4. Tropfe unter ständigem Umschwenken des Erlenmeyerkolbens Salzsäure aus der Bürette in die Natronlauge, bis die Farbe des Indikators umschlägt. Lies das Volumen an verbrauchter Salzsäure an der Bürette ab.
   Hinweis: Statt mit der Bürette kann die Titration auch mit der Kunststoffspritze erfolgen.

Aufgabe:
Berechne die Stoffmengenkonzentration der Natronlauge.

Versuch 2:
Wie viel Essigsäure enthält Speiseessig?

Materialien: Erlenmeyerkolben (200 ml, weit) Vollpipette (20 ml), Pipettierhilfe, Bürette oder Kunststoffspritze mit Sicherheitskanüle, kleiner Trichter, Becherglas (100 ml);
Speiseessig, Essigessenz (2,5), Natronlauge ($1\ \frac{mol}{l}$; **5**), Phenolphthaleinlösung (< 0,1 %; **2, 7**).

Durchführung:
1. Gib mit der Vollpipette 20 ml Speiseessig in den Erlenmeyerkolben und versetze die Probe mit einigen Tropfen Phenolphthaleinlösung.
2. Fülle die Bürette mit Natronlauge. Lass einige Tropfen in das Becherglas ablaufen, damit die Luft im Bürettenauslauf verdrängt wird, und lies das Volumen der Maßlösung in der Bürette ab.
3. Tropfe unter ständigem Umschwenken des Erlenmeyerkolbens Natronlauge aus der Bürette in die Probe, bis die Farbe des Indikators umschlägt. Lies das Volumen an der Bürette ab.
4. Wiederhole den Versuch mit einer Probe von 5 ml Essigessenz.

Aufgaben:
a) Berechne die Stoffmengenkonzentration und die Masse der Essigsäure im Essig und in Essigessenz.
b) Auf dem Etikett der Flaschen ist häufig der Massenanteil an Essig in Prozent angegeben. Rechne deine Ergebnisse aus a) in den Wert für den Massenanteil um und beurteile die Genauigkeit der Titration.
   Hinweis: Die Dichte von Haushaltsessig und Essigessenz beträgt etwa $1\ \frac{g}{ml}$.

Versuch 3:
Leitfähigkeitstitration

Materialien: Becherglas (200 ml), Becherglas (100 ml), Vollpipette (10 ml), Pipettierhilfe, Bürette, kleiner Trichter; Leitfähigkeitsmessgerät, Magnetrührer mit Rührstäbchen;
Salzsäure ($c \approx 0{,}1\ \frac{mol}{l}$), Natronlauge ($0{,}1\ \frac{mol}{l}$).

Durchführung:
1. Pipettiere genau 10 ml der Probelösung in das große Becherglas und fülle die Lösung mit Wasser auf etwa 100 ml auf.
2. Fülle die Bürette mit Natronlauge als Maßlösung. Lass einige Tropfen in das Becherglas (100 ml) ablaufen, um den Bürettenauslauf zu füllen.
3. Tauche das Leitfähigkeitsmessgerät in die Salzsäure und notiere die Leitfähigkeit.
4. Lass aus der Bürette 1 ml Natronlauge in die Salzsäure laufen. Notiere die Leitfähigkeit.
5. Wiederhole Schritt 4, bis insgesamt 20 ml Natronlauge zugefügt wurden.

Aufgaben:
a) Fertige eine Wertetabelle an und stelle die Messwerte in einem Koordinatensystem dar.
b) Beschreibe und erkläre den Kurvenverlauf.
c) Bestimme die Stoffmengenkonzentration der Salzsäure.

Exkurs Säuren und Basen – Begriffe ändern ihre Bedeutung

Säuren und Laugen sind feindliche und entgegengesetzt wirkende Stoffe. Wenn sie zusammengebracht werden, entstehen Salze.

um 1650

Johann Rudolph Glauber

1778

Nichtmetalloxide bilden in wässriger Lösung Säuren. Säuren sind also Sauerstoffverbindungen.

Antoine Laurent de Lavoisier

Säuren sind Wasserstoffverbindungen.

1814

Humphry Davy

Salze bilden sich, wenn in Säuren die Wasserstoff-Atome durch Metall-Atome ersetzt werden.

1838

Justus von Liebig

Säuren zerfallen beim Lösen in Wasser in positiv geladene Wasserstoff-Ionen und negativ geladene Säurerest-Ionen.
Basen bilden beim Lösen positiv geladene Baserest-Ionen und negativ geladene Hydroxid-Ionen.

1884

Svante Arrhenius

1923

Säuren sind Protonendonatoren, sie geben Protonen ab. Basen sind Protonenakzeptoren, sie nehmen Protonen auf.

Johannes Nicolaus Brönsted

An vielen chemischen Reaktionen sind Säuren und Basen beteiligt. Im Laufe der Zeit wurden verschiedene Theorien entwickelt, um Säure-Base-Reaktionen in allgemeiner Form zu beschreiben und deren Eigenschaften zu erklären. Bei allen unterschiedlichen Ansätzen für eine solche Theorie wurde der Begriff *Säure* immer beibehalten; er bekam allerdings im Laufe der Zeit in den verschiedenen Theorien unterschiedliche Bedeutungen. Bei den Gegenspielern der Säuren wurde zwischen *Laugen* und *Basen* unterschieden.

Mit Laugen werden die stark alkalischen Lösungen einiger Alkali- und Erdalkalimetallhydroxide bezeichnet. Der Begriff Base ist weiter gefasst.

Heute spielt die von Johannes Nicolaus Brönsted entwickelte Säure-Base-Theorie eine besondere Rolle. Aber auch die älteren Begriffe sind gerade in unserer Alltagssprache noch sehr weit verbreitet.

1 a) Finde für jede Theorie ein Beispiel aus dem Alltag oder dem Chemieunterricht, an dem die jeweilige Theorie deutlich wird.
b) Begründe, ob die in den Theorien verwendeten Begriffe *Lauge, Base* und *Säure* auf der Ebene der Stoffe oder der Ebene der Teilchen definiert sind.
c) Formuliere – sofern möglich – zu jedem Beispiel aus Aufgabe a) eine Reaktionsgleichung.

2 a) Erstelle eine Zeitleiste für die historische Entwicklung der Begriffe *Säure, Lauge* und *Base.* Recherchiere weitere chemisch bedeutsame Entwicklungen und ergänze sie in der Zeitleiste.
b) Erkläre anhand der Zeitleiste, weshalb erst die Theorie von Brönsted Säuren und Basen als Teilchen definiert, während für Arrhenius Säuren und Basen Stoffe sind.

3 Recherchiere weitere Entdeckungen der oben angeführten Chemiker.

12.8 Säure-Base-Reaktionen – Protonen auf Wanderschaft

Die Eigenschaften saurer und alkalischer Lösungen wurden in diesem Kapitel bisher in Anlehnung an die Theorie des schwedischen Chemikers Svante ARRHENIUS beschrieben. Er definierte **Säuren** als Wasserstoffverbindungen, die in wässriger Lösung hydratisierte Wasserstoff-Ionen ($H^+(aq)$) und Säurerest-Anionen bilden. Die in alkalischen Lösungen enthaltenen Stoffe nannte er **Basen.** In Wasser bilden sie Hydroxid-Ionen ($OH^-(aq)$) und positiv geladene Baserest-Ionen. Für ARRHENIUS waren Säuren und Basen also *Stoffe.*

Säuren und Basen als Teilchen. Stellt man einen mit *Chlorwasserstoffgas* gefüllten Kolben über ein Glasrohr in ein Gefäß mit Wasser, das man zuvor mit Universalindikator gefärbt hat, so steigt das Wasser gegen die Schwerkraft nach oben und spritzt wie bei einem Springbrunnen in den Kolben (Abb. 1). Dabei färbt sich der Indikator rot. Die entstehende Lösung leitet den elektrischen Strom, sie enthält also Ionen. Führt man den Versuch anstelle von Wasser mit einem unpolaren Lösemittel wie Benzin durch, zeigen sich diese Beobachtungen nicht.

Chlorwasserstoffgas löst sich sehr gut in Wasser und bildet dabei in einer exothermen Reaktion *Salzsäure.* Die darin vorliegenden Ionen können nur durch eine Reaktion von HCl-Molekülen mit H_2O-Molekülen entstanden sein: HCl-Moleküle sind polar, H_2O-Moleküle sind polar und haben freie Elektronenpaare. Wenn zwei dieser Moleküle zusammenstoßen, kommt es zu einer Wechselwirkung zwischen den Dipolen: Die H–Cl-Bindung wird gelockert und eine H–O-Bindung bahnt sich an. Im weitere Verlauf wird die H–Cl-Bindung getrennt und die neue O–H-Bindung wird gebildet. Aus dem H_2O-Molekül entsteht durch Aufnahme eines Protons (H^+) ein H_3O^+-Ion.

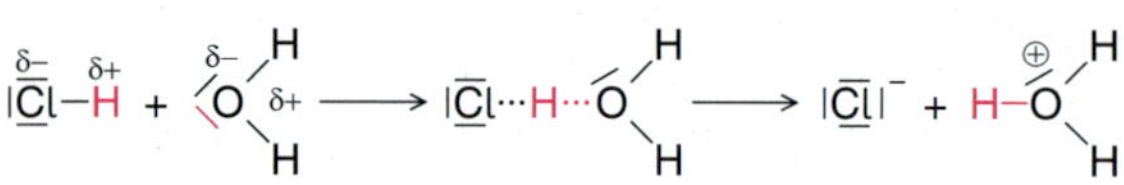

Wie bei anderen Ionen bildet sich auch um die H_3O^+-Ionen eine Hydrathülle. Die hydratisierten H_3O^+-Ionen werden als Hydronium-Ionen bezeichnet.

Diese Beschreibung geht auf den dänischen Chemiker Johannes Nicolaus BRÖNSTED zurück. Er schlug 1923 vor, die Begriffe Säure und Base nicht länger auf das Verhalten von Stoffen in wässriger Lösung zu beziehen, sondern auf die Reaktion von Teilchen. Nach BRÖNSTED ist eine *Säure* ein Teilchen, das Protonen abgeben kann – ein **Protonendonator.** Das Teilchen, welches Protonen aufnimmt und als **Protonenakzeptor** wirkt, ist nach BRÖNSTED eine Base. Im Falle der Bildung von Salzsäure reagieren also die HCl-Moleküle als Säure und die H_2O-Moleküle als Base.

Säure-Base-Reaktionen. Wie in diesem Beispiel findet bei jeder Reaktion zwischen einer Brönsted-Säure und einer Brönsted-Base ein **Protonenübergang** von der Säure zur Base statt. Man nennt solche Reaktionen daher *Säure-Base-Reaktionen* oder *Protolysen.*

Allgemein gilt: Reagieren Teilchen gegenüber Wasser-Molekülen als Brönsted-Säure, bilden sich Hydronium-Ionen und es entsteht eine saure Lösung. Eine alkalische Lösung entsteht, wenn Teilchen sich gegenüber Wasser-Molekülen wie Brönsted-Basen verhalten. Dabei entstehen Hydroxid-Ionen ($OH^-(aq)$). Ein typisches Beispiel dafür ist die Reaktion von Ammoniakgas (NH_3) mit Wasser:

$$NH_3(g) + H{-}OH(l) \rightarrow NH_4^+(aq) + OH^-(aq)$$

Bei der exothermen Reaktion wird ein Proton vom Wasser-Molekül auf das Ammoniak-Molekül übertragen. Das Proton lagert sich an das freie Elektronenpaar des Ammoniak-Moleküls an und es entsteht ein Ammonium-Ion (NH_4^+) (Abb. 2).

Jede Säure-Base-Reaktion verläuft nach dem **Donor-Akzeptor-Konzept**, da ein Proton von der Brönstedt-Säure (Protonendonator) auf die Brönstedt-Base (Protonenakzeptor) übertragen wird. Da auch andere Reaktionen unter Übertragung von Teilchen erfolgen, ist das Donator-Akzeptor-Konzept ein wichtiges *Basiskonzept* in der Chemie.

Säure-Base-Paare. Gibt eine Säure ein Proton ab, so entsteht ein Teilchen, das wieder ein Proton aufnehmen könnte, also eine Base. Ein solches Paar von Teilchen, das sich nur um ein Proton unterscheidet, nennt man *Säure-Base-Paar.* An einer Säure-Base-Reaktion sind immer zwei solcher Paare beteiligt: Bei der Reaktion von Chlorwasserstoff mit Wasser sind HCl/Cl^- und H_3O^+/H_2O die Säure-Base-Paare. Im Falle der Reaktion von Ammoniak mit Wasser sind es die Paare NH_4^+/NH_3 und H_2O/OH^-.

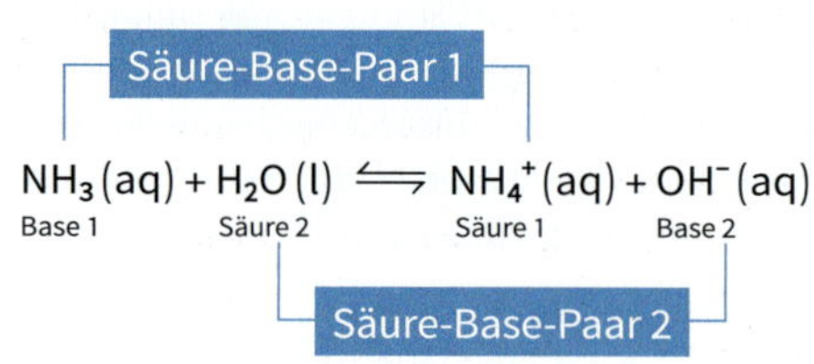

Nach BRÖNSTED ist eine Säure ein Teilchen, das ein Proton abgibt.
Eine Base ist ein Teilchen, das ein Proton aufnimmt.
Eine Säure-Base-Reaktion ist eine Protonenübertragungsreaktion (Protolyse).

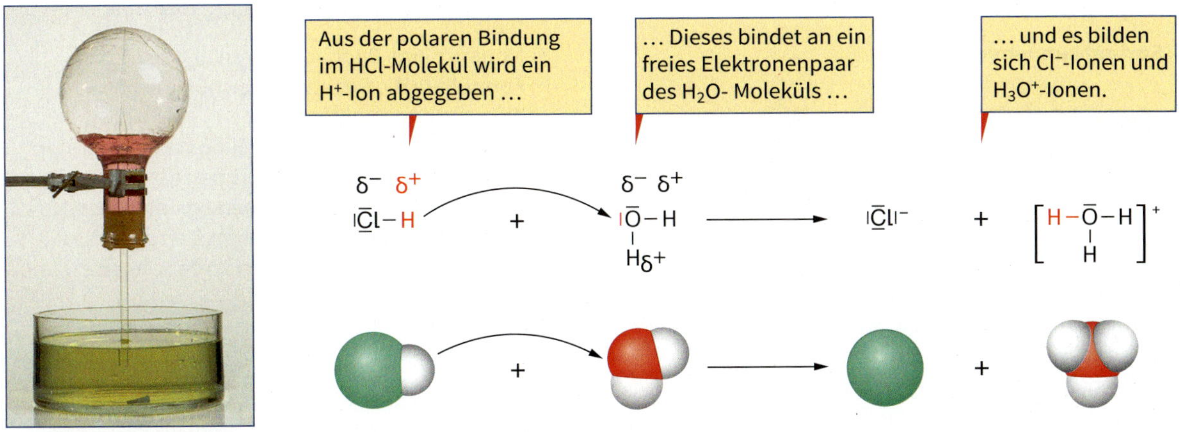

1 *Chlorwasserstoff reagiert mit Wasser. Es entsteht Salzsäure.*

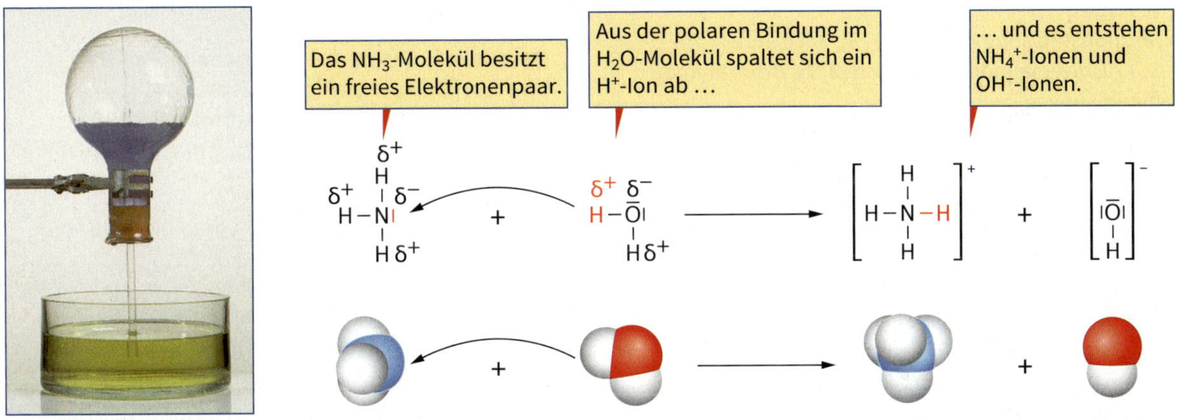

2 *Ammoniak reagiert mit Wasser. Es entsteht eine alkalische Lösung.*

1 Ordne den in Abb. 1 und 2 dargestellten Teilchen die Begriffe Brönsted-Säure und Brönsted-Base zu.

2 Eine Lösung von Bromwasserstoffgas (HBr) in Benzin leitet den elektrischen Strom nicht. Leitet man das Gas jedoch in Wasser, so leitet die Lösung den elektrischen Strom und die Lösung erwärmt sich. Ein zur Lösung zugefügter Universalindikator färbt sich rot.
Erkläre die Unterschiede und formuliere entsprechende Reaktionsgleichungen.

3 Formuliere für die folgenden Teilchen die Säure-Base-Paare und benenne die Teilchen:
HNO_3, NH_3, I^-, OH^-, HCO_3^-, H_2O, H_2SO_4, HSO_4^-.
Beachte, dass es in einigen Fällen mehrere Möglichkeiten gibt.

4 Zeige, dass die Reaktion von Natronlauge mit Salzsäure eine Säure-Base-Reaktion nach BRÖNSTED ist. Formuliere eine entsprechende Reaktionsgleichung.

5 Säure-Base-Reaktionen im Sinne von BRÖNSTED können nicht nur in wässriger Lösung, sondern auch in der Gasphase ablaufen. So reagiert Ammoniakgas mit Chlorwasserstoffgas zu festem Ammoniumchlorid (NH_4Cl). Formuliere die Reaktionsgleichung für diese Reaktion und gib an, welches Teilchen als Säure und welches als Base reagiert. Orientiere dich dabei an Abb. 1 und 2.

6 Erkläre die folgenden Beobachtungen und gib entsprechende Reaktionsgleichungen an:
a) Beim Lösen von Ammoniumchlorid in Wasser entsteht eine saure Lösung.
b) Tropft man Natronlauge auf Ammoniumchlorid, so entweicht Ammoniakgas.

7 **Expertenaufgabe:** Magnesium reagiert mit verdünnter Salzsäure unter Entwicklung von Wasserstoff.
Prüfe anhand der Reaktionsgleichung, ob eine Säure-Base-Reaktion vorliegt.

Versuch 1: Springbrunnenversuche

Materialien: Rundkolben (250 ml), Stativ mit Stativring, Tiegelzange, Stopfen mit Glasrohr, Gasbrenner, Becherglas (1000 ml), Becherglas (400 ml, weit), verschlossene Kunststoffspritze (20 ml) mit Ammoniakgas (**5**, **6**, **9**) gefüllt, verschlossene Kunststoffspritze (20 ml) mit Chlorwasserstoffgas (**5**, **6**) gefüllt, Tropfpipette, Glasstab;
Ammoniaklösung (konz.; **5**, **7**, **9**), Salzsäure (konz.; **5**, **7**), Universalindikatorlösung (**2**, **7**), Bromthymolblaulösung.

Durchführung im Rundkolben:

1. Fülle das große Becherglas mit Wasser, setze einige Tropfen Indikator zu und rühre um.
2. Spanne den Stativring so ein, dass später das Glasrohr möglichst weit ins Wasser eintauchen kann.
3. Pipettiere 1 ml Ammoniaklösung in den Rundkolben und setze den Stopfen mit Glasrohr auf.
4. Halte den Kolben am Hals und erhitze unter dem Abzug den Kolbenboden vorsichtig, bis die Flüssigkeit fast vollständig verdampft ist.
5. Hänge den Kolben in den Stativring ein.
6. Wiederhole den Versuch mit konzentrierter Salzsäure und Bromthymolblau als Indikator.

Durchführung mit Kunststoffspritzen:

1. Fülle das kleinere Becherglas mit Wasser und gib einige Tropfen Indikatorlösung zu, bis das Wasser deutlich gefärbt ist.
2. Tauche die mit Ammoniak gefüllte und verschlossene Spritze wie in der Abbildung dargestellt unter Wasser. Öffne die Verschlusskappe mit der Tiegelzange.
3. Ziehe leicht am Kolben der Spritze und halte ihn in dieser Position.
4. Wiederhole den Versuch mit Chlorwasserstoffgas.

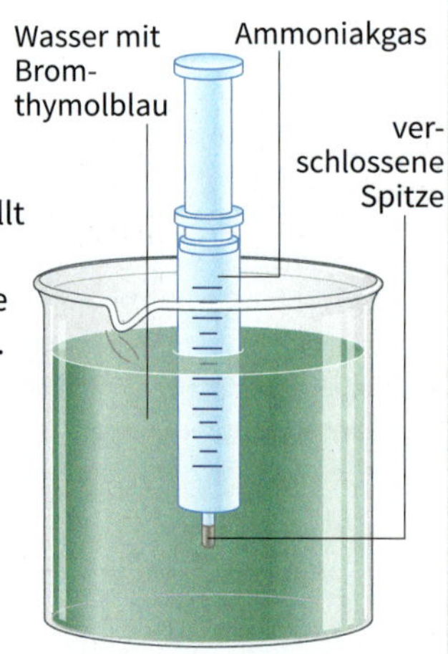

Aufgaben:

a) Notiere deine Beobachtungen und deute sie.
b) Formuliere die Reaktionsgleichungen für die ablaufenden Reaktionen.
c) Erkläre die ablaufenden Reaktionen mithilfe der Säure-Base-Theorie nach Brönsted.
d) Vergleiche das Springbrunnenexperiment mit einem Springbrunnen in einem Garten. Stelle Gemeinsamkeiten und Unterschiede heraus.

Versuch 2: Versuche mit Ammoniumchlorid

Materialien: Gasbrenner, Reibschale, Glaswolle, Universalindikatorpapier, Pinzette;
Ammoniumchlorid (**7**), Natriumhydroxid (**5**, **B1**).

Durchführung:

Erhitzen von Ammoniumchlorid:

1. Gib eine Spatelspitze Ammoniumchlorid in ein Reagenzglas.
2. Feuchte einen Streifen Indikatorpapier mit Wasser an und befestige ihn mithilfe von etwas Glaswolle in der Mitte des Reagenzglases.
3. Bringe auf die gleiche Art einen weiteren Streifen Indikatorpapier im oberen Teil des Reagenzglases an.
4. Erhitze das Ammoniumchlorid vorsichtig.

Reaktion mit Natriumhydroxid:

1. Verreibe in einer Reibschale etwas Ammoniumchlorid mit Natriumhydroxid.
2. Halte einen feuchtes Universalindikatorpapier über die Reibschale.

Aufgaben:

a) Notiere deine Beobachtungen und deute sie.
b) Formuliere für beide Experimente die Reaktionsgleichungen.
c) Stelle Vermutungen an, welche Rolle die Glaswolle bei der thermischen Zersetzung spielt.
d) Erkläre die ablaufenden Reaktionen mithilfe der Säure-Base-Theorie von Brönsted.
e) Recherchiere, wofür Ammoniumchlorid im Haushalt und in der Technik verwendet wird.

Saure, alkalische und neutrale Lösungen

1. Saure und alkalische Lösungen

a) **Saure Lösungen** sind wässrige Lösungen, die hydratisierte Wasserstoff-Ionen ($H^+(aq)$) enthalten. Sie entstehen, wenn *Säuren* mit Wasser reagieren.

b) **Säuren** sind Molekülverbindungen, die mit Wasser zu hydratisierten Wasserstoff-Ionen ($H^+(aq)$) und Säurerest-Anionen reagieren.

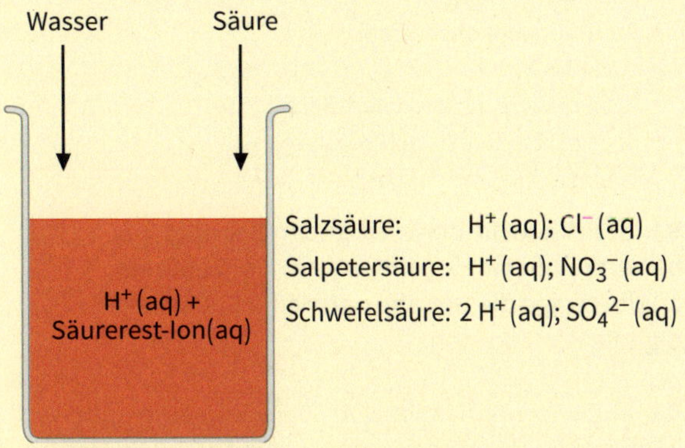

c) **Alkalische Lösungen** sind wässrige Lösungen, die *Hydroxid-Ionen* ($OH^-(aq)$) enthalten. Sie entstehen beispielsweise beim Lösen von *Hydroxiden* in Wasser.

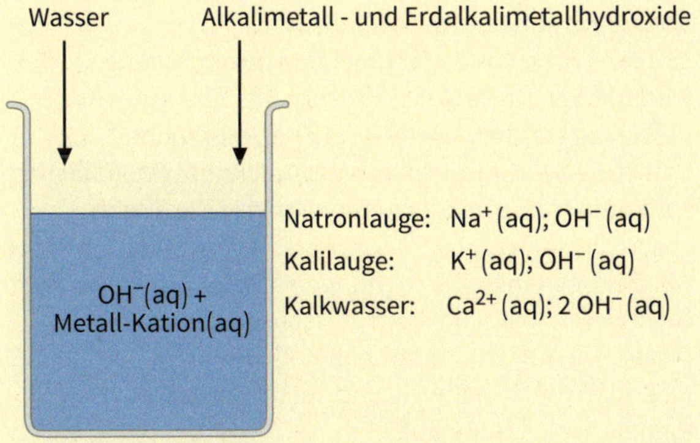

2. Säuren und Basen nach Brönsted

Brönsted-Säure: Teilchen, das ein Proton abgibt *(Protonendonator)*. Reagieren Wasser-Moleküle als Brönsted-Säure, entstehen **Hydroxid-Ionen:** $OH^-(aq)$.

Brönsted-Base: Teilchen, das ein Proton aufnimmt *(Protonenakzeptor)*. Reagieren Wasser-Moleküle als Brönsted-Base, entstehen **Hydronium-Ionen:** $H_3O^+(aq)$.

Säure-Base-Reaktionen sind Protonenübertragungsreaktionen (Protolysen). Sie sind ein Beispiel für **Donator-Akzeptor-Reaktionen.** Dabei wird ein Proton von der Säure auf die Base übertragen.

3. Neutralisation

Die Reaktion zwischen hydratisierten Wasserstoff-Ionen ($H^+(aq)$) beziehungsweise Hydronium-Ionen ($H_3O^+(aq)$) und Hydroxid-Ionen ($OH^-(aq)$) zu Wasser-Molekülen bezeichnet man als Neutralisation. Sie läuft ab, wenn man eine saure und eine alkalische Lösung zusammengibt. Gleichzeitig bildet sich eine Salzlösung:

$$\mathbf{H^+(aq)} + Cl^-(aq) + Na^+(aq) + \mathbf{OH^-(aq)} \rightarrow \mathbf{H_2O(l)} + Na^+(aq) + Cl^-(aq)$$

4. pH-Wert

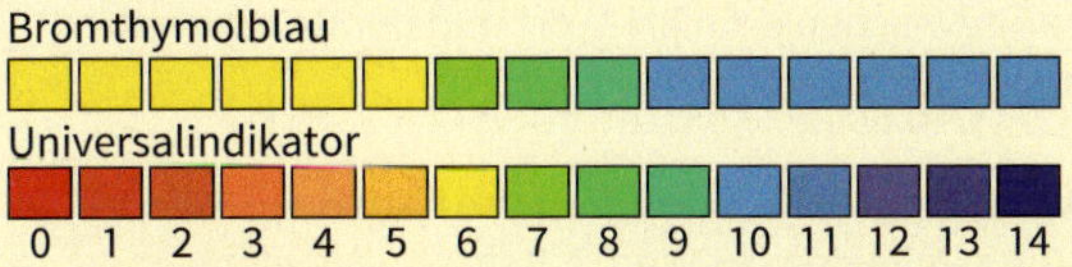

Der **pH-Wert** ist ein Maß für den Gehalt einer Lösung an $H^+(aq)$-Ionen beziehungsweise $H_3O^+(aq)$-Ionen. Der Wert entspricht dem negativen Zehnerlogarithmus der Konzentration der Hydronium-Ionen ($H_3O^+(aq)$). Die pH-Skala reicht von pH = 0 bis pH = 14. Ein pH-Wert von 7 kennzeichnet eine neutrale Lösung. Saure Lösungen haben einen pH-Wert kleiner als 7, alkalische Lösungen einen pH-Wert über 7.

5. Salze

a) Salze sind Ionenverbindungen aus positiv geladenen Metall-Ionen und negativ geladenen Säurerest-Ionen.

b) **Bildung von Salzen:**
Metall + Nichtmetall → Salz
Metall + saure Lösung → Salzlösung + Wasserstoff
Metalloxid + saure Lösung → Salzlösung + Wasser
Metallhydroxid + saure Lösung → Salzlösung + Wasser

6. Titration

Die Titration ist eine Methode zur Ermittlung der Stoffmengenkonzentration. Dabei tropft man eine Maßlösung genau bekannter Konzentration zu einem bestimmten Volumen an Probelösung, bis ein Indikator umschlägt. Am Umschlagspunkt (Äquivalenzpunkt) ist die Stoffmenge der hydratisierten Wasserstoff-Ionen gleich der Stoffmenge der Hydroxid-Ionen:

$$n(H^+(aq)) = n(OH^-(aq))$$

Die Konzentration an Säure oder Base in einer Lösung lässt sich nach folgender Gleichung berechnen:

$$c(H^+(aq)) \cdot V(\text{saure Lösung}) = c(OH^-(aq)) \cdot V(\text{alkalische Lösung})$$

Saure, alkalische und neutrale Lösungen

Teste dich

A1 Nenne gemeinsame Eigenschaften aller sauren Lösungen und aller alkalischen Lösungen.

A2 Nenne die Ionen, die in folgenden verdünnten Lösungen vorliegen: Salzsäure, Schwefelsäure, Natronlauge und Kalkwasser.

A3 Nenne drei Indikatoren und gib jeweils die Färbung in saurer und alkalischer Lösung an.

A4 Beschreibe den mathematischen Zusammenhang zwischen dem pH-Wert und der Konzentration der H^+(aq)-Ionen.

A5 a) Eine verdünnte Salzsäure hat den pH-Wert 1, eine zweite den pH-Wert 3. Begründe, welche Lösung gefährlicher ist.
b) Beschreibe, wie man die zweite Lösung aus der ersten herstellen kann.

A6 a) Gib die Verhältnisformeln folgender Salze an: Kaliumiodid, Natriumsulfat, Magnesiumcarbonat, Calciumnitrat, Natriumphosphat, Natriumhydrogencarbonat.
b) Liste die Formeln der Ionen auf, die in den Salzen vorliegen.

A7 Hält man ein trockenes Stück Indikatorpapier in Chlorwasserstoffgas, so zeigt sich nur sehr langsam eine Veränderung; ein angefeuchtetes Stück Indikatorpapier wird dagegen sofort rot. Erkläre.

A8 Beschreibe den unten abgebildeten Versuchsaufbau und begründe, ob die Glühlampen in den abgebildeten Versuchen leuchten. Nutze dabei deine Kenntnisse über die Säure-Base-Theorie nach Brönsted.

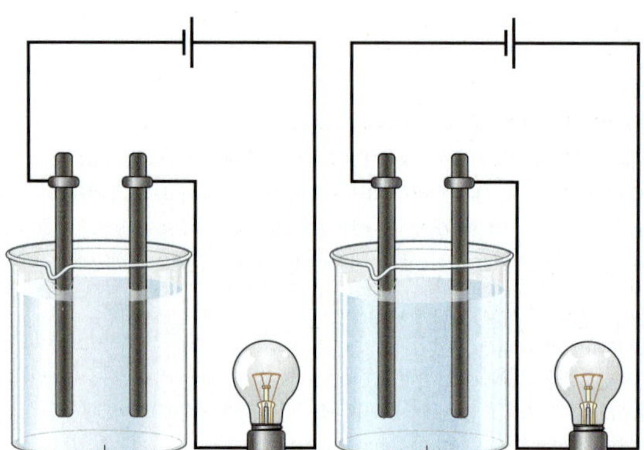

Lösungen stehen im Anhang.

Die wichtigsten Begriffe

- saure Lösung, Säure
- alkalische Lösung, Lauge
- hydratisiertes Wasserstoff-Ion, Hydronium-Ion
- Hydroxid-Ion
- pH-Wert
- Neutralisation
- Salz, Salzbildung
- Stoffmengenkonzentration
- Titration
- Brönsted-Säure, Brönsted-Base
- Säure-Base-Reaktion (Protolyse)

B1 a) Erkläre die obenstehenden Begriffe.
b) Verknüpfe die Begriffe zu einer Conceptmap.
c) Übertrage die Begriffe und deine Erklärungen in digitale Karteikarten.

B2 a) Zur Neutralisation von 20 ml Salzsäure unbekannter Konzentration verbraucht man 27,2 ml Natronlauge (0,1 $\frac{mol}{l}$). Berechne die Konzentration der Salzsäure.
b) 25 ml Natronlauge werden mit Schwefelsäure (0,1 $\frac{mol}{l}$) titriert. Der Verbrauch beträgt 20 ml. Berechne die Konzentration der Natronlauge.
c) Eine Probe von 20 ml Calciumhydroxidlösung wird mit Salzsäure (0,1 $\frac{mol}{l}$) titriert. Bis zum Indikatorumschlag werden 3,5 ml Salzsäure verbraucht. Berechne die Konzentration der Calciumhydroxidlösung sowie die Masse an Calciumhydroxid in der Probe.

B3 Bei Gesteinsuntersuchungen tropfen Geologen zum Nachweis von Kalkgestein Salzsäure auf die Gesteinsprobe. Ein Aufschäumen zeigt Kalk an.
a) Erkläre den Nachweis und stelle hierzu die Reaktionsgleichung auf.
b) Begründe, ob es sich hier um eine Säure-Base-Reaktion im Sinne von Brönsted handelt.

B4 Pulverförmige WC-Reiniger enthalten Natriumhydrogensulfat. Eine wässrige Lösung des Salzes reagiert sauer. Erkläre dies anhand einer Reaktionsgleichung.

B5 In Haushaltsessig beträgt die Konzentration an Essigsäure etwa 1 $\frac{mol}{l}$; der pH-Wert liegt bei 3. Mit Essig können wir unsere Speisen würzen oder konservieren. Salzsäure mit der Konzentration 1 $\frac{mol}{l}$ hat dagegen den pH-Wert 0; man sollte eine Schutzbrille tragen. Erkläre den Unterschied zwischen den beiden sauren Lösungen.

C1 Auf den pH-Wert kommt es an

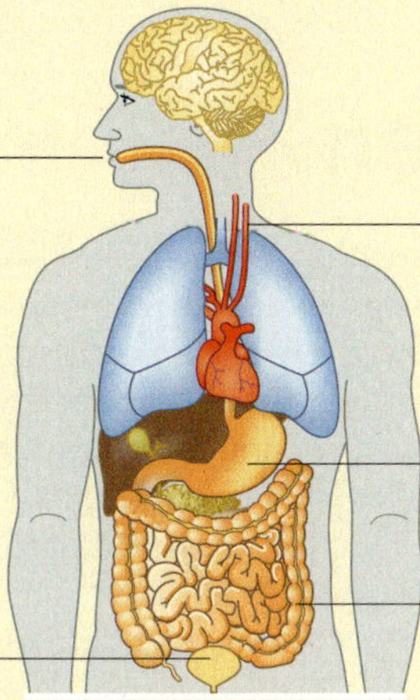

1 *pH-Werte in unseren Organen*

Die Flüssigkeiten in den verschiedenen Organen unseres Körpers haben unterschiedliche pH-Werte. Im Mund herrscht normalerweise ein neutraler pH-Wert. Wird beim Kauen verstärkt Speichel abgesondert, verschiebt sich der pH-Wert in den schwach alkalischen Bereich. Der Magensaft besteht im Wesentlichen aus verdünnter Salzsäure. Ihr niedriger pH-Wert begünstigt die Reaktion des Eiweiß verdauenden Enzyms Pepsin. Zudem werden Krankheitserreger durch den niedrigen pH-Wert abgetötet. Das alkalische Sekret der Bauchspeicheldrüse neutralisiert zunächst den sauren Nahrungsbrei aus dem Magen. Im alkalischen Milieu des Dünndarms sind die Enzyme für die Verdauung von Kohlenhydraten und Fetten am wirksamsten.

a) Einige Menschen leiden unter Sodbrennen. Dabei steigt Magensaft in die Speiseröhre und verursacht ein Brennen in der Speiseröhre. Häufig hilft es dann schon, ein Glas Wasser zu trinken. Im Handel sind aber auch verschiedene Medikamente erhältlich. Diese *Antazida* enthalten meist folgende Wirkstoffe: $CaCO_3$, $Al(OH)_3$, $NaHCO_3$.
Erkläre, weshalb Sodbrennen durch das Trinken von Wasser und durch Antazida gelindert werden kann. Formuliere entsprechende Reaktionsgleichungen.
b) Erkläre, weshalb saure Speisen und Getränke den Zahnschmelz angreifen. Zahnschmelz besteht größtenteils aus Apatit ($Ca_5(PO_4)_3OH$).
c) Unsere Haut besitzt einen leicht sauren Flüssigkeitsfilm. Dieser Säureschutzmantel hemmt das Wachstum von Bakterien und Pilzen und beugt so Entzündungen und anderen Hauterkrankungen vor. Im Bad findest du Kernseife (pH = 9) und eine Neutralseife (pH = 5,6). Beurteile, welches Körperpflegemittel für die Haut besser geeignet ist.

C2 Rohrreiniger – hilfreich aber nicht ungefährlich

2 *Rohrreiniger*

In deinem Bad läuft das Wasser im Waschbecken nicht mehr ab. Seifenreste und weggespülte Haare verstopfen den Abfluss. Du hast weder eine Rohrzange, um den Siphon zu öffnen, noch eine Saugglocke oder eine Reinigungsspirale zur Verfügung. Also greifst du zum Rohrreiniger im Regal. Anscheinend ist die Verwendung des Rohrreinigers nicht ungefährlich, denn die Flasche ist mit einer Kindersicherung verschlossen und auf dem Etikett ist ein Gefahrensymbol angebracht. Du dosierst den Rohrreiniger wie auf der Gebrauchsanweisung beschrieben, doch da geschieht das Missgeschick: Du verschüttest etwas davon auf die feuchten Fliesen. Aufkehren lässt sich das Pulver jedoch nicht.

a) Gib mithilfe des Etiketts an, welcher Bestandteil des Rohrreinigers der Grund für den Gefahrenhinweis ist.
b) Beschreibe die Wirkungsweise des Rohrreinigers.
c) Erkläre, was beim Verschütten des Rohrreinigers auf den feuchten Bodenfliesen geschieht. Formuliere eine Reaktionsgleichung.
d) Du versuchst das Reinigerpulver mit einem feuchten Lappen aufzuwischen. Deine Schwester rät dir davon ab. Erkläre, weshalb ihr Rat sinnvoll ist und beschreibe Maßnahmen, um dich zu schützen.
e) Im Bad steht noch eine Flasche Essigessenz. Erkläre, was geschehen würde, wenn du etwas von der Säure auf das verschüttete Pulver gießen würdest. Formuliere die Reaktionsgleichung und gib die Art der Reaktion an. Beurteile diese Maßnahme.
f) **Expertenaufgabe:** Einige Rohrreiniger enthalten zusätzlich noch Aluminiumkügelchen. Diese reagieren in der alkalischen Lösung unter Bildung von Wasserstoff. Stelle die Reaktionsgleichung auf. Erkläre die Funktion der Reaktion für die Beseitigung der Verstopfung.

Kapitel 13

Redoxreaktionen – Konkurrenz um Elektronen

Eine Wunderkerze brennt ab und sprüht dabei Funken. Diese entstehen, wenn die in der Brennschicht enthaltenen Eisen- und Aluminiumkörnchen schlagartig verbrennen. Die unedlen Metalle reagieren dabei mit Sauerstoff zu verschiedenen Eisenoxiden und Aluminiumoxid. Der Sauerstoff stammt aus dem in der Brennschicht enthaltenen Bariumnitrat. Dieses zerfällt bei Erwärmung und setzt Sauerstoff frei. Bisher haben wir die Aufnahme von Sauerstoff als **Oxidation** und Abgabe von Sauerstoff als **Reduktion** bezeichnet. In diesem Kapitel erfährst du, dass diese Begriffe nicht nur für Reaktionen mit Sauerstoff gelten, sondern allgemeiner beschrieben werden können.

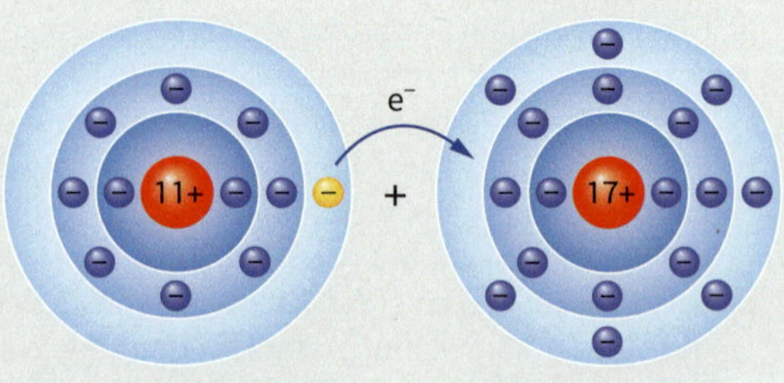

Steht ein Fahrrad ungeschützt im Freien, kann man daran bereits nach wenigen Wochen Stellen mit braunen Rostflecken erkennen. Bewegliche Teile wie der Gepäckträger oder eine Klingelschelle, aber auch die Stellen des Stahlrahmens, an denen der Lack rissig oder abgeplatzt ist, sind besonders häufig vom Rost befallen. Die verzinkten Speichen zeigen dagegen keinen Rost. Rost besteht aus verschiedenen Eisenoxiden, die durch langsam verlaufende Redoxreaktionen von Eisen an feuchter Luft entstehen. Wenn man nichts gegen die ersten Rostflecken unternimmt, breitet sich der Rost immer weiter aus und dringt in die Tiefe vor. Da Rost im Gegensatz zu Eisen spröde und bröckelig ist, wird das Eisen regelrecht vom Rost zerfressen.

Mobile Energieträger wie Batterien und Akkumulatoren in Smartphones, Tablet-PCs oder mobilen Blu-Ray-Playern sind für uns heute alltäglich. Ihre große Bedeutung merken wir meist erst, wenn die Batterie leer oder der Akku entladen ist. Mobile Energieträger spielen auch in der Automobilindustrie eine große Rolle – und das nicht nur in Form der Autobatterie. Angesichts knapper werdender Ressourcen an den fossilen Brennstoffen Erdgas und Erdöl werden seit gut 20 Jahren verschiedene Konzepte elektrisch betriebener Autos getestet. Während einige Hersteller zuerst auf Brennstoffzellen mit Wasserstoff als Brennstoff setzten, versucht man heute die Speicherkapazität von Lithium-Ionen-Akkumulatoren zu erhöhen, um die Reichweite von Elektroautos zu steigern.

Zink gehört wie Eisen, Aluminium, Kupfer und Blei zu den wichtigsten Gebrauchsmetallen. Es wird für Dachrinnen, Regenrohre aber auch zum Verzinken von Autokarosserien verwendet. Das unedle Metall Zink kann über zwei Verfahren aus Zinkoxid gewonnen werden. Zinkoxid kann einerseits in Hochöfen mit Koks zu Zink reduziert werden. Weitaus gebräuchlicher ist jedoch die Herstellung von Zink durch Elektrolyse. Dazu wird Zinkoxid in Schwefelsäure aufgelöst. Die saure Lösung wird elektrolysiert, wobei die Zn^{2+}-Ionen an einer Elektrode aus Aluminium (Minuspol) entladen werden und sich eine Schicht aus metallischem Zink abscheidet.

13.1 Metalle – die Struktur bestimmt die Eigenschaften

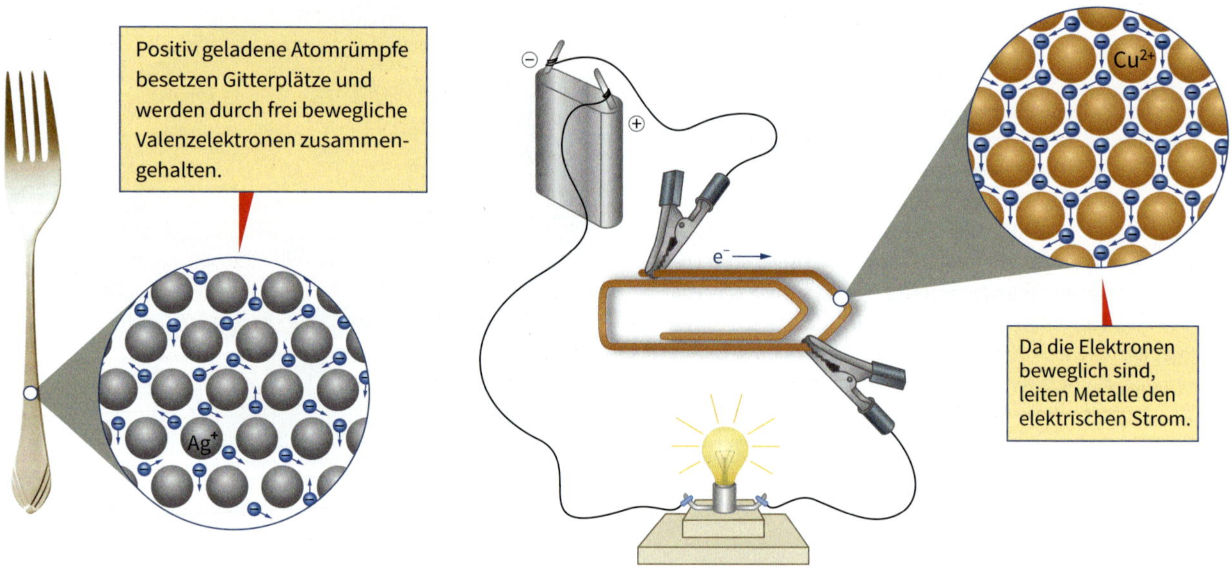

1 *Viele Eigenschaften von Metallen sind mit dem Elektronengasmodell erklärbar*

Etwa vier Fünftel der elementaren Stoffe sind Metalle. Diese Stoffklasse zeichnet sich durch einige gemeinsame Eigenschaften aus: Neben ihrer Festigkeit, der Verformbarkeit, dem metallischen Glanz und der hohen Wärmeleitfähigkeit gehört vor allem die gute elektrische Leitfähigkeit zu den typischen Eigenschaften der Metalle. Aufgrund dieser Eigenschaften sind Metalle vielseitig einsetzbare Werkstoffe und prägen in weiten Teilen unseren Alltag.

Der Aufbau von Metallen. Die Eigenschaften und der Aufbau von Metallen lassen sich mit dem **Elektronengasmodell** beschreiben. Es geht davon aus, dass die Außenelektronen (Valenzelektronen) der Metall-Atome nicht fest gebunden sind und sich nicht mehr einzelnen Atomen zuordnen lassen. Vielmehr bewegen sie sich relativ frei zwischen den positiv geladenen Atomrümpfen – ähnlich wie die Moleküle in einem Gas.

Ein Metallstück kann daher als Kristall mit gitterartig angeordneten Metall-Kationen aufgefasst werden, zwischen denen sich die Außenelektronen bewegen (Abb. 1). Die Metall-Kationen werden dabei durch elektrische Anziehungskräfte zwischen den positiv geladenen Metall-Ionen und den negativ geladenen, beweglichen Elektronen zusammengehalten. Diese Art der chemischen Bindung nennt man **Metallbindung.**

Elektrische Leitfähigkeit. Verbindet man einen Metalldraht mit einer Gleichspannungsquelle, werden die frei beweglichen Elektronen im Draht vom Minuspol zum Pluspol verschoben (Abb. 1). Der Minuspol wirkt dabei wie eine Pumpe, über die Elektronen in den Draht gelangen. Am Pluspol herrscht Elektronenmangel; dort werden Elektronen aus dem Draht gezogen. Man kann sich den Elektronentransport in einem Draht modellhaft wie einen mit kleinen Kugeln gefüllten Schlauch vorstellen. Die Kugeln stehen dabei für die Elektronen des Elektronengases. Drückt man an dem einen Ende des Schlauches weitere Kugeln hinein, fallen am anderen Ende einige Kugeln hinaus, da die hinzukommenden Kugeln die Kugeln im Schlauch verdrängen.

Die elektrische Leitfähigkeit von Metallen nimmt mit steigender Temperatur ab: Bei niedriger Temperatur schwingen die Atomrümpfe nur wenig hin und her; die Bewegung der Elektronen wird kaum behindert. Mit steigender Temperatur werden die Schwingungen stärker. Der Elektronentransport wird mehr und mehr behindert und der elektrische Widerstand nimmt zu.

Wärmeleitfähigkeit. Nimmt man einen Löffel aus der Schublade, fühlt er sich zunächst kalt an. Das Metall leitet die Körperwärme schnell ab. Umgekehrt wird Wärme von einem heißen Metall schnell auf einen kälteren Körper übertragen. Die gute Wärmeleitfähigkeit von Metallen lässt sich auch mit dem Elektronengasmodell erklären: Die frei beweglichen Elektronen wandeln aufgenommene Wärmeenergie leicht in Bewegungsenergie um. Durch Zusammenstöße mit anderen Elektronen wird die Energie schnell von einem Elektron auf das nächste übertragen.

Verformbarkeit. Im Unterschied zu Salzen sind Metalle verformbar und lassen sich biegen, schmieden, hämmern oder walzen, ohne dass sie brechen. Biegt man beispielsweise einen Metalldraht, gleiten die Atomrümpfe im Metallkristall aneinander vorbei. Da sie dabei aber ständig vom Elektronengas umgeben sind, stoßen sich die Atomrümpfe auch in der neuen Position nicht ab. Die Metall-Kationen werden nach wie vor vom Elektronengas zusammengehalten.

Nach dem Elektronengasmodell sind Metalle aus gitterartig angeordneten, positiv geladenen Atomrümpfen (Metall-Kationen) und frei beweglichen Außenelektronen aufgebaut. Dieser Aufbau erklärt die charakteristischen Eigenschaften der Metalle.

1 Recherchiere, welche Metalle für welche Anwendungen im Haushalt eingesetzt werden. Begründe ihre Verwendung anhand der Eigenschaften der Metalle.

2 Der Stromfluss in Metallen wird häufig mit dem Wassertransport in einer Wasserleitung veranschaulicht. Begründe, ob dieser Vergleich geeignet ist.

3 Vergleiche die elektrische Leitfähigkeit eines Kupferdrahtes und einer Kupfersulfatlösung.

4 a) Lege eine Tabelle an, in der du die Eigenschaften von Metallen denen der Salze gegenüber stellst. Erkläre die Unterschiede.
b) Du schlägst mit einem Hammer auf einen Kupferdraht und einen Salzkristall. Beschreibe, was passiert und skizziere die Vorgänge auf der Teilchenebene.

5 a) Ein Eisenstab und ein Holzstab haben beide eine Temperatur von 50 °C. Begründe, welcher Stab sich wärmer anfühlt.
b) Erläutere die von dir erwartete Empfindung, wenn beide Stäbe eine Temperatur von 10 °C hätten.
c) Erkläre, warum zur Ausstattung einer Sauna keine Metallgegenstände verwendet werden sollten.

Exkurs Metallgitter

In einem Metallkristall sind die Atomrümpfe regelmäßig und möglichst dicht angeordnet. Die Gitterstruktur von Metallen lässt sich durch einfache Kugelmodelle veranschaulichen. Jedes Metall-Ion wird dabei modellhaft als Kugel dargestellt.

Klebt man Kugeln in einer Schicht aneinander, ist jede Kugel von sechs weiteren Kugeln umgeben. Die Kugeln einer weiteren Schicht liegen in den Lücken der ersten Schicht. In einer dritten Schicht lassen sich die Kugeln auf *zwei* verschiedene Weisen anordnen: Liegen die Kugeln der dritten Schicht genau über den Kugeln der ersten Schicht, ergibt sich die Schichtfolge ABAB... Diese Anordnung wird als *hexagonal dichteste Kugelpackung* bezeichnet. Da Magnesium in diesem Gittertyp auftritt, bezeichnet man das Metallgitter als **Magnesiumtyp.**

Im **Kupfertyp** sind die Metall-Ionen der dritten Schicht gegenüber der ersten Schicht versetzt. Erst die Kugeln der vierten Schicht decken sich mit der ersten Schicht; die Schichtfolge dieser *kubisch-dichtesten Kugelpackung* lautet also ABCABC....

In Metallen wie Wolfram, Eisen oder Chrom sind die Metall-Ionen weniger dicht gepackt. Dieser **Wolframtyp** bildet eine *kubisch-raumzentrierte Kugelpackung.* Acht Metall-Ionen bilden die Ecken eines Würfels, in dem ein zentrales Metall-Ion eingelagert ist.

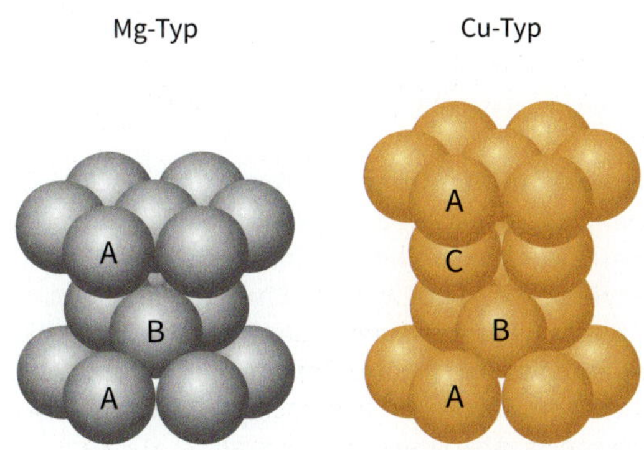

1 Baue die drei Gittertypen mithilfe von Zellstoffkugeln und Kleber nach und bestimme anhand der Modelle die Anzahl der nächsten Nachbaratome, die *Koordinationszahl.*

Redoxreaktionen – Elektronen auf Wanderschaft

1 ***Magnesium reagiert mit a) Chlor und b) Sauerstoff***

Taucht man ein brennendes Stück Magnesiumband in einen Standzylinder mit Chlorgas, ist eine helle Flamme zu beobachten – ganz ähnlich wie bei der Verbrennung von Magnesium in Sauerstoff (Abb. 1). In beiden Fällen ist die Reaktion stark exotherm und es entstehen weiße, kristalline Feststoffe: die Salze Magnesiumchlorid ($MgCl_2$) und Magnesiumoxid (MgO).

Magnesiumchlorid und Magnesiumoxid sind aus Ionen aufgebaut und somit Ionenverbindungen: Magnesiumchlorid aus Mg^{2+} und Cl^--Ionen; Magnesiumoxid aus Mg^{2+} und O^{2-}-Ionen. Diese Ionen entstehen bei der Reaktion von Magnesium-Atomen mit Chlor-Molekülen beziehungsweise Sauerstoff-Molekülen. In beiden Fällen geben Magnesium-Atome Elektronen ab. Gleichzeitig nehmen die Atome der Reaktionspartner, Chlor und Sauerstoff, Elektronen auf (Abb. 2). Wie bei jeder Salzbildung aus den Elementen hat auch hier eine **Elektronenübertragung** von Metall-Atomen auf Nichtmetall-Atome stattgefunden.

Redoxreaktion = Elektronenübertragung. Die Verbrennung von Magnesium ist ein Beispiel für eine *Oxidation.* Der Begriff wurde ursprünglich vom französichen Chemiker Antoine Laurent de LAVOISIER Ende des 18. Jahrhunderts geprägt. Er bezeichnete damit eine Reaktion, bei der ein Stoff Sauerstoff aufnimmt und ein Oxid entsteht. Entsprechend war die Umkehrung der Oxidation – die Abgabe von Sauerstoff – eine *Reduktion.*

Da die Reaktion von Magnesium mit Chlor sowohl auf der stofflichen Ebene als auch auf der Teilchenebene durchaus mit der Verbrennung von Magnesium vergleichbar ist, werden die Begriffe *Oxidation, Reduktion* und *Redoxreaktion* heute allgemeiner gefasst und neu definiert:

Eine **Oxidation** ist eine Abgabe von Elektronen, eine **Reduktion** die Aufnahme von Elektronen. Da Elektronenaufnahme (Reduktion) und Elektronenabgabe (Oxidation) bei einer chemischen Reaktion stets miteinander verknüpft sind, ist jede Elektronenübertragungsreaktion eine **Redoxreaktion.** Entsprechend definiert man die Teilchen, die Elektronen abgeben als **Reduktionsmittel** oder *Elektronendonatoren* (lat. *donare:* schenken) und solche, die die Elektronen aufnehmen als **Oxidationsmittel** oder *Elektronenakzeptoren* (lat. *accipere:* empfangen, annehmen).

Wie bei Säure-Base-Reaktionen werden auch hier Teilchen von einem Reaktionspartner auf den anderen übertragen. Redoxreaktionen verlaufen also auch nach dem *Donator-Akzeptor-Konzept.*

Im Beispiel aus Abb. 1 werden die Magnesium-Atome oxidiert und wirken als Reduktionsmittel. Die Moleküle von Sauerstoff sowie von Chlor werden reduziert und sind daher die Oxidationsmittel. Nach der neuen Definition ist also die Verbrennung von Magnesium wie jede Reaktion zwischen einem Metall und einem Nichtmetall eine Redoxreaktion.

Um die Übertragung von Elektronen deutlich zu machen, stellt man zunächst getrennt die *Teilgleichungen* für die Oxidation und die Reduktion auf und fasst diese dann zur Reaktionsgleichung für die Redoxreaktion zusammen:

Oxidation: *(Elektronenabgabe)*	$Mg \dashrightarrow Mg^{2+} + 2\,e^-$	$\mid \cdot 1$
Reduktion: *(Elektronenaufnahme)*	$Cl_2 + 2\,e^- \dashrightarrow 2\,Cl^-$	$\mid \cdot 1$
Redoxreaktion:	$Mg(s) + Cl_2(g) \rightarrow MgCl_2(s)$	

Oxidation: *(Elektronenabgabe)*	$Mg \dashrightarrow Mg^{2+} + 2\,e^-$	$\mid \cdot 2$
Reduktion: *(Elektronenaufnahme)*	$O_2 + 4\,e^- \dashrightarrow 2\,O^{2-}$	$\mid \cdot 1$
Redoxreaktion:	$2\,Mg(s) + O_2(g) \rightarrow 2\,MgO(s)$	

Redoxpaare. Gibt ein Atom Elektronen ab, so entsteht ein Teilchen, das wieder Elektronen aufnehmen könnte. Ein Paar von Teilchen, die durch Aufnahme oder Abgabe von Elektronen ineinander überführt werden können, nennt man *Redoxpaar.* An einer Redoxreaktion sind immer zwei Redoxpaare beteiligt. Für die Reaktionen aus Abb. 1 lauten die Redoxpaare: Mg^{2+}/Mg, $O_2/2\,O^{2-}$ und $Cl_2/2\,Cl^-$.

Redoxreaktionen sind Elektronenübertragungsreaktionen. Eine Oxidation ist die Abgabe von Elektronen, bei einer Reduktion nimmt ein Teilchen Elektronen auf.

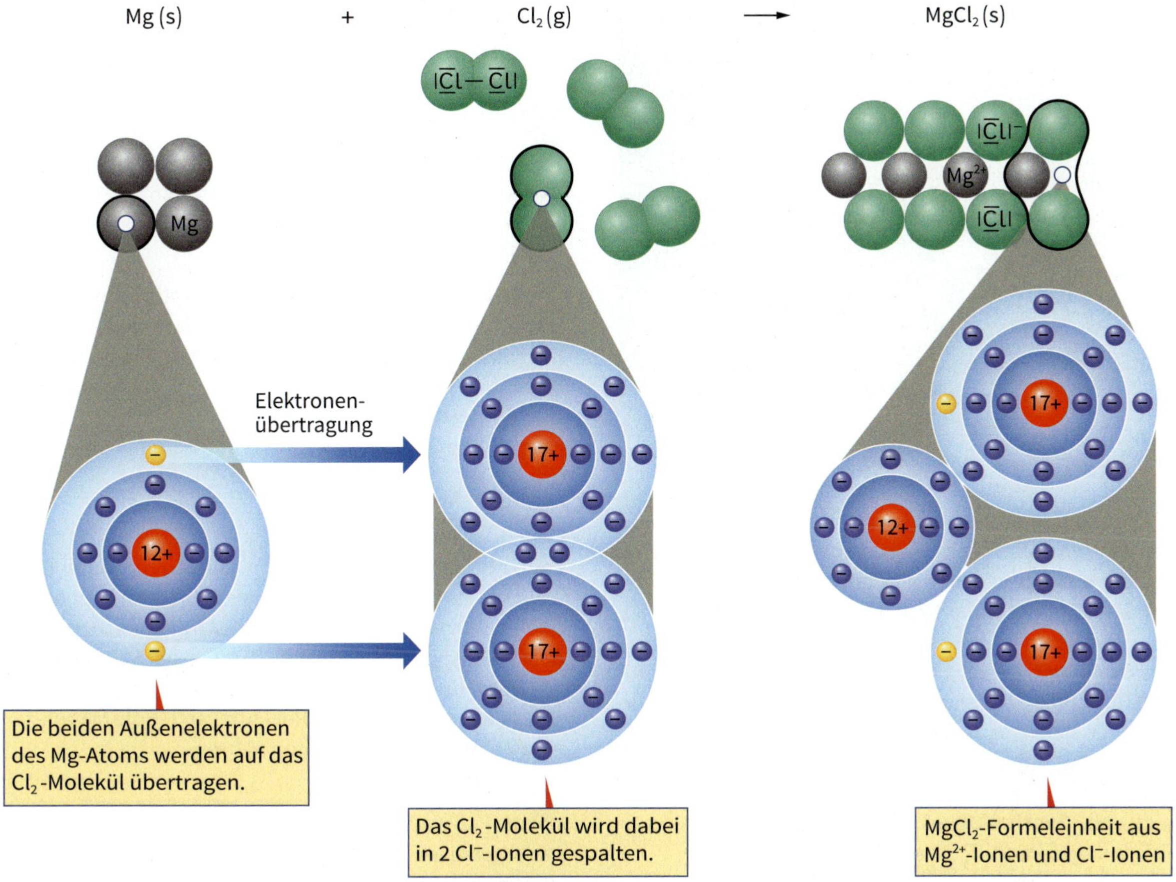

2 ***Modellvorstellung der Redoxreaktion von Magnesium mit Chlor***

1 Erläutere die Begriffe *Elektronendonator* und *Elektronenakzeptor.*

2 Beschreibe, wie du experimentell prüfen kannst, dass bei der Reaktion von Magnesium mit Chlor wirklich Chlorid-Ionen entstehen.

3 Begründe, weshalb folgende Reaktionen Redoxreaktionen sind. Formuliere entsprechende Teilgleichungen und gib die Redoxpaare an:
a) Natrium reagiert mit Fluor.
b) Eisenwolle wird in Bromdampf verbrannt.
c) Aluminium reagiert mit Sauerstoff.

4 Magnesium reagiert mit Stickstoff unter Bildung von Magnesiumnitrid (Mg_3N_2). Dazu schichtet man Magnesiumspäne auf einem Keramiknetz zu einem Kegel auf und entzündet diese. Sofort stülpt man ein Becherglas über das brennende Magnesium.

Zerteilt man nach der Reaktion den Kegel, erkennt man außen einen weißen pulverartigen Feststoff, während sich im Inneren des Kegels gelbliche Kristalle von Magnesiumnitrid gebildet haben.
a) Formuliere die Reaktionsgleichung für die Bildung von Magnesiumnitrid. Kennzeichne dabei die Vorgänge für die Oxidation und für die Reduktion.
b) Zeichne für die an der Reaktion beteiligten Teilchen die Schalenmodelle und stelle die Elektronenübertragung dar. Ordne den Teilchen die Begriffe Oxidationsmittel und Reduktionsmittel zu.
c) Erkläre, weshalb sich Magnesiumnitrid nur im Inneren der Probe gebildet hat.

5 Kupferoxid reagiert mit Eisen zu Kupfer und Eisenoxid.
a) Formuliere die Reaktion als Sauerstoffübertragungsreaktion und als Elektronenübertragungsreaktion.
b) Gib jeweils Oxidationsmittel und Reduktionsmittel an und beschreibe die Unterschiede zwischen Sauerstoffübertragungs- und Elektronenübertragungsreaktionen.

13.3 Wer oxidiert wen? – edle und unedle Metalle

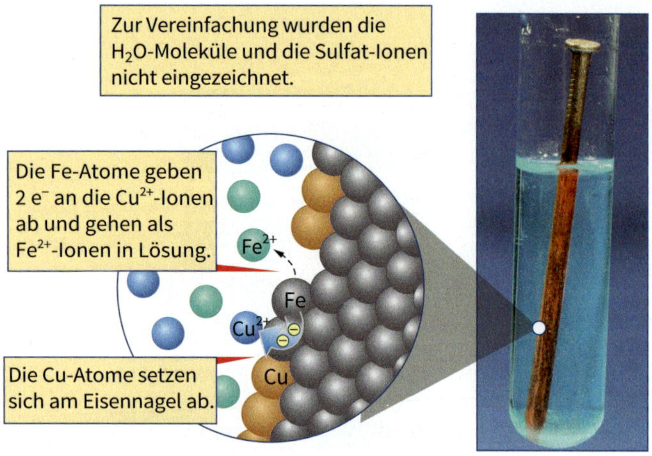

1 *Eisenstab in Kupfersulfatlösung*

Redoxreaktionen können auch in wässrigen Lösungen stattfinden: Taucht man einen Eisennagel in eine Lösung von Kupfersulfat, so überzieht er sich mit einer Schicht aus Kupfer (Abb. 1). Nach längerer Zeit wird die Blaufärbung der Lösung, die durch die hydratisierten Cu^{2+}-Ionen bewirkt wird, schwächer. In der Lösung lassen sich Fe^{2+}-Ionen nachweisen. An der Grenzfläche zwischen dem Eisen und der Lösung findet eine Elektronenübertragung statt. Kupfer-Ionen nehmen Elektronen von Eisen-Atomen auf und werden zu Kupfer-Atomen reduziert. Gleichzeitig werden die Atome des Eisens zu Fe^{2+}-Ionen oxidiert:

Oxidation: $Fe \dashrightarrow Fe^{2+} + 2\,e^-$

Reduktion: $Cu^{2+} + 2\,e^- \dashrightarrow Cu$

Redoxreaktion: $Fe(s) + Cu^{2+}(aq) \rightarrow Fe^{2+}(aq) + Cu(s)$

Redoxreihe der Metalle. Stellt man umgekehrt einen Kupferstab in eine Eisensalzlösung, so erfolgt keine Reaktion; die Kupfer-Atome geben keine Elektronen an die Eisen-Ionen ab. Kupfer-Atome lassen sich schlechter oxidieren als Eisen-Atome. Man sagt: Kupfer ist *edler* als Eisen.

Ähnliche Unterschiede beobachtet man auch bei Reaktionen von anderen Paaren von Metallen und ihren Salzlösungen. Auf der Grundlage solcher Versuche lassen sich die Metalle in einer Reihe anordnen. In dieser *Redoxreihe* der Metalle stehen links die unedlen Metalle, ihre Atome geben leicht Elektronen ab, sind also leicht zu oxidieren. Typische Edelmetalle stehen rechts in der Reihe. Ihre Atome sind nur schwer zu oxidieren, die Tendenz Elektronen abzugeben ist schwach. Die Ionen edler Metalle lassen sich hingegen leicht reduzieren, sie nehmen also leicht Elektronen auf.

Innerhalb der Redoxreihe nimmt also die Oxidierbarkeit der Metall-Atome ab und die Reduzierbarkeit der Metall-Kationen zu. Damit kann man vorhersagen, ob eine Redoxreaktion abläuft oder nicht.

Es gilt: Metall-Atome können nur die Kationen der in der Reihe rechts von ihnen stehenden Metalle reduzieren. Umgekehrt oxidieren die Kationen nur die Atome der links von ihnen stehenden Metalle. Man muss also ein unedles Metall mit der Salzlösung eines edleren Metalls kombinieren, damit sich das edlere Metall aus der Salzlösung abscheidet.

Edel oder unedel? Um im Labor zu prüfen, ob ein Metall edel oder unedel ist, kann man es mit verdünnter Salzsäure versetzen. Nur unedle Metalle wie Magnesium oder Zink reagieren mit verdünnten Säuren zu einer Salzlösung und gasförmigem Wasserstoff. Stellt man dagegen ein Kupferblech oder ein Silberblech in verdünnte Salzsäure, so findet keine Reaktion statt: Edle Metalle reagieren nicht mit verdünnten Säuren.

In der Redoxreihe sind die Metalle von unedel nach edel geordnet. Atome unedler Metalle geben leicht Elektronen ab; sie werden in verdünnten Säuren unter Wasserstoffentwicklung zu Metall-Ionen oxidiert.

1 Beschreibe, worin sich edle von unedlen Metallen unterscheiden.

2 Ordne die Metalle Kalium, Aluminium und Blei nach ihrer Stärke als Reduktionsmittel und begründe dies.

3 Auch im Zeitalter der digitalen Fotografie fallen bei der Entwicklung von Fotos Lösungen an, die Silber-Ionen enthalten. Um daraus Silber zurückzugewinnen, lässt man die silbersalzhaltigen Lösungen in einen mit Eisenwolle gefüllten Behälter fließen.
Erkläre die ablaufende chemische Reaktion und stelle die Teilgleichungen für die Oxidation und die Reduktion sowie die Reaktionsgleichung für die Redoxreaktion auf. Nenne Reduktions- und Oxidationsmittel.

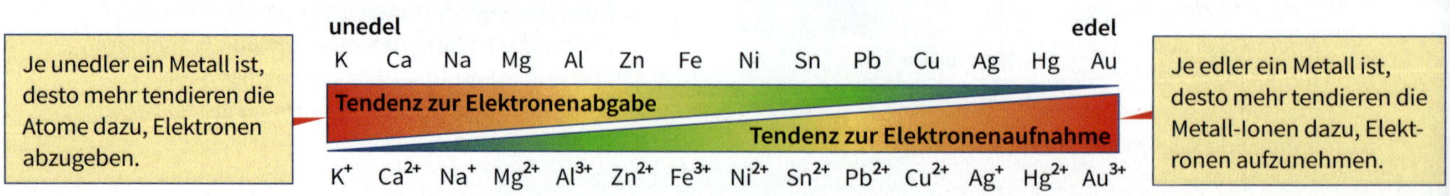

Praktikum Elektronen auf Wanderschaft

Versuch 1:
Edel oder unedel?

Materialien: Schmirgelpapier, Glimmspan; Salzsäure ($1\,\frac{mol}{l}$), Bleche oder Drähte verschiedener Metalle (Kupfer, Magnesium, Eisen, Silber, Zink, Aluminium ...), Kalkwasser.

Durchführung:
1. Schneide aus den Blechen kleine Stücke (etwa 1 cm lang und 2 cm breit); alternativ kannst du etwa 10 cm lange Drahtstücke zu einem Bausch knäulen.
2. Fülle Reagenzgläser etwa zwei Finger breit mit Salzsäure und gib in jedes Reagenzglas eines der mit Schmirgelpapier blank geriebenen Metalle.
3. Prüfe entstehende Gase mithilfe geeigneter Nachweisverfahren.

Aufgaben:
a) Formuliere deine Beobachtungen und deute sie.
b) Stelle für die ablaufenden Reaktionen die Reaktionsgleichungen in Ionenschreibweise auf.

Versuch 2:
Wer oxidiert wen?

Materialien: 5 Bechergläser (50 ml); Schmirgelpapier;
Lösungen ($w = 1\,\%$) von: Kupfersulfat (**7**, **9**, **B2**), Magnesiumchlorid, Silbernitrat, Zinksulfat, Eisensulfat (**7**); Kupferblech, Magnesiumband, Silberdraht, Zinkblech, Eisenblech (oder Nagel).

Durchführung:
1. Fülle die Bechergläser mit etwa 30 ml der verschiedenen Lösungen.
2. Schleife die Metallstücke blank und halte diese dann nacheinander in die verschiedenen Salzlösungen.

Hinweis: Es sollten alle Metalle mit allen Lösungen kombiniert werden. Vor jedem weiteren Versuch müssen die Metallstücke gereinigt, getrocknet und blank gerieben werden, um eindeutige Ergebnisse zu erhalten.

Aufgaben:
a) Fertige eine Tabelle an, in die du deine Beobachtungen übersichtlich einträgst.
b) Deute deine Beobachtungen und formuliere für die ablaufenden Reaktionen die Reaktionsgleichungen in Ionenschreibweise.
c) Ordne die Metalle in einer Redoxreihe an.
d) Begründe, welche Kombinationen du dir hättest sparen können, wenn du den Versuch 1 durchgeführt hast.

Versuch 3:
Nachweis der Ionenbildung bei Redoxreaktionen

Materialien: Thermometer, Tropfpipetten, Spatel, Stopfen;
Eisenpulver (**2**), Zinkpulver (**9**), Kaliumhexcyanoferrat (III) (rotes Blutlaugensalz), Kupfersulfatlösung ($1\,\frac{mol}{l}$, **7**, **9**, **B2**), Ammoniaklösung (verd., **5**)

Durchführung:
1. Fülle drei Reagenzgläser jeweils etwa zwei Finger breit mit Kupfersulfatlösung und miss die Temperatur der Lösungen.
2. Gib in eines der Reagenzgläser einen Spatel Eisenpulver und in das andere einen Spatel Zinkpulver und schüttle gut durch.
3. Miss die Temperatur der Lösungen erneut.
4. Prüfe beide Lösungen auf Kupfer-Ionen, indem du zu je 2 ml der Lösungen das gleiche Volumen an Ammoniaklösung gibst. Prüfe auch die Ausgangslösung im dritten Reagenzglas auf die gleiche Weise.
5. Verdünne jeweils 2 ml der Reaktionslösungen mit etwa 8 ml Wasser. Gib jeweils eine halbe Spatelspitze rotes Blutlaugensalz hinzu und schüttle.

Aufgaben:
a) Formuliere deine Beobachtungen.
b) Werte die einzelnen Teilversuche unter folgenden Gesichtspunkten aus:
   - Änderungen der Temperatur mit Bezug zur Stellung der Metalle in der Redoxreihe,
   - Zugabe von Ammoniaklösung,
   - Zugabe von rotem Blutlaugensalz.

Hinweis: Rotes Blutlaugensalz ergibt mit Zn^{2+}-Ionen einen blassgelben und mit Fe^{2+}-Ionen einen tiefblauen Niederschlag. Ammoniak bildet mit Kupfer-Ionen eine tiefblaue Lösung.

Methode Aufstellen von Redoxgleichungen

Reaktionsgleichungen für Redoxreaktionen aufzustellen ist nur scheinbar kompliziert. Wenn du schrittweise vorgehst und dir die Schrittfolge merkst, ist es relativ einfach. Die einzelnen Schritte werden am Beispiel der Reaktion von Aluminium und Sauerstoff gezeigt. Diese Reaktion läuft beispielsweise auch beim Abbrennen einer Wunderkerze ab.

Schritt 1: Wer gibt wie viele Elektronen ab? – Aufstellen der Teilgleichung für die Oxidation.

$\cdot\dot{Al}\cdot \dashrightarrow Al^{3+} + 3\,e^-$

① Aluminium steht in der **III. Hauptgruppe** des Periodensystems. Das heißt, dass jedes Aluminium-Atom **drei Außenelektronen** besitzt. Durch Abgabe dieser Elektronen entsteht ein Al^{3+}-Ion, welches die Edelgaskonfiguration des Neon-Atoms hat.

Schritt 2: Wer nimmt wie viele Elektronen auf? – Aufstellen der Teilgleichung für die Reduktion.

$|\overline{\underset{\cdot}{O}}\cdot + 2\,e^- \dashrightarrow |\overline{\underline{O}}|^{2-}$

② Sauerstoff steht in der **VI. Hauptgruppe**, jedes Sauerstoff-Atom hat also **sechs Außenelektronen**. Durch Aufnahme von zwei Elektronen entsteht ein Oxid-Ion (O^{2-}), das die Edelgaskonfiguration des Neon-Atoms hat.

$O_2 + 4\,e^- \dashrightarrow 2\,|\overline{\underline{O}}|^{2-}$

③ Da Sauerstoff aber immer als O_2-Molekül vorliegt, benötigt man für Reduktion der beiden Atome auch die doppelte Anzahl an Elektronen. Pro Sauerstoff-Molekül werden also vier Elektronen benötigt und es entstehen zwei O^{2-}-Ionen.

Schritt 3: Die Anzahl der Elektronen ausgleichen – das kleinste gemeinsame Vielfache (kgV) bilden.

Oxidation:	$Al \dashrightarrow Al^{3+} + 3\,e^-$	$\vert \cdot 4$	kgV = 12
Reduktion:	$O_2 + 4\,e^- \dashrightarrow 2\,O^{2-}$	$\vert \cdot 3$	
Redoxreaktion:	$4\,Al + 3\,O_2 + 12\,e^- \rightarrow 4\,Al^{3+} + 6\,O^{2-} + 12\,e^-$		
Reaktionsgleichung:	$4\,Al(s) + 3\,O_2(g) \rightarrow 2\,Al_2O_3(s)$		

④ Nun werden die Teilgleichungen untereinander geschrieben. Da die Anzahl der aufgenommenen und abgegebenen Elektronen gleich sein muss, muss man das kleinste gemeinsame Vielfache (kgV) bilden. Das kgV aus 4 und 3 Elektronen ist 12. Um auf 12 Elektronen zu kommen, werden 4 Al-Atome und 3 O_2-Moleküle benötigt.

⑤ Wie in der Mathematik werden nun die Teilchen, die auf der linken und der rechten Seite des Reaktionspfeils stehen, addiert. Da auf beiden Seiten 12 Elektronen auftauchen, fallen diese weg.

⑥ Die Verhältnisformel des Salzes erhält man, indem man die Regel der Neutralität beachtet: Die Zahl der positiven Ladungen muss der Zahl der negativen Ladungen entsprechen. In diesem Fall bilden 2 Al^{3+}- und 3 O^{2-}-Ionen eine Formeleinheit Al_2O_3. Da in dem Beispiel aber 4 Al^{3+}- und 6 O^{2-}-Ionen vorliegen, ergeben sich insgesamt zwei Formeleinheiten Al_2O_3.

1 Stelle nach diesem Schema die Reaktionsgleichungen für folgende Reaktionen auf:
a) Lithium reagiert mit Sauerstoff,
b) Magnesium reagiert mit Stickstoff,
c) Calcium reagiert mit Chlor.

2 In einer Wunderkerze befinden sich 6,75 g Aluminium. Berechne, wie viel Gramm Sauerstoff durch die Wunderkerze verbraucht werden. Ermittle das Volumen an Luft, das der Masse an Sauerstoff bei Raumtemperatur entspricht.

Das Donator-Akzeptor-Konzept

Die Reaktion von Kupferoxid mit Kohlenstoff, die Herstellung von Kochsalz aus den Elementen und die Bildung von Salzsäure aus Chlorwasserstoffgas und Wasser sind von außen betrachtet ganz verschiedene Reaktionen. Formuliert man aber die Reaktionsgleichungen, erkennt man, dass in jedem der Beispiele Teilchen von einem Reaktionspartner auf einen anderen übertragen werden, die Art der übertragenen Teilchen jedoch verschieden ist. Diese Gemeinsamkeit chemischer Reaktionen bezeichnet man in der Chemie als **Donator-Akzeptor-Konzept** – gleichgültig, ob Atome, Elektronen oder Protonen übertragen werden. Die Teilchen werden immer von einem **Donator** (Teilchenspender) abgegeben und gleichzeitig von einem **Akzeptor** (Teilchenempfänger) aufgenommen.

A) Redoxreaktionen I: Übertragung von Sauerstoff-Atomen

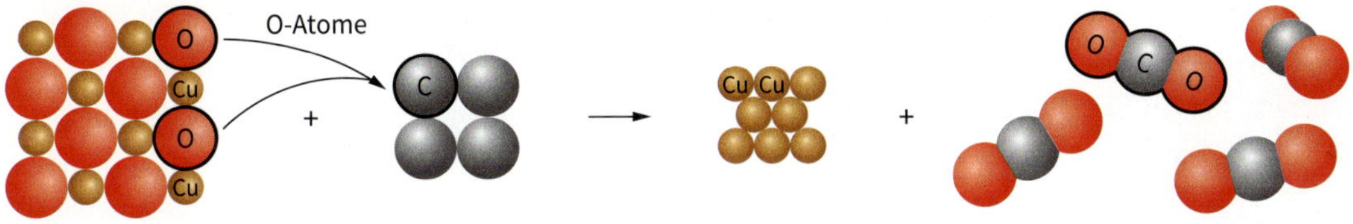

Bei der Reaktion von Kupferoxid mit Kohlenstoff werden Sauerstoff-Atome von Kupferoxid auf Kohlenstoff übertragen. Das Kupferoxid ist dabei der Sauerstoffdonator, Kohlenstoff ist der Sauerstoffakzeptor. Wie bei jeder Redoxreaktion nach der ursprünglichen Definition erfolgt auch hier eine Übertragung von Sauerstoff-Atomen.

B) Redoxreaktionen II: Übertragung von Elektronen

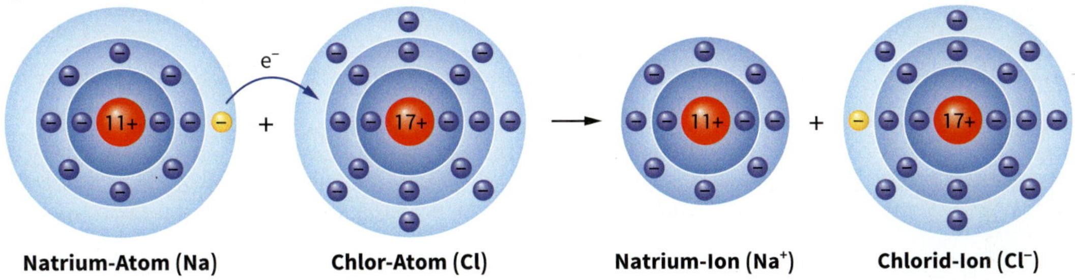

Die Bildung von Kochsalz aus den Elementen ist ebenfalls eine Redoxreaktion, allerdings nach der neuen Definition. Es werden Elektronen übertragen. Jedes Natrium-Atom gibt Elektronen ab und wird so zu einem Na^+-Ion oxidiert. Es ist also der Elektronendonator. Umgekehrt wirkt jedes Chlor-Atom als Elektronenakzeptor: Es wird durch Aufnahme von einem Elektron zu einem Cl^--Ion reduziert. Jede Redoxreaktion ist eine Elektronenübertragungsreaktion.

C) Säure-Base-Reaktionen: Übertragung von Protonen

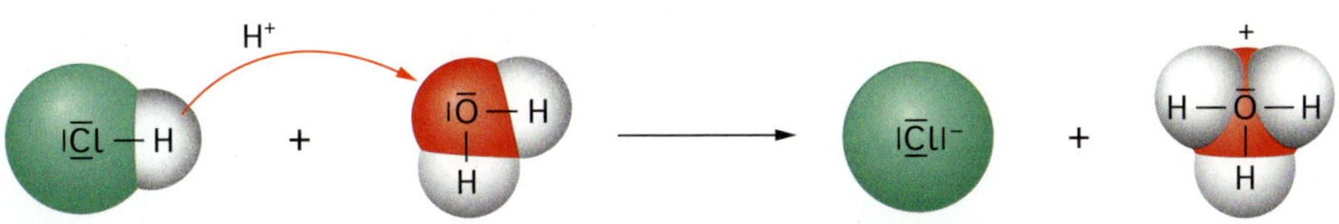

Bei der Reaktion von Chlorwasserstoffgas mit Wasser wird ein Proton (H^+-Ion) vom Chlorwasserstoff-Molekül auf ein Wasser-Molekül übertragen. Das Chlorwasserstoff-Molekül wirkt als Protonendonator (Brönsted-Säure) und das Wasser-Molekül als Protonenakzeptor (Brönsted-Base).

1 Ordne den Abbildungen folgende Begriffe zu: *Oxidationsmittel, Reduktionsmittel, Brönsted-Säure, Brönsted-Base.*

2 Gib für die Elektronenübertragungsreaktion die Redoxpaare sowie für die Protolysereaktion die Säure-Base-Paare an.

13.4 **Korrosion – ungewollte Redoxreaktionen**

Viele Stoffe werden unter dem Einfluss von Luft, Wasser, sauren oder alkalischen Lösungen sowie aggressiven Gasen mit der Zeit verändert. Man sagt dann häufig, dass der *Zahn der Zeit* daran genagt hat. Diese langsam voranschreitende Zerstörung von Materialien bezeichnet man allgemein als **Korrosion** (lat. *corrodere:* zerfressen). Das wohl bekannteste Beispiel dafür ist das Rosten von Eisen, das allein in Deutschland jährlich Kosten in Milliardenhöhe verursacht.

Auch andere Metalle sind von Korrosion bedroht. Auf Dächern aus Kupfer und auf Bronzestatuen bildet sich nach vielen Jahren eine grüne Schicht aus fest haftenden Kupfersalzen, die *Patina.* Metallisch glänzende Gegenstände aus Zink werden nach wenigen Wochen durch die Bildung von Zinkoxid matt.

Auch nichtmetallische Werkstoffe korrodieren. Glas verliert nach häufigem Spülen mit ätzenden Reinigern in der Spülmaschine seine glatte Oberfläche und wird blind. Das Licht wird von der nun rauen Oberfläche gestreut. Ein weiteres Beispiel ist die Zerstörung von Kalksteinfassaden durch sauren Regen.

Bei Metallen kann man zwei grundlegende Formen der Korrosion unterscheiden, die *Korrosion durch Säuren* und die *Sauerstoffkorrosion.* Da bei diesen Vorgängen Redoxreaktionen ablaufen, bezeichnet man sie als elektrochemische Korrosion.

Korrosion durch Säuren. Unedle Metalle wie Magnesium, Zink oder auch Eisen reagieren mit sauren Lösungen unter Bildung von Wasserstoff. Bei dieser **Säurekorrosion** werden die Atome unedler Metalle durch die Hydronium-Ionen in der sauren Lösung oxidiert. Für die Säurekorrosion von Zink gilt:

Oxidation: $Zn \dashrightarrow Zn^{2+} + 2\,e^-$
Reduktion: $2\,H^+ + 2\,e^- \dashrightarrow H_2$

Rosten – Korrosion durch Sauerstoff. Sobald ein Gegenstand aus Eisen feuchter Luft ausgesetzt ist, bildet sich nach und nach Rost. Entscheidend für die Korrosion des Eisens ist dabei der in Wasser gelöste Sauerstoff. Daher wird diese Form der Korrosion **Sauerstoffkorrosion** genannt. Die Sauerstoff-Moleküle oxidieren die Eisen-Atome und werden dabei selbst unter Reaktion mit Wasser-Molekülen zu Hydroxid-Ionen reduziert (Abb. 1):

Oxidation:	$2\,Fe \dashrightarrow 2\,Fe^{2+} + 4\,e^-$
Reduktion:	$O_2 + 2\,H_2O + 4\,e^- \dashrightarrow 4\,OH^-$
Redoxreaktion:	$2\,Fe(s) + O_2(aq) + 2\,H_2O(l) \rightarrow 2\,Fe^{2+}(aq) + 4\,OH^-(aq)$

Die Hydroxid-Ionen bilden mit den Fe^{2+}-Ionen schwer lösliches Eisenhydroxid ($Fe(OH)_2$), das sich auf der Oberfläche des Eisens ablagert:

$$Fe^{2+}(aq) + 2\,OH^-(aq) \rightarrow Fe(OH)_2(s)$$

Durch Reaktion mit weiterem Luftsauerstoff entsteht dann rotbraunes Eisenoxidhydroxid ($FeO(OH)$), der eigentliche Rost.

$$4\,Fe(OH)_2(s) + O_2(g) \rightarrow 4\,FeO(OH)(s) + 2\,H_2O(l)$$

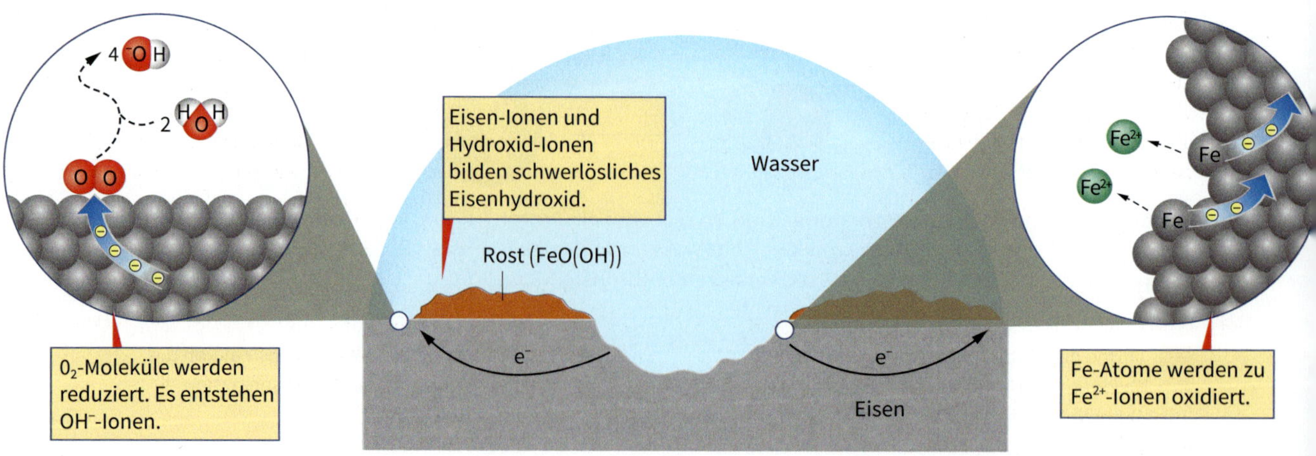

1 *Vorgänge beim Rosten von Eisen*

Diese Verbindung enthält dreifach positiv geladene Eisen-Ionen (Fe^{3+}). Beim Trocknen bildet sich ein poröses, bröckeliges Gemisch aus Eisenoxidhydroxid und verschiedenen anderen Eise noxiden, in die weiteres Wasser und Sauerstoff eindringen kann. Daher kann ein Gegenstand aus Eisen nach und nach völlig durchrosten.

Faktoren, die die Korrosion fördern. Eisen rostet, wenn es feuchter Luft ausgesetzt ist. Dann bildet sich auf der Oberfläche schnell ein Flüssigkeitsfilm, in dem sich neben Sauerstoff Gase wie Schwefeldioxid und Stickstoffoxide lösen können. Diese bilden saure Lösungen, die mit dem Eisen direkt reagieren oder die elektrische Leitfähigkeit erhöhen. Aus dem gleichen Grund fördern Salzlösungen die Korrosion.

Elektrochemische Korrosionsvorgänge laufen aber vor allem dort ab, wo sich ein unedles und ein edleres Metall berühren und mit einer Salzlösung benetzt sind. Eine solche Stelle bezeichnet man als **Lokalelement.** Ein Beispiel dafür ist eine verkupferte Gießkanne aus Eisen. Wird der Kupferüberzug beschädigt, rostet das Eisen an dieser Stelle besonders schnell. Die Atome des unedleren Eisens werden zu Eisen-Ionen oxidiert und gehen in Lösung. Die dabei frei werdenden Elektronen fließen zum Kupfer und reduzieren dort die im Wasser gelösten Sauerstoff-Moleküle zu Hydroxid-Ionen.

Metalle schützen sich selbst. Die Metalle Zink und Aluminium sind an der Luft beständig, obwohl sie von ihrer Stellung in der Redoxreihe her unedler als Eisen sind. Vergleicht man die Oberfläche eines korrodierten Zink- oder Aluminiumblechs mit der eines rostigen Eisenblechs, zeigen sich Unterschiede. Im Gegensatz zur porösen Rostschicht bildet sich auf Gegenständen aus Zink und Aluminium schnell eine glatte und fest haftende Schicht aus Zinkoxid beziehungsweise Aluminiumoxid. Die dichte Oxidschicht hält Sauerstoff, Feuchtigkeit und andere korrosionsfördernde Faktoren fern und schützt das darunter liegende Metall. Dies bezeichnet man als **Passivierung.** Ein ähnliches Verhalten kann man bei Chrom, Nickel, Zinn und Kupfer beobachten. Auch diese Metalle überziehen sich mit einer korrosionsbeständigen Schicht. Meist handelt es sich dabei um Oxide; die grüne Patina beim Kupfer setzt sich jedoch aus verschiedenen Kupfersalzen zusammen.

Korrosion ist eine Zerstörung der Oberflächen von Stoffen unter Einwirkung von Wasser, Luftsauerstoff, sauren oder alkalischen Lösungen sowie aggressiven Gasen. Man unterscheidet bei Metallen zwischen Sauerstoffkorrosion und Säurekorrosion.

1 Stelle die Vorgänge bei Rosten von Eisen in einem Fließdiagramm dar. Beschreibe dazu die Einzelschritte in Stichpunkten und formuliere die entsprechenden Reaktionsgleichungen.

2 Im Jahr 1999 wurde auf dem Mittelberg nahe der Stadt Nebra in Sachsen-Anhalt eine etwa 3600 Jahre alte Bronzescheibe gefunden, die Himmelsscheibe von Nebra. Erläutere, warum nur die Bronzebestandteile korrodiert sind, jedoch die Goldauflagerungen scheinbar unverändert geblieben sind.

3 a) Gegenstände aus Eisen rosten im Winter schneller als im Sommer. Eiserne Haken im Hochgebirge zeigen dagegen auch nach vielen Jahren keinen Rost. Erkläre diese Beobachtungen.
b) Plane ein Experiment mit Eisenwolle, um diese Vorgänge zu untersuchen. Führe das Experiment durch und werte es aus.

4 Neben der elektrochemischen Korrosion, gibt es auch noch physikalische Korrosionsprozesse. Geologen sprechen auch von physikalischer Verwitterung. Informiere dich in deinem Erdkundebuch über die Arten der Verwitterung. Schreibe einen Informationstext.

5 Für einen Versuch stellt man ein Zinkblech und ein Kupferblech in eine verdünnte Säure. Dabei achtet man darauf, dass sich die beiden Metalle zunächst nicht berühren. Die Abbildung zeigt die Beobachtungen ohne und mit Berührung beider Metalle.
Lässt man beide Versuche etwa eine Stunde stehen, ist das Zinkstück im Versuchsteil (2) verschwunden, während es in Versuch (1) noch vorhanden, jedoch etwas kleiner geworden ist.

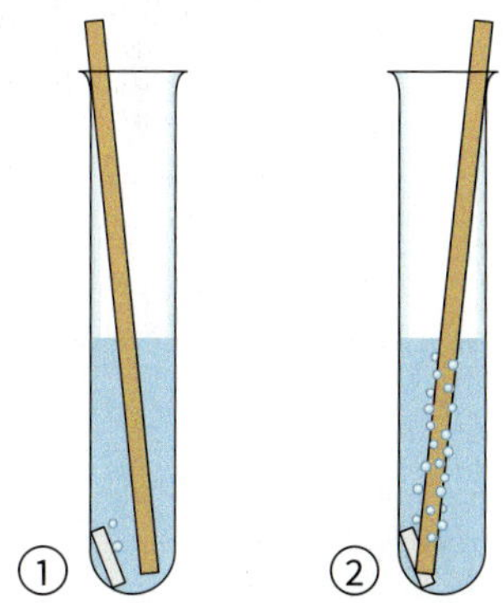

a) Formuliere deine Beobachtungen für beide Versuche und deute sie anhand von Reaktionsgleichungen.
b) Zeichne den Aufbau in dein Heft und skizziere die ablaufenden Vorgänge auf der Teilchenebene.

6 **Experimentelle Hausaufgabe:** Suche zu Hause oder in deiner Stadt nach Beispielen für Korrosion. Fotografiere diese und versuche sie den Korrosionsarten zuzuordnen. Erstelle ein Plakat.

13.5 Kampf der Korrosion!

Die Korrosion von Metallen kann erhebliche wirtschaftliche und ökologische Schäden verursachen. Allein durch das Rosten von Eisen entstehen in Deutschland Kosten in Höhe von jährlich etwa 34 Milliarden Euro. Doch die Schäden wären noch um ein vielfaches höher, wenn Menschen im Laufe der Zeit nicht zahlreiche Verfahren zum Schutz vor Korrosion entwickelt hätten. Die verschiedenen Verfahren beruhen darauf, Luft, Wasser und andere korrosionsfördernde Stoffen von der Oberfläche korrosionsgefährdeter Metalle fernzuhalten. Neben der regelmäßigen Reinigung und der trockenen Lagerung überzieht man Metallgegenstände häufig mit einer fest haftenden Schutzschicht.

Schutzschichten aus Nichtmetallen. Bereits römische Soldaten rieben in ihren Feldzügen gegen Gallier, Briten und Germanen die Eisenrahmen ihrer Steinschleudern und Pfeilgeschütze mit Pflanzenölen ein, um sie vor dem Rosten zu schützen. Auch heute werden Fahrradketten oder bewegliche Maschinenteile eingeölt oder gewachst und dadurch mit einer wasserabweisenden (hydrophoben) Schicht auf der Metalloberfläche versehen.

Für den dauerhaften Schutz von Gegenständen, die längere Zeit der Witterung oder Feuchtigkeit ausgesetzt sind, reichen diese Maßnahmen nicht aus. Hier ist ein fest haftender Überzug nötig, der weder Wasser noch Luft durchlässt. Die Lackierung eines Autos oder Fahrradrahmens, der Unterbodenschutz aus Bitumen beim Auto und auch die Emaillierung einer Badewanne aus Stahl sind Beispiele für solche *nichtmetallischen Überzüge*.

Schutzschichten aus Metallen. Neben den nichtmetallischen Überzügen werden Metalle vielfach mit anderen Metallen überzogen. Meistens werden dafür unedle Metalle wie Zink, Chrom, Zinn und Nickel verwendet. Diese sind passiviert, bilden also an Luft eine fest haftende Oxidschicht und schützen sich dadurch selbst und das darunter liegende Werkstück aus Eisen vor Korrosion.

Die Schutzwirkung ist jedoch je nach Metallüberzug unterschiedlich. Bei einer mit Kupfer überzogenen Gießkanne aus Eisen schützt das edlere und somit korrosionsbeständigere Kupfer das darunter liegende Eisen nur vor dem Rosten, so lange die Kupferschicht nicht verletzt ist. Wird diese beschädigt, kommen Sauerstoff und Wasser direkt mit dem Eisen in Kontakt und das unedlere Eisen rostet infolge der Bildung eines Lokalelements schneller als Eisen, das nicht verkupfert ist (Abb. 1).

Anders verhält es sich, wenn die Zinkschicht auf einer verzinkten Dachrinne aus Eisen beschädigt ist. Das Eisen bleibt vor Korrosion geschützt: Da Zink unedler ist als Eisen, werden die Zink-Atome oxidiert und gehen als Zn^{2+}-Ionen in Lösung. Am edleren Eisen werden Hydronium-Ionen zu Wasserstoff-Molekülen reduziert (Abb. 1).

Für das Aufbringen von Schutzschichten aus Metallen gibt es verschiedene Verfahren. Beim **Feuerverzinken** (Abb. 2) werden gereinigte und speziell vorbehandelte Werkstücke aus Stahl wie Laternenmasten oder Teile einer Autokarosserie in eine 450 °C heiße Zinkschmelze getaucht. Dort, wo das Eisen mit dem flüssigen Zink in Berührung kommt, bildet sich eine Eisen-Zink-Legierung: Zink-Atome setzen sich in Lücken zwischen den Eisen-Atomen. Darauf lagert sich eine etwa 0,1 mm dicke Zinkschicht ab.

Die hauchdünnen Metallüberzüge bei verzinnten Konservendosen, chromglänzenden Armaturen im Bad, vergoldeten Schmuckstücken aber auch von verkupferten Centstücken werden durch *Elektrolyse* auf die Metallgegenstände aufgetragen. Bei diesem als **Galvanisierung** bezeichneten Verfahren wird ein gereinigtes Werk-

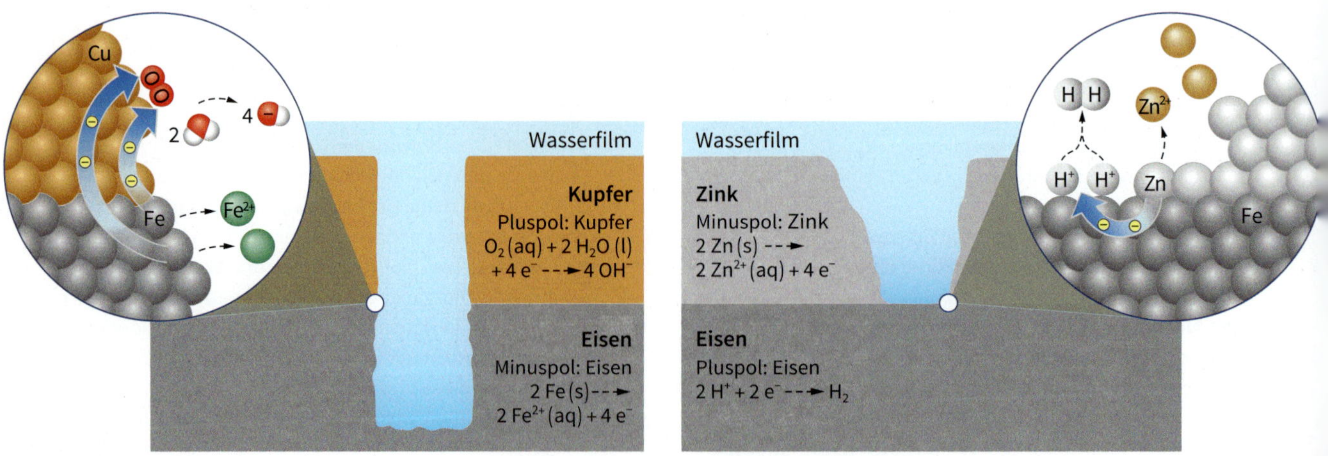

1 *Korrosion bei verkupfertem und verzinktem Eisen*

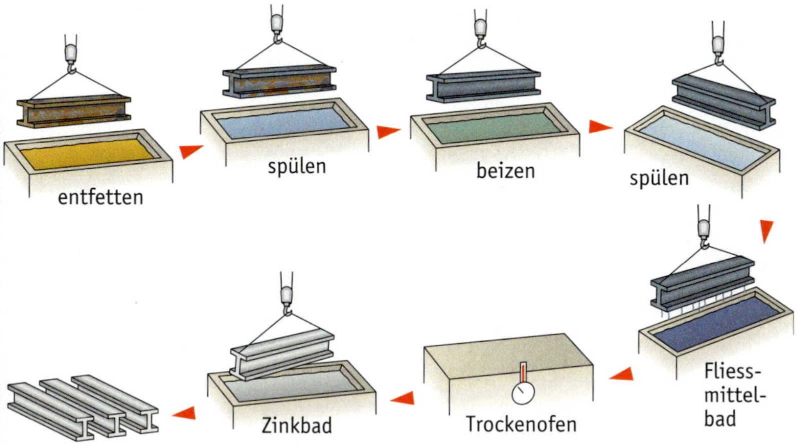

2 *Ein Werkstück wird feuerverzinkt*

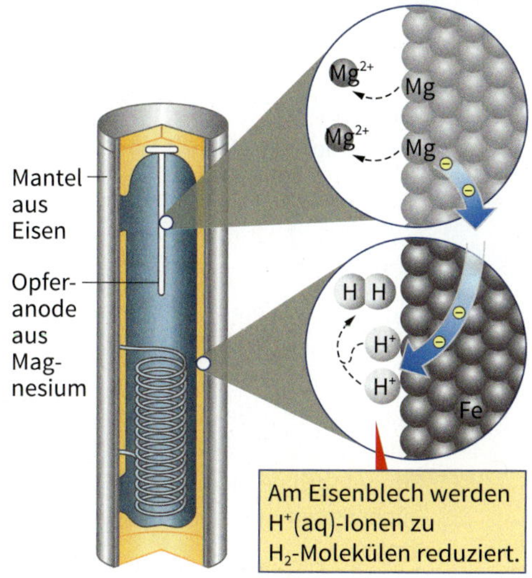

3 *Opferelektrode in einem Wassertank*

stück in eine Salzlösung des Überzugsmetalls getaucht und als Minuspol geschaltet. Die in der Salzlösung enthaltenen Metall-Ionen werden am Werkstück reduziert und lagern sich als Atome darauf ab. So entsteht nach kurzer Zeit eine geschlossene Metallschicht. Als Pluspol dient meist das Überzugsmetall selbst. Dort werden die Metall-Atome oxidiert und gehen als Ionen in Lösung.

Opferelektroden. Der Heißwassertank einer Zentralheizung, Schiffsrümpfe aus Stahl, unterirdische Heizöltanks oder Ölpipelines sind in besonderem Maße von Korrosion bedroht und benötigen daher einen sehr wirksamen Schutz. An Schiffsrümpfen bringt man dafür Platten oder Stäbe aus Zink an; unterirdische Tanks und Pipelines werden elektrisch leitend mit austauschbaren Platten aus Magnesiumlegierungen verbunden, die sich in direkter Nähe im Boden oder im Wasser befinden. Bei einem Heißwassertank ragt ein Magnesiumstab direkt in das Wasser (Abb. 3). In all diesen Beispielen erfolgt der Korrosionsschutz wiederum durch die Bildung von Lokalelementen. Die Platten oder Stäbe der unedlen Metalle lösen sich nach und nach auf, da ihre Atome oxidiert werden und als Ionen in Lösung gehen. Die frei werdenden Elektronen fließen durch das Metall zum Eisen und verhindern so dessen Oxidation. Da die Stücke der unedlen Metalle sich gleichsam für das Eisen opfern, spricht man von *Opferelektroden* oder auch *Opferanoden.*

Eisen wird durch Überzüge aus Nichtmetallen oder Metallen vor der Korrosion geschützt. Überzüge aus einem edleren Metall schützen nur bei intakter Schicht. Opferelektroden aus unedlen Metallen liefern Elektronen und verhindern so die Oxidation von Eisen.

1 Stelle die genannten Verfahren zum Korrosionsschutz tabellarisch in deiner Chemiemappe zusammen und erkläre jeweils das dem Verfahren zugrunde liegende Prinzip. Formuliere für die ablaufenden Redoxvorgänge die Teilgleichungen für die Oxidation und die Reduktion.

2 Beurteile, ob intensives Polieren von versilbertem Schmuck oder verkupferten Kannen aus Eisen als Maßnahmen zum Korrosionsschutz geeignet sind.

3 Konservendosen bestehen oft aus verzinntem Stahlblech, das auch als Weißblech bezeichnet wird. Zinn ist edler als Eisen, wird aber an der Luft passiviert.
a) Erkläre, weshalb sich Zinn für den Korrosionsschutz von Eisen eignet.
b) Geöffnete Konservendosen sollte man sofort aufbrauchen oder in Glasgefäße umfüllen, weil die Lebensmittel durch Eisen-Ionen ungenießbar werden können. Erkläre diesen Hinweis und stelle für die ablaufenden Reaktionen die Reaktionsgleichungen auf.
c) Fertige eine Schemazeichnung wie in Abb. 1 an, die die Vorgänge in der Konservendose verdeutlicht.
d) Erkläre, weshalb das Eisenblech von Konservendosen nicht mit dem billigeren Zink überzogen wird.

4 Beschreibe mithilfe des Textes und der Abb. 2 das Fließschema zum Ablauf der Feuerverzinkung und erkläre, warum die anfänglich glänzende Zinkschicht allmählich matt wird.

5 a) Beschreibe die Durchführung und die Vorgänge der galvanischen Verkupferung eines Werkstücks aus Eisen. Fertige auch eine beschriftete Schemazeichnung an. Informiere dich zuvor über die Vorgänge bei der Elektrolyse.
b) Erkläre, warum beim Galvanisieren eine Gleichspannung und nicht eine Wechselspannung angelegt wird.

Versuch 1:
Korrosion von Eisennägeln

Materialien: 4 Petrischalen, Gasbrenner, Erlenmeyerkolben (300 ml), Messzylinder (100 ml), Waage, Glasstab, Eisenwolle oder Schmirgelpapier; Agar-Agar oder Gelatine, Kochsalz, Kaliumhexacyanidoferrat(III) (rotes Blutlaugensalz), Phenolphthaleinlösung (0,1 %; **2, 7**), Eisennägel (nicht verzinkt), Eisenblech, verzinkter Draht, Kupferdraht.

Durchführung:
1. Erhitze im Erlenmeyerkolben 100 ml Wasser mit etwa 2 g Agar-Agar oder Gelatine als Gelbildner, bis eine klare Lösung entsteht.
2. Füge einen Spatel Kochsalz, eine Spatelspitze rotes Blutlaugensalz und einige Tropfen Phenolphthaleinlösung hinzu.
3. Gib einen Tropfen dieser Lösung auf ein abgeschmirgeltes Eisenblech und lasse die Probe über Nacht stehen.
4. Verteile die restliche Lösung auf die Petrischalen und lege folgende Gegenstände hinein:
   - einen unbehandelten Eisennagel,
   - einen Eisennagel, dessen eine Hälfte in der Brennerflamme oxidiert wurde,
   - einen Eisennagel, der in der Mitte mit Kupferdraht umwickelt ist,
   - einen Eisennagel, der in der Mitte mit verzinktem Draht umwickelt ist.
5. Verschließe die Petrischalen mit dem Deckel und betrachte die Veränderung nach zwei Tagen.

Aufgaben:

a) Notiere deine Beobachtungen und fertige schematische Zeichnungen der Nägel und der gefärbten Bereiche an.

b) Gib die Reaktionsgleichungen für die abgelaufenen Reaktionen an und deute den Gesamtvorgang. Ordne den Zeichnungen Minuspol und Pluspol zu.
Hinweise: Eisen-Ionen (Fe^{2+}) bilden mit rotem Blutlaugensalz den Farbstoff Berliner Blau. Die Reaktion ist ein Nachweis auf Eisen-Ionen.

c) Vergleiche die Beobachtungen beim unbehandelten Nagel mit den Nägeln, die mit Kupfer- oder Zinkdraht umwickelt wurden. Erkläre die Beobachtungen und beurteile, welches Metall sich als Korrosionsschutz für Eisen eignet.

Versuch 2:
Galvanisieren im Mikromaßstab

Materialien: Batterie (4,5 V), Strommessgerät, Kabel, Krokodilklemmen, Becherglas (250 ml), Küvette oder Rollrandglas, Kupferdraht, Eisendraht oder Eisennagel (nicht verzinkt), Bleistiftmine, Knetgummi, Tropfpipette, Metallputztuch;
Kupferbad: 2 g Kupfersulfat (**7, 9**), 20 g Kaliumnatriumtartrat und 1 g Natriumhydroxid (**5**) werden in 200 ml Wasser gelöst.
Silberbad: 0,4 g Silbernitrat (**3, 5, 9**), 10 g Thioharnstoff (**7, 8, 9**) und zwei Tropfen Salpetersäure (konz., **3, 5**) gelöst in 200 ml Wasser.
Hinweis: Die angegebenen Mengen der Bäder reichen für die gesamte Klasse.

Durchführung:
1. Reinige den Kupferdraht und den Eisendraht gründlich mit dem Metallputztuch.
2. Befestige die Küvette mit Knetgummi auf dem Tisch und befülle sie mit dem Kupferbad.
3. Schließe den Eisendraht an den Minus- und den Kupferdraht an den Pluspol an. Tauche sie in die Küvette. Elektrolysiere für etwa 5 Minuten.
4. Wiederhole den Versuch mit dem Silberbad. Verwende dazu die Bleistiftmine als Pluspol.
5. Spüle die galvanisierten Gegenstände mit Wasser und prüfe mit dem Metallputztuch, ob der Metallüberzug nach dem Trocknen fest haftet.

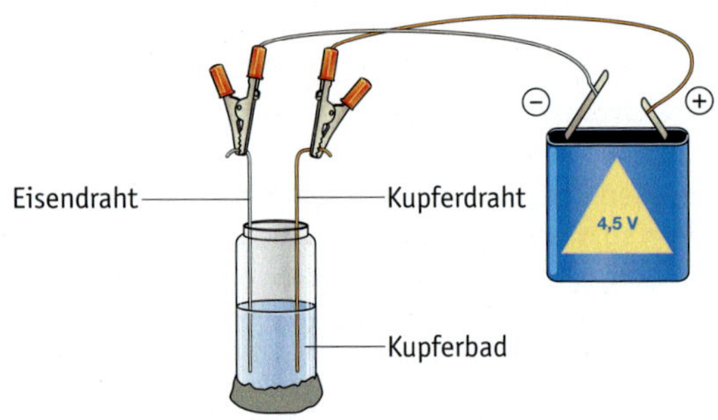

Aufgaben:

a) Notiere deine Beobachtungen und deute sie. Stelle die Reaktionsgleichungen für die Vorgänge an den Elektroden auf.

b) Entwickle einen Versuchsaufbau, mit dem du einen Schlüssel galvanisch verkupfern kannst.

Aluminium – widerstandsfähig durch Eloxieren

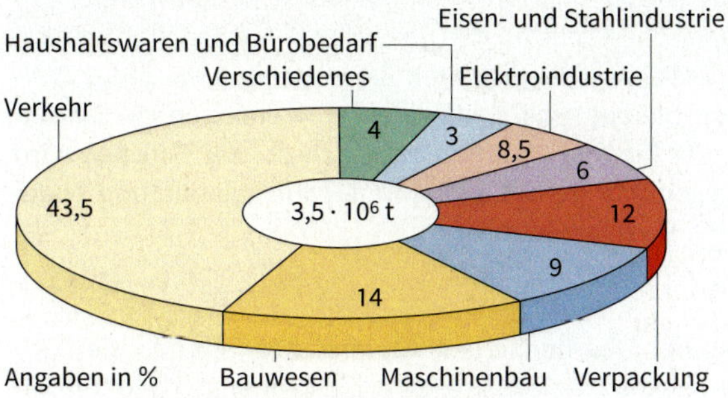

1 *Verwendung von Aluminium in Deutschland (2012)*

Aluminium ist heute nach Eisen das wichtigste Gebrauchsmetall. Es hat eine geringe Dichte, ist leicht formbar und lässt sich gut zur Herstellung von Legierungen nutzen, die leicht und dennoch fest sind. Obwohl Aluminium an sich zu den unedlen Metallen gehört, ist es sehr korrosionsbeständig. Wie Zink neigt Aluminium zur Passivierung; es überzieht sich schon an der Luft mit einer dünnen, fest haftenden Schicht aus Aluminiumoxid (Al_2O_3), die das darunter liegende Metall vor weiterer Oxidation schützt. Aufgrund dieser Eigenschaften spielt Aluminium nicht nur in Technik und Industrie, sondern auch in unserem täglichen Leben eine große Rolle.

Eloxalverfahren. Die dünne Schicht aus Aluminiumoxid wird durch saure und alkalische Lösungen sowie Lösungen von Schwermetallsalzen zerstört. Dadurch wird auch das darunter liegende Metall angegriffen. Um die Korrosion zu verhindern, wird die natürliche Oxidschicht durch das **Eloxalverfahren,** die **el**ektrolytische **Ox**idation von **Al**uminium, um den Faktor 10 auf etwa 0,03 mm verstärkt. Dazu wird das Werkstück als Pluspol geschaltet. Der Minuspol besteht aus Blei oder Aluminium; als Elektrolyt dient verdünnte Schwefelsäure. Während sich am Minuspol Wasserstoff bildet, sind die Vorgänge am Pluspol wesentlich komplizierter: Durch Abgabe von Elektronen bilden sich dort Al^{3+}-Ionen. Sie reagieren mit Wasser-Molekülen weiter zu Aluminiumoxid, wobei hydratisierte Wasserstoff-Ionen frei werden.

Beim Eloxalverfahren wird Aluminium durch Elektrolyse oxidiert. Dadurch wird die schützende Oxidschicht verstärkt.

1 a) Zeichne eine Elektrolyseapparatur für das Eloxalverfahren und formuliere die Reaktionen für die Elektrodenvorgänge.
b) Im Gegensatz zur Galvanisierung wird das Werkstück aus Aluminium beim Eloxalverfahren als Pluspol geschaltet. Erkläre, weshalb man das Werkstück nicht als Minuspol schaltet.

Praktikum Eloxieren von Aluminium

Versuch:
Eloxieren und Färben von Aluminium

Materialien: Spannungsquelle, Kabel, Krokodilklemmen, 4 Bechergläser (250 ml), Schmirgelpapier, Schere, Leitfähigkeitsprüfer mit Prüfspitzen, Wasserkocher, Heizplatte, Thermometer;
Graphitstab, Aluminiumblech, Aceton (**2**, **7**), Oxalsäure (10 %, **7**, **B1**), Salzsäure (verd., **B1**), Lebensmittelfarbstoff, Essig.

Durchführung:
1. Schneide aus dem Aluminiumblech einen Aluminiumstreifen oder eine Figur aus. Schmirgle diese gut ab und entfette sie zusätzlich, indem du den Streifen mit Aceton abreibst.
2. Schließe das Aluminiumstück an den Pluspol und den Graphitstab an den Minuspol an und tauche beide Elektroden etwa zur Hälfte in ein Becherglas mit der Oxalsäurelösung.
3. Elektrolysiere für etwa 10 Minuten bei 10 V.
4. Spüle das Aluminiumstück und tupfe es vorsichtig trocken.
5. Untersuche die eloxierte und die unbehandelte Seite des Aluminiumstücks, indem du nacheinander die Leitfähigkeit prüfst, das Stück in verdünnte Salzsäure legst und jeweils einmalig über das Blech schmirgelst.
6. Löse zwei Spatel des Lebensmittelfarbstoffs in heißem Wasser und säuere mit etwas Essig an.
7. Lege das Aluminiumstück für etwa 10 Minuten in die heiße Lösung. Die Temperatur sollte ungefähr 80 °C betragen.
8. Spüle das Werkstück anschließend unter fließendem Wasser ab.

13.7 Elektrisch mobil – Batterien und Akkumulatoren

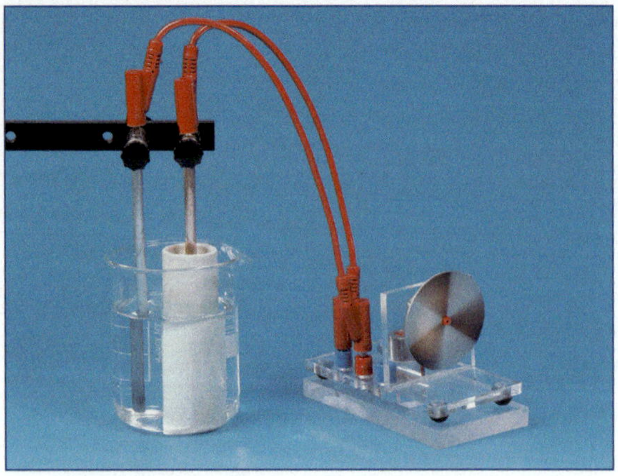

1 *Aufbau der Daniell-Zelle*

Handys, mp3-Player, Digitalkameras, Laptops und selbst Elektroautos – keines dieser Geräte kommt ohne elektrochemische Spannungsquellen aus: In Batterien und Akkus wird durch Redoxreaktionen elektrische Energie bereitgestellt. Solche chemischen Systeme bezeichnet man als *galvanische Zellen.*

Galvanische Zellen. Eine einfache galvanische Zelle ist die 1835 vom englischen Chemiker John Frederic DANIELL konstruierte und seither nach ihm benannte **Daniell-Zelle.** Sie lässt sich folgendermaßen aufbauen: In ein Becherglas mit Zinksulfatlösung stellt man einen porösen Tonzylinder, der mit Kupfersulfatlösung gefüllt wird. Anschließend wird ein Zinkstab in die Zinksulfatlösung und ein Kupferstab in die Kupfersulfatlösung getaucht. Schließt man nun ein Spannungsmessgerät zwischen die beiden Metalle, kann man eine Spannung von etwa 1,1 V messen. Mit dieser einfachen Batterie lässt sich auch ein kleiner Elektromotor betreiben oder ein Lämpchen zum Leuchten bringen (Abb. 1).

Welche chemischen Reaktionen sorgen nun in dieser galvanischen Zelle für den Stromfluss? Am Zinkstab werden die Atome des unedleren Zinks oxidiert. Für jedes Zn^{2+}-Ion bleiben zwei Elektronen im Metall zurück. So entsteht hier ein Elektronenüberschuss: der Zinkstab wird gegenüber dem Kupferstab negativ geladen und bildet den Minuspol (Abb. 2).

Minuspol (Oxidation): $Zn \dashrightarrow Zn^{2+} + 2\,e^-$

An der Oberfläche des Kupferstabes nehmen die Cu^{2+}-Ionen der Salzlösung je zwei Elektronen auf und werden zu Kupfer-Atomen reduziert. Durch die Abscheidung von Kupfer herrscht am Kupferstab Elektronenmangel; er bildet den Pluspol aus.

Pluspol (Reduktion): $Cu^{2+} + 2\,e \dashrightarrow Cu$

Durch den porösen Tonzylinder entstehen zwei Räume: Zinkstab und Zinksulfatlösung sowie Kupferstab und Kupfersulfatlösung bilden jeweils eine **Halbzelle.** Die Poren des Tonzylinders sind für Ionen durchlässig: Sulfat-Ionen wandern in die Zinkhalbzelle und Zink-Ionen in die Kupferhalbzelle. Wenn eine galvanische Zelle Strom liefert, fließen im Verbindungskabel Elektronen vom Zinkblech zum Kupferblech, und in der Lösung wandern die Ionen. Es besteht also ein *geschlossener Stromkreis.*

Jede galvanische Zelle besteht aus zwei Halbzellen, die durch eine poröse Wand voneinander getrennt sind. Dabei ist die Halbzelle mit dem unedleren Metall der *Elektronendonator*, die mit dem edleren Metall der *Elektronenakzeptor*.

Alkali-Mangan-Batterie. Zu den heute meist verkauften Batterietypen zählt die Alkali-Mangan-Batterie. Sie ist auf den ersten Blick nicht als galvanische Zelle zu erkennen, doch sorgen auch hier Redoxreaktionen für eine

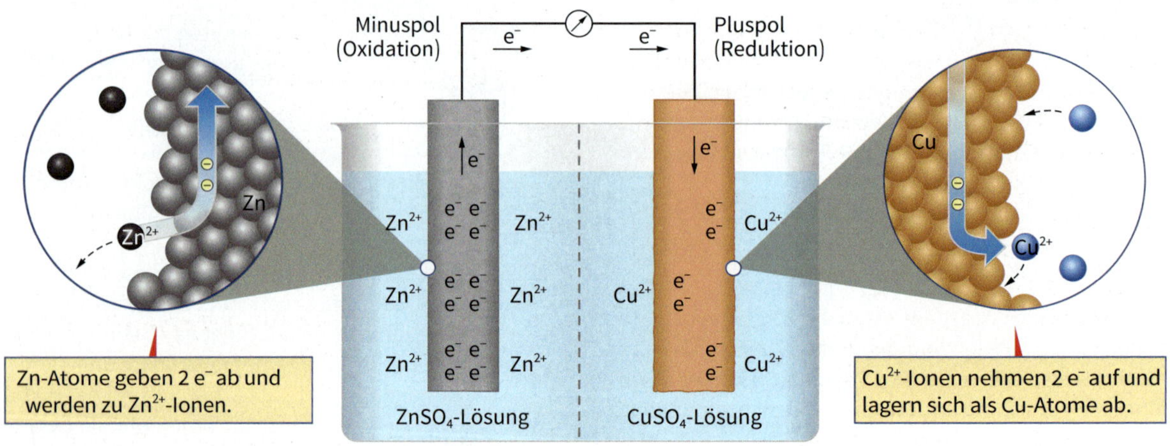

2 *Vorgänge in der Daniell-Zelle*

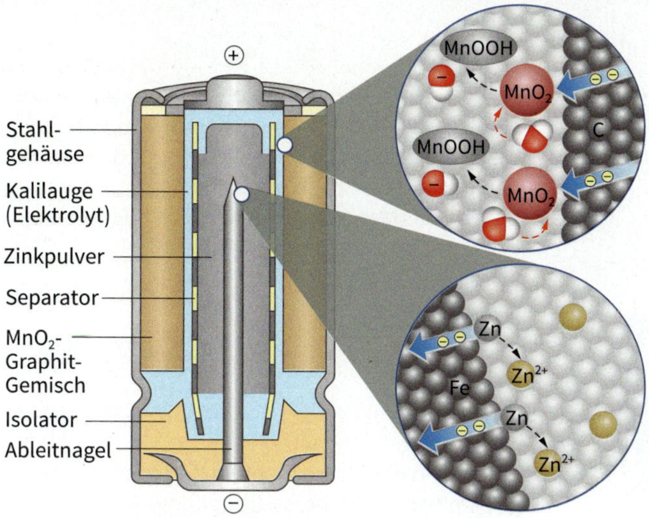

3 *Aufbau und Reaktionen in der Alkali-Mangan-Batterie*

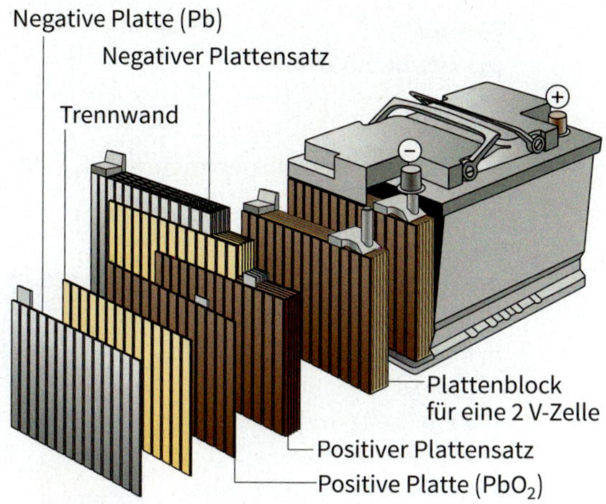

4 *Aufbau einer Autobatterie*

Spannung von 1,5 V. Den Pluspol bildet ein Gemisch aus Mangandioxid (Braunstein) und Graphit, den Minuspol eine Masse aus Zinkpulver. Beide Pole sind mit eingedickter Kalilauge als Elektrolyt getränkt und über ein dünnes Kunststoffflies, den *Separator*, voneinander getrennt (Abb. 3). Ein Stahlgehäuse sorgt für einen gewissen Auslaufschutz, ist aber nicht an den in der Batterie ablaufenden Redoxreaktionen beteiligt.

Schließt man die Batterie an einen Verbraucher an, werden die Zink-Atome oxidiert und lösen sich als Zn^{2+}-Ionen im Elektrolyten. Die frei gewordenen Elektronen fließen über den Ableitnagel zur Polkappe, dem Minuspol. Durch das angeschlossene Gerät gelangen die Elektronen schließlich zum Pluspol der Batterie. Hier werden die sie von Mangandioxid aufgenommen, dass dadurch zu Manganoxidhydroxid reduziert wird. Die Reaktionen lassen sich vereinfacht wie folgt beschreiben:

Minuspol: $Zn \dashrightarrow Zn^{2+} + 2\,e^-$
Pluspol: $2\,MnO_2 + 2\,H_2O + 2\,e^- \dashrightarrow 2\,MnO(OH) + 2\,OH^-$

Bleiakku. Batterien haben den Nachteil, dass sie nach dem Gebrauch nicht wieder aufgeladen werden können. Dies ist bei *Akkumulatoren,* kurz Akkus, anders: Durch Anlegen einer äußeren Spannung lassen sich die für die Erzeugung von Strom genutzten Reaktionen umkehren.

Der *Bleiakku* gehört zu den ältesten Akkumulatoren, die heute noch verwendet werden. Am häufigsten begegnet er uns in Kraftfahrzeugen als Starterbatterie, die den Anlasser des Motors beim Starten mit Strom versorgt. Ein Bleiakku besteht aus mehreren Zellen, in denen Bleiplatten und Bleidioxidplatten in 30%ige Schwefelsäure als Elektrolyt eintauchen (Abb. 4). Jede Zelle liefert eine Spannung von etwa 2 V. Im Pkw erzeugen sechs Zellen hintereinander geschaltet Spannungen von 12 V.

Beim Entladen des Akkus laufen folgende Reaktionen ab:

Minuspol: $Pb + SO_4^{2-} \dashrightarrow PbSO_4 + 2\,e^-$
Pluspol: $PbO_2 + SO_4^{2-} + 4\,H^+ + 2\,e^- \dashrightarrow PbSO_4 + H_2O$

Das schwerlösliche Bleisulfat lagert sich auf den Elektronen ab. Während der Fahrt wird der Bleiakku durch die Lichtmaschine wieder aufgeladen. Dabei laufen die Reaktionen in umgekehrter Richtung ab.

Batterien und Akkus sind galvanische Zellen, in denen elektrische Energie durch Redoxreaktionen bereitgestellt wird. Im Gegensatz zu Batterien können Akkumulatoren wieder aufgeladen werden.

1 Eine galvanische Zelle enthält in einer Halbzelle ein Magnesiumband in einer Magnesiumsulfatlösung, in der anderen ein Silberblech in Silbernitratlösung.
a) Erstelle eine Schemazeichnung der galvanischen Zelle und ordne Pluspol und Minuspol zu.
b) Formuliere die Reaktionsgleichungen für die an den Elektroden ablaufenden Reaktionen, wenn man einen kleinen Motor anschließt.

2 Wenn man im Versuch in Abb. 1 für die Kupferhalbzelle ein Becherglas anstatt des Tonzylinders nimmt, kann man keine Spannung messen. Erkläre.

3 Erkläre die Bezeichnung Alkali-Mangan-Batterie.

4 Recherchiert in Gruppen arbeitsteilig die folgenden Typen von Batterien und Akkus. Erstellt zu jedem Typ ein Lernplakat, das den Aufbau, die Verwendung und die ablaufenden Redoxreaktionen darstellt.
a) Zink-Luft-Batterie, b) Zink-Kohle-Batterie,
c) Silberoxidbatterie, d) Lithiumbatterie,
e) Nickel-Metallhydrid-Akku, f) Lithium-Polymer-Akku.

Batterien selbst gebaut

Versuch 1:
Die Zitronenbatterie

Materialien: Krokodilklemmen, Kabel, Vielfachmessgerät, Messer;
Zinkblech, Kupferblech, Zitrone.

Durchführung:

1. Schneide aus dem Zinkblech und dem Kupferblech jeweils einen Streifen von 2 cm Breite und 8 bis 10 cm Länge zurecht.
2. Schneide mit einem scharfen Messer die Zitrone zwei Mal tief ein (Abstand etwa 5 cm) und stecke je eines der Bleche in die Einschnitte. Die beiden Bleche dürfen sich im Innern der Zitrone nicht berühren.
3. Verbinde die Bleche über Kabel mit den Polen des Messgerätes und lies die Spannung ab.
4. Schneide die Zitrone in zwei Hälften, sodass in jeder Hälfte ein Metallblech steckt. Lies die Spannung erneut ab.

Aufgaben:
a) Notiere deine Beobachtungen.
b) Ordne den Blechen Pluspol und Minuspol zu.
c) Erkläre die Funktion der Zitrone.

Versuch 2:
Bau einer Alkali-Mangan-Batterie

3 5 7 9

Materialien: Becherglas (100 ml, hoch), Waage, Extraktionshülse, Kabel, Krokodilklemmen, Vielfachmessgerät;
Zinkpulver (**9**), Eisennagel, Stärke, Eisenblech, Graphitpulver, Mangandioxid (**3, 7**), Kalilauge (20 %; **5, B1**).

Durchführung:
1. Mische 40 g Mangandioxid mit 7 g Graphitpulver und verrühre das Gemisch mit 40 ml Kalilauge zu einem dicken Brei.
2. Biege ein passendes Stück Eisenblech so, dass es an der inneren Wand des Becherglases anliegt.
3. Mische 10 g Zinkpulver und 5 g Stärke und verrühre das Gemisch mit 10 ml Kalilauge zu einem dicken Brei. Befülle damit die Extraktionshülse. Stecke den Eisennagel zu zwei Dritteln in das Gemisch.
4. Stelle die Extraktionshülse in die Mitte des Becherglases und befülle den Zwischenraum zum Eisenblech mit dem Brei aus Mangandioxid, Graphit und Kalilauge.
5. Schalte das Messgerät zwischen Eisennagel und Eisenblech und lies die Spannung ab.

Aufgaben:
a) Notiere deine Beobachtungen.
b) Benenne den Pluspol und den Minuspol deiner Batterie.
c) Erkläre die Funktion des Graphitpulvers, der Stärke und der Extraktionshülse.
d) Schaltet in der Klasse mehrere Batterien parallel oder in Reihe und messt die Spannung und die Stromstärke. Beschreibt, wann sich die Stromstärke und wann sich die Spannung ändert.

Versuch 3:
Die Batterie aus der Dose

Materialien: Dosen aus Aluminium und Weißblech, Kabel, Kohleelektrode oder Kohleplatte, Schmirgelpapier, Krokodilklemmen, Vielfachmessgerät, Motor, Blechschere, Handschuhe;
Kochsalz.

Durchführung:
1. Schneide den Deckel einer Getränkedose ab. Schmirgele die Kanten und die Innenseite des erhaltenen Bechers gut ab. Benutze Handschuhe, da die Schnittflächen scharf sind.
2. Gib zwei Spatel Kochsalz in den Becher und fülle mit Wasser auf, bis die Dose etwa ¾ gefüllt ist.
3. Verbinde die Dose und die Kohleelektrode mithilfe der Kabel mit dem Vielfachmessgerät.
4. Tauche die Kohleelektrode in die Salzlösung, ohne dass sie die Dose berührt. Lies die Spannung ab.
5. Tausche den Motor gegen das Messgerät. Wedle, wenn der Motor sich nicht mehr dreht, die Kohleelektrode in der Luft hin und her und tauche sie wieder in die Salzlösung ein.

Aufgaben:
a) Notiere deine Beobachtungen und formuliere die Reaktionsgleichungen für die an den Elektroden ablaufenden Vorgänge.
b) Erkläre, warum beide Dosen unterschiedliche Spannungen erzeugen.

Hinweis: Auf Getränkedosen ist ein Zeichen abgedruckt, das das Material verrät.

Für jeden Zweck die richtige Batterie

Neben der heute gebräuchlichen Alkali-Mangan-Batterie und dem Bleiakku gibt es eine Vielzahl weiterer Batterien und Akkus auf dem Markt. Wegen der mechanischen Stabilität und der einfachen Produktion sind viele von ihnen zylindrisch gebaut, wie die in Taschenlampen verwendeten Rundzellen. Knopfzellen oder Coincells findet man häufig dort, wo kleine Batterien bei gleichzeitig hoher Ladungsmenge benötigt werden. Neuere Akkus werden mittlerweile auch oft quaderförmig produziert. Beispiele sind die Akkus in Handys und Kameras.

Zink-Kohle-Batterie

Spannung: 1,5 V bis 9 V Blockbatterie (mehrere Zellen in Reihe geschaltet)
Minuspol: Zink; *Pluspol:* Mangandioxid
Elektrolyt: Ammoniumchloridlösung
Eigenschaften: Spannung sinkt beim Entladen relativ schnell, besonders preiswert, wenig auslaufsicher
Verwendung: Taschenlampen, Fernbedienungen

Silberoxidbatterie

Spannung; 1,5 V
Minuspol: Zink; *Pluspol:* Silberoxid
Elektrolyt: Kalilauge
Eigenschaften: Spannung bleibt lange konstant, langlebig, relativ teuer
Verwendung: Herzschrittmacher, Kameras, Armbanduhren

Zink-Luft-Batterie

Spannung: 1,5 V
Minuspol: Zink; *Pluspol:* Sauerstoff
Elektrolyt: Kalilauge
Eigenschaften: lange Spannungskonstanz, sehr langlebig
Verwendung: Baustellenwarnleuchten, Weidezäune, Hörgeräte

Lithiumbatterie

Spannung: 3 V
Minuspol: Lithium;
Pluspol: Mangandioxid
Elektrolyt: Lithiumperchlorat in organischem Lösemittel
Eigenschaften: Hochleistungsbatterie mit dauerhaft konstanter Spannung, lange lagerfähig, teuer
Verwendung: Armbanduhren, Platine im Computer

Nickel-Metallhydrid-Akku

Spannung: 1,2 V
Minuspol: Legierung bestimmter Metalle, die Wasserstoff speichern können; *Pluspol:* Nickeloxidhydroxid
Elektrolyt: Kalilauge
Eigenschaften: wieder aufladbar, hohe Leistungsfähigkeit, empfindlich gegen Überladung und Überhitzung
Verwendung: gleiche Anwendungsgebiete wie Alkali-Mangan-Batterien, Notbeleuchtungen, Telefone

Lithium-Ionen-Akku und Lithium-Polymer-Akku

Spannung: 3,7 V
Minuspol: Li-Co-Oxide;
Pluspol: Graphit
Elektrolyt: Lösung von Lithium-Ionen in einem organischen Lösemittel oder Kunststoffmembran
Eigenschaften: oft wieder aufladbar, hohe und gleichmäßige Spannung bei geringer Masse, empfindlich gegen Temperaturschwankungen und Überladung, sehr teuer
Verwendung: Handys, Notebooks, Elektroautos

1 Überlege, warum immer noch so viele Batterien eingesetzt werden, obwohl es nahezu für jeden Zweck vergleichbare Akkus gibt.

2 Erkläre, warum Lithiumbatterien und Lithium-Ionen-Akkus nur nichtwässrige Elektrolyten enthalten.

3 Schwermetallhaltige Batterien und Akkus sind laut dem Batteriegesetz seit Dezember 2009 nur noch für spezielle Anwendungen erlaubt, nicht allerdings für Geräte des Alltags.
a) Recherchiere, welche Gefahren von Blei, Cadmium und Nickel ausgehen. Erstelle Steckbriefe über diese Metalle.
b) Informiere dich über Verfahren des Recyclings von Batterien.

13.8 Brennstoffzellen – alter Hut oder Zukunftsvision?

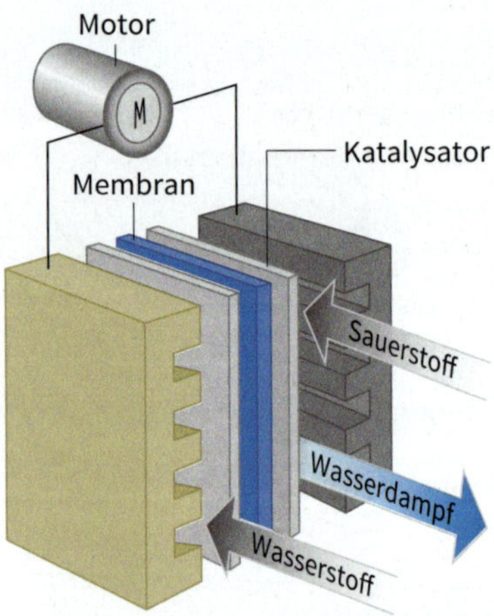

1 *Aufbau einer Brennstoffzelle*

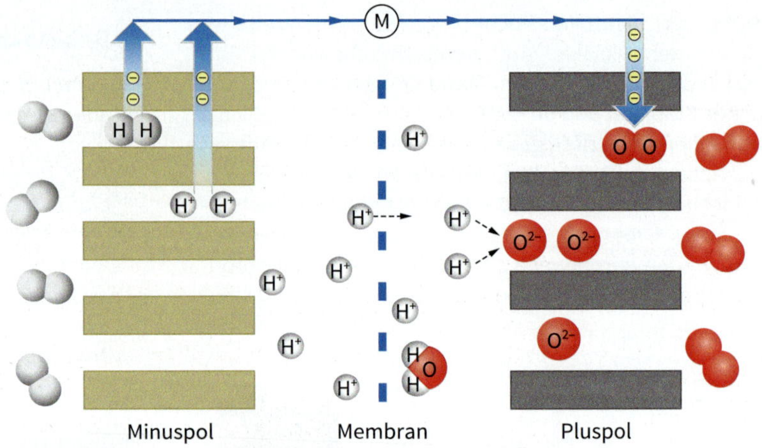

2 *Funktionsweise einer Brennstoffzelle*

Angesichts der steigenden Weltbevölkerung – mittlerweile leben über 7 Milliarden Menschen auf unserem Planeten – und der wachsenden Mobilität steigt der Bedarf an Energie weiter an. Der Vorrat an fossilen Energieträgern ist jedoch begrenzt. Zudem wird bei deren Verbrennung das Treibhausgas Kohlenstoffdioxid frei. Die Suche nach alternativen Energieträgern und der schonende Umgang mit Ressourcen sind also heute wichtiger denn je. Viele Hoffnungen ruhen dabei auf die Weiterentwicklung der **Brennstoffzelle.**

Die Knallgasreaktion liefert Strom. Eine Brennstoffzelle ist eine galvanische Zelle, in der die stark exotherme Knallgsasreaktion zwischen Wasserstoff und Sauerstoff zur direkten Erzeugung von Strom verwendet wird. Wasserstoff ist dabei der Brennstoff. Die Reaktion läuft jedoch nicht wie bei einer Knallgasreaktion explosionsartig ab, sondern findet kontrolliert zwischen zwei Halbzellen an platin- oder palladiumbeschichteten Elektroden statt. Die Halbzellen werden durch eine Membran getrennt, die nur für Wasserstoff-Ionen ($H^+(aq)$) durchlässig ist. Folgende Reaktionen laufen ab (Abb. 2):

Minuspol: $2\,H_2 \dashrightarrow 4\,H^+ + 4\,e^-$
Pluspol: $O_2 + 4\,e^- + 4\,H^+ \dashrightarrow 2\,H_2O$

Um fortlaufend Strom erzeugen zu können, müssen die Gase Wasserstoff und Sauerstoff ständig von außen zugeführt werden. Brennstoffzellen sind daher *Energiewandler*, keine *Energiespeicher.*

Vorteile und Probleme der Brennstoffzelle. Brennstoffzellen gelten als sehr umweltfreundlich. Sauerstoff aus der Luft steht praktisch unbegrenzt zur Verfügung, Wasserstoff kann durch Elektrolyse aus Wasser gewonnen werden. Zudem entsteht als Produkt nur Wasser. Auch der Wirkungsgrad ist mit bis zu 60 % etwa doppelt so hoch wie die Stromerzeugung in herkömmlichen Kraftwerken. Aus diesem Grund sind in den letzten Jahren verschiedene Prototypen von Brennstoffzellen entwickelt worden – insbesondere von Batterie- und Autoherstellern. Nach deren Angaben sollen ab 2015 brennstoffzellenbetriebene Fahrzeuge serienreif sein.

Trotz der Vorteile und erfolgreicher Prototypen gibt es für mehrere Probleme derzeit keine wirtschaftlich und ökologisch vertretbare Lösung.

- Für die Gewinnung von Wasserstoff durch Elektrolyse von Wasser oder aus Methanol (CH_3OH) benötigt man derzeit mehr Energie als die Zelle später liefert. Diese Energie im großen Stil durch Photovoltaikanlagen in südlichen Ländern bereit zu stellen ist noch Zukunftsvision.
- Brennstoffzellen sind sehr teuer, denn man benötigt dafür neben anderen Metallen das Edelmetall Platin. Dessen Vorräte sind begrenzt. Wollte man allein alle derzeit existierenden Autos mit Brennstoffzellen ausrüsten, würden die weltweiten Platinvorkommen nur für einen Bruchteil der Autos reichen.
- Lagerung und Transport von Wasserstoff verursachen hohe Kosten. Derzeit wird flüssiger Wasserstoff entweder in isolierten Kryobehältern bei Temperaturen unter −253 °C oder in Druckbehältern bei einem Druck von etwa 70 MPa transportiert und gelagert.

In einer Brennstoffzelle wird die bei der Reaktion von Wasserstoff mit Sauerstoff frei werdende chemische Energie in elektrische Energie umgewandelt.

1 Beschreibe die in einer Brennstoffzelle an den Elektroden ablaufenden Reaktionen mithilfe von Abb. 1.

2 Recherchiere Anwendungen von Brennstoffzellen.

Redoxreaktionen – Konkurrenz um Elektronen

1. Die Metallbindung – Elektronengasmodell

Im Metallgitter besetzen positiv geladene Metall-Ionen (Atomrümpfe) die Gitterplätze. Die Außenelektronen sind als **Elektronengas** zwischen den Atomrümpfen frei beweglich. Diese Struktur erklärt die elektrische Leitfähigkeit und die Verformbarkeit der Metalle.

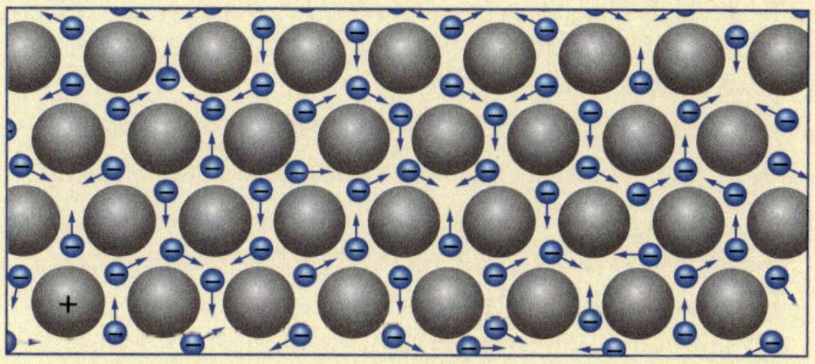

2. Redoxreihe der Metalle

In der Redoxreihe sind die Metalle entsprechend der Stärke ihres Reduktions- bzw. Oxidationsvermögens geordnet.

K Na Mg Al Mn Zn Fe […] Cu Ag Hg Pt Au

unedel
Atome unedler Metalle geben leicht Elektronen ab, sind also gute Elektronendonatoren. Die Metalle lösen sich in verdünnten Säuren auf.

edel
Metall-Ionen von edlen Metallen nehmen leicht Elektronen auf, sind also gute Elektronenakzeptoren. Die Metalle lösen sich nicht in verdünnten Säuren auf.

K^+ Na^+ Mg^{2+} Al^{3+} Mn^{2+} Zn^{2+} Fe^{2+} […] Cu^{2+} Ag^+ Hg^+ Pt^{2+} Au^{3+}

3. Redoxreaktionen als Elektronenübertragung

Redoxreaktionen sind Elektronenübertragungsreaktionen und laufen nach dem Donator-Akzeptor-Prinzip ab:

① Das Li-Atom ist der Elektronendonator, es wird oxidiert.

② Das Cl_2-Molekül ist der Elektronenakzeptor, es wird reduziert.

Oxidation: $Li \dashrightarrow Li^+ + e^-$ | · 2

Reduktion: $Cl_2 + 2e^- \dashrightarrow 2\,Cl^-$ | · 1

Gesamt: $2\,Li(s) + Cl_2(g) \rightarrow 2\,LiCl(s)$

③ Die Anzahl der aufgenommenen und abgegebenen Elektronen muss gleich sein. Deshalb werden die Teilgleichungen mit entsprechenden Faktoren multipliziert.

④ Die Redoxgleichung ergibt sich durch Addieren der Teilgleichungen.

4. Korrosion und Korrosionsschutz

Korrosion ist eine langsame Zerstörung von Materialien durch Einwirkung von Luft, Wasser, sauren und alkalischen Lösungen sowie aggressiven Gasen. Man unterscheidet zwischen **Säurekorrosion** und **Sauerstoffkorrosion.**

Berühren sich verschiedene Metalle und kommt Wasser hinzu, bildet sich ein **Lokalelement.** Das unedlere Metall wird aufgelöst, während das edlere Metall erhalten bleibt.

Überzüge aus Lack, Kunststoff oder dünnen Metallschichten halten korrosionsfördernde Stoffe fern und schützen so das Metall. Einige unedle Metalle wie Aluminium, Zink oder Chrom sind **passiviert:** Sie besitzen an Luft eine fest haftende Oxidschicht und sind dadurch vor der Korrosion geschützt.

5. Galvanische Zellen

In galvanischen Zellen wird chemische Energie aus Redoxreaktionen zwischen zwei räumlich getrennten Halbzellen in elektrische Energie umgewandelt. Batterien und Akkumulatoren sind Anwendungen galvanischer Zellen.

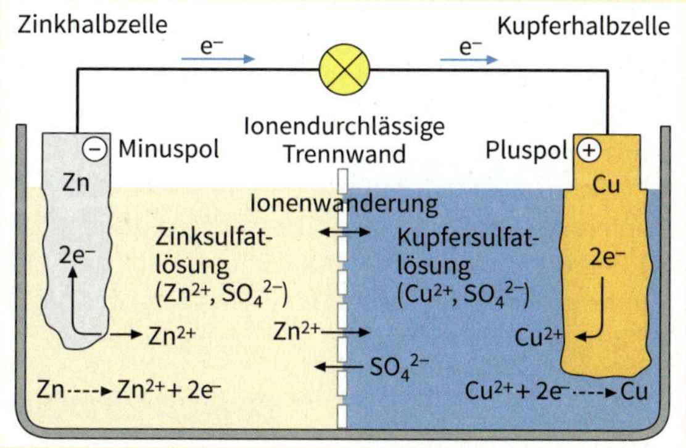

Redoxreaktionen – Konkurrenz um Elektronen

Teste dich

A1 **a)** Beschreibe den Aufbau von Metallen nach dem Elektronengasmodell.
b) Nenne Eigenschaften von Metallen, die mithilfe des Elektronengasmodells erklärt werden können.

A2 Bleioxid (PbO_2) reagiert mit heißer Kohle unter Bildung von Blei und einem farblosen Gas.
a) Stelle die Reaktionsgleichung einmal als Sauerstoffübertragung und einmal als Elektronenübertragung dar.
b) Erläutere an beiden Reaktionsgleichungen jeweils die Begriffe *Oxidation, Reduktion, Redoxreaktion, Oxidationsmittel* und *Reduktionsmittel.* Beachte dabei die Stoffebene und die Teilchenebene.

A3 Eine Zinkplatte wird **a)** in eine Silbernitratlösung und **b)** in eine Lösung von Magnesiumsulfat gestellt. Begründe, welche Reaktion du erwartest. Formuliere die Reaktionsgleichung.

A4 Eine galvanische Silber-Zink-Zelle liefert eine Spannung von bis zu 1,6 V.
a) Zeichne den Aufbau der galvanischen Zelle und beschrifte deine Schemazeichnung.
b) Formuliere die Reaktionsgleichungen für die an den Elektroden ablaufenden Reaktionen.
c) Gib an, wie man eine höhere Spannung erreichen kann. Nutze hierzu auch die Redoxreihe der Metalle.
d) Bei einem Experiment mit einer galvanischen Zelle verwechselt ein Schüler die Lösungen und gibt das Zinkblech in die Silbernitratlösung und umgekehrt. Erläutere, welche Beobachtungen der Schüler machen konnte und begründe, ob zwischen den beiden Elektroden eine Spannung zu messen wäre.

A5 **a)** Beschreibe das Rosten von Eisen und stelle die Reaktionsgleichungen für die Elektronenaufnahme und die Elektronenabgabe auf.
b) Aluminium und Zink sind unedlere Metalle als Eisen. Erkläre, weshalb sie trotzdem weniger korrosionsanfällig sind als Eisen.

A6 Nägel und Schrauben sind häufig verzinkt; in Küchen sind gelegentlich galvanisch verkupferte Armaturen zu finden.
a) Zeichne eine Elektrolyseapparatur für die Verkupferung eines Eisennagels. Beschrifte die Skizze.
b) Begründe, weshalb die Überzüge aus Zink und Kupfer als Korrosionsschutz für Eisen geeignet sind.
c) Beschreibe, was bei einer Verletzung der jeweiligen Metallschicht geschieht.

Lösungen stehen im Anhang.

Die wichtigsten Begriffe

- Elektronengasmodell
- Metallbindung, Metallgitter
- Elektronenübertragung
- Elektronenakzeptor, Elektronendonator
- Oxidation, Reduktion, Redoxreaktion
- edle und unedle Metalle
- Redoxreihe der Metalle
- Korrosion, Korrosionsschutz
- galvanische Zelle
- Batterie, Akkumulator, Brennstoffzelle

B1 **a)** Erkläre die obenstehenden Begriffe.
b) Verknüpfe die Begriffe zu einer Conceptmap.
c) Übertrage die Begriffe und deine Erklärungen in digitale Karteikarten.

B2 Rohkupfer wird aus Kupfererzen gewonnen. Es enthält noch etwa 2 % an Verunreinigungen. Um diese zu beseitigen, wird Rohkupfer durch ein elektrolytisches Verfahren gereinigt. Bei dieser *Kupferraffination* wird ein Rohkupferblock in eine Kupfersulfatlösung getaucht und als Minuspol geschaltet. Als Pluspol dient eine Reinkupferplatte.
a) Fertige eine Skizze der Elektrolysezelle bei der Kupferraffination an. Beschrifte die Zeichnung und kennzeichne die Bewegungsrichtung der Elektronen.
b) Stelle für die an den Elektroden ablaufenden Reaktionen die Reaktionsgleichungen auf und skizziere, was auf der Teilchenebene an den Elektroden geschieht.
c) Die Verunreinigungen im Rohkupfer bestehen aus unedlen Metallen wie Zink oder Eisen, aber auch aus edlen Metallen wie Silber, Gold und Platin. Erkläre, was bei der Kupferraffination mit den Verunreinigungen geschieht. Beachte dabei das unterschiedliche Verhalten von edlen und unedlen Metallen.
d) Begründe, ob man als Elektrolyt anstatt Kupfersulfatlösung auch einfaches Wasser benutzen könnte.

B3 Im Handel sind drei Arten von Maschendraht aus Eisen erhältlich: lackiert, mit Kunststoff beschichtet und verzinkt. Begründe, welcher Maschendraht auf Dauer der Haltbarste ist.

B4 Um eine Daniell-Zelle herzustellen, stellt man ein Kupferblech in ein Becherglas mit Kupfersulfatlösung und einen Zinkstab in ein zweites Becherglas mit Zinksulfatlösung. Eine Spannung lässt sich aber erst messen, wenn man beide Bechergläser über ein mit einer Salzlösung angefeuchtetes Filtrierpapier verbindet. Erkläre diese Beobachtung.

C1 Verchromte Felgen für heiße Öfen

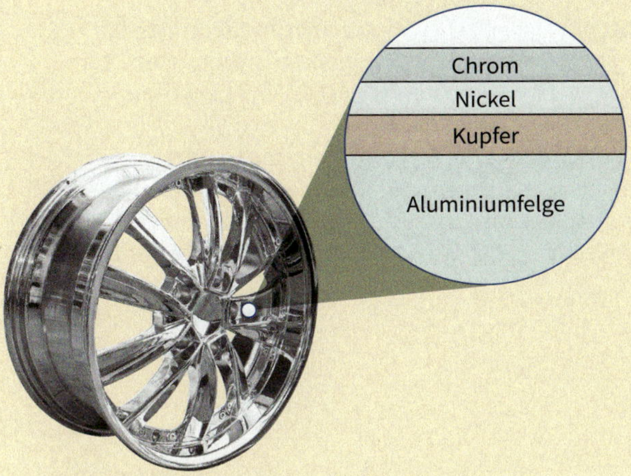

Alufelgen sehen schick aus – nicht nur an einem Sportwagen. Wem der Glanz von Alufelgen noch nicht reicht, kann diese zusätzlich verchromen lassen oder auch auf verchromte Stahlfelgen zurückgreifen. Dazu wird galvanisch eine etwa 0,5 bis 2 µm dünne Schicht Chrom auf die Felge aufgebracht, die vor Korrosion schützen soll und gleichzeitig die Felge so richtig glänzen lässt.
Eine einfache Schicht aus Chrom auf der Aluminiumfelge ist jedoch nicht dauerhaft und als Korrosionsschutz nicht geeignet, denn die beim Verchromen entstehende Chromschicht enthält immer kleine, für unser Auge nicht sichtbare Risse. Um die Korrosionsbeständigkeit zu erhöhen, werden durch Galvanisieren nacheinander Schichten aus Nickel oder Kupfer und Nickel auf der Felge abgeschieden, bevor die Chromschicht aufgetragen wird.

a) Ordne die Metalle nach steigendem edlen Charakter.
b) Zeichne einen Versuchsaufbau für die Galvanisierung einer Aluminiumfelge. Als Elektrolyt wird eine Lösung verwendet, die Cr^{3+}-Ionen enthält. Begründe, an welchen Pol die Felge angeschlossen werden muss.
c) Erkläre am Beispiel des Chroms die Abläufe bei der Sauerstoffkorrosion. Gib dabei auch die jeweiligen Reaktionsgleichungen an.
d) Entwickle eine Hypothese, warum eine Chromschicht allein nicht für den Korrosionsschutz geeignet ist.
e) Prüfe die folgende Aussage auf ihre Richtigkeit: Während man für das Auftragen der Kupferschicht aus der Kupfersulfatlösung keinen elektrischen Strom benötigt, muss für das Galvanisieren mit den anderen zwei Metallen durchaus eine Spannung angelegt werden.
f) Erkläre, weshalb eine Aluminiumfelge normalerweise keine zusätzliche Metallschicht als Korrosionsschutz benötigt.

C2 Der Lithium-Polymer-Akku – nicht nur fürs Handy

Handys, Laptops und Tablet-PCs enthalten Lithium-Polymer-Akkus als Energieträger. Diese modernen Akkus liefern im Vergleich zu anderen Akkus mit 3,7 V eine hohe Zellspannung bei gleichzeitig geringer Masse.

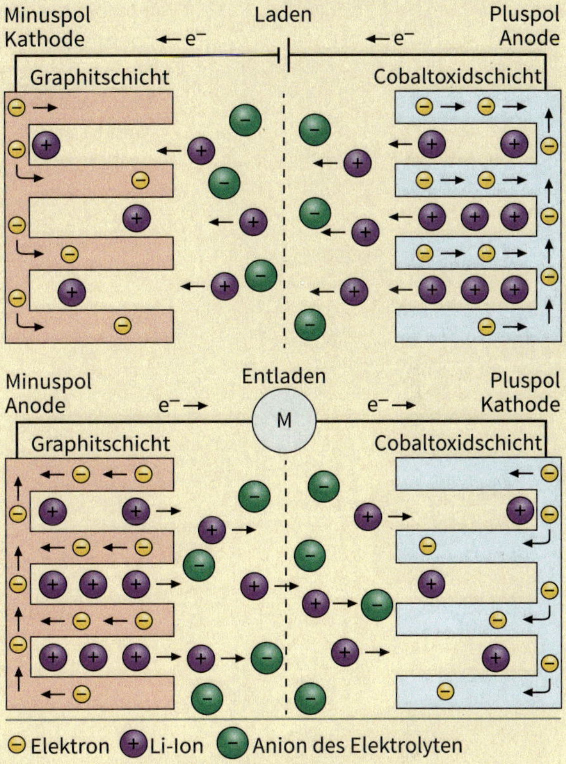

a) Beschreibe den Aufbau eines Lithium-Polymer-Akkus und begründe, warum Elektrodenmaterialien verwendet werden, die feinste Hohlräume aufweisen.Der Elektrolyt besteht aus einer gelartigen Kunststoffmembran, in der Lithiumsalze in einem organischen Lösemittel gelöst sind.
b) Beschreibe die Vorgänge beim Laden und Entladen des Akkus und vergleiche diese mit den im Bleiakku ablaufenden Reaktionen.
c) Lithium-Polymer-Akkus werden auch in modernen Elektroautos eingesetzt. Ein Problem ist derzeit noch die geringe Reichweite solcher Autos. Um ein Auto 1000 km weit fahren zu lassen, benötigt man etwa 180 kWh Strom. Berechne mithilfe der folgenden Angaben, wie schwer ein Bleiakku im Vergleich zum Lithium-Polymer-Akku sein muss, damit ein Auto eine Strecke von 1000 km zurücklegen kann. Ein Bleiakku hat eine Energiedichte von 30 $\frac{Wh}{kg}$, ein moderner Lithium-Polymer-Akku von etwa 150 $\frac{Wh}{kg}$.

Kapitel 14

Chemie und Technik

In der Schule begegnet man chemischen Reaktionen im Labormaßstab. Chemie im Alltag hat aber oft wenig mit der Chemie im Labor zu tun. Mehr Berührungspunkte gibt es dagegen mit der industriellen Chemie und ihren Produkten.

Obwohl die Chemie dieselbe ist, erfordert die Übertragung einer chemischen Reaktion aus dem Reagenzglas im Labor in den technischen Maßstab einer Industrieanlage die Beachtung vieler Besonderheiten. Die Geschwindigkeit chemischer Reaktionen ist dabei nur einer der Gesichtspunkte.

Nitroglycerin (Glycerintrinitrat) gehört neben Schießbaumwolle (Cellulosenitrat) zu den ersten synthetischen Sprengstoffen. Es handelt sich in beiden Fällen um energiereiche stickstoffhaltige organische Verbindungen. Nitroglycerin hat den großen Nachteil, extrem stoßempfindlich zu sein: Ein Tropfen der Flüssigkeit explodiert bereits bei Schlag oder Stoß und zerfällt dabei in Stickstoff, Stickstoffmonooxid, Kohlenstoffdioxid und Wasserdampf. Alfred NOBEL *gelang es, das gefährliche Nitroglycerin sicher zu handhaben, indem er Nitroglycerin in Kieselgur aufsaugte. Das Produkt ist bekannt unter dem Namen Dynamit. Einige Zeit später wurde Trinitrotoluol (TNT) von Julius* WIBRAND *synthetisiert. TNT ist der wichtigste militärisch und gewerblich genutzte Sprengstoff.*

Zwischen dem elementaren Stickstoff der Luft, dem in Pflanzen und Tieren gebundenen Stickstoff sowie den Nitraten und den Ammoniumsalzen im Boden besteht ein ständiger Kreislauf. Die sich immer weiter ausbreitende landwirtschaftliche Nutzung störte diesen Kreislauf.

Um 1840 erkannte Justus von LIEBIG *die wachstumsfördernde Wirkung von Stickstoffverbindungen. Seitdem werden sie als Düngemittel eingesetzt. Anfang des 20. Jahrhunderts wurde ein großtechnisches Verfahren entwickelt, mit dem man aus Stickstoff und Wasserstoff Ammoniak synthetisieren kann. Über das Zwischenprodukt Salpetersäure lässt sich daraus eine ganze Palette verschiedener Stickstoffdünger herstellen.*

Die Wände werden verputzt – bald kann die Familie einziehen: Kalkputz ist ein Produkt chemischer Reaktionen von Calciumverbindungen. Aus dem Naturprodukt Kalk erhält man durch Kalkbrennen und Kalklöschen Löschkalk. Mit Sand und Wasser entsteht daraus gebrauchsfertiger Kalkmörtel, mit dem die Wände verputzt werden. Beim Abbinden bildet sich schließlich fester Kalkputz. Durch die Beimischung von Sand im Kalkmörtel ist der fertige Putz ein stabiler Verbundwerkstoff. Kalkputz hat weitere Vorteile: Er ist feuchtigkeitsregulierend und hat antibakterielle und Schimmel abweisende Eigenschaften. Dadurch verbessert Kalkputz das Raumklima und die Wohnhygiene.

14.1 Reaktionsgeschwindigkeit

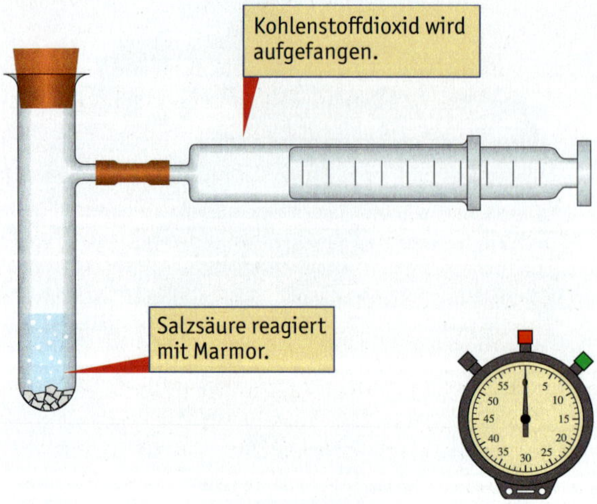

1 *Reaktion von Marmor mit Salzsäure*

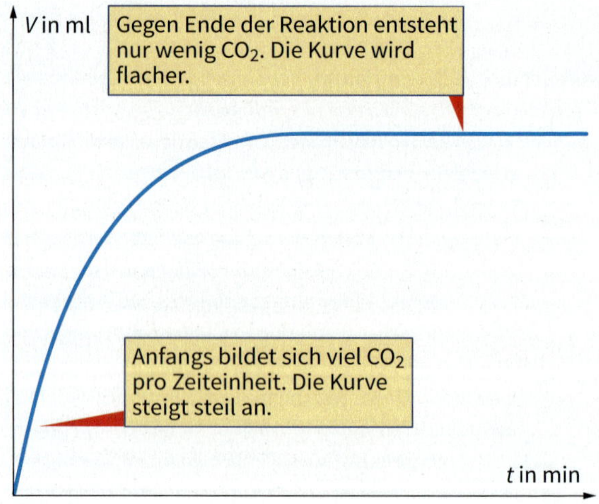

2 *Zeitlicher Verlauf der Reaktion (Messung des CO_2-Volumens)*

Chemische Reaktionen verlaufen unterschiedlich schnell: So gehören Explosionen zu den extrem schnellen Reaktionen, das Rosten von Eisen dagegen zu den sehr langsamen. Vor allem in der industriellen Chemie spielt die *Geschwindigkeit chemischer Reaktionen* eine große Rolle, denn in kurzer Zeit soll eine hohe Ausbeute erzielt werden. Nur so ist wirtschaftliche Effektivität möglich.

Bestimmung der Reaktionsgeschwindigkeit. Um den zeitlichen Ablauf einer chemischen Reaktion zu beschreiben, verwendet man Messwerte, die sich mit dem Verbrauch von Ausgangsstoffen oder der Bildung von Produkten ändern.

Reaktionen, die nicht allzu schnell verlaufen, lassen sich dabei oft mit einfachen Mitteln verfolgen. Ein gutes Beispiel ist die Reaktion von Marmorstückchen (Calciumcarbonat) mit Salzsäure (Abb. 1). Dabei bildet sich Kohlenstoffdioxid:

$$CaCO_3(s) + 2\,H^+(aq) \rightarrow CO_2(g) + Ca^{2+}(aq) + H_2O(l)$$

Führt man die Reaktion in einem Erlenmeyerkolben durch, kann man das entstehende Kohlenstoffdioxid mit einem Kolbenprober auffangen und das Volumen in bestimmten Zeitabständen messen. Stellt man das Volumen in Abhängigkeit von der Reaktionszeit in einem Koordinatensystem grafisch dar, erhält man eine ansteigende Kurve, die immer flacher wird (Abb. 2): Die pro Zeiteinheit gebildete Menge an Kohlenstoffdioxid ist zu Beginn der Reaktion groß. Die Reaktion wird nach und nach langsamer und hört schließlich ganz auf.

Bei der Reaktion von Marmor mit Salzsäure werden auch Calcium-Ionen gebildet und Hydronium-Ionen verbraucht. Die Konzentration an Calcium-Ionen nimmt also zu, die Konzentration an Hydronium-Ionen nimmt ab. Anstelle der Volumenänderung an Kohlenstoffdioxid pro Zeiteinheit kann man daher auch die Konzentrationsänderung an H_3O^+-Ionen pro Zeiteinheit messen.

Damit nähert man sich der korrekten Definition der Geschwindigkeit einer chemischen Reaktion: Die **Reaktionsgeschwindigkeit** v wird allgemein definiert als der Quotient aus der Konzentrationsänderung eines Stoffes Δc und dem zugehörigen Zeitintervall Δt. Da die Konzentration der Ausgangsstoffe während der Reaktion abnimmt, rechnet man der Einfachheit halber mit den Beträgen der Konzentrationsänderung $|\Delta c|$, um positive Werte zu erhalten.

$$v = \frac{|\Delta c|}{\Delta t} = \frac{|c_2 - c_1|}{t_2 - t_1}$$

Abhängigkeit von der Konzentration. Mit konzentrierter Salzsäure reagieren Marmorstückchen wesentlich heftiger als mit verdünnter Salzsäure. Diese Abhängigkeit von der *Konzentration* lässt sich einfach erklären: Voraussetzung für eine chemische Reaktion ist, dass die reagierenden Teilchen zusammenstoßen. In der konzentrierten Säure ist die Anzahl der Hydronium-Ionen pro Volumeneinheit größer als in verdünnter Säure. Mit der Anzahl der Teilchen erhöht sich auch die Zahl der Zusammenstöße. Die Reaktionsgeschwindigkeit nimmt daher mit steigender Konzentration der Ausgangsstoffe zu.

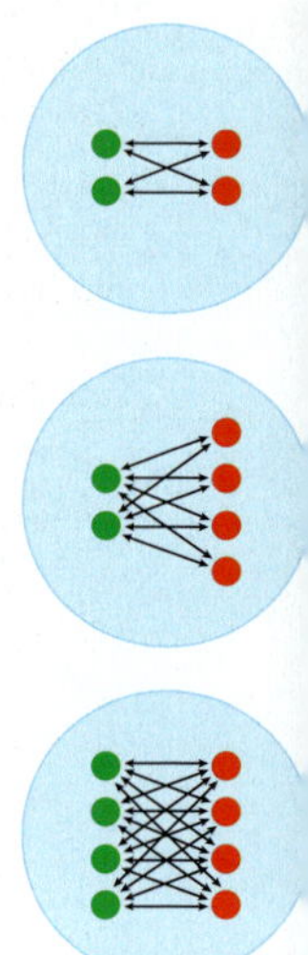

Bei Reaktionen, an denen Gase beteiligt sind, erreicht man eine Vergrößerung der Konzentration, indem man den **Druck** erhöht. Dadurch wird die Reaktion beschleunigt.

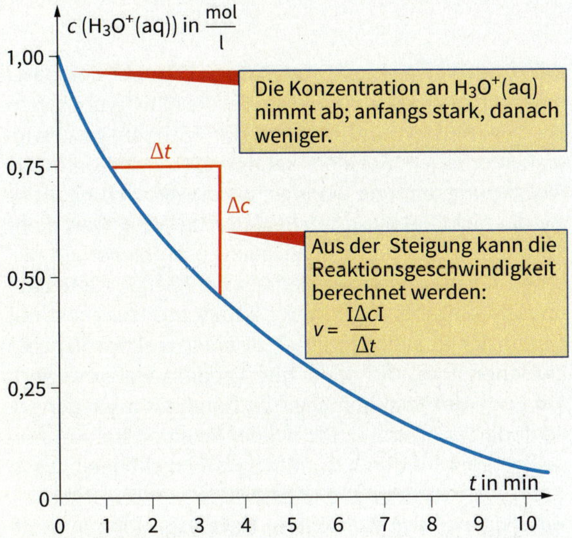

3 *Konzentration-Zeit-Diagramm*

Mit der Konzentrationsabhängigkeit der Reaktionsgeschwindigkeit lässt sich auch der Verlauf der Kurve im **Konzentration-Zeit-Diagramm** erklären: Die Reaktionsgeschwindigkeit ist am Anfang am größten, weil die Konzentration der Ausgangsstoffe groß ist. Mit abnehmender Konzentration der Ausgangsstoffe wird die Reaktionsgeschwindigkeit immer kleiner (Abb. 3).

Abhängigkeit vom Zerteilungsgrad. Verwendet man bei der Reaktion von Calciumcarbonat mit Salzsäure Marmorpulver anstelle von Marmorstückchen, so verläuft die Reaktion wesentlich schneller. Bei festen Stoffen hängt die Reaktionsgeschwindigkeit also vom *Zerteilungsgrad* ab. Diese Beobachtung kann kaum überraschen, denn nur die Teilchen an der Oberfläche eines Feststoffs können mit den Teilchen der Lösung reagieren. Marmorpulver hat bei gleicher Masse einen höheren Zerteilungsgrad und damit eine vielfach größere Oberfläche als Marmorstückchen.

Abhängigkeit von der Temperatur. Praktisch alle chemischen Reaktionen lassen sich beschleunigen, indem man die *Temperatur* erhöht. Diese Beobachtung lässt sich erklären, wenn man annimmt, dass nicht jeder Zusammenstoß der an der Reaktion beteiligten Teilchen erfolgreich ist und zu einer Reaktion führt. Erst wenn die Teilchen mit einer bestimmten **Mindestgeschwindigkeit** aufeinander treffen, können bestehende Bindungen gelöst und neue geknüpft werden. Da die Geschwindigkeit der Teilchen und damit ihre Bewegungsenergie mit steigender Temperatur zunimmt, erhöht sich auch die Zahl der erfolgreichen Stöße: Die Reaktionsgeschwindigkeit steigt.

Als Faustregel gilt für viele Reaktionen die **Reaktionsgeschwindigkeit-Temperatur-Regel (RGT-Regel):** Erhöht man die Temperatur um 10 °C, so steigt die Reaktionsgeschwindigkeit um einen Faktor zwischen 2 und 4.

Die Reaktionsgeschwindigkeit gibt die Konzentrationsänderung in einem bestimmten Zeitintervall an.
Sie hängt von der Konzentration, vom Zerteilungsgrad, von der Temperatur und bei Gasen vom Druck ab.

1 Nenne Beispiele für langsame und schnelle Reaktionen aus dem Alltag.

2 Liste Faktoren auf, die die Reaktionsgeschwindigkeit beeinflussen, und erläutere ihren Einfluss.

3 a) Beschreibe mithilfe des Konzentration-Zeit-Diagramms den Verlauf der Reaktion von Calciumcarbonat mit Salzsäure.
b) Erkläre, warum bei dieser Reaktion die Reaktionsgeschwindigkeit in Bezug auf die Hydronium-Ionen doppelt so groß ist wie in Bezug auf die Calcium-Ionen.
c) Erkläre, wie sich das Konzentration-Zeit-Diagramm in der Abb. 3 verändert, wenn man die Konzentration der Salzsäure verdoppelt.
d) Erkläre, wie sich das Konzentration-Zeit-Diagramm in der Abb. 3 verändert, wenn man die Temperatur um 10 °C erhöht.

4 Gleiche Mengen Magnesiumband und Magnesiumpulver werden in Salzsäure gegeben.
a) Stelle die Reaktionsgleichung für diese Reaktion auf.
b) Erläutere, wie sich die Reaktionsgeschwindigkeiten unterscheiden.
c) Skizziere für beide Reaktionen ein Konzentration-Zeit-Diagramm.

5 Die Garzeit für Kartoffeln beträgt unter normalen Bedingungen in kochendem Wasser etwa 20 min. Schätze die Garzeit ab, wenn man die Kartoffeln
a) in einem Schnellkochtopf gart, der eine Temperatur von 120 °C erreicht,
b) in nur 90 °C heißem Wasser gart.

6 Berechne mithilfe des Diagramms in Abb. 3 die Reaktionsgeschwindigkeit der Reaktion zwischen Calciumcarbonat und Salzsäure in den ersten drei Minuten.

7 Erkläre, warum tiefgekühlte Lebensmittel lange haltbar sind.

8 Eidechsen legen sich gerne in die Sonne, wenn sie auf Beute lauern. Welchen Vorteil haben diese Tiere gegenüber Artgenossen, die im Schatten auf Beute warten? Argumentiere mit der Geschwindigkeit der Reaktionen im Stoffwechsel der Tiere.

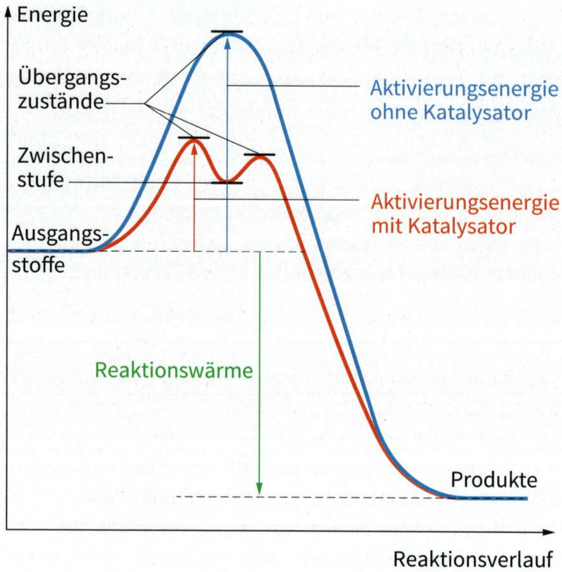

1 *Energiediagramm mit und ohne Katalysator*

Viele chemische Reaktionen laufen erst bei Zusatz bestimmter Stoffe mit merklicher Geschwindigkeit ab. Bereits 1781 entdeckte Antoine Augustin PARAMENTIER, dass Stärke in Gegenwart von Mineralsäuren in Traubenzucker gespalten werden kann. Auch bei der Herstellung von Lebensmitteln werden aufgrund uralter Erfahrungen bestimmte Stoffe oder Stoffgemische zugesetzt: So nutzt man seit Jahrtausenden die Wirkung von Hefe für die Herstellung alkoholischer Getränke. Und die Verwendung von Sauerteig beim Brotbacken wird schon in der Bibel erwähnt.

Jöns Jakob BERZELIUS erkannte 1835, dass sich die Zunahme der Reaktionsgeschwindigkeit in all diesen Fällen auf die Wirkung bestimmter Stoffe zurückführen lässt. Er führte den Begriff **Katalysator** ein. Katalysatoren ermöglichen durch ihre bloße Gegenwart chemische Reaktionen, die ohne sie nur langsam oder gar nicht ablaufen. Für BERZELIUS und seine Zeitgenossen waren die Katalysatoren jedoch noch geheimnisvolle Stoffe.

Wirkungsweise eines Katalysators. Erst sehr viel später erkannte man, dass Katalysatoren die Aktivierungsenergie beeinflussen und dadurch die Reaktionsgeschwindigkeit erhöhen: Bei einer katalysierten Reaktion ist die **Aktivierungsenergie** niedriger als die Aktivierungsenergie der nicht katalysierten Reaktion. In Gegenwart eines Katalysators können deshalb auch Zusammenstöße zwischen Teilchen geringerer kinetischer Energie zur Reaktion führen. Dabei reagiert der Katalysator zunächst mit einem der Reaktionspartner zu einer reaktionsfähigen **Zwischenstufe**, die dann zum Produkt weiterreagiert. Am Ende der Reaktion liegt der Katalysator wieder unverändert vor (Abb. 1). Die bei der Reaktion frei werdende Energie wird durch den Katalysator nicht beeinflusst.

Heterogene und homogene Katalyse. Johann Wolfgang DÖBEREINER hatte 1823 entdeckt, dass sich Wasserstoff in Gegenwart von Platin an der Luft entzündet. Heute kennt man die Ursache: An der Metalloberfläche werden zunächst Wasserstoff-Moleküle in Atome gespalten. Diese Wasserstoff-Atome reagieren dann leicht, wenn Sauerstoff-Moleküle hinzutreten. Es bilden sich Wasser-Moleküle. Bei der exothermen Reaktion erwärmt sich Platin so stark, dass sich das Wasserstoff-Sauerstoff-Gemisch entzündet und die Reaktion von alleine weiterläuft (Abb. 2). Bei dieser Reaktion liegt der Katalysator im festen Aggregatzustand vor, während die reagierenden Stoffe gasförmig sind. Man spricht in solchen Fällen von **heterogener Katalyse.** Etwa 80 % der Produkte in der industriellen Chemie werden heute mithilfe heterogener Katalyse hergestellt. Die Ausgangsstoffe werden dabei kontinuierlich über einen Katalysator geleitet, der auf Trägermaterialien mit großer Oberfläche aufgetragen ist. Da katalysierte Reaktionen bei niedrigeren Temperaturen ablaufen als nicht katalysierte, ist die Herstellung des Produkts wirtschaftlich günstiger.

Ein Beispiel für eine **homogene Katalyse** ist die Reaktion von Rohrzucker in saurer Lösung. Dabei wirken Hydronium-Ionen als Katalysator. Reagierende Stoffe und Katalysator liegen hier in einer einheitlichen Lösung vor.

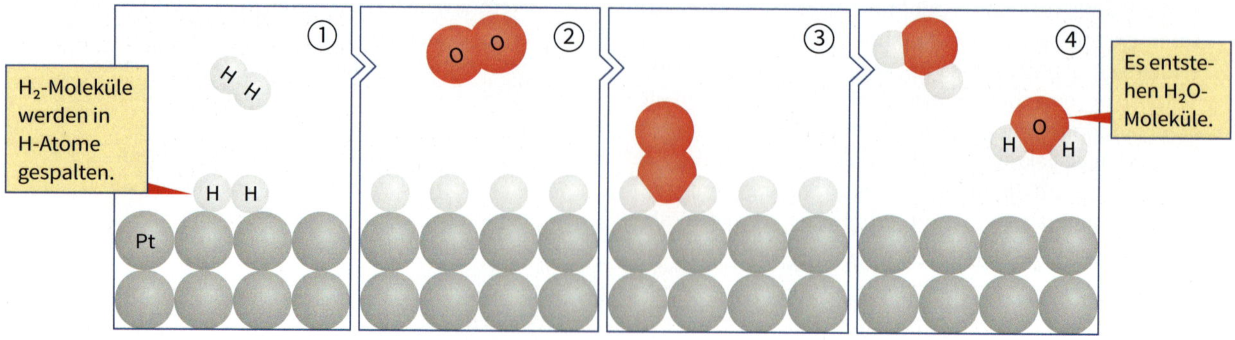

2 *Reaktion von Wasserstoff mit Sauerstoff an Platin*

Katalysatorgifte. Katalysatoren sind häufig sehr empfindliche Stoffe. Die reaktiven Stellen werden leicht mit Fremdmolekülen besetzt. Die katalytische Wirkung lässt dann nach und der Katalysator muss regeneriert werden. Noch schädlicher sind *Katalysatorgifte*, die Katalysatoren auf Dauer unbrauchbar machen. Ein Beispiel für ein solches Katalysatorgift ist Blei. Um die Auto-Abgaskatalysatoren funktionsfähig zu halten, darf daher nur bleifreier Kraftstoff verwendet werden.

Enzymatische Katalyse. Die erstaunlichsten Katalysatoren sind die an allen Stoffwechselprozessen beteiligten *Enzyme* (griech. *enzymos*: Sauerteig). Bei diesen Biokatalysatoren handelt es sich um makromolekulare Eiweißstoffe (Proteine), die in den Zellen gelöst vorliegen. Enzymkatalysierte Reaktionen sind daher in der Regel homogene Katalysen. Ein Beispiel ist das Enzym *Katalase*, das die Zersetzung von Wasserstoffperoxid zu Wasser und Sauerstoff beschleunigt. Bei vielen Reaktionen im Organismus entstehen als Nebenprodukt geringe Mengen an Wasserstoffperoxid. Da es als Zellgift wirkt, muss es schnell abgebaut werden. Das Enzym Katalase beschleunigt diese sonst sehr langsame Reaktion und ermöglicht so bereits bei Körpertemperatur einen schnellen Abbau von Wasserstoffperoxid:

$$2\,H_2O_2(aq) \xrightarrow{\text{Katalase}} 2\,H_2O(l) + O_2(g)$$

3 *Katalase katalysiert die Zersetzung von Wasserstoffperoxid*

Die Reaktion läuft auch im Reagenzglas ab. Enzyme sind jedoch sehr hitzeempfindlich; beim Kochen von Kartoffeln wird daher die darin enthaltene Katalase zerstört. Ein Auszug aus gekochten Kartoffeln zeigt daher im Gegensatz zu rohen Kartoffeln keine katalytische Wirkung mehr (Abb. 3). Höher konzentrierte Säuren und Laugen machen Enzyme unwirksam, Schwermetalle wirken auch hier als Katalysatorgifte.

Katalysatoren beschleunigen chemische Reaktionen, indem sie einen Reaktionsweg mit niedrigerer Aktivierungsenergie ermöglichen. Katalysatoren sind an der Reaktion beteiligt, gehen aber aus ihr unverändert hervor.
Enzyme sind Biokatalysatoren.

1 Zeichne Energiediagramme für eine exotherme und eine endotherme Reaktion. Trage anschließend den Reaktionsverlauf unter Einsatz eines Katalysators in die Diagramme ein.

2 Begründe, weshalb ein Katalysator keinen Einfluss auf die bei einer Reaktion freiwerdende Energie hat.

3 Recherchiere weitere Beispiele für enzymatische Katalysen.

4 Häufig liest man, dass ein Katalysator eine Reaktion herbeiführe, aber nicht an ihr beteiligt sei.
Nimm Stellung zu dieser Aussage.

5 Eines der ersten Feuerzeuge war das Döbereiner-Feuerzeug.
a) Recherchiere im Internet die Funktionsweise des Döbereiner-Feuerzeugs. Formuliere die Reaktionsgleichungen.
b) Skizziere und beschreibe einen Modellversuch zum Döbereiner-Feuerzeug.

6 Ein älteres, heute nicht mehr genutztes Verfahren zur Herstellung von Schwefelsäure ist das *Bleikammerverfahren*. Recherchiere, welche Reaktionen bei diesem Verfahren ablaufen und erläutere die Wirkungsweise der dabei verwendeten Katalysatoren.

7 Abgaskatalysatoren vermindern den Schadstoffausstoß bei Kraftfahrzeugen. Schadstoffe wie Kohlenstoffmonooxid, Stickstoffmonooxid und unzersetzte Kraftstoffe werden dabei in weniger umweltgefährliche Stoffe umgewandelt.
a) Recherchiere die Reaktionsgleichungen für die Umwandlung dieser Schadstoffe.
b) Informiere dich, welche Stoffe als Katalysatoren zur Abgasreinigung in Kraftfahrzeugen eingesetzt werden.

8 Um Reaktionen katalytisch zu beschleunigen, werden in der Industrie vielfach heterogene Katalysen eingesetzt. Sie enthalten den katalytisch wirksamen Stoff auf der Oberfläche eines porösen Trägermaterials.
a) Erkläre, weshalb man überhaupt Trägermaterialien benötigt, und nicht allein den Katalysator verwendet.
b) Erläutere, warum in der Industrie Reaktionen häufig in Gegenwart von Katalysatoren durchgeführt werden.
c) Erkläre, warum häufig heterogene Katalysen durchgeführt werden.
d) Gib die Eigenschaften an, die Trägermaterialien aufweisen müssen.
e) Nenne Beispiele für häufig verwendete Katalysatoren.

14.3 Vom Schwefel zur Schwefelsäure

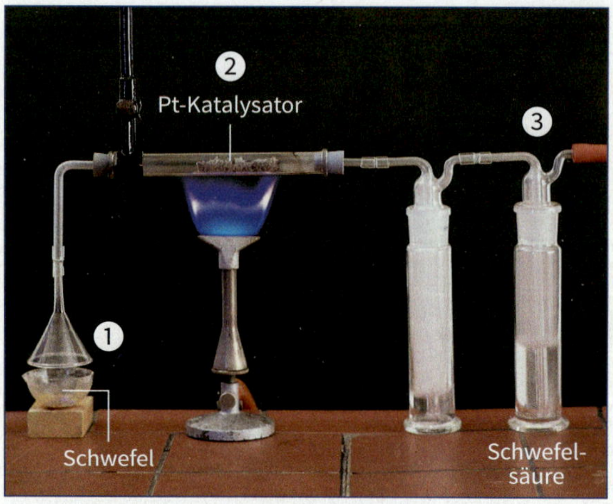

1 *Herstellung von Schwefelsäure im Labor*

Eines der bedeutendsten Produkte der chemischen Industrie ist Schwefelsäure (H_2SO_4). Jährlich werden weltweit etwa 150 Millionen Tonnen dieser Grundchemikalie hergestellt. Der größte Teil wird für die Produktion von Düngemitteln verwendet. Aber auch für die Herstellung von Kunststoffen, Waschmitteln und vielen weiteren Produkten benötigt man Schwefelsäure.

Herstellung im Labor. Im Labor erhält man Schwefelsäure, indem man zunächst Schwefel verbrennt (Abb. 1). Dabei entsteht in einer stark exothermen Reaktion Schwefeldioxid (SO_2) ①, ein farbloses, stechend riechendes, giftiges Gas, das mit Wasser zu Schwefliger Säure reagieren kann.

$S(s) + O_2(g) \rightarrow SO_2(g)$; exotherm

Im nächsten Schritt wird Schwefeldioxid zu **Schwefeltrioxid (SO_3)** oxidiert:

$2\,SO_2(g) + O_2(g) \rightarrow 2\,SO_3(s)$; exotherm

Diese Reaktion ist exotherm; bei den dabei entstehenden hohen Temperaturen zerfällt Schwefeltrioxid aber wieder unter Rückbildung der Ausgangsstoffe. Erst ein Katalysator sorgt für geeignete Reaktionsbedingungen: Man leitet Schwefeldioxid zusammen mit Luft über einen Platinkatalysator, der auf etwa 450 °C erhitzt wird ②. Nur wenn diese Temperatur nicht wesentlich überschritten wird, bildet sich genügend Schwefeltrioxid. Mit Wasser erhält man daraus Schwefelsäure:

$SO_3(s) + H_2O(l) \rightarrow H_2SO_4(aq)$; exotherm

Die Reaktion verläuft allerdings nur relativ langsam. Leitet man das Gas in eine Waschflasche mit Wasser, bildet sich ein dichter, weißer Nebel. In konzentrierter Schwefelsäure löst sich Schwefeltrioxid dagegen problemlos ③.

Steckbrief: Schwefelsäure

Eigenschaften

5

7

- H 314 ($w \geq 15\,\%$), GHS 5,
- H 315, H 319 ($5\,\% \leq w < 15\,\%$), GHS 7,
- wasserklare, ölige Flüssigkeit,
- hohe Dichte: 1,84 $\frac{g}{ml}$,
- hohe Siedetemperatur: 338 °C,
- zersetzt sich beim Erhitzen unter Bildung von Schwefeltrioxid.

Verwendung

- zur Produktion von Düngemitteln (vor allem Phosphatdünger und Ammoniumsulfatdünger),
- zur Herstellung von Titandioxid (Weißpigment) und von Farbstoffen,
- zur Herstellung von Sulfaten, vor allem von Aluminiumsulfat (für die Papierindustrie und für die Wasserreinigung),
- zur Erzaufbereitung, etwa für die Gewinnung von Zink,
- in der industriellen organischen Chemie zur Produktion von Waschmitteln und Kunststoffen,
- zur Herstellung von Säuren wie Phosphorsäure und Flusssäure aus ihren Salzen,
- als Batteriesäure (28 %) in Starterbatterien für Kraftfahrzeuge,
- im Labor eine der meist benutzten Chemikalien: konzentrierte Schwefelsäure ($w = 98\,\%$), verdünnte Schwefelsäure ($w = 9\,\%$).

Steckbrief: Schweflige Säure

Eigenschaften

5

- H 314,
- bildet sich bei der Reaktion von Schwefeldioxid mit Wasser:
  $SO_2(g) + H_2O(l) \rightarrow HSO_3^-(aq) + H^+(aq)$
- bildet zwei Reihen von Salzen: Hydrogensulfite (HSO_3^-) und Sulfite (SO_3^{2-}),
- Schweflige Säure zerfällt beim Erwärmen in Schwefeldioxid und Wasser.

Verwendung

- Schwefeldioxid und Sulfite dienen als Konservierungsmittel (E 220 – E 227) in Lebensmitteln,
- Bleichmittel,
- Desinfektionsmittel,
- im Labor als Reduktionsmittel.

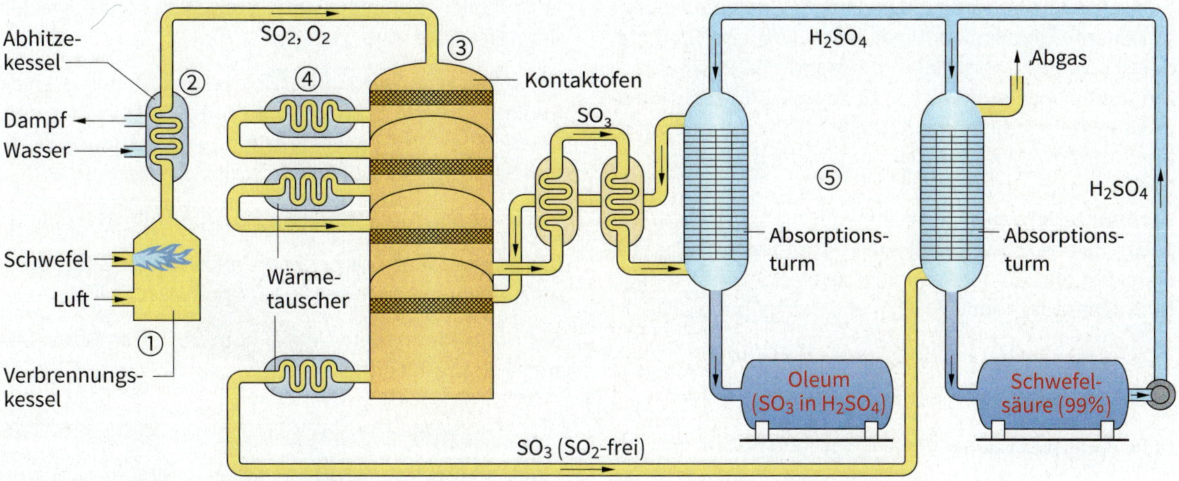

2 *Technische Herstellung von Schwefelsäure nach dem Doppelkontaktverfahren*

Technische Herstellung von Schwefelsäure. Großtechnisch wird Schwefelsäure nach dem **Kontaktverfahren** hergestellt (Abb. 2). Dabei wird zunächst Schwefel in einem Ofen mit einem Überschuss an Luft verbrannt ①. Das Gemisch aus Schwefeldioxid und Luft wird dann in einem Abhitzekessel auf 450 °C abgekühlt ② und gelangt in den **Kontaktofen** ③, der auf mehreren porösen Böden fein verteiltes Vanadiumoxid (V_2O_5) als Katalysator enthält. Hier reagiert Schwefeldioxid mit Sauerstoff zu Schwefeltrioxid. Da die Reaktion stark exotherm ist, muss das Gemisch nach dem Durchlaufen jeden Bodens in einem Wärmeaustauscher gekühlt werden ④. So wird verhindert, dass das gebildete Schwefeltrioxid wieder zerfällt.

Im letzten Schritt kühlt man das Produkt auf 70 °C ab und leitet es in Absorptionstürme, wo es in konzentrierter Schwefelsäure gelöst wird ⑤. Die entstehende Lösung von Schwefeltrioxid in Schwefelsäure wird als **Oleum** oder *rauchende Schwefelsäure* bezeichnet. Durch Zugabe von Wasser erhält man daraus konzentrierte Schwefelsäure.

Das Restgas enthält noch etwa 5 % Schwefeldioxid; bei dem heute üblichen **Doppelkontaktverfahren** wird es daher durch eine weitere Katalysatorschicht geleitet. Dadurch erhöht sich der Umsatz des Schwefeldioxids auf insgesamt 99,7 %. Das Abgas ist damit weitgehend SO_2-frei.

Schwefelsäure entsteht bei der Reaktion von Schwefeltrioxid mit Wasser. Man erhält Schwefeltrioxid durch Oxidation von Schwefeldioxid an einem Katalysator.

1 Erkläre, warum bei der Verbrennung von Schwefel kaum Schwefeltrioxid entsteht.

2 Erläutere, weshalb die Abgase beim Kontaktverfahren weitgehend frei von Schwefeldioxid sein müssen.

3 Schwefeldioxid kann auch aus Pyrit (FeS_2) oder anderen Sulfiden durch Erhitzen an der Luft hergestellt werden. Aus Pyrit entsteht neben Schwefeldioxid Eisenoxid (Fe_2O_3). Stelle die Reaktionsgleichung auf.

4 Nenne mögliche Gründe, warum heute bei der Herstellung von Schwefelsäure Vanadiumoxid statt Platin als Katalysator verwendet wird.

5 Abfallschwefelsäure (Dünnsäure) wird zur Wiederaufbereitung in einer heißen Brennerflamme zersetzt. Dabei entsteht Schwefeldioxid.
a) Formuliere die Reaktionsgleichung.
b) Beschreibe, wie Schwefeldioxid weiterverarbeitet werden kann.
c) Recherchiere, wie Dünnsäure früher entsorgt wurde. Erläutere, weshalb man heute anders vorgeht.

6 Die Abbildung zeigt die Bildung von Schwefeltrioxid aus Schwefeldioxid und Sauerstoff bei verschiedenen Temperaturen. Erläutere die Abbildung.

14.4 Reaktionen der Schwefelsäure

Schwefelsäure gehört auch im Labor zu den häufig verwendeten Chemikalien. Diese herausragende Stellung der Schwefelsäure ist auf ihre besonderen Eigenschaften und ihr Reaktionsverhalten zurückzuführen. Dabei muss zwischen den Eigenschaften von verdünnter und konzentrierter Schwefelsäure unterschieden werden.

Verdünnte Schwefelsäure. In *verdünnter Schwefelsäure* geben Schwefelsäure-Moleküle Protonen an Wasser-Moleküle ab. Es bilden sich zwei Säurerest-Ionen: Hydrogensulfat-Ionen (HSO_4^-) und Sulfat-Ionen (SO_4^{2-}):

$H_2SO_4(aq) + H_2O(l) \rightarrow HSO_4^-(aq) + H_3O^+(aq)$

$HSO_4^-(aq) + H_2O(l) \rightarrow SO_4^{2-}(aq) + H_3O^+(aq)$

Die Lösung leitet daher den elektrischen Strom.

Bei der Reaktion mit Laugen entstehen die entsprechenden Salze, mit Natronlauge also Natriumhydrogensulfat ($NaHSO_4$) und Natriumsulfat (Na_2SO_4):

$H_2SO_4(aq) + NaOH(aq) \rightarrow NaHSO_4(aq) + H_2O(l)$

$H_2SO_4(aq) + 2\ NaOH(aq) \rightarrow Na_2SO_4(aq) + 2\ H_2O(l)$

Mit Metalloxiden bildet Schwefelsäure die entsprechenden Salzlösungen.

$CuO(s) + H_2SO_4(aq) \rightarrow CuSO_4(aq) + H_2O(l)$

Dampft man diese blaue Lösung ein, erhält man blaue Kristalle von Kupfersulfat-Pentahydrat ($CuSO_4 \cdot 5\ H_2O$).

Verdünnte Schwefelsäure reagiert ähnlich wie Salzsäure mit unedlen Metallen unter Bildung von Wasserstoff:

$Mg(s) + H_2SO_4(aq) \rightarrow MgSO_4(aq) + H_2(g)$

Mit halbedlen Metallen wie Kupfer reagiert verdünnte Schwefelsäure nicht.

Konzentrierte Schwefelsäure. *Konzentrierte (98%ige) Schwefelsäure* ist sehr stark **hygroskopisch**: Aus feuchter Luft nimmt sie Wasser auf und bindet es. Aus diesem Grund wird Schwefelsäure im Labor häufig als Trocknungsmittel für Gase verwendet.

Gibt man konzentrierte Schwefelsäure in Wasser, so reagiert sie unter starker Wärmeentwicklung. Daher muss man beim Verdünnen vorsichtig sein: Durch die Erwärmung verdampft Wasser; der Dampf entweicht fast explosionsartig und Schwefelsäure spritzt aus dem Gefäß. Eine alte Laborantenregel hilft, ein solches Missgeschick zu vermeiden: „Zuerst das Wasser, dann die Säure, sonst geschieht das Ungeheure.“ Die konzentrierte Säure wird daher langsam in Wasser gegeben und keinesfalls umgekehrt Wasser in die Schwefelsäure. Die stark wasseranziehende Wirkung der Schwefelsäure kann man auch an einigen organischen Stoffen erkennen: Zucker und auch Papier verkohlen nach Zugabe von konzentrierter Schwefelsäure (Abb. 1).

Im Gegensatz zu verdünnter Schwefelsäure reagiert heiße *konzentrierte Schwefelsäure* mit Kupfer, Silber und Quecksilber. Das jeweilige Metall wird dabei oxidiert, und Schwefelsäure zu Schwefeldioxid reduziert:

$Cu(s) + H_2SO_4(l) \rightarrow CuO(s) + SO_2(g) + H_2O(l)$

Das entstandene Oxid reagiert mit Schwefelsäure weiter zum entsprechenden Sulfat und Wasser.

Gold und Platin werden von konzentrierter Schwefelsäure nicht angegriffen.

Konzentrierte Schwefelsäure ist hygroskopisch und wirkt stark oxidierend. *Verdünnte* Schwefelsäure enthält Hydronium-Ionen und Säurerest-Ionen. Sie reagiert mit unedlen Metallen, mit Metalloxiden und mit Hydroxiden.

1 Bei einer Versuchsreihe wird Zink einmal mit heißer konzentrierter Schwefelsäure versetzt, ein anderes Mal mit verdünnter Schwefelsäure. Formuliere die Reaktionsgleichungen für die beiden Reaktionen.

2 Versetzt man Zucker mit konzentrierter Schwefelsäure, so ist neben dem Verkohlen des Zuckers eine deutliche Volumenzunahme zu beobachten (Abb. 1). Erkläre diesen Sachverhalt.

3 Jeweils 30 ml Salzsäure und Schwefelsäure, beide mit der Konzentration 0,3 $\frac{mol}{l}$, reagieren vollständig mit Magnesium. Berechne für beide Reaktionen das Volumen des sich bildenden Wasserstoffs bei normalem Druck ($V_m = 24\ \frac{l}{mol}$).

4 Formuliere die Reaktionsgleichung für die Reaktion von Aluminiumoxid mit Schwefelsäure.

1 *Reaktion von Zucker mit Schwefelsäure*

Exkurs Entschwefelung – Sieg über den sauren Regen

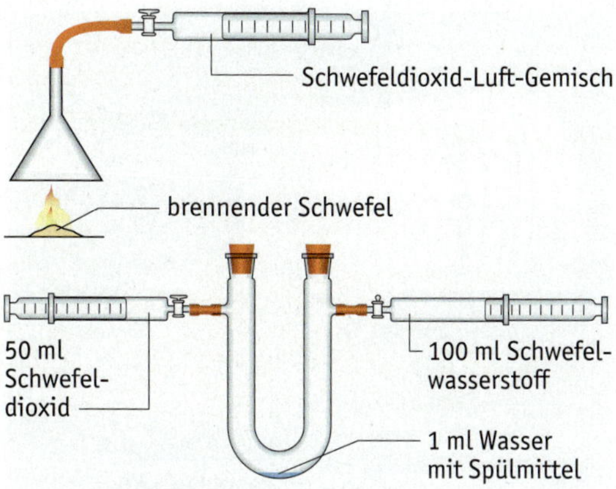

1 *Modellversuch zum Claus-Verfahren*

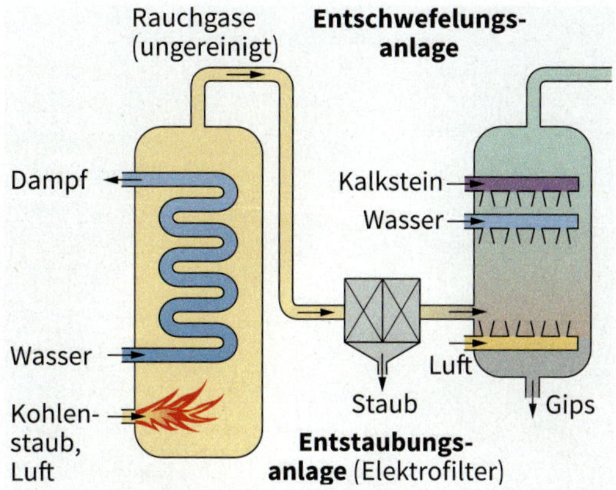

2 *Entschwefelung von Rauchgasen*

Fossile Brennstoffe enthalten Schwefelverbindungen. Beim Verbrennen entsteht Schwefeldioxid, das mit den Abgasen in die Atmosphäre gelangt. Dort reagiert es mit Wasser und Luftsauerstoff zu Schwefelsäure und führt so zur Bildung von saurem Regen. **Saurer Regen** galt in der zweiten Hälfte des 20. Jahrhunderts als ein großes Umweltproblem; Steinfraß an Gebäuden und *Waldsterben* waren die oft diskutierten Folgen.

Erdgas und Erdöl. Erdgas enthält Schwefel vor allem als Schwefelwasserstoff (H_2S). Auch aus Erdöl können Schwefelverbindungen durch Reaktion mit Wasserstoff als Schwefelwasserstoff abgetrennt werden. Beim **Claus-Verfahren** wird dann ein Teil des Schwefelwasserstoffs mit Luft zu Schwefeldioxid (SO_2) oxidiert (Abb. 1). Schwefelwasserstoff und Schwefeldioxid reagieren schließlich miteinander zu Schwefel und Wasser:

$$2\,H_2S(g) + SO_2(g) \rightarrow 3\,S(s) + 2\,H_2O(l)$$

Der gebildete Schwefel wird zur Herstellung von Schwefelsäure verwendet.

Braunkohle und Steinkohle. Kohle enthält bis zu 3 % Schwefel. Als Feststoffe lassen sich Braunkohle und Steinkohle aber nicht wie Erdöl und Erdgas entschwefeln. Bei der Verbrennung in Kraftwerken bildet sich daher Schwefeldioxid, das dann in den Rauchgasen enthalten ist. In Deutschland sind heute alle Kohlekraftwerke mit einer **Rauchgas-Entschwefelungsanlage (REA)** ausgerüstet. Die größte Rolle spielt das *Nassverfahren* (Abb. 2): Dabei wird eine Kalksuspension in das schwefeldioxidhaltige Rauchgas gesprüht. Dadurch bildet sich zunächst Calciumsulfit. Durch Oxidation mit Sauerstoff aus der Luft entsteht dann Gips (Calciumsulfat):

$$SO_2(g) + CaCO_3(s) \rightarrow CaSO_3(s) + CO_2(g)$$

$$2\,CaSO_3(s) + O_2(g) \rightarrow 2\,CaSO_4(s)$$

Dieser *REA-Gips* wird für die Herstellung von Baustoffen wie Gipsputz, Gipskartonplatten oder Gips-Estrich eingesetzt; er hat heute den Naturgips weitgehend verdrängt.

In Deutschland sind die jährlichen Schwefeldioxidemissionen in den letzten 20 Jahren von über 5 Millionen Tonnen auf 450 000 Tonnen zurückgegangen. Das Rauchgas wird heute zu etwa 95 % von Schwefeldioxid befreit. Saurer Regen ist daher praktisch kein Thema mehr.

1 Aus Luftschadstoffen und Feuchtigkeit entsteht saurer Regen. Erkläre welche Auswirkungen saurer Regen haben kann.

2 Erläutere, welchen Sinn die regelmäßige Kontrolle der Abgaswerte von Heizungen durch den Schornsteinfeger hat.

3 Abgase aus Kraftwerken, in denen fossile Brennstoffe verheizt werden, enthalten oft Stickstoffoxide. Recherchiere, wie diese Luftschadstoffe entstehen und wie sie beseitigt werden.

4 Recherchiere, welche Luftschadstoffe mithilfe des Auto-Abgaskatalysators entfernt werden.

5 Streichhölzer enthalten eine Schwefelverbindung (Sb_2S_5). Beim Anzünden bildet sich unter anderem ein stechend riechendes Gas. Erläutere, um welches Gas es sich handelt.

Sulfate – Salze der Schwefelsäure

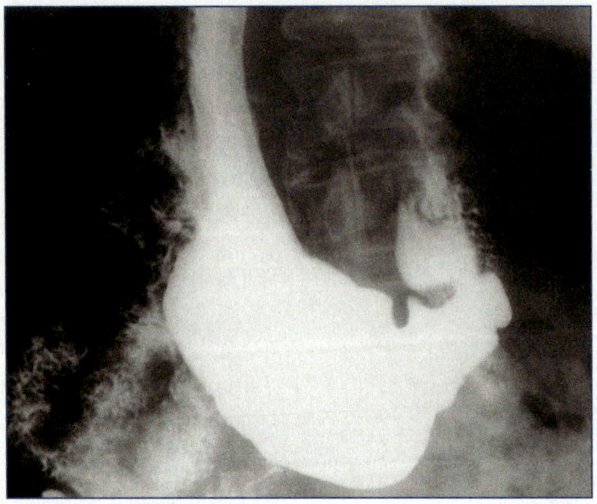

1 *Röntgenbild des Magens nach Einnahme von Bariumsulfat*

2 *Glaubersalz – ein auch heute noch gebräuchliches Abführmittel*

Schwefelsäure ist eine zweiprotonige Säure; daher lassen sich von ihr zwei Reihen von Salzen ableiten: die Sulfate mit dem SO_4^{2-}-Ion und die Hydrogensulfate mit dem HSO_4^--Ion. Die meisten dieser Salze sind wasserlöslich. Ausnahmen bilden Calcium-, Strontium-, Barium- und Bleisulfat. Im Labor lassen sich Sulfate einfach nachweisen: Man säuert die Lösung mit Salzsäure an und gibt einige Tropfen Bariumchloridlösung hinzu. Liegen Sulfat-Ionen vor, bildet sich ein Niederschlag von Bariumsulfat.

Gips. Der bekannte Baustoff Gips ist ebenfalls ein kristallwasserhaltiges Sulfat: Calciumsulfat-Dihydrat ($CaSO_4 \cdot 2\,H_2O$). Als Gestein bildet Gips ganze Gebirgsstöcke. Im Baumarkt erhält man ein daraus hergestelltes technisches Produkt: Beim Erhitzen auf etwa 150 °C entweicht das Kristallwasser teilweise. Dabei entsteht *gebrannter Gips* ($CaSO_4 \cdot \frac{1}{2}\,H_2O$). Zum Gebrauch verrührt man das weiße Pulver mit Wasser zu einem dicken Brei, der nach kurzer Zeit erstarrt: Wasser wird wieder als Kristallwasser gebunden. Es bilden sich feine Gipsnadeln von Calciumsulfat-Dihydrat, die zu einem harten Werkstoff verfilzen. Darauf beruht die Verwendung von Gips im Baugewerbe und in der Medizin.

Bittersalz. Kalisalzlager und Mineralquellen enthalten häufig Bittersalz (Magnesiumsulfat-Heptahydrat, $MgSO_4 \cdot 7\,H_2O$). Man verwendet es als Düngemittel. Früher wurde es auch als Abführmittel genutzt. Wasserfreies Magnesiumsulfat ist hygroskopisch und dient als Trocknungsmittel.

Schwerspat. Der Name Schwerspat (Bariumsulfat, $BaSO_4$) bezieht sich auf die relativ hohe Dichte des Salzes. Es wird bei Röntgenuntersuchungen des Magen-Darm-Trakts verwendet: Der Patient schluckt einen weißen Brei aus Bariumsulfat, der die Magenschleimhaut gleichmäßig überzieht. Da Bariumsalze Röntgenstrahlen absorbieren, kann der Magen auf dem Röntgenbild abgebildet werden (Abb. 1). Bariumsulfat ist sehr schwer löslich; es verlässt den Körper daher, ohne dass schädliche Barium-Ionen aufgenommen werden. Beide Eigenschaften machen Bariumsulfat zu einem idealen Kontrastmittel für Magen-Darm-Untersuchungen.

Glaubersalz. Der für Natriumsulfat-Decahydrat ($Na_2SO_4 \cdot 10\,H_2O$) verwendete Name *Glaubersalz* erinnert an Johann Rudolph GLAUBER, der es um 1625 beim Eindampfen von Wasser aus einer Heilquelle entdeckte. Er verkaufte es auf Märkten als Wundersalz (Sal mirabilis Glauberi) vor allem gegen Darmträgheit. Glaubersalz wird auch heute noch medizinisch als Abführmittel eingesetzt (Abb. 2).

1 Erkläre die Bedeutung des Formelteils $\cdot\ 7\,H_2O$ in der Formel $MgSO_4 \cdot 7\,H_2O$.

2 Recherchiere im Internet nach weiteren Sulfaten und gib ihre Formeln und ihre Verwendung an.

3 Berechne für Glaubersalz den prozentualen Gehalt an Kristallwasser. Erkläre den Rechenweg in einem Kurzvortrag.

4 Formuliere die Reaktionsgleichung für die Reaktion von Schwefelsäure mit Bariumchlorid.

Praktikum Sulfate

Versuch 1: Reaktion von Schwefelsäure mit Metallen

Materialien: Tropfpipette; Gasbrenner; Magnesiumband, grobes Zinkpulver (**9**), Kupferblech, Schwefelsäure (verd., **7, B1**).

Durchführung:
1. Gib jeweils eine Probe des Metalls in ein Reagenzglas.
2. Fülle in jedes Reagenzglas etwa 5 ml Schwefelsäure und beobachte. Prüfe, ob die Reaktion exotherm ist.
3. Fange entstehende Gase mit einem Reagenzglas auf und führe die Knallgasprobe durch.

Aufgaben:
a) Notiere deine Beobachtungen.
b) Stelle die Reaktionsgleichungen auf.

Versuch 2: Erhitzen von Marienglas

Materialien: Gasbrenner; Marienglas.

Durchführung:
1. Gib einige Stücke Marienglas in ein trockenes Reagenzglas und erhitze sie mit der Brennerflamme.
2. Beende das Erhitzen, wenn die Dampfentwicklung abnimmt und lasse das Reagenzglas abkühlen.

Aufgaben:
a) Beschreibe deine Beobachtungen.
b) Erkläre die Beobachtungen.
c) Formuliere die Reaktionsgleichung.

Hinweis: Marienglas ist eine besondere Form von Gips.

Versuch 3: Abbinden von Gips

Materialien: Kunststoffbecher, Glasstab, Thermometer; Gebrannter Gips (Modellgips), Vaseline.

Durchführung:
1. Verrühre in dem Kunststoffbecher Gips mit wenig Wasser zu einem dicken Brei.
2. Fette die Spitze des Thermometers mit Vaseline ein. Forme eine Kugel aus dem Gipsbrei und stecke die Spitze des Thermometers hinein.
3. Beobachte den Temperaturverlauf während des Abbindens.

Aufgaben:
a) Beschreibe deine Beobachtungen.
b) Formuliere die Reaktionsgleichung und deute die Temperaturänderung.

Versuch 4: Nachweis von Sulfaten

Materialien: Tropfpipette; Bariumchloridlösung, Salzsäure (verd.)
Proben: Schwefelsäure (verd., **7**), stark verdünnte Lösungen von Natriumsulfat und Kaliumsulfat.

Durchführung:
1. Gib jeweils 2 ml verdünnte Schwefelsäure, Natriumsulfatlösung und Kaliumsulfatlösung in je ein Reagenzglas und säuere mit Salzsäure an.
2. Gib anschließend in jede Lösung einige Tropfen Bariumchloridlösung.
3. Wiederhole den Versuch nun mit Leitungswasser.
4. Wiederhole den Versuch nochmals mit Leitungswasser, aber ohne Zugabe von Salzsäure.

Aufgaben:
a) Beschreibe deine Beobachtungen.
b) Stelle die Reaktionsgleichung auf.
c) Recherchiere, welche Rolle die Zugabe von Salzsäure bei dem Versuch spielt.

14.5 Vom Rohphosphat zur Phosphorsäure

1 *Abbau von Rohphosphat in Marokko*

In der Natur kommt Phosphor nicht elementar vor, sondern nur in Verbindungen, vor allem in Form von Phosphaten. Große Lagerstätten befinden sich in Nordafrika und in Florida. Hauptbestandteil der Rohphosphate ist das in Wasser sehr schwer lösliche Mineral Apatit. Seine Zusammensetzung kann vereinfacht durch die Formel von Calciumphosphat ($Ca_3(PO_4)_2$) beschrieben werden.

Herstellung von Phosphorsäure. Um Phosphorsäure ($H_3PO_4(aq)$) zu gewinnen, wird Apatit mit einem großen Überschuss von Schwefelsäure umgesetzt:

$$Ca_3(PO_4)_2(s) + 3\,H_2SO_4(aq) \rightarrow 3\,CaSO_4(s) + 2\,H_3PO_4(aq); \quad \text{exotherm}$$

Die so gewonnene Phosphorsäure wird von dem schwer löslichen Calciumsulfat und dem restlichen Apatit abgetrennt. Durch Eindampfen kann man die Konzentration erhöhen. Dabei werden auch die aus dem Rohphosphat stammenden Verunreinigungen ausgefällt. In den Handel kommt 85%ige Phosphorsäure, eine wasserklare sirupartige Flüssigkeit.

Eigenschaften. Reine Phosphorsäure ist ein kristalliner, hygroskopischer Feststoff. Phosphorsäure ist eine relativ starke Säure; sie gibt bei der Reaktion mit Wasser Protonen an die Wasser-Moleküle ab. Dabei bilden sich Dihydrogenphosphat-Ionen ($H_2PO_4^-$). Mit Natronlauge erhält man auch die beiden anderen Säurerest-Ionen: Hydrogenphosphat-Ionen (HPO_4^{2-}) und Phosphat-Ionen (PO_4^{3-}).

$$H_3PO_4(aq) + H_2O(l) \rightarrow H_2PO_4^-(aq) + H_3O^+(aq)$$

$$H_2PO_4^-(aq) + OH^-(aq) \rightarrow HPO_4^{2-}(aq) + H_2O(l)$$

$$HPO_4^{2-}(aq) + OH^-(aq) \rightarrow PO_4^{3-}(aq) + H_2O(l)$$

Beim Erhitzen auf über 200 °C entstehen aus Phosphorsäure unter Wasserabspaltung Diphosphorsäure ($H_4P_2O_7$) und weitere Polyphosphorsäuren.

$$2\,H_3PO_4(l) \rightarrow H_4P_2O_7(l) + H_2O(g)$$

Verwendung. Phosphorsäure wird vor allem zur Herstellung von *Phosphatdüngemitteln* verwendet. Oft setzt man aber Apatit direkt zu Calciumdihydrogenphosphat ($Ca(H_2PO_4)_2$) und Calciumsulfat um. Dieses Salzgemisch kommt unter dem Namen *Superphosphat* als Dünger in den Handel.

Phosphorsäure dient aber auch als *Korrosionsschutz* bei Kraftfahrzeugen: Auf Stahlblech bildet sich unlösliches Eisenphosphat, das sehr fest auf dem Blech haftet und so das Eisen passiviert und damit das Rosten verhindert. Außerdem ist Eisenphosphat ein guter Untergrund für Lackierungen.

Verdünnte Phosphorsäure wird auch als Säuerungsmittel in *Lebensmitteln* verwendet. So enthalten Cola-Limonaden bis zu 700 mg Phosphorsäure pro Liter. Bei der Herstellung von Wurst werden Polyphosphate zugesetzt, um Wasser zu binden: So werden Würstchen knackig. Auch bei der Herstellung von Schmelzkäse verwendet man Phosphate; als Schmelzsalze verbessern sie das Emulgierverhalten und verhindern eine Trennung von Molke und Fett, so dass eine homogene Käsemasse entsteht.

Calcium-Ionen stören den Waschvorgang. Deshalb hat man bis in die 1980er Jahre das Natriumsalz der Triphosphorsäure ($Na_5P_3O_{10}$) in *Waschmitteln* verwendet, um im Wasser enthaltene Calcium-Ionen zu binden. Die Phosphate gelangten schließlich über die Kläranlagen in Bäche und Flüsse und führten zu einem verstärkten Algenwachstum infolge der Überdüngung. Heute sind Waschmittel weitgehend phosphatfrei. Sie enthalten unlösliche Silicate, die Ca^{2+}-Ionen binden und stattdessen Na^+-Ionen freisetzen.

Biologische Bedeutung der Phosphate. Der menschliche Körper benötigt Phosphate für den Stoffwechsel und das Wachstum. Kinder und Jugendliche sollten pro Tag etwa drei Gramm Phosphat-Ionen mit der Nahrung aufnehmen. Da Phosphate in allen eiweißreichen Nahrungsmitteln wie Fleisch, Käse und Nüssen in genügender Menge vorkommen, tritt ein Phosphatmangel praktisch nie auf. Eher ist ein Überangebot möglich, weil vielen Nahrungsmitteln Phosphate zugesetzt werden. Ein Überschuss an Phosphaten behindert jedoch die Aufnahme von Calcium-Ionen. Zuviel Phosphat kann daher vor allem bei Jugendlichen zu Störungen des Knochenaufbaus führen, wenn sie gleichzeitig zu wenig calciumhaltige Nahrungsmittel wie Milchprodukte aufnehmen.

Im Energiestoffwechsel jeder Zelle spielt Adenosintriphosphat (ATP) als Energielieferant eine entscheidende Rolle. Im ATP-Molekül sind drei Phosphat-Gruppen miteinander verknüpft. ATP kann eine Phosphat-Gruppe exotherm abspalten. Die freiwerdende Energie kann dann etwa in Muskelarbeit umgesetzt werden.

Phosphorsäure ist eine dreiprotonige Säure. Sie dient als Ausgangsstoff für die Düngemittelherstellung und wird beim Korrosionsschutz verwendet.

1 a) Erläutere, warum Apatit nicht als Düngemittel verwendet werden kann.
b) Beschreibe, wie sich aus Apatit ein geeigneter Dünger herstellen lässt.

2 Gib die Verhältnisformeln an: Zinkphosphat, Aluminiumhydrogenphosphat, Magnesiumdihydrogenphoshat.

3 Erstelle eine Liste von Phosphaten, die in Lebensmitteln verwendet werden. Gib die jeweilige E-Nummer an.

4 Recherchiere, wie viel Phosphat dein Körper enthält.

Steckbrief: Phosphorsäure (H_3PO_4)

Eigenschaften

- H 314 (für $w \geq 25\,\%$)
- reine Phosphorsäure:
  kristalliner Feststoff,
  Schmelztemperatur: 42 °C,
  farb- und geruchlos,
  hygroskopisch, sehr gut wasserlöslich.
- Bildung von drei Reihen von Salzen mit den Anionen:
  Dihydrogenphosphat ($H_2PO_4^-$),
  Hydrogenphosphat (HPO_4^{2-}),
  Phosphat (PO_4^{3-}).

Verwendung

- Herstellung von Phosphaten, insbesondere als Düngemittel,
- Rostumwandler, Korrosionsschutz,
- Säuerungsmittel und Konservierungsmittel in der Lebensmittelindustrie.

Praktikum Phosphate

Versuch 1: Nachweis von Phosphaten

Materialien: Tropfpipetten; Gasbrenner; Phosphatreagenz (zuvor zubereitet aus 15 g Ammoniummolybdat (**7**), 40 g Ammoniumnitrat (**3**) in 100 ml Wasser gelöst und mit 100 ml halbkonzentrierter Salpetersäure (**5**) gemischt), *Proben:* Natriumhydrogenphosphat, Backpulver, Blumendünger.

Durchführung:
1. Fülle drei Reagenzgläser mit je 5 ml Wasser und gib eine Spatelspitze oder etwa einen Milliliter der Proben in je ein Reagenzglas.
2. Füge zu jeder Probe etwa 1 ml Phosphatreagenz hinzu.
3. Erwärme die Lösungen vorsichtig.

Aufgabe:
Beschreibe und deute deine Beobachtungen.

Versuch 2: Eigenschaften von Phosphaten

Materialien: Tropfpipette; Natriumphosphat (**7**), Dinatriumhydrogenphosphat, Kaliumdihydrogenphosphat, Universalindikatorlösung (**2, 7**).

Durchführung:
1. Gib jeweils eine Spatelspitze der Salze in ein Reagenzglas und löse sie in etwa 5 ml Wasser.
2. Versetze die Lösungen mit Universalindikatorlösung und bestimme den pH-Wert.

Aufgaben:
a) Beschreibe deine Beobachtungen.
b) Erkläre den pH-Wert der Salzlösungen durch die Reaktion der Anionen mit Wasser. Gib dazu die Reaktionsgleichungen an.
c) Interpretiere die Ergebnisse mit den Begriffen *Brönsted-Säure* und *Brönsted-Base.*

14.6 Vom Stickstoff zum Ammoniak

Weltweit werden jährlich etwa 150 Millionen Tonnen Ammoniak (NH_3) hergestellt. Allein in Deutschland lag die Produktion im Jahre 2011 in der Größenordnung von 3,3 Millionen Tonnen. Damit ist Ammoniak neben Schwefelsäure und Chlor eine der wichtigsten Grundchemikalien der chemischen Industrie: Man benötigt Ammoniak als Ausgangsstoff für die Herstellung von Kunststoffen, Farbstoffen und Sprengstoffen. Eine noch bedeutendere Rolle spielt Ammoniak im Bereich der Ernährung: Bei einer stetig wachsenden Weltbevölkerung wird auch der Bedarf an Nahrungsmitteln immer größer. Deshalb wird der größte Teil des Ammoniaks zu *Stickstoffdüngern* weiterverarbeitet, um die Erträge in der Landwirtschaft zu steigern.

Anfang des 20. Jahrhunderts entwickelten Fritz HABER und Carl BOSCH ein großtechnisches Verfahren, um Ammoniak aus Luftstickstoff und Wasserstoff herzustellen (Abb. 1). Ihre Arbeit wurde 1919 (HABER) und 1931 (BOSCH) mit dem Nobelpreis für Chemie gewürdigt.

Bereitstellung der Ausgangsstoffe. Ammoniak wird nach dem **Haber-Bosch-Verfahren** aus den Elementen hergestellt. Den benötigten *Stickstoff* gewinnt man einfach durch Verflüssigung und anschließende Destillation von Luft. Den *Wasserstoff* erzeugt man heute durch katalytische Umsetzung von Methan (CH_4), dem Hauptbestandteil von Erdgas, mit Wasserdampf ① und anschließend mit Luft ②:

$$CH_4(g) + H_2O(g) \xrightarrow{\text{Katalysator}} CO(g) + 3\,H_2(g); \quad \text{endotherm}$$

$$2\,CH_4(g) + \underbrace{O_2(g) + 4\,N_2(g)}_{\text{Luft}} \xrightarrow{\text{Katalysator}} 2\,CO(g) + 4\,N_2(g) + 4\,H_2(g); \quad \text{exotherm}$$

Das als Nebenprodukt entstehende Kohlenstoffmonooxid wird mit Wasserdampf an einem Katalysator zu Kohlenstoffdioxid und Wasserstoff umgesetzt ③:

$$CO(g) + H_2O(g) \xrightarrow{\text{Katalysator}} CO_2(g) + H_2(g); \quad \text{exotherm}$$

Das dabei gebildete Kohlenstoffdioxid wird anschließend mit Wasser ausgewaschen ④.

Die Bereitstellung der Ausgangsstoffe für die Ammoniaksynthese wird so gesteuert, dass sie im richtigen Volumenverhältnis zur Verfügung stehen.

Synthese von Ammoniak. Elementarer Stickstoff reagiert mit Wasserstoff im Volumenverhältnis 1 : 3 zu Ammoniak:

$$N_2(g) + 3\,H_2(g) \rightarrow 2\,NH_3(g); \quad \text{exotherm}$$

So einfach wie die Reaktionsgleichung aussieht, ist die technische Durchführung der Synthese aber nicht. Stickstoff ist aufgrund der hohen Bindungsenergie der N_2-Moleküle sehr reaktionsträge; er reagiert erst bei Temperaturen von mehreren Hundert Grad mit nennenswerter Geschwindigkeit. Ammoniak zerfällt aber dabei wieder in die Elemente. Mithilfe eines Katalysators gelang es HABER, die Synthese bei etwa 450 °C hinreichend zu beschleunigen, allerdings bei geringer Ausbeute. Erst durch eine drastische Erhöhung des Drucks auf über 10 MPa (100 bar) lässt sich die Ausbeute auf über 10 % steigern. BOSCH entwickelte auf dieser Grundlage Reaktoren, die diese extremen Drücken standhalten.

Nach der Umsetzung am Katalysator ⑤, die heute bei etwa 30 MPa in 30 m bis 40 m hohen Reaktoren abläuft, wird das Gasgemisch so weit abgekühlt, dass das gebildete Ammoniak flüssig ist und abgetrennt werden kann ⑥. Das Restgas wird in den Reaktor zurückgeleitet ⑦.

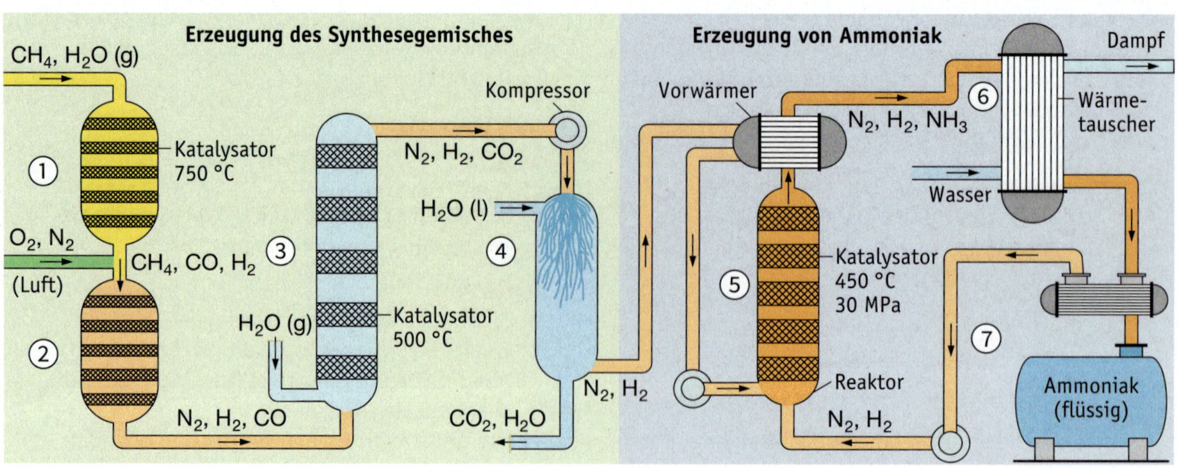

1 *Technische Herstellung von Ammoniak*

Ammoniakgleichgewicht. Bei der Synthese von Ammoniak handelt es sich um eine **Gleichgewichtsreaktion:** Die Ausgangsstoffe reagieren zu den Produkten und die Produkte können sofort wieder zu den Ausgangsstoffen reagieren. Hinreaktion und Rückreaktion laufen also gleichzeitig ab. Wenn beide Reaktionen gleich schnell verlaufen, befindet sich das System in einem *chemischen Gleichgewicht*, denn die Konzentrationen der Ausgangsstoffe und der Produkte ändern sich nicht mehr. In der Reaktionsgleichung verwendet man dann Reaktionspfeile in beide Richtungen, den *Gleichgewichtspfeil*:

$N_2(g) + 3\,H_2(g) \rightleftharpoons 2\,NH_3(g)$; exotherm

Die Lage eines chemischen Gleichgewichts ist reaktionsspezifisch. Sie hängt außerdem von der Temperatur, den Konzentrationen der Reaktionspartner und bei Gasreaktionen auch vom Druck ab.

Die Störung eines chemischen Gleichgewichts durch Änderung der Reaktionsbedingungen führt zu einer Verschiebung des Gleichgewichts in die Richtung, die der Störung entgegenwirkt:

- Bei Erniedrigung der *Temperatur* wird die energieliefernde, exotherme Reaktionsrichtung begünstigt. Eine Erhöhung der Temperatur verschiebt das Gleichgewicht in die endotherme Richtung.
- Bei Erhöhung der *Konzentration* eines Reaktionspartners verschiebt sich das Gleichgewicht so, dass dieser Stoff teilweise verbraucht wird.
- Bei Erhöhung des *Drucks* wird das Gleichgewicht auf die Seite verschoben, auf der weniger gasförmige Teilchen vorliegen.

Katalysatoren beeinflussen die Lage des chemischen Gleichgewichts nicht, sie beschleunigen lediglich die Einstellung des Gleichgewichts.

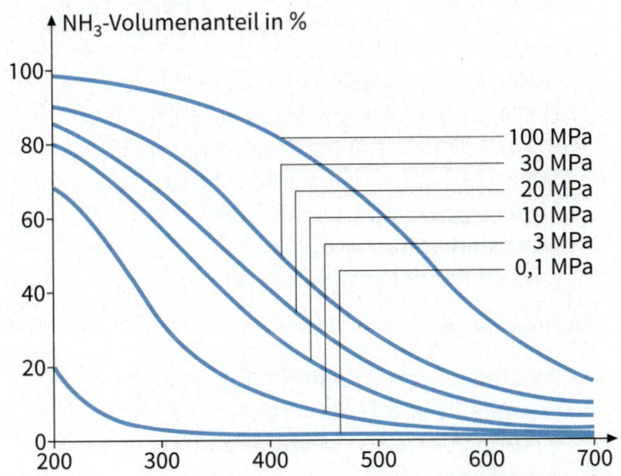

2 ***Volumenanteil von Ammoniak im Gleichgewicht***

Steckbrief: Ammoniak

Eigenschaften

- H 221, H 280, H 314, H 331, H 400,
- farbloses, stechend riechendes, giftiges Gas, Siedetemperatur: –33 °C,
- löst sich sehr gut in Wasser (540 l pro l Wasser),
- die Lösung reagiert alkalisch.

Verwendung

- Produktion von Düngemitteln,
- Synthese anderer Stickstoffverbindungen,
- Kältemittel in Großkühlanlagen,
- zur Entfernung von Stickstoffoxiden in der Rauchgasreinigung *(Entstickung).*

Die Synthese von Ammoniak aus den Elementen ist exotherm und die Anzahl der Teilchen verringert sich. Die Bildung von Ammoniak wird deshalb durch niedrige Temperaturen und hohen Druck begünstigt. Die optimale Reaktionstemperatur liegt in Gegenwart von Katalysatoren bei rund 450 °C. Bei einem Druck von 30 MPa liegt dann nach Einstellung des Gleichgewichts ein Volumenanteil von 38 % Ammoniak vor. Wegen der kurzen Verweildauer der Reaktionspartner im Reaktor kann sich das Gleichgewicht allerdings nicht einstellen; man erreicht nur einen Anteil an Ammoniak von etwa 15 %. Dies ist allerding unproblematisch, denn das nicht umgesetzte Gasgemisch wird wieder in den Reaktor zurückgeleitet.

Ammoniak (NH_3) wird nach dem Haber-Bosch-Verfahren aus Stickstoff und Wasserstoff synthetisiert. Es wird vor allem für die Herstellung von Stickstoffdüngern benötigt.

1 a) Erläutere die Bereitstellung des Synthesegemischs zur Herstellung von Ammoniak.
b) Beschreibe, welche Probleme bei Entwicklung der Ammoniaksynthese gelöst werden mussten.

2 Beschreibe die chemische Bindung im Stickstoff-Molekül und erläutere die dadurch bedingte Reaktionsträgheit des Stickstoffs.

3 Recherchiere, wie groß die Weltproduktion von Ammoniak pro Jahr ist und vergleiche das Ergebnis mit der Herstellung von Schwefelsäure.

4 Ammoniak reagiert mit Wasser zu einer alkalischen Lösung. Formuliere eine Reaktionsgleichung und erkläre die Reaktion.

14.7 Vom Ammoniak zur Salpetersäure

Salpetersäure (HNO_3) ist nach Ammoniak die wichtigste Grundchemikalie zur industriellen Herstellung von Stickstoffverbindungen. Der Name weist auf die alte Herstellungsmethode hin, bei der Salpeter (Kaliumnitrat, KNO_3) mit konzentrierter Schwefelsäure erhitzt wurde.

Salpetersäure wurde in der zweiten Hälfte des 19. Jahrhunderts in immer größeren Mengen zur Herstellung von Stickstoffdüngern und auch von Sprengstoffen benötigt. Die natürlichen Vorkommen an Natriumnitrat in der Atacama-Wüste in Chile reichten bald nicht mehr aus, um den gestiegenen Bedarf zu decken. Nach der Einführung des Haber-Bosch-Verfahrens wurde daher Ammoniak zum Ausgangsstoff für die Synthese von Salpetersäure.

Ostwald-Verfahren. Im Ostwald-Verfahren wird ein Gemisch aus Ammoniak und Luft bei Temperaturen über 800 °C zu Stickstoffmonooxid und Wasser umgesetzt (Abb. 1). Als Katalysator wirkt ein feinmaschiges Netz aus einer Platin-Rhodium-Legierung:

$$4\,NH_3(g) + 5\,O_2(g) \xrightarrow{\text{Katalysator}} 4\,NO(g) + 6\,H_2O(g); \quad \text{exotherm}$$

Stickstoffmonooxid, ein farbloses Gas, reagiert mit Sauerstoff weiter zu braunem Stickstoffdioxid, das dann zusammen mit überschüssiger Luft in Wasser eingeleitet wird. Dabei bildet sich Salpetersäure:

$$2\,NO(g) + O_2(g) \rightarrow 2\,NO_2(g); \quad \text{exotherm}$$

$$4\,NO_2(g) + 2\,H_2O(l) + O_2(g) \rightarrow 4\,HNO_3(aq); \quad \text{exotherm}$$

Die so erzeugte Salpetersäure kann direkt zur Herstellung von Düngemitteln wie Ammoniumnitrat (NH_4NO_3) eingesetzt werden.

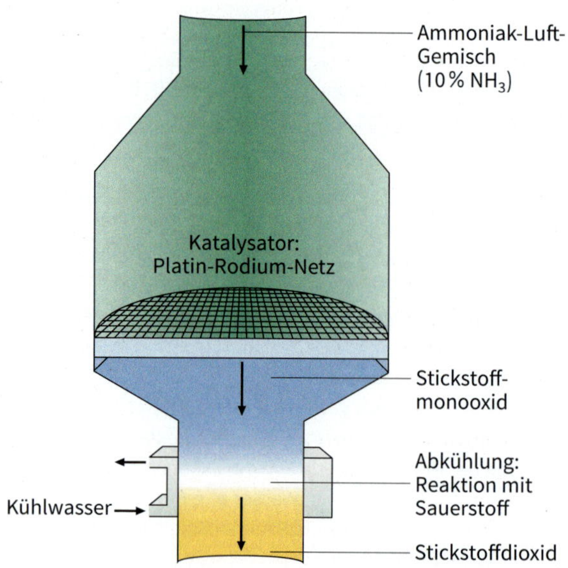

1 *Ostwald-Verfahren zur Herstellung von Salpetersäure*

Eigenschaften. *Konzentrierte Salpetersäure* reagiert mit fast allen Metallen. Dabei wird das Metall oxidiert und die Salpetersäure zu Stickstoffdioxid reduziert:

$$Ag(s) + 2\,HNO_3(aq) \rightarrow NO_2(g) + Ag^+(aq) + NO_3^-(aq) + H_2O(l); \quad \text{exotherm}$$

Gold und Platin werden von konzentrierter Salpetersäure nicht angegriffen. Diese Metalle lassen sich nur durch *Königswasser,* einem Gemisch aus Salpetersäure und Salzsäure in Lösung bringen.

Verdünnte Salpetersäure reagiert wie andere Säuren mit unedlen Metallen unter Bildung von Wasserstoff:

$$2\,H^+(aq) + 2\,NO_3^-(aq) + Zn(s) \rightarrow H_2(g) + Zn^{2+}(aq) + 2\,NO_3^-(aq); \quad \text{exotherm}$$

Salpetersäure (HNO_3) wird mit dem Ostwald-Verfahren über die katalytische Verbrennung von Ammoniak hergestellt. Salpetersäure wird vor allem zur Produktion von Düngemitteln verwendet.

---

1 Salpetersäure wurde früher aus Chilesalpeter ($NaNO_3$) hergestellt.
a) Formuliere die Reaktionsgleichung.
b) Recherchiere die historische Entwicklung des Abbaus von Chilesalpeter.

2 Zeichne die Strukturformeln von Salpetersäure, Stickstoffmonooxid und Stickstoffdioxid.

3 Recherchiere den Begriff *Scheidewasser*, eine Flüssigkeit zur Trennung der Edelmetalle Gold und Silber.

Steckbrief: Salpetersäure

Eigenschaften

- H 272, H 314, GHS 3, GHS 5, (HNO_3 konz., $w \geq 65\,\%$),
- H 314, GHS 5, (HNO_3 verd., $w \approx 6\,\%$),
- Konzentrierte Salpetersäure greift organische Materialien an, bildet auf der Haut gelbe Flecken (Xanthoproteinreaktion),
- wirkt stark oxidierend,
- reagiert mit Wasser stark sauer.

Verwendung

- Produktion von Stickstoffdüngern,
- Herstellung von Explosivstoffen wie Nitroglycerin oder und Trinitrotuluol (TNT),
- Raketentreibstoff.

Ammoniak und Salpetersäure

Versuch 1:
Eigenschaften einer Ammoniaklösung

Materialien: Ammoniaklösung (verd., **5**, **7**), Phenolphthaleinlösung (< 0,1 %, **2**, **7**), Universalindikatorpapier.

Durchführung:
1. Gib in ein Reagenzglas etwas Ammoniaklösung und füge einige Tropfen Phenolphthaleinlösung hinzu.
2. Halte zunächst einen trockenen und anschließend einen feuchten Streifen Universalindikatorpapier über das Reagenzglas.

Aufgabe:
Notiere deine Beobachtungen und deute sie.

Versuch 2:
Löslichkeit von Kaliumnitrat

Materialien: Thermometer, Gasbrenner, Folienstift; Kaliumnitrat (**3**).

Durchführung:
1. Fülle Kaliumnitrat etwa 2 cm hoch in ein Reagenzglas und markiere die Höhe der Salzschicht mit dem Folienstift.
2. Gib etwa 4 ml Wasser hinzu und miss sofort die Temperatur.
3. Rühre mit dem Thermometer, bis sich die Temperatur nicht mehr ändert. Lies dann die Temperatur ab.
4. Vergleiche die Höhe der Salzschicht mit dem Anfangsstand.
5. Erhitze das Gemisch langsam, bis das Salz vollständig gelöst ist. Miss die Temperatur erneut.
6. Lasse das Reagenzglas bis auf Raumtemperatur abkühlen.

Aufgaben:
a) Gib an, wie sich die Temperatur beim Lösen von Kaliumnitrat ändert.
b) Erläutere den Einfluss der Temperatur auf die Löslichkeit von Kaliumnitrat.
c) Erkläre deine Beobachtungen.

Versuch 3:
Erhitzen von Kaliumnitrat

Materialien: Gasbrenner; Kaliumnitrat (**3**), Aktivkohle (gekörnt).

Durchführung:
1. Gib Kaliumnitrat etwa 1 cm hoch in ein Reagenzglas.
2. Erhitze das Reagenzglas langsam, bis eine Gasentwicklung einsetzt.
3. Lass zwei Körner Aktivkohle in die Schmelze fallen. Erhitze gegebenenfalls weiter, bis ein deutlicher Effekt auftritt.
4. Wiederhole Schritt 3 mit einem Papierkügelchen.

Aufgaben:
a) Beschreibe deine Beobachtungen.
b) Erkläre deine Beobachtungen.
c) Formuliere eine Reaktionsgleichung.

Hinweis: Bei der Reaktion bildet sich Kaliumnitrit (KNO_2, **6**).

Versuch 4:
Reaktion von Salpetersäure mit Metallen

Materialien: Gasbrenner, Tropfpipette; Salpetersäure (verd., **5**, **7**), Eisenpulver (**2**), Magnesiumband (**2**).

Durchführung:
1. Gib eine Spatelspitze Eisenpulver in ein Reagenzglas.
2. Fülle etwa 5 ml Salpetersäure hinzu und beobachte. Prüfe, ob die Reaktion exotherm verläuft.
3. Nachdem die Gasentwicklung aufgehört hat, gießt man etwa 1 ml der Lösung in ein sauberes Reagenzglas.
4. Dampfe die Lösung bis zur Trockene ein.
5. Wiederhole den Versuch mit Magnesiumband.

Aufgaben:
a) Beschreibe deine Beobachtungen.
b) Deute die Temperaturänderung.
c) Formuliere jeweils eine Reaktionsgleichung.

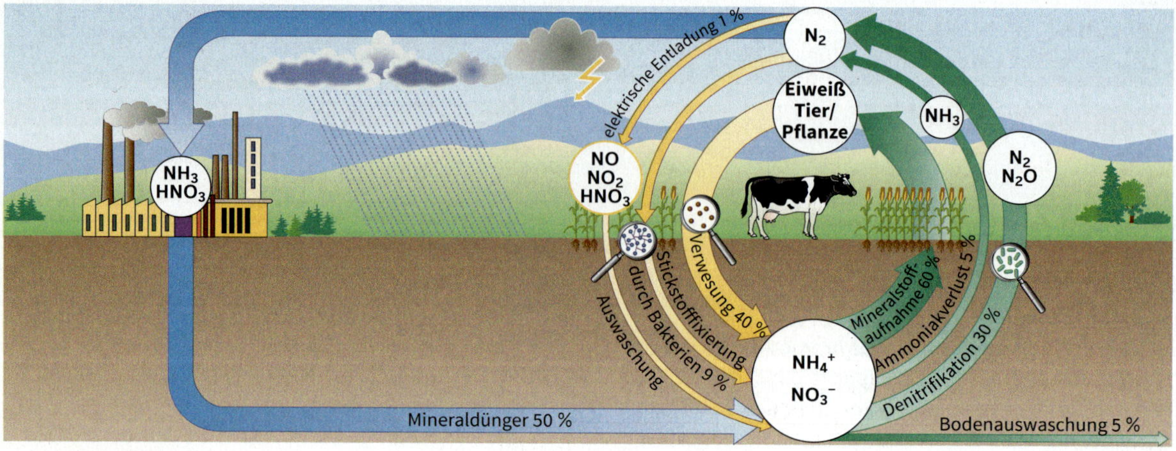

1 *Stickstoffkreislauf*

Zwischen dem Stickstoff der Luft, den Nitraten und Ammoniumsalzen im Boden und dem Stickstoff im Eiweiß von Lebewessen besteht ein ständiger *Kreislauf* (Abb. 1). Luftstickstoff ist dabei eine unerschöpfliche Quelle.

Elementarer Stickstoff ist sehr reaktionsträge. Pflanzen können ihn daher nicht direkt aufnehmen; sie decken ihren Bedarf aus dem Boden, dem ständig Stickstoffverbindungen zugeführt werden.

Die Energie der Blitzentladungen bei einem Gewitter ermöglicht die Bildung von Stickstoffmonooxid (NO), das mit Sauerstoff und Wasser Salpetersäure bildet. Durch Niederschläge gelangt so pro Hektar jährlich etwa ein Kilogramm Stickstoff in Form von Nitraten in den Boden.

Stickstoffbindende Bodenbakterien erhöhen den Stickstoffgehalt des Bodens jährlich um über 20 Kilogramm pro Hektar. Besonders effektiv sind dabei die Knöllchenbakterien, die in Symbiose mit Schmetterlingsblütlern wie Klee oder Lupinen leben. Sie nehmen elementaren Stickstoff aus der Bodenluft auf, synthetisieren daraus anorganische Stickstoffverbindungen und geben diese an ihre Wirtspflanze weiter. Schmetterlingsblütler werden daher häufig als Zwischenfrucht ausgesät und am Ende der Vegetationsphase untergepflügt. So lassen sich ausgelaugte Äcker auf natürliche Weise mit Stickstoffverbindungen anreichern. Man erreicht damit Stickstoffeinträge von über 100 kg pro Hektar.

Pflanzen können Stickstoff in Form von Ammonium-Ionen (NH_4^+) oder Nitrat-Ionen (NO_3^-) aus dem Bodenwasser aufnehmen. Sie bauen daraus Eiweißstoffe und andere stickstoffhaltigen organische Verbindungen auf. *Tiere und Menschen* decken ihren Bedarf an Stickstoff über das in der Nahrung enthaltene Eiweiß. Sie bauen es in körpereigenes Eiweiß um.

Tierische Ausscheidungen und abgestorbenes biologisches Material bringen den gebundenen Stickstoff in den Boden zurück. Organische Stickstoffverbindungen werden dort durch Bakterien zersetzt und so in lösliche anorganische Verbindungen wie Ammoniumsalze und Nitrate umgewandelt. Diese anorganischen Stickstoffverbindungen können dann erneut von Pflanzen aufgenommen werden. Ein Teil wird allerdings durch Bakterien zu elementarem Stickstoff umgesetzt, der wieder in die Atmosphäre gelangt. Dadurch schließt sich der Stickstoffkreislauf.

Die beschriebene Reaktionsfolge ergibt nur in der freien Natur einen geschlossen Kreislauf: Durch das Wachstum der Pflanzen beim Ackerbau, letztlich durch den Abtransport der Ernte, entzieht der Mensch dem Boden einen großen Teil der Stickstoffverbindungen. Diesen Teil muss der Landwirt durch Düngung ersetzen. Früher benutzte man dazu ausschließlich Mist und Jauche, also organischen Dünger. Heute stehen dagegen mit Mineraldüngern effektivere Produkte zur Verfügung.

Stickstoff und Stickstoffverbindungen befinden sich in der Natur in einem ständigen Kreislauf. In der Landwirtschaft greift der Mensch in diesen Kreislauf ein.

1 Beschreibe den Stickstoffkreislauf als Abfolge von Stickstoffverbindungen. Gehe dabei von der Ernährung der Raubtiere aus.

2 Erläutere die Bedeutung der Verwendung organischer Dünger für den Stickstoffkreislauf.

3 Im Mittelalter wurde das Ackerland nach der Dreifelderwirtschaft bestellt. Recherchiere diese Methode und erkläre ihre Bedeutung für den Stickstoffkreislauf.

14.9 Düngemittel – Chemie in der Landwirtschaft

Pflanzen benötigen für ihr Wachstum neben Licht und Wärme vor allem Kohlenstoffdioxid und Wasser. Über die Wurzeln entnehmen sie aus dem Boden auch die für das Wachstum erforderlichen Mineralsalze. Die wichtigsten dieser *Pflanzennährstoffe* sind die im Bodenwasser gelösten Nitrat- und Phosphat-Ionen sowie Kalium-, Calcium- und Magnesium-Ionen. In weitaus geringeren Mengen sind Verbindungen der Elemente Chlor, Schwefel, Bor, Zink und Eisen notwendig. Man spricht deshalb von sogenannten Spurenelementen (Abb. 1). Fehlt eines der Mineralsalze oder eines der *Spurenelemente,* treten charakteristische Mangelerscheinungen auf. In der Natur gelangen die von Pflanzen aufgenommenen Mineralsalze durch Zersetzung von Pflanzenmaterial und tierischen Ausscheidungen in einem Kreislauf in den Boden zurück. Die Verluste durch Auswaschung ins Grundwasser werden durch die Ionen ausgeglichen, die bei der Verwitterung von Gesteinsmaterial frei werden.

Der Chemiker Justus von LIEBIG entdeckte um 1840 den Zusammenhang zwischen Bodenfruchtbarkeit und Mineralsalzgehalt. Er erkannte, dass man dem Boden die durch die Ernte entzogenen Mineralsalze durch *Düngung* zurückgeben muss, um die Fruchtbarkeit zu erhalten. Diese Erkenntnis hat vor dem Hintergrund einer wachsenden Erdbevölkerung und ihrer Versorgung mit Nahrungsmitteln eine besondere Bedeutung.

Mineraldüngung. Für das Wachstum benötigen die Pflanzen vor allem Nitrate und Ammoniumsalze. Phosphat-Ionen spielen bei Blütenbildung und Fruchtansatz eine besonders große Rolle. Kalium- und Calciumsalze regulieren den Wasserhaushalt. Seit der Mitte des 19. Jahrhunderts werden *Mineraldünger* eingesetzt, die dem Boden diese Salze zuführen. Die Düngemittelindustrie liefert heute eine Vielzahl von Düngemittelmischungen, die an den Bedarf der Pflanzen in den verschiedenen Wachstumsstadien angepasst sind (Abb. 2). Man unterscheidet dabei *Stickstoffdünger* (N), *Phosphatdünger* (P), *Kalidünger* (K) und *Volldünger* (NPK). Da die darin enthaltenen Mineralsalze oft gut wasserlöslich sind, müssen die Dünger zum richtigen Zeitpunkt eingesetzt werden. Bringt der Landwirt sie zu früh aus, werden sie ins Grundwasser ausgewaschen, ehe sie von den Pflanzen aufgenommen werden können.

Gesetz vom Wachstumsminimum. Die Düngung mit nur einem Mineralsalz in besonders großen Mengen ist nutzlos: Das Wachstum der Pflanzen wird nämlich durch die Ionen begrenzt, die – bezogen auf den Bedarf – im geringsten Anteil vorliegen. Man spricht vom *Gesetz vom Wachstumsminimum*. Überschüssige Mineralsalze werden also nicht aufgenommen. Vor der Düngung sollte der Landwirt eine *Bodenanalyse* durchführen lassen. Er spart dadurch nicht nur Geld für eine sinnlose Düngung, sondern vermeidet auch eine Belastung des Grundwassers durch ausgewaschene Düngemittel.

Pflanzen benötigen Mineralsalze als Nährstoffe.
Ihr Entzug aus dem Boden durch das Wachstum der Pflanzen muss durch Düngung ausgeglichen werden.

1 Erkläre, durch welche Maßnahmen man den Einsatz von Mineraldüngern möglichst gering halten kann.

2 Begründe, weshalb eine Düngung mit Mist nie so effektiv sein kann wie eine Düngung mit Mineraldüngern.

3 Benenne die Salze in Abb. 2.

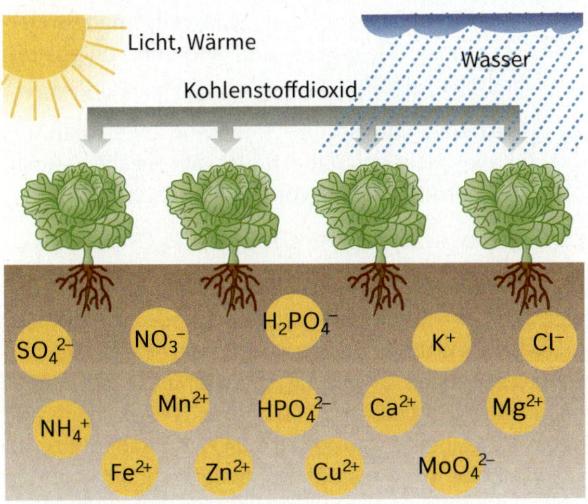

1 *Lebensgrundlage der Pflanze*

Mineraldünger	Salze
Stickstoffdünger *(N-Dünger)*	$(NH_4)_2SO_4$ NH_4NO_3
Phosphatdünger *(P-Dünger)*	$Ca(H_2PO_4)_2$ $(NH_4)_2HPO_4$
Kalidünger *(K-Dünger)*	KCl K_2SO_4
Volldünger *(NPK-Dünger)*	NH_4NO_3 $(NH_4)_2HPO_4$ $CaHPO_4$, $Ca(H_2PO_4)_2$ KCl $CaSO_4$

2 *Zusammensetzung von Mineraldüngern*

14.10 Vom Kohlenstoff zur Kohlensäure

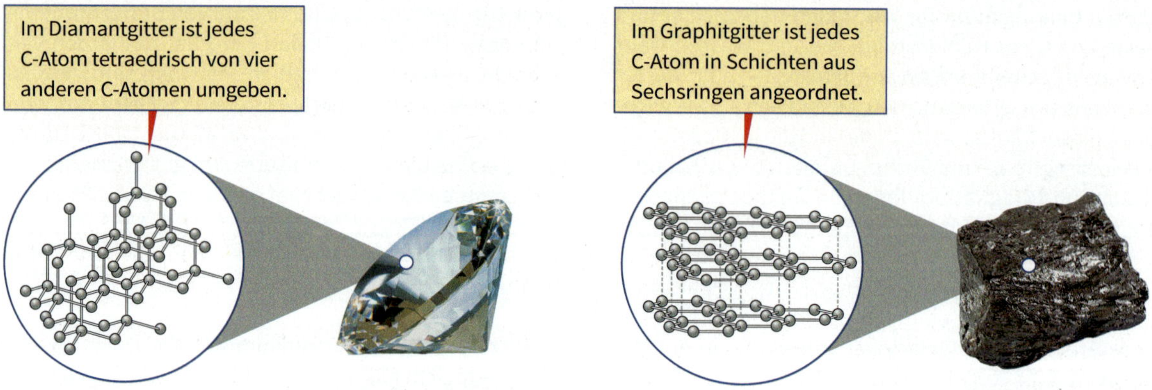

1 *Diamant und Graphit – zwei Modifikationen des elementaren Kohlenstoffs*

Von keinem anderen Element kennt man so viele Verbindungen wie von Kohlenstoff. Den bei weitem größten Teil der Kohlenstoffverbindungen ordnet man der **Organischen Chemie** zu. Elementarer Kohlenstoff, seine Oxide sowie die Carbonate als Salze der Kohlensäure gehören zur **Anorganischen Chemie.**

Elementarer Kohlenstoff. Das Element Kohlenstoff kommt in mehreren sehr unterschiedlichen *Erscheinungsformen* oder **Modifikationen** vor. Die bekanntesten sind *Diamant* und *Graphit*.

Der **Diamant** ist das härteste bekannte Material. Seine durchsichtigen, stark lichtbrechenden Kristalle werden daher nicht nur als Schmuck, sondern auch in Bohr- und Schleifgeräten verwendet. Ein Gittermodell für die Diamantstruktur zeigt, dass jedes Kohlenstoff-Atom tetraedrisch mit vier Nachbaratomen verbunden ist. Die Bindungen zwischen den Atomen sind jeweils Elektronenpaarbindungen. Ein einzelner Diamant kann demnach als ein einziges riesiges Molekül betrachtet werden (Abb. 1). Man spricht auch von einem **Atomgitter.**

Dagegen ist **Graphit** ein schwarz glänzender weicher Feststoff, der sich gut als Schmiermittel eignet. Aufgrund seiner guten elektrischen Leitfähigkeit wird Graphit auch als Elektrodenmaterial verwendet. Das Gitter von Graphit besteht aus Schichten, in denen jedes Atom mit drei Nachbaratomen durch je eine Elektronenpaarbindung verbunden ist. Das vierte Außenelektron jedes Atoms ist nicht fest gebunden, sondern innerhalb der Schicht frei beweglich. Zwischen den einzelnen Schichten bestehen nur schwache Bindungskräfte (Abb. 1).

Im Gegensatz zu Diamant und Graphit ist **Kohle** kein reiner Kohlenstoff. Neben Kohlenstoff-Atomen sind auch Atome der Elemente Wasserstoff, Sauerstoff, Stickstoff und Schwefel gebunden. Vereinfacht kann man Kohle daher als verunreinigten Kohlenstoff betrachten.

Kohlenstoffmonooxid. Bei Bränden in geschlossenen Räumen besteht stets die Gefahr einer Rauchgasvergiftung. Ursache ist die Bildung von geruchlosem, aber hochgiftigem **Kohlenstoffmonooxid.** Das Gas entsteht, wenn Kohlenstoff oder kohlenstoffhaltiges Material wie Holz oder Kunststoff bei ungenügender Zufuhr von Sauerstoff verbrennen:

|C≡O|

$$2\,C(s) + O_2(g) \rightarrow 2\,CO(g)$$

Kohlenstoffdioxid. Die Formel CO_2 ist eine der bekanntesten chemischen Formeln. Sie steht für das Gas **Kohlenstoffdioxid,** das im Alltag auch kurz als *Kohlendioxid* bezeichnet wird. Kohlenstoffdioxid ist ein farbloses Gas mit deutlich höherer Dichte ($1{,}9\,\frac{g}{l}$) als Luft ($1{,}2\,\frac{g}{l}$). In geringer Konzentration ist es geruchlos, in hoher Konzentration hat es einen leicht säuerlichen Geruch. Bei Raumtemperatur löst sich in einem Liter Wasser etwa ein Liter Kohlenstoffdioxid. Unter Druck steigt die Löslichkeit; dies nutzt man zur Herstellung von Sprudelwasser und anderen kohlenstoffdioxidhaltigen Getränken.

⟨O=C=O⟩

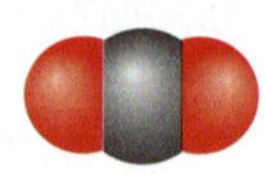

Zum **Nachweis von Kohlenstoffdioxid** leitet man das Gas in Kalkwasser ein. Dabei bildet sich ein schwerlöslicher weißer Niederschlag von Calciumcarbonat:

$$Ca(OH)_2(aq) + CO_2(aq) \rightarrow CaCO_3(s) + H_2O(l)$$

Die weltweit zunehmende **Verbrennung fossiler Energieträger** wie Kohle, Erdgas, Heizöl und Benzin hat zu einer vermehrten Emission von Kohlenstoffdioxid und einer deutlichen Erhöhung des Kohlenstoffdioxidgehalts in der Luft geführt: 1950 betrug der Volumenanteil etwa 0,03 %, heute sind es fast 0,04 %. Kohlenstoffdioxid ist ein klimawirksames Gas. Daher befürchtet man einen weiteren Anstieg der Temperatur in der Atmosphäre.

Kohlensäure und Carbonate. Bei der Herstellung von Sprudelwasser wird Kohlenstoffdioxid in Wasser eingeleitet. Das Lösen von Kohlenstoffdioxid ist ein Gleichgewichtsvorgang; das Gas kann auch wieder aus der Lösung entweichen:

$$CO_2(g) \rightleftharpoons CO_2(aq)$$

Die Lösung von Kohlenstoffdioxid reagiert schwach sauer (pH ≈ 4); man spricht daher auch von **Kohlensäure** und verwendet gelegentlich die Formel H_2CO_3. Tatsächlich sind Kohlensäure-Moleküle aber extrem instabil und daher in der Lösung nur in sehr geringer Konzentration enthalten:

$$CO_2(aq) + H_2O(l) \rightleftharpoons H_2CO_3(aq)$$

Der größte Teil des Kohlenstoffdioxids liegt als gelöstes Gas vor. Man verwendet daher meist statt der Formel H_2CO_3 die Formulierung $CO_2 + H_2O$.

Die saure Wirkung einer Kohlenstoffdioxidlösung ist wie bei allen sauren Lösungen auf die Bildung von **Hydronium-Ionen** zurückzuführen. Als Säurerest-Ionen entstehen **Hydrogencarbonat-Ionen** (HCO_3^-):

$$CO_2(aq) + 2\,H_2O(l) \rightleftharpoons H_3O^+(aq) + HCO_3^-(aq)$$

Vereinfacht wird oft formuliert:

$$CO_2(aq) + H_2O(l) \rightleftharpoons H^+(aq) + HCO_3^-(aq)$$

Durch Zugabe von Natronlauge lässt sich Kohlenstoffdioxid vollständig in Hydrogencarbonat-Ionen überführen:

$$CO_2(aq) + Na^+(aq) + OH^-(aq) \rightarrow Na^+(aq) + HCO_3^-(aq)$$

Durch weitere Zugabe von Natriumhydroxid erhält man schließlich **Carbonat-Ionen** (CO_3^{2-}):

$$Na^+(aq) + HCO_3^-(aq) + Na^+(aq) + OH^-(aq) \rightarrow H_2O(aq) + 2\,Na^+(aq) + CO_3^{2-}(aq)$$

Festes Natriumhydrogencarbonat wird auch als *Natron* bezeichnet. Es ist Bestandteil von Backpulver und Brausetabletten. Früher wurde es häufig auch als *Antacidum* gegen eine Übersäuerung des Magens eingenommen. Natriumcarbonat (Na_2CO_3) oder *Soda* ist eine wichtige Grundchemikalie in der chemischen Industrie. Man verwendet es insbesondere zur Herstellung von Glas und von Waschmitteln.

Elementarer Kohlenstoff kommt in der Natur als Diamant und als Graphit vor. Bei der Verbrennung entstehen Kohlenstoffmonooxid und Kohlenstoffdioxid. Kohlenstoffdioxid bildet mit Wasser eine saure Lösung, die Hydrogencarbonat-Ionen enthält.

Hydrogencarbonat-Ion
HCO_3^-

Carbonat-Ion
CO_3^{2-}

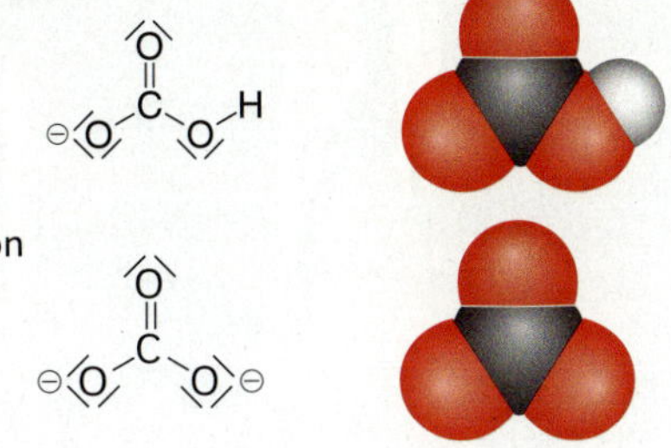

2 *Hydrogencarbonat-Ion und Carbonat-Ion*

1 a) Notiere Gemeinsamkeiten und Unterschiede in der Struktur von Graphit und Diamant.
b) Erkläre die unterschiedlichen Eigenschaften von Graphit und Diamant mithilfe der Bindungsverhältnisse in den beiden Modifikationen.

2 Bleistiftminen enthalten kein Blei, sondern Graphit.
a) Erkläre die Verwendung von Graphit als Bleistiftmine anhand des Gittermodells.
b) Recherchiere, wie der irreführende Name zustande gekommen ist.

3 Wird ein Diamant in Gegenwart von Sauerstoff sehr stark erhitzt, verglüht er ohne Rückstand.
a) Erkläre diese Beobachtung.
b) Formuliere die Reaktionsgleichung.

4 Seit 1985 kennt man als weitere Modifikationen des Kohlenstoffs die *Fullerene*. Am besten erforscht ist das Buckminster-Fulleren mit der Molekülformel C_{60}.

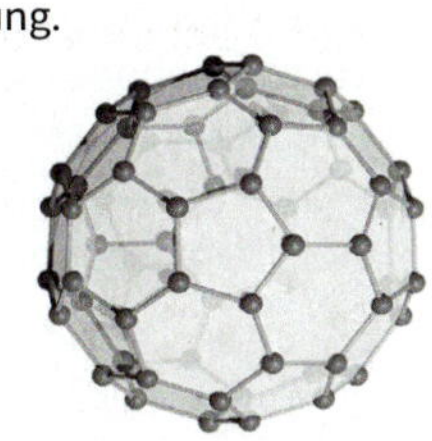

a) Beschreibe die Struktur des C_{60}-Moleküls.
b) Recherchiere mögliche Verwendungen der Fullerene.

5 a) Formuliere die Reaktionsgleichung für die Bildung von Kohlenstoffmonooxid bei der Verbrennung von Kohlenstoff.
b) Formuliere die Reaktionsgleichung für die Verbrennung von Kohlenstoffmonooxid.

6 Recherchiere und erstelle Steckbriefe von Kohlenstoffmonooxid und Kohlenstoffdioxid mit folgenden Angaben: Farbe, Geruch, Wasserlöslichkeit, Schmelztemperatur, Siedetemperatur, Dichte, Brennbarkeit, Vorkommen, Giftigkeit.

7 Beschreibe den Nachweis von Kohlenstoffdioxid.

8 Mit Natronlauge lässt sich Kohlenstoffdioxid in Form von Natriumhydrogencarbonat oder Natriumcarbonat binden. Mit Salzsäure lässt sich daraus wieder Kohlenstoffdioxid freisetzen. Formuliere die Reaktionsgleichungen.

14.11 Carbonate in der Natur

1 *Tropfsteinhöhle*

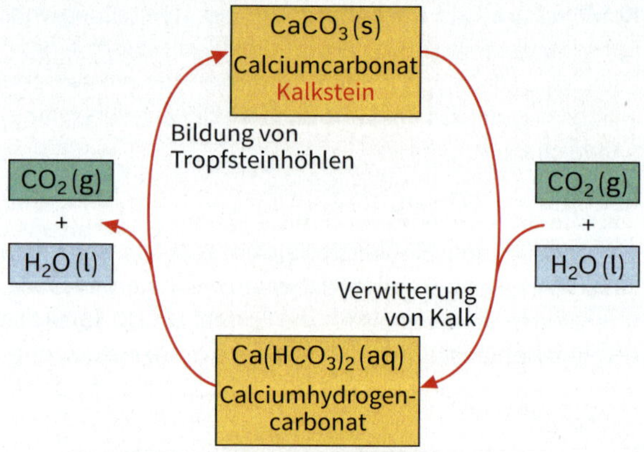

2 *Der Kalkkreislauf in der Natur*

Calciumcarbonat ($CaCO_3$) oder **Kalkstein** ist mengenmäßig die bedeutendste anorganische Kohlenstoffverbindung auf der Erde. Kalkstein bildet ganze Gebirgszüge wie die Schwäbische Alb, die Fränkische Alb oder die Kalkalpen. Die sprichwörtliche Unvergänglichkeit von Stein trifft bei Kalkstein allerdings nicht zu, da er leicht verwittern kann. Dabei laufen chemische Reaktionen ab, die über den Abbau und die Neubildung von Calciumcarbonat zu interessanten Naturerscheinungen führen.

Tropfsteinhöhlen. Ein faszinierendes Ergebnis chemischer Reaktionen von Kalkstein und Kohlensäure sind Tropfsteinhöhlen (Abb. 1): Regenwasser versickert und nimmt Kohlenstoffdioxid aus der Bodenluft auf. Die dabei entstehende saure Lösung reagiert mit dem Kalkstein zu löslichem Calciumhydrogencarbonat:

$$CaCO_3(s) + H_2O(aq) + CO_2(aq) \rightleftharpoons Ca^{2+}(aq) + 2\ HCO_3^-(aq)$$

Im Laufe von Jahrtausenden werden dadurch vorhandene Risse und Spalten im Gestein immer größer und bilden schließlich Höhlen.

Wenn Sickerwasser mit gelöstem Calciumhydrogencarbonat von der Decke einer solchen Höhle tropft, entstehen allmählich **Tropfsteine:** Sowohl an der Decke als auch an der Auftropfstelle am Boden zerfällt das Calciumhydrogencarbonat teilweise wieder in unlösliches Calciumcarbonat, Kohlenstoffdioxid und Wasser:

$$Ca^{2+}(aq) + 2\ HCO_3^-(aq) \rightleftharpoons CaCO_3(s) + H_2O(l) + CO_2(g)$$

Das gebildete Kohlenstoffdioxid wird an die Höhlenluft abgegeben.

Bei den Tropfsteinen unterscheidet man die von der Decke der Höhle wachsenden *Stalaktiten* und die vom Boden aufwärts wachsenden *Stalagmiten*. Sie wachsen im Jahr nur Bruchteile eines Millimeters, nach langer Zeit können sie jedoch zu mächtigen Säulen werden. Enthält das herabtropfende Wasser Verbindungen von Eisen oder Kupfer, so entstehen gefärbte Tropfsteine.

Die Reaktionen von Calciumcarbonat, Calciumhydrogencarbonat und Kohlensäure bilden den natürlichen **Kalkkreislauf** (Abb. 2).

Mineralwasser. Viele Gesteine bestehen aus kompliziert aufgebauten salzartigen Verbindungen. Aus solchen Gesteinen werden durch Sickerwasser außer den Calcium-Ionen und Hydrogencarbonat-Ionen auch Magnesium-, Natrium- und Kalium-Ionen sowie Chlorid- und Sulfat-Ionen herausgelöst. Das Wasser aus Mineralquellen enthält oft einen relativ hohen Anteil an diesen Ionen (Abb. 3). Die im Mineralwasser gelösten Ionen übernehmen in unserem Körper als Wirkstoffe wichtige Funktionen: Calcium-Ionen sind notwendig zum Aufbau von Knochen und Zähnen. Magnesium-Ionen spielen eine wesentliche Rolle in den Muskeln, Natrium-, Kalium- und Chlorid-Ionen sind an der Erregungsleitung im Nervensystem beteiligt. Nach körperlicher Anstrengung trinken Sportler oft Mineralwasser, um die mit dem Schweiß ausgeschiedenen Ionen wieder zu ersetzen.

Natürliches Mineralwasser
mit wenig Kohlensäure

Analysen-Auszug	($\frac{mg}{l}$)
Calcium-Ionen	190
Natrium-Ionen	98
Magnesium-Ionen	26
Kalium-Ionen	13
Hydrogencarbonat-Ionen	727
Chlorid-Ionen	110
Sulfat-Ionen	54

3 *Mineralwasser*

4 *Hartes Wasser führt zur Verkalkung*

Wasserhärte. Ärgerlich, wenn sich am Wasserhahn und an den Armaturen in der Duschkabine schon wieder Kalkablagerungen gebildet haben. Ursache dafür sind die in unserem Leitungswasser gelösten Ionen: Es enthält stets mehr oder weniger große Mengen an Calcium-Ionen und an Hydrogencarbonat-Ionen. Ist der Gehalt besonders hoch, spricht man von **hartem Wasser.** Es entsteht durch den gleichen chemischen Prozess, der auch zur Bildung von Tropfsteinhöhlen und Mineralwasser führt. In kleinerer Menge enthält hartes Wasser neben Calcium-Ionen und Hydrogencarbonat-Ionen auch Magnesium-Ionen sowie Natrium-, Sulfat- und Chlorid-Ionen (Abb. 4).

Man unterscheidet zwischen der **Gesamthärte** und der Carbonathärte. Die Gesamthärte gibt die Konzentration von Calcium- und Magnesium-Ionen an, die **Carbonathärte** die Konzentration an Hydrogencarbonat-Ionen. Je nach Gesamthärte des Wassers wird es in *Härtebereiche* eingeordnet: weich, mittel oder hart.

Erhitzt man hartes Wasser, so zersetzt sich das gelöste Calciumhydrogencarbonat und es fällt unlösliches **Calciumcarbonat** aus. Am Boden von Wasserkochern, in den Rohren von Heißwasserspeichern oder an Heizspiralen setzt es sich als **Kesselstein** ab. Im Laufe der Zeit bilden sich dicke Krusten, die die Wärmeübertragung stark behindern.

Moderne Waschmittel enthalten daher **Enthärter,** die Calcium-Ionen binden und so die Kalkbildung in der Waschmaschine verhindern.

Um gebildete Ablagerungen von Kalkstein zu entfernen, kann man Essigreiniger verwenden. Dabei nutzt man die Tatsache aus, dass saure Lösungen Carbonate unter Gasentwicklung zersetzen. Dabei entstehen Kohlenstoffdioxid und Wasser sowie gelöste Calcium-Ionen.

$$2\,H^+(aq) + CaCO_3(s) \rightarrow CO_2(g) + H_2O(l) + Ca^{2+}(aq)$$

Hartes Wasser erkennt man auch beim Händewaschen. Die glitschige Seifenschicht ist schnell abgewaschen und im Waschwasser bilden sich weiße Flocken. Dabei handelt es sich um wasserunlösliche **Kalkseifen,** die sich aus den Calcium-Ionen des harten Wassers und den Anionen der Seife bilden.

Kohlensäure und ihre Calciumsalze bilden den natürlichen Kalkkreislauf. Mineralwasser und hartes Wasser enthalten neben Hydrogencarbonat-Ionen vor allem Calcium-Ionen. Bei der Wasserhärte unterscheidet man zwischen der Gesamthärte und der Carbonathärte.

1 Beschreibe den Kalkkreislauf mit eigenen Worten.

2 „Steter Tropfen höhlt den Stein". Erläutere am Beispiel des Kalksteins den chemischen Hintergrund für dieses Sprichwort.

3 Notiere die Formeln der auf dem Mineralwasseretikett (Abb. 3) genannten Ionen.

4 Hartes Wasser wird in der Alltagssprache oft als kalkhaltiges Wasser bezeichnet. Diskutiere diesen Begriff unter chemischen Gesichtspunkten.

5 „Kalk im Wasser ist gesund!" Nimm Stellung zu diesem Slogan des Deutschen Verbands der Wasserwirtschaft.

6 Im Harz ist das Leitungswasser eher weich, im Teutoburger Wald eher hart. Gib eine Erklärung.

7 a) Informiere dich beim örtlichen Wasserversorger über den Härtebereich und die Gesamthärte des Wassers.
b) Berechne daraus die Masse an Calciumcarbonat, die sich aus einem Liter Trinkwasser bilden kann.

Härtebereich	Gesamthärte in Millimol Calcium-Ionen und Magnesium-Ionen je Liter
weich	weniger als 1,5
mittel	1,5 bis 2,5
hart	mehr als 2,5

8 In Waschmaschinen verkalken die Heizstäbe weniger stark als in Heißwassergeräten. Erkläre die chemischen Zusammenhänge.

9 Auf Waschmittelpackungen findet man die Gesamthärte auch noch in der alten Einheit °dH (Grad Deutscher Härte) angegeben. Recherchiere die Definition der alten Einheit und ordne sie den drei Härtebereichen zu.

10 Um den Kalkgehalt von Gesteinen oder Bodenproben zu ermitteln, wird etwas verdünnte Salzsäure aufgetropft. Die Heftigkeit des Schäumens ist ein Maß für die Menge an Calciumcarbonat. Erkläre die zugrundeliegende Reaktion und formuliere eine Reaktionsgleichung.

14.12 Baustoffe chemisch betrachtet – Mörtel

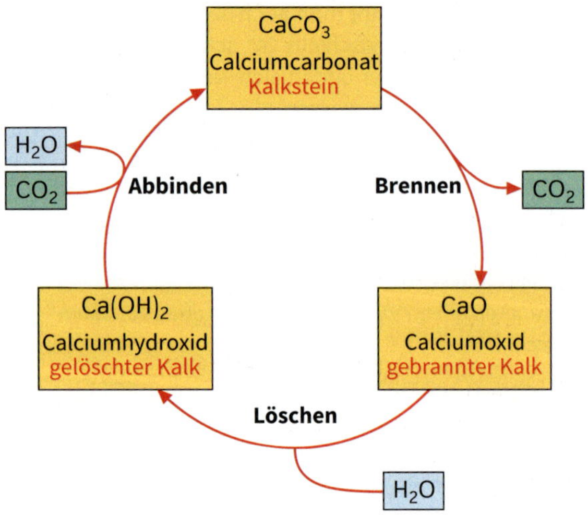

1 *Der technische Kalkkreislauf*

Mörtel besteht aus einem Gemisch von Sand, Wasser und einem Bindemittel. Man unterscheidet dabei zwischen *Kalkmörtel* und *Zementmörtel*.

Kalkmörtel. Ausgangsstoff für die Herstellung von Kalkmörtel ist **Kalkstein** (Calciumcarbonat, $CaCO_3$). Der Kalkstein wird auf Temperaturen von über 1000 °C erhitzt. Dabei zersetzt sich das Calciumcarbonat zu Calciumoxid und Kohlenstoffdioxid. Calciumoxid bezeichnet man daher als *gebrannten Kalk* oder **Branntkalk.** Noch im Kalkwerk wird der Branntkalk mit Wasser versetzt. Er reagiert in exothermer Reaktion zu festem Calciumhydroxid, das als *gelöschter Kalk* oder **Löschkalk** bezeichnet wird. Auf der Baustelle wird Löschkalk mit Sand und Wasser zu **Kalkmörtel** angerührt. Kalkmörtel nimmt aus der Luft allmählich Kohlenstoffdioxid auf und gibt Wasserdampf ab. Dabei bilden sich Calciumcarbonatkristalle, die die Sandkörner zu einem festen Baustoff verbinden. Man spricht dabei vom *Abbinden.* Kalkmörtel erhärtet nur an der Luft, nicht jedoch unter Wasser; er ist ein **Luftmörtel.** Da das Produkt mit dem Ausgangsstoff identisch ist, handelt es sich um einen Stoffkreislauf, den *technischen Kalkkreislauf* (Abb. 1).

Zementmörtel. Zur Herstellung von Zement benötigt man Kalkstein, Ton und Gips (Abb. 2). Wird Zement mit Wasser und Sand angerührt, so entsteht **Zementmörtel.** Er härtet im Gegensatz zu Kalkmörtel auch unter Wasser aus. Er ist ein **hydraulischer Mörtel.** *Beton* ist ein Zementmörtel mit einem hohen Anteil an Kies.

> Kalkbrennen, Kalklöschen und Abbinden bilden den technischen Kalkkreislauf. Kalkmörtel ist ein Luftmörtel, Zementmörtel dagegen ein hydraulischer Mörtel.

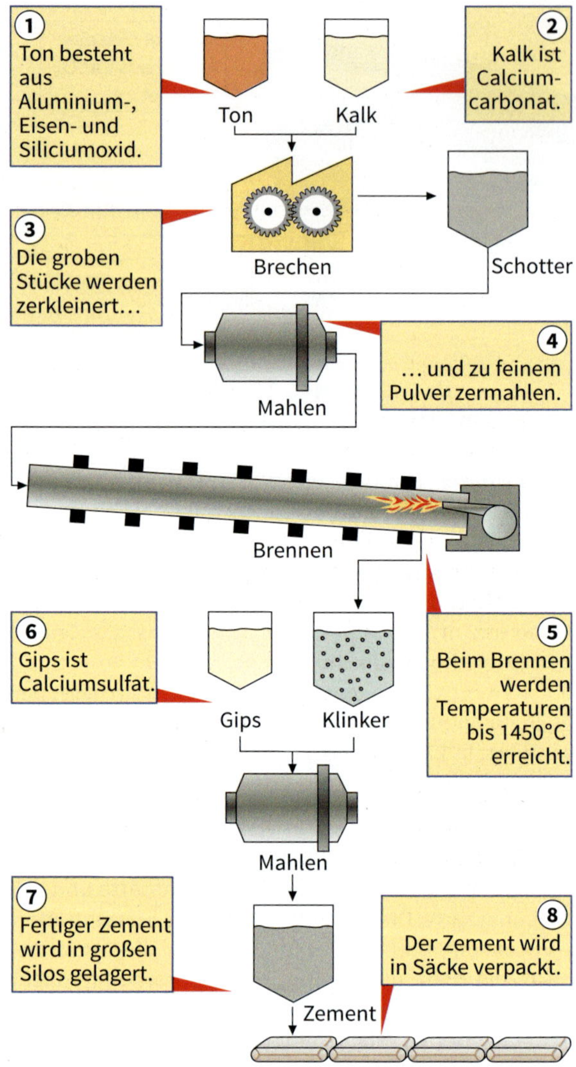

2 *Herstellung von Zement*

1 a) Stelle die Reaktionsgleichungen für die Einzelschritte des technischen Kalkkreislaufs (Abb. 1) auf.
b) Erläutere, inwiefern es sich bei der Abfolge von Kalkbrennen, Kalklöschen und Abbinden um einen Stoffkreislauf handelt.

2 Beschreibe die Herstellung von Zement anhand von Abb. 2.

3 Nenne die Rohstoffe, die zur Zementherstellung benötigt werden. Vergleiche mit den Rohstoffen für die Herstellung von Löschkalk.

4 Zementmörtel ist im Unterschied zu Kalkmörtel ein hydraulischer Mörtel. Erläutere den Unterschied.

5 Recherchiere Vorteile und Nachteile von Zementmörtel gegenüber Kalkmörtel.

Praktikum Rund um den Kalk

Versuch 1: Kalkbrennen

Materialien: kleines Quarzreagenzglas, Becherglas (50 ml), Stopfen mit Winkelrohr, Gasbrenner (besser: Lötbrenner); Calciumcarbonat (Pulver), Kalkwasser.

Durchführung:

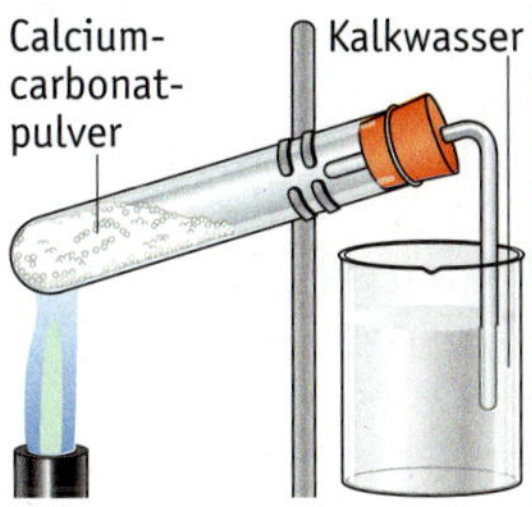

1. Fülle in das Quarzreagenzglas etwa 2 cm hoch Calciumcarbonat.
2. Baue die Apparatur nach der Abbildung auf.
3. Erhitze den Kalk im Quarzreagenzglas bis zur Rotglut (**5**).
4. Wenn im Kalkwasser eine deutliche Veränderung zu erkennen ist, wird das Winkelrohr aus dem Kalkwasser gezogen und die Gaszufuhr geschlossen.

Aufgaben:

a) Beschreibe deine Beobachtungen.
b) Erkläre die Reaktionen im Reagenzglas und im Becherglas. Stelle die Reaktionsgleichungen auf.
c) Erläutere den Begriff Kalkbrennen.

Versuch 2: Kalklöschen

Materialien: Porzellanschale, Becherglas (100 ml), Trichter, Filtrierpapier, Thermometer, Tropfpipette; Calciumoxid (**5**), Universalindikatorpapier.

Durchführung:

1. Gib in der Porzellanschale zu Calciumoxid zunächst tropfenweise Wasser und rühre mit dem Thermometer um. Notiere die Temperaturänderung.
2. Gib anschließend noch mehr Wasser zu. Prüfe die entstandene Suspension mit dem Indikatorpapier.
3. Filtriere die Suspension und prüfe das klare Filtrat ebenfalls mit dem Indikatorpapier.

Aufgaben:

a) Beschreibe und erkläre deine Beobachtungen.
b) Stelle die Reaktionsgleichung auf.

Versuch 3: Kalkmörtel und Zementmörtel im Vergleich

Materialien: 2 Porzellanschalen, 2 Bechergläser (400 ml); Calciumhydroxid (**5**), Zement (**5, 7**), Sand.

Durchführung:

1. Mische in einer Porzellanschale einen Teil Calciumhydroxid mit zwei Teilen Sand.
2. Gib unter Rühren langsam wenig Wasser hinzu, sodass ein dicker Brei entsteht.
3. Forme aus dem Kalkmörtel zwei Kugeln und kennzeichne sie.
4. Lege eine der Kugeln in ein Becherglas mit Wasser, lass die andere an der Luft liegen.
5. Wiederhole den Versuch mit Zement anstelle von Calciumhydroxid.
6. Prüfe nach einigen Tagen die Härte der Kugeln.

Aufgaben:

a) Beschreibe deine Beobachtungen.
b) Stelle die Unterschiede zwischen Kalkmörtel und Zementmörtel zusammen.

Versuch 4: Zersetzung von Kalkstein durch Säureeinwirkung

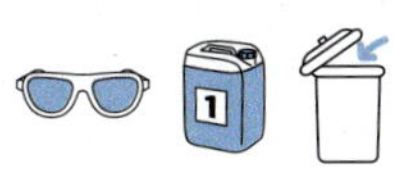

Materialien: Reagenzglas mit Ansatz; Becherglas (50 ml), Stopfen mit Loch, Tropfpipette, Schlauchstück, Winkelrohr; Kalkstein oder Marmorstücke, Salzsäure (verd.), Kalkwasser.

Durchführung:

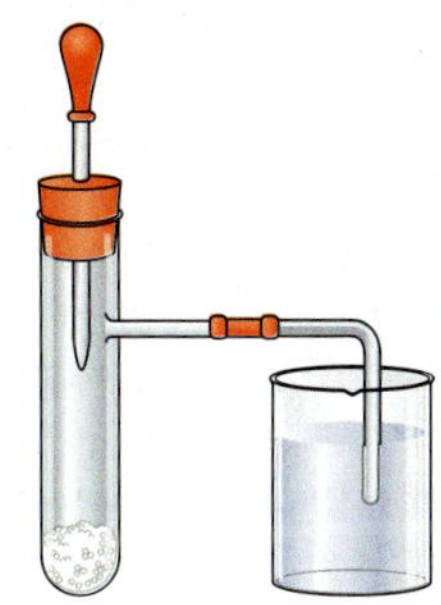

1. Baue die Apparatur nach der Abbildung auf.
2. Gib Kalkwasser in das Becherglas.
3. Tropfe Salzsäure auf den Kalk.
4. Tauche das Winkelrohr in das Kalkwasser

Aufgaben:

a) Beschreibe und deute deine Beobachtungen.
b) Stelle die Reaktionsgleichungen für die Reaktionen im Reagenzglas und im Becherglas auf.

14.13 Der Kohlenstoffkreislauf – mehr als *ein* Kreislauf

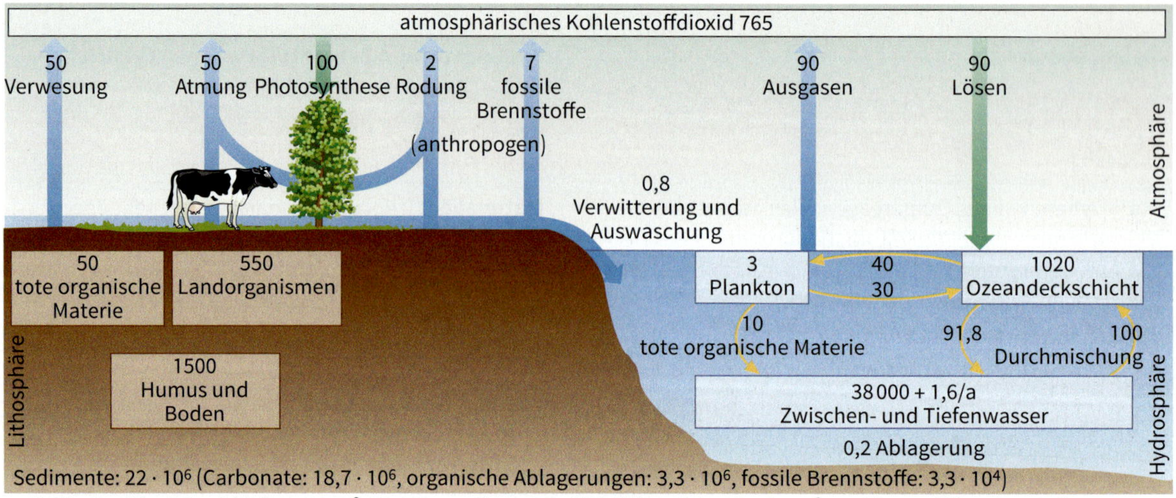

1 ***Kohlenstoffkreislauf: Ströme in 10^9 t Kohlenstoff pro Jahr (Pfeile) und Vorräte in 10^9 t Kohlenstoff (Rechtecke)***

Kohlenstoffverbindungen kommen in der *Lithosphäre*, der Gesteinhülle unseres Planeten, in der *Hydrosphäre*, also den oberirdischen und unterirdischen Wasservorkommen, in der *Atmosphäre* und in der *Biosphäre*, den belebten Bereichen der Erde, vor.

Die größten **Vorräte** an Kohlenstoff finden sich in der Lithosphäre in Form von Carbonatgesteinen. Die Vorräte in allen anderen Bereichen sind im Vergleich dazu verschwindend gering. Die Atmosphäre enthält nur einen geringen Bruchteil der Gesamtvorräte, vor allem in Form von Kohlenstoffdioxid. In Form organischer Verbindungen ist in der Biosphäre mehr als dreimal so viel Kohlenstoff enthalten wie in der Atmosphäre, die Hydrosphäre enthält rund 50-mal so viel Kohlenstoff, überwiegend als gelöstes Kohlenstoffdioxid und Hydrogencarbonat.

Zwischen der Atmospäre, der Hydrosphäre, der Lithosphäre und der Biosphäre findet durch chemische Reaktionen ein ständiger **Austausch von Kohlenstoff-Atomen** statt. Man spricht vereinfacht vom *Kohlenstoffkreislauf* (Abb. 1) und unterscheidet mehrere Teilkreisläufe, die als *anorganischer* und als *biologischer Kohlenstoffkreislauf* (Abb. 2) zusammengefasst werden. Eine der wichtigsten Verbindungen ist dabei Kohlenstoffdioxid. Es ist an mehreren Reaktionen beteiligt und verknüpft dadurch verschiedene Teilkreisläufe miteinander.

Anorganischer Kohlenstoffkreislauf. Kohlenstoffdioxid aus der Luft löst sich im kalten Wasser der Weltmeere. Aus wärmerem Wasser entweicht es teilweise wieder in die Luft. Kältere Bereiche der Ozeane wirken somit als **Kohlenstoffdioxidsenken,** wärmere Bereiche als **Kohlenstoffdioxidquellen.** Dieser Austausch verläuft sehr langsam: $CO_2(g) \rightleftharpoons CO_2(aq)$

Das gelöste Kohlenstoffdioxid reagiert in einer Gleichgewichtsreaktion vorwiegend zu Hydrogencarbonat-Ionen:

$$CO_2(aq) + 2\,H_2O(l) \rightleftharpoons HCO_3^-(aq) + H_3O^+(aq)$$

Ein Teil der Hydrogencarbonat-Ionen reagiert mit Calcium-Ionen zu schwerlöslichem Calciumcarbonat, das auf den Meeresboden sinkt:

$$Ca^{2+}(aq) + HCO_3^-(aq) + H_2O(l) \rightarrow CaCO_3(s) + H_3O^+(aq)$$

Die gleiche Reaktion läuft bei der Skelett- und Schalenbildung von Meerestieren wie Fischen, Muscheln und Korallen ab. Nach dem Absterben und der Verwesung der Tiere lagern sich die Skelette ebenfalls auf dem Meeresboden ab. So bilden sich im Laufe von Jahrmillionen mächtige Kalksteinschichten. Durch Bewegungen der Erdkruste sind in langen Zeiträumen kalksteinhaltige Ablagerungen in größere Tiefen gelangt. Vulkanische Aktivität setzt aus Kalkstein in geringem Umfang wieder Kohlenstoffdioxid frei:

$$CaCO_3(s) \rightarrow CaO(s) + CO_2(g)$$

Teilweise sind Kalksteinablagerungen an die Erdoberfläche verschoben worden; dort verwittern sie durch kohlenstoffdioxidhaltiges Regenwasser. Dabei bildet sich hartes Wasser mit gelöstem Calciumhydrogencarbonat. In der umgekehrten Reaktion entsteht bei höherer Temperatur oder beim Verdunsten an der Luft aus hartem Wasser wieder Kohlenstoffdioxid und Kalkstein:

$$CaCO_3(s) + H_2O(l) + CO_2(aq) \rightleftharpoons Ca^{2+}(aq) + 2\,HCO_3^-(aq)$$

Durch diese Reaktion schließt sich der Kreislauf: Hydrogencarbonat-Ionen gelangen zurück ins Meer.

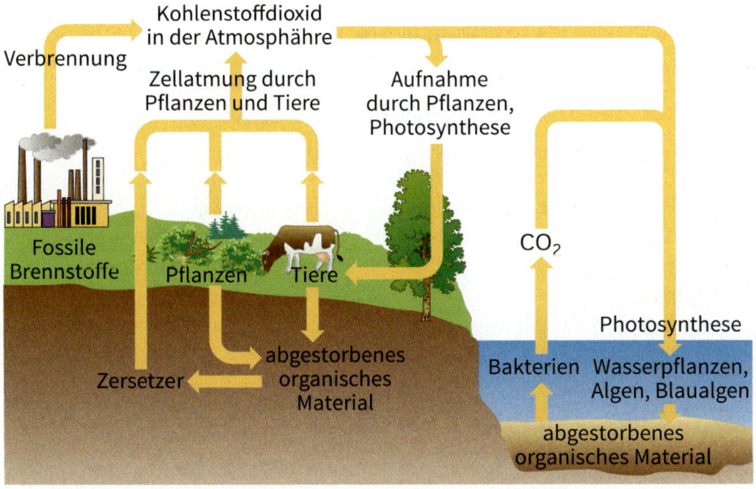

2 *Biologischer Kohlenstoffkreislauf und fossile Brennstoffe*

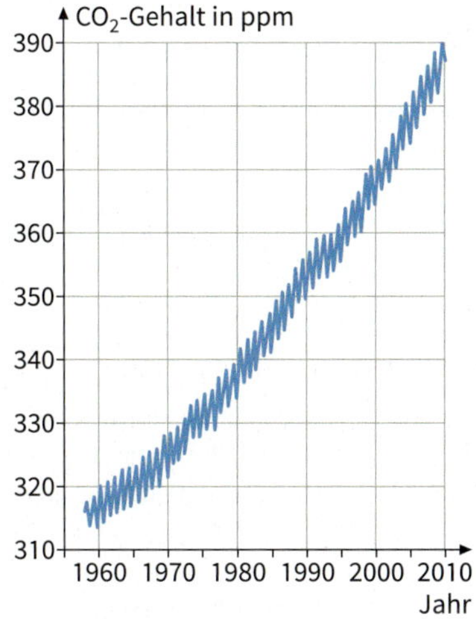

3 *Entwicklung des CO_2-Gehalts*

Biologischer Kohlenstoffkreislauf. Landpflanzen nehmen Kohlenstoffdioxid aus der Luft auf, pflanzliches Plankton entnimmt dem Wasser gelöstes Kohlenstoffdioxid. Der im Kohlenstoffdioxid enthaltene Kohlenstoff dient bei der **Photosynthese** zunächst zum Aufbau von Glucose (Traubenzucker):

$$6\,CO_2\,(g) + 6\,H_2O\,(l) \rightarrow C_6H_{12}O_6\,(aq) + 6\,O_2\,(g)$$

Glucose ist der Ausgangsstoff für die Biosynthese vieler anderer organischer Kohlenstoffverbindungen wie Stärke, Cellulose, Fette und Eiweiße.

Organische Stoffe werden bei der **Zellatmung** von Pflanzen und Tieren zur Energiegewinnung abgebaut. Auch beim Verbrennen von Holz und anderem organischem Material entsteht wieder Kohlenstoffdioxid, ebenso bei der **Verwesung** abgestorbener Lebewesen:

$$C_6H_{12}O_6\,(aq) + 6\,O_2\,(g) \rightarrow 6\,CO_2\,(g) + 6\,H_2O\,(l)$$

Das so entstandene Kohlenstoffdioxid gelangt wieder zurück ins Meer oder in die Atmosphäre; es handelt sich näherungsweise um die gleiche Menge, die bei der Photosynthese entnommen wurde. Man sagt, die **Kohlenstoffbilanz** ist ausgeglichen.

Fossile Brennstoffe. Seit etwa zweihundert Jahren greift der Mensch immer stärker in diese ausgeglichene Bilanz ein: Er verbrennt mit den fossilen Brennstoffen die Kohlenstoffvorräte, die sich vor Millionen von Jahren als Kohle, Erdöl und Erdgas gebildet haben und seit dieser Zeit dem Kohlenstoffkreislauf entzogen waren. Die Verbrennung dieser fossilen Brennstoffe zur Energienutzung erzeugt heute zusätzliches Kohlenstoffdioid:

$$C\,(s) + O_2\,(g) \rightarrow CO_2\,(g)$$

Der Volumenanteil von Kohlenstoffdioxid in der Luft ist seit 1950 von 0,03 % auf heute fast 0,04 % oder 400 ppm (parts per million) angestiegen. Die zusätzliche Freisetzung stellt einen erheblichen Eingriff in den natürlichen Kohlenstoffkreislauf dar. Als klimawirksames Gas beeinflusst Kohlenstoffdioxid zusammen mit Wasserdampf und weiteren Spurengasen die Temperatur der Erdatmosphäre.

Der Kohlenstoffkreislauf beschreibt den Kohlenstoffaustausch zwischen den Sphären der Erde. Der Mensch stört die ausgeglichene Kohlenstoffbilanz durch die Verbrennung fossiler Brennstoffe und die damit verbundene Freisetzung von zusätzlichem Kohlenstoffdioxid.

1 Nenne wichtige Kohlenstoffverbindungen in den einzelnen Sphären der Erde und gib ihre Formeln an.

2 Beschreibe den biologischen Kohlenstoffkreislauf.

3 Formuliere Reaktionsgleichungen für die in Abb. 1 mit Pfeilen in der Atmosphäre dargestellten Vorgänge.

4 Stelle die besondere Rolle des Kohlenstoffdioxids im Kohlenstoffkreislauf dar. Gehe dabei auf die Prozesse ein, bei denen das Gas gebildet oder verbraucht wird.

5 Erläutere die Begriffe *Kohlenstoffdioxidquelle* und *Kohlenstoffdioxidsenke* und gib je drei Beispiele an.

6 Erläutere den Unterschied zwischen der Verbrennung von Holz und der Verbrennung von Erdöl oder Kohle in Bezug auf die Kohlenstoffbilanz in der Atmosphäre.

7 a) Berechne den prozentualen Anstieg des CO_2-Gehalts der Atmosphäre in den letzten 20 Jahren (Abb. 3).
b) Recherchiere, wie die jahreszeitlichen Schwankungen des Kohlenstoffdioxidgehalts erklärt werden.

1. Schwefelsäure (H_2SO_4)

Herstellung: Doppelkontaktverfahren
Ausgangsstoff: Schwefel

$$S(s) \xrightarrow{\text{Luft}} SO_2(g) \xrightarrow{\text{Luft, Kat.}} SO_3(g) \xrightarrow{\text{Wasser}} H_2SO_4(l)$$

Eigenschaften: oxidierend, konzentrierte Schwefelsäure reagiert mit Wasser stark exotherm; zweiprotonige Säure
Verwendung: Herstellung von Düngemitteln, Waschmitteln, Farbstoffen, in Starterbatterien von Kraftfahrzeugen
Wichtige Salze: Kupfersulfat ($CuSO_4 \cdot 5\,H_2O$), Calciumsulfat ($CaSO_4 \cdot 2\,H_2O$)

2. Ammoniak (NH_3)

Herstellung: Haber-Bosch-Verfahren
Ausgangsstoffe: Luft, Erdgas

$$N_2(g) + 3\,H_2(g) \xrightarrow{\text{Kat., 30 MPa, 450 °C}} 2\,NH_3(g)$$

Eigenschaften: gasförmig, reagiert als Base
Verwendung: Herstellung von Salpetersäure, Produktion von Kunststoff und Düngemitteln
Wichtige Salze: Ammoniumchlorid (NH_4Cl), Ammoniumsulfat ($(NH_4)_2SO_4$), Ammoniumnitrat (NH_4NO_3)

5. Düngemittel

Düngemittel sind Salze, die die Nährstoffverluste im Boden ausgleichen.
Phosphatdünger: Calciumdihydrogenphophat,
Stickstoffdünger: Ammoniumnitrat, Ammoniumsulfat,
Kalidünger: Kaliumchlorid

3. Phosphorsäure (H_3PO_4)

Herstellung: Umsetzung von Apatit
Ausgangsstoffe: Schwefelsäure, Rohphosphat (Apatit),

$$Ca_3(PO_4)_2(s) + 3\,H_2SO_4(aq) \rightarrow 3\,CaSO_4(s) + 2\,H_3PO_4(aq)$$

Eigenschaften: farblose Kristalle, gut wasserlöslich, bildet saure Lösungen, dreiprotonige Säure
Verwendung: Herstellung von Düngemitteln, Lebensmittelzusatz, Rostschutz
Wichtige Salze: Calciumhydrogenphosphat ($CaHPO_4$)

4. Salpetersäure (HNO_3)

Herstellung: Ostwald-Verfahren
Ausgangsstoff: Ammoniak

$$NH_3(g) \xrightarrow{\text{Luft, Kat.}} NO(g) \xrightarrow{\text{Luft}} NO_2(g) \xrightarrow{\text{Wasser}} HNO_3(aq)$$

Eigenschaften: Konzentrierte Salpetersäure reagiert mit Metallen außer Gold und Platin unter Bildung von Stickstoffdioxid, verdünnte Säure entwickelt mit unedlen Metallen Wasserstoff
Verwendung: Herstellung von Düngemitteln, Farbstoffen, Lacken, Sprengstoffen
Wichtige Salze: Kaliumnitrat (KNO_3), Silbernitrat ($AgNO_3$)

6. Reaktionsgeschwindgkeit

Die Reaktionsgeschwindigkeit v ist der Quotient aus dem Betrag der Konzentrationsänderung eines Stoffes $|\Delta c|$ und dem zugehörigen Zeitintervall Δt.

Die Geschwindigkeit einer Reaktion lässt sich vergrößern durch:
- Erhöhung der Konzentration oder bei Gasen durch Erhöhung des Druckes,
- Erhöhung der Temperatur (RGT-Regel),
- Einsatz von Katalysatoren.

7. Chemisches Gleichgewicht

Bei umkehrbaren Reaktionen stellt sich ein chemisches Gleichgewicht ein, bei dem alle beteiligten Stoffe nebeneinander vorliegen. Die Gleichgewichtskonzentrationen können durch die Reaktionsbedingungen (Konzentration, Druck, Temperatur) beeinflusst werden.

- Ammoniakgleichgewicht:
  $N_2(g) + 3\,H_2(g) \rightleftharpoons 2\,NH_3(g)$
- Kohlensäure-Hydrogencarbonat- Gleichgewicht:
  $CO_2(aq) + 2\,H_2O(l) \rightleftharpoons H_3O^+(aq) + HCO_3^-(aq)$

8. Stickstoffkreislauf

In der Natur besteht ein ständiger Kreislauf zwischen dem Stickstoff der Luft, den im Boden enthaltenen Ammoniumsalzen und Nitraten sowie dem Stickstoff, der in den Eiweißstoffen der Lebewesen gebunden ist.

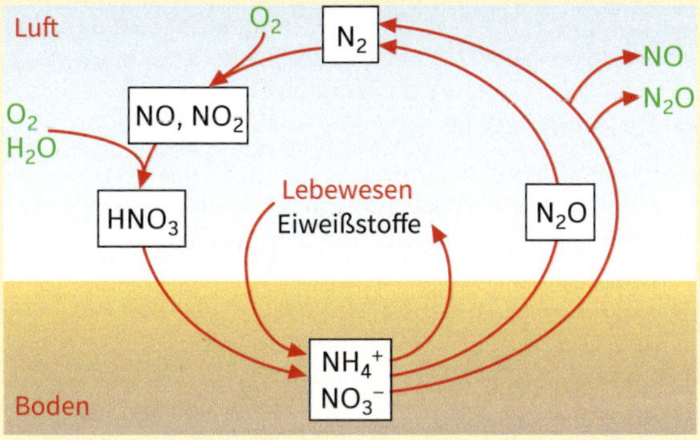

9. Kohlenstoff und Kohlenstoffoxide

Reiner Kohlenstoff kommt in der Natur in den Modifikationen *Diamant* und *Graphit* vor.

Kohle kann als verunreinigter Kohlenstoff angesehen werden. Bei Verbrennungen von Kohlenstoff entsteht Kohlenstoffdioxid (CO_2), ist zu wenig Sauerstoff vorhanden, bildet sich Kohlenstoffmonooxid (CO).

10. Natürlicher Kalkkreislauf

Die Reaktionen zwischen gelöstem Kohlenstoffdioxid, unlöslichem Calciumcarbonat (Kalkstein) und gelöstem Calciumhydrogencarbonat (hartem Wasser) bilden den natürlichen Kalkkreislauf.

Der natürliche Kalkkreislauf ist Teil des anorganischen Kohlenstoffkreislaufs. Kohlenstoffdioxid steht dabei an zentraler Stelle und verbindet diesen Teilkreislauf mit dem Gesamtkohlenstoffkreislauf.

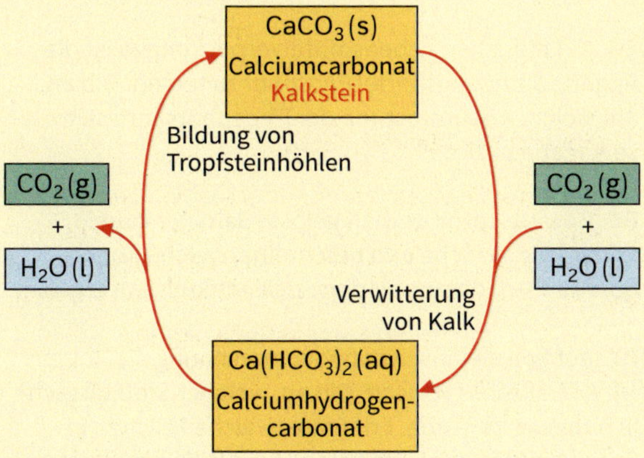

11. Kohlensäure und Wasserhärte

Die wässrige Lösung von Kohlenstoffdioxid reagiert sauer; sie wird daher wird oft als Kohlensäure bezeichnet. Die Lösung enthält vorwiegend hydratisierte Kohlenstoffdioxid-Moleküle, daneben geringe Mengen an Hydrogencarbonat-Ionen und Hydronium-Ionen.

Die Wasserhärte ist ein Maß für den Gehalt einer Lösung an gelösten zweifach positiv geladenen Ionen, vorwiegend Calcium-Ionen und Magnesium-Ionen.

12. Technischer Kalkkreislauf

Aus Kalkstein (Calciumcarbonat) entsteht durch Kalkbrennen und Kalklöschen handelsfertiger Löschkalk.

Löschkalk wird mit Sand und Wasser zum gebrauchsfertigen Kalkmörtel vermischt.

Beim Abbinden des Kalkmörtels entsteht im Laufe von Wochen bis Monaten wieder Calciumcarbonat.

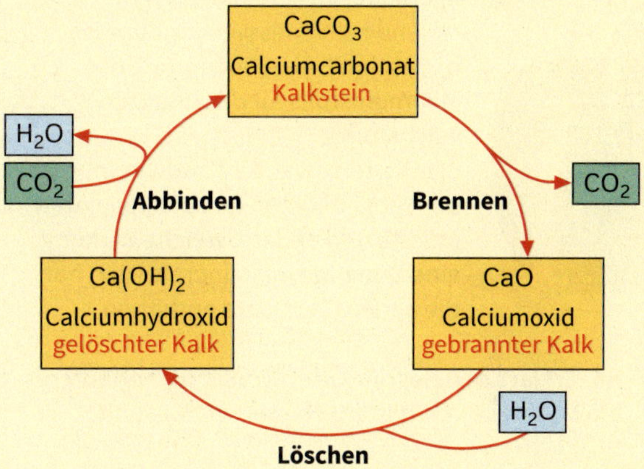

13. Biologischer Kohlenstoffkreislauf

Photosynthese einerseits sowie Zellatmung und Verwesungs- und Zersetzungsprozesse andererseits sind die wichtigsten Reaktionen des biologischen Kohlenstoffkreislaufs.

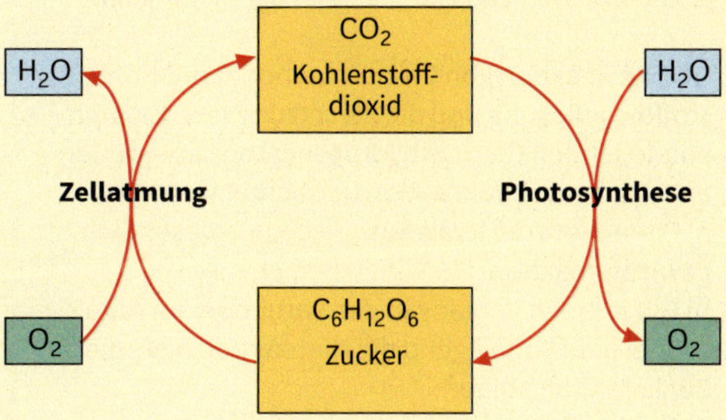

Chemie und Technik

Teste dich

A1 a) Erläutert e an einem Beispiel wie sich die Reaktionsgeschwindigkeit während einer Reaktion ändert.
b) Erkläre, wie man die Geschwindigkeit einer Reaktion beeinflussen kann.

A2 Gib die Strukturformeln folgender Verbindungen an und beschreibe ihre Herstellung. Formuliere die jeweiligen Reaktionsgleichungen:
a) Schwefeltrioxid, Schwefelsäure,
b) Ammoniak, Salpetersäure,
c) Phosphorsäure, Natriumphosphat.

A3 Justus von LIEBIG verglich den Nährstoffgehalt des Bodens mit einem Holzfass. Dabei symbolisiert die kürzeste Latte des Fasses das Element im Boden, an dem – bezogen auf den Bedarf der angebauten Pflanzen –der größte Mangel herrscht. Man spricht dabei vom Minimumstoff.

a) Erkläre, inwiefern der Begriff *Minimumstoff* missverständlich ist.
b) Beschreibe die Bedeutung des Minimumstoffs für das Pflanzenwachstum.
c) Erläutere, wie der Landwirt in dem abgebildeten Beispiel reagieren müsste und erkläre, welche Wirkung eine Düngung mit Mineralsalzen hat, die andere Elemente enthalten.

A4 Erkläre den Begriff *hartes Wasser* und erläutere die Nachteile von hartem Wasser im Haushalt.

A5 Beschreibe die unterschiedlichen Strukturen von Graphit und Diamant.

A6 a) Erkläre, wie sich die Kalkablagerungen im Wasserkocher bilden. Formuliere dazu eine Reaktionsgleichung.
b) Beschreibe, wie sich ein Wasserkocher entkalken lässt. Gib ebenfalls eine Reaktionsgleichung an.

A7 Die Reaktion von Calciumcarbonat mit Kohlenstoffdioxidlösung und die Zersetzung des dadurch entstehenden Calciumhydrogencarbonats können als Gleichgewichtsreaktion betrachtet werden.
a) Formuliere die Reaktionsgleichung dieser Gleichgewichtsreaktion.
b) Gib je einen Vorgang in der Natur oder im Alltag an, bei dem vorwiegend die Hinreaktion bzw. die Rückreaktion abläuft.

Lösungen stehen im Anhang.

Die wichtigsten Begriffe

- Reaktionsgeschwindigkeit
- chemisches Gleichgewicht
- Schwefelsäure, Doppelkontaktverfahren
- Phosphorsäure
- Ammoniak, Haber-Bosch-Verfahren
- Salpetersäure, Ostwald-Verfahren
- Gesetz vom Wachstumsminimum, Düngung
- Stickstoffkreislauf
- Diamant, Graphit
- Kohlenstoffmonooxid, Kohlenstoffdioxid
- Kohlensäure, Hydogencarbonat, Carbonat
- Wasserhärte
- Kalkmörtel, Zementmörtel, Kalkkreislauf
- Kohlenstoffkreislauf

B1 a) Erkläre die obenstehenden Begriffe.
b) Verknüpfe die Begriffe zu einer Conceptmap.
c) Übertrage die Begriffe und deine Erklärungen in digitale Karteikarten.

B2 Ammoniak wird in einer Apparatur mit zwei Kolbenprobern in Gegenwart eines Katalysators vollständig in seine Elemente zerlegt.
a) Formuliere die Reaktionsgleichung.
b) Vergleiche das Gasvolumen vor der Reaktion mit dem Volumen nach der Reaktion.
c) Gib an, unter welchen Bedingungen die Reaktion optimal abläuft.

B3 Ammoniumnitrat (NH_4NO_3) und Ammoniumsulfat ($(NH_4)_2SO_4$) sind wichtige Stickstoffdünger. Berechne den Massenanteil von Stickstoff in den beiden Salzen.

B4 Erfahrene Landwirte lassen vor dem Düngen eine Bodenuntersuchung durchführen. Erkläre den Sinn dieser Maßnahme.

B5 Auf manchen Lebensmittelverpackungen ist die Angabe *Säuerungsmittel Phosphat* zu finden. Gib an, auf welches Säurerest-Ion der Phosphorsäure sich diese Angabe bezieht.

B6 Gewitterregen enthält gelöste Salpetersäure. Erkläre die Ursache und beschreibe, welche Konsequenzen sich daraus für den Stickstoffkreislauf ergeben.

B7 Auf Sprudelflaschen findet man häufig die Angabe *Mit Kohlensäure versetzt.* Gib an, welcher Stoff tatsächlich zugesetzt wurde. Erläutere, welche Teilchen in Sprudel noch vorhanden sind, die aus dem zugesetzten Stoff entstanden sind.

C1 Chemisches Gleichgewicht

Die Herstellung von Schwefelsäure beruht ähnlich wie die Ammoniaksynthese auf einer Gleichgewichtsreaktion. Bereits im Jahre 1884 hat der französische Chemiker Henri LE CHATELIER beschrieben, wie sich eine Änderung der Reaktionsbedingungen auf die Lage eines chemischen Gleichgewichts auswirkt. Seine Erkenntnisse wurden später als *Prinzip des kleinsten Zwanges* zusammengefasst.

Beim Kontaktverfahren stellt die Gleichgewichtsreaktion von SO_2 mit Sauerstoff zu SO_3 die Schlüsselreaktion dar. Bei dem industriellen Verfahren kommt es auf eine möglichst weitgehende Umsetzung von SO_2 zu SO_3 an. Zum einen, weil dann die Ausbeute an Schwefelsäure größer ist, zum anderen, um eine Belastung der Umwelt durch SO_2-haltige Abgase zu vermeiden.

a) Formuliere die Reaktionsgleichung für die Gleichgewichtsreaktion von Schwefeldioxid mit Sauerstoff.
b) Erläutere, welchen Einfluss eine Erhöhung des Drucks auf die Ausbeute an Schwefeltrioxid hat.
c) Beim Kontaktverfahren enthält das dem Reaktor zugeführte Gas-Luft-Gemisch rund 10 % Schwefeldioxid. Erkläre, wie groß dann etwa der Sauerstoff-Gehalt des Gemischs ist. Diskutiere, welche Vorteile sich aus dem Mischungsverhältnis für die Einstellung des Gleichgewichts und für das technische Verfahren ergeben.
d) Erkläre, warum die Abtrennung von Schwefeltrioxid und die Rückführung der restlichen Ausgangsstoffe die Ausbeute erhöhen.
e) Beschreibe, welche Rolle ein Katalysator bei dieser Reaktion übernimmt.

C2 Reaktionen rund um hartes Wasser

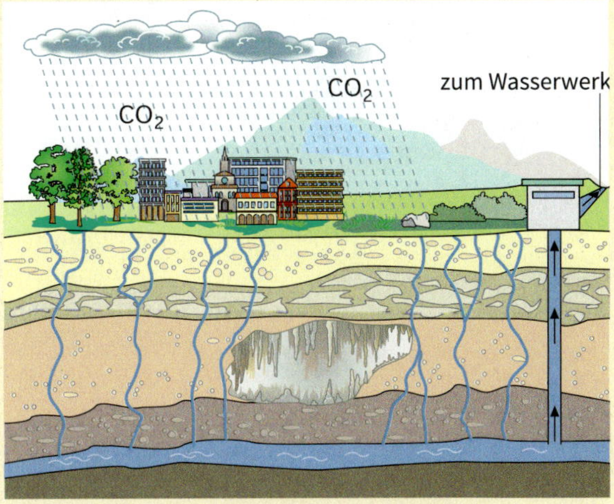

2 *Bildung von hartem Wasser*

Durch versickerndes Regenwasser entsteht in kalkhaltigen Böden hartes Wasser. In diesem harten Wasser können je nach Umgebungsbedingungen weitere Reaktionen ablaufen. Erkläre die folgenden Vorgänge und formuliere dazu die jeweiligen Reaktionsgleichungen.

a) Bodenluft enthält einen wesentlich höheren Anteil an Kohlenstoffdioxid als die Atmosphäre.
b) Regenwasser nimmt aus der Bodenluft Kohlenstoffdioxid auf und bildet eine schwach saure Lösung mit einem pH-Wert von etwa 4 bis 5.
c) Die schwach saure Lösung greift den Kalkstein des Untergrundes an und es entsteht hartes Wasser.
d) In einer unterirdischen Höhle entweicht etwas Kohlenstoffdioxid aus der Lösung in die kohlenstoffdioxidarme Höhlenluft; dabei bildet sich eine Kalksteinkruste.
e) Ein Teil des harten Wassers tritt an einer Quelle zutage und rieselt über einen Felsvorsprung, wo sich Calciumcarbonat als Kalktuff absetzt.
f) Ein Schüler überprüft bei einer Exkursion im Fach Geografie den Kalkgehalt des Gesteins mit Salzsäure. Dabei bilden sich Gasblasen.
g) Eine junge Wasserschnecke nimmt hartes Wasser auf. Bei ihrem Wachstum wächst ihre Kalkschale mit.
h) Hartes Wasser gelangt über einen Brunnen ins Trink-wassernetz und wird in einem Wasserkocher zum Kochen gebracht. Im Laufe der Zeit verkalkt der Kocher allmählich. Die Tochter der Familie hat im Chemieunterricht aufgepasst. Sie entfernt den Kalkbelag im Wasserkocher mit Essigsäure. Dabei schäumt es heftig.
i) Beim Einleiten von Kohlenstoffdioxid in Leitungswasser sinkt der pH-Wert auf 5. Kocht man die Lösung, steigt der pH-Wert fast wieder auf 7 an.

Kapitel 15

Chemie der Kohlenwasserstoffe

Die organische Chemie ist die Chemie der Kohlenstoffverbindungen. Wie kein anderes Element ist Kohlenstoff aufgrund der Vierbindigkeit der Kohlenstoff-Atome in der Lage, die unterschiedlichsten Moleküle zu bilden – vom einfachen Methan-Molekül bis hin zu kompliziert gebauten Molekülen des Hormons Insulin.
Die mengenmäßig bedeutendsten organischen Verbindungen sind die Kohlenwasserstoffe; ihre Moleküle sind nur aus Kohlenstoff- und Wasserstoff-Atomen aufgebaut.

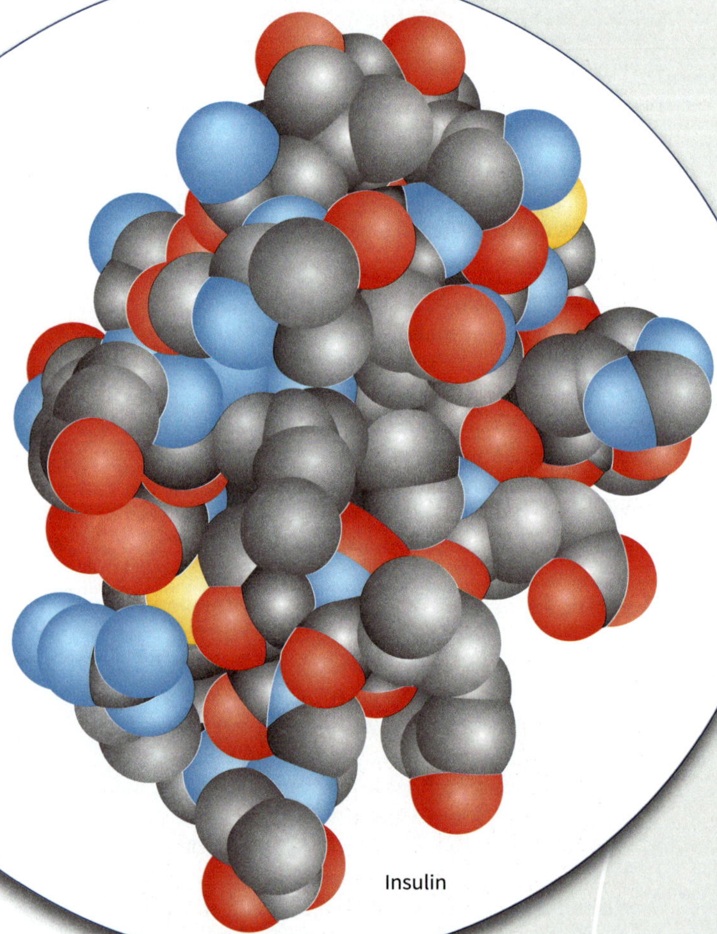

Insulin

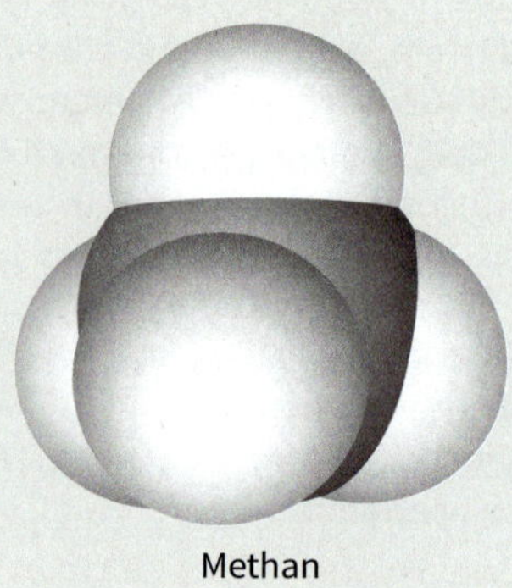

Methan

Erdöl und Erdgas sind unsere wichtigsten fossilen Energieträger. In Deutschland werden damit etwa 55 % des gesamten Energiebedarfs gedeckt. Chemisch gesehen handelt es sich bei Erdöl und Erdgas um Kohlenwasserstoffe. Für die Verbrennung sind Kohlenwasserstoffe allerdings zu schade, denn sie dienen auch als Rohstoffe für die meisten Produkte der chemischen Industrie.

Stoffe zu produzieren und neue Stoffe zu entwickeln gehört zu den zentralen Aufgaben der Chemie. Eine Vielzahl dieser Stoffe trägt zu unserem Wohlergehen und zu unserer Gesundheit bei: Kunststoffe, Farben, Reinigungsmittel und Arzneimittel sind nur ein kleiner Ausschnitt aus der Produktpalette.

Im Jahre 1828 berichtete der deutsche Chemiker Friedrich WÖHLER in einem Brief an Jöns Jakob BERZELIUS über seine Untersuchungen: „Ich [...] muß ihnen sagen, daß ich Harnstoff machen kann, ohne dazu Nieren oder überhaupt ein Thier, [...], nöthig zu haben. Ich fand, daß immer wenn man Cyansäure mit Ammoniak zu verbinden sucht, eine kristalline Substanz entsteht, [...], und es bedurfte nun weiter Nichts als einer vergleichenden Untersuchung mit Pisse-Harnstoff, den ich in jeder Hinsicht selbst gemacht hatte, und dem Cyan-Harnstoff. Wenn nun [...] kein anderes Produkt als Harnstoff entstanden war, so mußte [...] der Pisse-Harnstoff [...] dieselbe Zusammensetzung haben, wie das cyansaure Ammoniak.“

Ölarbeiter in Pennsylvania bemerkten in der Mitte des 19. Jahrhunderts, dass Schürf- und Brandwunden besser heilten, wenn sie mit den schmierigen Rückständen an Bohrgestängen bestrichen wurden. Gute zehn Jahre später gelang es dem Chemiker Robert CHESEBROUGH den pharmazeutisch wirksamen Bestandteil aus der schmierigen Masse zu extrahieren und zu reinigen. Er nannte sein Produkt Vaseline. Auch heute noch verwendet man Vaseline zum Schutz der Haut vor Wind und Wetter. Man nutzt sie aber auch zur Hohlraumversiegelung von Autos, als umweltfreundlichen Unterbodenschutz von Bootsrümpfen gegen Algenbewuchs sowie zum Einfetten von Lederartikeln und Metallgeräten.

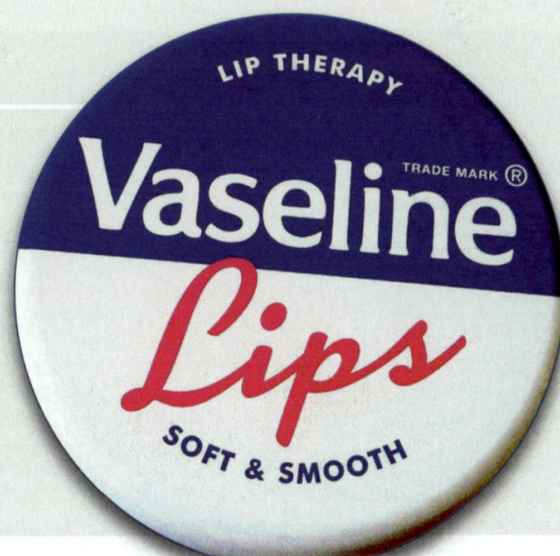

15.1 Methan – Kohlenwasserstoff Nummer eins

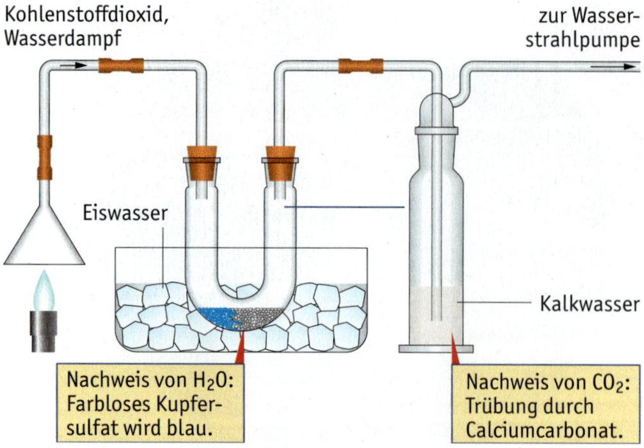

1 *Verbrennungsprodukte von Erdgas*

Erdgas besteht überwiegend aus *Methan*. Bei der Verbrennung bilden sich als Reaktionsprodukte Wasserdampf und Kohlenstoffdioxid (Abb. 1). Methan-Moleküle müssen also Kohlenstoff-Atome und Wasserstoff-Atome enthalten. Allgemein bezeichnet man alle Verbindungen, die nur aus Kohlenstoff- und Wasserstoff-Atomen aufgebaut sind, als **Kohlenwasserstoffe.** Methan ist die einfachste Verbindung dieser Art.

Molekülformel von Methan. Das Gas Methan ist wesentlich leichter als Luft. Seine Dichte ist zwar nur halb so groß wie die Dichte von Sauerstoff, aber achtmal so groß wie die Dichte von Wasserstoff, des Gases mit der geringsten Dichte. Wasserstoff (H_2) hat eine Molekülmasse von 2 u. Da die Dichte eines Gases proportional zur Masse seiner Moleküle ist, muss ein Methan-Molekül eine Masse von 16 u besitzen. Ein Methan-Molekül kann demnach nur aus einem Kohlenstoff-Atom und vier Wasserstoff-Atomen aufgebaut sein. Damit ergibt sich für Methan die **Molekülformel CH_4.**

Rechenbeispiel

Berechnung der Verhältnisformel von Methan

Methan wird durch eine **quantitative Elementaranalyse** vollständig zu Kohlenstoffdioxid und Wasser oxidiert (Abb. 2).

Aus 75 ml Methan (50 mg) erhält man 113 mg Wasser und 138 mg Kohlenstoffdioxid.

1. Stoffmenge an Wasserstoff-Atomen

$$n(H_2O) = \frac{m(H_2O)}{M(H_2O)} = \frac{0{,}113\,g}{18\,\frac{g}{mol}} = 6{,}3\,mmol$$

$$n(H) = 2 \cdot n(H_2O) = 12{,}6\,mmol$$

2. Stoffmenge an Kohlenstoff-Atomen

$$n(C) = n(CO_2) = \frac{m(CO_2)}{M(CO_2)} = \frac{0{,}138\,g}{44\,\frac{g}{mol}} = 3{,}1\,mmol$$

3. Atomanzahlverhältnis und Verhältnisformel

$$N(C) : N(H) = n(C) : n(H) = 3{,}1\,mmol : 12{,}6\,mmol = 1 : 4$$

Methan hat also die **Verhältnisformel C_1H_4.**

Kontrolle: Aus den Stoffmengen kann man die Massen der Elemente berechnen:
$n(H) \cdot M(H) = m(H) = 12{,}6\,mg$
$n(C) \cdot M(C) = m(C) = 37{,}2\,mg$

Da die Summe dieser Massen im Rahmen der Messgenauigkeit ebenso groß ist, wie die Masse des analysierten Methans, kann man sicher sein, dass ein Methan-Molekül keine weiteren Atome enthält.

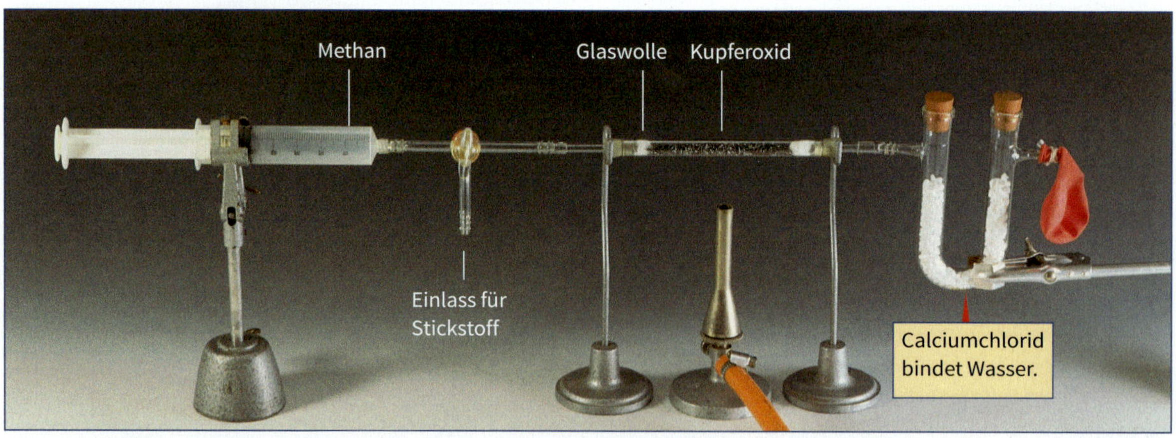

2 *Quantitative Elementaranalyse von Methan. Vor der Reaktion wird die Apparatur mit Stickstoff gespült.*

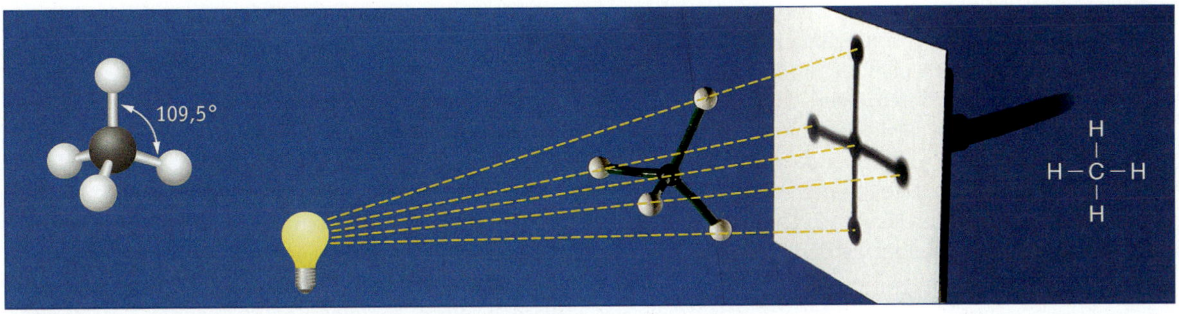

3 *Struktur, Molekülformel und Projektion eines Methan-Moleküls*

Struktur des Methan-Moleküls. Im Methan-Molekül sind die vier Wasserstoff-Atome jeweils über eine Elektronenpaarbindung mit dem Kohlenstoff-Atom verbunden. Entsprechend dem Elektronenpaarabstoßungsmodell ordnen sich die H-Atome tetraederförmig um das Kohlenstoff-Atom an. Die H–C–H-Bindungswinkel im Methan-Molekül betragen 109,5°. Diesen Winkel bezeichnet man als *Tetraederwinkel*. Am Kugel-Stab-Modell lässt sich der räumliche Bau des Moleküls sehr gut erkennen. Die übliche Strukturformel entspricht der Projektion des Modells in die Zeichenebene (Abb. 3).

Methan in der Natur. Ähnlich wie Erdgas enthalten auch die in Sümpfen aufsteigenden Gase (Sumpfgase) einen hohen Anteil an Methan. Die Ursache für die Bildung von Methan im Erdgas und im Sumpfgas ist ein ganz natürlicher Vorgang: Abgestorbene Pflanzen werden unter Mitwirkung bestimmter Bakterien weitgehend zersetzt. Sobald dabei der Sauerstoff völlig verbraucht ist, kommen andere Bakterien ins Spiel, die Methan erzeugen. Solche Methanbakterien sind es auch, die Methan in den Mägen von Rindern entstehen lassen.

Technisch wird dieser natürliche Prozess in den Faultürmen der Kläranlagen und in landwirtschaftlichen Biogasanlagen genutzt.

Gegen Ende des letzten Jahrhunderts entdeckte man, dass Methan auch in eisähnlichen Ablagerungen am Meeresboden in einer Tiefe zwischen 300 und 1000 m auftritt. Auch hier wird Methan durch Methanbakterien gebildet. Bei hohem Druck und niedriger Temperatur lagern sich Methan-Moleküle mit Wasser-Molekülen zu Kristallen zusammen, die man als **Methanhydrat** bezeichnet. Auch im Permafrostboden der Polargebiete befinden sich große Mengen an Methanhydrat. Vermutlich gibt es auf der Erde mehr Methanhydrat als Erdöl, Erdgas und Kohle zusammen.

Methan (CH_4) ist der einfachste Kohlenwasserstoff.
Die Methan-Moleküle sind tetraedrisch aufgebaut.
Als Hauptbestandteil im Erdgas ist Methan ein wichtiger Brennstoff.

Steckbrief Methan (CH_4)

H 220, H 280

Eigenschaften:
- farbloses, geruchloses und brennbares Gas,
- brennt mit bläulicher Flamme,
- Methan-Luft-Gemische sind explosiv,
- Dichte: 0,67 $\frac{g}{l}$ (bei 20 °C und 1013 hPa),
- Schmelztemperatur: –182 °C,
- Siedetemperatur: –162 °C.

Herstellung:
- aus Erdgas und Biogas.

Verwendung:
- Heizgas in Kraftwerken und Haushalten,
- wichtiger Rohstoff für die chemische Industrie.

1 Erläutere, warum Methan-Moleküle unpolar sind.

2 Formuliere für die Verbrennung von Methan und für die Oxidation mit Kupferoxid (CuO) Reaktionsgleichungen.

3 Berechne die Massen an Wasser und an Kohlenstoffdioxid, die bei einer Verbrennung von 5 mmol Methan entstehen.

4 Recherchiere, in welchen Gegenden Methanhydrat am Meeresboden vorkommt und welche Gefahren von Methanhydrat ausgehen können.

5 Erläutere den Unterschied zwischen Verhältnisformel und Molekülformel.

15.2 Alkane – eine homologe Reihe

Neben Methan gibt es eine große Anzahl weiterer Kohlenwasserstoffe. Dazu gehören auch zahlreiche flüssige und feste Verbindungen. Die Vielfalt der Kohlenwasserstoffe beruht auf einer besonderen Eigenschaft der Kohlenstoff-Atome: In einem Molekül können sehr viele Kohlenstoff-Atome über Elektronenpaarbindungen miteinander verknüpft sein. Neben unterschiedlich langen kettenförmigen Molekülen können auch verzweigte und ringförmige Moleküle gebildet werden.

Alle Kohlenwasserstoffe weisen ähnliche Eigenschaften auf: Ihre Moleküle sind unpolar; flüssige Kohlenwasserstoffe eignen sich daher hervorragend als Lösemittel für hydrophobe Stoffe. Mit Sauerstoff reagieren Kohlenwasserstoffe exotherm zu Kohlenstoffdioxid und Wasser.

Bei den Kohlenwasserstoffen unterscheidet man zwischen gesättigten und ungesättigten Verbindungen. Bei den *gesättigten Kohlenwasserstoffen* liegen zwischen den C-Atomen nur C–C-Einfachbindungen vor. Diese Stoffgruppe bezeichnet man als **Alkane**. Dagegen treten in den Molekülen der *ungesättigten Kohlenwasserstoffe* auch C=C-Zweifachbindungen und C≡C-Dreifachbindungen auf.

Homologe Reihe. Die Alkane lassen sich nach der Anzahl der Kohlenstoff-Atome im Molekül ordnen. **Methan** steht mit der Molekülformel CH_4 an erster Stelle. Es folgt **Ethan** mit der Molekülformel C_2H_6. Fügt man formal eine CH_2-Gruppe ein, so erhält man ein C_3H_8-Molekül, das Molekül des **Propans.** Ab dem **Butan** (C_4H_{10}) können die Molekülketten unverzweigt oder verzweigt sein. Die unverzweigten Alkane bezeichnet man als ***n*-Alkane** (normale Alkane). Innerhalb der Stoffgruppe der *n*-Alkane wachsen die Moleküle jeweils um eine CH_2-Gruppe gegenüber dem vorhergehenden Molekül. Eine solche regelmäßige Reihe bezeichnet man als **homologe Reihe** (griech. *homos:* gleich; griech. *logos:* Wort, Gesetz). Aufgrund des regelmäßigen Aufbaus ergibt sich für Alkane die allgemeine Molekülformel $\mathbf{C_nH_{2n+2}}$. Dabei ist n eine natürliche Zahl.

Innerhalb der homologen Reihe der *n*-Alkane steigen die Schmelz- und Siedetemperaturen mit wachsender Kettenlänge an. So ist ***n*-Octan** (C_8H_{18}) – ein Bestandteil des Benzins – bei Raumtemperatur flüssig; ***n*-Octadecan** ($C_{18}H_{38}$) ist hingegen fest, es ist in Kerzen aus Paraffin enthalten (Abb. 1).

Benennung von Alkanen. Die Namen der ersten vier Alkane entstanden zu einer Zeit, als der Aufbau ihrer Moleküle noch nicht bekannt war. Auch heute noch werden diese *Trivialnamen* verwendet (lat. *trivialis:* altbekannt). Die Namen der weiteren Alkane werden gebildet, indem man vor die Endung **-an** ein lateinisches oder griechisches Zahlwort setzt, das die Anzahl der C-Atome im Molekül angibt: **Pentan** (C_5H_{12}), **Hexan** (C_6H_{14}), **Heptan** (C_7H_{16}).

Spaltet man formal von einem Alkan-Molekül ein Wasserstoff-Atom ab, erhält man eine **Alkyl-Gruppe** (einen *Alkyl-Rest*). So leitet sich die Methyl-Gruppe ($-CH_3$) vom Methan und die Ethyl-Gruppe ($-CH_2CH_3$) vom Ethan ab. In Formeln bezeichnet man Alkyl-Reste kurz durch das Symbol **–R**.

Die *n*-Alkane bilden eine homologe Reihe mit der allgemeinen Molekülformel C_nH_{2n+2}. Zwischen den Kohlenstoff-Atomen liegen nur C–C-Einfachbindungen vor.

1 Erläutere den Unterschied zwischen gesättigten und ungesättigten Kohlenwasserstoffen.

2 a) Gib die allgemeine Formel für Alkyl-Reste an.
b) Benenne die Reste mit ein bis zehn C-Atomen.

3 Erläutere, warum es so viele Kohlenwasserstoffverbindungen gibt.

4 Überprüfe, welche der Kohlenwasserstoffe mit den folgenden molaren Massen Alkane sind: $142\,\frac{g}{mol}$, $100\,\frac{g}{mol}$, $210\,\frac{g}{mol}$. Beschreibe dein Vorgehen.

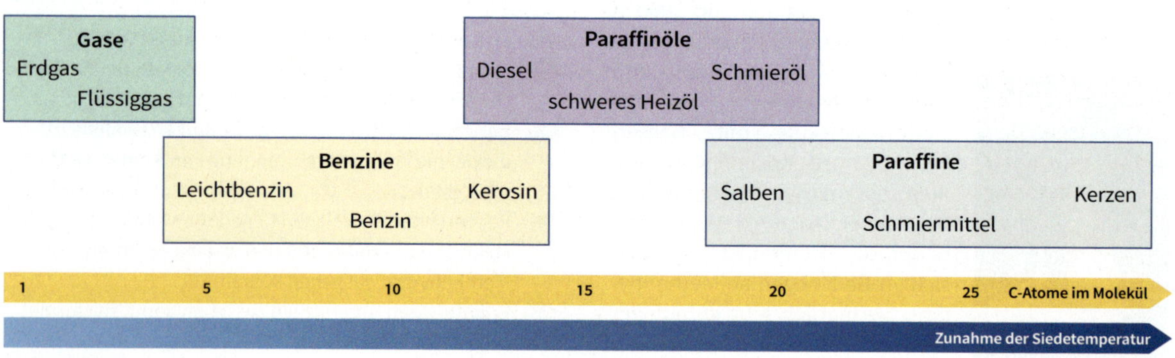

1 *Die Vielfalt der Alkane*

Übersicht Formeln der Alkane

Alkan	Kugel-Stab-Modell	Molekülformel	Strukturformel	vereinfachte Strukturformel	Schmelztemp. in °C	Siedetemp.in °C
Methan	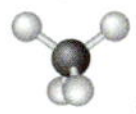	CH_4	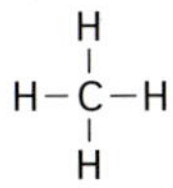	CH_4	–182	–161
Ethan	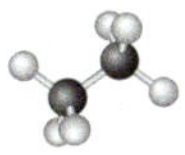	C_2H_6	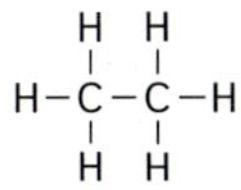	H_3C-CH_3	–183	–89
Propan	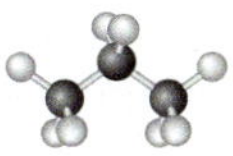	C_3H_8	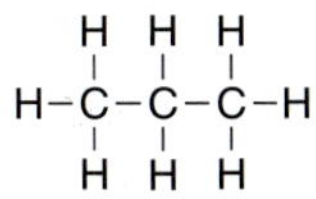	$H_3C-CH_2-CH_3$	–188	–42
n-Butan	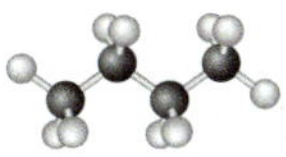	C_4H_{10}	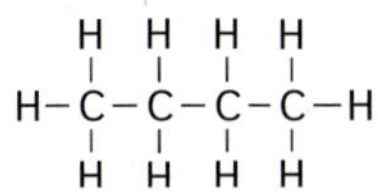	$H_3C-(CH_2)_2-CH_3$	–138	–1
n-Pentan	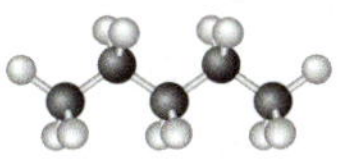	C_5H_{12}	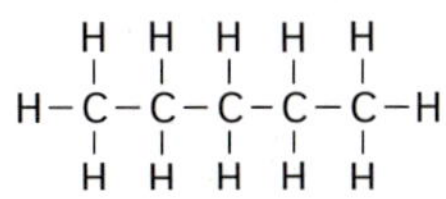	$H_3C-(CH_2)_3-CH_3$	–130	36
n-Hexan	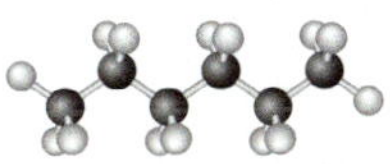	C_6H_{14}	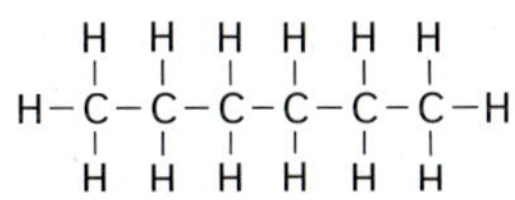	$H_3C-(CH_2)_4-CH_3$	–95	69
n-Heptadecan		$C_{17}H_{36}$	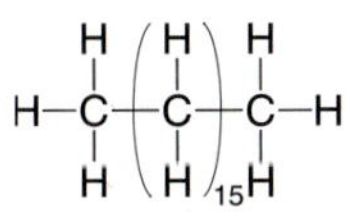	$H_3C-(CH_2)_{15}-CH_3$	22	302

1 *Die homologe Reihe der n-Alkane*

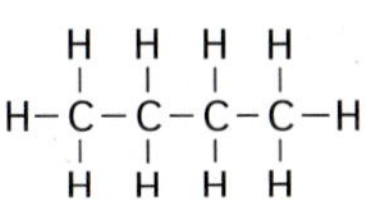	$H_3C-CH_2-CH_2-CH_3$	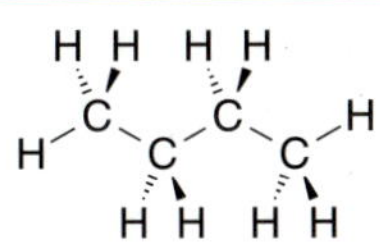	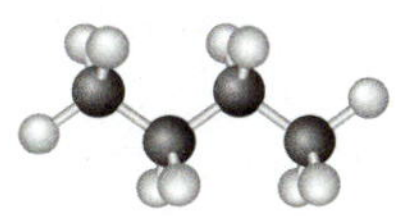	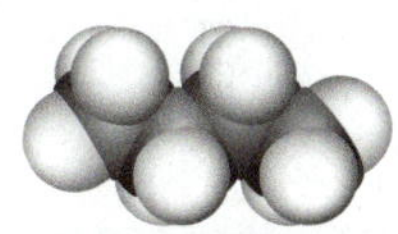
In der *Strukturformel* (Lewis-Formel) werden alle Atome und alle Elektronenpaare angegeben. Die Formel entspricht einer Projektion des Moleküls in die Papierebene.	Die *vereinfachte Strukturformel* stellt nur die Bindungen zwischen Kohlenstoff-Atomen dar.	Die *Keil-Strich-Formel* beschreibt zusätzlich die dreidimensionale Anordnung der Atome.	Beim *Kugel-Stab-Modell* werden die Atomzentren durch Kugeln und die Bindungen durch Stäbe dargestellt. Man erkennt Bindungswinkel, Bindungslängen und die Drehbarkeit um Bindungen.	Im *Kalottenmodell* werden Atome als sich teilweise durchdringende Kugeln dargestellt. Atomvolumina und Bindungswinkel werden maßstabsgetreu wiedergegeben.

2 *Formeln und Molekülmodelle*

Versuch 1:
Biogas aus der Thermosflasche

Materialien: Thermosflasche (mindestens 700 ml), Stopfen mit zwei Löchern, Erlenmeyerkolben (300 ml), Thermometer, Waage, Wasserbad, gewinkeltes Glasrohr, 2 Kolbenprober mit Hahn (100 ml), Messzylinder (250 ml), Glasstab; Kohlenstoffdioxid (Druckgasflasche, **4**), Kochsalzlösung (0,9 %), frische Pferdeäpfel.

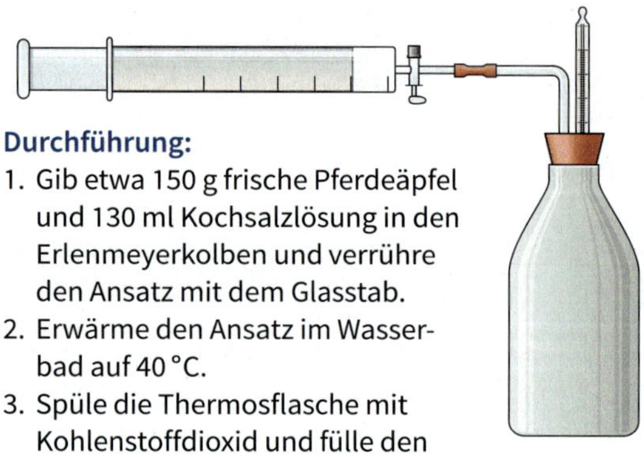

Durchführung:
1. Gib etwa 150 g frische Pferdeäpfel und 130 ml Kochsalzlösung in den Erlenmeyerkolben und verrühre den Ansatz mit dem Glasstab.
2. Erwärme den Ansatz im Wasserbad auf 40 °C.
3. Spüle die Thermosflasche mit Kohlenstoffdioxid und fülle den Inhalt des Erlenmeyerkolbens in die Thermosflasche. Dabei muss zwischen Füllung und Stopfen ein Abstand von 2 cm bleiben.
4. Baue nun die Apparatur zusammen.
5. Notiere über eine Woche den Temperaturverlauf und das Volumen des gebildeten Gases. Schüttle die Thermosflasche gelegentlich, ohne sie zu öffnen. Wechsle, wenn er voll, ist den Kolbenprober.
6. Schließe den Hahn am Kolbenprober und verwende das Biogas (**2**) für die Versuche 2 und 3.

Versuch 2:
Bestandteile von Biogas

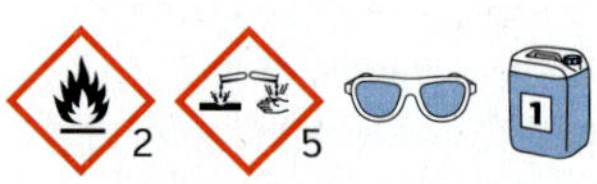

Materialien: Kolbenprober (50 ml), Absorptionsrohr mit Natronkalk (**5**, **B1**), Glaswolle, Luftballon, Glasrohre mit Stopfen, abgewinkeltes Glasrohr mit kapillarer Spitze;
Biogas (**2**) aus Versuch 1.

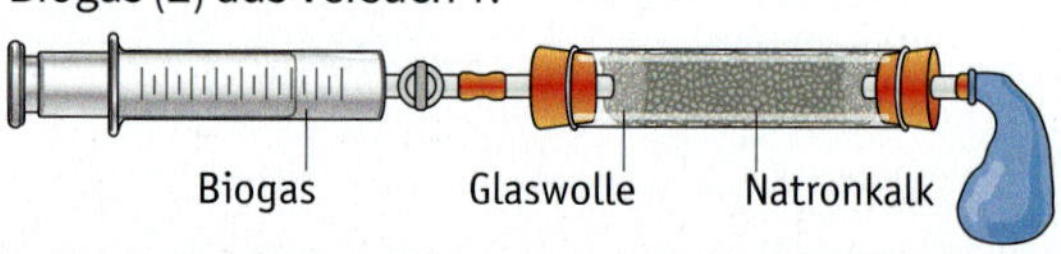

Durchführung:
1. Fülle den Kolbenprober mit 50 ml Biogas und baue die Apparatur nach der Abbildung auf.
2. Öffne den Hahn am Kolbenprober und schiebe das Biogas in der Apparatur mehrfach hin und her, bis sich das Volumen nicht mehr ändert.
3. Ersetzte das Glasrohr durch die kapillare Glasspitze.
4. Drücke das Restgas leicht durch die Glasspitze und entzünde es.

Aufgaben:
a) Notiere deine Beobachtungen und erkläre sie.
b) Bestimme den Volumenanteil an Kohlenstoffdioxid im Biogas aus der Volumenabnahme.
c) Formuliere für die Verbrennung eine Reaktionsgleichung.

Versuch 3:
Erdgas und Biogas als Energieträger

Materialien: Spritze (10 ml) mit Kanüle, Messzylinder (10 ml), Thermometer (0,1 °C);
Erdgas (**2**), Biogas aus Versuch 1 (**2**)

Durchführung:
1. Fülle ein Reagenzglas mit 6 ml Wasser und lies die Temperatur des Wassers auf 0,1 °C genau ab.
2. Fülle die Spritze mit 10 ml Erdgas und setze die Kanüle auf.
3. Entzünde das Gas an der Kanüle und lasse die Flamme unter gleichmäßigem Druck gegen das Reagenzglas brennen.
4. Notiere sofort die Temperatur, wenn das gesamte Gas aus der Spritze verbrannt ist.
5. Wiederhole den Versuch mit Biogas.

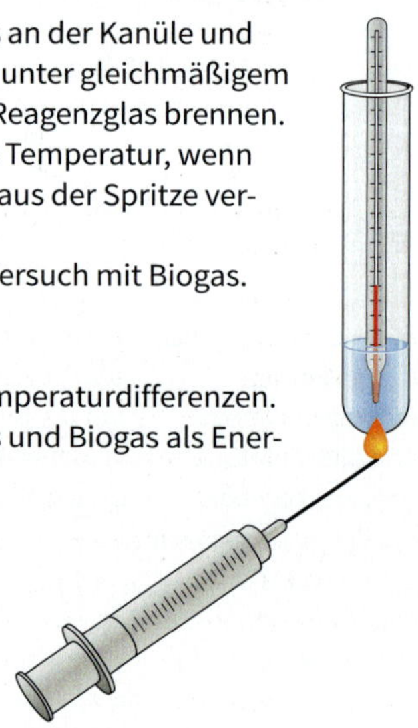

Aufgaben:
a) Bestimme die Temperaturdifferenzen.
b) Vergleiche Erdgas und Biogas als Energieträger.

Übersicht Alkane und ihre Nomenklatur

Bis heute wurden mehr als 20 Millionen organische Verbindungen näher untersucht, darunter zahlreiche Alkane. Damit trotz dieser Vielfalt der Überblick nicht verloren geht, benötigt man ein eindeutiges und möglichst rationelles System der Namensgebung, eine *Nomenklatur.* Heute hält man sich in der Chemie bei der Benennung organischer Verbindungen weltweit an Regeln, die von besonderen Nomenklatur-Kommissionen der **IUPAC** (**I**nternational **U**nion of **P**ure and **A**pplied **C**hemistry) erarbeitet werden. Dadurch ist die Benennung international vereinheitlicht. Für die wissenschaftliche Benennung der verzweigten Alkane gelten folgende IUPAC-Regeln:

Regel	Beispiel	
1. Man bestimmt die längste Kette der Kohlenstoff-Atome im Molekül und gibt die Anzahl der C-Atome in dieser **Hauptkette** durch ein griechisches oder lateinisches Zahlwort an. Durch Anfügen der Endung **-an** ergibt sich der **Stammname** der Verbindung. Bei Molekülen mit 1 bis 4 C-Atomen in der längsten Kette lauten die Stammnamen *Methan, Ethan, Propan* und *Butan.*	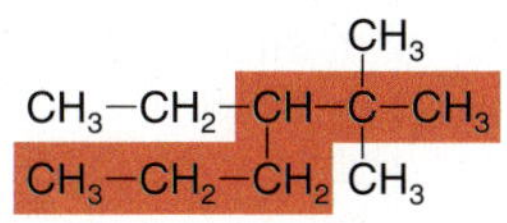	Mit sechs Kohlenstoff-Atomen in der längsten Kette ist der Stammname -hexan. 3-Ethyl-2,2-dimethylhexan
2. Dem Stammnamen werden die Namen der **Seitenketten** vorangestellt. Bei den Seitenketten handelt es sich um *Alkyl-Gruppen*, die sich formal vom Alk**an** mit der gleichen C-Anzahl durch Abspaltung eines Wasserstoff-Atoms ableiten. Die Endung **-an** wird durch die Endung **-yl** ersetzt.	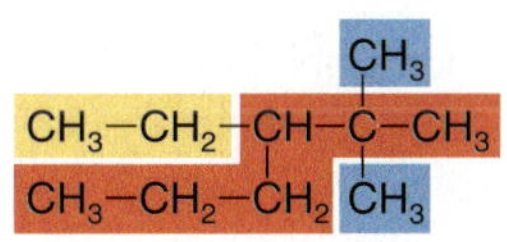	Die Seitenketten sind Methyl- und Ethyl-Gruppen. 3-Ethyl-2,2-dimethylhexan
3. Um die Verknüpfungsstelle zwischen der Hauptkette und den Seitenketten anzuzeigen, werden die Kohlenstoff-Atome der Hauptkette so *durchnummeriert*, dass die Verzweigungsstellen möglichst kleine Zahlen erhalten. Diese Zahlen werden den Namen der Seitenketten vorangestellt.	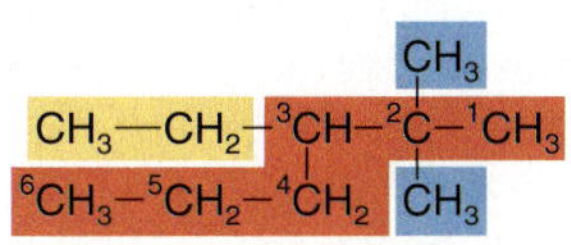	Die Methyl-Gruppen sind am zweiten Kohlenstoff-Atom mit der Hauptkette verknüpft. Die Ethyl-Gruppe ist an das dritte Kohlenstoff-Atom der Hauptkette gebunden. 3-Ethyl-2,2-dimethylhexan
4. Treten gleiche Seitenketten mehrfach auf, so werden sie zusammengefasst. Ihre Anzahl wird durch ein entsprechendes Zahlwort (di-, tri-, tetra-, penta-) angegeben, das dem Namen der Seitenkette vorangestellt wird.	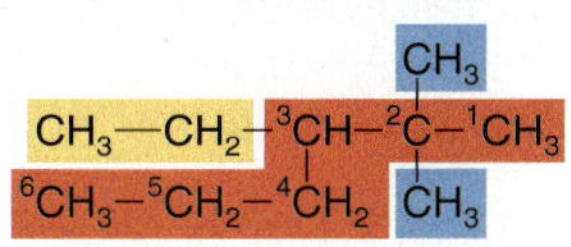	Die beiden Methyl-Gruppen werden zusammengefasst. 3-Ethyl-2,2-dimethylhexan
5. Verschiedene Seitenketten werden *alphabetisch* geordnet; die als Vorsilben verwendeten Zahlwörter werden dabei nicht berücksichtigt. Nur der erste Buchstabe des Namens wird großgeschrieben.	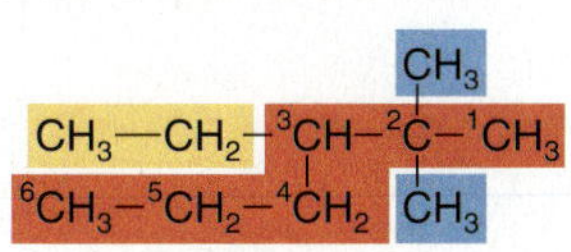	„E" steht im Alphabet vor „m" und wird als erster Buchstabe des Namens großgeschrieben. 3-Ethyl-2,2-dimethylhexan

1 Zeichne die Strukturformeln der folgenden Verbindungen: 3-Ethyl-2-methylhexan; 2,2,4-Trimethylpentan; 2,2,3-Trimethyl-4-propylheptan; 3-Ethylpentan; 6-Ethyl-2,2,3,7-tetramethyl-4-propyloctan.

2 Benenne die folgenden Alkane:

a) 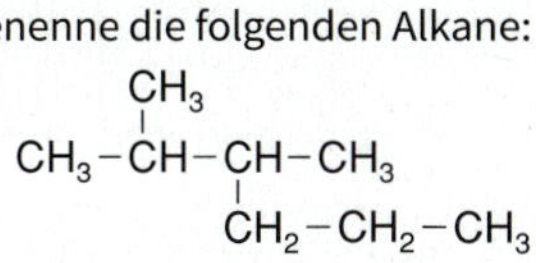

b) 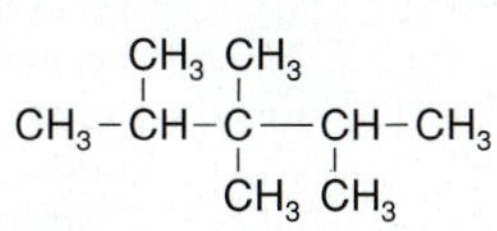

c) 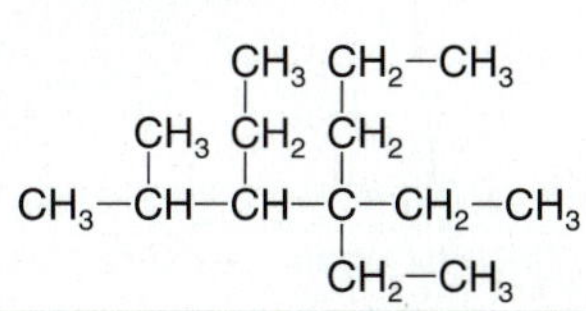

Neben Methan als Hauptbestandteil des Erdgases werden noch weitere Kohlenwasserstoffe als Energieträger genutzt. So verwendet man in Feuerzeugen und Gaskartuschen Kohlenwasserstoffe, die unter normalem Druck gasförmig sind, sich aber durch erhöhten Druck leicht verflüssigen lassen. Solche Stoffe werden auch als *Flüssiggase* bezeichnet. Auch Autogas, das heute schon an vielen Tankstellen anstelle von Benzin und Diesel getankt werden kann, ist ein Flüssiggas: LPG, liquified petroleum gas. Flüssiggase sind meistens Gemische aus den Kohlenwasserstoffen **Propan** (C_3H_8) und **Butan** (C_4H_{10}). Reines Propan siedet unter normalem Druck bereits bei –42 °C, *n*-Butan dagegen erst bei –1 °C.

Trennung von Flüssiggas durch Gas-Chromatografie. Die Zusammensetzung von Flüssiggasen und anderen Gasgemischen lässt sich durch das Verfahren der Gas-Chromatografie genauer untersuchen. Kernstück eines Gas-Chromatografen ist ein langes dünnes Rohr, die *Trennsäule*. Sie ist mit einem porösen Feststoff gefüllt. Auf der großen Oberfläche dieses Feststoffes befindet sich als *stationäre Phase* ein dünner Film einer schwer verdampfbaren Flüssigkeit. Durch die Trennsäule strömt als *mobile Phase* ein Trägergas wie Helium. Zur Analyse wird eine kleine Probe des zu untersuchenden Gases in die Trennsäule gespritzt. Die Probe strömt mit dem kontinuierlichen Trägergasstrom an der stationären Phase vorbei. Die verschiedenartigen Moleküle der Probe lösen sich kurzzeitig in dem Flüssigkeitsfilm, gehen aber auch immer wieder in den Gasraum über. Je nach Löslichkeit im Flüssigkeitsfilm benötigen die Moleküle der einzelnen Reinstoffe für ihren Weg durch die Trennsäule mehr oder weniger Zeit (Abb. 1). Ein *Detektor* am Ende der Trennsäule erkennt die getrennten Reinstoffe an einer Änderung der Wärmeleitfähigkeit des vorbeiströmenden Gases. Ein Computerprogramm stellt dann die Signale des Detektors in einem **Gas-Chromatogramm** grafisch als Ausschläge (Peaks) dar: Aus Lage und Höhe der Peaks lassen sich Art und Menge der Reinstoffe bestimmen. Vergleichsdaten erleichtern die Auswertung.

Das *Gas-Chromatogramm von Feuerzeuggas* zeigt überraschenderweise drei Peaks (Abb. 2). Feuerzeuggas ist demnach also ein Gemisch aus drei Kohlenwasserstoffen: Propan, *n*-Butan und Isobutan, ein Alkan, dessen Moleküle verzweigt sind.

Flüssiggase sind Gemische von Kohlenwasserstoffen, die bei Raumtemperatur gasförmig sind, sich aber schon durch leicht erhöhten Druck verflüssigen lassen. Flüssiggase und andere Gasgemische können durch Gas-Chromatografie getrennt werden.

1 Erstelle Steckbriefe von Propan und *n*-Butan.

2 Formuliere Reaktionsgleichungen für die Verbrennung von Propan und von *n*-Butan.

3 Ein Gasfeuerzeug enthält gleichzeitig gasförmige und flüssige Stoffe. Überlege dir, welche Vorgänge im Einzelnen ablaufen, wenn Flüssiggas aus einem Gasfeuerzeug ausströmt.

4 Erläutere, welche Eigenschaften eine Flüssigkeit haben muss, damit sie in einem Gas-Chromatografen als stationäre Phase dienen kann.

5 Erkläre die Reihenfolge der Peaks im Gas-Chromatogramm von Feuerzeuggas.

6 Berechne die Mengen an Kohlenstoffdioxid und Wasser, die bei der Verbrennung von 10 g Butan entstehen.

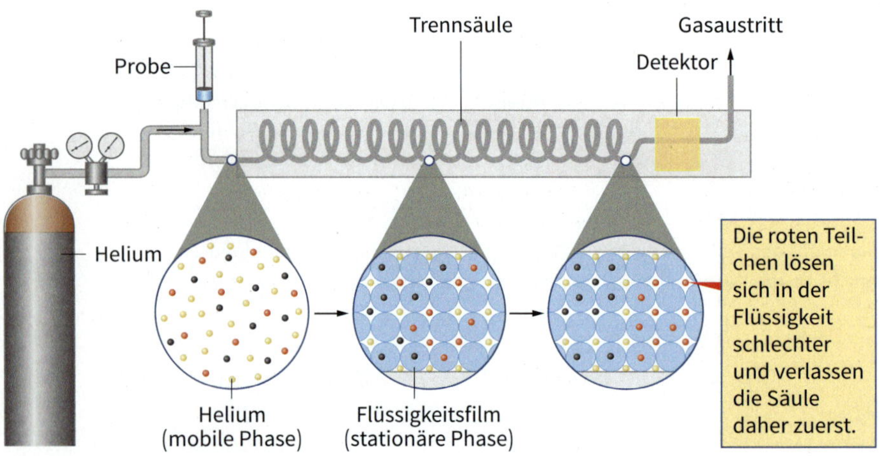

1 *Funktionsprinzip eines Gas-Chromatografen*

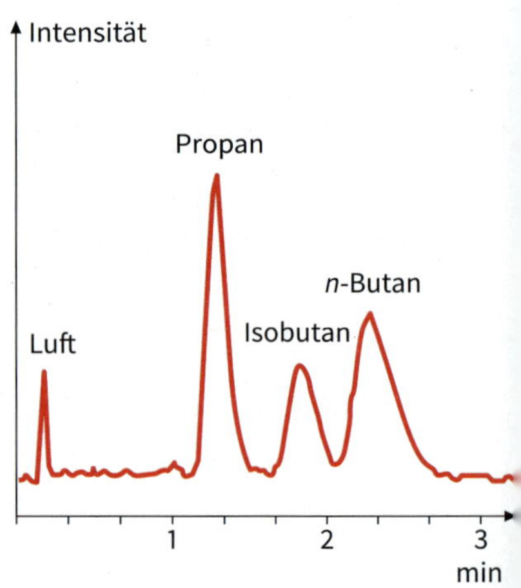

2 *Gas-Chromatogramm von Feuerzeugga*

15.4 Isomerie bei Alkanen

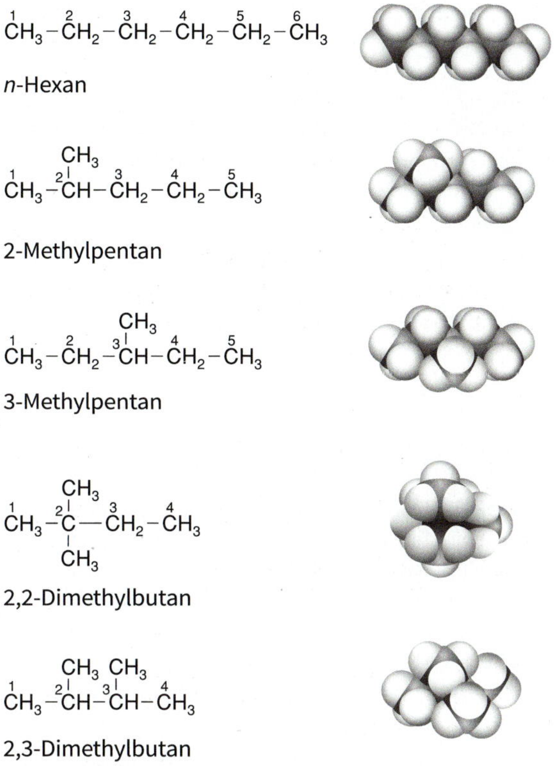

1 ***Isomere Hexane***

Feuerzeuggas enthält neben Propan (C_3H_8) noch zwei Kohlenwasserstoffe mit der Molekülformel C_4H_{10}, die sich in ihrer Molekülstruktur unterscheiden:

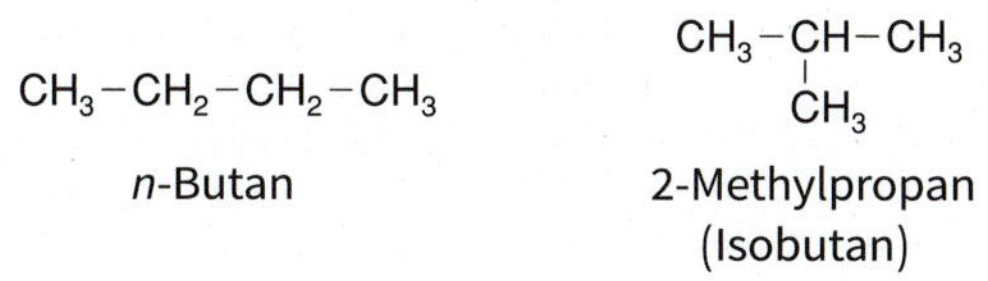

Verbindungen, die wie *n*-Butan und 2-Methylpropan bei gleicher Molekülformel eine unterschiedliche Struktur haben, bezeichnet man als **Isomere.**

Die Zahl der Isomeren nimmt mit der Anzahl der Kohlenstoff-Atome stark zu: Im Falle von Pentan (C_5H_{12}) gibt es drei isomere Verbindungen, von Hexan (C_6H_{14}) schon fünf und bei Decan ($C_{10}H_{22}$) sind es bereits 75 Isomere. Bei Eicosan ($C_{20}H_{42}$) beträgt die Zahl der Isomeren über 360 000.

Die Siedetemperaturen der einzelnen isomeren Alkane sind unterschiedlich, denn sie hängen von der Molekülstruktur ab. In der Regel ist die Siedetemperatur eines Isomers umso niedriger, je stärker verzweigt die Molekülstruktur ist.

Beispiel: n-Hexan ist eine farblose, leichtflüchtige Flüssigkeit mit einer Siedetemperatur von 69 °C. Auch die anderen Hexan-Isomere lassen sich als Reinstoffe isolieren. Das stark verzweigte 2,2-Dimethylbutan hat mit 50 °C die niedrigste Siedetemperatur der isomeren Hexane.

Cycloalkane. Gesättigte Kohlenwasserstoffe können auch ringförmige Moleküle bilden, die *Cycloalkane*. Ihre Moleküle enthalten zwei Wasserstoff-Atome weniger als die Alkane mit gleicher Anzahl an Kohlenstoff-Atomen.

Das wichtigste Cycloalkan ist *Cyclohexan* (C_6H_{12}). Es hat ähnliche Eigenschaften wie Hexan und wird ebenfalls als Lösemittel verwendet. Wie in den Alkanen betragen die Bindungswinkel im Molekül 109,5°. Dabei können Cyclohexan-Moleküle sehr unterschiedliche räumliche isomere Strukturen (Konformationen) einnehmen. Die stabilste Form ist die *Sesselkonformation,* weil hier alle Wasserstoff-Atome den größtmöglichen Abstand voneinander haben.

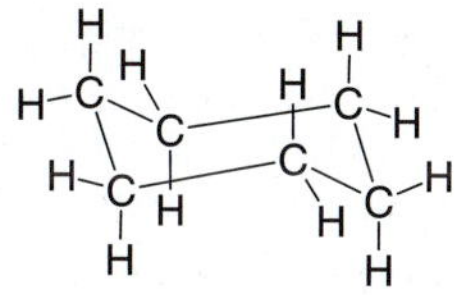

Isomere haben die gleiche Molekülformel, unterscheiden sich aber in ihrer Struktur. Cycloalkane sind gesättigte Kohlenwasserstoffe mit ringförmigen Molekülen.

---

1 Die isomeren Butane sieden bei –1 °C und –12 °C. Ordne die Siedetemperaturen den Isomeren zu und begründe deine Zuordnung.

2 a) Zeichne die Strukturformeln der isomeren Pentane und benenne die Moleküle.
b) Erläutere, warum man eine Mischung dieser Pentane mithilfe der Gas-Chromatografie in die einzelnen Isomere trennen kann.
c) Stelle eine begründete Hypothese auf, welches Isomer im Gas-Chromatogramm zuerst und welches zuletzt auftritt.

3 a) Zeichne die Strukturformeln von Cyclopropan, Cyclobutan und Cyclopentan und baue die entsprechenden Molekülmodelle.
b) Cyclopropan und Cyclobutan sind wesentlich reaktionsfähiger als Cyclohexan. Begründe die unterschiedlichen Reaktivitäten.

4 Bei der Wannenkonformation von Cyclohexan ist der Sechsring in Form einer Wanne angeordnet. Zeichne die Strukturformel und erläutere, warum die Wannenkonformation weniger stabil ist als die Sesselkonformation.

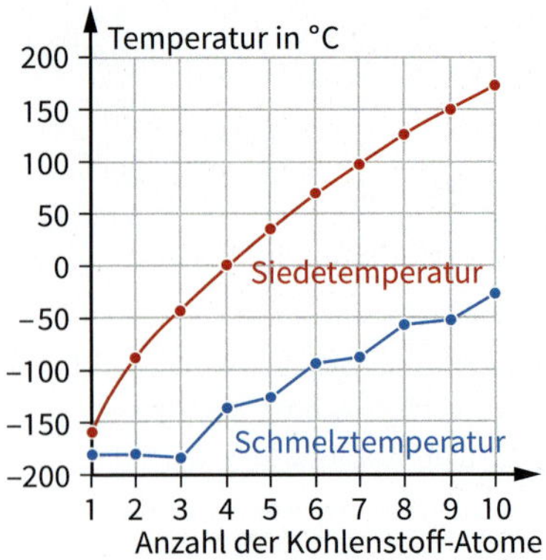

1 ***Schmelz- und Siedetemperaturen von n-Alkanen***

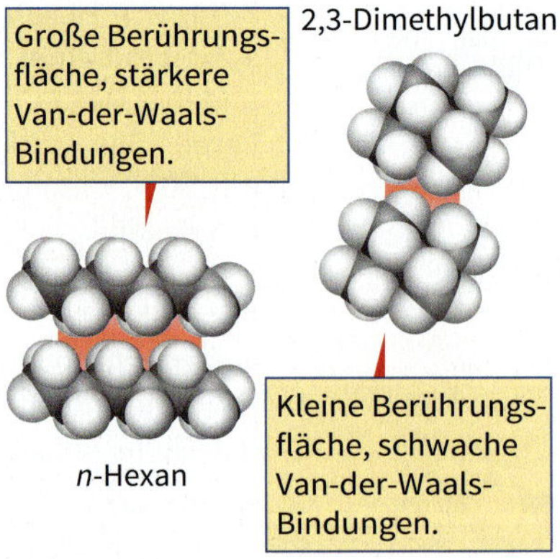

2 ***Verzweigungsgrad und Berührungsfläche***

	Siedetemperatur in °C
n-Pentan	36
2-Methylbutan	28
2,2-Dimethylpropan	10
n-Hexan	69
2-Methylpentan	60
3-Methylpentan	63
2,2-Dimethylbutan	50
2,3-Dimethylbutan	58

3 ***Siedetemperaturen isomerer Pentane und Hexane***

Kohlenstoff-Atome und Wasserstoff-Atome haben eine ähnliche Elektronegativität. Alkan-Moleküle sind daher nahezu unpolar. Trotzdem wirken zwischen den Molekülen Anziehungskräfte, denn viele Alkane sind bei Raumtemperatur flüssig oder sogar fest. Die Stärke dieser *zwischenmolekularen Bindungen* hängt von der Größe und auch von der Struktur der Moleküle ab.

Van-der-Waals-Bindung. Die Wechselwirkungen zwischen unpolaren und schwach polaren Molekülen werden nach dem niederländischen Physiker Johannes Diderik VAN DER WAALS als *Van-der-Waals-Bindungen* bezeichnet. Verglichen mit Elektronenpaarbindungen sind Van-der-Waals-Bindungen viel schwächer, doch summieren sie sich bei größeren Molekülen und können dann sogar stärker sein als eine Elektronenpaarbindung. Van-der-Waals-Bindungen kommen durch zufällig sich einstellende, ungleichmäßige Elektronenverteilungen der einzelnen Moleküle zustande. Kurzfristig treten dadurch elektrische Teilladungen auf, sodass sich die Moleküle anziehen.

Siedetemperaturen. Größere Moleküle haben untereinander größere Berührungsflächen als kleine Moleküle, die Van-der-Waals-Bindungen sind daher bei ihnen besonders fest. Das erklärt, warum die Siedetemperatur mit der Kettenlänge der Alkan-Moleküle ansteigt: Alkane mit bis zu vier C-Atomen sind bei Raumtemperatur gasförmig, Alkane mit 5 bis 17 C-Atomen sind flüssig, Alkane mit 18 und mehr C-Atomen sind fest.

Bei isomeren Alkanen hat meistens der Stoff die niedrigere Siedetemperatur, dessen Moleküle stärker verzweigt sind. Auch hier spielt die Berührungsfläche eine Rolle: Je mehr sich die Gestalt der Moleküle der Kugelform nähern, desto kleiner ist ihre Berührungsfläche und desto schwächer sind die Van-der-Waals-Bindungen.

Löslichkeit. Untereinander sind Alkane in jedem Verhältnis mischbar. Auch Stoffe mit unpolaren oder schwach polaren Molekülen wie Iod oder Fett lösen sich gut in Alkanen. Solche Stoffe bezeichnet man daher als *lipophil* (fettliebend). Bei lipophilen Stoffen bilden sich zwischen den Molekülen Van-der-Waals-Bindungen aus. Dagegen sind Alkane mit Wasser nicht mischbar, Alkane sind *hydrophob* (wasserabstoßend).

Hydrophile Stoffe wie Zucker und Ionenverbindungen wie Kochsalz sind in Alkanen unlöslich, denn Van-der-Waals-Bindungen sind zu schwach, um den Kristallverband aufzulösen. Zucker und Kochsalz lösen sich dagegen leicht in Wasser. Es gilt die Regel: *Ein Stoff löst sich besonders gut, wenn seine Teilchen eine ähnliche Polarität aufweisen, wie die Moleküle des Lösemittels.*

Zwischen Alkan-Molekülen liegen Van-der-Waals-Bindungen vor. Die Schmelz- und Siedetemperaturen der Alkane steigen mit zunehmender Kettenlänge.

1 Beschreibe und erkläre den in Abb. 1 dargestellten Verlauf der Siedetemperaturen der *n*-Alkane.

2 a) Zeichne die Strukturformeln von 2-Methylpentan und 2,2-Dimethylbutan.
b) Begründe die unterschiedlichen Siedetemperaturen.

3 Erläutere, warum sich Brom gut in Heptan löst, Kaliumbromid dagegen nicht.

4 Vergleiche am Beispiel des *n*-Heptans die intramolekularen und die zwischenmolekularen Bindungen.

5 a) Erläutere den Unterschied zwischen Van-der-Waals-Bindungen und Wasserstoffbrückenbindungen.
b) Stelle eine begründete Hypothese auf, warum Heptan und Wasser nicht mischbar sind.

Van-der-Waals-Bindungen

Versuch 1: Molekülmodelle von *n*-Pentan und 2,2-Dimethylpropan

Materialien: Modellbaukästen (Kugel-Stab-Modell, Kalottenmodell), Kleber;
Material für ein Molekülmodell: 12 weiße Kugeln (H-Atome) und 5 schwarze Kugeln (C-Atome) aus Styropor oder Schaumstoff, 16 Holzstäbchen (Zahnstocher, Länge: Durchmesser der Kugeln).

Durchführung:
Hinweise: Die Holzstäbchen bilden die C–C- und C–H-Bindungen; sie werden mit etwas Kleber in die Kugeln gesteckt. Beachte dabei die Bindungswinkel von etwa 109°. Verwende die Modelle für Versuch 2.

1. CH_3-Gruppen: Stecke in zwei schwarze Kugeln jeweils vier Holzstäbchen in tetraedrischer Anordnung. Stecke jeweils drei weiße Kugeln auf.
2. CH_2-Gruppen: Stecke in zwei schwarze Kugeln jeweils drei Holzstäbchen und in eine schwarze Kugel zwei Holzstäbchen (109°). Stecke jeweils zwei weiße Kugeln auf.
3. Verbinde die Bauteile nach dem Aushärten des Klebstoffs zum Modell eines Pentan-Moleküls.
4. Baue entsprechend ein Modell eines 2,2-Dimethylpropan-Moleküls.
5. Fertige von beiden Molekülen jeweils ein Kugel-Stab-Modell und ein Kalottenmodell an und vergleiche mit den selbstgebauten Modellen.

Versuch 2: Berührungsflächen bei Isomeren

Materialien: Modelle aus Versuch 1; Abtönfarbe.

Durchführung:
Hinweis: Führt den Versuch zu zweit durch.

1. Haltet zwei *n*-Pentanmodelle so aneinander, dass sich möglichst viele H-Atome berühren.
2. Markiert alle H-Atome, die sich berühren, mit einem Filzschreiber.
3. Malt an beiden Modellen die markierten H-Atome mit Abtönfarbe an.
4. Wiederholt den Versuch mit zwei Modellen des 2,2-Dimethylpropan-Moleküls.

Aufgaben:
a) Zählt die H-Atome an den Modellen der beiden Isomeren und vergleicht die Ergebnisse.
b) Stellt einen Zusammenhang her zwischen der Anzahl der sich jeweils berührenden H-Atome mit der Festigkeit der Van-der-Waals-Bindungen zwischen den Molekülen und den Siedetemperaturen der beiden isomeren Pentane.
c) Vergleicht die Ergebnisse mit denen der anderen Gruppen.

Versuch 3: Siedediagramm von Benzin

Materialien: Heizpilz, Destillationsbrücke mit Kolonne und Rundkolben (100 ml und 50 ml), digitales Messwerterfassungssystem mit Thermosensor, Siedesteinchen;
Benzin (Siedebereich 50 bis 70 °C; **2, 7, 8, 9**).

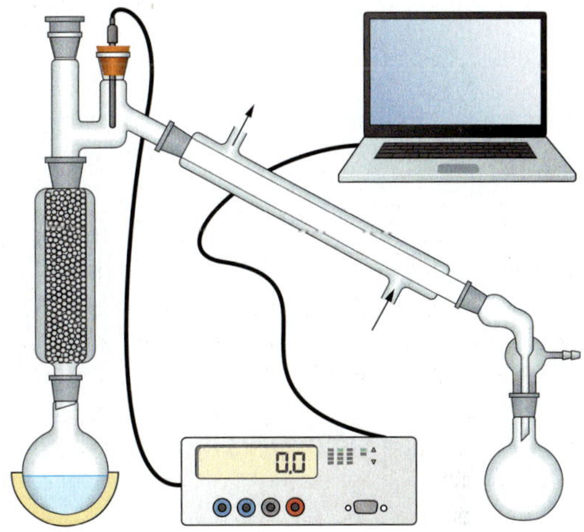

Durchführung:
1. Fülle etwa 50 ml Benzin in den 100-ml-Rundkolben, gib drei Siedesteinchen hinzu und baue die Apparatur nach der Abbildung zusammen.
2. Starte das Messwerterfassungssystem.
3. Regle das Kühlwasser und schalte den Heizpilz auf mittlere Heizleistung.
4. Vermindere die Heizleistung nach Beginn des Siedens und beende die Destillation, wenn die Siedesteinchen nur noch knapp bedeckt sind.
5. Sammle das Benzin zur Wiederverwendung.

Aufgaben:
a) Drucke das Siedediagramm aus.
b) Erläutere den Verlauf des Siedediagramms.

15.6 Reaktionen der Alkane

1 *Gasexplosion – ein schwerer Schadensfall*

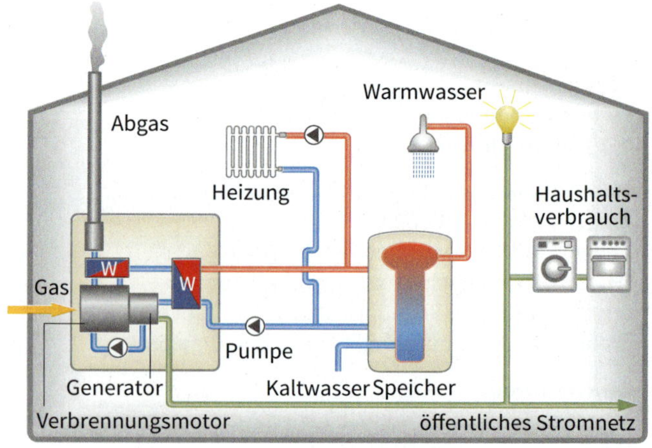

2 *Mini-Blockheizkraftwerk. W = Wärmetauscher*

Gesättigte Kohlenwasserstoffe sind reaktionsträge. Früher bezeichnete man die Alkane deshalb als *Paraffine* (lat. *parum affinis*: wenig zugeneigt). So wird das sehr reaktive Metall Natrium zum Schutz vor Reaktionen an der Luft in Paraffinöl, einem Gemisch flüssiger Alkane, aufbewahrt. Auch andere reaktionsfähige Stoffe wie Salzsäure, Schwefelsäure, Natronlauge oder Kaliumpermanganat reagieren nicht mit Alkanen.

Verbrennung von Alkanen. Andererseits können Alkane jedoch auch äußerst heftig reagieren: Öltanker geraten in Brand, Häuser werden durch Erdgasexplosionen zerstört (Abb. 1) und in Kohlebergwerken lösen Methan-Sauerstoff-Gemische immer wieder Schlagwetterexplosionen aus. Bei solchen **Verbrennungen** reagieren Alkane mit Sauerstoff. Als Verbrennungsprodukte entstehen *Kohlenstoffdioxid* und *Wasserdampf*. Für Heptan ergibt sich als Reaktionsgleichung:

$$C_7H_{16}(l) + 11\ O_2(g) \rightarrow 7\ CO_2(g) + 8\ H_2O(g); \quad \text{exotherm}$$

Wie bei einer Kerze muss auch bei anderen Verbrennungen zunächst die nötige *Aktivierungsenergie* aufgebracht werden, damit die Reaktion in Gang kommt. Ist die Verbrennungsreaktion einmal gestartet, liefert sie so viel Energie, dass sie von alleine weiterläuft. Bei Methan ist eine *Zündtemperatur* von etwa 600 °C erforderlich. Die Zündtemperatur von Benzin hängt von der Oktanzahl ab; im Mittel liegt sie bei 300 °C, die Zündtemperatur von Diesel liegt bei 250 °C.

Alkan-Luft-Gemische können so heftig reagieren, dass es zu Explosionen kommt. Allerdings sind Alkan-Luft-Gemische nur innerhalb bestimmter *Zündgrenzen* brennbar oder explosiv. Bei Methan muss der Volumenanteil 5 % überschreiten, damit sich ein zündfähiges Gemisch ergibt. Andererseits darf aber der Volumenanteil 16 % nicht übersteigen, weil sonst zu wenig Sauerstoff für die Verbrennung vorliegt.

Die Verbrennung von Alkanen liefert mit Kohlenstoffdioxid und Wasser Produkte, die für die chemische Industrie ohne Wert sind. Allerdings ist die *Verbrennungsenergie* sehr groß: Für 1 mol Hexadecan beträgt die Verbrennungsenergie etwa 10 000 kJ. Ungesättigte Kohlenwasserstoffe haben ebenfalls eine hohe Verbrennungsenergie. Aus diesem Grund nutzt man die Verbrennung von Kohlenwasserstoffen zum Heizen, zum Antrieb von Motoren und zur Stromerzeugung.

Für Mehrfamilienhäuser werden lokale *Blockheizkraftwerke* angeboten. Elektrizität wird direkt vor Ort erzeugt, die anfallende Abwärme wird zum Heizen und für die Warmwasserversorgung genutzt. Durch diese *Kraft-Wärme-Kopplung* sind Blockheizkraftwerke besonders sparsam und umweltschonend (Abb. 2). Nicht gebrauchter elektrischer Strom wird gegen Vergütung ins öffentliche Stromnetz eingespeist.

Unvollständige Verbrennung von Alkanen. Lässt man einen Automotor in einem geschlossenen Raum laufen, so nimmt der Sauerstoffgehalt ab und die Verbrennung ist nicht mehr vollständig. Neben Kohlenstoffdioxid entsteht dann auch das giftige *Kohlenstoffmonooxid* (CO).

Kohlenstoffmonooxid ist ein wertvoller Grundstoff für Synthesen und wird vielseitig eingesetzt. In Gegenwart eines speziellen Katalysators reagiert Methan mit Sauerstoff zu Kohlenstoffmonooxid:

$$2\ CH_4(g) + 3\ O_2(g) \xrightarrow{\text{Kat.}} 2\ CO(g) + 4\ H_2O(g); \quad \text{exotherm}$$

Verringert man den Sauerstoffanteil bei der Verbrennung von Methan weiter, so entsteht nahezu reiner Kohlenstoff in Form von *Ruß:*

$$CH_4(g) + O_2(g) \rightarrow C(s) + 2\ H_2O(g); \quad \text{exotherm}$$

Was bei einer Kerze unerwünscht ist, bringt in der chemischen Industrie Gewinn: Ruß ist ein wesentlicher Bestandteil von Autoreifen.

3 *Reaktion von Heptan mit Brom*

Reaktion mit Halogenen. Auch die ansonsten sehr reaktionsfähigen Halogene Chlor und Brom reagieren nicht spontan mit Alkanen: Ein Gemisch von Brom und Heptan entfärbt sich erst, wenn man es belichtet (Abb. 3). Dabei entsteht ein farbloses Gas, das mit feuchter Luft Nebel bildet. Feuchtes Universalindikatorpapier färbt sich rot, die wässrige Lösung des Gases reagiert also sauer. Mit Silbernitratlösung erhält man eine hellgelbe Fällung von Silberbromid. Bei dem gasförmigen Reaktionsprodukt handelt es sich also um Bromwasserstoff. Außerdem entsteht Bromheptan:

$$C_7H_{16}(l) + Br_2(g) \xrightarrow{\text{Licht}} C_7H_{15}Br(l) + HBr(g); \text{ exotherm}$$

Bei dieser Reaktion wird ein Wasserstoff-Atom des Heptan-Moleküls durch ein Brom-Atom ersetzt. Eine solche Reaktion wird daher als **Substitutionsreaktion** bezeichnet (lat. *substituere*: ersetzen). Die Reaktion verläuft über reaktionsfähige Teilchen mit ungepaarten Elektronen; solche Teilchen bezeichnet man als *Radikale*.

Chlor reagiert mit Alkanen ähnlich wie Brom. Die Produkte bezeichnet man allgemein als **Halogenalkane**. Bei der Reaktion von Alkanen mit Halogenen entstehen verschiedene Substitutionsprodukte, denn die Wasserstoff-Atome können in unterschiedlicher Stellung und in unterschiedlicher Anzahl durch Halogen-Atome ersetzt werden. Den Austausch von zwei Wasserstoff-Atomen bezeichnet dementsprechend als Disubstitution.

Halogenverbindungen lassen sich durch die *Beilstein-Probe* nachweisen: Gibt man eine Halogenverbindung auf ein Kupferblech und hält es in die Brennerflamme, so färbt sich die Flamme grün.

Bei der **Benennung der Halogenalkane** werden die Nummern der C-Atome, an die Halogen-Atome gebunden sind, und die Halogen-Atome selbst dem Stammnamen vorangestellt.

Beispiele: 3-Bromheptan; 1,2-Dichlorethan

Alkane sind reaktionsträge, sie verbrennen jedoch mit Sauerstoff. Mit Halogenen gehen Alkane Substitutionsreaktionen ein. Bei einer Substitution wird in einem Molekül ein Atom durch ein anderes Atom ersetzt.

1 Erläutere den Begriff *Paraffin.*

2 Formuliere für die folgende Reaktionen von Pentan Reaktionsgleichungen mit Strukturformeln:
a) Verbrennung,
b) Disubstitution mit Chlor.

3 Bei der Bromierung von *n*-Heptan entstehen verschiedene Substitutionsprodukte. Gib die Strukturformeln und die Namen von zwei Monobromheptanen und zwei Dibromheptanen an.

4 Gib jeweils ein Beispiel für Dibromheptan, Tribromheptan, Tetrabromheptan und Pentabromheptan mit Strukturformel und vollständigem Namen an.

5 Ein Liter Heptan wird verbrannt. Berechne, wie groß das erforderliche Volumen an Luft bei 20 °C ist. ($\varrho(\text{Heptan}) = 0{,}68\,\frac{g}{ml}$; $V_m = 24\,\frac{l}{mol}$).

6 Erdgas ist geruchlos. Recherchiere, welcher Stoff dem Erdgas zugesetzt wird, damit man vor ausströmendem Gas gewarnt wird.

7 Als Autokraftstoffe stehen Diesel und Benzin in Konkurrenz zueinander. Der Kraftstoffverbrauch ist ein wichtiges Kriterium beim Kauf eines Autos. Er hängt unter anderem von der Verbrennungsenergie des Kraftstoffs ab. Da man Kraftstoffe in Litern kauft, die Verbrennungsenergie in der Chemie aber pro Mol angegeben wird, müssen die Werte auf Liter umgerechnet werden. Bei dieser Aufgabe wird Benzin durch Heptan und Diesel durch Hexadecan repräsentiert.

	Heptan	Hexadecan
Verbrennungsenergie	$4500\,\frac{kJ}{mol}$	$10\,000\,\frac{kJ}{mol}$
Dichte	$0{,}68\,\frac{g}{ml}$	$0{,}77\,\frac{g}{ml}$

a) Stelle die Reaktionsgleichungen für die Verbrennung von Heptan und Hexadecan auf.
b) Berechne mithilfe der molaren Massen und der Dichten die Verbrennungsenergien in den Einheiten $\frac{kJ}{kg}$ und $\frac{kJ}{l}$.
c) Ermittle die derzeitigen Kraftstoffpreise für Benzin und Dieselkraftstoff.
d) Nimm Stellung zu der Frage, ob die derzeitigen Preisunterschiede für Benzin und Diesel angemessen sind.

Exkurs Die radikalische Substitution

Hinter den Reaktionsgleichungen für Reaktionen in der organischen Chemie verbirgt sich oftmals ein komplizierter Reaktionsablauf. Die modellhafte Darstellung einer Reaktion in verschiedenen Teilschritten bezeichnet man als **Reaktionsmechanismus.** Bei der Substitutionsreaktion von Alkanen mit Halogenen treten als Zwischenstufen **Radikale** auf, reaktive Teilchen mit ungepaarten Elektronen. Man spricht deshalb vom *Mechanismus der radikalischen Substitution.* Dabei kann man zwischen folgenden Teilschritten unterscheiden: *Startreaktion, Kettenreaktionen* und *Abbruchreaktionen.*

1. Startreaktion: Chlor-Moleküle werden durch Licht in Chlor-Atome gespalten. Der Punkt in der Formel der Chlor-Atome steht für das ungepaarte Elektron dieser Radikale.

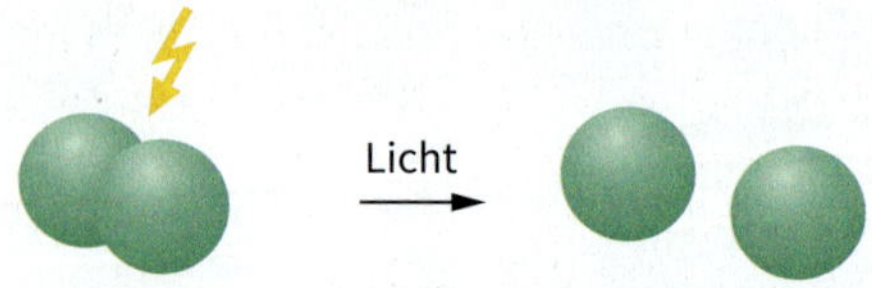

$$|\overline{Cl}-\overline{Cl}| \xrightarrow{\text{Licht}} |\overline{Cl}\cdot + \cdot\overline{Cl}|$$

Chlor → Chlor-Radikale

2. Kettenreaktionen: Chlor-Radikale entreißen Methan-Molekülen Wasserstoff-Atome. Es entstehen Chlorwasserstoff-Moleküle und reaktionsfähige Methyl-Radikale.

$$CH_4 + \cdot\overline{Cl}| \longrightarrow \cdot CH_3 + H-\overline{Cl}|$$

Methan, Chlor-Radikal → Methyl-Radikal, Chlorwasserstoff

Die Methyl-Radikale reagieren mit Chlor-Molekülen unter Bildung von Monochlormethan-Molekülen. Gleichzeitig werden neue reaktionsfähige Chlor-Radikale gebildet.

Solche Reaktionsfolgen werden als *Radikalkettenreaktionen* bezeichnet, weil bei jedem Teilschritt ein Radikal reagiert und ein neues Radikal entsteht, das dann die Reaktionskette fortsetzt.

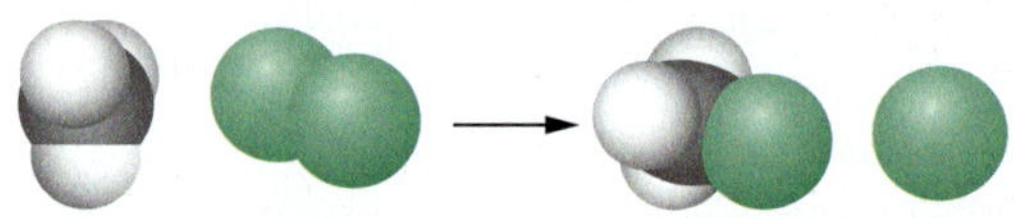

$$\cdot CH_3 + |\overline{Cl}-\overline{Cl}| \longrightarrow |\overline{Cl}-CH_3 + \cdot\overline{Cl}|$$

Methyl-Radikal, Chlor → Monochlormethan, Chlor-Radikal

3. Abbruchreaktionen: Stoßen zwei Radikale zusammen, so können die beiden ungepaarten Elektronen eine Elektronenpaarbindung bilden. Es entsteht ein Molekül, das nicht mehr weiterreagiert. Die Radikalkettenreaktion wird abgebrochen.

$$|\overline{Cl}\cdot + \cdot\overline{Cl}| \longrightarrow |\overline{Cl}-\overline{Cl}|$$ Chlor

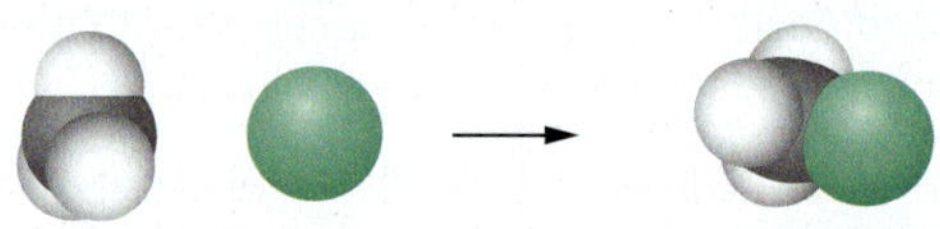

$$|\overline{Cl}\cdot + \cdot CH_3 \longrightarrow |\overline{Cl}-CH_3$$ Monochlormethan

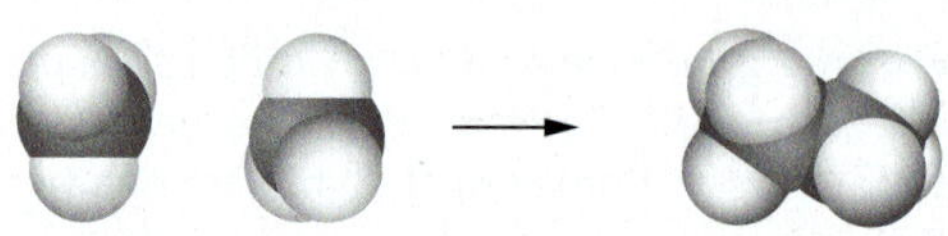

$$H_3C\cdot + \cdot CH_3 \longrightarrow CH_3-CH_3$$ Ethan

1 Methan brennt in Chlor. Es läuft eine Substitutionsreaktion ab. Bei einem Überschuss an Chlor werden alle Wasserstoff-Atome der Methan-Moleküle nacheinander durch Chlor-Atome ersetzt. Formuliere die entsprechenden Reaktionsgleichungen und benenne die Produkte.

Praktikum Gesättigte Kohlenwasserstoffe

Versuch 1:
Qualitative Analyse von Heptan

2 7 8 9

Materialien: Trichter, Glasrohre, Schlauchverbindungen, U-Rohr mit zwei durchbohrten Stopfen, Waschflasche, Wasserstrahlpumpe, Eiswasserbad, Tropfpipette, Porzellanschale, Dreifuß mit Keramikfasernetz, Gasbrenner;
Kalkwasser, Heptan (**2, 7, 8, 9**).

Durchführung:
1. Baue die Apparatur wie in Kap. 15.1, Abb. 1. auf.
2. Ziehe mithilfe der Wasserstrahlpumpe eine Minute lang Luft durch die Apparatur.
3. Gib einige Tropfen Heptan in die Porzellanschale und stelle die Porzellanschale auf den Dreifuß.
4. Entzünde das Heptan und sauge die Verbrennungsgase durch die Apparatur.

Aufgaben:
a) Notiere deine Beobachtungen und deute sie.
b) Begründe Schritt 2.
c) Formuliere für die Verbrennung und die Reaktion mit Kalkwasser Reaktionsgleichungen.

Versuch 2:
Untersuchung flüssiger Alkane

2 7 8 9 3

Materialien: Tropfpipetten, Stopfen, Stoppuhr, 2 Bechergläser (50 ml), 2 Messpipetten (10 ml) mit Pipettierhilfe;
Heptan (**2, 7, 8, 9, B3**), Dodecan (**8, B3**),
Proben: Speisefett, Kerzenwachs, Natriumchlorid, Iod (**7, 9**), Sudanblau II, Methylenblau (**7**).

Durchführung:
Alkane als Lösemittel
1. Gib in sechs Reagenzgläser jeweils eine Spatelspitze der Proben der zu lösenden Stoffe und füge 2 ml Heptan zu.
2. Verschließe die Reagenzgläser und schüttle gut.
3. Gib zu den gefärbten Lösungen etwa gleich viel Wasser und schüttle erneut.

Viskositätsvergleich flüssiger Alkane
4. Ziehe Heptan mit der Pipettierhilfe bis zur Nullmarke der Pipette auf.
5. Starte den Auslauf, indem du die Pipettierhilfe abziehst. Miss die Zeit, bis der Auslauf beendet ist.
6. Wiederhole den Versuch mit Dodecan.

Aufgaben:
a) Gib an, welche Stoffe sich in Heptan lösen.
b) Erläutere, warum sich Natriumchlorid und Iod so stark in ihrer Löslichkeit in Heptan und Wasser unterscheiden.
c) Begründe die unterschiedlichen Auslaufzeiten.

Versuch 3:
Entflammbarkeit von Alkanen

2 7 8 9

Materialien: Tropfpipetten, 3 kleine Porzellantiegel, Tiegelzange, Holzspan, Becherglas (400 ml), Wasserkocher;
Heptan (**2, 7, 8, 9**), Petroleum (**2, 7, 8, 9**), Paraffinöl.

Durchführung:
1. Gib jeweils etwa 2 ml der Flüssigkeit in einen Porzellantiegel. Versuche, die Flüssigkeit mit einem brennenden Holzspan zu entzünden.
2. Die Tiegel mit den Stoffen, die sich bei Zimmertemperatur nicht entzünden lassen, werden erwärmt, indem man sie mit der Tiegelzange in ein Becherglas mit heißem Wasser hält. Versuche dann erneut, die Flüssigkeit zu entzünden.

Aufgabe:
Notiere deine Beobachtungen.

Flammpunkt:		
Niedrigste Temperatur, bei der sich	Propan	−40 °C
über einem Stoff ein zündfähiges	Benzin	−20 °C
Dampf-Luft-Gemisch bilden kann.	Diesel	> 55 °C
	Ethanol	13 °C
Zündtemperatur:	Methan	600 °C
Mindesttemperatur, auf die ein Stoff	Propan	470 °C
oder eine Kontaktoberfläche erhitzt	Benzin	~300 °C
werden muss, damit sich der Stoff an	Diesel	~250 °C
der Luft von selbst entzündet.	Ethanol	425 °C
Zündgrenzen (Volumenanteil in %)	Methan	5–16
Volumenanteil eines Gases in einem	Propan	1,5–9,5
Gemisch mit Luft, bei dem eine Zün-	Benzin	0,6–7,8
dung möglich ist.	Diesel	0,6–6,5

15.7 Organische Halogenverbindungen – Segen und Fluch

Keine Stoffklasse der organischen Chemie ist in den letzten Jahrzehnten so in den Verruf geraten wie die Halo-genkohlenwasserstoffe. Lange galten sie als ungefährlich. Doch seit 1970 wurde erkannt, dass viele organische Halogenverbindungen neben nützlichen Eigenschaften ein hohes Gefahrenpotential besitzen.

Eigenschaften und Verwendung. Je nach Anordnung der Atome sind Halogenkohlenwasserstoff-Moleküle schwach polar. Halogenkohlenwasserstoffe haben deshalb höhere Schmelztemperaturen und Siedetemperaturen als Kohlenwasserstoffe. So siedet Methan bei −162 °C, *Chlormethan* bei −24 °C. Aufgrund ihrer Eigenschaften ergeben sich für die Halogenkohlenwasserstoffe viele Einsatzmöglichkeiten in Haushalt, Technik und Industrie: Halogenkohlenwasserstoffe sind hervorragende Lösemittel für lipophile Stoffe. Besondere Bedeutung hat *Tetrachlorethen* (Per). Es wird als Lösemittel in chemischen Reinigungen genutzt. *Chlorethan* dient in der Sportmedizin als Kältespray bei Prellungen. *Bromfluorkohlenwasserstoffe* werden in der Luftfahrt als Feuerlöschmittel verwendet. *Halothan* (2-Brom-2-chlor-1,1,1-trifluorethan) wurde lange Zeit als Narkosemittel eingesetzt. Wegen möglicher Nebenwirkungen wird es nur noch in der Tiermedizin verwendet.

Fensterrahmen und Fußbodenbeläge werden aus dem Kunststoff *Polyvinylchlorid* (PVC) hergestellt. Ausgangsstoff ist Chlorethen. Die Verarbeitung erfolgt unter besonderen Vorsichtsmaßnahmen, denn Chlorethen ist krebserregend. Pfannen und Töpfe sind mit *Polytetrafluorethen* (Teflon®) beschichtet. Die Antihafteigenschaft und seine Widerstandsfähigkeit gegen aggressive Chemikalien machen diesen Kunststoff sehr wertvoll.

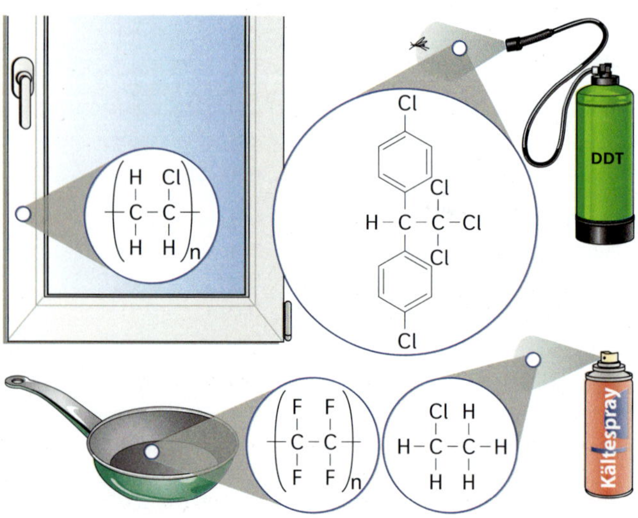

1 ***Halogenkohlenwasserstoffe werden vielseitig verwendet***

Giftwirkungen. Einige Halogenalkane sind krebserregend oder stehen im Verdacht, Krebs auszulösen. Viele eigentlich reaktionsträge Halogenkohlenwasserstoffe wirken akut nicht toxisch, führen aber oft zu chronischen Vergiftungen. Sie können als Nervengifte wirken und schwere Organschäden an Leber und Niere verursachen. Die Anwendung von Halogenkohlenwasserstoffen als Lösemittel wurde daher stark eingeschränkt.

Unter den Pflanzenschutzmitteln ist DDT (Dichlordiphenyltrichlorethan) besonders bekannt. DDT war seit 1942 lange Zeit das am meisten verwendete Insektizid weltweit. Zunächst wurde DDT mit großem Erfolg gegen Schädlinge in der Landwirtschaft und als Mittel gegen Läuse eingesetzt. In den 1950er Jahren wurden dann erste schädigende Wirkungen auf Vögel bekannt. Inzwischen ist DDT vor allem wegen seiner hormonähnlichen Wirkung umstritten. Zudem besteht der Verdacht, dass DDT Krebs auslösen kann. In den meisten westlichen Industrieländern ist der Einsatz von DDT daher seit den 1970er Jahren verboten.

Die Wirkung von DDT auf Tier und Mensch wurde offensichtlich, als man feststellte, dass der Weißkopfseeadler – das amerikanische Wappentier – vom Aussterben bedroht war. In Fettproben der Adler wurden größere Konzentrationen an DDT festgestellt. Die Schalen der Adlereier wurden zu dünn, die Embryonen missgebildet, die Weibchen unfruchtbar. Die Verbreitung des Schadstoffs ist relativ leicht nachvollziehbar: Mit dem Regen kommt DDT über die Flüsse ins Meer und wird von Fischen aufgenommen. Aufgrund seiner chemischen Stabilität und der guten Fettlöslichkeit reichert sich DDT im Fettgewebe der Fische an. Am Ende der Nahrungskette stehen der Mensch und Tiere, die mit DDT belastete Fische verzehren. Die Hauptmenge des aufgenommenen DDTs wird wiederum im Fettgewebe abgelagert. Trotz der Anwendungsverbote lässt sich DDT inzwischen selbst im Körper von Eskimos nachweisen, obwohl DDT in der Arktis nie eingesetzt wurde.

Auch gegen Stechmücken war DDT lange Zeit das Mittel der Wahl; teilweise wird es heute noch eingesetzt. In Indien sank die Zahl der mit Malaria infizierten Menschen durch die Anwendung von DDT ab 1952 innerhalb von zehn Jahren von 100 Millionen auf 50 000. Jährlich sterben aber weltweit immer noch mehr als eine Million Menschen an Malaria, davon etwa 90 % allein in Afrika und zwar überwiegend Kinder. Malaria wird durch Parasiten verursacht, die durch die Stiche infizierter Anophelesmücken übertragen werden.

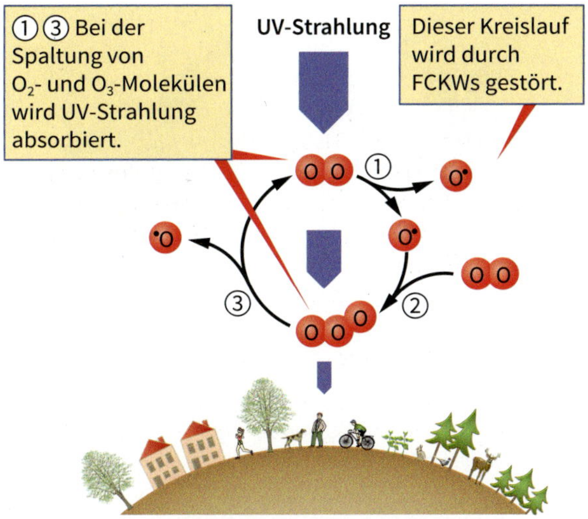

2 *Natürlicher Ozonkreislauf*

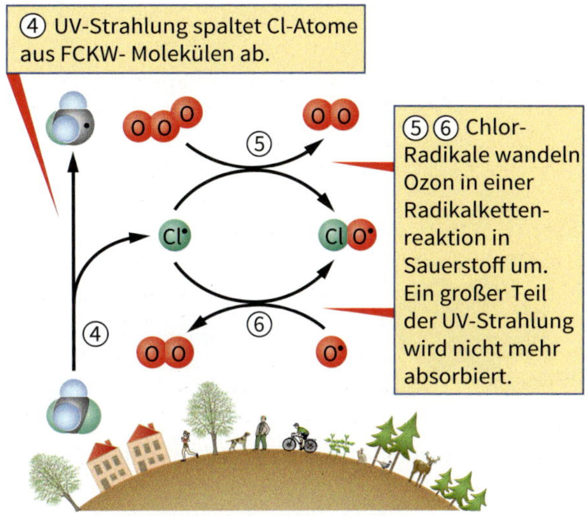

3 *Abbau von Ozon durch FCKWs*

Schädigung der Ozonschicht. In der Stratosphäre kommt in 20 bis 30 Kilometer Höhe eine besondere Form des Sauerstoffs vor, das Gas **Ozon (O_3)**. Diesen Bereich der Stratosphäre nennt man deshalb auch *Ozonschicht.* O_3-Moleküle entstehen durch Einwirkung energiereicher UV-Strahlung der Sonne auf O_2-Moleküle. In Abb. 2 sind die Vorgänge in der Ozonschicht dargestellt: Im ersten Schritt werden Sauerstoff-Moleküle durch UV-Strahlung in Sauerstoff-Atome gespalten ①. O-Atome haben zwei ungepaarte Elektronen – Teilchen mit ungepaarten Elektronen sind sehr reaktionsfähig, es sind *Radikale.* Mit O_2-Molekülen reagieren die Sauerstoff-Radikale zu Ozon ②. Ozon-Moleküle werden ebenfalls durch UV-Strahlung gespalten ③. Sowohl bei der Spaltung der O_2-Moleküle als auch bei der Spaltung der O_3-Moleküle wird UV-Strahlung absorbiert. Dadurch schützt uns die Ozonschicht vor der gefährlichen UV-Strahlung. Eine Zerstörung der Ozonschicht verursacht Augenerkrankungen und erhöht die Hautkrebsrate.

In den letzten Jahrzehnten wurde die Ozonschicht durch Eingriffe des Menschen stark geschädigt. Ursache sind Halogenkohlenwasserstoffe, die unter dem Kurznamen FCKW *(Fluorchlorkohlenwasserstoffe)* bekannt sind. FCKWs wurden seit den 1950er Jahren verstärkt als Kältemittel und Treibgase verwendet. FCKWs sind chemisch sehr reaktionsträge und ungiftig. Gerade weil sie so stabil sind, wurden sie zum Ozonkiller: Einmal freigesetzt gelangen sie im Laufe von Jahren bis in 30 Kilometer Höhe und greifen dort in den Kreislauf der Bildung und Spaltung von Ozon-Molekülen ein: Durch UV-Strahlung werden zunächst Chlor-Atome abgespalten (Abb. 3, *Beispiel:* Dichlordifluormethan ④). Chlor-Atome haben ein ungepaartes Elektron; jedes dieser Cl-Radikale kann dann in einer Kettenreaktion mit O_3-Molekülen reagieren und bis zu 10 000 Moleküle abbauen ⑤, ⑥. Dadurch entsteht in der Ozonschicht ein Bereich mit verminderter Konzentration. Dies bezeichnet man auch als *Ozonloch.*

Schon 1974 warnten amerikanische Chemiker vor einem möglichen Abbau von Ozon durch FCKWs. Jahrelang wurden jedoch die Warnungen in Zweifel gezogen. Erst 1987 beschlossen Politiker im *Montrealer Protokoll* weltweit Beschränkungen bei der Produktion von FCKWs. Doch auch das hilft erst langfristig: Es dauert bis zu 20 Jahre, bis FCKW-Moleküle vom Boden bis in die Stratosphäre gelangen und dort Ozon-Moleküle abbauen. Inzwischen trägt das FCKW-Verbot erste Früchte: Das Ozonloch über der Antarktis ist bereits kleiner geworden.

Einige Halogenkohlenwasserstoffe werden im Haushalt und in der Technik verwendet. Andere Halogenkohlenwasserstoffe gefährden Mensch und Umwelt – durch Verbote und Schutzmaßnahmen wurden die Gefahren gemindert.

1 Zeichne Strukturformeln für das Chlorethan-Molekül und das Tetrachlorethen-Molekül. Begründe, warum sich die Moleküle in ihrer Polarität unterscheiden.

2 a) Überlege dir, auf welchem Wege DDT in die Körper der Eskimos gelangen konnte.
b) Erläutere, warum DDT in besonderen Fällen immer noch eingesetzt wird.

3 a) Benenne die Verbindung CF_2Cl_2 nach IUPAC.
b) Die Bezeichnung FCKW hat sich eingebürgert. Erkläre, warum diese Benennung nach IUPAC falsch ist.

15.8 Alkene und Alkine

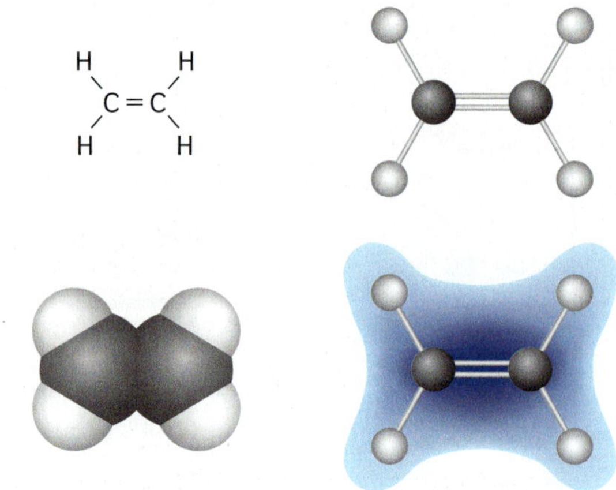

1 *Das Ethen-Molekül – Struktur und Elektronendichte*

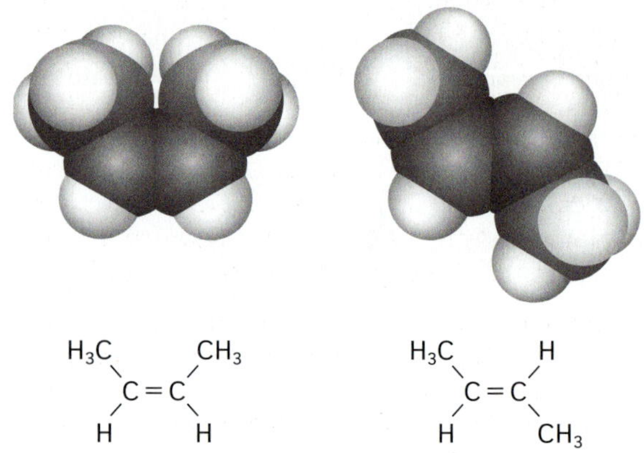

2 *cis-But-2-en und trans-But-2-en*

Erhitzt man langkettige Alkane in Gegenwart eines Katalysators, so entsteht durch **Cracken** ein Produktgemisch aus dünnflüssigen und gasförmigen Kohlenwasserstoffen (engl. to *crack:* zerbrechen). Der Hauptbestandteil des Gasgemisches ist **Ethen,** ein farbloses Gas.

Struktur des Ethen-Moleküls. Die Bestimmung der Molekülformel von Ethen ergibt $\mathbf{C_2H_4}$. An jedes Kohlenstoff-Atom sind zwei Wasserstoff-Atome gebunden. Da Kohlenstoff-Atome immer vier Bindungen eingehen, liegt im Ethen-Molekül eine **C=C-Zweifachbindung** vor (Abb. 1). Ethen ist also ein *ungesättigter Kohlenwasserstoff.* Die Moleküle ungesättigter Kohlenwasserstoffe enthalten mindestens eine C/C-Mehrfachbindung. Die beiden C-Atome sind durch zwei gemeinsame Elektronenpaare verbunden. Zwischen den beiden C-Atomen ist deshalb ein Bereich erhöhter Elektronendichte, wie man an der Elektronendichteverteilung erkennen kann. C=C-Zweifachbindungen sind fester als C–C-Einfachbindungen. Der Abstand der beiden Kohlenstoff-Atome ist daher in der C=C-Zweifachbindung kleiner als in der C–C-Einfachbindung. Sämtliche Atome des Moleküls liegen in einer Ebene, alle Bindungswinkel betragen 120°.

Alkene. Ethen ist das erste Glied der *homologen Reihe der Alkene*. Die Moleküle haben je eine C=C-Zweifachbindung; die allgemeine Formel lautet C_nH_{2n}. Die Namen der Alkene werden gebildet, indem die Endung **-an** des entsprechenden Alkans durch **-en** ersetzt wird. Die Lage der C=C-Zweifachbindung wird durch eine Ziffer vor der Silbe -en angegeben. Alkene unterscheiden sich in ihren physikalischen Eigenschaften kaum von den Alkanen, denn Alken-Moleküle sind wie Alkan-Moleküle unpolar und gehen untereinander Van-der-Waals-Bindungen ein. Die Löslichkeiten sind ähnlich: Bei gleicher Kettenlänge unterscheiden sich die Siedetemperaturen der Alkene und Alkane nur wenig.

Von Buten gibt es zwei *Isomere*, die sich in der Lage der C=C-Zweifachbindung unterscheiden:

$CH_2{=}CH{-}CH_2{-}CH_3$	$CH_3{-}CH{=}CH{-}CH_3$
But-1-en	But-2-en

***cis-trans*-Isomerie.** Im Gegensatz zur C–C-Einfachbindung können die Molekülteile um die C=C-Zweifachbindung nicht gegeneinander gedreht werden. Dadurch ergibt sich eine weitere Art der Isomerie, die *cis-trans-Isomerie:* Beim *cis*-But-2-en liegen die beiden Methyl-Gruppen auf der gleichen Seite der C=C-Zweifachbindung, beim *trans*-But-2-en stehen sie einander gegenüber. *Cis-trans*-Isomere unterscheiden sich aufgrund ihrer Struktur geringfügig in ihren Siedetemperaturen (Abb. 2).

Steckbrief Ethen

 H 220  H 336

Eigenschaften:
- farbloses Gas mit süßlichem Geruch,
- wenig wasserlöslich,
- brennt mit leuchtender und rußender Flamme,
- Dichte: 1,17 $\frac{g}{l}$,
- Schmelztemperatur: –169 °C,
- Siedetemperatur: –104 °C.

Verwendung:
- Ausgangsstoff für Kunststoffe (Polyethen, Polyvinylchlorid, Polystyrol, Polyether),
- Ausgangsstoff für die Synthese von Ethanol,
- Wirkstoff für die schnelle Reifung von Früchten.

Additionsreaktion. Alkene sind wesentlich reaktionsfähiger als Alkane. Dies zeigt sich besonders deutlich bei der *Reaktion mit Brom:* Ein Standzylinder wird mit Ethen gefüllt und mit einer Glasscheibe abgedeckt. Dann setzt man einen mit Bromdampf gefüllten Standzylinder umgekehrt darauf. Sobald man die Glasscheiben entfernt, mischen sich die beiden Gase. Das Gemisch entfärbt sich rasch und an der Glaswand bilden sich farblose Tropfen von 1,2-Dibromethan (Abb. 3).

Bei der Reaktion wird jedes Kohlenstoff-Atom der C=C-Zweifachbindung mit einem Brom-Atom verknüpft. Gleichzeitig bildet sich eine C–C-Einfachbindung aus. Man sagt, Brom wird an die C=C-Zweifachbindung addiert. Solche Reaktionen, bei denen sich zwei Moleküle zu einem vereinigen, heißen *Additionsreaktionen*.

$$\underset{\text{Ethen}}{CH_2{=}CH_2\,(g)} + \underset{\text{Brom}}{Br_2\,(g)} \rightarrow \underset{\text{1,2-Dibromethan}}{CH_2Br{-}CH_2Br\,(l)}; \quad \text{exotherm}$$

Die rasche Entfärbung bei der Reaktion mit Brom dient als *Nachweisreaktion für Alkene.*

Additionsreaktionen bilden die Grundlage für viele Synthesen in der technischen Chemie. Durch die Addition von Wasser an Alkene lassen sich Alkohole herstellen. So reagiert Ethen mit Wasser zu Ethanol:

$$\underset{\text{Ethen}}{CH_2{=}CH_2\,(g)} + \underset{\text{Wasser}}{H_2O\,(g)} \xrightarrow{\text{Katalysator}} \underset{\text{Ethanol}}{CH_3{-}CH_2OH\,(l)}; \quad \text{exotherm}$$

Wird Wasserstoff an Ethen addiert, so bildet sich Ethan. Bei dieser als **Hydrierung** bezeichneten Reaktion entsteht also aus einem ungesättigten Kohlenwasserstoff ein gesättigter Kohlenwasserstoff:

$$\underset{\text{Ethen}}{CH_2{=}CH_2(g)} + H_2\,(g) \xrightarrow{\text{Katalysator}} \underset{\text{Ethan}}{CH_3{-}CH_3(g)}; \quad \text{exotherm}$$

Additionsreaktionen lassen sich durch **Eliminierungsreaktionen** umkehren. So lässt sich aus Ethanol Ethen gewinnen:

$$\underset{\text{Ethanol}}{CH_3{-}CH_2OH\,(g)} \xrightarrow{\text{Katalysator}} \underset{\text{Ethen}}{CH_2{=}CH_2\,(g)} + \underset{\text{Wasser}}{H_2O\,(g)}; \quad \text{endotherm}$$

Ethin. Kohlenwasserstoffe mit *einer* C≡C-Dreifachbindung und der allgemeinen Formel C_nH_{2n-2} bilden die Stoffklasse der *Alkine.* Der einfachste Vertreter dieser homologen Reihe ist *Ethin*, das auch als *Acetylen* bekannt ist.

Die starke Rußentwicklung bei der Acetylenflamme deutet auf einen geringen Wasserstoffanteil im Molekül hin. Die molare Masse von Ethin beträgt 26 $\frac{g}{mol}$. Daraus ergibt sich die *Molekülformel* $\mathbf{C_2H_2}$. Die beiden Kohlenstoff-Atome sind über drei gemeinsame Elektronenpaare miteinander verbunden. Der Abstand zwischen den beiden Kohlenstoff-Atomen in der C≡C-Dreifachbindung ist noch kleiner als in der C=C-Zweifachbindung.

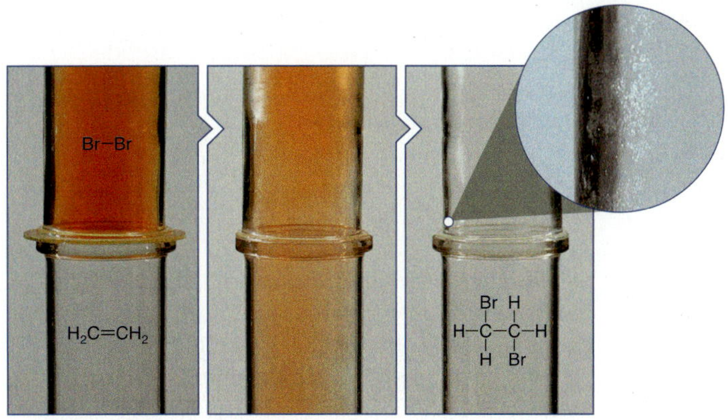

3 ***Reaktion von Ethen mit Brom***

Das Ethin-Molekül ist linear gebaut, die Bindungswinkel betragen also 180°.

H – C ≡ C – H 

Ethin-Luft-Gemische können sehr heftig explodieren. Zündfähig sind alle Gemische, bei denen der Volumenanteil an Ethin zwischen 1,5 und 82 % liegt. In der Technik wird Acetylen als Druckgas zum Schweißen und Schneiden von Stahl verwendet. Dabei wird das Gas im Schweißbrenner mit reinem Sauerstoff verbrannt:

$$2\,C_2H_2\,(g) + 5\,O_2\,(g) \rightarrow 4\,CO_2\,(g) + 2\,H_2O\,(g); \quad \text{exotherm}$$

Die Addition von Wasserstoff an Alkine führt zu Alkenen und zu Alkanen. Auch Halogene und Halogenwasserstoffe können addiert werden.

> Alkene und Alkine sind ungesättigte Kohlenwasserstoffe. Alken-Moleküle enthalten C=C-Zweifachbindungen, Alkin-Moleküle C≡C-Dreifachbindungen. Alkene und Alkine gehen sehr leicht Additionsreaktionen ein.

1 Zeichne die Strukturformeln folgender Moleküle: Propen, Propin, Buta-1,3-dien, But-2-in, Cyclohexen.

2 Zeichne die Strukturformeln der isomeren Pentene und benenne die Verbindungen.

3 Technische Synthesen von Ethin gehen heute von Methan aus: Das wichtigste Verfahren ist die Pyrolyse von Methan. Dabei erhält man Ethin und Wasserstoff. Durch unvollständige Verbrennung von Methan entsteht ebenfalls Ethin. Formuliere für beide Reaktionen Reaktionsgleichungen.

4 Folgende Stoffe werden jeweils an Ethen und Propin addiert: Chlor, Wasser und Chlorwasserstoff. Formuliere Reaktionsgleichungen mit Strukturformeln und benenne die Produkte.

Versuch 1:
Darstellung von Isobuten

Materialien: Heizplatte, Erlenmeyerkolben (400 ml), Stopfen mit Bohrung, Glasrohr (30 cm, ein Ende abgewinkelt), Kolbenprober (100 ml), Messzylinder (50 ml), Tropfpipette, Siedesteinchen; *tert*-Butanol (**2**, **7**), Schwefelsäure (konz., **5**).

Durchführung:
1. Gib 20 ml *tert*-Butanol und zwei Siedesteinchen in den Erlenmeyerkolben. Lass von der Lehrkraft 0,5 ml konzentrierte Schwefelsäure zugeben und setze den Stopfen mit Glasrohr auf.
2. Erhitze das Reaktionsgemisch auf der Heizplatte für ungefähr 2 min zum schwachen Sieden, sodass die siedende Flüssigkeit im oberen Teil des Erlenmeyerkolbens oder spätestens im Glasrohr kondensiert.
3. Schließe den Kolbenprober am freien Ende des Glasrohres an und entnimm bei leichtem Sieden eine Probe des entstehenden Gases (**2**).
   Hinweis: Verwende das gebildete Gas für Versuch 2.

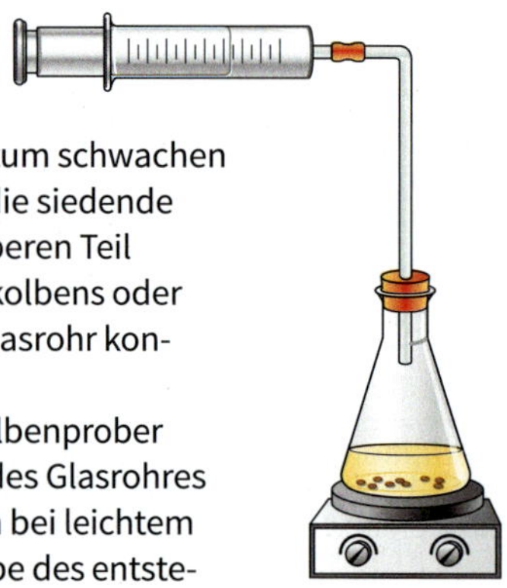

Aufgaben:
a) Notiere deine Beobachtungen.
b) Erkläre, wie nachgewiesen werden kann, dass eine Reaktion stattgefunden hat.
c) Stelle eine Reaktionsgleichung auf.

Versuch 2:
Nachweis von Alkenen mit Brom

Materialien: Tropfpipetten, Stopfen, Einwegspritze (20 ml), Kanüle, Glasrohr mit ausgezogener Spitze; Kolbenprober mit Isobuten aus Versuch 1 (**2**), Oct-1-en (**2**, **7**, **8**, **9**), Bromwasser (gesättigte Lösung, zuvor auf das vierfache Volumen verdünnt (**7**)).

Durchführung:
1. Gib 2 ml Bromwasser in ein kleines Reagenzglas und leite langsam in kleinen Blasen Isobuten ein.
2. Gib einen Tropfen Oct-1-en in ein Reagenzglas und füge einige Tropfen Bromwasser hinzu.
3. Verschließe das Reagenzglas mit dem Stopfen und schüttle kräftig.

Aufgaben:
a) Notiere und erkläre deine Beobachtungen.
b) Stelle Reaktionsgleichungen auf.

Versuch 3:
Reifung von Bananen

Materialien: Kanüle, 3 Gefrierbeutel (1 l) mit Verschlüssen, Klebeband;
4 Bananen (möglichst grün), 1 reife Banane, Einwegspritze, von der Lehrkraft mit 40 ml Ethen gefüllt (**2**, **7**).

Durchführung:
1. Gib in jeden der drei Gefrierbeutel eine unreife Banane und lagere die vierte offen.
2. Gib in einen der drei Beutel die reife Banane hinzu.
3. Verschließe die Gefrierbeutel gasdicht mit den Verschlüssen.
4. Spritze 40 ml Ethen in einen Gefrierbeutel, der nur eine unreife Banane enthält. Verschließe die Einstichstelle schnell mit dem Klebeband. Markiere diesen Beutel.
5. Lagere die drei Gefrierbeutel und die lose Banane unter gleichen Bedingungen bis ein deutlicher Unterschied im Reifungsgrad bemerkbar ist (etwa drei Tage).

Aufgaben:
a) Notiere deine Beobachtungen.
b) Erkläre, warum man aus der Versuchsreihe schließen kann, dass reife Bananen Ethen abgeben.
c) Bananen werden grün geerntet und gekühlt transportiert. Erst im Hafen lässt man die Bananen in einem Gemisch aus Stickstoff und Ethen reifen. Erläutere, warum man nicht reife Bananen erntet und verkauft.

Aromatische Kohlenwasserstoffe

Neben Alkenen und Alkinen gehören als weitere Stoffklasse die **Aromaten** zu den ungesättigten Kohlenwasserstoffen. Die Bezeichnung *aromatisch* geht auf den süßlich-aromatischen Geruch vieler Naturstoffe zurück, die zu den aromatischen Kohlenwasserstoffen gehören.

Benzol. Der einfachste und wichtigste Aromat ist Benzol (C_6H_6). Daneben findet man den Benzol-Rest (C_6H_5–) in vielen weiteren aromatischen Verbindungen. Die Molekülformel C_6H_6 lässt vermuten, dass im Benzol-Molekül C/C-Mehrfachbindungen vorliegen. Der deutsche Chemiker August KEKULÉ schlug daher 1866 eine Sechseckformel mit abwechselnden C–C-Einfachbindungen und C=C-Zweifachbindungen vor. Überraschenderweise reagiert allerdings Benzol im Gegensatz zu Alkenen und Alkinen nur langsam mit Brom.

Strukturuntersuchungen haben ergeben, dass die sechs Kohlenstoff-Atome des Benzol-Moleküls einen ebenen Ring bilden. Alle C/C-Bindungen im Ring sind gleich lang, die Kekulé-Formel kann also nicht zutreffend sein.

Jedes Kohlenstoff-Atom ist durch zwei Einfachbindungen mit den benachbarten Kohlenstoff-Atomen und durch eine Einfachbindung mit einem Wasserstoff-Atom verbunden. An jedem C-Atom ist damit noch ein Außenelektron übrig. Diese sechs Elektronen bilden ein *ringförmiges Elektronensystem*, das die Bindungen zwischen den Kohlenstoff-Atomen verstärkt. Als Strukturformel zeichnet man deshalb oft ein regelmäßiges Sechseck mit Innenkreis.

Das Benzol-Molekül ist infolge der besonderen Bindungsverhältnisse so stabil, dass Brom-Moleküle nicht addiert werden. Erst wenn man dem Gemisch einen Katalysator wie Aluminiumbromid ($AlBr_3$) hinzufügt, bilden sich Brombenzol und Bromwasserstoff. Dabei wird ein H-Atom des Benzol-Moleküls durch ein Brom-Atom ersetzt, es findet also keine Addition statt, sondern eine *Substitution*.

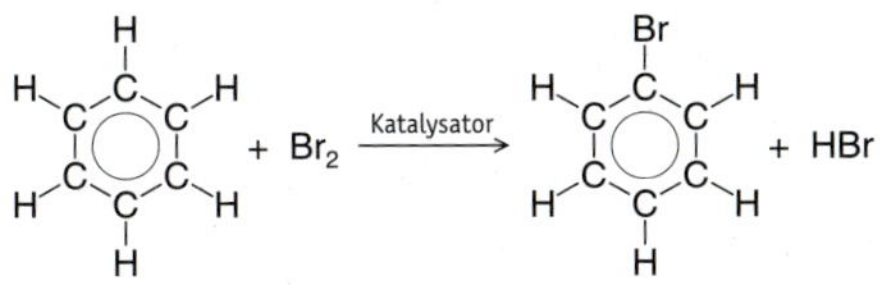

Steckbrief Benzol

H 225 | H 315, H 319 | H 340, H 350, H 372, H 304

Strukturformel:

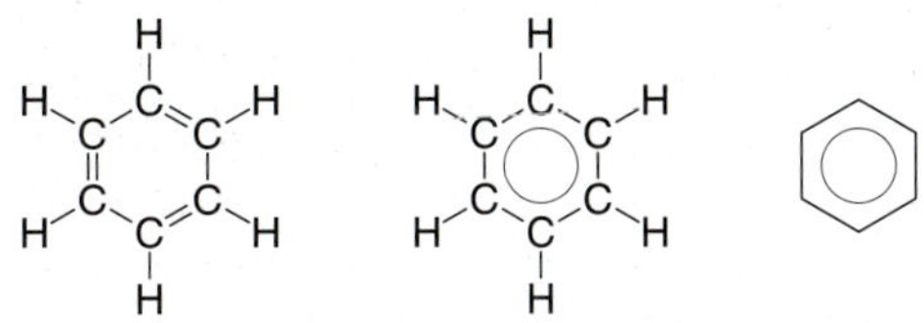

Eigenschaften:
- farblose Flüssigkeit, aromatischer Geruch,
- Dichte: 0,87 $\frac{g}{ml}$,
- Schmelztemperatur: 5,5 °C,
- Siedetemperatur: 80 °C.

Verwendung: Ausgangsstoff für die Herstellung von Textilfasern, Kunststoffen, Farbstoffen, Arzneimitteln, Aromastoffen, Pflanzenschutzmitteln und Sprengstoffen.

Gefahren: Benzol ist brennbar, giftig und Krebs erzeugend. Benzol schädigt Leber, Nieren und Knochenmark; es kann über die Haut aufgenommen werden. Benzoldämpfe verursachen Schwindelgefühl und Übelkeit. Verschlucken von Benzol kann tödlich sein.

Aromat	Formel	Verwendung
Toluol	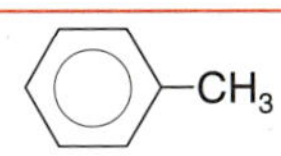	Lösemittel, Ausgangsstoff für Farben und Sprengstoffe (TNT)
Xylol	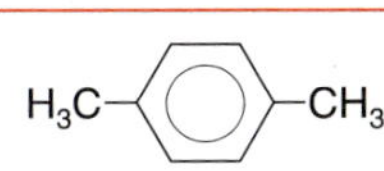	Lösemittel für Lacke und Kunstharze, Ausgangsstoff für Kunststoffe (PET)
Styrol	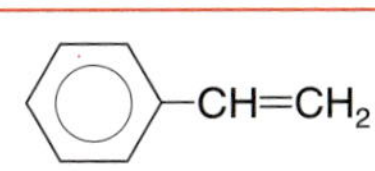	Ausgangsstoff für Polystyrol und Gießharze
Phenol	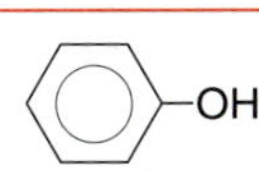	Ausgangsstoff für Kunststoffe: Phenolharze, Epoxidharze, Perlon

15.9 Fossile Brennstoffe

1 *Vom Steinkohlewald der Karbonzeit zur Kohleförderung*

Kohle, Erdöl und Erdgas sind Produkte einer chemischen Umwandlung abgestorbener Lebewesen. Man bezeichnet sie als *fossile Energieträger*. Die Bezeichnung *fossil* ist von dem lateinischen Wort *fossa* für *Graben* abgeleitet, da man versteinerte Abdrücke und Teile von Pflanzen und Tieren aus Urzeiten häufig tief unter der Erdoberfläche findet.

Kohle. Im Karbonzeitalter vor über 300 Millionen Jahren bedeckten tropische Sumpfwälder mit Baumfarnen und Mammutbäumen große Landstriche unserer Erde. Abgestorbene Bäume versanken in dem sumpfigen Untergrund. Durch Wasser und weitere Schichten abgestorbener Bäume vor Luftzutritt geschützt, konnten Mikroorganismen das Pflanzenmaterial nicht zu Kohlenstoffdioxid abbauen. So entstand aus dem Pflanzenresten zunächst *Torf*. Erdbewegungen verlagerten die Torfschichten immer weiter in die Tiefe. Wasser und Wind schichteten in größeren Zeiträumen Sand und Ton darüber und erhöhten so den Druck (Abb. 1).

Die Umwandlung in *Kohle* erfolgte im Laufe mehrerer Millionen Jahre unter hohem Druck und bei hoher Temperatur. Gleichzeitig entwichen flüchtige Bestandteile. Dadurch stieg der Kohlenstoffanteil von 55 % beim Torf auf etwa 70 % bei der Braunkohle und bis auf 85 % bei der Steinkohle. Anthrazit weist sogar einen Kohlenstoffanteil von 92 % auf. Diesen natürlichen Prozess bezeichnet man als *Inkohlung*.

Steinkohle wird heute meist bergmännisch im Untertagebetrieb in über 1000 m Tiefe abgebaut, Braunkohle dagegen mit riesigen Baggern im Tagebau.

Erdöl und Erdgas. Lange bevor Kohle entstand, bildeten sich Erdöl und Erdgas. Ihre Entstehung stellt die Geologen noch immer vor Rätsel. Grundsätzlich klar ist aber, dass der Prozess mit einer ganzen Reihe unterschiedlicher chemischer Reaktionen verbunden ist und sehr große Zeiträume umfasst.

Vor mehr als 500 Millionen Jahren gab es tropische Meere mit riesigen Mengen an tierischem und pflanzlichem Plankton. Wenn diese Kleinstlebewesen abstarben, sanken sie zusammen mit mineralischen Schwebstoffen auf den Meeresgrund. Dort bildete sich im Laufe der Zeit unter Luftabschluss Faulschlamm mit einem hohen Anteil an Kohlenstoff-Wasserstoff-Verbindungen. Über dem Faulschlamm lagerten sich Sand- und Tonschichten ab (Abb. 2).

Man nimmt heute an, dass bei der Bildung von *Erdöl* die Reste der Lebewesen zunächst durch Bakterien abgebaut wurden. Die weitere Umwandlung bei niedrigen Temperaturen wurde vermutlich durch Tonmineralien als Katalysator begünstigt. Durch Bewegungen der Erdkruste gelangte Faulschlamm in tiefere Schichten, wo bei großem Druck und hoher Temperatur eine thermische Zersetzung stattfand. Schließlich sammelte sich flüssiges Erdöl in den Poren der Sedimentgesteine und wanderte nach oben, bis es auf undurchlässige Schichten traf. Dort bildeten sich *Erdöllagerstätten*.

So vielfältig die Entstehung des Erdöls ist, so unterschiedlich ist auch seine Zusammensetzung. Neben den verschiedensten Kohlenwasserstoffen als Hauptbestandteil enthält es auch Harze sowie organische Schwefel- und Stickstoffverbindungen.

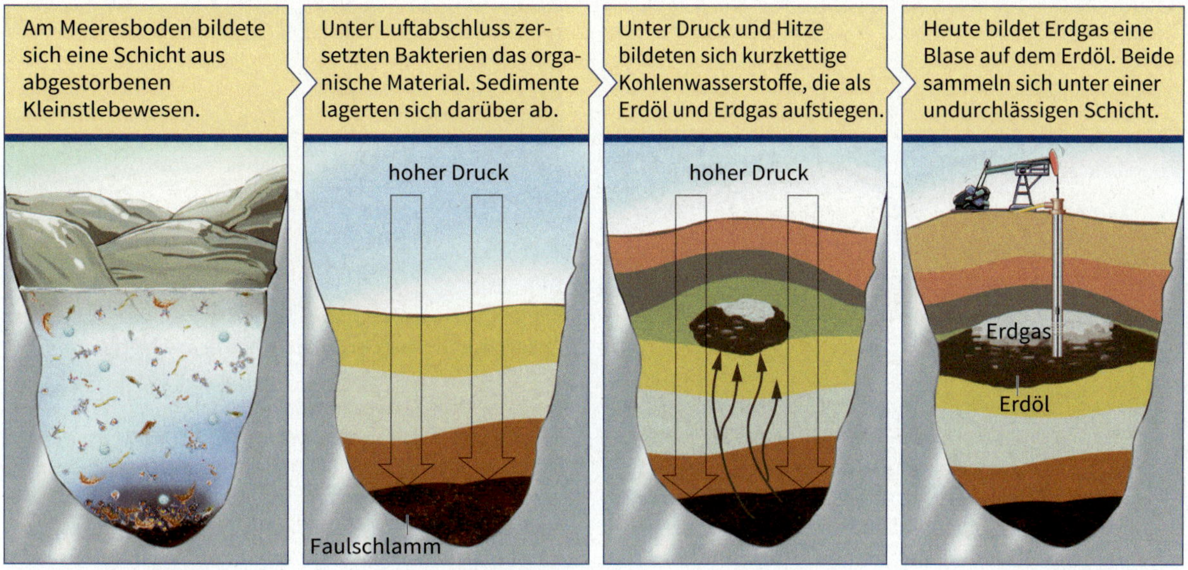

2 *Vom Sediment tropischer Meere zu Erdöl- und Erdgaslagerstätten*

Die Zersetzung von organischem Material abgestorbener Kleinstlebewesen unter Luftabschluss führte gleichzeitig zur Bildung von *Erdgas:* Neben flüssigen Kohlenwasserstoffen bildeten sich auch gasförmige Verbindungen, vor allem Methan, Ethan und weitere kurzkettige Kohlenwasserstoffe. Daneben wurden Kohlenstoffdioxid, Stickstoff und Schwefelwasserstoff aus dem Faulschlamm freigesetzt.

All diese Gase findet man heute in *Erdgaslagerstätten*, meist in porösen Gesteinsschichten, oft aber auch in großen Gasblasen oberhalb von Erdöllagern.

Kohle, Erdöl und Erdgas entstanden im Laufe von Jahrmillionen unter Luftabschluss und hohem Druck aus abgestorbenen Lebewesen. Man bezeichnet sie als fossile Energieträger.

1 Entwickle ein Schema zur Entstehung von Erdöllagerstätten. Verwende dabei die Begriffe *Ton, Hitze, Absterben, Sand, Plankton, Sediment, Druck, Aufsteigen, undurchlässig, Gesteinsporen* und *Erdöl.*

2 Begründe, warum der Anteil an Kohlenstoff steigt, wenn aus Holz zunächst Torf und schließlich Kohle entsteht.

3 Skizziere ein Bild des Kohlenstoffkreislaufs an den Beispielen von Erdöl und von Rapsöl. Vergleiche die Zeiträume, die zwischen der Aufnahme und der Freisetzung von Kohlenstoffdioxid vergehen.

4 Erstelle eine Übersicht über fünf Alternativen zu fossilen Energieträgern.

5 Stelle mithilfe der Abb. 3 eine Liste der ölreichsten Regionen auf. Kläre mit dem Atlas, wo es reine Erdgasvorkommen gibt.

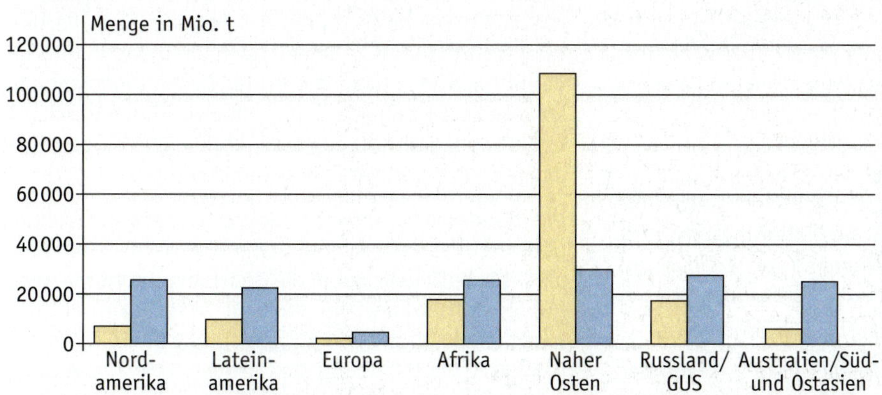

Reserven sind die nach dem derzeitigen Stand technisch und wirtschaftlich förderbaren Vorkommen.

Ressourcen sind vermutete Vorkommen oder Vorkommen, die bereits nachgewiesen sind, deren Förderung heute aber technisch oder wirtschaftlich noch nicht möglich ist.

3 *Erdöl – Reserven und Ressourcen in Millionen Tonnen (Stand Reserven 2007, Ressourcen 2010)*

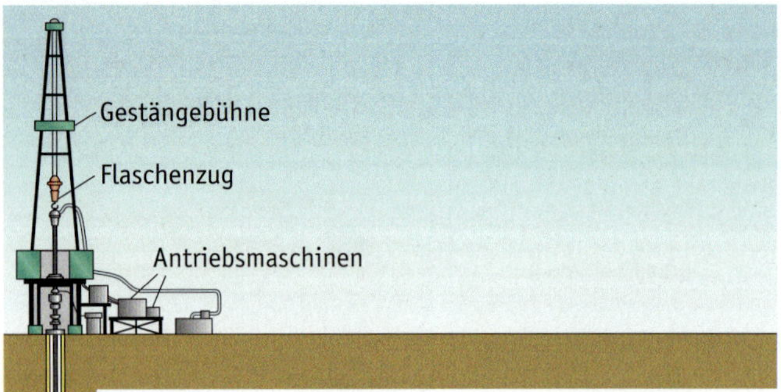

1 *Förderung von Erdöl*

Die Lagerstätten von Erdgas und Erdöl sind weit über die Erde verteilt. Um gas- oder ölführende Schichten in einer Tiefe von mehreren Kilometern aufzuspüren, werden seismografische Untersuchungen durchgeführt. Hierzu bohrt man Löcher von etwa 10 m Tiefe und löst dort Sprengungen aus. Die Erschütterungswellen, die vom Explosionsherd ausgehen, pflanzen sich durch das Gestein fort und werden an Schichtgrenzen reflektiert. Sie kommen mit unterschiedlicher Verzögerung an die Oberfläche zurück. Die Auswertung der Signale liefert ein Bild vom Aufbau des Untergrunds. Fachleute lesen in diesen Bildern wie in einem Buch und sagen voraus, wo Erdöl oder Erdgas zu erwarten ist.

Förderung von Erdöl. In ein vermutetes Erdöllager werden zunächst Probebohrungen durchgeführt. Wenn dann schließlich Öl aus einem der Bohrkerne tropft, besteht Hoffnung auf eine ergiebige Lagerstätte. Mit einem einzigen Bohrloch kann man aber kein Erdölfeld erschließen. Darum wächst bald ein ganzer Wald von Bohrtürmen. Wenn endlich Erdöl an die Oberfläche sprudelt, werden die Bohrtürme abgebaut und durch Pumpen ersetzt, die das *flüssige Gold* Tag und Nacht an die Oberfläche fördern.

Da das geförderte Öl auch Beimengungen von Sand, Salz und Wasser enthält, wird es zunächst gereinigt. Als *Rohöl* gelangt es dann über Pipelines zu Aufbereitungsanlagen oder zu Häfen, von wo es in Tankern über die Meere transportiert wird.

Umweltprobleme. Erdöl ist neben Erdgas nach wie vor unser wichtigster Energieträger. Trotz steigender Kosten für die Erschließung und Förderung von Erdöl werden weniger ergiebige Ölquellen genutzt. Manche Reserven liegen tief unter dem Meeresboden oder in Naturschutzgebieten.

Bei der Förderung und beim Transport kommt es immer wieder zu *Umweltproblemen*. Tritt Öl unkontrolliert in Gewässer aus, so werden die darin lebenden Organismen geschädigt. Man spricht von einer *Ölpest*. Oft werden dann aggressive Chemikalien eingesetzt, um das Öl zu binden. Die ökologischen Schäden der Ölpest und ihrer Bekämpfung wirken stets lange nach. Hinzu kommt meist eine erhebliche Luftverschmutzung durch Brände. Auch die wirtschaftlichen Folgen für Fischerei und Tourismus sind beträchtlich. Die bisher größte Ölpest wurde im April 2010 durch das Unglück auf der Ölbohrplattform Deepwater Horizon im Golf von Mexiko verursacht (Abb. 2). Nach Schätzungen traten dabei rund 800 Millionen Liter Erdöl aus.

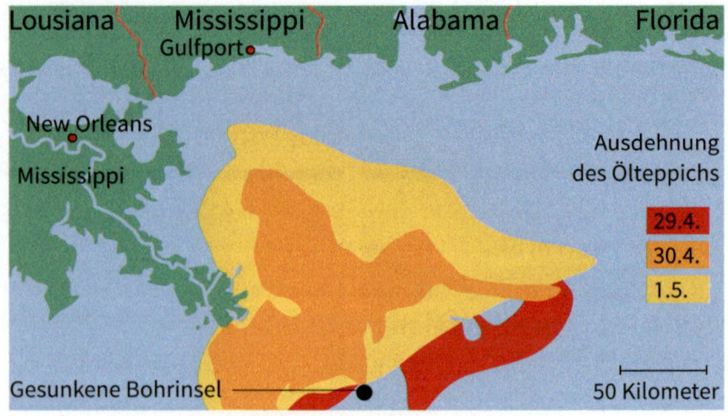

2 *Ölteppich um die untergegangene Deepwater Horizon*

Aufbereitung von Rohöl. Erdöl enthält je nach Herkunft sehr unterschiedliche Kohlenwasserstoffe. Um geeignete Produkte wie Kraftstoffe oder Schmiermittel zu gewinnen, muss das Rohöl in einer **Raffinerie** destilliert werden. Dabei fallen Gemische von Kohlenwasserstoffen mit ähnlichen Siedetemperaturen als *Fraktionen* an. Dieses Trennverfahren nennt man daher *fraktionierte Destillation*. Die Siedetemperaturen der Kohlenwasserstoffe hängen von der Struktur der Moleküle ab: Sie steigen mit zunehmender Molekülgröße.

Rohöl wird zunächst auf 400 °C erhitzt, sodass ein großer Teil des Öls verdampft. Die Dämpfe strömen in eine Destillationskolonne mit etwa 40 Etagen, den sogenannten *Böden*. Der heiße Dampf strömt durch kurze Verbindungsrohre durch die Böden nach oben und kühlt sich dabei nach und nach ab. In der Destillationskolonne kondensieren daher auf den unteren Böden zunächst höher siedende Kohlenwasserstoffe, weiter oben diejenigen mit niedrigeren Siedetemperaturen.

Die Kondensate mehrerer Böden werden zu Fraktionen vereinigt und man erhält *Benzine, Kerosin* und *Gasöle* (Abb. 3). Dabei sieden die Benzine mit fünf bis zwölf Kohlenstoff-Atomen im Molekül unter Normaldruck zwischen 30 °C und 150 °C, Kerosin (10 bis 16 C-Atome) bei 150 °C bis 250 °C und die Gasöle (15 bis 22 C-Atome) im Bereich von 250 °C bis 350 °C.

Bei der Destillation von Rohöl bleibt eine schwarze, zähe Flüssigkeit zurück. Sie besteht überwiegend aus besonders großen Kohlenwasserstoff-Molekülen. Eine Destillation bei höherer Temperatur ist nicht möglich, weil die Moleküle dabei gespalten werden. Man arbeitet deshalb bei Unterdruck, sodass ein großer Teil unzersetzt verdampft. Man erhält dabei mehrere Schwerölfraktionen, die teilweise zu Schmierölen verarbeitet werden. Nach dieser *Vakuumdestillation* bleibt *Bitumen* übrig, das zur Dachabdichtung und beim Bau asphaltierter Straßen verwendet wird.

Vor ihrer weiteren Verwendung müssen alle Erdölprodukte gereinigt werden. Dabei werden störende Bestandteile wie Schwefel- und Stickstoffverbindungen oder unerwünschte Kohlenwasserstoffe entfernt.

Förderung und Aufbereitung von Erdgas. Erdgas steigt im Gegensatz zu Erdöl ohne Hilfe aus den Erdgasfeldern auf und kann dann über Pipelines zu den Aufbereitungsanlagen transportiert werden. Hier wird es zunächst von Feuchtigkeit und Staub gereinigt.

Ähnlich wie Erdöl unterscheidet sich Erdgas je nach Herkunft. Manche Gase bestehen fast nur aus **Methan,** manche dagegen enthalten neben Methan auch *Ethan*, *Propan* und *Butan*. Dementsprechend unterscheidet sich auch die Aufbereitung. Ein Problem ist Erdgas, in dem noch *Schwefelwasserstoff* enthalten ist. Da bei der Verbrennung Schwefeldioxid gebildet wird, muss dieses Erdgas entschwefelt werden.

Etwa 33 % des in Deutschland verbrauchten Erdgases stammen aus Russland, 29 % aus Norwegen, 22 % aus den Niederlanden und 6 % aus dem übrigen Ausland. Der Rest wird in Deutschland selbst gefördert. In der Nordsee wurden in den letzten Jahrzehnten riesige Erdgasfelder erschlossen. Mächtige Plattformen stehen mit bis zu 300 m hohen Stelzen auf dem Meeresgrund.

Erdgas wird über das ganze Jahr kontinuierlich gefördert. Um den vermehrten Bedarf in den Wintermonaten decken zu können, wird im Sommer ein Teil des gereinigten Erdgases gespeichert. In Norddeutschland werden die Erdgasvorräte dazu unter einem Druck von bis zu 8 MPa (80 bar) in Salzstöcken gelagert, nachdem dort das Salz als Sole herausgelöst wurde.

Erdöl- und Erdgaslager werden durch Bohrungen erschlossen. Rohöl wird durch Destillation in Fraktionen mit unterschiedlichen Siedebereichen aufgetrennt, die jeweils aus Kohlenwasserstoffen ähnlicher Molekülgröße bestehen.

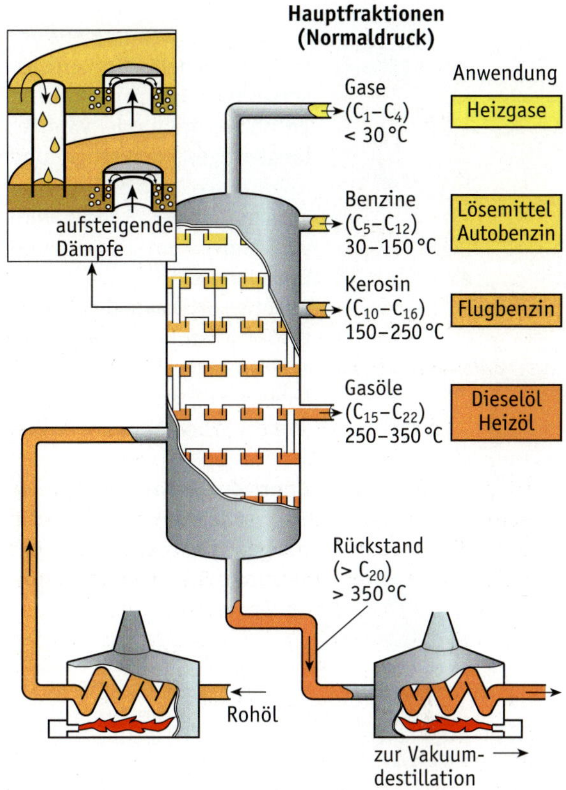

3 *Schema einer Destillationskolonne für Erdöl*

1 Beschreibe, wie Erdöl- und Erdgasvorkommen aufgespürt werden.

2 Erläutere die folgenden Begriffe:
a) *fraktionierte Destillation,*
b) *Vakuumdestillation.*

3 Schwefelwasserstoffhaltiges Erdgas wird verbrannt. Formuliere Reaktionsgleichungen für die dabei ablaufenden Reaktionen.

4 Recherchiere, was man im Zusammenhang mit Erdgas unter nassen, trockenen und sauren Gasen versteht.

5 Informiere dich über die Ursachen, den Verlauf und die Folgen der Ölpest im Golf von Mexiko im April 2010.

6 Zeichne Strukturformeln für sechs verzweigte Kohlenwasserstoffe, die in der Benzinfraktion vorkommen. Benenne die von dir vorgeschlagenen Moleküle nach den IUPAC-Regeln.

7 Erläutere den Zusammenhang zwischen der Siedetemperatur von Kohlenwasserstoffen und der Kettenlänge ihrer Moleküle. Beziehe verzweigte Moleküle in den Vergleich mit ein.

8 Erkläre, warum man beim Hausbau Bitumenmasse an die äußeren Kellerwände streicht.

15.11 Kraftstoffe aus Erdöl

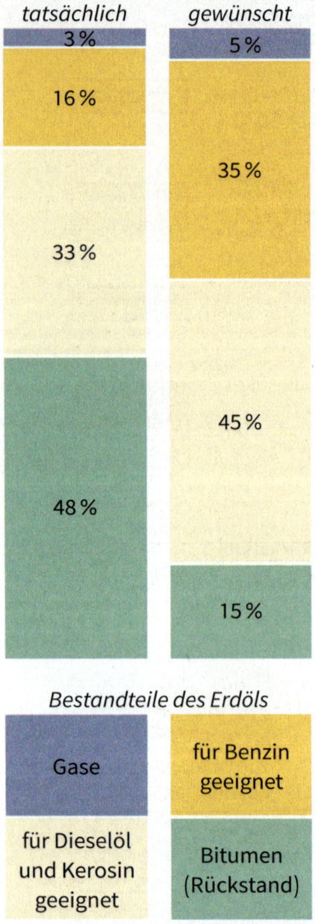

1 *Zusammensetzung des Rohöls*

Rohöl ist ein Gemisch aus unterschiedlichen Kohlenwasserstoffen. Je nach Herkunft enthält es mehr oder weniger langkettige, kurzkettige und ringförmige Moleküle. Der größte Teil des Rohöls wird verwendet, um Benzin und Dieselkraftstoff herzustellen. Wichtige Produkte des Rohöls sind Kraftstoffe (Benzin, Dieselkraftstoff), leichtes Heizöl (Heizöl EL), schweres Heizöl (Heizöl S) und Kerosin.

Chemie der Kraftstoffe. Die Eigenschaften der Kraftstoffe hängen von ihrer Zusammensetzung an Kohlenwasserstoffen ab:

Der **Dieselkraftstoff** muss so dünnflüssig sein, dass er direkt in den Verbrennungsraum des Motors eingespritzt werden kann. Dort wird er zusammen mit Luft so stark komprimiert, dass er sich von selbst entzündet. Der Kraftstoff soll möglichst vollständig und ohne Rußentwicklung verbrennen. Diese Anforderungen erfüllt ein Gemisch aus Kohlenwasserstoffen mit 10 bis 20 Kohlenstoff-Atomen pro Molekül. Das Flugbenzin **Kerosin** hat ähnliche Eigenschaften wie Dieselkraftstoff.

Ottomotoren benötigen **Benzin**. Darunter versteht man ein Gemisch aus Kohlenwasserstoffen mit sechs bis zwölf Kohlenstoff-Atomen im Molekül. Im Motor wird das Kraftstoff-Luft-Gemisch mit Zündkerzen gezündet; es muss dann möglichst schnell und vollständig, aber auch gleichmäßig und rückstandsfrei verbrennen. Entzündet sich das Gemisch zu früh, sagt man, der Motor klopft. Dieses *Klopfen* wird durch Frühzündungen verursacht; die Kolben schlagen dabei gegen die Zylinderwand. Als Maß für die **Klopffestigkeit** eines Kraftstoffes gilt die **Oktanzahl:** Reines Isooctan (2,2,4-Trimethylpentan) besitzt eine hohe Klopffestigkeit. Ihm ordnet man die Oktanzahl 100 zu. Mit reinem *n*-Heptan klopft der Motor dagegen besonders leicht. Es erhält die Oktanzahl 0. Superbenzin hat in der Regel die Oktanzahl 95, es verhält sich also hinsichtlich seiner Klopffestigkeit wie ein Gemisch aus 95 % Isooctan und 5 % *n*-Heptan. Die hohe Klopffestigkeit ist für die heute bevorzugten Benzinmotoren erforderlich, denn das Kraftstoff-Luft-Gemisch wird stark verdichtet, um die Leistung zu steigern.

Um die erforderliche Klopffestigkeit des Benzins sicherzustellen, werden *Antiklopfmittel* beigemischt. Bis zur Einführung der Auto-Abgaskatalysatoren benutzte man dazu Bleiverbindungen, heute verwendet man Ethyl-*tert*-butylether (ETBE).

Rohöl enthält rund 16 % Kohlenwasserstoffe, die nach der fraktionierten Destillation direkt zu Benzin verarbeitet werden können. Die Nachfrage nach Benzin auf dem Weltmarkt ist jedoch so groß, dass man etwa 35 % des Rohöls zu Benzin verarbeiten muss (Abb. 1). Das ist möglich, wenn man auch aus längerkettigen Molekülen Benzin gewinnt. Dazu können zwei chemische Verfahren angewandt werden: das **Cracken** und das **Reforming.**

Kraftstoffe durch Cracken. Lässt man Schweröl auf eine heiße Eisenplatte tropfen, so entstehen Dämpfe von niedrigsiedenden Kohlenwasserstoffen. Plötzliches Erhitzen lässt also langkettige Alkan-Moleküle in kürzere Moleküle zerbrechen. Diese Reaktion nutzt man beim *Crackprozess* (engl. *to crack*: spalten). Dabei leitet man 500 °C heiße Schweröldämpfe in einen Reaktor mit umherwirbelnden Katalysatorperlen (Abb. 3). An deren Oberfläche erfolgt die Spaltung der Moleküle. Gleichzeitig scheidet sich Ruß ab.

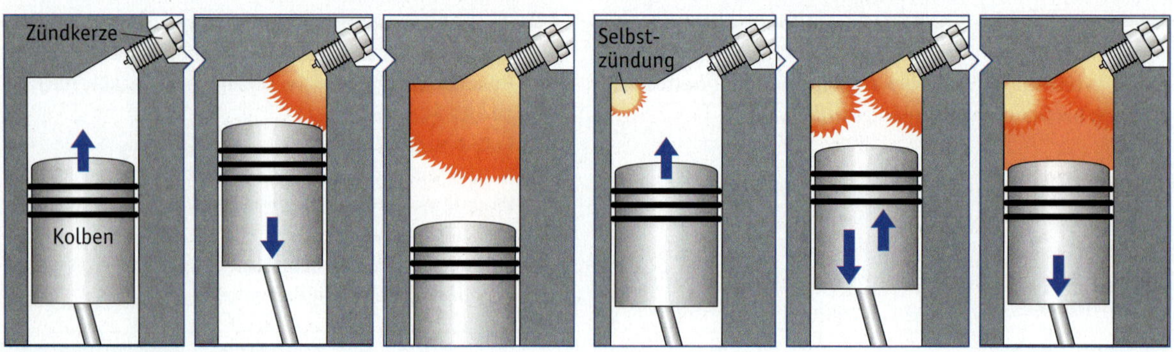

2 *Normale und klopfende Verbrennung im Vergleich*

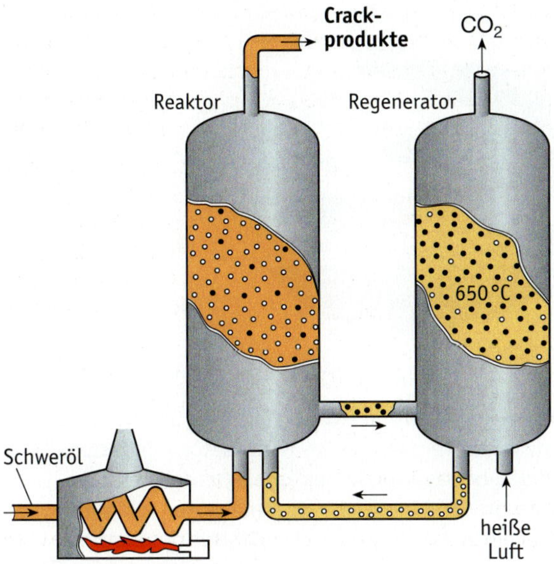

3 *Schema einer Crackanlage*

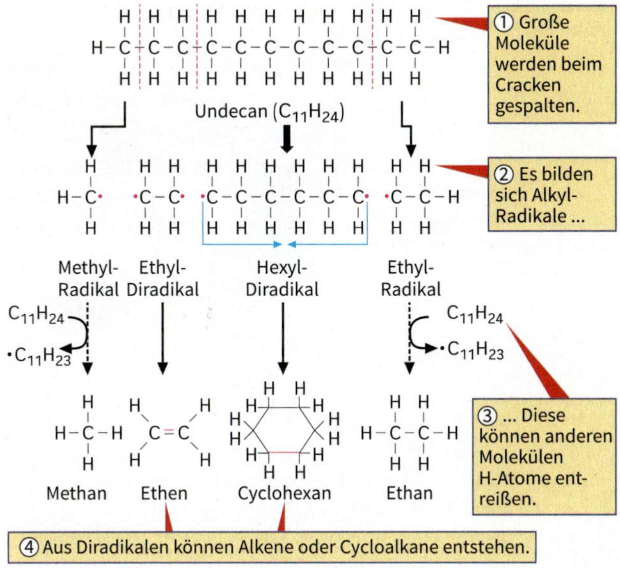

4 *Cracken – molekular betrachtet*

Um die Funktionsfähigkeit des Katalysators zu erhalten, bläst man ständig einen Teil der Perlen in einen Regenerator, in dem der Ruß verbrannt wird.

Bei der Spaltung von Kohlenwasserstoff-Molekülen entstehen sehr reaktive **Alkyl-Radikale** mit jeweils einem ungepaarten Elektron (Abb. 4, ①, ②). Die Radikale entreißen anderen Molekülen Wasserstoff-Atome ③, sodass wieder vollständige, aber kürzere Kohlenwasserstoff-Moleküle entstehen. Verliert ein Molekül auf diese Weise sämtliche Wasserstoff-Atome, so bleibt elementarer Kohlenstoff in Form von *Ruß* zurück.

Zerbricht ein Molekül an *zwei* Stellen, so entsteht ein **Diradikal.** Die offenen Enden des Bruchstückes können sich miteinander verbinden und bilden dann ringförmige Moleküle: Dabei entstehen *Cycloalkane*. Befinden sich die beiden ungepaarten Elektronen an benachbarten Kohlenstoff-Atomen, so kann sich eine *C=C-Zweifachbindung* ausbilden. Dabei entstehen also *ungesättigte Kohlenwasserstoffe* ④.

Kraftstoffe durch Reforming. Während in Dieselmotoren ein Gemisch aus Kohlenwasserstoffen verbrannt wird, deren Moleküle überwiegend unverzweigt sind, benötigen Benzinmotoren vor allem Kohlenwasserstoffe mit verzweigten und ringförmigen Molekülen. Die Gewinnung solcher Produkte aus unverzweigten Molekülen wird als *Reforming* bezeichnet.

Beim Reformingverfahren werden Fraktionen im Siedebereich von 75 °C bis 160 °C bei einer Temperatur von etwa 500 °C nacheinander über Katalysatoren geleitet.

Die langen kettenförmigen Kohlenwasserstoff-Moleküle brechen auseinander. Aus den Bruchstücken bilden sich verzweigte und ringförmige Moleküle.

Neben den Fraktionen, die für Verbrennungsmotoren geeignet sind, enthält Erdöl große Anteile an langkettigen Alkanen. Durch Cracken gewinnt man daraus kurzkettige Kohlenwasserstoffe; beim Reforming bilden sich verzweigte und ringförmige Kohlenwasserstoffe.

1 Recherchiere die Funktionsweise eines Viertaktmotors und beschreibe das Klopfen des Motors mithilfe von Abb. 2.

2 Die Oktanzahl eines Kraftstoffs wird mit 103 angegeben. Erkläre die Bedeutung dieser Angabe.

3 Vergleiche mithilfe von Abb. 1 die tatsächliche Zusammensetzung des Erdöls mit der Nachfrage.

4 a) Beschreibe den technischen Ablauf des Crackprozesses unter Berücksichtigung der Regeneration der Katalysatorperlen.
b) Stelle den Crackprozess am Beispiel eines Decan-Moleküls im Modell dar. Notiere die Alkane, die du dabei erhalten kannst.
c) Beim Hydrocracken fügt man den Ausgangsstoffen Wasserstoff hinzu. Überlege, was damit bezweckt wird.

5 Erstelle eine Reaktionsgleichung für den Reformingprozess. Gehe dabei von Heptan aus.

6 Gib die Strukturformel von ETBE an. Informiere dich über Rolle des Additivs als nachwachsender Rohstoff.

Exkurs Auto-Abgaskatalysator

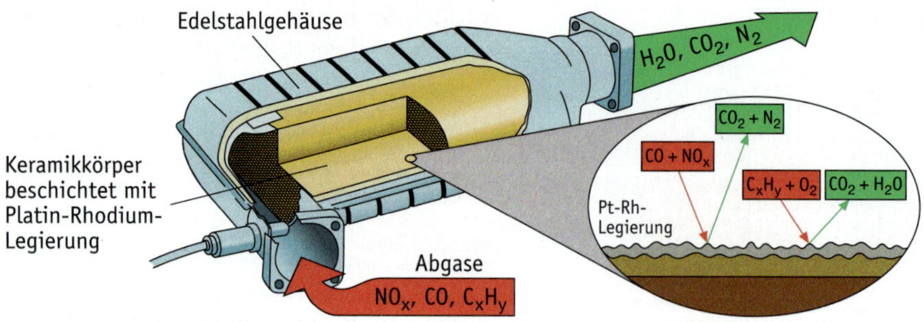

1 *Dreiwegekatalysator*

Bei einer Geschwindigkeit von 130 $\frac{km}{h}$ benötigt ein 1,8-Liter-Motor in jeder Minute fast zwei Kubikmeter gasförmiges Benzin-Luft-Gemisch. In dieser Zeit erzeugt der Motor etwa dieselbe Menge an Abgas, das zu 98 % aus Stickstoff, Wasserdampf und Kohlenstoffdioxid besteht. Die restlichen 2 % sind umweltschädliche Stoffe wie *Kohlenstoffmonooxid*, *Stickstoffoxide* und unverbrannte *Kohlenwasserstoffe*. Bei Dieselmotoren kommt noch die Emission von *Rußpartikeln* hinzu.

Dreiwegekatalysator. Um die umweltschädlichen Stoffe im Abgas zu entfernen, ist in die Auspuffanlage ein Abgaskatalysator integriert. Dieser *Kat* befindet sich bei einem Pkw im mittleren Abschnitt des Auspuffrohres. Sein Gehäuse enthält einen länglichen Keramikkörper, der von zahlreichen Kanälen durchzogen ist. Die Oberfläche in den Kanälen wird durch eine Schicht aus porösem Aluminiumoxid auf das 6000-fache vergrößert. Als chemisch wirksamer Katalysator dient eine Platin-Rhodium-Legierung. Etwa zwei Gramm davon sind sehr fein auf dem Aluminiumoxid verteilt. An der Oberfläche des Edelmetalls laufen die chemischen Reaktionen ab (Abb. 1).

Die heute in Autos eingesetzten Katalysatoren bezeichnet man meist als *Dreiwegekatalysatoren*, treffender wäre die Bezeichnung **Dreifachkatalysator:** *Kohlenstoffmonooxid* und *Stickstoffmonooxid* reagieren in einer Redoxreaktion zu Kohlenstoffdioxid und Stickstoff; sie vernichten sich also gegenseitig. Gleichzeitig werden *Kohlenwasserstoffe* zu Kohlenstoffdioxid und Wasser oxidiert.

Da die Abgase den Katalysator sehr schnell durchströmen, müssen die chemischen Prozesse innerhalb eines Zeitraumes von nur 0,03 Sekunden ablaufen. Doch nur unter bestimmten Betriebsbedingungen kann der Katalysator das Abgas optimal reinigen: Um 50 % der Schadstoffe umzusetzen, muss die Temperatur im Katalysator mindestens 280 °C betragen. Seine optimale Betriebstemperatur von 500 °C erreicht ein Katalysator allerdings erst einige Minuten nach dem Starten des Motors.

Bei den heute üblichen geregelten Katalysatoren misst die *λ-Sonde* (Lambdasonde) die Konzentration des Restsauerstoffs im Abgas, bevor es den Katalysator erreicht. Ein elektronisches Regelsystem wertet die Informationen der Sonde aus und stellt den Sauerstoffgehalt des Kraftstoff-Luft-Gemisches dann so ein, dass ein optimales Gemisch im Motor verbrennt. Unter diesen Betriebsbedingungen, werden die Schadstoffe in den Abgasen um 90 % vermindert.

Inzwischen wurden auch Abgaskatalysatoren für Dieselfahrzeuge entwickelt. Oxidationskatalysatoren senken hier die Konzentration an Kohlenwasserstoffen und an Kohlenstoffmonooxid. Neuere Dieselfahrzeuge werden auch zusätzlich mit effektiven *Rußpartikelfiltern* ausgerüstet.

1 Beschreibe das Funktionsprinzip eines Dreiwegekatalysators.

2 Recherchiere den Zusammenhang zwischen bleihaltigem Benzin und dem Autokatalysator.

3 Der Sauerstoffgehalt des Kraftstoff-Luft-Gemisches muss sehr genau geregelt werden. Erläutere, welche Auswirkungen ein zu hoher und ein zu niedriger Sauerstoffgehalt haben.

4 Recherchiere, wie Rußpartikel in Dieselmotoren entfernt werden.

5 Ein Zeitungsartikel trägt die Überschrift *Das Platin liegt auf der Straße.* Stelle eine Hypothese auf, wie es dorthin kommt und warum sein Anteil in den letzten Jahrzehnten zugenommen hat.

Kraftstoffe

Versuch 1: Entzündung brennbarer Flüssigkeiten

Materialien: Abdampfschale, Tropfpipetten, Tiegelzange, Heizplatte, Ceranplatte, Pfeifenzündhölzer; Petroleum (**2**, 7, **8**, **9**) Petroleumbenzin (**2**, **7**, **8**, **9**).

Durchführung:
1. Gib in eine Abdampfschale 5 ml Petroleum und halte ein brennendes Zündholz über den Rand der Abdampfschale.
2. Erhitze das Petroleum solange auf der elektrischen Heizplatte bis sich der Dampf über dem flüssigen Petroleum mit einem brennenden Zündholz entzünden lässt. Lösche mögliche Flammen mithilfe der Ceranplatte.
3. Gib in eine Abdampfschale vier bis fünf Tropfen Petroleumbenzin. Nähere ein brennendes Zündholz vorsichtig der Oberfläche der Flüssigkeit.

Aufgaben:
a) Notiere deine Beobachtungen.
b) Informiere dich über den Flammpunkt und stelle einen Zusammenhang zwischen Kettenlänge der Kohlenwasserstoff-Moleküle und dem Flammpunkt her.

Lehrerversuch 2: Explosion eines Benzin-Luft-Gemischs

Materialien: Pappröhre (Länge: 40 cm, Durchmesser: 7 cm) mit zwei Deckeln, Tropfpipette, kleine Korken, Holzspan, Gasbrenner, Klebeband; Petroleumbenzin (Siedebereich 40 bis 60 °C; **2**, **7**, **8**, **9**).

Hinweis: In die Pappröhre wird etwa 5 cm vom unteren Ende ein Loch gebohrt (Durchmesser etwa 8 mm). Den unteren Deckel befestigt man mit Klebeband.

Durchführung:
1. Gib drei kleine Korkstücke in die Röhre, tropfe sechs Tropfen Petroleumbenzin dazu, verschließe die Röhre mit dem oberen Deckel und schüttle sie kurz.
2. Stelle die Röhre auf die Arbeitsfläche und führe einen brennenden Holzspan an die Öffnung.
3. Schwenke die Röhre an der Luft und wiederhole den Versuch mit unterschiedlichen Benzinmengen(maximal 12 Tropfen).

Aufgaben:
a) Notiere deine Beobachtungen.
b) Gib an, mit welchem Benzin-Luft-Gemisch man die beste Wirkung erreicht.

Versuch 3: Heizwerte von Dieselkraftstoff und Biodiesel

Materialien: Erlenmeyerkolben (300 ml, weit), Messzylinder (200 ml), 2 Öllampen, Thermometer, Glasstab, Waage; Dieselkraftstoff (**2**, **8**, **9**), Biodiesel (**2**).

Durchführung:
1. Baue den Versuch gemäß der Abbildung auf.
2. Fülle den Erlenmeyerkolben mit genau 150 ml Wasser.
3. Fülle einen der beiden Brennstoffe in eine Öllampe.
4. Wiege die mit Brennstoff gefüllte Öllampe.
5. Entzünde die Öllampe und stelle sie rasch unter den Erlenmeyerkolben. Die Flamme sollte eine Höhe von etwa 1 cm haben. Erwärme das Wasser, rühre mit dem Glasstab um bis die Temperatur des Wassers um 15 °C gestiegen ist.
6. Lösche die Öllampe sobald die Endtemperatur erreicht ist und wiege sie erneut.
7. Wiederhole den Versuch mit dem zweiten Brennstoff.

Aufgaben:
a) Notiere die Massen der Öllampen vor und nach dem Versuch.
b) Erkläre den Zusammenhang zwischen dem Heizwert eines Kraftstoffes und dem Temperaturanstieg.
c) Vergleiche die Heizwerte beider Brennstoffe.

Energie aus nachwachsenden Rohstoffen

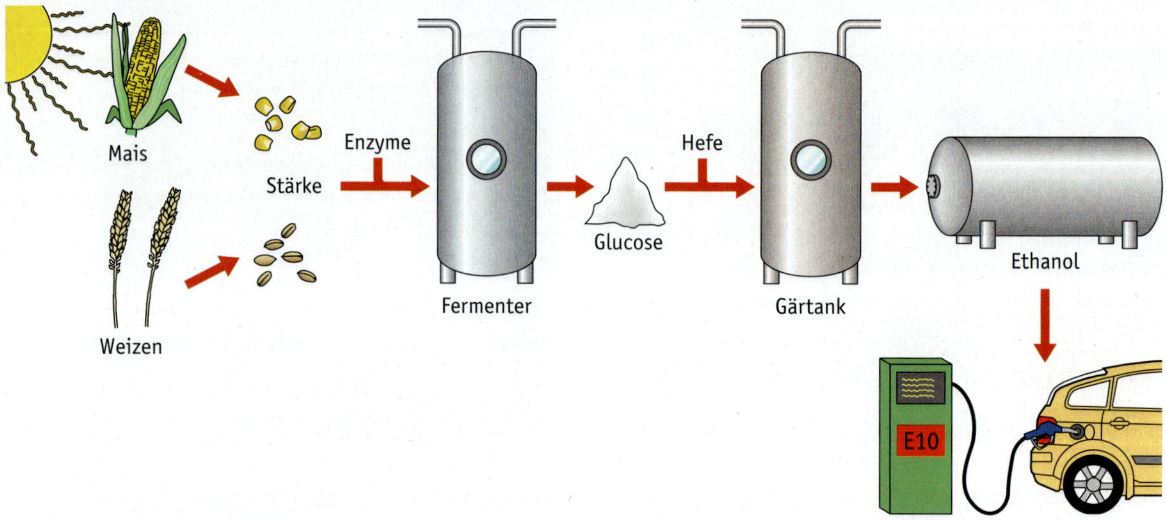

1 *Biokraftstoffe – vom Feld in den Tank*

Über Jahrmillionen wurden fossile Energieträger in einem sehr langsamen Prozess in der Erde gespeichert. Bei der Verbrennung dieser Energieträger gelangt Kohlenstoffdioxid von außerhalb des aktuellen Kohlenstoffkreislaufs in die Atmosphäre und verstärkt dort den Treibhauseffekt. Dieses Problem tritt bei der Verwendung *regenerativer Energieträger* nicht auf: Sie werden aus schnell wachsenden Pflanzen hergestellt, die bei der Photosynthese ebenso viel Kohlenstoffdioxid aufnehmen wie später bei der Verbrennung wieder freigesetzt wird. Als regenerative Kraftstoffe eignen sich für Benzinmotoren *Bioethanol*, für Dieselmotoren *Biodiesel*. Ein weiterer regenerativer Energieträger ist *Biogas*.

Bioethanol. Ethanol ist der Alkohol, der auch in alkoholischen Getränken enthalten ist. Er entsteht durch die Vergärung von Kohlenhydraten mithilfe von Hefe. Die Bildung von Bioethanol lässt sich vereinfacht durch folgende Reaktionsgleichung beschreiben:

$$\underset{\text{Glucose}}{C_6H_{12}O_6\,(aq)} \xrightarrow{\text{Hefe}} 2\,C_2H_5OH\,(aq) + 2\,CO_2\,(g)$$

In Deutschland kann Benzin heute bis zu 10 % Bioethanol zugemischt werden. Dieser Kraftstoff wird als E 10 bezeichnet.

In Brasilien tanken viele Autos E 85, ein Gemisch aus 85 % Ethanol und 15 % Benzin. Auf diese Weise ist das Land relativ unabhängig von teuren Erdölimporten.

Als Rohstoff für die Herstellung von Bioethanol kommen Pflanzen mit einem hohen Gehalt an Zucker oder Stärke in Frage: In Südamerika wird dazu Zuckerrohr angebaut, in Nordamerika Mais und in Europa Weizen und Zuckerrüben (Abb. 1).

Biodiesel. Seit 2009 kann Dieselkraftstoff in der Europäischen Union mit bis zu 7 % Biodiesel versetzt werden. Als Ausgangsstoff zur Herstellung von Biodiesel nutzt man pflanzliche Öle. Die Öle selbst sind jedoch zu zähflüssig und können daher nicht in Motoren als Kraftstoff verwendet werden. In Europa setzt man zur Herstellung von Biodiesel Raps- oder Sonnenblumenöl ein. Durch eine Reaktion von Rapsöl mit Methanol (Methylalkohol) bildet sich Rapsölmethylester mit ähnlichen Eigenschaften wie Dieselöl:

Rapsöl + Methanol $\longrightarrow$ Glycerin + Rapsölmethylester

Biogas. Beim Betrieb von Biogasanlagen geht es vor allem darum, unter Ausschluss von Luftsauerstoff möglichst viel Methan – den eigentlichen Energieträger von Biogas – zu erhalten. Man nutzt dabei gezielt die Vorgänge, die beim Abbau organischer Stoffe durch Mikro-

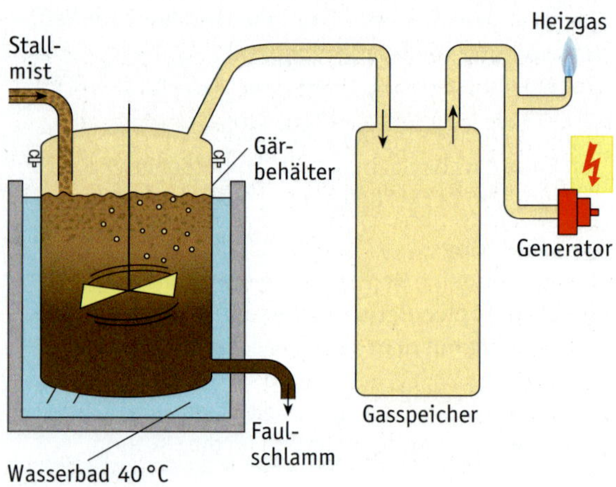

2 *Funktionsweise einer Biogasanlage*

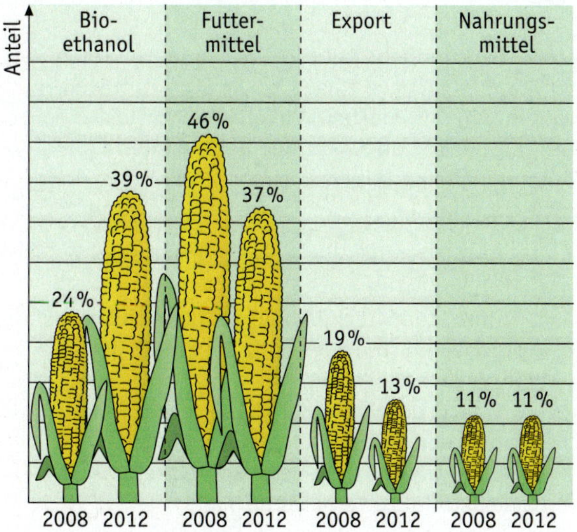

3 *Maisnutzung in den USA*

4 *Agrarprodukte – nur für Kraftstoffe?*

organismen in der Natur ablaufen (Abb. 2): Beim Abbau gebildete Zwischenprodukte werden durch bestimmte Bakterien zu Methan zerlegt. Solche Methanbakterien erzeugen das Gas auch in Sümpfen, im Schlamm von Reisfeldern oder Kläranlagen und im Magen von Wiederkäuern. Die wichtigsten Rohstoffe für die Gewinnung von Biogas sind Mist und Gülle und zusätzlich angebauter Mais. Die Maispflanzen werden nach der Ernte zerkleinert und in einem Silo vergoren. Das Rohbiogas enthält neben Methan (70 %) vor allem Kohlenstoffdioxid und Wasserdampf. Das Gasgemisch wird gespeichert und dann vor Ort in einem kleinen Blockheizkraftwerk verbrannt. Die dabei erzeugte und ins öffentliche Stromnetz eingespeiste elektrische Energie wird nach dem Erneuerbare-Energien-Gesetz (EEG) besonders gut bezahlt. Die gleichzeitig anfallende Wärme kann für die Heizung und die Warmwasserbereitung in nahegelegenen Wohngebäuden und Betrieben genutzt werden.

Biomasse als Energieträger. Die Nutzung von Biomasse als regenerativer Energieträger ist ein zweischneidiges Schwert, denn neben Vorteilen gibt es auch Nachteile. Zu den Vorteilen zählt die günstige Kohlenstoffdioxidbilanz beim Verbrennen von Biomasse: Dabei gelangen genau die Kohlenstoff-Atome in die Atmosphäre, die beim Wachstum der Planzen gespeichert wurden. Im Gegensatz zur Verbrennung fossiler Brennstoffe wird also kein zusätzliches Kohlenstoffdioxid erzeugt. Weiterhin macht heimische Biomasse unabhängig von Erdöl- und Erdgasimporten, die teilweise aus politisch unsicheren Krisenländern kommen.

Zu den Nachteilen zählt, dass organische Abfälle als Rohstoffe nur eine kleine Rolle spielen: Die Biogasproduktion erfordert große Flächen für den Anbau von Mais (Abb. 3). Bei Bioethanol geht es um Zuckerrüben und Weizen, bei Biodiesel um spezielle Rapssorten. Die Felder werden meist stark gedüngt; außerdem werden Pflanzenschutzmittel gegen Schädlinge und Unkräuter eingesetzt. So gehen nicht nur Flächen für den Anbau von Nahrungspflanzen verloren, sie werden dazu auch noch stark belastet.

In den USA sind die Weizenvorräte für die Nahrungsmittelversorgung durch den Anstieg der Produktion von Bioethanol bei gleichzeitigen Missernten stark geschrumpft. In Brasilien werden Regenwälder gerodet, um zusätzliche Anbauflächen für Zuckerrohr für die Bioethanolproduktion zu schaffen. Damit gehen Flächen verloren, auf denen bisher Kohlenstoffdioxid gespeichert wurde. Zusätzlich werden durch die Brandrodung große Mengen Kohlenstoffdioxid freigesetzt.

Regenerative Energiequellen werden aus nachwachsenden Rohstoffen gewonnen: Bioethanol aus Kohlenhydraten und Biodiesel aus Pflanzenölen. Ihr wachsender Einsatz ist umstritten.

1 Gib an, was man unter E 10 und E 100 versteht.

2 Recherchiere die Gesamtenergiebilanz der Bioethanolproduktion.

3 Nimm kritisch Stellung zu dem Comic in Abb. 4.

4 Stelle Ausgangsstoffe, Reaktionen und Produkte der Biokraftstoffe tabellarisch zusammen.

Exkurs Umweltprobleme und Lösungsansätze

1 *Maßnahmen zur Eindämmung einer Ölpest*

Die Gewinnung von energieliefernden Rohstoffen, ihr Transport und ihre Verbrennung zur Erzeugung von Wärme und elektrischer Energie ist mit Risiken für die Umwelt verbunden. Die Risiken lassen sich jedoch durch sicherheitsbewusstes Arbeiten bei der Förderung und beim Transport sowie durch sparsame und effiziente Nutzung verringern.

Gift gegen die Ölpest. Nicht in allen Fällen lässt sich ins Meer ausgelaufenes Erdöl so einfach eingrenzen wie in Abb. 1 dargestellt. Als am 20. April 2010 Gas auf der Ölplattform Deepwater Horizon vor der amerikanischen Küste explodierte, traten bis zu 10 Millionen Liter Öl pro Tag aus. Erst nach drei Monaten konnte der Ölstrom gestoppt werden. Bis dahin waren etwa 800 Millionen Liter Öl ins Meer geflossen. Bereits nach 16 Tagen erreichten die ersten Ausläufer des Ölteppichs die amerikanische Küste. Dort und im Flussdelta des Mississippi richtete die Ölpest große Schäden in der Tier- und Pflanzenwelt an. Das ausgetretene Öl wurde unter anderem mit Chemikalien bekämpft, die wie Spülmittel wirken und das Öl in winzige, biologisch abbaubare Tröpfchen zerteilen, die dann zu Boden sinken. Das Verfahren wird als problematisch eingeschätzt, weil das Chemikaliengemisch auch umweltschädliche Stoffe enthielt. Daher bleibt ungewiss, wie groß der Schaden im Ökosystem der Tiefsee ist. Insgesamt ist die Belastung der Weltmeere noch viel größer: Die 800 Millionen Liter Erdöl sind nur ein kleiner Bruchteil der 1,6 Billionen Liter, die pro Jahr in die Weltmeere gelangen!

Umweltfreundliche Autos. Verbrennungsmotoren von Kraftfahrzeugen tragen bis zu 20 % zum weltweiten CO_2-Ausstoß bei. Als Reaktion auf die damit verbundene Umweltproblematik werden in der Automobilindustrie verschiedene technische Ansätze erprobt:

- das Drei-Liter-Auto mit einem sehr geringen Benzinverbrauch,
- die Start-Stopp-Technologie, bei der sich der Motor bei Stillstand des Autos an der Ampel sofort abschaltet,
- der Einsatz der Hybridautos, bei der ein Elektromotor den Verbrennungsmotor entlastet,
- reine Elektroautos, die beim Betrieb selbst kein Kohlenstoffdioxid emittieren.

Energiesparen im Alltag. Viele Alltagsgewohnheiten bedeuten eine Verschwendung von Energie. Beispiele dafür sind längeres Duschen mit heißem Wasser, unnötig langes Lüften bei laufender Heizung und das Fahren kurzer Strecken mit dem Auto. Allein der Einsatz von jährlich 3000 kWh an elektrischer Energie in einem durchschnittlichen Zwei-Personen-Haushalt entspricht einem Ausstoß von etwa 2000 kg Kohlenstoffdioxid.

Wenn man kritisch über den Energieeinsatz im Alltag nachdenkt, findet sich oft auch ein Weg, der Kosten spart und gleichzeitig die Umwelt weniger belastet: Kurze Strecken fährt man besser mit dem Fahrrad. Wer nicht dauerhaft lüftet, sondern mehrmals am Tag kurz die Fenster öffnet, spart Heizkosten. Ältere Haushaltsgeräte und Lampen lassen sich gegen energetisch effizientere austauschen.

---

1 a) Erläutere, welche Voraussetzungen erfüllt sein müssen, damit durch den Betrieb eines Elektroautos wirklich kein Kohlenstoffdioxid gebildet wird.
b) Begründe, weshalb nicht nur bei der Produktion von Elektroautos Kohlenstoffdioxid freigesetzt wird, sondern auch beim Betrieb.

2 In Deutschland wird oft von der *Energiewende* gesprochen. Recherchiere, was man unter diesem Begriff versteht.

3 a) Recherchiere den Preis einer Kilowattstunde und den Verbrauch an elektrischer Energie in eurem Haushalt.
b) Diskutiere Möglichkeiten, im eigenen Haushalt Energiekosten zu sparen.

15.13 Energie aus Sonnenlicht

1 *Haus mit Solarzellen und Sonnenkollektoren*

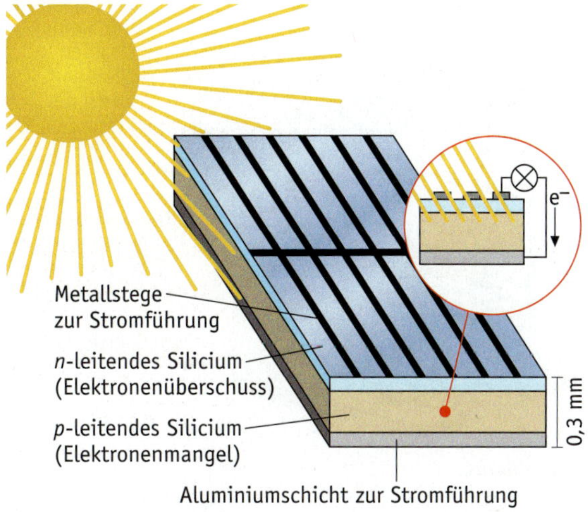

2 *Schema einer Solarzelle*

Die Diskussionen um Klimawandel und den Ausstieg aus der Kernenergie haben zusammen mit weiter steigenden Preisen für fossile Energieträger das Interesse an der Sonnenenergie erheblich gefördert. Dabei unterscheidet man zwei Arten der Nutzung: Mithilfe von Solarzellen lässt sich Sonnenenergie in elektrische Energie umwandeln. Man spricht dann von *Photovoltaik*. Bei der *Solarthermie* nutzt man die Sonnenwärme direkt zum Heizen mithilfe von Sonnenkollektoren.

Solarzellen. Die bläulich glänzenden Siliciumschichten der Solarzellen wandeln Sonnenlicht direkt in elektrische Energie um: Eine Solarzelle besteht aus zwei unterschiedlichen Schichten von kristallinem Silicium. Jedes Silicium-Atom ist mit seinen vier Außenelektronen mit vier anderen Silicium-Atomen über eine Elektronenpaarbindung verbunden. In die obere Schicht, die *n*-Schicht, sind in geringen Mengen Atome mit fünf Außenelektronen eingelagert, von denen aber nur vier an Bindungen beteiligt werden. Das fünfte Elektron ist frei beweglich. In die untere Schicht, die *p*-Schicht, baut man Atome mit nur drei Außenelektronen ein. Hier entsteht also eine Elektronenlücke.

Trifft Licht auf die *n*-Schicht, werden die frei beweglichen Elektronen in die *p*-Schicht verschoben. Dadurch entsteht eine elektrische Spannung, die abgeleitet werden kann. Durch eine Reihenschaltung mehrerer Siliciumplatten wird die Spannung auf den gewünschten Wert erhöht (Abb. 2).

Die mit Solarzellen gewonnene elektrische Energie kann direkt genutzt oder in das Stromnetz eingespeist werden. Dafür gibt es dann eine besonders hohe Vergütung, die mit den Kosten für elektrische Energie verrechnet wird.

Sonnenkollektoren. Häufig sieht man auf Dächern schwarz erscheinende Platten. Diese Sonnenkollektoren bestehen im einfachsten Fall aus einem flachen Metallkasten, in dem ein mehrfach in Schleifen gelegtes Kupferrohr auf einer schwarzen Platte montiert ist. Der Kasten ist mit Kunststoffplatten abgedeckt, die für sichtbares Licht und Infrarotstrahlung durchlässig sind. Die Sonnenstrahlung erwärmt zunächst die schwarze Platte; diese überträgt die Wärme auf eine im Kupferrohr zirkulierende Flüssigkeit. Ein Wärmetauscher gibt die Wärme an das Heizsystem oder die Wasserversorgung des Hauses ab.

Solarzellen wandeln die Sonnenenergie in elektrische Energie um. Sonnenkollektoren speichern die Wärme der Sonneneinstrahlung.

1. Beschreibe den Unterschied zwischen einer Solarzelle und einem Sonnenkollektor.
2. Eine Photovoltaik-Firma wirbt mit dem Spruch: *Kostenloser Strom – die Sonne macht's möglich.* Nimm zu dieser Aussage kritisch Stellung.
3. Recherchiere, wie die Bundesregierung den Bau von Solaranlagen fördert.
4. Skizziere einen Modellversuch, mit dem du die Funktionsweise eines Sonnenkollektors zeigen kannst.
5. Informiere dich über Solarmobile und Solarflugzeuge.
6. a) Erkläre, welche Eigenschaften eine Flüssigkeit haben muss, die in einem Sonnenkollektor verwendet wird.
   b) Recherchiere, welche Flüssigkeiten in Sonnenkollektoren Verwendung finden. Erläutere, wie weit sie die in a) beschriebenen Anforderungen erfüllen.

15.14 Treibhauseffekt und Erderwärmung

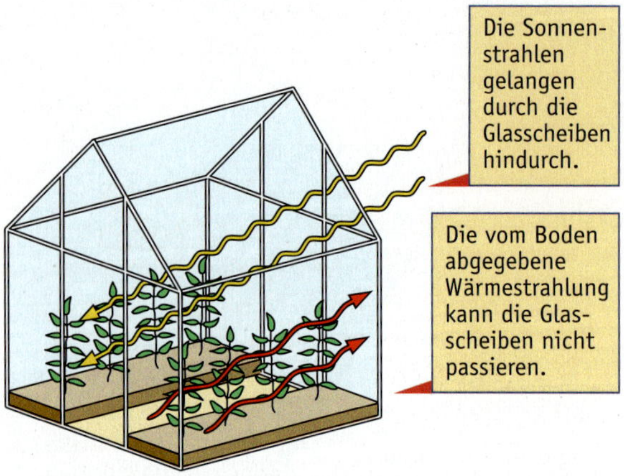

1 *Treibhaus*

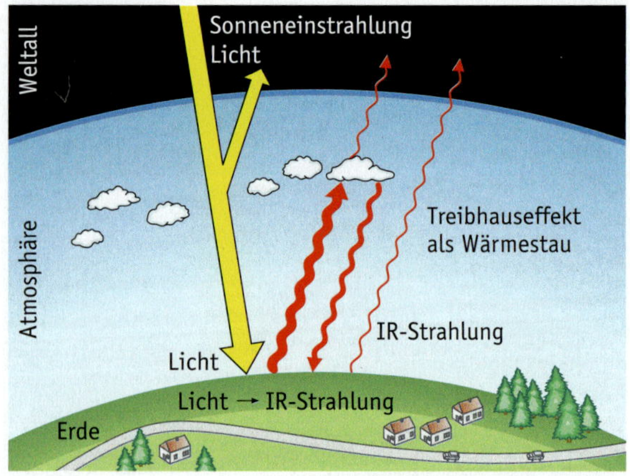

2 *Treibhauseffekt der Atmosphäre*

Sitzt man im Klassenraum und schaut aus dem Fenster, kann man das *Wetter* beobachten. Im Gegensatz zu diesen eher kurzfristigen Erscheinungen versteht man unter dem **Klima** das Wettergeschehen in sämtlichen Regionen der Welt über einen längeren Zeitraum. Die natürliche Veränderung des Klimas wird als Klimawandel bezeichnet. Wärmere und kühlere Perioden wechselten sich in der Erdgeschichte immer wieder ab. Diese Klimawandel wurden zu einem großen Teil durch die Veränderung der Sonneneinstrahlung ausgelöst.

Die Sonnenstrahlen, die auf die Erde treffen, werden teilweise reflektiert und teilweise durch Wolken, Wasserdampf, Staub und Ozon absorbiert. Nur etwa die Hälfte der eingestrahlten Energie gelangt bis zur Erdoberfläche und wird dort ebenfalls absorbiert. Rein rechnerisch führt die Energie der Sonne, die vom Ozean und von der Erdoberfläche aufgenommen wird, zu einer mittleren Temperatur auf der Erde von nur −18 °C. Tatsächlich aber beträgt die mittlere Temperatur angenehme und lebensfreundliche +15 °C.

Natürlicher Treibhauseffekt. Die Temperaturdifferenz von 33 K zwischen den errechneten −18 °C und den tatsächlichen +15 °C muss auf einen Wärmestau in der Atmosphäre zurückgeführt werden. Denn die Erde strahlt ebensoviel Energie in den Weltraum ab wie die Sonne auf die Erde einstrahlt: Anderenfalls wäre die Temperatur nicht konstant. Da die Verhältnisse in der Atmosphäre mit denen in einem Treibhaus aus Glas vergleichbar sind, spricht man hier vom *Treibhauseffekt* der Atmosphäre.

Bei einem Treibhaus bestehen Wände und Dach aus Glas. Aus den Eigenschaften dieses Materials erklärt sich die Funktion eines Treibhauses: Glas lässt das von der Sonne eingestrahlte Licht ohne weiteres durch. Das Licht erwärmt den Boden, der dann Wärme abstrahlt. Die Wärmestrahlung, die vom Boden ausgeht, kann allerdings das Glas nicht durchdringen. Sie wird daher im Treibhaus zurückgehalten. So kommt es zu einem Wärmestau und zu einer Temperaturerhöhung: Die Temperatur im Inneren des Treibhauses liegt um 10 °C bis 20 °C über der Außentemperatur (Abb. 1).

Die Atmosphäre hat zwar kein Glasdach, aber bestimmte Gase zeigen die gleichen Eigenschaften wie Glas: Sie lassen die Lichtstrahlung ohne weiteres passieren. Dadurch wird die Erdoberfläche erwärmt. Die von ihr ausgehende Wärmestrahlung (Infrarotstrahlung, IR-Strahlung) wird aber in der Atmosphäre absorbiert und so zurückgehalten. Dieser Wärmestau bewirkt eine Erhöhung der mittleren Temperatur von −18 °C auf +15 °C; er wird als *natürlicher Treibhauseffekt* bezeichnet (Abb. 2).

Bereits im 19. Jahrhundert identifizierte der irische Physiker John TYNDALL Wasserdampf und Kohlenstoffdioxid als treibhauswirksame Gase. Zu den wichtigsten natürlichen Treibhausgasen gehören außerdem Ozon, Methan und das durch Bodenbakterien gebildete Distickstoffmonooxid. Die Konzentrationen dieser Gase werden häufig als Volumenanteil in ppm (parts per million) angegeben. Der Volumenanteil von Kohlenstoffdioxid in der Atmosphäre beträgt rund 400 ppm; auf eine Million Teilchen in der Luft kommen also 400 CO_2-Moleküle. Der Anteil von Methan beträgt 1,7 ppm.

Die durchschnittliche Temperatur auf der Erde war schon häufig drastischen Schwankungen unterworfen. Das kann man heute durch die Untersuchung von Eisbohrkernen aus der Antarktis für die letzten 400 000 Jahre belegen. Ebenso lässt sich der Kohlenstoffdioxidgehalt der Atmosphäre vergangener Jahrtausende aus Eisbohrkernen rekonstruieren. Die Untersuchungen haben gezeigt, dass die globale Temperatur einen ähnlichen Verlauf genommen hat wie der Kohlenstoffdioxidgehalt der Atmosphäre (Abb. 3 und 4).

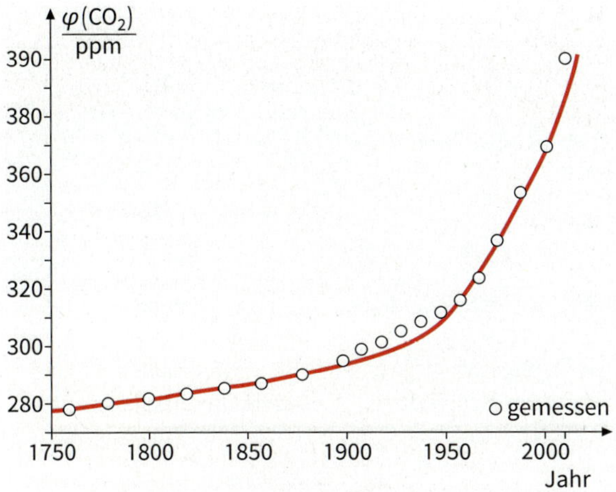

3 *Anstieg des CO_2-Gehalts der Atmosphäre seit 1750*

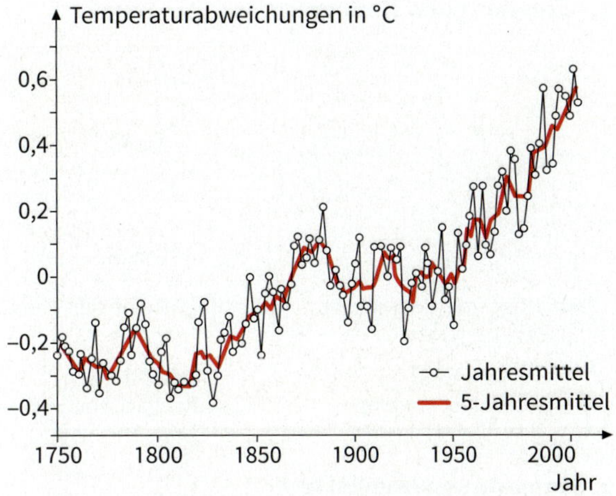

4 ***Abweichung der globalen Temperatur der Erde von der Durchschnittstemperatur der Jahre 1880 bis 2006***

Anthropogener Treibhauseffekt. In der zweiten Hälfte des 18. Jahrhunderts begann die Industrialisierung in England und erfasste dann schrittweise ganz Europa und Nordamerika, ab der Mitte des vorigen Jahrhunderts auch Asien und Lateinamerika. Gleichzeitig nahm auch die Weltbevölkerung deutlich zu. Industrielle Produktion und eine zunehmende Anzahl an Menschen bedeuten einen höheren Umsatz an Rohstoffen und an Energie. Die dabei entstehenden Verbrennungsprodukte gelangen in die Atmosphäre. Seit Beginn der Industrialisierung steigt daher der Gehalt an Kohlenstoffdioxid in der Atmosphäre. Seit der Mitte des letzten Jahrhunderts wird der Anstieg noch steiler (Abb. 3).

Dieser Anstieg dauert heute weiter an: Durch die zunehmende Verbrennung von Kohle, Erdgas und Erdöl, aber auch durch Brandrodung gelangt immer mehr Kohlenstoffdioxid in die Atmosphäre. Gleichzeitig wird der Anteil an weiteren Treibhausgasen in der Atmosphäre durch die Aktivitäten des Menschen verändert: So wird vermehrt Methan durch Massentierhaltung und aus Reisfeldern sowie bei der Förderung und beim Transport von Erdgas freigesetzt. Hinzu kamen in den letzten Jahrzehnten noch völlig neue treibhauswirksame Stoffe – vor allem Fluorchlorkohlenwasserstoffe (FCKW), die als Treibgase in Spraydosen und als Kältemittel verwendet wurden. Die Erhöhung der Konzentration an Treibhausgasen durch menschliche Aktivitäten bewirkt einen zusätzlichen Treibhauseffekt, den *anthropogenen Treibhauseffekt* (griech. *anthropos:* Mensch; *genesis:* Entstehung).

Gleichzeitig ist die globale Durchschnittstemperatur in den letzten Jahrzehnten angestiegen: Seit 1940 ist eine Zunahme der mittleren Lufttemperatur um 0,6 °C zu beobachten (Abb. 4). Dieser Wert erscheint nicht sehr bedeutend, er weist aber auf einen Klimawandel hin: Inzwischen wird die sommerliche Eisfläche in der Arktis jedes Jahrzehnt kleiner, die Gletscher in den Hochgebirgen schmelzen ab und in den letzten Jahren stieg der Meeresspiegel durch die Wärmeausdehnung des Wassers an.

Wie drastisch die Folgen des Klimawandels sein werden, lässt sich nicht zuverlässig vorhersagen. Vermutlich wird jedoch der Lebensraum für Pflanzen, Tiere und Menschen durch Dürre und Hitzewellen und auch durch eine Versauerung der Ozeane durch eine verstärkte Aufnahme von Kohlenstoffdioxid eingeschränkt.

Die auf der Erdoberfläche herrschende Durchschnittstemperatur von 15 °C wird vor allem durch den natürlichen Treibhauseffekt bestimmt. Der seit einigen Jahrzehnten zu beobachtende Anstieg der Durchschnittstemperatur lässt sich auf die Auswirkungen menschlicher Aktivitäten zurückführen.

1 Erkläre, wie der natürliche Treibhauseffekt entsteht.
2 Informiere dich über anthropogen bedingte Methanquellen.
3 Berechne den prozentualen Anstieg des Kohlenstoffdioxidgehalts der Atmosphäre von 1970 bis 2000.
4 Recherchiere, wie man die Temperatur in Jahrtausende zurückliegenden Zeiten ermitteln kann.
5 Manche Wissenschaftler haben Zweifel an dem Zusammenhang zwischen Kohlenstoffdioxidgehalt der Atmosphäre und der Erderwärmung. Suche im Internet nach kritischen Beiträgen zur aktuellen Diskussion und erstelle eine Übersicht über die vorgebrachten Argumente.

1. Einteilung und Merkmale

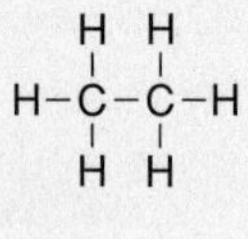	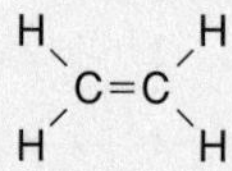	H−C≡C−H	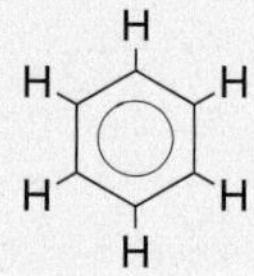
Ethan	Ethen	Ethin	Benzol
homologe Reihe der Alkane C_nH_{2n+2} gesättigt C–C-Einfachbindung	homologe Reihe der Alkene C_nH_{2n} ungesättigt C=C-Zweifachbindung	homologe Reihe der Alkine C_nH_{2n-2} ungesättigt C≡C-Dreifachbindung	Aromaten aromatisch besonderes Bindungssystem

2. Isomerie und Nomenklatur

Isomere Verbindungen haben die gleiche Molekülformel, besitzen aber unterschiedliche Strukturen.
Die Benennung organischer Verbindungen erfolgt nach internationalen Nomenklaturregeln.

C_4H_{10}	C_4H_8		C_6H_{12}
$CH_3-CH_2-CH_2-CH_3$	$CH_2=CH-CH_2-CH_3$	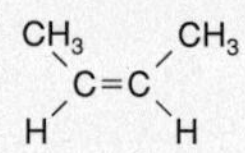	$CH_2=CH-CH_2-CH_2-CH_2-CH_3$
Butan	But-1-en	*cis*-But-2-en	Hex-1-en
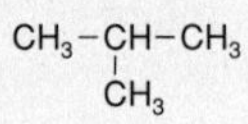	$CH_3-CH=CH-CH_3$	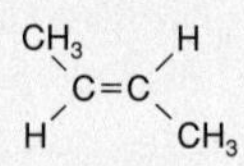	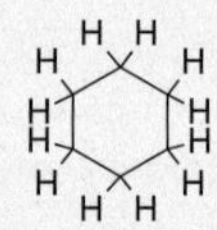
2-Methylpropan	But-2-en	*trans*-But-2-en	Cyclohexan
unterschiedliche Verzweigung	unterschiedliche Lage der C=C-Zweifachbindung	unterschiedliche Stellung der CH_3-Gruppen	Kette oder Ring

3. Eigenschaften

a) Schmelz- und Siedetemperaturen. Zwischen den unpolaren Molekülen der Kohlenwasserstoffe wirken schwache Anziehungskräfte, die Van-der-Waals-Bindungen. Kohlenwasserstoffe schmelzen und sieden bei niedrigen Temperaturen. Mit steigender Molekülgröße nehmen die Schmelz- und Siedetemperaturen wegen der stärker werdenden Van-der-Waals-Bindungen zu.

b) Löslichkeit. Stoffe ähnlicher Polarität sind ineinander löslich. Kohlenwasserstoffe mischen sich mit lipophilen Stoffen, lösen sich aber nicht in hydrophilen Lösemitteln wie Wasser. Kohlenwasserstoffe sind hydrophob.

4. Reaktionen

a) Substitution. In einem Molekül wird ein Atom oder eine Atomgruppe durch ein anderes Atom oder eine Atomgruppe ersetzt.

$$\underset{\text{Hexan}}{C_6H_{14}} + \underset{\text{Brom}}{Br_2} \xrightarrow{\text{Licht}} \underset{\text{Bromhexan}}{C_6H_{13}Br} + \underset{\text{Bromwasserstoff}}{HBr}$$

b) Addition. Ein Molekül wird an eine C / C-Mehrfachbindung eines ungesättigten Kohlenwasserstoffs addiert.

c) Eliminierung: Aus einem Molekül wird unter Ausbildung einer C/C-Mehrfachbindung ein Molekül abgespalten.

$$\underset{\text{Ethen}}{CH_2=CH_2} + \underset{\text{Brom}}{Br_2} \underset{\text{Eliminierung}}{\overset{\text{Addition}}{\rightleftharpoons}} \underset{\text{1,2-Dibromethan}}{CH_2Br-CH_2Br}$$

5. Fossile Energieträger

Kohle: entstanden aus abgestorbenem Pflanzenmaterial; steigender Kohlenstoffanteil: Braunkohle, Steinkohle, Anthrazit.

Erdöl: entstanden aus abgestorbenem Plankton; enthält hauptsächlich feste und flüssige Kohlenwasserstoffe.

Erdgas: ebenfalls aus abgestorbenem Plankton entstanden; enthält hauptsächlich gasförmige Kohlenwasserstoffe.

6. Erdölaufbereitung

Durch Reinigung von Erdöl entsteht Rohöl. Es enthält Kohlenwasserstoffverbindungen mit unterschiedlicher Kettenlänge.

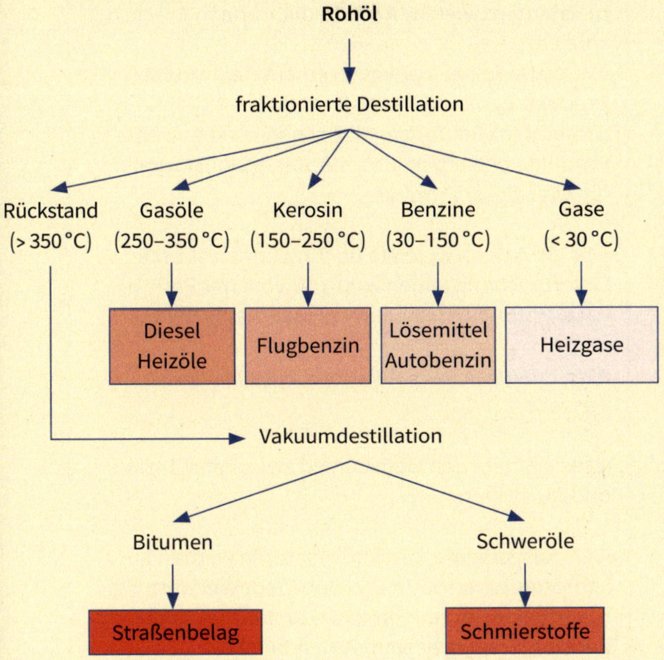

8. Alternative Energieträger

Kohlenhydrathaltige und ölhaltige Pflanzen können als nachwachsende Rohstoffe zur Herstellung von Bioethanol oder Biodiesel verwendet werden.

Die Energie der Sonne lässt sich mithilfe von Solarzellen (Photovoltaik) zur Gewinnung elektrischer Energie oder mit Sonnenkollektoren (Solarthermie) zur Warmwasserbereitung nutzen.

9. Treibhauseffekt

Das Sonnenlicht wird von der Erdoberfläche absorbiert und als Wärmestrahlung zurückgestrahlt. In der Atmosphäre wirken Gase wie Kohlenstoffdioxid, Wasserdampf und Methan wie das Glas eines Treibhauses: Sie verhindern, dass Wärme entweicht. Dieser *natürliche Treibhauseffekt* erhöht die Durchschnittstemperatur auf 15 °C.

Die vom Menschen verursachte zusätzliche Abgabe von Kohlenstoffdioxid, Methan und anderen Treibhausgasen verursacht den *anthropogenen Treibhauseffekt*. Er ist eine mögliche Ursache für den Klimawandel.

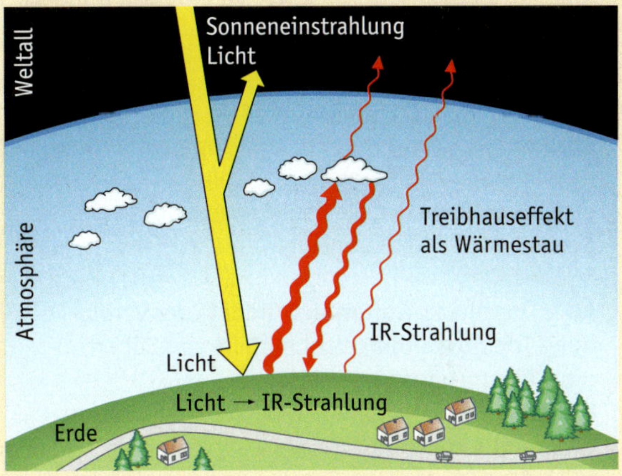

7. Cracken und Reforming

Aus langkettigen Kohlenwasserstoffen entstehen durch Cracken kurzkettige Kohlenwasserstoffe. Beim Reformieren erhält man aus geradkettigen Kohlenwasserstoffen Kohlenwasserstoffe mit verzweigten oder ringförmigen Molekülen.

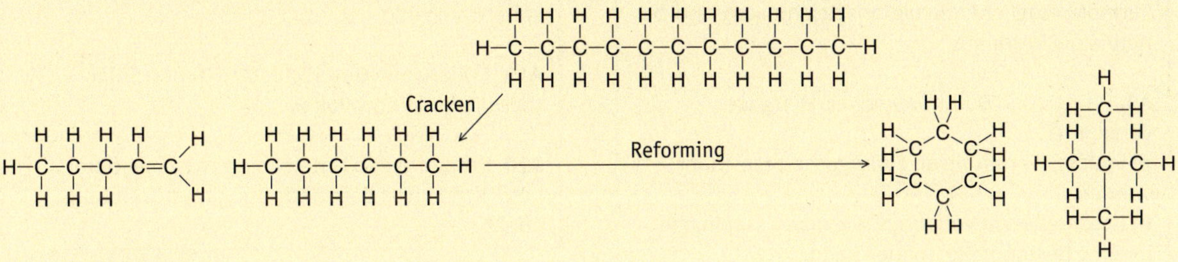

Chemie der Kohlenwasserstoffe

Teste dich

A1 Erläutere die Begriffe *gesättigte Kohlenwasserstoffe* und *ungesättigte Kohlenwasserstoffe*.

A2 **a)** Gib den Hauptbestandteil von Ruß an.
b) Erkläre, warum die Flammen von Ethan, Ethen und Ethin unterschiedlich stark rußen.

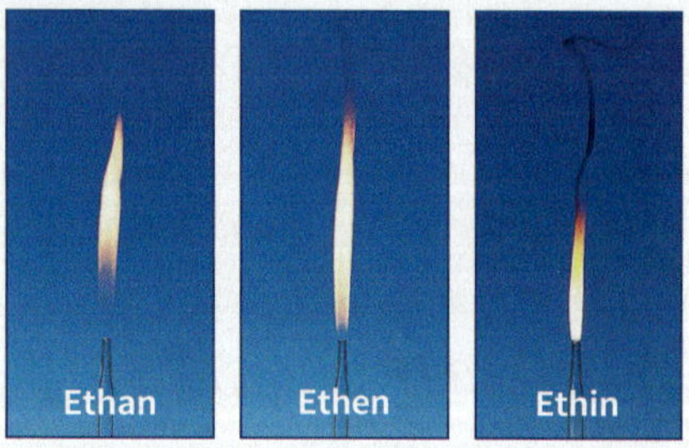

A3 Zeichne das Octan-Isomer mit der kürzesten Hauptkette und den meisten Methyl-Gruppen als Seitenketten.

A4 Benenne die folgenden Verbindungen:

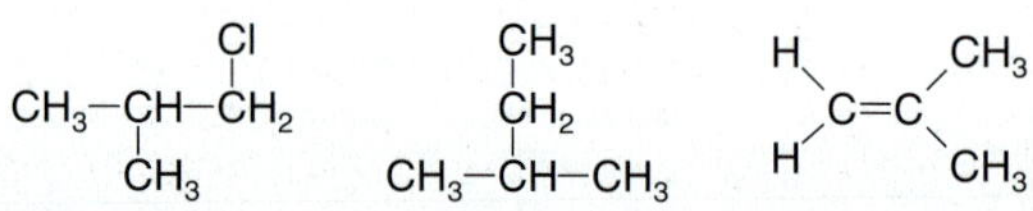

A5 Brom kann mit Propan, mit Propen und mit Propin reagieren. Formuliere jeweils die Reaktionsgleichung. Benenne die Reaktionsprodukte und den jeweiligen Reaktionstyp.

A6 **a)** Erläutere, warum sich Chlor in der Verbindung Trichlormethan nicht mithilfe von Silbernitratlösung nachweisen lässt.
b) Schlage eine geeignete Nachweisreaktion vor. Beschreibe kurz den Versuch.

A7 Formuliere für die Hydrierung von Propen und für die Dehydrierung von Propan Reaktionsgleichungen. Benenne den jeweiligen Reaktionstyp.

A8 Bei der Addition von Chlorwasserstoff an Propen können verschiedene Isomere entstehen. Formuliere die möglichen Reaktionsgleichungen und benenne die Produkte.

A9 Propan und Butan werden als Heizgase verwendet.
a) Erkläre, warum sie als Flüssiggase bezeichnet werden.
b) Beschreibe ein Verfahren, wie man Campinggas in seine Bestandteile trennen kann.

A10 Beschreibe die Entstehung von Kohle, Erdöl und Erdgas.

A11 Gib an, wodurch sich Braunkohle und Steinkohle unterscheiden.

A12 Erkläre, warum man Erdölfraktionen, die erst ab 350 °C sieden, unter Vakuum destilliert.

A13 Beim Crackprozess entstehen kurzfristig Radikale, die dann weiterreagieren. Beispiele sind:

$\cdot CH_2-[CH_2]_3-CH_2\cdot$ $\quad$ $CH_3-\dot{C}H-CH_2-CH_3$

$CH_3\cdot$ $\quad$ $CH_3-CH_2-CH_2\cdot$ $\quad$ $\cdot CH_2-CH_3$

a) Erkläre, was man unter einem Radikal versteht.
b) Erläutere, welche Rolle Radikale beim Cracken spielen.
c) Das Diradikal reagiert zu einem ringförmigen Produkt. Benenne dieses Produkt.
d) Aus den vier übrigen Radikalen können weitere Produkte entstehen. Erstelle die Strukturformeln für zwei dieser Produkte.

A14 Erläutere, weshalb der Crackprozess ohne Unterbrechung laufen kann, obwohl der Perlkatalysator durch gebildeten Ruß inaktiv wird.

A15 Erläutere, was man unter Klopffestigkeit versteht.

A16 Erläutere den Unterschied zwischen Benzin und Dieselkraftstoff.

A17 Ausgediente Autokatalysatoren werden aus Schrottautos entfernt und der Wiederverwertung zugeführt. Erläutere, welcher Bestandteil in diesem Zusammenhang besonders gefragt ist.

A18 Bei der Verbrennung von fossilen Energieträgern sowie von Bioethanol oder Biodiesel wird Kohlenstoffdioxid frei. Erläutere, warum sich die Verbrennung von fossilen Energieträgern dennoch stärker auf den Kohlenstoffdioxidgehalt der Atmosphäre auswirkt.

A19 Erkläre den Unterschied zwischen Solarthermie und Photovoltaik.

A20 Erläutere den Unterschied zwischen dem natürlichen und dem anthropogenen Treibhauseffekt.

Lösungen stehen im Anhang.

B1 a) Erkläre die nebenstehenden Begriffe.
b) Verknüpfe die Begriffe zu einer Conceptmap.
c) Übertrage die Begriffe und deine Erklärungen in digitale Karteikarten.

B2 Erläutere, welches Missgeschick in der Küche zeigt, dass Milch organische Verbindungen enthält.

B3 a) Erkläre das Vorkommen von Methan im Sumpfgas, im Faulgas, im Grubengas und im Methanhydrat.
b) Erläutere den Begriff *Schlagende Wetter*.
c) Erkläre das Auftreten von Irrlichtern im Moor.

B4 Schlage ein Lösemittel vor, mit dem man einen Ölfleck aus der Kleidung entfernen kann. Erkläre die Wirkung des Lösemittels.

B5 Bei starkem Frost können Dieselkraftstoff und Heizöl ausflocken. Erkläre diesen Vorgang. Erläutere, welche unangenehmen Folgen das Ausflocken bei Dieselfahrzeugen hat.

B6 Einen Benzinbrand darf man nicht mit Wasser löschen.
a) Begründe diese Vorschrift.
b) Schlage eine bessere Methode für die Bekämpfung eines Benzinbrandes vor. Erläutere deinen Vorschlag.

B7 Bei Dienen unterscheidet man kumulierte (benachbarte), konjugierte (durch nur eine Einfachbindung getrennte) und isolierte (durch mehr als eine Einfachbindung getrennte) C=C-Zweifachbindungen.
Gib als Beispiel jeweils ein Pentadien-Isomeres mit Strukturformel und Namen an.

B8 *cis*-1,2-Dichlorethen siedet bei 60 °C, während *trans*-1,2-Dichlorethen bereits bei 48 °C siedet.
a) Zeichne die Strukturformeln der beiden Isomere.
b) Gib an, welches der beiden Moleküle polar ist. Begründe deine Aussage.
c) Erkläre die unterschiedlichen Siedetemperaturen.

B9 In einem Rundkolben wird Wasser bis zum Sieden erhitzt. Anschließend wird der Kolben mit einem Stopfen verschlossen und unter fließendem kaltem Wasser gekühlt. Man beobachtet, dass das Wasser beim Abkühlen zunächst aufhört zu sieden. Nach kurzer Zeit steigen aber erneut Blasen auf. Erkläre diese Beobachtung.

Die wichtigsten Begriffe

- organische Chemie
- Alkane, Alkene, Alkine
- homologe Reihe
- Nomenklatur
- Isomerie, *cis-trans*-Isomerie
- Van-der-Waals-Bindung
- Substitution, Addition, Eliminierung
- Halogenkohlenwasserstoffe
- Ozonschicht
- fossile Energieträger: Kohle, Erdöl, Erdgas
- Erdöldestillation
- Cracken, Reforming
- Auto-Abgaskatalysator
- Bioethanol, Biodiesel, Biogas
- Solarthermie, Photovoltaik
- natürlicher und anthropogener Treibhauseffekt

B10 In Braunkohle, Steinkohle und Anthrazit kommen auf 100 Kohlenstoff-Atome unterschiedlich viele Stickstoff-, Wasserstoff- und Sauerstoff-Atome. Dabei ergeben sich folgend Atomanzahlverhältnisse:

Braunkohle: $N(C) = 100; N(H) = 148; N(O) = 26; N(N) = 1$

Steinkohle: $N(C) = 100; N(H) = 128; N(O) = 11; N(N) = 2$

Anthrazit: $N(C) = 100; N(H) = 49; N(O) = 1; N(N) = 2$

a) Berechne den prozentualen Massenanteil von Kohlenstoff und von Wasserstoff für jede Kohlenart.
b) Setze den Kohlenstoffanteil in Bezug zum Alter der Kohlen.

B11 a) Erläutere, welche Schadstoffe beim Betrieb eines Autos mit Ottomotor entstehen.
b) Formuliere Reaktionsgleichungen für die Umsetzung der Schadstoffe am Auto-Abgaskatalysator.
c) Begründe, weshalb der Auto-Abgaskatalysator direkt nach dem Starten des Motors nicht optimal arbeitet.

B12 Aus Erdöl werden sehr viele Produkte des Alltags hergestellt. Liste alle Gegenstände aus deinem Zimmer auf, die es ohne Erdöl nicht gäbe.

B13 In Deutschland werden immer mehr Biogasanlagen gebaut. Sammle Argumente für eine Pro-Contra-Diskussion mit dem Thema *Ist Biogas wirklich ökologisch?*

C1 Forscher in Not

1 *Extreme Kälte erfordert eine spezielle Ausrüstung*

Die Forscher MATEO und REMY befinden sich auf einer mehrtägigen Tour durch die Antarktis. Sie sind am ersten Tag früh aufgebrochen und viele Stunden bei –8 °C gelaufen. Am Nachmittag möchten sie sich ausruhen, aufwärmen und eine warme Mahlzeit zubereiten. MATEO hat einen Gaskocher und eine Gaslampe eingepackt, REMY hat die gleichen Ausrüstungsgegenstände, aber in einer benzinbetriebenen Ausführung mitgenommen. Ein neues Gasfeuerzeug hatte MATEO ebenfalls im Rucksack verstaut. Als MATEO seinen Gaskocher anzünden will, gelingt es ihm nicht, das neue Gasfeuerzeug zu zünden. Bei einem Test im Geschäft funktionierte das Feuerzeug noch einwandfrei.

a) MATEOs neues Gasfeuerzeug ist mit Butangas gefüllt. Erkläre, warum es nicht funktioniert, obwohl es nicht beschädigt ist.
b) Beschreibe, wie MATEO sein Feuerzeug doch noch in Betrieb setzen kann.
c) Nenne Alternativen, mit denen sich bei tiefen Temperaturen besser Feuer machen lässt.
d) In den Polargebieten können die Temperaturen nachts bei einem Schneesturm auch unter –45 °C fallen. Erläutere, was dies für den Gaskocher und die Gaslampe bedeutet, wenn beide mit Propangas betrieben werden.
e) Begründe die Entscheidung, eine Benzinlampe und einen Benzinkocher zu kaufen, obwohl diese Geräte teurer sind als die entsprechenden gasbetriebenen Geräte.
f) Als REMY aus einer Vorratsflasche die Benzinlampe neu befüllen will, läuft ihm versehentlich etwas Benzin über die Finger. Nach kurzer Zeit schreit er laut auf. Erkläre, warum er plötzlich so starke Schmerzen verspürt.

C2 Kohlenwasserstoffe als Kältemittel

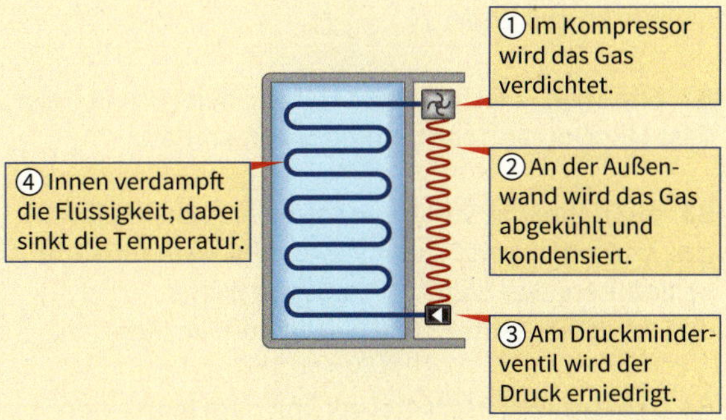

2 *Kältekreislauf eines Kompressor-Kühlschranks*

Im Kühlaggregat eines Kühlschranks wird ein Kältemittel in einem geschlossenen Kreislauf geführt. Dabei erfährt es mehrere Änderungen seines Aggregatzustands: Beim Übergang vom inneren in den äußeren Bereich des Kühlaggregats wird das gasförmige Kältemittel zunächst in einem Kompressor verdichtet. Dadurch erwärmt sich das Kältemittel, bleibt aber gasförmig ①. Danach strömt das Gas durch Leitungsschlangen auf der rückwärtigen Außenwand des Kühlschranks und wird dort durch die Umgebungsluft abgekühlt. Dadurch wird das Kältemittel wieder flüssig ②. Die Flüssigkeit strömt dann durch ein Druckminderventil in die Leitungsschlangen im inneren Bereich des Kühlschranks. Aufgrund des Druckabfalls verdunstet dann das Kältemittel hier wieder ③. Die notwendige Verdampfungswärme entnimmt die verdampfende Flüssigkeit aus dem Innenraum des Kühlschranks, der sich dadurch abkühlt ④. Danach beginnt der Vorgang wieder von vorne.
Als Kühlmittel wurden lange Zeit eine Vielzahl von halogenierten Kohlenwasserstoffen genutzt. Inzwischen verwendet man zunehmend Propan-Butan-Gemische.

a) Erkläre, warum das Kältemittel in den Leitungen innerhalb des Kühlschrank verdampft, aber außerhalb kondensiert.
b) Vergleiche den Vorgang im Kompressor mit dem Aufpumpen eines Fahrradschlauchs.
c) Erläutere, welche Vorteile Halogenkohlenwasserstoffe als Kältemittel gegenüber Kohlenwasserstoffen haben.
d) Inzwischen ist die Verwendung halogenierter Kohlenwasserstoffe weitgehend verboten. Begründe diese gesetzliche Maßnahme ausführlich.
e) Schlage Maßnahmen vor, mit denen man Schadwirkungen durch Kältemittel verringern kann.

C3 Treibhauseffekt

3 *Treibhaus einer Gärtnerei*

In Gärtnereien nutzt man Frühbeete und Treibhäuser aus Glas, um schon früh im Jahr kälteempfindliche Pflanzen heranzuziehen und so die Gartensaison zu verlängern.

a) Plane den Bau eines Modelltreibhauses aus einem Schuhkarton, Plastikfolie und schwarzer Pappe.

b) Stellt man nun das selbst gebaute Treibhausmodell draußen bei 20 °C in die Sonne, lassen sich folgende Temperaturen messen:

Zeit in min	oben offenes Modell	zusätzlich mit Folie bedeckt	zusätzlich Boden aus schwarzer Pappe
0	20 °C	20 °C	20 °C
5	20 °C	20,5 °C	20,9 °C
10	20,5 °C	21,3 °C	23 °C
15	21 °C	21,9 °C	24,3 °C
20	21 °C	22,2 °C	25,8 °C

Erkläre den Treibhauseffekt in der Atmosphäre mithilfe der angegebenen Messdaten.

c) Erkläre, wie man den Temperatureffekt in dem Modelltreibhaus noch vergrößern könnte.

d) Ein Sonnenkollektor nutzt ein ähnliches Prinzip. Erstelle eine Skizze eines Sonnenkollektors zur Warmwasserbereitung.

e) Die Zunahme der globalen Durchschnittstemperatur der Atmosphäre soll mit der Zunahme der CO_2-Konzentration zusammenhängen. Erkläre, welche Prozesse die größten Mengen an CO_2 freisetzen.

f) Folgende Werte sind gegeben:
CO_2-Gehalt in der Atmosphäre bis 1850: 280 ppm
CO_2-Gehalt im Jahr 2010: 390 ppm
Berechne den jährlichen CO_2-Anstieg in ppm.

C4 Kohleverflüssigung

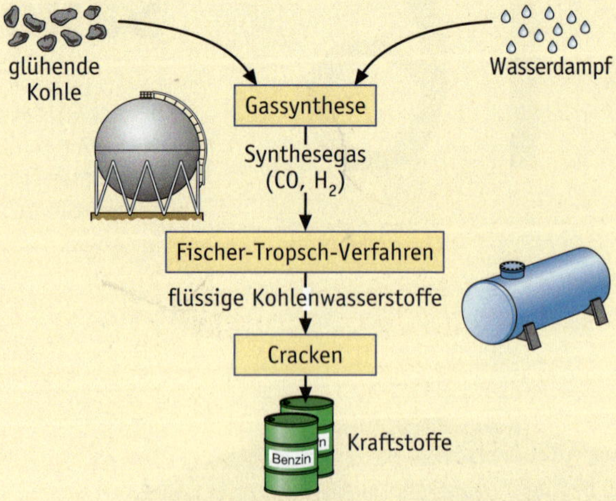

4 *Fischer-Tropsch-Verfahren*

In der Abbildung sind die Schritte des Fischer-Tropsch-Verfahrens vereinfacht dargestellt. Mit diesem Verfahren kann man aus Kohle Kraftstoffe herstellen. Man spricht daher auch von der *Kohleverflüssigung*.

a) Erkläre in eigenen Worten den Ablauf der Kohleverflüssigung anhand des oben abgebildeten Schemas.

b) Formuliere die Reaktionsgleichung für die Bildung des Synthesegases aus Kohle und Wasser.

c) Durch das Fischer-Tropsch-Verfahren entstehen aus dem Synthesegas langkettige gesättigte Kohlenwasserstoffe. Formuliere eine entsprechende Reaktionsgleichung für die Bildung von Dodecan.

d) Beim anschließenden Cracken von Dodecan erhält man unter anderem Pentyl-Diradikale, Propyl-Radikale und Ethyl-Radikale. Zeichne die Strukturformeln dieser Radikale.

e) Die Radikale reagieren weiter. Zeige anhand der Strukturformeln, wie aus dem Pentyl-Diradikal ein ringförmiges Kohlenwasserstoff-Molekül entsteht.

f) Das Propyl-Radikal reagiert mit dem Ethyl-Radikal zu Propen und Ethan. Erstelle die Reaktionsgleichung. Verwende dabei Strukturformeln.

g) Überlege dir, welche Vorteile dieser Prozess in Deutschland gegenüber der Gewinnung von Dieselkraftstoff aus Erdöl haben könnte.

h) Als Alternative zu Kohle als Rohstoff könnte heute Biogas verwendet werden. Das darin enthaltene Methan kann mit Sauerstoff aus der Luft zu Synthesegas reagieren. Formuliere die Reaktionsgleichung für diese Reaktion.

Kapitel 16

Organische Sauerstoffverbindungen

Bei der Oxidation von Kohlenwasserstoffen entstehen Verbindungen in deren Molekülen neben Kohlenstoff-Atomen und Wasserstoff-Atomen auch Sauerstoff-Atome gebunden sind. Ein Beispiel für eine organische Sauerstoffverbindung ist Ameisensäure. Die Säure wird von Ameisen zur Abwehr von Feinden verspritzt.

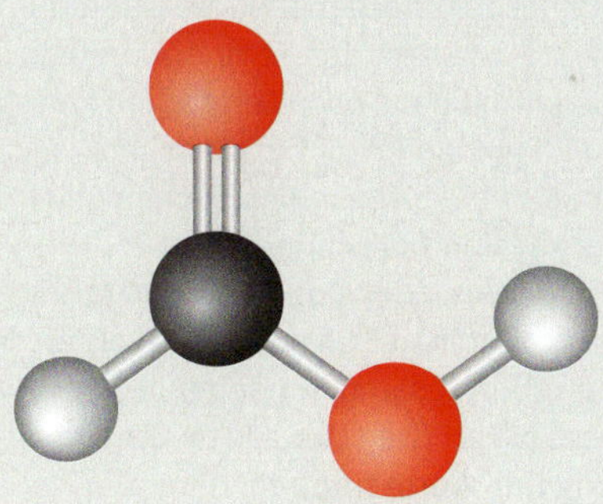

Winzer kontrollieren in der Reifungsphase der Weintrauben den Gehalt an Traubenzucker mit einem Refraktometer. Dazu tropfen sie etwas Traubensaft in das Messgerät und lesen dann das Mostgewicht ab. Das Mostgewicht ist ein Maß für die Dichte von Traubensaft. Die Dichte nimmt mit steigendem Zuckergehalt der Trauben zu.

Bei der Vergärung des Traubensaftes entsteht aus Zucker Alkohol (Weingeist). Deshalb hängt der Alkoholgehalt des Weines vom Zuckergehalt der Trauben ab. Außerdem werden die Blume (das Aroma) und der Geschmack des Weines durch einen hohen Zuckergehalt günstig beeinflusst.

Ende des 18. Jahrhunderts entdeckte der schwedische Chemiker Carl Wilhelm SCHEELE (Bild) einen leichtflüchtigen, stechend riechenden Stoff, der bei der Oxidation von Weingeist entsteht. Später nannte Justus von LIEBIG diesen Stoff alcoholus dehydrogenatus. Der heute gebräuchliche Name Aldehyd leitet sich von dieser Benennung ab. Zu den Aldehyden gehört auch Vanillin, das zum Aromatisieren von Speisen genutzt wird.

Eine weitere Stoffklasse mit geruchsintensiven Verbindungen sind die Ester. Sie bilden sich bei der Reaktion von Alkoholen mit Carbonsäuren. Ester finden sich in typischen Fruchtaromen und verleihen Parfums ihre besondere Duftnote.

Ein leichtes Knacken und im Wärmekissen kristallisiert in weniger als einer Minute ein weißer, salzartiger Stoff aus. Die Wärmeenergie, die dabei frei wird, lässt kalte Hände schnell wieder warm werden. Wärmekissen enthalten geschmolzenes Nariumacetat, ein Salz der Essigsäure.

Nachdem das Wärmekissen seine Aufgabe erfüllt hat, kann es wieder aktiviert werden: Es wird einfach in heißes Wasser gelegt. Das warme Wasser liefert die Schmelzwärme. Das Salz schmilzt und nach dem Abkühlen ist das Wärmekissen wieder einsatzfähig. Knickt man nun das Metallplättchen, das sich im Wärmekissen befindet, so kristalliert das Salz aus und die Kristallisationswärme wird als Wärmeenergie frei.

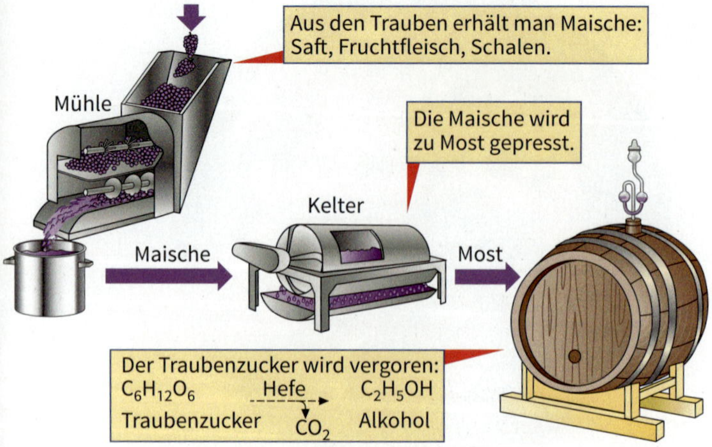

1 *Herstellung von Wein durch alkoholische Gärung*

2 *Ethanoldampf reagiert mit Magnesium*

Lässt man frisch gepressten Traubensaft stehen, so steigen nach einigen Tagen Gasbläschen auf. Ursache dafür ist die Vergärung des im Traubensaft enthaltenen Traubenzuckers (Glucose). Enzyme von Hefepilzen, deren Sporen sich überall auf Obst befinden, katalysieren bei dieser **alkoholischen Gärung** die Reaktion von Glucose zu Alkohol und Kohlenstoffdioxid. Der entstehende Alkohol wird chemisch als **Ethanol** oder *Ethylalkohol* bezeichnet, gelegentlich wird auch noch der althergebrachte Name *Weingeist* verwendet.

$$\underset{\text{Glucose}}{C_6H_{12}O_6(aq)} \xrightarrow{\text{Hefe}} 2\,\underset{\text{Ethanol}}{C_2H_6O(aq)} + 2\,\underset{\text{Kohlenstoffdioxid}}{CO_2(g)}$$

Winzer können mithilfe von Reinzuchthefen unter optimalen Bedingungen Wein mit einem Volmenanteil von 17 % Ethanol herstellen (Abb. 1). Bei höherem Alkoholgehalt sterben die Hefen ab.

Die Struktur des Ethanol-Moleküls. Ethanol ist mit Wasser in jedem Verhältnis mischbar. Die Flüssigkeit brennt mit bläulicher Flamme. Als Verbrennungsprodukte bilden sich Wasserdampf und Kohlenstoffdioxid. Ethanol-Moleküle enthalten also Wasserstoff-Atome und Kohlenstoff-Atome. Mit Magnesium reagiert Ethanol zu Magnesiumoxid und Wasserstoff (Abb. 2). Im Ethanol-Molekül muss demnach mindestens ein Sauerstoff-Atom gebunden sein. Atome anderer Elemente sind nicht nachweisbar. Eine quantitative Analyse ergibt für Ethanol die *Verhältnisformel* $\mathbf{C_2H_6O}$. Bei der Bestimmung der molaren Masse erhält man den Wert 46 $\frac{g}{mol}$. Die **Molekülformel** von Ethanol ist also ebenfalls $\mathbf{C_2H_6O}$. Für diese Molekülformel sind zwei isomere Strukturen möglich:

A) 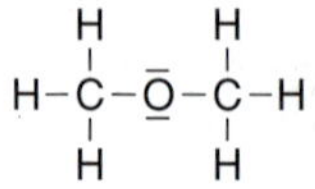

B) 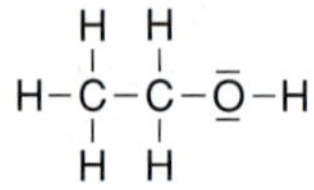

Mithilfe eines einfachen Experiments lässt sich entscheiden, welche der beiden Strukturformeln zutrifft: In ein Reagenzglas gibt man zu einigen Millilitern Ethanol ein Stückchen Natrium. Ähnlich wie bei der Reaktion mit Wasser bildet sich Wasserstoff und ein salzartiger Stoff, der in Ethanol in geringem Maße löslich ist. Allerdings reagiert Natrium mit Ethanol wesentlich langsamer als mit Wasser. Aus dieser Reaktion folgt, dass die Struktur A nicht richtig sein kann, denn vom Aufbewahren in Paraffinöl wissen wir, dass Natrium nicht mit Wasserstoff-Atomen in C–H-Bindungen reagiert. Die Struktur B weist hingegen – ähnlich wie ein Wasser-Molekül – ein an ein Sauerstoff-Atom gebundenes Wasserstoff-Atom auf. Aus der Reaktion von Ethanol mit Natrium kann man daher schließen, dass Ethanol-Moleküle eine **OH-Gruppe** enthalten, die an einen Ethyl-Rest gebunden ist.

Die Anwesenheit einer OH-Gruppe erklärt auch, warum Ethanol mit Wasser mischbar ist: Zwischen Ethanol-Molekülen und Wasser-Molekülen bilden sich Wasserstoffbrückenbindungen aus. Die Verbindung mit der Struktur A ist dagegen kaum wasserlöslich. Die OH-Gruppe wird auch als **Hydroxy-Gruppe** bezeichnet. Ethanol hat also die Strukturformel $\mathbf{CH_3–CH_2–OH}$.

Aufgrund der hohen Elektronegativität des Sauerstoff-Atoms sind die O–H-Bindung und die C–O-Bindung im Ethanol-Molekül polar. Das Sauerstoff-Atom hat deshalb eine negative Teilladung (δ^-). Das Wasserstoff-Atom der OH-Gruppe und das Kohlenstoff-Atom, das die OH-Gruppe trägt, tragen beide eine positive Teilladung (δ^+). Die Elektronendichteverteilung des Ethanol-Moleküls bestätigt die Polarität der Bindungen.

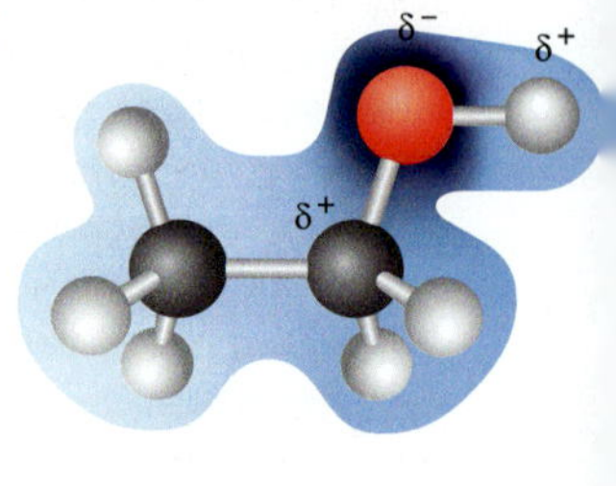

Herstellung und Verwendung von Ethanol. Die Gewinnung von Alkohol aus Fruchtsäften ist schon seit dem Altertum bekannt. Heute werden pro Jahr weltweit über 25 Milliarden Liter Wein durch alkoholische Gärung produziert, etwa zwei Drittel davon in Europa. Durch Destillation von Wein erhält man *Branntwein* und höher konzentrierte Produkte. Maximal erreicht man auf diese Weise Ethanol mit einem Volumenanteil von 96 %. Die restlichen 4 % Wasser können mit wasserbindenden Mitteln wie Calciumoxid entfernt werden.

Die Weltproduktion an reinem Ethanol beträgt etwa 75 Milliarden Liter. Mehr als 80 % davon entfallen auf Brasilien und die USA. In Brasilien wird Ethanol aus Zuckerrohr gewonnen, in den USA überwiegend aus Mais. Die Produktionsmengen sind in Brasilien und den USA so hoch, weil Ethanol dort in großen Mengen als Kraftstoffzusatz eingesetzt wird. Großtechnisch kann Ethanol auch durch Addition von Wasser an Ethen hergestellt werden. Der Anteil an der Weltproduktion liegt aber unter 15 %:

$$\underset{\text{Ethen}}{C_2H_4(g)} + \underset{\text{Wasser}}{H_2O(g)} \xrightarrow{\text{Katalysator}} \underset{\text{Ethanol}}{C_2H_5OH(g)}$$

Im allgemeinen Sprachgebrauch ist mit *Alkohol* immer Ethanol gemeint. Ethanol ist ein weit verbreitetes Genussmittel und unterliegt der *Alkoholsteuer*. Diese Steuer entfällt jedoch bei der Nutzung von Ethanol als Energieträger, als Lösemittel oder bei Synthesen in der chemischen Industrie. Durch Zusatz von *Vergällungsmitteln* wird Ethanol ungenießbar gemacht. Der im Haushalt verwendete vergällte Alkohol ist als *Brennspiritus* im Handel. Der unangenehme Geruch verhindert, dass Brennspiritus als Getränk missbraucht wird.

Brennspiritus dient als Reinigungsmittel bei fetthaltigen Verschmutzungen und als Brennstoff für Tischkocher zum Warmhalten von Speisen. Viele Arzneimittel und Parfums sind in reinem Ethanol gelöst. In der Medizin ist Ethanol als Desinfektionsmittel unentbehrlich.

Als Zusatzstoff im Benzin wird **Bioethanol** kontrovers diskutiert. Um mehr Energie aus nachwachsenden Rohstoffen zu gewinnen, wurde die Produktion von Ethanol aus Weizen und Zuckerrüben von der Europäischen Union und der Bundesregierung stark gefördert. An Tankstellen kann E10 getankt werden, ein Benzin, das einen Volumenanteil von bis zu 10 % Ethanol enthält. Wissenschaftler weisen aber darauf hin, dass in Deutschland die Erzeugung von Bioethanol nur aus organischen Abfällen sinnvoll ist: Die Produktion von Bioethanol aus Pflanzen steht in Konkurrenz zum Anbau von Nahrungsmitteln. Auch aus ökologischer Sicht hat Bioethanol daher mehr Nachteile als Vorteile.

Steckbrief: Ethanol (C_2H_5OH)

H 225, H 319

Eigenschaften

- farblose Flüssigkeit mit stechendem Geruch,
- in jedem Verhältnis mit Wasser mischbar,
- mischbar mit organischen Lösemitteln,
- brennt mit bläulicher Flamme,
- Schmelztemperatur: −114 °C,
- Siedetemperatur: 78 °C,
- Dichte: $0{,}79\,\frac{g}{cm^3}$,
- Molekülformel: C_2H_5OH,
- molare Masse: $M(\text{Ethanol}) = 46\,\frac{g}{mol}$.

Ethanol entsteht bei der alkoholischen Gärung. Das Ethanol-Molekül ist aus einem Ethyl-Rest und einer Hydroxy-Gruppe aufgebaut.

1 a) Beschreibe den Ablauf der Herstellung von Wein.
b) Abgekochte Fruchtsäfte sind länger haltbar als frische Säfte. Begründe diese Erfahrung.

2 Vor dem Backen eines Brotes lässt man den Teig aufgehen. Dabei wird die alkoholische Gärung genutzt.
a) Erläutere, warum das Teigvolumen zunimmt.
b) Im gebackenen Brot lässt sich kein Ethanol nachweisen. Begründe diese Tatsache.

3 a) Beschreibe die Reaktion von Ethanol mit Magnesium (Abb. 2) und formuliere die Reaktionsgleichung.
b) Aus dem Experiment lässt sich ableiten, dass ein Ethanol-Molekül mindestens ein gebundenes Sauerstoff-Atom enthält. Begründe diese Folgerung.

4 Vergleiche die Molekülstrukturen des Wasser-Moleküls und des Ethanol-Moleküls und begründe, warum Ethanol und Wasser in jedem Verhältnis miteinander mischbar sind.

5 Der Gefahrenhinweis H 225 für Ethanol gilt auch für Brennspiritus. Schlage den Gefahrenhinweis und den Sicherheitshinweis P 210 im Anhang des Lehrbuchs nach und leite eine Gebrauchsanleitung für die sichere Verwendung von Brennspiritus im Haushalt ab.

6 Recherchiere, wie die Alkoholsteuer in Deutschland geregelt ist.

7 **Expertenaufgabe:** Formuliere für die Reaktion von Natrium mit Ethanol die Reaktionsgleichung. Das Anion des gebildeten salzartigen Produktes ist das Ethylat-Ion ($C_2H_5O^-$).

Alkohol macht süchtig

1 *Alkohol hilft nur scheinbar weiter*

Schon vor etwa 10 000 Jahren wurde in Vorderasien Wein getrunken. Das älteste überlieferte Bierrezept kann auf einer 5000 Jahre alten sumerischen Tontafel nachgelesen werden. Auch bei den Germanen waren Bier und Honigwein (Met) sehr beliebt.

Wege in die Alkoholsucht. In unserem Kulturkreis ist Alkohol ein weit verbreitetes Genussmittel. Obwohl allgemein bekannt ist, dass Alkohol krank und süchtig machen kann, ist der Konsum alkoholischer Getränke gesellschaftlich akzeptiert. Ob bei einem Fest im Familienkreis oder einer Fete – Alkohol ist stets dabei. In kleiner Menge genossen wirkt Alkohol entspannend und belebend. Viele Jugendliche und Erwachsene glauben, dass Alkohol notwendig ist, damit eine gute Stimmung überhaupt aufkommt. Bei Jugendlichen ist auch Gruppenzwang im Spiel: Wer nicht mittrinkt, wird leicht zum Außenseiter.

Wie Alkohol sich auswirkt, hängt von der konsumierten Menge sowie von der individuellen körperlichen und seelischen Verfassung ab. Die Übergänge zwischen gelegentlichem Alkoholkonsum und *Alkoholmissbrauch* sind fließend: Die Sucht kommt Glas für Glas. Erst probiert man nur, oft kostet es zunächst sogar Überwindung, ein alkoholhaltiges Getränk zu trinken. Dann schmeckt es und man fühlt sich locker. Das Selbstbewusstsein steigt, die Unsicherheit verschwindet und Probleme werden besser ertragen.

	Bier	Wein	Cocktail	Wodka
Volumen (ml)	330	200	200	40
Volumenanteil des Alkohols (%)	4,8	11,5	13,6	38
Masse des Alkohols (g)	12,5	18,2	21,5	12,0

2 *Alkoholgehalt verschiedener Getränke*

Bei regelmäßigem Alkoholkonsum kommt es dann zu einem Gewöhnungseffekt, der schließlich in die *psychische Abhängigkeit* führt: Man fühlt sich nur noch bei regelmäßiger Zufuhr von Alkohol wohl. Kommt es zu körperlichen Entzugserscheinungen wie Gereiztheit, innerer Unruhe und Angstgefühlen, ist man in *physische (körperliche) Abhängigkeit* geraten. Der Alltag kann nicht mehr gemeistert werden und der Kranke reagiert mit immer weiter steigendem Alkoholkonsum – das Stadium der *Alkoholsucht* ist erreicht. Der Körper wird schwer geschädigt, vor allem die Leber und das zentrale Nervensystem. Auch die persönlichen Beziehungen werden erheblich gestört. Die Familie leidet oft mehr als der Alkoholiker selbst. Das weitere Umfeld hat dagegen für Alkoholkranke meist wenig Verständnis.

Gesundheitsvorsorge. Jeder Mensch ist für seine Gesundheit selbst verantwortlich. Kenntnis über den Alkoholgehalt verschiedener Getränke (Abb. 2) ist deshalb eine wichtige Hilfe für eine wirksame Selbstkontrolle.

Auch der Staat ist seinen Bürgerinnen und Bürgern gegenüber in der Pflicht: Er muss besonders für die Gesundheit der Jugendlichen Vorsorge treffen. Das folgende Beispiel zeigt wie der Staat seiner Verantwortung gerecht werden kann: Vor einigen Jahren war es in Deutschland unter Jugendlichen Mode, Alkopops zu trinken – Mischgetränke aus Alkohol und Limonaden. Durch die Süße der Limonade registriert man nicht, wie viel Alkohol man trinkt. Um das Problem zu bekämpfen, wurde die *Alkoholsteuer* auf solche Getränke stark erhöht. Alkopops wurden dadurch für Jugendliche zu teuer. In der Folgezeit sank der Konsum von Alkopops so stark, dass sie heute auf dem Alkoholmarkt fast verschwunden sind.

Alkohol im Straßenverkehr. Alkohol am Steuer oder auf dem Fahrrad ist gefährlich: Jährlich passieren in Deutschland unter Alkoholeinfluss etwa 16 000 Unfälle mit Personenschaden. Etwa 400 Menschen verunglücken dabei tödlich. Die Fahrsicherheit ist bereits bei geringem Blutalkoholgehalt gefährdet. Vermutet die Polizei bei einem Verkehrsteilnehmer Alkohol im Blut, gleichgültig ob Radfahrer oder Kraftfahrer, bestimmt sie den Alkoholgehalt in der Atemluft oder ordnet eine Blutprobe an.

Schon der Konsum einer geringen Menge Alkohol führt zu eingeschränkter Fahrtüchtigkeit. Regelmäßiger Alkoholkonsum kann süchtig machen und im Extremfall zum Tode führen.

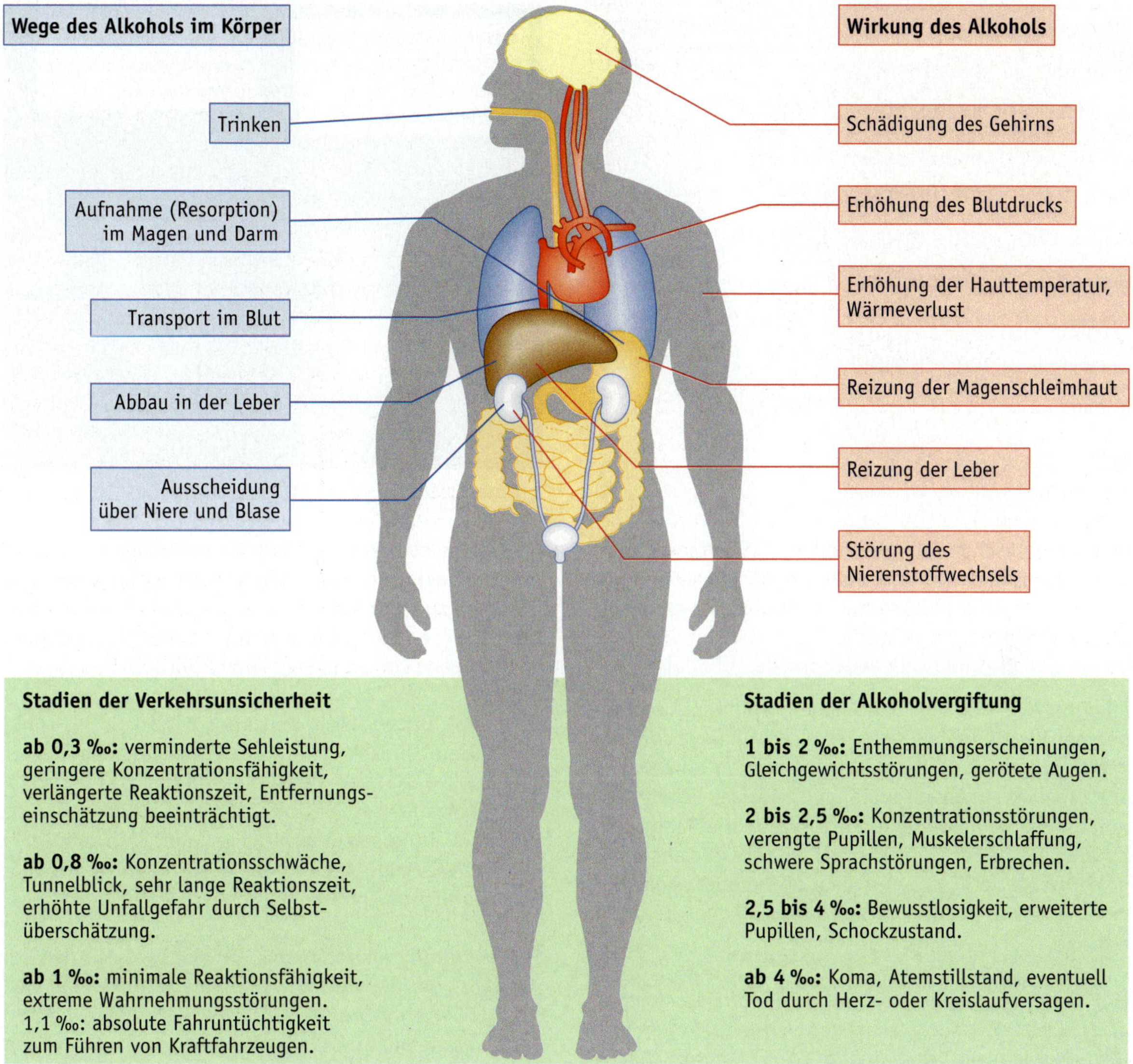

3 *Wege und Wirkungen des Alkohols im menschlichen Körper*

1 a) Recherchiere, was die Promillegrenze von 0,5 ‰ im Straßenverkehr bedeutet.
b) Beim Verursacher eines Verkehrsunfalls wird ein Blutalkoholgehalt von 0,25 ‰ ermittelt. Kläre, ob rechtliche Folgen zu erwarten sind.
c) Informiere dich, welche Folgen Alkohol am Steuer für Fahranfänger hat.
d) Ab einer Blutalkoholkonzentration von 1,1 ‰ spricht man von absoluter Fahruntüchtigkeit. Informiere dich über die strafrechtlichen Folgen.

2 Alkoholhaltige Cocktails sind sehr beliebt. Konsumenten sind der Ansicht, dass die meist mit Eis gekühlten, fruchtigen Getränke nicht so viel Alkohol enthalten, wie das gleiche Volumen Wein. Zeige anhand von Abb. 2 dass diese Ansicht nicht richtig ist und begründe, warum der Alkohol beim Trinken von Cocktails nicht so intensiv wahrgenommen wird.

3 **Expertenaufgabe:** Abb. 3 zeigt den Weg des Alkohols im menschlichen Körper. Recherchiere die chemischen Abbauvorgänge, die in der Leber stattfinden. Viele Menschen bekommen nach Alkoholgenuss rote Wangen und spüren ein Wärmegefühl. Trotzdem soll unterkühlten Verunglückten kein Alkohol zur Aufwärmung verabreicht werden. Recherchiere die Zusammenhänge.

Alkanol	Formel	Sdt. °C
Methanol	$CH_3{-}OH$	65
Ethanol	$CH_3{-}CH_2{-}OH$	78
Propan-1-ol	$CH_3{-}CH_2{-}CH_2{-}OH$	97
Butan-1-ol	$CH_3{-}CH_2{-}CH_2{-}CH_2{-}OH$	120
Pentan-1-ol	$CH_3{-}CH_2{-}CH_2{-}CH_2{-}CH_2{-}OH$	138
Hexan-1-ol	$CH_3(CH_2)_5OH$	157
Heptan-1-ol	$CH_3(CH_2)_6OH$	176
Octan-1-ol	$CH_3(CH_2)_7OH$	195
Nonan-1-ol	$CH_3(CH_2)_8OH$	215
Decan-1-ol	$CH_3(CH_2)_9OH$	228

1 *Homologe Reihe der Alkanole*

2 *Unterscheidung von Methanol und Ethanol*

In der organischen Chemie werden alle Verbindungen, deren Moleküle eine oder mehrere Hydroxy-Gruppen enthalten, zur Stoffklasse der **Alkohole** zusammengefasst. Die *OH-Gruppe* prägt die Eigenschaften der Alkohole, sie ist die **funktionelle Gruppe** der Alkohole.

Alkohole, die sich von den Alkanen ableiten, bezeichnet man als **Alkanole**. Der *Name* eines Alkanols wird gebildet, indem man die Endung **-ol** an den Namen des entsprechenden Alkans anhängt. Die ersten Glieder der homologen Reihe der Alkanole (Abb. 1) sind Methanol, Ethanol, Propanol, Butanol und Pentanol. Die allgemeine Formel lautet $\mathbf{C_nH_{2n+1}OH}$. Alkohole können auch über ihre Alkyl-Gruppe und die Endung *-alkohol* benannt werden.

Methanol. Neben Ethanol ist *Methanol* oder *Methylalkohol* (CH_3OH) der am meisten verwendete Alkohol. Methanol ist sehr giftig. Schon kleine Mengen führen zu Erblindung und anderen Dauerschäden; bereits 25 g können tödlich wirken.

Früher wurde Methanol durch Erhitzen von Holz gewonnen. Dabei musste unter Ausschluss von Sauerstoff gearbeitet werden. Der Trivialname *Holzgeist* weist noch auf dieses Herstellungsverfahren hin. Heute werden Kohlenstoffmonooxid und Wasserstoff an einem Katalysator zu Methanol umgesetzt:

$$CO(g) + 2\,H_2(g) \xrightarrow{\text{Kat}} CH_3OH(g)$$

Viele Synthesen in der organischen Chemie gehen von Methanol aus; Beispiele sind die Herstellung von Formaldehyd, Essigsäure und Biodiesel. In Brennstoffzellen kann Methanol entweder direkt oder nach Umwandlung in Wasserstoff mit Luftsauerstoff reagieren und dann elektrischen Strom erzeugen.

Die *Unterscheidung von Methanol und Ethanol* ist durch einen einfachen Versuch möglich: Methanol reagiert mit Borsäure zu einer flüchtigen Verbindung, die beim Verbrennen die Flamme grün färbt. Ethanol reagiert erst nach Zugabe von Schwefelsäure (Abb. 2).

Propanol, Butanol und Pentanol. Die Alkohole Propanol, Butanol und Pentanol eignen sich als Lösemittel für Lacke, Öle und Harze. Bei Synthesen sind sie Ausgangssubstanzen für Aromastoffe. Im Alltag begegnet uns Propanol als Frostschutzmittel und Reinigungsmittel in Scheibenwaschanlagen. In der Medizin wird Propanol als Desinfektionsmittel eingesetzt.

Fettalkohole. Alkanole mit 10 bis 20 C-Atomen im Alkyl-Rest bezeichnet man auch als *Fettalkohole*, weil sie aus Fetten gewonnen werden. Verwendet werden Fettalkohole als Grundlage für Hautcremes; sie wirken als Rückfetter und machen die Haut geschmeidig. Bei der Produktion von Waschmitteln werden Fettalkohole zu waschaktiven Substanzen umgesetzt.

April 2012 (SV)
Tod durch schwarzgebrannten Alkohol
Zwei Wochen nach einem tödlichen Trinkgelage dreier junger deutscher Touristen ist in der Türkei erneut ein Mann an einer Methanolvergiftung gestorben. Immer wieder wird Wodka oder schwarzgebrannter Alkohol aus Profitgier mit Methylalkohol verlängert. Ein gefährliches Verfahren: Bereits der Genuss von 25 g Methylalkohol kann zum Tode führen.

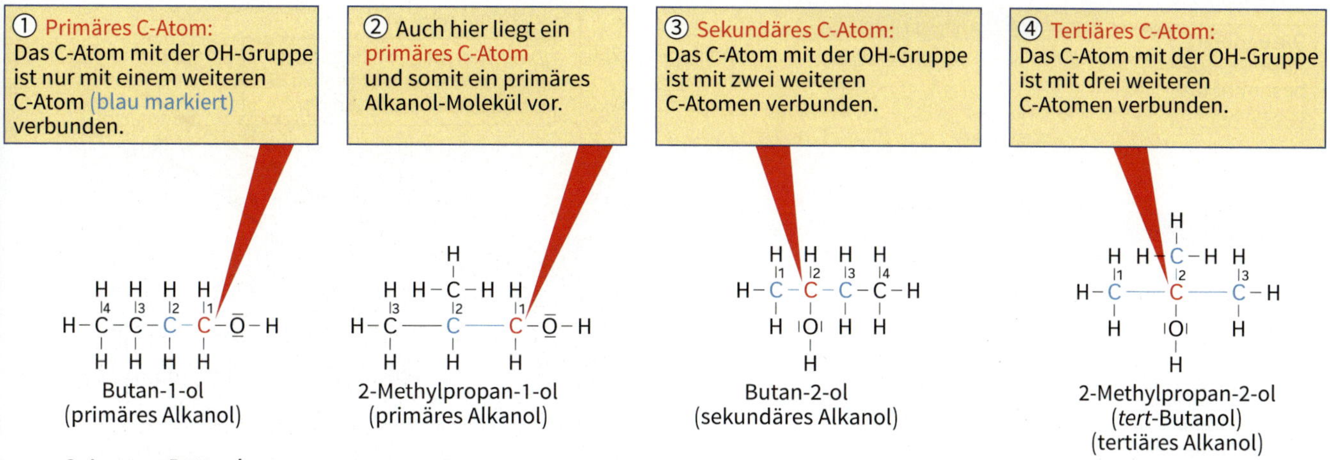

3 ***Isomere Butanole***

Isomere Alkanole. Beim Propanol und den höheren Alkanolen tritt Isomerie auf: Die OH-Gruppen können an unterschiedliche C-Atome gebunden sein. Es gibt zwei isomere Propanole: *n*-Propanol (normal Propanol) und Isopropanol. Beim *n*-Propanol ist die OH-Gruppe an ein *endständiges* C-Atom gebunden, beim Isopropanol an das *mittlere* C-Atom. Zur systematischen Benennung werden die C-Atome des Alkyl-Rests so nummeriert, dass das C-Atom mit der OH-Gruppe eine möglichst kleine Zahl erhält. Die Nummer des C-Atoms, das die OH-Gruppe trägt, steht zwischen dem Stammnamen des Alkans und der Endung **-ol:**

Propan-1-ol; *n*-Propanol Propan-2-ol; Isopropanol

Alkyl-Reste mit vier und mehr Kohlenstoff-Atomen können verzweigt sein. Dies hat weitere Isomere zur Folge.

Primäre, sekundäre und tertiäre Alkanole. Beim *Butan-1-ol* ist das C-Atom, das die OH-Gruppe trägt, mit *einem* weiteren C-Atom verbunden. Man spricht in einem solchen Fall von einem **primären Alkanol.** *Butan-2-ol* ist ein Beispiel für ein **sekundäres Alkanol:** Das C-Atom, das die OH-Gruppe trägt, ist mit *zwei* weiteren C-Atomen verbunden. *2-Methylpropan-2-ol* ist ein **tertiäres Alkanol:** Hier ist das C-Atom mit der OH-Gruppe mit *drei* weiteren C-Atomen verknüpft (Abb. 3).

Die funktionelle Gruppe der Alkohole ist die OH-Gruppe (Hydroxy-Gruppe). Alkanole bilden eine homologe Reihe mit der allgemeinen Formel $C_nH_{2n+1}OH$. Man unterscheidet primäre, sekundäre und tertiäre Alkohole.

1 3-Methylpentan-2-ol ist ein sekundärer Alkohol. Zeichne die Strukturformel und nenne die Regeln zur Benennung dieses Alkanols.

2 Benenne folgende Alkohole:

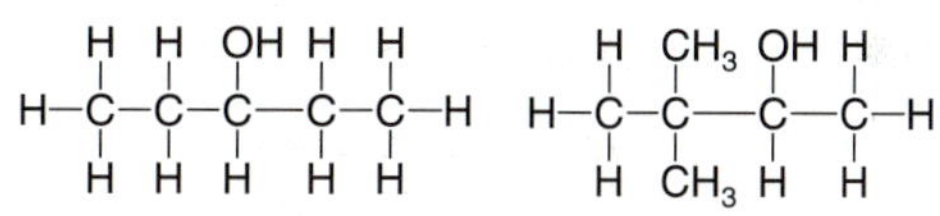

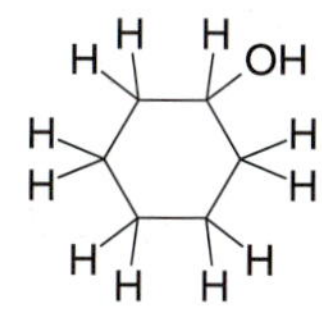

3 Baue ein Molekülmodell von 2-Methylhexan-3-ol zu einem tertiären Alkanol um und benenne ihn.

4 a) Zeichne die Strukturformeln der acht isomeren Pentanole.
b) Kennzeichne primäre, sekundäre und tertiäre Alkanole und markiere die primären, sekundären und tertiären C-Atome.

5 Nenne geeignete Ausgangsstoffe, die mit Wasser zu den folgenden Alkoholen reagieren können: Ethanol, Propan-2-ol und *tert*-Butanol. Formuliere jeweils die Reaktionsgleichung und gib den Reaktionstyp an.

6 **Expertenaufgabe:** In der Direktmethanol-Brennstoffzelle wird Methanol mit Sauerstoff oxidiert ohne verbrannt zu werden. Erläutere das Schema der Methanol-Brennstoffzelle:

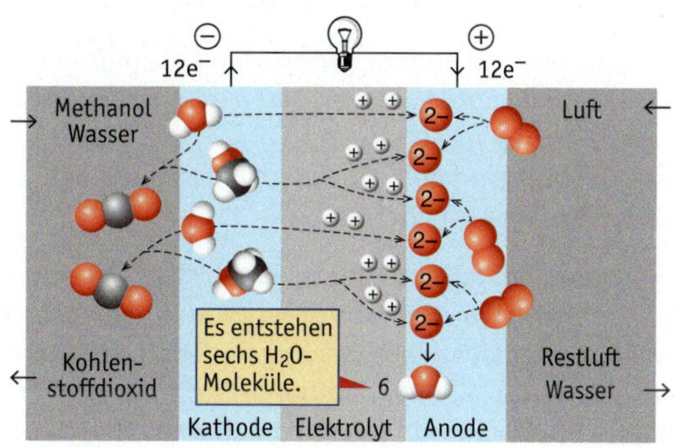

16.4 Molekülstruktur und Stoffeigenschaften der Alkanole

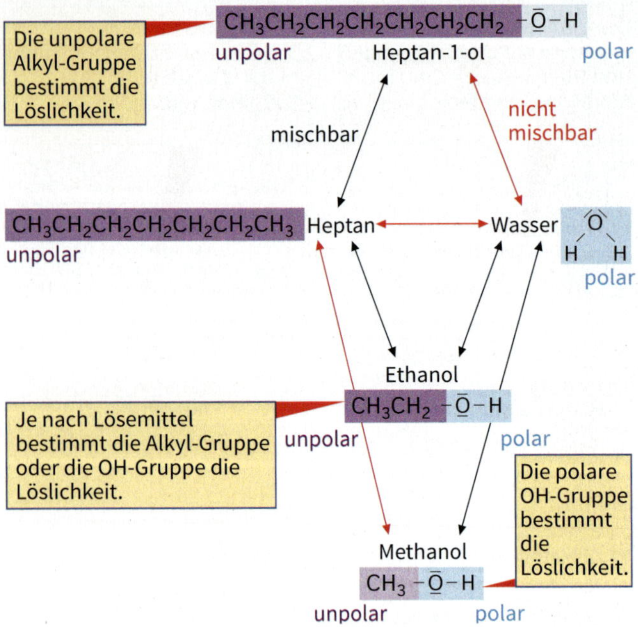

1 *Die Molekülstruktur beeinflusst die Löslichkeit*

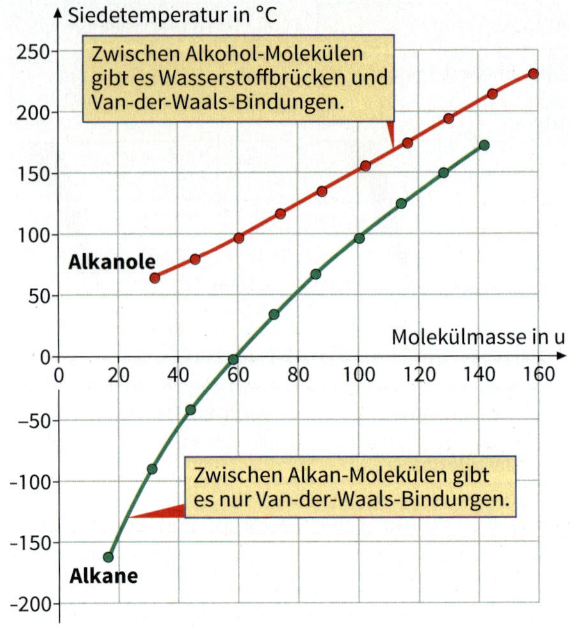

2 *Siedetemperaturen von Alkanen und Alkanolen*

Die Stoffeigenschaften der Alkanole werden durch die polare Hydroxy-Gruppe und den unpolaren Alkyl-Rest bestimmt.

Löslichkeit. Die ersten Alkanole der homologen Reihe – Methanol, Ethanol und Propanol – mischen sich in jedem Verhältnis mit Wasser. Bei den darauf folgenden Alkanolen nimmt die Löslichkeit mit steigender Anzahl der Kohlenstoff-Atome stark ab. Schon Hexanol ist in Wasser nahezu unlöslich. Die polare Hydroxy-Gruppe bewirkt die Löslichkeit der kurzkettigen Alkanole in Wasser: Die O–H-Bindung in der Hydroxy-Gruppe eines Alkohol-Moleküls ist ähnlich polar wie die O–H-Bindungen in einem Wasser-Molekül. Zwischen den OH-Gruppen der Alkohol-Moleküle und den Wasser-Molekülen können sich daher Wasserstoffbrücken bilden (Abb. 1). Kurzkettige Alkanole sind deshalb *hydrophil* (wasserfreundlich). Die unpolaren Alkyl-Reste der Alkanol-Moleküle begründen die Löslichkeit der Alkanole in Alkanen und anderen lipophilen Lösemitteln: Zwischen den Alkanol-Molekülen und den Alkan-Molekülen bilden sich Van-der-Waals-Bindungen aus (Abb. 1). Höhere Alkanole sind deshalb *lipophil* (fettfreundlich) und *hydrophob* (wasserfeindlich).

Beim Methanol ist der Einfluss der CH_3-Gruppe so gering, dass die Wasserstoffbrückenbindungen zwischen den Methanol-Molekülen bei Zugabe von Heptan nicht getrennt werden können. Methanol ist daher als einziges Alkanol in Heptan nur geringfügig löslich. Methanol ist *hydrophil* (wasserliebend) und *lipophob* (fettfeindlich).

Siedetemperaturen. Propan ist bei Raumtemperatur gasförmig, es siedet schon bei –42 °C. Ethanol, ein Alkanol mit einer ähnlichen Größe, ist dagegen flüssig, es siedet erst bei 78 °C. Auch in diesem Fall bestimmen die Strukturen die Stoffeigenschaften: Zwischen den unpolaren Alkan-Molekülen liegen nur schwache Van-der-Waals-Bindungen vor. Zwischen den polaren Hydroxy-Gruppen der Alkanole bilden sich dagegen zusätzlich noch stärkere Wasserstoffbrückenbindungen aus. Alkanole sieden daher erst bei deutlich höheren Temperaturen als Alkane mit vergleichbarer Größe (Abb. 2).

Alkanol-Moleküle besitzen eine unpolare Alkyl-Gruppe und eine polare OH-Gruppe. Kurzkettige Alkanole sind hydrophil und lösen sich in Wasser. Ethanol und die höheren Alkanole lösen sich in Alkanen.

---

1 Entwickle ein Experiment, das den Einfluss des Alkyl-Restes auf die Löslichkeit von Alkanolen in Wasser zeigt.

2 a) Erläutere die Begriffe *hydrophil, hydrophob, lipophil* und *lipophob.*
b) Gib den Inhalt von Abb. 1 mit eigenen Worten wieder.

3 a) Skizziere die Bindungen zwischen Ethanol-Molekülen und zwischen Propan-Molekülen.
b) Vergleiche die Siedetemperaturen von Methan/Methanol und Decan/Decanol (Abb. 2). Begründe, warum sich die Siedetemperaturen unterscheiden.

Übersicht Alkanole

Alkanol	Isomere	Strukturformel	Molekülmodell	Schmelztemperatur	Siedetemperatur	Löslichkeit in 100 g Wasser
Methanol CH_3OH	–	CH_3-OH primär	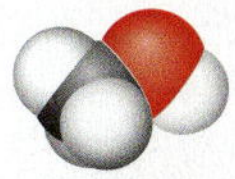	−97 °C	65 °C	∞
Ethanol C_2H_5OH	–	$\overset{2}{C}H_3-\overset{1}{C}H_2-OH$ primär	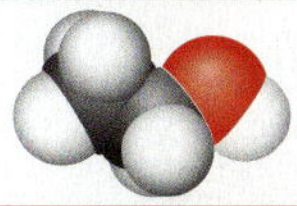	−114 °C	78 °C	∞
Propanole C_3H_7OH	Propan-1-ol	$\overset{3}{C}H_3-\overset{2}{C}H_2-\overset{1}{C}H_2-OH$ primär	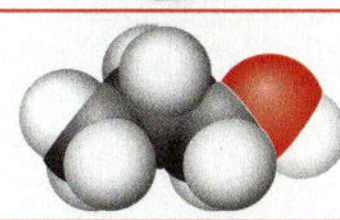	−126 °C	97 °C	∞
	Propan-2-ol	$\overset{1}{C}H_3-\overset{2}{C}H(OH)-\overset{3}{C}H_3$ sekundär	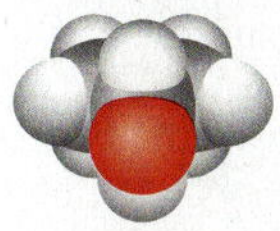	−89 °C	82 °C	∞
Butanole C_4H_9OH	Butan-1-ol	$\overset{4}{C}H_3-\overset{3}{C}H_2-\overset{2}{C}H_2-\overset{1}{C}H_2-OH$ primär	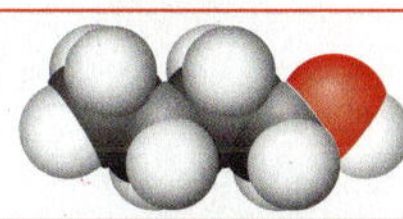	−89 °C	118 °C	8,3 g
	Butan-2-ol	$\overset{4}{C}H_3-\overset{3}{C}H_2-\overset{2}{C}H(OH)-\overset{1}{C}H_3$ sekundär	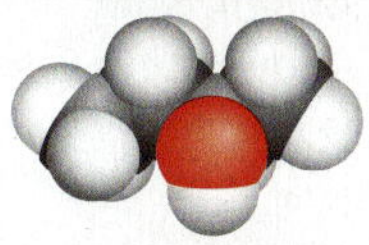	−115 °C	100 °C	12,5 g
	2-Methyl-propan-1-ol	$\overset{3}{C}H_3-\overset{2}{C}H(CH_3)-\overset{1}{C}H_2-OH$ primär	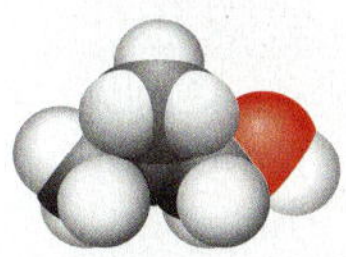	−108 °C	108 °C	9 g
	2-Methyl-propan-2-ol (*tert*-Butanol)	$\overset{1}{C}H_3-\overset{2}{C}(CH_3)(OH)-\overset{3}{C}H_3$ tertiär	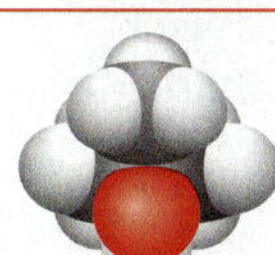	26 °C	83 °C	∞

1 Wähle zwei der abgebildeten Molekülmodelle aus und baue sie mit dem Molekülbaukasten nach. Beschreibe die Molekülstruktur und erläutere die Eigenschaften der Alkanole.

2 Erläutere am Beispiel von *tert*-Butanol die Benennung von Alkanolen nach den IUPAC-Regeln.

3 Zerschneide eine Kopie der Übersicht so, dass du einzelne Kärtchen mit Molekülmodellen, Siede- und Schmelztemperaturen und Löslichkeiten in Wasser erhältst. Schließe das Buch und ordne die Kärtchen einander zu. Überprüfe dein Ergebnis.

4 Erkläre die unterschiedliche Löslichkeit der isomeren Butanole in Wasser.

5 Ordne die folgenden Stoffe nach steigender Löslichkeit in Heptan:
Propan-2-ol, *tert*-Butanol, Methanol, Butan-1-ol.
Begründe deine Anordnung.

6 Hexadecan-1-ol schmilzt bei 49 °C. Beschreibe, was beim Schmelzen geschieht.

7 **Expertenaufgabe:** Beschreibe modellhaft, was beim Mischen von Methanol und Wasser und beim Mischen von Butan-1-ol mit Heptan geschieht.

16.5 Mehrwertige Alkohole

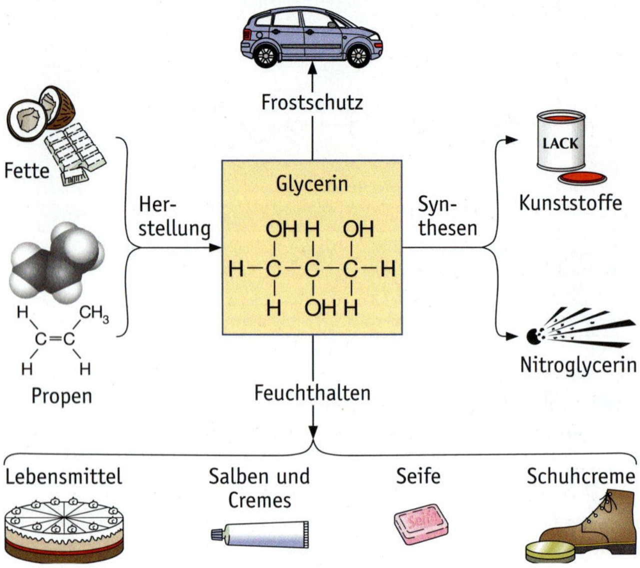

1 *Glycerin und seine Verwendung*

Alkohole mit zwei oder mehr OH-Gruppen im Molekül bezeichnet man als **mehrwertige Alkohole.** Dabei ist an *ein* C-Atom immer nur *eine* OH-Gruppe gebunden, denn Moleküle mit zwei OH-Gruppen an einem C-Atom sind in der Regel nicht stabil. Die Wertigkeit gibt die Anzahl der Hydroxy-Gruppen im Molekül an.

Glykol (Ethan-1,2-diol; Ethylenglycol) und *Glycerin* (Propan-1,2,3-triol) sind wichtige mehrwertige Alkanole. Die Vorsilbe *gly-* bei den Trivialnamen Glykol und Glycerin leitet sich vom griechischen Wort *glykys* für süß ab, da die meisten mehrwertigen Alkohole süß schmecken.

Moleküle mit mehreren OH-Gruppen können zu Nachbarmolekülen mehrere Wasserstoffbrücken ausbilden. Deshalb haben mehrwertige Alkohole besondere Eigenschaften:

- Flüssige mehrwertige Alkoholen sind mit Wasser in jedem Verhältnis mischbar. Feste mehrwertige Alkohole sind sehr gut wasserlöslich.
- Die Flüssigkeiten sind zähflüssig und hygroskopisch.
- Die Schmelz- und Siedetemperaturen liegen wesentlich höher als bei einwertigen Alkoholen.

Glykol. Der zweiwertige Alkohol Glykol siedet erst bei 198 °C. Eine Mischung von Wasser und Glykol im Verhältnis 1 : 1 erstarrt erst bei −40 °C, deshalb wird Glykol als Frostschutzmittel in Motoren, wassergekühlten Anlagen und Solaranlagen verwendet. Glykol ist ein Ausgangsstoff für den Polyesterkunststoff PET (Polyethylenterephthalat), aus dem recycelbare Getränkeflaschen produziert werden.

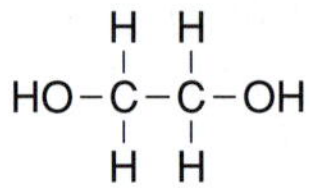

Glycerin. Beim Erhitzen auf 290 °C siedet der dreiwertige Alkohol Glycerin unter gleichzeitiger Zersetzung. Glycerin ist ein Nebenprodukt der alkoholischen Gärung. Wein und überreife Weintrauben enthalten deshalb immer etwas Glycerin. In Fetten ist Glycerin als Molekülbaustein gebunden. Bei der Herstellung von Seifen aus Fetten kann daher Glycerin als Nebenprodukt gewonnen werden. Synthetisch wird Glycerin durch Addition von Wasser an Propen hergestellt.

Glycerin wird in vielen unterschiedlichen Bereichen verwendet (Abb. 1). Zusammen mit Glykol wird Glycerin als Frostschutzmittel eingesetzt. Aufgrund seiner hygroskopischen Eigenschaft dient Glycerin zum Feuchthalten von Lebensmitteln, Salben, Cremes, Seifen und Tabak. Als Ausgangsstoff wird Glycerin zur Produktion von Kunststoffen und zur Synthese des Sprengstoffs Nitroglycerin verwendet.

Moleküle mehrwertiger Alkohole enthalten mindestens zwei Hydroxy-Gruppen. An ein C-Atom ist stets nur eine OH-Gruppe gebunden.

---

1 a) Erkläre an zwei selbstgewählen Beispielen den Unterschied zwischen einem sekundären und einem zweiwertigen Alkohol.
b) Erläutere die systematische Benennung dieser Alkohole.

2 Vergleiche die Siedetemperaturen von Ethanol, Glykol und Glycerin und begründe die Unterschiede.

3 Glycerin mischt sich ausgezeichnet mit Wasser. Skizziere mit Strukturformeln einen kleinen Ausschnitt aus diesem Gemisch.

4 Lässt man eine Flasche mit Glycerin längere Zeit offen stehen, nimmt die Masse langsam zu. Erläutere und begründe diese Stoffeigenschaft.

5 Prüfe die Inhaltsangaben von Kosmetikprodukten, ob Glycerin enthalten ist. Erläutere, wozu Glycerin in den Produkten dient.

6 Sorbit (Hexan-1,2,3,4,5,6-hexol) ist ein sechswertiger Alkohol, der in den Früchten der Eberesche sowie in Kernobst wie Äpfeln und Birnen vorkommt.
a) Zeichne die Strukturformel von Sorbit.
b) Stelle Prognosen über die Schmelztemperatur, die Löslichkeit in Wasser, den Geschmack und die hygroskopische Eigenschaft von Sorbit auf.
c) Diabetiker können Sorbit als Zuckeraustauschstoff verwenden. Recherchiere, worauf diese Anwendung beruht.

Versuch 1:
Alkoholische Gärung

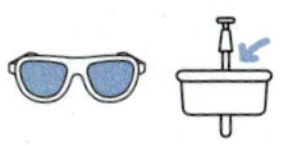

Materialien: Tuch zum Auspressen der Trauben, Handrefraktometer mit Anleitung, Becherglas (1 l), Gärbehälter (saubere 1-l-Flasche) mit Gäraufsatz, Waage, Papiertücher, Tropfpipette; Weintrauben, Obstsäfte, Reinzuchthefe.

Durchführung:
1. Presse Traubensaft in das Becherglas und bestimme mit dem Refraktometer das Mostgewicht.
2. Wiederhole den Versuch mit anderen Fruchtsäften.
3. Gib den restlichen, frisch gepressten Traubensaft in die Flasche, mische etwa 0,2 g Hefe dazu und setzte den mit Wasser gefüllten Gäraufsatz auf.
4. Stelle das Gärgefäß an einen warmen Ort. Prüfe den Ansatz täglich zwei Wochen lang mit dem Refraktometer.

Aufgaben:
a) Beschreibe deine Beobachtungen.
b) Bestimme den Zuckergehalt im Verlauf der Gärung und stelle die Ergebnisse grafisch dar.
c) Berechne den zu erwartenden Alkoholgehalt.

Vom Mostgewicht zum Alkoholgehalt

Durch den Zuckergehalt hat Traubensaft eine höhere Dichte als Wasser. Das *Mostgewicht* eines Traubensaftes wird in der Einheit *Grad Oechsle* (°Oe) angegeben. Der Zahlenwert in °Oe entspricht den ersten drei Nachkommastellen des Zahlenwerts für die Dichte ϱ des Saftes:

Mostgewicht = $(\varrho - 1) \cdot 1000\,°\mathrm{Oe}$

Aus dem Mostgewicht erhält man Näherungswerte für die Massenkonzentration β der Glucose im Saft und die nach vollständiger Vergärung zu erwartende Massenkonzentration β des Alkohols im Wein.

1 °Oe entspricht etwa 2,6 Gramm Glucose pro Liter.

Beispiel: $\varrho(\text{Saft}) = \mathbf{1{,}080}\ \frac{\mathrm{g}}{\mathrm{ml}}$

$\Rightarrow$ Mostgewicht = $(\mathbf{1{,}080} - 1) \cdot 1000\,°\mathrm{Oe} = \mathbf{80}\,°\mathrm{Oe}$

$\Rightarrow \beta(\text{Glucose}) = \mathbf{80} \cdot 2{,}6\ \frac{\mathrm{g}}{\mathrm{l}} = 208\ \frac{\mathrm{g}}{\mathrm{l}} \qquad \left| \cdot \frac{2 \cdot 46}{180} \right.$

$\Rightarrow \beta(\text{Alkohol}) \approx \mathbf{106}\ \frac{\mathrm{g}}{\mathrm{l}} \approx \mathbf{10{,}6}\,\% \qquad \left| \cdot \frac{1}{0{,}79} \right.$

$\Rightarrow$ Volumenanteil (Alkohol) $\approx 13\,\%$

Expertenaufgabe: Aus einem Mol Glucose entstehen 2 mol Ethanol. Die Dichte von Ethanol ist 0,79 $\frac{\mathrm{g}}{\mathrm{ml}}$. Erläutere die Berechnung der beiden letzten Werte.

Versuch 2:
Nachweis der Hydroxy-Gruppe

Materialien: Tropfpipetten, Messzylinder (50 ml); Cerammoniumreagenz (2 g Cer(IV)-ammoniumnitrat in 10 ml Salpetersäure (1 $\frac{\mathrm{mol}}{\mathrm{l}}$) lösen, **3**, **5**, **7**, **B2**), *Proben:* Ethanol (**2**, **7**), Brennspiritus (**2**, **7**), Butan-1-ol (**2**, **5**, **7**), Glycerin, Glucose, Sorbit.

Durchführung:
1. Nummeriere 6 Reagenzgläser.
2. Verdünne das Cerammoniumreagenz mit 10 ml Wasser.
3. Gib in das erste Reagenzglas zu 3 ml der verdünnten Reagenzlösung 5 Tropfen Ethanol und stelle das Reagenzglas in den Reagenzglasständer.
4. Wiederhole den Versuch mit den anderen Proben. Löse Glucose und Sorbit vorher in Wasser.

Aufgaben:
a) Notiere deine Ergebnisse.
b) Erläutere, woran du erkennen kannst, dass Wasser mit Cerammoniumreagenz nicht reagiert.

Versuch 3:
Löslichkeit der Alkanole

Materialien: Tropfpipette; Methanol (**2**, **6**, **8**, **B3**), Ethanol (**2**, **7**), Butan-1-ol (**2**, **5**, **7**, **B3**), Hexadecan-1-ol (Cetylalkohol), Glycerin, Heptan (**2**, **7**, **8**, **9**, **B3**).

Durchführung:
1. Prüfe die Mischbarkeit der Alkohole mit Wasser, indem du einige Tropfen oder eine Spatelspitze in einem Reagenzglas zu 3 ml Wasser gibst.
2. Wiederhole die Versuche mit Heptan anstelle von Wasser.
3. Prüfe die Mischbarkeit von Butan-1-ol mit Ethanol.

Aufgabe:
Stelle deine Versuchsergebnisse in einer Tabelle zusammen und begründe die Unterschiede unter Berücksichtigung der Molekülstrukturen.

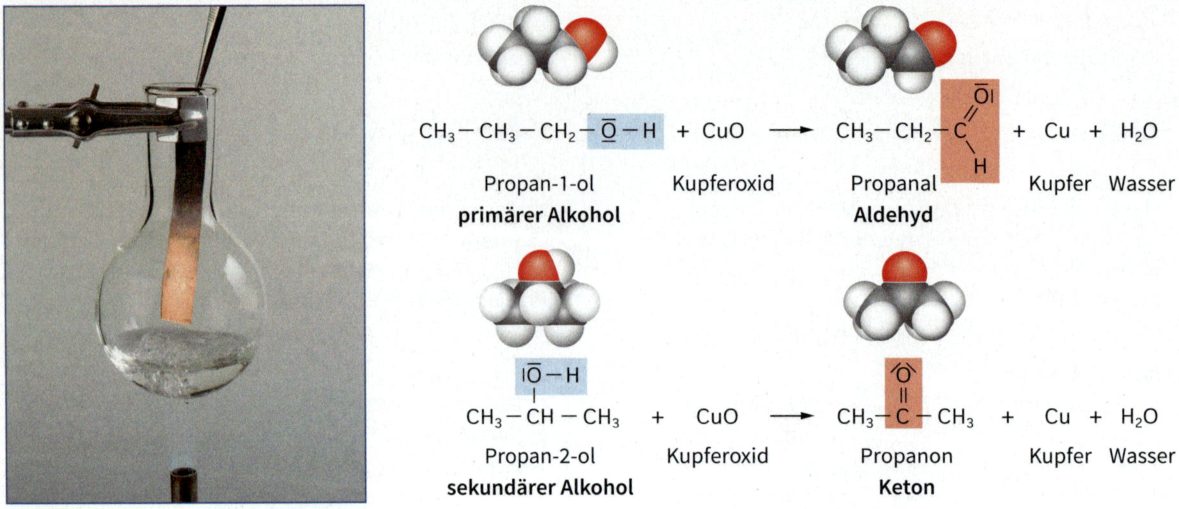

1 *Oxidation von Propanolen mit Kupferoxid*

Hält man ein Kupferblech in die Brennerflamme, so bildet sich schwarzes Kupferoxid. Das Kupferblech wird wieder blank, wenn man es in den Dampf eines *primären* oder *sekundären* Alkohols hält. Offensichtlich läuft eine Redoxreaktion ab, bei der Kupferoxid zu Kupfer reduziert wird und primäre oder sekundäre Alkohole oxidiert werden (Abb. 1). *Tertiäre Alkohole* reagieren nicht, sie lassen sich unter diesen Bedingungen nicht oxidieren.

Aldehyde. Bei der Oxidation von Propan-1-ol entsteht *Propionaldehyd.* Der Name *Aldehyd* weist darauf hin, dass das **Al**kohol-Molekül **dehyd**riert wurde, also Wasserstoff-Atome abgespalten wurden. Aldehyde bilden sich immer, wenn *primäre* Alkohole oxidiert werden. Die CH_2OH-Gruppe reagiert dabei zu einer *Aldehyd-Gruppe:* **–CHO.** Diese Gruppe ist die funktionelle Gruppe der Aldehyde. Nach den IUPAC-Regeln werden Aldehyde durch die Endsilbe **-al** gekennzeichnet. Aldehyde, die sich von Alkanolen ableiten, heißen **Alkanale.** Der aus Propan-1-ol hergestellte Propionaldehyd wird also systematisch als *Propanal* bezeichnet.

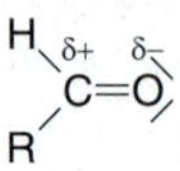

Ketone. Ähnlich wie primäre Alkohole lassen sich auch *sekundäre* Alkohole oxidieren. Aus Propan-2-ol erhält man dabei eine Verbindung, die als *Aceton* bekannt ist. Aceton gehört zur Stoffklasse der *Ketone.* Die funktionelle Gruppe der Ketone ist die *Keto-Gruppe.* Sie besteht aus einem C-Atom mit einem zweifach gebundenen Sauerstoff-Atom und zwei Alkyl-Resten. Nach IUPAC werden Ketone mit der Endsilbe **-on** bezeichnet. Ketone, die aus Alkanolen entstehen, heißen **Alkanone.** Aceton ist das einfachste Keton, es hat den systematischen Namen *Propanon.*

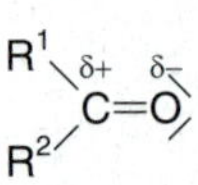

Carbonyl-Gruppe. Aldehyde und Ketone weisen eine Gemeinsamkeit auf: Die Moleküle haben eine *Carbonyl-Gruppe.* Das Kohlenstoff-Atom der Carbonyl-Gruppe wird als Carbonyl-C-Atom bezeichnet. Die Carbonyl-Gruppe ist wegen der hohen Elektronegativität des Sauerstoff-Atoms polar.

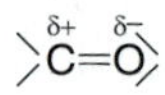

Aufgrund der Polarität der Moleküle mit Carbonyl-Gruppe sind die zwischenmolekularen Bindungen stärker als bei Alkan-Molekülen, die Siedetemperaturen der Aldehyde und Ketone liegen deshalb um etwa 50 °C höher als bei Alkanen mit ähnlich großen Molekülen. Vergleichbare Alkanole haben aufgrund von Wasserstoffbrückenbindungen zwischen den Molekülen noch höhere Siedetemperaturen.

Mit Wasser-Molekülen können Carbonyl-Gruppen Wasserstoffbrücken ausbilden. Kurzkettige Aldehyde und Ketone lösen sich deshalb gut in Wasser. Andererseits mischen sich Aldehyde und Ketone aufgrund der unpolaren Alkyl-Reste gut mit lipophilen Lösemitteln (Abb 2).

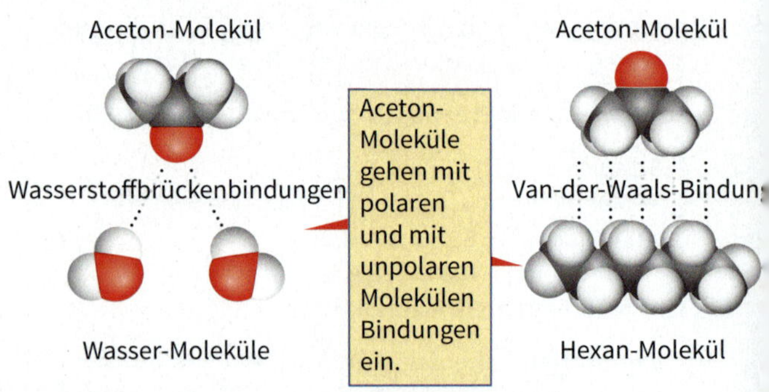

2 *Aceton mischt sich mit hydrophilen und mit lipophilen Lösemitteln.*

Nachweis von Aldehyden. Im Gegensatz zu Keto-Gruppen können Aldehyd-Gruppen oxidiert werden. Dadurch lassen sich Aldehyde leicht von Ketonen unterscheiden. Bei der **Fehling-Probe** und bei der **Silberspiegelprobe (Tollens-Probe)** macht man sich die reduzierende Wirkung der Aldehyd-Gruppe zunutze: In beiden Fällen werden Metall-Ionen reduziert. Bei der Fehling-Probe werden Cu^{2+}-Ionen zu Cu^{+}-Ionen reduziert, sodass in alkalischer Lösung ein roter Niederschlag von Kupfer(I)-oxid (Cu_2O) entsteht. Bei der Tollens-Probe reagieren Silber-Ionen zu elementarem Silber. Auf der Glaswand eines sauberen Reagenzglases bildet sich ein Silberspiegel.

Die **Schiff-Probe** ist ein spezifischer Nachweis für Aldehyde. Dabei reagiert ein farbloses Reagenz mit Aldehyden zu einem roten Farbstoff. Bei Ketonen verlaufen die Aldehyd-Nachweise negativ.

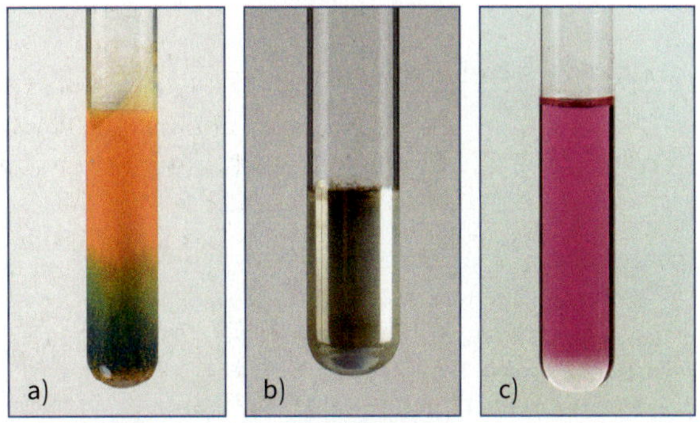

3 Nachweisreaktionen für Aldehyde.
a) Fehling-Probe, b) Silberspiegelprobe, c) Schiff-Probe

Primäre Alkohole lassen sich zu Aldehyden oxidieren, sekundäre Alkohole zu Ketonen. Aldehyde wirken reduzierend. Die Moleküle der Aldehyde und Ketone haben eine Carbonyl-Gruppe.

Verwendung von Aldehyden und Ketonen. Von den zahlreichen Aldehyden aus der homologen Reihe der Alkanale sind zwei Verbindungen von besonderer Bedeutung: *Formaldehyd* (Methanal, HCHO) und *Acetaldehyd* (Ethanal, CH_3CHO).

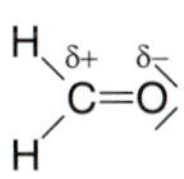

Der einfachste Aldehyd ist **Formaldehyd,** ein giftiges, farbloses, stechend riechendes Gas, das vermutlich Krebs erzeugen kann. In Wasser ist Formaldehyd leicht löslich, die 37%ige Lösung heißt *Formalin.* Anatomische Präparate werden in Formalinlösung aufbewahrt. Formaldehyd stabilisiert die Zellstruktur und schützt das Präparat vor dem Befall durch Bakterien und Pilze.

Formaldehyd ist einer der wichtigsten Grundstoffe in der chemischen Industrie. *Bakelit,* einer der ersten Kunststoffe, wurde aus Formaldehyd produziert. Heute dient Formaldehyd als Ausgangsstoff für Melaminkunststoffe zur Herstellung von Steckdosen und Lichtschaltern. Kunststoffharze aus Formaldehyd werden als Lacke verwendet und als Bindemittel für Spanplatten.

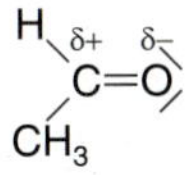

Acetaldehyd ist eine farblose, flüchtige, leicht entzündliche Flüssigkeit, Acetaldehyd ist giftig, es schädigt vor allem die Leber und kann vermutlich ebenfalls Krebs erzeugen. Im Zellstoffwechsel ist Acetaldehyd ein wichtiges Zwischenprodukt. In der Leber des Menschen wird Alkohol durch das Enzym Alkoholdehydrogenase zu Acetaldehyd abgebaut.

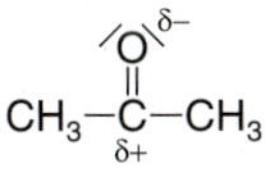

Das einfachste Keton ist **Aceton** (Propanon). Die farblose Flüssigkeit siedet bei 56 °C. Aufgrund der polaren Molekülstruktur und der beiden Methyl-Reste ist Aceton ein universelles Lösemittel für hydrophile und besonders für hydrophobe Stoffe wie Lacke und Klebstoffe.

1 Nenne Verbindungen, die sich als Ausgangsstoffe für die Synthese von Ethanal und Butanon eignen und formuliere die Reaktionsgleichungen.

2 a) Zeichne Strukturformeln der Moleküle von Propanon, Propan, Propanal, Propan-1-ol.
b) Ermittle die Siedetemperaturen der Verbindungen und begründe die Unterschiede.

3 Benenne die folgenden Verbindungen.

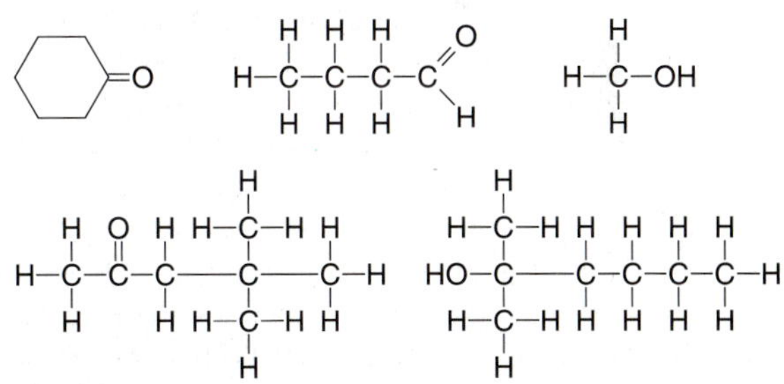

4 Erläutere mithilfe der unterschiedlichen intermolekularen Bindungen, warum Aceton sowohl mit Wasser als auch mit Heptan mischbar ist.

5 a) Pentan-2-on hat die Formel $CH_3–CO–CH_2–CH_2–CH_3$. Stelle eine Regel für die systematische Benennung der Alkanone auf.
b) Zeichne für die Moleküle der anderen isomeren Pentanone die Strukturformeln und benenne die Verbindungen ebenfalls.

6 **Expertenaufgabe:** Spanplatten und Sperrholz werden mit Formaldehydharzen verklebt. Recherchiere, welche Probleme dadurch auftreten können.

Oxidationsprodukte der Alkohole

Versuch 1:
Oxidation von Alkanolen

Materialien: Tropfpipetten, 5 Erlenmeyerkolben (100 ml), 10 Bechergläser (50 ml), Tiegelzange, Kunststoffspritze, Kupferdrahtwendel, Gasbrenner; *Proben*: Propan-1-ol (**2**, **5**, **7**), Propan-2-ol (**2**, **7**), *tert*-Butanol (**2**, **7**), Propanal (**2**, **7**), Aceton (**2**, **7**), Schiff-Reagenz, Bromthymolblaulösung.

Durchführung:
1. Gib 1 ml Propan-1-ol in einen Erlenmeyerkolben.
2. Fülle in ein Becherglas 1 ml Schiff-Reagenz und in ein zweites 1 ml Bromthymolblaulösung.
3. Halte die Kupferwendel mit der Tiegelzange in die Brennerflamme. Erhitze die Wendel so, dass sie mit einer schwarzen Oxidschicht überzogen wird und tauche sie dann sofort in die Flüssigkeit im Erlenmeyerkolben (**B3**).
4. Entnimm mit der Kunststoffspritze Gas aus dem Gasraum über der Flüssigkeit und drücke das Gas in die Flüssigkeiten der beiden Bechergläser.
5. Wiederhole den Versuch mit den anderen Proben.

Aufgaben:
a) Notiere deine Beobachtungen
b) Formuliere Reaktionsgleichungen, sofern eine erkennbare Reaktion stattgefunden hat.
c) Erläutere die fachlichen Hintergründe dieses Versuchs.

Versuch 2:
Nachweise für Aldehyde

Materialien: Tropfpipetten, Wasserbad, neues Reagenzglas;
Propanal (**2**, **7**, **B3**), Aceton (**2**, **7**, **B3**), Silbernitratlösung ($0{,}05\ \frac{mol}{l}$; **B2**), Ammoniaklösung (verd.), Schiff-Reagenz, Fehling-Lösung I (**9**, **B2**), Fehling-Lösung II (**5**).

Durchführung:

Tollens-Probe
1. Gib etwa 1 ml Silbernitratlösung in ein neues Reagenzglas. Tropfe so lange Ammoniaklösung zu, bis sich der Niederschlag gerade wieder auflöst.
2. Gib einige Tropfen Propanal hinzu. Erwärme im siedenden Wasserbad (**B2**).
3. Wiederhole das Experiment mit Aceton (**B2**).

Fehling-Probe
1. Mische in einem Reagenzglas je 1 ml der beiden Fehling-Lösungen.
2. Gib einige Tropfen Propanal zu und erwärme im siedenden Wasserbad (**B2**).
3. Wiederhole das Experiment mit Aceton (**B2**).

Schiff-Probe
1. Gib zu 1 ml Schiff-Reagenz drei Tropfen Propanal (**B3**).
2. Wiederhole den Versuch mit Aceton (**B3**).

Aufgaben:
a) Notiere deine Beobachtungen.
b) Formuliere für die Tollens-Probe mit Propanal eine Reaktionsgleichung.
Hinweis: Propanal wird zu Propansäure (C_2H_5COOH) oxidiert.
c) Begründe deine Beobachtungen bei den Proben mit Aceton.

Versuch 3:
Aldehyde im Zigarettenrauch

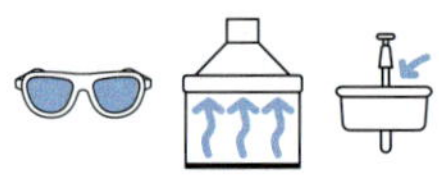

Materialien: Kolbenprober oder Kunststoffspritze, Trockenrohr mit Kochsalzfüllung und durchbohrtem Stopfen, Schlauchstück;
DC-Fertigfolie (Kieselgel), filterlose Zigarette, Schiff-Reagenz.

Durchführung:
1. Zünde die Zigarette an und stecke sie in den Stopfen des Trockenrohres. Verbinde das Trockenrohr mit dem Kolbenprober.
2. Ziehe den Rauch in den Kolbenprober.
3. Tauche einen Streifen DC-Folie kurz etwa 1 cm tief in das Schiff-Reagenz und leite den Inhalt des Kolbenprobers über den nassen Teil der Folie.

Aufgaben:
a) Notiere deine Beobachtungen und deine Schlussfolgerungen.
b) Beschreibe die Veränderungen der Kochsalzfüllung und suche nach Gründen dafür.

Versuch 4:
Untersuchung von Essigsäure

Materialien: Tropfpipette, Leitfähigkeitsmessgerät, 3 Porzellanschalen, 3 Bechergläser (100 ml), Gasbrenner, Dreifuß mit Drahtnetz; Magnesiumpulver (**2**), Universalindikatorpapier, *Proben*: Essigsäure (verd.), Essigessenz (25 %, **5**), Eisessig (**2**,**5**).

Durchführung:
1. Bestimme die pH-Werte der Proben mit Indikatorpapier sowie ihre elektrische Leitfähigkeit.
2. Gib in den Porzellanschalen zu 5 ml der Säuren eine Spatelspitze Magnesiumpulver. Dampfe die entstehenden Lösungen ein.

Aufgaben:
a) Protokolliere deine Versuche.
b) Begründe die unterschiedlichen Ergebnisse.

Versuch 5:
Titration von Essigsäure

Materialien: Vollpipetten (10 ml, 20 ml), Pipettierhilfe, Messkolben (100 ml), Becherglas (100 ml), Erlenmeyerkolben (200 ml), Bürette; Natronlauge (0,1 $\frac{mol}{l}$), Speiseessig, selbst hergestellter Essig, Phenolphthaleinlösung (< 0,1 %, **2**, **7**).

Durchführung:
1. Gib 10 ml Speiseessig in den Messkolben, fülle mit Wasser bis zur Marke auf und vermische den Inhalt.
2. Entnimm aus dem Messkolben 20 ml Lösung und fülle die Probe in den Erlenmeyerkolben.
3. Gib fünf Tropfen Phenolphthaleinlösung zu und titriere die Probe mit Natronlauge bis zum Farbumschlag.
4. Bestimme auf die gleiche Weise den Säuregehalt im selbst hergestellten Essig.

Aufgaben:
a) Berechne die Stoffmengenkonzentrationen der Essigsäuren.
b) Auf dem Etikett einer Essigflasche ist der Säuregehalt in Prozent angegeben. Berechne aus deinem Ergebnis den Massenanteil der Essigsäure.
Hinweis: Speiseessig hat etwa die Dichte $\varrho = 1 \frac{g}{cm^3}$.

Versuch 6:
Säuregehalt von Joghurt

Materialien: Erlenmeyerkolben (300 ml, weit), Bürette, Waage, Messzylinder (50 ml); Magermilchjoghurt, Natronlauge (0,1 $\frac{mol}{l}$), Phenolphthaleinlösung (< 0,1 %, **2**, **7**).

Durchführung:
1. Gib etwa 50 ml Wasser in den Erlenmeyerkolben und rühre 20 g Joghurt ein. Gib einige Tropfen Indikatorlösung zu.
2. Titriere die Joghurtprobe bis die Mischung rosa gefärbt bleibt.

Aufgaben:
a) Protokolliere deinen Versuch.
b) Berechne die Stoffmenge an Hydroxid-Ionen, die bis zum Äquivalenzpunkt verbraucht wurden.
c) Berechne den Massenanteil *w* an Milchsäure (CH_3–CHOH–COOH) in der Joghurtprobe.

Experimentelle Hausaufgabe:
Essig – selbst hergestellt

Materialien: 2 Gläser mit Schraubdeckel (250 ml), Mikroskop, Tropfpipette, Objektträger, Deckgläser; Weißwein (ungeschwefelt), Universalindikatorpapier.

Durchführung:
1. Fülle die Gläser jeweils zu einem Drittel mit Wein. Prüfe den Geruch und ermittle den pH-Wert.
2. Verschließe eines der Gläser und stelle beide an einen warmen Ort (nicht in die Sonne).
3. Schüttle beide Versuchsansätze täglich und prüfe beide auf Geruch und pH-Wert.
4. Entnimm kleinste Proben und suche mit dem Mikroskop in der Schule nach Essigbakterien.
5. Prüfe abschließend nach drei Wochen beide Ansätze und nimm eine kleine Geschmacksprobe.
6. Bestimme in beiden Ansätzen den Massenanteil *w* an Essigsäure (Versuch 5).

Aufgaben:
a) Protokolliere deine Versuche. Erläutere die Versuchsergebnisse.
b) Recherchiere den Begriff *Essigmutter*.

Redoxreaktion und Oxidationszahl

Im Laufe der Zeit wurden unterschiedliche Definitionen für die Begriffe *Oxidation* und *Reduktion* entwickelt. Ursprünglich verstand man unter Oxidation eine *Sauerstoffaufnahme* und unter Reduktion eine *Sauerstoffabgabe.* Nach dem heute allgemein gültigen Konzept wird eine Oxidation als *Elektronenabgabe* und eine Reduktion als *Elektronenaufnahme* definiert.

Oxidationszahl. Bei Redoxreaktionen in der organischen Chemie lässt sich nicht ohne weiteres entscheiden, welche Atome bei der Reaktion Elektronen abgeben und welche Elektronen aufnehmen. Damit alle Redoxreaktionen als *Elektronenübertragungsreaktionen* beschrieben werden können, hat man die **Oxidationszahl** eingeführt. Sie gibt die Anzahl der Ladungen an, die ein Atom in einer Verbindung hat, wenn man sich vorstellt, die Verbindung sei aus Ionen aufgebaut. Für diesen *formalen Ansatz* ordnet man die Bindungselektronen dem elektronegativeren Bindungspartner zu. Die Oxidationszahlen der einzelnen Atome werden als römische Zahlen über die Atomsymbole geschrieben. Die Oxidationszahl I bedeutet Abgabe eines Elektrons, –I bedeutet Aufnahme eines Elektrons.

Beispiel: Im Chlorwasserstoff-Molekül ordnet man

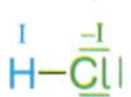

dem elektronegativeren Chlor-Atom beide Bindungselektronen der H–Cl-Bindung zu. Dadurch erhöht sich die Zahl seiner Außenelektronen von sieben auf acht. Das Chlor-Atom im HCl-Molekül hat damit im Vergleich zu einem freien Chlor-Atom *formal* ein Elektron aufgenommen: Das Chlor-Atom wurde reduziert. Die Erhöhung der negativen Ladung wird durch die Oxidationszahl –I angezeigt. Das Wasserstoff-Atom hat entsprechend – verglichen mit dem elementaren Zustand – ein Elektron abgegeben: Es wurde also oxidiert. Die formale Abgabe des Elektrons wird durch die Oxidationszahl I angezeigt.

Ermittlung von Oxidationszahlen. Die Oxidationszahlen in elementaren Stoffen, Verbindungen und Ionen lassen sich nach folgenden Regeln ermitteln:

1. Bindungselektronen zwischen *gleichartigen Atomen* werden auf beide Atome aufgeteilt. Die Atome elementarer Stoffe haben daher die Oxidationszahl Null:

$\overset{0}{Ar}$ $\overset{0}{H}–\overset{0}{H}$ $\overset{0}{H_2}$ $\overset{0}{O}=\overset{0}{O}$ $\overset{0}{O_2}$ $\overset{0}{S_8}$ $\overset{0}{C}$ $\overset{0}{Fe}$

Eine Oxidationszahl gilt immer für *alle* Atome über denen sie steht: Die 0 über der Formel H_2 bedeutet also, dass beide H-Atome die Oxidationszahl 0 haben.

2. In *Verbindungen* ist die Oxidationszahl von Metallen immer positiv. Bei Alkalimetallen ist sie immer I, bei Erdalkalimetallen immer II.
Wasserstoff: immer I (außer in Metallhydriden –I),
Sauerstoff: immer –II (außer in Peroxiden –I).

3. In einer *polaren Elektronenpaarbindung* werden die Bindungselektronen jeweils ganz dem elektronegativeren Atom zugeordnet:

$\overset{IV}{C}\overset{-II}{O_2}$ 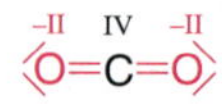 $\overset{I}{H_2}\overset{-II}{O}$ 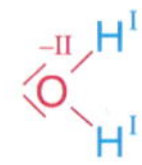 $\overset{-IV}{C}\overset{I}{H_4}$ 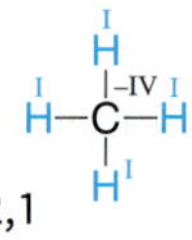

Elektronegativitäten: O: 3,5; C: 2,5; H: 2,1

4. In *neutralen Teilchen* ist die Summe der Oxidationszahlen aller Atome gleich Null:

CO_2: $1 \cdot IV + 2 \cdot (-II) = 0$ H_2O: $2 \cdot I + 1 \cdot (-II) = 0$

5. In *Ionen* entspricht die Summe der Oxidationszahlen aller Atome der Ionenladung:

Beispiel: Sulfat-Ion ($SO_4{}^{2-}$)
Ionenladung: 2–; Oxidationszahlen: $\overset{VI}{S}\overset{-II}{O_4}{}^{2-}$
Summe der Oxidationszahlen: $VI + 4 \cdot (-II) = -II$

Oxidationszahlen unterschiedlich gebundener Atome. Geht man im Falle von Ethanol von der Molekülformel C_2H_6O aus, ergibt sich für die C-Atome die Oxidationszahl –II:

$\overset{-II}{C_2}\overset{I}{H_6}\overset{-II}{O}$

Die beiden C-Atome sind jedoch mit unterschiedlichen Bindungspartnern verbunden. Für die einzelnen C-Atome ergeben sich daher unterschiedliche Oxidationszahlen:

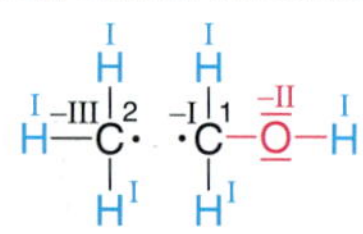

Das *C-1-Atom* hat fünf Elektronen, seine Oxidationszahl ist –I.
Das *C-2-Atom* hat sieben Elektronen, seine Oxidationszahl ist –III.
Der Mittelwert beider Oxidationszahlen ist gleich –II und stimmt mit dem Ergebnis der Gesamtbetrachtung der beiden C-Atome überein.

Nomenklatur. Oxidationszahlen werden auch bei der Benennung von Verbindungen verwendet.

Beispiel: Cu_2O: Kupfer(I)-oxid (gelesen: „Kupfer-eins-oxid“).

Aufstellen von Reaktionsgleichungen. Mithilfe von Oxidationszahlen lassen sich Reaktionsgleichungen einfach aufstellen.

1. Wenn bei einer chemischen Reaktion Ionen entstehen, werden bei der Oxidation tatsächlich Elektronen abgegeben; btei der Reduktion werden diese Elektronen aufgenommen. *Beispiel:* Bildung von NaCl

Oxidation: $2\,\overset{0}{Na} \dashrightarrow 2\,\overset{I}{Na^+} + 2\,e^-$

Reduktion: $\overset{0}{Cl_2} + 2\,e^- \dashrightarrow 2\,\overset{-I}{Cl^-}$

Redoxreaktion: $2\,\overset{0}{Na} + \overset{0}{Cl_2} \rightarrow 2\,\overset{I}{Na}\overset{-I}{Cl}$

2. Bei Molekülverbindungen entspricht eine Oxidation nur *formal* einer Abgabe von Elektronen und eine Reduktion nur *formal* einer Aufnahme von Elektronen. Deshalb werden die Begriffe *Oxidation* und *Reduktion* erweitert: **Bei einer Oxidation erhöht sich die Oxidationszahl, bei einer Reduktion erniedrigt sich die Oxidationszahl.**

Bei organischen Verbindungen gibt man Oxidationszahlen nur für die C-Atome an, bei denen sich die Oxidationszahl ändert. *Beispiel:* Bildung von Aceton durch Oxidation von Propan-2-ol

Oxidation: $CH_3\overset{0}{C}HOHCH_3 \dashrightarrow CH_3\overset{II}{C}OCH_3 + 2\,H^+ + 2\,e^-$

Reduktion: $\overset{II}{Cu}O + 2\,H^+ + 2\,e^- \dashrightarrow \overset{0}{Cu} + H_2O$

Redoxreaktion:

$$CH_3\overset{0}{C}HOHCH_3 + \overset{II}{Cu}O \rightarrow CH_3\overset{II}{C}OCH_3 + \overset{0}{Cu} + H_2O$$

1 Erläutere, nach welchen Regeln die folgenden Oxidationszahlen ermittelt wurden:

a) $\overset{0}{O_2}$; b) $\overset{I}{H}\overset{-I}{Br}$; c) $\overset{-II}{C}H_3\overset{-II}{O}H$; d) $\overset{IV}{S}\overset{-II}{O}{}_3^{2-}$; e) $\overset{-III}{C}H_3\overset{I}{C}H\overset{-II}{O}$;

f) $\overset{I}{Na}\overset{V}{N}\overset{-II}{O}{}_3$; g) $\overset{-III}{C}H_3\overset{III}{C}\overset{-II}{O}\overset{-II}{O}H$; h) $\overset{I}{H}\overset{-I}{O}–\overset{-I}{O}\overset{I}{H}$ i) $\overset{IV}{N}\overset{-II}{O}{}_2$

2 Gib für alle Atome die Oxidationszahlen an: Br_2, NH_3, NaF, C_2H_6, C_2H_4, C_2H_2, $CH_3CH_2CH_2OH$, FeS, Na_2CO_3, H_2SO_4, CO, Eisen(III)-oxid.

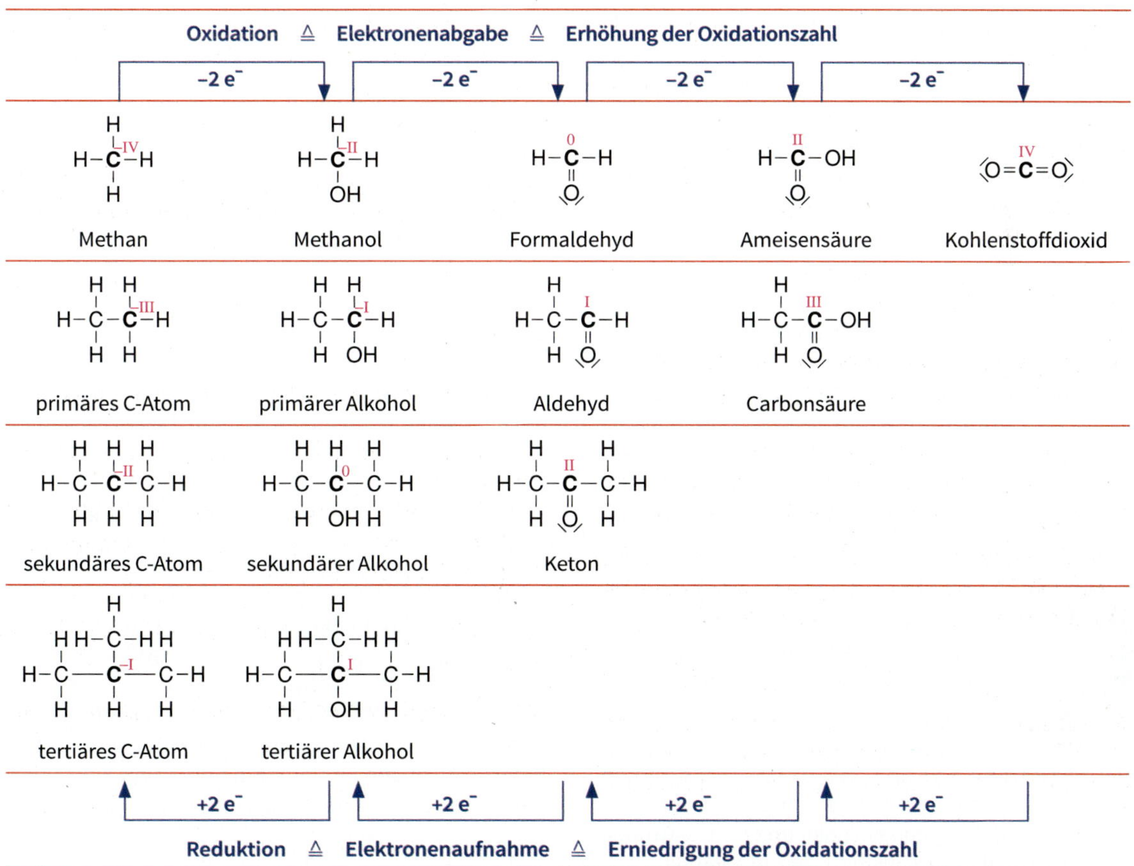

16.7 Carbonsäuren

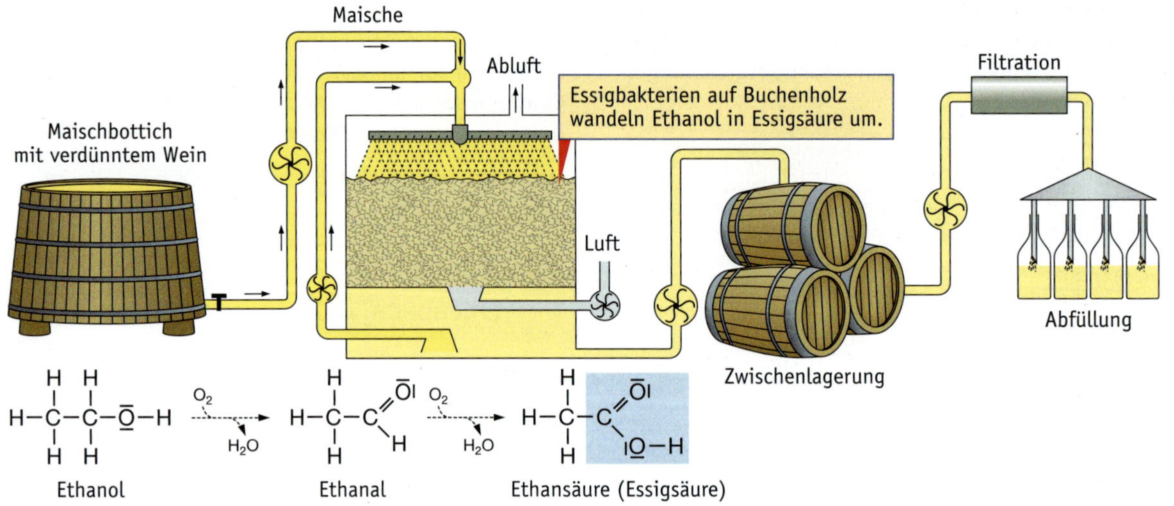

1 *Biotechnische Herstellung von Essig*

Schon im Altertum war bekannt, dass Wein in offenen Gefäßen nach einiger Zeit sauer wird und nach **Essig** riecht. Bei diesem Vorgang entsteht *Essigsäure,* die älteste bekannte Säure.

Essigsäure. Beim Sauerwerden vermehren sich an der Oberfläche des Weines *Essigbakterien.* Ihre Enzyme katalysieren die Oxidation des im Wein enthaltenen Alkohols. Dabei reagiert Ethanol mit Luftsauerstoff zu *Ethanal,* das weiter zu *Essigsäure* (Ethansäure) oxidiert wird. Der gesamte Vorgang wird als *Essigsäuregärung* bezeichnet.

Zur *industriellen Herstellung* von Essigsäure wird 5%iger Alkohol in einem großen Reaktionsgefäß zusammen mit Luft fein vernebelt. Dabei löst sich Sauerstoff in der Flüssigkeit. Mit dem Sauerstoff oxidieren die Essigbakterien Ethanol zu Essigsäure (Abb. 1). Synthetisch lässt sich Essigsäure aus Ethanal oder durch Reaktion von Methanol mit Kohlenstoffmonooxid produzieren. Reine Essigsäure wird im Handel als *Eisessig* oder, verdünnt mit Wasser, als *Essigessenz* (25%ige Lösung) angeboten. *Haushaltsessig* ist eine 5%ige Lösung, die noch Aromastoffe enthalten kann.

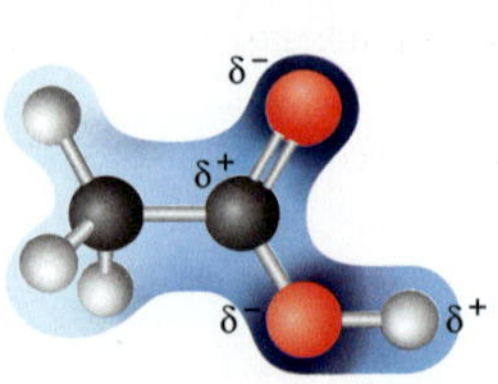

Das Essigsäure-Molekül besitzt als funktionelle Grupppe eine **Carboxy-Gruppe** (**COOH**-Gruppe). Alle Moleküle mit einer Carboxy-Gruppe gehören zu der Stoffklasse der **Carbonsäuren.** Aus der Elektronendichteverteilung wird deutlich, dass die COOH-Gruppe stark polar ist: Aufgrund der hohen Elektronegativität der beiden Sauerstoff-Atome sind die C/O-Bindungen polar und die OH-Gruppe ist stärker polar als die Hydroxy-Gruppe in Alkoholen.

Wässrige Lösungen von Essigsäure zeigen die typischen Eigenschaften einer *sauren Lösung*:

- Sie bewirken einen Farbumschlag des Universalindikators nach rot.
- Sie können durch alkalische Lösungen neutralisiert werden, dabei erhält man eine Salzlösung.
- Sie leiten den elektrischen Strom, sie enthalten demnach Ionen.
- Sie reagieren mit unedlen Metallen unter Bildung von Wasserstoff.

Diese Beobachtungen lassen den Schluss zu, dass Essigsäure-Moleküle als *Protonendonator* reagieren. Die Wasser-Moleküle nehmen als Protonenakzeptor jeweils ein Proton auf. Bei dieser Säure-Base-Reaktion bilden sich Hydronium-Ionen ($H_3O^+(aq)$) und als Säurerest-Ionen **Acetat-Ionen** (CH_3COO^-). Essigsäure-Moleküle reagieren als Säure, weil die O–H-Bindung in der Carboxy-Gruppe stark polar ist. Allerdings läuft die Reaktion nur unvollständig ab, es stellt sich ein *chemisches Gleichgewicht* ein:

$$\underset{\text{Essigsäure}}{CH_3COOH(aq)} + H_2O(l) \rightleftharpoons \underset{\text{Acetat-Ion}}{CH_3COO^-(aq)} + H_3O^+(aq)$$

Essigsäure ist nur eine schwache Säure, im Haushaltsessig sind nur vier von tausend Essigsäure-Molekülen protolysiert. Im Gegensatz dazu haben in verdünnter *Salzsäure* sämtliche Chlorwasserstoff-Moleküle ihr Proton abgegeben: Chlorwasserstoff ist eine starke Säure. Bei der Neutralisation von Essigsäure mit Natronlauge entsteht eine Salzlösung von *Natriumacetat.* Beim vorsichtigen Eindampfen der Lösung kristallisiert dieses Natriumsalz der Essigsäure aus.

$$CH_3COOH(aq) + Na^+(aq) + OH^-(aq) \rightarrow Na^+(aq) + CH_3COO^-(aq) + H_2O(l)$$

Alkansäuren. Zur Stoffklasse der *Carbonsäuren* gehören alle Verbindungen, deren Moleküle einen organischen Rest und eine Carboxy-Gruppe aufweisen. Man spricht allgemein von einer *Alkansäure,* wenn die Carboxy-Gruppe mit einem Alkyl-Rest verknüpft ist. Zur Benennung von Alkansäuren wird dem Stammnamen des Alkans die Endung **-säure** angefügt. Essigsäure wird also systematisch als *Ethansäure* bezeichnet.

Alkansäuren bilden eine *homologe Reihe* (Abb. 2). Einige Alkansäuren sind wichtige Stoffwechselprodukte lebender Organismen. Oft sind sie Bestandteile von Chemikalien des alltäglichen Gebrauchs oder werden für deren Herstellung verwendet.

Die einfachste Säure in der homologen Reihe der Alkansäuren ist **Ameisensäure** (*Methansäure,* HCOOH). Ameisen, Brennnesseln und Quallen fügen Feinden zur Abwehr kleine Verwundungen zu und injizieren dabei die Säure in die Wunde. Wir alle kennen die Folgen: brennender Schmerz und Hautrötung. Ameisensäure ist ätzend, riecht stechend und reizt die Schleimhäute. Sie wird zur Vorbehandlung von Leder und Textilien gebraucht und dient als Desinfektionsmittel. Im Haushalt ist Ameisensäure neben Essigsäure ein geeignetes Mittel, um Verkalkungen zu entfernen.

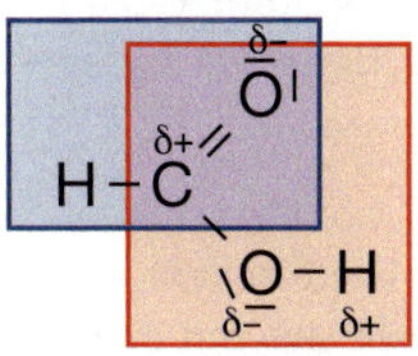

Methansäure-Moleküle haben als besonderes Merkmal sowohl eine Carboxy-Gruppe als auch eine Aldehyd-Gruppe. Methansäure kann daher im Gegensatz zu den anderen Alkansäuren oxidiert werden und reagiert bei der Silberspiegelprobe positiv.

Im Labor benutzt man Ameisensäure, um *Kohlenstoffmonooxid* herzustellen. Dazu tropft man konzentrierte Schwefelsäure auf Ameisensäure:

$$HCOOH \xrightarrow{\text{konz. } H_2SO_4} CO + H_2O$$

Essigsäure und **Propionsäure** (C_2H_5COOH) sind wichtige Grundchemikalien zur Herstellung von Lösemitteln, Arzneimitteln sowie Duft- und Aromastoffen. **Buttersäure** (C_3H_7COOH), **Pentansäure** (C_4H_9COOH) und **Hexansäure** ($C_5H_{11}COOH$) haben einen unangenehmen, ekelerregenden Geruch. Sie kommen in ranziger Butter und im Schweiß vor.

Längerkettige Alkansäuren sind in Fetten chemisch an Glycerin gebunden. Sie werden daher auch als *Fettsäuren* bezeichnet. **Palmitinsäure** (Hexadecansäure ($C_{15}H_{31}COOH$) und **Stearinsäure** (Octadecansäure ($C_{17}H_{35}COOH$) werden zur Herstellung von Kerzen sowie von kosmetischen und pharmazeutischen Präparaten verwendet.

Alkansäure	Formel	Schmelztemp.	Siedetemp.
Ameisensäure Methansäure	H–COOH	8 °C	101 °C
Essigsäure Ethansäure	CH_3–COOH	17 °C	118 °C
Propionsäure Propansäure	C_2H_5–COOH	−21 °C	141 °C
Buttersäure Butansäure	C_3H_7–COOH	−5 °C	163 °C
Decansäure	C_9H_{19}–COOH	31 °C	269 °C
Palmitinsäure	$C_{15}H_{31}$–COOH	63 °C	351 °C
Stearinsäure	$C_{17}H_{35}$–COOH	69 °C	370 °C

2 *Homologe Reihe der Alkansäuren*

Die Carboxy-Gruppe (–COOH) ist die funktionelle Gruppe der Carbonsäuren. Sie reagiert als Protonendonator und ist für die saure Reaktion verantwortlich.
Alkansäuren sind Carbonsäuren mit einer Alkyl-Gruppe als organischem Rest.

1 a) Recherchiere, wie Gärprozesse definiert sind.
b) Vergleiche die alkoholische Gärung mit der Essigsäuregärung.

2 Verdünnte Salzsäure riecht nicht nach Chlorwasserstoff. Dagegen riecht Essig nach Essigsäure. Gib eine Begründung.

3 Formuliere für die einzelnen Oxidationsschritte vom Methanol bis zum Kohlenstoffdioxid Reaktionsgleichungen mit Oxidationszahlen.

4 In eine dreigeteilte Petrischale wird in jede Kammer ein kleines Stück Magnesiumband und eine Säure gegeben: Methansäure, Ethansäure und Propansäure.
Eine Gasentwicklung beginnt erst, wenn die Säuren mit Wasser verdünnt werden. Die Reaktion mit Methansäure ist besonders heftig.
a) Interpretiere die Beobachtungen.
b) Formuliere für die Reaktion zwischen Methansäure und Magnesium die Reaktionsgleichung.

5 **Experimentelle Hausaufgabe:** In eurem Wasserkocher hat sich Kalk ($CaCO_3$) abgelagert.
a) Gieße Essig in den Wasserkocher.
b) Notiere die Reaktionsgleichung.
c) Erstelle einen Arbeitsplan, wie du die abgelagerte Masse des Kalks ermitteln kannst.

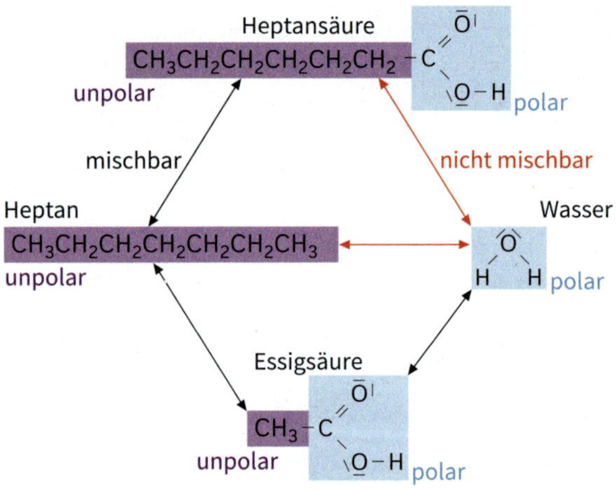

1 *Der Einfluss der Molekülstruktur auf die Löslichkeit*

Die Schmelz- und Siedetemperaturen und die Löslichkeit der Alkansäuren hängen von der Molekülstruktur ab.

Schmelztemperaturen und Siedetemperaturen. Reine Essigsäure (Eisessig) schmilzt bei 17 °C, Butan (C_4H_{10}) mit Molekülen ähnlicher Größe schmilzt dagegen bereits bei –138 °C. Allgemein hängt die *Schmelztemperatur* einer Molekülverbindung von den zwischenmolekularen Bindungen im Kristall ab. Dabei gelten als Regeln, dass Van-der-Waals-Bindungen schwächer sind als Wasserstoffbrückenbindungen, dass aber die Festigkeit von Van-der-Waals-Bindungen mit steigender Kettenlänge eines Alkyl-Restes zunimmt.Strukturuntersuchungen haben ergeben, dass in Alkansäurekristallen stets **Doppelmoleküle** vorliegen: Zwei Moleküle lagern sich über zwei Wasserstoffbrücken zusammen. Als Ganzes sind die Doppelmoleküle unpolar.

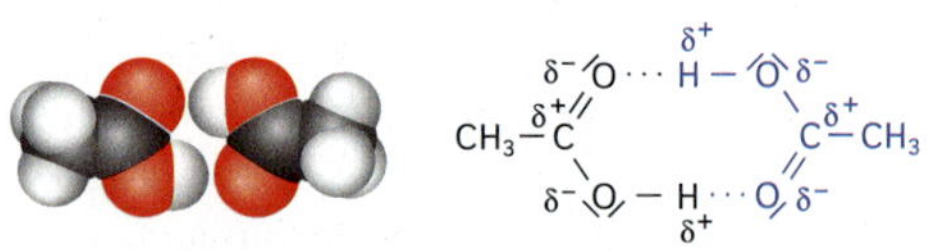

Die Doppelmoleküle im Eisessig sind also etwa doppelt so groß wie die Butan-Moleküle. Die Van-der-Waals-Bindungen im Eisessig sind daher fester als die Van-der-Waals-Bindungen in Butankristallen. Dies erklärt die höhere Schmelztemperatur der Essigsäure. Auch in der Schmelze liegen Doppelmoleküle vor. Selbst im Dampf über siedender Essigsäure sind sie noch vorhanden. Vergleicht man die Größe der Essigsäure-Doppelmoleküle (molare Masse 120 u) mit der Größe von Octan-Molekülen (molare Masse 114 u) so lässt sich leicht nachvollziehen, warum die Siedetemperaturen der beiden Verbindungen nahe beieinander liegen: Die Van-der-Waals-Bindungen sind ähnlich fest: Essigsäure siedet bei 118 °C und Octan bei 114 °C.

Die Löslichkeit von Alkansäuren. Methansäure, Ethansäure, Propansäure und Butansäure mischen sich in jedem Verhältnis mit **Wasser.** Sie sind aufgrund der polaren Carboxy-Gruppe *hydrophil.* Im Prinzip lassen sich beim Mischen verschiedene Vorgänge unterscheiden:

- Wasser-Moleküle bilden mit COOH-Gruppen der Alkansäure-Moleküle Wasserstoffbrückenbindungen aus,
- Wasserstoffbrücken zwischen Wasser-Molekülen werden gelöst,
- die Wasserstoffbrücken in den Doppelmolekülen werden gespalten,
- die Säure-Moleküle werden hydratisiert.

Die genannten Alkansäuren lösen sich deshalb in Wasser, weil sich zwischen den Alkansäure-Molekülen und den Wasser-Molekülen starke Wasserstoffbrückenbindungen ausbilden.

Mit steigender Kettenlänge des Alkyl-Restes lösen sich Alkansäuren zunehmend schlechter in Wasser. Bereits Hexansäure ist nahezu unlöslich. Ursache sind die großen unpolaren Alkyl-Reste, deren Einfluss auf die Stoffeigenschaften nun überwiegt: Die Wechselwirkung der unpolaren Molekülteile mit Wasser-Molekülen ist nur schwach. Zwischen der Carboxy-Gruppe und Wasser-Molekülen können sich zwar noch Wasserstoffbrücken ausbilden, diese reichen aber nicht aus, den Einfluss des unpolaren Alkyl-Restes auszugleichen.

Umgekehrt sind Essigsäure und die höheren Alkansäuren in lipophilen Lösemitteln wie **Heptan** sehr gut löslich: Die Doppelmoleküle der Alkansäuren mit ihren unpoaren Alkyl-Resten bilden mit Heptan-Molekülen Van-der-Waals-Bindungen aus. Die Doppelmoleküle der Methansäure haben keinen Alkyl-Rest, Methansäure ist deshalb kaum in Heptan löslich.

Die Molekülstrukturen bestimmen die Schmelz- und Siedetemperaturen der Alkansäuren und ihre Löslichkeit in hydrophilen und lipophilen Lösemitteln.

1 Decansäure ist im Gegensatz zu Ethansäure bei Raumtemperatur fest. Begründe den Unterschied.

2 Begründe die Unterschiede in den Siedetemperaturen folgender Verbindungen mit ähnlich großen Molekülen: Pentan (36 °C), Propanal (48 °C), Propan-1-ol (97 °C), Propansäure (141 °C).

3 Beschreibe, welche Vorgänge beim Lösen von Propionsäure in Wasser und in Heptan ablaufen.

4 Nenne jeweils ein geeignetes Lösemittel für Methansäure und für Decansäure. Begründe deine Wahl.

Exkurs Carbonsäuren mit mehreren funktionellen Gruppen

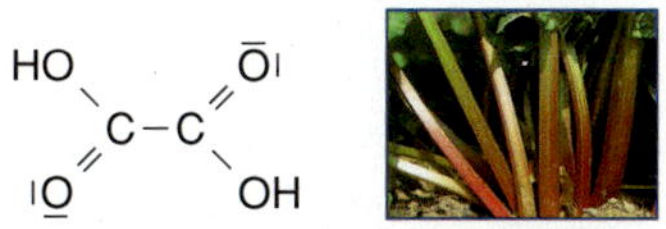

Oxalsäure (Ethandisäure)

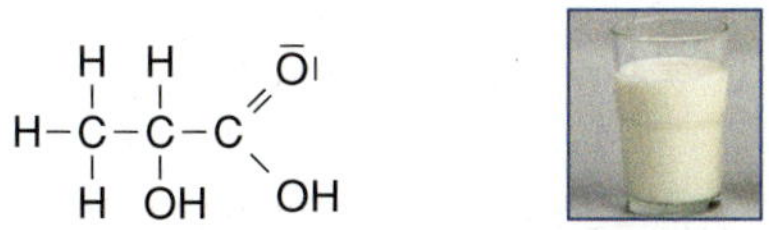

Milchsäure (2-Hydroxypropansäure)

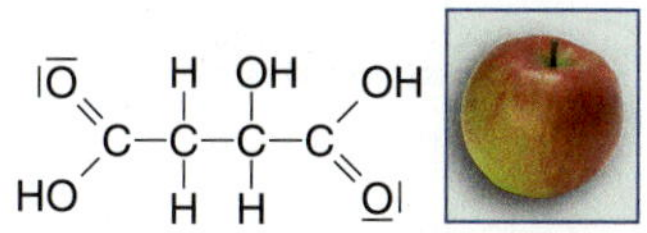

Äpfelsäure (2-Hydroxybutandisäure)

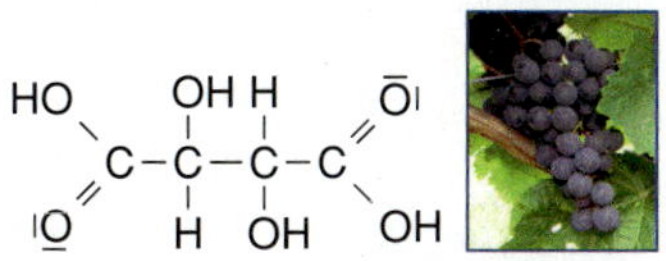

Weinsäure (2,3-Dihydroxybutandisäure)

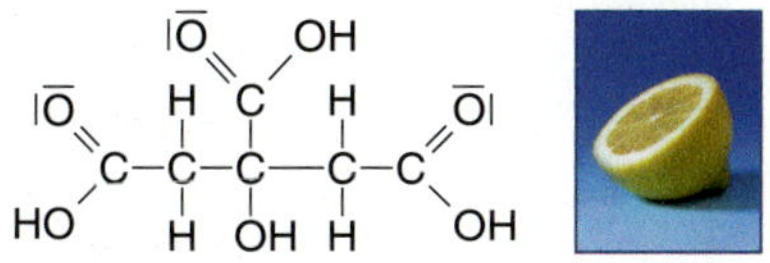

Citronensäure (2-Hydroxy-propan-1,2,3-tricarbonsäure)

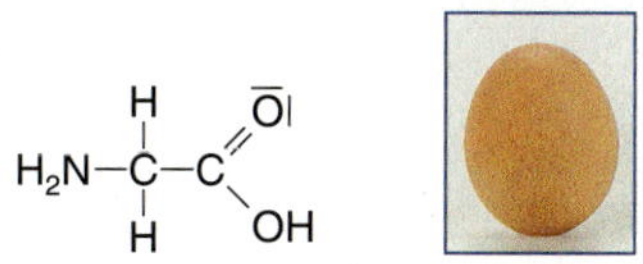

Glycin (Aminoethansäure)

1 ***Carbonsäure mit mehreren funktionellen Gruppen***

Carbonsäuren können neben der Carboxy-Gruppe weitere funktionelle Gruppen aufweisen.

Dicarbonsäuren. Carbonsäuren mit zwei oder mehr Carboxy-Gruppen sind in der Natur weit verbreitet. **Oxalsäure** (Ethandisäure) ist die einfachste Dicarbonsäure. Sie ist bei Raumtemperatur fest und löst sich gut in Wasser. Aufgrund der beiden Carboxy-Gruppen reagiert Oxalsäure stärker sauer als Essigsäure; sie bewirkt auch den säuerlichen Geschmack vieler Pflanzen. Beispiele dafür sind Rhabarber, Sauerklee und Spinat. Oxalsäure bildet mit Calcium-Ionen das schwerlösliche Salz *Calciumoxalat,* das bei Menschen, die dazu neigen, zu Nierensteinen führen kann. Kritische Mengen an Oxalsäure werden aber bei normalem Verzehr von Rharbarber nicht aufgenommen.

Hydroxycarbonsäuren. Viele Carbonsäuren mit einer oder mehreren Hydroxy-Gruppen sind Stoffwechselprodukte. So wird **Milchsäure** beim bakteriellen Abbau von Milchzucker gebildet. Diese *Milchsäuregärung* ist Grundlage der Herstellung von Sauermilchprodukten, Sauerkraut, Silofutter und Salzgurken. **Weinsäure** und **Äpfelsäure** sind in vielen Früchten enthalten. Ein schwer lösliches Salz der Weinsäure, *Kaliumhydrogentartrat,* setzt sich in Weinfässern als Weinstein ab. **Citronensäure** kommt in Zitronen, Johannisbeeren und Stachelbeeren vor.

Aminosäuren. Carbonsäuren mit einer oder mehreren Amino-Gruppen ($-NH_2$) im Molekül, gehören zu den *Aminosäuren.* Alle lebenswichtigen Eiweiß-Moleküle entstehen durch die Verknüpfung vieler Aminosäure-Moleküle zu Makromolekülen, den *Proteinen.* **Glycin** ist die einfachste Aminosäure.

1 Oxalsäure ist ein kristalliner Stoff. Bei starkem Erhitzen entsteht Kohlenstoffdioxid und Ameisensäure, die weiter zu Kohlenstoffmonooxid und Wasser zerfällt. Formuliere die Reaktionsgleichungen.

2 Eine alte Hausregel besagt, dass Spinat nur gekocht gegessen werden sollte. Recherchiere, ob diese Regel sinnvoll ist.

3 Dicarbonsäuren, Hydroxycarbonsäuren und Aminosäuren sind bei Raumtemperatur fest und lösen sich gut in Wasser. Begründe diese Eigenschaften.

4 Die systematische Bezeichnung von Milchsäure ist 2-Hydroxypropansäure. OH-Gruppen können also nicht nur durch die Endung -ol, sondern auch durch die Vorsilbe Hydroxy- benannt werden. Erläutere die IUPAC- Benennung von Citronensäure.

5 Kaliumhydrogentartrat und Kaliumtartrat können im Labor aus Weinsäure und Kalilauge herstellt werden. Formuliere die Reaktionsgleichungen mit Strukturformeln.

6 10 ml einer Oxalsäurelösung der Konzentration 0,6 $\frac{mol}{l}$ werden mit Natronlauge (1 $\frac{mol}{l}$) titriert.
a) Berechne das Volumen an Natronlauge, das du zur Neutralisation benötigst.
b) Formuliere die Reaktionsgleichung und begründe deinen Rechenansatz.

7 Brausepulver enthält neben Natriumhydrogencarbonat ($NaHCO_3$) auch *Citronensäure*. Gibt man Wasser dazu, so schäumt es auf. Formuliere die Reaktionsgleichung.

8 **Expertenaufgabe:** Glycin ist ein kristalliner Stoff. Als Feststoff und in wässriger Lösung liegt Glycin als Zwitterion ($CH_2(NH_3^+)(COO^-)$) vor. Erkläre, wie sich das Zwitterion bildet.

Exkurs Organische Säuren – Zusatzstoffe in Lebensmitteln

Konservierungsmittel

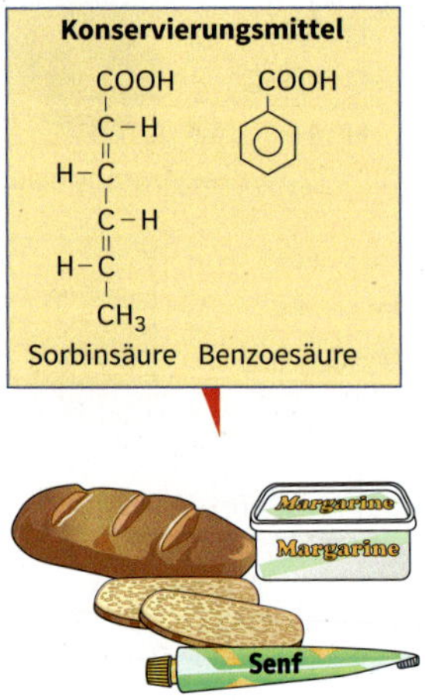

Sorbinsäure Benzoesäure

Säuerungsmittel

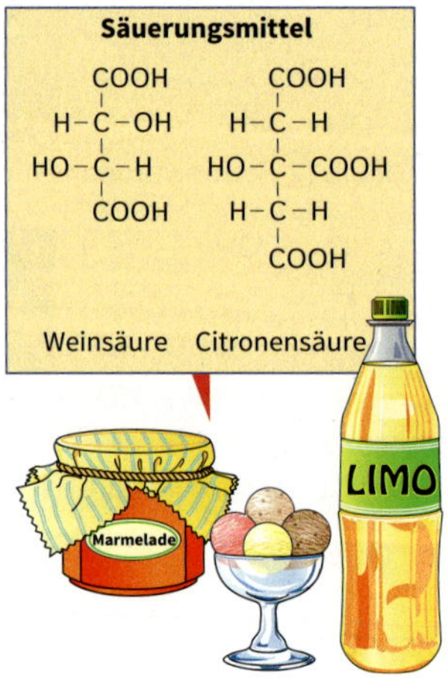

Weinsäure Citronensäure

Antioxidationsmittel

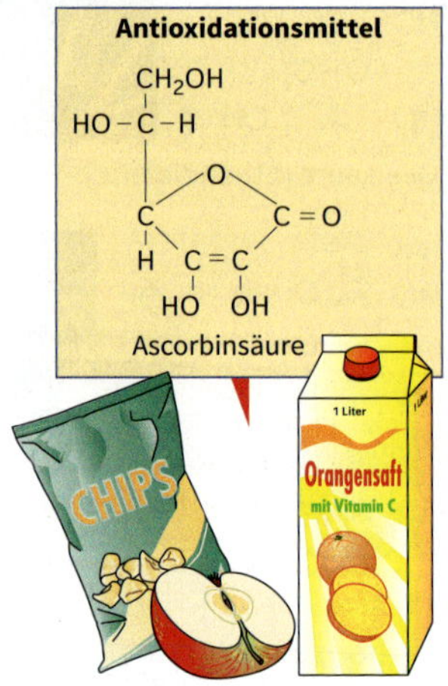

Ascorbinsäure

Die meisten Lebensmittel verderben, wenn sie längere Zeit gelagert werden. Bakterien und Pilze zersetzen die Nährstoffe und andere Inhaltsstoffe. Abbauprodukte und Stoffwechselprodukte der Bakterien und Pilze können gesundheitsschädlich sein. So setzt das Botulinusbakterium in unsachgemäß verarbeiteten und lange gelagerten Fleischkonserven ein tödliches Gift frei. *Konservierungsstoffe* wie Sorbinsäure und Benzoesäure hemmen das Wachstum von Bakterien und Pilzen und schützen so die Lebensmittel vor Verderb.

Viele Getränke erscheinen uns erst dann richtig erfrischend, wenn sie säuerlich schmecken. Deshalb setzt man *Säuerungsmittel* wie Citonensäure, Weinsäure oder Äpfelsäure zu. Konservierungsstoffe und Säuerungsmittel müssen auf den Verpackungen der Lebensmittel verzeichnet werden.

Frisches Apfelmus wird an der Luft schnell unansehnlich, weil Luftsauerstoff Inhaltsstoffe im Apfelmus oxidiert. Etwas Zitronensaft kann diese Reaktion verhindern: Zitronensaft enthält Vitamin C (Ascorbinsäure). Vitamin C reagiert mit Sauerstoff und verhindert so als *Antioxidans* die Wirkung des Sauerstoffs. Vitamin C wird deshalb oft Lebensmitteln zugesetzt.
Die Citronensäure im Zitronensaft hält das Apfelmus ebenfalls frisch: Sie bindet Schwermetall-Ionen, die als Katalysatoren wirken. Ohne die Schwermetall-Ionen laufen die Oxidationsreaktionen nur langsam ab.

1 Erstelle eine Tabelle der E-Nummern von Säurezusätzen, die du auf Lebensmittelverpackungen findest.

2 Äpfelsäure ist eine natürlich vorkommende Säure.
a) Recherchiere die Struktur der Säuremoleküle und die Bedeutung der Säure.
b) Recherchiere, in welchen Früchten Äpfelsäure vorkommt.

3 Verfasse einen Steckbrief zur Benzoesäure.

4 Prüfe anhand der abgebildeten Reaktionsgleichung ob Ascorbinsäure a) eine Carbonsäure, b) ein Reduktionsmittel ist.

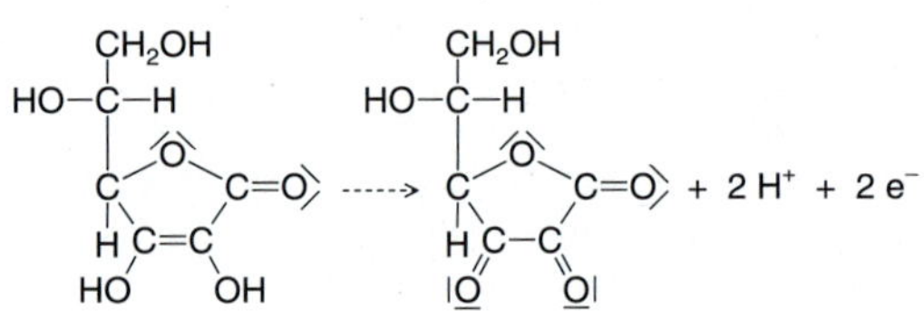

Praktikum Carbonsäureester

Versuch 1:
Synthese eines Carbonsäureesters

2 5 7 8 9

Arbeitsauftrag: Plane die Durchführung eines Experimentes, bei dem Ethanol und Essigsäure miteinander reagieren. Ein Reaktionsprodukt (**2, 7**) soll laufend aus der Apparatur entfernt werden und auf Geruch, Wasserlöslichkeit und Löslichkeit in Heptan überprüft werden.

Materialien: Geräte nach eigener Planung; Schwefelsäure (konz., **5, B1**), Eisessig (**2, 5, B1**), Ethanol (**2, 7**), Heptan (**2, 7, 8, 9, B3**), Methylenblaulösung, Eiswasser.

Aufgaben:

a) Plane eine Versuchsanleitung für das Experiment und erstelle eine Skizze des Versuchsaufbaus.

b) Baue das Experiment auf und führe es nach Überprüfung durch die Lehrkraft durch (**B1, B3**).

c) Protokolliere deine experimentelle Arbeit.

d) Formuliere die Reaktionsgleichung.

Versuch 2:
Hydrolyse von Essigsäureethylester

2 5 7

Materialien: Tropfpipette, Wasserbad, Becherglas (500 ml), Siedesteinchen; Essigsäureethylester (**2, 7**), Natronlauge (verd., **5**), Universalindikatorlösung (**2, 7**).

Durchführung:

1. Fülle das Becherglas halb voll mit Wasser und stelle es bei etwa 90 °C in das Wasserbad.
2. Gieße in ein Reagenzglas je 1 ml Essigsäureethylester und Natronlauge. Gib noch 3 Tropfen Universalindikator und ein Siedesteinchen zu.
3. Stelle das Reagenzglas in das Becherglas mit dem heißen Wasser.
4. Gieße das Produkt nach dem Abkühlen in ein Reagenzglas, das zur Hälfte mit Wasser gefüllt ist.

Aufgaben:

a) Beschreibe deine Beobachtungen.

b) Formuliere die Reaktionsgleichung.

Versuch 3:
Synthese von Aromastoffen

2 5 7

Materialien: Tropfpipetten, 6 Bechergläser (100 ml), Wasserbad, Thermometer;
Ameisensäure (**2, 5**), Eisessig (**2, 5**), Propansäure (**5, 7**), Pentansäure (**5**), Ethanol (**2, 7**), Butan-1-ol (**2, 5, 7**), Pentan-1-ol (**2, 7**), Schwefelsäure (konz., **5**).

Durchführung:

1. Mische in einem Reagenzglas jeweils 3 ml Alkansäure und Alkohol. Folgende Kombinationen sind sinnvoll:
   Ameisensäure/Ethanol, Eisessig/Ethanol, Eisessig/Butan-1-ol, Eisessig/Pentan-1-ol, Propansäure/Ethanol, Pentansäure/Ethanol.
2. Gib anschließend vorsichtig 0,5 ml konzentrierte Schwefelsäure zu.
3. Stelle die Reagenzgläser 5 min bei etwa 80 °C in das Wasserbad.
4. Gieße dann jede Mischung in ein halbvoll mit Wasser gefülltes Becherglas und prüfe vorsichtig den Geruch (**B3**).

Aufgabe:
Stelle für die Estersynthesen Reaktionsgleichungen auf und notiere den jeweiligen Geruch.

Versuch 4:
Polyester aus Citronensäure

7

Materialien: Tropfpipette, Holzstab, Gasbrenner, Tiegelzange;
Citronensäure (**7**), Glycerin.

Durchführung:

1. Fülle in ein Reagenzglas 2 cm hoch Citronensäure und mische 2 ml Glycerin zu.
2. Erhitze die Mischung 2 min vorsichtig mit dem Gasbrenner.
3. Ziehe mit dem Holzstab Fäden.

Aufgaben:

a) Notiere deine Beobachtungen und beschreibe die Eigenschaften des Produktes.

b) Erkläre den Begriff *Polyester.*

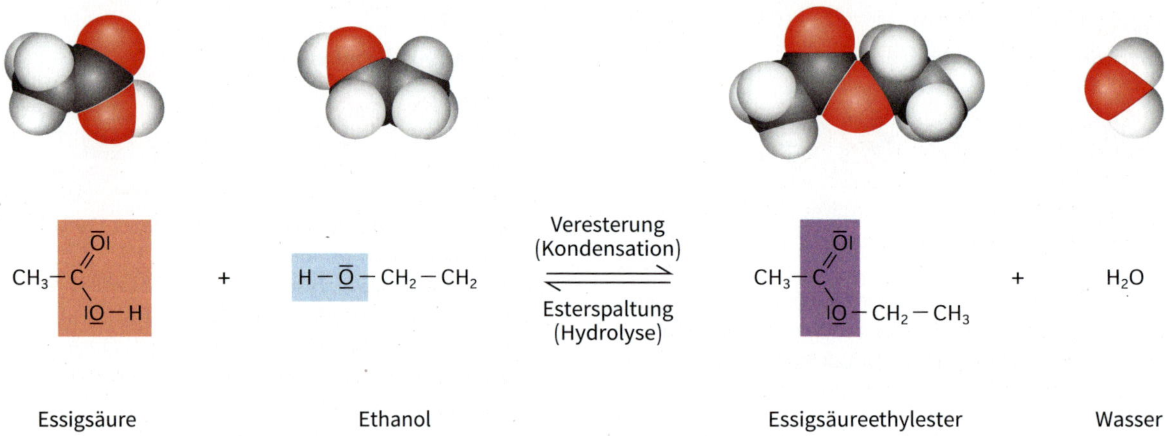

1 *Estersynthese und Esterspaltung*

Lässt man ein Gemisch aus Essigsäure und Ethanol über Nacht stehen, so verschwindet der stechende Geruch nach Essigsäure und es riecht nach Klebstoff. Ein neuer Stoff ist entstanden: ein **Ester**.

Veresterung. Die Reaktion zwischen einer Carbonsäure und einem Alkohol nennt man *Veresterung.* Essigsäure und Ethanol reagieren dabei zu Essigsäureethylester (Ethansäureethylester) und Wasser (Abb. 1). Die Esterbildung wird durch starke Säuren katalysiert.

Die Veresterung gehört zu einem Reaktionstyp, der in der organischen Chemie häufiger vorkommt: Zwei Moleküle verbinden sich und gleichzeitig wird ein kleineres Molekül abgespalten. Man bezeichnet diesen Reaktionstyp als **Kondensation**.

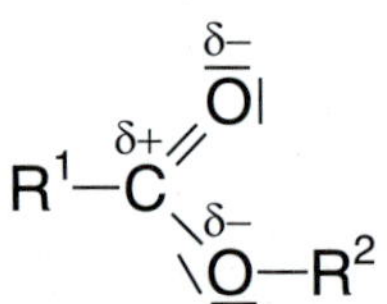

Der Name des Esters wird aus dem Namen der Säure, dem Namen des Alkyl-Restes des Alkohols und der Endung -ester gebildet. Aus Ethansäure und Ethanol entsteht Ethansäureethylester. Die allgemeine Formel für Carbonsäureester lautet: $\mathbf{R^1COOR^2}$. Die funktionelle Gruppe der Carbonsäureester ist die **Estergruppe: –COOR.**

Die Veresterung lässt sich umkehren. Diesen Vorgang der *Esterspaltung* bezeichnet man auch als **Hydrolyse.** Mit Natronlauge bilden sich dabei der Alkohol und ein Salz der Carbonsäure.

Eigenschaften. Ester aus kurzkettigen Carbonsäuren und kurzkettigen Alkoholen sind farblose, flüchtige Flüssigkeiten mit erfrischendem Geruch. Die niedrigen Siedetemperaturen hängen mit der Molekülstruktur zusammen: Ester-Moleküle haben keine freie OH-Gruppe und können deshalb untereinander keine Wasserstoffbrückenbindungen eingehen. Ester-Moleküle bilden stattdessen Van-der-Waals-Bindungen aus. Eine geringe Wasserlöslichkeit der niederen Ester beruhen auf Wasserstoffbrücken von Wasser-Molekülen mit den Sauerstoff-Atomen der Ester-Moleküle. Ester höherer Carbonsäuren und höherer Alkohole sind farblose Feststoffe, die sich wie die niedrigen Ester in lipophilen Lösemitteln leicht lösen. Die Dämpfe leichtflüchtiger Ester führen zu schweren Schädigungen des Gehirns. Deshalb kommt es immer wieder zu schweren Unfällen, wenn Ester als Schnüffelstoffe missbraucht werden.

Vorkommen und Verwendung. Viele Ester bestimmen in Kombination mit anderen Stoffen das typische Aroma und den Geruch von Früchten (Abb. 2). Solche **Fruchtester** können als *Aromastoffe* verwendet werden.

Säure	Alkohol	Ester	
CH_3COOH Ethansäure	HOC_5H_{11} Pentan-1-ol	$CH_3COOC_5H_{11}$ Ethansäure-pentylester	
C_3H_7COOH Butansäure	$HOCH_3$ Methanol	$C_3H_7COOCH_3$ Butansäure-methylester	
C_3H_7COOH Butansäure	$HOCH_2CH_3$ Ethanol	$C_3H_7COOCH_2CH_3$ Butansäure-ethylester	
C_3H_7COOH Butansäure	HOC_5H_{11} Pentan-1-ol	$C_3H_7COOC_5H_{11}$ Butansäure-pentylester	
C_4H_9COOH Pentansäure	HOC_5H_{11} Pentan-1-ol	$C_4H_9COOC_5H_{11}$ Pentansäure-pentylester	

2 *Fruchtester*

Ester sind ausgezeichnete *Lösemittel* für lipophile Stoffe wie Lacke und Klebstoffe. Nagellackentferner enthalten daher Essigsäureethylester als Lösemittel.

Die wichtigsten natürlichen Ester sind die *Fette*: Ester aus Fettsäuren und Glycerin, einem dreiwertigen Alkohol. *Wachse* sind Ester langkettiger Fettsäuren und langkettiger Alkohole. Ein Beispiel ist Bienenwachs, der überwiegend aus Palmitinsäuremyricylester besteht:

$C_{15}H_{31}–COO–C_{30}H_{61}$

Polyester sind Kunststoffe, die aus Dicarbonsäuren und zwei oder mehrwertigen Alkoholen hergestellt werden.

Carbonsäureester entstehen durch Kondensation von Carbonsäuren mit Alkoholen. Sie haben die funktionelle Gruppe –COOR. Viele Ester sind natürliche Aromastoffe.

1 In einem Rundkolben mit Rückflusskühler wird Essigsäureethylester mit etwas Wasser und einigen Tropfen Schwefelsäure bei 70 °C erhitzt. Benenne die Stoffe, die sich nach einiger Zeit im Kolben befinden.

2 Bei einem Experiment wird die gleiche Tropfenzahl von Ethansäure, Ethanol und Ethansäureethylester getrennt voneinander auf ein großes Stück Filtierpapier aufgetragen. Gib die zeitliche Reihenfolge an, in der die Flecken verschwinden. Begründe deine Entscheidung.

3 Wähle für Butansäurepentylester geeignete Lösemittel aus. Als Lösemittel stehen zur Verfügung:
Wasser, Heptan, Methanol, Ethansäureethylester.
Begründe deine Wahl.

4 Zwei Citronensäure-Moleküle und ein Glycerin-Molekül reagieren in einer Kondensationsreaktion miteinander. Zeige welche Moleküle entstehen können. Du kannst dich dabei auf zwei Moleküle beschränken.

Estergleichgewicht

Bei der Veresterung handelt es sich um eine typische *Gleichgewichtsreaktion.* Auch nach längerer Reaktionszeit findet man neben Ester und Wasser immer noch Ethansäure und Ethanol. Der gebildete Ester kann durch Rückreaktion wieder in die Ausgangsstoffe zerfallen. Wenn die Hinreaktion und die Rückreaktion, also die Esterbildung und die Esterspaltung, gleich schnell verlaufen, befindet sich das System in einem **chemischen Gleichgewicht.** In der Reaktionsgleichung wird dies durch einen besonderen Reaktionspfeil gekennzeichnet, den *Gleichgewichtspfeil* $\rightleftharpoons$. Die Lage eines chemischen Gleichgewichts hängt von den Konzentrationen der Reaktionspartner, von der Temperatur und bei Gasreaktionen auch vom Druck ab.

Die Störung eines chemischen Gleichgewichts durch Änderung der Reaktionsbedingungen führt zu einer Verschiebung des Gleichgewichts in die Richtung, die der Störung entgegenwirkt: Erhöht man bei der Estersynthese die Konzentration der Ausgangsstoffe, so wird aus den Ausgangsstoffen mehr Ester und mehr Wasser gebildet. Das Gleichgewicht wird also auf die rechte Seite der Reaktionsgleichung verschoben. Das Gleiche geschieht, wenn der leichflüchtige Ester abdestilliert wird. Man vermindert dadurch seine Konzentration in der Lösung, und der Ester wird nachgebildet. Obwohl nach der Lage des Gleichgewichts keine vollständige Reaktion zu erwarten ist, kann man also durch Abdestillieren des Produktes eine sehr hohe Ausbeute erreichen.

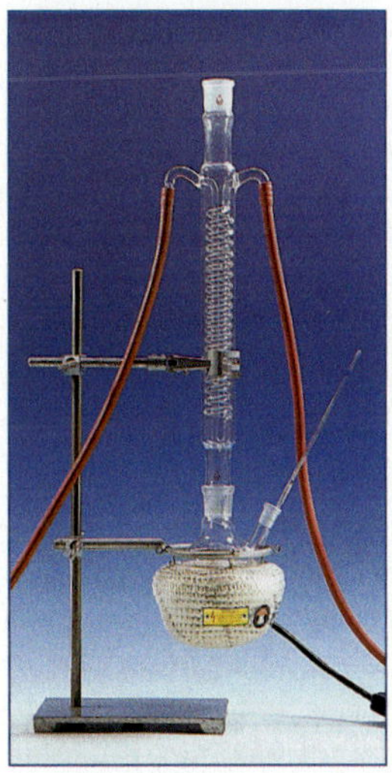

Ausgangsstoffmengen:
$n_0(\text{Alkohol}) = n_0(\text{Säure})$
$= 1$ mol

Stoffmengen im Gleichgewicht:
$n_{Gl}(\text{Ester}) = n_{Gl}(\text{Wasser})$
$= x$ mol
$n_{Gl}(\text{Alkohol}) = n_{Gl}(\text{Säure})$
$= 1 - x$ mol

1 a) Beschreibe den Versuchsaufbau für die Synthese von Essigsäuremethylester.
b) Erläutere die angegebenen Stoffmengen im Gleichgewicht.
c) Wenn man den Rückflusskühler gegen einen Liebig-Kühler austauscht, lässt sich der gebildete Ester in hoher Ausbeute gewinnen, obwohl es sich um eine Gleichgewichtsreaktion handelt.
Begründe das Verfahren.

1. Alkanole

Zur Stoffklasse der Alkohole zählen alle Verbindungen, die aus einem organischen Rest und einer oder mehreren *Hydroxy-Gruppen (OH-Gruppe)* als funktioneller Gruppe aufgebaut sind. Die OH-Gruppe ist polar gebaut. Mit *Cerammoniumreagenz* lässt sich die Hydroxy-Gruppe nachweisen.

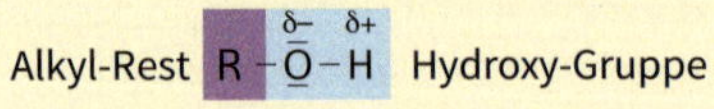

a) Homologe Reihe der Alkanole

Alkohole, die sich von Alkanen ableiten, heißen *Alkanole*. Die allgemeine Molekülformel lautet $C_nH_{2n+1}OH$. *Methanol, Ethanol* und *Propanol* sind die ersten Alkanole der homologen Reihe. *Fettalkohole* sind langkettige Alkanole. Beginnend mit dem Propanol-Molekül tritt Isomerie auf, denn die OH-Gruppe kann an unterschiedliche C-Atome gebunden sein. Man unterscheidet *primäre, sekundäre* und *tertiäre* Alkohole:

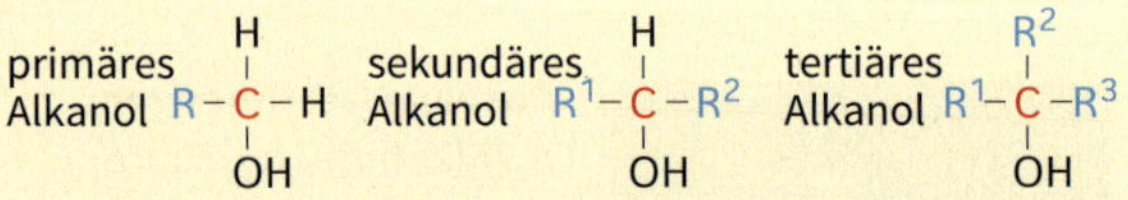

b) Mehrwertige Alkohole

Alkohole mit mehreren Hydroxy-Gruppen bezeichnet man als mehrwertige Alkohole. *Beispiele:*
Ethan-1,2-diol (Glykol): $CH_2OH–CH_2OH$ (zweiwertig)
Propan-1,2,3-triol(Glycerin): $CH_2OH–CHOH–CH_2OH$ (dreiwertig).

c) Löslichkeit

Die Löslichkeit der Alkanole in Wasser beziehungsweise in Heptan hängt von der Molekülstruktur ab. Bei kurzkettigen Alkanolen überwiegt der Einfluss der polaren Hydroxy-Gruppe. Solche Alkanole lösen sich deshalb in Wasser. Mit Ausnahme von Methanol lösen sich Alkanole in Heptan, Ursache sind hier Van-der-Waals-Bindungen.

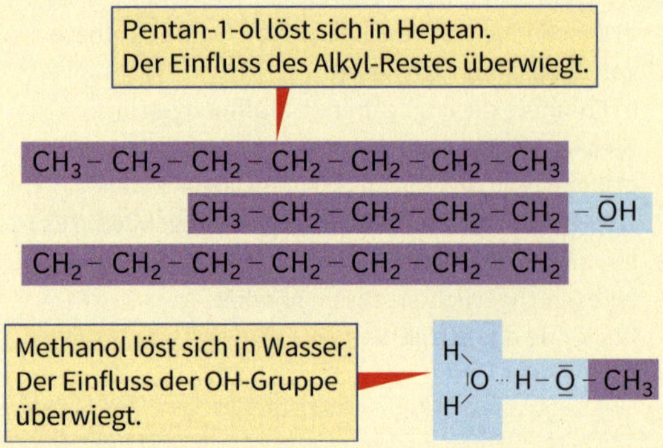

d) Schmelztemperaturen und Siedetemperaturen

Alkanole schmelzen und sieden bei wesentlich höheren Temperaturen als Alkane mit vergleichbarer Molekülgröße. Ursache sind die Wasserstoffbrücken, die zwischen den OH-Gruppen der Alkanol-Moleküle gebildet werden. Wasserstoffbrückenbindungen sind wesentlich fester als Van-der-Waals-Bindungen.

2. Aldehyde und Ketone

- Aldehyde entstehen durch Oxidation primärer Alkohole, sie können selbst zu Carbonsäuren weiteroxidiert werden. Die funktionelle Gruppe ist die *Aldehyd-Gruppe.*
- Ketone entstehen bei der Oxidation sekundärer Alkohole. Unter Erhaltung der Grundstruktur können sie nicht weiteroxidiert werden. Die funktionelle Gruppe ist die *Keto-Gruppe.*
- Sowohl Aldehyde als auch Ketone besitzen eine Carbonyl-Gruppe (CO-Gruppe). Das C-Atom der Carbonyl-Gruppe ist das Carbonyl-C-Atom.

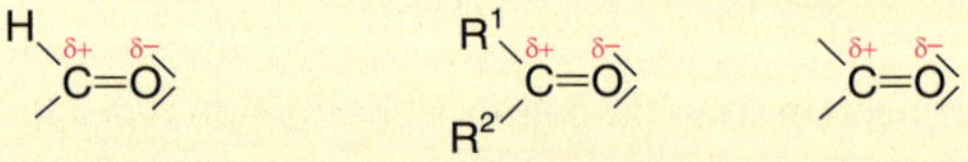

Aldehyd-Gruppe Keto-Gruppe Carbonyl-Gruppe

a) Löslichkeit und Mischbarkeit

Kurzkettige Aldehyde und Ketone sind aufgrund von Wasserstoffbrücken mit Wasser mischbar. Bei langkettigen Verbindungen sind die unpolaren Alkyl-Reste so groß, dass der Einfluss der Van-der-Waals-Bindungen überwiegt. Diese Stoffe lösen sich leicht in Heptan.

b) Schmelztemperaturen und Siedetemperaturen

Die Schmelz- und Siedetemperaturen der Aldehyde und Ketone sind höher als bei Alkanen, aber niedriger als bei Alkoholen mit vergleichbarer Molekülgröße.
Ursache sind stärkere zwischenmolekulare Wechselwirkungen aufgrund der polaren Gruppen, es können jedoch keine Wasserstoffbrücken gebildet werden.

c) Nachweise

Aldehyde lassen sich durch die *Fehling-Probe* und die *Tollens-Probe* (Silberspiegelprobe) nachweisen. Dabei werden die Aldehyde oxidiert. Die *Schiff-Probe* ist ein spezifischer Nachweis für Aldehyde.

3. Carbonsäuren

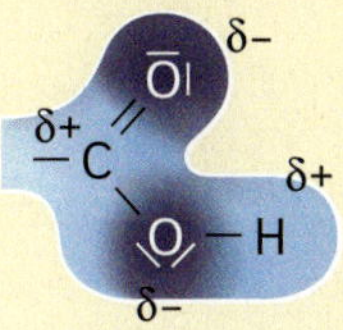

Carbonsäuren entstehen durch Oxidation von Aldehyden. Carbonsäuren, die sich von Alkanen ableiten bezeichnet man als *Alkansäuren.* Die funktionelle Gruppe der Carbonsäuren ist die Carboxy-Gruppe (–COOH-Gruppe).

a) Reaktion als Säure

Alkansäuren sind schwache Säuren. Das Wasserstoff-Atom der Carboxy-Gruppe ist stark positiviert. Ursache ist die polare O-H-Bindung aufgrund der beiden stark elektronegativen Sauerstoff-Atome. Das Wasserstoff-Atom kann deshalb an eine Base abgegeben werden:

$$\underset{\text{Säure}}{CH_3COOH\,(aq)} + \underset{\text{Base}}{H_2O\,(l)} \rightleftharpoons CH_3COO^-\,(aq) + H_3O^+\,(aq)$$

b) Schmelztemperaturen und Siedetemperaturen

Carbonsäuren haben relativ hohe Schmelz- und Siedetemperaturen. Ursache sind Doppelmoleküle, die sich aufgrund von Wasserstoffbrückenbindungen zwischen den Carboxy-Gruppen zweier Carbonsäure-Moleküle bilden. Zwischen den Doppelmolekülen liegen Van-der-Waals-Bindungen vor.

4. Carbonsäureester

a) Veresterung und Esterspaltung

Carbonsäureester entstehen bei der Kondensationsreaktion von Säuren mit Alkoholen unter Abspaltung von Wasser. Die Veresterung ist eine typische *Gleichgewichtsreaktion:*

$$CH_3CO\mathbf{OH}\,(l) + C_2H_5\mathbf{OH}\,(l) \rightleftharpoons CH_3COOC_2H_5\,(l) + \mathbf{H_2O}\,(l)$$

Durch Erhitzen mit Natronlauge lassen sich Ester quantitativ in Alkohole und ein Natriumsalz spalten:

$$CH_3COOC_2H_5\,(l) + Na^+(aq) + OH^-(aq) \rightarrow Na^+(aq) + CH_3COO^-(aq) + C_2H_5OH\,(l)$$

b) Eigenschaften von Carbonsäureestern

Carbonsäureester sind lipophile Verbindungen mit relativ niedrigen Schmelz- und Siedetemperaturen. Mit Wasser sind sie praktisch nicht mischbar. Aufgrund von Van-der-Waals-Bindungen lösen sie sich aber sehr gut in Heptan.

Stoffklasse	Beispiel	Strukturformel	funktionelle Gruppe	Nomenklatur	Oxidationsprodukt
Alkohol	Propan-1-ol *primärer Alkohol*	$CH_3{-}CH_2{-}CH_2{-}\overline{\underline{O}}{-}H$	$-\overset{\delta-}{\underline{O}}-\overset{\delta+}{H}$	Endung: –ol	Aldehyd
Alkohol	Propan-2-ol *sekundärer Alkohol*	$CH_3{-}CH(\overline{\underline{O}}{-}H){-}CH_3$ (am C: H)	$-\overset{\delta-}{\underline{O}}-\overset{\delta+}{H}$	Endung: –ol	Keton
Alkohol	*tert*-Butanol *tertiärer Alkohol*	$CH_3{-}C(\overline{\underline{O}}{-}H)(CH_3){-}CH_3$	$-\overset{\delta-}{\underline{O}}-\overset{\delta+}{H}$	Endung: –ol	–
Aldehyd	Propanal	$CH_3{-}CH_2{-}C(=\overline{O}\vert){-}H$	$H\diagdown\overset{\delta+}{C}=\overset{\delta-}{O}$	Endung: –al	Carbonsäure
Keton	Propanon (Aceton)	$CH_3{-}C(=O){-}CH_3$	$R^1, R^2{>}\overset{\delta+}{C}=\overset{\delta-}{O}$	Endung: –on	–
Carbonsäure	Ethansäure (Essigsäure)	$CH_3{-}C(=\overline{O}\vert){-}\underline{\overline{O}}{-}H$	$-\overset{\delta+}{C}(=\overset{\delta-}{\overline{O}}\vert){-}\overset{\delta-}{\underline{\overline{O}}}{-}\overset{\delta+}{H}$	Endung: -säure	–
Carbonsäureester	Essigsäureethylester	$CH_3{-}C(=\overline{O}\vert){-}\underline{\overline{O}}{-}CH_2{-}CH_3$	$-\overset{\delta+}{C}(=\overset{\delta-}{\overline{O}}\vert){-}\overset{\delta-}{\underline{\overline{O}}}{-}R$	Endung: -ester	–

Organische Sauerstoffverbindungen

Teste dich

A1 a) Zeichne die Strukturformeln der isomeren Butandiole.
b) Benenne die sechs Verbindungen und erläutere die Nomenklaturregeln, die du angewendet hast.

A2 Pentaerythrit ($C(CH_2OH)_4$) ist ein farbloser Feststoff, der bei 258 °C schmilzt. Die Löslichkeit in Wasser ist bei Raumtemperatur gering.
a) Zeichne die Strukturformel eine Pentaerythrit-Moleküls.
b) Charakterisiere den Alkohol und erläutere die Stoffeigenschaften.

A3 a) Zeichne die Strukturformeln eines Propan-Moleküls sowie von Propan-Derivaten, die zu folgenden Stoffklassen gehören: Alkanol, Dihydroxyalkan, Aldehyd, Keton, Alkansäure, Alkensäure, Alkansäureester.
b) Benenne die Verbindungen.
c) Leite aus den Molekülstrukturen die Löslichkeiten der Stoffe in Wasser und in Heptan ab.
d) Ordne die Verbindungen nach ihren Siedetemperaturen. Begründe deine Anordnung.

A4 Ein blankes Kupferblech wird an der Luft mit einem Gasbrenner erhitzt und sofort in Pentan getaucht. Der Versuch wird anschließend mit Pentan-1-ol, Pentan-2-ol, 2-Methylbutan-2-ol und Pentansäure wiederholt.
a) Erläutere die zu erwartenden Beobachtungen.
b) Formuliere Reaktionsgleichungen und trage die entscheidenden Oxidationszahlen ein.

A5 Ameisensäure kann mit verschiedenen Stoffen reagieren. Beschreibe, welche Beobachtungen bei den einzelnen Reaktionen gemacht werden können und formuliere jeweils ein Reaktionsgleichung.
a) Reaktion mit Wasser,
b) Reaktion mit Methanol,
c) Reaktion der wässrigen Lösung mit Kalkstein,
d) Reaktion mit Natronlauge.

A6 Essigsäure reagiert mit Methanol.
a) Formuliere die Reaktionsgleichung.
b) Erläutere am Beispiel dieser Estersynthese was man unter einer Gleichgewichtsreaktion versteht.
c) Essigsäuremethylester-Moleküle sind größer als die Moleküle aus denen sie gebildet werden. Begründe, warum die Siedetemperatur von Essigsäuremethylester trotzdem niedriger ist als die der Ausgangsstoffe.

Lösungen stehen im Anhang.

Die wichtigsten Begriffe

- Alkohole, Hydroxy-Gruppe
- homologe Reihe der Alkanole
- mehrwertige Alkohole
- Aldehyde, Ketone
- Aldehyd-Gruppe, Keto-Gruppe, Carbonyl-Gruppe
- Essig, Essigsäure
- Carboxy-Gruppe
- Carbonsäuren, Alkansäuren
- Carbonsäureester, Ester-Gruppe

B1 a) Erkläre die obenstehenden Begriffe.
b) Verknüpfe die Begriffe zu einer Conceptmap.
c) Übertrage die Begriffe und deine Erklärungen in digitale Karteikarten.

B2 Zur Berechnung des Blutalkoholgehalts kann man die folgende Näherungsformel verwenden:

$$w(\text{Alkohol im Blut in ‰}) = \frac{m(\text{Alkohol})\ (\text{in g})}{r \cdot m(\text{Körper})\ (\text{in kg})}$$

für Männer gilt r = 0,7; für Frauen gilt r = 0,6.
Durch den Abbau im Körper sinkt der Alkoholgehalt pro Stunde bei Frauen um 0,1 ‰ und bei Männern um 0,15 ‰.
Eine Frau und ein Mann mit jeweils 65 kg Körpergewicht trinken beide kurz hintereinander zwei Cocktails.
a) Berechne jeweils den Blutalkoholgehalt (zum Alkoholgehalt der Cocktails vergleiche Seite 344).
b) Entscheide, ob die beiden vier Stunden nach dem Konsum der Cocktails bei einer Alkoholkontrolle der Verkehrspolizei mit einer Bestrafung rechnen müssen.
c) Schätze ab, ob in den beschriebenen Fällen eine reale Gefährdung bei der Teilnahme am Straßenverkehr vorliegt.

B3 Fumarsäure (*trans*-Butendisäure) reagiert mit Methanol zu Fumarsäuredimethylester. Dieser Ester wird als Arzneimittel unter anderem zur gezielten Behandlung der Schuppenflechte (Psoriasis) eingesetzt. Formuliere für die Synthese des Esters die Reaktionsgleichung mit Strukturformeln.

B4 Heptan und Heptan-1-ol sind in Laborflaschen kaum voneinander zu unterscheiden. Die Schmelz- und Siedetemperaturen unterscheiden sich jedoch sehr. Ordne die folgenden Werte den Verbindungen zu und begründe deine Zuordnung.
Schmelztemperaturen: –34 °C; –91 °C
Siedetemperaturen: 175 °C; 98 °C

C1 Vom Apfelsaft zum Kalklöser

Linus erhitzt Wasser in einem Wasserkocher. Im Innern des Kochers hat sich nach häufigem Gebrauch eine dicke Kalkschicht gebildet, die den Wärmeübergang vom Kocher in das Wasser behindert.

Linus will den Wasserkocher entkalken. Als er einen Apfel isst, kommt er auf die Idee, aus Apfelsaft einen Entkalker selbst herzustellen. Sofort geht er an die Arbeit: Er stellt einen halben Liter frisch gepressten Apfelsaft her. Den Gehalt an Glucose bestimmt er zu 150 $\frac{g}{l}$. Linus rührt etwas Hefe in den Apfelsaft ein. In den Folgetagen beobachtet er eine starke Gasentwicklung, die dann langsam nachlässt. Es riecht vergoren. Danach destilliert er aus dem Gäransatz eine farblose Flüssigkeit. Er verwendet nur die Flüssigkeit, die bis 80 °C überdestilliert. Er füllt 20 ml des Destillats mit Wasser auf 200 ml auf und gibt eine Essigmutter (Essigbakterien) dazu. Dann stellt er den Ansatz zwei Wochen lang an einen warmen Ort. Er prüft den Geruch und filtriert den Ansatz in ein Glas. Zu einer kleinen Probe gibt er etwas Rotkohlsaft. Den Rest des Filtrats schüttet er in den Wasserkocher – mit Erfolg, denn die Kalkschicht löst sich auf.

a) Erläutere, wie Linus den Zuckergehalt des Apfelsaftes bestimmen könnte.
b) Beschreibe den Gärvorgang und formuliere eine Reaktionsgleichung.
c) Zeichne eine geeignete Destillationsapparatur und berechne das maximale Volumen des Destillats, das er so gewinnen kann ($\delta = 0{,}79 \frac{g}{cm^3}$).
d) Erläutere, wonach der Ansatz einige Tage nach Zugabe der Essigmutter riecht und stelle für die abgelaufene Reaktion eine Reaktionsgleichung auf.
e) Erläutere warum und wie sich die Farbe des Rotkohlsaftes verändert.
f) Formuliere für die Reaktion des Entkalkers mit der Kalkschicht eine Reaktionsgleichung.

C2 Farblosen Flüssigkeiten auf der Spur

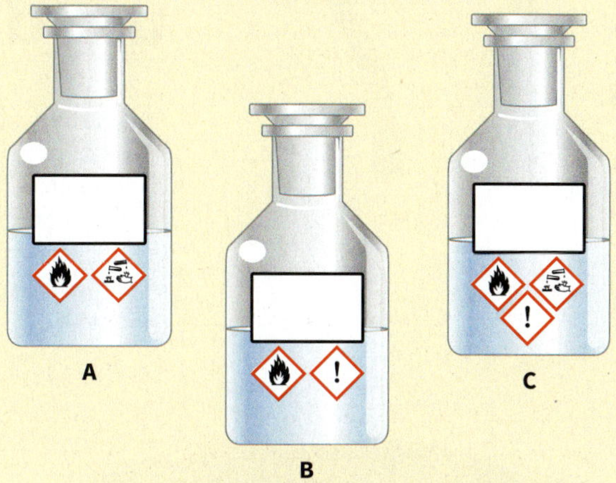

Auf drei Chemikalienflaschen mit farblosen Flüssigkeiten (Reinstoffe A, B und C) sind nur noch die Gefahrstoffsymbole vorhanden. Mit den Flüssigkeiten wurden die nachfolgenden Untersuchungen durchgeführt:

- Elementaranalysen: In den Molekülen aller drei Flüssigkeiten wurden Kohlenstoff-Atome, Wasserstoff-Atome und Sauerstoff-Atome nachgewiesen.
- Die molare Masse ist bei allen Verbindungen gleich: $M = 60 \frac{g}{mol}$.
- Fehling-Proben verlaufen bei allen Flüssigkeiten negativ.
- Die Verbindungen reagieren nicht mit Brom.
- Die drei Flüssigkeiten sind mit Wasser und mit Heptan mischbar.
- Nur die wässrige Lösung von A färbt Bromthymolblaulösung gelb.
- Die Flüssigkeiten B und C reagieren positiv, wenn man ein erhitztes oxidiertes Kupferblech in sie eintaucht. Nur mit Flüssigkeit C entsteht dabei ein stechender Geruch. Diese neue Verbindung reagiert positiv mit Tollens-Reagenz.

a) Zeichne die Strukturformeln von fünf isomeren Verbindungen mit der molaren Masse 60 $\frac{g}{mol}$ und benenne die Verbindungen.
b) Identifiziere die drei Flüssigkeiten. Beschreibe genau, wie du zu deinen Ergebnissen gekommen bist.
c) Formuliere für die Reaktion, die beim Erhitzen des Kupferblechs an der Luft abläuft, eine Reaktionsgleichung mit Oxidationszahlen.
d) Gib für die Reaktion der Flüssigkeit A mit Wasser die Reaktionsgleichung und den Reaktionstyp an.
e) Formuliere für die Reaktion der Flüssigkeit B mit Kupferoxid eine Reaktionsgleichung mit Oxidationszahlen.
f) Formuliere für die Reaktion des Oxidationsproduktes der Flüssigkeit C mit Tollens-Reagenz eine Reaktionsgleichung mit Oxidationszahlen.

Kapitel 17

Chemie rund um die Nährstoffe

Chemie ist in aller Munde! Diese Aussage gilt für kein anderes Thema so konkret wie für die Chemie der Nährstoffe. Hier wird besonders deutlich, dass Leben auf stofflichen Grundlagen und chemischen Reaktionen beruht. Nährstoffe werden teilweise für den Aufbau körpereigener Stoffe genutzt; der größte Teil wird jedoch abgebaut, um die nötige Energie bereitzustellen. All diese Reaktionen werden durch Biokatalysatoren gesteuert.

Ein Apfel (100 g, 50 kcal) enthält:

Nährstoff	Gehalt
Kohlenhydrate	12 g
Ballaststoffe	1,5 bis 2,3 g
Eiweiß	0,2 g
Fett	0,6 g
Wasser	85 g
Vitamin C	12 mg
Kalium	100 bis 180 mg

Atkins-Diät, Mayo-Diät, Low-Fat-Diät, Low-Carb-Diät: Die Liste unterschiedlicher Diätformen ist lang. Allesamt versprechen sie eine schnelle Verringerung des Körpergewichts, die Low-Carb-Diät etwa durch eine verringerte Aufnahme von Kohlenhydraten. Als Energieträger werden dabei Fette und Eiweiße empfohlen. Doch nicht jede Diät hält, was sie verspricht: So führen viele Diäten zwar schnell zu einem Gewichtsverlust, doch nach der Hungerphase tritt der Jojo-Effekt ein: Die Kilos kehren im Handumdrehen wieder zurück. Der einzige Weg, dauerhaft Gewicht zu verlieren, besteht in einer Ernährungsumstellung mit einer kalorienreduzierten, ausgewogenen Mischkost und in mehr Bewegung.

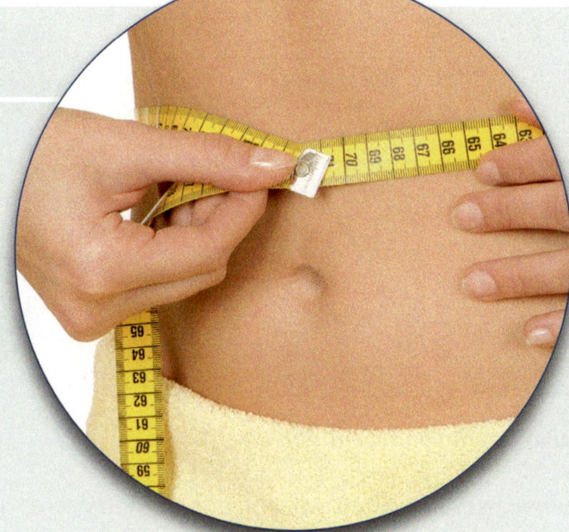

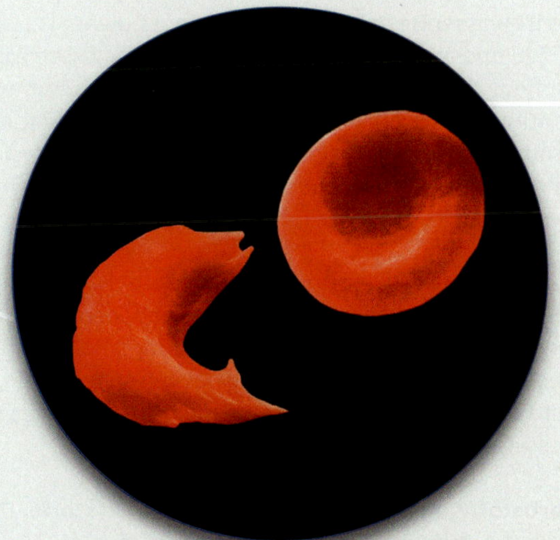

Mit der Nahrung aufgenommene Eiweiße liefern vielfältige Baustoffe: Man findet sie in Muskeln, Haut und Haaren, aber auch in roten Blutkörperchen. Hier ermöglicht Hämoglobin den Transport von Sauerstoff. Hämoglobin besteht aus Eiweiß-Molekülen, von denen jedes aus einzelnen Bausteinen aufgebaut ist, die wie die Glieder einer Kette miteinander verbunden sind. Bei der Sichelzellenanämie, einer Erbkrankheit, ist die Reihenfolge der Bausteine an nur einer einzigen Stelle verändert. Die Folge davon ist eine sichelförmige Gestalt der sonst kreisrunden roten Blutkörperchen. Sie verfangen sich daher leicht in engen Blutgefäßen und verursachen so lebensbedrohliche Krankheiten.

Viele Fertignahrungsmittel und Softdrinks enthalten Süßungsmittel wie Haushaltszucker oder Fruchtzucker. Mit dem steigenden Konsum solcher Lebensmittel hat sich daher auch die Aufnahme von Zucker, speziell die Aufnahme von Fruchtzucker drastisch erhöht. Der Grund: Zunehmend wird Haushaltszucker von der Lebensmittelindustrie durch das billigere Süßungsmittel high fructose corn syrup (HFCS) ersetzt. Dabei handelt es sich um ein aus Maisstärke gewonnenes Zuckerkonzentrat mit einem hohen Anteil an Fruchtzucker. Zu viel Fruchtzucker ist aber problematisch: Als Folge drohen Übergewicht und erhöhte Blutfettwerte, also typische Risikofaktoren für Herz-Kreislauf-Erkrankungen.

17.1 Lebensmittel haben es in sich

1 *Inhaltsstoffe von Lebensmitteln*

Lebensmittel enthalten verschiedene Inhaltstoffe, die nach ihrer Bedeutung für unsere Ernährung zu verschiedenen Gruppen zusammengefasst werden: *Nährstoffe*, *Ballaststoffe*, *Farbstoffe*, *Aromastoffe* und *Geschmacksstoffe* sowie *Zusatzstoffe* (Abb. 1).

Nährstoffe. Der Hauptanteil der Inhaltstoffe wird bei fast allen Lebensmitteln von drei Stoffgruppen gebildet, den *Fetten*, den *Kohlenhydraten* und den *Eiweißen*. Diese Grundnährstoffe dienen unserem Körper entweder als **Baustoffe** für das Wachstum und die Erneuerung von Zellen und Organen oder aber als **Brennstoffe,** die die Energie für vielfältige Lebensfunktionen wie Bewegung oder Wachstum liefern.

Fette sind die energiereichsten Nährstoffe: Ein Gramm Fett liefert etwa 39 kJ, ein Gramm Kohlenhydrate und ein Gramm Eiweiß nur jeweils etwa 17 kJ. Nach ihrer Herkunft unterscheidet man pflanzliche und tierische Fette. Beispiele sind einerseits Olivenöl und die Fette in Nüssen, andererseits die Fette in Butter oder in Wurst.

Kohlenhydrate sind ebenfalls wichtige Energiespender. Im Gegensatz zu Fetten, die eher als längerfristige Energiereserve dienen, ist die Energie aus Kohlenhydraten für unseren Körper schnell verfügbar. Kohlenhydrate sind besonders in pflanzlichen Nahrungsmitteln wie Getreideprodukten und Kartoffeln sowie in Süßigkeiten zu finden.

Eiweiße, die auch als *Proteine* bezeichnet werden, dienen vorrangig als Baustoffe. Sie sind beispielsweise am Aufbau von Muskeln, Haut und Haaren beteiligt. Als Enzyme katalysieren Eiweiße Stoffwechselreaktionen. Den Bedarf an Eiweißen decken wir hauptsächlich über tierische Lebensmittel wie Fleisch, Fisch, Wurst sowie durch Milch und Milchprodukte. Auch pflanzliche Nahrungsmittel wie Bohnen, Linsen und Sojabohnen enthalten relativ viel Eiweiß.

Mit der Nahrung nehmen wir auch *Wasser, Vitamine* und *Mineralstoffe* zu uns. Diese Stoffe liefern keine Energie, sind aber für eine gesunde Ernährung unentbehrlich; sie werden daher ebenfalls zu den Nährstoffen gezählt. So ist Wasser Bestandteil aller Zellen; es dient als Lösemittel und als Transportmittel, etwa von gelösten Wirkstoffen. Vitamine und Mineralstoffe spielen eine wesentliche Rolle als Wirkstoffe bei der Regulierung des Stoffwechsels. Mineralstoffe wie Calcium-Ionen und Phosphat-Ionen sind zudem Baustoffe für den Aufbau der Knochen.

Ballaststoffe. Pflanzenfasern enthalten Ballaststoffe. Diese Stoffe sind ein unverdaulicher, aber dennoch notwendiger Bestandteil unserer Nahrung: Ballaststoffe nehmen im Darm Wasser auf und quellen dabei. Dadurch wird die Darmtätigkeit verstärkt und die Verdauung verbessert.

Farbstoffe, Aromastoffe und Geschmacksstoffe. Das typische Aussehen und der charakteristische Geruch und Geschmack von Lebensmitteln wird durch Farbstoffe, Aromastoffe und Geschmacksstoffe verursacht. Zu diesen natürlichen Bestandteilen von Lebensmitteln gehören etwa das Blattgrün von Pflanzen und die beim Anbraten von Fleisch entstehenden Röststoffe.

Zusatzstoffe. Bei der industriellen Herstellung von Lebensmitteln werden häufig Zusatzstoffe eingesetzt, die die Beschaffenheit des Lebensmittels positiv beeinflussen oder bestimmte Eigenschaften wie Haltbarkeit, Stabilität oder Farbe verbessern sollen. Zu den Zusatzstoffen zählen etwa *Konservierungsstoffe*, *Antioxidationsmittel*, *Geschmacksverstärker* und *Süßstoffe*. Voraussetzung für ihre Verwendung ist die Zulassung durch die EU. Zusatzstoffe müssen auf der Verpackung namentlich oder mit den zugehörigen *E-Nummern* angeben werden.

Nährstoffe und Energie. Der Energiebedarf ist von Mensch zu Mensch sehr unterschiedlich, denn er hängt von verschiedenen Faktoren ab. Er wird zunächst durch den **Grundumsatz** bestimmt. Darunter versteht man die Energie, die ein Mensch bei völliger Ruhe im Liegen etwa für das Atmen und die Aufrechterhaltung der Körpertemperatur benötigt. Nach einer Faustregel beträgt der Grundumsatz pro Kilogramm Körpergewicht und pro Tag etwa 100 kJ. Wenn wir arbeiten oder Sport treiben steigt unser Energiebedarf: Diese zusätzliche Energie bezeichnet man als **Leistungsumsatz**. Er hängt von der Art und Dauer der Tätigkeit ab (Abb. 2).

Unser Körper stellt die benötigte Energie aus der Nahrung bereit. Eine *ausgewogene Ernährung* soll nicht nur die Energie in der benötigten Menge bereitstellen, sondern außerdem die Nährstoffe in der richtigen Zusammensetzung enthalten: So wird empfohlen, den Energiebedarf im Durchschnitt zu etwa 60 % mit Kohlenhydraten zu decken. Der Fettanteil sollte etwa 30 % und der Eiweißanteil etwa 10 % betragen.

Ist der Gesamtenergieumsatz unseres Körpers größer als der Energiegehalt der aufgenommenen Nahrung, wird auf Energievorräte im Körper zurückgegriffen. Bleibt die Energiezufuhr über längere Zeit zu gering, werden vor allem die Fettreserven im Körper abgebaut; das Körpergewicht sinkt.

Essen wir jedoch dauerhaft zu viel, so übersteigt die Energiezufuhr den Gesamtenergiebedarf. Fettreserven werden angelegt, Übergewicht mit zahlreichen gesundheitlichen Risiken ist die Folge. Ein wesentliches Ziel einer ausgewogenen Ernährung ist also eine ausgeglichene Energiebilanz.

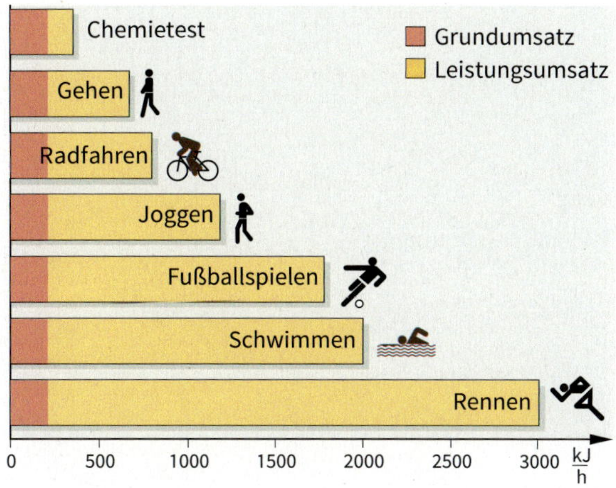

2 ***Energiebedarf eines 50 kg schweren Schülers***

Die Grundnährstoffe Fette, Kohlenhydrate und Eiweiße dienen als Energielieferanten, Eiweiße zusätzlich als Baustoffe. Daneben benötigt unser Körper Wasser sowie Vitamine und Mineralstoffe als Wirkstoffe. In einer ausgewogenen Ernährung stimmen Energiezufuhr und Energiebedarf überein.

1 Nenne Inhaltsstoffe von Lebensmitteln. Unterscheide zwischen energieliefernden Stoffen und solchen, die keine Energie liefern.

2 Erkläre die Begriffe *Grundumsatz* und *Leistungsumsatz*. Berechne deinen täglichen Grundumsatz und schätze deinen Gesamtenergieumsatz ab. Erläutere deine Überlegungen.

3 In dem dargestellten Ernährungskreis der Deutschen Gesellschaft für Ernährung sind verschiedene Lebensmittel zu Gruppen zusammengefasst. Die Größe des Ausschnitts steht für den Anteil, den die jeweilige Gruppe in einer ausgewogenen Ernährung zur Deckung des Energiebedarfs beitragen sollte. Nenne die wesentlichen Inhaltstoffe jeder Gruppe und formuliere anschließend Empfehlungen für eine gesunde Ernährung.

4 Nimm Stellung zu folgender Aussage: Lebensmittel sollten frei von Zusatzstoffen sein.

5 Diskutiert, ob durch *Energydrinks* deutliche Steigerungen der sportlichen Leistungen zu erwarten sind. Vergleicht dazu deren Inhaltsstoffe mit denen einer Apfelsaftschorle.

17.2 Fette – chemisch betrachtet

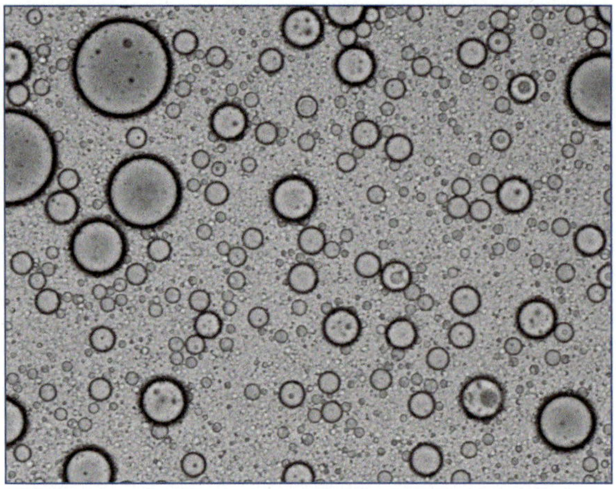

1 *Milch, eine Öl-in-Wasser-Emulsion*

3 *Fettbrand*

Unter den Nahrungsfetten spielen pflanzliche Fette eine wichtige Rolle. Meist handelt es sich dabei um **Öle,** also um Fette, die bei Raumtemperatur flüssig sind. Pflanzliche Fette erhält man durch Auspressen ölhaltiger Früchte wie Oliven oder Samen wie Sonnenblumenkernen. Noch effektiver ist die Extraktion der wasserunlöslichen Fette mit einem hydrophoben Lösemittel wie Hexan.

Die Extraktion mit Hexan zeigt, dass Fette ebenfalls hydrophob sind. Schüttelt man etwas Pflanzenöl mit Wasser, so erhält man eine **Emulsion,** ein heterogenes Gemisch aus feinsten Öltröpfchen und Wasser. Ein Beispiel für eine solche Emulsion ist Milch (Abb. 1). Im Gegensatz zu dem Öl-Wasser-Gemisch entmischt sich Milch aber nicht. Eine Entmischung wird hier durch Eiweiß-Moleküle verhindert: Sie umhüllen die Fetttröpfchen und wirken so als Vermittler zwischen dem hydrophoben Fett und dem Wasser. Stoffe mit solchen Eigenschaften nennt man *Emulgatoren.*

Fette haben keine feste Schmelztemperatur. Sie werden beim Erwärmen allmählich weich. Zum Garen von Speisen sind Fette besonders geeignet, weil man damit höhere Temperaturen erreichen kann als mit Wasser, das bereits bei 100 °C siedet. Oberhalb von 300 °C können sich Fette jedoch an der Luft selbst entzünden. Ein Fettbrand darf keinesfalls mit Wasser gelöscht werden, denn das Wasser sinkt wegen seiner höheren Dichte im flüssigen Fett ab und verdampft dann schlagartig. Brennendes Fett wird dabei nach allen Seiten geschleudert. Fettbrände löscht man einfach durch Abdecken (Abb. 3).

Bildung und Spaltung von Fetten. Fette entstehen durch die *Kondensationsreaktion* des dreiwertigen Alkohols Glycerin mit langkettigen Carbonsäuren, den Fettsäuren (Abb. 2). Fette gehören also zur Stoffklasse der *Ester*. In einem Fett-Molekül sind die drei OH-Gruppen des Glycerins meist mit drei unterschiedlichen Fettsäure-Molekülen verestert. Natürliche Fette sind daher keine Reinstoffe, sondern stets Gemische vieler verschiedener Ester, die sich in den Fettsäure-Resten unterscheiden. Von technischer Bedeutung ist die Umkehrung der Fettsynthese: Bei der *Hydrolyse* von Fett mit heißem Wasserdampf bilden sich wieder Glycerin und Fettsäuren, die industriell weiter verarbeitet werden.

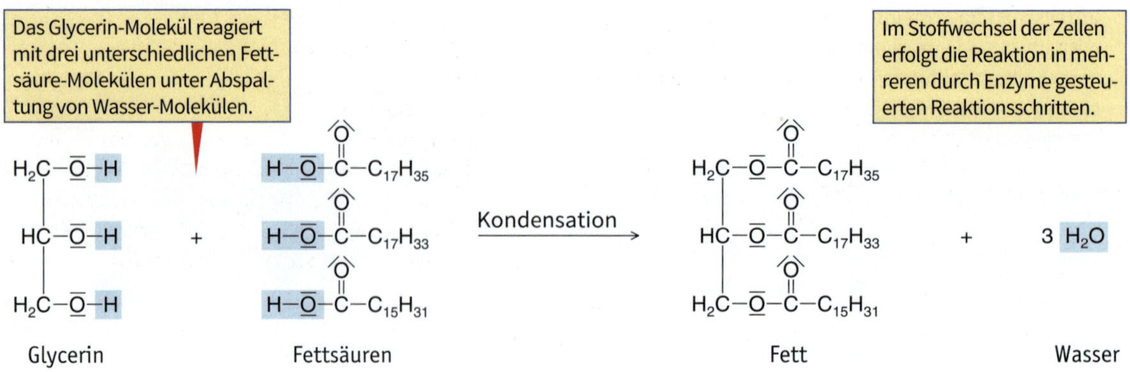

2 *Bildung eines Fett-Moleküls*

Fettsäure	Formel	C-Atome (C=C-Bindungen)	Smt. in °C
Palmitinsäure (Hexadecansäure)	$C_{15}H_{31}COOH$	16 (0)	63
Stearinsäure (Octadecansäure)	$C_{17}H_{35}COOH$	18 (0)	69
Ölsäure (*cis*-9-Octadecen-säure)	$C_{17}H_{33}COOH$	18 (1)	16
Linolsäure (*cis, cis*-9,12-Octa-decadiensäure)	$C_{17}H_{31}COOH$	18 (2)	–5

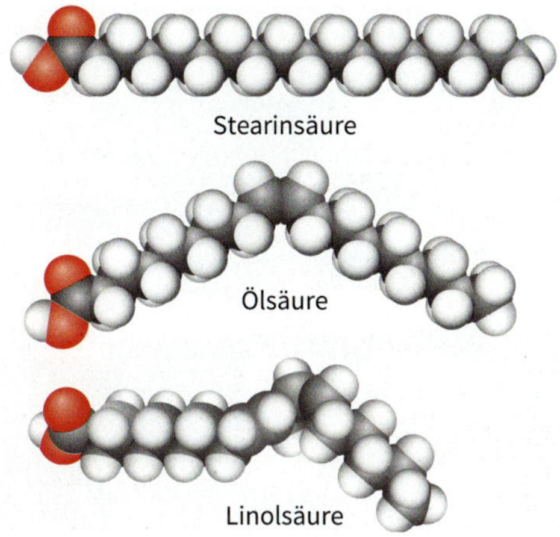

4 *Gesättigte und ungesättigte Fettsäuren*

Fettsäuren. Natürliche Fette enthalten zahlreiche unterschiedliche Fettsäure-Reste. Die Moleküle dieser Fettsäuren sind stets unverzweigt und enthalten zumeist eine gerade Anzahl an Kohlenstoff-Atomen. Dabei überwiegen *Palmitinsäure* mit 16 C-Atomen und *Stearinsäure* mit 18 C-Atomen im Molekül. Die C-Atome sind in diesen Fällen durch Einfachbindungen verknüpft. Solche Fettsäuren nennt man **gesättigte Fettsäuren.**

Daneben findet man in Fetten oft auch **ungesättigte Fettsäuren** mit einer oder mehreren C=C-Zweifachbindungen im Molekül. So sind *Ölsäure, Linolsäure* und *Linolensäure* Beispiele für einfach oder mehrfach ungesättigte Fettsäuren. Die beiden Kohlenwasserstoff-Reste der Zweifachbindung sind immer zur gleichen Seite hin gerichtet: Es liegt also stets eine *cis*-Anordnung vor. Die Kohlenwasserstoff-Kette ist dadurch einmal oder mehrmals geknickt (Abb. 4).

Ob ein Fett bei Raumtemperatur fest oder flüssig ist, hängt vor allem vom Aufbau der im Molekül gebundenen Fettsäure-Reste ab: Lange, gesättigte Fettsäure-Reste bewirken einen höheren Schmelzbereich. Dagegen nimmt die Schmelztemperatur mit der Anzahl der C=C-Zweifachbindungen ab. Die Ursache dafür liegt in der Form der Moleküle: Reste ungesättigter Fettsäuren ragen aus dem Fett-Molekül heraus und erschweren so den Einbau in eine geordnete Struktur.

Die C=C-Zweifachbindungen in ungesättigten Verbindungen können durch Addition von Brom oder Iod nachgewiesen werden. Mit der *Iodzahl* gibt man in der Lebensmittelchemie an, wie viel Gramm Iod von 100 g des untersuchten Fettes gebunden werden. Die Iodzahl ist ein Qualitätsmerkmal, da für die Ernährung Fette mit ungesättigten Fettsäure-Resten als besonders günstig gelten.

Fette sind Ester, die bei der Reaktion von Glycerin mit Fettsäuren entstehen. Die Fettsäure-Reste können gesättigt oder ungesättigt sein.

1 Erkläre die Begriffe *Hydrolyse* und *Kondensation.*

2 a) Glycerin reagiert mit einem Gemisch aus Linolsäure und Stearinsäure. Formuliere die Reaktionsgleichung.
b) Gib die Zahl der unterschiedlichen Reaktionsprodukte an.
c) Erkläre, warum die gebildeten Reaktionsprodukte nur schlecht wasserlöslich sind.

3 Mayonnaise stellt man her, indem man Wasser und Eigelb mischt und anschließend unter kräftigem Rühren Öl hinzufügt.
a) Erkläre die Funktion des Eigelbs.
b) Begründe, warum man Mayonnaise nicht einfrieren sollte.

4 Stellt man Olivenöl und Sonnenblumenöl in den Kühlschrank, so kommt es nach einiger Zeit beim Olivenöl zu Ausflockungen, nicht aber beim Sonnenblumenöl. Erkläre diese Beobachtung.

5 Tierische Fette sind bei Raumtemperatur zumeist fest. Erläutere, welche Rückschlüsse man daraus für ihre chemische Struktur ziehen kann.

6 Rapsöl dient als Nahrungsmittel, aber auch als Rohstoff für die Produktion von Biodiesel. Das Öl wird dazu mit Methanol umgeestert: Der Glycerin-Rest der Rapsöl-Moleküle wird durch Methanol-Reste ersetzt.
a) Formuliere die Reaktionsgleichung für die Umesterung. Gehe vereinfachend von einem Fett-Molekül mit drei Ölsäure-Resten aus.
b) Nenne Argumente für und gegen eine Verwendung von Rapsöl als Ausgangsstoff der Biodieselproduktion.

1 *Zuviel Fett und Bewegungsmangel sind ungesund*

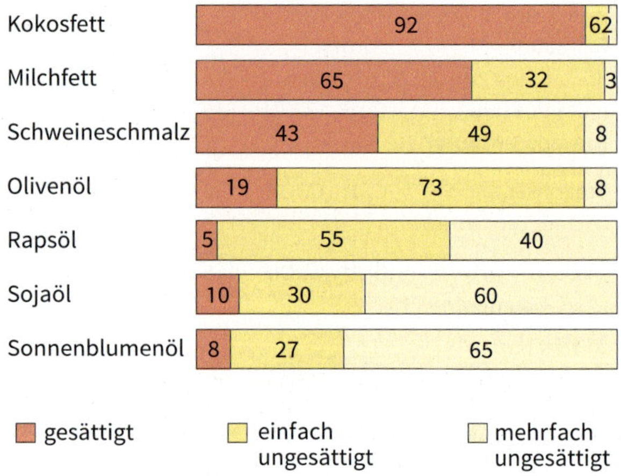

2 ***Fette: Mittelwerte für den Anteil unterschiedlicher Fettsäure-Reste (Angaben in Prozent)***

Fette sind für unseren Körper *die* Energiequelle: Bei ihrem Abbau wird mehr als doppelt so viel Energie frei wie bei Kohlenhydraten oder Eiweißen. Zuviel aufgenommene Energie wird im Fettgewebe gespeichert. Daneben schützt das Fettgewebe vor Wärmeverlusten und sichert empfindliche innere Organe vor Druck und Stößen. Fette ermöglichen im Darm außerdem die Aufnahme der fettlöslichen Vitamine A, D, E und K. Daneben sind sie Träger von Geschmacksstoffen; bereits ein wenig Fett verbessert den Geschmack von Speisen wesentlich.

Gute Fette – schlechte Fette. Fette sind unverzichtbare Nährstoffe. Ein Zuviel an Fetten führt jedoch zu Übergewicht und zu gesundheitlichen Risiken. Sie sollten maximal 30 % der täglichen benötigten Energie liefern. Für eine gesunde Ernährung ist aber auch die Zusammensetzung der Fette von Bedeutung: Die vor allem in tierischen Fetten vorkommenden gesättigten Fettsäuren sind weniger geeignet. Höherwertig sind dagegen ungesättigte Fettsäure-Reste, wie sie in vielen pflanzlichen Ölen vorkommen. Für diese Fettsäuren verwendet man oft eine besondere Benennung, bei der die Nummerierung der Kohlenstoff-Atome nicht wie bei der IUPAC-Nomenklatur am Carboxy-C-Atom beginnt, sondern am anderen Ende des Moleküls, dem *Omega*-Ende. Bei mehrfach ungesättigten Fettsäuren bezieht man sich dabei auf die – vom Omega-Ende her gesehen – *erste* Zweifachbindung. Die Linolsäure (Octadeca-9,12-diensäure) ist danach eine Omega-6-Fettsäure, die α-Linolensäure (Octadeca-9,12,15-triensäure) eine Omega-3-Fettsäure. Solche mehrfach ungesättigten Fettsäuren sind lebensnotwendig oder *essentiell*. Der Mensch muss sie mit der Nahrung aufnehmen, da er sie nicht selbst synthetisieren kann. Mängel gibt es bei uns vor allem in der Versorgung mit Omega-3-Fettsäuren.

Fetthärtung. Für die Herstellung von Margarine werden flüssige Fette gehärtet: Wasserstoff wird an die C=C-Zweifachbindung der ungesättigten Fettsäure-Reste angelagert, sodass gesättigte Fettsäure-Reste entstehen. Dabei können sich als Nebenprodukte auch *trans*-Fettsäure-Reste bilden. Sie gelten als Mitverursacher von Herz- und Kreislauferkrankungen.

Fette sind wichtige Energieträger. Sie liefern uns essentielle Fettsäuren und ermöglichen die Aufnahme fettlöslicher Vitamine.

1 Erkläre den Begriff *essentielle Fettsäure.*

2 Die Tabelle vergleicht die Anteile der einzelnen Fettsäure-Reste an der Energieaufnahme für eine ausgewogene und für eine durchschnittliche Ernährung:

	Soll	Ist
gesättigte Fettsäuren	10 %	18 %
einfach ungesättigte Fettsäuren	13 %	19 %
mehrfach ungesättigte Fettsäuren	7 %	7 %

a) Vergleiche die empfohlenen Fettsäureanteile in der Nahrung mit der tatsächlichen Ernährung. Berücksichtige auch die Summen.
b) Leite Ernährungsempfehlungen ab.

3 a) Formuliere die Reaktionsgleichung für die Härtung eines Öls, das nur aus Molekülen mit drei Ölsäure-Resten besteht.
b) Nenne den Reaktionstyp, der bei der Fetthärtung vorliegt und begründe, warum sich die Schmelztemperatur des Fettes durch das Fetthärten verändert.

17.4 Vom Fett zur Seife

Bereits im 3. Jahrhundert vor Christus stellten die Sumerer aus Ölen und Asche Seife her. Das Produkt blieb jedoch lange Zeit ein Luxusartikel, der eher zur Schönheitspflege als zum Waschen genutzt wurde. Dies änderte sich erst Ende des 18. Jahrhunderts. Chemiker hatten ein wirtschaftliches Verfahren zu Produktion von Natronlauge entwickelt, die bisher mühsam aus Asche gewonnen werden musste. Seife konnte jetzt preiswert hergestellt werden und wurde zum Gebrauchsgegenstand für breite Bevölkerungsschichten.

Herstellung von Seife. Traditionell stellt man Seife durch Kochen von Fetten mit Natronlauge oder Kalilauge her. Bei diesem als *Seifensieden* bezeichneten Vorgang kommt es zur Spaltung der Fett-Moleküle. Dabei entstehen Glycerin und die Alkalisalze der Fettsäuren, die **Seifen.** Man bezeichnet die alkalische Esterspaltung allgemein daher auch als **Verseifung.** Nach Zugabe von konzentrierter Kochsalzlösung flockt die Seife aus und kann dann abgetrennt werden. Verwendet man Natronlauge zur Verseifung, entsteht feste *Kernseife.* Diese wird hauptsächlich zu Fein- und Toilettenseifen sowie für Zahnpasten verwendet. Mit Kalilauge erhält man weiche oder halbfeste *Schmierseife* für Rasierseife oder Reinigungsmittel.

In modernen Herstellungsverfahren werden die Fette unter hohem Druck mithilfe von Wasserdampf gespalten. Bei dieser *Hydrolysereaktion* entstehen Glycerin und Fettsäuren. Nach dem Abkühlen lassen sich die wasserunlöslichen Fettsäuren leicht vom wasserlöslichen Glycerin abtrennen. Die Fettsäuren werden dann mit Natronlauge oder Kalilauge zu den entsprechenden Seifen umgesetzt. Bei diesem Verfahren erhält man Seifen durch Hydrolyse mit anschließender Neutralisation.

Seifen sind Natrium- oder Kaliumsalze von Fettsäuren, die durch alkalische Verseifung oder durch Hydrolyse von Fetten mit anschließender Neutralisation entstehen.

1 *Seifensieder im Mittelalter (Kupferstich 1698)*

1 a) Gib jeweils die Strukturformel für ein Fett-Molekül, ein Fettsäure-Molekül und ein Seifen-Anion an.
b) Alkalisalze von Fettsäuren sind im Gegensatz zu freien Fettsäuren und Fetten wasserlöslich. Erkläre diese Beobachtung anhand der Strukturen.

2 Nach einem auf Tontafeln überlieferten Rezept der Sumerer soll man einen Liter Öl mit der fünffachen Menge Pottasche mischen und dann kochen. Pottasche ist eine alte Bezeichnung für Kaliumcarbonat (K_2CO_3).
a) Carbonat-Ionen reagieren mit Wasser zu Hydrogencarbonat-Ionen und Hydroxid-Ionen. Formuliere die Reaktionsgleichung für die Reaktion, die in einer Lösung von Pottasche in Wasser abläuft.
b) Erläutere die chemischen Hintergründe des Rezepts.

3 a) Nenne Gemeinsamkeiten und Unterschiede von traditioneller und moderner Seifenherstellung.
b) Formuliere das Reaktionsschema und die Reaktionsgleichung für die moderne Herstellung von Seife.

4 Begründe, warum Mineralöle im Gegensatz zu Pflanzenölen für den Verzehr und für die Seifenproduktion ungeeignet sind.

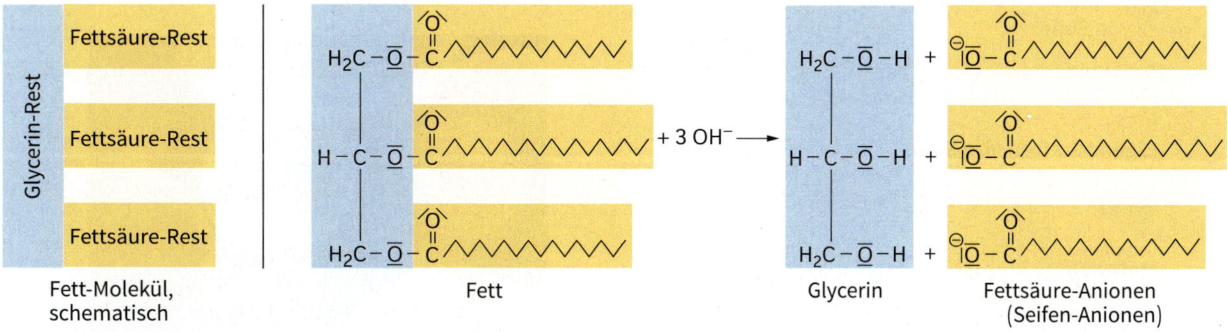

2 *Verseifung von Fett*

Praktikum Seifen

Versuch 1: Herstellung von Seife

Materialien: Erlenmeyerkolben (200 ml), Tropfpipette, Becherglas (200 ml), Wasserbad, Messzylinder (25 ml), Waage, Glasstab, Gasbrenner; Kokosfett oder Speiseöl, Stearinsäure, Natronlauge (25 %; **5**), Ethanol (**2, 7**), Kochsalz.

Durchführung:

Herstellung aus Fett

1. Gib 10 g Fett in den Erlenmeyerkolben, füge 5 ml Wasser hinzu und schmelze das Fett über kleiner Flamme.
2. Füge unter Rühren vorsichtig 10 ml Natronlauge und 5 ml Ethanol hinzu. Halte das Gemisch etwa 30 Minuten am Sieden. Ersetze dabei nach und nach das verdampfende Wasser.
3. Nimm mit der Spitze des Glasstabs eine Probe des entstandenen Seifenleims und rühre sie in ein halb mit Wasser gefülltes Reagenzglas. Das Seifensieden ist beendet, wenn im Reagenzglas keine Fetttröpfchen mehr zu beobachten sind.
4. Fülle das Becherglas zur Hälfte mit gesättigter Kochsalzlösung. Gieße anschließend den Seifenleim in das Becherglas. Schöpfe nach einiger Zeit die Seife ab.

Herstellung aus Fettsäure

1. Gib 15 g Stearinsäure in den Erlenmeyerkolben und schmelze die Fettsäure im Wasserbad bei etwa 80 °C.
2. Füge unter ständigem Rühren portionsweise 20 ml Natronlauge hinzu.

Aufgaben:

a) Beschreibe deine Beobachtungen.
b) Erkläre, warum man den Seifenleim in die Kochsalzlösung gibt.
c) Vergleiche die beiden Verfahren zur Herstellung von Seife.

Versuch 2: Eigenschaften von Seife

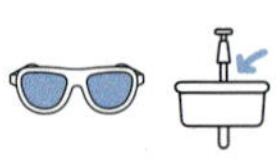

Materialien: Stopfen, Messzylinder (25 ml); Kernseife, Universalindikatorpapier, Kalkwasser, Essigsäure (5 %).

Durchführung:

1. Löse etwas Kernseife in 20 ml Wasser und verteile die Lösung auf vier Reagenzgläser.
2. Bestimme den pH-Wert der Seifenlösung.
3. Versetze je eine Probe mit demineralisiertem Wasser, Leitungswasser, Kalkwasser und Essigsäure.
4. Verschließe die Reagenzgläser und schüttle um.

Aufgaben:

a) Notiere deine Beobachtungen.
b) Erkläre anhand des pH-Wertes, ob Seifenlösung den elektrischen Strom leitet.
c) Erkläre die unterschiedliche Schaumbildung und formuliere Reaktionsgleichungen für die ablaufenden chemischen Reaktionen.

Versuch 3: Seifenblasen

Materialien: Flache Schale, Becherglas (1 l), Messzylinder (100 ml), Pfeifenreiniger; Schmierseife, Glycerin, demineralisiertes Wasser.

Durchführung:

1. Biege den Pfeifenreiniger zu einem Ring mit einem kleinen Griff.
2. Stelle eine Seifenlösung aus 60 ml Schmierseife, 60 ml Glycerin und einem Liter demineralisiertem Wasser her. Fülle die Lösung in die flache Schale.
3. Tauche den Ring vollständig in die Seifenlösung und ziehe ihn vorsichtig seitwärts heraus. Bewege den Ring langsam senkrecht zu seiner Fläche hin und her. Drehe den Ring in Richtung der Bewegung und ziehe ihn weg, damit sich die Blase schließt und ablöst.

Aufgabe:

Erläutere die Anordnung der Seifen-Anionen in der Haut einer Seifenblase.

17.5 Wie wäscht Seife?

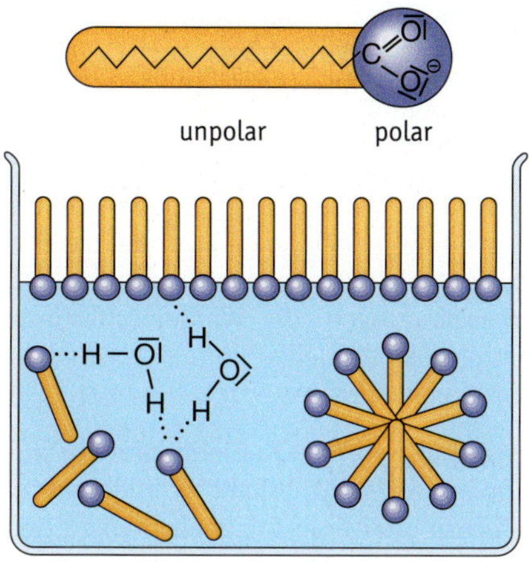

1 *Bau und Anordnung von Seifen-Anionen*

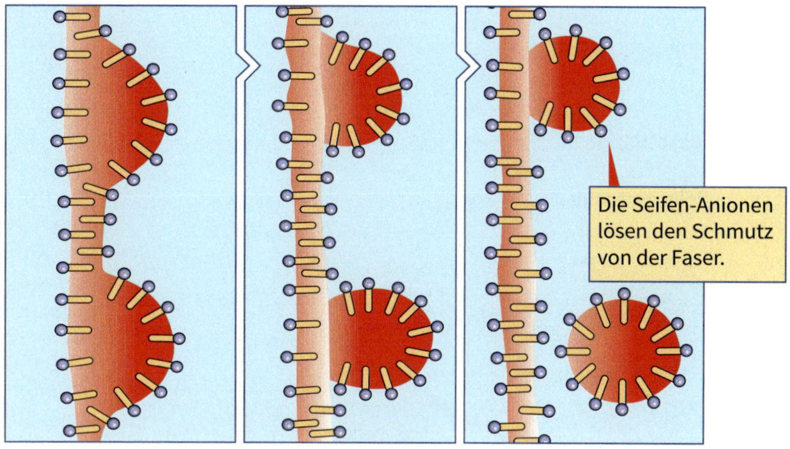

2 *Phasen der Schmutzablösung beim Waschen*

Seifenlösung enthält neben positiv geladenen Natrium-Ionen negativ geladene **Seifen-Anionen.** Dabei handelt es sich um Säurerest-Ionen von Fettsäuren: Sie bestehen aus einer langen Kohlenwasserstoff-Kette und einer negativ geladenen Carboxylat-Gruppe ($-COO^-$). Die Kohlenwasserstoff-Kette ist unpolar, sie wirkt wasserabstoßend oder **hydrophob**. Die stark polare Carboxylat-Gruppe bildet mit Wasser-Molekülen Wasserstoffbrückenbindungen, sie wirkt **hydrophil**.

Oberflächenspannung. Legt man eine Büroklammer vorsichtig auf eine Wasseroberfläche, so geht sie nicht unter, obwohl das Metall eine größere Dichte hat als Wasser. Die Wasseroberfläche verhält sich wie eine Haut; man spricht von der *Oberflächenspannung*. Sie entsteht dadurch, dass die Anziehungskräfte der Wasser-Moleküle auf die Moleküle an der Oberfläche einseitig in das Innere der Flüssigkeit wirken.

Gibt man etwas Seifenlösung in Wasser, so bilden die Seifen-Anionen eine dünne Schicht auf der Wasseroberfläche. Mit ihren polaren Gruppen lagern sie sich zwischen die Wasser-Moleküle, die unpolaren Alkyl-Reste ragen aus dem Wasser. Die Anziehungskräfte zwischen den Kohlenwasserstoff-Ketten sind aber erheblich geringer als die Anziehungskräfte zwischen den Wasser-Molekülen. Dadurch wird die Oberflächenspannung verringert; das Wasser wird *entspannt*. Beim Waschen kann eine Seifenlösung daher leichter als Wasser in die Poren des Gewebes und der Faser eindringen und diese *benetzen*.

Ist die Fläche zwischen Luft und Wasser mit Seifen-Anionen belegt, so diffundieren Seifen-Anionen in die Lösung und lagern sich dort zu **Micellen** zusammen. Dabei zeigen die unpolaren Alkyl-Reste der Anionen ins Innere, die polaren Gruppen bilden Wasserstoffbrückenbindungen mit Wasser-Molekülen.

Waschvorgang. Beim Wäschewaschen wird fetthaltiger Schmutz von der Faser des Gewebes abgelöst. Die Seifen-Anionen können mit ihren unpolaren Alkyl-Resten in die Oberfläche des wasserabstoßenden Schmutzes eindringen, während die polaren Carboxylat-Gruppen mit den Wasser-Molekülen Wasserstoffbrücken bilden. In gleicher Weise orientieren sich Seifen-Anionen an den Grenzflächen zwischen den Fasern und dem Wasser. Sowohl die Schmutzpartikel als auch die Fasern werden dadurch negativ aufgeladen und stoßen sich ab. Durch die Bewegung des Wassers beim Waschen werden die Schmutzpartikel dann von den Fasern abgelöst. Die abgelösten Partikel sind in der Waschlauge von einer Hülle aus negativ geladenen Seifen-Anionen umgeben. Dadurch stoßen sich die Partikel auch untereinander ab. Mit der Waschlauge und durch Spülen mit Wasser wird der Schmutz dann fortgespült.

Die Waschwirkung von Seife beruht auf der Verringerung der Oberflächenspannung und der Ablösung des Schmutzes in Form kleinster Partikel.

1 Erläutere mithilfe der Abbildungen
a) die Anordnung der Seifen-Anionen an der Grenzfläche zwischen Wasser und Luft,
b) die Anordnung der Seifen-Anionen im Inneren des Wassers,
c) die Phasen der Schmutzablösung beim Waschen.

2 Begründe, warum der Waschvorgang bei höheren Temperaturen schneller abläuft.

3 Seifen-Anionen wirken als Emulgatoren. Erkläre diese Wirkung mithilfe der Struktur der Ionen.

4 Recherchiere, was man unter Kalkseifen versteht und warum diese die Waschwirkung der Seife vermindern.

17.6 Kohlenhydrate – chemisch betrachtet

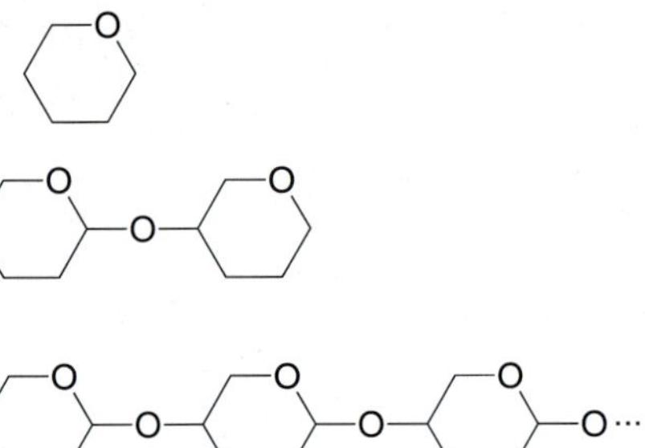

1 *Einteilung der Kohlenhydrate*

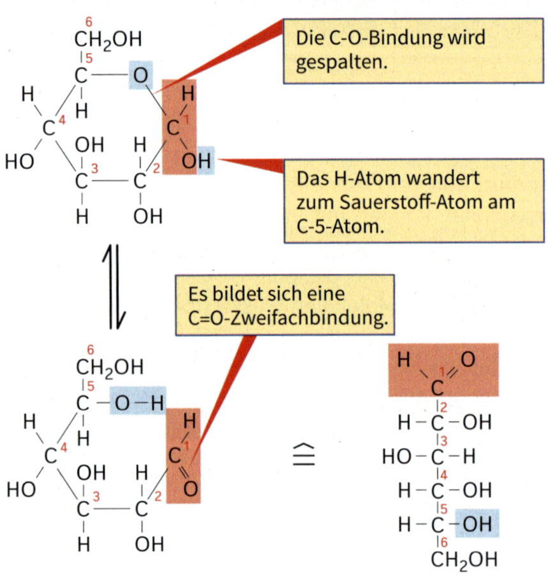

2 *Glucose: Ringform und Kettenform*

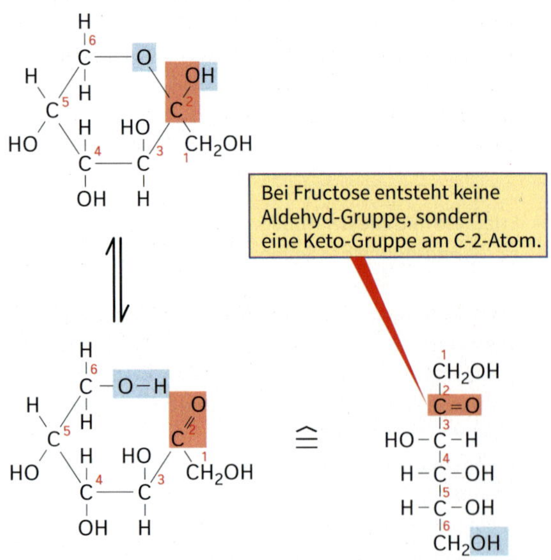

3 *Fructose: Ringform und Kettenform*

Unter den Nährstoffen sind Kohlenhydrate wie *Zucker* und *Stärke* die wichtigsten Energieträger. Auch *Cellulose*, der Baustoff pflanzlicher Zellwände, gehört zur Stoffgruppe der Kohlenhydrate. Die Bezeichnung Kohlenhydrate geht auf die allgemeine Molekülformel $C_n(H_2O)_m$ zurück, die viele Vertreter dieser Stoffgruppe kennzeichnet. Kohlenhydrate sind jedoch keine Hydrate; sie enthalten keine Wasser-Moleküle. Vielmehr handelt es sich um Kohlenstoffverbindungen, die Wasserstoff-Atome und Sauerstoff-Atome im Zahlenverhältnis 2 : 1 enthalten.

Nach ihrer Molekülgröße werden Kohlenhydrate in verschiedene Gruppen eingeteilt: Kleine Kohlenhydrat-Moleküle wie Glucose oder Fructose zählt man zu den Einfachzuckern oder **Monosacchariden.** Durch Verknüpfung zweier solcher Moleküle erhält man die Zweifachzucker oder **Disaccharide**. Kohlenhydrate, die wie Stärke oder Cellulose aus vielen Monosaccharid-Bausteinen bestehen, nennt man **Polysaccharide** (Abb. 1).

Monosaccharide. Das am weitesten verbreitete Monosaccharid ist **Glucose.** Die deutsche Bezeichnung Traubenzucker leitet sich vom Vorkommen dieses Zuckers in süßen Früchten wie Trauben oder Kirschen ab. Im menschlichen Organismus findet sich stets eine geringe Menge Glucose gelöst im Blut. Sinkt der Blutzuckerspiegel nach starker körperlicher Anstrengung, so kann von außen zugeführte Glucose als schnell verfügbarer Energielieferant dienen. Bei Diabetikern ist der Blutzuckerspiegel dauerhaft erhöht.

Glucose ist ein kristalliner Stoff, der sich gut in Wasser löst, nicht aber in hydrophoben Lösemitteln. Seine Molekülformel lautet $C_6H_{12}O_6$.

Das Glucose-Molekül ist ringförmig gebaut, wobei der Ring aus fünf Kohlenstoff-Atomen und einem Sauerstoff-Atom besteht. In der Formel liegt der Ring in einer Ebene, das O-Atom steht rechts hinten, die H-Atome, die OH-Gruppe und ein C-Atom weisen nach oben beziehungsweise unten aus der Ringebene. Die Nummerierung der Kohlenstoff-Atome des Rings erfolgt von dort im Uhrzeigersinn. Die Kohlenstoff-Atome C-1 bis C-4 tragen je eine OH-Gruppe, am C-5-Atom findet sich eine CH_2OH-Gruppe (Abb. 2).

Neben dieser Ringform der Glucose findet man in wässrigen Lösungen auch einen sehr kleinen Anteil einer Kettenform mit einer Aldehyd-Gruppe am C-1-Atom.

Die auch als Fruchtzucker bezeichnete **Fructose** ist ein weiteres, in süßen Früchten und im Honig vorkommendes Monosaccharid. Sie ist gut wasserlöslich und hat eine höhere Süßkraft als alle anderen Zucker. Die Molekülformel von Fructose stimmt mit der von Glucose

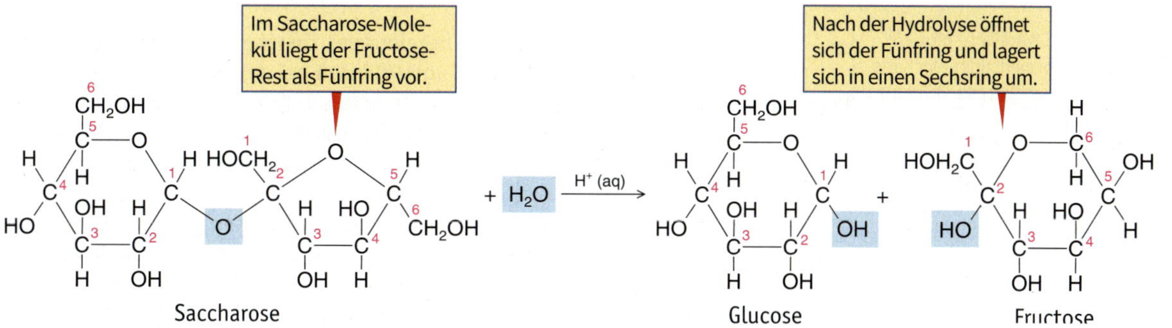

4 *Hydrolyse von Saccharose*

überein. Das Fructose-Molekül kommt ebenfalls in isomeren Formen vor: als fünfgliedrige und als sechsgliedrige Ringformen sowie als offene Kettenform. Bei den fünfgliedrigen Ringformen wird der Ring aus vier Kohlenstoff-Atomen und einem Sauerstoff-Atom gebildet. In der Kettenform weisen Fructose-Moleküle eine Keto-Gruppe am C-2-Atom auf (Abb. 3).

Disaccharide. Der wichtigste Vertreter der Disaccharide ist die als Haushaltszucker bekannte **Saccharose.** Sie wird in großen Mengen aus Zuckerrohr und aus Zuckerrüben gewonnen. Der jährliche pro-Kopf-Verbrauch liegt in Deutschland bei etwa 35 kg. In der chemischen Industrie dient Saccharose zur Herstellung vieler Produkte, etwa zur Synthese von Ethanol und zur Produktion von Waschmitteln. Saccharose ist sehr gut wasserlöslich: In 100 g Wasser lösen sich fast 200 g der Verbindung. Saccharose lässt sich durch Wasser in Gegenwart von verdünnten Säuren in Glucose und Fructose spalten (Abb. 4). Man nutzt diese *Hydrolysereaktion* lebensmitteltechnisch bei der Herstellung von Kunsthonig, der wie Naturhonig ein Gemisch aus Glucose und Fructose ist. Umgekehrt entsteht ein Saccharose-Molekül durch die Verknüpfung eines Glucose-Moleküls mit einem Fructose-Molekül. Dabei wird ein Wasser-Molekül frei. Bei dieser *Kondensationsreaktion* reagieren die OH-Gruppen des C-1-Atoms des Glucose-Moleküls und des C-2-Atoms des Fructose-Moleküls miteinander. Der Fructose-Baustein liegt dann als fünfgliedriger Ring vor.

Eigenschaften der Monosaccharide und Disaccharide. Die OH-Gruppen der Zucker-Moleküle bestimmen die Eigenschaften dieser Zucker. So ist etwa die gute Wasserlöslichkeit auf die Bildung von Wasserstoffbrücken zwischen Zucker-Molekülen und Wasser-Molekülen zurückzuführen. Auch die hohen Schmelztemperaturen beruhen auf Wasserstoffbrücken. Sie sind insgesamt so stark wie die Bindungskräfte innerhalb des Moleküls. Daher zersetzen sich Zucker beim Schmelzen. In der Küche nutzt man das *Karamellisieren*, um einen besonderen Geschmack und eine braune Farbe zu erzielen.

Die Monosaccharide Glucose und Fructose gehören wie das Disaccharid Saccharose zur Stoffklasse der Kohlenhydrate. Ihre allgemeine Molekülformel ist $C_n(H_2O)_m$.

1 Erkläre die Begriffe *Monosaccharid, Disaccharid* und *Polysaccharid.*

2 Begründe, warum die Bezeichnung *Kohlenhydrate* und die Molekülformel $C_n(H_2O)_m$ chemisch gesehen irreführend sind.

3 a) Beschreibe die Kettenform von Glucose.
b) Erkläre, wie aus der Kettenform die Ringform entsteht.

4 Versetzt man Haushaltszucker mit konzentrierter Schwefelsäure, so bilden sich schwarze Zuckerkohle und Wasser. Erläutere, welche Rückschlüsse der Versuch über die chemische Zusammensetzung von Haushaltszucker erlaubt.

5 Begründe, warum Zuckerlösungen nicht den elektrischen Strom leiten.

6 a) Recherchiere die Strukturen von Maltose und Lactose und diskutiere die Unterschiede in der Molekülstruktur.
b) Bereite einen Kurzvortrag zur Lactoseintoleranz vor.

7 Fructose wurde früher als Zuckeraustauschstoff für Diabetiker empfohlen. Recherchiere,
a) was man unter einem Zuckeraustauschstoff versteht,
b) warum Fructose in Lebensmitteln für Diabetiker aus heutiger Sicht nicht sinnvoll ist.

8 Die Inhaltsstoffe von Honig sind je nach Sorte unterschiedlich. Bewerte, ob der in der Grafik dargestellte Honig eine gesunde Alternative zu Haushaltszucker ist.

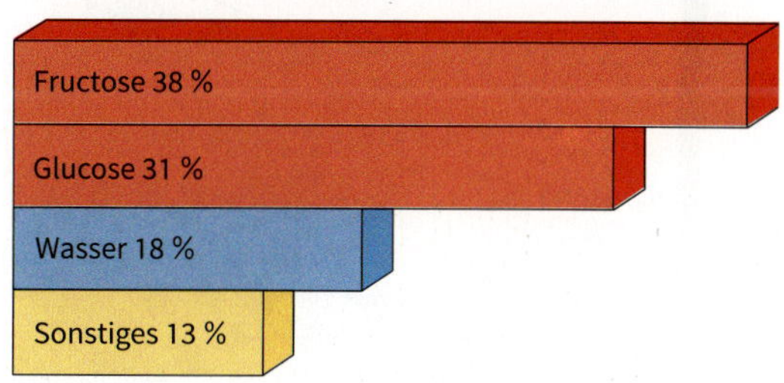

17.7 Stärke und Cellulose – nachwachsende Rohstoffe

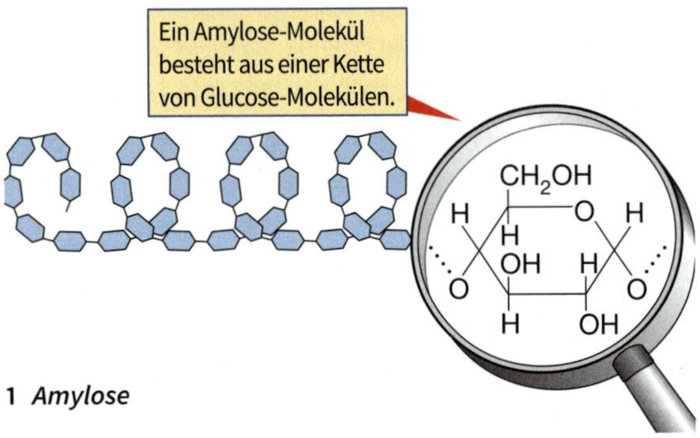

1 *Amylose*

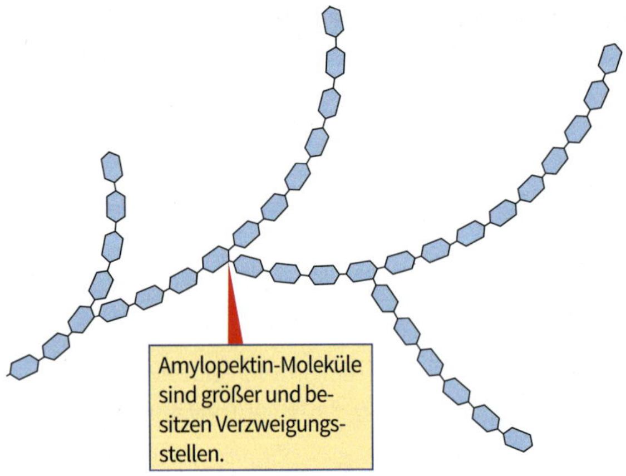

2 *Amylopektin*

3 *Cellulose*

Zentraler Energieträger für alle Lebewesen ist *Glucose*. Sie wird von Pflanzen bei der Photosynthese mithilfe des Sonnenlichts aus Kohlenstoffdioxid und Wasser aufgebaut. Die Glucose wird von Pflanzen in Form des Polysaccharids *Stärke* gespeichert und bei Energiebedarf wieder freigesetzt. Daneben dient Glucose auch als Baustein bei der Bildung von *Cellulose*. Dieses Polysaccharid ist die wesentliche Bau- und Stützsubstanz von Pflanzen.

Stärke. Das Polysaccharid Stärke besteht aus zahlreichen miteinander verknüpften Glucose-Molekülen, die sich unter Abspaltung von Wasser-Molekülen verbunden haben. Stärke ist aber kein einheitlicher Stoff, sondern besteht aus zwei unterschiedlichen Komponenten: der in heißem Wasser löslichen **Amylose** mit einem Massenanteil von 15–30 % und dem wasserunlöslichen **Amylopektin** mit einem Anteil von über 70 %.

Im Amylose-Molekül bilden bis zu 5000 Glucose-Einheiten eine Kette, die schraubenförmig gewunden ist (Abb. 1). In den dadurch gebildeten Hohlraum des Moleküls können sich Iod-Moleküle einlagern. Die charakteristische blaue Farbe dieser Einschlussverbindung dient zum Nachweis von Stärke und auch von Iod; man spricht von der *Iod-Stärke-Reaktion*.

Die verzweigten Amylopektin-Moleküle sind wesentlich größer als Amylose-Moleküle. Ein Molekül besteht aus bis zu 100 000 Glucose-Einheiten (Abb. 2).

Menschen und Tiere nutzen **Glykogen** als Speicherstoff für Kohlenhydrate. Im chemischen Aufbau gleicht es dem Amylopektin, es ist jedoch viel stärker verzweigt. Bei Bedarf wird das vor allem in der Leber und in den Muskelzellen gespeicherte Glykogen durch Hydrolyse in Glucose-Moleküle zerlegt. Diese Moleküle liefern im Stoffwechsel dann die notwendige Energie.

Cellulose. Das Polysaccharid *Cellulose* ist die mengenmäßig häufigste organische Verbindung: Sie ist der wesentliche Bestandteil von pflanzlichen Zellwänden. Reine Cellulose findet sich in den Samenhaaren der Baumwollpflanze und in den Fasern von Flachs und Hanf. Im trockenem Holz beträgt der Massenanteil etwa 50 %. Wie Stärke ist auch Cellulose aus Glucose-Einheiten aufgebaut. Allerdings sind hier die Glucose-Moleküle auf andere Weise verknüpft und zu langen, unverzweigten Ketten angeordnet. Mehrere solcher Ketten liegen in den Zellwänden parallel nebeneinander und bilden sogenannte Mikrofibrillen. Wasserstoffbrücken zwischen den Cellulose-Einheiten stabilisieren diese Anordnung (Abb. 3). Für Menschen und die meisten Tiere ist Cellulose unverdaulich, stellt aber einen notwendigen Ballaststoff ihrer Nahrung dar.

Nachwachsende Rohstoffe. In Zeiten drohender Verknappung der Ressourcen und wachsender Klima- und Umweltprobleme können nachwachsende Rohstoffe dazu beitragen, fossile Rohstoffe in vielen Bereichen zu ersetzen. Sie bieten gegenüber Erdöl, Erdgas oder Kohle einen wesentlichen Vorteil: Beim Verbrennen oder Verrotten bildet sich nur so viel Kohlenstoffdioxid, wie die Pflanzen vorher bei der Photosynthese gebunden haben. Unter nachwachsenden Rohstoffen versteht man land- und forstwirtschaftlich erzeugte Produkte, die nicht als Nahrungs- oder Futtermittel Verwendung finden, sondern als *industrielle Rohstoffe* und *Energieträger* genutzt werden. Neben ihrer Rolle als wichtige Bestandteile von Nahrungs- und Futtermitteln gewinnen so Stärke und auch Cellulose als nachwachsende Rohstoffe zunehmend an Bedeutung und konkurrieren damit mit der Produktion von Nahrungsmitteln.

Stärke aus Kartoffeln oder Mais wird in großen Mengen in der Papierindustrie benötigt, um die Oberfläche des Papiers glatter und damit weniger saugfähig zu machen. So lässt sich das Papier besser mit Tinte beschreiben und bedrucken. Daneben ist Stärke in der Biotechnologie ein wichtiger Ausgangsstoff: Mithilfe von Mikroorganismen gewinnt man Produkte wie Citronensäure, Essigsäure und Antibiotika. Auch *Bioethanol* als Zusatz im Kraftstoff (E10) wird auf diese Weise produziert. Stärke ist auch Ausgangsmaterial für die Herstellung bestimmter *Biokunststoffe*, die sich als biologisch abbaubare Verpackungsmaterialien oder als Einweggeschirr verwenden lassen (Abb. 4).

Cellulose wird vor allem in der Papier- und Zellstoffindustrie benötigt. Neben der Naturfaser Baumwolle basieren die Chemiefasern *Viskose* und *Kunstseide* auf Cellulose. Cellulose ist zudem wesentlicher Bestandteil von Holz, das neben der Verwendung als Bau- und Werkstoff auch in Heizungsanlagen zur Wärmegewinnung dient.

Stärke und Cellulose sind Polysaccharide, die aus Glucose-Einheiten aufgebaut sind. Sie sind Bestandteile der Nahrung, aber auch Rohstoffe und Energielieferanten.

1 Erkläre die Unterschiede im Aufbau von Stärke und Cellulose. Zeichne einen Ausschnitt aus den Molekülen.

2 In der allgemeinen Formel für die Kohlenhydrate $C_n(H_2O)_m$ unterscheidet sich das Verhältnis n : m für Monosaccharide von dem für Amylose und dem für Amylopektin. Begründe die Unterschiede.

3 Erkläre, warum Glykogen auch als tierische Stärke bezeichnet wird.

4 Begründe, warum man mit der Iod-Stärke-Reaktion nicht nur Stärke, sondern auch Iod nachweisen kann.

5 a) Nenne wesentliche Unterschiede zwischen Amylose und Amylopektin.
b) Pflanzenzellen enthalten Stärke in Form von Stärkekörnern, deren äußere Schichten aus Amylopektin bestehen, während Amylose im Innern der Körner konzentriert ist. Begründe, weshalb diese Verteilung von Amylopektin und Amylose sinnvoll ist.
c) Erkläre, warum Stärke in kaltem Wasser kaum löslich ist, beim Erwärmen des Wassers aber quillt.

6 a) Beschreibe den Aufbau einer pflanzlichen Zellwand anhand der Abb. 3.
b) Erkläre, warum eine Zellwand sowohl sehr fest als auch elastisch ist.

7 Pflanzen, die nur zur Produktion von Kraftstoffen angebaut werden, nennt man *Energiepflanzen*.
a) Gib Beispiele für solche Pflanzen an.
b) Nenne Vor- und Nachteile ihrer Nutzung. Nimm Stellung zu Abb. 4 und den Bestrebungen, die Anbauflächen für Energiepflanzen weiter auszudehnen.

4 *Nachwachsende Rohstoffe satirisch betrachtet*

17.8 Kohlenhydrate in unserer Nahrung

Mit der Nahrung nehmen wir unterschiedliche Kohlenhydrate auf (Abb. 1). Während Kartoffeln, Nudeln und Brot viel Stärke enthalten, findet sich in Kuchen, Limonaden und Süßigkeiten auch Saccharose. Im Körper werden Stärke und Saccharose zunächst in Glucose umgewandelt und anschließend zu Wasser und Kohlenstoffdioxid oxidiert. Dabei wird Energie frei. Kohlenhydrate sind wesentliche Energieträger.

Eine wichtige Ausnahme davon bildet Cellulose. Dieses Polysaccharid, das sich in größeren Mengen in Hülsenfrüchten und in Vollkornbrot findet, kann von unserem Körper nicht in Glucose zerlegt werden. Cellulose wirkt damit als Ballaststoff. Für eine gesunde Ernährung sind Ballaststoffe dennoch unverzichtbar: Im Magen bewirken sie ein Sättigungsgefühl und verhindern so indirekt eine zu große Energiezufuhr mit der Nahrung. Im Darm quellen sie zudem auf und verstärken damit die vom Füllungsdruck abhängige Darmbewegung.

Bedarf an Kohlenhydraten. Rund 60 % unseres Gesamtenergiebedarfs sollte über Kohlenhydrate gedeckt werden. Empfohlen werden insbesondere stärkehaltige Lebensmittel wie Getreideprodukte, Kartoffeln oder Hülsenfrüchte. Sie werden im Vergleich zu Monosacchariden und Disacchariden langsamer abgebaut und bewirken so eine länger anhaltende Sättigung. Zudem enthalten sie weitere wertvolle Inhaltsstoffe wie Vitamine, Mineralstoffe und Ballaststoffe.

Der Verzehr von Haushaltszucker oder Traubenzucker sollte dagegen eingeschränkt werden. Im Vergleich zur Stärke führen diese Zucker zu einem schnelleren Anstieg des Blutzuckerspiegels. In der Folge wird das Hormon Insulin vom Körper ausgeschüttet, um den Blutzuckerspiegel zu senken. Ein sinkender Blutzuckerspiegel wirkt jedoch wie ein Hungersignal. So besteht die Gefahr, dass weiterhin größere Mengen an Haushaltszucker oder Traubenzucker aufgenommen werden. Kohlenhydrate können zwar im begrenzten Umfang und für kurze Zeit als Glykogen in der Leber und den Muskeln gespeichert werden, im Übermaß genossen werden sie aber umgewandelt und als Depotfett gespeichert. Übergewicht und Stoffwechselstörungen können die Folgen sein. Zudem fördern diese Zucker die Schädigung des Zahnschmelzes und die Entstehung von Karies.

Kohlenhydrate wie Stärke oder Saccharose sind wichtige Energielieferanten. Cellulose ist ein unverdaulicher Ballaststoff. Etwa 60 % des Gesamtenergiebedarfs sollte über Kohlenhydrate, insbesondere über stärkehaltige Lebensmittel gedeckt werden.

1 *Kohlenhydrathaltige Lebensmittel*

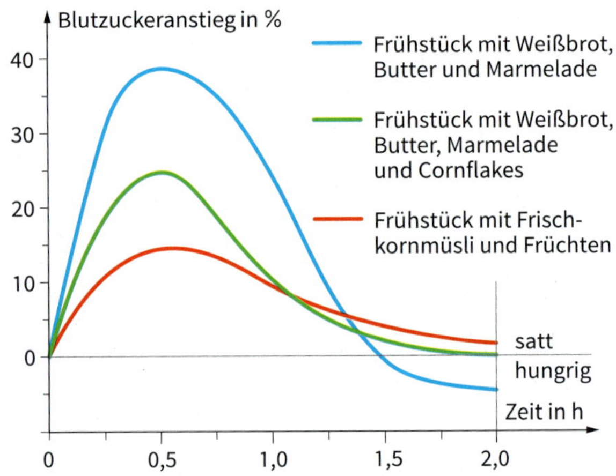

2 *Drei Frühstücke im Vergleich*

1 Nenne verschiedene stärkehaltige Lebensmittel und begründe, warum diese besser sättigen als Süßigkeiten.

2 Erkläre, warum der Begriff *Ballaststoff* missverständlich ist.

3 Formuliere die Reaktionsgleichung für die vollständige Oxidation von Glucose.

4 Das Diagramm in Abb. 2 zeigt die Änderungen des Blutzuckerspiegels nach dem Frühstück.
a) Beschreibe und erkläre das Diagramm.
b) Erkläre, wodurch sich die drei Frühstücksvarianten unterscheiden.
c) Begründe den unterschiedlichen Verlauf der Kurven.
d) Ziehe Schlussfolgerungen für eine gesunde Ernährung. Stelle dazu einen Kurzvortrag zusammen, der auch geeignete Beispiele für das Mittagessen und das Abendbrot umfasst.

17.9 Vom Holz zum Papier

Trockenes Holz, der Rohstoff für die Herstellung von Papier, besteht zu etwa 50 % aus *Cellulosefasern* und zu 30 % aus *Lignin* (Holzstoff). Das Lignin ist das Bindemittel zwischen den Cellulosefasern, es bewirkt die Festigkeit von Holz. Holzarten wie Fichte, Tanne, Kiefer und Birke eignen sich besonders gut zur Herstellung von Papier.

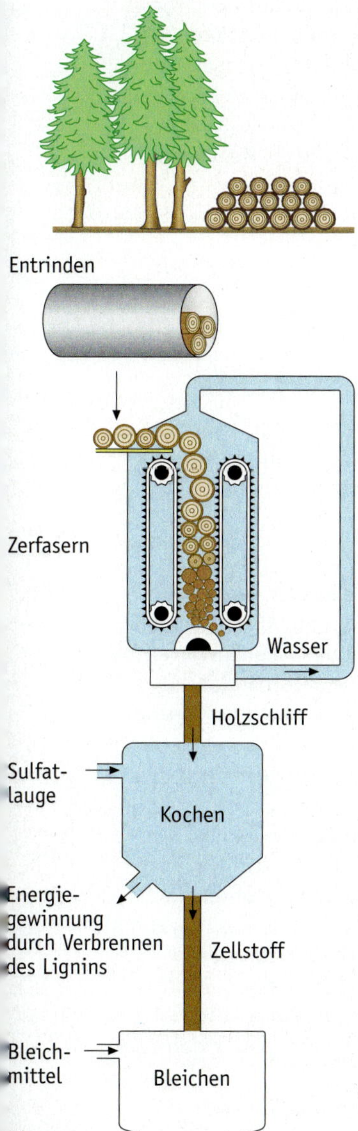

Das Holz wird zunächst entrindet und zwischen rotierenden Schleifsteinen unter Zugabe von Wasser zerkleinert. Dabei entsteht ein gelbbrauner Brei mit etwa 4 mm langen Fasern. Aus diesem *Holzschliff* stellt man Zeitungspapier und Packpapier her. Das Lignin verursacht die die raue Oberfläche und die bräunliche Farbe des Papiers.

Papier aus Zellstoff. Um weißes, holzfreies Papier herzustellen, muss das Lignin zunächst entfernt werden. Beim *Sulfatverfahren* wird dazu der Holzschliff unter Druck mit einer alkalischen Lösung von Natriumsulfat und Natriumsulfid gekocht. Der größte Teil des Lignins löst sich und kann ausgewaschen werden. Man erhält so nahezu reine Cellulose. Dieser **Zellstoff** wird anschließend mit Wasserstoffperoxid oder mit Chlordioxid gebleicht.

Papierherstellung. Für die Herstellung von Papier wird der gebleichte Zellstoff zerkleinert und mit Wasser sowie Füllstoffen und Bindemitteln zu einem Brei vermischt. Dieser Papierbrei wird auf ein breites, schnell laufendes Siebband gespritzt. Der größte Teil des Wassers tropft dort ab und die Cellulosefasern verfilzen. Die so entstehende Papierbahn wird zwischen beheizten Walzen gepresst, getrocknet, geglättet und schließlich aufgerollt.

Recycling-Papier. Bei der Herstellung von Recycling-Papier wird Altpapier mithilfe von Wasser und zugesetzten Chemikalien in seine Fasern aufgespalten. Die aufwendige Zellstoffproduktion entfällt hier also. Nach etwa sechsmaligem Recycling sind die Fasern aber so stark verkürzt, dass sie nicht mehr zu Papier verfilzen. Daher müssen ständig frische Fasern zugemischt werden.

> Als Rohstoff für die Herstellung von Papieren nutzt man Holzschliff oder den durch Herauslösen des Lignins gewonnenen Zellstoff (Cellulose).

1 Erkläre die Begriffe *Holzstoff*, *Holzschliff* und *Zellstoff*.

2 Auch holzfreies Papier wird aus Holz hergestellt. Begründe, warum diese Aussage nicht widersprüchlich ist.

3 a) Erkläre, weshalb man Zellstoff bleicht und begründe, warum man heute dazu kein Chlor mehr verwendet.
b) Recherchiere, welche Papiersorten sich hinter den Abkürzungen TCF-Papier und ECF-Papier verbergen.

4 Die folgende Tabelle gibt die Ökobilanz für 1 kg Papier aus frischen Fasern und aus Recycling-Papier wieder.

	Rohstoff	Wasserverbrauch	Energiebedarf
Frischfaserpapier	2,2 kg Holz	30 bis 100 Liter	4 kWh
Recycling-Papier	1,15 kg Altpapier	10 bis 20 Liter	1,5 kWh

a) Vergleiche die Bilanz beider Papiersorten und begründe die Unterschiede.
b) Beurteile den Vorschlag, künftig bei der Papierherstellung ausschließlich auf Recycling-Papier zu setzen.

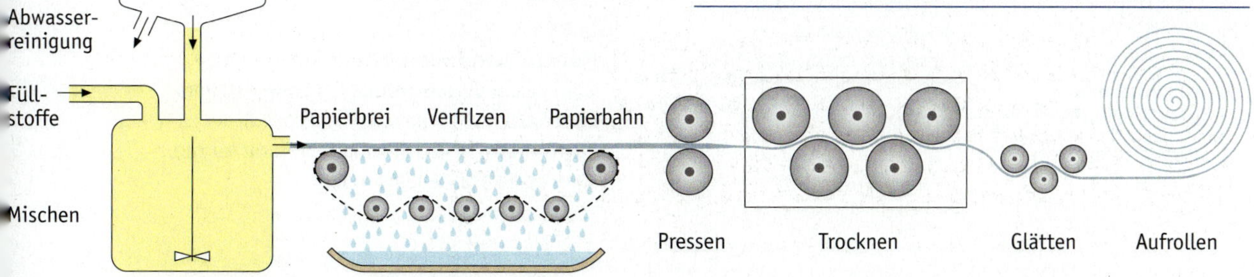

Versuch 1:
Eigenschaften von Zuckern

Materialien: Spannungsquelle, Leitfähigkeitsprüfer, Strommessgerät, Porzellanschale, Gasbrenner; Glucose, Saccharose, Heptan (**2**, **7**, **8**, **9**; B3), Universalindikatorlösung (**2**).

Durchführung:
1. Versuche Glucose in Heptan und in Wasser zu lösen.
2. Prüfe den pH-Wert der Lösung von Glucose.
3. Prüfe die elektrische Leitfähigkeit der Lösung.
4. Führe die gleichen Untersuchungen auch mit einer Lösung von Saccharose durch.
5. Gib etwas Saccharose in die Porzellanschale und erhitze vorsichtig mit kleiner Flamme, bis der Zucker geschmolzen ist.

Aufgaben:
a) Notiere deine Beobachtungen.
b) Deute die Versuchsergebnisse.
c) Erläutere, in welchem Bereich das Schmelzen von Saccharose praktische Anwendung findet.

Versuch 2:
Zuckergehalt von Limonade

Materialien: 5 Bechergläser (250 ml), Messkolben (100 ml), Siedesteinchen, Gasbrenner, Waage, Thermometer; Saccharose, Limonade.

Durchführung:
1. Bestimme die Masse des Messkolbens.
2. Wiege 5 g Saccharose ab und gib den Zucker in den Messkolben.
3. Gib etwa 80 ml Wasser zu und löse den Zucker auf.
4. Fülle den Messkolben auf 100 ml auf.
5. Ermittle die Masse der Saccharoselösung.
6. Spüle den Messkolben dreimal mit demineralisiertem Wasser aus.
7. Wiederhole den Versuch mit 10 g, 15 g und 20 g Saccharose.
8. Fülle ein Becherglas halbvoll mit Limonade, füge einige Siedesteinchen hinzu und erhitze für etwa 15 Minuten auf 70 °C.
9. Bestimme nach dem Abkühlen die Dichte von 100 ml Limonade.

Aufgaben:
a) Erstelle anhand der Messwerte aus den Arbeitsschritten 1 bis 4 ein Diagramm (Koordinatensystem: x-Achse: Zuckergehalt, y-Achse: Dichte).
b) Ermittle mithilfe des Diagramms den Zuckergehalt der Limonade.
c) Erkläre, warum die Limonade vor der Dichtebestimmung erhitzt wurde.

Versuch 3:
Hydrolyse von Kohlenhydraten

Materialien: Wasserbad, Gasbrenner, Tropfpipette; Glucose, Saccharose, Stärke, Cellulose, Salzsäure (verd.), Natriumhydrogencarbonat, Glucoseteststreifen.

Durchführung:
1. Stelle in einem Reagenzglas eine verdünnte Lösung von Glucose her und tauche anschließend einen Teststreifen kurz in die Lösung. Warte eine Minute und beobachte die Farbreaktion.
2. Verfahre ebenso mit einer verdünnten Lösung von Saccharose.
3. Koche einige Milliliter Saccharoselösung etwa eine Minute lang mit Salzsäure.
4. Gib Natriumhydrogencarbonat hinzu bis keine Gasblasen mehr aufsteigen. Kühle die Lösung unter fließendem Wasser ab und führe den Glucosetest durch.
5. Fülle ein Reagenzglas zu einem Drittel mit Salzsäure und gib etwas Stärke hinzu. Erhitze das Gemisch anschließend zehn Minuten lang im Wasserbad. Untersuche die Lösung dann auf Glucose.
6. Wiederhole den Versuch mit Cellulose.

Aufgaben:
a) Notiere deine Beobachtungen.
b) Erkläre das Ergebnis des Glucosetests bei Saccharose, Stärke und Cellulose.
c) Formuliere die Reaktionsgleichung für die Hydrolyse von Saccharose.

Praktikum Eiweißstoffe

Versuch 1: Nachweis von Stickstoff und Schwefel

Materialien: Tropfpipette, Gasbrenner, Pinzette; rohes Eiklar, Natronlauge (konz.; **5**), Bleiacetatpapier, Universalindikatorpapier.

Durchführung:
1. Erhitze in einem Reagenzglas etwas Eiklar mit 2 ml Natronlauge (B1).
2. Feuchte ein Stück Indikatorpapier an und prüfe damit die entweichenden Dämpfe.
3. Verdünne das Reaktionsprodukt und halte ein Stück Bleiacetatpapier mit der Pinzette in die Lösung.

Aufgaben:
a) Notiere deine Beobachtungen.
b) Gib das Reaktionsschema für die beiden Nachweisreaktionen an.

Versuch 2: Nachweis von Eiweiß

Materialien: Becherglas, Tropfpipette, Gasbrenner; Eiweißlösung (Eiklar und Wasser im Verhältnis 1 : 5), hart gekochtes Ei, Natronlauge (verd.; **5**), Kupfersulfatlösung (2 %), Salpetersäure (konz.; **3, 5**).

Durchführung:

Biuretreaktion
1. Versetze 5 ml der Eiweißlösung mit dem gleichen Volumen an Natronlauge.
2. Gib zwei Tropfen Kupfersulfatlösung hinzu, schüttle um und erwärme vorsichtig.

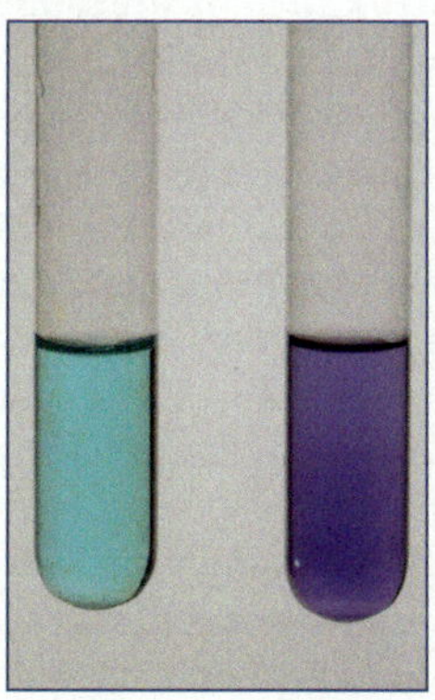

Xanthoproteinreaktion
1. Gib einen Tropfen konzentrierte Salpetersäure auf ein Stück Eiweiß.

Aufgabe:
Bei unvorsichtigem Hantieren mit konzentrierter Salpetersäure gibt es manchmal gelbe Flecken an den Händen. Erkläre diese Beobachtung.

Versuch 3: Denaturierung von Eiweiß

Materialien: Gasbrenner, Tropfpipette, Filtrierpapier, Trichter;
Eiweißlösung (Eiklar und Wasser im Verhältnis 1 : 5), Spiritus (**2, 7**), Salzsäure (verd.), Kupfersulfatlösung (5 %, **9; B2**), Kochsalzlösung (konz.).

Durchführung:
1. Gib in fünf Reagenzgläser einige Milliliter der Eiweißlösung.
2. Versetze die Lösung im ersten Reagenzglas mit Spiritus im Überschuss. Gib zum zweiten Reagenzglas Salzsäure hinzu. Das dritte Reagenzglas wird mit Kupfersulfatlösung versetzt, das vierte Reagenzglas mit Kochsalzlösung. Die Lösung im fünften Reagenzglas wird zum Sieden erhitzt.
3. Filtriere den Niederschlag aus einem der Reagenzgläser und versuche ihn in Wasser aufzulösen.

Aufgabe:
Notiere und deute deine Beobachtungen.

Versuch 4: Enzymatischer Abbau von Harnstoff

Materialien: Gasbrenner; Tropfpipetten;
Verdünnte Lösungen von: Harnstoff, Bromthymolblau, Kupfersulfatlösung (2 %), Urease (eine Spatelspitze in 10 ml Wasser).

Durchführung:
1. Gib in drei Reagenzgläser je 5 ml Harnstofflösung und einige Tropfen Bromthymolblaulösung.
2. Versetze das erste Reagenzglas mit 0,2 ml Ureaselösung. Gib zum zweiten Reagenzglas 0,2 ml abgekochte Ureaselösung hinzu. Das dritte Reagenzglas wird mit 1 ml Kupfersulfatlösung und 0,2 ml Ureaselösung versetzt.

Aufgaben:
a) Notiere deine Beobachtungen.
b) Gib die Reaktionsgleichung für die Umsetzung von Harnstoff $(CO(NH_2)_2)$ zu Ammoniak und Kohlenstoffdioxid an.

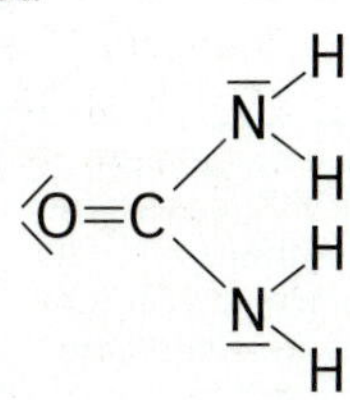

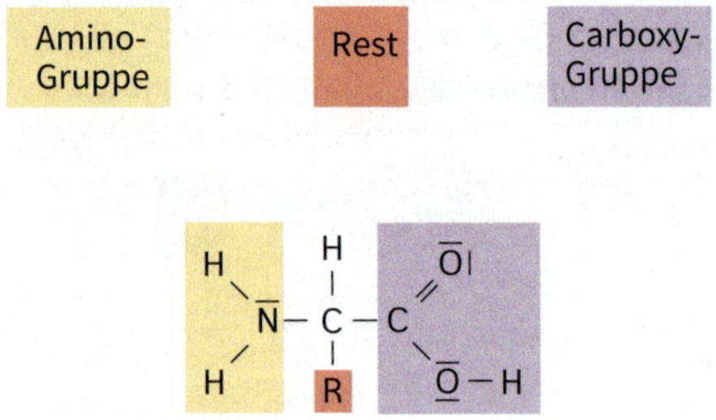

1 *Bauprinzip einer Aminosäure*

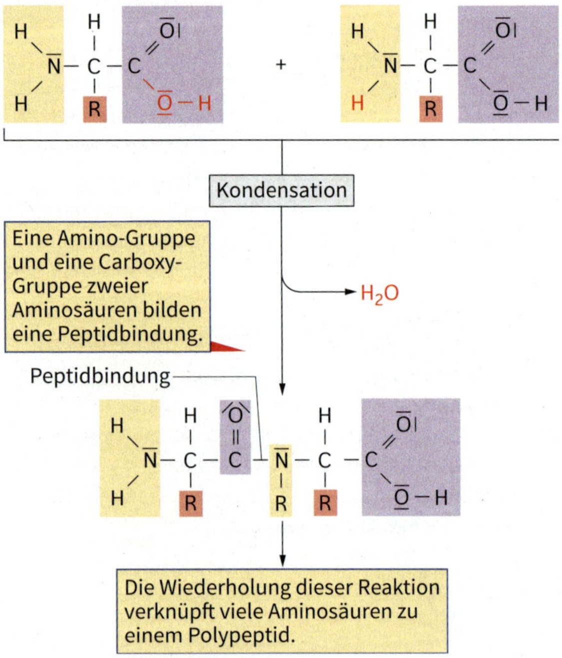

2 *Bildung eines Dipeptids*

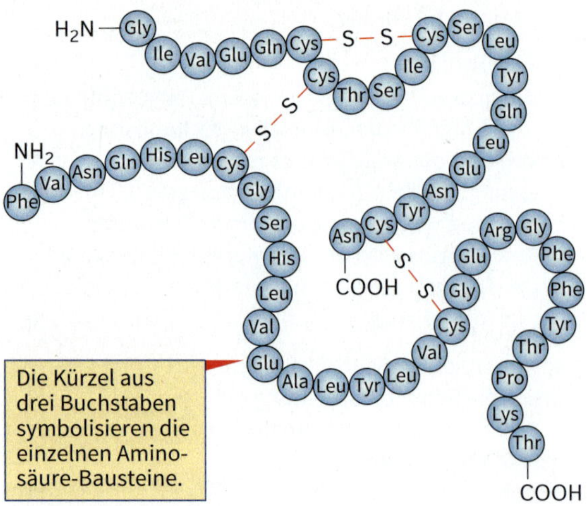

3 *Primärstruktur von Insulin*

Eiweiße, auch als *Proteine* bezeichnet, dienen als Baustoffe und Nährstoffe und übernehmen wichtige Transportaufgaben. Als Enzyme erniedrigen sie die Aktivierungsenergie biochemischer Reaktionen und wirken dadurch als Biokatalysatoren. Daneben werden sie zur Abwehr von Krankheitserregern benötigt. Diese unterschiedlichen Funktionen lassen sich durch die Struktur der Proteine erklären.

Aminosäuren und Peptidbindung. Eiweiße sind sehr große, kettenförmige Moleküle, die sich aus Aminosäuren als Grundbausteinen zusammensetzen. Die 20 Proteine bildenden Aminosäuren besitzen eine gemeinsame Grundstruktur: An ein zentrales Kohlenstoff-Atom sind eine Amino-Gruppe ($-NH_2$), eine Carboxy-Gruppe ($-COOH$), ein Wasserstoff-Atom ($-H$) und ein organischer Rest ($-R$) gebunden (Abb. 1). Dieser Rest verleiht jeder Aminosäure charakteristische Eigenschaften. Man unterscheidet daher zwischen Aminosäuren mit polarem Rest und Aminosäuren mit unpolarem Rest. Aminosäuren mit polarem Rest unterteilt man weiter in neutrale, saure und basische Aminosäuren.

Bei der Bildung von Proteinen werden Aminosäure-Moleküle miteinander verknüpft. Wenn die Carboxy-Gruppe eines Aminosäure-Moleküls mit der Amino-Gruppe eines anderen Aminosäure-Moleküls reagiert, entsteht jeweils eine *Peptidbindung* ($-CO-NH-$). Bei dieser *Kondensationsreaktion* wird ein Wasser-Molekül abgespalten (Abb. 2). Werden nur zwei Aminosäure-Moleküle miteinander verknüpft, so erhält man ein *Dipeptid*. Nach der Anzahl der Aminosäure-Einheiten im Molekül unterscheidet man *Oligopeptide* mit bis zu 10 und *Polypeptide* mit mehr als 10 Bausteinen. Ab 100 Bausteinen spricht man von *Proteinen*.

Struktur von Proteinen. Die Moleküle von Proteinen besitzen eine komplexe räumliche Gestalt. Prinzipiell unterscheidet man zwischen Primärstruktur, Sekundärstruktur und Tertiärstruktur. Die Art der Aminosäure-Einheiten und ihre Reihenfolge in einem Protein-Molekül wird als **Primärstruktur** oder *Aminosäuresequenz* bezeichnet (Abb. 3). Sie ist mit der Reihenfolge von Buchstaben in einem Wort vergleichbar. So wie der Austausch eines einzelnen Buchstabens oft den Sinn des Wortes grundlegend verändert, kann auch der Austausch eines einzigen Aminosäure-Moleküls die räumliche Gestalt des Proteins verändern und damit seine Funktion beeinträchtigen. Ähnlich wie mit den 26 Buchstaben des Alphabets nahezu unbegrenzt viele Wörter gebildet werden können, lässt sich mit den 20 Aminosäuren eine unvorstellbar große Anzahl verschiedener Primärstrukturen und damit verschiedener Proteine aufbauen.

In vielen Proteinen lässt sich eine regelmäßige *räumliche* Anordnung nachweisen. Diese **Sekundärstruktur** wird durch Wasserstoffbrücken stabilisiert. Bei der schraubenförmigen *Helix* bilden sich die Wasserstoffbrücken innerhalb einer Polypeptid-Kette zwischen den C=O-Gruppen und den NH-Gruppen weiter auseinanderliegender Aminosäure-Reste. Bei der ziehharmonikaartigen *Faltblattstruktur* sind mehrere nebeneinanderliegende Peptidketten durch Wasserstoffbrücken miteinander verbunden. Helixstrukturen findet man etwa in Haaren, in Seide liegen überwiegend Faltblattstrukturen vor (Abb. 4).

Bei vielen Proteinen ist die Polypeptid-Kette zusätzlich an bestimmten Stellen gebogen und gefaltet. Dadurch entsteht eine **Tertiärstruktur,** die für jedes Protein spezifisch ist und keiner Symmetrie folgt. Die räumliche Gestalt wird durch unterschiedliche Bindungen zwischen den organischen Resten entfernt voneinander liegender Aminosäure-Moleküle stabilisiert.

Denaturierung. Die räumliche Struktur von Proteinen wird durch die Temperatur, durch den pH-Wert der Lösung, durch Schwermetall-Ionen und durch Lösemittel wie Ethanol beeinflusst. Verlieren Proteine dadurch ihre natürliche räumliche Gestalt, so spricht man von einer *Denaturierung.* Ein bekanntes Beispiel ist das Kochen von Eiern. Das Eiweiß gerinnt, da die räumliche Struktur bei hoher Temperatur zerstört wird.

Eiweiße (Proteine) sind aus Aminosäure-Molekülen aufgebaut, die durch Peptidbindungen miteinander verknüpft sind. Ihre Primärstruktur bestimmt den räumlichen Bau und die Funktion des Proteins.

1 Erkläre die Begriffe *Peptidbindung, Primärstruktur, Sekundärstruktur* und *Tertiärstruktur.*

2 Die folgende Tabelle gibt die Strukturen der organischen Reste einiger Aminosäuren wieder:

Name	organischer Rest
Alanin	$-CH_3$
Lysin	$-(CH_2)_4-NH_2$
Glutaminsäure	$-(CH_2)_2-COOH$
Threonin	$-CHOH-CH_3$

a) Zeichne die Strukturformeln der vier Aminosäuren.
b) Gib an, welche der Aminosäuren einen unpolaren Rest besitzt und welche Aminosäure mit polarem Rest sauer, neutral oder basisch ist.
c) Gib die Strukturformeln der Dipeptide aus Alanin und Lysin an. Begründe, weshalb zwei Strukturen möglich sind.

3 Erkläre, warum durch die Primärstruktur bereits die Tertiärstruktur eines Proteins festgelegt ist.

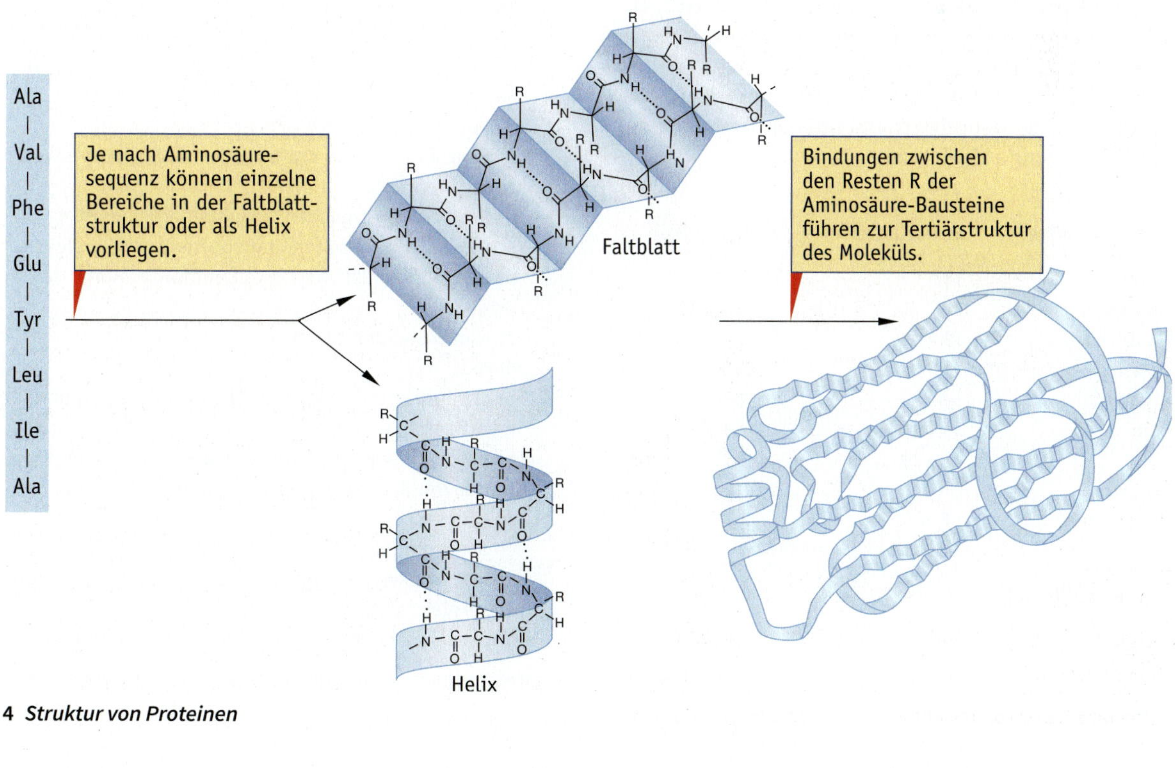

4 *Struktur von Proteinen*

17.11 Eiweiße in unserer Nahrung

1 ***Lebensmittel, die viel Eiweiß enthalten***

Eiweiße sind in erster Linie Baustoffe für Muskulatur, Haut und Haare. Nur wenn durch lang anhaltendes Fasten der Vorrat an Kohlenhydraten aufgebraucht ist, wird neben Fett auch Eiweiß abgebaut, um Energie bereitzustellen.

Eiweißbedarf. Proteine können nicht wie Fette und Kohlenhydrate vom menschlichen Organismus gespeichert werden. Wir sind daher auf eine tägliche Zufuhr von Eiweiß angewiesen. Für Kinder liegt die entsprechende Empfehlung bei 0,9 g bis 1,1 g Eiweiß pro Kilogramm Körpergewicht, für Erwachsene bei 0,8 $\frac{g}{kg}$.

Biologische Wertigkeit. Mit der Nahrung aufgenommene Eiweiße werden bei der Verdauung in kleinere Bruchstücke und schließlich in Aminosäuren zerlegt. Daraus werden dann körpereigene Eiweiße aufgebaut. Während unser Körper viele Aminosäuren selbst herstellen kann, müssen wir die benötigten **essentiellen Aminosäuren** mit der Nahrung aufnehmen.

Nahrungsmittel	Eiweißanteil in $\frac{g}{100\,g}$	Wertigkeit
Hühnerei	13	100
Kartoffeln	2	98–100
Rindfleisch	19	92
Thunfisch	21	92
Kuhmilch	3,5	88
Soja	36	84–86
Reis	7	81
Bohnen	21	72
Weizenmehl	11	57
36 % Hühnerei 64 % Kartoffel	6	136
75 % Kuhmilch 25 % Weizenmehl	5,4	125

2 ***Biologische Wertigkeit von Eiweiß verschiedener Herkunft***

Ein Eiweiß ist für die Ernährung dann besonders wertvoll, wenn die Anteile der einzelnen Aminosäuren denen in menschlichen Proteinen ähneln und es reich an essentiellen Aminosäuren ist. Tierische Eiweiße sind dabei meist höherwertig als pflanzliche. Um verschiedene Lebensmittel miteinander zu vergleichen, hat man die *biologischen Wertigkeit* eingeführt. Ihr Zahlenwert gibt an, wie viel Gramm körpereigenes Eiweiß aus 100 g des jeweiligen Nahrungseiweißes aufgebaut werden können. Bei der Herstellung von Tierfutter löst man das Problem, indem man pflanzliche Nährstoffe durch Zusatz von essentiellen Aminosäuren aufwertet. Bei der menschlichen Ernährung muss man auf höherwertige tierische Eiweiße zurückgreifen.

> Eiweiße sind lebenswichtige Baustoffe, die täglich mit der Nahrung aufgenommen werden müssen.
> Insbesondere Eiweiße mit hoher biologischer Wertigkeit sollten auf dem Speiseplan stehen.

1 Erkläre die Begriffe *essentielle Aminosäure* und *biologische Wertigkeit.*

2 Begründe, warum Kinder einen erhöhten Eiweißbedarf haben.

3 Begründe, warum man trotz der geringeren biologischen Wertigkeit mehr pflanzliches als tierisches Eiweiß zu sich nehmen sollte.

4 Manche Kraftsportler nehmen Eiweißdrinks als zusätzliche Eiweißquelle zu sich. 100 g eines solchen Drinks enthalten durchschnittlich 90 g Eiweiß. Von den Herstellern wird eine tägliche Aufnahme von 50 g des Drinks empfohlen.
a) Begründe, warum Kraftsportler zusätzliches Eiweiß zu sich nehmen.
b) Ermittle den täglichen Eiweißbedarf eines 90 kg schweren, erwachsenen Kraftsportlers und vergleiche diesen mit der täglichen Eiweißaufnahme durch den Drink.
c) Nimm Stellung zu der Verwendung von Eiweißdrinks.

5 a) Ermittle mithilfe von Abb. 2 Lebensmittel mit hohem Eiweißgehalt und hoher biologischer Wertigkeit.
b) Berechne, wie viel Gramm Rindfleisch man verzehren muss, um 100 g körpereigenes Eiweiß aufbauen zu können.
c) Stelle eine Hypothese auf, warum man die biologische Wertigkeit einer Speise erhöhen kann, wenn man dabei gleichzeitig verschiedene Eiweißquellen mit unterschiedlicher biologischer Wertigkeit kombiniert.

Chemie rund um die Nährstoffe

1. Fette

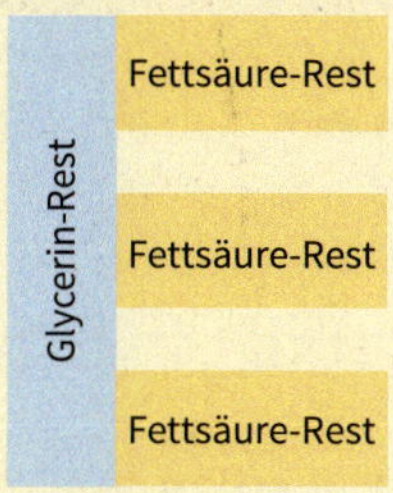

Fett-Molekül, schematisch

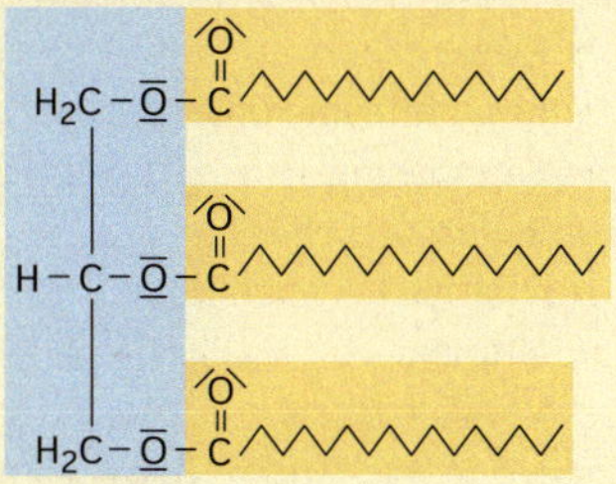

Fett

a) Struktur und Eigenschaften
- Die Moleküle von Fetten entstehen durch Veresterung eines Glycerin-Moleküls mit drei meist unterschiedlichen Fettsäure-Molekülen.
- Fette lösen sich nicht in Wasser; sie sind unpolar.
- Flüssige Fette (Öle) enthalten überwiegend ungesättigte Fettsäure-Reste, feste Fette dagegen überwiegend gesättigte.

b) Ernährung:
- Fette sind unsere energiereichsten Nährstoffe,
- essentielle Fettsäuren enthalten mehrfach ungesättigte Fettsäure-Reste.

2. Seifen

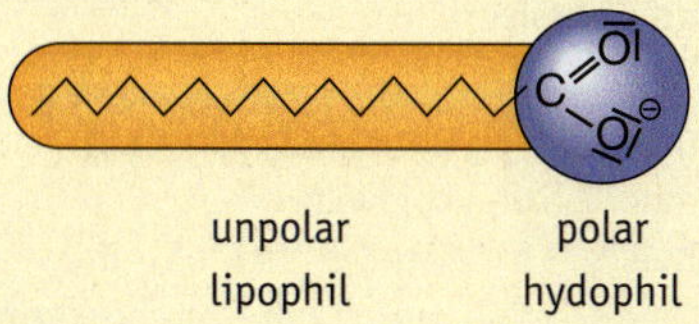

a) Struktur

Seifen sind Natrium- oder Kaliumsalze langkettiger Fettsäuren; sie entstehen beim Kochen von Fetten mit Laugen.

b) Seifen-Anionen
- bestehen aus einem unpolaren Teil, dem Kohlenwasserstoff-Rest und einem polaren Teil, der Carboxy-Gruppe,
- lagern sich an den Grenzflächen zwischen Luft und Wasser an,
- verringern die Oberflächenspannung von Wasser und erleichtern so das Benetzen der Fasern,
- lösen beim Waschen unpolaren Schmutz von der Faser.

3. Kohlenhydrate

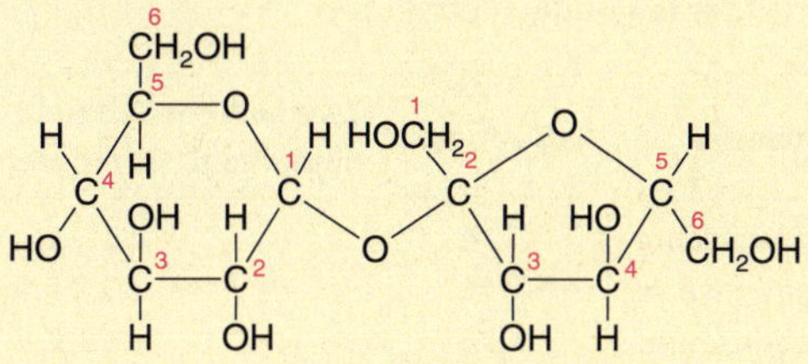

Saccharose

a) Struktur

Kohlenhydrate bestehen aus Molekülen mit mehreren OH-Gruppen.

b) Einteilung
- Monosaccharide: Glucose und Fructose,
- Disaccharide: Saccharose,
- Polysaccharide: Stärke und Cellulose.

c) Ernährung

Stärke und Zucker sind Energielieferanten, Cellulose ist ein unverdaulicher Ballaststoff.

d) Nachwachsende Rohstoffe

Kohlenhydrate dienen als industrielle Rohstoffe und als Energieträger.

4. Eiweiße

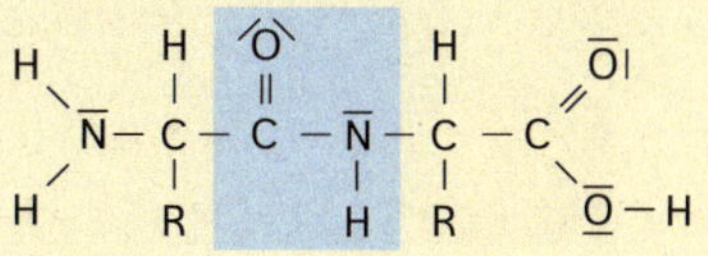

a) Struktur
- Eiweiße bestehen aus kettenförmigen Molekülen, in denen Aminosäure-Bausteine durch Peptidbindungen verknüpft sind.
- Primärstruktur: Aminosäuresequenz,
- Sekundärstruktur: Helix oder Faltblatt,
- Tertiärstruktur: räumliche Struktur eines Proteins (Helix / Faltblatt).
- Denaturierung: Verlust der Form und Funktion von Protein-Molekülen durch hohe Temperaturen, Änderungen des pH-Wertes oder Schwermetall-Ionen.

b) Ernährung:

Proteine liefern lebenswichtige Baustoffe.

Teste dich

A1 Begründe die Abstufung der Schmelztemperaturen der folgenden Fettsäuren:

Fettsäure	C-Atome	Zweifachbindungen	Schmelztemperatur
Myristinsäure	14	–	54 °C
Palmitinsäure	16	–	63 °C
Stearinsäure	18	–	69 °C
Ölsäure	18	1	16 °C
Linolsäure	18	2	–5 °C
Linolensäure	18	3	–11 °C

A2 Auch bei einer Diät sollten Salate mit einem ölhaltigen Dressing angemacht werden. Erkläre diese Empfehlung.

A3 Beschreibe die wesentlichen Schritte, durch die beim Wäschewaschen fetthaltiger Schmutz entfernt wird.

A4 Beschreibe und erkläre die Entstehung von Seifenblasen mithilfe der folgenden Modelldarstellung:

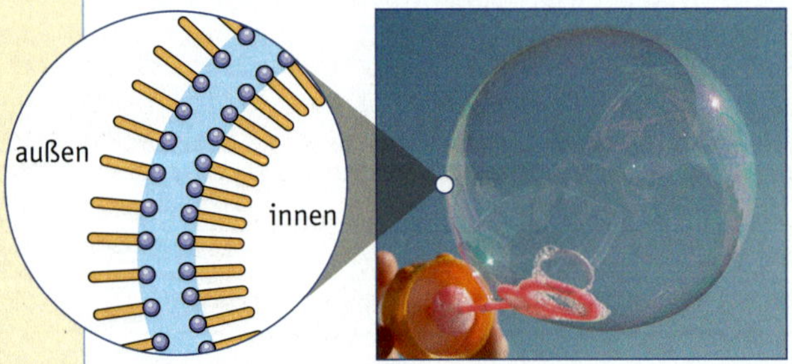

A5 a) Formuliere die Reaktionsgleichung für die vollständige Oxidation von Saccharose zu Kohlenstoffdioxid und Wasser.
b) Berechne, wie viele Liter Kohlenstoffdioxid bei der Oxidation von 4 g Saccharose entstehen ($V_m = 24 \frac{l}{mol}$).

A6 Aus einem Glycin-Molekül (2-Aminoethansäure) und einem Alanin-Molekül (2-Aminopropansäure) soll ein Dipeptid gebildet werden.
a) Beschreibe die Bildung der Peptidbindung durch eine Reaktionsgleichung mit Strukturformeln.
b) Begründe, weshalb man dabei von einer Kondensation spricht.
c) Erkläre, weshalb sich bei der Reaktion zwei unterschiedliche Dipeptide bilden können.

Lösungen stehen im Anhang.

Die wichtigsten Begriffe

- Fette
- gesättigte und ungesättigte Fettsäuren
- Fetthärtung
- Seifen
- Oberflächenspannung
- Micellen
- Kohlenhydrate
- Monosaccharide: Glucose, Fructose
- Disaccharide: Saccharose
- Polysaccharide: Stärke, Cellulose
- Nachwachsende Rohstoffe
- Eiweiße, Proteine
- Aminosäuren, Peptidbindung
- Primärstruktur, Sekundärstruktur, Tertiärstruktur

B1 a) Erkläre die obenstehenden Begriffe.
b) Verknüpfe die Begriffe zu einer Conceptmap.
c) Übertrage die Begriffe und deine Erklärungen in digitale Karteikarten.

B2 a) Nenne verschiedene Inhaltsstoffe von Lebensmitteln. Unterscheide dabei zwischen energieliefernden Inhaltsstoffen und solchen, die keine Energie liefern.
b) Formuliere jeweils zwei Ernährungstipps zu Fetten, Kohlenhydraten und Eiweißen.

B3 a) Beschreibe den Aufbau eines Fett-Moleküls.
b) Nenne drei Eigenschaften von Fetten.
c) Gib jeweils ein Beispiel für eine gesättigte, eine einfach ungesättigte und eine mehrfach ungesättigte Fettsäure an. Notiere entsprechende Strukturformeln.

B4 a) Gib die Ausgangsstoffe für die Seifenproduktion an.
b) Beschreibe den Aufbau eines Seifen-Anions.
c) Nenne die Löslichkeitseigenschaften von Seifen-Anionen.

B5 a) Nenne je zwei Vertreter von Monosacchariden, Disacchariden und Polysacchariden.
b) Beschreibe die Gemeinsamkeiten und Unterschiede im Aufbau von Stärke und Cellulose.
c) Nenne Vor- und Nachteile der Nutzung von Polysacchariden als nachwachsende Rohstoffe.

B6 Beschreibe den Aufbau von Aminosäure-Molekülen. Erkläre, was man unter den Begriffen *Oligopeptid, Polypeptid* und *Protein* versteht.

C1 Stabilisierung von Proteinen

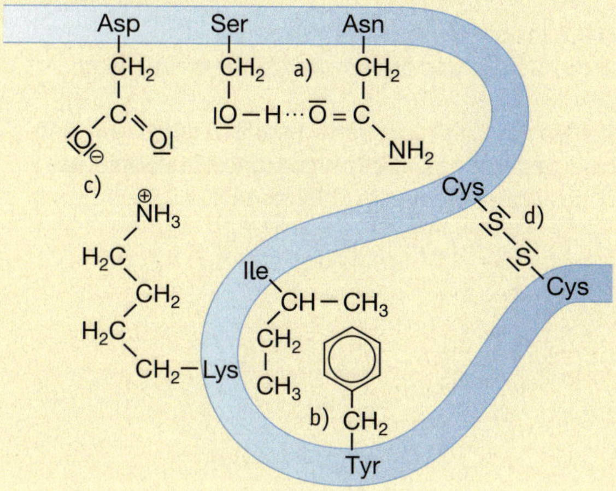

1 ***Stabilisierung der Tertiärstruktur***

Die räumliche Struktur eines Proteins wird durch verschiedene Wechselwirkungen zwischen den Seitenketten der Polypeptidkette stabilisiert. In Abb. 1 sind die verschiedenen Bindungstypen beispielhaft zusammengestellt.

a) Erkläre, warum die räumliche Struktur eines Proteins durch seine Primärstruktrur bestimmt wird.
b) Gib zu den Buchstaben a) bis d) der Abbildung die Bindungsart innerhalb des Protein-Moleküls an.
c) Änderungen der Primärstruktur eines Proteins können unterschiedliche Auswirkungen haben: In dem einem Fall führt der Austausch eines Aminosäure-Moleküls an einer bestimmten Stelle der Sequenz zum Funktionsverlust des Proteins, bei einem anderen Aminosäure-Molekül bleibt der Austausch ohne Folgen. Erkläre diese Beobachtung.
d) Durch Erhitzen, Änderungen des pH-Werts oder die Zugabe von konzentrierter Salzlösungen lassen sich die folgenden modellhaft dargestellten Änderungen in einem Protein-Molekül hervorrufen. Beschreibe und erkläre die dargestellten Veränderungen.

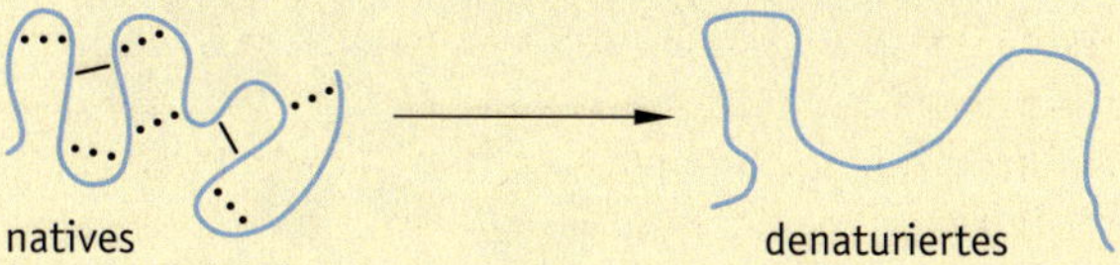

C2 Zellmembranen

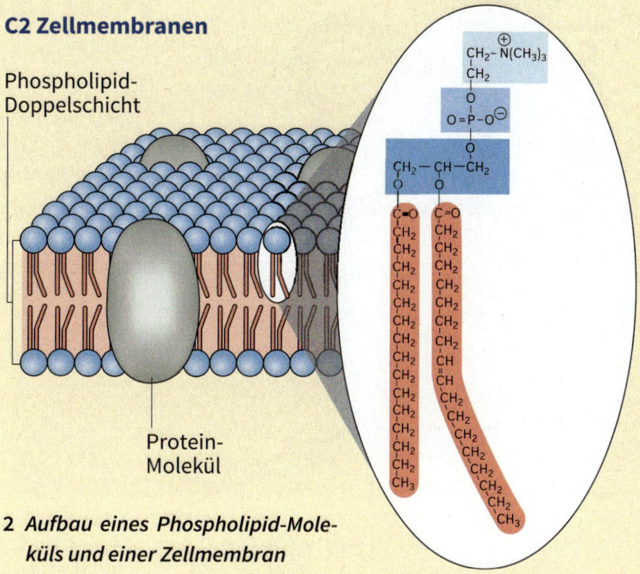

2 ***Aufbau eines Phospholipid-Moleküls und einer Zellmembran***

Zellmembranen grenzen das wässrige Innere von Zellen gegen das ebenfalls wässrige Außenmedium ab. Solche Membranen bestehen im Wesentlichen aus Proteinen und Phospholipiden. Phospholipid-Moleküle besitzen Strukturmerkmale von Fett-Molekülen und von Seifen-Anionen.

a) Beschreibe den Aufbau eines Phospholipid-Moleküls. Nenne Gemeinsamkeiten im Vergleich zu Fett-Molekülen und Seifen-Anionen.
b) Erkläre die Beobachtung, dass Phospholipide im Wasser Micellen bilden, die sich gleichmäßig im Wasser verteilen.
c) Beschreibe die Anordnung der Phospholipid-Moleküle in der Zellmembran. Vergleiche sie mit der Anordnung der Seifen-Anionen in einer Seifenlösung.
d) Phospholipide von Membranen weisen einen hohen Anteil mehrfach ungesättigter Fettsäure-Reste auf. Erläutere, welchen Einfluss die ungesättigten Fettsäure-Reste auf die Beweglichkeit der Membran haben.
e) Nur sehr kleine unpolare Moleküle wie Sauerstoff oder Kohlenstoffdioxid können die Phospholipid-Doppelschicht der Membran durch Diffusion überwinden. Für Wasser-Moleküle ist eine solche Diffusion nicht oder nur bedingt möglich. Erkläre diese Beobachtungen.
f) Phospholipid-Moleküle können sich schnell parallel zur Membranoberfläche bewegen, eine Bewegung von der Außenseite zur Innenseite der Membran erfolgt hingegen sehr langsam. Entwickle eine Hypothese zur Erklärung dieser Beobachtung.

Kapitel 18

Kunststoffe

Aus unserem Alltag sind Kunststoffe nicht mehr weg zu denken – in vielen Bereichen haben sie Holz, Metalle und andere Werkstoffe weitgehend verdrängt.
Kunststoffe sind *synthetisch* aus Erdöl oder *halbsynthetisch* durch Umwandlung von Naturstoffen hergestellte organische Werkstoffe. Ein Beispiel ist PVC (Polyvinylchlorid), das aus gasförmigem Chlorethen (Vinylchlorid) produziert wird.

Die meisten Radfahrer schützen sich vor schweren Kopfverletzungen mit Mikroschalenhelmen. Mountainbiker verwenden dagegen besonders stabile Hartschalenhelme. Die Kombination maßgeschneiderter Kunststoffe ermöglicht es, die hohen Anforderungen an einen guten Fahrradhelm zu erfüllen: Leicht soll er sein, und man soll unter ihm nicht schwitzen. Bei einem Sturz muss die äußere Schale die Energie des Aufpralls auf eine große Fläche verteilen. Für diesen Zweck sind Polycarbonate besonders geeignet. Innen muss der Helm jedoch weicher und federnd sein, um den Sturz zu dämpfen. Für diese Knautschzone wird oft der Hartschaumkunststoff Polystyrol verarbeitet.

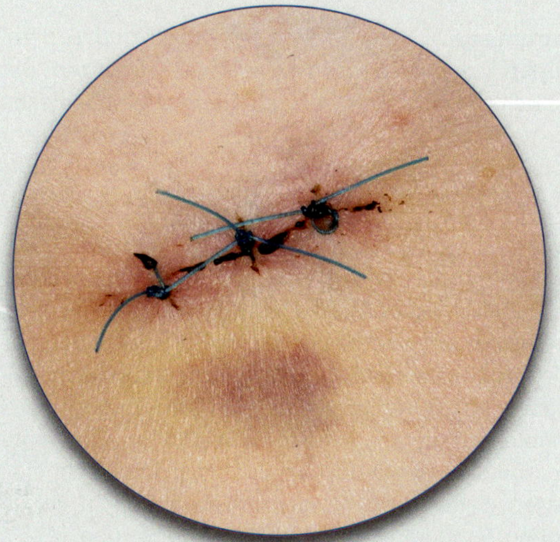

Nur einen winzigen Augenblick ist man abgelenkt und schon hat man sich verletzt: Eine Platzwunde muss versorgt werden. Modernes medizinisches Nahtmaterial ist die Voraussetzung dafür, dass die Nähte später kaum sichtbar sind. Solche Fäden werden aus Polyamid, Polyethen oder Polyethylenterephthalat hergestellt. Sind innere Organe betroffen, verwendet man Fäden aus Polymilchsäure oder Polyglykolsäure, weil sie im Körper langsam abgebaut werden. Für die Lippen und andere besonders empfindliche Stellen gibt es medizinische Klebstoffe, die die Wunde schließen und vor Entzündungen schützen.

In den ersten Jahrzehnten des 20. Jahrhunderts wurden Damenstrümpfe meist aus Naturfasern wie Seide oder aus halbsynthetischen Fasern wie Kunstseide (Rayon) gefertigt. Ab 1939 stand in den USA mit Nylon® eine neue, preiswerte Synthesefaser zur Verfügung – und schon im nächsten Jahr wurden 64 Millionen Paare Nylonstrümpfe verkauft. Im Laufe der Zeit wurden immer dünnere und gleichzeitig reißfestere Garne entwickelt. Heute bestehen viele Textilien wie Hemden, Pullover, Jacken und Sportbekleidung ganz oder anteilig aus synthetischen oder halbsynthetischen Fasern.

18.1 Die Struktur bestimmt die Eigenschaft

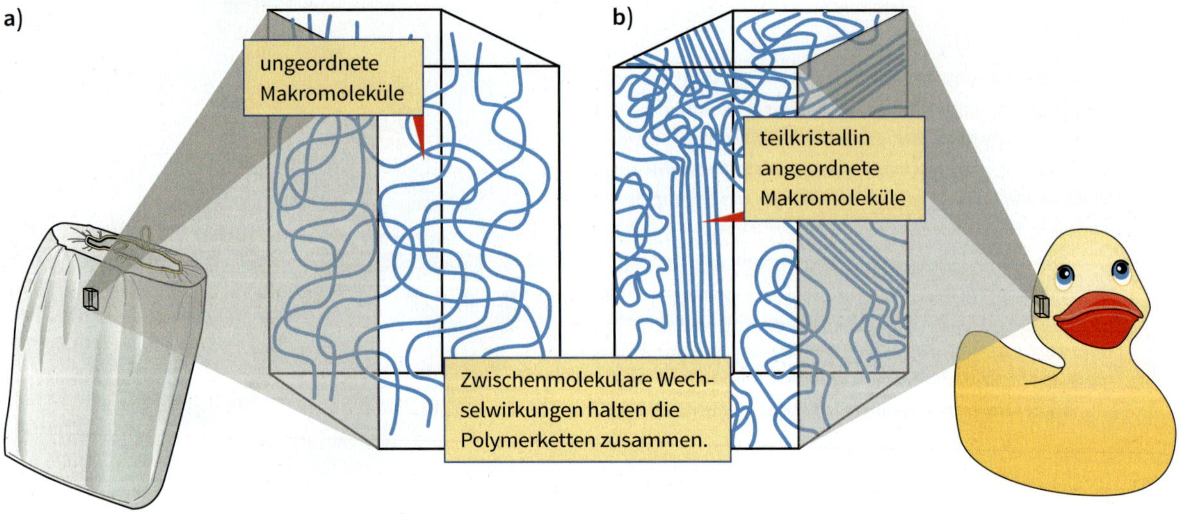

1 *Struktur von Thermoplasten: ungeordnetes Polymer (a) und teilkristallines Polymer (b)*

Kunststoffe sind synthetisch hergestellte organische Werkstoffe, die nach einem gemeinsamen Prinzip aufgebaut sind: Viele kleine Moleküle reagieren miteinander und bilden Riesenmoleküle, die man auch als **Makromoleküle** bezeichnet (griech. *makros:* groß). Wissenschaftlich spricht man von **Monomeren,** die dann zu **Polymeren** reagieren (griech. *monos:* eins; *meros:* Teil; *poly:* vielfach). Nach ihrem Verhalten beim Erhitzen und bei mechanischer Belastung unterscheidet man *Thermoplaste, Duroplaste* und *Elastomere.*

Thermoplaste. Schüsseln aus Polyethen werden beim Erhitzen über 100 °C weich und plastisch verformbar. Kunststoffe mit dieser Eigenschaft bezeichnet man deshalb als *Thermoplaste.* Auch Polyvinylchlorid (PVC) und Polystyrol gehören zu den Thermoplasten.

Die Verformbarkeit thermoplastischer Kunststoffe hängt mit ihrer Struktur zusammen: Thermoplaste bestehen aus langkettigen oder schwach verzweigten Makromolekülen. Zwischen den Molekülen liegen Van-der-Waals-Bindungen vor. Beim Erwärmen werden diese Bindungen gelockert und die Molekülketten können aneinander vorbeigleiten. Thermoplaste, die bei Raumtemperatur *weich* sind, bestehen überwiegend aus ungeordneten, verknäuelten Makromolekülen (Abb. 1a). Manche Thermoplaste sind bei Raumtemperatur dagegen *hart.* Bei ihnen sind die Makromoleküle in bestimmten Bereichen parallel geordnet. Man spricht von einem teilkristallinen Zustand. Je mehr kristalline Bereiche vorhanden sind, desto härter ist der Thermoplast (Abb. 1b). Aus thermoplastischen Kunststoffen werden beispielsweise Flaschen, Folien, Zahnbürsten und Synthesefasern produziert.

Duroplaste. Lichtschalter, Steckdosen und Topfgriffe dürfen sich nicht verformen oder gar schmelzen, wenn sie heiß werden. Für ihre Herstellung setzt man deshalb harte, hitzebeständige Polymere ein. Kunststoffe mit solchen Werkstoffeigenschaften nennt man *Duroplaste.* Zu ihnen gehören Melaminharze und Polyesterharze.

Die Makromoleküle eines Duroplasten sind über Elektronenpaarbindungen engmaschig miteinander verknüpft (Abb. 2a). Ein duroplastischer Gegenstand könnte also im Prinzip aus einem einzigen Makromolekül bestehen. Die Struktur wird beim Erhitzen nicht verändert; Gegenstände aus Duroplasten müssen daher schon bei der Herstellung die gewünschte Form erhalten. Eine spätere Bearbeitung ist nur noch mechanisch durch Schneiden, Sägen, Feilen, Fräsen oder Bohren möglich. Bei sehr hohen Temperaturen – je nach Duroplast über 350 °C – werden C–C-Bindungen des Netzwerkes gespalten und der Kunststoff zersetzt sich.

Elastomere. Reifen und Sitzpolster sollen elastisch, aber doch fest sein. Sie werden aus *Elastomeren* hergestellt. Diese Kunststoffe geben äußerem Druck oder Zug nach, nehmen aber anschließend wieder ihre ursprüngliche Form ein. Die Struktur von Elastomeren ähnelt der von Duroplasten. Elastomere sind jedoch viel weitmaschiger vernetzt (Abb. 2b). Durch Zug werden die Molekülketten in die Länge gezogen, halten aber an den Vernetzungspunkten zusammen. Äußerer Druck staucht das Netzwerk. Da die Bindungen erhalten bleiben, wird die Struktur nur vorübergehend verzerrt. Ist der Zug jedoch zu stark oder die Temperatur zu hoch, wird die Struktur zerstört. So zerreißt ein Gummiring, wenn man ihn zu sehr spannt, und bei einer Notbremsung qualmen die Reifen.

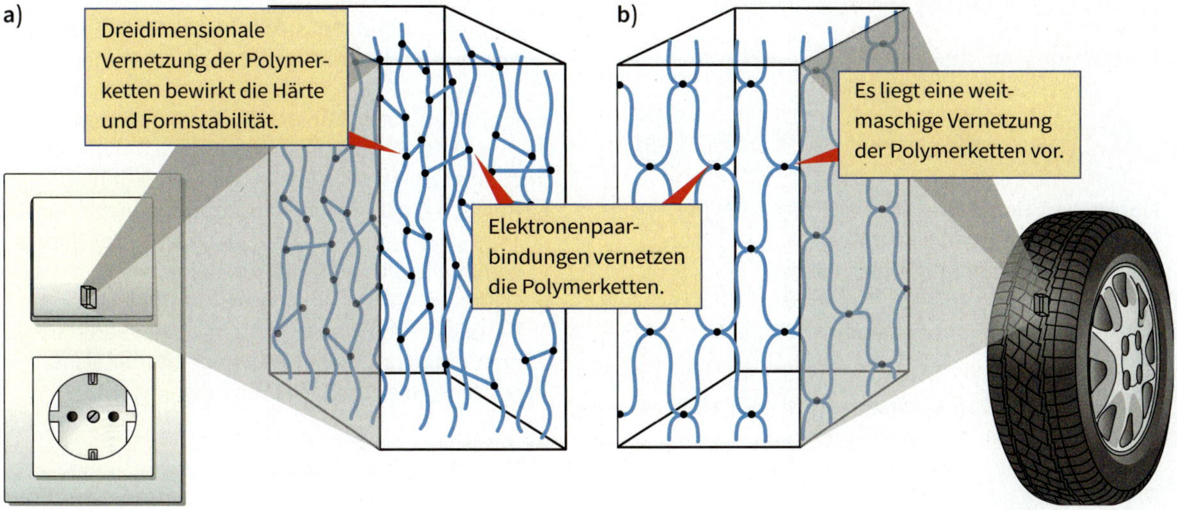

2 *Struktur eines Duroplasten (a) und eines Elastomers (b)*

Verarbeitung von Thermoplasten. Die chemische Industrie liefert Thermoplaste meist als Granulat oder Pulver. In der kunststoffverarbeitenden Industrie wird das Material dann durch Spritzgießen, Blasformen oder Schmelzspinnen weiterverarbeitet.

Beim *Spritzgießen* wird das Kunststoffgranulat in einem Extruder erhitzt. Ein Extruder funktioniert wie ein Fleischwolf: Das Granulat wird geschmolzen und als zähflüssige Masse in eine Spritzgussform gepresst. Nach dem Abkühlen öffnet sich die Form und das fertige Produkt wird ausgeworfen (Abb. 3). Auf diese Weise lassen sich auch kompliziert geformte Gegenstände preisgünstig herstellen. Beim *Blasformverfahren* liefert der Extruder mithilfe einer ringförmigen Düse einen zähflüssigen Kunststoffschlauch. In einer zweiteiligen Hohlform wird der Schlauch mit Druckluft aufgeblasen und an die gekühlte Innenwand der Form gedrückt. Wenn sich die Form öffnet, fällt eine Flasche oder ein Tank als fertiges Produkt heraus. Zur Herstellung von *Folien* wird der Kunststoffschlauch in einem großen Hohlzylinder aufgeblasen. Man erhält so einen dünnwandigen Schlauch, der dann seitlich aufgeschnitten wird.

Fasern werden durch *Schmelzspinnen* hergestellt: Der zähflüssige Thermoplast wird aus dem Extruder durch feine Spinndüsen zu Fäden gepresst.

Thermoplaste, Duroplaste und Elastomere unterscheiden sich aufgrund ihrer Struktur in ihrem Verhalten beim Erhitzen und bei mechanischer Belastung. Thermoplaste erweichen im Gegensatz zu Duroplasten und Elastomeren beim Erwärmen und können so im zähflüssigen Zustand einfach geformt werden.

1 Bringe Gegenstände aus Kunststoff mit und stelle sie im Unterricht als Beispiele für Thermoplaste, Duroplaste und Elastomere vor. Begründe die Zuordnung.

2 a) Zeichne jeweils schematisch einen Ausschnitt aus der Molekülstruktur folgender Kunststoffe: Thermoplast (ungeordnete Polymere), Thermoplast (teilkristallin), Duroplast und Elastomer.
b) Erläutere die Eigenschaften der Kunststoffe aufgrund ihrer Strukturen und erkläre das Verhalten der Kunststoffe beim Erwärmen und bei mechanischer Belastung.
c) Nenne Beispiele für die Verwendung der einzelnen Kunststoffe und begründe die Anwendungen.

3 Erläutere, warum sich Elastomere und Duroplaste nicht im Spritzgussverfahren verarbeiten lassen.

4 Beschreibe die Herstellung einer Plastikschale im Spritzgussverfahren (Abb. 3).

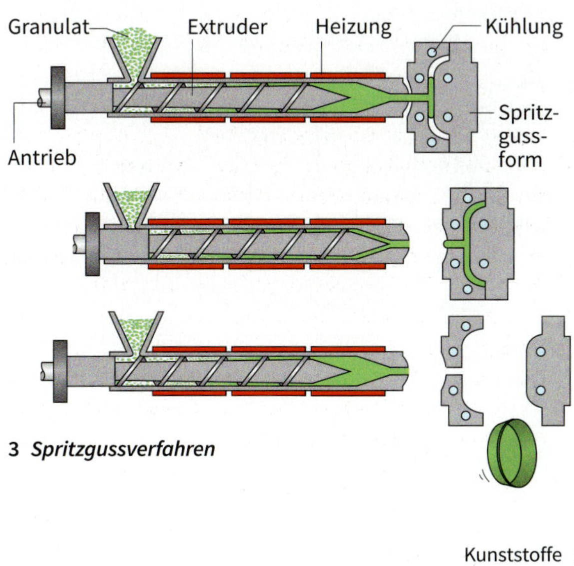

3 *Spritzgussverfahren*

Versuch 1:
Bestimmung von Kunststoffen

Materialien: Heizplatte, Stahlblech (10 · 10 cm), Gasbrenner, Messzylinder (100 ml), Waage, Stopfen, Tiegelzange, Temperaturfühler, Föhn; Aceton (**2**, **7**, **B3**), Heptan (**2**, **7**, **8**, **9**, **B3**), Kunststoffproben, Universalindikatorpapier.

Durchführung:
1. Prüfe Streifen von Kunststoff durch mehrmaliges Knicken auf ihr Bruchverhalten.
2. Bestimme die Dichte der Kunststoffe.
3. Gib abgewogene Streifen verschiedener Kunststoffe in Reagenzgläser mit Aceton und mit Heptan. Verschließe die Reagenzgläser und lasse sie mehrere Stunden stehen. Trockne die Proben anschließend im Abzug und bestimme erneut ihre Masse.
4. Erhitze im Abzug Kunststoffproben im Reagenzglas. Halte ein angefeuchtetes Stück Universalindikatorpapier in die entweichenden Dämpfe.
5. Halte im Abzug kleine Kunststoffproben mit der Tiegelzange in die Flamme. Beobachte das Brennverhalten, auch außerhalb der Flamme.
6. Lege ein Stahlblech mit Kunststoffproben auf eine Heizplatte. Erwärme es langsam und bestimme mit dem Temperaturfühler die Temperaturbereiche, bei denen die einzelnen Proben schmelzen.

Aufgaben:

a) Notiere deine Beobachtungen.

b) Identifiziere die Proben anhand der Tabelle.

c) Gib die Kunststoffe an, die sich durch ihr Schwimmverhalten von anderen unterscheiden lassen.

Kunststoff	Bruchverhalten	Dichte in g/cm³	Löslichkeit in		Verhalten bei trockenem Erhitzen *Reaktion der Dämpfe*	Verhalten in der Flamme *Geruch der Verbrennungsprodukte*	Schmelzbereich in °C
			Aceton	Heptan			
Polyethen	b	0,91–0,96	u/q	u/q	wird klar, schmilzt, zersetzt sich *neutral*	gelbe Flamme, tropft brennend ab *geruchlos*	105–120
Polypropen	h	0,91	u	u/q			
Polyethylenterephthalat (PET)	b	1,4	u	u	schmilzt, verkohlt *schwach sauer*	schwer entflammbar, orange-gelbe Flamme, tropft, rußt *harzig-aromatisch*	240–260
PVC (hart)	h	1,4	u/q	u	schmilzt, verkohlt *sauer*	schwer entflammbar, gelbe Flamme mit grünem Saum, rußt *stechend, brenzlig*	75–110
PVC (weich)	b	1,2–1,3	q	u			
Polystyrol	h	1,05	l	q/l	schmilzt, verdampft *neutral*	brennt stark rußend *süßlich*	80–100
Polymethylmethacrylat	h	1,2	l	u	schmilzt, verdampft *neutral*	brennt knisternd, tropft ab, leuchtende Flamme, rußt *fruchtartig*	85–105
Polycarbonat	h	1,2–1,4	q	u	schmilzt, verkohlt *sauer*	leuchtende Flamme, rußt, verkohlt, brennt nicht weiter *phenolartig*	220–230
Polyamid	b/h	1,1	u	u	schmilzt, verkohlt *alkalisch*	bläuliche Flamme, tropft fadenziehend ab *hornartig*	185–255

1 ***Bestimmungstabelle für einige Kunststoffe** (b = biegsam, h = hart, l = löslich, u = unlöslich, q = quellbar)*

Versuch 2:
Synthese eines Polymerisats

Materialien: Tropfpipetten, Gasbrenner, Glasstab; Butandiolmonoacrylat (**7**), Cumolhydroperoxid (**2, 5, 6, 8, 9**).

Durchführung:
1. Gib 2 ml Butandiolmonoacrylat und drei Tropfen Cumolhydroperoxid in ein Reagenzglas. Erhitze die Probe kurz über der kleinen Brennerflamme.
2. Ziehe mit dem Glasstab Fäden.

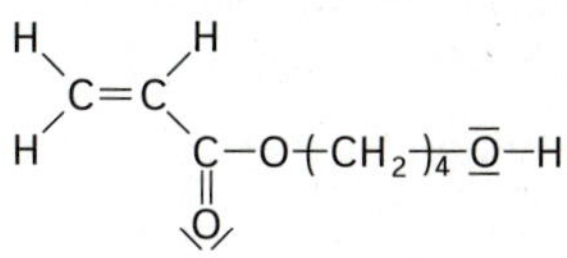

Butandiolmonoacrylat

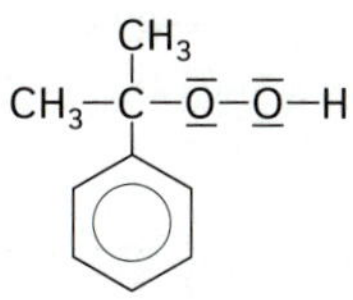

Cumolhydroperoxid

Aufgaben:
a) Notiere deine Beobachtungen.
b) Erläutere, welcher Kunststofftyp entstanden ist und welche Polyreaktion abgelaufen ist.
c) Peroxide zerfallen beim Erhitzen unter Spaltung der O–O-Bindung. Erläutere die Funktion von Cumolhydroperoxid.
d) Formuliere die Reaktionsgleichung (vereinfachte Strukturformel: CH_2=CHR).

Versuch 3:
Synthese von Polymilchsäure

Materialien: Becherglas (100 ml), Tropfpipette, Glasstab, Heizplatte, Thermometer, Trockenschrank, Petrischale;
Milchsäure (90 %, **5**).

Durchführung:
1. Stelle das Becherglas mit etwa 10 ml Milchsäurelösung einen Tag lang bei 200 °C in den Trockenschrank.
2. Gieße die Hälfte des Produkts in die Petrischale.
3. Lasse den Rest etwas abkühlen und ziehe mit dem Glasstab Fäden.

Aufgaben:
a) Notiere deine Beobachtungen.
b) Erkläre die Veränderung im Verlauf der Reaktion.
c) Gib den Reaktionstyp an und stelle die Reaktionsgleichung auf.

Versuch 4:
Synthese eines Polyesters

Materialien: Becherglas (50 ml), Thermometer, Waage, Tropfpipette, Gasbrenner, Glasstab; Citronensäure (**7**), Ethylenglycol.

Durchführung:
1. Fülle in das Beckerglas 6 g Citronensäure und 1 ml Ethylenglycol und verrühre die beiden Stoffe mit dem Glasstab.
2. Spanne das Becherglas am Stativ ein und stelle das Thermometer hinein. Befestige das Thermometer ebenfalls am Stativ.
3. Erhitze das Gemisch langsam zum Sieden.
4. Halte die Temperatur 6 min lang bei 160 °C.
5. Wenn sich das Produkt etwas abgekühlt hat, kannst du mit dem Glasstab Fäden ziehen.

Aufgaben:
a) Notiere deine Beobachtungen.
b) Beschreibe die Eigenschaften des Kunststoffs.
c) Recherchiere die Struktur der Ausgangsstoffe und formuliere einen Ausschnitt aus der Strukturformel des Produkts.
d) Erläutere, welcher Kunststofftyp entstanden ist und welche Polyreaktion abgelaufen ist.

18.2 Polymerisation und Polykondensation

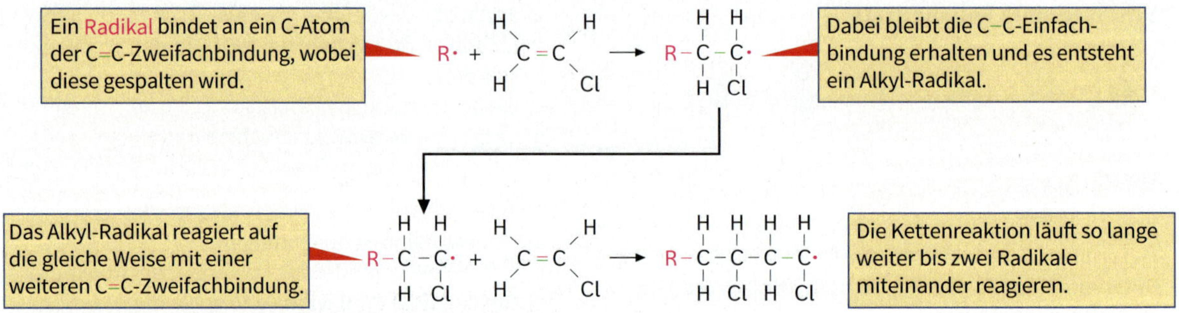

1 *Polymerisation von Vinylchlorid zu PVC*

Bei der Synthese von Kunststoffen reagieren viele kleine Moleküle durch **Polyreaktionen** zu Makromolekülen. Die beiden wichtigsten Polyreaktionen sind die *Polymerisation* und die *Polykondensation.*

Polymerisation. Wenn viele Monomere zu einem Polymer reagieren und kein weiteres Produkt entsteht, spricht man von einer *Polymerisation.* Den gebildeten Kunststoff bezeichnet man als *Polymerisat.*

Ein Beispiel ist die Polymerisation von Chlorethen (Vinylchlorid, $CH_2=CHC_l$) zu **Polyvinylchlorid (PVC).** Reaktionsfähige Teilchen mit ungepaarten Elektronen, die auch als **Radikale (R·)** bezeichnet werden, leiten die Polymerisation ein. Sie reagieren mit der Zweifachbindung eines Monomer-Moleküls: Die C=C-Zweifachbindung wird gespalten, die C–C-Einfachbindung bleibt erhalten. Gleichzeitig bildet sich zwischen dem Radikal und einem C-Atom des Chlorethen-Moleküls eine Elektronenpaarbindung. Das zweite C-Atom hat nun selbst ein ungepaartes Elektron und kann daher als Radikal mit einem weiteren Monomer-Molekül reagieren und so die Reaktionskette weiterführen. Man spricht deshalb auch von einer **Radikalkettenreaktion.** Diese Reaktionsschritte können sich sehr oft wiederholen, bis schließlich ein langes kettenförmiges Makromolekül entstanden ist. Die Reaktion bricht erst dann ab, wenn zwei Radikale miteinander reagieren (Abb. 1).

Im PVC sind etwa 500 bis 1600 Monomere zu einem linearen Polymeren verbunden. Man sagt, der *Polymerisationsgrad* liegt zwischen 500 und 1600. Da die Molekülmassen der einzelnen Makromoleküle sehr unterschiedlich sind, charakterisiert man Polymere über ihre *mittlere molare Masse* $\overline{M}$. PVC wird zu Kunststofffenstern, Bodenbelägen und Rohren verarbeitet. Die Verwendung von PVC ist nicht unproblematisch, denn bei Bränden können sich Chlorwasserstoff und gefährliche Dioxine bilden. Die chemische Industrie produziert eine ganze Palette weiterer Polymerisate: Aus *Polyethen* und *Polypropen* werden Flaschen, Folien und Röhren hergestellt. *Polystyrol* wird vor allem zu Verpackungsmaterial und zu Dämmstoffen verarbeitet. *Polytetrafluorethen* eignet sich als Material für Beschichtungen sowie für Dichtungen. Aus *Polymethacrylsäuremethylester* werden Acrylglasscheiben gefertigt.

Werden unterschiedliche Monomere gemeinsam polymerisiert, erhält man **Copolymere.** Indem man die Art und die Anteile der Monomere variiert, können die Eigenschaften des Copolymerisats gezielt beeinflusst werden. Ein wichtiges Beispiel ist das *Acrylnitril-Butadien-Styrol-Copolymer (ABS)*, das für die Herstellung von Autoteilen, Spielzeug und Snowboards verwendet wird.

Monomer	Strukturformel	Polymer
Ethen	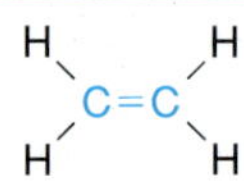	Polyethen
Propen	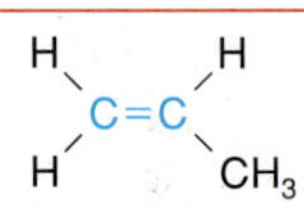	Polypropen
Vinylchlorid	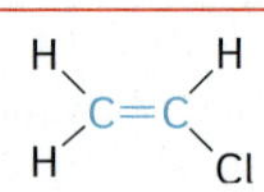	Polyvinylchlorid
Styrol	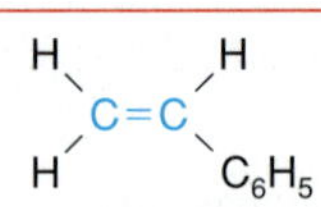	Polystyrol
Tetrafluorethen	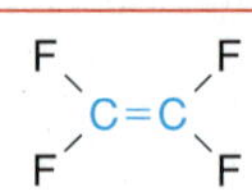	Polytetrafluorethen
Methacrylsäuremethylester	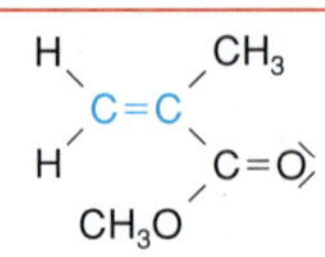	Polymethylmethacrylat

2 *Polymerisate*

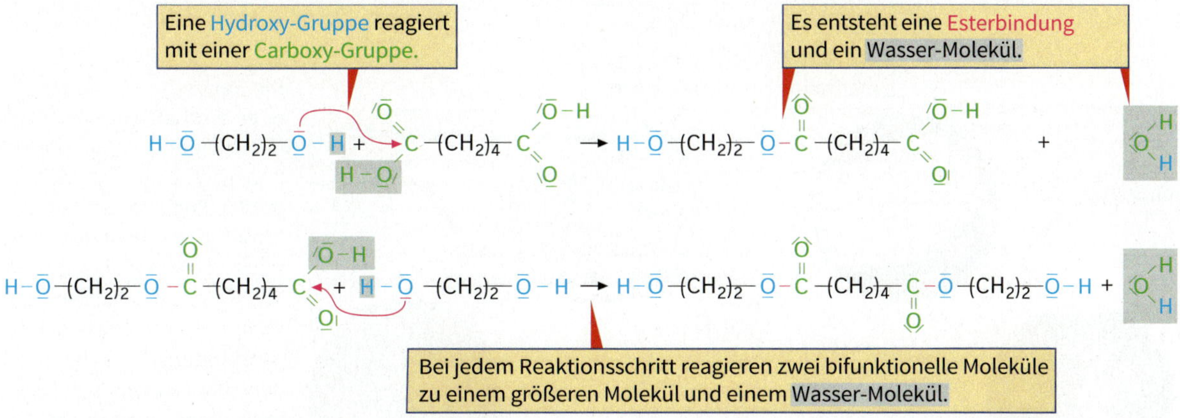

3 *Polykondensation von Ethan-1,2-diol mit Hexandisäure*

Polykondensation. Die wichtigsten durch Polykondensation produzierten Kunststoffe sind *Polyester* und *Polyamide*.

Polyester entstehen durch die Polyreaktion von *Diolen* mit *Dicarbonsäuren.* Diole haben zwei OH-Gruppen, Dicarbonsäuren haben zwei COOH-Gruppen. Man sagt, die Moleküle sind bifunktionell (lat. *bis:* zweimal). Bei der Reaktion verbinden sich je eine Hydroxy-Gruppe und eine Carboxy-Gruppe durch eine Kondensationsreaktion miteinander. Gleichzeitig wird ein Wasser-Molekül abgespalten. Zwei Monomere kondensieren also zu einem Dimer (griech. *di:* zwei). Weil dimere Moleküle an einem Ende eine freie OH-Gruppe und am anderen Ende eine freie COOH-Gruppe haben, kann sich die Kondensationsreaktion mit einem anderen Molekül wiederholen (Abb. 3). Unabhängig von ihrer Kettenlänge haben die gebildeten Moleküle *immer* zwei funktionelle Gruppen. Sie können daher weiter reagieren und schließlich Makromoleküle bilden.

Ausgehend von bifunktionellen Monomeren erhält man langkettige Polyester mit thermoplastischen Eigenschaften. Ein technisch wichtiges Beispiel ist die Polykondensation von Ethan-1,2-diol mit Terephthalsäure zu *Polyethylenterephthalat.* Unter der Kurzbezeichnung *PET* wird dieser Polyester zu Getränkeflaschen, Folien und Textilfasern (Diolen®) verarbeitet. Trifunktionelle Monomere reagieren zu vernetzten, duroplatischen Kunststoffen.

Mit *Diaminen* reagieren Dicarbonsäuren durch Polykondensation zu **Polyamiden.** Das bekannteste Produkt aus Polyamid ist *Nylon®*, das seit 1940 die Seide als Fasermaterial für Damenstrümpfe fast völlig verdrängt hat.

Polykondensationsreaktionen sind auch bei Monomeren mit unterschiedlichen funktionellen Gruppen möglich. So kann Milchsäure (2-Hydroxypropansäure) aufgrund seiner OH-Gruppe und seiner COOH-Gruppe zu einem thermoplastischen Polyester reagieren.

Bei einer Polymerisation reagieren Alkene aufgrund ihrer C=C-Zweifachbindung zu kettenförmigen Polymerisaten. Bei einer Polykondensation reagieren Monomere mit zwei oder mehr funktionellen Gruppen unter Abspaltung von Wasser-Molekülen zu Polykondensaten.

1 Vergleiche an zwei selbst gewählten Beispielen Polymerisation und Polykondensation. Formuliere Reaktionsgleichungen mit Strukturformeln.

2 a) Zeichne einen Ausschnitt aus einem Polystyrol-Molekül.
b) Recherchiere, wie aus Polystyrol der Schaumstoff Styropor® hergestellt wird.

3 a) Formuliere die Reaktionsgleichung für die Polykondensation von Propandisäure und Ethan-1,2-diol.
b) Zeichne einen Molekülausschnitt des Polymers.

4 Hydroxyessigsäure kann zu Polyhydroxyessigsäure reagieren.
a) Zeichne einen Molekülausschnitt des Makromoleküls, der aus drei Monomereinheiten besteht.
b) Beschreibe und begründe die Eigenschaften von Polyhydroxyessigsäure.

5 Recherchiere weitere Anwendungen für die in den beiden Tabellen aufgeführten Kunststoffe.

Monomer	Strukturformel	Polymer
1,6-Diaminohexan Hexandisäure	$H_2N-(CH_2)_6-NH_2$ $HOOC-(CH_2)_6-COOH$	Polyamid, Nylon®
Ethan-1,2-diol Terephthalsäure	$HO-CH_2-CH_2-OH$ 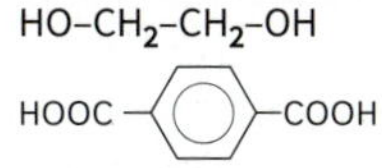	Polyethylen-terephthalat, PET
Milchsäure	$CH_3-CH(OH)-COOH$	Polymilchsäure

4 *Polykondensate*

18.3 Biokunststoffe und Recycling

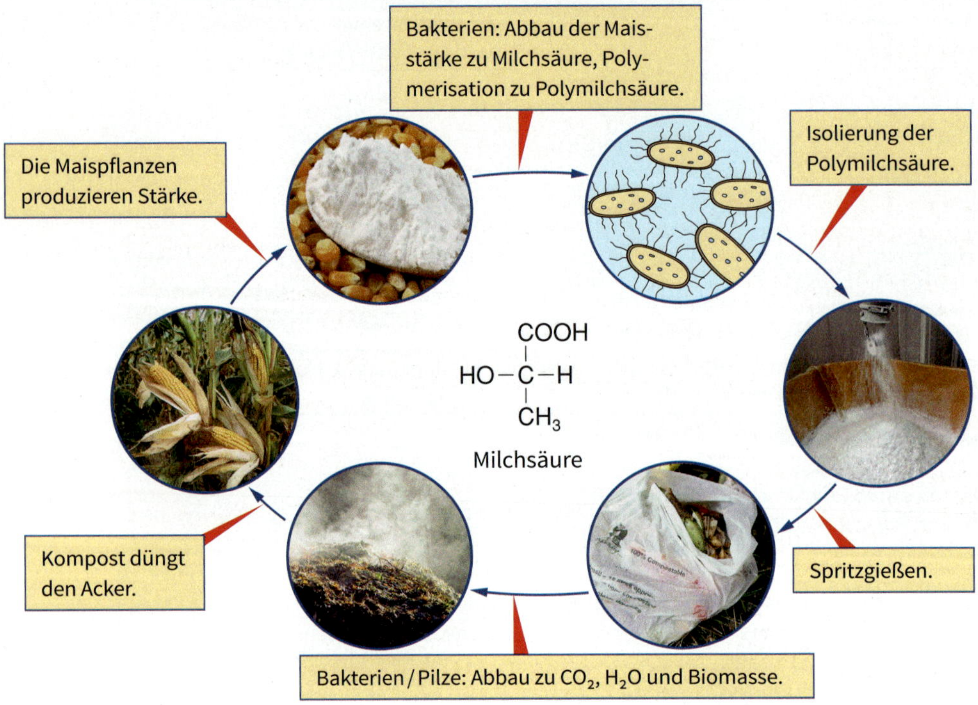

1 *Biokunststoff: Im Idealfall ein Kreislauf*

Wir leben in einer Kunststoffwelt! Ob im Haushalt oder im Wohnungsbau, im Sport oder im Auto, ob in der Mode oder in der Medizin: Ohne Kunststoff ist unsere moderne Welt nicht vorstellbar. Kunststoffe sind vielseitig einsetzbar, haben hervorragende Werkstoffeigenschaften und sind vor allem langlebig. Und ständig werden neue Spezialkunststoffe entwickelt und eröffnen neue technische Möglichkeiten.

Jährlich werden weltweit 250 Millionen Tonnen Kunststoffe produziert – mit steigender Tendenz. Inzwischen machen uns die riesigen Mengen an Kunststoffen aber zunehmend Probleme: Etwa die Hälfte entfällt auf kurzlebige Anwendungen wie Verpackungen und Wegwerfartikel, die auf dem Müll landen, aber nicht biologisch abbaubar sind. Darüber hinaus werden Kunststoffe überwiegend aus fossilen Energieträgern hergestellt, die allmählich verknappen. Durch gesetzliche Regelungen wird versucht, die Flut der Kunststoffe einzudämmen: Die Produktion und der Konsum von Kunststoffen soll bevorzugt so erfolgen, dass unnötiger Verbrauch vermieden wird und Abfälle vorzugsweise wiederverwertet werden. Außerdem müssen sich die Produzenten an der Entsorgung ihrer Erzeugnisse beteiligen.

Biokunststoffe. Auf lange Sicht können Biokunststoffe helfen, die Probleme zu lösen. Als *Biokunststoffe* werden Polymere bezeichnet, die aus nachwachsenden Rohstoffen hergestellt werden und biologisch abbaubar sind.

Die Herkunft – ob biologisch oder synthetisch – ist nicht entscheidend dafür, ob ein Kunststoff *biologisch abbaubar* ist. Entscheidend ist die Struktur des Polymers: Enzyme von Mikroorganismen im Kompost müssen die Spaltung von Elektronenpaarbindungen zwischen den Monomeren katalysieren können. Auch die Monomere selbst müssen abbaubar sein, damit sie sich nicht im Kompost anreichern. Die meisten Kunststoffe sind aber so stabil, dass sie durch Mikroorganismen nicht angegriffen werden, dazu gehören Polyethen, PVC und Polyethylenterephthalat (PET). Dagegen sind manche Polyester wie Copolymere aus Butan-1,4-diol, Hexandisäure und Terephthalsäure durchaus biologisch abbaubar.

Kunststoffe aus nachwachsenden Rohstoffen haben erst einen Anteil von etwa 1 % an der weltweiten Kunststoffproduktion, denn die Herstellungskosten sind meist höher als bei herkömmlichen Polymeren.

Den größten Anteil an den Biokunststoffen stellen heute thermoplastische Polymere auf der Basis von *Stärke,* einem natürlichen Polymer, das aus Glucoseeinheiten aufgebaut ist. Aus Kartoffeln oder Getreide wird zunächst wasserlösliche Stärke isoliert und dann mit Glycerin, Wasser und weiteren Zusatzstoffen vermischt. Durch Blasformen werden aus der Schmelze Folien hergestellt, die dann zu Tragetaschen und Müllbeuteln für kompostierbare Abfälle verarbeitet werden. Für Obstschalen und beschichtete Papiere setzt man *Stärkeblends* ein: Der thermoplastischen Stärke werden andere biologisch abbaubare Polymere beigemischt, die den Stärkekunststoff wasserbeständig werden lassen.

Große Hoffung wird in *Polymilchsäure* gesetzt (Abb. 1). Ausgangsstoff für diesen biologisch abbaubaren Polyester ist Milchsäure (2-Hydroxypropansäure), ein Molekül mit zwei funktionellen Gruppen. Spezielle Bakterienstämme können Stärke und Glucose zu Milchsäure abbauen und die Moleküle in einer Polykondensationsreaktion zu Polymilchsäure verbinden. Die Polymilchsäure dient den Bakterien als Energiespeicher und kann bei Bedarf zu Glucose und weiter zu Kohlenstoffdioxid

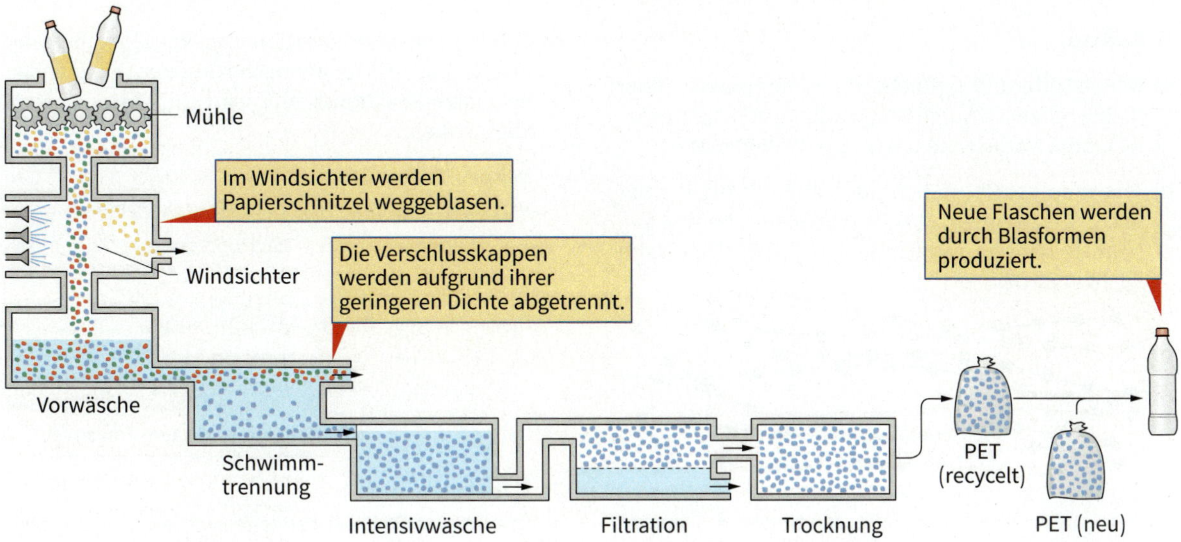

2 *Recycling von PET-Flaschen*

und Wasser abgebaut werden. Aus Polymilchsäure werden beispielsweise Müllbeutel, Joghurtbecher und Essgeschirr hergestellt. Eine weitere Verwendung findet das Polymer in der Medizin, wo es bei Operationen an inneren Organen als vom Körper abbaubares Nahtmaterial eingesetzt wird.

Recycling von Kunststoffen. In Deutschland fallen jährlich etwa fünf Millionen Tonnen Kunststoffmüll an. Aus Gründen des Umweltschutzes verbietet sich das Deponieren. Zum Wegwerfen sind diese Kunststoffe außerdem zu wertvoll, denn sie besitzen einen hohen Rohstoff- und Energiegehalt. Kunststoffabfälle werden deshalb wiederverwertet. Dabei unterscheidet man thermisches, werkstoffliches und rohstoffliches Recycling.

Beim *werkstofflichen Recycling* werden sortenreine thermoplastische Kunststoffe zerkleinert, gereinigt und umgeschmolzen. 2011 wurden 42 % des Kunststoffmülls werkstofflich recycelt und zu neuen Produkten verarbeitet. Beispiele für erfolgreiches werkstoffliches Recycling sind Bierkästen aus Polypropen und CDs aus Polycarbonat, einem Polyester.

Der hohe Energiegehalt macht Kunststoffe als Ersatzbrennstoff für Erdöl interessant. 56 % der gesammelten Kunststoffabfälle wurden 2011 in Müllverbrennungsanlagen *thermisch* verwertet. Die frei werdende Energie wird zur Stromerzeugung oder als Fernwärme genutzt.

Nur etwa 1 % der Kunststoffabfälle werden *rohstofflich* wiederverwertet. Kunststoffe können dazu durch Hydrolyse oder durch Pyrolyse in ihre Monomere gespalten werden. Die Verfahren für rohstoffliches Recycling sind wirtschaftlich noch unrentabel.

Biokunststoffe aus nachwachsenden Rohstoffen sind biologisch abbaubar.
Kunststoffabfälle sind Wertstoffe. Kunststoffe werden überwiegend werkstofflich recycelt oder energetisch verwertet.

1 Zeichne einen Ausschnitt aus einem Poly-3-hydroxypropansäure-Molekül.

2 a) Erläutere, welche Eigenschaften ein biologisch abbaubarer Kunststoff haben muss.
b) Beschreibe anhand von Abb. 1 den idealen Kreislauf der Biokunststoffe.

3 Recherchiere, mit welchen Methoden ein Gemisch aus Kunststoffabfällen sortenrein sortiert werden kann.

4 Erläutere Abb. 2 zum Recycling von Getränkeflaschen aus Polyethylenterephthalat.

5 Was ist besser für die Umwelt, Einwegflaschen oder Mehrwegflaschen, Glasflaschen oder PET-Flaschen, Pfandflaschen oder Flaschen ohne Pfand?
Formuliere eine begründete Stellungnahme.
Gehe dabei auch auf die folgenden Aspekte ein und recherchiere weiter:
- Transportkosten,
- Häufigkeit der Wiederbefüllung,
- Reinigung vor der Wiederbefüllung,
- Rücknahme der Flaschen über den Handel,
- Recycling durch Verschmelzen von Glasflaschen mit Neuglas,
- Recycling durch Gewinnung von sortenreinem PET und Herstellung neuer PET-Flaschen,
- weitere Möglichkeiten, PET-Flaschen zu verwenden.

1. Aufbau

a) **Kunststoffe** sind synthetisch aus Monomeren oder halbsynthetisch durch Umwandlung von makromolekularen Naturstoffen hergestellte Werkstoffe.

b) **Thermoplaste** bestehen aus kettenförmigen oder leicht verzweigten Makromolekülen. Sie werden beim Erwärmen zähflüssig und lassen sich dann leicht verarbeiten.

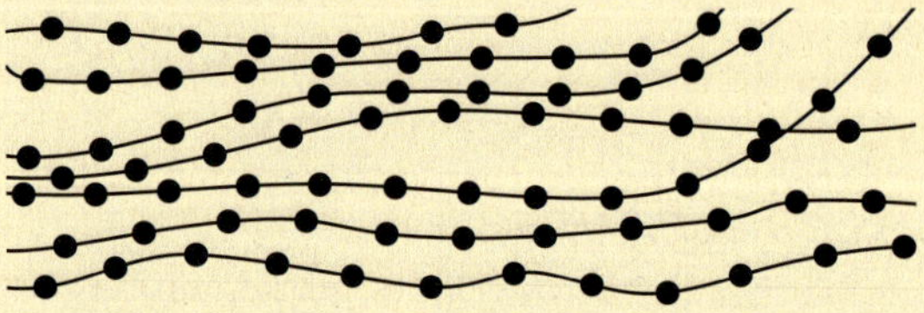

c) **Duroplaste** sind Kunststoffe, bei denen die Makromoleküle engmaschig durch Elektronenpaarbindungen miteinander verknüpft sind. Sie lassen sich nach der Herstellung nicht mehr verformen und zersetzen sich bei starkem Erhitzen.

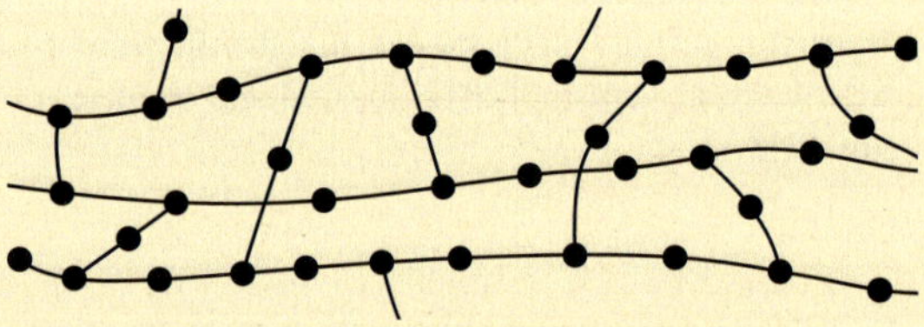

d) **Elastomere** bestehen aus weitmaschig untereinanderverknüpften Makromolekülen. Sie verformen sich bei Druck oder Zug, kehren aber wieder in ihre Ausgangsform zurück. Auch Elastomere zersetzen sich bei höheren Temperaturen, ohne vorher zu schmelzen.

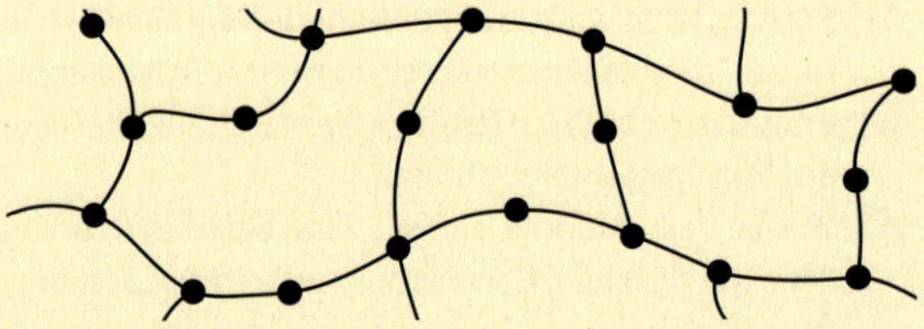

2. Synthese

Makromoleküle werden durch **Polyreaktionen** aus Monomeren gebildetet.

a) Bei einer **Polymerisation** bilden sich die Makromoleküle aus Monomeren mit einer C=C-Zweifachbindung. Die Monomere werden durch eine Kettenreaktion miteinander verknüpft.

Beispiel: Polyethen

Ethen $\ldots + CH_2{=}CH_2 + CH_2{=}CH_2 + CH_2{=}CH_2 + \ldots \rightarrow$

$\cdots CH_2{-}CH_2{-}CH_2{-}CH_2{-}CH_2{-}CH_2 \cdots$ Polyethen

b) Bei einer **Polykondensation** reagieren Monomere mit mindestens zwei funktionellen Gruppen miteinander. Bei jedem Reaktionsschritt wird ein Wasser-Molekül abgespalten.

Beispiel: Polyamid

$$\underset{\text{Diamin}}{H_2N{-}(CH_2)_4{-}NH_2} + \underset{\text{Dicarbonsäure}}{HOOC{-}(CH_2)_4{-}COOH} \longrightarrow$$

$$H_2N{-}(CH_2)_4{-}\underset{\displaystyle H}{\underset{|}{N}}{-}\overset{\displaystyle O}{\overset{\|}{C}}{-}(CH_2)_4{-}COOH + H_2O$$

Das dimere bifunktionelle Molekül reagiert weiter zum Polyamid.

3. Verarbeitung

a) *Thermoplastische Kunststoffe* werden von der chemischen Industrie als Granulat oder Pulver geliefert. Durch Spritzgießen, Blasformen oder Schmelzspinnen können Gegenstände unterschiedlichster Form produziert werden.

b) *Duroplastische Kunststoffe* und *Elastomere* müssen schon während des Ablaufs der Polyreaktionen ihre endgültige Form erhalten. Danach können sie nur noch mechanisch bearbeitet werden.

4. Biokunststoffe

Als Biokunststoffe werden Kunststoffe bezeichnet, die aus nachwachsenden Rohstoffen hergestellt werden und biologisch abbaubar sind. Sowohl die Verknappung der fossilen Energieträger als auch die steigende Umweltbelastung durch Kunststoffmüll machen die Produktion von Biokunststoffen wünschenswert.

5. Recycling

Gebrauchte Kunststoffe sind Wertstoffe mit einem hohen Energie- und Rohstoffgehalt. Da die meisten Kunststoffe sehr langlebig sind, müssen sie umweltgerecht entsorgt werden.

a) *Werkstoffliche Verwertung:* Sortenreine Kunststoffabfälle werden zerkleinert, umgeschmolzen und zu neuen Gebrauchsgegenständen verarbeitet.

b) *Thermische Verwertung:* Der Energiegehalt des Kunststoffmülls wird durch Verbrennung genutzt.

c) *Rohstoffliche Verwertung:* Kunststoffreste werden in chemische Rohstoffe zerlegt, die zu neuen Kunststoffen verarbeitet werden können. Die technische Anwendung ist noch unbedeutend.

d) *Biologisch abbaubare Kunststoffe* können kompostiert werden.

Teste dich

A1 Beschreibe die molekularen Strukturen von Thermoplasten, Duroplasten und Elastomeren und leite daraus die unterschiedlichen Eigenschaften der Kunststoffarten ab.

A2 Styrol und Ethen können miteinander durch Copolymerisation reagieren. Zeichne einen Molekülausschnitt des Polymers, der die verschiedenen Monomereinheiten abwechselnd enthält.

A3 Propan-1,3-diol reagiert mit Decandisäure zu einem Polyester.
a) Formuliere die Reaktionsgleichung für die Bildung eines dimeren Moleküls.
b) Beurteile, welche Werkstoffeigenschaften der gebildete Polyester hat.

A4 Formuliere Reaktionen, die zwischen Propandisäure und Glycerin möglich sind. Begründe aufgrund der Struktur des Polymers, welche Eigenschaften der Kunststoff haben wird.

A5 a) Erläutere, was man unter einem sortenreinen Kunststoff versteht.
b) Verunreinigungen beeinträchtigen die Qualität eines recycelten Kunststoffs. Stelle Gründe dafür zusammen.

Lösungen stehen im Anhang.

B1 a) Erkläre die wichtigsten Begriffe des Kastens.
b) Verknüpfe die Begriffe zu einer Conceptmap.
c) Übertrage die Begriffe und deine Erklärungen in digitale Karteikarten.

B2 Nylonfäden werden im Schmelzspinnverfahren hergestellt. Anschließend werden die Fäden auf das Zehnfache ihrer Länge gestreckt. Nach der Streckung sind die Nylonfäden wesentlich reißfester.

a) Beschreibe das Schmelzspinnverfahren.
b) Entwickle eine Modellvorstellung, die unter Berücksichtigung zwischenmolekularer Bindungen die Reißfestigkeit erklärt. Zeichne dazu einen Ausschnitt aus der Strukturformel mit zwei Polymerfäden.

B3 Hausmüll enthält etwa 10 % Kunststoffe. In der Müllverbrennungsanlage braucht man für kunststoffhaltigen Müll weniger Erdöl als für kunststofffreien Müll. Erläutere den Zusammenhang.

Die wichtigsten Begriffe

- Monomer, Polymer, Makromolekül
- Thermoplast, Duroplast, Elastomer
- Polyreaktion
- Polymerisation, Polykondensation
- Biokunststoffe
- Recycling

C1 Polyhydroxybuttersäure – ein Biokunststoff

3-Hydroxybuttersäure entsteht ähnlich wie Milchsäure als Stoffwechselprodukt aus Glucose. Einige Bakterien nutzen Hydroxybuttersäure als Energiespeicher, indem sie die Monomere in Polyhydroxybuttersäure umwandeln und dann speichern. Bei Bedarf bauen die Bakterien dann das Polymer zum Monomer und dann weiter zu Kohlenstoffdioxid und Wasser ab.

Die Bakterien kann man in großen Tanks züchten und die gespeicherte Polyhydroxybuttersäure gewinnen und weiterverarbeiten. Der Polyester ist ein vielversprechender Biokunststoff, der mit herkömmlichen Kunststoffen im Laufe der Zeit konkurrieren könnte. Noch ist das Verfahren allerdings zu teuer.

a) Zeichne die Strukturformel des Monomers.
b) Zeichne einen Ausschnitt aus der Struktur des Polymers und gib die Art der Polyreaktion an.
c) Formuliere Reaktionsgleichungen für den Abbau von Polyhydroxybuttersäure zu Kohlenstoffdioxid und Wasser.
d) Stelle Eigenschaften eines biologisch abbaubaren Kunststoffs zusammen und überlege, ob sie auf Polyhydroxybuttersäure zutreffen.

C2 Neopren® – gegen Kälte geschützt

Tauch- und Surfanzüge werden aus geschäumtem Neopren® (Polychlorbutadien) gefertigt. Aufgrund eingeschlossener Luftbläschen wirkt das Material isolierend gegen Kälte. Polychlorbutadien hat überwiegend die nachfolgende Struktur mit *trans*-1,4-Verknüpfungen:

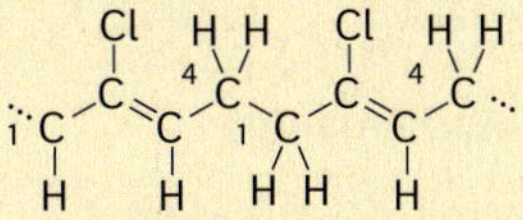

a) Erläutere, was *trans-1,4-Verknüpfung* bedeutet.
b) Formuliere für die Synthese von Polychlorbutadien aus 2-Chlorbuta-1,3-dien die Reaktionsgleichung für eine Kettenrektion mit einem Radikal R·.
c) In geringem Maße treten auch noch drei andere Verknüpfungen auf. Zeichne dazu Ausschnitte aus den Strukturformeln.

Lösungen **Teste dich**

Kapitel 2

Hilfen zur Lösung der Aufgaben findest du hier:

A1: S. 38; **A2:** S. 25; **A3:** S. 22, 34; **A4:** S. 22–23; **A5:** S. 24, 35; **A6:** S. 25; **A7:** S. 22, 34; **A8:** S. 34; **A9:** S. 31; **A10:** S. 28–29.

Lösungen:

A1 Kochsalz: weiße Kristalle; wasserlöslich; Lösung leitet den elektrischen Strom; hohe Schmelztemperatur.

Zucker: weiße Kristalle; wasserlöslich; Lösung leitet den elektrischen Strom nicht; niedrige Schmelztemperatur.

Essig: farblose Lösung mit charakteristischem Geruch; Lösung leitet den elektrischen Strom; Indikatoren weisen auf eine Säure hin.

Sauerstoff: farbloses, geruchloses Gas; Dichte: $1{,}33\,\frac{g}{l}$ (bei 25 °C).

A2 Wenn das Armband aus reinem Gold bestünde, müsste die Dichte ϱ $19{,}3\,\frac{g}{cm^3}$ betragen. Das Goldarmband kann als Quader angesehen werden. Das Volumen beträgt $V = a \cdot b \cdot c = 22\,cm \cdot 2\,cm \cdot 0{,}2\,cm = 8{,}8\,cm^3$. Die Masse m ist 118,3 g: Die Dichte beträgt $\varrho = \frac{m}{V} = \frac{118{,}3\,g}{8{,}8\,cm^3} = 13{,}4\,\frac{g}{cm^3}$. Die Dichte ist geringer als die von Gold; d. h. das Armband enthält außer Gold noch ein weiteres Metall.

A3 Durch das Aufbrechen der Schale werden leichtflüchtige Aromastoffe freigesetzt, die den charakteristischen Orangengeruch haben. Die Teilchen dieser Aromastoffe breiten sich durch Diffusion in der Luft aus.

A4 Metalle sind bessere Wärmeleiter als Holz. Ein Metalllöffel würde im Laufe der Zeit daher zu heiß werden.

A5 **a)** Das Wasser in der Wäsche erstarrt zu Eis. Bei geringer Luftfeuchtigkeit sublimiert das Eis und wird dabei zu Wasserdampf.

b) Der Schnee sublimiert zu Wasserdampf.

c) An den Grashalmen resublimiert Wasserdampf aus der Luft. Dabei bilden sich Eiskristalle.

A6 Die Masse der in den Ball gepumpten Luft ergibt sich aus dem Produkt ihres Volumens und ihrer Dichte. Der Ball wird um $2\,l \cdot 1{,}19\,\frac{g}{l} = 2{,}38\,g$ schwerer.

A7 **a)** Beim Öffnen der Flasche Essigessenz verdunstet etwas Essig: Ein Teil der Essig-Teilchen wechselt vom flüssigen in den gasförmigen Zustand und gelangt so in die Nase. Wenn Essigessenz erwärmt wird, werden die Essig-Teilchen schneller. Damit können mehr Essig-Teilchen vom flüssigen in den gasförmigen Zustand gelangen: Der Geruch wird daher intensiver.

b) Essigessenzlösung

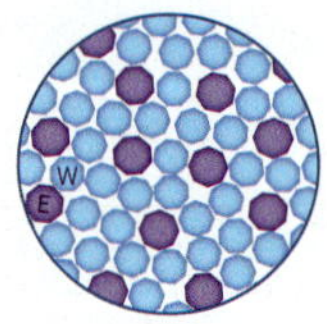

Essigdampf-Luft-Gemisch

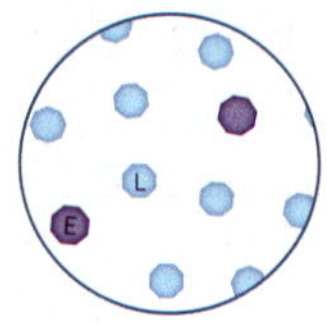

A8 Die Aussage trifft zu. Modelle haben nicht die Aufgabe, ein reales System 1 : 1 abzubilden, denn dann wären sie so komplex wie das reale System. Sie sind nur vereinfachte Darstellungen der Wirklichkeit; daher können sie nicht alle Eigenschaften des realen Gegenstands wiedergeben. Sie sind brauchbar, wenn sie die zur Diskussion stehenden Eigenschaften des realen Gegenstands darstellen können.

A9 Viele Klebstoffe lassen sich nicht mit Wasser lösen, da sie zu den fettähnlichen Stoffen gehören. Nicht wässrige Lösemittel, zu denen auch Salatöl, Speiseöl, Reinigungsbenzin und Nagellackentferner gehören, sind als Lösemittel für solche Klebstoffe besser geeignet.

A10 Sekt enthält gelöstes Kohlenstoffdioxid. Je wärmer der Sekt wird und je mehr er geschüttelt wird, desto mehr gasförmiges Kohlenstoffdioxid entweicht aus der Lösung. Der Druck des Gases lässt den Stopfen knallen und den Sekt überschäumen.

Kapitel 3

Hilfen zur Lösung der Aufgaben findest du hier:

A1 S. 46, 56; **A2** S. 46, 48, 56; **A3** S. 46–48, 56; **A4** S. 50–51, 56.

Lösungen:

A1 **a)** Edelstahl, Backpulver, Honig, Kaffeepulver und Leitungswasser sind Gemische.

b) Edelstahl: Legierung von Eisen mit anderen Metallen, zum Beispiel mit Chrom.

Backpulver: Gemenge von Feststoffen – Natron (Natriumhydrogencarbonat), Säuerungsmittel (Dinatriumdihydrogendiphosphat), Stärke.
Honig: Lösung von Zucker (Fruchtzucker und Traubenzucker) in Wasser.
Kaffeepulver: Coffein, Aromastoffe (überwiegend auch Kohlenhydrate, Fette und Eiweiß).
Leitungswasser: Wasser mit einer geringen Menge gelöster Salze und wenig gelöstem Sauerstoff.

A2 *Suspension:* Trüber Apfelsaft – Fruchtfleisch suspendiert in Wasser; Schmutzwasser – Schmutzpartikel suspendiert in Wasser.
Emulsion: Milch – Fetttröpfchen emulgiert in Wasser; Mayonnaise – Öl emulgiert in einer wässrigen Lösung von Essig.
Legierung: Messing – homogene Mischung der Metalle Kupfer und Zink; Bronze – homogene Mischung der Metalle Kupfer und Zinn.
Lösung: Meerwasser – Salze gelöst in Wasser; Wein – Mischung von Wasser, Alkohol und Aromastoffen.

A3 a, b)
Beton: Gemenge verschiedener Feststoffe.

Tinte: Lösung eines Farbstoffes in Wasser.

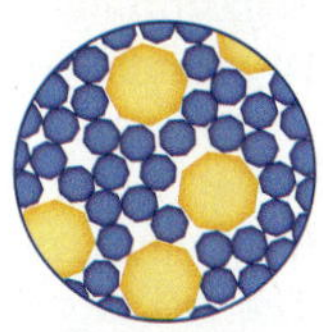

Ketchup: Suspension von Tomatenmark und Gewürzen in Wasser.

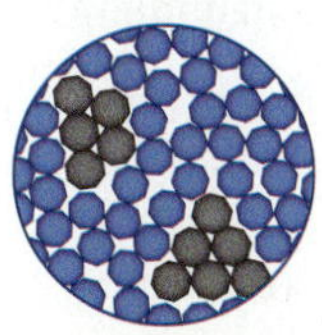

Chrom-Nickel-Stahl: Legierung von Eisen, Chrom und Nickel.

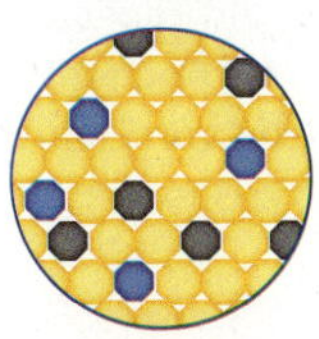

Blumenerde: Gemenge verschiedener Feststoffe.

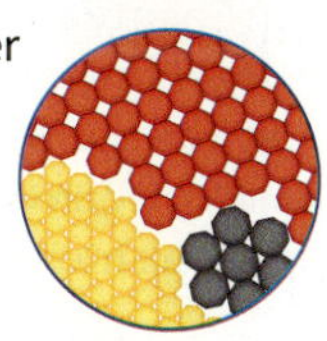

Sprudel: Lösung von Kohlenstoffdioxid und einer geringen Menge an Salzen in Wasser.

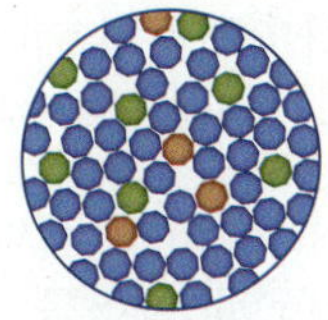

Leitungswasser: Lösung einer geringen Menge an Salzen und Sauerstoff in Wasser.

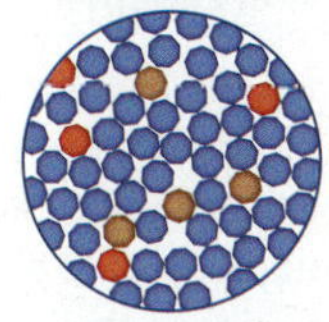

Seifenblase: Äußere Haut – Lösung von Seife in Wasser; innen – Luft, ein Gasgemisch.

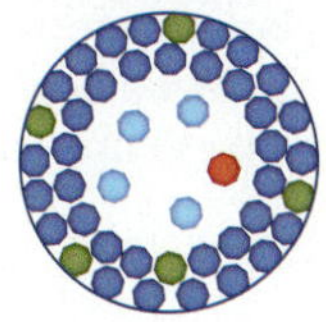

A4 a) Aus dem Gemisch werden mithilfe eines Magneten die Eisenspäne entfernt (Magnetscheiden). Anschließend gibt man zu den beiden verbleibenden Komponenten Wasser. Die Sägespäne schwimmen auf dem Wasser, während der Sand sedimentiert. Die Sägespäne können mit dem Wasser abgegossen werden (Schwimmtrennung). Der Sand bleibt zurück. Durch Filtration werden die Sägespäne vom Wasser getrennt.

b) Durch Destillation wird zunächst der Alkohol abgetrennt. Die im Destillierkolben verbleibende Kochsalzlösung wird weiter erhitzt. In einer weiteren Vorlage wird nun das Wasser aufgefangen. Im Destillierkolben bleibt das feste Kochsalz zurück.

c) Zu dem Gemisch wird Wasser gegeben. Zucker löst sich im Gegensatz zu Kohlepulver in Wasser. Anschließend filtriert man die Suspension. Das Kohlepulver bildet den Filterrückstand, das Filtrat enthält die Zuckerlösung. Das Wasser lässt man verdunsten und erhält so den Zucker.

Kapitel 4

Hilfen zur Lösung der Aufgaben findest du hier:

A1, A2 S. 60–61; **A3** S. 60–61, 64–65; **A4** S. 66–67, 69; **A5** S. 66–67, 70; **A6** S. 74–75, **A7** S. 74–75, **A8** S. 64–65.

Lösungen:

A1 **a)** Bei jeder chemischen Reaktion entstehen neue Stoffe mit neuen Eigenschaften – Stoffumwandlung. Weiterhin wird Energie frei oder benötigt – Energieumsatz. Viele chemische Reaktionen sind zudem umkehrbar.

b) Aus weißem Kupfersulfat wird in einer chemischen Reaktion mit Wasser der blaue Feststoff Kupfersulfat-Hydrat. Man kann den neuen Stoff anhand seiner Farbe identifizieren. Bei der Reaktion findet auch ein Energieumsatz statt. Das Reagenzglas erwärmt sich, es wird Wärme frei. Erhitzt man das blaue Kupfersulfat-Hydrat, bildet sich wieder weißes Kupfersulfat und Wasser.

Kupfersulfat + Wasser → Kupfersulfat-Hydrat; exotherm

Kupfersulfat-Hydrat → Kupfersulfat + Wasser; endotherm

A2 **a)** Die Verbrennung mit ziegelroter Flamme weist darauf hin, dass Energie frei wird (Energieumsatz). Aus dem silbergrauen Metall wird ein weißes Pulver. Es ist also ein neuer Stoff entstanden (Stoffumwandlung).

b) Bei der Verbrennung reagiert Calcium mit dem Luftsauerstoff und es bildet sich die Verbindung Calciumoxid. Da sich dies aus Calcium und Sauerstoff zusammensetzt, nimmt die Masse bei der Reaktion zu.

c) Calcium + Sauerstoff → Calciumoxid; exotherm

d) Bei der Reaktion handelt es sich um eine Oxidation.

A3 Da die Reaktion von Kupfer und Iod zu Kupferiodid exotherm verläuft, muss die Umkehrung der Reaktion ein endothermer Vorgang sein. Kupferiodid lässt sich daher durch kräftiges Erhitzen wieder in die Ausgangsstoffe Kupfer und Iod zerlegen.

A4 **a)** Ein glimmender Holzspan flammt nur auf, wenn der Sauerstoffanteil in einem Gasgemisch größer ist als in der Luft.

b) Sauerstoff weist man mit der Glimmspanprobe nach. Hierzu wird ein glimmender Holzspan in das zu untersuchende Gas gehalten. Leuchtet der Glimmspan hell auf, enthält das Gas einen hohen Anteil an Sauerstoff.

A5 Zusammensetzung der Luft: 78 % Stickstoff, 21 % Sauerstoff, 1 % sonstige Gase (darunter 0,04 % Kohlenstoffdioxid).

Möglicher Versuch: Verbrennt man Eisen in einem abgeschlossenen Luftraum, so verringert sich das Volumen des Gases um etwa ein Fünftel. Bei diesem Anteil der Luft handelt es sich um Sauerstoff. Die verbleibenden vier Fünftel unterhalten die Verbrennung nicht und ersticken eine Flamme. Bei diesem Anteil der Luft handelt es sich um Stickstoff.

A6 **a)** Damit ein Feuer brennt, müssen ein Brennstoff und Sauerstoff vorhanden sein. Ferner muss die Entzündungstemperatur überschritten werden.

b) Es muss mindestens eine der drei Voraussetzungen für den Brand ausgeschaltet werden:
- Entfernung des brennbaren Stoffes,
- Verhinderung der Sauerstoffzufuhr,
- Abkühlung des Brennstoffs unter die Zündtemperatur.

c) Die Kennbuchstaben A, B, C und D geben die jeweilige Brandklasse an:
A: feste Brennstoffe, die Glut bilden, wie Holz, Papier,
B: flüssige oder flüssig werdende Stoffe wie Öl, Wachs,
C: gasförmige Stoffe wie Erdgas,
D: brennbare Metalle wie Magnesium.

A7 **a)** Brennbare Materialien dürfen nicht in der Nähe eines Ofens gelagert werden, da sie wegen ihrer niedrigen Entzündungstemperatur zur Selbstentzündung neigen.

b) Die Hitze eines eingeschalteten Bügeleisens kann so hoch sein, dass die Entzündungstemperatur von Stoffen überschritten wird und sich diese von selbst entzünden.

c) An Tankstellen und Farblagern können leicht- oder hochentzündliche Gase austreten. Durch die Glut von Zigaretten oder offenes Feuer können sich die Gase entzünden.

A8 *Beispiel Feuerwerk:* Chemische Energie, die in den Chemikalien der Feuerwerkskörper steckt, wird beim Abbrennen des Feuerwerks in Wärmeenergie und Bewegungsenergie umgewandelt, wodurch die Rakete in den Himmel getragen wird. Die frei werdende Lichtenergie lässt das Feuerwerk erstrahlen.

Beispiel Autofahren: Die chemische Energie, die im Benzin steckt, wird im Motor eines Autos in Wärmeenergie und Bewegungsenergie umgewandelt, wodurch der Kolben im Motor angetrieben wird. Das Getriebe überträgt die Bewegungsenergie auf die Räder. Auch wird die Bewegungsenergie in der Lichtmaschine in elektrische Energie umgewandelt, so dass Scheinwerfer betrieben werden können.

Kapitel 5

Hilfen zur Lösung der Aufgaben findest du hier:

A1 S. 82, 84–85; **A2** S. 84–85; **A3** S. 83; **A4** S. 92–93; **A5** S. 92–95; **A6** S. 92–93; **A7**, **A8** S. 85, 90–91, 95; **A9** 98–99

Lösungen:

A1 Elemente

Stoffebene: Reinstoffe, die sich nicht in andere Stoffe zerlegen lassen.
Teilchenebene: Reinstoffe, die aus nur einer Atomsorte bestehen. So besteht das Element Kupfer nur aus Cu-Atomen.

Verbindungen

Stoffebene: Reinstoffe, die durch chemische Reaktionen in andere Stoffe zerlegbar sind.

Teilchenebene: Da Verbindungen durch chemische Reaktionen mehrerer Elemente entstehen, müssen in einer Verbindung mindestens zwei Atomsorten miteinander verknüpft sein. Kupfersulfid besteht beispielsweise aus Kupfer- und Schwefel-Atomen.

A2 Die Kernaussagen des Atommodell von Dalton sind:

- Atome sind die Grundbausteine aller Stoffe. Sie können durch chemische Vorgänge weder erzeugt, noch vernichtet oder ineinander umgewandelt werden.
- Die Atome eines Elements sind alle gleich; sie haben die gleiche Masse und die gleiche Größe. Die Atome verschiedener Elemente unterscheiden sich in ihrer Masse und Größe.
- Bei chemischen Reaktionen bleiben die Atome erhalten. Sie werden nur neu angeordnet und dabei in bestimmten Anzahlverhältnissen miteinander verknüpft.

A3 **a)** Cu, S, Hg, Mg, O, Pb.

b) Wasserstoff, Chlor, Kohlenstoff, Calcium, Stickstoff.

A4 **a)** Molekülformeln geben die Art und die genaue Anzahl der Atome in einem Molekül an. Moleküle sind Teilchen, die aus mindestens zwei Nichtmetall-Atomen aufgebaut sind.
Für Metall-Nichtmetall-Verbindungen (Salze) kann man keine Molekülformeln angeben, weil die genaue Anzahl der Atome von der Größe der Kristalle dieser Stoffe abhängt. Daher gibt man das Verhältnis der Atomsorten zueinander an. Dies beschreibt die Verhältnisformel.

b), c) Cu_2S (Verhältnisformel), O_2 (Molekülformel), MgO (Verhältnisformel), H_2O (Molekülformel)

A5 **a)** $C(s) + O_2(g) \longrightarrow CO_2(g)$; exotherm

b) $2\ H_2O_2(aq) \xrightarrow{\text{Kat.}} 2\ H_2O(l) + O_2(g)$; exotherm

c)

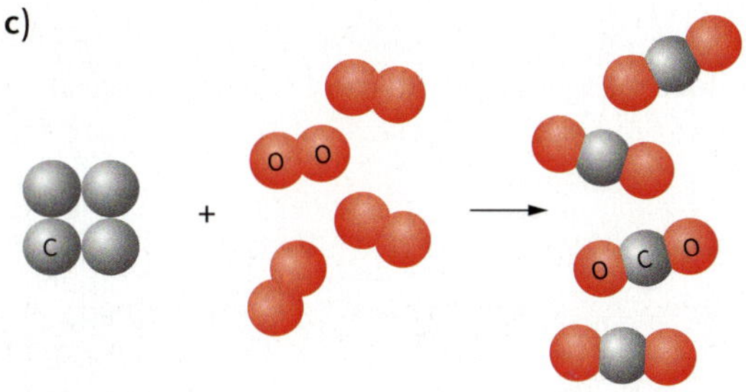

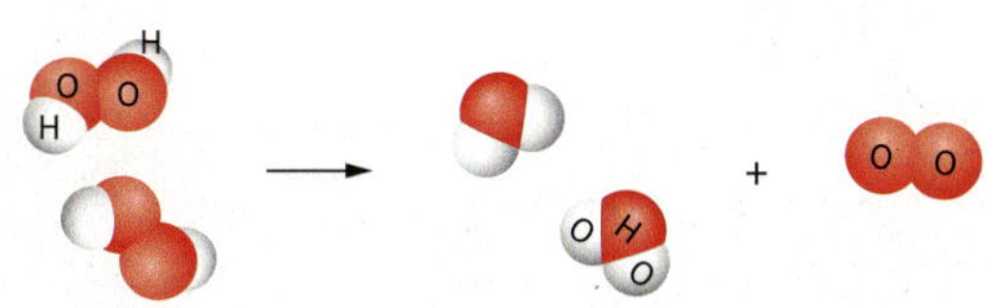

A6 Die hier verwendete Schreibweise ist unüblich, weil es keine halben Atome gibt. Man erweitert daher das Zahlenverhältnis der Atome auf ganze Zahlen und schreibt Fe_2O_3.

A7 **a)** Zink und Schwefel reagieren im Massenverhältnis $m(Zn) : m(S) = 2{,}03 : 1$. Das Verhältnis der Atommassen m(Zn-Atom) : m(S-Atom) beträgt mit 65,39 u : 32,06 u auch ungefähr 2 : 1. In 2 g Zink müssen daher genauso viele Zn-Atome enthalten sein, wie in 1 g Schwefel S-Atome sind. Die Verhältnisformel Zinksulfid lautet also ZnS (Zn_1S_1).

b) Da die Stoffe Zink und Schwefel etwa im Massenverhältnis 2 : 1 reagieren, können die 5 g Zink nur mit

2,5 g Schwefel reagieren. Es bildet sich daher 7,5 g Zinksulfid. Der restliche Schwefel verbrennt bei der stark exothermen Reaktion zu Schwefeldioxid.

A8 Magnesium- und Schwefel-Atome reagieren im Atomanzahlverhältnis 1 : 1 miteinander.
Daraus ergibt sich ein Atommassenverhältnis von *m* (Mg-Atom) : *m* (S-Atom) = 24,31 u : 32,06 u = 1 : 1,32. Dies entspricht dem Massenverhältnis der reagierenden Stoffe.

A9 **a)** Wasserstoff lässt sich im Labor in kleinen Mengen herstellen, indem man kleine Stücke Zink oder Magnesium in einem Reagenzglas mit Salzsäure übergießt. Der entstehende Wasserstoff lässt sich durch einen Schlauch in einem mit Wasser gefüllten, umgedrehten Reagenzglas pneumatisch auffangen, das in einer Glaswanne mit Wasser steht. Das Wasserstoffgas verdrängt das Wasser im Reagenzglas.

b) Eigenschaften von Wasserstoff sind beispielsweise: gasförmig bei Raumtemperatur; brennbar, unterhält die Verbrennung aber nicht; geringste Dichte von allen Gasen, reagiert mit Sauerstoff zu Wasser; reagiert mit Metalloxiden; Element mit der geringsten Atommasse.

c) Mögliche technische Anwendungen für Wasserstoff: Treibstoff in der Raumfahrt und in der Brennstoffzellentechnologie, Tragegas für Ballons, Fetthärtung.

Kapitel 6

Hilfen zur Lösung der Aufgaben findest du hier:

A1 S. 108; **A2** S. 108–109; **A3, A4, A5, A6** S. 110–111; **A7** S. 114–115; **A8** S. 116–117; **A9** S. 110–111

Lösungen:

A1 Die meisten Metalle sind Stoffe mit charakteristischem Glanz und relativ hohen Schmelz- und Siedetemperaturen. Sie sind plastisch verformbar, leiten den elektrischen Strom und die Wärme. Metalle lassen sich in Leichtmetalle und Schwermetalle oder in edle und unedle Metalle einteilen.

A2 Kupfer kann man von den vier übrigen Metallen durch seine rote Farbe unterscheiden. Eisen lässt sich durch seine magnetischen Eigenschaften identifizieren. Aluminium, Blei und Zink sind silberfarben, wenn auch in unterschiedlichen Farbnuancen. Um sie sicher zu unterscheiden, sollte man ihre Dichte bestimmen. Blei hat die größte Dichte der drei Metalle ($11{,}3\,\frac{g}{cm^3}$), Aluminium die niedrigste ($2{,}7\,\frac{g}{cm^3}$). Die Dichte von Zink liegt bei $7{,}1\,\frac{g}{cm^3}$.

A3 Die unedlen Metalle Magnesium und Zink entziehen bei der Reaktion mit Oxiden edlerer Metalle diesen leicht den Sauerstoff. Sie reduzieren diese Metalloxide und werden dabei selbst oxidiert.

Magnesium + Kupferoxid → Magnesiumoxid + Kupfer

Zink + Silberoxid → Zinkoxid + Silber

A4 **a)** $PbO_2(s) + C(s) \rightarrow Pb(s) + CO_2(g)$

b) Bei der Reaktion wird Kohlenstoff zu Kohlenstoffdioxid oxidiert; Bleioxid wird zu Blei reduziert. Dabei gibt das Bleioxid Sauerstoff an Kohlenstoff ab. Bei dieser Reaktion laufen also eine *Oxidation* und eine *Reduktion* nebeneinander ab. Eine solche Reaktion bezeichnet man als *Redoxreaktion.*

c) Kohlenstoff ist das Reduktionsmittel, Bleioxid ist das Oxidationsmittel.

A5 $3\,Fe_3O_4(s) + 8\,Al(s) \rightarrow 9\,Fe(s) + 4\,Al_2O_3(s)$; exotherm

A6 Erhitzt man ein Gemisch aus Siliciumdioxid und Aluminium, so reduziert das starke Reduktionsmittel Aluminium das Siliciumdioxid und es entstehen Silicium und Aluminiumoxid.

$4\,Al(s) + 3\,SiO_2(s) \rightarrow 2\,Al_2O_3(s) + 3\,Si(s)$; exotherm

A7 *Verbrennungszone:*
$2\,C(g) + O_2(s) \rightarrow 2\,CO(g)$; exotherm

Reduktionszone:
$Fe_2O_3(s) + 3\,CO(g) \rightarrow 2\,Fe(s) + 3\,CO_2$; exotherm
$2\,CO(g) \rightarrow C(s) + CO_2(g)$; exotherm

Das eigentliche Reduktionsmittel ist Kohlenstoffmonooxid (CO).

A8 **a)** Der Sauerstoff reagiert mit den im Roheisen noch enthaltenen Elementen Kohlenstoff, Phosphor, Silicium, Schwefel und weiteren Begleitelementen wie Mangan zu Oxiden.

$C + O_2 \rightarrow CO_2$; exotherm
$Si + O_2 \rightarrow SiO_2$; exotherm
$S + O_2 \rightarrow SO_2$; exotherm
$4\,P + 5\,O_2 \rightarrow P_4O_{10}$; exotherm
$Mn + O_2 \rightarrow MnO_2$; exotherm

Hinweis: Die Reaktionsgleichungen sind vereinfacht dargestellt. In Wirklichkeit entstehen eine ganze Reihe weiterer Verbindungen, die die Schlacke bilden.

b) Die Oxidationsreaktionen verlaufen exotherm. Dadurch wird Wärme frei, sodass die Temperatur in der Schmelze steigt.

A9 In der Schmelze zersetzt sich Kaliumnitrat unter Bildung von Sauerstoff. Die hinzugegebenen Aktivkohlestückchen verbrennen in der Schmelze bei Anwesenheit von Sauerstoff unter intensivem Aufglühen.

Kapitel 7

Hilfen zur Lösung der Aufgaben findest du hier:

A1 S. 124–127, 133; **A2** S. 124–125; **A3, A4, A5** S. 124–125; **A6, A7, A8** S. 129; **A9** S. 130–131.

Lösungen:

A1 Berechnung der **Stoffmenge:**

$n = \frac{m}{M}$; $n = \frac{V}{V_m}$; $n = c \cdot V$

Berechnung der **Masse:**
$m = M \cdot n$; $m = \varrho \cdot V$

Berechnung der molaren **Masse:**

$M = \frac{m}{n}$

Berechnung des molaren **Volumens:**

$V_m = \frac{V}{n}$

Berechnung des **Volumens:**

$V = V_m \cdot n$; $V = \frac{m}{\varrho}$; $V = \frac{n}{c}$

Berechnung der **Dichte:**

$\varrho = \frac{m}{V}$; $\varrho = \frac{M}{V_m}$

Berechnung der **Stoffmengenkonzentration:**

$c = \frac{n}{V}$; $c = \frac{m}{M \cdot V}$

A2 a) $M(CO_2) = M(C) + 2 \cdot M(O) = (12 + 2 \cdot 16)\,\frac{g}{mol} = 44\,\frac{g}{mol}$

b) $M(H_2O) = (16 + 2 \cdot 1)\,\frac{g}{mol} = 18\,\frac{g}{mol}$

c) $M(PbO_2) = (207 + 2 \cdot 16)\,\frac{g}{mol} = 239\,\frac{g}{mol}$

d) $M(CaCO_3) = (40 + 12 + 3 \cdot 16)\,\frac{g}{mol} = 100\,\frac{g}{mol}$

A3 $M(Al_2O_3) = (2 \cdot 27 + 3 \cdot 16)\,\frac{g}{mol} = 102\,\frac{g}{mol} = 102\,\frac{mg}{mmol}$

$m(Al_2O_3) = M(Al_2O_3) \cdot n(Al_2O_3) = 102\,\frac{mg}{mmol} \cdot 25\,mmol = 2550\,mg = 2{,}55\,g$

A4 a) $n(C) = \frac{m(C)}{M(C)} = \frac{24\,g}{12\,\frac{g}{mol}} = 2\,mol$

b) $n(SiO_2) = \frac{m(SiO_2)}{M(SiO_2)} = \frac{15\,g}{60\,\frac{g}{mol}} = 0{,}25\,mol$

c) $n(H_2O) = \frac{m(H_2O)}{M(H_2O)} = \frac{9\,g}{18\,\frac{g}{mol}} = 0{,}5\,mol$

d) $n(O_2) = \frac{m(O_2)}{V_m(O_2)} = \frac{6\,l}{24\,\frac{l}{mol}} = 0{,}25\,mol$

A5 a) Die Indexzahlen hinter den Elementsymbolen lassen sich noch kürzen, um so die Verhältnisformel (C_2H_5) zu erhalten. Die Molekülformel sagt aus, dass in einem Butan-Molekül 4 Kohlenstoff-Atome und 10 Wasserstoff-Atome miteinander verbunden sind. Es ist nicht das Anzahlverhältnis der Atomsorten gemeint. Dieses beträgt 2 : 5.

b) $M(C_4H_{10}) = (4 \cdot 12 + 10 \cdot 1)\,\frac{g}{mol} = 58\,\frac{g}{mol}$

c) $\varrho(C_4H_{10}) = M(C_4H_{10}) / V_m(C_4H_{10}) = \frac{58\,\frac{g}{mol}}{24\,\frac{l}{mol}} = 2{,}42\,\frac{g}{l}$

Dieser Wert stimmt gut mit dem Literaturwert von $2{,}47\,\frac{g}{l}$ überein.

A6 Eine 3%ige Kochsalzlösung bedeutet einen Massenanteil von 3 g Kochsalz auf 100 g Lösung. Um diese herzustellen muss man 3 g Kochsalz abwiegen und in 97 g Wasser (das entspricht 97 ml) lösen.

A7 a) Allgemein gilt:

$w(\text{gelöster Stoff}) = \frac{m(\text{gelöster Stoff}) \cdot 100}{m(\text{Lösung})}$;

Einheit: %

w(Traubenzucker) =

$$\frac{m(\text{Traubenzucker}) \cdot 100}{m(\text{Traubenzucker}) + m(\text{Wasser})}$$

$$= \frac{15\,\text{g} \cdot 100}{75\,\text{g}} = 20\,\%$$

b) $w(\text{Iod}) = \frac{m(\text{Iod}) \cdot 100}{m(\text{Iod}) + m(\text{Alkohol})}$

$$= \frac{0{,}5\,\text{g} \cdot 100}{20{,}5\,\text{g}} = 2{,}4\,\%$$

A8 In einer Natriumchloridlösung mit der Stoffmengenkonzentration $c(\text{NaCl}) = 0{,}5\,\frac{\text{mol}}{\text{l}}$ sind 0,5 mol Natriumchlorid in einem Liter Wasser gelöst. Für 100 ml dieser Lösung benötigt man die Stoffmenge
$n(\text{NaCl}) = c(\text{NaCl}) \cdot V(\text{NaCl}) = 0{,}5\,\frac{\text{mol}}{\text{l}} \cdot 0{,}1\,\text{l}$
$= 0{,}05\,\text{mol}$
Die molare Masse von Natriumchlorid beträgt:
$M(\text{NaCl}) = (23 + 35{,}5)\,\frac{\text{g}}{\text{mol}} = 58{,}5\,\frac{\text{g}}{\text{mol}}$.
Daraus ergibt sich eine Masse von
$m(\text{NaCl}) = M(\text{NaCl}) \cdot n(\text{NaCl}) = 58{,}5\,\frac{\text{g}}{\text{mol}} \cdot 0{,}05\,\text{mol}$
$= 2{,}93\,\text{g}$. Diese Portion ist abzuwiegen und in einem Messkolben in etwas Wasser zu lösen. Sobald das Salz gelöst ist, füllt man den Messkolben bis zur 100-ml-Eichmarke mit Wasser auf und schüttelt durch.

A9 **a)** $CH_4(g) + 2\,O_2(g) \rightarrow CO_2(g) + 2\,H_2O(g)$; exotherm

b) 1 Volumenteil Methan reagiert mit 2 Volumenteilen Sauerstoff zu 1 Volumenteil Kohlenstoffdioxid und 2 Volumenteilen Wasserdampf.

c) Da Luft nur zu einem Fünftel aus Sauerstoff besteht, benötigt man für die Verbrennung von einem Liter Methan 10 Liter Luft.

Kapitel 8

Hilfen zur Lösung der Aufgaben findest du hier:

A1 Natrium, Kalium S. 140–141, Strontium S. 142–143, Brom S. 146–147, Argon S. 150; **A2** S. 148; **A3** S. 139; **A4** S. 148, **A5** S. 138–139, 142; **A6** S. 146–147; **A7** S. 148, **A8**, **A9** S. 150.

Lösungen:

A1 Edelgase: Argon, Ar; Halogene: Brom; Br; Alkalimetalle: Natrium, Na; Kalium, K; Erdalkalimetalle: Strontium, Sr.

A2 **a)** Es entstehen Alkalimetallhalogenide wie Natriumchlorid oder Kaliumbromid. Dies sind typische Metall-Nichtmetall-Verbindungen und gehören daher zu den Salzen.

b) $2\,K(s) + I_2(s) \rightarrow 2\,KI(s)$; exotherm
Es entsteht das Salz Kaliumiodid.

A3 **Bromthymolblau** ist in verdünnter Salzsäure gelb und in verdünnter Natronlauge blau gefärbt. **Phenolphthalein** ist in verdünnter Salzsäure farblos und in verdünnter Natronlauge rosarot gefärbt. **Universalindikator** ist in verdünnter Salzsäure rot und in verdünnter Natronlauge blau gefärbt.

A4 Bromide sind salzartige Verbindungen eines Metalls mit Brom. Wenn man Bromide in einer Lösung vermutet, so kann man Silbernitratlösung hinzutropfen. Zeigt sich ein gelber Niederschlag (Silberbromid, AgBr), ist die Vermutung bestätigt.

A5 **a)** Bei der Reaktion von Natrium mit Wasser bildet sich Wasserstoff. Dieses Gas verbrennt, nicht das Papier oder das Natriumstück selbst.

b) Die Reaktion von Natrium mit Wasser ist exotherm. Das zu einer Kugel geschmolzene Natriumstück bewegt sich auf dem Wasser. Wasser kann die Wärme gut abführen, wodurch die heiße Natriumkugel abgekühlt wird. Die Entzündungstemperatur des Wasserstoffgases wird nicht erreicht. Auf dem Papier erfolgt diese Kühlung nicht. Die Temperatur reicht aus, um den Wasserstoff zu entzünden.

c) In dem Gefäß saust eine Kugel aus flüssigem Natrium auf Wasser, dem etwas Phenolphthaleinlösung als Indikator zugegeben wurde. Natrium reagiert mit Wasser zu Wasserstoff und Natronlauge. Der entstehende Wasserstoff treibt die Natriumkugel wie ein Luftkissenboot über die Wasseroberfläche. Das zugesetzte Phenolphthalein weist die alkalisch reagierende Natronlauge nach.

$2\,Na(s) + 2\,H_2O(l) \rightarrow 2\,NaOH(aq) + H_2(g)$; exotherm

d) $Ca(s) + 2\,H_2O(l) \rightarrow Ca(OH)_2(s) + H_2(g)$; exotherm

In beiden Fällen entsteht Wasserstoff. Calcium reagiert weniger heftig mit Wasser als Natrium. Zudem ist das entstehende Calciumhydroxid schwer löslich, sodass sich die Lösung trübt. Die Verhältnisformeln der Produkte sind unterschiedlich.

A6 Für kleine Organismen wie Bakterien reichen schon sehr geringe Mengen an Chlor aus, um diese abzutöten. Die für den Menschen giftige Dosis an Chlor ist sehr viel größer. Desinfektionsmittel enthalten daher eine für uns ungefährliche, sehr geringe Menge an Chlor.

A7 Alkalimetalle und Halogene sind sehr reaktive Stoffe. Kämen sie in der Natur in elementarer Form vor, würden sie sehr schnell zu Salzen wie beispielsweise Natriumchlorid reagieren.

A8 Beim Schweißen wird ein Schweißdraht an der Naht zwischen zwei Werkstücken verflüssigt und so die Kanten der Metallstücke miteinander verschmolzen. Die für das Schmelzen des Schweißdrahtes nötige Wärme wird meist elektrisch durch einen Lichtboden erzeugt. Damit das flüssige Metall des Schweißdrahtes nicht mit dem Sauerstoff der Luft reagiert, wird die Schweißstelle beim Schutzgasschweißen mit Argon oder Helium begast.

A9 Helium kondensiert erst bei einer Temperatur unterhalb von –269 °C, das seltenere Xenon bereits unterhalb von –108 °C. Da bei der Verflüssigung von Luft nur Temperaturen von etwa –196 °C erreicht werden, konnte Helium nicht verflüssigt werden und blieb unerkannt.

Kapitel 9

Hilfen zur Lösung der Aufgaben findest du hier:

A1 S. 156; **A2** S. 156, 162–163; **A3** S. 160–161; **A4** S. 156, 162–163; **A5** S. 162–163, 168–169; **A6, A7** S. 168–169; **A8, A9** S. 166–167

Lösungen:

A1 Metalle stehen links und unten im Periodensystem; Nichtmetalle rechts und oben. Die Grenze zwischen Metallen und Nichtmetallen verläuft diagonal von oben links nach unten rechts durch das Periodensystem.

Hinweis: Zu den Elementen, die weder den Metallen noch den Nichtmetallen zuzuordnen sind, gehören Bor (B), Silicium (Si), Arsen (As) und Tellur (Te). Man bezeichnet diese Stoffe als Halbmetalle.

Beispiele für Metalle: Natrium (Na), Eisen (Fe), Zink (Zn) und Kupfer (Cu).

Beispiele für Nichtmetalle: Wasserstoff (H), Sauerstoff (O), Stickstoff (N) und Chlor (Cl).

A2 **a)** Die Elemente werden nach ihrer Zugehörigkeit zu einer Elementfamilie (chemische Verwandtschaft) und nach steigender Atommasse geordnet. Die chemische Verwandtschaft ist das wichtigere Ordnungskriterium.

b) Es handelt sich um das Element Aluminium. Die Zahl in der oberen linken Ecke ist die Massenzahl. Sie gibt die Masse eines Aluminium-Atoms an (26,98 u). Gleichzeitig steht diese Zahl für die molare Masse von Aluminium ($26{,}98 \approx 27 \frac{g}{mol}$), gibt also die Masse von einem Mol Aluminium-Atomen an. Die Zahl unter dem Elementsymbol ist die Ordnungszahl. Sie gibt an, an welcher Stelle sich das Element im Periodensystem befindet. Diese Zahl nennt man auch Kernladungszahl, weil sie die Anzahl der Protonen im Kern des Al-Atoms angibt. Der Kern des Aluminium-Atoms enthält also 13 Protonen und 14 Neutronen sowie gleichzeitig auch 13 Elektronen in der Elektronenhülle.

A3 Nach Dalton sind Atome winzig kleine, starre Kugeln mit definierter Masse. Es gibt so viele Atomarten, wie es Elemente gibt. Die Atome eines Elementes sind jeweils untereinander gleich, haben also auch die gleiche Masse. Elektrische Ladungen treten in diesem Modell nicht auf.

Das Atommodell von Thomson wird auch als *Rosinenkuchenmodell* bezeichnet. Ein Atom besteht hiernach aus einer positiv geladenen Grundmasse (Kuchen) und den darin verteilten Elektronen (Rosinen). Nach Thomson lassen sich einzelne Elektronen aus einem Atom entfernen oder welche hinzufügen. Dadurch entstehen geladene Atome, die Ionen.

Nach Rutherford bestehen Atome aus einem winzig kleinen, positiv geladenen Kern, der nahezu die gesamte Masse des Atoms enthält. Dieser Kern enthält Protonen. Die Elektronen bewegen sich in der nahezu leeren Atomhülle. Diese ist etwa 10 000-mal größer als der Kern. Die Anzahl der Elektronen in der Atomhülle ist jeweils gleich der Anzahl der Protonen im Atomkern.

A4 Wäre bei der Einordnung von Tellur und Iod die Atommasse das entscheidende Kriterium, so müsste Tellur an 53. Stelle im Periodensystem stehen, da es schwerer als Iod ist. Allerdings bestimmt die Ordnungszahl, die Anzahl der Protonen, die Einordnung eines Elements. Iod besitzt ein Proton mehr als Tellur und steht somit nach Tellur an 53. Stelle im Periodensystem.

A5 **a)** Ein Phosphor-Atom ist aus je 15 Protonen und Elektronen sowie 16 Neutronen aufgebaut.

b) Die Atome stimmen in der Anzahl der Protonen und Elektronen überein.
Das Isotop $^{30}_{15}P$ enthält jedoch nur 15 Neutronen im Kern, das Isotop $^{31}_{15}P$ dagegen 16.

A6 6 Protonen: Element Kohlenstoff (C); zwei Schalen sind besetzt, vier Außenelektronen.
8 Protonen: Element Sauerstoff (O); zwei Schalen sind besetzt, sechs Außenelektronen.
14 Protonen: Element Silicium (Si); drei Schalen sind besetzt, vier Außenelektronen.

A7 oben links: Lithium; oben rechts: Chlor; unten links: Argon; unten rechts: Neon

A8 **a)** Es handelt sich um die Edelgase Helium, Neon, Argon, Krypton und Xenon mit jeweils 8 Außenelektronen.

b) Die Edelgase sind besonders reaktionsträge und gehen nahezu keine chemischen Reaktionen ein. Sie werden deshalb auch als Schutzgase verwendet.

A9

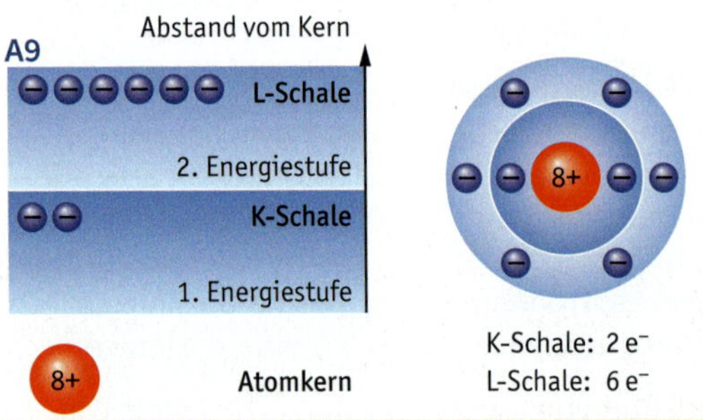

Kapitel 10

Hilfen zur Lösung der Aufgaben findest du hier:

A1 S. 176–177, 180–181; **A2, A3** S. 180–181; **A4** S. 182–183; **A5** S. 182–183, 186–187; **A6, A7, A8** S. 186–187

Lösungen:

A1 Salzartige Stoffe sind Metall-Nichtmetall-Verbindungen, die häufig als Kristalle vorkommen. Sie besitzen meist folgende Eigenschaften: Salzkristalle sind hart, spröde und weisen besondere Kristallformen auf. Salzartige Stoffe haben hohe Schmelz- und Siedetemperaturen. Als Schmelze und wässrige Lösung leiten sie den elektrischen Strom; die Kristalle selbst sind aber Nichtleiter.

Diese Eigenschaften sind mit dem Aufbau der salzartigen Stoffe aus Ionen zu erklären. Salzkristalle sind aus negativ geladenen Anionen und positiv geladenen Kationen aufgebaut. Im festen Salzkristall ziehen sich Kationen und Anionen an und bilden ein Ionengitter. Durch die starke Ionenbindung werden die Ionen auf ihren Gitterplätzen gehalten. Dies erklärt die hohen Schmelz- und Siedetemperaturen sowie die fehlende elektrische Leitfähigkeit der Kristalle. In wässriger Lösung und in einer Salzschmelze sind die Ionen frei beweglich und können so Ladungen transportieren. Auch die Sprödigkeit der Salze lässt sich erklären: Schlägt man auf einen Kristall, geraten gleich geladene Ionen in unmittelbare Nachbarschaft. Die Ionen stoßen sich ab und der Kristall zerbricht.

A2 Zuckerkristalle sind aus ungeladenen Molekülen aufgebaut, sie bilden im Kristall ein Molekülgitter. Zucker und Salz lassen sich durch das Messen der Leitfähigkeit und durch Bestimmung der Schmelztemperatur unterscheiden. Eine Zuckerlösung leitet den elektrischen Strom nicht, da sie keine Ionen enthält. Haushaltszucker schmilzt bei einer deutlich niedrigeren Temperatur (185 °C) als Kochsalz (801 °C). Zudem karamellisiert Zucker beim Erhitzen.

A3 Ein Natriumchloridkristall ist aus gitterartig angeordneten Na^+-Ionen und Cl^--Ionen zusammengesetzt. Betrachtet man nur eine Fläche des würfelförmigen Kristalls, sind die Ionen wie auf einem Schachbrett angeordnet: Auf ein Na^+-Ion folgt ein Cl^--Ion und umgekehrt. Übt man durch einen Hammerschlag eine Kraft auf den Kristall aus, kommen sich gleich geladene Ionen kurzzeitig sehr nahe. Diese stoßen sich ab; der Kristall bricht auseinander. Eine Schemazeichnung findest du auf S. 180, Abb. 2.

A4 Wenn man die Verhältnisformel eines Salzes kennt, lassen sich die Ionen angeben, aus denen das Salz zusammengesetzt ist. Umgekehrt kann man auch bei bekannter Ionenzusammensetzung auf die Verhältnisformel des Salzes schließen. Dabei gilt die Regel der Elektoneutralität: Die Summe der positiven Ladungen muss mit der der negativen Ladungen übereinstimmen.

Salz	Verhältnisformel	enthaltene Ionen
Calciumoxid	CaO	Ca^{2+}, O^{2-}
Aluminiumchlorid	$AlCl_3$	Al^{3+}, Cl^-
Aluminiumsulfid	Al_2S_3	Al^{3+}, S^{2-}
Lithiumsulfid	Li_2S	Li^+, S^{2-}
Magnesiumoxid	MgO	Mg^{2+}, O^{2-}
Kaliumbromid	KBr	K^+, Br^-
Bariumchlorid	$BaCl_2$	Ba^{2+}, Cl^-
Natriumfluorid	NaF	Na^+, F^-

A5 Bei der Bildung von Ionen aus den Atomen der Elemente erfolgt eine Elektronenübertragung, wobei die entstehenden Ionen die Edelgaskonfiguration erreichen. Metall-Atome geben dabei ihre Außenelektronen ab und erreichen so die Edelgaskonfiguration des voranstehenden Edelgas-Atoms. Nichtmetall-Atome nehmen so viele Elektronen auf, bis ihre Schale mit 8 Elektronen voll besetzt ist. Sind die Ionenladung einer Ionensorte sowie die Verhältnisformel des Salzes bekannt, lässt sich über die Regel der Elektroneutralität die Ladung der fehlenden Ionensorte ermitteln.

a) Fe^{3+}, O^{2-} **b)** Ag^+, S^{2-} **c)** Cu^{2+}, Cl^-

d) Fe^{3+}, Cl^- **e)** Ca^{2+}, N^{3-}

A6 **a)** Es läuft eine Elektronenübertragungsreaktion ab. Jedes K-Atom gibt ein Außenelektron ab. Dieses wird von je einem Br-Atom aufgenommen.

$2\,K(s) + Br_2(l) \rightarrow 2\,KBr(s)$

b)

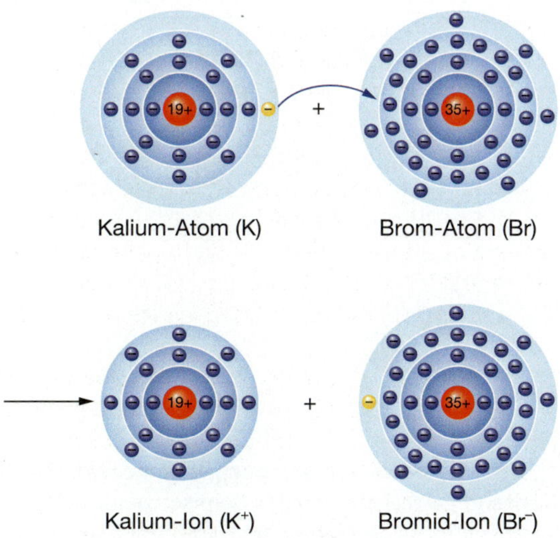

A7 Die Atome der Edelgase besitzen bereits die stabile Edelgaskonfiguration. Ihre äußere Schale ist mit zwei Elektronen (Helium-Atom) oder acht Elektronen (bei allen weiteren Edelgas-Atomen) besetzt. Dadurch sind die Edelgas-Atome reaktionsträge.

A8 **a)** Es ist das Schalenmodell des Bor-Atoms dargestellt. Es hat zwei Schalen und auf der L-Schale drei Außenelektronen.

b) Bor ist ein Halbmetall und bildet keine Ionen. Theoretisch könnten sich jedoch B^{3+}-Ionen bilden, dann hätte das B-Atom alle Außenelektronen abgegeben. Alternativ könnte es auch 5 Elektronen aufnehmen und zu einem B^{5-}-Ion reagieren.

Kapitel 11

Hilfen zur Lösung der Aufgaben findest du hier:

A1 S. 196–197; **A2** S. 196–199; **A3** S. 196–197, **A4** S. 196–197, 200–201; **A5** S. 204–205; **A6** S. 206–207; **A7** S. 209; **A8** S. 210

Lösungen:

A1

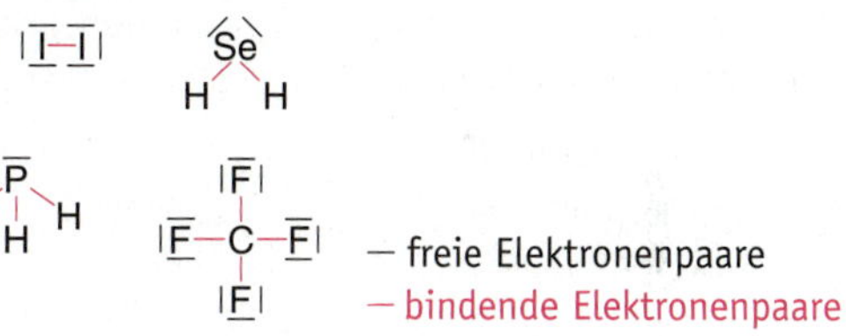

A2 **a)** Das N-Atom besitzt fünf Außenelektronen, die auf vier Elektronenwolken verteilt sind. Eine Elektronenwolke ist doppelt besetzt, drei Wolken sind einfach besetzt. Das N-Atom kann daher drei bindende Elektronenpaare ausbilden.

b)

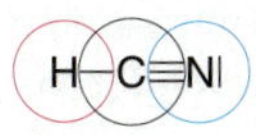

Die Kreise zeigen an, dass die Oktettregel erfüllt ist. Das H-Atom hat durch die Elektronenpaarbindung zwei Außenelektronen, das C- und das N-Atom haben jeweils acht Außenelektronen.

c) Nach dem EPA-Modell werden Mehrfachbindungen wie Einfachbindungen behandelt. Die H–C-Einfachbindung und die C ≡ N-Dreifachbindung stoßen sich ab und nehmen den größtmöglichen Abstand zueinander ein. Dadurch ergibt sich eine lineare Struktur.

A3 **a)** Beim Kohlenstoffdioxid-Molekül fehlt jeweils ein freies Elektronenpaar an den O-Atomen. Beim Kohlenstoffmonooxid-Molekül fehlen formale Ladungen. Das Schwefelwasserstoff-Molekül ist nicht linear, sondern gewinkelt. Beim N-Atom des Ammoniak-Moleküls fehlt ein freies Elektronenpaar.

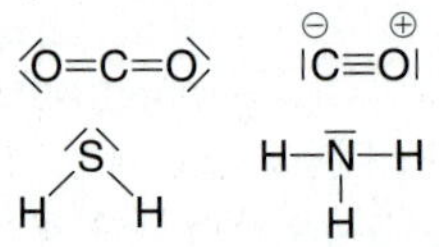

A4 **a)** In den Molekülen von Ammoniak (ΔEN (N–H) = 0,8), Schwefeldioxid (ΔEN (S–O) = 0,8) und Chloroform (ΔEN (C–Cl) = 0,7) liegen polare Elektronenpaarbindungen vor. Die C–H-Bindung im Chloroform-Molekül (ΔEN (C–H) = 0,3) und die C–S-Bindung im Kohlenstoffdisulfid-Molekül (ΔEN (C–S) = 0,1) sind nur sehr schwach polar.

b) Die Moleküle von Ammoniak, Schwefeldioxid und Chloroform haben eine unsymmetrische Struktur, die die Bildung von zwei Polen ermöglicht. Beim linearen Kohlenstoffdisulfid-Molekül ist dies nicht möglich.

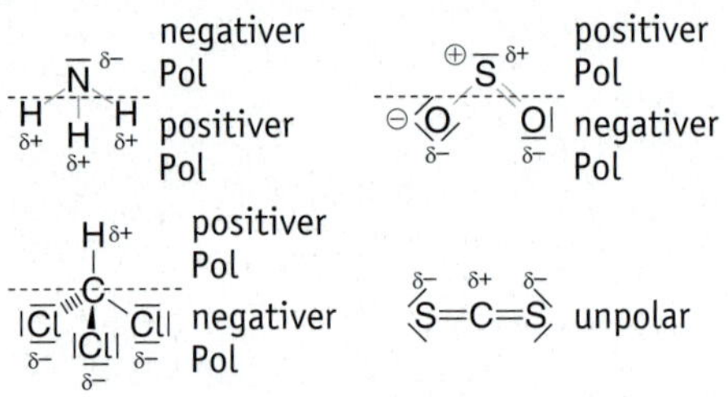

A5 Die S–H-Bindung ist nur schwach polar (ΔEN (S–H) = 0,4) und S-Atome sind größer als H-Atome. Aufgrund der großen Teilladungen können sich zwischen Wasser-Molekülen Wasserstoffbrückenbindungen ausbilden; zwischen den Schwefelwasserstoff-Molekülen wirken hingegen nur sehr schwache Dipol-Dipol-Bindungen. Aufgrund der Wasserstoffbrücken muss mehr Energie aufgewendet werden, um die Wasser-Moleküle voneinander zu trennen. Schwefelwasserstoff ist daher bei Raumtemperatur bereits gasförmig, Wasser flüssig.

A6 **a)** Calciumchlorid ist eine Ionenverbindung. Gibt man einen $CaCl_2$-Kristall in Wasser, lagern sich die Dipol-Moleküle des Wassers mit den negativ teilgeladenen Sauerstoff-Atomen an die Ca^{2+}-Ionen an; umgekehrt treten die positiv teilgeladenen Wasserstoff-Atome mit den Cl^--Ionen in Wechselwirkung. Dadurch wird die Ionenbindung zwischen den Kationen und Anionen gelockert und die Ionen von den Ecken und Kanten her aus dem Kristallgitter abgetrennt. Nach und nach wird das Gitter von außen nach innen abgebaut. In Lösung sind die Ionen von einer Hülle aus Wasser-Molekülen umgeben.
Man spricht von einer Hydrathülle.

b)

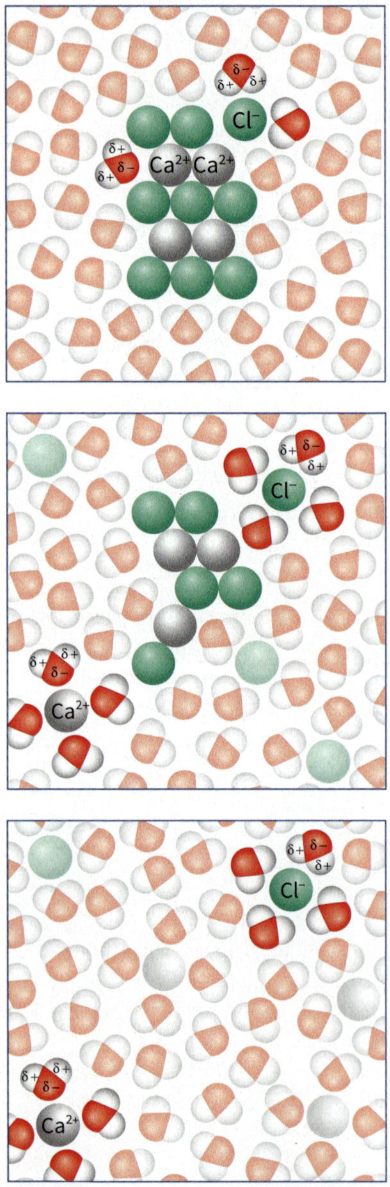

c) Beim Hydratisieren der Ionen wird die Hydratationsenergie frei. Da sich das Gemisch beim Lösen erwärmt, muss der Betrag der Hydratationsenergie größer sein als der Betrag der Gitterenergie.

A7 Methanol-Moleküle haben wie Wasser-Moleküle eine polare O–H-Bindung. Dadurch können Methanol-Moleküle mit Wasser-Molekülen Wasserstoffbrückenbindungen ausbilden. Methanol ist somit hydrophil und löst sich in Wasser.
Die C–H-Bindungen in den Molekülen im Benzin sind nur sehr schwach polar und können nur schwache Van-der-Waals-Bindungen ausbilden. Benzin ist ein hydrophober Stoff und löst sich daher nicht im hydrophilen Methanol.

A8 Molekülverbindungen bilden sich häufig, wenn zwei oder mehrere Nichtmetalle miteinander reagieren; Ionenverbindungen entstehen bei Reaktionen von Metallen mit Nichtmetallen.
Schwefel / Sauerstoff:
Molekülverbindungen (Schwefeldioxid (SO_2); Schwefeltrioxid (SO_3));
Natrium/Brom:
Ionenverbindung (Natriumbromid (NaBr));
Magnesium / Sauerstoff:
Ionenverbindung (Magnesiumoxid (MgO));
Kohlenstoff / Wasserstoff:
Molekülverbindungen (Methan (CH_4), Ethan (C_2H_6));
Stickstoff / Wasserstoff:
Molekülverbindungen (Ammoniak (NH_3)).

Kapitel 12

Hilfen zur Lösung der Aufgaben findest du hier:

A1, A2, A3 S. 218–219, 224–225; **A4, A5** S. 226–227; **A6** S. 228–229; **A7, A8** S. 236–237

Lösungen:

A1 Saure Lösungen:
- färben Universalindikator rot,
- leiten den elektrischen Strom, enthalten also Ionen,
- reagieren mit unedlen Metallen unter Bildung von Wasserstoff,
- bilden bei der Elektrolyse am Minuspol Wasserstoff; saure Lösungen müssen also hydratisierte Wasserstoff-Ionen, $H^+(aq)$, enthalten.

Alkalische Lösungen:
- färben Universalindikator blau,
- leiten den elektrischen Strom, enthalten also Ionen,
- enthalten hydratisierte Hydroxid-Ionen, $OH^-(aq)$.

A2 Verdünnte Salzsäure: Wasserstoff-Ionen ($H^+(aq)$), Chlorid-Ionen ($Cl^-(aq)$).
Verdünnte Schwefelsäure: Wasserstoff-Ionen ($H^+(aq)$), Sulfat-Ionen ($SO_4^{2-}(aq)$).
Natronlauge: Natrium-Ionen ($Na^+(aq)$), Hydroxid-Ionen, ($OH^-(aq)$).
Kalkwasser: Calcium-Ionen ($Ca^{2+}(aq)$), Hydroxid-Ionen, ($OH^-(aq)$).

A3

	saure Lösung	alkalische Lösung
Universalindikator	rot	blau
Phenolphthalein	farblos	rosarot
Bromthymolblau	gelb	blau

A4 $\mathrm{pH} = -\lg \frac{c(H^+)}{\frac{mol}{l}}$

Der pH-Wert ist der negative Zehnerlogarithmus der in $\frac{mol}{l}$ gemessenen Konzentration der hydratisierten Wasserstoff-Ionen ($H^+(aq)$).

Beispiel: $c(H^+) = 10^{-3}\,\frac{mol}{l} \Leftrightarrow \mathrm{pH} = -\lg \frac{10^{-3}\,\frac{mol}{l}}{\frac{mol}{l}} = 3$

A5 **a)** In der Salzsäure mit pH = 1 beträgt die Konzentration der hydratisierten Wasserstoff-Ionen $c(H^+) = 10^{-1}\,\frac{mol}{l}$, in der mit pH = 3 ist die $c(H^+) = 10^{-3}\,\frac{mol}{l}$. In der Salzsäure mit pH = 1 ist die Konzentration der hydratisierten Wasserstoff-Ionen hundertmal größer. Die Lösung ist also gefährlicher.

b) Man muss die Salzsäure mit pH = 1 auf das Hundertfache verdünnen; also beispielsweise 10 ml von der Salzsäure mit pH = 1 abmessen und in einem Messkolben mit Wasser auf 1000 ml auffüllen.

A6 **a, b)**

	Verhältnisformel	Ionen	
Kaliumiodid	KI	K^+	I^-
Natriumsulfat	Na_2SO_4	Na^+	SO_4^{2-}
Magnesiumcarbonat	$MgCO_3$	Mg^{2+}	CO_3^{2-}
Calciumnitrat	$Ca(NO_3)_2$	Ca^{2+}	NO_3^-
Natriumphosphat	Na_3PO_4	Na^+	PO_4^{3-}
Natriumhydrogencarbonat	$NaHCO_3$	Na^+	HCO_3^-

A7 Beim angefeuchteten Indikatorpapier reagieren die HCl-Moleküle im Chlorwasserstoffgas mit den Wasser-Molekülen zu Salzsäure:

$$HCl(g) + H_2O(l) \xrightarrow{\text{Wasser}} H_3O^+(aq) + Cl^-(aq)$$

Beim trockenen Indikatorpapier bleibt diese Reaktion aus, da das Wasser fehlt. Bei hoher Luftfeuchtigkeit kann die obige Reaktion allerdings auch dort langsam ablaufen.

A8 Mit dem abgebildeten Versuchsaufbau lässt sich die Leitfähigkeit einer Lösung prüfen und somit bestimmen, ob eine Lösung Ionen enthält. Durch das elektrische Feld zwischen den Elektroden wandern die Ionen in der Lösung und transportieren so Ladung. Der Stromkreis ist geschlossen und die Lampe leuchtet auf.

Im Versuch mit der konzentrierten (reinen) Essigsäure ist keine Leitfähigkeit und somit kein Leuchten der Lampe zu erwarten, weil in reiner Essigsäure praktisch nur Essigsäure-Moleküle (HAc) und keine Ionen vorliegen. Verdünnt man die reine Essigsäure mit Wasser, erfolgt ein Protonenübergang von Essigsäure-Molekülen auf Wasser-Moleküle. Die Essigsäure-Moleküle reagieren als Brönsted-Säure, die Wasser-Moleküle als Brönsted-Base:
$CH_3COOH\,(l) + H_2O\,(l) \rightarrow H_3O^+(aq) + CH_3COO^-(aq)$.
In der verdünnten Lösung liegen dann hydratisierte Hydronium-Ionen und Acetat-Ionen vor. Dadurch zeigt die verdünnte Essigsäure Leitfähigkeit und die Lampe leuchtet auf.

Kapitel 13

Hilfen zur Lösung der Aufgaben findest du hier:

A1 S. 244–245; **A2** S. 246–247; **A3** S. 248; **A4** S. 248, 258–259; **A5**, **A6** S. 252–255

Lösungen:

A1 a) In einem Metallkristall besetzen Metall-Kationen feste Gitterplätze. Zwischen diesen befinden sich die nahezu frei beweglichen Außenelektronen. Man spricht hierbei vom Elektronengas, weil sich die Elektronen wie Gasteilchen ungeordnet bewegen.

b) Verformbarkeit, Leitfähigkeit für Strom und Wärme, metallischer Glanz.

A2 a) Sauerstoffübertragung:
$PbO_2\,(s) + C\,(s) \rightarrow Pb\,(s) + CO_2\,(g)$; exotherm

Elektronenübertragung:

Oxidation:	$2\,O^{2-} + C$	$\dashrightarrow CO_2 + 4e^-$
Reduktion:	$Pb^{4+} + 4e^-$	$\dashrightarrow Pb$
Redoxreaktion:	$PbO_2\,(s) + C\,(s)$	$\rightarrow Pb\,(s) + CO_2\,(g)$ exothem

b) *Sauerstoffübertragung:* Die Sauerstoff-Atome in der Verbindung Bleioxid werden abgegeben (Reduktion) und verbinden sich mit den Kohlenstoff-Atomen zu Kohlenstoffdioxid-Molekülen (Oxidation). Es erfolgt eine Reaktion, bei der Sauerstoff-Atome übertragen werden (Redoxreaktion). Das Oxidationsmittel (Sauerstoffspender) ist Bleioxid; das Reduktionsmittel (Sauerstoffempfänger) ist Kohlenstoff.

Elektronenübertragung: Jedes Pb^{4+}-Ion im Bleioxid nimmt 4 Elektronen auf und wird so zum Blei-Atom reduziert (Elektronenaufnahme = Reduktion). Die Elektronen stammen aus den Kohlenstoff-Atomen, die ihre Valenzelektronen abgeben und so formal zu C^{4+}-Ionen werden (Elektronenabgabe = Oxidation). Mit den Oxid-Ionen bilden sich dann CO_2-Moleküle. Es läuft insgesamt eine Elektronenübertragungsreaktion ab (Redoxreaktion).
Als Elektronendonatoren (Reduktionsmittel) wirken die Kohlenstoff-Atome; die Pb^{4+}-Ionen sind die Elektronenakzeptoren (Oxidationsmittel).

A3 a), b) Zink ist unedler als Silber, aber edler als Magnesium. In einer Silbernitratlösung werden die Zink-Atome aufgrund ihres unedlen Charakters zu Zn^{2+}-Ionen oxidiert. Ag^+-Ionen lassen sich als Kationen eines edlen Metalls leicht zu Ag-Atomen reduzieren. Es läuft also folgende Reaktion ab:

$Zn\,(s) + 2\,Ag^+(aq) \rightarrow Zn^{2+}(aq) + 2\,Ag\,(s)$

In der Magnesiumsulfatlösung erfolgt keine Reaktion, da Zink edler als Magnesium ist und daher sich die Mg^{2+}-Ionen nicht durch Zink-Atome reduzieren lassen.

A4 a)

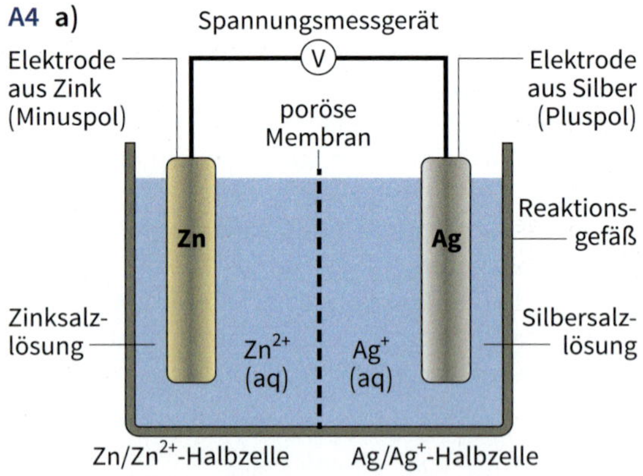

b) *Minuspol (Oxidation):* $Zn \dashrightarrow Zn^{2+} + 2e^-$
Pluspol (Reduktion): $2\,Ag^+ + 2e^- \dashrightarrow 2\,Ag$

Gesamt: $Zn\,(s) + 2\,Ag^+(aq) \rightarrow Zn^{2+}(aq) + 2\,Ag\,(s)$

c) Um eine höhere Spannung zu erzielen, könnte man ein unedleres Metall als Zink und ein edleres Metall als Silber miteinander in zwei Halbzellen kombinieren. So könnte man beispielsweise eine Mg/Mg^{2+}-Halbzelle mit einer Au/Au^{+}-Halbzelle leitend verbinden.

d) Am Zinkblech würde sich schwarzes, metallisches Silber niederschlagen und Zink-Ionen in Lösung gehen. Es würde an der Oberfläche des Zinkblechs eine Redoxreaktion zwischen Ag^{+}-Ionen und Zn-Atomen erfolgen. Eine Spannung ist nicht messbar, da die Elektronenübertragung direkt an der Grenzfläche zwischen Metall und Lösung erfolgt. Es handelt sich daher um einen Kurzschluss. In der anderen Halbzelle geschieht nichts, da die Zink-Ionen bereits oxidiert sind und durch Silber-Atome nicht reduziert werden können.

A5 **a)** Im Wasser gelöste Sauerstoff-Moleküle oxidieren die Eisen-Atome zu Fe^{2+}-Ionen und werden dabei selbst zu Hydroxid-Ionen reduziert. Es entsteht schwerlösliches Eisenhydroxid ($Fe(OH)_2$), das sich auf dem Eisen ablagert. Durch weitere Reaktion mit Sauerstoff bildet sich dann Eisenoxid-Hydroxid, der eigentliche Rost. In ihm liegen Fe^{3+}-Ionen vor.

Oxidation: $2\,Fe \dashrightarrow 2\,Fe^{2+} + 4\,e^-$

Reduktion: $O_2 + 2\,H_2O + 4\,e^- \dashrightarrow 4\,OH^-$

Redoxreaktion: $2\,Fe(s) + O_2(g) + 2\,H_2O(l) \rightarrow 2\,Fe^{2+}(aq) + 4\,OH^-(aq) \rightarrow 2\,Fe(OH)_2(s)$

$4\,Fe(OH)_2(s) + O_2(g) \rightarrow 4\,FeO(OH)(s) + 2\,H_2O(l)$

b) Aluminium und Zink bilden im Gegensatz zu Eisen an Luft eine dünne, fest haftende Oxidschicht. Diese schützt das darunter liegende Metall vor weiterer Korrosion. Man sagt, Aluminium und Zink sind passiviert.

A6 **a)**

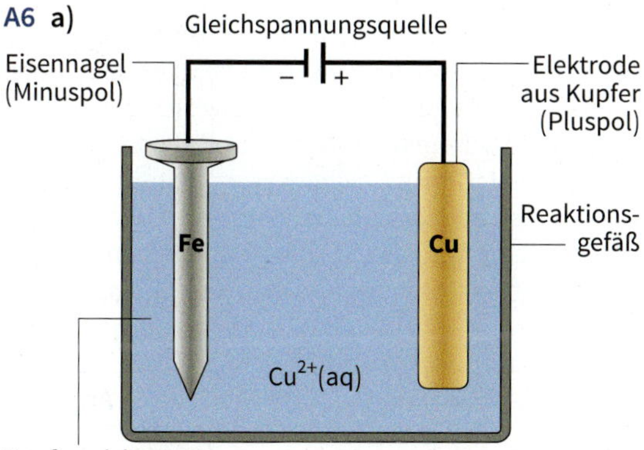

b) Eine Schicht aus Zink ist als Überzug für Eisen geeignet, weil es sich mit einer dünnen Zinkoxidschicht überzieht, die das Zink und das darunter liegende Eisen vor Korrosion schützt (Passivierung). Kupfer ist ein edleres und somit korrosionsbeständigeres Metall als Eisen. Daher eignet es sich als Überzug.

c) Sind die Metallüberzüge verletzt, bilden sich Lokalelemente aus. Im Falle der Verzinkung korrodiert jedoch das unedlere Zink (Minuspol) und das Eisen (Pluspol) bleibt so lange geschützt, bis kein Zink mehr vorhanden ist. Beim verkupferten Material bildet das unedlere Eisen den Minuspol. Eisen-Ionen gehen in Lösung und das Eisen rostet. Die Kupferschicht bleibt intakt.

Kapitel 14

Hilfen zur Lösung der Aufgaben findest du hier:

A1: S. 268–271, **A2 a):** S. 272–273, **A2 b):** S. 280–281, S. 282, **A2 c):** S. 278–279, **A3:** S. 285, **A4:** S. 289, **A5:** S. 286, **A6:** S. 289, **A7:** S. 288–289.

Lösungen:

A1 **a)** Die Reaktionsgeschwindigkeit nimmt während einer Reaktion ab, da die Konzentration der Ausgangsstoffe abnimmt: Je weniger Teilchen vorliegen, desto geringer ist die Wahrscheinlichkeit für erfolgreiche Zusammenstöße und umso langsamer verläuft die Reaktion.

b) Man kann die Reaktionsgeschwindigkeit beeinflussen, indem man die Konzentration der Ausgangsstoffe, den Zerteilungsgrad, die Temperatur oder – bei Gasen – den Druck ändert.
Je höher die *Konzentration* ist, desto mehr Teilchen liegen pro Volumeneinheit vor, desto mehr erfolgreiche Zusammenstöße finden statt und umso schneller verläuft die Reaktion. Bei Gasreaktionen werden bei Erhöhung des *Drucks* die Konzentrationen erhöht. Mit dem *Zerteilungsgrad* wächst die Oberfläche von Feststoffen. Je größer die Oberfläche ist, desto schneller verläuft die Reaktion, denn die Wahrscheinlichkeit für Zusammenstöße der Teilchen nimmt mit der Oberfläche zu. Je höher bei einer Reaktion die *Temperatur* ist, umso schneller verläuft sie, da bei höheren Temperaturen mehr Teilchen die für einen erfolgreichen Zusammenstoß erforderliche Mindestgeschwindigkeit besitzen.

A2 **a)** Schwefeltrioxid erhält man durch die Reaktion von Schwefeldioxid mit Sauerstoff. Diese Reaktion verläuft in größerem Ausmaß erst bei hoher Temperatur (400 °C) und Einsatz eines Katalysators. Schwefeldioxid erhält man durch die Verbrennung von Schwefel:

$S(s) + O_2(g) \rightarrow SO_2(g)$; exotherm

$SO_2(g) + 2\,O_2(g) \rightarrow 2\,SO_3(s)$; exotherm

SO_3:

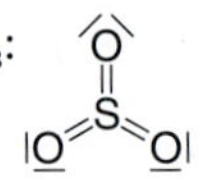

Schwefelsäure entsteht bei der Reaktion von Schwefeltrioxid mit Wasser:

$SO_3(s) + H_2O(l) \rightarrow H_2SO_4(l)$; exotherm

H_2SO_4:

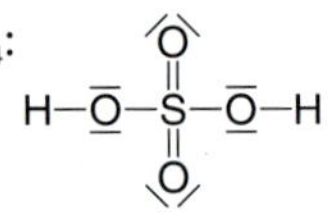

b) Ammoniak kann aus den Elementen hergestellt werden. Dabei reagieren Stickstoff und Wasserstoff im Volumenverhältnis 1 : 3. Wirtschaftliche Ausbeuten an Ammoniak erhält man in Anwesenheit eines Katalysators bei 450 °C und 10 hPa:

$N_2(g) + 3\,H_2(g) \rightarrow 2\,NH_3(g)$; exotherm

NH_3:

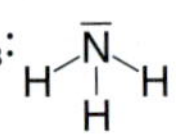

Zur Herstellung von Salpetersäure wird Ammoniak bei hohen Temperaturen (800 °C) und unter Einsatz eines Katalysators oxidiert. Dabei bildet sich Stickstoffmonooxid, das dann zusammen mit Luft in Wasser eingeleitet wird:

$4\,NH_3(g) + 5\,O_2(g) \rightarrow 4\,NO(g) + 6\,H_2O(g)$; exotherm

$4\,NO_2(g) + 2\,H_2O(l) + O_2(g) \rightarrow 4\,HNO_3(aq)$; exotherm

HNO_3:

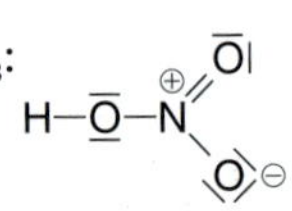

c) Phosphorsäure wird hergestellt, indem man Apatit mit Schwefelsäure zur Reaktion bringt:

$Ca_3(PO_4)_2(s) + 3\,H_2SO_4(aq) \rightarrow 3\,CaSO_4(s) + 2\,H_3PO_4(aq)$; exotherm

H_3PO_4:

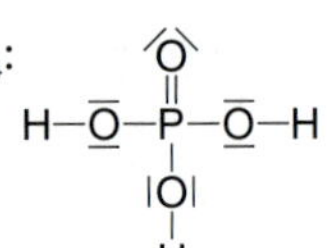

Durch Neutralisation mit Natronlauge erhält man die entsprechenden Natriumsalze:

$H_3PO_4(aq) + NaOH(aq) \rightarrow NaH_2PO_4(aq) + H_2O(l)$

$NaH_2PO_4(aq) + NaOH(aq) \rightarrow Na_2HPO_4(aq) + H_2O(l)$

$Na_2HPO_4(aq) + NaOH(aq) \rightarrow Na_3PO_4(aq) + H_2O(l)$

Na_3PO_4:

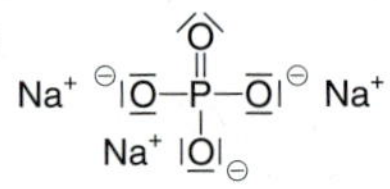

A3 **a)** Der Begriff könnte insofern falsch verstanden werden, als dass man unter „Minimumstoff" den Stoff versteht, der in der geringsten Menge vorliegt, ohne den Bezug auf den Bedarf der Pflanzen zu beachten.

b) Damit die Pflanzen gut wachsen können, benötigen sie ein ausgewogenes Angebot an Mineralstoffen. Ist von einem Mineralstoff zu wenig vorhanden, herrscht also ein Mangel an diesem Mineralstoff, so wird das Wachstum der Pflanze behindert. Der Nährstoff, der am wenigsten vorhanden ist, aber dennoch benötigt wird, bestimmt das Wachstum der Pflanze. Dieser Minimumstoff begrenzt also die Verwertung der übrigen Nährstoffe durch die Pflanzen und damit den Ernteertrag. Er muss deshalb durch Düngung zugeführt werden.

c) Im abgebildeten Beispiel liegt ein Mangel an stickstoffhaltigen Salzen vor. Dabei handelt es sich um den Minimumstoff. Der Landwirt muss einen Dünger verwenden, der vor allem diesen Minimumstoff enthält. Eine Düngung mit anderen Salzen ist solange nutzlos, bis so viel von dem Minimumstoff nachgeliefert wurde, dass ein anderer Stoff zum Minimumstoff wird.

A4 Hartes Wasser enthält besonders viele Calcium-Ionen und Hydrogencarbonat-Ionen. Man spricht auch von gelöstem Calciumhydrogencarbonat. Beim Erhitzen von hartem Wasser zersetzt sich das gelöste Calciumhydrogencarbonat in unlösliches Calciumcarbonat. Dieses Calciumcarbonat bildet lästige Kalkkrusten an Wasserhähnen und Armaturen oder behindert als Kesselstein an Heizspiralen und in Wasserkochern oder Rohren die Wärmeübertragung.

A5 Im Graphit sind die Kohlenstoff-Atome in Schichten aus Sechsecken angeordnet. Innerhalb einer Schicht im Graphitgitter besitzt jedes Kohlenstoff-Atom drei Nachbar-Atome. Zu jedem Nachbar-Atom besteht eine Elektronenpaarbindung. Das vierte Außenelektron jedes Kohlenstoff-Atoms ist nicht fest gebunden, sondern innerhalb der Schicht frei beweglich. Zwischen den einzelnen Schichten bestehen nur schwache Bindungskräfte. Dieser Aufbau erklärt die gute elektrische Leitfähigkeit von Graphit und seine Weichheit.

Im Diamant hat jedes Kohlenstoff-Atom vier Nachbar-Atome in tetraedrischer Anordnung. Zu jedem der Nachbar-Atome besteht eine Elektronenpaarbindung. Ein einzelner Diamant kann als einziges riesiges Molekül betrachtet werden. Man spricht auch von einem Atomgitter. Dieser Aufbau erklärt die Härte von Diamant.

A6 **a)** Kalkablagerungen im Wasserkocher bilden sich beim Erhitzen von hartem Wasser. Dabei zersetzt sich das gelöste Calciumhydrogencarbonat in unlösliches Calciumcarbonat, Kohlenstoffdioxid und Wasser:

$$Ca(HCO_3)_2\,(aq) \rightarrow CaCO_3\,(s) + H_2O\,(l) + CO_2\,(g)$$

Reaktionsgleichung mit Ionen:

$$Ca^{2+}(aq) + 2\,HCO_3^-(aq) \rightarrow CaCO_3\,(s) + H_2O\,(l) + CO_2\,(g)$$

b) Ein Wasserkocher lässt sich mit einer sauren Lösung wie Essigsäure entkalken. Dabei kommt es zu einer deutlichen Gasentwicklung. Die saure Lösung zersetzt das Calciumcarbonat in gelöste Calcium-Ionen, Wasser und gasförmiges Kohlenstoffdioxid:

$$2\,H^+(aq) + CaCO_3\,(s) \rightarrow Ca^{2+}(aq) + H_2O\,(l) + CO_2\,(g)$$

A7 **a)** $CaCO_3\,(s) + H_2O\,(l) + CO_2\,(aq) \rightleftharpoons Ca^{2+}(aq) + 2\,HCO_3^-(aq)$

b) Die Hinreaktion findet bei folgenden Vorgängen statt: Verwitterung von Kalkstein durch kohlenstoffdioxidhaltiges Regenwasser, Bildung von Tropfsteinhöhlen durch Sickerwasser mit gelöstem Kohlenstoffdioxid, Bildung von hartem Wasser in kalksteinhaltigen Gebieten.

Die Rückreaktion findet bei folgenden Vorgängen statt: Bildung von Tropfsteinen, Verkalkung eines Wasserkochers, Bildung der Kalkschale bei einer Schnecke.

Kapitel 15

Hilfen zur Lösung der Aufgaben findest du hier:

A1 S. 302, 316, 334; **A2** S. 310, 316, 317; **A3** S. 307, 334, **A4** S. 305, 334; **A5** S. 311, 312, 317, 334; **A6** S. 184, 311; **A7** S. 317, 334; **A8** S. 317, 334; **A9** S. 306, **A10** S. 320–321, **A11** S. 320–321, **A12** S. 322–323, **A13** S. 324–325, **A14** S. 324–325, **A15** S. 324, **A16** S. 324–325, **A17** S. 326, **A18** S. 328–329, **A19** S. 331, **A20** S. 332–333.

Lösungen:

A1 Kohlenwasserstoffe sind Verbindungen, deren Moleküle nur aus Kohlenstoff-Atomen und Wasserstoff-Atomen bestehen. Bei gesättigten Kohlenwasserstoffen sind alle C/C-Bindungen nur Einfachbindungen. In den Molekülen der ungesättigten Kohlenwasserstoffe gibt es dagegen mindestens eine C/C-Mehrfachbindung.

A2 **a)** Ruß besteht größtenteils aus Kohlenstoff.

b) Für die Verbrennung von Kohlenstoff wird viel Sauerstoff benötigt. Ist der Kohlenstoffanteil in einer Verbindung groß, kann die Verbrennung bei ungenügender Luftzufuhr unvollständig sein, sodass die Flamme rußt. Da der Kohlenstoffanteil von Ethan über Ethen zu Ethin zunimmt, rußen die Flammen unterschiedlich stark.

A3 2,2,3,3-Tetramethylbutan

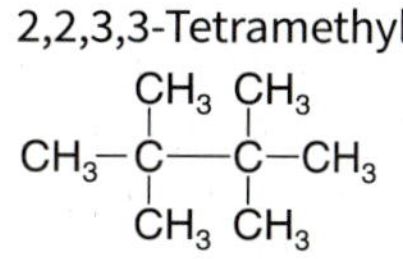

A4
1-Chlor-2-methylpropan; 2-Methylbutan; Methylpropen

A5

$$Br\text{–}Br + CH_3\text{–}CH_2\text{–}CH_3 \xrightarrow{\text{Substitution}} CH_3\text{–}CHBr\text{–}CH_3 + HBr$$

2-Brompropan

$$Br\text{–}Br + CH_3\text{–}CH_2\text{–}CH_3 \xrightarrow{\text{Substitution}} CH_3\text{–}CH_2\text{–}CH_2Br + HBr$$

1-Brompropan

außerdem Mehrfachsubstitutionen

$$Br\text{–}Br + CH_3\text{–}CH{=}CH_2 \xrightarrow{\text{Addition}} CH_3\text{–}CHBr\text{–}CH_2Br$$

1,2-Dibrompropan

$$2\,Br\text{–}Br + CH_3\text{–}C{\equiv}CH \xrightarrow{\text{Addition}} CH_3\text{–}CBr_2\text{–}CHBr_2$$

1,1,2,2-Tetrabrompropan

A6 **a)** Die Silbernitratlösung enthält Silber-Ionen, die mit Chlorid-Ionen zu schwerlöslichem Silbernitrat reagieren. Im Trichlormethan liegen aber keine Chlorid-Ionen vor. Die Chlor-Atome sind stattdessen über Elektronenpaarbindungen mit dem Kohlenstoff-Atom verbunden.

b) Man führt eine Beilstein-Probe durch: Ein Kupferdraht wird in Trichlormethan getaucht und dann in die Bunsenflamme gehalten. Die Grünfärbung der Flamme zeigt Halogene, also auch Chlor an.

A7

$$CH_3{-}CH{=}CH_2 + H_2 \xrightarrow{\text{Addition}} CH_3{-}CH_2{-}CH_3$$

$$CH_3{-}CH_2{-}CH_3 \xrightarrow{\text{Eliminierung}} CH_3{-}CH{=}CH_2 + H_2$$

A8

$$CH_3{-}CH{=}CH_2 + HCl \rightarrow \underset{\text{1-Chlorpropan}}{CH_3{-}CH_2{-}CH_2Cl}$$

$$CH_3{-}CH{=}CH_2 + HCl \rightarrow \underset{\text{2-Chlorpropan}}{CH_3{-}CHCl{-}CH_3}$$

A9 **a)** Propan und Butan sind schon unter leicht erhöhtem Druck flüssig. Sie kommen auch in flüssiger Form in den Handel.

b) Campinggas ist ein Propan-Butan-Gemisch. Propan und Butan können durch Gas-Chromatografie getrennt werden. Dabei wird eine kleine Probe des Gasgemisches in eine Trennsäule gespritzt, durch die als mobile Phase ein Trägergas wie Helium strömt. In der Trennsäule befindet sich ein poröses Trägermaterial, das mit einem Film einer hochsiedenden Flüssigkeit beschichtet ist. Die Flüssigkeit ist die stationäre Phase. Einerseits lösen sich die Gase in der stationären Phase, andererseits transportiert die mobile Phase sie durch die Trennsäule. In der stationären Phase lösen sich die Gase unterschiedlich gut und werden dementsprechend unterschiedlich lange in der Säule zurückgehalten und dadurch getrennt. Ein Detektor am Ende des Trennrohrs erkennt die getrennten Reinstoffe durch Änderung der Wärmeleitfähigkeit des ausströmenden Gases. Dies wird im Gas-Chromatogramm durch Peaks dargestellt.

Das Gas-Chromatogramm von Campinggas weist drei Peaks auf: Propan verlässt die Säule zuerst. Danach folgen zwei Peaks isomerer Butane: 2-Methypropan und *n*-Butan.

A10 Kohle bildete sich aus üppig gewachsenen Pflanzen, die nach dem Absterben in Sümpfen versanken und dort unter Luftabschluss zu Torf umgewandelt wurden. Sedimente überdeckten dann das abgestorbene Pflanzenmaterial; durch zunehmenden Druck entwichen Wasser und Methan. Beim weiteren Absinken der Torfschichten bildete sich durch steigende Temperatur allmählich Braunkohle.

Bei der Erdölbildung spricht vieles dafür, dass abgestorbenes Plankton auf den Grund von Gewässern sank und kontinuierlich mit Sedimenten bedeckt wurde. Das Plankton wurde dort unter Abschluss von Sauerstoff abgebaut. Zunehmender Druck durch Gesteinsschichten und die Erdwärme führten zum Abbau der organischen Stoffe und zur Spaltung größerer Moleküle. In den Gesteinsporen sammelte sich Erdöl und stieg schließlich nach oben, bis es auf undurchlässige Schichten traf.

Das beim Abbau entstehende Methan bildet eine Erdgasblase über dem Erdöl.

A11 Braunkohle und Steinkohle unterscheiden sich durch den Gehalt an Kohlenstoff. Braunkohle ist jünger als Steinkohle, so dass sie einen höheren Wasser- und geringeren Kohlenstoffanteil enthält. Braunkohle ist poröser als Steinkohle.

A12 Die Siedetemperatur hängt vom Druck ab. Destilliert man unter Vakuum, so erniedrigen sich die Siedetemperaturen. So können bei der Vakuumdestillation von Erdöl Kohlenwasserstoffe zum Sieden gebracht werden, die sich bei Atmosphärendruck bereits vor dem Sieden zersetzen würden.

A13 **a)** Ein Radikal ist ein Atom oder Molekül mit einem ungepaarten Elektron. Radikale sind sehr reaktionsfreudig.

b) Beim Cracken werden C–C-Bindungen getrennt; dadurch entstehen Radikale. Diese können dann mit anderen Radikalen reagieren oder beispielsweise aus anderen Molekülen ein Wasserstoff-Radikal abtrennen.

c) Das Produkt ist Cyclopentan.

d) Aus dem Methyl-Radikal und dem Butyl-Radikal kann sich ein 2-Methylbutan-Molekül (1) bilden, aus dem Propyl-Radikal und dem Ethyl-Radikal kann ein Pentan-Molekül (2) entstehen. Die Reaktion des Butyl-Radikals mit dem Propyl-Radikal kann zur Bildung von 3-Methylhexan (3) führen. 3-Methylpentan (4) kann bei der Reaktion des Butyl- und Ethyl-Radikals entstehen. Bei der Reaktion des

Methyl-Radikals mit dem Propyl-Radikal kann Butan (5), bei der Reaktion mit dem Ethyl-Radikal Propan (6) entstehen.

(1) 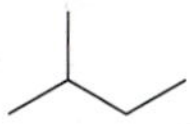
(2) 
(3) 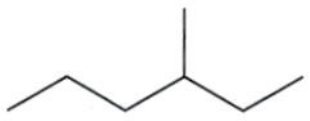
(4) 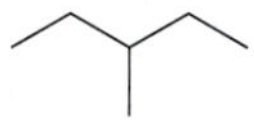
(5) 
(6) 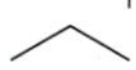

A14 Im laufenden Betrieb wird immer wieder ein Teil der Katalysatorperlen in den Regenerator abgezweigt. Dort reagiert der Ruß zu Kohlenstoffdioxid. Der so gereinigte Perlkatalysator wird dann wieder zurück in den Crackreaktor geführt.

A15 Bei einem Ottomotor wird das Treibstoff-Luft-Gemisch im Zylinder komprimiert und mit einem Zündfunken gezündet. Je seltener sich dabei das Gemisch vor der eigentlichen Zündung von selbst entzündet, desto klopffester ist der Treibstoff. Die Klopffestigkeit wird durch die Oktanzahl ausgedrückt. Frühzündungen durch Kraftstoffe, die nicht genügend klopffest sind, schädigen den Motor.

A16 Benzin besteht aus verzweigten oder ringförmigen Kohlenwasserstoffen mit etwa 5 bis 12 Kohlenstoff-Atomen. Die Benzinfraktion siedet zwischen 30 und 150 °C. Dieselkraftstoff besteht aus längerkettigen, unverzweigten Kohlenwasserstoffen mit bis zu 10 bis 20 Kohlenstoff-Atomen. Er siedet zwischen 250 und 350 °C und besitzt eine größere Dichte als Benzin.

A17 Die Keramikoberfläche der Auto-Abgaskatalysatoren ist mit etwa 2 g der Edelmetalle Platin und Rhodium beschichtet. Diese Edelmetalle sind sehr teuer und werden daher beim Recycling zurückgewonnen.

A18 Bioethanol und Biodiesel werden aus pflanzlichen Stoffen wie Zucker oder Öl hergestellt, bei deren Bildung Pflanzen Kohlenstoffdioxid aus der Luft aufnehmen. Bei der Verbrennung von Biodiesel und Bioethanol wird daher nicht mehr Kohlenstoffdioxid gebildet als durch Photosynthese kurz vorher verbraucht wurde. Bei der Verbrennung von fossilen Energieträgern werden dagegen Kohlenwasserstoffe zu Kohlenstoffdioxid verbrannt, die seit Jahrmillionen unter der Erdoberfläche lagerten und nicht am kurzfristigen Kohlenstoffkreislauf beteiligt waren. Der Bildung von Kohlenstoffdioxid bei ihrer Verbrennung steht also kein kürzlich erfolgter CO_2-Verbrauch gegenüber.

A19 Unter Solarthermie versteht man die Verwendung von Sonnenenergie in Sonnenkollektoren. Dabei wird Wasser erwärmt, das dann im Haushalt als Warmwasser oder für Heizzwecke verwendet werden kann. Bei der Photovoltaik wird Sonnenenergie mit Hilfe von Solarzellen in elektrische Energie umgewandelt.

A20 Treibhausgase wie Wasserdampf und Kohlenstoffdioxid wirken in der Atmosphäre ähnlich wie die Verglasung eines Treibhauses: Sie lassen die Lichteinstrahlung auf die Erdoberfläche ungehindert passieren, halten jedoch die von der Erdoberfläche ausgehende Wärmestrahlung zurück. Der sich daraus in der Atmosphäre ergebende Wärmestau wird als natürlicher Treibhauseffekt bezeichnet. Er führt zu einer Erhöhung der globalen Durchschnitttemperatur von −18 °C auf +15 °C. Dieser natürliche Treibhauseffekt wird durch die Aktivität des Menschen verstärkt, seitdem durch die Verbrennung von fossilen Brennstoffen der Kohlenstoffdioxidgehalt der Atmosphäre ansteigt. Hinzu kommt die Freisetzung weiterer Treibhausgase: Methan aus der Erdgasförderung, aus dem Reisanbau und aus der Rinderzucht sowie die heute weitgehend verbotenen FCKWs.

Kapitel 16

Hilfen zur Lösung der Aufgaben findest du hier:

A1 S. 305, 347, 350; **A2** S. 204, 347, 348, 350; **A3** S. 202, 204, 308, 348, 350, 352, 360, 364; **A4** S. 347, 352, 353, 356–357, 366; **A5** S. 289, 358–359, 367; **A6** S. 364–365, 367.

Lösungen:

A1 a), b) *Butan-1,2-diol:* $HO{-}\overset{1}{C}H_2{-}CHOH{-}CH_2{-}CH_3$
Der Stammname Butan wird durch die längste C–C-Kette bestimmt. Der Anhang -1,2-diol gibt die Positionen der beiden OH-Gruppen an.

Butan-1,3-diol: $HO{-}\overset{1}{C}H_2{-}CH_2{-}CHOH{-}CH_3$
Der Stammname Butan wird durch die längste C–C-Kette bestimmt. Der Anhang -1,3-diol gibt die Positionen der beiden OH-Gruppen an.

Butan-1,4-diol: $HO{-}\overset{1}{C}H_2{-}CH_2{-}CH_2{-}CH_2OH$

Der Stammname Butan wird durch die längste C–C-Kette bestimmt. Der Anhang -1,4-diol gibt die Positionen der beiden OH-Gruppen an.

Butan-2,3-diol: $\overset{1}{C}H_3–CHOH–CHOH–CH_3$

Der Stammname Butan wird durch die längste C–C-Kette bestimmt. Der Anhang -2,3-diol gibt die Positionen der beiden OH-Gruppen an.

2-Methylpropan-1,2-diol: 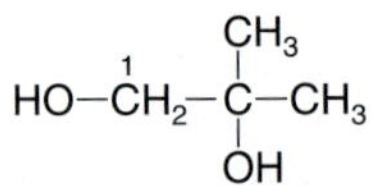

Der Stammname Propan wird durch die längste C-C-Kette bestimmt. Der Vorsatz 2-Methyl- gibt die Stellung der Methyl-Gruppe an. Der Anhang -1,2-diol gibt die Positionen der beiden OH-Gruppen an.

2-Methylpropan-1,3-diol: 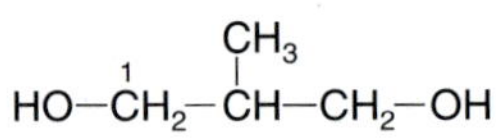

Der Stammname Propan wird durch die längste C-C-Kette bestimmt. Der Vorsatz 2-Methyl- gibt die Stellung der Methyl-Gruppe an. Der Anhang -1,3-diol gibt die Positionen der beiden OH-Gruppen an.

A2 a) 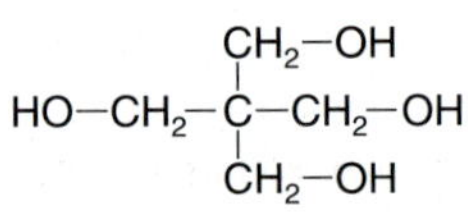

b) Pentaerythrit ist ein vierwertiger primärer Alkohol. Aufgrund der vier OH-Gruppen liegen im Kristall sehr starke Wasserstoffbrückenbindungen vor. Pentaerythrit schmilzt deshalb erst bei hoher Temperatur und die Löslichkeit in Wasser ist gering. In Heptan ist Pentaerythrit unlöslich.

A3 a), b), c)
Propan $CH_3–CH_2–CH_3$
Propan ist unpolar und löst sich deshalb in Heptan aber nicht in Wasser.

Propan-1-ol $CH_3–CH_2–CH_2–OH$
Propan-1-ol-Moleküle haben eine unpolare Propyl-Gruppe und eine polare OH-Gruppe. Propan-1-ol mischt sich mit Wasser unter Ausbildung von Wasserstoffbrückenbindungen und mit Heptan unter Bildung von Van-der-Waals-Bindungen.

Propan-1,2-diol $CH_3–CH_2OH–CH_2–OH$
Aufgrund der beiden OH-Gruppen sind Propan-1,2-diol-Moleküle stark polar. Propan-1,2-diol mischt sich deshalb mit Wasser unter Ausbildung von Wasserstoffbrückenbindungen. Die Wechselwirkungen mit Heptan-Molekülen sind nur sehr schwach. Deshalb ist Propan-1,2-diol in Heptan unlöslich.

Propanal $CH_3–CH_2–CHO$
Propanon $CH_3–CO–CH_3$
Aufgrund der unpolaren Alkyl-Reste bilden sich Van-der-Waals-Bindungen mit Heptan-Molekülen aus. Die Flüssigkeiten sind deshalb mit Heptan mischbar. Sowohl Propanal-Moleküle als auch Propanon-Moleküle haben polare Gruppen. Über die freien Elektronenpaare der Sauerstoff-Atome können die Moleküle Wasserstoffbrückenbindungen zu Wasser-Molekülen eingehen. Beide Verbindungen sind deshalb auch mit Wasser mischbar.

Propansäure $CH_3–CH_2–COOH$
Propensäure $CH_2{=}CH–COOH$
Propansäure-Moleküle haben eine polare COOH-Gruppe und eine unpolare Propyl-Gruppe. Propansäure mischt sich mit Wasser unter Ausbildung von Wasserstoffbrückenbindungen. In Heptan liegen Doppelmoleküle vor, die als Ganze unpolar sind und unter Bildung von Van-der-Waals-Bindungen die Mischbarkeit mit Heptan bewirken.
Propensäure verhält sich entsprechend.

Propansäuremethylester $CH_3–CH_2–COOCH_3$
Propansäuremethylester-Moleküle sind schwach polar. Unter Bildung von Van-der-Waals-Bindungen mischt sich der Ester mit Heptan. Über die freien Elektronenpaare der Sauerstoff-Atome können die Moleküle Wasserstoffbrückenbindungen zu Wasser-Molekülen eingehen. Der Ester löst sich deshalb geringfügig in Wasser.

d) *Propan* hat die niedrigste Siedetemperatur, Propan-Moleküle sind unpolar, die Moleküle sind klein und die Van-der-Waals-Bindungen sind schwach. Die thermische Energie reicht bereits bei Temperaturen weit unter 0 °C aus, dass sich gasförmiges Propan bildet.

Propanal, Propanon und *Propansäuremethylester* sind bei Raumtemperatur flüssig. Die Siedetemperaturen liegen weit unter 100 °C. Die Moleküle sind schwach polar. Intermolekular liegen Van-der-Waals-Bindungen vor, Wasserstoffbrücken sind nicht möglich. Propansäuremethylester-Moleküle sind größer als Propanal- und Propanon-Moleküle. Propansäuremethylester hat daher von den drei Verbindungen die höchste Siedetemperatur.

Propan-1-ol siedet bei etwa 100 °C. Zwischen den Molekülen liegen Wasserstoffbrückenbindungen vor.

Propansäure und *Propensäure* sieden bei Temperaturen über 100 °C. In den Flüssigkeiten liegen Doppelmoleküle vor, die als ganzes zwar unpolar, dafür aber sehr groß sind. Die Van-der-Waals-Bindungen sind daher relativ stabil.

Propan-1,2-diol hat aufgrund der beiden OH-Gruppen und den daraus resultierenden sehr stabilen Wasserstoffbrückenbindungen von den angesprochenen Verbindungen die höchste Siedetemperatur.

A4 **a), b)** Beim Erhitzen wird das Kupferblech schwarz. Es wird durch Luftsauerstoff zu Kupferoxid oxidiert. Es läuft eine Redoxreaktion ab.

$$2\,\overset{0}{Cu}(s) + \overset{0}{O}_2(g) \rightarrow 2\,\overset{II}{Cu}\overset{-II}{O}(s)$$

Pentan: Keine Reaktion mit Kupferoxid, Pentan ist reaktionsträge.

Pentan-1-ol: Es entsteht blankes Kupferblech und es riecht fruchtig. Es läuft eine Redoxreaktion ab:
Der primäre Alkohol wird zum Aldehyd oxidiert, Kupferoxid wird zu Kupfer reduziert.

$$CH_3{-}CH_2{-}\overset{-I}{C}H_2OH + \overset{II}{Cu}O \rightarrow CH_3{-}CH_2{-}\overset{I}{C}HO + \overset{0}{Cu} + H_2O$$

Pentan-2-ol: Es entsteht blankes Kupferblech und es riecht süßlich/fruchtig. Es läuft eine Redoxreaktion ab: Der sekundäre Alkohol wird zum Keton oxidiert, Kupferoxid wird zu Kupfer reduziert.

$$CH_3{-}\overset{0}{C}HOH{-}CH_3 + \overset{II}{Cu}O \rightarrow CH_3{-}\overset{II}{C}O{-}CH_3 + \overset{0}{Cu} + H_2O$$

2-Methylbutan-2-ol: Keine Veränderung, der tertiäre Alkohol lässt sich nicht weiter oxidieren.

Pentansäure: Keine Veränderung, Pentansäure lässt sich nicht oxidieren.

A5 **a)** Ameisensäure reagiert mit Wasser in einer Säure-Base-Reaktion zu einer sauren Lösung.
Es stellt sich ein Gleichgewicht ein.
$HCOOH(l) + H_2O(l) \rightleftharpoons HCOO^-(aq) + H_3O^+(aq)$

b) Es bildet sich eine farblose Flüssigkeit, die auf der Ausgangslösung schwimmt. Die Flüssigkeit riecht fruchtartig. Der Alkohol wird verestert, es stellt sich ein chemisches Gleichgewicht ein. Es läuft eine Kondensationsreaktion ab.
$HCOOH(l) + CH_3OH(l) \rightleftharpoons HCOOCH_3(l) + H_2O(l)$

c) Es entsteht gasförmiges Kohlenstoffdioxid.
Es läuft eine Säure-Base-Reaktion ab.
$2\,HCOOH(l) + CaCO_3(s) \rightarrow$
$2\,HCOO^-(aq) + Ca^{2+}(aq) + CO_2(g) + H_2O(l)$

d) Ameisensäure wird neutralisiert. Es läuft eine Säure-Base-Reaktion ab.
$HCOOH(l) + Na^+(aq) + OH^-(aq) \rightarrow$
$Na^+(aq) + HCOO^-(aq) + H_2O(l)$

A6 **a)** $CH_3{-}CH_2{-}COOH(l) + CH_3OH(l) \rightleftharpoons$
$CH_3{-}CH_2{-}COOCH_3(l) + H_2O(l)$

b) Bei der Veresterung handelt es sich um eine typische Gleichgewichtsreaktion. Ausgangsstoffe reagieren zu Produkten und Produkte können wieder zu Ausgangsstoffen reagieren. Hinreaktion und Rückreaktion laufen also gleichzeitig ab. Auch nach längerer Reaktionszeit findet man deshalb neben den Produkten Ester und Wasser immer noch die Ausgangsstoffe Ethansäure und Ethanol. Wenn die Hinreaktion und die Rückreaktion gleich schnell verlaufen, befindet sich das System in einem chemischen Gleichgewicht. In der Reaktionsgleichung kennzeichnet man dies durch Gleichgewichtspfeile.

c) Die Essigsäuremethylester-Moleküle sind nur schwach polar. Sie können untereinander keine Wasserstoffbrückenbindungen ausbilden. Aufgrund der relativ schwachen Van-der-Waals-Bindungen können sich Moleküle bereits bei niedriger Temperatur aus dem Flüssigkeitsverband lösen. Essigsäure-Moleküle liegen in flüssiger Ethansäure als Doppelmoleküle vor. Diese sind zwar insgesamt ebenfalls unpolar, aber noch größer als die Moleküle im Essigsäuremethylester. Methanol-Moleküle sind zwar kleiner, bilden aber untereinander Wasserstoffbrückenbindungen aus. Wasserstoffbrückenbindungen sind stabiler als Van-der-Waals-Bindungen.

Kapitel 17

Hilfen zur Lösung der Aufgaben findest du hier:

A1 S. 375, **A2** S. 376, **A3** S. 379, **A4** S. 379, **A5** S. 380–381, **A6** S. 388–389.

Lösungen:

A1 Die Schmelztemperaturen der Fettsäuren werden hauptsächlich von der Molekülgröße und der Molekülgestalt bestimmt. Mit wachsender Anzahl an Kohlenstoff-Atomen wächst die Molekülgröße und die Anzahl möglicher Van-der-Waals-Bindungen. Daher steigt die Schmelztemperatur von Myristinsäure über Palmitinsäure zur Stearinsäure hin an.

Mit wachsender Anzahl an C=C-Zweifachbindungen verändert sich die Molekülgestalt. Die *cis*-Zweifachbindung bewirkt einen Knick in der Kohlenwasserstoff-Kette. Die Ausbildung von Van-der-Waals-Bindungen wird erschwert. Deshalb sinkt die Schmelztemperatur von Ölsäure über Linolsäure hin zur Linolensäure.

A2 Salate enthalten zum Teil auch fettlösliche Vitamine, die von unserem Körper nur bei gleichzeitiger Aufnahme von Speiseöl resorbiert werden können.

A3 Beim Waschvorgang dringen die unpolaren Kohlenwasserstoff-Ketten der Seifen-Anionen in die Schmutzoberfläche ein, die polaren Enden sind dem Wasser zugewandt. Durch die Carboxylat-Gruppen erhalten die Schmutzpartikel eine negative Ladung. In gleicher Weise sind die Seifen-Anionen an der Grenzfläche zwischen den Fasern und dem Wasser angeordnet; dadurch sind auch die Fasern negativ geladen. Wegen der gleichnamigen Ladung stoßen sich Schmutz und Faser ab, der Schmutz löst sich von der Faser. Eingeschlossen in kleinste Micellen werden die Schmutzpartikel in der Waschlauge fein verteilt. Mit dem Spülwasser wird der Schmutz schließlich ausgewaschen.

A4 An der Grenzfläche Luft/Wasser einer Seifenlösung befindet sich eine monomolekulare Schicht von Seifen-Anionen. Die polare Seite der Seifen-Anionen ist dabei zu den Wasser-Molekülen gerichtet. Bläst man Luft in die Seifenlösung, so entstehen Micellen. Die Seifen-Anionen reichern sich hierbei in der Lösung an der Grenzfläche Wasser/Luft an. Beim Austritt einer Micelle aus der Lösung entsteht eine Seifenblase. Ihre Hülle besteht aus einer sehr dünnen Wasserhaut, in die von beiden Seiten Seifen-Anionen eingelagert sind. Die geladenen Carboxylat-Gruppen sind hydrophil, sie liegen einander in der Wasserschicht gegenüber. Die unpolaren Kohlenwasserstoff-Ketten der Seifen-Anionen sind hydrophob; sie ragen in die Luft.

A5 **a)** $C_{12}H_{22}O_{11} + 12\ O_2 \rightarrow 12\ CO_2 + 11\ H_2O$

b) $m(C_{12}H_{22}O_{11}) = 4\ g$

$M(C_{12}H_{22}O_{11}) = 342\ \frac{g}{mol}$; $M(CO_2) = 44\ \frac{g}{mol}$

$V_m = 24\ \frac{l}{mol}$

$n(C_{12}H_{22}O_{11}) : n(CO_2) = 1 : 12$

$$n(CO_2) = 12 \cdot n(C_{12}H_{22}O_{11}) = \frac{12 \cdot m(C_{12}H_{22}O_{11})}{M(C_{12}H_{22}O_{11})} = \frac{12 \cdot 4\ g}{342\ \frac{g}{mol}} = 0{,}14\ mol$$

$$V(CO_2) = n(CO_2) \cdot V_m = 0{,}14\ mol \cdot 24\ \frac{l}{mol} = 3{,}4\ l$$

A6 **a)**

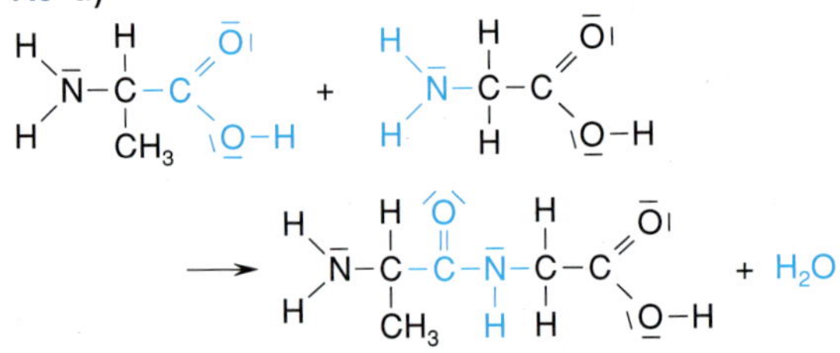

Alanylglycin

b) Eine Peptidbindung entsteht, wenn die Carboxy-Gruppe eines Aminosäure-Moleküls mit der Amino-Gruppe eines anderen Aminosäure-Moleküls reagiert. Da hierbei Wasser abgespalten wird, spricht man von einer Kondensationsreaktion.

c) Reagiert die Carboxy-Gruppe eines Alanin-Moleküls mit der Amino-Gruppe eines Glycin-Moleküls entsteht das Dipeptid Alanylglycin. Reagiert hingegen die Carboxy-Gruppe eines Glycin-Moleküls mit der Amino-Gruppe eines Alanin-Moleküls so entsteht ein anderes Dipeptid, nämlich Glycylalanin. Bei der Bildung eines Peptids spielt also die Reihenfolge, mit der die einzelnen Aminosäure-Bausteine verknüpft werden, eine wichtige Rolle.

Kapitel 18

Hilfen zur Lösung der Aufgaben findest du hier:

A1 S. 396, 404; **A2** S. 400, 404; **A3** S. 396, 401, 404; **A4** S. 396, 401, 404; **A5** S. 403.

Lösungen:

A1 *Thermoplaste* sind Kunststoffe, die aus langen kettenförmigen oder leicht verzweigten Polymeren aufgebaut sind. Beim Erwärmen können die Makromoleküle aneinander vorbei gleiten: Die Thermoplaste schmelzen und sind dann formbar.

In *Duroplasten* sind die Polymerketten durch Elektronenpaarbindungen miteinander verknüpft. Duroplaste sind deshalb nicht schmelzbar und nicht verformbar.

In *Elastomeren* sind die Polymer-Ketten sehr weitmaschig miteinander verknüpft. Elastomere lassen sich daher ebenfalls weder schmelzen noch verformen.

Duroplaste und Elastomere können nach Ablauf der Polyreaktion nur noch mechanisch bearbeitet werden.

A2

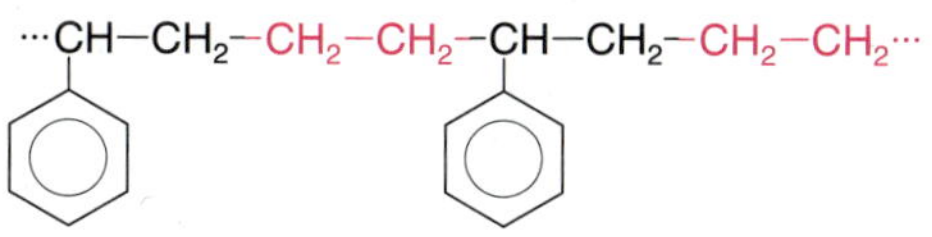

A3 a)

$$HOOC{-}(CH_2)_8{-}COOH + HO{-}CH_2{-}CH_2{-}CH_2\ OH$$

$$\longrightarrow HOOC{-}(CH_2)_8{-}\overset{\overset{\displaystyle O}{\|}}{C}{-}O{-}CH_2{-}CH_2{-}CH_2OH + H_2O$$

b) Durch Polykondensation bildet sich ein linearer Polyester mit thermoplastischen Eigenschaften.

A4

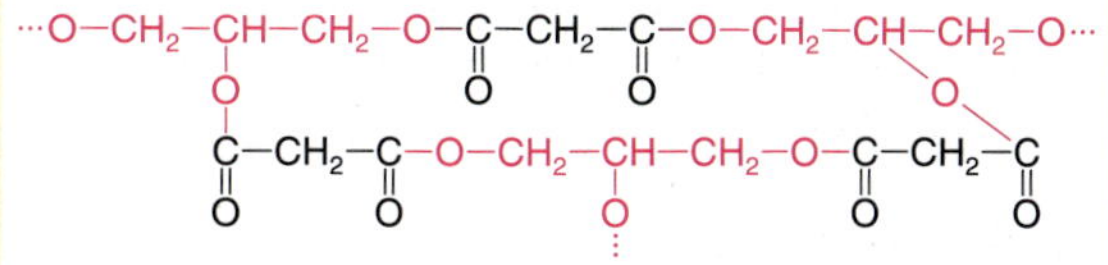

Der gebildete Kunststoff ist ein Polyester. Glycerin-Moleküle sind trifunktionell. Wenn alle drei OH-Gruppen verestert werden, bilden sich Querverbindungen zwischen den Polymerketten. Der Polyester hat deshalb duroplastische Eigenschaften.

A5 a) Sortenreine Kunststoffe enthalten nur eine Polymersorte, also beispielsweise ausschließlich Polyethen oder Polystyrol.

b) Verunreinigungen und Gemische verschiedener Kunststoffe beeinträchtigen die Qualität eines recycelten Kunststoffs, weil die verschiedenen Kunststoffe sich in ihren Eigenschaften unterscheiden. Erforderliche Werkstoffeigenschaften können nicht erreicht werden. Kunststoffgemische sind außerdem in ihrer Zusammensetzung nicht gleichbleibend.

Gefahrenhinweise (H-Sätze)

Physikalische Gefahren

H 200	Instabil, explosiv
H 201	Explosiv, Gefahr der Massenexplosion.
H 202	Explosiv; große Gefahr durch Splitter, Spreng- und Wurfstücke.
H 203	Explosiv; Gefahr durch Feuer, Luftdruck oder Splitter, Spreng- und Wurfstücke.
H 204	Gefahr durch Feuer oder Splitter, Spreng- und Wurfstücke.
H 205	Gefahr der Massenexplosion bei Feuer.
H 220	Extrem entzündbares Gas.
H 221	Entzündbares Gas.
H 222	Extrem entzündbares Aerosol.
H 223	Entzündbares Aerosol.
H 224	Flüssigkeit und Dampf extrem entzündbar.
H 225	Flüssigkeit und Dampf leicht entzündbar.
H 226	Flüssigkeit und Dampf entzündbar.
H 228	Entzündbarer Feststoff.
H 240	Erwärmung kann Explosion verursachen.
H 241	Erwärmung kann Brand oder Explosion verursachen.
H 242	Erwärmung kann Brand verursachen.
H 250	Entzündet sich in Berührung mit Luft von selbst.
H 251	Selbsterhitzungsfähig; kann in Brand geraten.
H 252	In großen Mengen selbsterhitzungsfähig; kann in Brand geraten.
H 260	In Berührung mit Wasser entstehen entzündbare Gase, die sich spontan entzünden können.
H 261	In Berührung mit Wasser entstehen entzündbare Gase.
H 270	Kann Brand verursachen oder verstärken; Oxidationsmittel.
H 271	Kann Brand oder Explosion verursachen; starkes Oxidationsmittel.
H 272	Kann Brand verstärken; Oxidationsmittel.
H 280	Enthält Gas unter Druck; kann bei Erwärmung explodieren.
H 281	Enthält tiefgekühltes Gas; kann Kälteverbrennungen oder -verletzungen verursachen.
H 290	Kann gegenüber Metallen korrosiv sein.

Gesundheitsgefahren

H 300	Lebensgefahr bei Verschlucken.
H 301	Giftig bei Verschlucken.
H 302	Gesundheitsschädlich bei Verschlucken.
H 304	Kann bei Verschlucken und Eindringen in die Atemwege tödlich sein.
H 310	Lebensgefahr bei Hautkontakt.
H 311	Giftig bei Hautkontakt.
H 312	Gesundheitsschädlich bei Hautkontakt.
H 314	Verursacht schwere Verätzungen der Haut und schwere Augenschäden.
H 315	Verursacht Hautreizungen.
H 317	Kann allergische Hautreaktionen verursachen.
H 318	Verursacht schwere Augenschäden.
H 319	Verursacht schwere Augenreizung.
H 330	Lebensgefahr bei Einatmen.
H 331	Giftig bei Einatmen.
H 332	Gesundheitsschädlich bei Einatmen.
H 334	Kann bei Einatmen Allergie, asthmaartige Symptome oder Atembeschwerden verursachen.
H 335	Kann die Atemwege reizen.
H 336	Kann Schläfrigkeit und Benommenheit verursachen.
H 340	Kann genetische Defekte verursachen.
H 341	Kann vermutlich genetische Defekte verursachen.
H 350	Kann Krebs erzeugen.
H 351	Kann vermutlich Krebs erzeugen.
H 360	Kann die Fruchtbarkeit beeinträchtigen oder das Kind im Mutterleib schädigen.
H 360 F	Kann die Fruchtbarkeit beeinträchtigen.
H 360 D	Kann das Kind im Mutterleib schädigen.
H 360 FD	Kann die Fruchtbarkeit beeinträchtigen. Kann das Kind im Mutterleib schädigen.
H 360 Fd	Kann die Fruchtbarkeit beeinträchtigen. Kann vermutlich das Kind im Mutterleib schädigen.
H 360 Df	Kann das Kind im Mutterleib schädigen. Kann vermutlich die Fruchtbarkeit beeinträchtigen.
H 361	Kann vermutlich die Fruchtbarkeit beeinträchtigen oder das Kind im Mutterleib schädigen.
H 361 f	Kann vermutlich die Fruchtbarkeit beeinträchtigen.
H 361 d	Kann vermutlich das Kind im Mutterleib schädigen.
H 361 fd	Kann vermutlich die Fruchtbarkeit beeinträchtigen. Kann vermutlich das Kind im Mutterleib schädigen.
H 362	Kann Säuglinge über die Muttermilch schädigen.
H 370	Schädigt die Organe.
H 371	Kann die Organe schädigen.
H 372	Schädigt die Organe bei längerer oder wiederholter Exposition.
H 373	Kann die Organe schädigen bei längerer oder wiederholter Exposition.

Umweltgefahren

H 400	Sehr giftig für Wasserorganismen.
H 410	Sehr giftig für Wasserorganismen mit langfristiger Wirkung.
H 411	Giftig für Wasserorganismen, mit langfristiger Wirkung.
H 412	Schädlich für Wasserorganismen, mit langfristiger Wirkung.
H 413	Kann für Wasserorganismen schädlich sein, mit langfristiger Wirkung.
H 420	Schädigt die öffentliche Gesundheit und die Umwelt durch Ozonabbau in der äußeren Atmosphäre.

EUH-Sätze

EUH 001	In trockenem Zustand explosiv.
EUH 006	Mit und ohne Luft explosionsfähig.
EUH 014	Reagiert heftig mit Wasser.
EUH 018	Kann bei Verwendung explosionsfähige / entzündbare Dampf-Luft-Gemische bilden.
EUH 019	Kann explosionsfähige Peroxide bilden.
EUH 044	Explosionsgefahr bei Erhitzen unter Einschluss.
EUH 029	Entwickelt bei Berührung mit Wasser giftige Gase.
EUH 031	Entwickelt bei Berührung mit Säure giftige Gase.
EUH 032	Entwickelt bei Berührung mit Säure sehr giftige Gase.
EUH 066	Wiederholter Kontakt kann zu spröder oder rissiger Haut führen.
EUH 070	Giftig bei Berührung mit den Augen.
EUH 071	Wirkt ätzend auf die Atemwege.
EUH 201	Enthält Blei. Nicht für den Anstrich von Gegenständen verwenden, die von Kindern gekaut oder gelutscht werden könnten.
EUH 201 A	Achtung! Enthält Blei.
EUH 202	Cyanacrylat. Gefahr. Klebt innerhalb von Sekunden Haut und Augenlider zusammen. Darf nicht in die Hände von Kindern gelangen.
EUH 203	Enthält Chrom(VI). Kann allergische Reaktionen hervorrufen.
EUH 204	Enthält Isocyanate. Kann allergische Reaktionen hervorrufen.
EUH 205	Enthält epoxidhaltige Verbindungen. Kann allergische Reaktionen hervorrufen.
EUH 206	Achtung! Nicht zusammen mit anderen Produkten verwenden, da gefährliche Gase (Chlor) freigesetzt werden können.
EUH 207	Achtung! Enthält Cadmium. Bei der Verwendung entstehen gefährliche Dämpfe. Hinweise des Herstellers beachten. Sicherheitsanweisungen einhalten.
EUH 208	Enthält (Name des sensibilisierenden Stoffes). Kann allergische Reaktionen hervorrufen.
EUH 209	Kann bei Verwendung leicht entzündbar werden.
EUH 209 A	Kann bei Verwendung entzündbar werden.
EUH 210	Sicherheitsdatenblatt auf Anfrage erhältlich.
EUH 401	Zur Vermeidung von Risiken für Mensch und Umwelt die Gebrauchsanleitung einhalten.

Sicherheitshinweise (P-Sätze)

Allgemeines

P 101	Ist ärztlicher Rat erforderlich, Verpackung oder Kennzeichnungsetikett bereithalten.
P 102	Darf nicht in die Hände von Kindern gelangen.
P 103	Vor Gebrauch Kennzeichnungsetikett lesen.

Prävention

P 201	Vor Gebrauch besondere Anweisungen einholen.
P 202	Vor Gebrauch alle Sicherheitshinweise lesen und verstehen.
P 210	Von Hitze / Funken / offener Flamme / heißen Oberflächen fernhalten. Nicht rauchen.
P 211	Nicht gegen offene Flamme oder andere Zündquelle sprühen.
P 220	Von Kleidung / … / brennbaren Materialien fernhalten / entfernt aufbewahren.
P 221	Mischen mit brennbaren Stoffen / … unbedingt verhindern.
P 222	Kontakt mit Luft nicht zulassen.
P 223	Kontakt mit Wasser wegen heftiger Reaktion und möglichem Aufflammen unbedingt verhindern.
P 230	Feucht halten mit …
P 231	Unter inertem Gas handhaben.
P 232	Vor Feuchtigkeit schützen.
P 233	Behälter dicht verschlossen halten.
P 234	Nur im Originalbehälter aufbewahren.
P 235	Kühl halten.
P 240	Behälter und zu befüllende Anlage erden.
P 241	Explosionsgeschützte elektrische Betriebsmittel / Lüftungsanlagen / Beleuchtung / … verwenden.
P 242	Nur funkenfreies Werkzeug verwenden.
P 243	Maßnahmen gegen elektrostatische Aufladungen treffen.
P 244	Druckminderer frei von Fett und Öl halten.
P 250	Nicht schleifen / stoßen / … / reiben.
P 251	Behälter steht unter Druck: Nicht durchstechen oder verbrennen, auch nicht nach der Verwendung.
P 260	Staub / Rauch / Gas / Nebel / Dampf / Aerosol nicht einatmen.
P 261	Einatmen von Staub / Rauch / Gas / Nebel / Dampf / Aerosol vermeiden.
P 262	Nicht in die Augen, auf die Haut oder auf die Kleidung gelangen lassen.
P 263	Kontakt während der Schwangerschaft / und der Stillzeit vermeiden.
P 264	Nach Gebrauch … gründlich waschen.
P 270	Bei Gebrauch nicht essen, trinken oder rauchen.
P 271	Nur im Freien oder in gut belüfteten Räumen verwenden.
P 272	Kontaminierte Arbeitskleidung nicht außerhalb des Arbeitsplatzes tragen.
P 273	Freisetzung in die Umwelt vermeiden.
P 280	Schutzhandschuhe / Schutzkleidung / Augenschutz / Gesichtsschutz tragen.
P 281	Vorgeschriebene persönliche Schutzausrüstung verwenden.
P 282	Schutzhandschuhe / Gesichtsschild / Augenschutz mit Kälteisolierung tragen.
P 283	Schwer entflammbare / flammhemmende Kleidung tragen.
P 284	Atemschutz tragen.
P 285	Bei unzureichender Belüftung Atemschutz tragen.
P 231 + P 232	Unter inertem Gas handhaben. Vor Feuchtigkeit schützen.
P 235 + P 410	Kühl halten. Vor Sonnenbestrahlung schützen.

Reaktion

P 301	Bei Verschlucken:
P 302	Bei Berührung mit der Haut:
P 303	Bei Berührung mit der Haut (oder dem Haar):
P 304	Bei Einatmen:
P 305	Bei Kontakt mit den Augen:
P 306	Bei kontaminierter Kleidung:
P 307	Bei Exposition:
P 308	Bei Exposition oder falls betroffen:
P 309	Bei Exposition oder Unwohlsein:
P 310	Sofort Giftinformationszentrum oder Arzt anrufen.
P 311	Giftinformationszentrum oder Arzt anrufen.
P 312	Bei Unwohlsein Giftinformationszentrum oder Arzt anrufen.
P 313	Ärztlichen Rat einholen / ärztliche Hilfe hinzuziehen.
P 314	Bei Unwohlsein ärztlichen Rat einholen / ärztliche Hilfe hinzuziehen.
P 315	Sofort ärztlichen Rat einholen / ärztliche Hilfe hinzuziehen.
P 320	Besondere Behandlung dringend erforderlich (siehe … auf diesem Kennzeichnungsetikett).
P 321	Besondere Behandlung (siehe … auf diesem Kennzeichnungsetikett).
P 322	Gezielte Maßnahmen (siehe … auf diesem Kennzeichnungsetikett).
P 330	Mund ausspülen.
P 331	Kein Erbrechen herbeiführen.
P 332	Bei Hautreizung:
P 333	Bei Hautreizung oder -ausschlag:
P 334	In kaltes Wasser tauchen / nassen Verband anlegen.
P 335	Lose Partikel von der Haut abbürsten.
P 336	Vereiste Bereiche mit lauwarmem Wasser auftauen. Betroffenen Bereich nicht reiben.
P 337	Bei anhaltender Augenreizung:
P 338	Eventuell vorhandene Kontaktlinsen nach Möglichkeit entfernen. Weiter ausspülen.
P 340	Die betroffene Person an die frische Luft bringen und in einer Position ruhigstellen, die das Atmen erleichtert.
P 341	Bei Atembeschwerden an die frische Luft bringen und in einer Position ruhigstellen, die das Atmen erleichtert.
P 342	Bei Symptomen der Atemwege:
P 350	Behutsam mit viel Wasser und Seife waschen.
P 351	Einige Minuten lang behutsam mit Wasser ausspülen.
P 352	Mit viel Wasser und Seife waschen.
P 353	Haut mit Wasser abwaschen / duschen.
P 360	Kontaminierte Kleidung und Haut sofort mit viel Wasser abwaschen und danach Kleidung ausziehen.
P 361	Alle kontaminierten Kleidungsstücke sofort ausziehen.
P 362	Kontaminierte Kleidung ausziehen und vor erneutem Tragen waschen.
P 363	Kontaminierte Kleidung vor erneutem Tragen waschen.
P 370	Bei Brand:
P 371	Bei Großbrand und großen Mengen:
P 372	Explosionsgefahr bei Brand.
P 373	Keine Brandbekämpfung, wenn das Feuer explosive Stoffe / Gemische / Erzeugnisse erreicht.
P 374	Brandbekämpfung mit üblichen Vorsichtsmaßnahmen aus angemessener Entfernung.
P 375	Wegen Explosionsgefahr Brand aus der Entfernung bekämpfen.
P 376	Undichtigkeit beseitigen, wenn gefahrlos möglich.
P 377	Brand von ausströmendem Gas: Nicht löschen, bis Undichtigkeit gefahrlos beseitigt werden kann.
P 378	… zum Löschen verwenden.
P 380	Umgebung räumen.
P 381	Alle Zündquellen entfernen, wenn gefahrlos möglich.
P 390	Verschüttete Mengen aufnehmen, um Materialschäden zu vermeiden.
P 391	Verschüttete Mengen aufnehmen.
P 301 + P 310	Bei Verschlucken: Sofort Giftinformationszentrum oder Arzt anrufen.
P 301 + P 312	Bei Verschlucken: Bei Unwohlsein Giftinformationszentrum oder Arzt anrufen.

P301 + P330 + P331	Bei Verschlucken: Mund ausspülen. Kein Erbrechen herbeiführen.
P302 + P334	Bei Kontakt mit der Haut: In kaltes Wasser tauchen / nassen Verband anlegen.
P302 + P350	Bei Kontakt mit der Haut: Behutsam mit viel Wasser und Seife waschen.
P302 + P352	Bei Kontakt mit der Haut: Mit viel Wasser und Seife waschen.
P303 + P361 + P353	Bei Kontakt mit der Haut (oder dem Haar): Alle beschmutzten, getränkten Kleidungsstücke sofort ausziehen. Haut mit Wasser abwaschen / duschen.
P304 + P340	Bei Einatmen: An die frische Luft bringen und in einer Position ruhigstellen, die das Atmen erleichtert.
P304 + P341	Bei Einatmen: Bei Atembeschwerden an die frische Luft bringen und in einer Position ruhigstellen, die das Atmen erleichtert.
P305 + P351 + P338	Bei Kontakt mit den Augen: Einige Minuten lang behutsam mit Wasser spülen. Vorhandene Kontaktlinsen nach Möglichkeit entfernen. Weiter spülen.
P306 + P360	Bei Kontakt mit der Kleidung: Kontaminierte Kleidung und Haut sofort mit viel Wasser abwaschen und danach Kleidung ausziehen.
P307 + P311	Bei Exposition: Giftinformationszentrum oder Arzt anrufen.
P308 + P313	Bei Exposition oder falls betroffen: Ärztlichen Rat Einholen / ärztliche Hilfe hinzuziehen.
P309 + P311	Bei Exposition oder Unwohlsein: Giftinformationszentrum oder Arzt anrufen.
P332 + P313	Bei Hautreizung: Ärztlichen Rat einholen / ärztliche Hilfe hinzuziehen.
P333 + P313	Bei Hautreizung oder -ausschlag: Ärztlichen Rat einholen / ärztliche Hilfe hinzuziehen.
P335 + P334	Lose Partikel von der Haut abbürsten. In kaltes Wasser tauchen / nassen Verband anlegen.
P337 + P313	Bei anhaltender Augenreizung: Ärztlichen Rat einholen / ärztliche Hilfe hinzuziehen.
P342 + P311	Bei Symptomen der Atemwege: Giftinformationszentrum oder Arzt anrufen.
P370 + P376	Bei Brand: Undichtigkeit beseitigen, wenn gefahrlos möglich.
P370 + P378	Bei Brand: … zum Löschen verwenden.
P370 + P380	Bei Brand: Umgebung räumen.
P370 + P380 + P375	Bei Brand: Umgebung räumen. Wegen Explosionsgefahr Brand aus der Entfernung bekämpfen.
P371 + P380 + P375	Bei Großbrand und großen Mengen: Umgebung räumen. Wegen Explosionsgefahr Brand aus der Entfernung bekämpfen.

Aufbewahrung

P401	… aufbewahren.
P402	An einem trockenen Ort aufbewahren.
P403	An einem gut belüfteten Ort aufbewahren.
P404	In einem geschlossenen Behälter aufbewahren.
P405	Unter Verschluss aufbewahren.
P406	In korrosionsbeständigem / … Behälter mit korrosionsbeständiger Auskleidung aufbewahren.
P407	Luftspalt zwischen Stapeln / Paletten lassen.
P410	Vor Sonnenbestrahlung schützen.
P411	Bei Temperaturen von nicht mehr als … °C / … aufbewahren.
P412	Nicht Temperaturen von mehr als 50 °C aussetzen.
P413	Schüttgut in Mengen von mehr als … kg bei Temperaturen von nicht mehr als … °C aufbewahren
P420	Von anderen Materialien entfernt aufbewahren.
P422	Inhalt in / unter … aufbewahren
P402 + P404	In einem geschlossenen Behälter an einem trockenen Ort aufbewahren.
P403 + P233	Behälter dicht verschlossen an einem gut belüfteten Ort aufbewahren.
P403 + P235	Kühl an einem gut belüfteten Ort aufbewahren.
P410 + P403	Vor Sonnenbestrahlung geschützt an einem gut belüfteten Ort aufbewahren.
P410 + P412	Vor Sonnenbestrahlung schützen und nicht Temperaturen von mehr als 50 °C aussetzen.
P411 + P235	Kühl und bei Temperaturen von nicht mehr als… °C aufbewahren.

Entsorgung

P501	Inhalt / Behälter … zuführen.

Beim Umgang mit Chemikalien ist immer eine Schutzbrille zu tragen.

Stoff Gefahrenpiktogramme, Sicherheitssymbole, Entsorgungssymbole	Signalwort H-Sätze
Aceton	Gefahr H225, H319, H336, EUH066
Aluminiumblech, -draht	
Ameisensäure	Gefahr H226, H 302, H 314, H 331
Ammoniakgas	Gefahr H221, H280, H314, H331, H400
Ammoniaklösung, $w \geq 5\,\%$	Gefahr H314, H335, H400
Ammoniaklösung, $3\,\% \leq w < 5\,\%$	Gefahr H315, H318
Ammoniumchlorid	Achtung H302, H319
Ammoniummolybdat	Achtung H315, H319, H335
Ammoniumnitrat	Achtung H272
Bariumchlorid	Gefahr H332, H301
Bariumchloridlösung, $w = 1\,\%$	
Benzin	Gefahr H 225, H 304, H 336, H 361 f, H 373, H 411
Biogas (Methan)	Gefahr H 220

Stoff Gefahrenpiktogramme, Sicherheitssymbole, Entsorgungssymbole	Signalwort H-Sätze
Bleiacetatpapier	
Bromthymolblaulösung	
Bromwasser *	Gefahr H 332, H 315, H 318
Butandiolmonoacrylat	Achtung H 302, H 312, H 315, H 319, H 332, H 335
Butan-1-ol	Gefahr H 226, H 302, H 335, H 315, H 318, H 336
tert-Butanol	Gefahr H 225, H 332, H 319, H 315
Calcium, gekörnt, -späne	Gefahr H 261
Calciumcarbonat	
Calciumchlorid, wasserfrei, -dihydrat	Achtung H 319
Calciumhydroxid	Gefahr H 318
Calciumhydroxidlösung (Kalkwasser)	
Calciumoxid	Gefahr H 318
Calciumsulfat	

* spezielle Entsorgung

Beim Umgang mit Chemikalien ist immer eine Schutzbrille zu tragen.

Stoff Gefahrenpiktogramme, Sicherheitssymbole, Entsorgungssymbole	Signalwort H-Sätze
Cellulose	
Citronensäure	Gefahr H 318
Chlor *	Gefahr H 270, H 280, H 315, H 319, H 331, H 335, H 400
Chlorwasserstoffgas	Gefahr H 280, H 314, H 331
Cumolhydroperoxid	Gefahr H 242, H 302, H 312, H 314, H 331, H 373, H 411
Dodecan	Gefahr H 304
Eisendraht, -wolle	
Eisenpulver	Achtung H 228
Eisen(III)-oxid	Achtung H 315, H 319, H 335
Eisensulfat	Achtung H 302, H 319, H 315
Essigsäure, $w < 10\,\%$	
Essigsäure, $10\,\% \leq w < 25\,\%$	Achtung H 315, H 319
Essigsäure, $w = 100\,\%$ (Eisessig)	Gefahr H 226, H 314
Essigsäureethylester	Gefahr H 225, H 319, H 336, EUH 066
Ethan	Gefahr H 220, H 280
Ethanol	Gefahr H 225, H 319
Ethen	Gefahr H 220, H 280, H 336
Fehlinglösung I	H 411
Fehlinglösung II	Gefahr H 314
Fluoresceinlösung	
Formaldehydlösung, $w = 20\,\%$	Gefahr H 302, H 312, H 331, H 317, H 351, H 315, H 319, H 335, H 371
Glucose	
Glycerin	
Graphit, -pulver *	Achtung H 319, H 335
Harnstoff (Kohlensäurediamid)	

* spezielle Entsorgung

Beim Umgang mit Chemikalien ist immer eine Schutzbrille zu tragen.

Stoff Gefahrenpiktogramme, Sicherheitssymbole, Entsorgungssymbole	Signalwort	H-Sätze
Heptan	Gefahr	H 225, H 304, H 315, H 336, H 410
Hexadecan-1-ol (Cetylalkohol)		
Iod	Achtung	H 312 + H 332, H 315, H 319, H 335, H 372, H 400
Isobuten	Gefahr	H 220, H 280
Kaliumaluminiumsulfat-Hydrat (Alaun)		
Kaliumbromidlösung		
Kaliumchlorid		
Kaliumdihydrogenphosphat		
Kaliumhexacyanoferrat (III), (rotes Blutlaugensalz)		
Kaliumhydroxidlösung (Kalilauge), $w \geq 2\,\%$	Gefahr	H 314, H 302
Kaliumiodidlösung		
Kaliumnatriumtartrat (Seignette-Salz)		
Kaliumnitrat	Achtung	H 272
Kaliumpermanganat	Gefahr	H 272, H 302, H 410
Kaliumsulfatlösung		
Kohlenstoffdioxid	Achtung	H 280
Kupfer(II)-oxid	Achtung	H 302, H 410
Kupferblech, -draht		
Kupferpulver	Achtung	H 228
Kupfersulfat, Kupfersulfat-Hydrat	Achtung	H 302, H 319, H 315, H 410
Kupfersulfatlösung	Achtung	H 302, H 315, H 319, H 411
Lithium *	Gefahr	H 260, H 314, EUH 014
Lithiumchlorid	Achtung	H 302, H 319, H 315
Magnesiumband, -späne *		
Magnesiumpulver *	Gefahr	H 260, H 250
Magnesiumchlorid		

* spezielle Entsorgung

Beim Umgang mit Chemikalien ist immer eine Schutzbrille zu tragen.

Stoff Gefahrenpiktogramme, Sicherheitssymbole, Entsorgungssymbole	Signalwort H-Sätze
Magnesiumoxid	
Mangandioxid (Mangan(IV)-oxid, Braunstein)	Gefahr H 272, H 302, H 332
Methylenblau	Achtung H 302
Methylenblaulösung (in Ethanol)	Gefahr H 225, H 319
Natriumbromidlösung	
Natriumhydrogencarbonat (Natron)	
Natriumhydrogenphosphat	
Natriumhydrogensulfat	Gefahr H 318
Natriumhydroxid	Gefahr H 314
Natriumiodidlösung	Achtung H 400
Natriumphosphat	Achtung H 319, H 315
Natriumsulfat	
Natriumsulfatlösung, *w* = 5 %	
Natronlauge, *w* ≥ 2 %	Gefahr H 314
Oct-1-en	Gefahr H 225, H 304, H 315, H 319, H 411
Oxalsäure, *w* ≥ 5 %	Achtung H 302, H 312
Paraffin	
Pentan-1-ol	Achtung H 226, H 332, H 335, H 315
Pentansäure	Gefahr H 314, H 412
Petroleum, Petroliumbenzin	Gefahr H 225, H 304, H 315, H 336, H 411
Phenolphthaleinlösung (< 0,1 %)	Gefahr H 225, H 319
Propan-1-ol	Gefahr H 225, H 318, H 336
Propan-2-ol	Gefahr H 225, H 318, H 336
Propanal (Propionaldehyd)	Gefahr H 225, H 319, H 335, H 315, EUH 014
Propansäure	Gefahr H 314
Reinigungsbenzin, Waschbenzin	Gefahr H 225, H 304, H 336, H 361 f, H 373, H 411

* spezielle Entsorgung

Beim Umgang mit Chemikalien ist immer eine Schutzbrille zu tragen.

Stoff Gefahrenpiktogramme, Sicherheitssymbole, Entsorgungssymbole	Signalwort H-Sätze
Saccharose	
Salpetersäure, 5 % ≤ *w* < 70 %	Gefahr H 272, H 314
Salzsäure, *w* < 10 %	
Salzsäure, *w* ≥ 25 %	Gefahr H 314, H 335
Schiff-Reagenz	
Schwefelpulver	Achtung H 315
Schwefelsäure, 5 % ≤ *w* < 15 %	Achtung H 319, H 315
Silberdraht	
Silbernitrat	Gefahr H 272, H 314, H 410
Silbernitratlösung, *w* = 1 %	H 412
Sorbit	
Spiritus	Gefahr H 225, H 319
Stearinsäure	Achtung H 315
Strontiumchlorid	Achtung H 302
Sudan III	Gefahr H 341, H 315, H 319, H 335
Thioharnstoff	Achtung H 351, H 361d, H 302, H 411
Universalindikatorlösung	Gefahr H 225, H 319
Urease	
Zinkblech, -pulver	Achtung H 410
Zinkoxid	Achtung H 410
Zinksulfat	Gefahr H 302, H 318, H 410

* spezielle Entsorgung

Reagenzlösungen

Lösung	**Rezeptur**
Chlorwasser:	Demineralisiertes Wasser durch Einleiten von Chlor sättigen; in brauner Flasche aufbewahren.
Bromwasser: 	10 Tropfen Brom in 250 ml demineralisiertem Wasser lösen.
Iodwasser:	Einige Blättchen Iod in destilliertem Wasser kurz aufkochen.
Iod-Kaliumiodid-Lösung:	2 g Kaliumiodid in wenig Wasser vollständig lösen und 1 g Iod zugeben. Nach dem Lösen auf 300 ml auffüllen und in brauner Flasche aufbewahren.
Fehling-**Lösung I:** 	7 g Kupfersulfat ($CuSO_4 \cdot 5\,H_2O$) in 100 ml Wasser lösen.
Fehling-**Lösung II:** 	35 g Kaliumnatriumtartrat (Seignette-Salz) und 10 g Natriumhydroxid in 100 ml Wasser lösen.
Kalkwasser:	1 g Calciumoxid in 500 ml destilliertem Wasser schütteln und filtrieren (0,02 $\frac{mol}{l}$).
Bromthymolblaulösung:	0,1 g in 100 ml 20%igem Ethanol.
Phenolphthaleinlösung: 	8 ml handelsübliche Lösung (0,9 %) mit 50%igem Ethanol auf 100 ml verdünnen (< 0,1 %).
Baeyer-Reagenz:	10%ige Sodalösung mit einer verdünnten Kaliumpermanganatlösung versetzen, bis die Lösung kräftig violett gefärbt ist.
Tollens-Reagenz 	(ammoniakalische Silbernitratlösung): Silbernitratlösung ($0{,}1\ mol \cdot l^{-1}$) mit etwa einem Zehntel des Volumens verdünnter Natronlauge versetzen. Anschließend unter Schütteln Ammoniaklösung (25 %) zutropfen, bis sich der Silberoxidniederschlag gerade wieder löst. Die Reagenzlösung wird jeweils frisch zubereitet. Sie darf nicht aufbewahrt werden, da sich Silberazid bilden könnte (Explosionsgefahr). Reste der Reagenzlösung ansäuern und über den Behälter B2 entsorgen.
Schiff-Reagenz	(fuchsinschweflige Säure): 0,25 g Fuchsin in 1 Liter Wasser lösen (Rotfärbung); unter ständigem Rühren schweflige Säure (oder angesäuerte Lösung von $Na_2S_2O_5$) zutropfen, bis Entfärbung eintritt.

Saure und alkalische Lösungen

Lösung	**gelöster Stoff**	*****	**verdünnt**		**konzentriert**	
			Massenanteil	**Dichte bei 20 °C**	**Massenanteil**	**Dichte bei 20 °C**
Salzsäure	HCl (g)	2	7 %	1,033	36 %	1,179
Schwefelsäure	H_2SO_4 (l)	1	9 %	1,059	98 %	1,836
Salpetersäure	HNO_3 (l)	2	12 %	1,066	68 %	1,391
Phosphorsäure	H_3PO_4 (s)	1	10 %	1,05	85 %	1,71
Essigsäure	CH_3COOH (l)	2	12 %	1,015	99 %	1,052
Natronlauge	NaOH (s)	2	8 %	1,087	30 %	1,328
Kalilauge	KOH (s)	2	11 %	1,100	27 %	1,256
Kalkwasser	$Ca(OH)_2$ (s)		0,16 %**	1,001**	** Angaben für gesättigte Lösungen	
Barytwasser	$Ba(OH)_2$ (s)		3,4 %**	1,04**		
Ammoniaklösung	NH_3 (g)	2	3 %	0,981	25 %	0,907

Die Daten in der Stoffliste stammen von den gängigen Inverkehrbringern. Nichtkommerziell erhältliche Lösungen und Zubereitungen wurden von der GBK Gefahrgut Büro GmbH, Ingelheim auf Grundlage der verfügbaren Daten eingestuft. Alle Daten wurden von den Herausgebern geprüft und überarbeitet.

Die neue CLP-Verordnung erlaubt den Inverkehrbringern über die Mindesteinstufung (Anhang 6, Tabelle 3.1 der Verordnung (EU) Nr. 286/2011) hinaus abweichende Einstufungen aufgrund eigener Tests oder Klassifizierungen zu vergeben. Die Gebindekennzeichnungen verschiedener Inverkehrbringer können daher untereinander und von den hier vorliegenden Daten abweichen.

Haftungsausschluss: Trotz sorgfältiger Prüfung ist es möglich, dass bei der Zusammenstellung Fehler aufgetreten sind. Die gegebenen Daten sind daher von jeder Lehrkraft zu prüfen.

* Stoffmengenkonzentration in $\frac{mol}{l}$

Größen und ihre Einheiten

Größe		Einheit		
Name	**Zeichen**	**Name**	**Zeichen**	**Beziehungen**
Masse	m	Kilogramm	kg	1 kg = 1000 g 1 g = 1000 mg
Volumen	V	Kubikmeter	m^3	$1\ m^3 = 1000\ dm^3$ 1 l = 1000 ml
		Liter	l	1 l = 1000 ml $1\ ml = 1\ cm^3$
Dichte	ϱ	$\frac{\text{Kilogramm}}{\text{Kubikmeter}}$	$\frac{kg}{m^3}$	$1\ \frac{g}{cm^3} = 1000\ \frac{kg}{m^3}$
		$\frac{\text{Gramm}}{\text{Liter}}$	$\frac{g}{l}$	$1\ \frac{g}{l} = 0{,}001\ \frac{g}{m^3}$
Druck	p	Pascal	Pa	$1\ Pa = 1\ \frac{N}{m^2}$ 100 Pa = 1 hPa
		Bar	bar	1 bar = 100 000 Pa 1 mbar = 100 Pa
Energie	E	Joule	J	$1\ J = 1\ N \cdot m = 1\ \frac{kg \cdot m^2}{s^2}$
Elektrizitäts-menge	Q	Coulomb	C	$1\ C = 1\ A \cdot s$
Anzahl	N			
Stoffmenge	n	Mol	mol	1 mol enthält $6{,}022 \cdot 10^{23}$ Teilchen
molare Masse	M	$\frac{\text{Gramm}}{\text{Mol}}$	$\frac{g}{mol}$	
Stoffmengen-konzentration	c	$\frac{\text{Mol}}{\text{Liter}}$	$\frac{mol}{l}$	
Temperatur	ϑ	Grad Celsius	°C	
	T	Kelvin	K	0 °C = 273,15 K

Konstanten

Atomare Masseneinheit	u	$1{,}661 \cdot 10^{-27}$ kg
Avogadro-Konstante	N_A	$6{,}022 \cdot 10^{23}\ \frac{1}{mol}$
Molares Volumen eines idealen Gases (bei 1013 hPa und 20 °C)	V_m	$24{,}056\ \frac{l}{mol}$
Ladung eines Elektrons	e	$1{,}602 \cdot 10^{-19}$ C
Masse eines Elektrons	m_e	$9{,}109 \cdot 10^{-31}$ kg
Masse eines Protons	m_p	$1{,}673 \cdot 10^{-27}$ kg
Masse eines Neutrons	m_n	$1{,}675 \cdot 10^{-27}$ kg
Faraday-Konstante	F	$96\,485\ \frac{C}{mol}$

Gehaltsangaben für Mischungen und Lösungen (nach DIN 1310)

Masse einer Stoffportion:	m_i	Massenkonzentration:	$\beta_i = \frac{m_i}{V}$
Volumen einer Stoffportion:	V_i	Volumenkonzentration:	$\sigma_i = \frac{V_i}{V}$
Stoffmenge einer Stoffportion:	n_i	Stoffmengenkonzentration:	$c_i = \frac{n_i}{V}$
Teilchenzahl einer Stoffportion:	N_i	Teilchenkonzentration:	$C_i = \frac{N_i}{V}$
		(V: Gesamtvolumen **nach** dem Mischen)	

Massenanteil (früher: Gewichtsprozent): $w_i = \frac{m_i}{m}$

Gesamtmasse $m = m_1 + m_2 + \ldots$

Volumenanteil (früher: Volumenprozent): $\varphi_i = \frac{V_i}{V_0}$

Gesamtvolumen $V_0 = V_1 + V_2 + \ldots$ (vor dem Mischen)

Stoffmengenanteil: $x_i = \frac{n_i}{n}$

Gesamtstoffmenge $n = n_1 + n_2 + \ldots$

Teilchenzahlanteil: $X_i = \frac{N_i}{N}$

Gesamtteilchenanzahl $N = N_1 + N_2 + \ldots$

Das Wort Gehalt wird als Oberbegriff bei der qualitativen Beschreibung verwendet. *Beispiel:* der Wassergehalt einer Probe

Dezimale Teile/Vielfache

Potenz	**Vorsilbe**	**Symbol**	**Potenz**	**Vorsilbe**	**Symbol**
10^{-1}	Dezi	d	10	Deka	da
10^{-2}	Zenti	c	10^2	Hekto	h
10^{-3}	Milli	m	10^3	Kilo	k
10^{-6}	Mikro	µ	10^6	Mega	M
10^{-9}	Nano	n	10^9	Giga	G
10^{-12}	Piko	p	10^{12}	Tera	T
10^{-15}	Femto	f	10^{15}	Peta	P
10^{-18}	Atto	a			

Kleines Lexikon der Chemie

Absorption: Aufnahme von Energie aus elektromagnetischer Strahlung (Licht, Röntgenstrahlung, Mikrowellen).

Additionsreaktion: Reaktion, bei der aus zwei Molekülen ein neues Molekül gebildet wird.

Adsorption: Anlagerung von Teilchen an die Oberfläche eines porösen Feststoffs wie Aktivkohle.

Aggregatzustand: gibt an, ob ein Stoff fest, flüssig oder gasförmig vorliegt. Symbole: s (fest), l (flüssig), g (gasförmig).

α-Strahlung: radioaktive Strahlung; sie besteht aus Helium-Atomkernen, also He^{2+}-Ionen.

Akkumulator: wieder aufladbare Batterie; häufig verwendet: Blei-Akkumulatoren in Autos.

Aktivierungsenergie: die Energie, die man benötigt, um eine Reaktion in Gang zu setzen.

Aldehyde: organische Verbindungen, deren Moleküle an einem Alkyl-Rest eine CHO-Gruppe (Aldehyd-Gruppe) besitzen; Oxidationsprodukte primärer Alkohole.

Alkalimetalle: Elemente der I. Hauptgruppe des Periodensystems; bilden einfach geladene Kationen.

Alkane: gesättigte Kohlenwasserstoffe; allgemeine Molekülformel: C_nH_{2n+2}

Alkansäuren: organische Verbindungen, deren Moleküle an einem Alkyl-Rest eine COOH-Gruppe (Carboxy-Gruppe) besitzen; Oxidationsprodukte der Aldehyde.

Alkene: ungesättigte Kohlenwasserstoffe mit einer C=C-Zweifachbindung; allgemeine Molekülformel: C_nH_{2n}

Alkine: ungesättigte Kohlenwasserstoffe mit einer C≡C-Dreifachbindung; allgemeine Molekülformel: C_nH_{2n-2}

Alkohole: organische Verbindungen, deren Moleküle eine oder mehrere Hydroxy-Gruppen (OH-Gruppen) besitzen. Ist die OH-Gruppe an einen Alkyl-Rest gebunden, liegt ein **Alkanol** vor.

Amalgame: Quecksilber-Legierungen; in der Zahnmedizin für Zahnfüllungen verwendet.

Aminosäuren: organische Verbindungen, deren Moleküle neben einer Carboxy-Gruppe (–COOH) auch eine Amino-Gruppe ($-NH_2$) besitzen; Baustoffe der Eiweißstoffe.

Analyse: Zerlegung einer Verbindung in die Elemente. (→ Synthese)

Anion: negativ geladenes Ion.

Anode: positive *Elektrode*.

Anregungsenergie: siehe Aktivierungsenergie.

aromatische Kohlenwasserstoffe: reaktionsträge, ungesättigte Kohlenwasserstoffe. *Beispiel:* Benzol

Atombindung: siehe Elektronenpaarbindung.

Atome: Grundbausteine der Materie; es gibt ebenso viele Atomarten, wie es Elemente gibt; eine Atomart ist gekennzeichnet durch die Anzahl der Protonen im Atomkern.

Atomhülle: Aufenthaltsbereich der Elektronen; sie bewegen sich in bestimmten Schalen um den Atomkern. (→ Kern-Hülle-Modell)

Atomkern: Massezentrum des Atoms; besteht aus positiv geladenen Protonen und elektrisch neutralen Neutronen.

Atommasse: Masse eines Atoms; sie wird in der atomaren Masseneinheit 1 u angegeben; $1\,u = 1{,}66 \cdot 10^{-24}\,g = \frac{1}{12}\,m\,(^{12}_{6}C)$

Außenelektronen: Elektronen der äußeren Schale eines Atoms; sie bestimmen die chemischen Eigenschaften des jeweiligen Elements.

Avogadro-Gesetz: Bei gleichem Druck und gleicher Temperatur enthalten gleiche Volumina von Gasen gleich viele Teilchen.

Avogadro-Konstante: Größe zur Umrechnung zwischen Stoffmenge und Teilchenanzahl; $N_A = 6 \cdot 10^{23}\,\frac{1}{mol}$

β-Strahlung: radioaktive Strahlung; sie besteht aus Elektronen.

Basen: Teilchen, die Protonen aufnehmen können (Protonenakzeptoren).

Bindungsenergie: Energie, die man aufwenden muss, um eine Elektronenpaarbindung zu spalten.

Brennstoffzelle: elektrochemische Stromquelle, bei der Wasserstoff (am Minuspol) und Sauerstoff oder Luft (am Pluspol) kontinuierlich zugeführt werden und zu Wasser reagieren.

Carbonsäuren: organische Verbindungen, deren Moleküle eine COOH-Gruppe (Carboxy-Gruppe) besitzen.

Carbonyl-Gruppe: CO-Gruppe; funktionelle Gruppe der Aldehyde und Ketone.

Carboxy-Gruppe: COOH-Gruppe; funktionelle Gruppe der Carbonsäuren.

chemische Reaktion: Umwandlung von Stoffen, bei der aus den Ausgangsstoffen neue Stoffe gebildet werden; dabei werden die Atome umgruppiert. Chemische Reaktionen sind stets von einem Energieumsatz begleitet.

Chromatografie: Verfahren zur Trennung kleiner Mengen von Stoffgemischen mittels eines Trägermaterials (Papier, poröser Stoff auf einer Platte oder als Säulenfüllung) und eines Lösemittels bzw. Gases.

Cycloalkane: gesättigte Kohlenwasserstoffe mit ringförmigen Molekülen; allgemeine Formel: C_nH_{2n}

Destillation: Trennverfahren für Flüssigkeitsgemische; die Trennung erfolgt aufgrund unterschiedlicher Siedetemperaturen.

Diffusion: auf der Teilchenbewegung beruhende selbstständige Durchmischung gasförmiger und gelöster Stoffe.

Dipol: Molekül mit polaren Elektronenpaarbindungen, bei dem die Ladungen unsymmetrisch verteilt sind.

Duroplast: Kunststoff, der sich durch Erhitzen nicht verformen lässt.

Edelgase: Elemente der VIII. Hauptgruppe des Periodensystems; Edelgase sind besonders reaktionsträge.

Edelgaskonfiguration: energetisch besonders stabile Elektronenverteilung: Die äußere Schale ist wie bei den Edelgasen mit 8 Elektronen besetzt (beim Helium 2 Elektronen). (→ Oktettregel)

Eiweißstoff: siehe Protein.

Elastomer: Kunststoff, der unter Druck die äußere Form verändert und anschließend wieder die alte Form einnimmt.

Elektrolyse: Zerlegung einer chemischen Verbindung mithilfe elektrischer Energie.

Elektronegativität: Maß für die Fähigkeit eines Atoms Bindungselektronen anzuziehen.

Elektronen: Träger der kleinsten negativen elektrischen Ladung; nahezu masselose Bausteine der Atome, die sich in der Atomhülle aufhalten.

Elektronenpaarabstoßungsmodell: Modellvorstellung über den Bau der Atomhülle; danach werden die Außenelektronen der zu Molekülen verbundenen Atome zu Elektronenpaaren zusammengefasst. Sie bilden Elektronenwolken, die sich gegenseitig abstoßen und so den räumlichen Bau der Moleküle bestimmen.

Elektronenpaarbindung (Atombindung): Bindungstyp in Molekülen; der Zusammenhalt der Atome wird durch gemeinsame Elektronenpaare bewirkt. (→ Oktettregel)

Element: Reinstoff, der mit chemischen Mitteln nicht weiter zerlegt werden kann. Jedem Element entspricht eine bestimmte Atomart.

Eliminierungsreaktion: Reaktion, bei der von einem Molekül unter Ausbildung einer Mehrfachbindung ein anderes Molekül abgespalten wird.

Emulgator: vermittelt zwischen hydrophilen und hydrophoben Stoffen und ermöglicht so die Bildung stabiler Emulsionen.

Emulsion: heterogenes Gemisch aus nicht miteinander löslichen Flüssigkeiten.

endotherme Reaktion: Reaktion, bei der aus der Umgebung Wärme aufgenommen wird.

Energieumsatz: Kennzeichen chemischer Reaktionen. Bei exothermen Reaktionen wird Energie frei; Reaktionen, die nur unter Energieaufwand ablaufen, heißen endotherm.

Enzym: Eiweiß-Molekül, das als Biokatalysator wirkt.

Erdalkalimetalle: Elemente der II. Hauptgruppe des Periodensystems; bilden zweifach geladene Kationen.

Erze: Mineralien mit hohem Metallgehalt; meist Oxide oder Sulfide; werden zur Gewinnung von Metallen eingesetzt.

Ester: organische Verbindungen, die bei der Reaktion eines Alkohols mit einer Säure unter Abspaltung von Wasser entstehen.

Ether: organische Verbindungen, deren Moleküle durch die Reaktion zweier Alkohol-Moleküle unter Abspaltung eines Wasser-Moleküls entstehen; zwei Kohlenwasserstoff-Reste sind über ein Sauerstoff-Atom verknüpft (R–O–R').

exotherme Reaktion: Reaktion, bei der Wärme frei wird.

Extrahieren: Trennverfahren, bei dem lösliche Stoffe aus einem Gemisch herausgelöst werden.

Fett: organische Verbindung, die aus Glycerin und Fettsäuren aufgebaut ist.

Fettsäure: langkettige Carbonsäure.

Formeln: *Verhältnisformeln* geben das Atomanzahlverhältnis einer Verbindung an; *Molekülformeln* geben die zahlenmäßige Zusammensetzung eines Moleküls an; *Strukturformeln* geben die Anordnung der Atome in einem Molekül an.

funktionelle Gruppe: ein Molekülteil mit charakteristischem Reaktionsverhalten.

galvanische Zelle: Anordnung, mit der die bei einer Elektronenübertragungsreaktion frei werdende Energie als elektrische Energie genutzt werden kann.
Beispiel: Batterie.

Haber-Bosch-Verfahren: Verfahren zur Synthese von Ammoniak (NH_3) aus Wasserstoff und Stickstoff.

Halogene: Elemente der VII. Hauptgruppe des Periodensystems; bilden einfach geladene Anionen.

heterogene Gemische: uneinheitliche Gemische, bei denen man, manchmal auch nur mit dem Mikroskop, die einzelnen Bestandteile erkennen kann; einheitliche Gemische bezeichnet man als **homogene Gemische.**

homologe Reihe: Reihe von organischen Verbindungen, deren aufeinanderfolgende Glieder sich jeweils durch eine CH_2-Gruppe unterscheiden.

Hydratation (Hydratisierung): Bildung einer Hülle von Wasser-Molekülen *(Hydrathülle)* um ein Molekül oder Ion während des Lösevorgangs.

Hydrolyse: Spaltung von Molekülen durch Reaktion mit Wasser-Molekülen.
Beispiel: Spaltung eines Fetts in Glycerin und Fettsäuren.

hydrophiler Stoff: wasserlöslicher Stoff mit polarem Molekülbau.

hydrophober Stoff: fettlöslicher (lipophiler) Stoff mit unpolarem Molekülbau.

Hydroxy-Gruppe: OH-Gruppe; funktionelle Gruppe der Alkanole (Alkohole).

hygroskopischer Stoff: ein Stoff, der begierig Wasserdampf aus der Luft aufnimmt.

Indikator: ein Farbstoff, der durch seine Farbe anzeigt, ob eine saure, eine neutrale oder eine alkalische Lösung vorliegt. (→ pH-Skala)

Ionen: geladene Atome oder positiv bzw. negativ geladene Teilchen.

Ionenbindung: Bindungstyp in Ionenverbindungen; der Zusammenhalt wird durch die elektrostatischen Kräfte der entgegengesetzt geladenen Ionen bedingt. Daraus ergibt sich die dreidimensionale Struktur eines **Ionengitters.**

Ionenverbindungen: salzartige Stoffe; besitzen eine relativ hohe Schmelz- und Siedetemperatur und leiten in Schmelze und Lösung den elektrischen Strom.

Isomere: Stoffe mit gleicher Molekülformel, aber unterschiedlicher Molekülstruktur.

Isotope: Atome eines Elements mit gleicher Protonenanzahl, aber unterschiedlicher Neutronenanzahl.

IUPAC-Nomenklatur: internationale Regeln zur Benennung von chemischen Verbindungen.

Katalysator: ein Stoff, der die Geschwindigkeit einer Reaktion erhöht und unverändert aus der Reaktion hervorgeht.

Kathode: negative *Elektrode.*

Kation: positiv geladenes Ion.

Kern-Hülle-Modell: Atommodell, das auf RUTHERFORD zurückgeht; danach bestehen Atome aus einem kleinen, positiv geladenen *Atomkern,* der praktisch die gesamte Masse des Atoms enthält, und der *Atomhülle,* in der sich die negativ geladenen Elektronen bewegen.

Ketone: organische Verbindungen, deren Moleküle zwischen zwei Alkyl-Resten eine CO-Gruppe (Keto-Gruppe) besitzen; Oxidationsprodukte sekundärer Alkohole.

Kohlenwasserstoffe: Kohlenstoff-Wasserstoff-Verbindungen; man unterscheidet *gesättigte* Kohlenwasserstoffe mit C–C-Einfachbindungen und *ungesättigte* Kohlenwasserstoffe mit einer oder mehreren C/C-Mehrfachbindungen.

Kohlenhydrate: Verbindungen mit der Verhältnisformel $C_n(H_2O)_m$; je nach Molekülgröße unterscheidet man *Monosaccharide, Disaccharide* und *Polysaccharide.*

Kondensationsreaktion: Verknüpfung zweier Moleküle unter Abspaltung eines Wasser-Moleküls;
Beispiel: Bildung eines Fett-Moleküls aus einem Glycerin-Molekül und drei Fettsäure-Molekülen.

Konzentration: siehe Stoffmengenkonzentration.

Kristall: Festkörper mit regelmäßiger Struktur. Bausteine sind Atome, Moleküle oder Ionen.

Kunststoffe: makromolekulare Stoffe, die aus kleineren Molekülen aufgebaut werden.

Laugen: Lösungen, die Hydroxid-Ionen enthalten. (→ Säuren)

Legierung: ein homogenes Gemisch aus zwei oder mehreren Metallen, das in der Schmelze hergestellt wird.

Lewis-Formel: Strukturformel, in der *bindende* und *freie* (nicht bindende) Elektronenpaare angegeben sind.

Lösung: ein homogenes flüssiges Gemisch aus zwei oder mehreren Stoffen.

Makromolekül: Riesenmolekül, das aus regelmäßig wiederkehrenden Molekülteilen aufgebaut ist.

Massenzahl: gibt die Anzahl der Nukleonen im Atomkern an.

Modell: eine zu einem bestimmten Zweck gemachte vereinfachte Darstellung. Modelle dienen häufig der Veranschaulichung besonders kleiner, besonders großer oder besonders komplizierter Gegenstände oder Sachverhalte.

Modifikationen: Erscheinungsformen eines Elements. Sie sind aus den gleichen Atomen aufgebaut, unterscheiden sich aber in der Anordnung der Atome.
Beispiel: Diamant und Graphit sind Modifikationen des Kohlenstoffs.

Mol: 1 mol ist die *Stoffmenge* einer Portion, die $6 \cdot 10^{23}$ Teilchen enthält.

molare Masse: stoffspezifische Größe zur Umrechnung zwischen Masse und Stoffmenge; ihr Zahlenwert entspricht dem der Teilchenmasse in u, die Einheit ist $\frac{g}{mol}$.

molares Volumen: Größe zur Umrechnung zwischen Volumen und Stoffmenge; bei normalem Druck und 20 °C gilt für alle Gase $V_m = 24\ \frac{l}{mol}$.

Moleküle: Zwei- oder mehratomige Teilchen, in denen die Atome durch Elektronenpaarbindungen verbunden sind.

Molekülformel: siehe Formel.

Molekülmasse: ergibt sich durch Addition der jeweiligen Atommassen.

Nebel: heterogenes Gemisch, bei dem eine Flüssigkeit in einem Gas verteilt ist.

Neutralisation: Reaktion von $H^+(aq)$-Ionen aus einer *sauren* Lösung mit $OH^-(aq)$-Ionen aus einer *alkalischen* Lösung zu Wasser-Molekülen.

Neutron: elektrisch neutraler Baustein des Atomkerns ($m \approx 1$ u).

Normbedingungen: häufig gewählte Bedingungen für die Angabe von Gasvolumina: $\vartheta = 0\,°C$, $p = 1013\,hPa$, $V = 22{,}4\,\frac{l}{mol}$.

Nukleonen: Bausteine des Atomkerns: *Protonen* und *Neutronen.*

Oktettregel: Regel, nach der die Ausbildung von Elektronenpaarbindungen so erfolgt, dass die beteiligten Atome auf der äußeren Schale die Edelgaskonfiguration von 8 Elektronen erreichen.

Ordnungszahl: entspricht der *Kernladungszahl,* gibt die Anzahl der Protonen im Atomkern an.

organische Chemie: Chemie der Kohlenstoff-Verbindungen; Gegenteil: *anorganische Chemie.*

Ostwald-Verfahren: Verfahren zur Synthese von Salpetersäure (HNO_3) über die katalytische Oxidation von Ammoniak (NH_3).

Oxidation: Reaktion, bei der ein Stoff Sauerstoff aufnimmt; im erweiterten Sinn Abgabe von Elektronen; die Umkehrung der Oxidation ist die **Reduktion.**

Oxidationsmittel: ein Stoff, der einen anderen Stoff oxidiert. Moderne Definition: Teilchen, die Elektronen aufnehmen (Elektronenakzeptoren); Gegenteil: **Reduktionsmittel.**

Oxidationszahl: Anzahl der Elektronen, die ein Atom in einer Verbindung im Vergleich zum elementaren Zustand formal aufgenommen oder abgegeben hat.

Ozonschicht: Teil der Stratosphäre; liegt etwa in 30 km Höhe; dort absorbieren Ozon-Moleküle den größten Teil der UV-Strahlung der Sonne.

Periodensystem: tabellarische Anordnung der einzelnen Elemente; untereinander stehende Elemente bilden eine *Gruppe,* nebeneinander stehende eine *Periode.* Die Elemente sind nach ähnlichen Eigenschaften und dem Bau der Atome angeordnet.

pH-Skala: umfasst die Werte von 0 bis 14; der *pH-Wert* ist ein Maß für den Gehalt einer Lösung an $H^+(aq)$- oder $OH^-(aq)$-Ionen. Bei pH 7 liegt eine *neutrale* Lösung vor, bei pH-Werten unterhalb von 7 ist die Lösung *sauer,* oberhalb von 7 *alkalisch.*

polare Elektronenpaarbindung: durch unterschiedliche Elektronegativität der Bindungspartner verursachte ungleichmäßige Ladungsverteilung entlang der Bindungsachse.

Polykondensation: Bildung von Makromolekülen durch den Reaktionstyp der *Kondensation.*

Polymerisation: Bildung von Makromolekülen, bei der Zweifachbindungen von *Monomeren* miteinander reagieren; dabei entsteht aus den Monomeren ein *Polymer.*

Polyreaktion: Bildung von Makromolekülen durch Reaktion vieler Monomere. (→ Polykondensation; → Polymerisation)

Protein: makromolekularer Eiweißstoff, der aus *Aminosäure-Resten* aufgebaut ist.

Proton: positiv geladenes Teilchen im Atomkern ($m \approx 1$ u).

Radikal: reaktives Teilchen mit einem ungepaarten Elektron.

Radioaktivität: Eigenschaft bestimmter Stoffe in andere Elemente zu zerfallen und dabei α-, β- oder γ-Strahlung auszusenden.

Rauch: heterogenes Gemisch, bei dem ein Feststoff in einem Gas verteilt ist.

Reaktionsgleichung: Darstellung einer chemischen Reaktion mithilfe von Formeln.
Bei Verwendung der Stoffnamen anstelle der Formeln spricht man von einem **Reaktionsschema.**

Recycling: Wiederverwertung von bereits gebrauchten Stoffen oder Gegenständen.

Redoxreaktion: Reaktion, bei der Sauerstoff ausgetauscht wird; im erweiterten Sinn eine Reaktion, bei der Elektronen ausgetauscht werden.

Redoxreihe: Auflistung von Stoffen nach ihrer Oxidierbarkeit; im erweiterten Sinn nach ihrer Fähigkeit, Elektronen abzugeben.

Reduktion: Reaktion, bei der einem Stoff Sauerstoff entzogen wird; im erweiterten Sinn Aufnahme von Elektronen; die Umkehrung der Reduktion ist die Oxidation.

Reduktionsmittel: ein Stoff, der einen anderen Stoff reduziert. Moderne Definition: Teilchen, die Elektronen abgeben (Elektronendonatoren). Gegenteil: **Oxidationsmittel**

Salze: siehe Ionenverbindungen.

saurer Regen: Regen, der durch aus Luftschadstoffen (SO_2, NO_2) gebildete Säuren sauer reagiert (pH-Wert ≤ 4,5).

Säuren: Moleküle oder Ionen, die beim Lösen in Wasser in $H^+(aq)$-Ionen und Säurerest-Ionen zerfallen; *Protonendonatoren.* (→ Laugen)

Säure-Base-Reaktion: Reaktion, bei der Protonen übertragen werden.

Schalenmodell: Modellvorstellung über den Aufbau der Atomhülle; die Elektronen bewegen sich in definierten Schalen, denen jeweils ein bestimmtes Energieniveau zugeordnet werden kann.

Sedimentieren: Trennverfahren für *Suspensionen;* der Feststoff setzt sich aufgrund der höheren Dichte ab.

Seifen: Anionen der Fettsäuren; setzen die Oberflächenspannung des Wassers herab und wirken dadurch *benetzend* und *emulgierend.*

Stahl: Eisen-Legierung mit geringem Kohlenstoffanteil.

Stoffmenge: Zählgröße für die Teilchenanzahl in einer Stoffportion. Einheit: 1 mol ($1\,mol = 6 \cdot 10^{23}$ Teilchen)

Stoffmengenkonzentration: gibt an, wie viel Mol eines Stoffs in einem Liter Lösung enthalten sind. Einheit: $\frac{mol}{l}$

Substitutionsreaktion: Reaktion, bei der in einem Molekül ein Atom oder eine Atomgruppe durch ein anderes Atom oder eine Atomgruppe ersetzt wird.

Suspension: heterogenes Gemisch eines Feststoffs in einer Flüssigkeit.

Synthese: Aufbau einer Verbindung aus den Elementen. (→ Analyse)

Tetraederstruktur: Molekülstruktur, die sich ergibt, wenn vier Elektronenpaare um ein zentrales Atom angeordnet sind.
Beispiel: Methan (CH_4).

Thermoplast: Kunststoff, der beim Erwärmen plastisch verformbar wird.

Titration: Verfahren zur Bestimmung des Gehalts einer Lösung durch allmähliche Zugabe einer anderen Lösung mit bekannter Konzentration.

Van-der-Waals-Bindung: Anziehung zwischen unpolaren oder schwach polaren Molekülen.

Verbindung: Reinstoff, der durch chemische Reaktionen in Elemente zerlegt werden kann.

Veresterung: Bildung eines Esters aus Alkohol und Säure unter Abspaltung von Wasser.

Verseifung: Spaltung *(Hydrolyse)* von Fetten in alkalischer Lösung.

Wasserstoffbrückenbindungen: zwischenmolekulare Bindungen, die zwischen stark polar gebundenen Wasserstoff-Atomen des einen und freien Elektronenpaaren von Sauerstoff-Atomen, Stickstoff-Atomen oder Fluor-Atomen eines anderen Teilchens wirksam werden.

Stichwortverzeichnis

Kursive Einträge verweisen auf die Stoffliste (Umgang mit Chemikalien).
PSE bedeutet Periodensystem (letzte Umschlagseite).

Bildquellenverzeichnis

|123RF.com, Hong Kong: natika 364. |adpic Bildagentur, Köln: M. Baumann 21. |akg-images GmbH, Berlin: 11, 21. |alamy images, Abingdon/ Oxfordshire: Esa Hiltula CC 395; Gerry Yardy 39; Kira Volkov 70; Serhiy Kuzmin 109; Tetra Images 243; Tony Lilley 150; William zhang/Industry 243. |alimdi.net, Deisenhofen: Annette Hempfling 117; Karin Rollett-Vlcek 108; Martin Moxter 110; pmd 81; Uwe Umstaetter 371. |Attendorner Tropfsteinhöhle, Attendorn: 288. |Avenue Images GmbH, Hamburg: Jacques Alexandre/agefotostock 5, 192; Javier Larrea/agefotostock 330; Keith Leighton/agefotostock 81. |Berger, Andreas, Hameln: 22, 88. |Bildagentur Geduldig, Maulbronn: WHM-2959 137. |bildagenturonline GmbH, Burgkunstadt: Falkenstein 136; Tetra 395; TIPS-Images 8, 394. |BilderBox Bildagentur GmbH, Breitbrunn/Hörsching: 43, 48, 267. |Biosphoto, Berlin: Vincent Jean-Christophe 7, 340. |Bridgeman Images, Berlin: 395. |Buck, Andreas, Dortmund: 278. |Bundesministerium der Finanzen, Berlin: 86. |Caro Fotoagentur, Berlin: Oberhaeuser 6, 266; Westermann 122. |CFH Löt- und Gasgeräte, Offenau: 19. |Deutsches Museum, München: 96, 235. |Dr. Lyß, Guido, Wolfenbüttel: 216, 361. |dreamstime.com, Brentwood: Donsimon 4, 136. |Druwe & Polastri, Cremlingen/Weddel: 88. |ecopix Fotoagentur, Berlin: Sepp Spiegl 402. |ESCO esco - european salt company GmbH & Co. KG, Hannover: 174. |ESOC, Darmstadt: 193 .2. |F1online digitale Bildagentur GmbH, Frankfurt/M.: BSIP 170; Juice Images 3, 10; Profimedia 108; Visuals-Unlimited 371. |Fabian, Michael, Hannover: 73, 88, 137, 138, 140, 140, 140, 140, 140, 142, 142, 142, 142. |Feuerwehr Naumburg / www.feuerwehr-naumburg-saale.de, Marcel Behrmann, Naumburg: Marcel Behrmann 310. |Flora Press Agency GmbH, Hamburg: Noack 252. |Fnoxx, Stuttgart: Arnulf Hettrich 252. |Focus Photo- u. Presseagentur GmbH, Hamburg: eye of science 86. |Fotex Medien Agentur GmbH, Hamburg: BE&W 135. |fotolia.com, New York: Alexander Mamich 392; Bodea 364; froto 48; Karin Jähne 139, 225; kromkrathog 265; Romolo Tavani Titel (Blasen); Torsten Schon 361; WoGi Titel (Pipette). |Getty Images, München: 107; AgStock Images 382 .3; Fuse 4, 122; Hitomi Okada/amanaimages 39; Image Source Titel (Mädchen); KMSS/zefa 22. |Getty Images (RF), München: Randy Faris 4, 80. |GLORIA GmbH, Wadersloh: 75, 75, 75, 75. |Gust, Dietmar, Berlin: 301. |Henkel AG & Co. KGaA, Düsseldorf: 377, 405. |Historischer Brillennachbau Optiker Holz, Boppard: 143, 185. |IBM Research GmbH, Rüschlikon: 81. |imagetrust GmbH & Co. KG, Koblenz: Markus Matzel 267. |Imago, Berlin: HRSchulz 45. |Intro, Berlin: Stefan Kiefer 341. |IPN - Stock, Berlin: Chuck Pefley 339. |Jochen Tack Fotografie, Essen: 267. |Johnson Controls Power Solutions EMEA, Hannover: 216. |jump Fotoagentur, Hamburg: Kristiane Vey 193. |juniors@wildlife Bildagentur GmbH, Hamburg: D.Harms 276; G.Lacz 215; O. Diez 185. |Keystone Pressedienst, Hamburg: Volkmar Schulz 371. |laif, Köln: Joe Marino/Redux 191. |Langer, Martin, Hamburg: 31. |Lantelmé, Jörg, Kassel: 42. |Linde AG, Pullach: 98. |Lineair Fotoarchief, Berlin: Ton Koene 299. |LOKOMOTIV Fotografie, Stadtlohn: 45. |Lüdecke, Matthias, Berlin: 175. |Maisenbacher, Peter Dr., Pforzheim: 116. |Mathias, Erhard, Reutlingen: 186. |Matzel, Markus, Essen: 5, 174. |mauritius images GmbH, Mittenwald: age 3, 44; Alaska Stock 338; BSIP/ ASTIER 11. |Max Rubner-Institut (MRI), Bundesforschungsinstitut für Ernährung und Lebensmittel, Institut für Sicherheit und Qualität bei Milch und Fisch, Karlsruhe: 47, 47. |Messer Group GmbH, Bad Soden: 88. |Mettler-Toledo GmbH, Gießen: 232. |Michael Leonhard/Bildbroker, Köln: 123. |Minkus Images Fotodesignagentur, Isernhagen: 361, 361. |Museum für Vor- und Frühgeschichte, Berlin, Berlin: Postel 113. |OKAPIA KG - Michael Grzimek & Co., Frankfurt/M.: NAS/Omikron 84; Reinhard 402; Simon Belcher/imagebroker 24. |Paech, Martin, Lohra-Weipoltshausen: 153. |Photocuisine.de, München: Maximilian Stock Ltd 48. |Physikanten & Co Wissenschaftsshows, Witten: 135. |Picture-Alliance GmbH, Frankfurt/M.: 75; dpa/Votava 253; Martin Rütschi/ KEYSTONE 376. |plainpicture, Hamburg: Agripicture 175; T. Hoenig 6, 242. |Project Photos GmbH & Co. KG, Walchensee: Reinhard Eisele 48. |Reinhard-Tierfoto, Heiligkreuzsteinach: 361. |Rixe, Dieter, Braunschweig: 261, 261. |Sanofi-Aventis Deutschland GmbH, Frankfurt/ Main: 287 .3. |Science Museum, Berlin: SSPL 341. |Science Photo Library, München: 21, 109; Andrew Lambert Photography 10; Dr. Tony Brain/ SPL 216; DRS A. YAZDANI & D.J. HORNBAKER 86; Emilio Segre Visual Archives/American Instititute of physics/SPL 235; SPL 235, 276; SPL/ Alfred Pasieka 155; SPL/Colin Cuthbert 34; SPL/Dank Dunkley 70; SPL/ Laguna Design 193; SPL/Lawrence Lawry 378; SPL/Martyn F. Chillmaid 123, 384, 390; SPL/Mauro Fermariello 3, 20; SPL/Paul Rapson 402; SPL/ Power and Syred 374; SPL/Sheila Terry 235; SPL/Victor de Schwanberg 402. |Shutterstock.com, New York: Philip Date 8, 370; Skowronek 39. |Sieve, Dr. Bernhard F., Hannover: 243. |Simper, Manfred, Wennigsen: 48, 48, 63, 142, 180, 182, 214 .2, 216, 216, 217, 241, 266, 289, 306, 341, 361, 364, 364. |sinopictures, Berlin: dinodia 170. |still pictures, Berlin: Julio Etchart 48. |Stills-Online Bildagentur, Schwerin: 48. |stock.adobe.com, Dublin: artepicturas 109; egorxfi 364; kirahoffmann 3, 58. |StockFood GmbH, München: 402. |Studio Schmidt-Lohmann, Gießen: 374. |Superbild - Your Photo Today, Ottobrunn: 87, 286. |teamwork text + foto GbR, Hamburg: Rathay 48. |Tegen, Hans, Hambühren: 12, 12, 12, 12, 12, 13, 13, 13, 20, 23, 23, 24, 24, 25, 25, 28, 28, 28, 29, 29, 30, 34, 36, 36, 36, 39, 46, 46, 46, 46, 47, 48, 50, 50, 50, 51, 51, 51, 53, 57, 58, 59, 60, 60, 60, 61, 61, 61, 61, 64, 64, 66, 66, 66, 66, 67, 68, 69, 72, 72, 72, 72, 77, 77, 78, 78, 82, 82, 83, 83, 87, 89, 90, 90, 90, 90, 96, 96, 97, 98, 102, 109, 110, 113, 120, 121, 123, 124, 125, 138, 139, 141, 141, 141, 143, 143, 143, 146, 146, 146, 147, 148, 148, 148, 148, 151, 158, 158, 159, 159, 175, 181, 182, 184, 184, 184, 184, 184, 184, 186, 200, 202, 204, 204, 205, 209, 209, 209, 213, 215, 215, 216, 217, 217, 219, 219, 220, 220, 221, 226, 232, 232, 232, 232, 237, 237, 246, 246, 247, 248, 252, 255, 258, 260, 261, 271, 272, 273, 273, 273, 274, 274, 274, 277, 286, 300, 311, 311, 317, 317, 317, 317, 336, 336, 336, 342, 346, 352, 353, 353, 353, 372, 387; Chemie , Stoffgruppen, Ester 365; Tegen 152. |Thinkstock, Sandyford/Dublin: Jason Reed Titel (Molekülstruktur). |Tierbildarchiv Angermayer, Holzkirchen: Pfletschinger 216. |Timm, Michael, München: 185. |TopicMedia Service, Mehring-Öd: P.Scheler/RF 299. |ullstein bild, Berlin: KPA 235. |vario images, Bonn: 244. |VARTA Microbattery GmbH, Ellwangen: 261. |Visum Foto GmbH, München: Harald Theissen 22; Marc Steinmetz 155. |WaterFrame, München: Reinhard Dirscherl 137. |WeberHaus GmbH & Co. KG, Rheinau-Linx: 331. |Westend 61 GmbH, München: Dieter Heinemann 45; Wolfgang Weinhäupl 107. |wgr-schutzrechte erloschen, Braunschweig: gemeinfrei 299. |wikimedia.commons: 86; Mampato/ CC-Lizenz CC-BY-SA 3.0 182. |www.bloss-auktionen.de: 185.

Wir arbeiten sehr sorgfältig daran, für alle verwendeten Abbildungen die Rechteinhaberinnen und Rechteinhaber zu ermitteln. Sollte uns dies im Einzelfall nicht vollständig gelungen sein, werden berechtigte Ansprüche selbstverständlich im Rahmen der üblichen Vereinbarungen abgegolten.